AF545575

Außenhandel mit SAP® GTS® und SAP® S/4HANA

SAP PRESS ist eine gemeinschaftliche Initiative von SAP SE und der Rheinwerk Verlag GmbH. Unser Ziel ist es, Ihnen als Anwendern qualifiziertes SAP-Wissen zur Verfügung zu stellen. SAP PRESS vereint das Know-how der SAP und die verlegerische Kompetenz von Rheinwerk. Die Bücher bieten Ihnen Expertenwissen zu technischen wie auch zu betriebswirtschaftlichen SAP-Themen.

Damit Sie nach weiteren Titeln Ihres Interessengebiets nicht lange suchen müssen, haben wir eine kleine Auswahl zusammengestellt.

Martin Grote, Christiane Schnellenbach, Adam Dubielecki
Umsatzsteuer in SAP ERP und SAP S/4HANA
453 Seiten, 3., aktualisierte und erweiterte Auflage 2019, gebunden
ISBN 978-3-8362-6863-9
www.sap-press.de/4845

Stephanie Henseler, Andreas Homrighausen, Jan Walter
Steuern in SAP S/4HANA
500 Seiten, 2021, gebunden
ISBN 978-3-8362-7931-4
www.sap-press.de/5200

Mikolaj Kowalski
Vertrieb mit SAP S/4HANA – Customizing
770 Seiten, 2022, gebunden
ISBN 978-3-8362-8057-0
www.sap-press.de/5249

Ursula Becker, Jan Fischer, Werner Herhuth, Manfred Hirn
Preisfindung und Konditionstechnik mit SAP
688 Seiten, 3., aktualisierte und erweiterte Auflage 2020, gebunden
ISBN 978-3-8362-7501-9
www.sap-press.de/5061

Christiane Schnellenbach

Außenhandel mit SAP® GTS® und SAP® S/4HANA

Rheinwerk
Publishing

Liebe Leserin, lieber Leser,

die Einhaltung aller rechtlichen Vorschriften ist das oberste Gebot im Außenhandel. Auf dem Weg zur Erfüllung dieses Gebots lauern jedoch nicht zu unterschätzende Schwierigkeiten: Nur wer sowohl die Vielzahl an Gesetzen und Verordnungen kennt und versteht als auch sein IT-System richtig konfiguriert, ist vor Strafen und Bußgeldern sicher.

Dr. Christiane Schnellenbach zeigt Ihnen, wie Sie Schwierigkeiten bei der Ein- und Ausfuhr von Gütern mithilfe von SAP GTS vermeiden. Dabei legt sie besonderen Wert auf eine verständliche Beschreibung aller wesentlichen gesetzlichen Regelungen. Darauf aufbauend erfahren Sie, wie Sie Ihr System so einstellen, dass Sie jeder Zoll- und Außenwirtschaftsprüfung standhalten. Viele Hinweise aus der Praxis helfen Ihnen nicht zuletzt, Optimierungspotentiale in Ihrem System auszumachen und zu nutzen. Mit diesem Buch steht einer regelgerechten und effizienten Abwicklung Ihrer Im- und Exporte nichts mehr im Weg.

Wir freuen uns stets über Lob, aber auch über kritische Anmerkungen, die uns helfen, unsere Bücher zu verbessern. Scheuen Sie sich nicht, sich bei mir zu melden. Ihr Feedback ist jederzeit willkommen.

Ihre Eva Tripp
Lektorat SAP PRESS

eva.tripp@rheinwerk-verlag.de
www.rheinwerk-verlag.de
Rheinwerk Verlag · Rheinwerkallee 4 · 53227 Bonn

Auf einen Blick

TEIL I SAP GTS

TEIL II SAP S/4HANA for international trade

Wir hoffen, dass Sie Freude an diesem Buch haben und sich Ihre Erwartungen erfüllen. Ihre Anregungen und Kommentare sind uns jederzeit willkommen. Bitte bewerten Sie doch das Buch auf unserer Website unter **www.rheinwerk-verlag.de/feedback**.

An diesem Buch haben viele mitgewirkt, insbesondere:

Lektorat Eva Tripp
Korrektorat Alexandra Müller, Olfen
Herstellung Arkin Keskin
Typografie und Layout Vera Brauner
Einbandgestaltung Bastian Illerhaus
Coverbild iStock: 480156208 © olm26250
Satz Typographie & Computer, Krefeld
Druck Beltz Grafische Betriebe, Bad Langensalza

Dieses Buch wurde gesetzt aus der TheAntiquaB (9,35/13,7 pt) in FrameMaker. Gedruckt wurde es auf chlorfrei gebleichtem Offsetpapier (90 g/m²). Hergestellt in Deutschland.

Bibliografische Information der Deutschen Nationalbibliothek:
Die Deutsche Nationalbibliothek verzeichnet diese Publikation in der Deutschen Nationalbibliografie; detaillierte bibliografische Daten sind im Internet über *http://dnb.dnb.de* abrufbar.

ISBN 978-3-8362-8336-6

2., aktualisierte und erweiterte Auflage 2022

Informationen zu unserem Verlag und Kontaktmöglichkeiten finden Sie auf unserer Verlagswebsite **www.rheinwerk-verlag.de**. Dort können Sie sich auch umfassend über unser aktuelles Programm informieren und unsere Bücher und E-Books bestellen.

Inhalt

TEIL II SAP S/4HANA for international trade

7 Stammdatenpflege 523

8 Intrastat-Meldung und Belegprüfung 545

Anhang 563

Einleitung

Der Außenhandel spielt in vielen SAP-Einführungsprojekten eine Nebenrolle, die seiner tatsächlichen Bedeutung für den Unternehmenserfolg nicht entspricht. Bei der Gestaltung der logistischen Prozesse in SAP ERP bzw. SAP S/4HANA bleiben zoll- und außenwirtschaftsrechtliche Fragestellungen daher oft unberücksichtigt. Immer wieder erinnert dann erst eine Zoll- oder Außenwirtschaftsprüfung schmerzhaft an die rechtlichen Rahmenbedingungen dieser Prozesse.

In Gestalt des Produkts SAP Global Trade Services (SAP GTS) steht seit mehr als zwanzig Jahren ein stetig wachsendes Instrumentarium für eine rechtssichere Außenhandelsabwicklung zur Verfügung. Die Integration dieses Instrumentariums in die Steuerung logistischer Prozesse in SAP ERP bzw. SAP S/4HANA ist eine besondere Stärke des Produkts. Diese Stärke kann sich jedoch nur entfalten, wenn dem Außenhandel in Einführungsprojekten und im Produktivbetrieb angemessene Aufmerksamkeit geschenkt wird.

Seit dem Erscheinen der 1. Auflage dieses Buchs hat SAP das Produktportfolio in den Bereichen, die unser Themengebiet betreffen, erheblich verändert: Im Februar 2015 wurde unter der Bezeichnung *SAP Business Suite 4 SAP HANA* (SAP S/4HANA) ein neues Produkt für die Steuerung von Unternehmensprozessen auf den Markt gebracht. Die allgemeine Wartung der SAP Business Suite 7, zu der auch SAP ERP gehört, endet nach bisheriger Planung am 31.12.2027 (siehe dazu auch SAP-Hinweis 1648480). Unternehmen, die heute noch SAP ERP in Finanzbuchhaltung, Beschaffung und Vertrieb nutzen, müssen also auf mittlere Sicht nach einer Alternative Ausschau halten. Eine naheliegende Option ist SAP S/4HANA, entweder als *On-Premise-Version* oder cloud-basiert (SAP S/4HANA Cloud).

Aus SAP-GTS-Perspektive ändert sich durch diese Neuerungen wenig: SAP S/4HANA ist ein weiteres Vorsystem, das SAP GTS mit Daten versorgt. Erheblichen Anpassungsbedarf bewirkt der Umstieg auf SAP S/4HANA jedoch in Unternehmen, die bisher Funktionen des Außenhandels in SAP ERP, einer Teilkomponente des Vertriebs (SD-FT), für Ausfuhrkontrolle, Präferenzabwicklung und/oder Intrastat-Meldungen genutzt haben: Die technischen Objekte der Teilkomponente SD-FT sind in SAP S/4HANA nicht mehr nutzbar. An ihre Stelle tritt *SAP S/4HANA for international trade*. Detaillierte Informationen zu dieser Ablösung finden Sie in den SAP-Hinweisen 2223144 und 2267310. Da sich durchaus auch SAP-GTS-Kunden die Frage stellen, ob bzw. in welchem Umfang SAP S/4HANA for international trade im eigenen Unternehmen sinnvoll eingesetzt werden könnte, befasst sich die 2. Auflage dieses Buchs zusätzlich mit den in SAP S/4HANA enthaltenen Funktionen für den Außenhandel.

Auch die Produktlinie SAP GTS hat seit dem Erscheinen der 1. Auflage wesentliche Veränderungen erfahren: Neben das Kernprodukt SAP GTS traten 2016 das Add-on *SAP Global Trade Services, identity-based preference processing* (SAP GTS IBPP), und 2020 das neue Produkt *SAP Global Trade Services, edition for SAP HANA*. SAP GTS IBPP ermöglicht die Unterscheidung von Teilmengen mit präferenziellem Ursprung von Teilmengen ohne präferenziellen Ursprung, z. B. mithilfe der Chargenverwaltung des SAP-ERP- bzw. SAP-S/4HANA-Vorsystems. Da für die Nutzung des Add-ons zusätzliche Lizenzgebühren anfallen, wird es in diesem Buch nicht berücksichtigt. Auch SAP GTS, edition for SAP HANA, bringt funktionale Erweiterungen im Bereich der Präferenzabwicklung mit sich. Daher befasst sich Kapitel 5 mit diesem Produkt.

Zur Vorbereitung des Umstiegs von SAP GTS auf SAP GTS, edition for SAP HANA, finden Sie im Anhang des SAP-Hinweises 2964245 ein Programm für einen *Conversion Readiness Check*. SAP-Hinweis 3033398 beschreibt die Nutzung dieses Programms im Vorfeld einer Migration.

Soweit nicht anders angegeben, beziehen sich die Ausführungen dieser Auflage auf die Releases SAP ERP 6.0 mit Enhancement Package (EHP) 8, SAP S/4HANA 2020 (On-Premise-Version), SAP EWM 9.5 und SAP GTS 11.0 mit den jeweils zum Zeitpunkt der Drucklegung aktuellen Support-Package- bzw. Feature-Pack-Ständen. Die in diesem Buch beschriebenen Integrationsszenarien lassen sich auch in einem in SAP S/4HANA integrierten SAP EWM (»embedded EWM«) umsetzen. In Anbetracht des deutlich angewachsenen Buchumfangs wurde auf eine Darstellung der Anbindung des SAP Transportation Managements (SAP TM) an SAP GTS verzichtet. Diese ist in den Konfigurationsleitfäden für das Compliance Management und das Customs Management ausführlich beschrieben.

Die Produkte der SAP-GTS-Produktlinie, aber auch SAP S/4HANA for international trade, werden kontinuierlich erweitert, nicht zuletzt aufgrund von Vorschlägen aus dem Programm *SAP Customer Connection*. So soll z. B. auf mittlere Sicht SAP GTS IBPP in SAP GTS, edition for SAP HANA, eingebunden werden. Sie können sich über aktuelle und für die nähere Zukunft geplante Funktionsergänzungen im *SAP Road Map Explorer* informieren: (*https://roadmaps.sap.com*).

Wenn Sie SAP GTS, edition for SAP HANA, einsetzen, verwenden Sie anstelle der in diesem Buch vorgestellten Transaktionen entsprechende Apps im *SAP Fiori Launchpad*. Außer für die Darstellung von Funktionen, die ausschließlich im SAP-Fiori-Design entwickelt wurden, nutzen die Anwendungsbeispiele mit Rücksicht auf die Qualität der Abbildungen das *SAP Graphical User Interface* (SAP GUI).

Die Darstellung der Neuerungen im Bereich der Präferenzabwicklung in SAP GTS, edition for SAP HANA, gibt den Stand der Produktentwicklung zum Zeitpunkt des Manuskriptabschlusses wieder. Da sich das Produkt zu diesem Zeitpunkt noch im Programm *SAP Early Adopter Care* befand, ist mit Änderungen von Benutzeroberflächen und Menüpfaden, aber auch mit Funktionsergänzungen zu rechnen.

Zielsetzung des Buchs

Der bereits bei einem ersten Blick auf das Anwendungsmenü sichtbare Funktionsreichtum des Produkts SAP GTS ist nicht leicht zu überblicken. Ohne Kenntnis des zoll- und außenwirtschaftsrechtlichen Hintergrunds bleibt zudem der Zweck vieler Systemfunktionen unklar. Dieses Buch soll zum einen Orientierung in der Vielfalt der Funktionen geben. Zum anderen soll es die Funktionen in ihren rechtlichen Kontext einordnen. Für Leser ohne zoll- und außenwirtschaftsrechtliche Vorkenntnisse ist daher der Beschreibung einer Funktion jeweils eine Einführung in ihre Rechtsgrundlagen vorangestellt. Diese notwendigerweise stark verkürzte und vereinfachende Darstellung dient ausschließlich dazu, Systemeinstellungen und Buchungsabläufe verständlich zu machen. Die Lektüre dieser Darstellung kann Ihnen also die eigene intensive Auseinandersetzung mit den Rechtsgrundlagen der Systemfunktionen nicht ersparen.

Neben Fachbüchern sei an dieser Stelle das umfangreiche Seminarangebot der Industrie- und Handelskammern und privater Bildungsträger zu verschiedenen zoll- und außenwirtschaftsrechtlichen Themen erwähnt. Die Websites der deutschen Zollverwaltung und des Bundesamts für Wirtschaft und Ausfuhrkontrolle (BAFA) sind ebenfalls reiche Informationsquellen. In diesem Buch finden Sie daher immer wieder Hinweise auf das Informationsangebot dieser Behörden im Internet.

Auch wenn Sie bereits über einschlägige Vorkenntnisse verfügen, sollten Sie im Zweifelsfall immer zoll- oder außenwirtschaftsrechtlichen Rat, z. B. von einer spezialisierten Anwaltskanzlei, einholen. Kostenlose, aber nicht rechtsverbindliche Auskünfte erteilt auch die Zentrale Auskunft Zoll, eine Einrichtung der Generalzolldirektion. In diesem Sinn sind die Einstellungen, die Sie in diesem Buch finden, als Beispiele für eine mögliche Systemkonfiguration und Systemnutzung aufzufassen. Vor der Übernahme dieser

Lösungsansätze in Ihr System müssen Sie immer die rechtlichen Voraussetzungen für Ihre Geschäftsprozesse im Einzelfall prüfen oder prüfen lassen. Bedenken Sie bei einer SAP-GTS-Einführung stets das vergleichsweise hohe Risiko, durch Konfigurationsfehler bußgeld- oder gar strafbewehrte Verstöße gegen geltendes Recht zu verursachen.

Vorbemerkungen zum System

Die Konfigurationsbeispiele im ersten Teil dieses Buchs setzen auf dem Auslieferungs-Customizing für SAP GTS auf. Diese Mustereinstellungen finden Sie im Mandanten 000 Ihrer Installation. Wenn Sie diesen Mandanten nicht ohnehin als Kopiervorlage für Ihren SAP-GTS-Mandanten verwenden, ist es sinnvoll, zumindest das Auslieferungs-Customizing der für Ihr Einführungsprojekt relevanten Anwendungsbereiche aus dieser Quelle zu übernehmen. Viele Voreinstellungen, insbesondere im Customs Management, können Sie unmittelbar verwenden. Sind Änderungen erforderlich, können Sie durch das Kopieren der Musterkonfiguration als Arbeitsgrundlage den Anpassungsaufwand deutlich verringern.

Neben der allgemein zugänglichen Anwendungsdokumentation in der SAP-Bibliothek stehen allen SAP-GTS-Kunden – also Softwarelizenzinhabern – Konfigurationsleitfäden als PDF-Dateien auf Deutsch und Englisch zur Verfügung. Diese Dateien können Sie mit der App *Software-Downloads On Premise* des *SAP ONE Support Launchpads* herunterladen. Die Konfigurationsleitfäden enthalten jeweils einen umfangreichen allgemeinen Teil, u. a. mit ausführlichen Anleitungen zur Einrichtung der Verbindung zwischen SAP-ERP- bzw. SAP-S/4HANA-Vorsystem und SAP-GTS-System, zur Stammdatenreplikation und zu den für die Belegüberleitung erforderlichen Mapping-Einstellungen.

Im SAP ONE Support Launchpad finden Sie Konfigurationsleitfäden zum Compliance Management, zum Customs Management und zum Electronic Compliance Reporting, außerdem zu den drei Anwendungsbereichen des Risk Managements (Präferenzabwicklung, Akkreditivabwicklung und Ausfuhrerstattung). Diese Leitfäden sind zweifellos empfehlenswerte Hilfsmittel, als alleinige Grundlage für eine rechtskonforme Systemkonfiguration jedoch sicher nicht ausreichend. Um Redundanzen zu vermeiden und Raum für an anderer Stelle bisher nicht verfügbare Informationen zu gewinnen, verweist dieses Buch auf die Konfigurationsleitfäden, wenn Grundeinstellungen darin bereits ausführlich beschrieben sind. Im SAP ONE Support Launchpad finden Sie außer den Konfigurationsleitfäden auch einen

Master Guide. Dieser ist ausschließlich auf Englisch verfügbar und enthält in erster Linie technische Informationen, insbesondere zu den Softwarekomponenten, die für die Nutzung des Produkts SAP GTS erforderlich sind.

Anders als die Konfigurationsleitfäden, die Systemeinstellungen weitgehend kontextneutral beschreiben, nimmt dieses Buch ausdrücklich Bezug auf das Zollrecht und das Außenwirtschaftsrecht der EU und seine Ergänzungen im deutschen Recht. Den Kapiteln über die Anwendungsbereiche des Customs Managements liegen die Vorgaben für die Teilnahme an ATLAS zugrunde. (ATLAS ist die Abkürzung für *Automatisiertes Tarif- und Lokales Zollabwicklungssystem*, das IT-Verfahren der deutschen Zollverwaltung.)

Die Beispiele im zweiten Teil des Buchs orientieren sich an den von SAP für SAP S/4HANA bereitgestellten *Best Practices*. Sie finden diese Empfehlungen zur Konfiguration und zur Nutzung von Systemfunktionen im *SAP Best Practices Explorer* (*https://rapid.sap.com/bp/*). Die für den Außenhandel bestimmten Vorschläge sind dem Lösungspaket *SAP Best Practices for SAP S/4HANA (on premise)* zugeordnet (Umfangsbestandteilgruppe *Finanzmanagement*, Untergruppe *Enterprise, Risk & Compliance*).

Aufbau des Buchs

Der erste Teil dieses Buchs befasst sich in der Hauptsache mit SAP GTS. Er orientiert sich bewusst nicht an der technischen Struktur des Produkts, die dem Customizing und dem Anwendungsmenü zugrunde liegt. Die Erläuterung der Systemfunktionen ist stattdessen eingebunden in eine Darstellung verschiedener zoll- und außenwirtschaftsrechtlicher Aspekte der Ein- und Ausfuhrprozesse. Falls Sie das Buch nicht ohnehin vom Anfang bis zum Ende lesen, finden Sie die Beschreibung der für Ihr Projekt relevanten Funktionen mithilfe der Suchbegriffe im Index.

Kapitel 1 gibt Ihnen eine Einführung in die Struktur und den Funktionsumfang des Produkts. Die Integration von SAP GTS in die Steuerung logistischer Prozesse in SAP ERP bzw. SAP S/4HANA, der Datenaustausch zwischen den Systemen und die für alle Anwendungsbereiche entscheidende Abbildung von Rechtsnormen werden anhand einfacher Beispiele erläutert. Das Kapitel richtet sich daher auch an Entscheidungsträger, die sich einen Überblick über das Produkt verschaffen wollen.

Die folgenden beiden Kapitel haben einen zollrechtlichen Schwerpunkt. In **Kapitel 2** geht es um die Einfuhr, in **Kapitel 3** um die Ausfuhr von Waren. Die übergeordnete Fragestellung ist jeweils, welche Zollverfahren zur Verfügung stehen und wie sich ihre Abwicklung für ATLAS-Teilnehmer in SAP GTS gestaltet. Die beiden Kapitel erläutern das Auslieferungs-Customizing für die Zollabwicklung, mögliche Anpassungen der Musterkonfiguration und die zollspezifische Stammdatenpflege anhand von Prozessbeispielen. **Kapitel 2** stellt darüber hinaus das mögliche Zusammenwirken von SAP Extended Warehouse Management (SAP EWM) und SAP GTS in der Einfuhrabwicklung vor.

In **Kapitel 4** stehen außenwirtschaftsrechtliche Beschränkungen und ihre Auswirkungen auf die logistischen Prozesse im Vordergrund. Die Abwicklung genehmigungspflichtiger Ausfuhren mit SAP-GTS-Unterstützung wird ebenso behandelt wie die Abbildung länderabhängiger und -unabhängiger Embargos im System. Auch in diesem Kapitel werden mögliche Anpassungen des Auslieferungs-Customizings und die anwendungsbereichsspezifische Stammdatenpflege beschrieben, aber auch die Prüfabläufe und ihre Protokollierung werden erläutert. Zusätzlich berücksichtigt wird die Möglichkeit, Auslieferungsaufträge von SAP EWM in die Prüfungen des Compliance Managements einzubeziehen.

Kapitel 5 befasst sich mit dem Thema Zollpräferenzen. Inhaltliche Schwerpunkte bilden die Abbildung von Ursprungsregeln im Customizing und die darauf aufsetzende Ermittlung der Ursprungseigenschaft einer Ware in der Präferenzkalkulation. Im zweiten Teil des Kapitels geht es um die Ausstellung und die Verwaltung von Lieferantenerklärungen.

Gegenstand von **Kapitel 6** sind Anwendungsbereiche, die nur für Warenbewegungen innerhalb der EU von Bedeutung sind: die Intrastat-Meldung und die Beförderung verbrauchsteuerpflichtiger Waren unter Steueraussetzung im *Excise Movement and Control System* (EMCS). Die Ausfuhrerstattung, ein weiterer ausschließlich in der EU nutzbarer Anwendungsbereich, wird in diesem Buch nicht behandelt. Die unbefristete faktische Aussetzung der Ausfuhrerstattung in der Verordnung (EU) Nr. 1308/2013 reduziert die Nutzbarkeit des Anwendungsbereichs auf die Verwaltung von Ausfuhrlizenzen. Diese entspricht der Verwaltung von Ausfuhrgenehmigungen, die in **Kapitel 4** ausführlich dargestellt wird. Ähnlich wie die Verwaltung von Genehmigungen ist in SAP GTS auch die Verwaltung von Akkreditiven konstruiert. Die Akkreditivabwicklung kommt daher in diesem Buch ebenfalls nicht zur Sprache.

Im zweiten Teil des Buchs geht es um *SAP S/4HANA for international trade*, einen Bestandteil von SAP S/4HANA, der in erster Linie als Ersatz für die Außenhandelsfunktionen in SAP ERP konzipiert ist und bei bescheidenen Anforderungen als Alternative zu SAP GTS in Betracht kommt. **Kapitel 7** dieses Teils stellt die für die Nutzung der SAP-S/4HANA-eigenen Außenhandelsfunktionen erforderlichen Stammdaten und die ihnen zugrunde liegenden Customizing-Einstellungen vor. **Kapitel 8** behandelt zum einen die Intrastat-Meldung, zum anderen die unter der Bezeichnung *Trade Compliance* zusammengefassten Funktionen für die Ein- bzw. Ausfuhrkontrolle in SAP S/4HANA.

Sie werden in diesem Buch immer wieder auf farblich hervorgehobene Informationskästen treffen. Diese enthalten Informationen, die wissenswert und hilfreich sind, aber etwas abseits der eigentlichen Erläuterung stehen. Damit Sie diese Informationen besser einordnen können, haben wir die Kästen mit Symbolen gekennzeichnet:

- **Tipp/Hinweis** [«]
  Informationskästen, die mit diesem Symbol markiert sind, enthalten Tipps, die Ihnen die Arbeit erleichtern, und Hinweise, die Ihnen z. B. dabei helfen, weiterführende Informationen zu dem besprochenen Thema zu finden.
- **Achtung** [!]
  Dieses Symbol weist Sie auf häufig gemachte Fehler oder Probleme hin.

Zielgruppen

Dieses Buch richtet sich an zwei Zielgruppen: zum einen an SAP-Berater und Mitglieder von SAP-Projektteams aus der IT-Abteilung, zum anderen an Mitarbeiter der von einer SAP-GTS- bzw. einer SAP-S/4HANA-Einführung betroffenen Fachabteilungen.

Angesichts der Komplexität der Rechtsgrundlagen überrascht es nicht, dass auch die Systemfunktionen komplex sind. Wenn Sie sich als SAP-Berater oder IT-Mitarbeiter neu in die Anwendungsbereiche des Produkts SAP GTS einarbeiten wollen oder müssen, sollten Sie ausreichend Zeit für den Erwerb der erforderlichen zoll- und außenwirtschaftsrechtlichen Kenntnisse einplanen. Möglicherweise lesen Sie dieses Buch jedoch, um Anwendungsbereiche kennenzulernen, die in Ihren bisherigen Projekten noch nicht zum Einsatz kamen.

Als Anwender sind Sie in der Regel nicht an der Entscheidung für den Einsatz des Produkts SAP GTS beteiligt. Umso wichtiger ist es, im Einführungsprojekt eine aktive Rolle einzunehmen und den fachlichen Anliegen Gehör zu verschaffen. Eine gute Kenntnis der Systemfunktionen, die über das später im Arbeitsalltag tatsächlich Benötigte hinausgeht, ist dabei hilfreich. Je genauer Sie das Produkt kennen, desto besser können Sie die Antworten und Vorschläge Ihrer Berater verstehen und beurteilen. Möglicherweise entdecken Sie in diesem Buch auch Funktionen, die nicht Teil Ihres aktuellen Einführungsprojekts sind, zu einem späteren Zeitpunkt jedoch durchaus von Interesse sein können.

Danksagung

Dem Produktmanagement und der Produktentwicklung der SAP SE danke ich für fachliche Auskünfte. Danken möchte ich auch Herrn Ralf Hierzegger für die Prüfung des Buchkonzepts und Herrn Andreas Stier für die Durchsicht des Manuskripts in der 1. Auflage. Nicht zuletzt danke ich den Teilnehmern meiner Schulungen, deren Fragen und Anmerkungen maßgeblich zur Entstehung dieses Buchs beigetragen haben.

Das fachliche Lektorat der 2. Auflage haben Herr Hans Celniak und Herr Torsten Stolz übernommen. Ihnen danke ich auch an dieser Stelle für ihre Unterstützung.

TEIL I

SAP GTS

Kapitel 1
Einführung in SAP GTS

Dieses einführende Kapitel erläutert Ihnen einige grundlegende Zusammenhänge, deren Kenntnis für einen sinnvollen Einsatz von SAP GTS unerlässlich ist.

Kurzdarstellungen der Produktlinie SAP GTS in Produktbroschüren und Präsentationen versprechen Ihnen umfassende Unterstützung bei der gesetzeskonformen und kostengünstigen Abwicklung des Außenhandels. Wie sich diese Unterstützung konkret gestaltet, lesen Sie in diesem Kapitel. Dabei geht es zunächst um den Werdegang und die Struktur der Produktlinie. Die Integration in die Steuerung der Wareneingangs- und Warenausgangsprozesse in SAP ERP bzw. SAP S/4HANA und ihre Auswirkungen auf die Stammdatenpflege sind weitere Themen dieses Kapitels. Abschließend erfahren Sie in grundlegender Form, wie Sie die zahlreichen Rechtsnormen, die den grenzüberschreitenden Handel regeln, in SAP GTS abbilden.

1.1 Zweckbestimmung und Produktstruktur

SAP GTS ist nicht das einzige Produkt zur Steuerung von Außenhandelsprozessen im SAP-Produktportfolio. SAP ERP enthält ebenfalls spezifische Funktionen für den Außenhandel, die als Teilkomponente SD-FT in den Vertrieb integriert sind. Wie Sie im zweiten Teil dieses Buchs erfahren, unterstützt aber auch SAP S/4HANA den Außenhandel. Dieser Abschnitt erläutert zum einen die wesentlichen Unterschiede zwischen der SAP-ERP-Teilkomponente SD-FT und SAP GTS. Zum anderen lernen Sie den Aufbau des Produkts SAP GTS kennen.

1.1.1 Entstehungsgeschichte und Ausblick

Ablösung der Teilkomponente SD-FT

Mit der Auslieferung des Releases SAP R/3 4.7 wurde die Entwicklung der Außenhandelsfunktionen innerhalb des Vertriebs endgültig eingestellt. An die Stelle des in SAP R/3 bzw. in seinen Nachfolger SAP ERP integrierten Außenhandels trat das unabhängige Produkt SAP GTS, dessen erstes Release 2001 zur Verfügung gestellt wurde. Die in der Teilkomponente SD-FT bereits vorhandenen Funktionen, wie die Ausfuhrkontrolle, die Präferenzkalkulation, die Akkreditivabwicklung und die Intrastat-Meldung, wurden schrittweise in das Produkt SAP GTS übernommen und dort weiterentwickelt. Neue Funktionen, wie die Sanktionslistenprüfung und die Verwaltung von Ausfuhrerstattungen, wurden in SAP GTS dem bisherigen Leistungsspektrum hinzugefügt. Die Zollabwicklung wurde im Zuge der Verbreitung elektronischer Verfahren in SAP GTS vollständig umgestaltet und erheblich erweitert. Während die Funktionen des Außenhandels in SAP ERP sich ihrer Komponentenzuordnung gemäß auf die Ausfuhr konzentrieren, bietet SAP GTS seit seinen Anfängen gleichermaßen Unterstützung für Einfuhr- und Ausfuhrprozesse.

Zuordnung zu GRC

Seit Release 10.0 ist SAP GTS Teil der Lösung *Governance, Risk, Compliance (GRC) und Cybersecurity*. Die übergeordnete Zielsetzung dieser Lösung ist die Reduktion von (insbesondere finanziellen) Risiken, die sich im Unternehmensalltag aus Verstößen gegen gesetzliche und firmeninterne Vorschriften, aber auch aus größeren Schadensfällen ergeben können. In der Tat bestehen im Außenhandel nicht wenige solcher Risiken mit zum Teil schwerwiegenden Folgen: So wird z. B. die Nichtbeachtung außenwirtschaftsrechtlicher Beschränkungen ordnungs- und strafrechtlich verfolgt. Bei unberechtigter Ausstellung von Präferenznachweisen drohen Zollnachzahlungen und ggf. Strafverfahren. Nicht zuletzt besteht im Außenhandel auch ein erhebliches Zahlungsrisiko.

Release-Strategie

Im Abstand von ein bis zwei Jahren wurden von 2001 bis 2015 insgesamt zehn Releases ausgeliefert. Jedes dieser Releases enthält umfangreiche Funktionsergänzungen. Die ersten Releases dienten vorrangig der Vervollständigung des allgemeinen Funktionsspektrums und der Schließung des anfangs noch bestehenden funktionalen Deltas zwischen SAP GTS und der SAP-ERP-Teilkomponente SD-FT. Die jüngeren Releases beinhalten in erster Linie länder- oder regionenspezifische Ergänzungen und Anpassungen, die sogenannten *Lokalisierungen*. Ebenfalls im Fokus stehen die Verbesserung der Benutzerfreundlichkeit der Anwendungstransaktionen und die Integration ausgewählter Funktionen in weitere Produkte des SAP-Produktportfolios, wie z. B. SAP Extended Warehouse Management (SAP EWM) und SAP Transportation Management (SAP TM).

SAP GTS, edition for SAP HANA

Das im März 2015 bereitgestellte Release 11.0 war das letzte Release des Produkts SAP GTS. Als Nachfolger wurde im Dezember 2020 das Produkt *SAP GTS, edition for SAP HANA*, auf den Markt gebracht. Es ist das erste vollständig im SAP-Fiori-Design entwickelte Produkt der SAP-GTS-Produktlinie.

1.1.2 SAP GTS als Außenhandelsdienstleister

Auslagerung statt Integration

SAP GTS unterscheidet sich nicht nur durch seinen erheblich größeren Funktionsumfang, sondern auch konzeptionell grundlegend von der SAP-ERP-Teilkomponente SD-FT. Während in SAP ERP die Außenhandelsfunktionen technisch vollständig in die Vertriebs- und in Ansätzen auch in die Einkaufsprozesse integriert sind, löst SAP GTS den Außenhandel aus den logistischen und buchhalterischen Systemprozessen heraus und kapselt ihn technisch. Mit der Implementierung von SAP GTS lagern Sie also den Außenhandel in ein spezialisiertes System aus. Wie bereits der Produktname *Global Trade Services* andeutet, übernimmt dieses spezialisierte System die Rolle eines Dienstleisters. SAP ERP und SAP S/4HANA sind aus der Perspektive dieses Dienstleisters Vorsysteme, also Systeme, in denen verschiedene außenhandelsrelevante Unternehmensprozesse gesteuert werden. Aus dieser Perspektive können auch die Systeme weiterer SAP-Produkte, wie z. B. SAP EWM und SAP TM, oder ERP-Systeme anderer Softwareanbieter die Rolle eines Vorsystems übernehmen. Ein SAP-GTS-System kann Dienstleister mehrerer Vorsysteme sein.

Permanenter Datenaustausch

Das Vorsystem wird von allen Außenhandelsaktivitäten entlastet, muss SAP GTS jedoch im Gegenzug alle Prozessdaten bereitstellen, die für die Abwicklung dieser Aktivitäten erforderlich sind. So benötigt SAP GTS z. B. für eine Sanktionslistenprüfung die Adressen der zu prüfenden natürlichen und juristischen Personen aus dem Vorsystem. Im Gegenzug gibt SAP GTS Statusinformationen an das Vorsystem zurück. Abbildung 1.1 stellt diese Aufgabenverteilung schematisch dar.

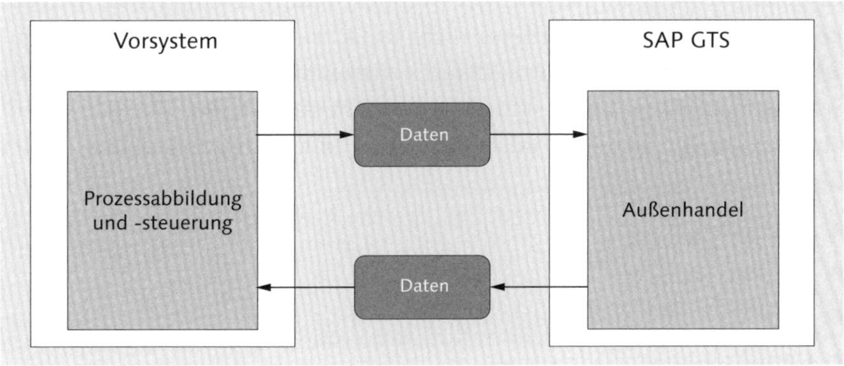

Abbildung 1.1 SAP GTS als Außenhandelsdienstleister

In Abschnitt 1.2, »Integration in die Steuerung logistischer Prozesse in SAP ERP bzw. SAP S/4HANA«, und Abschnitt 1.3, »Stammdatenpflege«, erhalten Sie weitere Informationen über den in Abbildung 1.1 dargestellten Datenaustausch. Die Ausführungen in diesen Abschnitten und in den folgenden Kapiteln beziehen sich, sofern nicht anders angegeben, auf SAP-ERP- bzw. SAP-S/4HANA-Vorsysteme.

[»]

Technischer Hintergrund

Das Produkt SAP GTS setzt sich aus den Softwarekomponenten SLL-LEG und SLL_PI zusammen. Die Komponente SLL-LEG umfasst die Gesamtheit aller Außenhandelsfunktionen. Bei der Komponente SLL_PI handelt es sich um ein Plug-in, das SAP-ERP-Vorsysteme für den Datenaustausch mit SAP GTS benötigen. In SAP-S/4HANA-Vorsystemen ist kein Plug-in erforderlich: Alle für die Kommunikation mit SAP GTS notwendigen technischen Objekte sind in der Softwarekomponente S4CORE enthalten.

Weiterführende Informationen zum Aufbau einer Systemlandschaft mit SAP GTS finden Sie im Master Guide und in den Konfigurationsleitfäden.

Globale Verwendung des Produkts

Schon die SAP-ERP-Teilkomponente SD-FT enthält neben länder- bzw. ländergruppenspezifischen Funktionen (wie z. B. der Intrastat-Meldung) auch Funktionen, die weltweit eingesetzt werden können (wie z. B. die Akkreditivabwicklung). In SAP GTS ist, wie bereits der Produktname deutlich macht, die globale Einsetzbarkeit dagegen Grundprinzip. Während sich dieser Anspruch bei der Absicherung des Zahlungsrisikos und in der Ein- bzw. Ausfuhrkontrolle relativ leicht verwirklichen lässt, setzt in der Zollabwicklung insbesondere die unterschiedliche Ausgestaltung der elektronischen Kommunikation mit den nationalen Zollbehörden der Globalisierung enge Grenzen. Selbst in der EU ist eine Vereinheitlichung der IT-Verfahren in der Zollabwicklung bis auf Weiteres nicht in Sicht. In der Regel müssen Softwareanbieter zudem die zum Teil recht aufwendigen Zertifizierungsverfahren der nationalen Zollverwaltungen durchlaufen. SAP GTS stellt zertifizierte Zugänge zu elektronischen Zollverfahren der folgenden Länder bereit:

- Australien
- Belgien
- Brasilien
- China
- Dänemark
- Deutschland
- Frankreich
- Großbritannien

- Neuseeland
- Niederlande
- Schweden
- Schweiz
- Spanien
- USA

Eine zertifizierte SAP-GTS-Anbindung an elektronische Zollverfahren weiterer Länder (Finnland, Luxemburg, Österreich und Slowakei) bieten verschiedene Beratungspartner von SAP an.

EU-spezifische Funktionen

Wie SAP ERP und SAP S/4HANA enthält auch SAP GTS länder- bzw. ländergruppenspezifische Anwendungen. Neben der bereits in der Teilkomponente SD-FT verfügbaren Intrastat-Meldung sind die Verwaltung von Ausfuhrerstattungen und die Anbindung an EMCS (Excise Movement and Control System) ausschließlich in der EU von Bedeutung (siehe Kapitel 6, »Warenbewegungen innerhalb der EU«).

1.1.3 SAP GTS als Funktionsbaukasten

Gesamtsicht

Als universeller Außenhandelsdienstleister stellt SAP GTS seinen Vorsystemen eine Vielzahl von Funktionen zur Verfügung. Diese Funktionen sind nach inhaltlichen Gesichtspunkten zu *Anwendungsbereichen* zusammengefasst. Die Anwendungsbereiche sind ihrerseits Funktionsgruppen zugeordnet. Abbildung 1.2 zeigt die vier Funktionsgruppen, aus denen sich SAP GTS zusammensetzt.

Abbildung 1.2 Aufbau von SAP GTS

Compliance Management

Das *Compliance Management* bündelt alle Anwendungsbereiche für die Einhaltung außenwirtschaftsrechtlicher und sonstiger Beschränkungen des Waren-, Dienstleistungs- und Kapitalverkehrs. Aus der SAP-ERP-Teilkomponente SD-FT wurden die »gesetzliche Kontrolle«, also die produktbezogene Prüfung auf Genehmigungspflicht mit angeschlossener Genehmigungsverwaltung, und die länderbezogene Embargoprüfung übernommen. Beide Prüfungen wurden im Compliance Management auf Einfuhren ausgedehnt und funktional erweitert. Eine Prüfung länderunabhängiger Embargos (Sanktionslistenprüfung) wurde bereits im ersten Release ergänzt. Die Funktionsweise dieser drei Prüfungen werden Sie in Kapitel 4, »Ausfuhrkontrolle«, kennenlernen.

Customs Management

Im *Customs Management* finden Sie Funktionen für die Nutzung verschiedener Zollverfahren. Dazu gehört zum einen eine umfangreiche Stammdatenpflege (insbesondere Zolltarifnummern und statistische Warennummern sowie Bewilligungen und Sicherheiten). Zum anderen umfasst das Customs Management die gesamte elektronische und papierbasierte Kommunikation mit den Zollbehörden. In Kapitel 2, »Zollverfahren bei der Einfuhr«, und Kapitel 3, »Zollverfahren bei der Ausfuhr«, erhalten Sie nähere Informationen über das Customs Management.

Risk Management

Das *Risk Management* bündelt Anwendungsbereiche zur Verringerung der bereits in Abschnitt 1.1.1, »Entstehungsgeschichte und Ausblick«, aufgezeigten finanziellen Risiken im Außenhandel: Das Zahlungsrisiko können Sie mithilfe der Akkreditivabwicklung reduzieren. Der unberechtigte Bezug von Subventionen bei der Ausfuhr von Marktordnungswaren lässt sich durch den Einsatz der Ausfuhrerstattung in SAP GTS zwar nicht grundsätzlich ausschließen. Er wird jedoch durch die strengen Systemprüfungen stark erschwert. Richtig konfiguriert schützt die Präferenzabwicklung Sie vor der unberechtigten Ausstellung von Präferenznachweisen und ihren Folgen. In SAP GTS, edition for SAP HANA, entfallen die Akkreditivabwicklung und die Ausfuhrerstattung.

Electronic Compliance Reporting

Das *Electronic Compliance Reporting* enthält Funktionen für Meldungen zur Intrahandelsstatistik der EU.

Baukastenprinzip

Vor der Einführung von SAP GTS müssen Sie entscheiden, welche der in den vorangegangenen Absätzen kurz vorgestellten Anwendungsbereiche in Ihrem Unternehmen eingesetzt werden sollen. Technisch ist SAP GTS wie ein Baukasten konstruiert: Sie entnehmen nur die Elemente, die für Ihr Unternehmen nützlich sind. Alle nicht benötigten Elemente verbleiben im Baukasten, können aber bei Bedarf nachträglich hinzugefügt werden. Eine Beschreibung dieses Hinzufügens lesen Sie in Abschnitt 1.4.2, »Verwendung gesetzlicher Grundlagen im Prozess«.

Anwendungsmenüs

Das Baukastenprinzip prägt nicht nur die Struktur des Customizings. Auch das Anwendungsmenü für SAP GTS ist nach diesem Prinzip aufgebaut. Sie können dieses Anwendungsmenü, das nicht in das SAP-Easy-Access-Menü eingebunden ist, über den Transaktionscode /SAPSLL/MENU_LEGAL aufrufen. Abbildung 1.3 zeigt einen Ausschnitt aus diesem Menü.

Abbildung 1.3 Anwendungsmenü für SAP GTS (Ausschnitt)

Sie erkennen im Menüausschnitt in Abbildung 1.3 die ersten beiden Funktionsgruppen aus Abbildung 1.2 wieder. Die Anwendungsbereiche dieser Gruppen haben eigene Menüs, die Sie über Schaltflächen aufrufen können. Das Anwendungsmenü der Sanktionslistenprüfung z. B. erreichen Sie über die Schaltfläche **Sanktionslistenprüfung** im Bereich **Compliance Management** im oberen Bilddrittel.

Benutzerrollen

Wie in SAP ERP können Sie jedoch auch in SAP GTS mit Benutzerrollen und rollenspezifischen Menüs arbeiten. In Ihrem SAP-GTS-System finden Sie zahlreiche Rollen, die einzelne Anwendungstransaktionen nach fachlichen Gesichtspunkten zusammenfassen. So gibt es z. B. Rollen für Zoll- und für Ausfuhrkontrollspezialisten. Sie können diese Rollen unmittelbar Benutzern zuordnen oder als Vorlage für selbst definierte Rollen verwenden. Auch die Vergabe von Berechtigungen entspricht der Vorgehensweise in SAP ERP. Die Musterrollen in SAP GTS verfügen bereits über Berechtigungsprofile, die Sie ebenfalls unverändert oder als Vorlage für eigene Profile nutzen können.

[»]

Namensraum für SAP GTS

Die Musterrollen für SAP GTS erkennen Sie an ihrem Schlüssel. Dieser Schlüssel beginnt immer mit dem Bezeichner /SAPSLL/, z. B. /SAPSLL/LEG_CUS_AP für Zollspezialisten. Der Bezeichner /SAPSLL/ ist der Namensraum für SAP GTS. Alle technischen Objekte, aus denen sich SAP GTS zusammensetzt (z. B. Datenbanktabellen, Programmbestandteile und Anwendungstransaktionen), sind dem Namensraum /SAPSLL/ zugeordnet.

In SAP-ERP- bzw. SAP-S/4HANA-Vorsystemen gibt es ein Anwendungsmenü für die Kommunikation mit SAP GTS, das ebenfalls nicht Teil des SAP-Easy-Access-Menüs ist. Sie können dieses Anwendungsmenü mit dem Transaktionscode /SAPSLL/MENU_LEGALR3 aufrufen. In SAP S/4HANA steht Ihnen ein Teil der in diesem Anwendungsmenü enthaltenen Programme auch in Form von Apps im SAP Fiori Launchpad zur Verfügung.

In den folgenden drei Abschnitten erhalten Sie einen Einblick in Systemfunktionen, auf denen die in diesem Abschnitt im Überblick vorgestellten Prüfungen, Meldungen und sonstigen Aktivitäten beruhen.

1.2 Integration in die Steuerung logistischer Prozesse in SAP ERP bzw. SAP S/4HANA

Datenaustausch über RFC

In Abschnitt 1.1.2, »SAP GTS als Außenhandelsdienstleister«, haben Sie bereits erfahren, dass SAP-ERP- bzw. SAP-S/4HANA-Vorsysteme und SAP GTS Daten austauschen, um den grenzüberschreitenden Handel abzuwickeln. Dieser Datenaustausch basiert auf Remote Function Calls (RFC), einer SAP-spezifischen Technologie für die Kommunikation zwischen SAP-Systemen, aber auch zwischen SAP-Systemen und Nicht-SAP-Systemen. Zu Beginn einer SAP-GTS-Implementierung müssen daher RFC-Verbindungen zwischen Vorsystem(en) und SAP GTS hergestellt werden. Die dazu erforderlichen Einstellungen sind in den Konfigurationsleitfäden ausführlich beschrieben.

Nach Abschluss dieser technischen Vorbereitungen, die meistens in den Zuständigkeitsbereich der Systemadministration fallen, können Sie die Prozessintegration einrichten. In den folgenden beiden Abschnitten betrachten wir die Grundlagen dieser Prozessintegration.

1.2.1 Außenwirtschaftsrechtliche Prüfungen

Belegdaten als Prüfgrundlage

Ein wesentliches Ziel der meisten SAP-GTS-Einführungen ist die nachhaltige Verringerung des Risikos, gegen das Außenwirtschaftsrecht zu verstoßen. SAP GTS soll durch die Prüfung der Abgangs- und Bestimmungsländer des grenzüberschreitenden Handels, der beteiligten Geschäftspartner und ggf. auch der zu liefernden Güter sicherstellen, dass alle außenwirtschaftsrechtlichen Verbote und Beschränkungen eingehalten werden.

Dazu benötigt das Compliance Management die Daten aller Belege, mit denen im Vorsystem prüfrelevante Einkaufs- und Verkaufsprozesse abgewickelt werden. Diese Belegdaten müssen also in das SAP-GTS-System gelangen, damit sie dort einer Prüfung unterzogen werden können.

Belegreplikation

Die auch als *Replikation* bezeichnete Überleitung von Belegdaten ist ein Kernbestandteil der Integration von SAP GTS in die Prozessabbildung des Vorsystems. Während die in Abschnitt 1.2.2 behandelte Zollabwicklung in SAP GTS für einige Zollverfahren auch ohne Vorsystemintegration verwendet werden kann, ist für außenwirtschaftsrechtliche Prüfungen und für alle Anwendungsbereiche des Risk Managements ein Zusammenwirken von Vorsystem und SAP GTS zwingend erforderlich.

Belegkategorien

Drei Kategorien von Vorsystembelegen können Sie für die Zwecke außenwirtschaftsrechtlicher Prüfungen an SAP GTS überleiten lassen:

- Einkaufsbelege (Anfragen, Angebote, Bestellungen, Rahmenverträge)
- Verkaufsbelege (Anfragen, Angebote, Aufträge, Rahmenverträge, Belege der Reklamationsbearbeitung)
- Lieferungen (An- und Auslieferungen)

Importbelege und Exportbelege

Die Replikate von Einkaufsbelegen und Anlieferungen heißen in SAP GTS *Importbelege*; Verkaufsbelege und Auslieferungen werden als *Exportbelege* repliziert. Jedem Vorsystembeleg entspricht dabei genau ein Replikat in SAP GTS. Die erneute Überleitung eines bereits in SAP GTS replizierten Vorsystembelegs führt nicht zu einer Wiederholung der Replikation. Vielmehr aktualisiert SAP GTS das bereits vorhandene Replikat und prüft es im Fall einer Änderung des Vorsystembelegs erneut. Abbildung 1.4 stellt die Replikation von Vorsystembelegen der prüfrelevanten Kategorien schematisch dar.

[«]

Prüfung von Finanztransaktionen

In SAP GTS können Sie auch Replikate von Buchhaltungsbelegen, die das Vorsystem durch Zahlungsläufe des Rechnungswesens anlegt, in die Embargo- und die Sanktionslistenprüfung einbeziehen. Da sich die Überleitungssteuerung für Buchhaltungsbelege grundsätzlich von der Steuerung für die in Abbildung 1.4 dargestellten Belege unterscheidet, geht dieser Abschnitt nicht weiter auf sie ein. Nähere Informationen zur Anbindung des Finanzwesens an SAP GTS finden Sie in Abschnitt 4.2, »Embargosituationen«.

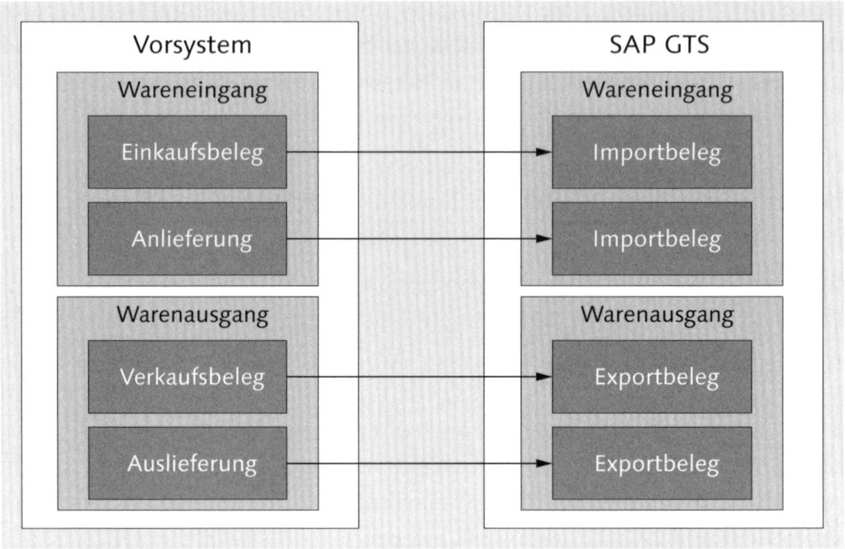

Abbildung 1.4 Belegüberleitung für das Compliance Management

Überleitungssteuerung

Ein wesentlicher Schritt bei der Integration von SAP GTS in die Vorsystemprozesse ist die Auswahl der überleitungsrelevanten Belegarten im Customizing des Vorsystems. Die Steuerung der Belegüberleitung an SAP GTS erreichen Sie im Einführungsleitfaden eines SAP-ERP-Vorsystems über den Menüpfad **Vertrieb • Außenhandel/Zoll • SAP Global Trade Services – Plug-In • Steuerung der Überleitung an SAP Global Trade Services • Steuerung der Belegüberleitung einstellen**. In einem SAP-S/4HANA-Vorsystem finden Sie die Belegüberleitungssteuerung über den Menüpfad **Integration mit anderen SAP-Komponenten • Integration mit Governance, Risk and Compliance • SAP Global Trade Services • Steuerung der Überleitung an SAP Global Trade Services • Steuerung der Belegüberleitung einstellen**.

Abbildung 1.5 zeigt einen Ausschnitt aus dieser Steuerung.

Abbildung 1.5 Steuerung der Belegüberleitung im Vorsystem

Bei der Auswahl einer Belegart für die Überleitung an SAP GTS beziehen Sie sich immer auf eine im Programmcode vordefinierte *Applikationsebene*. In Abbildung 1.5 sehen Sie ein Beispiel für die Applikationsebene SDOA (Versendung/Export: Verkaufsbeleg). Die Einstellungen im Bereich **Steuerung** beziehen sich auf die Verkaufsbelegart TA (Feld **Belegart Vorsystem**). Das Kennzeichen **Belege für Compliance Management überleiten** ist gesetzt. Das Vorsystem soll also Aufträge der Belegart TA an SAP GTS überleiten, um ihre Replikate im Hinblick auf außenwirtschaftsrechtliche Beschränkungen des geplanten Verkaufs prüfen zu lassen. Wie Sie in Abbildung 1.5 erkennen, wäre eine Überleitung derselben Belegdaten für die Zwecke des Risk Managements ebenfalls möglich, denn die Prüfungen des Risk Managements nutzen den Exportbeleg ebenfalls. Das Kennzeichen **Belege für Risk Management überleiten** ist jedoch (noch) nicht gesetzt.

Applikationsebenen

Für jede Kategorie grundsätzlich überleitbarer Belege gibt es eine eigene Applikationsebene:

- **Wareneingang**
  - MMOA – Eingang/Import: Einkaufsbeleg
  - MMOB – Eingang/Import: Anlieferbeleg
  - MMOC – Eingang/Import: Materialbeleg
- **Warenausgang**
  - SDOA – Versendung/Export: Verkaufsbeleg
  - SDOB – Versendung/Export: Auslieferbeleg
  - SDOC – Versendung/Export: Fakturabeleg

Materialbelege und Fakturen sind nur für die Anwendungsbereiche des Customs Managements und des Risk Managements von Bedeutung.

Datenfilterung

Nicht immer ist es erwünscht, dass jeder Beleg einer überleitungsrelevanten Belegart repliziert wird. Möglicherweise wollen Sie z. B. die Anwendungsbereiche des Compliance Managements in der ersten Projektphase nur für die deutsche Muttergesellschaft Ihres Unternehmens nutzen. Die Tochtergesellschaften in anderen Ländern arbeiten jedoch im selben Vorsystemmandanten und verwenden dieselben Belegarten wie die Muttergesellschaft. Ohne weitere Eingriffe würden also auch die Belege der Tochtergesellschaften an SAP GTS übergeleitet. In solchen Fällen bietet sich die Filterung der zu replizierenden Belege nach Organisationseinheiten an. So könnte das Vorsystem z. B. die Verkaufsbelege aller Verkaufsorganisationen, die nicht zur Muttergesellschaft gehören, vor der Überleitung an SAP GTS aussortieren.

Erweiterung des Standards

Für diese Datenfilterung vor der Belegüberleitung stehen Ihnen im Vorsystem sowohl Customer-Exits als auch Business Add-ins (BAdIs) zur Verfügung. Im Einführungsleitfaden eines SAP-ERP-Vorsystems finden Sie eine Zusammenstellung dieser Erweiterungsmöglichkeiten über den Menüpfad **Vertrieb • Außenhandel/Zoll • SAP Global Trade Services – Plug-In • User-Exits für SAP Global Trade Services** bzw. **Business Add-Ins für SAP Global Trade Services**. In einem SAP-S/4HANA-Vorsystem erreichen Sie eine entsprechende Zusammenstellung über den Menüpfad **Integration mit anderen SAP-Komponenten • Integration mit Governance, Risk and Compliance • SAP Global Trade Services • Business Add-Ins für SAP Global Trade Services** bzw. **User-Exits für SAP Global Trade Services**. Die Konfigurationsleitfäden beschreiben jeweils kurz die Funktionen der Customer-Exits und der BAdIs des Vorsystems. In SAP S/4HANA Cloud besteht die Möglichkeit, über zusätzliche Customizing-Einstellungen die Belegüberleitung mithilfe des Buchungskreises einzuschränken. Diese Erweiterung der Überleitungssteuerung soll nach bisheriger Planung ab dem vierten Quartal 2021 auch in der On-Premise-Edition enthalten sein.

[»]

User-Exits, Customer-Exits und BAdIs

In Gestalt von *User-Exits* bietet SAP die Möglichkeit, Standardprogramme an bestimmten Stellen zu erweitern. Anders als bei Modifikationen im engeren Sinn findet der Eingriff in den Quellcode an einer von SAP vorgesehenen Stelle statt. Im Gegensatz zu User-Exits haben *Customer-Exits* definierte Schnittstellen. Sie sind leere »Hüllen« in Standardprogrammen, die mit kundenspezifischem Programmcode gefüllt werden können. Der Quellcode der Standardprogramme bleibt unverändert. Im Alltagssprachgebrauch dient »User-Exit« oft als Oberbegriff für beide Erweiterungsmöglichkeiten. *BAdIs* sind die technischen Nachfolger der Customer-Exits. Kundeneigene Objekte in Customer-Exits und BAdI-Implementierungen sind bei Release-Wechseln und Softwarekorrekturen vor Änderungen geschützt. SAP empfiehlt die Nutzung von BAdIs zur Steuerung der Belegüberleitung.

Mapping-Einstellungen

Die Replikation von Vorsystembelegen als Import- oder Exportbelege setzt einige Customizing-Einstellungen in SAP GTS voraus. Diese Einstellungen sind für die Zuordnung von Belegdaten (Mapping) erforderlich. Bei der Belegreplikation ersetzt SAP GTS mithilfe der Mapping-Einstellungen Daten der Vorsystembelege durch Daten des eigenen Datenmodells. So wird z. B. aus der Belegart des Vorsystembelegs eine SAP-GTS-spezifische Belegart. Tabelle 1.1 stellt die für die Belegreplikation notwendigen Mapping-Einstellungen in einer Übersicht zusammen. Eine ausführliche Anleitung zur Pflege dieser Einstellungen finden Sie in den Konfigurationsleitfäden.

SAP ERP	SAP GTS
Belegart	Belegart
Positionstyp	Positionstyp
Partnerrolle	Partnerfunktion
Buchungskreis	Außenhandelsorganisation
Werk	Verwenderbetrieb

Tabelle 1.1 Mapping-Einstellungen

Findet SAP GTS keine Entsprechung zu der Belegart eines Vorsystembelegs, scheitert die Überleitung dieses Belegs. Fehlen dagegen »untergeordnete« Mapping-Einstellungen (z. B. für einen Positionstyp des Vorsystembelegs), wird der Beleg zwar in SAP GTS repliziert, erhält aber den Status »technisch unvollständig«. Technisch unvollständige Belege werden grundsätzlich nicht geprüft, jedoch vorbeugend gesperrt. Sie können sich solche Belege in der Transaktion **Technisch unvollständige Belege anzeigen** (Transaktionscode /SAPSLL/CUHD_IC_IMP bzw. /SAPSLL/CUHD_IC_EXP) in einer Liste aufbereiten lassen und sie anschließend analysieren. Sie finden diese Transaktion im Bereichsmenü des Compliance Managements (Schaltfläche **Gesetzliche Kontrolle – Import** bzw. **Gesetzliche Kontrolle – Export**, Bereich **Monitoring**).

[«]

Erneute Überleitung technisch unvollständiger Belege

Technisch unvollständige Belege müssen nach Ergänzung der fehlenden Mapping-Einstellung noch einmal aus dem Vorsystem übergeleitet werden, damit SAP GTS die Replikate vervollständigen kann. Knowledge Base Article (KBA) 1660665 beschreibt eine Vorgehensweise, die eine weitgehend automatisierte Neuübertragung der betroffenen Belege ermöglicht.

Synchrone Überleitung

Die Überleitung von Belegen der Applikationsebenen MMOA, SDOA und SDOB erfolgt *synchron*. Anlieferungen können sowohl synchron (für Prüfungen des Compliance Managements) als auch asynchron (für die Zwecke des Customs Managements) an SAP GTS übergeleitet werden. Bei synchroner Kommunikation wird der Vorsystembeleg erst auf der Datenbank gespeichert, wenn SAP GTS die Replikation und die Prüfung der Belegdaten abgeschlossen und diesen Status an das Vorsystem zurückgemeldet hat.

Wenn die überleitungsrelevanten Vorsystembelege im Dialog (und nicht automatisiert im Hintergrund) angelegt werden, kann es sinnvoll sein, die Anwender bei der Beleganlage über etwaige negative Prüfergebnisse informieren zu lassen. Setzen Sie dazu in der Steuerung der Belegüberleitung das Kennzeichen **Dialog in SAP Global Trade Services ausgeben** (siehe Abbildung 1.5). Das Vorsystem öffnet dann bei der Verbuchung des Belegs auf der Datenbank ein Fenster mit den Ergebnissen der Prüfung des Replikats in SAP GTS. Abbildung 1.6 zeigt ein Beispiel für dieses Fenster. Übergeleitet wurde ein Verkaufsbeleg.

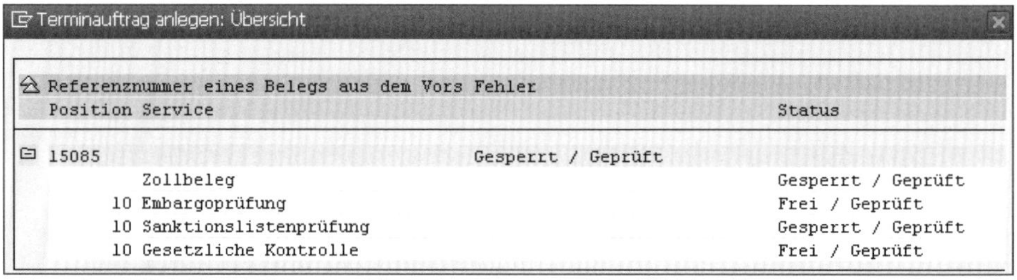

Terminauftrag anlegen: Übersicht

Referenznummer eines Belegs aus dem Vors Fehler		
Position Service		Status
15085	Gesperrt / Geprüft	
Zollbeleg		Gesperrt / Geprüft
10 Embargoprüfung		Frei / Geprüft
10 Sanktionslistenprüfung		Gesperrt / Geprüft
10 Gesetzliche Kontrolle		Frei / Geprüft

Abbildung 1.6 Fenster mit Prüfergebnissen (Ausschnitt)

In Abbildung 1.6 erkennen Sie, dass SAP GTS alle drei Prüfungen des Compliance Managements durchgeführt hat (Status **Geprüft**). Ein länderabhängiges Embargo liegt nicht vor (Status **Frei** für die Embargoprüfung). Die zu liefernde Ware unterliegt entweder keiner Genehmigungspflicht oder es ist bereits eine passende Genehmigung in SAP GTS vorhanden (Status **Frei** für die gesetzliche Kontrolle). Die Sanktionslistenprüfung hat jedoch eine verdächtige Übereinstimmung der Adresse eines der beteiligten Geschäftspartner mit mindestens einem Sanktionslisteneintrag ergeben (Status **Gesperrt**). Daher erhält der gesamte Beleg den Status **Gesperrt**. Die Prüfung in SAP GTS ist positionsbezogen und wird für jede Position separat protokolliert. Der Terminauftrag 15085 hat jedoch nur eine Position (Positionsnummer 10).

Replikate und ihr Status

In Abbildung 1.7 sehen Sie das Replikat des Auftrags zur Meldung in Abbildung 1.6. Der Ausschnitt zeigt die Sicht **Status**, die Sie in den Kopfdetails des Belegs finden. (Der hier verwendete Begriff *Zollbeleg* gilt in einigen Anwendungstransaktionen in SAP GTS als Oberbegriff für Import- und Exportbelege.)

In Abbildung 1.7 sehen Sie u. a. auch, dass die Gefahrstoffprüfung und die Prüfungen des Risk Managements (Ausfuhrerstattung und Akkreditivabwicklung) nicht stattgefunden haben (Status **Nicht Geprüft / Frei**). Die jeweiligen Anwendungsbereiche werden nämlich gar nicht eingesetzt (Status **Service nicht aktiv**). Die Gefahrstoffprüfung ermöglicht die Einhaltung der

Bestimmungen der Verordnung (EG) Nr. 1907/2006 zur Registrierung, Bewertung, Zulassung und Beschränkung chemischer Stoffe (REACH) mit SAP-GTS-Unterstützung im Rahmen der gesetzlichen Kontrolle.

Abbildung 1.7 Replikat eines Verkaufsbelegs – Sicht »Status«

Belegsperre

Das Replikat des Terminauftrags 15085 ist also wegen des Ergebnisses der Sanktionslistenprüfung gesperrt. Nicht gesperrt ist jedoch der Auftrag selbst. Ohne weitere Eingriffe in die Abläufe des Vorsystems könnte der Auftrag jetzt z. B. beliefert werden. Wäre die Sperre berechtigt, weil der verdächtige Geschäftspartner tatsächlich mit einem Embargo belegt ist, drohten bei einer Lieferung strafrechtliche Konsequenzen. Um die Ausführung verbotener oder auch nur unerwünschter Folgefunktionen zu verhindern, müssen Sie daher im Vorsystem unbedingt technische Schutzvorkehrungen treffen. In den SAP-Hinweisen 579357 und 603547 finden Sie Vorschläge für solche Schutzvorkehrungen in SAP-ERP-Vorsystemen. SAP-Hinweis 2581626 informiert Sie über entsprechende Optionen in SAP- S/4HANA-Vorsystemen.

[!]

Folgefunktionen im Vorsystem unterbinden

Anders als die SAP-ERP-Teilkomponente SD-FT verändert SAP GTS den Status der Vorsystembelege durch seine (ohnehin nur mit den Belegreplikaten durchgeführten) Prüfungen nicht. Die Korrekturanleitungen der SAP-Hinweise 579357, 603547 und 900555 enthalten Programmcode für die Abfrage des Belegstatus in SAP GTS jeweils *vor* dem Ausführen einer problematischen Folgefunktion im Vorsystem, z. B. vor dem Anlegen einer Auslieferung oder vor dem Erzeugen einer Bestellanforderung. Für solche Statusabfragen steht Ihnen im Plug-in der Funktionsbaustein /SAPSLL/CD_STATUS_GET zur Verfügung. Beachten Sie in diesem Zusammenhang auch SAP-Hinweis 2975160.

In einem SAP-S/4HANA-Vorsystem ist ab Release 2020 kein Hinweiseinbau mehr erforderlich. Setzen Sie in der Überleitungssteuerung für Verkaufsbelegarten jeweils die Kennzeichen **Lieferungserstellung für gesperrte VBs verhindern** und **Bestellanforderungserstell. f. gesp. Kundenaufträge verhindern**. In der Überleitungssteuerung für Lieferarten setzen Sie bei Bedarf das Kennzeichen **Warenausgang f. gesperrte Auslieferungen verhindern**.

Einen in SAP GTS gesperrten Beleg können Sie auch nur dort freigeben bzw. entsperren. Kapitel 4, »Ausfuhrkontrolle«, geht auf diesen Schritt in den drei Anwendungsbereichen des Compliance Managements ausführlich ein.

1.2.2 Zollabwicklung

Prozessintegration

Wenn Sie SAP GTS weder für außenwirtschaftsrechtliche Prüfungen noch für die Anwendungsbereiche des Risk Managements einsetzen möchten, können Sie Einfuhren, Ausfuhren und das Versandverfahren auch ohne Vorsystemintegration abwickeln. Die Belege, die stets die Grundlage der Zollanmeldungen sind, müssen Sie dann jedoch von Hand anlegen. Wenn Sie SAP GTS für die Durchführung von Zolllagerverfahren, aktiver und/oder passiver Veredelung nutzen wollen, ist eine Integration in die logistischen Prozesse des Vorsystems unverzichtbar. Auch für die übrigen Zollverfahren ist eine Prozessintegration in der Regel sinnvoll. Die Beispiele dieses Buchs beziehen sich daher durchweg auf integrierte Prozesse.

Belegkategorien

Für die Nutzung der Zollabwicklung können Sie vier Kategorien von Vorsystembelegen an SAP GTS überleiten lassen:

- Bestellungen
- Anlieferungen
- Materialbelege
- Fakturen

Zollanmeldungen und Zollsendungen

Aus den Daten von Bestellungen, Materialbelegen und Fakturen kann SAP GTS *Zollanmeldungen* generieren. »Zollanmeldung« meint hier noch nicht die förmliche Willensäußerung eines Anmelders, Waren in ein bestimmtes Zollverfahren überführen zu lassen. Der Begriff bezeichnet vielmehr das Replikat eines Vorsystembelegs oder die Zusammenfassung mehrerer Vorsystembelege bzw. -belegpositionen für die Überführung von Waren in ein anderes Zollverfahren als das Versandverfahren. Anlieferungen können in SAP GTS sowohl zu Zollanmeldungen als auch zu *Zollsendungen* werden. Zollsendungen verwenden Sie als Beleggrundlage für die Abgabe von Ankunftsanzeigen und Entladekommentaren bei der Beendigung eines Versandverfahrens (siehe Abschnitt 2.2, »Versandverfahren bei der Einfuhr«). Auch Fakturen können in SAP GTS als Zollsendungen repliziert werden. Sie sind dann Beleggrundlage für die Eröffnung eines Versandverfahrens (siehe Abschnitt 3.2.1, »Überführung in das Versandverfahren in SAP GTS«).

[«]

Anwendungsbereiche des Customs Managements

Aus entwicklungsgeschichtlichen und technischen Gründen besteht das Customs Management aus zwei Anwendungsbereichen: Versand/Gestellung und Zollabwicklung. Die Zollabwicklung umfasst alle Zollverfahren außer dem Versandverfahren. Für SAP-GTS-Kunden außerhalb des Europäischen Wirtschaftsraums (EWR) war diese Unterscheidung bis Release 10.1 einschließlich ohne praktische Bedeutung. Wenn Ihr Unternehmen plant, SAP GTS sowohl für die Durchführung von Versandverfahren als auch für die übrige Zollabwicklung einzusetzen, müssen Sie beide Anwendungsbereiche implementieren. Den Anwendungsbereich Versand/Gestellung nutzen Sie bei Bedarf auch für die Abgabe summarischer Anmeldungen (siehe Abschnitt 2.1.1, »Ablauf einer Einfuhr in die EU«).

Seit Release 10.0 umfasst der Anwendungsbereich Versand/Gestellung auch die Teilnahme an EMCS zur Beförderung verbrauchsteuerpflichtiger Waren im Steueraussetzungsverfahren (siehe Abschnitt 6.2, »Beförderung im Steueraussetzungsverfahren«). In Release 11.0 kam die Beförderung unverzollter Waren in eine *Foreign Trade Zone* (FTZ) hinzu. Die Zollabwicklung wurde in Release 10.0 um die Vorabanmeldung im Rahmen des *Importer Security Filings* (ISF) erweitert. Auf diese beiden US-spezifischen Ergänzungen wird in diesem Buch jedoch nicht eingegangen.

Abbildung 1.8 stellt die Belegreplikation für die Nutzung der Anwendungsbereiche des Customs Managements im Überblick dar.

Steuerung der Belegüberleitung

Wie Sie bereits in Abschnitt 1.2.1, »Außenwirtschaftsrechtliche Prüfungen«, gelesen haben, müssen Sie vor dem Einrichten der Prozessintegration entscheiden, welche Vorsystembelege relevant für die Überleitung an SAP GTS sind. Die Auswahl der Belegarten und Bewegungsarten (bei Materialbelegen) treffen Sie im Customizing des Vorsystems in der Steuerung der Belegüberleitung, die Sie bereits aus Abbildung 1.5 kennen. Abbildung 1.9 zeigt einen anderen Ausschnitt aus dieser Überleitungssteuerung.

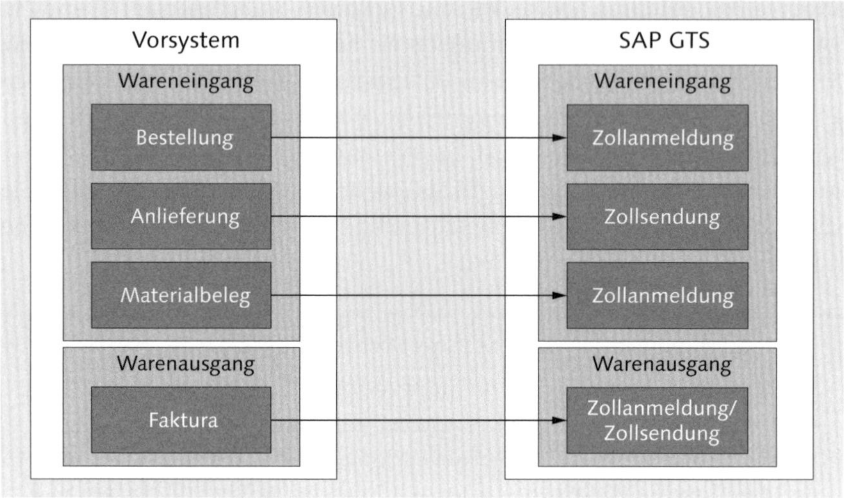

Vorsystem
Wareneingang
Bestellung
Anlieferung
Materialbeleg
Warenausgang
Faktura

SAP GTS
Wareneingang
Zollanmeldung
Zollsendung
Zollanmeldung
Warenausgang
Zollanmeldung/
Zollsendung

Abbildung 1.8 Belegüberleitung für das Customs Management

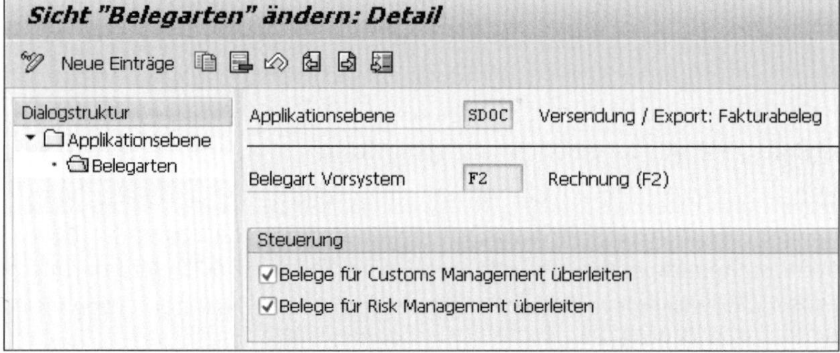

Abbildung 1.9 Steuerung der Belegüberleitung im Vorsystem

Im Beispiel in Abbildung 1.9 wurde auf der Applikationsebene SDOC die Fakturaart F2 (Feld **Belegart Vorsystem**) für die Überleitung an SAP GTS ausgewählt. Im Bereich **Steuerung** sind die Kennzeichen **Belege für Customs Management überleiten** und **Belege für Risk Management überleiten** gesetzt. Die Faktura wird dennoch nur einmal repliziert. Die Anwendungsbereiche Ausfuhrerstattung und Akkreditivabwicklung nutzen die Zollanmeldung für ihre Prüfungen einfach mit.

Überleitungsrelevanz

Die Vorsystembelege der Applikationsebenen MMOA, MMOB, SDOA und SDOB werden für die Prüfungen des Compliance Managements und ggf. auch des Risk Managements immer übergeleitet, wenn ihre jeweilige Beleg- bzw. Bewegungsart als überleitungsrelevant gekennzeichnet ist. Es spielt also für die Überleitung keine Rolle, ob es sich bei dem zugrunde liegenden

Vorgang um ein Inlandsgeschäft, eine Lieferung innerhalb der EU oder um eine Ein- bzw. Ausfuhr handelt. SAP GTS entscheidet nach der Replikation auf der Grundlage von Customizing-Einstellungen, ob bzw. in welchem Umfang eine Prüfung der Belegdaten stattfindet. Dieses Vorgehen ist sinnvoll, weil für außenwirtschaftsrechtliche Prüfungen grundsätzlich jeder Vorsystembeleg relevant sein kann.

Prüfung durch das Vorsystem

Dagegen wird bereits im Vorsystem geprüft, welche Belege der Beleg- und Bewegungsarten, die für die Nutzung des Customs Managements vorgesehen sind, für die Überleitung relevant sind. So werden z. B. Fakturen zu Inlandsverkäufen und Lieferungen innerhalb der EU grundsätzlich nicht an SAP GTS übergeleitet, weil diese Vorgänge nicht Gegenstand zollamtlicher Überwachung sind. Ebenso wenig werden Fakturen ohne Lieferbezug übergeleitet, weil wesentliche Informationen zur körperlichen Warenbewegung fehlen.

Scheitern der Replikation

Die Überleitung von Anlieferungen (soweit sie für das Customs Management bestimmt sind), Materialbelegen und Fakturen an SAP GTS erfolgt immer asynchron. Die Belege werden also zuerst auf der Datenbank des Vorsystems angelegt und anschließend per RFC an SAP GTS übergeleitet. Technisch unvollständige Replikate gibt es im Customs Management nicht. Fehlen Mapping-Einstellungen oder liegen andere schwerwiegende Mängel vor, scheitert die Replikation. SAP GTS legt die Zollsendung oder Zollanmeldung zum Vorsystembeleg also gar nicht erst an (siehe auch Abschnitt 3.1.2, »Abwicklung des Ausfuhrverfahrens in SAP GTS«).

Protokollierung der Überleitung

Gescheiterte Replikationsversuche werden jedoch protokolliert. Wenn Sie eine Zollanmeldung oder eine Zollsendung zu einem Vorsystembeleg vermissen, prüfen Sie in SAP GTS das Überleitungsprotokoll für diesen Beleg. Sie finden die Transaktionen zur Auswertung der Protokolle im Anwendungsmenü im Bereich **Systemadministration** (Schaltfläche **Systemüberwachung**, Sicht **Protokolle**). Abbildung 1.10 zeigt einige Beispiele für Protokolleinträge zur Überleitung von Fakturen.

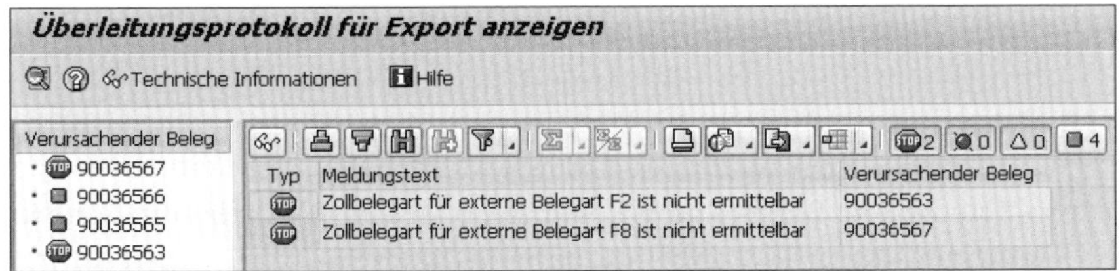

Abbildung 1.10 Überleitungsprotokoll für Fakturen

In Abbildung 1.10 sehen Sie, dass insgesamt vier Fakturen an SAP GTS übergeleitet wurden. Die Replikation der Fakturen 90036563 und 90036567 ist gescheitert (Symbol [STOP] in der Spalte **Typ**). Der Spalte **Meldungstext** können Sie entnehmen, welcher Mangel jeweils die Replikation verhindert hat. Die Fakturen 90036565 und 90036566 konnten zwar repliziert werden (Symbol ■ links neben der Belegnummer). SAP GTS hat jedoch nicht alle grundsätzlich verwertbaren Daten dieser Fakturen tatsächlich in die Zollanmeldungen übernommen und informiert nun im Protokoll über die Lücken. (Die entsprechenden Meldungstexte wurden in Abbildung 1.10 ausgeblendet.)

Replikate und ihr Status

In Abbildung 1.11 sehen Sie eine Zollanmeldung, die in SAP GTS durch die Replikation einer Faktura mit zwei Belegpositionen entstanden ist. Der Ausschnitt zeigt die Sicht **Positionsübersicht**, die Sie in den Kopfdaten der Zollanmeldung finden.

Abbildung 1.11 Positionsübersicht einer Zollanmeldung

Wie die Import- und Exportbelege, die Sie in Abschnitt 1.2.1, »Außenwirtschaftsrechtliche Prüfungen«, kennengelernt haben, erhalten auch Zollanmeldungen und Zollsendungen verschiedene Status. In Abbildung 1.11 erkennen Sie oberhalb der Sichten des Belegs zwei Status: **Bearbeitung** und **Unvollständigkeit**. Der Status **Bearbeitung** gibt an, ob es sich um einen noch in Bearbeitung befindlichen oder um einen bereits abgeschlossenen oder gar stornierten Beleg handelt. Der Status **Unvollständigkeit** informiert Sie über das Gesamtergebnis der Unvollständigkeitsprüfung, die SAP GTS nach der Replikation des Vorsystembelegs durchführt. Das Symbol ■ rechts neben der Statusbezeichnung kennzeichnet die Zollanmeldung als vollständigen Beleg – eine wesentliche Voraussetzung für die Abgabe der eigentlichen Ausfuhranmeldung. Die Positionsübersicht enthält außerdem noch den Status **Kalkulation**. Dieser Status spielt in erster Linie in Zollanmeldungen für Einfuhren eine Rolle. Sie können anhand dieses Status erkennen, ob SAP GTS für jede Belegposition eine Zollwert- und ggf. auch eine Einfuhrabgabenberechnung durchführen konnte. In Zollanmeldungen für Ausfuhren protokolliert SAP GTS mit diesem Status die Übernahme des Nettowerts und des statistischen Werts der Fakturapositionen aus dem Vorsystem.

Außenwirtschaftsrechtliche Prüfungen

Eine außenwirtschaftsrechtliche Prüfung der Zollanmeldung ist ebenfalls möglich. Erkennt SAP GTS ein außenwirtschaftsrechtliches Hindernis für die Ein- oder Ausfuhr, gilt der Beleg als unvollständig. Die Abgabe der Ein- oder Ausfuhranmeldung ist dann ausgeschlossen. Die Bearbeitung von Zollanmeldungen und Zollsendungen von der Replikation der Vorsystembelege bis zum Abschluss des jeweiligen Zollverfahrens wird in Kapitel 2, »Zollverfahren bei der Einfuhr«, und Kapitel 3, »Zollverfahren bei der Ausfuhr«, ausführlich erläutert.

1.3 Stammdatenpflege

Neben den in Abschnitt 1.2.1, »Außenwirtschaftsrechtliche Prüfungen«, behandelten Mapping-Einstellungen ist die Qualität der Stammdaten in SAP GTS von entscheidender Bedeutung für die fehlerfreie Replikation der Vorsystembelege, aber auch für die zügige Weiterbearbeitung der Replikate in SAP GTS.

1.3.1 Stammdatenüberleitung aus dem Vorsystem

Stammdaten für die Belegüberleitung

Die Integration von SAP GTS in die Prozesse des Vorsystems setzt voraus, dass ein Grundbestand an Stammdaten in beiden Systemen vorrätig und aktuell gehalten wird. Bevor Sie Vorsystembelege überleiten können, müssen Sie SAP GTS zunächst *Debitoren-*, *Kreditoren-* und *Materialstammdaten* durch Replikation zur Verfügung stellen. Die Debitoren und Kreditoren eines SAP-ERP-Vorsystems werden in SAP GTS zu *SAP-Geschäftspartnern*. SAP S/4HANA verwaltet seinerseits bereits Debitoren und Kreditoren als SAP-Geschäftspartner. SAP GTS legt also neue SAP-Geschäftspartner aus den aus einem SAP-S/4HANA-Vorsystem replizierten SAP-Geschäftspartnerdaten an. Aus den Materialien beider Vorsysteme entstehen in SAP GTS jeweils *Produkte*.

Gruppe logischer Systeme

Technische Voraussetzung für die Übernahme von Debitoren, Kreditoren und Materialien aus dem Vorsystem ist (neben einer RFC-Verbindung) die Zuordnung des Vorsystems zu einer in SAP GTS definierten *Gruppe logischer Systeme*. Eine Gruppe logischer Systeme dient in erster Linie der organisatorischen Zusammenfassung von Vorsystemen mit homogenen Stammdaten, denen dasselbe SAP-GTS-System als Außenhandelsdienstleister zuarbeiten soll. Debitoren, Kreditoren und Materialien müssen Sie jeweils nur aus *einem* der Vorsysteme der Gruppe an SAP GTS überleiten. Die Replikate werden stets auf der Ebene der Systemgruppe angelegt. Es spielt für SAP GTS also keine Rolle, welches der Gruppenmitglieder einen Stammsatz übergeleitet hat. Abbildung 1.12 illustriert dieses Systemvorgehen anhand eines Beispiels.

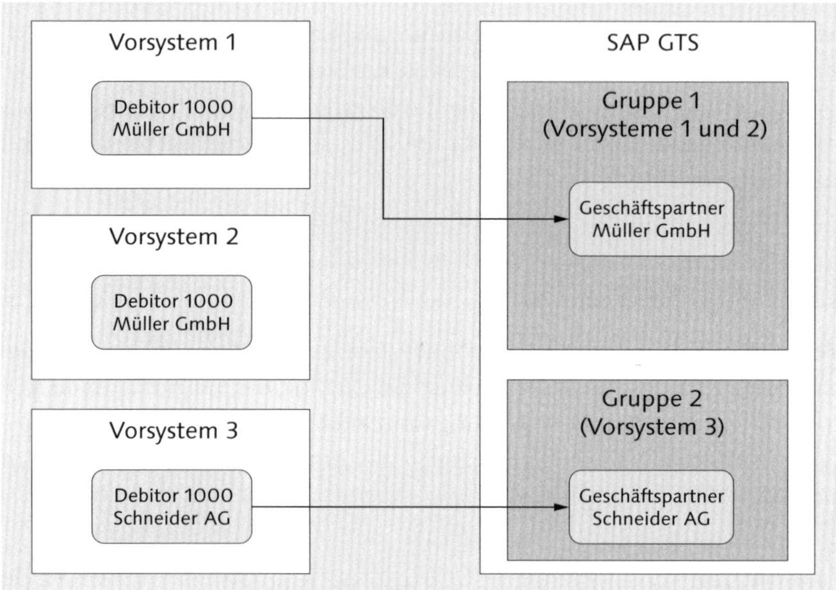

Abbildung 1.12 Gruppen logischer Systeme

Zusammenfassung von Vorsystemen

Die Vorsysteme 1 und 2 in Abbildung 1.12 nutzen die zentrale Stammdatenverwaltung mit *Application Link Enabling* (ALE), einer Integrationstechnologie, die Sie für die Verteilung von Stamm- und Bewegungsdaten zwischen SAP-Systemen oder SAP- und Nicht-SAP-Systemen einsetzen können. Stammdaten werden grundsätzlich im Vorsystem 1 angelegt und von dort an das Vorsystem 2 verteilt. Der Debitor 1000 repräsentiert daher in *beiden* Vorsystemen die Müller GmbH. Beide Vorsysteme gehören in SAP GTS zur selben Gruppe logischer Systeme (Gruppe 1). Die Überleitung der Stammdaten an SAP GTS erfolgt nur aus Vorsystem 1. Vorsystem 3 nimmt nicht an der zentralen Stammdatenverwaltung teil. Der Debitor 1000 repräsentiert dort die Schneider AG. Das Vorsystem 3 wurde daher in SAP GTS einer eigenen Gruppe logischer Systeme zugeordnet und leitet seine Stammdaten separat an SAP GTS über. Wären alle drei Vorsysteme zu einer einzigen Gruppe zusammengefasst worden, gäbe es nach der Überleitung des Debitors 1000 nur *einen* Geschäftspartner in SAP GTS. Das System könnte also nicht zwischen der Müller GmbH und der Schneider AG unterscheiden. Für die Prozessintegration wäre dieser Konfigurationsfehler fatal. Wenn Sie mehrere Vorsysteme mit einem SAP-GTS-System verbinden, müssen Sie daher die Stammdatenlandschaft dieser Vorsysteme genau prüfen und im Zweifelsfall für jedes Vorsystem eine eigene Gruppe logischer Systeme anlegen. Die

Bildung logischer Systemgruppen ist in den Konfigurationsleitfäden ausführlich beschrieben.

Initiale Stammdatenüberleitung

Zu Beginn einer SAP-GTS-Einführung erfolgt in der Regel eine Übernahme des zu diesem Zeitpunkt aktuellen Datenbestands (*initiale Stammdatenüberleitung*). Im SAP-ERP- bzw. SAP-S/4HANA-Vorsystem stehen Ihnen dafür eigene Programme zur Verfügung. Da es sich in den meisten Projekten um große Datenmengen handelt, sind diese Programme in erster Linie für die Hintergrundverarbeitung gedacht. Eine Ausführung im Dialog ist jedoch auch möglich. Sie finden die entsprechenden Transaktionen im Vorsystem im Anwendungsmenü für den Datenaustausch mit SAP GTS (Einstiegstransaktionscode /SAPSLL/MENU_LEGALR3). Abbildung 1.13 zeigt einen Ausschnitt aus der Sicht **Initialüberleitung Stammdaten**.

Abbildung 1.13 Programme für die initiale Stammdatenüberleitung

Weitere Stammdaten

Wie Sie in Abbildung 1.13 sehen, können Sie nicht nur Debitoren, Kreditoren und Materialien an SAP GTS überleiten. Ebenfalls überleitbar sind *Ansprechpartner*, also Mitarbeiter Ihrer Kunden und Lieferanten, die Sie mit ihrer Privatadresse als eigene Stammdaten im Vorsystem erfassen können. Wie die *Bewerber*, die in SAP ERP Stammdaten des Personalwesens sind, werden Ansprechpartner im Zuge der Replikation in SAP GTS zu SAP-Geschäftspartnern, die der Sanktionslistenprüfung unterzogen werden können. Dasselbe gilt für *Banken*, die Sie im Vorsystem als Stammdaten des Rechnungswesens anlegen. *Stücklisten* müssen Sie nur dann an SAP GTS überleiten, wenn Sie die Reexportkontrolle oder die Präferenzkalkulation nutzen wollen (siehe Abschnitt 4.1.3, »Reexportkontrolle«, und Abschnitt 5.1.3, »Präferenzkalkulation«).

SAP-Geschäftspartner

Anders als Produkte und Stücklisten sind SAP-Geschäftspartner keine SAP-GTS-spezifischen Stammdaten, sondern Kernbestandteil einer lösungsübergreifenden Geschäftspartnerverwaltung. Diese Geschäftspartnerverwaltung nutzen außer SAP GTS und SAP S/4HANA u. a. auch SAP EWM und einige SAP-ERP-Teilkomponenten, wie z. B. das Financial Supply Chain Management. SAP-Geschäftspartner sind daher je nach Einsatzbereich der Funktion nicht nur Geschäftspartner im engeren Sinn (wie Kunden, Lieferanten und Banken), sondern auch Behörden, Mitarbeiter oder Mieter. Sie bearbeiten SAP-Geschäftspartner in einer Transaktion, die Sie an verschiedenen Stellen im Anwendungsmenü finden oder direkt über den Transaktionscode BP aufrufen können. Abbildung 1.14 zeigt einen Ausschnitt aus dem Stammsatz eines SAP-Geschäftspartners, der durch die Überleitung eines Debitors aus einem SAP-ERP-Vorsystem entstanden ist.

Abbildung 1.14 SAP-Geschäftspartner – Sicht »Anschrift« (Ausschnitt)

SAP GTS übernimmt aus dem Vorsystem die Adresse der Debitoren bzw. Kreditoren und legt sie in der Sicht **Anschrift** ab. In Abbildung 1.14 sehen Sie auch, dass der Stammsatz des SAP-Geschäftspartners eine eigene Sicht für SAP GTS enthält. In dieser Sicht können Sie u. a. den Zeitpunkt und das Ergebnis der letzten Sanktionslistenprüfung prüfen. SAP-Geschäftspartner können mehrere Rollen innehaben. So ist z. B. der aus dem Vorsystem übergeleitete Debitor in Abbildung 1.14 ein SAP-Geschäftspartner in der Rolle *Kunde*. Diese Rolle ist eine der SAP-GTS-spezifischen Geschäftspartnerrollen, die Sie in den folgenden Kapiteln näher kennenlernen werden.

Überleitung neuer und geänderter Daten

Nach der initialen Stammdatenübernahme müssen Sie sicherstellen, dass neu angelegte Stammdaten, aber auch relevante Änderungen an bereits übergeleiteten Stammdaten zeitnah in Ihr SAP-GTS-System gelangen. Benutzt ein Anwender im Vorsystem z. B. ein neu angelegtes, aber noch nicht an SAP GTS übergeleitetes Material in einem Verkaufsbeleg, der seinerseits relevant für die Überleitung an SAP GTS ist, entsteht ein technisch unvollständiger Exportbeleg in SAP GTS. Eine manuelle Überleitung neuer oder geänderter Stammdaten ist zwar auch mit den Transaktionen für die initiale Datenüberleitung aus Abbildung 1.13 möglich. Im Alltag ist diese Vorgehensweise jedoch in der Regel zu umständlich. Außerdem besteht immer die Gefahr, dass eine relevante Stammdatenänderung übersehen oder die erneute Überleitung des geänderten Stammsatzes einfach vergessen wird.

Änderungszeiger

Für die regelmäßige, systemgesteuerte Überleitung neuer und geänderter Stammdaten im Hintergrund ist ein Instrument vorgesehen, das auch in der »traditionellen« Stammdatenverteilung zwischen SAP-Systemen mit ALE eingesetzt wird: die Auswertung von Änderungszeigern.

[«]

Technischer Hintergrund

Änderungszeiger sind ein sogenannter ALE-Dienst. Wenn Sie in SAP ERP bzw. SAP S/4HANA Stammdaten neu anlegen oder ändern, erzeugen die Anwendungsprogramme *Änderungsbelege*, um die Änderungen auf der Datenbank zu protokollieren. Der ALE-Dienst ergänzt Änderungszeiger zu diesen Änderungsbelegen. Das Programm `RBDMIDOC` wertet die Änderungszeiger aus und erzeugt Intermediate Documents (IDocs), um die neuen oder geänderten Stammdaten an die Empfängersysteme zu verteilen. Für die Verteilung von Stammdaten an SAP GTS nutzt das Programm stattdessen RFCs. Voraussetzung dafür ist, dass die Zusatzdaten zu den verwendeten Nachrichtentypen den richtigen Aufbereitungsfunktionsbaustein enthalten, für die Überleitung von Materialstammdaten also z. B. `/SAPSLL/MATMAS_DISTRIBUTE_R3` anstelle von `MASTERIDOC_CREATE_SMD_MATMAS`.

SAP liefert im Namensraum /SAPSLL/ eigene Nachrichtentypen für die Änderungszeigernutzung in SAP-GTS-Szenarien aus. Es handelt sich jeweils um *reduzierte* Nachrichtentypen. Auf diese Weise ist sichergestellt, dass das Vorsystem nur Änderungszeiger für relevante Stammdatenänderungen auf der Datenbank ablegt.

Scheitern der Replikation

Nicht immer gelingt die Stammdatenreplikation in SAP GTS auf Anhieb. Wie bei der Belegüberleitung kann das System auf Mängel stoßen, die eine Replikation des Datensatzes verhindern. Eine typische Fehlerquelle bei der Überleitung von Materialstammdaten sind Unterschiede in der Definition von Maßeinheiten in Vorsystem und SAP GTS sowie falsche oder fehlende ISO-Codes für Maßeinheiten in SAP GTS. Die Replikation von Geschäftspartnern scheitert oft an Lücken in den Adressdaten der Vorsystemstammsätze. Diese Lücken fallen möglicherweise überhaupt erst bei der Überleitung der Debitoren und Kreditoren an SAP GTS auf. Insbesondere wegen der hohen Anforderungen der Zollverwaltung an die Vollständigkeit von Adressangaben in Zollanmeldungen ist die Adressprüfung in SAP GTS nämlich oft schärfer als im Vorsystem eingestellt.

[!]

Ausgabedarstellung der Materialnummer

SAP GTS übernimmt die Materialnummer des Vorsystems als externe Produktnummer. Vor der initialen Überleitung des Materialstamms an SAP GTS müssen Sie daher die Ausgabedarstellung dieser Nummer an die Ausgabedarstellung der Materialnummer im Vorsystem anpassen. Wählen Sie dazu im Einführungsleitfaden Ihres SAP-GTS-Systems **Global Trade Services • Allgemeine Einstellungen • Ausgabedarstellung der externen Produktnummer definieren**. Wenn Sie also z. B. im Vorsystem Materialnummern mit führenden Nullen ausgeben lassen, müssen Sie in der Steuerung der Ausgabedarstellung in SAP GTS das Kennzeichen **Führende Nullen anzeigen** setzen. Eine nachträgliche Korrektur dieser Einstellungen ist nicht möglich.

Protokollierung der Überleitung

SAP GTS protokolliert auch die Stammdatenüberleitung. Es ist sinnvoll, diese Protokolle unmittelbar nach der initialen Datenübernahme zu prüfen. Sie finden die Transaktionen zur Auswertung der Protokolle im Anwendungsmenü im Bereich **Systemadministration** (Schaltfläche **Systemüberwachung**, Sicht **Protokolle**).

1.3.2 Stammdatenpflege in SAP GTS

Weiterbearbeitung übergeleiteter Stammdaten

Die meisten Stammdaten, die Sie aus Ihrem Vorsystem an SAP GTS übergeleitet haben, bearbeiten Sie in SAP GTS in irgendeiner Form weiter. So unterziehen Sie z. B. Geschäftspartner einer Sanktionslistenprüfung oder Stücklisten einer Präferenzkalkulation. Im Hinblick auf die Stammdatenpflege spielt der Produktstamm jedoch die größte Rolle, denn alle SAP-GTS-Anwendungsbereiche mit Ausnahme der Sanktionslistenprüfung sind auf Produktinformationen angewiesen. In der Zollabwicklung ist z. B. für jedes einzuführende Produkt eine Zolltarifnummer erforderlich. Für Produkte, die Sie ausführen oder in andere EU-Mitgliedstaaten liefern, benötigen Sie statistische Warennummern in der Zollanmeldung bzw. in der Intrastat-Meldung. Die Genehmigungspflicht einer Ausfuhr ist für SAP GTS an der Güterlistennummer des Produkts erkennbar. All diese Daten ergänzen Sie in SAP GTS.

Beispiel Produktstamm

Abbildung 1.15 zeigt den Stammsatz eines Produkts, das durch die Überleitung eines Materials aus dem Vorsystem entstanden ist und in SAP GTS weiterbearbeitet wurde.

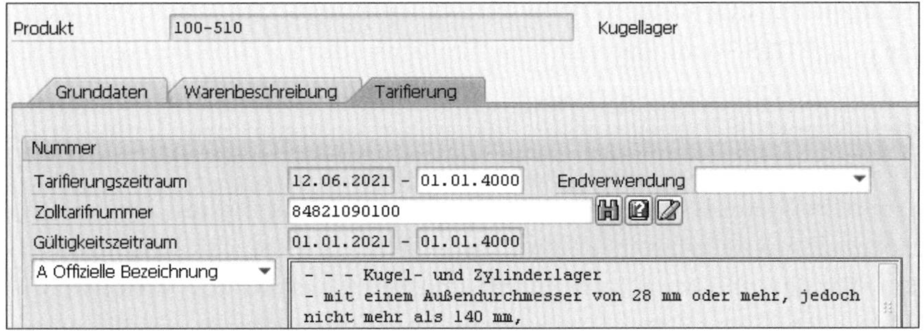

Abbildung 1.15 Sicht »Tarifierung« eines Produkts

In Abbildung 1.15 sehen Sie, dass Produktstammsätze ebenso wie Materialstammsätze aus verschiedenen Sichten bestehen. Der Bildausschnitt zeigt die Sicht **Tarifierung**, in der Sie einem Produkt Zolltarifnummern und statistische Warennummern zuordnen. Die Sicht **Grunddaten** füllt SAP GTS schon bei der Anlage des Produkts mit Daten aus dem Vorsystem. Übernommen werden:

- Materialnummer
- Kurztexte in allen im Vorsystem gepflegten Sprachen
- Löschvormerkungen
- Bruttogewicht
- Nettogewicht
- Gewichtseinheit
- Basismengeneinheit
- Alternativmengeneinheiten mit Umrechnungsfaktoren

Außenhandelsdaten im Materialstamm

Nicht Bestandteil der Datenübernahme aus einem SAP-ERP-Vorsystem sind dagegen die Inhalte der Sichten **Außenhandel: Export** oder **Außenhandel: Import**. Die Zuständigkeit sowohl für die Tarifierung und ggf. weitere außenhandelsspezifische Klassifizierungen als auch für die Ermittlung des präferenziellen Ursprungs eines Materials verlagert sich mit der Einführung von SAP GTS vollständig in dieses System.

Übernahme bereits vorhandener Nummernzuordnungen

Möglicherweise haben Sie Ihren Materialstamm bereits ganz oder teilweise tarifiert. Um diesen Aufwand in SAP GTS nicht noch einmal zu betreiben, können Sie die Zuordnung von Zolltarifnummern, statistischen Warennummern und Güterlistennummern aus einem SAP-ERP-Vorsystem in Dateien exportieren und anschließend in SAP GTS importieren. SAP-Hinweis 806625 beschreibt die Vorgehensweise bei dieser Datenübernahme.

Neuanlage von Stammdaten in SAP GTS

Zusätzlich zu den aus dem Vorsystem übergeleiteten Stammdaten müssen Sie in SAP GTS Stammdaten manuell anlegen oder aus XML-Dateien, die Sie von Datenlieferanten beziehen, in Ihr System hochladen. Welchen Umfang diese Stammdatenpflege in SAP GTS annimmt, hängt in erster Linie von der Auswahl der Anwendungsbereiche ab. Wenn Sie z. B. nur die Sanktionslistenprüfung einsetzen, beschränkt sich der Aufwand auf das regelmäßige Hochladen aktualisierter Sanktionslisten. Wenn Sie dagegen die Zollabwicklung für Ein- und Ausfuhren nutzen, müssen Sie in SAP GTS Zolltarifnummern, statistische Warennummern und Zollstellen pflegen. Bewilligungen für Verfahrensvereinfachungen und für die Teilnahme an besonderen Verfahren sind in SAP GTS ebenfalls Stammdaten.

Daten-Upload

Nicht alle SAP-GTS-spezifischen Stammdaten können Sie selbst anlegen. Die manuelle Abbildung vollständiger Sanktionslisten ist z. B. nur eine theoretische Option. Der Aufwand für die manuelle Pflege von Zolltarifnummern oder statistischen Warennummern ist in den meisten Fällen ebenfalls zu hoch. Verschiedene Datenlieferanten bieten daher speziell für den Upload in SAP GTS aufbereitete Datenpakete in einem mit SAP abgestimmten XML-Format zum Kauf an. In der Regel handelt es sich dabei um eine Art Abonnement, das Sie in regelmäßigen Abständen mit Aktualisierungen in Form von XML-Dateien versorgt. Beim Upload generiert SAP GTS aus dem Inhalt dieser Dateien automatisch Stammdaten.

In den folgenden Kapiteln dieses Buchs spielen Stammdaten eine wichtige Rolle. Sie lernen die für die einzelnen Anwendungsbereiche erforderlichen Stammdaten jeweils im Kontext dieser Anwendungsbereiche näher kennen.

1.4 Abbildung von Rechtsnormen

Die Zuverlässigkeit der Schutzwirkung, die SAP GTS in Ihren Außenhandelsprozessen entfaltet, hängt entscheidend von der Vollständigkeit und Richtigkeit der Abbildung maßgeblicher Rechtsnormen im System ab. Das Auslieferungs-Customizing Ihres SAP-GTS-Systems leistet hier bereits wesentliche Vorarbeiten, kann jedoch in vielen Fällen nur Vorschlagscharakter haben. Sie müssen daher die Musterkonfiguration in jedem Fall vor dem Hintergrund Ihrer Prozesse prüfen und bei Bedarf anpassen.

1.4.1 Grundkonzept

Gesetzliche Grundlagen

Außenhandelsrelevante Rechtsnormen begegnen Ihnen in SAP GTS in Gestalt sogenannter *gesetzlicher Grundlagen*. Aus technischer Sicht sind gesetzliche Grundlagen alphanumerische Schlüssel, die im Customizing des SAP-GTS-Systems definiert werden und mit einer Vielzahl von Steuerparametern verknüpft sind. Die meisten dieser Steuerparameter sind abhängig vom Anwendungsbereich, in dem die gesetzliche Grundlage eingesetzt werden soll. So legen Sie z. B. auf der Ebene einer gesetzlichen Grundlage für die Sanktionslistenprüfung den Umfang und die Schärfe der Adressprüfung fest. Abbildung 1.16 zeigt die Definition der gesetzlichen Grundlage ATLAS als Beispiel für eine gesetzliche Grundlage, die im Auslieferungs-Customizing enthalten ist.

Gesetzl. Grundlage	ATLAS
Gesetzliche Grundlage	
Beschreibung	Zollabwicklung Deutschland
	(ATLAS-Teilnahme und Druck)
Art des Rechtskodex	01 Zollabwicklung
Import / Export	3 Import/Eingang und Export/Versendung
Ursprungsland der GG	DE

Abbildung 1.16 Definition einer gesetzlichen Grundlage

Beispiel ATLAS

Die gesetzliche Grundlage ATLAS repräsentiert in SAP GTS die Gesamtheit aller in Deutschland geltenden zollrechtlichen Vorschriften. ATLAS umfasst in diesem Sinn sowohl das Zollrecht der EU, also den Unionszollkodex (UZK) und seine Durchführungsvorschriften, als auch nationales Recht, nämlich das Zollverwaltungsgesetz (ZollVG) und die Zollverordnung (ZollV). Ebenfalls einbezogen sind Verwaltungsvorschriften und technische Vorgaben für die elektronische Kommunikation mit den Zollbehörden, wie sie z. B. in der ATLAS-Verfahrensanweisung und im EDI-Implementierungshandbuch zu finden sind. In Abbildung 1.16 sehen Sie außer einem beschreibenden Text auch noch zwei übergreifende Einstellungen: die Klassifizierung der gesetzlichen Grundlage (Feld **Art des Rechtskodex**) und ihren Prozessbezug (Feld **Import / Export**). Der Rechtskodex bestimmt die Verwendung einer gesetzlichen Grundlage in SAP GTS. Wie Sie in Abbildung 1.16 erkennen, ist die gesetzliche Grundlage ATLAS für die Zollabwicklung vorgesehen, und zwar sowohl für Ein- als auch für Ausfuhren (Kennzeichen **3 Import/Eingang und Export/Versendung**). Das Länderkennzeichen im Feld **Ursprungsland**

der GG dient nur der Information. In Kapitel 2, »Zollverfahren bei der Einfuhr«, und Kapitel 3, »Zollverfahren bei der Ausfuhr«, lernen Sie zahlreiche Konfigurationsdetails der gesetzlichen Grundlage ATLAS kennen.

Nicht immer ist eine unveränderte Verwendung der im Auslieferungs-Customizing enthaltenen gesetzlichen Grundlagen sinnvoll. Möglicherweise gibt es dort auch noch gar kein zu Ihren Anforderungen passendes Muster. In solchen Fällen legen Sie eigene gesetzliche Grundlagen im Kundennamensraum an. Wählen Sie dazu im Einführungsleitfaden Ihres SAP-GTS-Systems den Menüpfad **Global Trade Services • Allgemeine Einstellungen • Gesetzliche Grundlagen • Gesetzliche Grundlage definieren**. Eine ausführliche Beschreibung der Vorgehensweise finden Sie in den Konfigurationsleitfäden. Die anwendungsspezifische Ausgestaltung gesetzlicher Grundlagen wird in den folgenden Kapiteln erläutert.

[!]

Gesetzliche Grundlagen und Gesetzesänderungen

Das Auslieferungs-Customizing enthält gesetzliche Grundlagen, deren Konfiguration der Rechtslage zum Zeitpunkt der Auslieferung entspricht. Gesetzesänderungen, die nach diesem Zeitpunkt in Kraft treten, können durchaus Änderungen der Systemkonfiguration nach sich ziehen. Wenn eine Gesetzesänderung Anpassungen des Programmcodes zur Folge hat, können Sie Ihr System durch das Implementieren von Support Packages wieder auf den aktuellen Stand bringen. Auch das Auslieferungs-Customizing wird auf diesem Weg immer wieder angepasst. Sie sollten in jedem Fall sicherstellen, dass sachkundige Mitarbeiter relevante Gesetzesänderungen im Auge behalten und bei Bedarf Konfigurationsänderungen bei der (Inhouse-)Beratung anfordern. Wenn Sie SAP GTS für die elektronische Kommunikation mit Zollbehörden nutzen, müssen Sie sich auf regelmäßige Anpassungen der Meldeformate durch die Behörden einstellen.

Organisationseinheiten

In SAP ERP bzw. SAP S/4HANA sind Organisationseinheiten, wie z. B. Buchungskreis, Werk, Verkaufsorganisation oder Lagernummer, die Hauptträger der prozessbezogenen Systemkonfiguration: Zahlreiche Customizing-Einstellungen in Logistik und Rechnungswesen sind abhängig von Organisationseinheiten. In SAP GTS gibt es keine Organisationseinheiten. Aus der Perspektive der Systemkonfiguration treten die gesetzlichen Grundlagen an die Stelle der Organisationseinheiten. Die meisten Customizing-Einstellungen in SAP GTS dienen nämlich der Konfiguration gesetzlicher Grundlagen für die einzelnen Anwendungsbereiche. Diese Tatsache ist auch in Anwendungstransaktionen zu erkennen. Abbildung 1.17 zeigt einen Ausschnitt aus der Sicht **Gesetzliche Kontrolle** eines Produktstammsatzes.

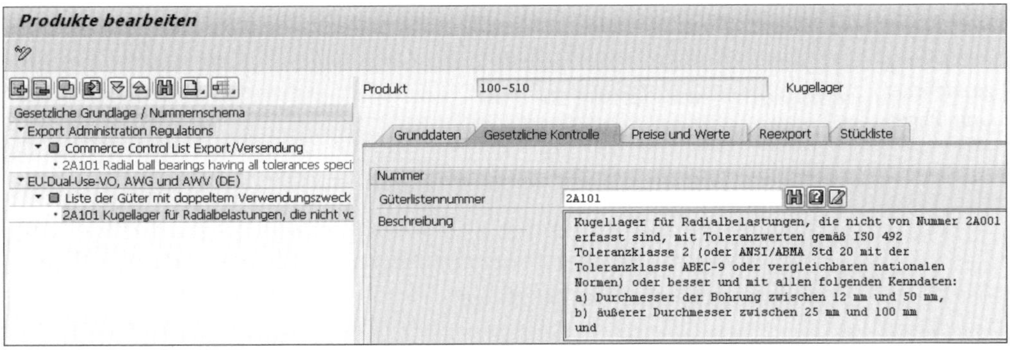

Abbildung 1.17 Produktstammsatz mit gesetzlichen Grundlagen

Gesetzliche Grundlagen im Produktstamm

In der linken Bildhälfte in Abbildung 1.17 sehen Sie zwei Einträge für gesetzliche Grundlagen. Der hellblau unterlegte Text ist die Beschreibung der gesetzlichen Grundlage aus dem Customizing. Der gesetzlichen Grundlage zur Abbildung des deutschen Außenwirtschaftsrechts in Verbindung mit dem einschlägigen Unionsrecht (EU-Dual-Use-VO, AWG und AWV) ist die *Liste der Güter mit doppeltem Verwendungszweck* zugeordnet. In der rechten Bildhälfte sehen Sie die Güterlistennummer 2A101. Diese Nummer kennzeichnet das Produkt als Gut mit doppeltem – also sowohl zivilem als auch militärischem – Verwendungszweck. Vor der Ausfuhr aus Deutschland muss daher eine Ausfuhrgenehmigung eingeholt werden (siehe Abschnitt 4.1.1, »Konfiguration der produktbezogenen Ausfuhrkontrolle«).

Mehrere Länder im selben System

Das Produkt wird nicht nur aus Deutschland, sondern auch aus den USA ausgeführt. Die Ausfuhrkontrollrelevanz des Produkts muss daher zusätzlich auf der Grundlage der *Export Administration Regulations* (EAR), dem Außenwirtschaftsrecht der USA, geprüft und ggf. in der Sicht **Gesetzliche Kontrolle** festgehalten werden. Wird das Produkt noch aus anderen Ländern als Deutschland und den USA ausgeführt, muss auch das Außenwirtschaftsrecht dieser Länder in Form gesetzlicher Grundlagen in SAP GTS abgebildet werden, damit das System eine etwaige Genehmigungspflicht bei der Ausfuhr aus diesen Ländern feststellen kann.

[«]

Ausgelieferte und selbst definierte gesetzliche Grundlagen

Im Customs Management verwenden Sie in der Regel die gesetzlichen Grundlagen des Auslieferungs-Customizings, deren Konfiguration in Zertifizierungsverfahren mit den jeweiligen nationalen Zollbehörden abgestimmt ist. Im Compliance Management und im Risk Management sind Ihre Gestaltungsmöglichkeiten deutlich größer. So ergänzen Sie z. B. am Bedarf Ihres Unternehmens ausgerichtete gesetzliche Grundlagen für das Außenwirtschaftsrecht verschiedener Länder oder für Präferenzabkommen.

1.4.2 Verwendung gesetzlicher Grundlagen im Prozess

Aktivierung gesetzlicher Grundlagen

An die Definition einer gesetzlichen Grundlage schließt sich immer eine zweistufige Aktivierung an:

1. allgemeine Aktivierung der gesetzlichen Grundlage (*Wo* gelten die Rechtsnormen, die mit der gesetzlichen Grundlage abgebildet werden?)
2. spezifische Aktivierung der gesetzlichen Grundlage für einen Anwendungsbereich (Welcher *Anwendungsbereich* arbeitet in welchem *Umfang* mit der gesetzlichen Grundlage?)

Allgemeine Aktivierung

Eine gesetzliche Grundlage können Sie u. a. für die Geltung in einem bestimmten *Land* aktivieren. Abbildung 1.18 zeigt das Beispiel der gesetzlichen Grundlage ATLAS, die nur in Deutschland gilt.

Abbildung 1.18 Allgemeine Aktivierung einer gesetzlichen Grundlage

In Abbildung 1.18 sehen Sie im Bereich **Dialogstruktur** in der linken Bildhälfte, dass der Ordner **Land** geöffnet ist. In diesem Ordner wurde in der rechten Bildhälfte ein Eintrag für Deutschland ergänzt.

Ländergruppen

Die Embargoverordnungen der EU gelten unmittelbar in allen Mitgliedstaaten. Das Abbild dieser Verordnungen in SAP GTS, die selbst definierte gesetzliche Grundlage ZEMEU, wurde daher in Abbildung 1.19 für eine die EU repräsentierende *Ländergruppe* aktiviert (Menüpfad: **Global Trade Services • Allgemeine Einstellungen • Gesetzliche Grundlagen • Gesetzliche Grundlagen auf Ebene Land/Ländergruppe aktivieren**).

In der Dialogstruktur ist nun der Ordner **Ländergruppe** geöffnet. Der Eintrag für die Ländergruppe EG wurde in diesem Ordner angelegt. Wie Sie in Abbildung 1.19 sehen, können Sie gesetzliche Grundlagen auch für Kombinationen von Ländern oder Ländergruppen aktivieren. Die Abkommen, auf denen die Präferenzabwicklung in SAP GTS beruht, müssen Sie sogar immer für mindestens zwei Ländergruppen – nämlich für die jeweiligen Abkommenspartner – aktivieren (siehe Abschnitt 5.1.2, »Abbildung von Präferenzregelungen«).

Sicht "Ländergruppe" ändern: Übersicht

Neue Einträge BC-Set: Feldwert ändern

Dialogstruktur
- Gesetzliche Grundlagen aktivieren
  - Land
    - Land / Land
    - Land / Ländergruppe
  - Ländergruppe
    - Ländergruppe / Land
    - Ländergruppe / Ländergruppe

Ges. Grundlage ZEMEU Embargoverordnungen der EU

Ländergruppe

LGruppe	Beschreibung
EG	Europäische Gemeinschaft

Abbildung 1.19 Allgemeine Aktivierung für eine Ländergruppe

Ländergruppen

Ländergruppen können Sie im Customizing Ihres SAP-GTS-Systems frei definieren und ihnen Länder Ihrer Wahl zuordnen (Menüpfad: **Global Trade Services • Allgemeine Einstellungen • Gesetzliche Grundlagen • Ländergruppe definieren** bzw. **Länder zu Ländergruppe zuordnen**). Ländergruppen dienen zum einen der Aktivierung gesetzlicher Grundlagen, die in derselben Weise in mehreren Staaten gelten. Zum anderen können Sie die Findung von Ein- oder Ausfuhrgenehmigungen ländergruppenabhängig gestalten. Das Auslieferungs-Customizing enthält einige Muster, wie z. B. die in Abbildung 1.19 verwendete Ländergruppe EG.

Spezifische Aktivierung: Customs Management

Die spezifische Aktivierung einer gesetzlichen Grundlage erfolgt immer im Customizing des Anwendungsbereichs, für den sie bestimmt ist. Das Beispiel in Abbildung 1.20 zeigt die Aktivierung der gesetzlichen Grundlage ATLAS für die Zollabwicklung (Menüpfad: **Global Trade Services • Customs Management • Gesetzliche Grundlage für Zollabwicklung und Vorabanmeldung aktivieren**).

Ges. Grundlage ATLAS Zollabwicklung Deutschland

Land

Land	Zoll Import aktiv	Zoll Export aktiv
DE	1 Prüfung: Eingang / Import	1 Prüfung: Versendung / Export

Abbildung 1.20 Aktivierung für eine Teilfunktion – Customs Management

Aus der allgemeinen Aktivierung übernimmt SAP GTS das Land oder die Ländergruppe, im Beispiel der gesetzlichen Grundlage ATLAS also Deutschland (Länderkennzeichen DE). ATLAS soll zum einen die Einfuhrabwicklung steuern. Daher wurde in der Spalte **Zoll Import aktiv** das Kennzeichen **1 Prü-**

fung: Eingang/Import gesetzt. Da die gesetzliche Grundlage zum anderen auch für die Ausfuhrabwicklung genutzt werden soll, wurde in der Spalte **Zoll Export aktiv** das Kennzeichen **1 Prüfung: Versendung / Export** ergänzt. Diesen zweiten Aktivierungsschritt können Sie sich auch als die in Abschnitt 1.1.3, »SAP GTS als Funktionsbaukasten«, beschriebene Entnahme eines Bausteins aus dem Baukasten SAP GTS vorstellen: Der Anwendungsbereich ist nun grundsätzlich einsetzbar.

Spezifische Aktivierung: Compliance und Risk Management

Zum Vergleich zeigt Abbildung 1.21 die Aktivierung der gesetzlichen Grundlage EAR für die gesetzliche Kontrolle, einen Anwendungsbereich des Compliance Managements (Menüpfad: **Global Trade Services • Compliance Management • Gesetzliche Kontrolle • Gesetzliche Grundlagen aktivieren**).

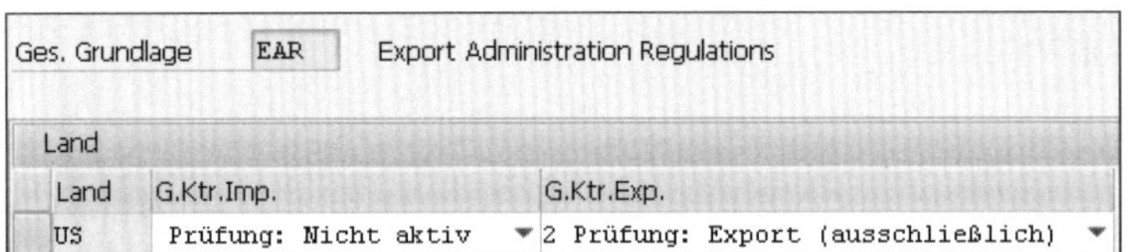

Abbildung 1.21 Aktivierung Teilfunktion – Compliance Management

Anders als das Customs Management differenzieren das Compliance Management und das Risk Management zwischen Warenbewegungen innerhalb der EU (Eingänge und Versendungen) und Drittlandsgeschäften (Importe und Exporte). Vier Kennzeichen stehen für die Aktivierung einer gesetzlichen Grundlage zur Auswahl:

- **1 – Prüfung: Eingang (ausschließlich)** bzw. **Prüfung: Versendung (ausschließlich)**
- **2 – Prüfung: Import (ausschließlich)** bzw. **Prüfung: Export (ausschließlich)**
- **3 – Prüfung: Eingang/Import (exklusive Inland)** bzw. **Prüfung: Versendung/Export (exklusive Inland)**
- **4 – Prüfung: Eingang/Import (inklusive Inland)** bzw. **Prüfung: Versendung/Export (inklusive Inland)**

Da die EAR nur die Ausfuhr von Gütern aus den USA beschränken, wurde die gesetzliche Grundlage EAR ausschließlich für die Prüfung von Exporten aktiviert (Kennzeichen 2). Belegreplikate zu Warenbewegungen innerhalb der USA prüft SAP GTS daher generell nicht im Hinblick auf Genehmigungserfordernisse. Die Kennzeichen 1 und 3 spielen außerhalb der EU keine Rolle. Das Kennzeichen 4 ist in erster Linie für die Aktivierung gesetzlicher Grundlagen für die Sanktionslistenprüfung vorgesehen, also für die Prüfung länderunabhängiger Embargos. Für die US-Reexportkontrolle ist eine eigene gesetzliche Grundlage erforderlich (siehe Abschnitt 4.1.3).

Außenhandelsorganisation und Verwenderbetrieb

Nach der Replikation eines Vorsystembelegs versucht SAP GTS zunächst immer, aktive gesetzliche Grundlagen für die einzelnen Anwendungsbereiche zu ermitteln. Gibt es keine aktive gesetzliche Grundlage, erhält der Anwendungsbereich auf Belegebene den Status »Service nicht aktiv« (siehe auch Abbildung 1.7). Für die Ermittlung gesetzlicher Grundlagen nutzt SAP GTS die Adressdaten bestimmter Geschäftspartner: In Belegen des Customs Managements ist die Außenhandelsorganisation maßgeblich; in Belegen des Compliance Managements und des Risk Managements entscheidet der Verwenderbetrieb. Beide Geschäftspartner sind Ihnen bereits in Tabelle 1.1 als Mapping-Entsprechungen von Buchungskreis und Werk begegnet. Buchungskreise des Vorsystems bilden Sie in SAP GTS als SAP-Geschäftspartner in der Rolle *Außenhandelsorganisation* ab. Den Werken entsprechen in SAP GTS SAP-Geschäftspartner in der Rolle *Verwenderbetrieb*. In Abbildung 1.22 sehen Sie einen Ausschnitt aus der Sicht **Anschrift** eines Verwenderbetriebs.

Abbildung 1.22 SAP-Geschäftspartner in der Rolle »Verwenderbetrieb«

Empfangsland der Einfuhr/ Abgangsland der Ausfuhr

Bei der Überleitung der Vorsystembelege ersetzt SAP GTS das Werk jeder Belegposition durch den in den Mapping-Einstellungen zugeordneten Verwenderbetrieb. Der Buchungskreis wird entsprechend durch die jeweils zugeordnete Außenhandelsorganisation ausgetauscht. Bei der Findung gesetzlicher Grundlagen für Anwendungsbereiche des Compliance Managements und des Risk Managements entnimmt SAP GTS das Bestimmungsland des Wareneingangs bzw. das Abgangsland des Warenausgangs der Adresse des Verwenderbetriebs (Feld **Land** in der Sicht **Anschrift**). Bei der Ermittlung gesetzlicher Grundlagen für die Anwendungsbereiche des Customs Managements zieht SAP GTS stattdessen das Land aus der Adresse der Außenhandelsorganisation heran.

Findung einer gesetzlichen Grundlage

Liefern Sie also Waren aus einem US-amerikanischen Werk in ein anderes Land, identifiziert SAP GTS für außenwirtschaftsrechtliche Prüfungen und ggf. für das Risk Management zunächst den Verwenderbetrieb zu diesem Werk und bestimmt dann anhand der Adresse dieses Verwenderbetriebs die USA als Abgangsland der Ausfuhr. Wenn Sie z. B. die gesetzliche Kontrolle einsetzen, ermittelt SAP GTS anschließend die EAR als aktive gesetzliche Grundlage und prüft die Genehmigungspflicht der Ausfuhr auf dieser Grundlage.

Fazit

Mit diesem Abschnitt endet der komprimierte Einblick in die Konzepte, die SAP GTS und seiner Integration in die Prozesssteuerung in SAP ERP bzw. SAP S/4HANA zugrunde liegen. Er lässt erkennen, dass die Auslagerung des Außenhandels in ein eigenes System zwar eine hohe funktionale Spezialisierung ermöglicht, aber durchaus ihren Preis hat. In den folgenden Kapiteln steht die Darstellung der Systemfunktionen im Vordergrund. Die Integration dieser Funktionen in Vorsystemprozesse spielt jedoch durchweg eine wichtige Rolle.

Kapitel 2
Zollverfahren bei der Einfuhr

2

Für viele Unternehmen in Deutschland spielt die Einfuhr eine im Vergleich zur Ausfuhr deutlich geringere Rolle. Vor einer SAP-GTS-Einführung ist es dennoch sinnvoll, sich mit dem Leistungsumfang des Produkts in diesem Bereich zu befassen.

Dieses Kapitel gibt Ihnen einen Überblick über die Zollverfahren, die Sie bei der Einfuhr von Waren in die EU als ATLAS-Teilnehmer mit SAP GTS durchführen können. Der Kapitelaufbau folgt der Systematik des Art. 5 Nr. 16 in Verbindung mit Art. 210 UZK. Sie lernen die verfahrensspezifischen Customizing-Einstellungen und die darauf aufbauende Stammdatenpflege kennen.

2.1 Überlassung zum zollrechtlich freien Verkehr

Dauerhafter Verbleib im Zollgebiet der EU

Die Überlassung zum zollrechtlich freien Verkehr bietet sich immer an, wenn Nicht-Unionswaren für den dauerhaften Verbleib oder für den Verbrauch im Zollgebiet der EU bestimmt sind. So können Sie in diesem Zollverfahren z. B. Rohstoffe für Ihre Fertigung oder Handelswaren für den Weiterverkauf innerhalb der EU einführen.

Unionswaren und Nicht-Unionswaren

Die Begriffe *Unionswaren* und *Nicht-Unionswaren* dienen der Kennzeichnung des zollrechtlichen Status einer Ware und sind in Art. 5 Nr. 23 und 24 UZK definiert. *Unionswaren* sind nach dieser Definition Waren, die »im Zollgebiet der Union vollständig gewonnen oder hergestellt« oder »zum zollrechtlich freien Verkehr überlassen wurden«. Auch die ausschließliche Herstellung aus vollständig in der Union gewonnenen oder hergestellten und/oder zum freien Verkehr überlassenen Waren verleiht Waren diesen zollrechtlichen Status. Der Begriff *Nicht-Unionswaren* ist im UZK negativ definiert: Es handelt sich um Waren, die keine Unionswaren sind.

Die Überlassung zum zollrechtlich freien Verkehr dient in diesem Kapitel zugleich als Grundlage für die Erläuterung wesentlicher Systemeinstellungen, die Sie auch für die Abwicklung anderer Zollverfahren benötigen.

2.1.1 Ablauf einer Einfuhr in die EU

Verbringen

Am Anfang des Prozesses steht der Grenzübertritt der einzuführenden Waren, im UZK als *Verbringen* in das Zollgebiet der Union bezeichnet. Die Waren stehen von diesem Zeitpunkt an unter zollamtlicher Überwachung. Nach dem Verbringen in das Zollgebiet der Union müssen die Waren unverzüglich und auf den vorgeschriebenen Wegen zu der von den Zollbehörden bezeichneten Zollstelle zu einem anderen von diesen Behörden zugelassenen Ort oder in eine Freizone befördert werden.

[»]

Freizonen

Freizonen gehören zwar zum Zollgebiet der Union, sind von diesem jedoch räumlich, z. B. durch Zäune, getrennt. Nicht-Unionswaren in Freizonen gelten als noch nicht im Zollgebiet der Union befindlich. Einfuhrabgaben fallen daher – wenn überhaupt – erst bei der Überführung in ein Zollverfahren an. Industrielle und gewerbliche Tätigkeiten sind im Rahmen der zollrechtlichen Vorschriften erlaubt.

Die Überführung in eine Freizone (Freizonenverfahren) ist eines der im UZK definierten besonderen Verfahren. Da sich die Abwicklung in ATLAS auf eine spezielle Kennzeichnung der summarischen Anmeldung beschränkt, behandelt dieses Kapitel dieses Zollverfahren nicht gesondert.

Gestellung

Den Zollbehörden muss anschließend mitgeteilt werden, dass sich die Waren bei der zuständigen Zollstelle, am zugelassenen Ort oder in der Freizone befinden und für Kontrollen zur Verfügung stehen (*Gestellung*). In der Regel wird die Gestellung von der Abgabe einer Anmeldung zur *vorübergehenden Verwahrung* in elektronischer Form begleitet. Diese *summarische Anmeldung* (SumA) kann jedoch auch vorzeitig, also vor dem Verbringen der Waren, abgegeben werden.

Summarische Anmeldung

Die SumA enthält grundlegende Angaben zu den gestellten Waren, wie z. B. Warenart, Warenmenge, Verpackung und Art des Beförderungsmittels.

Summarische Eingangsanmeldung (ESumA)

Nicht zu verwechseln mit der SumA ist die *summarische Eingangsanmeldung* (ESumA), die der Beförderer vor dem Verbringen von Waren in das Zollgebiet der Union bei der ersten Eingangszollstelle abgeben muss. Diese

Meldung dient der Risikoanalyse im Vorfeld der Einfuhr. Die Fristen zur Abgabe der ESumA hängen vom Beförderungsmittel ab und sind in Art. 105 ff. UZK-DA aufgeführt. In der SumA muss auf die vorausgehende ESumA Bezug genommen werden. Die ESumA wird wie die SumA in der Regel von Reedereien, Fluggesellschaften oder Speditionen abgegeben.

Verwahrungslager

Waren, die sich in der vorübergehenden Verwahrung befinden, müssen im Regelfall in unverändertem Zustand in einem von den Zollbehörden bewilligten *Verwahrungslager* aufbewahrt werden. Innerhalb von 90 Tagen ab Gestellung müssen die Waren in ein für die Einfuhr geeignetes Zollverfahren überführt oder aus dem Zollgebiet der Union wiederausgeführt werden.

Überführung in ein Zollverfahren

Bei der Einfuhr von Waren in das Zollgebiet der Union kommen grundsätzlich sieben der in Art. 5 Nr. 16 bzw. Art. 210 UZK aufgeführten Zollverfahren in Betracht:

- Überlassung zum zollrechtlich freien Verkehr
- Versand
- Lagerung (Zolllager und Freizonen)
- Verwendung (Vorübergehende Verwendung und Endverwendung)
- (Aktive) Veredelung

Diese Verfahren und ihre Abwicklung in SAP GTS als ATLAS-Teilnehmer lernen Sie in diesem Kapitel kennen.

Abgabe einer Zollanmeldung

Wie alle anderen Zollverfahren beginnt auch die Überlassung zum zollrechtlich freien Verkehr mit der Abgabe einer *Zollanmeldung* bei der zuständigen Zollstelle. Werden die Waren unmittelbar im Anschluss an die Gestellung zu diesem Verfahren angemeldet, nimmt die Eingangszollstelle die Anmeldung entgegen. Sie ist dann in der Regel zugleich die Zollstelle, die das Verfahren einschließlich aller Prüfungen abwickelt.

Prüfungen

Die Zollstelle prüft die Zollanmeldung auf formale Richtigkeit und Vollständigkeit. Ist die Zollanmeldung ordnungsgemäß, nimmt die Zollstelle sie an. Nach der *Annahme* unterzieht die Zollstelle die Zollanmeldung einer inhaltlichen Prüfung. Diese Prüfung kann sich auf Unterlagen beschränken, also auf die Zollanmeldung selbst und ggf. auf beigefügte Dokumente, wie z. B. Ursprungszeugnisse. Die Zollstelle kann jedoch auch in einer Zollbeschau die Waren selbst prüfen. Das Ergebnis der Zollbeschau teilt die Zollstelle dem Anmelder in einem Befund mit.

Vertretung bei der Zollanmeldung

Anmelder ist gemäß Art. 5 Nr. 15 UZK »die Person, die in eigenem Namen eine Zollanmeldung (...) abgibt oder die Person, in deren Namen eine Zollanmeldung oder Mitteilung abgegeben wird«. Der Anmelder kann sich jedoch gegenüber den Zollbehörden durch eine andere Person vertreten lassen. Der UZK erlaubt in Art. 18 Abs. 1 zwei Formen der Zollvertretung:

- direkte Vertretung (Handeln im Namen und für Rechnung einer anderen Person)
- indirekte Vertretung (Handeln in eigenem Namen, aber für Rechnung einer anderen Person)

Solche Vertretungsverhältnisse liegen typischerweise vor, wenn ein Spediteur oder ein Zollagent die Zollanmeldung abgibt.

Abgabenbescheid

In der Regel entstehen bei der Überlassung von Waren zum freien Verkehr *Einfuhrabgaben* in Form von Zöllen und Einfuhrumsatzsteuer, bei bestimmten Waren auch Verbrauchsteuern. Die Zollstelle berechnet diese Abgaben und teilt sie dem Zollschuldner in einem *Abgabenbescheid* mit. Zollschuldner sind der Anmelder und bei indirekter Vertretung auch die Person, in deren Auftrag die Zollanmeldung abgegeben wird. Der Abgabenbetrag ist innerhalb einer Frist von höchstens zehn Tagen ab Mitteilung fällig. Die Zollbehörden können jedoch auf Antrag und nach vorheriger Sicherheitsleistung (z. B. in Form einer Bankbürgschaft) einen Zahlungsaufschub gewähren.

Überlassung

Nach Zahlung der Einfuhrabgaben oder nach Leistung einer Sicherheit bei Zahlungsaufschub überlässt die Zollstelle dem Anmelder die Waren zum freien Verkehr. Durch diese *Überlassung* ändert sich zugleich ihr zollrechtliche Status: Aus Nicht-Unionswaren werden Unionswaren.

Normalverfahren

In Deutschland können Sie Nicht-Unionswaren im Regelfall im *Normalverfahren* in ein Zollverfahren überführen. Im Normalverfahren geben Sie eine *Einzelzollanmeldung* (EZA) ab. Der UZK bezeichnet diese Grundform der Zollanmeldung als *Standard-Zollanmeldung*. Eine EZA enthält eine Vielzahl von Angaben zur Ware und ihrer Beförderung, zu den am Verfahren Beteiligten und zu den für die Durchführung des Verfahrens erforderlichen Unterlagen, z. B. Beförderungsdokumente, aber auch produktspezifische Zeugnisse, Bescheinigungen und Nachweise.

Vereinfachte Verfahren

Um die Abläufe bei der Ein- und Ausfuhr von Waren zu beschleunigen, sieht der UZK als Alternative zur Abgabe einer Standard-Zollanmeldung verschiedene Verfahrensvereinfachungen vor. In ATLAS können Sie für die Überlassung zum freien Verkehr zwei dieser Vereinfachungen nutzen: die vereinfachte Zollanmeldung und die Anschreibung in der Buchführung des Anmelders.

Vereinfachtes Anmeldeverfahren

Wenn Ihr Unternehmen monatlich eine größere Anzahl von Zollverfahren abwickelt, ist die Teilnahme an einem vereinfachten Verfahren sinnvoll. Sie können beide Verfahrensvereinfachungen auch kombinieren. In jedem Fall ist zuvor eine entsprechende Bewilligung durch das zuständige Hauptzollamt erforderlich. Im *vereinfachten Anmeldeverfahren* (VAV) geben Sie zunächst eine *vereinfachte Zollanmeldung* (vZA) mit einem gegenüber der EZA reduzierten Datenvolumen ab. Die fehlenden Angaben reichen Sie in regelmäßigen Abständen – im Normalfall monatlich – gesammelt in einer *ergänzenden Zollanmeldung* (EGZ) nach. Der Abgabenbescheid bezieht sich im VAV auf die EGZ.

Anschreibeverfahren

Im *Anschreibeverfahren* (ASV) gibt es bei der Abfertigung überhaupt keine Zollanmeldung. Die Gestellung der Waren findet an einem in der Bewilligung zugelassenen Ort statt. Dieser Ort befindet sich in der Regel auf dem Unternehmensgelände des Empfängers. Nach Erhalt der Waren müssen diese in der Buchführung des Bewilligungsinhabers »angeschrieben« werden. Die Angaben, die im VAV in der vZA erforderlich sind, werden im ASV also direkt in der Unternehmensbuchführung erfasst. Die Abfertigungszollstelle erhält über diese Aufzeichnungen eine *Anschreibungsmitteilung Zoll* (AZ). Wie im VAV muss – in der Regel im Monatsrhythmus – eine EGZ abgegeben werden.

Mit SAP GTS können Sie als ATLAS-Teilnehmer sowohl im Normalverfahren als auch in beiden vereinfachten Verfahren Waren in ein Zollverfahren überführen. In diesem Buch lernen Sie alle Verfahrensvarianten anhand verschiedener Beispiele kennen.

2.1.2 Abwicklung des Verfahrens in SAP GTS

Integrationsszenarien

Für die Überlassung von Waren zum freien Verkehr stehen Ihnen in SAP GTS zwei Integrationsszenarien zur Verfügung:

1. Zollanmeldung *vor* Wareneingang auf der Grundlage einer Bestellung
2. Zollanmeldung *nach* Wareneingang auf der Grundlage eines Materialbelegs

Das Szenario »Zollanmeldung vor Wareneingang« ist für die Überlassung zum freien Verkehr als erstes Zollverfahren nach dem Verbringen und der Gestellung bei der Eingangszollstelle gedacht. Dieser Abschnitt nutzt das Szenario, um die wesentlichen Systemaktivitäten bei der Einfuhr und grundlegende Customizing-Einstellungen für die gesamte Zollabwicklung darzustellen. Das Szenario »Zollanmeldung nach Wareneingang« setzt den Abschluss eines Versandverfahrens vor der Überlassung zum freien Verkehr oder der Überführung in ein anderes Zollverfahren voraus. Dieses Szenario, das in erster Linie für Unternehmen in der EU und in den EFTA-Staaten von Bedeutung ist, betrachten wir in Abschnitt 2.2, »Versandverfahren bei der Einfuhr«.

Zollanmeldung vor Wareneingang

Im Szenario »Zollanmeldung vor Wareneingang« ist die Grundlage der Zollanmeldung immer eine aus dem Vorsystem übergeleitete Bestellung. Diese Bestellung wird in SAP GTS als *Importbeleg* repliziert. Die Daten des Importbelegs füllen automatisch einen *Arbeitsvorrat*. Auf diesen Arbeitsvorrat greifen Sie zu, um Zollanmeldungen als Beleggrundlage für die Überlassung zum freien Verkehr an der Grenze des Zollgebiets der Union anzulegen. Sie können den Arbeitsvorrat auch für die Abgabe von *Zollanmeldungen vor Gestellung* (ZvG) als EZA oder vZA nutzen. Solche Zollanmeldungen werden auch als *vorzeitige* Zollanmeldungen bezeichnet.

[»]

Arbeitsvorräte in SAP GTS

SAP GTS repliziert nicht automatisch alle Vorsystembelege unmittelbar nach der Datenüberleitung. Je nach Verwendungszweck und Voreinstellungen sammelt SAP GTS übergeleitete Vorsystembelege zunächst in einem Arbeitsvorrat. Bestellungen und Materialbelege, die Grundlage für Zollanmeldungen bei der Einfuhr sein können, legt SAP GTS in Arbeitsvorräten im Customs Management ab. Arbeitsvorräte werden Ihnen aber auch noch im Risk Management im Zusammenhang mit der Verwaltung von Lieferantenerklärungen und im Electronic Compliance Reporting als Datenquelle der Intrastat-Meldung begegnen.

In Einfuhrprozessen haben Arbeitsvorräte gegenüber der unmittelbaren Belegreplikation den Vorteil, dass Anwender selbst entscheiden können, in welches Zollverfahren sie Waren überführen. So kann aus den Daten eines Materialbelegs je nach Systemkonfiguration eine Zollanmeldung für die Überlassung zum freien Verkehr oder für die Überführung in ein besonderes Verfahren entstehen. Gegebenenfalls können Anwender außerdem beim Zugriff auf den Arbeitsvorrat für Zollanmeldungen zwischen dem Normalverfahren und einer Verfahrensvereinfachung wählen.

Abbildung 1.1 stellt den systemübergreifenden Belegfluss des Szenarios »Zollanmeldung vor Wareneingang« schematisch dar.

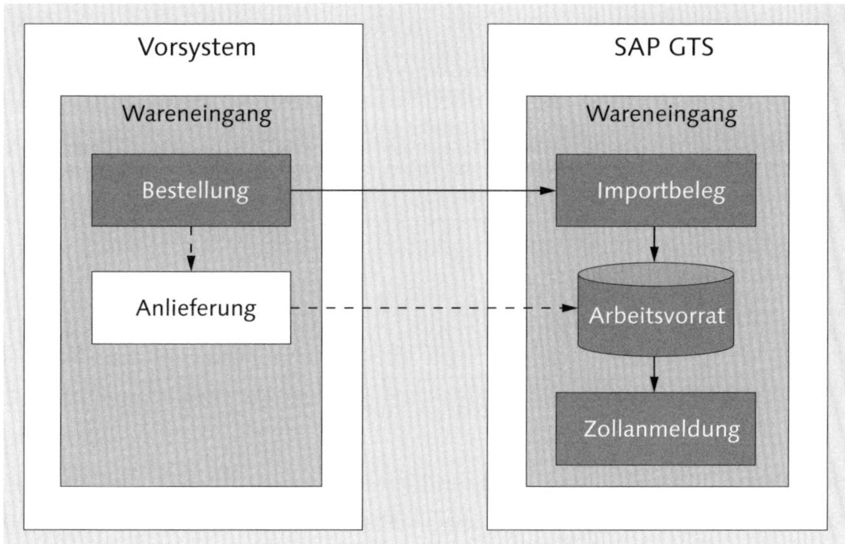

Abbildung 2.1 Szenario »Zollanmeldung vor Wareneingang«

Funktion der Anlieferung

In Abbildung 2.1 sehen Sie, dass auch die Anlieferung in den Arbeitsvorrat für Zollanmeldungen in SAP GTS eingehen kann. Die Anlieferung ist ein Beleg der SAP-ERP-Komponente Logistics Execution (LE) bzw. von SAP S/4HANA Supply Chain Execution. Dieser Beleg repräsentiert ein Lieferavis, das der Lieferant mit Bezug zu einer Bestellung sendet. In vielen Unternehmen entstehen Anlieferungen in SAP ERP bzw. SAP S/4HANA automatisch durch die Eingangsverarbeitung elektronischer Lieferavise.

Im Szenario »Zollanmeldung vor Wareneingang« aktualisiert die Anlieferung zum einen bei Bedarf Daten, die durch die Überleitung von Bestellungen in den Arbeitsvorrat in SAP GTS gelangt sind. So kann ein Lieferant in seinem Lieferavis z. B. eine Mengenänderung ankündigen. Diese Änderung hat unmittelbare Auswirkungen auf die Zollanmeldung. Daher reduziert oder erhöht SAP GTS automatisch die einzuführende Menge im Arbeitsvorrat. Zum anderen können Sie die Anlieferung nutzen, um nach Erhalt von Unterlagen zu einer Warensendung Bestellpositionen für die Abgabe der Zollanmeldung zusammenzuführen. Den Arbeitsvorrat prüfen Sie in der Transaktion **Anmeldung vor Wareneingang erfassen** (Transaktionscode /SAPSLL/CIBD_01). Sie finden diese Transaktion im Bereichsmenü des Customs Managements (Schaltfläche **Import**, Sicht **Import**, Bereich **Anlegen und Bearbeiten von Zollanmeldungen**). Abbildung 2.2 zeigt ein Beispiel für eine Mengenkorrektur im Arbeitsvorrat für Zollanmeldungen vor Wareneingang.

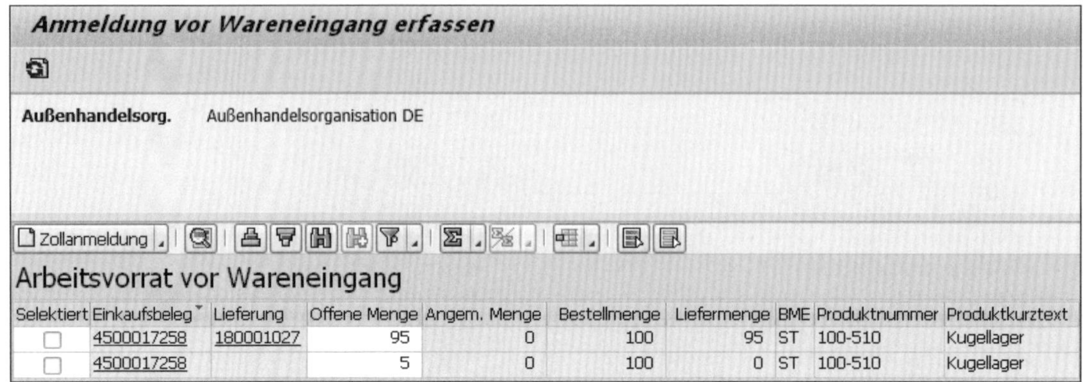

Selektiert	Einkaufsbeleg	Lieferung	Offene Menge	Angem. Menge	Bestellmenge	Liefermenge	BME	Produktnummer	Produktkurztext
☐	4500017258	180001027	95	0	100	95	ST	100-510	Kugellager
☐	4500017258		5	0	100	0	ST	100-510	Kugellager

Abbildung 2.2 Arbeitsvorrat für Zollanmeldungen vor Wareneingang

Sie sehen in Abbildung 2.2, dass der Lieferant, bei dem 100 Kugellager bestellt wurden (Einkaufsbeleg 4500017258), in seinem Avis die Lieferung von 95 Stück angekündigt hat (Anlieferung 180001027). Bisher wurde zu diesem Vorgang jedoch noch keine Zollanmeldung abgegeben. Der Wert in der Spalte **Angem. Menge** ist daher 0. Wäre die Zollanmeldung vor dem Eintreffen des Lieferavises oder überhaupt nur auf der Grundlage der Bestellung über 100 Stück des Kugellagers abgegeben worden, hätte sie berichtigt werden müssen.

Customizing-Einstellungen im Vorsystem

Wenn Sie in Ihren Einkaufsprozessen mit Anlieferungen arbeiten und diese Belege in SAP GTS im Arbeitsvorrat für Zollanmeldungen vor Wareneingang nutzen wollen, müssen Sie die Belegart(en) dieser Anlieferungen im Customizing des Vorsystems entsprechend kennzeichnen. Wählen Sie dazu in einem SAP-ERP-Vorsystem den Menüpfad **Vertrieb • Außenhandel/Zoll • SAP Global Trade Services – Plug-In • Steuerung der Überleitung an SAP Global Trade Services • Steuerung der Belegüberleitung einstellen**. In einem SAP-S/4HANA-Vorsystem wählen Sie stattdessen den Menüpfad **Integration mit anderen SAP-Komponenten • Integration mit Governance, Risk and Compliance • SAP Global Trade Services – Plug-In • Steuerung der Überleitung an SAP Global Trade Services • Steuerung der Belegüberleitung einstellen**. Markieren Sie in der Übersicht die Applikationsebene MMOB und öffnen Sie in der Dialogstruktur den Ordner **Belegarten**. Klicken Sie anschließend auf die Schaltfläche **Neue Einträge** und ergänzen Sie die gewünschte Lieferart im Feld **Belegart Vorsystem**. Setzen Sie die Kennzeichen **Belege für Customs Management überleiten** und **Zollrechtl. Bestimmung vor Wareneingang**. Diese Kennzeichnung bewirkt, dass die Anlieferung zur Aktualisierung des Arbeitsvorrats für Zollanmeldungen vor Wareneingang übergeleitet wird.

Einstellungen in SAP GTS

Für die Replikation von Anlieferungen im Szenario »Zollanmeldung vor Wareneingang« müssen Sie in SAP GTS spezifische Mapping-Einstellungen vornehmen (Menüpfad: **Global Trade Services • Allgemeine Einstellungen • Belegstruktur • Zuordnung Belegarten aus Vorsystemen**). Das Auslieferungs-Customizing Ihres SAP-GTS-Systems enthält eine passende Belegart (DTAVI). Dieser Belegart ordnen Sie auf der Applikationsebene MMOB Ihre Lieferart(en) zu. Abbildung 2.3 zeigt die erforderlichen Einstellungen am Beispiel der Lieferart EL.

Sicht "Zuordnung: Belegart aus Gruppe der VS zu Belegart in SAP GTS"

Neue Einträge BC-Set: Feldwert ändern

Applikationsebene	MMOB Eingang/Import: Anlieferung	
Gruppe log. Systeme	ZSAPVORSYS	Systemgruppe für SAP-Vorsysteme
Belegart Vorsystem	EL	Anlieferung

Zuordnung: Belegart aus Gruppe der VS zu Belegart in SAP GTS

Belegart	DTAVI	Belegart für Zollbelege (Anlieferungsreplikate)

Abbildung 2.3 Mapping der Lieferart EL auf die Belegart DTAVI

Aktivieren Sie nun noch die Belegart DTAVI für die Zollabwicklung (Menüpfad: **Global Trade Services • Allgemeine Einstellungen • Belegstruktur • Belegarten für Anwendungsbereiche aktivieren**). Öffnen Sie in der Dialogstruktur den Ordner **Aktivierung für Zollabwicklung/Vorabanmeldung** und ergänzen Sie einen Eintrag für die Belegart DTAVI. Sie können bei dieser Gelegenheit auch überprüfen, ob die Belegart IMPORD für Einkaufsbelegreplikate bereits für die Zollabwicklung aktiviert ist, und ggf. einen Eintrag für diese Belegart ergänzen. In Abbildung 2.4 sehen Sie das Ergebnis der beschriebenen Datenpflege.

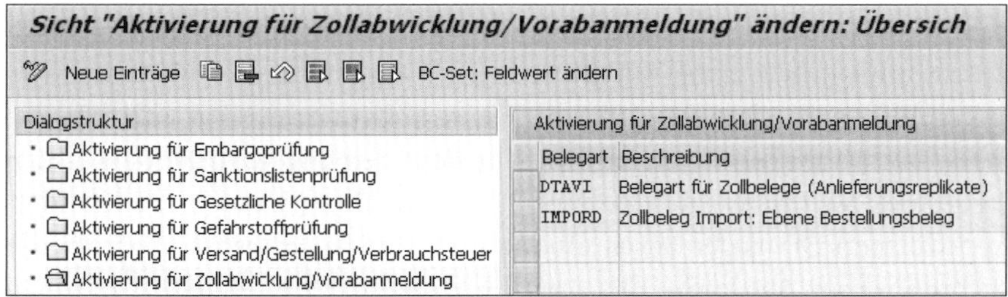

Abbildung 2.4 Aktivierung der Belegarten IMPORD und DTAVI

Zollanmeldungen anlegen

Wenn Sie aus dem Arbeitsvorrat heraus eine Zollanmeldung für die Überlassung der Waren zum freien Verkehr des Bestimmungslands abgeben möchten, markieren Sie den passenden Eintrag und klicken auf die Schaltfläche **Zollanmeldung** (siehe Abbildung 2.2). In Abhängigkeit von Customizing-Einstellungen, die Sie in Abschnitt 2.1.3, »Konfiguration des Datenaustausches mit der Zollverwaltung«, kennenlernen, können Sie zwischen verschiedenen Zollverfahren oder nur zwischen verschiedenen Varianten desselben Zollverfahrens wählen. SAP GTS legt auf der Grundlage Ihrer Entscheidung eine Zollanmeldung an. Diese können Sie anschließend nach Bedarf in der Transaktion *Zollanmeldung ändern* (Transaktionscode /SAPSLL/CL_CUS_02) weiterbearbeiten, bevor Sie die elektronische Nachricht mit den Daten der Zollanmeldung versenden. Sie finden diese Transaktion im Bereichsmenü des Customs Managements (Schaltfläche **Import**, Sicht **Import**, Bereich **Anlegen und Bearbeiten von Zollanmeldungen**, Eintrag **Zollanmeldung bearbeiten**). Sie können Zollanmeldungen jedoch auch gesammelt zur Weiterbearbeitung aufrufen. Verwenden Sie dazu die Transaktion *Eingangsaktivitäten anzeigen* im Bereich **Operatives Cockpit** (Transaktionscode /SAPSLL/CL_CP_CUS_IM). Abbildung 2.5 zeigt einen Ausschnitt aus einer Zollanmeldung für die Überlassung von Waren zum freien Verkehr im Normalverfahren in Deutschland.

Abbildung 2.5 Überlassung zum freien Verkehr – Normalverfahren

Nachricht versenden

In der Sicht **Kommunikation** einer Zollanmeldung können Sie das Ergebnis der SAP-GTS-spezifischen Nachrichtenfindung überprüfen. Diese Nachrichtenfindung lernen Sie in Abschnitt 3.1.3, »Stammdaten für die Ausfuhrabwicklung«, näher kennen. Im Beispiel in Abbildung 2.5 hat SAP GTS die Nachricht M0010 ermittelt. In der Spalte **Beschreibung** lesen Sie, dass es sich bei dieser Nachricht um eine EinzelZollanmeldung handelt. Das Länderkennzeichen DE in der Beschreibung und die Flagge rechts oberhalb der Sichten weisen Sie darauf hin, dass die Waren in Deutschland zum freien Verkehr überlassen werden sollen. Ist ein Beleg vollständig (Symbol ▢ rechts neben dem Status **Unvollständigkeit**), können Sie die Nachricht versenden. Markieren Sie dazu den Eintrag im Bereich **Nachrichten** und klicken Sie auf [Symbol].

Weiterverarbeitung der Nachricht

SAP GTS erzeugt mithilfe des *Post Processing Frameworks* (PPF) aus den Belegdaten der Zollanmeldung ein *Intermediate Document* (IDoc) in einem SAP-spezifischen Format und übergibt dieses elektronische Dokument an einen Konverter. Der Konverter wandelt die IDoc-Daten in das vom IT-System der jeweiligen nationalen Zollverwaltung erwartete Format um und überträgt die konvertierten Daten an dieses IT-System. Das PPF ist ein lösungsunabhängiges Instrumentarium für die Anwendungsentwicklung im Rahmen des SAP NetWeaver Application Servers (SAP NetWeaver AS). Als technischer Nachfolger der Nachrichtensteuerung in SAP ERP erzeugt das PPF bedingungsabhängig sogenannte *Aktionen*. Die Datenausgabe im IDoc-Format ist dabei nur eine von mehreren Möglichkeiten: Sie können mit PPF-Aktionen Belegdaten z. B. auch drucken, faxen oder per E-Mail versenden (siehe Abschnitt 3.2.2, »Customizing und Stammdatenpflege für das Versandverfahren«).

[«]

Elektronischer Datenaustausch mit den Zollbehörden

In der EU kommunizieren Sie mit den Zollbehörden über *Electronic Data Interchange* (EDI), z. B. in Form von XML-Nachrichten. SAP GTS erzeugt und empfängt die Nachrichten nicht selbst, sondern mithilfe eines Konverters. Dieser Konverter wandelt die in SAP GTS mit dem PPF erzeugten IDocs in das von den Zollbehörden erwartete Format um und versendet die so entstandenen Nachrichten an die IT-Systeme der nationalen Zollbehörden. Eingehende Nachrichten »übersetzt« der Konverter vor der Weitergabe an SAP GTS in das IDoc-Format. Dieses Mapping und die Datenübertragung selbst sind in der Regel auch Gegenstand der Prüfungen, die eine Teilnehmersoftware für die Zertifizierung durch die Zollbehörden durchlaufen muss. SAP GTS ist von der deutschen Zollverwaltung in Verbindung mit Konvertern der Seeburger AG zertifiziert. Beachten Sie in diesem Zusammenhang auch SAP-Hinweis 2138118.

Nachrichtenaustausch im Überblick

Die empfangende Zollstelle lässt die Zollanmeldung zunächst in ATLAS automatisiert prüfen und sendet anschließend in einer festgelegten Reihenfolge verschiedene Antwortnachrichten, die in SAP GTS in Form von IDocs eintreffen. Abbildung 2.6 illustriert den fehlerfreien Nachrichtenaustausch zwischen SAP GTS und ATLAS bei der Überlassung zum freien Verkehr im Normalverfahren. Der Einführer zahlt in diesem Beispiel die Einfuhrabgaben bar. Die Darstellung orientiert sich an der Beschreibung des Nachrichtenaustausches im Merkblatt für ATLAS-Teilnehmer, das Sie als PDF-Datei von der Website der deutschen Zollverwaltung herunterladen können (*www.zoll.de/DE/Fachthemen/Zoelle/ATLAS/ATLAS-Publikationen/Merkblaetter/merkblaetter_node.html*). In diesem Merkblatt sind die Nachrichten für jedes Zollverfahren und für jede Verfahrensvariante detailliert beschrieben.

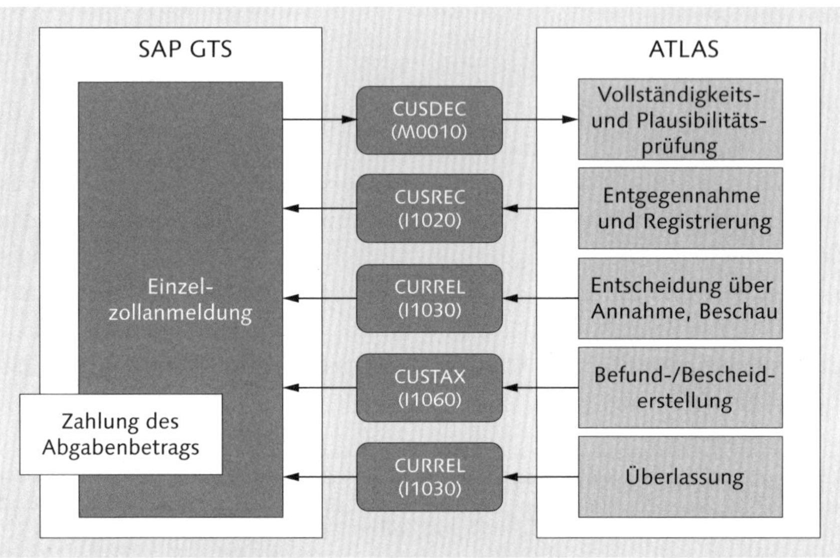

Abbildung 2.6 Nachrichtenaustausch im Normalverfahren

Nachrichtenaustausch im Detail

In Abbildung 2.6 sehen Sie zusätzlich zu den fachlichen Nachrichten auch die zugehörigen SAP-GTS-spezifischen Nachrichten. Die Ausgangsnachricht M0010 (Einzelzollanmeldung), die der fachlichen Nachricht CFCDEC entspricht, ist Ihnen bereits in der Zollanmeldung in Abbildung 2.5 begegnet. Als Antwort auf eine elektronische Einfuhranmeldung erhalten Sie immer zunächst die Nachricht CUSREC, in SAP GTS also die Nachricht I1020 (Verarbeitungsmitteilung). Diese Verarbeitungsmitteilung informiert Sie über die Entgegennahme der Zollanmeldung und ihre Registrierung in ATLAS. Hat die automatisierte Prüfung der Zollanmeldung jedoch Unstimmigkeiten ergeben, fungiert CUSREC stattdessen als Fehlermeldung. Die Zollanmeldung muss dann nach ihrer Korrektur noch einmal an ATLAS gesendet werden.

Nimmt die zuständige Zollstelle die Zollanmeldung an, sendet sie die Nachricht CURREL. In dieser Nachricht, der in SAP GTS die Nachricht I1030 (Entscheidung zur Anmeldung) entspricht, teilt die Zollstelle in der Regel zunächst nur die Annahme der Zollanmeldung mit. Sie kann darin jedoch auch eine Zollbeschau anordnen. Im Normalfall folgt als nächste Antwort des Zolls die Nachricht CUSTAX, also der Einfuhrabgabenbescheid, den Sie in SAP GTS in Form der Nachricht I1060 (Bescheide/Befunde) erhalten. Hat eine Zollbeschau stattgefunden, enthält CUSTAX auch den Befund. Auf der

Grundlage des Abgabenbescheids müssen die Einfuhrabgaben gezahlt werden. Diese Zahlung muss der Zollstelle außerhalb des Systems nachgewiesen werden. Die Zollstelle überlässt die Waren in der Nachricht CURREL. Der Erhalt dieser Nachricht schließt das Verfahren ab.

Darstellung in der Zollanmeldung

Vergleichen wir an dieser Stelle Abbildung 2.5 mit Abbildung 2.7. Beide Abbildungen zeigen denselben Beleg in SAP GTS zu unterschiedlichen Zeitpunkten.

Abbildung 2.7 Zollanmeldung mit Ausgangs- und Eingangsnachrichten

In Abbildung 2.7 ist die Ausgangsnachricht M0010 aus Abbildung 2.5 bereits versendet (Symbol ■ in der Spalte **Status** ganz links). Die IDocs mit den Eingangsnachrichten I1020, I1030 und I1060 hat SAP GTS ebenfalls erfolgreich verarbeitet (Symbol ✔ in der Spalte **Status**). Das Zollverfahren ist nun abgeschlossen. Das Symbol △ rechts neben dem Statustext **Bearbeitung** weist darauf hin, dass der Vorgang bei der Zollverwaltung registriert wurde.

[«]

IDoc-Simulator

Die meisten Eingangsnachrichten in den Abbildungen dieses Buchs wurden mit dem Programm /SAPSLL/ITT_IDOC_SIM (IDoc-Simulator) erzeugt. Dieses Programm starten Sie mit dem Transaktionscode /SAPSLL/IDOC_SIM. Voraussetzung für die Nutzung des IDoc-Simulators sind die Anlage eines Geschäftspartners SIMULATION (ohne Adresse und Partnerrollenzuordnung) und die Pflege von Partnervereinbarungen mit diesem Geschäftspartner für alle relevanten Eingangsnachrichtentypen in der Transaktion **Partnervereinbarungen** (Transaktionscode WE20).

Bei der Eingangsverarbeitung der Nachricht I1060 hat das System zusätzlich einen neuen Beleg mit den Daten des Einfuhrabgabenbescheids erzeugt

(Schaltfläche in der Spalte **Ext. Dok.**). Über diese Schaltfläche gelangen Sie zur Anzeige des Abgabenbescheids. Abgabenbescheide können Sie jedoch auch separat in der Transaktion **Steuerbescheid anzeigen** prüfen (Transaktionscode /SAPSLL/TAXST_DISP). Sie finden diese Transaktion im Bereichsmenü des Customs Managements (Schaltfläche **Import**, Sicht **Steuerbescheid**). In Abbildung 2.8 sehen Sie einen Ausschnitt aus dem Bescheid zur Einzelzollanmeldung in Abbildung 2.7.

Beleg-Nr.	Jahr	Registriernummer	Abg.art	Beschreibung	Betrag	Währung
1300000005	2021	ATC400007790320214851	A0000	Zölle (ZOLLEU)	678,30	EUR
1300000005	2021	ATC400007790320214851	B0000	Einfuhrumsatzsteuer (EUSt)	1.744,40	EUR
					2.422,70	**EUR**

Abbildung 2.8 Einfuhrabgabenbescheid (Ausschnitt)

Die Buchungsschlüssel A0000 (Zölle) und B0000 (Einfuhrumsatzsteuer) sind in der Codeliste A1280 (Art der Abgabe) definiert. Diese und andere Codelisten, die Sie für die ATLAS-Teilnahme benötigen, finden Sie im EDI-Implementierungshandbuch zum IT-Verfahren ATLAS, das Sie von der Website der deutschen Zollverwaltung herunterladen können (*www.zoll.de/DE/Fachthemen/Zoelle/ATLAS/ATLAS-Publikationen/EDI-IHB-andere-Handbuecher/edi-ihb-andere-handbuecher_node.html*). SAP GTS enthält diese Codelisten bereits im Auslieferungs-Customizing bzw. im Programmcode (siehe Abschnitt 3.1.3, »Stammdaten für die Ausfuhrabwicklung«).

Zahlungsaufschub

Für Unternehmen, die regelmäßig Waren im Normalverfahren einführen, kann es sinnvoll sein, sich von der Zollverwaltung einen laufenden Zahlungsaufschub gewähren zu lassen. Die Einfuhrabgaben werden dann nicht sofort bei der Abfertigung und für jede Einfuhr einzeln, sondern zeitlich versetzt und gesammelt gezahlt. Die Bewilligung eines Zahlungsaufschubs setzt in der Regel die Leistung einer Sicherheit voraus. Die Bundeskasse Trier führt für jeden Aufschubnehmer ein Aufschubkonto. Für die Beantragung eines Zahlungsaufschubs in der Zollanmeldung in ATLAS ist eine *Aufschub-Beteiligten-Identifikationsnummer* (Aufschub-BIN) erforderlich. Diese Aufschub-BIN erteilt die Generalzolldirektion am Dienstort Dresden auf Antrag. Spätestens am 16. Tag des Folgemonats müssen die aufgeschobenen Abgaben gezahlt werden.

Die Aufschub-BIN Ihres Unternehmens oder Ihres Dienstleisters hinterlegen Sie in SAP GTS in den Stammdaten des Customs Managements in der Sicht **Organisationsdaten** (Transaktion **Aufschubdaten erfassen**, Transaktionscode /SAPSLL/BP_MAIN_SUS).

2.1.3 Konfiguration des Datenaustausches mit der Zollverwaltung

Auslieferungs-Customizing

Im Auslieferungs-Customizing Ihres SAP-GTS-Systems ist der Datenaustausch mit den Zollverwaltungen verschiedener Staaten bereits weitgehend vorkonfiguriert und in Zertifizierungsverfahren mit den Behörden abgestimmt. Dieser Abschnitt erläutert diese Einstellungen am Beispiel der Überlassung zum zollrechtlich freien Verkehr als ATLAS-Teilnehmer. Das Grundprinzip der Kommunikationssteuerung ist jedoch in allen Zollverfahren gleich.

Findung der gesetzlichen Grundlage ATLAS

In Abbildung 2.2 sehen Sie, dass SAP GTS über das Mapping des Buchungskreises aus der Bestellung des Vorsystems die deutsche Außenhandelsorganisation als zuständig für die Einfuhr ermittelt hat. Der Adresse des Geschäftspartners in der Rolle der Außenhandelsorganisation entnimmt SAP GTS das Land, dessen Zollrecht zur Anwendung kommen soll. Die für die Abwicklung von Einfuhren nach Deutschland aktivierte gesetzliche Grundlage ist ATLAS (Zollabwicklung Deutschland). In Abschnitt 1.4.1, »Grundkonzept«, haben Sie bereits gelesen, dass diese gesetzliche Grundlage das Zollrecht der EU und das deutsche Zollrecht einschließlich der Vorschriften für den elektronischen Datenaustausch in SAP GTS zusammenfasst.

Findung des Prozessschemas

Im Customs Management ist jeder gesetzlichen Grundlage ein *Prozessschema* zugeordnet. Die in der Regel länderspezifischen Prozessschemata bilden den Rahmen der Steuerung, auf der die Kommunikation mit den Zollbehörden beruht. Abbildung 2.9 zeigt das Beispiel der gesetzlichen Grundlage ATLAS.

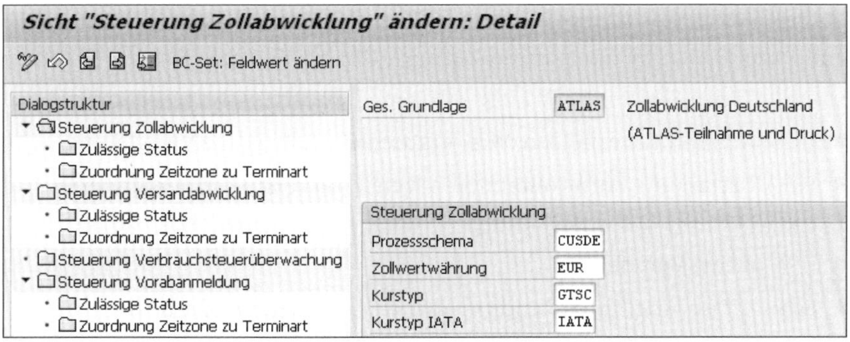

Abbildung 2.9 Findung des Prozessschemas für die Zollabwicklung

In Abbildung 2.9 sehen Sie im Bereich **Steuerung Zollabwicklung**, dass der gesetzlichen Grundlage ATLAS das Prozessschema CUSDE zugeordnet ist. Sie finden die Steuerung der Zollabwicklung im Einführungsleitfaden über den Menüpfad **Global Trade Services • Customs Management • Anwendungsbereiche je gesetzlicher Grundlage eines Rechtskodexes steuern**. Im Bereich **Steuerung Zollabwicklung** legen Sie auch die Währung für die Zollwertermittlung und Kurstypen für die Umrechnung von Fremdwährungsbeträgen in diese Währung fest. Die Zollwert- und die Einfuhrabgabenberechnung sind Themen des Abschnitt 2.1.5, »Zollwertermittlung und Vorausberechnung von Einfuhrabgaben«.

Prozessschema CUSDE

Den Aufbau des Prozessschemas CUSDE können Sie in der Kommunikationssteuerung des Customs Managements nachvollziehen (Menüpfad im Einführungsleitfaden: **Global Trade Services • Customs Management • Kommunikationsprozesse • Steuerung für Kommunikationsprozesse definieren**). In Abbildung 2.10 sehen Sie zum einen den Aufbau des Prozessschemas (Bereich **Dialogstruktur**), zum anderen eine Übersicht über die Prozesse, aus denen sich das Prozessschema CUSDE zusammensetzt (Bereich **Prozess**).

Abbildung 2.10 Prozessschema CUSDE – Prozessübersicht

Prozesse

Die Prozesse eines Prozessschemas repräsentieren die Zollverfahren, in die Sie im jeweiligen Abgangs- bzw. Bestimmungsland Waren mit Unterstützung von SAP GTS überführen können. Die sechs Prozesse des Schemas CUSDE entsprechen den im Folgenden aufgelisteten Zollverfahren:

- CUSEX: Ausfuhrverfahren, Wiederausfuhr und passive Veredelung
- FV: Überlassung zum zollrechtlich freien Verkehr, vorübergehende Verwendung, Endverwendung
- IPR: Aktive Veredelung
- SCR: Zerstörung (in Verbindung mit dem Zolllagerverfahren)
- ZL: Zolllagerverfahren

Jeder Prozess ist nach der Richtung der Warenbewegung (Spalte **Import/Export**) und dem **Zielverfahren** klassifiziert. Die Auswahl dieser Kategorien ist jeweils im Programmcode festgelegt.

Aktivitäten

Wenn Sie interessiert, welche Verfahrensvarianten Ihnen bei der Überlassung zum freien Verkehr zur Verfügung stehen, markieren Sie in der Übersicht in Abbildung 2.10 den Eintrag für den Prozess FV und öffnen in der Dialogstruktur den Ordner **Aktivitäten**. Abbildung 2.11 zeigt die Zusammenstellung der *Aktivitäten* des Prozesses FV aus dem Auslieferungs-Customizing (Spalte **Proz.aktivität**).

Sicht "Aktivitäten" ändern: Übersicht

Neue Einträge BC-Set: Feldwert ändern

Dialogstruktur
- Prozessschema
  - Prozess
    - Aktivitäten
      - Nachrichten
    - Aktivitätenfolge
      - Folgeaktivitäten
    - Ausfallaktivitätenfolge
      - Ausfallfolgeaktivitäten

Prozessschema CUSDE Zollabwicklung - Deutschland (Export, Import)

Prozess FV Freier Verkehr

Aktivitäten

Proz.aktivität	Beschreibung	Optional
AZ	Anschreibungsmitteilung	☐
CON	Bestätigung von vorzeitigen Anmeldungen	☐
EZA	Einzelzollanmeldung	☐
EZAVO	Einzelzollanmeldung (vorzeitig)	☐
REL	Warten auf Überlassung	☐
TAX	Warten auf Bescheid/Befund	☐
VZA	Vereinfachte Zollanmeldung	☐
VZAVO	Vereinfachte Zollanmeldung (vorzeitig)	☐

Abbildung 2.11 Prozess FV – Aktivitäten

In Abbildung 2.11 sehen Sie, dass Sie die Überlassung zum freien Verkehr sowohl im Normalverfahren (Aktivität EZA) als auch im vereinfachten Verfahren (Aktivitäten AZ und VZA) abwickeln können. Einzelzollanmeldungen und vereinfachte Zollanmeldungen können Sie auch vorzeitig, also vor der Gestellung der Waren, abgeben (Aktivitäten EZAVO und VZAVO). Außer den Aktivitäten für verschiedene Arten von Zollanmeldungen finden Sie in Abbildung 2.11 auch noch Aktivitäten für bestimmte Teilschritte bei der Überlassung zum freien Verkehr (CON, REL und TAX). Die Aktivität CON spielt nur bei vorzeitiger Abgabe von Zollanmeldungen eine Rolle. Die Aktivitäten REL und TAX dagegen können bei allen Verfahrensvarianten stattfinden.

Nachrichten

Jeder Aktivität eines Prozesses sind *Nachrichten* zugeordnet. Um sich die Nachrichten einer bestimmten Aktivität anzeigen zu lassen, markieren Sie diese Aktivität in der Übersicht in Abbildung 2.11 und öffnen den Ordner **Nachrichten** in der Dialogstruktur. In Abbildung 2.12 sehen Sie das Beispiel der Aktivität EZA.

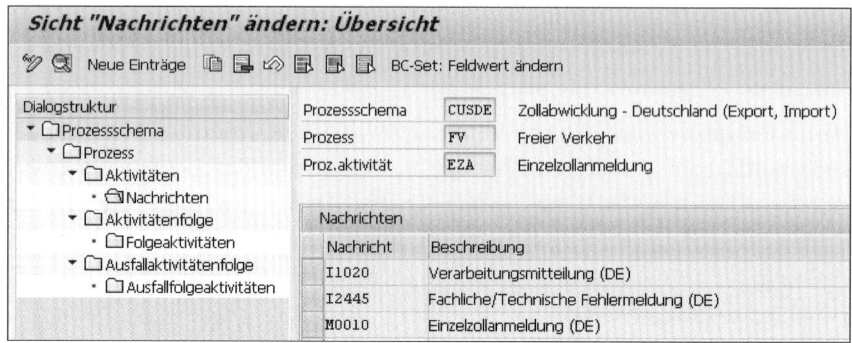

Abbildung 2.12 Aktivität EZA – Nachrichten

Der Aktivität EZA sind im Auslieferungs-Customizing drei Nachrichten zugeordnet: die Ausgangsnachricht M0010 und die Eingangsnachrichten I1020 und I2445. Die Reaktion der Zollverwaltung auf den Erhalt der Einzelzollanmeldung (Nachricht M0010) ist im Regelfall eine Verarbeitungsmitteilung (Nachricht I1020), die über die Entgegennahme der Zollanmeldung und die Registrierung des Verfahrens informiert. Falls die automatisierten Prüfungen Unstimmigkeiten ergeben haben, erhalten ATLAS-Teilnehmer die Nachricht I1020 als fachliche Fehlermeldung (siehe Abschnitt 2.1.2, »Abwicklung des Verfahrens in SAP GTS«). Im Produktivbetrieb selten ist die Nachricht I2445 (Fachliche/Technische Fehlermeldung), die in der Regel auf einen technischen Fehler hinweist.

Aktivitätenfolgen

Aktivitätenfolgen, die Sie in der Dialogstruktur auf derselben Ebene wie die Aktivitäten finden, legen fest, aus welchen Aktivitäten sich die Prozesse eines Prozessschemas jeweils zusammensetzen und in welcher Reihenfolge diese Aktivitäten ausgeführt werden müssen. In Abbildung 2.13 sehen Sie die Aktivitätenfolgen des Prozesses FV, also der Überlassung zum freien Verkehr. Sie gelangen zu dieser Darstellung, indem Sie in der Prozessübersicht den Prozess FV markieren und in der Dialogstruktur den Ordner **Aktivitätenfolge** öffnen.

Abbildung 2.13 lässt erkennen, dass es für das Normalverfahren und die beiden Verfahrensvereinfachungen jeweils eigene Aktivitätenfolgen gibt. Für die vorzeitige Abgabe von Einzelzollanmeldungen und vereinfachten Zollanmeldungen stehen zusätzliche Aktivitätenfolgen zur Verfügung.

Aktivitätenfolge EZA

Betrachten wir in Abbildung 2.14 die Aktivitätenfolge EZA für Einzelzollanmeldungen genauer.

Sicht "Aktivitätenfolge" ändern: Übersicht

Neue Einträge BC-Set: Feldwert ändern

Dialogstruktur
- Prozessschema
  - Prozess
    - Aktivitäten
      - Nachrichten
    - Aktivitätenfolge
      - Folgeaktivitäten
    - Ausfallaktivitätenfolge
      - Ausfallfolgeaktivitäten

Prozessschema CUSDE Zollabwicklung - Deutschland (Export, Import)
Prozess FV Freier Verkehr

Aktivitätenfolge

Akt.folge	Beschreibung
AZ	Anschreibungsmitteilung
EZA	Einzelzollanmeldung
EZAVO	Einzelzollanmeldung (vorzeitig)
VZA	Vereinfachte Zollanmeldung
VZAVO	Vereinfachte Zollanmeldung (vorzeitig)

Abbildung 2.13 Aktivitätenfolgen des Prozesses FV

Sicht "Folgeaktivitäten" ändern: Übersicht

Neue Einträge BC-Set: Feldwert ändern

Dialogstruktur
- Prozessschema
  - Prozess
    - Aktivitäten
      - Nachrichten
    - Aktivitätenfolge
      - Folgeaktivitäten
    - Ausfallaktivitätenfolge
      - Ausfallfolgeaktivitäten

Prozessschema CUSDE Zollabwicklung - Deutschland (Export, Import)
Prozess FV Freier Verkehr
Aktivität.folge EZA Einzelzollanmeldung

Folgeaktivitäten

Zähler Aktivit.	Proz.aktivität	Beschreibung
10	EZA	Einzelzollanmeldung
20	REL	Warten auf Überlassung
30	TAX	Warten auf Bescheid/Befund

Abbildung 2.14 Aktivitätenfolge EZA

Die Aktivitätenfolge EZA setzt sich aus drei Aktivitäten zusammen, die Ihnen bereits in Abbildung 2.11 begegnet sind (Spalte **Proz.aktivität**). Die Zahl in der Spalte **Zähler Aktivit.** gibt die Reihenfolge dieser Aktivitäten im Verfahren vor. Als Erstes muss die Einzelzollanmeldung abgegeben und ihre Entgegennahme einschließlich Registrierung abgewartet werden (Aktivität EZA). Erst danach geht es weiter mit dem Empfang der Nachricht CURREL, die Informationen zur Annahme der Zollanmeldung und ggf. auch bereits zur Überlassung der Waren enthält (Aktivität REL). Das Normalverfahren endet mit der Aktivität TAX, also mit dem Erhalt eines Bescheids bzw. Befunds und – bei Barzahlung – der Überlassung der Waren. Der Aktivität TAX ist daher außer der Nachricht I1060 (Bescheide/Befunde) auch noch einmal die Nachricht I1030 (Entscheidung zur Anmeldung) zugeordnet. In der Einzelzollanmeldung aus Abbildung 2.7 können Sie diese Aktivitätenfolge leicht nachvollziehen.

Ausfallverfahren

In einigen Ländern gibt es Vorschriften für die Vorgehensweise bei technischen Störungen, die einen elektronischen Datenaustausch mit der Zollverwaltung vorübergehend verhindern. In den Prozessschemata für diese Länder finden Sie spezielle *Ausfallaktivitätenfolgen*. Das Ausfallverfahren in ATLAS ist Gegenstand von Abschnitt 3.1.2, »Abwicklung des Ausfuhrverfahrens in SAP GTS«.

In den folgenden Abschnitten werden wir immer wieder auf die in diesem Abschnitt behandelte Kommunikationssteuerung zurückkommen und weitere Einstellungen aus diesem Umfeld betrachten.

2.1.4 Tarifierung von Produkten

Zolltarife

Die Vorausberechnung der Einfuhrabgaben, deren Ergebnis Sie in Abbildung 2.8 sehen, beruht auf der Einreihung der eingeführten Waren in den *Elektronischen Zolltarif* (EZT) der deutschen Zollverwaltung. Diese auch als *Tarifierung* bezeichnete Zuordnung von numerischen Codes zu Produkten ermöglicht der Zollverwaltung die Festsetzung der Einfuhrabgaben, aber auch Prüfungen im Hinblick auf Verbote und Beschränkungen bei der Ein- und Ausfuhr. Der EZT ist eine Erweiterung des *Gemeinsamen Zolltarifs* (GZT) der EU, der alle auf Einfuhren aus Drittländern anzuwendenden Zollsätze enthält. Der GZT ist seinerseits eine Erweiterung des auf einem internationalen Abkommen beruhenden *Harmonisierten Systems* (HS). Das HS, das von der Weltzollorganisation (WZO) betreut wird, erfasst die gesamte Warenwelt in einer sechsstelligen Nomenklatur. Diese Nomenklatur ist die Grundlage der Zolltarife aller Staaten, die das Übereinkommen über das HS unterzeichnet haben. Die Warennummern der Zolltarife der Unterzeichnerstaaten sind also bis zur sechsten Stelle identisch. Das HS besteht aus 97 zweistelligen Kapiteln, die in vierstellige Positionen und sechsstellige Unterpositionen unterteilt sind.

Aufbau des HS

Diese Struktur können Sie in der Darstellung von Zolltarifen in SAP GTS in der Transaktion **Tarifcodenummern pflegen** unmittelbar nachvollziehen (Transaktionscode /SAPSLL/LLNS_101). Sie finden diese Transaktion im Bereichsmenü des Customs Managements (Schaltfläche **Tarifierung**, Sicht **Tarifierungsstammdaten**). Abbildung 2.15 zeigt ein Beispiel aus Kapitel 08 des HS (Genießbare Früchte und Nüsse; Schalen von Zitrusfrüchten oder von Melonen).

In Abbildung 2.15 ist der Ordner für Kapitel 08 geöffnet. Sie sehen in der Ebene darunter Ordner für einige Positionen dieses Kapitels (0801 bis 0805). In dieser Unterstruktur ist der Ordner für Position 0805 (Zitrusfrüchte, frisch oder getrocknet) geöffnet. Die Position 0805 enthält mehrere Unterpositionen (080510 bis 080590), um zwischen verschiedenen Zitrusfrüchten zu unterscheiden.

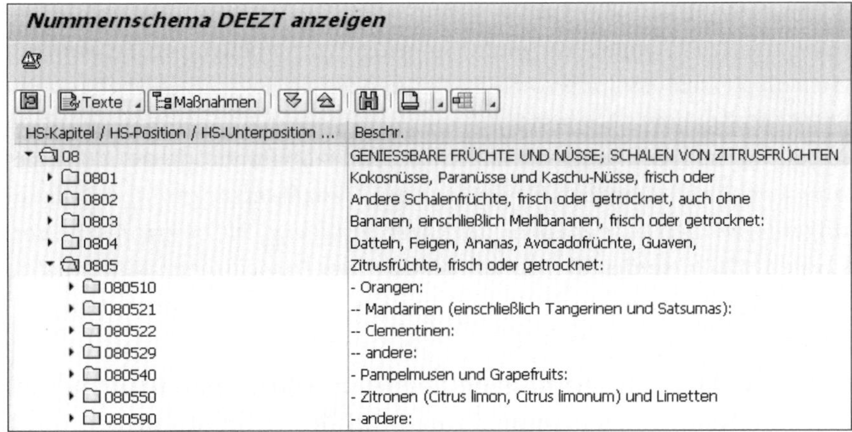

Nummernschema DEEZT anzeigen

Texte | Maßnahmen

HS-Kapitel / HS-Position / HS-Unterposition ...	Beschr.
08	GENIESSBARE FRÜCHTE UND NÜSSE; SCHALEN VON ZITRUSFRÜCHTEN
0801	Kokosnüsse, Paranüsse und Kaschu-Nüsse, frisch oder
0802	Andere Schalenfrüchte, frisch oder getrocknet, auch ohne
0803	Bananen, einschließlich Mehlbananen, frisch oder getrocknet:
0804	Datteln, Feigen, Ananas, Avocadofrüchte, Guaven,
0805	Zitrusfrüchte, frisch oder getrocknet:
080510	- Orangen:
080521	-- Mandarinen (einschließlich Tangerinen und Satsumas):
080522	-- Clementinen:
080529	-- andere:
080540	- Pampelmusen und Grapefruits:
080550	- Zitronen (Citrus limon, Citrus limonum) und Limetten
080590	- andere:

Abbildung 2.15 HS – Beispiel aus Kapitel 08

Differenzierung auf EU-Ebene

Der GZT beruht auf der *Kombinierten Nomenklatur* (KN), in der die Codes des HS um zwei Stellen erweitert wurden. In Abbildung 2.16 sehen Sie einige Beispiele für diese Erweiterung.

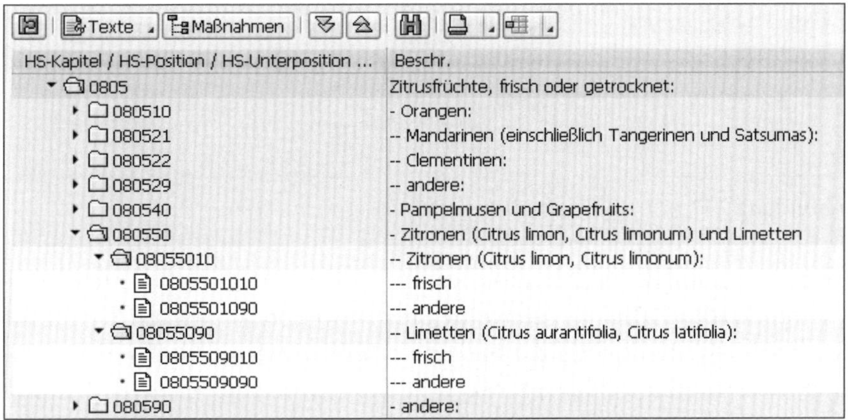

Texte | Maßnahmen

HS-Kapitel / HS-Position / HS-Unterposition ...	Beschr.
0805	Zitrusfrüchte, frisch oder getrocknet:
080510	- Orangen:
080521	-- Mandarinen (einschließlich Tangerinen und Satsumas):
080522	-- Clementinen:
080529	-- andere:
080540	- Pampelmusen und Grapefruits:
080550	- Zitronen (Citrus limon, Citrus limonum) und Limetten
08055010	-- Zitronen (Citrus limon, Citrus limonum):
0805501010	--- frisch
0805501090	--- andere
08055090	-- Limetten (Citrus aurantifolia, Citrus latifolia):
0805509010	--- frisch
0805509090	--- andere
080590	- andere:

Abbildung 2.16 KN und TARIC – Beispiele aus Unterposition 080550

Geöffnet ist nun der Ordner der Unterposition 080550 für Zitronen und Limetten. Sie erkennen, dass auf der Ebene der achtstelligen KN eine weitere Differenzierung der Warenbeschreibung vorgenommen wurde: Der KN-Code 08055010 bezeichnet Zitronen, während der Code 08055090 für Limetten steht. In Abbildung 2.16 sehen Sie jedoch auch, dass der Zolltarif noch längere Codes enthält. Für die beiden KN-Codes 08055010 und 08055090 gibt es je einen Unterordner, der zwei zehnstellige Einträge enthält (0805501010 und 0805501090 bzw. 0805509010 und 0805509090). Bei diesen Einträgen handelt es sich um Codes aus dem *Integrierten Tarif der*

Europäischen Union, der nach seiner ursprünglichen französischen Bezeichnung mit TARIC abgekürzt wird. Die beiden zusätzlichen Stellen ermöglichen die Verschlüsselung von Maßnahmen der EU gegenüber Drittländern. Solche Maßnahmen können z. B. handelspolitischer Art sein (Erhebung von Antidumping- oder Ausgleichszöllen). Auch Maßnahmen, die zur Verringerung von Einfuhrabgaben führen, wie z. B. Zollaussetzungen und Zollkontingente, werden auf der Ebene des TARIC festgelegt. Die elektronische Version des TARIC finden Sie auf der Website der Europäischen Kommission (*https://ec.europa.eu/taxation_customs/dds2/taric/taric_consultation.jsp?Lang=de*).

Beispiel für eine Zolltarifnummer

Abbildung 2.17 schließlich zeigt die Darstellung einer Zolltarifnummer aus dem EZT in SAP GTS. Das Beispiel stammt wieder aus Kapitel 08 des HS.

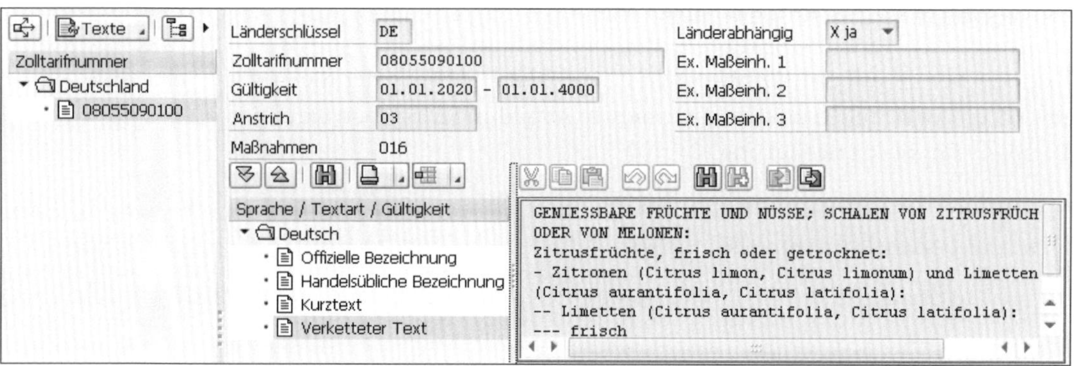

Abbildung 2.17 EZT – Zolltarifnummer für frische Limetten

Sie sehen in Abbildung 2.17, dass der zehnstellige TARIC-Code für frische Limetten (0805509010) um eine elfte Stelle erweitert wurde. Im Feld für die Warenbeschreibung wird der *verkettete Text* angezeigt. Sie lesen also die Warenbeschreibungen aller Strukturelemente vom Kapitel bis zur Zolltarifnummer.

Upload von Zolltarifen

Die abgebildete Darstellung des EZT in SAP GTS ist durch das Hochladen einzelner HS-Kapitel aus XML-Dateien entstanden. Verschiedene Verlage bieten Zolltarife für den Upload in SAP GTS zum Kauf an. Wenn Sie einen geeigneten Datenlieferanten gefunden haben, legen Sie diesen als SAP-Geschäftspartner in der Rolle *Datenlieferant* (SLLDAP) an. Anschließend speichern Sie die XML-Dateien in einem Verzeichnis auf Ihrem lokalen Computer, einem anderen Rechner in Ihrem Unternehmensnetzwerk oder auf dem Applikationsserver. Auf dieses Verzeichnis greifen Sie in der Transaktion **Tarifcodenummern aus XML-Datei laden** zu (Transaktionscode /SAPSLL/LLNS_UPL101). Sie finden diese Transaktion im Bereichsmenü des Customs Managements (Schaltfläche **Tarifierung**, Sicht **Tarifierungsstamm-**

daten). Das Ergebnis des Uploads können Sie in der Transaktion **Tarifcodenummern pflegen** in derselben Sicht kontrollieren (Transaktionscode /SAPSLL/LLNS_101, Schaltfläche **Nummern anzeigen**).

Nummernschema

Im Einstiegsbild dieser Transaktion müssen Sie das *Nummernschema* des Zolltarifs eingeben. Nummernschemata, die im Customizing definiert werden, legen den Aufbau und die Zweckbestimmung einer Nomenklatur fest (Menüpfad: **Global Trade Services • Allgemeine Einstellungen • Nummernschemata • Nummernschema der Tarifnummern definieren**). In Abbildung 2.18 sehen Sie das Nummernschema DEEZT, das im Auslieferungs-Customizing für den Upload des EZT oder die manuelle Pflege einzelner Zolltarifnummern bereitsteht.

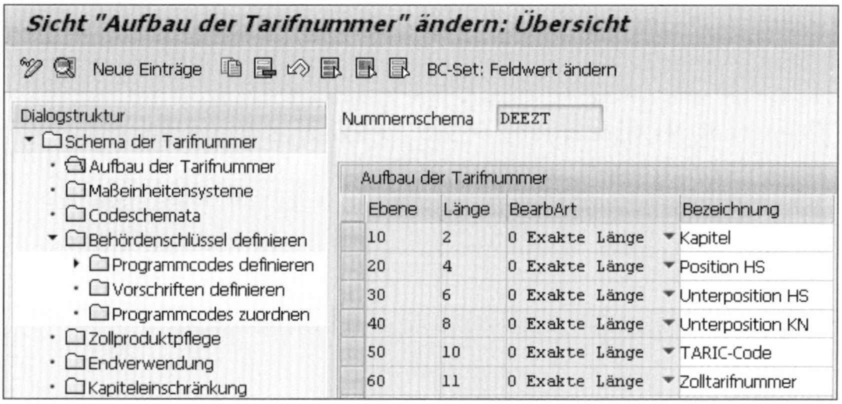

Sicht "Aufbau der Tarifnummer" ändern: Übersicht

Neue Einträge BC-Set: Feldwert ändern

Dialogstruktur
- Schema der Tarifnummer
  - Aufbau der Tarifnummer
  - Maßeinheitensysteme
  - Codeschemata
  - Behördenschlüssel definieren
    - Programmcodes definieren
    - Vorschriften definieren
    - Programmcodes zuordnen
  - Zollproduktpflege
  - Endverwendung
  - Kapiteleinschränkung

Nummernschema DEEZT

Aufbau der Tarifnummer

Ebene	Länge	BearbArt	Bezeichnung
10	2	0 Exakte Länge	Kapitel
20	4	0 Exakte Länge	Position HS
30	6	0 Exakte Länge	Unterposition HS
40	8	0 Exakte Länge	Unterposition KN
50	10	0 Exakte Länge	TARIC-Code
60	11	0 Exakte Länge	Zolltarifnummer

Abbildung 2.18 Nummernschema DEEZT – Aufbau

Aufbau

Abbildung 2.18 zeigt den Aufbau des Zolltarifs. In der Spalte **Länge** erkennen Sie jeweils die Gesamtlänge des Codes auf jeder der sechs Ebenen des Nummernschemas. Der KN-Code (Ebene 40, **Unterposition KN**) ist z. B. achtstellig (Länge 8). Der ausgelieferte Aufbau entspricht der tatsächlichen Struktur des Zolltarifs. Sie sollten dennoch in einer der XML-Dateien Ihres Datenlieferanten die Aufbereitung des Tarifs prüfen (Starttags `<level_id>` und `<length>`). Wenn Ihr Datenlieferant einen anderen als den in Abbildung 2.18 dargestellten Aufbau verwendet, müssen Sie das Nummernschema entsprechend anpassen. Dasselbe gilt, wenn Sie ein neues Nummernschema für einen nicht im Auslieferungs-Customizing enthaltenen Zolltarif anlegen und den Aufbau selbst festlegen müssen.

Maßeinheitensystem

Im Unterordner **Maßeinheitensysteme** des Nummernschemas DEEZT finden Sie ein *Maßeinheitensystem* für die Konvertierung unternehmensinterner Maßeinheiten in die von den Zollbehörden verwendeten Maßeinheitencodes für *besondere Maßeinheiten* (siehe Abbildung 2.19).

Besondere Maßeinheit

Grundlage der Außenhandelsstatistik der EU ist das *Gewicht* der Ware in Kilogramm. Bei vielen Waren ist das Gewicht für sich genommen jedoch nicht besonders aussagekräftig. Die KN legt daher für zahlreiche Warennummern sogenannte besondere Maßeinheiten fest. Häufig verwendete besondere Maßeinheiten sind Liter (l), Quadratmeter (m^2) oder Stück (St). In Zollanmeldungen müssen Sie sowohl das Gewicht in Kilogramm als auch die Menge in der jeweiligen besonderen Maßeinheit angeben. Beim Upload übernimmt SAP GTS die besondere Maßeinheit in das Feld **Ex. Maßeinh. 1** (siehe Abbildung 2.17).

Wenn die besondere Maßeinheit nicht ohnehin die Basismengeneinheit des Materials im Vorsystem ist, müssen Sie in den Zusatzdaten des Materialstammsatzes eine entsprechende *Alternativmengeneinheit* mit Umrechnungsfaktoren eintragen. Diese Daten überträgt das Vorsystem bei der Überleitung des Materials an SAP GTS. Auch wenn eine manuelle Pflege im Produktstamm möglich ist, sollten Sie Mengeneinheiten stets im Materialstamm des Vorsystems pflegen und von dort in Ihr SAP-GTS-System übernehmen.

Sicht "Maßeinheitencodes" ändern: Übersicht Auswahlmenge

Neue Einträge | BC-Set: Feldwert ändern

Dialogstruktur
- Maßeinheitensystem
  - Maßeinheitencodes

MaßEhSystem: DEEZT

Maßeinheitencodes

Externe Maßeinheit	Beschreibung	ME	ME primär	ME nicht relevant
GRM	Gramm	G	☐	☐
KGM	Kilogramm	KG	☐	☐
LTR	Liter	L	☐	☐
MTK	Quadratmeter	M2	☐	☐
MTQ	Kubikmeter	M3	☐	☐
MTR	Meter	M	☐	☐
NAR	Anzahl Stück	ST	☐	☐
TNE	Tonne	TO	☐	☐

Abbildung 2.19 Maßeinheitensystem DEEZT (Auswahl)

UN/CEFACT

Wie Sie in Abbildung 2.19 sehen, enthält das Maßeinheitensystem DEEZT in der Spalte **Externe Maßeinheit** eine Auswahl der von der United Nations Economic Commission for Europe (UNECE) für den elektronischen Datenaustausch empfohlenen Maßeinheitencodes (UN/CEFACT-Codes). Diese Codes verknüpfen Sie mit den internen Maßeinheiten, die Sie in Vorsystem und SAP-GTS-System verwenden (Menüpfad: **Global Trade Services • Allgemeine Einstellungen • Nummernschemata • Maßeinheitensystem definieren**).

Fehlende Codes ergänzen Sie bei Bedarf. Sie können jedem UN/CEFACT-Code genau eine interne Maßeinheit zuordnen. Entspricht eine interne Maßeinheit mehreren UN/CEFACT-Codes, kennzeichnen Sie einen dieser Codes als *Primärmaßeinheit* (**ME primär**). Wenn Sie einem Code keine interne Maßeinheit zuordnen wollen, setzen Sie das Kennzeichen **ME nicht relevant**. Diese Einstellung ist in erster Linie für die Schweiz von Bedeutung.

Eine Zusammenstellung aller CEFACT-Maßeinheitencodes finden Sie auf der Website der UNECE in der »Recommendation No. 20« (*http://www.unece.org/cefact/recommendations/rec_index.html*).

Endverwendung

Den Unterordner **Endverwendung** des Nummernschemas DEEZT benötigen Sie nur, wenn Sie Waren nach vorheriger Bewilligung einer speziellen, von der Kommission als förderungswürdig eingestuften *Endverwendung* zuführen. In diesem besonderen Verfahren fallen deutlich reduzierte, im Einzelfall sogar gar keine Einfuhrabgaben an. Die jeweilige Begünstigung ist entweder im Zolltarif oder in anderen Vorschriften festgelegt. Eine tarifliche Zollbefreiung besteht z. B. für zivile Luftfahrzeuge und Waren, die für zivile Luftfahrzeuge bestimmt sind. Ein reduzierter Zollsatz wird z. B. bei der Einfuhr bestimmter Waren der Kapitel 84 und 87 für die industrielle Montage gewährt. Um sicherzustellen, dass die Waren tatsächlich der bewilligten Endverwendung zugeführt werden, bleiben sie in der Regel auch nach der Abfertigung unter zollamtlicher Überwachung. In SAP GTS setzt die Nutzung des Verfahrens die Implementierung von BAdIs voraus. Es wird daher in diesem Abschnitt nicht behandelt.

Kapitelauswahl

Seit Release 10.1 können Sie auf der Ebene des Nummernschemas entscheiden, welche Kapitel eines Zolltarifs bei einem Upload aus XML-Dateien in SAP GTS angelegt werden. Eine solche Vorauswahl ist angesichts des großen Datenvolumens eines Zolltarifs nicht zuletzt aus Performancegründen sinnvoll. Öffnen Sie in der Dialogstruktur den Ordner **Kapiteleinschränkung** und ergänzen Sie über die Schaltfläche **Neue Einträge** die zweistelligen Codes der Kapitel, die Sie für die Einfuhrabwicklung benötigen. Abbildung 2.20 zeigt ein Beispiel.

Im Beispiel in Abbildung 2.20 wurden im Bereich **Kapiteleinschränkung** die Kapitel 84 bis 87 eingetragen. Aufgrund dieser Einschränkung legt SAP GTS bei einem Upload nur die Zolltarifnummern dieser vier Kapitel auf der Datenbank an, obwohl die XML-Datei noch andere Kapitel enthält. Weiterführende Informationen zur Pflege von Nummernschemata finden Sie in den Konfigurationsleitfäden.

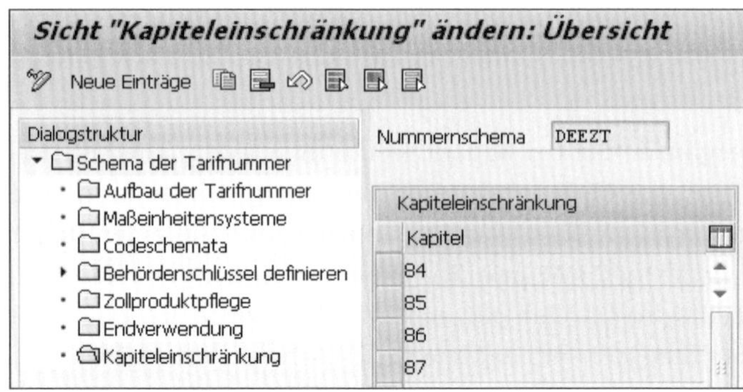

Abbildung 2.20 Kapitelauswahl für den Upload des EZT

Zuordnung des Nummernschemas – gesetzliche Grundlage

Das Nummernschema DEEZT ist im Auslieferungs-Customizing bereits der gesetzlichen Grundlage ATLAS zugeordnet. Anhand dieser Zuordnung erkennt SAP GTS, dass in Zollanmeldungen für die Einfuhr nach Deutschland Zolltarifnummern des EZT angegeben werden müssen. Abbildung 2.21 zeigt diese Zuordnung (Menüpfad: **Global Trade Services • Allgemeine Einstellungen • Nummernschemata • Nummernschemata zu gesetzlichen Grundlagen der Anwendungsbereiche zuordnen**).

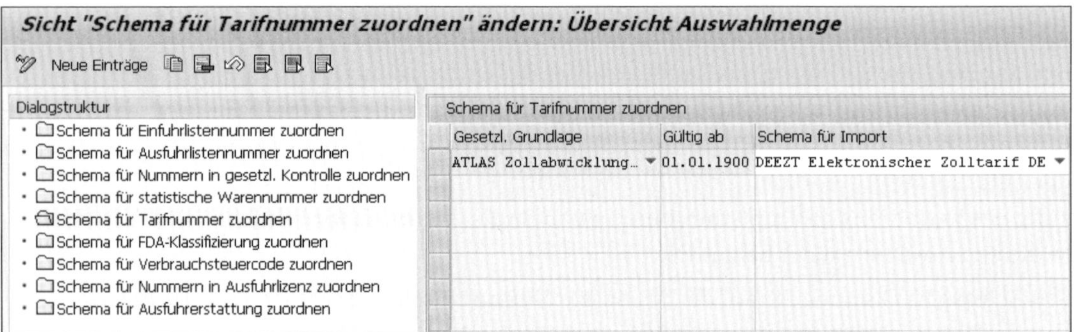

Abbildung 2.21 Zuordnung von Nummernschema zu gesetzlicher Grundlage

In der Dialogstruktur ist der Ordner **Schema für Tarifnummer zuordnen** geöffnet. Das Nummernschema DEEZT ist in das Feld in der Spalte **Schema für Import** eingetragen, da die Angabe von Zolltarifnummern nur in Zollanmeldungen bei der Einfuhr erforderlich ist. In Ausfuhr- und Versandanmeldungen geben Sie in der gesamten EU stattdessen die KN-Codes der anzumeldenden Waren an. Im Auslieferungs-Customizing finden Sie auch ein Nummernschema für die KN (siehe Abschnitt 3.1.3, »Stammdaten für die Ausfuhrabwicklung«).

Tarifierung eines Produkts in SAP GTS

Die Zuordnung von Nummernschemata zu gesetzlichen Grundlagen erkennen Sie unmittelbar in der Anwendung. Rufen Sie dazu einen Produktstammsatz aus dem Bereichsmenü des Customs Managements (Schaltfläche **Stammdaten**, Sicht **Produkte**, oder Schaltfläche **Tarifierung**, Sicht **Tarifierung**) zur Anzeige oder zum Ändern auf, und öffnen Sie die Sicht **Tarifierung**. Wenn Sie die Selektion nicht einschränken, sehen Sie auf der linken Bildseite alle aktiven gesetzlichen Grundlagen der Rechtskodizes 01 (Zollabwicklung) und 07 (Versand/Gestellung). Abbildung 2.22 zeigt den passenden Ausschnitt aus der Sicht **Tarifierung** eines Produktstammsatzes.

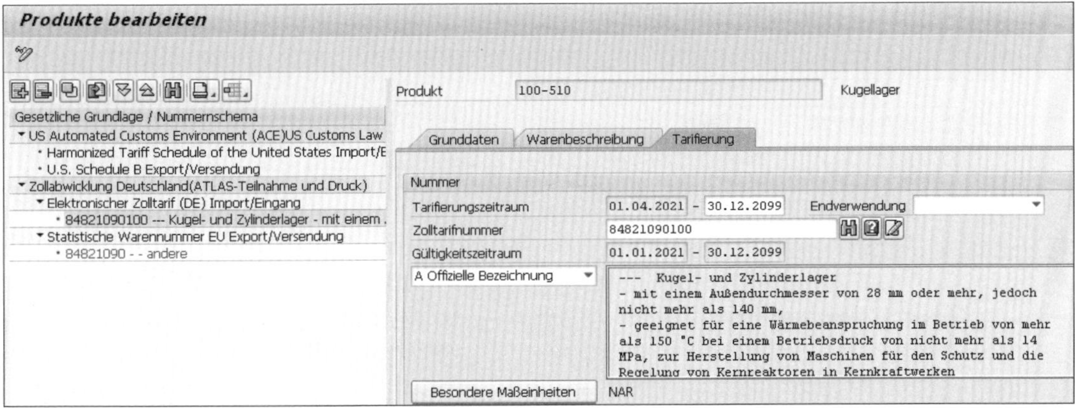

Abbildung 2.22 Tarifierung eines Produkts

Auf der linken Seite erkennen Sie die beiden gesetzlichen Grundlagen **US Automated Customs Environment** und **Zollabwicklung Deutschland** mit den jeweils zugeordneten Nummernschemata. Zur gesetzlichen Grundlage **Zollabwicklung Deutschland** gehören also die Nummernschemata **Elektronischer Zolltarif** und **Statistische Warennummer EU**. Wie Sie in Abbildung 2.22 außerdem sehen, ist dem Produkt sowohl eine Zolltarifnummer (84821090100) als auch eine statistische Warennummer (84821090) zugeordnet. Soll das Produkt in Zukunft nicht nur nach Deutschland, sondern auch in die USA eingeführt werden, muss der zutreffende Code aus dem *Harmonized Tariff Schedule* (HTS), dem US-amerikanischen Zolltarif, ergänzt werden. Für Ausfuhren des Produkts aus den USA wäre zusätzlich der entsprechende Code aus dem *Schedule B* erforderlich.

Tarifierungshilfen

Abbildung 2.23 zeigt einen weiteren Ausschnitt aus einem Produktstammsatz. Sie sehen nun den Bereich der Sicht **Tarifierung**, in dem Sie zusätzlich zu einer Zolltarifnummer in einem Freitextfeld Anmerkungen zu Ihrer Tarifierungsentscheidung und – zusätzlich oder alternativ – eine *verbindliche Zolltarifauskunft* erfassen können (Symbol [⇨]).

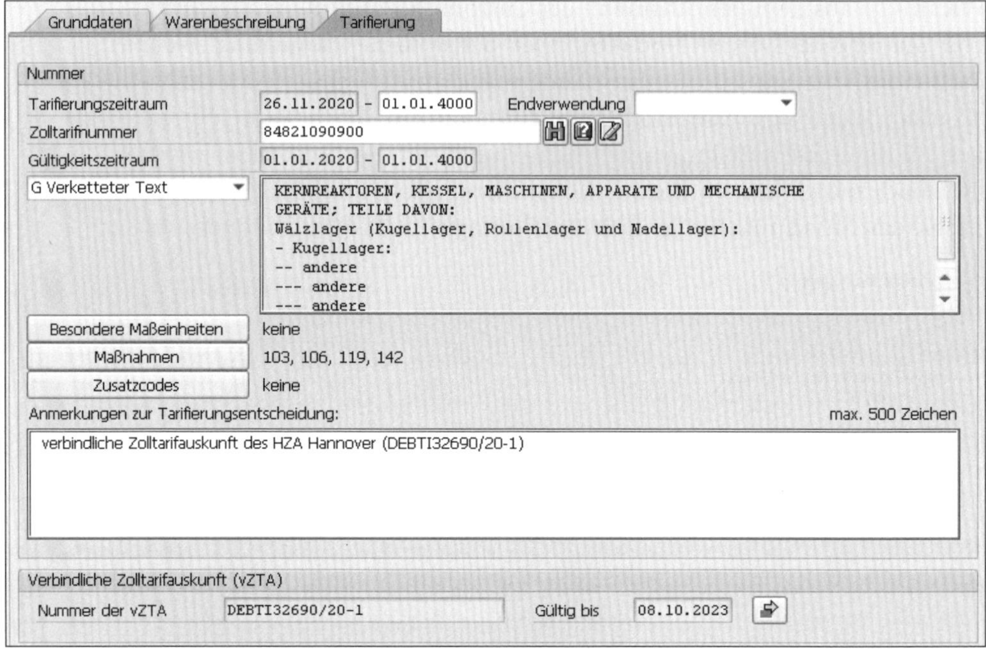

Abbildung 2.23 Zusatzdaten der Tarifierung

Mit dem Symbol rechts neben dem Feld für die Zolltarifnummer können Sie auf den Zolltarif zugreifen, um nach dem zutreffenden Code zu suchen. Das Symbol führt zu einer textbasierten Tarifierungshilfe, in der Sie sich über frei wählbare Suchbegriffe Zolltarifnummern vorschlagen lassen können.

Verbindliche Zolltarifauskünfte

Im Vorfeld einer Einfuhr können Sie in Zweifelsfällen die Zollbehörden eine rechtsverbindliche Einreihung Ihrer Ware in den Zolltarif der EU vornehmen lassen. In Deutschland erteilt diese *verbindliche Zolltarifauskunft* (vZTA) das Hauptzollamt Hannover auf Antrag beim Bürger- und Geschäftskunden-Portal (BuG). Sie ist vom Tag des Wirksamwerdens der Entscheidung drei Jahre lang gültig. Ist Ihr Unternehmen Inhaberin einer vZTA, erfassen Sie diese in den Stammdaten aller betroffenen Produkte, wie in Abbildung 2.23 dargestellt. Das System übernimmt dann automatisch den Unterlagencode C626 (BTI – Entscheidung in Bezug auf verbindliche Zolltarifauskünfte) in die entsprechenden Zollanmeldungspositionen (siehe Abschnitt 3.1.3, »Stammdaten für die Ausfuhrabwicklung«).

Änderung des Zolltarifs

Da sich die Warenwelt in einem ständigen Wandel befindet, unterliegt auch das HS regelmäßigen Änderungen. Die WZO überarbeitet das HS im Fünfjahresrhythmus. Die aktuelle Fassung aus dem Jahr 2017 (»HS 2017«) soll am 1. Januar 2022 durch eine neue Fassung (»HS 2022«) ersetzt werden. In deutlich kürzeren Abständen ändern sich Zolltarife, die auf dem HS aufsetzen. So müssen z. B. für neue Produkte Zolltarifnummern festgelegt werden. Andere Produkte verschwinden im Zuge technischer Neuerungen vom Markt, sodass ihre Zolltarifnummern überflüssig werden. Datenlieferanten, die Zolltarife für den Upload in SAP GTS verkaufen, stellen solche Aktualisierungen in Dateiform bereit. Zunächst erhalten Sie Dateien für den Upload neuer und geänderter Zolltarifnummern, mit denen Sie das Nummernschema des Zolltarifs auf den aktuellen Stand bringen. Für den Austausch obsoleter durch gültige Nummern im Produktstamm (*Retarifierung*) gibt es in der Regel eine eigene Datei. Diese Retarifierungsdatei laden Sie mit der Transaktion **Produkte aus XML-Datei retarifieren** in Ihr SAP-GTS-System hoch (Transaktionscode /SAPSLL/PR_RET_A_CUS). Sie finden diese Transaktion im Bereichsmenü des Customs Managements (Schaltfläche **Tarifierung**, Sicht **Tarifierung**).

Retarifierung

Entspricht einer obsoleten Nummer genau eine neue Nummer, kann SAP GTS die Retarifierung der Produkte selbstständig durchführen. In den recht häufigen Fällen, in denen eine Nummer durch mindestens zwei andere Nummern ersetzt wird, muss jedoch ein sachkundiger Anwender eine Entscheidung treffen. Die Auswahl einer in Zukunft zutreffenden Nummer erfolgt direkt in der Transaktion **Produkte aus XML-Datei retarifieren**. SAP GTS tauscht die Nummern im Produktstamm nicht einfach aus, sondern ergänzt Einträge für neue Nummernzuordnungen mit Gültigkeitszeiträumen. Sie können also im Stammsatz eines Produkts jederzeit nachvollziehen, welche Zolltarifnummer in einem bestimmten Zeitraum in der Vergangenheit gültig war und welche Zolltarifnummer aktuell anwendbar ist. Die Retarifierung können Sie auch für die Aktualisierung der KN verwenden.

2.1.5 Zollwertermittlung und Vorausberechnung von Einfuhrabgaben

Im Bescheid in Abbildung 2.8 erhebt die Zollverwaltung Einfuhrabgaben in Höhe von 2.422,70 €. Diese Einfuhrabgaben setzen sich zusammen aus 678,30 € Zoll (Buchungsschlüssel A0000) und 1.744,40 € Einfuhrumsatzsteuer (Buchungsschlüssel B0000).

Zollwert

Grundlage für die Berechnung des Zollbetrags ist der *Zollwert* der eingeführten Waren. Der Zollwert ist in Art. 70 UZK definiert als »der für die Waren bei einem Verkauf zur Ausfuhr in das Zollgebiet der Union tatsächlich gezahlte oder zu zahlende Preis« (*Transaktionswert*). Bei der Ermittlung des Zollwerts müssen bestimmte, in Art. 71 UZK aufgeführte Kosten hinzugerechnet werden, wenn diese Kosten nicht bereits im Transaktionswert enthalten sind. Solche Hinzurechnungen sind z. B.:

- Provisionen und Maklerlöhne, ausgenommen Einkaufsprovisionen
- Verpackungskosten (Material- und Arbeitskosten)
- Beförderungs- und Versicherungskosten bis zum Ort des Verbringens in das Zollgebiet der Union

Andere, in Art. 72 UZK genannte Kosten werden nicht in den Zollwert einbezogen. Beispiele für solche Abzugsbeträge sind Einkaufsprovisionen und Beförderungskosten, die nach dem Eingang der Waren in das Zollgebiet der Union entstehen.

Zollwertermittlung

Bei der Zollwertermittlung kommt in der Regel die in Art. 70 UZK definierte Transaktionswertmethode zur Anwendung. Nicht immer jedoch gibt es einen Preis, der dieser Definition entspricht. So kann z. B. bei Warenlieferungen innerhalb eines Konzerns die Verbundenheit zwischen Käufer und Verkäufer den Preis so beeinflussen, dass dieser Transaktionswert nicht als Zollwert anerkannt wird (Art. 70 Abs. 3 Buchstabe d UZK). Für solche Fälle sieht Art. 74 UZK Abs. 2 Buchstabe a bis d vier nachrangige Methoden der Zollwertermittlung vor. Diese Methoden müssen in der im UZK vorgegebenen Reihenfolge geprüft werden. Die unter b beschriebene Methode darf also nur angewandt werden, wenn sich die unter a beschriebene Methode als ungeeignet erwiesen hat. Scheitert die Zollwertermittlung nach Art. 70 und 74 UZK, muss der Zollwert »auf der Grundlage von im Zollgebiet der Union verfügbaren Daten und unter Einsatz sinnvoller Hilfsmittel« bestimmt werden (Art. 74 Abs. 3 UZK).

Zollanmeldung: Sicht »Logistikkosten«

Betrachten wir an dieser Stelle eine andere Zollanmeldung für die Überlassung zum freien Verkehr. Ein US-amerikanischer Verkäufer liefert 100 Kugellager mit Luftfracht nach Dresden. Die Lieferklauseln (Incoterms) lauten FCA (Free Carrier/Frei Frachtführer) Boston. Der Verkäufer liefert die Kugellager also dem Frachtführer oder einer anderen vom Käufer benannten Person in Boston. Die Kosten für den Transport von Boston nach Dresden trägt der Käufer. Abbildung 2.24 zeigt einen Ausschnitt aus der Sicht **Logistikkosten** auf Belegkopfebene.

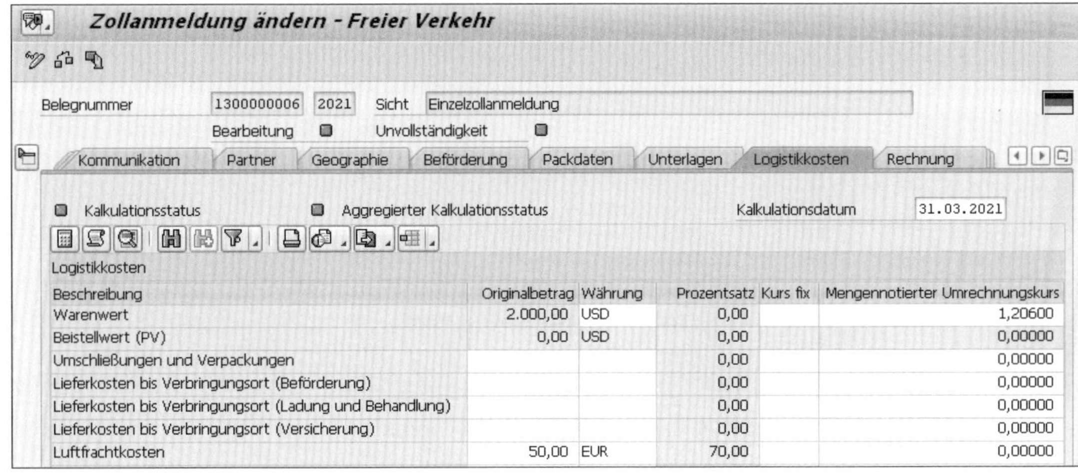

Abbildung 2.24 Sicht »Logistikkosten« in der Zollanmeldung

Luftfrachtkosten

Der Warenwert beträgt 2.000 $. In der Spalte **Beschreibung** sehen Sie einige der Kosten, die dem Transaktionswert gemäß Art. 71 UZK ggf. hinzuzurechnen sind. Für die Beförderung der Kugellager von Boston nach Hamburg, dem Ort des Verbringens, hat die Spedition 50,00 € Luftfracht in Rechnung gestellt (Einträge in den Feldern **Originalbetrag** und **Währung** in der Zeile **Luftfrachtkosten**). Diese Beförderungskosten gehen jedoch nicht vollständig in die Zollwertermittlung ein. Gemäß Art. 138 UZK-IA müssen Luftfrachtkosten nur anteilig in den Zollwert einbezogen werden. Anhang 23-01 UZK-IA enthält eine Aufstellung, in der die in Drittländern gelegenen internationalen Flughäfen in geografische Zonen eingeteilt sind. Jeder dieser Zonen ist ein Prozentsatz zugeordnet. Der Abflughafen Boston z. B. gehört zur Zone A. Bei Abflügen aus dieser Zone gehen nur 70 % der Luftfrachtkosten in den Zollwert ein. In der Zollanmeldung in Abbildung 2.24 ist in der Spalte **Prozentsatz** ein entsprechender Eintrag zu sehen.

Verkehrsknoten

SAP GTS ermittelt den Prozentsatz für die Einbeziehung der Luftfrachtkosten in den Zollwert aus den *Verkehrsknoten* der Zollanmeldung in der Sicht **Geographie**. Verkehrsknoten können Sie aus dem Bereichsmenü des Customs Managements heraus anlegen (Schaltfläche **Stammdaten**, Sicht **Geographie**, Bereich **Knoten**). In Abbildung 2.25 sehen Sie einige Beispiele.

Anschließend verknüpfen Sie die Verkehrsknoten für Flughäfen miteinander und ordnen ihnen die zutreffenden Prozentsätze für die anteilige Hinzurechnung der Luftfrachtkosten zu (Sicht **Geographie**, Eintrag **Luftfrachtanteil nach Knoten definieren**). Abbildung 2.26 zeigt zwei Beispiele der Zone A des Anhang 23-01 UZK-IA. Der für die Zollwertermittlung relevante Anteil der Luftfrachtkosten beträgt für Abflughäfen dieser Zone 70 %.

Sicht "Verkehrsknoten" ändern: Übersicht

Neue Einträge

Verkehrsknoten

Verkehrsknoten	Name Verkehrsknoten	Land	Seehafen	Flughafen
BOS	Logan International Airport	US	☐	☑
DEHAM	Port of Hamburg	DE	☑	☐
EWR	Newark Liberty International Airport	US	☐	☑
FRA	Frankfurt Airport	DE	☐	☑
HAM	Hamburg Airport	DE	☐	☑
JFK	John F. Kennedy International Airport	US	☐	☑
NLRTM	Port of Rotterdam	NL	☑	☐
USALB	Port of Albany	US	☑	☐

Abbildung 2.25 Beispiele für Verkehrsknoten

Sicht "Luftfrachtanteil nach Knoten" ändern: Übersicht

Neue Einträge

Luftfrachtanteil nach Knoten

Abgangsknoten	Bestimmungsknoten	Prozent
BOS	HAM	70,00
JFK	HAM	70,00

Abbildung 2.26 Zollwertermittlung – Prozentsätze für Luftfrachtkosten

Zollanmeldung: Sicht »Zollwert«

Vergleichen wir die Darstellung der Zollwertermittlung auf Kopfebene der Zollanmeldung in Abbildung 2.24 mit ihrer Entsprechung auf Positionsebene. In Abbildung 2.27 sehen Sie einen Ausschnitt aus der Sicht **Zollwert** der einzigen Position des Belegs.

Allgemeine Daten | Bestimmung | Packdaten | Partner | Unterlagen | Zollwert | Status | Texte | Verwaltung

Kalkulationsstatus

Zollwert

Beschreibung	Originalbetrag	Währung	Zollbetrag	Währung	Prozentsatz	Mengennot.	Umr.Kurs
Warenwert	2.000,00	USD	1.658,37	EUR	0,00		1,20600
Beistellwert (PV)	0,00	USD	0,00	EUR	0,00		0,00000
Veredelungsentgelt / Wertsteigerung					0,00		0,00000
Provisionen (ausgenommen Einkaufsprovisionen)	0,00	USD	0,00	EUR	0,00		1,20600
Maklerlöhne	0,00	USD	0,00	EUR	0,00		1,20600
Umschließungen und Verpackungen	0,00	EUR	0,00	EUR	0,00		0,00000
In eingeführten Waren enth. Materialien, Bestandteile etc.	0,00	USD	0,00	EUR	0,00		1,20600
Bei Herstellung eingef. Waren verwendete Werkzeuge etc.	0,00	USD	0,00	EUR	0,00		1,20600
Bei Herstellung eingef. Waren verbrauchte Materialien	0,00	USD	0,00	EUR	0,00		1,20600
Für Herstellung eingef. Waren notw. Pläne, Skizzen, etc.	0,00	USD	0,00	EUR	0,00		1,20600
Lizenzgebühren	0,00	USD	0,00	EUR	0,00		1,20600
Erlöse aus Weiterverkäufen, sonstige Überlassungen	0,00	USD	0,00	EUR	0,00		1,20600
Lieferkosten bis Verbringungsort (Beförderung)	0,00	EUR	0,00	EUR	0,00		0,00000
Lieferkosten bis Verbringungsort (Ladung und Behandlung)	0,00	EUR	0,00	EUR	0,00		0,00000
Lieferkosten bis Verbringungsort (Versicherung)	0,00	EUR	0,00	EUR	0,00		0,00000
Luftfrachtkosten	50,00	EUR	35,00	EUR	70,00		0,00000

Abbildung 2.27 Sicht »Zollwert« in der Position einer Zollanmeldung

In das Feld **Originalbetrag** in der Zeile **Warenwert** übernimmt SAP GTS den Nettowert der Position aus dem Einkaufsbeleg des Vorsystems (Sicht **Konditionen**, Feld **Netto**). In der Spalte **Beschreibung** sind außerdem weitere Kosten und Aufwendungen gemäß Art. 71 UZK zu erkennen, z. B. Provisionen, Maklerlöhne und Lizenzgebühren. Auch die Lieferkosten bis zum Ort des Verbringens, die in Abbildung 2.24 zu sehen sind, erscheinen in der Sicht **Zollwert**. SAP GTS verteilt diese auf Belegkopfebene einzutragenden Lieferkosten auf die einzelnen Belegpositionen. Dabei richtet sich die Aufteilung der Beförderungs-, Lade- und Behandlungskosten nach dem Bruttogewicht, die Aufteilung der Versicherungskosten nach dem Warenwert der Position. Die auf Belegkopfebene erfassten Luftfrachtkosten gehen zu 70 %, also mit einem Betrag von 35,00 €, in die Zollwertermittlung ein (Spalten **Zollbetrag** und **Währung** in der Zeile **Luftfrachtkosten**).

Umrechnungskurse

In den Spalten **Zollbetrag** und **Währung** hat SAP GTS den Warenwert (2.000,00 $) in die Meldewährung Euro umgerechnet. Den Umrechnungskurs entnehmen Sie der Spalte **Mengennot. Umr.Kurs** (1,206). Bei diesem Kurs handelt es sich um den von der Europäischen Zentralbank festgesetzten Referenzkurs, den die deutsche Zollverwaltung auf ihrer Website veröffentlicht und monatlich aktualisiert in verschiedenen Dateiformaten für den Download bereitstellt. Für den Upload der CSV-Dateien mit den Umrechnungskursen sechs notierter Währungen (AUD, CHF, CNY, GBP, JPY und USD) in SAP GTS steht die Transaktion **Währungsumrechnungskurse hochladen** zur Verfügung (Transaktionscode /SAPSLL/CURR_UPLOAD). Sie finden diese Transaktion im Bereichsmenü des Customs Managements (Schaltfläche **Stammdaten**, Sicht **Sonstige**). Das Programm aktualisiert automatisch die Datenbanktabelle TCURR (Umrechnungskurse). In der Sicht **Sonstige** haben Sie auch Zugriff auf die Transaktion **Währungskurse: Arbeitsvorräte** (Transaktionscode TCURMNT). In Abhängigkeit von Customizing-Einstellungen werden in diesen Arbeitsvorräten einzelne Währungen für die manuelle Kurspflege bereitgestellt (Menüpfad: **SAP NetWeaver • Allgemeine Einstellungen • Währungen • Arbeitsvorrat für die Wechselkurseingabe festlegen** und **Währungskurs dem Arbeitsvorrat zuordnen**).

Kurstyp

Im Auslieferungs-Customizing finden Sie einen eigenen Kurstyp für die Verwaltung von Umrechnungskursen für Zollwertanmeldungen (GTSC). Wenn Sie diesen Kurstyp verwenden wollen, ordnen Sie ihn der gesetzlichen Grundlage ATLAS und ggf. weiteren gesetzlichen Grundlagen für die Zollabwicklung zu (siehe Abbildung 2.9, Feld **Kurstyp**).

IATA-Kurse

Für die Umrechnung von Luftfrachtkosten in der Zollanmeldung müssen die von der International Air Transport Association (IATA) festgelegten Kurse verwendet werden, sofern die Vertragsparteien keinen abweichenden Kurs vereinbart haben. IATA-Kurse können Sie ebenfalls von der Website der deutschen Zollverwaltung im CSV-Format herunter- und in SAP GTS wieder hochladen. In Abbildung 2.9 sehen Sie ein Feld für die Zuordnung eines IATA-Kurstyps zur gesetzlichen Grundlage ATLAS.

Verteilung von Umrechnungskursen

Eine Alternative zur lokalen Pflege von Umrechnungskursen in SAP GTS ist die systemübergreifende Kursverwaltung mithilfe eines vordefinierten ALE-Szenarios. Dieses Szenario nutzt das Programm RFALEX00, um im Sendersystem IDocs des Nachrichtentyps EXCHANGE_RATE mit beliebigen Umrechnungskursen zu erzeugen. Die Eingangsverarbeitung dieser IDocs aktualisiert die Tabelle TCURR in den Empfängersystemen. Eine manuelle Kurspflege erübrigt sich daher in diesen Systemen.

Abgabenarten

Die Einträge, die Sie in der Spalte **Beschreibung** auf Kopf- und Positionsebene sehen, sind im Auslieferungs-Customizing definierte *Abgabenarten* (Menüpfad: **Global Trade Services • Customs Management • Kalkulation von Zollabgaben • Art der Zollabgabe definieren**). Abbildung 2.28 zeigt das Beispiel der Abgabenart H020 für Luftfrachtkosten.

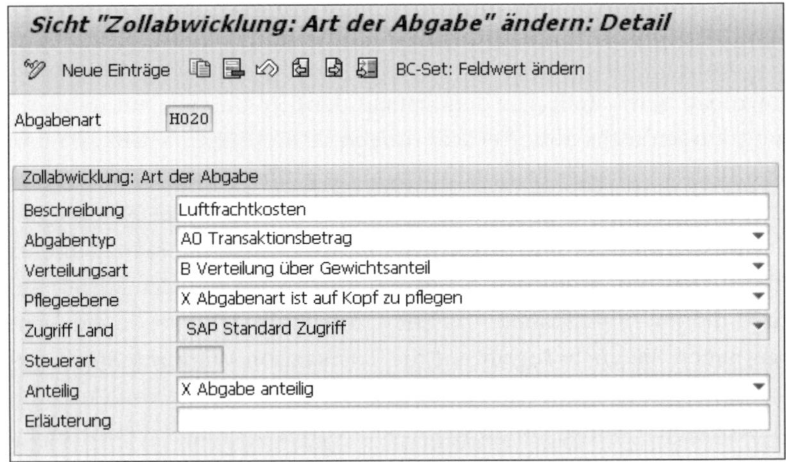

Abbildung 2.28 Abgabenart H020 (Luftfrachtkosten)

Abgabentyp

Der **Abgabentyp** ist eine im Programmcode definierte Klassifikation, mit der Abgabenarten nach ihrer Funktion unterteilt werden. Die Abgabenarten für die in Art. 71 UZK aufgeführten Hinzurechnungen gehören z. B. zum Abgabentyp **A0 Transaktionsbetrag**. Dieser Abgabentyp sammelt alle Abgabenarten, die für die Ermittlung des Transaktionswerts erforderlich sind, also den Warenwert selbst (Abgabenart A001) und die Hinzurechnungen bzw. Abzüge. Andere Abgabentypen klassifizieren Abgabenarten für Summen oder für die Vorausberechnung von Einfuhrabgaben.

Lieferkosten werden über den Wert- oder den Gewichtsanteil auf die Positionen der Zollanmeldung verteilt (Kennzeichen **Verteilungsart**). Die Beträge dieser Abgabenarten müssen auf Belegkopfebene erfasst werden (Kennzeichen **Pflegeebene**). Abgabenarten für andere Hinzurechnungen, z. B. Lizenzgebühren, werden dagegen direkt in die Belegposition eingetragen und daher nicht verteilt. In den Details der Abgabenart H020 in Abbildung 2.28 ist das Kennzeichen **X Abgabe anteilig** ausgewählt, weil die Luftfrachtkosten gemäß Art. 138 UZK-IA in Verbindung mit Anhang 23-01 UZK-IA nur mit einem bestimmten Prozentsatz in den Zollwert eingehen. Diesen Prozentsatz entnimmt SAP GTS den Einstellungen in Abbildung 2.26. Die Kennzeichen **Zugriff Land** und **Steuerart** spielen nur in Abgabenarten für Einfuhrabgaben eine Rolle. Sie werden in diesem Abschnitt am Beispiel des Drittlandszolls und der Einfuhrumsatzsteuer erläutert.

Weitere Kennzeichen

Nach Eingabe der Luftfrachtkosten für die Beförderung von Boston nach Hamburg hat SAP GTS den Zollwert der aus den USA eingeführten Kugellager berechnet. Das Ergebnis dieser Berechnung sehen Sie in Abbildung 2.29.

Zollwertberechnung

Beschreibung	Originalbetrag	Währ.	Zollbetrag	Währ.	BerechBasis	Währ.	Betrag Datenübertragung	Währur
Zollwert			1.693,37	EUR			1.693,37	EUR
Zollaussetzung			0,00	EUR				
Präferenzzoll			0,00	EUR				
Drittlandszoll			135,47	EUR				
Zusatzzoll			0,00	EUR				
Anti-Dumping (neu)			0,00	EUR				
Ausgleichszoll			0,00	EUR				
Summe Zollwert + Abgaben			1.828,84	EUR				
Summe Abgaben			135,47	EUR				
Mittelbare Zahlungen	0,00	EUR	0,00	EUR			0,00	EUR
Luftfrachtkosten innergemeinschaftlich (EUSt)	15,00	EUR	15,00	EUR	50,00	EUR	15,00	EUR
Transportkosten nach Verbringen (anteilig)	0,00	EUR	0,00	EUR			0,00	EUR
Allgemeine Transportkosten nach Verbringen	35,00	EUR	35,00	EUR			35,00	EUR
Kosten für Einfuhrumsatzsteuer	50,00	EUR	50,00	EUR	50,00	EUR	50,00	EUR
Wert Außenhandelsstatistik (Grenzübergangswert)	1.693,37	EUR	1.693,37	EUR			1.693,37	EUR
Artikelpreis	0,00	EUR	0,00	EUR			0,00	EUR
Einfuhrumsatzsteuer	356,98	EUR	356,98	EUR	1.878,84	EUR		

Abbildung 2.29 Sicht »Zollwert« – Berechnung der Einfuhrabgaben

Wir befinden uns weiterhin in der Sicht **Zollwert** auf Positionsebene. In der gelb hinterlegten Zeile **Zollwert** ist im Feld **Zollbetrag** die Summe aus Warenwert und anteiligen Luftfrachtkosten zu erkennen (1.693,37 €). Dieser Wert entspricht im Beispiel in Abbildung 2.29 dem Wert im Feld **Betrag Datenübertragung**, den Sie nur nach Anpassung des lokalen Layouts sehen (Symbol, nicht abgebildet). Durch die Rundung von Nachkommastellen, die den ATLAS-Vorgaben entsprechen, kommt es gelegentlich zu Abweichungen zwischen den Werten in den beiden Feldern. SAP GTS übermittelt stets den Wert im Feld **Betrag Datenübertragung** an ATLAS.

Betrag Datenübertragung

Zollwertanmeldung

Art. 6 Abs. 1 UZK-TDA legt fest, dass Zollanmeldungen zur Überlassung zum zollrechtlich freien Verkehr Angaben über den Zollwert der Waren enthalten müssen. Werden diese Angaben nicht elektronisch übermittelt, ist die Verwendung des Formulars in Anhang 8 UZK-TDA (Anmeldung der Angaben über den Zollwert D.V.1) vorgeschrieben. Die Zollbehörden können jedoch in bestimmten Fällen auf eine Zollwertanmeldung verzichten, z. B. wenn der Zollwert nicht nach den Vorgaben des Art. 70 UZK ermittelt werden kann oder wenn der Zollwert der eingeführten Waren 20.000,00 € je Sendung nicht übersteigt (Art. 6 UZK-TDA).

Wenn Sie im Rahmen einer Zollanmeldung für die Überlassung von Waren zum freien Verkehr eine Zollwertanmeldung abgeben müssen, setzen Sie in der Sicht **Rechnung** auf Belegkopfebene das Kennzeichen **Angabe zum Zollwert**. In dieser Sicht können Sie bei Bedarf auch nähere Angaben zu Lizenzgebühren ergänzen. Sollten einzelne der in Art. 70 Abs. 3 UZK aufgeführten Voraussetzungen für die Anwendung der Transaktionswertmethode nicht erfüllt sein, können Sie in dieser Sicht dazu Stellung nehmen.

In Abbildung 2.29 sehen Sie auch, dass SAP GTS zusätzlich zum Zollwert die Einfuhrabgaben berechnet hat. Nach dieser Berechnung sind voraussichtlich 135,47 € Zoll (Zeile **Drittlandszoll**) und 356,98 € Einfuhrumsatzsteuer (Zeile **Einfuhrumsatzsteuer**) zu zahlen.

Upload von Zollsätzen

Die Berechnung der Zölle in der Zollanmeldung setzt voraus, dass Sie in Verbindung mit den Zolltarifnummern auch die Zollsätze in Ihr SAP-GTS-System hochladen (Transaktion **Zollsätze aus XML-Datei laden**, Transaktionscode /SAPSLL/TLC_CUSB_UPL). Vorhandene Zollsätze können Sie sich in der Transaktion **Zollsätze pflegen** anzeigen lassen (Transaktionscode /SAPSLL/TLC_CUSB). In dieser Transaktion ist auch die manuelle Pflege von Zollsätzen zu Zolltarifnummern möglich. Beide Transaktionen finden Sie im Bereichsmenü des Customs Managements (Schaltfläche **Tarifierung**, Sicht **Tarifierungsstammdaten**, Bereich **Zollsätze**). Abbildung 2.30 zeigt das Beispiel des Zollsatzes, den SAP GTS in der Zollanmeldung in Abbildung 2.29 angewandt hat.

Sie sehen in Abbildung 2.30, dass der Zolltarifnummer 84821090100 ein Zollsatz von 8 % zugeordnet ist (Spalte **Prozentsatz**). In der Spalte **Berechnungsbasis** ist die Bemessungsgrundlage für diesen Zollsatz angegeben. Das Kennzeichen 3 steht hier für den Zollwert. Die Abgabenart des Zollsatzes ist B101 (Drittlandszoll, siehe Titelzeile des Fensters).

Zollsätze im TARIC

Vergleichen wir die Darstellung in Abbildung 2.30 mit dem entsprechenden Auszug aus dem TARIC in der Datenbank der *Generaldirektion Steuern und Zollunion* (TAXUD) der Europäischen Kommission in Abbildung 2.31.

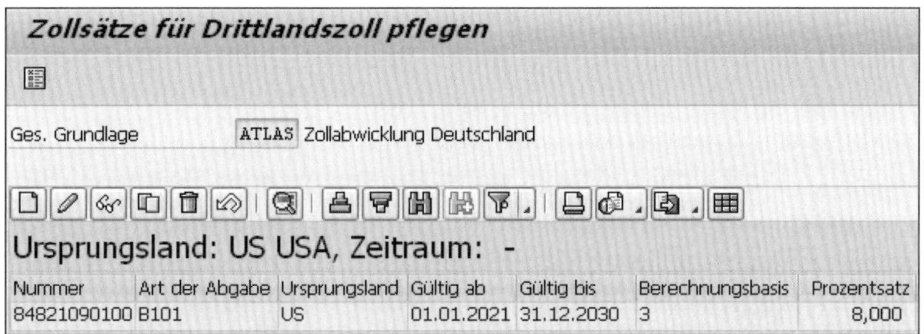

Abbildung 2.30 Beispiel für einen Zollsatz in SAP GTS

Mapping der Abgabenarten für den Zollsatz-Upload

Bevor Sie Zollsätze in Ihr SAP-GTS-System hochladen können, müssen Sie die von Ihrem Datenlieferanten verwendeten Abgabenarten ihren jeweiligen Entsprechungen in SAP GTS zuordnen (Menüpfad: **Global Trade Services • Customs Management • Kalkulation von Zollabgaben • Externe Zollsatzarten für Datenupload definieren**).

Abbildung 2.31 Auszug aus dem TARIC

Für die Einfuhr von Kugellagern des KN-Codes 84821090 aus Drittländern (*ERGA OMNES*, lateinisch für »gegenüber allen«) legt der GZT einen Zollsatz von 8 % fest (*Drittlandszollsatz*). Ausgenommen ist nur der mit einem Embargo belegte Iran (*Einfuhrkontrolle*). Wie Sie in Abbildung 2.31 sehen, ist der Drittlandszollsatz jedoch nicht in jedem Fall anzuwenden. So können Einführer unter bestimmten Voraussetzungen von einer *Zollaussetzung* Gebrauch machen. Der Zollsatz reduziert sich dann auf 0 %. Eine dieser beiden Zollaussetzungen ist an eine bestimmte *Endverwendung*, die andere an die *Luftfahrttauglichkeit* der Kugellager gebunden. Bei Einfuhren aus Drittländern, mit denen die EU eine *Zollunion* bildet (im Beispiel in Abbildung 2.31 Andorra), beträgt der Zollsatz ebenfalls 0 %. Ein Zollsatz von 0 % ist darüber hinaus auch bei Inanspruchnahme von *Zollpräferenzen* die Regel (siehe Abschnitt 5.1.1, »Nichtpräferenzieller und präferenzieller Ursprung«).

[»]

Zollunion

Mitglieder einer Zollunion verzichten im Warenverkehr innerhalb dieser Union auf die Erhebung von Zöllen. Die Drittlandszollsätze werden aneinander angeglichen. Die Mitgliedstaaten der EU bilden eine Zollunion (*Europäische Zollunion*). Die EU ist jedoch selbst auch Mitglied von Zollunionen (zurzeit mit Andorra, San Marino und der Türkei).

Abgabenarten für Zölle

In SAP GTS sind die im TARIC verwendeten Zollkategorien als Abgabenarten abgebildet. Abbildung 2.32 zeigt die Konfiguration der Abgabenart B101 aus dem Auslieferungs-Customizing.

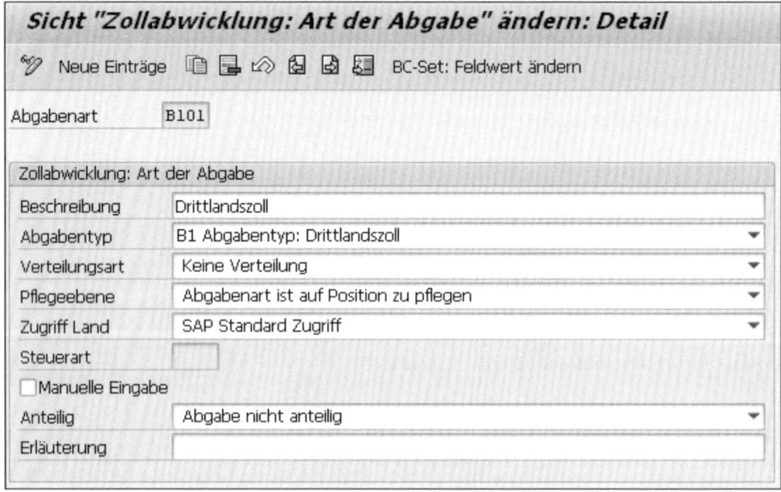

Abbildung 2.32 Abgabenart B101 (Drittlandszoll)

Die Abgabenart B101 ist dem spezifischen Abgabentyp **B1 Abgabentyp: Drittlandszoll** zugeordnet. Im Feld **Zugriff Land** ist die Option **SAP Standard Zugriff** ausgewählt. Bei dieser Art des Zugriffs sucht SAP GTS für Abgabenarten des Abgabentyps B1 stets nach einem zum *Abgangsland* der Einfuhr passenden Zollsatz. Handelt es sich dagegen um eine Abgabenart eines anderen Abgabentyps der Kategorie B (Zölle), sucht SAP GTS stattdessen nach einem Zollsatz, der zum *Ursprungsland* der Ware passt. Eine Ausnahme gilt für Zollanmeldungspositionen, in denen ein Unterlagencode für eine Warenverkehrsbescheinigung A.TR (Art des Präferenznachweises C) angegeben wurde (siehe Abschnitt 5.1.3, »Präferenzkalkulation«). Sie können im Feld **Zugriff Land** jedoch auch den Zugriff mit dem Ursprungsland des Produkts (Kennzeichen A) oder mit dem Abgangsland (Kennzeichen B) vorgeben. Wenn Sie das Kennzeichen **Manuelle Eingabe** setzen, können Sie den Zollbetrag in der Zollanmeldung manuell ergänzen oder ändern.

Steuersätze für Einfuhrumsatzsteuer

Für die Vorausberechnung der Einfuhrumsatzsteuer in der Zollanmeldung steht Ihnen im Auslieferungs-Customizing die Abgabenart IVAT zur Verfügung. Diese Abgabenart ist dem spezifischen Abgabentyp NT (**Einfuhrumsatzsteuer für EU**) und der Steuerart MWST (**Ausgangssteuer**) zugeordnet. Die Steuerart MWST ist im Auslieferungs-Customizing mit drei Steuergruppen zur Unterscheidung verschiedener Steuersätze verknüpft (Menüpfad: **Global Trade Services • Customs Management • Kalkulation von Zollabgaben • Steuerarten und Produktsteuergruppe definieren**). Die ausgelieferten Produktsteuergruppen entsprechen den Steuerklassifikationen für Materialien in SAP ERP bzw. SAP S/4HANA. Es gibt also je eine Gruppe für steuerfreie Umsätze (**NONE**), für Umsätze zum Regelsteuersatz (**FULL**) und für Umsätze zum ermäßigten Steuersatz (**REDUCED**). In Abbildung 2.33 sehen Sie die drei Steuergruppen der Steuerart MWST für Deutschland.

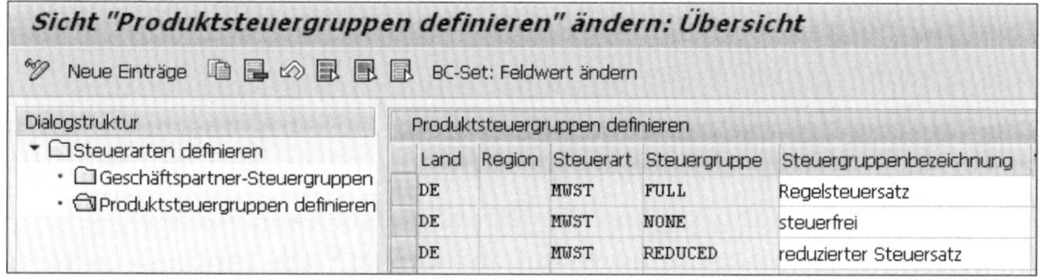

Land	Region	Steuerart	Steuergruppe	Steuergruppenbezeichnung
DE		MWST	FULL	Regelsteuersatz
DE		MWST	NONE	steuerfrei
DE		MWST	REDUCED	reduzierter Steuersatz

Abbildung 2.33 Produktsteuergruppen zur Einfuhrumsatzsteuerberechnung

Den Steuergruppen ordnen Sie die jeweils zutreffenden Steuersätze zu (Menüpfad: **Global Trade Services • Customs Management • Kalkulation von Zollabgaben • Steuersätze für Berechnung der Einfuhrumsatzsteuer erfassen**). In Deutschland beträgt der Regelsteuersatz 19 % und der ermäßigte

Steuersatz 7 %. Abbildung 2.34 zeigt die Zuordnung dieser Steuersätze zu den Steuergruppen **FULL** und **REDUCED**.

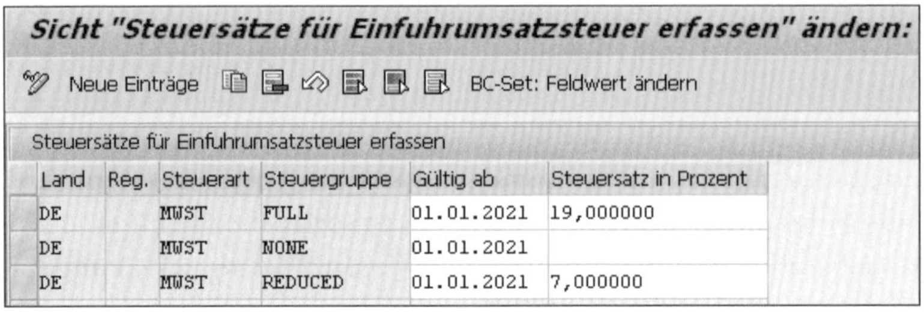

Sicht "Steuersätze für Einfuhrumsatzsteuer erfassen" ändern:

Neue Einträge BC-Set: Feldwert ändern

Steuersätze für Einfuhrumsatzsteuer erfassen

Land	Reg.	Steuerart	Steuergruppe	Gültig ab	Steuersatz in Prozent
DE		MWST	FULL	01.01.2021	19,000000
DE		MWST	NONE	01.01.2021	
DE		MWST	REDUCED	01.01.2021	7,000000

Abbildung 2.34 Steuersätze für die Einfuhrumsatzsteuer

Mapping der Steuerklassifikationen

Um die Konfiguration der Vorausberechnung der Einfuhrumsatzsteuer abzuschließen, ordnen Sie den Steuergruppen die ihnen entsprechenden Steuerklassifikationen des Vorsystems oder der Vorsystemgruppe zu. Wählen Sie dazu im Einführungsleitfaden den Menüpfad **Global Trade Services • Customs Management • Kalkulation von Zollabgaben • Zuordnung von Materialsteuerklassen zu Produktsteuergruppen aus Vorsystem**. Die Steuerklassifikationen finden Sie im Einführungsleitfaden des Vorsystems über den Menüpfad **Vertrieb • Grundfunktionen • Steuern • Steuerrelevanz der Stammsätze definieren**. Wählen Sie anschließend den Eintrag **Steuern: Materialien** aus. Auf der Grundlage dieses Mappings übernimmt SAP GTS bei der Überleitung von Materialstammsätzen aus dem Vorsystem die Steuerklassifikation in die Produktstammsätze (Sicht **Steuerklassifikation**).

Steuernummer

In den Geschäftspartnerstammsatz der Außenhandelsorganisation müssen Sie für die Vorausberechnung der Einfuhrumsatzsteuer außerdem die Umsatzsteuer-Identifikationsnummer des durch die Außenhandelsorganisation repräsentierten Buchungskreises eintragen. Verwenden Sie dazu in der Sicht **Identifikation** im Bereich **Steuernummern** den Identifikationstyp DEO (Deutschland: Umsatzsteuer-Id-Nr.).

Kalkulationsschema

Die Abgabenarten für die Zollwertermittlung und die Vorausberechnung der Einfuhrabgaben sind in *Kalkulationsschemata* eingebunden. Diese im Auslieferungs-Customizing vordefinierten Schemata sind ihrerseits gesetzlichen Grundlagen zugeordnet (Menüpfad: **Global Trade Services • Customs Management • Kalkulation von Zollabgaben • Kalkulationsschema der Zollabgaben definieren**). In Abbildung 2.35 sehen Sie einen Ausschnitt aus dem Kalkulationsschema der gesetzlichen Grundlage ATLAS für Einfuhren. Der Ausschnitt zeigt eine reduzierte Zusammenstellung von Abgabenarten. Im Originalzustand ist das Schema deutlich umfangreicher.

Ges. Grundlage ATLAS

Kalkulationsschema für Import

Lfd.Nr.	Abg.	Beschreibung	Wertart
10	A001	Warenwert	001 Nettopreis / Rechnungswert
23	H003	Umschließungen und Verpackungen	Wert wird nicht gesondert ausgewiesen
30	H010	Lieferkosten bis Verbringungsort (Beförderung)	Wert wird nicht gesondert ausgewiesen
31	H011	Lieferkosten bis Verbringungsort (Ladung und Behandlung)	Wert wird nicht gesondert ausgewiesen
32	H012	Lieferkosten bis Verbringungsort (Versicherung)	Wert wird nicht gesondert ausgewiesen
33	H020	Luftfrachtkosten	009 Luftfrachtkosten
40	C100	Zollwert	002 Zollwert
71	B201	Präferenzzoll	Wert wird nicht gesondert ausgewiesen
82	B101	Drittlandszoll	Wert wird nicht gesondert ausgewiesen
100	C001	Summe Zollwert + Abgaben	Wert wird nicht gesondert ausgewiesen
110	D001	Summe Abgaben	Wert wird nicht gesondert ausgewiesen
121	RF01	Luftfrachtkosten innergemeinschaftlich (EUSt)	Wert wird nicht gesondert ausgewiesen
122	RF02	Transportkosten nach Verbringen (anteilig)	Wert wird nicht gesondert ausgewiesen
123	RF03	Allgemeine Transportkosten nach Verbringen	Wert wird nicht gesondert ausgewiesen
130	S002	Kosten für Einfuhrumsatzsteuer	005 Kosten Einfuhrumsatzsteuer
150	W001	Wert Außenhandelsstatistik (Grenzübergangswert)	003 Grenzübergangswert
180	IVAT	Einfuhrumsatzsteuer	012 Einfuhrumsatzsteuer

Abbildung 2.35 Kalkulationsschema (Ausschnitt)

In der Spalte **Wertart** sind die Abgabenarten des Kalkulationsschemas nach ihrer Funktion klassifiziert. Sie sehen in Abbildung 2.35, dass es z. B. für den Warenwert, die Luftfrachtkosten und den Zollwert spezifische Wertarten gibt. Einige Abgabenarten sind Zwischensummen, z. B. die Abgabenarten C001 (Summe Zollwert + Abgaben) und S002 (Kosten für Einfuhrumsatzsteuer).

Kostenkomponenten

Einigen dieser Abgabenarten sind im Kalkulationsschema *Kostenkomponenten* für die Summenbildung zugeordnet. Das deutsche Umsatzsteuergesetz (UStG) schreibt z. B. vor, außer der Summe aus Zollwert, Zollbetrag und ggf. Verbrauchsteuern auch die Beförderungskosten bis zum ersten Bestimmungsort im Unionsgebiet in die Bemessungsgrundlage für die Einfuhrumsatzsteuer einzubeziehen (§ 11 Abs. 3 UStG). Für die Erfassung dieser Beförderungskosten in der Zollanmeldung finden Sie im Auslieferungs-Customizing drei Abgabenarten (RF01, RF02 und RF03, siehe Abbildung 2.35). Die drei Abgabenarten sind der Abgabenart S002 als Kostenkomponenten für die Summenbildung zugeordnet. Abbildung 2.36 zeigt diese Zuordnung.

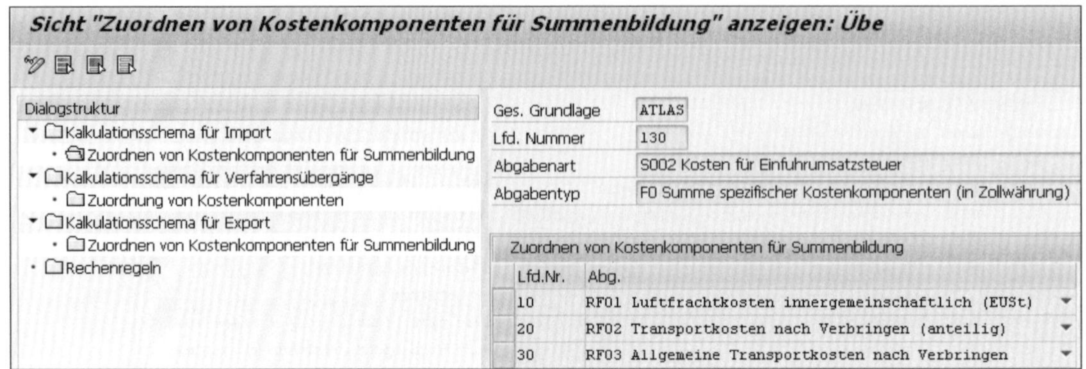

Abbildung 2.36 Kostenkomponenten für Abgabenart S002

Summenbildung

Vergleichen wir die Darstellung in Abbildung 2.36 mit dem Ergebnis der Berechnungen in der Zollanmeldung in Abbildung 2.29: SAP GTS hat den Anteil der Luftfrachtkosten, der nicht in den Zollwert einbezogen wurde (30 %, also 15,00 €), und weitere Beförderungskosten, die nach dem Verbringen der Kugellager bis zu ihrer Ankunft in Dresden entstanden sind (35,00 €), in der Zeile **Kosten für Einfuhrumsatzsteuer** addiert (Summe: 50,00 €). Die Bemessungsgrundlage für die Einfuhrumsatzsteuer finden Sie in der Zeile **Einfuhrumsatzsteuer** in der Spalte **Berechnungsbasis**. In diese Bemessungsgrundlage gehen außer der Summe aus Zollwert und Zollabgaben (Abgabenart C001) auch die nach dem Verbringen entstandenen Beförderungskosten (Abgabenart S002) ein. Im Beispiel der Zollanmeldung in Abbildung 2.29 beträgt die Bemessungsgrundlage für die Einfuhrumsatzsteuer also 1.878,84 €. Bei einem Regelsteuersatz von 19 % ergeben sich auf dieser Grundlage 356,98 € Einfuhrumsatzsteuer. Im Auslieferungs-Customizing sind der Abgabenart IVAT im Kalkulationsschema der gesetzlichen Grundlage ATLAS für Einfuhren die Abgabenarten C001 und S002 als Kostenkomponenten zugeordnet.

Mit der Vorausberechnung von Einfuhrabgaben endet der erste Abschnitt dieses Kapitels. In den nächsten Abschnitten lernen Sie weitere Zollverfahren bei der Einfuhr und ihre Abwicklung in SAP GTS kennen.

2.2 Versandverfahren bei der Einfuhr

In Deutschland geht der in Abschnitt 2.1 dargestellten Überlassung zum freien Verkehr oft ein Versandverfahren voraus. In diesem Abschnitt erfahren Sie, wie Sie als Empfänger ein Versandverfahren in SAP GTS beenden.

2.2.1 Ablauf des Versandverfahrens

Verlagerung der Einfuhraktivitäten ins Binnenland

Das Versandverfahren ist eines der in Art. 210 UZK aufgelisteten besonderen Verfahren. Bei der Einfuhr dürfen Sie in diesem Verfahren Nicht-Unionswaren von der Grenze des Zollgebiets der Union unverzollt, aber unter zollamtlicher Überwachung bis zu ihrem Bestimmungsort im Zollgebiet der Union befördern. Die Überlassung zum freien Verkehr oder die Überführung in ein anderes Zollverfahren erfolgt erst nach dem Eintreffen der Waren am Bestimmungsort bei der zuständigen Binnenzollstelle (*Bestimmungszollstelle*). Auf diese Weise werden die Grenzzollstellen entlastet und die Aktivitäten rund um die Einfuhr der Waren verlagern sich in die unmittelbare Nähe der Einführer.

[«]

Unionsversandverfahren und gemeinsames Versandverfahren

In diesem Buch betrachten wir das *Unionsversandverfahren*, also das im UZK definierte Zollverfahren. In diesem Verfahren werden Waren von einem Ort im Zollgebiet der Union an einen anderen Ort im Zollgebiet der Union befördert. Nicht thematisiert wird das *gemeinsame Versandverfahren*, dessen Ablauf in einem Übereinkommen zwischen der EWG und den EFTA-Ländern aus dem Jahr 1987 geregelt ist. In diesem Verfahren werden Waren zwischen Orten im Zollgebiet der Union und Orten in EFTA-Ländern befördert. Seit dem 1. Januar 2021 nimmt Großbritannien als Drittland am gemeinsamen Versandverfahren teil.

NCTS

Das Versandverfahren wird elektronisch im Rahmen des *New Computerised Transit Systems* (NCTS) abgewickelt. Ausnahmen bestehen nur für Verfahrensvereinfachungen bei bestimmten Beförderungsarten, z. B. im Eisenbahnverkehr. Das NCTS wurde von den Teilnehmerstaaten unter Leitung der Europäischen Kommission gemeinsam entwickelt. Die konkrete technische Realisierung erfolgte jedoch in den jeweiligen IT-Systemen der nationalen Zollverwaltungen. In Deutschland nehmen Sie also an NCTS im Rahmen von ATLAS teil (Verfahrensteil Versand).

Normalverfahren

Im Normalverfahren gestellt der Inhaber des Verfahrens die Waren bei der Abgangszollstelle und gibt die *Versandanmeldung* in NCTS ab. Die Abgangszollstelle nimmt die Anmeldung entgegen, prüft sie und nimmt sie an, sofern keine Fehler festgestellt wurden. Nach der Annahme der Anmeldung dürfen die Zollbehörden bei Bedarf eine Zollbeschau durchführen. Im Regelfall folgt auf die Annahme der Anmeldung jedoch die Überlassung der Waren zum Versandverfahren. Die Waren dürfen nun zur Bestimmungszollstelle befördert werden. Die Abgangszollstelle setzt darüber hinaus eine Frist für die Gestellung der Waren bei der Bestimmungszollstelle und informiert diese über die bevorstehende Ankunft der Waren.

Die elektronische Nachricht, in der die Abgangszollstelle dem Inhaber des Verfahrens die Überlassung mitteilt, enthält auch eine *Master Reference Number* (MRN). Diese Nummer identifiziert den Vorgang eindeutig im gesamten NCTS. Die Überlassungsmitteilung enthält im Anhang ein *Versandbegleitdokument* (VBD). Das VBD, das die MRN als Buchstaben-Zahlen-Kombination und als Barcode enthält, wird ausgedruckt, denn es muss die zum Verfahren angemeldeten Waren bis zur Bestimmungszollstelle begleiten. Bei der Ankunft muss das VBD der Bestimmungszollstelle bei der Gestellung der Waren vorgelegt werden. Mit der Gestellung endet das Normalverfahren. Die Bestimmungszollstelle identifiziert den Vorgang anhand der auf dem VBD angebrachten MRN in NCTS und prüft Fahrzeug und Waren. Gibt es keine Beanstandungen, erledigt die Bestimmungszollstelle das Versandverfahren in NCTS. ATLAS erzeugt anschließend automatisch eine SumA. Die Waren befinden sich nun in der *vorübergehenden Verwahrung* und müssen innerhalb der vorgegebenen Frist in ein Zollverfahren überführt werden (siehe Abschnitt 2.1.1, »Ablauf einer Einfuhr in die EU«).

Sicherheitsleistung

Wegen des relativ hohen Risikos, dass Nicht-Unionswaren ohne Zahlung der Einfuhrabgaben in den Wirtschaftskreislauf gelangen, muss der Inhaber des Verfahrens eine *Sicherheit* leisten (Art. 233 Abs. 1 Buchstabe c UZK). Auf diese Sicherheit können die Zollbehörden zugreifen, wenn das Versandverfahren nicht ordnungsgemäß beendet wird. Der UZK sieht zwei Grundformen von Sicherheiten im Versandverfahren vor:

- Einzelsicherheit (für ein einziges Verfahren)
- Gesamtsicherheit (für mehrere Verfahren)

Einzelsicherheiten können bar oder in Form von Bürgschaften geleistet werden. Die Höhe der Sicherheit richtet sich nach den zu erwartenden Einfuhrabgaben. Werden die Waren auf dem Rhein und den Rheinwasserstraßen, auf der Donau oder den Donauwasserstraßen oder mit einer fest installierten Transporteinrichtung befördert, ist keine Sicherheitsleistung erforderlich (Art. 89 Abs. 8 UZK). Eine Befreiung von der Sicherheitsleistung kommt auch infrage, wenn der zu sichernde Einfuhrbetrag den für die Außenhandelsstatistik festgelegten Mindestmeldewert von 1.000 Euro (Art. 3 Abs. 4 der Verordnung (EG) 471/2009) nicht überschreitet.

Vereinfachungen

Auch für die Abwicklung des Versandverfahrens gibt es Verfahrensvereinfachungen. Die Nutzung dieser Vereinfachungen ist von der vorherigen Bewilligung durch die Zollbehörden abhängig. Die Vereinfachung besteht im Wesentlichen in der Verlagerung der Gestellung in das Unternehmen des Versenders bzw. des Empfängers: Der *zugelassene Versender* (ZV) gestellt die in das Versandverfahren zu überführenden Waren an einem in seiner Bewilligung zugelassenen Ort. Die Annahme der Versandanmeldung und die Überlassung der Waren in NCTS erfolgen weitgehend automatisiert.

Der *zugelassene Empfänger* (ZE) darf die im Versandverfahren beförderten Waren an einem bewilligten Ort, in der Regel auf seinem Betriebsgelände, in Empfang nehmen. Anders als im Normalverfahren müssen die Waren also nicht bei der Bestimmungszollstelle gestellt werden. Der ZE sendet der Bestimmungszollstelle stattdessen unmittelbar nach dem Eintreffen der Waren eine *Ankunftsanzeige*. Die Bestimmungszollstelle antwortet mit einer *Entladeerlaubnis*. Erst nach Erhalt dieser Nachricht darf mit dem Entladen begonnen werden. Nach Prüfung der Verschlüsse und der Waren sendet der ZE einen *Entladekommentar*, in dem er der Bestimmungszollstelle das Prüfergebnis mitteilt.

[«]

Nämlichkeitssicherung

Im Versandverfahren spielt die Sicherung der *Nämlichkeit*, also der Identität der tatsächlich beförderten mit den in der Versandanmeldung beschriebenen Waren, eine große Rolle. Daher werden Fahrzeuge oder Packstücke durch Verschlüsse vor unberechtigtem Zugriff geschützt. Je nach Ware reicht auch eine genaue Warenbezeichnung, die z. B. eine Seriennummer enthält, zur Nämlichkeitssicherung aus.

Arten von Versandverfahren

Werden *Nicht-Unionswaren* zwischen zwei Orten im Zollgebiet der Union befördert, handelt es sich um ein *externes* Unionsversandverfahren (Kurzbezeichnung T1). *Unionswaren*, die auf ihrem Weg zwischen zwei Orten im Zollgebiet der Union das Gebiet eines Vertragspartnerstaats berühren, werden im *internen* Unionsversandverfahren (Kurzbezeichnung T2) befördert. Ein Anwendungsfall für dieses Verfahren ist die Beförderung von Unionswaren von Deutschland nach Italien per Lkw durch die Schweiz. Ein weiterer Anwendungsfall ist die Beförderung von Unionswaren von Deutschland nach Gran Canaria (Kurzbezeichnung T2LF): Die Kanarischen Inseln gehören zwar zum Zollgebiet, nicht jedoch zum Umsatzsteuergebiet der Union. Lieferungen nach Gran Canaria sind daher umsatzsteuerrechtlich eine Ausfuhr. Die Bezeichnungen T1 und T2 kennzeichnen also (von Sonderfällen abgesehen) den zollrechtlichen Status der im Versandverfahren beförderten Waren.

Zollanmeldung nach Wareneingang

Die Überführung von Waren in das Versandverfahren behandelt Abschnitt 3.2, »Versandverfahren bei der Ausfuhr«. In diesem Abschnitt geht es um die Beendigung eines externen Unionsversandverfahrens als ZE und die anschließende Überführung in ein Zollverfahren. Für diesen Prozess steht in SAP GTS das Integrationsszenario »Zollanmeldung nach Wareneingang«

zur Verfügung. Wie im Szenario »Zollanmeldung vor Wareneingang« beginnt der Prozess im Vorsystem mit einer Bestellung bei einem Lieferanten im Drittland. Diese Bestellung kann für Prüfzwecke des Compliance Managements in SAP GTS als Importbeleg repliziert werden. Für die Zollabwicklung hat das Replikat der Bestellung in diesem Szenario jedoch keine Bedeutung. Nach dem Verbringen eröffnet in der Regel ein Dienstleister ein Versandverfahren, um die Nicht-Unionswaren unter zollamtlicher Überwachung bis zum Bestimmungsort zu befördern. Dieser Vorgang findet außerhalb des SAP-GTS-Systems statt.

Funktion der Anlieferung

Im Szenario »Zollanmeldung nach Wareneingang« spielt die Anlieferung eine zentrale Rolle. Ihr Replikat in SAP GTS, die *Zollsendung*, ist die Beleggrundlage für die Abgabe der Ankunftsanzeige und des Entladekommentars zur Beendigung eines Versandverfahrens als ZE. Mit der Zollsendung verknüpft SAP GTS außerdem die Entladeerlaubnis, die Statusmeldung zur Beendigung des Verfahrens und in Deutschland auch die Verwahrungsmitteilung der Bestimmungszollstelle.

Funktion des Materialbelegs

Die anschließende Wareneingangsbuchung zur Anlieferung erzeugt einen Materialbeleg, der die Bestandsveränderung im Vorsystem dokumentiert. Die zollrelevanten Daten des Materialbelegs leitet das Vorsystem an SAP GTS über. Dort füllen diese Belegdaten einen Arbeitsvorrat für Zollanmeldungen nach Wareneingang. Aus diesem Vorrat heraus können Anwender Zollanmeldungen für die Überlassung zum freien Verkehr oder die Überführung in ein anderes Zollverfahren anlegen. Abbildung 2.37 stellt den Ablauf des Prozesses schematisch dar.

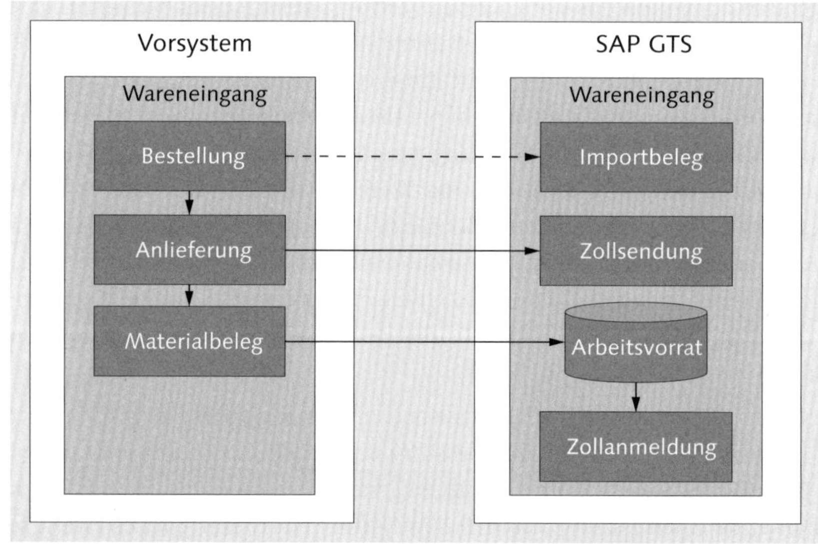

Abbildung 2.37 Szenario »Zollanmeldung nach Wareneingang«

Die automatische Anlage einer Zollanmeldung aus den Materialbelegdaten im Arbeitsvorrat ist auch möglich. In jedem Fall ist die Zollanmeldung die Beleggrundlage für den Datenaustausch mit den Zollbehörden, um den es im nächsten Abschnitt geht.

2.2.2 Kommunikation mit den Zollbehörden

Prozessbeispiel

Wie im Prozessbeispiel in Abschnitt 2.1, »Überlassung zum zollrechtlich freien Verkehr«, wurden bei einem Lieferanten in den USA Waren für ein Werk in Dresden bestellt. Der Lieferant hat die Warenlieferung elektronisch avisiert. Bei der Eingangsverarbeitung des IDocs mit den Daten des Lieferavises hat das Vorsystem eine Anlieferung mit Bezug zur Bestellung angelegt. Die Waren werden in diesem Prozessbeispiel mit Seefracht von Boston nach Rotterdam geliefert. Anders als im Prozessbeispiel in Abschnitt 2.1 sollen die Waren nicht unmittelbar nach ihrem Verbringen in das Zollgebiet der Union, also in den Niederlanden, zum freien Verkehr überlassen werden. Stattdessen eröffnet ein Spediteur im Auftrag des Einführers beim Zollamt Rotterdam Hafen ein Versandverfahren, um die noch unverzollten Waren unter zollamtlicher Überwachung per Lkw von Rotterdam zum Bestimmungsort in Dresden zu befördern. Der Fahrer führt das ausgedruckte VBD mit sich.

Erfassung der MRN

Beim Eintreffen auf dem Betriebsgelände des Werks in Dresden händigt der Fahrer das VBD einem Mitarbeiter des Werks aus. Dieser ruft im Vorsystem die Anlieferung zur Bearbeitung auf und übernimmt mit einem Scanner die MRN in die Kopfdaten des Belegs (Sicht **Vorpapier** in der Sicht **Außenhandel/Zoll** in SAP ERP bzw. Sicht **International Trade** in SAP S/4HANA). Abbildung 2.38 zeigt den relevanten Ausschnitt aus einer Anlieferung in SAP S/4HANA.

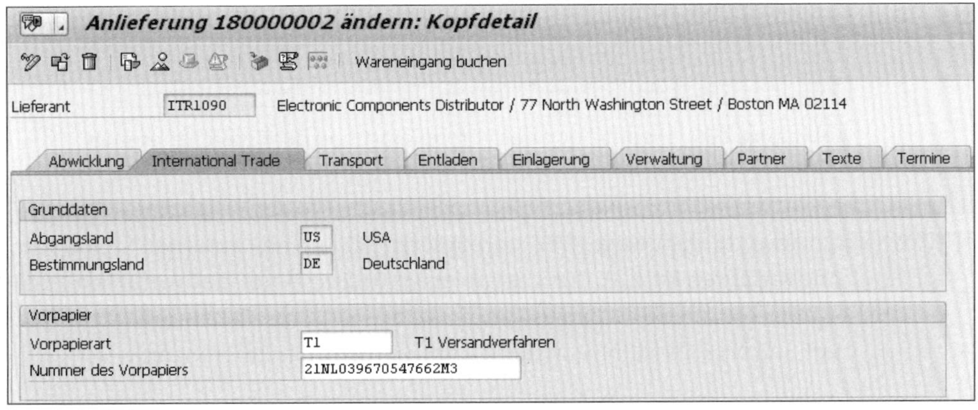

Abbildung 2.38 Art des Versandverfahrens und MRN in der Anlieferung

Im Bereich **Vorpapier** sehen Sie die MRN des in Rotterdam eröffneten Versandverfahrens im Feld **Nummer des Vorpapiers**. Da in diesem Verfahren Nicht-Unionswaren befördert wurden, hat der zuständige Mitarbeiter außerdem in das Feld **Vorpapierart** den Code T1 eingegeben. Die Codes T1, T2 und ggf. weitere Codes für die Art des Versandverfahrens definieren Sie als Vorpapierarten im Customizing des Vorsystems (Menüpfad in SAP ERP: **Vertrieb • Außenhandel/Zoll • Offizielle Dokumente/Bescheinigungen/Nachweise/Zulassungen • Vorpapierart definieren**; Menüpfad in SAP S/4HANA: **Governance, Risk and Compliance • International Trade • Allgemeine Einstellungen • Vorpapierarten • Vorpapierart definieren**).

Zollsendung

Die Eingabe einer MRN im Feld **Nummer des Vorpapiers** in Verbindung mit einer Vorpapierart ist Voraussetzung für die Überleitung der Anlieferung an SAP GTS. Mit den Daten der Anlieferung erzeugt SAP GTS eine Zollsendung als Grundlage für die Beendigung des Versandverfahrens. Dabei übernimmt das System auch die MRN (Sicht **Beförderung** auf Zollsendungskopfebene). SAP GTS erkennt an der Vorpapierart des Vorsystems mittelbar den zollrechtlichen Status der Waren. Im ersten Schritt bestimmt SAP GTS mithilfe der Vorpapierart den Vorpapiertyp und die Art der Referenznummer. Die Zuordnung von Vorpapierart zu Vorpapiertyp und zu Arten von Referenznummern finden Sie im Einführungsleitfaden über den Menüpfad **Global Trade Services • Customs Management • Allgemeine Einstellungen • Bestimmung der Vorpapierart aus Vorsystem bei Vereinnahmung definieren**. In Abbildung 2.39 sehen Sie die Zuordnung der drei Vorpapierarten für Versandverfahren zu ihren Entsprechungen in SAP GTS.

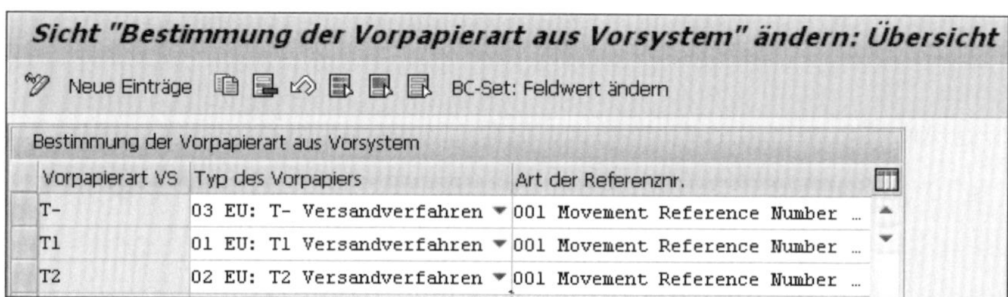

Vorpapierart VS	Typ des Vorpapiers	Art der Referenznr.
T-	03 EU: T- Versandverfahren	001 Movement Reference Number ...
T1	01 EU: T1 Versandverfahren	001 Movement Reference Number ...
T2	02 EU: T2 Versandverfahren	001 Movement Reference Number ...

Abbildung 2.39 Bestimmung der Vorpapierart und der Referenznummer

Ermittlung des Vorpapiertyps

Die Auswahl der Vorpapiertypen in der Spalte **Typ des Vorpapiers** ist im Programmcode festgelegt. Der Vorpapierart T1 für ein externes Unionsversandverfahren ist z. B. der Vorpapiertyp **01 EU: T1 Versandverfahren** zugeordnet. Die aus dem Vorsystem übertragene Vorpapiernummer interpretiert SAP GTS als MRN (Eintrag in der Spalte **Art der Referenznr.**).

Im zweiten Schritt ermittelt SAP GTS den zollrechtlichen Status der im Versandverfahren eingetroffenen Waren (Menüpfad: **Global Trade Services •**

Customs Management • Allgemeine Einstellungen • Findung für Zielverfahren aus Vorpapiertyp bei Vereinnahmung definieren). Abbildung 2.40 zeigt die Zuordnung von Vorpapiertypen zu Status und möglichen Zielverfahren.

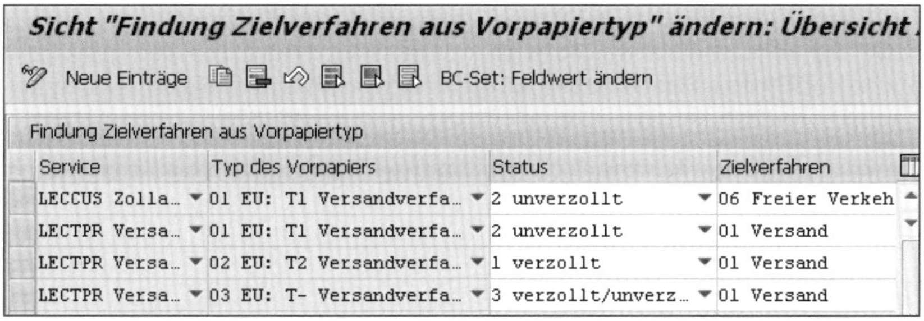

Sicht "Findung Zielverfahren aus Vorpapiertyp" ändern: Übersicht

Neue Einträge BC-Set: Feldwert ändern

Findung Zielverfahren aus Vorpapiertyp

Service	Typ des Vorpapiers	Status	Zielverfahren
LECCUS Zolla...	01 EU: T1 Versandverfa...	2 unverzollt	06 Freier Verkeh
LECTPR Versa...	01 EU: T1 Versandverfa...	2 unverzollt	01 Versand
LECTPR Versa...	02 EU: T2 Versandverfa...	1 verzollt	01 Versand
LECTPR Versa...	03 EU: T- Versandverfa...	3 verzollt/unverz...	01 Versand

Abbildung 2.40 Zollrechtlicher Status und Zielverfahren

Zollrechtlicher Status der Waren

In der Spalte **Status** stehen drei im Programmcode festgelegte Kategorien zur Auswahl:

- **1 verzollt** (Unionswaren)
- **2 unverzollt** (Nicht-Unionswaren)
- **3 verzollt/unverzollt** (gemischte Sendungen gemäß Art. 294 UZK-IA)

Die Vorpapierart und der Vorpapiertyp T- kennzeichnen Sendungen, die sowohl Unions- als auch Nicht-Unionswaren enthalten. Dem Vorpapiertyp T- ist daher der Status **3 verzollt/unverzollt** zugeordnet. Die Einteilung der Waren erfolgt in den Belegpositionen der Zollsendung. Da es sich beim Vorsystembeleg um eine Anlieferung handelt, übergibt SAP GTS die Belegdaten dem Anwendungsbereich Versand/Gestellung (Eintrag **LECTPR** in der Spalte **Service**). Leitet das Vorsystem Materialbelege zu Wareneingangsbuchungen über, sind die Belegdaten relevant für den Anwendungsbereich Zollabwicklung (Eintrag **LECCUS** in der Spalte **Service**). Anhand der Vorpapierart im Belegkopf der Anlieferung, auf die sich die Wareneingangsbuchung bezieht, ermittelt SAP GTS den Vorpapiertyp. Handelt es sich um den Vorpapiertyp T1, ist der zollrechtliche Status der Waren **2 unverzollt**. Das Zielverfahren ist dann **06 Freier Verkehr**. Die Überführung in das Zolllagerverfahren oder in die aktive Veredelung ist jedoch auch möglich, wenn die Produkte als relevant für das jeweilige Verfahren gekennzeichnet sind (siehe Abschnitt 2.3.2, »Überführung in das Zolllagerverfahren in SAP GTS«).

Ankunftsanzeige

Nach dem Eintreffen des Lkws auf dem Werksgelände muss das Zollamt Dresden als zuständige Bestimmungszollstelle unverzüglich informiert werden. Der Mitarbeiter ruft daher in SAP GTS die Zollsendung zur Anlieferung auf und versendet die Ankunftsanzeige (EDI-Nachricht E_AN in ATLAS 9.0 bzw. E_DES_NOT in ATLAS 9.1). Zollsendungen finden Sie im Bereichsmenü des Customs Managements (Schaltfläche **Import**, Sicht **Versand**). Im Bereich **Monitoring** können Sie Zollsendungen für die Weiterbearbeitung selektieren (Transaktion **Zollsendungen anzeigen**, Transaktionscode /SAPSLL/CULO_TRS_IMP). Als Alternative steht Ihnen im Bereich **Operatives Cockpit** eine Übersicht über alle Eingangsaktivitäten im Versandverfahren zur Verfügung (Transaktion **Eingangsaktivitäten anzeigen**, Transaktionscode /SAPSLL/CL_CP_TRS_IM).

Abbildung 2.41 zeigt die Sicht **Kommunikation** der Zollsendung zur Anlieferung in Abbildung 2.38.

Abbildung 2.41 Zollsendung mit Ausgangsnachrichten

Ausgangsnachrichten

SAP GTS hat zwei Ausgangsnachrichten gefunden: eine Ankunftsanzeige (Nachricht M0120) und einen Entladekommentar (Nachricht M0130). Die Beschreibung der Nachricht M0130 (Konformitätsprüfung) weist darauf hin, dass der Nachrichtenausgabe eine Prüfung der Sendung auf Konformität mit den Angaben in den Lieferpapieren vorausgeht. Unmittelbar nach der Replikation der Anlieferung ist nur die Nachricht M0120 aktiv (Symbol △ links neben der Nachricht). Den Entladekommentar können Sie also zum aktuellen Zeitpunkt noch nicht versenden. Das ist sinnvoll, denn das Entladen des Fahrzeugs ist erst nach Erhalt der Entladeerlaubnis zulässig.

Eingangsnachrichten

Nach Erhalt der Ankunftsanzeige sendet die Bestimmungszollstelle in der Regel sofort eine Entladeerlaubnis (EDI-Nachricht E_UP in ATLAS 9.0 bzw. E_DES_PER in ATLAS 9.1). Nach erfolgreicher Verarbeitung des entsprechenden Eingangs-IDocs ergänzt SAP GTS die Nachricht I1190 in der Sicht **Kommunikation**. Hat die anschließende Konformitätsprüfung keine Unstimmigkeiten ergeben, setzt der zuständige Mitarbeiter in der Sicht **Beförderung** die Kennzeichen **Verschlüsse OK** und **Konform**. Anderenfalls muss er im Freitextfeld **Unstimmigkeit** die festgestellten Abweichungen beschreiben. Das Kennzeichen **Konform** und das Freitextfeld **Unstimmigkeit** finden sich auch auf Positionsebene (Sicht **Allgemeine Daten**). Außerdem muss die Anzahl der entladenen Packstücke in der Sicht **Packdaten** angegeben werden. Erst jetzt ist es möglich, die Nachricht M0130 mit dem Entladekommentar (EDI-Nachricht E_UR in ATLAS 9.0 bzw. E_DES_REM in ATLAS 9.1) zu versenden. Bei fehlerfreier Verarbeitung endet das Versandverfahren mit dem Eingang dieser Nachricht bei der Bestimmungszollstelle. Der ZE erhält eine *Statusmeldung zur Beendigung* (EDI-Nachricht E_TBE_STA in ATLAS 9.0 bzw. E_DES_STA in ATLAS 9.1), in SAP GTS in Form der Nachricht I1191. ATLAS legt anschließend automatisch eine SumA zu diesem Vorgang an. Die Bestimmungszollstelle benachrichtigt den ZE darüber in einer *Verwahrungsmitteilung* (EDI-Nachricht CUSTST). SAP GTS ergänzt bei erfolgreicher Verarbeitung des entsprechenden Eingangs-IDocs die Nachricht I1200 in der Sicht **Kommunikation** der Zollsendung. In Abbildung 2.42 sehen Sie noch einmal den Beleg aus Abbildung 2.41 nach Abschluss dieses Datenaustausches.

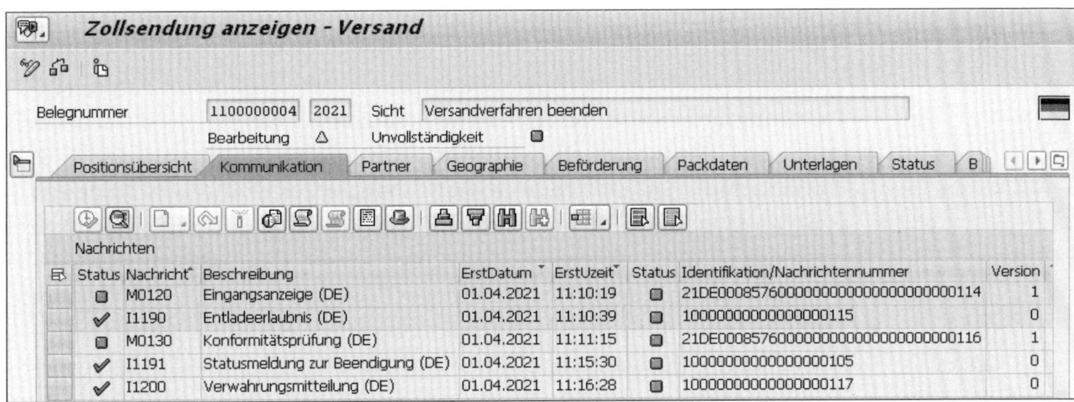

Abbildung 2.42 Zollsendung nach Erhalt der Verwahrungsmitteilung

Gestellung

Der Eingang der Verwahrungsmitteilung, die Sie als letzten Eintrag im Bereich **Nachrichten** sehen, bewirkt in SAP GTS zugleich die Anlage eines neuen Belegs. Diesen als *Gestellung* bezeichneten Beleg finden Sie ebenfalls im Bereichsmenü des Customs Managements (Schaltfläche **Import**, Sicht **Gestellung**). Zur Bearbeitung einer Gestellung nutzen Sie die Transaktionen **Eingangsaktivitäten anzeigen** (Transaktionscode /SAPSLL/CL_CP_SUM_IM) oder **Gestellungen anzeigen** (Transaktionscode /SAPSLL/CULO_SUM_IMP). Abbildung 2.43 zeigt die Gestellung zur Verwahrungsmitteilung, die Sie als Nachricht I1200 in Abbildung 2.42 sehen.

In der Sicht **Beförderung** übernimmt SAP GTS die Registriernummer der SumA in das Feld **Reg.nummer**. Die MRN dieses Verfahrens ist im Feld **MRN-Nummer** zu sehen. Auf Belegpositionsebene finden Sie in der Sicht **Allgemeine Daten** im Bereich **Verwahrungsinformationen** die Frist für die Abgabe einer Zollanmeldung (Feld **Anmeldefrist**).

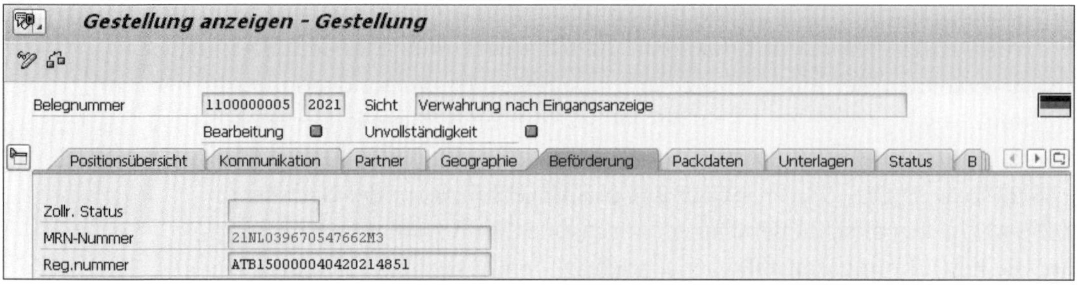

Gestellung anzeigen - Gestellung

Belegnummer	1100000005	2021	Sicht	Verwahrung nach Eingangsanzeige
	Bearbeitung		Unvollständigkeit	

Positionsübersicht | Kommunikation | Partner | Geographie | Beförderung | Packdaten | Unterlagen | Status | B

Zollr. Status	
MRN-Nummer	21NL039670547662M3
Reg.nummer	ATB150000040420214851

Abbildung 2.43 Beleg zur Verwahrungsmitteilung in SAP GTS

[»]

Wareneingangsbuchung vor Entladeerlaubnis

Wenn Sie sicherstellen wollen, dass der Wareneingang zur Anlieferung erst nach Erhalt der Entladeerlaubnis gebucht werden kann, setzen Sie in der Steuerung der Belegüberleitung im Customizing des Vorsystems für jede relevante Anlieferart der Applikationsebene MMOB das Kennzeichen **Wareneingang unterbinden bei Fehlen Entladeerlaubnis**. Anschließend aktivieren Sie eine Standardimplementierung des BAdIs `LE_SHP_DELIVERY_PROC` (Menüpfad in SAP ERP: **Vertrieb • Außenhandel/Zoll • SAP Global Trade Services – Plug-In • Zoll: Unterbinden der WE-Buchung aus Anlieferung ohne Entladeerlaubnis akt.**; Menüpfad in SAP S/4HANA: **Integration mit anderen SAP-Komponenten • Integration mit Governance, Risk and Compliance • SAP Global Trade Services • Unterbinden der WE-Buchung aus Anlieferung ohne Entladeerlaubnis akt.**). Nach Aktivierung der BAdI-Implementierung fragt das Vorsystem vor jeder Wareneingangsbuchung zu einer an SAP GTS übergeleiteten Anlieferung per RFC den Status der zugehörigen Zollsendung ab. Fehlt die Entladeerlaubnis, kann der Wareneingang nicht gebucht werden.

Beendigung der vorübergehenden Verwahrung

Innerhalb der in der Verwahrungsmitteilung gesetzten Frist müssen Sie die Zollanmeldung für die Überführung in das sich anschließende Zollverfahren abgeben. Die Überführung in ein Zollverfahren erledigt die SumA in ATLAS und beendet die vorübergehende Verwahrung. In der Zollanmeldung führen Sie daher sogenannte *Beendigungsanteile* (BE-Anteile) auf. Im Prozessbeispiel wurde im Vorsystem der Wareneingang über die gesamte Liefermenge der Anlieferung in Abbildung 2.38 gebucht. Aus den Daten des an SAP GTS übergeleiteten Materialbelegs wurde eine Zollanmeldung für die Überlassung zum freien Verkehr im Normalverfahren angelegt. Anhand der MRN identifiziert SAP GTS die zum Vorgang gehörende Gestellung mit den Daten der Verwahrungsmitteilung. Im Beispiel in Abbildung 2.44 erledigt die Überlassung zum freien Verkehr die SumA in ATLAS für alle in der vorübergehenden Verwahrung befindlichen Waren. Abbildung 2.44 zeigt die Sicht **Erledigung der Packstückanzahl** der Einzelzollanmeldung.

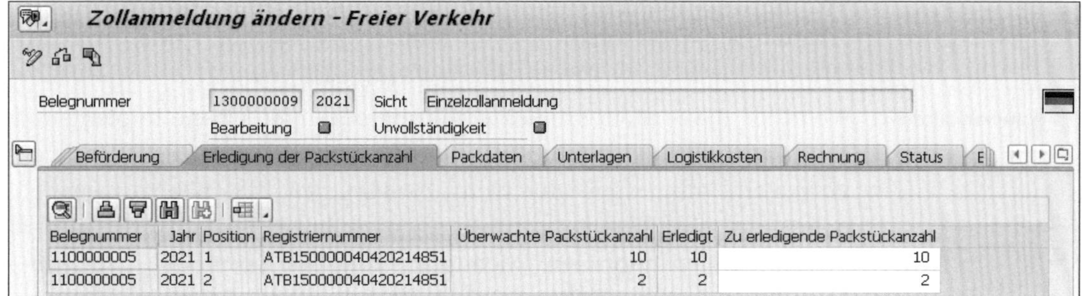

Abbildung 2.44 Beendigung der vorübergehenden Verwahrung

Im Feld **Registriernummer** sehen Sie die Registriernummer der SumA aus der Gestellung in Abbildung 2.43. In der Zollanmeldung übermittelt SAP GTS diese Registriernummer in Verbindung mit der Anzahl der Packstücke, deren vorübergehende Verwahrung durch die Überlassung zum freien Verkehr beendet werden soll.

Vorübergehende Verwahrung im Vorsystem

Anwender, die ausschließlich im Vorsystem arbeiten, können den Status der im Versandverfahren beförderten Waren nicht erkennen. Um ihnen zumindest grundlegende Informationen zu geben und zugleich unzulässige Wareneingangsbuchungen zu den an SAP GTS übergeleiteten Anlieferungen zu verhindern, können Sie im Customizing des Vorsystems eine Standardimplementierung des BAdIs `SLL_PI_TEMP_STORAGE` aktivieren. Diese BAdI-Implementierung bewirkt die Ergänzung eines verwahrungsspezifischen Status in der Anlieferung (Feld LIKP-SAKES). Diesen Status sehen Sie nicht im Beleg selbst, sondern nur in den Transaktionen **Verwahrung: Anlieferungen in Verwahrung anzeigen** (Transaktionscode SAPSLL/SAKE_DLV_MON) und **Verwahrung: Verwahrungen manuell bearbeiten** (Transaktionscode /SAPSLL/SAKE_XMON_R3). Beide Transaktionen finden Sie im Anwendungsmenü für den Datenaustausch mit SAP GTS in der Sicht **Belege**. Befindet sich die Ware in SAP GTS noch in der vorübergehenden Verwahrung, ist die Wareneingangsbuchung zur Anlieferung erst nach Ablauf der Frist für die Abgabe einer Zollanmeldung möglich. Nach dem vergeblichen Versuch, den Wareneingang vorzeitig zu buchen, gibt das Vorsystem einen Hinweis auf den Status der Anlieferung (»Lieferavis x gesichert und in Verwahrung übernommen«). SAP GTS erhält in solchen Fällen dennoch ein Datenextrakt, das Sie unter der Belegnummer der Anlieferung im Arbeitsvorrat für Zollanmeldungen nach Wareneingang finden. Auf dieser Grundlage können Sie eine Zollanmeldung anlegen, um die Waren vor Ablauf der Frist in ein Zollverfahren überführen zu lassen. Sie können stattdessen auch im Vorsystem in der Transaktion **Verwahrung: Verwahrungen manuell bearbeiten** den Verwahrstatus einer Anlieferung manuell aufheben und so eine automatische Wareneingangsbuchung auslösen.

Warenannahmestelle

Wenn Sie die Standardimplementierung oder eine eigene Implementierung des BAdIs nutzen möchten, müssen Sie zunächst im Customizing des Vorsystems mindestens eine *Warenannahmestelle* für Anlieferungen definieren und diese Warenannahmestelle nach Zuständigkeit Werk-Lagerort-Kombinationen zuordnen (Menüpfad: **Logistics Execution • Versand • Grundlagen • Versand-/Warenannahmestellenfindung • Warenannahmestellen für Anlieferung zuordnen**). Anschließend legen Sie für jede Warenannahmestelle fest, ob die Standardimplementierung oder eine eigene Implementierung des BAdIs `SLL_PI_TEMP_STORAGE` genutzt werden soll (Menüpfad in SAP ERP: **Vertrieb • Außenhandel/Zoll • SAP Global Trade Services – Plug-In • Zoll: Verwahrung: Methode der Verwahrung auswählen**, Menüpfad in SAP S/4HANA: **Integration mit anderen SAP-Komponenten • Integration mit Governance, Risk and Compliance • SAP Global Trade Services • Verwahrung: Methode der Verwahrung auswählen**). Danach können Sie bei Bedarf die Standardimplementierung aktivieren (**Zoll: Verwahrung mit Lieferstatus aktivieren**).

Der Datenaustausch, dessen Ergebnis Sie in Abbildung 2.42 sehen, beruht auf Customizing-Einstellungen, die Abschnitt 2.2.4, »Konfiguration des Datenaustausches mit der Zollverwaltung«, behandelt.

2.2.3 Einbindung von SAP EWM in das Integrationsszenario

Erweiterung des Integrationsszenarios

Wenn Sie SAP EWM für Ihre Lagerverwaltung nutzen, können Sie das Integrationsszenario »Zollanmeldung vor Wareneingang« erweitern, indem Sie die Beendigung des Versandverfahrens aus SAP EWM in die Wege leiten. Sie erfassen die Art und die MRN des zu beendenden Versandverfahrens also nicht in Ihrem SAP-ERP- bzw. SAP-S/4HANA-System, sondern in SAP EWM. Beleggrundlage dieser Datenerfassung ist wieder das Replikat der Anlieferung. In SAP EWM bildet dieser – ebenfalls *Anlieferung* genannte – Beleg die Grundlage für das Entladen und die Einlagerung der Waren. Im erweiterten Integrationsszenario wird die SAP-EWM-Anlieferung anstelle der Anlieferung aus SAP ERP bzw. SAP S/4HANA an SAP GTS übergeleitet und als Zollsendung repliziert. Abbildung 2.45 stellt diesen Ablauf im Überblick dar.

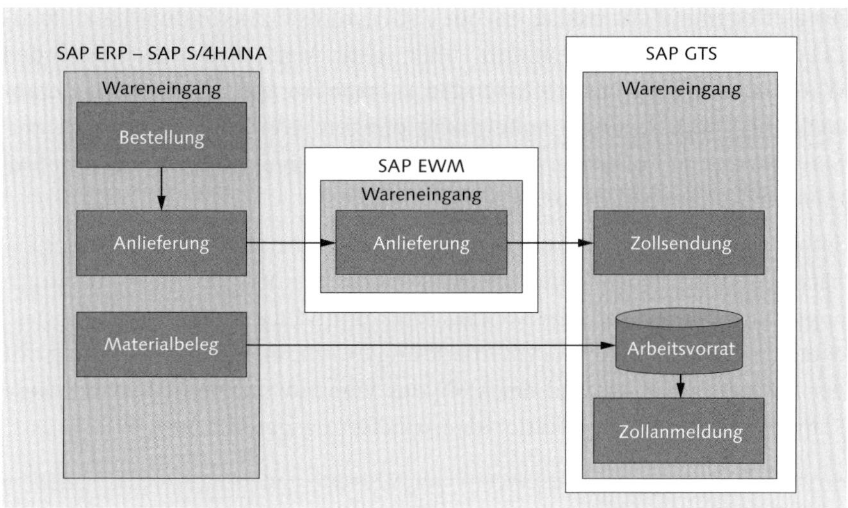

Abbildung 2.45 Erweitertes Integrationsszenario mit SAP EWM

Verteilungsrelevanz der Anlieferung

Nicht jede Lieferung des Vorsystems wird jedoch an das SAP-EWM-System übergeleitet. Entscheidend für die sogenannte *Verteilung* von Lieferungen an SAP EWM ist die Verknüpfung des Lagerorts der Lieferpositionen mit einer *Lagernummer*, die im Vorsystem als Gegenstück einer SAP-EWM-Lagernummer angelegt wurde. Die Lagernummer ist die übergeordnete Organisationseinheit der Lagerverwaltung in SAP ERP, SAP S/4HANA und SAP EWM. Sie bildet in diesen Systemen in der Regel ein Lagergebäude ab. Lagernummern, die nicht im Vorsystem, sondern in SAP EWM genutzt werden sollen, müssen Sie im Customizing des Vorsystems entsprechend kennzeichnen (Menüpfad: **Integration mit anderen SAP-Komponenten • Extended Warehouse Management • Grundeinstellungen für die EWM-Anbindung • SAP-EWM-spezifische Parameter konfigurieren**; Kennzeichen **X ERP mit EWM** in SAP ERP bzw. **E EWM** in SAP S/4HANA). Anhand dieser Kennzeichnung entscheidet das Vorsystem, ob eine Lieferung relevant für die Verteilung an SAP EWM ist. Nicht verteilungsrelevante Anlieferungen leitet das Vorsystem direkt an SAP GTS über, wenn ihre Lieferart es vorsieht (das Kennzeichen **Belege für Customs Management überleiten** ist gesetzt, siehe auch Abbildung 2.9 in Kapitel 1) und die Vorpapierart T1 in Verbindung mit einer MRN in den Belegkopf eingegeben wurde.

Referenzbeleg

Wie in SAP ERP bzw. SAP S/4HANA ist auch in SAP EWM die Angabe der Art und der MRN des zu beendenden Versandverfahrens wesentliche Voraussetzung für die Überleitung der Anlieferung an SAP GTS. In SAP EWM erfassen Sie die MRN eines Versandverfahrens in der Anlieferung in Form eines *Referenzbelegs*. Rufen Sie dazu die Anlieferung in der Transaktion **Anliefe-**

rung pflegen auf (Transaktionscode /SCWM/PRDI). Sie finden diese Transaktion im Anwendungsmenü über den Menüpfad **SCM Extended Warehouse Management • Extended Warehouse Management • Lieferabwicklung • Anlieferung • Anlieferung pflegen**. Wurden Vorpapierart und MRN bereits im Vorsystem in die Anlieferung eingegeben, übernimmt SAP EWM diese Angaben in das Replikat.

Status »Registriert im Yard«

Setzen Sie in der Anlieferung in SAP EWM nach Ankunft des Fahrzeugs zunächst den Status *Registriert im Yard*, indem Sie oberhalb des Lieferungskopfes auf die Schaltfläche **Im Yard** klicken und die Statusänderung speichern. (Diese Schaltfläche ist in Abbildung 2.47 zu sehen.) In Verbindung mit der Erfassung der Art und der MRN des Versandverfahrens bewirkt diese Statusänderung die Replikation der Anlieferungsdaten in SAP GTS.

[»]

Yard-Management

Wenn Ihnen das manuelle Setzen des Status zur Dokumentation der Ankunft eines Fahrzeugs in SAP EWM nicht ausreicht, können Sie die Zusatzfunktionen des Yard-Managements für die Steuerung der Abläufe vom Zeitpunkt der Einfahrt des Lkws auf das Unternehmensgelände über das Entladen der Waren im Verwahrungslager bis zur Abfahrt des Lkws nutzen. Die Registrierung des Fahrzeugs mit der Transaktion **Ankunft am/Abfahrt vom Kontrollpunkt** (Transaktionscode /SCWM/CICO) bewirkt das Setzen des Status *Registriert im Yard* in der Anlieferung.

Klicken Sie anschließend in den Lieferungsdetails in der Sicht **Referenzbelege** auf das Symbol **Anlegen** [icon] und geben Sie die MRN in das Feld **Referenzbeleg** ein. Im Feld **RefBelegtyp** (siehe Abbildung 2.46) ergänzen Sie Informationen zur Art des Versandverfahrens bzw. zum zollrechtlichen Status der Waren. Passende *Referenzbelegtypen* stehen im Auslieferungs-Customizing zur Verfügung. In Abbildung 2.46 sehen Sie Beispiele für die erforderlichen Angaben.

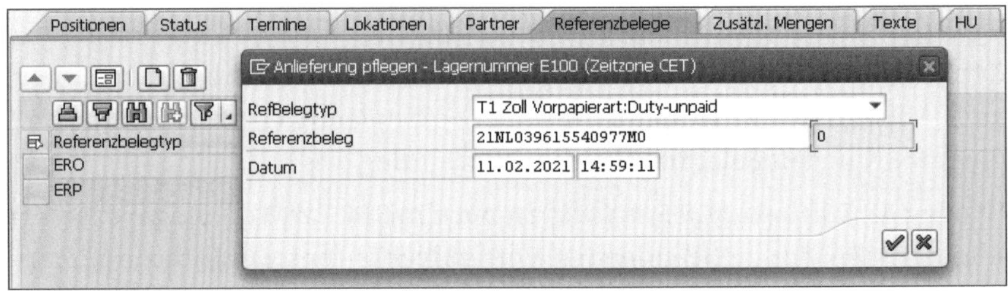

Abbildung 2.46 MRN als Referenzbeleg in der Anlieferung

Nach der Erfassung der MRN als Referenzbeleg in Verbindung mit dem Referenzbelegtyp **T1 Zoll Vorpapierart: Duty-unpaid** ändert sich der Gesamtstatus der Anlieferung. Abbildung 2.47 zeigt eine Anlieferung in SAP EWM nach der Überleitung der relevanten Daten an SAP GTS.

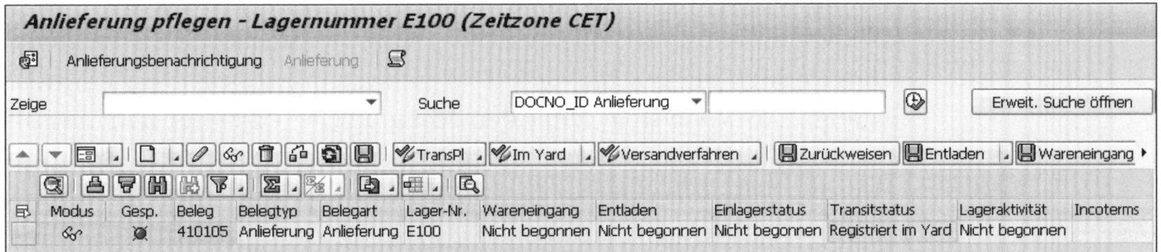

Abbildung 2.47 Anlieferung nach Datenüberleitung an SAP GTS

Status der Anlieferung

In Abbildung 2.47 erkennen Sie, dass die Anlieferung für die weitere Bearbeitung gesperrt ist (Symbol in der Spalte **Gesp.**). Die Lageraktivitäten **Entladen**, **Wareneingang** und **Einlagerung** haben daher jeweils den Status **Nicht begonnen**. In der Statusübersicht in den Lieferungsdetails in Abbildung 2.48 erkennen Sie außerdem, dass SAP EWM auch für das in SAP GTS zu beendende Versandverfahren einen Status führt (Statusart **DWN**). Der aktuelle Statuswert ist **1 Zu prüfen**.

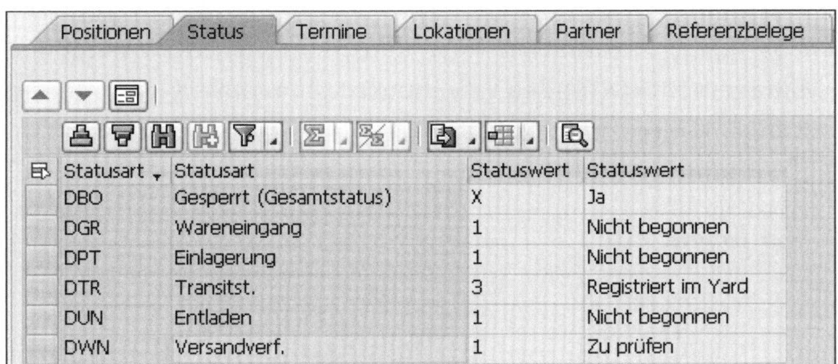

Statusart	Statusart	Statuswert	Statuswert
DBO	Gesperrt (Gesamtstatus)	X	Ja
DGR	Wareneingang	1	Nicht begonnen
DPT	Einlagerung	1	Nicht begonnen
DTR	Transitst.	3	Registriert im Yard
DUN	Entladen	1	Nicht begonnen
DWN	Versandverf.	1	Zu prüfen

Abbildung 2.48 Status der Anlieferung (Auswahl)

Aus SAP GTS senden Sie zeitnah die Ankunftsanzeige an die Bestimmungszollstelle (siehe Abbildung 2.41). Nach Erhalt der Entladeerlaubnis aktualisiert SAP GTS per RFC den Status der Anlieferung in SAP EWM. Die Belegsperre ist nun aufgehoben; das Entladen und die Prüfung der Waren auf Konformität mit den Angaben im VBD und ggf. weiteren Unterlagen können beginnen.

Entladen

Nach Abschluss des Entladens können Sie den Status der Anlieferung erneut aktualisieren (Schaltfläche **Entladen**, siehe Abbildung 2.47), falls Sie diesen Schritt nicht mit der Transaktion **Entladen** (Transaktionscode

/SCWM/UNLOAD) abwickeln. Sie finden diese Transaktion im Anwendungsmenü über den Menüpfad **SCM Extended Warehouse Management • Extended Warehouse Management • Warenannahme und Versand • Entladen**. In SAP GTS senden Sie anschließend den Entladekommentar an die Bestimmungszollstelle. Nach Erhalt der Verwahrungsmitteilung lösen Sie in SAP EWM mithilfe einer PPF-Aktion die Wareneingangsbuchung zur Anlieferung im SAP-ERP- bzw. SAP-S/4HANA-Vorsystem aus (Schaltfläche **Wareneingang**). Das Vorsystem leitet den Materialbeleg zu dieser Buchung als Grundlage für die Überführung in ein Zollverfahren an SAP GTS über (siehe Abbildung 2.45). Vorpapierart und MRN des beendeten Versandverfahrens überträgt SAP EWM an die Anlieferung des Vorsystems zurück.

Zollsperrbestand

Nach der Wareneingangsbuchung führt SAP EWM die Nicht-Unionswaren, die sich jetzt in der vorübergehenden Verwahrung befinden, im *Zollsperrbestand*. Als Abbild des Verwahrungslagers wurde in SAP EWM ein eigener *Lagertyp* ZVWL angelegt. Lagertypen repräsentieren als Organisationseinheiten in SAP EWM Lagerflächen, die von anderen Lagerflächen im selben Lagergebäude räumlich und/oder organisatorisch getrennt sind. Der Ausschnitt aus einer Bestandsübersicht im *Lagerverwaltungsmonitor* in Abbildung 2.49 zeigt ein Produkt in der vorübergehenden Verwahrung in SAP EWM. Den Lagerverwaltungsmonitor können Sie mit der gleichnamigen Transaktion aufrufen (Transaktionscode /SCWM/MON). Im Anwendungsmenü finden Sie diese Transaktion über den Menüpfad **SCM Extended Warehouse Management • Extended Warehouse Management • Monitoring • Lagerverwaltungsmonitor**. Im Beispiel in Abbildung 2.49 wird der von SAP ausgelieferte Standardmonitor verwendet.

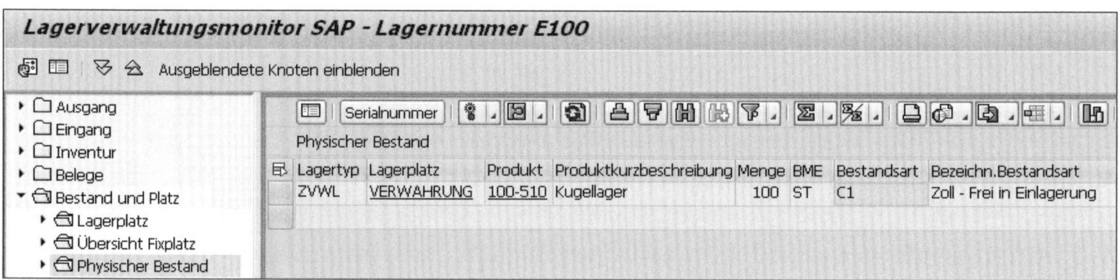

Abbildung 2.49 Bestandsübersicht in SAP EWM

Bestandsart

Sie erkennen an der Bestandsart **C1 Zoll - Frei in Einlagerung**, dass die Waren sich im Zollsperrbestand befinden. Erst nach Überlassung zum freien Verkehr dürfen sie eingelagert, also z. B. aus dem Verwahrungslager in ein Hochregallager gebracht werden. SAP GTS teilt SAP EWM die Überlassung per RFC mit. Nach Erhalt dieser Information ändert SAP EWM die Bestandsart von C1 nach F2 (**Frei verwendbar - Lager**): Die im Versandverfahren empfangenen Nicht-Unionswaren sind durch die Überlassung zum freien Verkehr zu Unionswaren geworden. Werden die Waren der vorübergehenden Verwahrung stattdessen in SAP GTS in das Zolllagerverfahren überführt, bleiben diese Waren in SAP EWM im Zollsperrbestand, bis das Zolllagerverfahren durch ein anderes Zollverfahren beendet wird.

Lagerorte

Im Prozessbeispiel wurde der Wareneingang der im Versandverfahren empfangenen Kugellager in der Bestandsführung des Vorsystems in einen Lagerort für noch nicht eingelagerte Bestände gebucht (Lagerort RD00). In Abbildung 2.50 sehen Sie die Bestandsübersicht des Kugellagers nach der Wareneingangsbuchung. Diese Bestandsübersicht rufen Sie in SAP-ERP- bzw. SAP-S/4HANA-Vorsystemen über den Menüpfad **Logistik • Materialwirtschaft • Bestandsführung • Umfeld • Bestand • Bestandsübersicht** oder den Transaktionscode MMBE auf.

Bestandsübersicht: Grundliste

Selektion

Material	100-510	Kugellager	
Materialart	HAWA	Handelsware	
Mengeneinheit	ST	Basismengeneinheit	ST

Bestandsübersicht

Detailanzeige

Mandant / Buchungskreis / Werk / Lagerort / Charge / Sonderbestand	Frei verwendbar	Qualitätsprüfung
Gesamt	400,000	
1000 IDES AG	400,000	
SPCW Werk Hamburg	400,000	
AF00 Materiallager	300,000	
RD00 Wareneingang	100,000	

Abbildung 2.50 Bestandsübersicht im Vorsystem

Nach Abschluss der Einlagerung löst SAP EWM per RFC im Vorsystem eine Umbuchung in einen Lagerort für bereits eingelagerte Bestände aus (Lagerort AF00). Wenn Sie sich im Vorsystem eine Bestandsübersicht anzeigen lassen, erkennen Sie so auf den ersten Blick, ob Waren zeitnah für Versand oder Fertigung ausgelagert werden können.

[«]

Lagerort

In SAP ERP bzw. SAP S/4HANA ist der Lagerort die Organisationseinheit der mengenmäßigen Bestandsführung, die auch in Abschnitt 2.3, »Zolllagerverfahren«, und Abschnitt 2.4, »Aktive Veredelung«, eine wichtige Rolle spielt. Wenn Sie für die Lagerverwaltung SAP EWM nutzen, können Sie das im Prozessbeispiel beschriebene, von SAP konzipierte Wareneingangsszenario mit zwei Lagerorten und automatischer Umbuchung nach Abschluss der Einlagerung implementieren. Dieses Szenario bietet in der Integration mit SAP GTS den Vorteil, dass Anwender in Vertrieb, Disposition und Fertigung, die ausschließlich im SAP-ERP- bzw. SAP-S/4HANA-Vorsystem arbeiten, nicht irrtümlich Bestände in der vorübergehenden Verwahrung für unmittelbar verfügbar halten.

Vorpapierart

Für das in diesem Abschnitt beschriebene Integrationsszenario müssen Sie im Customizing des SAP-EWM-Systems noch die für Ihre Prozesse relevanten Vorpapierarten des SAP-GTS-Systems abbilden und im nächsten Schritt den passenden Referenzbelegtypen zuordnen (Menüpfad: **SCM Extended Warehouse Management • Extended Warehouse Management • Schnittstellen • GTS-Integration • Vorpapierarten definieren** und **Vorpapierarten zwischen EWM und externen Systemen abbilden**). Abbildung 2.51 zeigt ein Beispiel für eine Vorpapierart in SAP EWM.

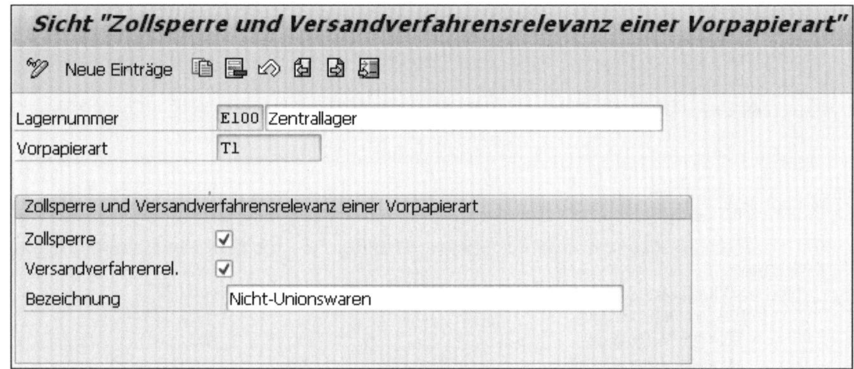

Abbildung 2.51 Vorpapierart in SAP EWM (Beispiel)

Die Vorpapierart T1 in Abbildung 2.51 ist als relevant für das Versandverfahren gekennzeichnet (Kennzeichen **Versandverfahrenrel.**). Das Kennzeichen **Zollsperre** bewirkt, dass die in SAP EWM vereinnahmten Bestände zunächst in den Zollsperrbestand gebucht werden.

Referenzbelegtyp

Die von SAP ausgelieferten Referenzbelegtypen finden Sie im Customizing des SAP-EWM-Systems über den Menüpfad **SCM Extended Warehouse Management • Extended Warehouse Management • Prozessübergreifende Einstellungen • Lieferung -Lageranforderung • Referenzbelege • Referenzbelegtypen definieren**. Referenzbelegtypen verwendet SAP EWM nicht nur für die Erfassung der MRN eines Versandverfahrens, sondern z. B. auch für Vorgängerbelege aus SAP-Systemen, Frachtbriefe und Speditionsaufträge. Referenzbelegtypen sind in SAP EWM zu *Referenzbelegtyp-Profilen* zusammengefasst (Menüpfad: **SCM Extended Warehouse Management • Extended Warehouse Management • Prozessübergreifende Einstellungen • Lieferung -Lageranforderung • Referenzbelege • Referenzbelegart-Profile definieren**). Diese Profile ordnen Sie den verschiedenen Belegarten für die Lieferungsanlage zu (Menüpfad: **SCM Extended Warehouse Management • Extended Warehouse Management • Wareneingangsprozess • Anlieferung • Belegarten für Anlieferungsprozess definieren** bzw. **Warenausgangsprozess • Auslieferung • Belegarten für Auslieferungsprozess definieren**).

PPF-Aktion »NCTS Versandverfahren«

Wie SAP GTS nutzt auch SAP EWM das PPF für die Ausgabe von Nachrichten im weitesten Sinn (siehe Abschnitt 2.1.2, »Abwicklung des Verfahrens in SAP GTS«). So benachrichtigt SAP EWM mithilfe der Aktion *NCTS Versandverfahren* (Aktionsdefinition /SCWM/NCTS) per RFC SAP GTS über die Ankunft von Waren im Versandverfahren – mit der Folge, dass SAP GTS eine Zollsendung zur Anlieferung anlegt. Sie können die erfolgreiche Ausführung dieser Aktion in den Details der Anlieferung in der Sicht **PPF-Aktionen** überprüfen.

Anders als Aktionen zum Drucken von Lieferscheinen oder zum Anlegen von Lageraufgaben für die spätere Einlagerung der Waren findet SAP EWM die Aktion *NCTS Versandverfahren* nicht mithilfe der SAP-EWM-spezifischen Konditionstechnik. Entscheidend ist vielmehr, dass die Aktionsdefinition /SCWM/NCTS in dem jeweils der Anlieferungsbelegart zugeordneten Aktionsprofil enthalten und aktiv ist (Kennzeichen **inaktiv** nicht gesetzt). Erfassen Anwender in der Anlieferung einen als relevant für das Versandverfahren gekennzeichneten Referenzbelegtyp und eine MRN als Referenzbeleg und ist außerdem der Status **Registriert im Yard** gesetzt, führt SAP EWM die Aktion aus. Aktionsprofile für die Lieferungsbearbeitung finden Sie im Einführungsleitfaden des SAP-EWM-Systems über den Menüpfad **SCM Extended Warehouse Management • Extended Warehouse Management • Prozessübergreifende Einstellungen • Lieferung -Lageranforderung • Aktionen • Aktionen und Bedingungen ändern • Aktionsprofile und Aktionen definieren**.

Im nächsten Abschnitt erfahren Sie, wie Sie unabhängig von der Ausprägung des Integrationsszenarios mit deutschen Bestimmungszollstellen in ATLAS kommunizieren.

2.2.4 Konfiguration des Datenaustausches mit der Zollverwaltung

Prozessschema TRSDE

Für den Anwendungsbereich Versand/Gestellung stehen Ihnen im Auslieferungs-Customizing gesetzliche Grundlagen für mehrere EU-Mitgliedstaaten, die Schweiz und die USA zur Verfügung. Die gesetzliche Grundlage für die Abwicklung des Versandverfahrens in Deutschland hat den Schlüssel TRSDE. Dieser gesetzlichen Grundlage ist im Auslieferungs-Customizing bereits das Prozessschema TRSDE zugeordnet. Sie finden diese Zuordnung im Ordner **Steuerung Versandabwicklung** (Menüpfad: **Global Trade Services • Customs Management • Anwendungsbereiche je gesetzlicher Grundlage eines Rechtskodexes steuern**).

Das Prozessschema TRSDE ist Teil der Kommunikationssteuerung, die Sie bereits in Abschnitt 2.1.3, »Konfiguration des Datenaustausches mit der Zollverwaltung«, kennengelernt haben. Es besteht aus drei Prozessen, die Sie in Abbildung 2.52 sehen.

Abbildung 2.52 Prozessschema TRSDE

Prozess TRSC und seine Aktivitäten

In Abschnitt 2.2, »Versandverfahren bei der Einfuhr«, spielt nur der Prozess TRSC (**Versandverfahren beenden**) eine Rolle. Dieser Prozess besteht aus den drei Aktivitäten EAN (**Ankunft melden**), EUR (**Konformität prüfen**) und UNLOP (**Entladeerlaubnis drucken**). Abbildung 2.53 zeigt die Zuordnung der drei Aktivitäten zum Prozess.

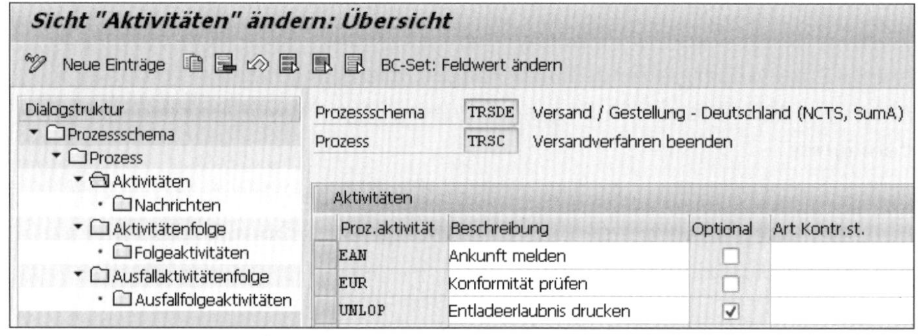

Abbildung 2.53 Aktivitäten bei der Beendigung eines Versandverfahrens

Die Aktivität UNLOP zum Drucken der Entladeerlaubnis ist als optional gekennzeichnet. Sie kann im Prozess also auch entfallen. Den drei Aktivitäten sind jeweils Nachrichten zugeordnet. So sind z. B. im Rahmen der Aktivität EAN die Ausgabe der Nachricht M0120 (Eingangsanzeige) und der Empfang der Nachricht I1190 (Entladeerlaubnis) vorgesehen. Eine Nachricht für fachliche und syntaktische Fehler (I2445) ist in der Aktivität ebenfalls enthalten.

Aktivitätenfolge TRSC

Der Prozess TRSC hat nur eine Aktivitätenfolge (TRSC). Diese setzt sich aus den Aktivitäten EAN und EUR zusammen. Abbildung 2.54 zeigt diese Zusammenstellung.

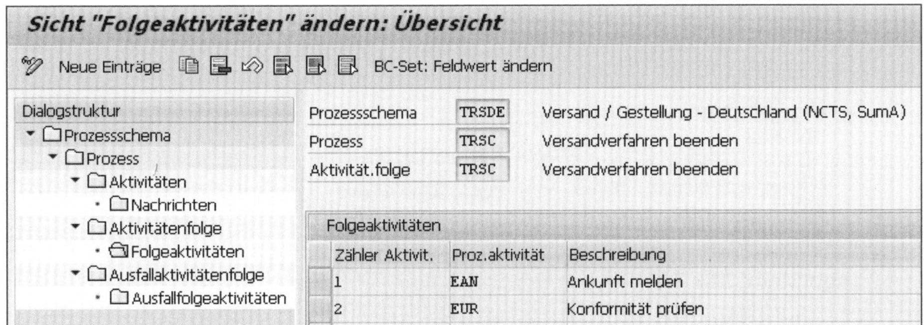

Abbildung 2.54 Aktivitätenfolge des Prozesses TRSC

Die beiden Aktivitäten des Prozesses sind durch Zahlen in der Spalte **Zähler Aktivit.** in eine Reihenfolge gebracht. Der Entladekommentar als Ausgangsnachricht der Aktivität EUR kann also erst nach Abschluss der Aktivität EAN versendet werden (siehe auch Abbildung 2.41).

Bewilligung

In SAP GTS nehmen Sie immer an der vereinfachten Form des Versandverfahrens teil, in Einfuhrprozessen also als ZE. Den Status eines ZE bewilligt Ihnen auf Antrag das zuständige Hauptzollamt. *Bewilligungen* für Verfahrensvereinfachungen und für die Nutzung besonderer Verfahren sind Stammdaten des Customs Managements. Bewilligungen Ihres Unternehmens erfassen Sie in SAP GTS im Bereichsmenü des Customs Managements (Schaltfläche **Stammdaten**, Sicht **Bewilligungen/Sicherheiten**). Im Bereich **Bewilligungen** finden Sie u. a. auch Transaktionen für die Neuanlage, das Ändern und die Anzeige von Bewilligungen für Verfahrensvereinfachungen beim Versandverfahren (Eintrag **Bewilligung Versand**). Abbildung 2.55 zeigt ein Beispiel für die Bewilligung des Status eines ZE.

Bewilligter Ort

Die Kopfdaten des Stammsatzes enthalten neben einer datenbankinternen Nummer (Feld **Bewilligung**) auch die Nummer, unter der die Zollverwaltung die Bewilligung führt (Feld **Externe Nummer**). Inhaberin der Bewilligung ist die Außenhandelsorganisation AO_1000.

Abbildung 2.55 Bewilligung des Status eines ZE

Im Bereich **Verwenderbetriebe** sehen Sie den Verwenderbetrieb für das Werk in Dresden, auf dessen Gelände die im Versandverfahren beförderten Waren in Empfang genommen werden (Geschäftspartner VB_1200). Dieser Ort wird in der Bewilligung für die Zwecke der elektronischen Kommunikation mit einem vierstelligen alphanumerischen Code gekennzeichnet (Feld **Übergabe-/Gestellungsort**).

Bewilligungsart

Beim Anlegen, Ändern oder Anzeigen eines Bewilligungsstammsatzes müssen Sie außer einer gesetzlichen Grundlage immer auch eine *Bewilligungsart* angeben. Bewilligungsarten sind Grundmuster der Bewilligungsstammdaten, die im Customizing definiert werden (Menüpfad: **Global Trade Services • Customs Management • Bewilligungen und Sicherheiten**). Im Auslieferungs-Customizing Ihres SAP-GTS-Systems finden Sie bereits eine größere Anzahl von Bewilligungsarten für verschiedene gesetzliche Grundlagen. Die Bewilligungsart ZE (Zugelassener Empfänger), die der Bewilligung in Abbildung 2.55 zugrunde liegt, ist eine dieser ausgelieferten Bewilligungsarten. Auf der Ebene der Bewilligungsart legen Sie fest, welche Daten (*Attribute*) Anwender in einem Bewilligungsstammsatz erfassen können oder müssen. Außerdem richten Sie eine Statusverwaltung für Bewilligungen ein (Attribut **Status** im Bereich **Attribute mit Mehrfachangaben** in Abbildung 2.55). Auf diese Weise können Sie z. B. in SAP GTS festhalten, wann Sie eine Bewilligung beantragt haben und wann sie Ihnen erteilt wurde. Die Konfiguration von Bewilligungsarten entspricht weitgehend der Konfiguration von Genehmigungsarten für die Ausfuhrkontrolle. Diese wird in Abschnitt

4.1.1, »Konfiguration der produktbezogenen Ausfuhrkontrolle«, ausführlich behandelt.

In der Regel werden Waren, die sich nach der Beendigung eines Versandverfahrens in der vorübergehenden Verwahrung befinden, in ein Zollverfahren überführt. Die Überlassung zum freien Verkehr, um die es in Abschnitt 2.1 ging, ist dabei nur eine von mehreren Möglichkeiten. In den folgenden beiden Abschnitten dieses Kapitels lernen Sie zwei Alternativen kennen.

2.3 Zolllagerverfahren

Art. 210 UZK bezeichnet das Zolllagerverfahren ebenso wie die in Abschnitt 2.4 behandelte aktive Veredelung als »besondere Verfahren«. Dieser Ausdruck wird im UZK nicht erläutert. Allen in Art. 210 UZK aufgeführten Zollverfahren ist jedoch gemeinsam, dass keine oder reduzierte Einfuhrabgaben anfallen.

2.3.1 Ablauf des Zolllagerverfahrens

Definition von Zolllager

Im Zolllagerverfahren dürfen Nicht-Unionswaren »unter zollamtlicher Überwachung in für diesen Zweck durch die Zollbehörden zugelassenen Räumlichkeiten oder sonstigen Stätten (...) gelagert werden« (Art. 240 Abs. 1 UZK). Der UZK unterscheidet in Art. 240 Abs. 2 zwischen öffentlichen, also jedermann zugänglichen, und privaten Zolllagern. In SAP GTS spielen nur private Zolllager eine Rolle. Die Nutzung des Zolllagerverfahrens setzt eine entsprechende Bewilligung durch das zuständige Hauptzollamt voraus.

Zweck des Verfahrens

Das Zolllagerverfahren ist in erster Linie für die Lagerung von Nicht-Unionswaren gedacht. Während der zeitlich nicht begrenzten Lagerdauer fallen keine Einfuhrabgaben an. Etwaige handelspolitische Maßnahmen kommen ebenso wenig zur Anwendung. Die Einrichtung eines Zolllagers kann insbesondere in zwei Ausgangssituationen sinnvoll sein:

- Es steht regelmäßig bereits bei der Einfuhr fest, dass die Waren (z. B. Ersatzteile) nach einiger Zeit wieder aus dem Zollgebiet der Union ausgeführt werden.
- Die Zweckbestimmung der Waren steht bei der Einfuhr in der Regel noch nicht fest. Bei einer etwaigen Überlassung zum freien Verkehr fallen die Einfuhrabgaben erst bei der Entnahme aus dem Zolllager an.

[»]

Unionswaren im Zolllager

Auch Unionswaren, die besonderen Maßnahmen unterliegen, können in das Zolllagerverfahren überführt werden. In der Hauptsache betrifft diese Regelung *Marktordnungswaren*, also landwirtschaftliche Erzeugnisse und bestimmte Folgeprodukte, deren Ein- und Ausfuhr in der EU besonderen Regeln unterliegen. Darüber hinaus können die Zollbehörden zulassen, dass sonstige Unionswaren im Zolllager aufbewahrt werden, »sofern ein wirtschaftlicher Bedarf besteht und die zollamtliche Überwachung nicht beeinträchtigt wird«. Zollrechtlich befinden sich solche Unionswaren nicht im Zolllagerverfahren (Art. 237 Abs. 3 UZK).

Überführung in das Verfahren

Neben dem Normalverfahren kommen auch die Verfahrensvereinfachungen, die Sie in Abschnitt 2.1.1, »Ablauf einer Einfuhr in die EU«, kennengelernt haben, für die Überführung in das Zolllagerverfahren infrage. Wie bei der Überlassung zum freien Verkehr ist die Nutzung der Verfahrensvereinfachungen jedoch von der vorherigen Bewilligung durch das zuständige Hauptzollamt abhängig.

Nachrichten

Vereinfachte Zollanmeldungen und Anschreibungsmitteilungen für die Überführung in das Zolllagerverfahren (vZA-ZL bzw. AZ-ZL) übermitteln Sie der Zollstelle in ATLAS mit der EDI-Nachricht SCWREC. Die Zollstelle prüft die Daten der vZA-ZL oder AZ-ZL und sendet eine Verarbeitungsmitteilung (EDI-Nachricht CUSREC). Wie bei der Überlassung zum freien Verkehr enthält die Nachricht CUSREC entweder die Entgegennahme und Registrierung der vZA-ZL bzw. AZ-ZL oder eine Fehlermeldung. Die Annahme der Zollanmeldung und die Überlassung der Waren zum Zolllagerverfahren teilt die Zollstelle im VAV in der EDI-Nachricht CURREL mit. Im ASV versendet die Zollstelle die Nachricht CURREL in Abhängigkeit von der Bewilligung nur im Einzelfall oder überhaupt nicht. Die Waren müssen nach der Überlassung unmittelbar in das Zolllager verbracht und in Bestandsaufzeichnungen erfasst werden.

[»]

Überlassungszeitpunkt im ASV

Die Zollbehörden können im ASV verschiedene Überlassungszeitpunkte bewilligen:

- Überlassung nach Prüfung der AZ und Mitteilung
- (automatische) Überlassung nach Ablauf einer in der Bewilligung festgelegten Frist
- Überlassung mit der Anschreibung des Zugangs in der betrieblichen Buchführung

In den ersten beiden Fällen kann die Zollstelle die Überlassung durch den manuell ausgelösten Versand der Nachricht CURREL mitteilen. Bei Überlassung der Waren mit der Anschreibung in der betrieblichen Buchführung entfällt diese Nachricht.

Da keine Einfuhrabgaben anfallen, dient die EDI-Nachricht CUSTAX, die Sie bereits in Abschnitt 2.1.2, »Abwicklung des Verfahrens in SAP GTS«, kennengelernt haben, im Zolllagerverfahren nur zur Mitteilung von Befunden (z. B. Prüfergebnissen) und Erledigungsvermerken. Die Zollstelle versendet diese Nachricht sowohl im VAV als auch im ASV. Sie entfällt nur bei Überlassung mit der Anschreibung in der betrieblichen Buchführung.

Auszug aus dem Verzeichnis der Lagerbestände

Bei der Überführung in das Zolllagerverfahren im VAV oder im ASV geben Sie nach Ablauf des Abrechnungszeitraums (in der Regel ein Kalendermonat) keine EGZ, sondern einen *Auszug aus dem Verzeichnis der Lagerbestände (Zugänge)* ab. Dieser Auszug beruht auf Bestandsaufzeichnungen, aus denen die Zugänge in das Zolllager im Abrechnungszeitraum hervorgehen. Sie senden der Abrechnungszollstelle diese *Bestandsaufzeichnungen* mit der EDI-Nachricht SCWPED. Die Zollstelle prüft die Aufzeichnungen und antwortet mit der Nachricht CUSREC, um über die Entgegennahme und Registrierung der Meldung oder über etwaige Fehler zu informieren. Abschließend sendet die Zollstelle die Nachricht CUSTAX, die wieder keinen Abgabenbescheid, sondern nur Befunde oder Vermerke enthält.

Lagerung

Während der *Lagerung* im Zolllager dürfen Nicht-Unionswaren den im Anhang 71-03 UZK-DA im Einzelnen aufgeführten »üblichen Behandlungen« unterzogen werden. Zu diesen Behandlungen gehören z. B. die Einlagerung, das Reinigen und das Konservieren der Waren mit verschiedenen Methoden. Auch das Verpacken oder Umpacken der Waren ist erlaubt. Mindestens einmal pro Jahr müssen die Zolllagerbestände inventarisiert werden. Für Fehlmengen müssen Einfuhrabgaben entrichtet werden. Finden sich bei der Inventur im Zolllager zusätzliche Warenmengen, müssen diese als Zugänge in den Bestandsaufzeichnungen erfasst werden.

Erledigung des Verfahrens

Das Zolllagerverfahren endet für die Nicht-Unionswaren mit der Überführung in ein anderes Zollverfahren. In der Regel werden die Waren wiederausgeführt oder zum freien Verkehr überlassen. Eine Überführung in die aktive Veredelung, ggf. auch zur Zerstörung von unbrauchbar gewordenen Waren, ist jedoch ebenfalls möglich.

Prozessbeispiele

Die folgenden beiden Abschnitte behandeln die Abwicklung des Zolllagerverfahrens in SAP GTS als ATLAS-Teilnehmer. Im Prozessbeispiel überführen wir Waren, die wir in den USA gekauft und in einem Versandverfahren vom Hafen Rotterdam nach Dresden befördert haben, beim Zollamt Dresden in das Zolllagerverfahren. Die Waren sind als Ersatzteile für Abnehmer in der ganzen Welt, aber auch für den eigenen Kundendienst bestimmt. In Abschnitt 2.3.3, »Erledigung des Zolllagerverfahrens in SAP GTS«, werden einige dieser Ersatzteile aus verschiedenen Anlässen zum freien Verkehr der Union überlassen. Die Wiederausfuhr aus dem Zolllager betrachten wir in Abschnitt 3.1.4, »Konfiguration des Datenaustausches mit der Zollverwaltung«.

2.3.2 Überführung in das Zolllagerverfahren in SAP GTS

Zoll-ID

Der Bewilligungsinhaber und – falls nicht mit diesem identisch – der Inhaber des Verfahrens sowie ggf. weitere an der Lagerung beteiligte Personen müssen Aufzeichnungen über die Zugänge in das Zolllager führen (Art. 214 UZK). SAP GTS enthält daher eine Bestandsführung für Ihre Zolllagerbestände, in der Sie alle Bestandsveränderungen dokumentieren. Auf der Grundlage dieser Bestandsführung können Sie den Zollbehörden jederzeit die geforderten Auskünfte geben. Bezugsebene der Bestandsführung in SAP GTS ist eine *Zoll-ID*, die Sie als bis zu zehnstellige alphanumerische Zeichenfolge frei definieren können.

Im Zolllagerverfahren repräsentiert die Zoll-ID in der Regel das Zolllager, also den in der Bewilligung zugelassenen Ort, sowohl im Vorsystem als auch in SAP GTS. In SAP GTS ordnen Sie die Zoll-ID Ihres Zolllagers der Außenhandelsorganisation des verantwortlichen Buchungskreises zu. Im Vorsystem verknüpfen Sie die Zoll-ID mit den Lagerorten, deren Bestände sich im Zolllager befinden. Definition und Zuordnung von Zoll-IDs sind in den Konfigurationsleitfäden ausführlich beschrieben. In Abbildung 2.56 sehen Sie die Zuordnung einer Zoll-ID zu einer Werk-Lagerort-Kombination des Vorsystems (Menüpfad in SAP ERP: **Vertrieb • Außenhandel/Zoll • SAP Global Trade Services – Plug-In • Zoll: Zollverfahren mit wirtschaftlicher Bedeutung (ZL/AV) Zoll-ID zuordnen**; Menüpfad in SAP S/4HANA: **Integration mit anderen SAP-Komponenten • Integration mit Governance, Risk and Compliance • SAP Global Trade Services – Plug-In • Zoll: Zollverfahren mit wirtschaftlicher Bedeutung (ZL/AV) Zoll-ID zuordnen**).

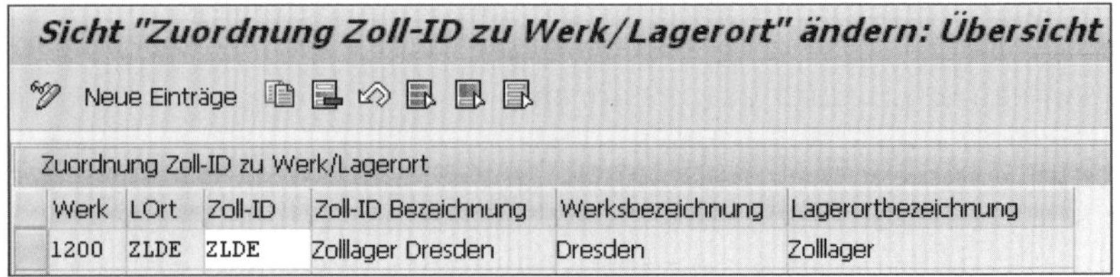

Werk	LOrt	Zoll-ID	Zoll-ID Bezeichnung	Werksbezeichnung	Lagerortbezeichnung
1200	ZLDE	ZLDE	Zolllager Dresden	Dresden	Zolllager

Abbildung 2.56 Zuordnung Zoll-ID zu Werk-Lagerort-Kombination

Zuordnung zu Werk-Lagerort-Kombinationen

Die Zoll-ID ZLDE repräsentiert das Zolllager des Dresdener Werks 1200 im Vorsystem und in SAP GTS. Nur Bestände des Lagerorts ZLDE können in SAP GTS Zolllagerbestände sein. Sollen Bestände weiterer Lagerorte des Werks 1200 oder anderer Werke im Zolllager aufbewahrt werden, müssen diese Werk-Lagerort-Kombinationen im Vorsystem ebenfalls der Zoll-ID des Zolllagers zugeordnet werden.

Nach dem Anlegen einer neuen Zoll-ID für das Zolllagerverfahren aktivieren Sie diese in Ihrem SAP-GTS-System mit der Transaktion **Bestandsführung: Zoll ID aktivieren** (Transaktionscode /SAPSLL/LOCATION_ACT). Diese Transaktion ist nicht in das Bereichsmenü des Customs Managements eingebunden. Im Vorsystem ist keine Aktivierung der Zoll-ID erforderlich.

Zolllagerrelevanz eines Produkts

Alle Produkte, die Sie in das Zolllagerverfahren überführen wollen, müssen Sie in SAP GTS als relevant für dieses Verfahren kennzeichnen (Sicht **Besondere Zollverfahren**). Abbildung 2.57 zeigt einen Ausschnitt aus dieser Sicht.

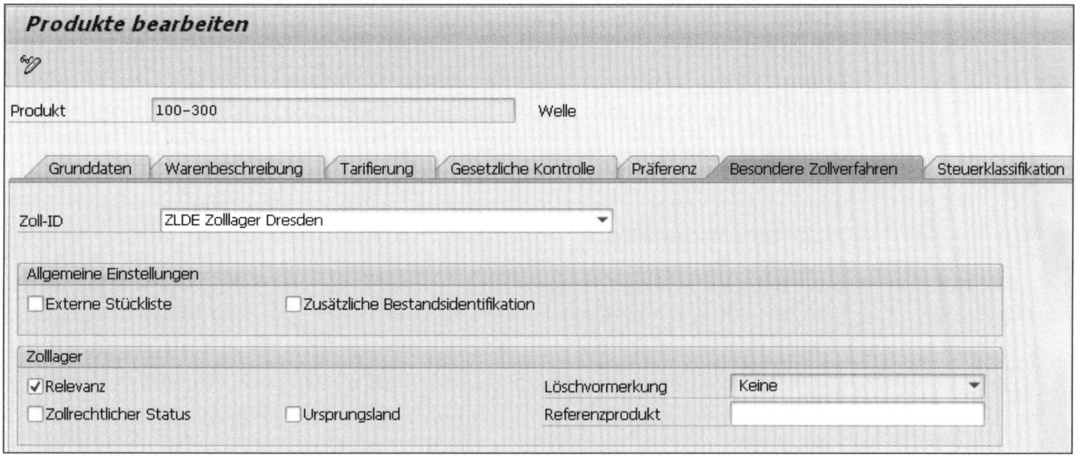

Abbildung 2.57 Zolllagerrelevanz eines Produkts in SAP GTS

Die Welle 100-300 kann in das Zolllagerverfahren überführt werden (Kennzeichen **Relevanz** im Bereich **Zolllager**). Bestandsführungsebene ist die Zoll-ID des Zolllagers in Dresden (ZLDE). Eine Überlassung zum freien Verkehr ist jedoch weiterhin jederzeit möglich. Wurde das Produkt in das Zolllagerverfahren überführt, ist eine Rücknahme des Kennzeichens **Relevanz** nur zulässig, wenn der Bestand durch Abgänge vollständig wieder abgebaut ist. Wenn Sie dennoch versuchen, das Kennzeichen zu entfernen, erhalten Sie eine entsprechende Meldung. Nach Bestätigung dieser Meldung setzt das System im Feld **Löschvormerkung** den Status **1 Zolllagerrelevanz endet**. Ab diesem Zeitpunkt können Sie das Produkt nicht mehr in das Zolllagerverfahren überführen; Abgänge sind jedoch weiterhin möglich. Nach vollständigem Abbau des Bestands ändert sich der Status der Zolllagerrelevanz automatisch in **2 Reorganisation erlaubt**.

Referenzprodukt

Im Zolllager dürfen Sie Waren im Rahmen der in Anhang 71-03 UZK-DA aufgeführten üblichen Behandlungen verpacken, umpacken oder umfüllen. Oft werden in Vorsystem und SAP-GTS-System verschiedene Verpackungs- oder Füllgrößen durch verschiedene Materialien bzw. Produkte repräsentiert. In solchen Fällen können Sie im Produktstammsatz einer bestimmten Verpackungs- oder Füllgröße die Produktnummer des umzupackenden oder umzufüllenden Ausgangsprodukts in das Feld **Referenzprodukt** eintragen, damit SAP GTS die Beziehung beider Produkte erkennt. Die Basismengeneinheit der Produkte muss jedoch identisch sein.

Die Kennzeichnung des Produkts wurde mit der Transaktion **Rückverteilung: Produkte für besondere Verfahren – Massenverarb.** (Transaktionscode /SAPSLL/PR_DISTR_MS) an das Vorsystem rückübertragen. Sie finden diese Transaktion im Bereichsmenü des Customs Managements (Schaltfläche **Stammdaten**, Sicht **Produkte**, Bereich **Produktdaten an Vorsystem verteilen**). Das Vorsystem legt die Kennzeichnung in der Datenbanktabelle /SAPSLL/ECPPA ab. Der Materialstammsatz ändert sich durch die Rückübertragung der Kennzeichnung nicht.

[»]

Bestandstrennung

Werden im Zolllager sowohl Nicht-Unionswaren als auch Unionswaren gelagert, muss der zollrechtliche Status der Waren jederzeit feststellbar sein. Bereits im Vorsystem können Sie mithilfe der Chargenverwaltung oder der getrennten Bewertung Bestände nach ihrem zollrechtlichen Status voneinander unterscheiden. Mit einer Implementierung des BAdIs /SAPSLL/CUS_PRO_DET können Sie auf dieser Grundlage die Belege zu Warenbewegungen des Vorsystems vor ihrer Überleitung an SAP GTS nach ihrer Relevanz für das Zolllager filtern. Setzen Sie zusätzlich in allen relevanten Produktstammsätzen das Kennzeichen **Zollrechtlicher Status**. Verwenden Sie im Vorsystem zusätzliche Formen der Identifikation von Beständen, z. B. Chargennummern, können Sie diese mit einer Implementierung des BAdIs /SAPSLL/CUS_IMID_DET der Bestandsführung in SAP GTS zur Verfügung stellen. Setzen Sie außerdem in allen relevanten Produktstammsätzen das Kennzeichen **Zusätzliche Bestandsidentifikation** (siehe Abbildung 2.57).

Zolllagerrelevanz eines Vorgangs

Anhand der Zuordnung von Bestandsführungsebenen zur Zoll-ID und der Produktkennzeichnung entscheidet SAP GTS, ob ein Vorgang relevant für die Überführung in das Zolllagerverfahren ist. Wenn Sie also einen anlieferungsbezogenen Wareneingang der Welle 100-300 in den Lagerort ZLDE im

Werk 1200 buchen, können Sie aus den Daten des Materialbelegs in SAP GTS eine Zollanmeldung für die Überführung in das Zolllagerverfahren anlegen. Buchen Sie dagegen den Wareneingang eines nicht zolllagerrelevanten Produkts in den Lagerort ZLDE oder einen Wareneingang der Welle 100-300 in einen anderen Lagerort, steht Ihnen diese Option nicht zur Verfügung.

Zollanmeldung nach Wareneingang

Bei der Überführung in das Zolllagerverfahren in SAP GTS kommt das Integrationsszenario »Zollanmeldung nach Wareneingang« zum Einsatz (siehe Abbildung 2.37). Grundlage für die Zollanmeldung in SAP GTS ist ein Materialbeleg zu einer Wareneingangsbuchung mit Anlieferungsbezug. Das System legt die Daten des Materialbelegs im Arbeitsvorrat für Zollanmeldungen nach Wareneingang ab. Beim Zugriff auf diesen Arbeitsvorrat entscheiden Sie bei zolllagerrelevanten Vorgängen, ob Sie die Waren tatsächlich in das Zolllagerverfahren überführen. Als Alternative bietet sich stets die Überlassung zum freien Verkehr an.

Bewilligung

Wenn Sie das Zolllagerverfahren ausgewählt haben, prüft SAP GTS im Rahmen der Unvollständigkeitsprüfung, ob eine passende Bewilligung vorliegt. Bewilligungen für besondere Verfahren pflegen Sie ebenso wie Bewilligungen für Verfahrensvereinfachungen im Bereichsmenü des Customs Managements (Schaltfläche **Stammdaten**, Sicht **Bewilligungen/Sicherheiten**). In Abbildung 2.55 haben Sie bereits ein Beispiel für eine Bewilligung in SAP GTS gesehen. In einer Bewilligung für das Zolllagerverfahren ergänzen Sie den Typ des Zolllagers und die Überwachungszollstelle, also die Zollstelle, die das Zolllagerverfahren überwacht und der Sie die monatlichen Bestandsaufzeichnungen senden.

Zollstellen

Zollstellen legen Sie in SAP GTS als SAP-Geschäftspartner in der Rolle *Zollstelle* an. Sie können dazu die Transaktion **Geschäftspartner bearbeiten** direkt über den Transaktionscode BP oder aus dem Bereichsmenü des Customs Managements heraus aufrufen (Schaltfläche **Stammdaten**, Sicht **Partner**, Eintrag **Zollstellen bearbeiten**). Die Nummer des Geschäftspartners für das Hauptzollamt Dresden in Abbildung 2.58 ist die achtstellige Dienststellennummer dieser Zollstelle (DE005550). Sie können Geschäftspartner für Zollstellen auch mit interner Nummernvergabe anlegen. Die Verwendung der Dienststellennummer als (extern vergebener) Geschäftspartnernummer erleichtert jedoch die Identifikation eines Geschäftspartners als Zollstelle.

Dienststellennummer

In jedem Fall müssen Sie einem Geschäftspartner, der in SAP GTS eine Zollstelle repräsentiert, in der Sicht **Identifikation** eine Dienststellennummer zuordnen. Verwenden Sie für diese Zuordnung die im Auslieferungs-Customizing bereitgestellte Identifikationsart SLLCID (Zolldienststellennummer) und tragen Sie die Dienststellennummer in das Feld **Identifikationsnummer** ein. Abbildung 2.58 zeigt ein Beispiel für diese Zuordnung.

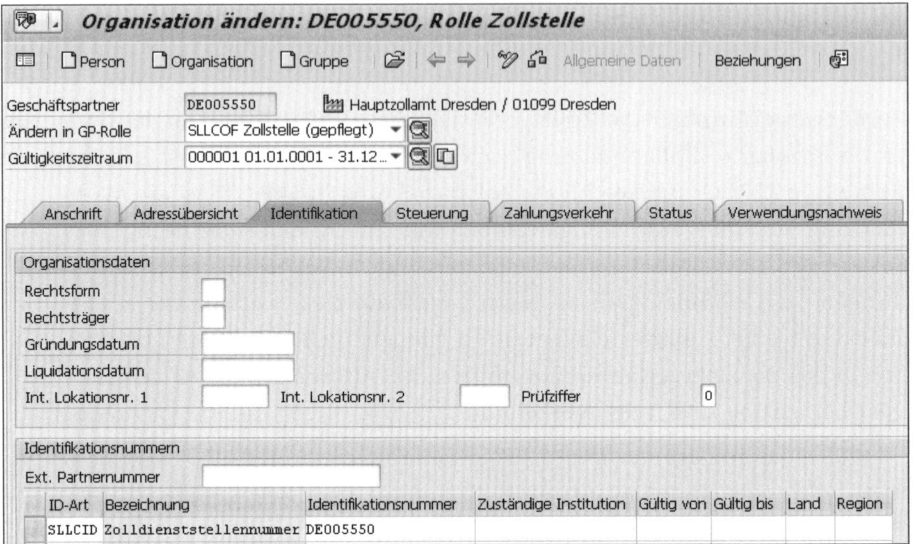

Abbildung 2.58 Zollstelle mit Dienststellennummer

Upload aus XML-Datei

Sie können Zollstellen einschließlich ihrer Dienststellennummern auch aus XML-Dateien in Ihr SAP-GTS-System hochladen. Als kostenlose Alternative zum kostenpflichtigen Angebot einiger Datenlieferanten steht Ihnen auf der Website der TAXUD eine XML-Datei mit allen am Versandverfahren teilnehmenden Zollstellen zum Download zur Verfügung (*ec.europa.eu/taxation_customs/dds2/col/col_home.jsp?Lang=de*). Für die Konvertierung dieser Datei in das SAP-GTS-spezifische XML-Format verwenden Sie die Transaktion **Zollstellen aus Behördenformat laden** (Transaktionscode /SAPSLL/CUOFF_UPL_PR). Sie finden diese Transaktion im Bereichsmenü des Customs Managements (Schaltfläche **Stammdaten**, Sicht **Partner**). Die Vorgehensweise bei der Konvertierung ist in der Dokumentation des Programms beschrieben. Anschließend können Sie die Zollstellen mit der Transaktion **Zollstellen aus XML-Datei laden** (Transaktionscode /SAPSLL/CUSTOFF_UPL) in Ihr SAP-GTS-System hochladen.

Nachrichtenaustausch

Nach Beendigung des Versandverfahrens sollen die aus den USA gelieferten Wellen im ASV in das Zolllagerverfahren überführt werden. In Abbildung 2.59 sehen Sie eine schematische Darstellung des Nachrichtenaustausches in dieser Verfahrensvariante. Den EDI-Nachrichten des Verfahrens sind die entsprechenden Nachrichten in SAP GTS zugeordnet. Für die Ausgabe der AZ-ZL verwenden Sie also die Nachricht M0080 (Anschreibungsmitteilung Zolllager).

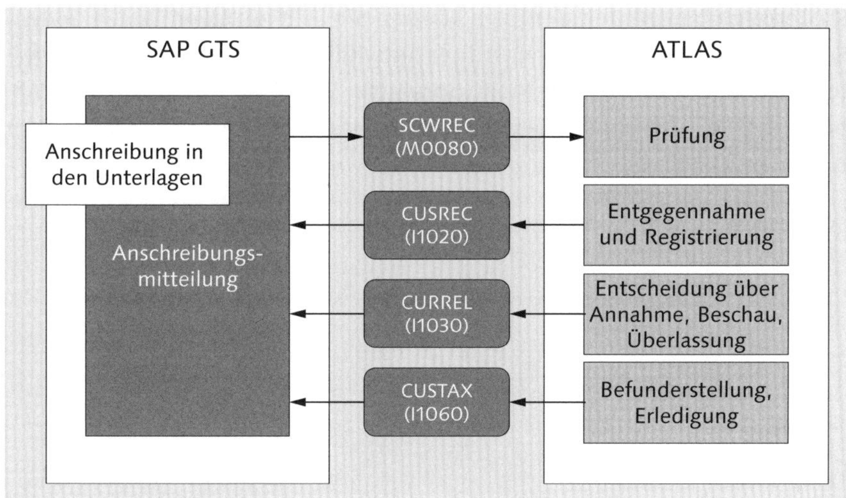

Abbildung 2.59 Überführung in das Zolllagerverfahren im ASV

Wie bei der Überlassung zum freien Verkehr erhalten Sie die Antwortnachrichten I0120, I1030 und I1060. Die Nachrichten I1030 und I1060 entfallen, wenn Ihnen die Überlassung zum Zeitpunkt der Anschreibung in der Buchführung bewilligt wurde. In Abbildung 2.60 sehen Sie den Nachrichtenaustausch noch einmal in der Zollanmeldung des Prozessbeispiels in SAP GTS.

Abbildung 2.60 Zollanmeldung mit Ausgangs- und Eingangsnachrichten

Aktivitätenfolge AZL

Dem Nachrichtenaustausch in Abbildung 2.60 liegt die Prozessaktivität AZL (Anschreibung Zolllager) zugrunde. Diese Prozessaktivität ist Teil der Kommunikationssteuerung, die Sie bereits in Abschnitt 2.1.3, »Konfiguration des Datenaustausches mit der Zollverwaltung«, kennengelernt haben. Die Prozessaktivität AZL ist im Auslieferungs-Customizing der gleichnamigen Aktivitätenfolge zugeordnet. Aktivitätenfolgen enthalten eine Reihe von steuernden Einstellungen, die wir an dieser Stelle auszugsweise betrachten. Die

Steuerung einer Aktivitätenfolge können Sie sich anzeigen lassen, indem Sie in der Dialogstruktur den Ordner **Aktivitätenfolge** öffnen, die Aktivitätenfolge markieren und im Menü **Springen • Detail** wählen (siehe auch Abbildung 2.13). Abbildung 2.61 zeigt einen Ausschnitt aus der Steuerung der Aktivitätenfolge AZL.

Abbildung 2.61 Aktivitätenfolge AZL – Steuerung (Ausschnitt)

Steuerung der Aktivitätenfolge

In Abbildung 2.61 sehen Sie, dass Zollanmeldungen für die Überführung in das Zolllagerverfahren im ASV immer mit der Belegart CULOIM angelegt werden (Feld **Belegart**). Mit dieser Belegart, die für alle einfuhrseitigen Zollanmeldungen vorgesehen ist, sind weitere Einstellungen verknüpft. So legen Sie z. B. auf Belegartenebene das Nummernkreisintervall für die Belegnummerierung fest. Sie sehen außerdem, dass Zollanmeldungen der Aktivitätenfolge AZL relevant für EGZ sind (Kennzeichnung im Feld **Periodische Meldung**). Auf der Grundlage dieser Kennzeichnung sammelt SAP GTS die Zollanmeldungen in einem Arbeitsvorrat für Auszüge aus dem Verzeichnis der Lagerbestände.

Zeitpunkt der Überlassung

Eine wichtige Rolle spielt auch die Kennzeichenauswahl im Feld **Zeitpunkt Überlassung**. Im Normalverfahren und nach Abgabe einer vZA teilt die Zollstelle den Zeitpunkt der Überlassung explizit in der Nachricht CURREL mit. In Aktivitätenfolgen für diese beiden Verfahrensvarianten ist daher stets das Kennzeichen **C Erhalt einer relevanten Nachricht** gesetzt. Im ASV hängt der Überlassungszeitpunkt zwar von der Bewilligung ab. Die Zollstelle muss die Übermittlung der Nachricht CURREL in ATLAS jedoch in jedem Fall manuell auslösen. In den meisten Vorgängen werden Sie diese Nachricht also nicht erhalten. In Aktivitätenfolgen für das ASV ist daher das Kennzeichen **A Anlegen einer Zollanmeldung/-sendung** voreingestellt. Im Zolllagerverfahren bucht SAP GTS außerdem den Zugang der Waren in den Bestandsaufzeichnungen in Abhängigkeit von der Kennzeichenauswahl im Feld **Zeitpunkt Überlassung**.

Nachricht I1030

Betrachten wir in diesem Zusammenhang in Abbildung 2.62 die Details der Nachricht I1030, die der EDI-Nachricht CURREL entspricht. Sie finden alle Nachrichten für den Datenaustausch mit den Zollbehörden im Auslieferungs-Customizing über den Menüpfad **Global Trade Services • Customs Management • Kommunikationsprozesse • Nachrichten für Kommunikationsprozesse definieren**.

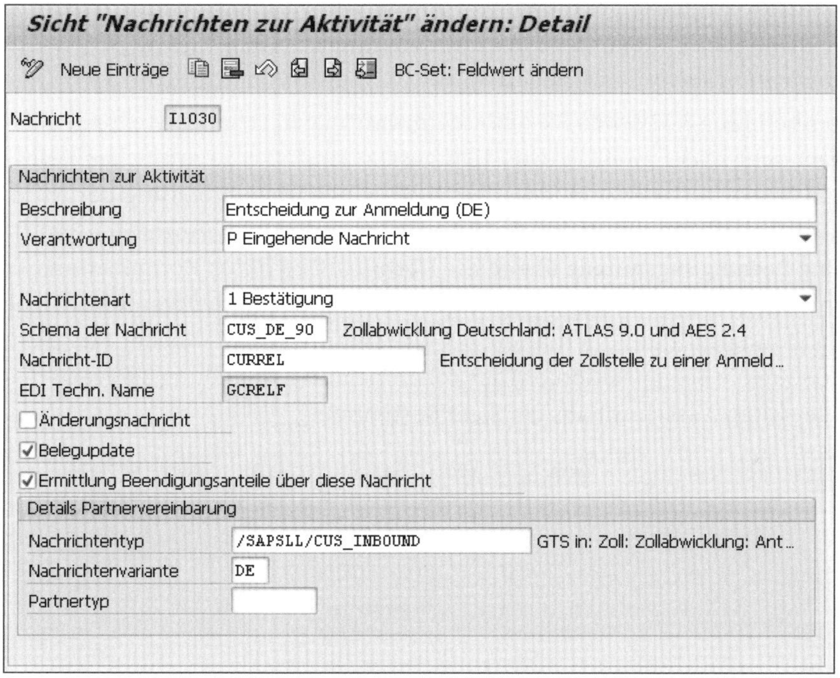

Sicht "Nachrichten zur Aktivität" ändern: Detail
Neue Einträge BC-Set: Feldwert ändern
Nachricht I1030
Nachrichten zur Aktivität
Beschreibung Entscheidung zur Anmeldung (DE)
Verantwortung P Eingehende Nachricht
Nachrichtenart 1 Bestätigung
Schema der Nachricht CUS_DE_90 Zollabwicklung Deutschland: ATLAS 9.0 und AES 2.4
Nachricht-ID CURREL Entscheidung der Zollstelle zu einer Anmeld...
EDI Techn. Name GCRELF
Änderungsnachricht
Belegupdate
Ermittlung Beendigungsanteile über diese Nachricht
Details Partnervereinbarung
Nachrichtentyp /SAPSLL/CUS_INBOUND GTS in: Zoll: Zollabwicklung: Ant...
Nachrichtenvariante DE
Partnertyp

Abbildung 2.62 Details der Nachricht I1030

Am Kennzeichen **P Eingehende Nachricht** im Feld **Verantwortung** erkennen Sie, dass es sich bei I1030 um eine Eingangsnachricht handelt. In das Feld **Nachricht-ID** ist der EDI-Nachrichtentyp CURREL eingetragen. Diesem Nachrichtentyp ist im Nachrichtenschema CUS_DE_90 der technische Nachrichtentyp GCRELF zugeordnet (Feld **EDI Techn. Name**).

[«]

Nachrichtentypen in ATLAS

ATLAS unterscheidet zwischen fachlichen und technischen Nachrichtentypen. Als fachliche Nachrichtentypen werden die EDI-Nachrichtentypen bezeichnet, wie z. B. CURREL. Ihnen zugeordnet sind technische Nachrichtentypen, mit denen ATLAS unterschiedliche Versionen desselben fachlichen Nachrichtentyps verwalten kann. Sie finden diese Zuordnung im Auslieferungs-Customizing Ihres SAP-GTS-Systems (Menüpfad: **Global Trade Services • Customs Management • Kommunikationsprozesse • Technische Nachrichten für ein Nachrichtenschema definieren**).

Im Bereich **Details Partnervereinbarung** sehen Sie einen weiteren Nachrichtentyp (/SAPSLL/CUS_INBOUND). Zu diesem Nachrichtentyp müssen Sie in den Partnervereinbarungen mit Ihrem Konverter Eingangsparameter für den IDoc-Empfang definieren. Die Pflege von Partnervereinbarungen für die IDoc-Schnittstelle ist in der SAP-Bibliothek im Bereich *SAP NetWeaver Application Server* beschrieben.

Beleg-Update

In Abbildung 2.62 sehen Sie außerdem, dass in den Detaileinstellungen der Nachricht I1030 zwei Kennzeichen gesetzt sind. Das Kennzeichen **Beleg-update** weist darauf hin, dass durch die Eingangsverarbeitung der Nachricht die Zollanmeldung in SAP GTS geändert wird. Das Kennzeichen **Ermittlung Beendigungsanteile über diese Nachricht** bewirkt in Kombination mit der Auswahl des Überlassungszeitpunkts C in der Aktivitätenfolge (siehe Abbildung 2.61) die Übernahme der Überlassungsdaten aus der Nachricht I1030 in die Belegposition(en) der Zollanmeldung. Abbildung 2.63 zeigt den relevanten Ausschnitt aus der Sicht **Bestimmung**.

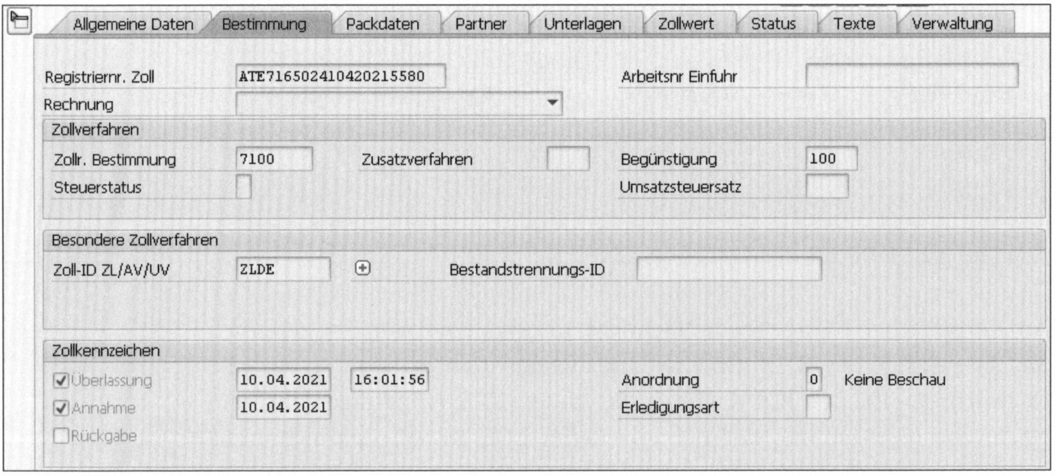

Abbildung 2.63 Sicht »Bestimmung« einer Zollanmeldungsposition

Die Registriernummer des Zollverfahrens in ATLAS hat SAP GTS bereits aus der Eingangsnachricht I1020 in den Beleg übernommen (Feld **Registriernr. Zoll**). Die Angaben im Bereich **Zollkennzeichen** hat das System aus den Daten der Nachricht I1030 ergänzt. Sie sehen, dass die Zollanmeldung angenommen und die Waren zum angemeldeten Verfahren überlassen wurden (Kennzeichen **Annahme** und **Überlassung** gesetzt). Eine Zollbeschau wurde nicht angeordnet (Kennzeichen **0** im Feld **Anordnung**).

Bestandsführung im Zolllager

Je nach Überlassungszeitpunkt in der Aktivitätenfolge bucht SAP GTS den Zugang der Waren in die Zolllagerbestände bereits unmittelbar nach dem Anlegen der Zollanmeldung oder erst nach Eingang der Überlassungsmitteilung. Zur Überwachung Ihrer Zolllagerbestände in SAP GTS stehen Ihnen verschiedene Bestandsübersichten zur Verfügung. Sie finden diese Bestandsübersichten im Bereichsmenü des Customs Managements (Schaltfläche **Überwachung für bestandsgeführte Zollverfahren**, Sicht **Zolllager**, Bereich **Bestandslisten**). Abbildung 2.64 zeigt einen Ausschnitt aus der erweiterten Darstellung des Anfangs- und Endbestands eines Produkts (Transaktion **Erweiterten Anfangs- und Endbestand für ZL anzeigen**, Transaktionscode /SAPSLL/IVMSSF_SHOW).

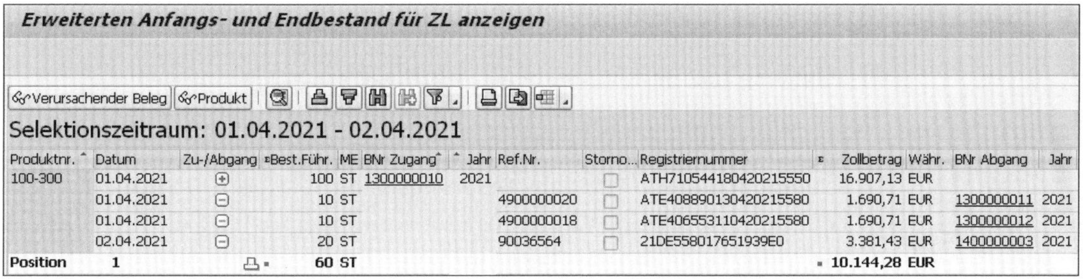

Erweiterten Anfangs- und Endbestand für ZL anzeigen

Verursachender Beleg | Produkt

Selektionszeitraum: 01.04.2021 - 02.04.2021

Produktnr.	Datum	Zu-/Abgang	Σ Best.Führ.	ME	BNr Zugang	Jahr	Ref.Nr.	Storno...	Registriernummer	Σ Zollbetrag	Währ.	BNr Abgang	Jahr
100-300	01.04.2021	⊕	100	ST	1300000010	2021		☐	ATH710544180420215550	16.907,13	EUR		
	01.04.2021	⊖	10	ST			4900000020	☐	ATE408890130420215580	1.690,71	EUR	1300000011	2021
	01.04.2021	⊖	10	ST			4900000018	☐	ATE406553110420215580	1.690,71	EUR	1300000012	2021
	02.04.2021	⊖	20	ST			90036564	☐	21DE558017651939E0	3.381,43	EUR	1400000003	2021
Position	**1**		**60**	**ST**						**10.144,28**	**EUR**		

Abbildung 2.64 Übersicht über die Zolllagerbestände eines Produkts

Zugänge und Abgänge

In der Spalte **BNr Zugang** sehen Sie die Nummer der Zollanmeldung, mit der die aus den USA gelieferten Wellen in das Zolllagerverfahren überführt wurden. In der Spalte **Zu-/Abgang** ist das Symbol ⊕ für den Zugang gesetzt. Von diesen 100 Wellen wurden 20 bereits wiederausgeführt. In der Spalte **Ref.Nr.** sehen Sie die Belegnummer der Faktura, mit der die Wellen im Vorsystem an einen Drittlandskunden verkauft wurden (vierte Zeile). Die Spalte **Registriernummer** enthält die MRN des zugehörigen Ausfuhrverfahrens. Insgesamt 20 Wellen wurden zum freien Verkehr überlassen (zweite und dritte Zeile). Die Materialbelegnummern der auslösenden Entnahmebuchung im Vorsystem sehen Sie in der Spalte **Ref.Nr.**, die Registriernummern der Zollverfahren in der Spalte **Registriernummer**. Abgänge aus dem Zolllager sind in der Spalte **Zu-/Abgang** mit dem Symbol ⊖ gekennzeichnet. Am Ende der Spalte ∑ **Best.Führ.** summiert SAP GTS die Zu- und Abgänge. Im Zolllager befinden sich also aktuell noch 60 Wellen. Der Spalte ∑ **Zollbetrag** entnehmen Sie jeweils den Zollwert, den das System der Berechnung der Einfuhrabgaben bei einer Überlassung zum freien Verkehr zugrunde legt.

Bestandstrennung nach Ursprungsland

Wenn Sie im Vorsystem die Chargenverwaltung nutzen, können Sie bei der Chargenanlage das Ursprungsland im Stammsatz der Charge erfassen (Sicht **Grunddaten 1**, Feld **Ursprungsland**). Diese Information können Sie in der Bestandsführung Ihres Zolllagers in SAP GTS ohne BAdI-Implementierung weiterverwenden. Setzen Sie dazu in der Sicht **Besondere Zollverfahren** aller relevanten Produktstammsätze das Kennzeichen **Ursprungsland** (siehe Abbildung 2.57). Abbildung 2.65 zeigt die Zolllager-Bestandsübersicht eines Produkts, dessen Bestände bereits im Vorsystem auf Chargenebene nach Ursprungsland getrennt sind.

Bestandsübersicht: ZLDE (Zolllager Dresden)

Produkt | Zugangs-/Abgangsliste | FIFO-Liste | Freier Verkehr | Verschrottung

Produktnummer	Produktkurztext	Ursprungsland	Bezeichnung	unverzollt	unverzollt reserviert	verzollt	verzollt reserviert	ME
350-100	Farbe	CH	Schweiz	50	0	0	0	KG
350-100	Farbe	CN	China	75	0	0	0	KG
350-100	Farbe	US	USA	100	0	0	0	KG

Abbildung 2.65 Bestandstrennung im Zolllager nach Ursprungsland

Die Zolllagerbestände des Produkts 350-100 stammen also aus China, der Schweiz und den USA (Spalte **Ursprungsland**). Bei einer Entnahme aus dem Zolllager, z. B. für eine Wiederausfuhr, verwendet SAP GTS die Bestände des Ursprungslands, das die Charge im Vorsystembeleg vorgibt.

[»]

Übernahme vorhandener Bestände aus dem Vorsystem

In der Bestandsübersicht in Abbildung 2.65 sehen Sie auch eine Spalte **verzollt**. In dieser Spalte finden sich ggf. Bestände, die bereits vor der Inbetriebnahme des Zollagers in den der Zoll-ID zugeordneten Lagerorten vorhanden waren. Solche Bestände werden im Zuge einer initialen Bestandsübernahme automatisch als Unionswaren in das Zolllager in SAP GTS aufgenommen. Die Transaktion für die initiale Bestandsüberleitung finden Sie im Anwendungsmenü für den Datenaustausch mit SAP GTS in der Sicht **Initialüberleitung Stammdaten** (Transaktion **Verzollten Bestand initial an SAP GTS überleiten**, Transaktionscode /SAPSLL/BWHIDP_R3). Führen Sie diese Transaktion auch dann aus, wenn ein Zolllager-Lagerort noch keinen zolllagerrelevanten Materialbestand hat. Haben Sie Ihr Zolllager bisher in einem Nicht-SAP-System verwaltet, können Sie die Nicht-Unionswarenbestände über das Application Programming Interface (API) `/SAPSLL/API_IVMS_IDUP_SYNCH` in Ihr SAP-GTS-System übernehmen.

Periodische Meldungen

Nach Ablauf des Abrechnungszeitraums senden ATLAS-Teilnehmer, die bei der Überführung in das Zolllagerverfahren Verfahrensvereinfachungen nutzen, der zuständigen Zollstelle eine Bestandsaufzeichnung (BA) mit der EDI-Nachricht SCWPED. Für die Übermittlung der BA verwenden Sie in SAP GTS die Nachricht M1020 (Ergänzende Zollanmeldung – Zolllager). Im Zolllagerverfahren füllen vZA-ZL und AZ-ZL automatisch einen Arbeitsvorrat für BA. Auf diesen Arbeitsvorrat können Sie mit der Transaktion **Ergänzende Zollanmeldungen anlegen** (Transaktionscode /SAPSLL/CUPED_WL01) zugreifen. Sie finden die Transaktion im Bereichsmenü des Customs Managements (Schaltfläche **Import**, Sicht **Periodische Meldung**, Bereich **Anlegen und Bearbeiten von periodischen Meldungen**). Abbildung 2.66 zeigt einen Beleg, der aus einem Arbeitsvorrat für BA entstanden ist.

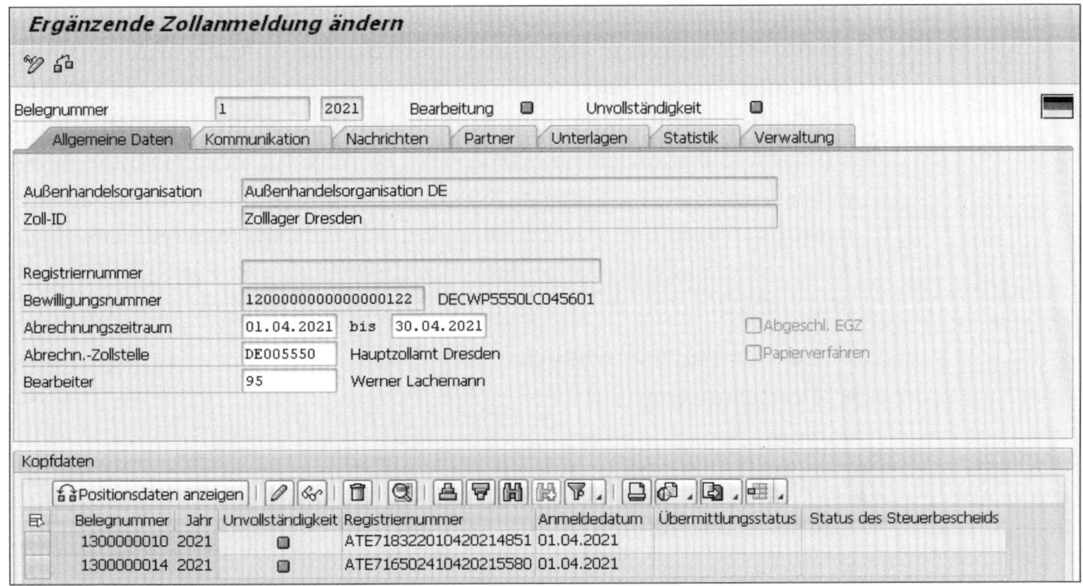

Abbildung 2.66 BA in SAP GTS vor dem Versand

Für den Abrechnungszeitraum sind zwei Zugänge in das Zolllager Dresden zu melden (Einträge im Bereich **Kopfdaten**). Jeder Beleg wird bei seiner Aufnahme in die Meldung automatisch auf Vollständigkeit geprüft. Fehlende oder inkonsistente Daten können Sie ergänzen oder korrigieren, indem Sie die Belege mit dem Symbol ✎ zum Ändern aufrufen. Ist die Meldung insgesamt vollständig, können Sie die Nachricht M1020 versenden. Mit dem Erhalt der Eingangsnachrichten (in der Regel I1020, I1030 und I1060) endet die Überführung in das Zolllagerverfahren in SAP GTS.

2.3.3 Erledigung des Zolllagerverfahrens in SAP GTS

Kategorien von Bewegungsarten

Auslöser für die Erledigung eines Zolllagerverfahrens können außer Fakturen zu Auslieferungen an Drittlandskunden auch unterschiedliche Warenbewegungsbuchungen im Vorsystem sein. Sie müssen daher alle Bewegungsarten der Bestandsführung, mit denen Sie im Vorsystem auf Zolllagerbestände zugreifen, in der Steuerung der Belegüberleitung als relevant für das Customs Management kennzeichnen und nach ihrer Bedeutung für das Zolllagerverfahren kategorisieren (Menüpfad in SAP ERP: **Vertrieb • Außenhandel/Zoll • SAP Global Trade Services – Plug-In • Steuerung der Belegüberleitung an SAP Global Trade Services • Steuerung der Belegüberleitung einstellen**; Menüpfad in SAP S/4HANA: **Integration mit anderen SAP-Komponenten • Integration mit Governance, Risk and Compliance • SAP Global Trade Services – Plug-In • Steuerung der Überleitung an SAP Global Trade Services • Steuerung der Belegüberleitung einstellen**). Legen Sie auf der Applikationsebene MMOC neue Einträge für alle relevanten Bewegungsarten an, setzen Sie das Kennzeichen **Belege für Customs Management überleiten** und wählen Sie im Bereich **Customs Management** die jeweils zutreffende Kategorie der Warenbewegung aus. Für SAP-ERP- bzw. SAP-S/4HANA-Vorsysteme stehen folgende Kategorien zur Auswahl:

- **reguläre Warenbewegung**
- **1 Verschrottung**
- **2 Retoure**
- **3 Inventurdifferenz**
- **4 Unbestimmt**
- **5 Umbuchung**
- **6 Material an Material**

Abhängig von der Kategorie der Bewegungsart legt SAP GTS die Materialbelege in unterschiedlichen Arbeitsvorräten ab. Reguläre Warenbewegungen sind außer Wareneingängen zur Bestellung, die den Arbeitsvorrat für Zollanmeldungen nach Wareneingang füllen, z. B. Warenausgangsbuchungen zur Kostenstelle, zum Werksauftrag oder zur Auslieferung an Kunden in der EU. Allen anderen Bewegungsarten ordnen Sie die jeweils zutreffende Kategorie zu. Abbildung 2.67 zeigt einige Beispiele.

Belegart	Kurzbeschreibung	Customs	Risk	ArbV LE	WaBew. Kat.
101B	WE Wareneingang	☑	☐	☐	
122B	WR Rückl. an Liefer	☑	☐	☐	2
201	WA für Kostenstelle	☑	☐	☐	
261	WA für Auftrag	☑	☐	☐	
309	UL Umbuch Mat an Mat	☑	☐	☐	6
311	UL Umlagern im Werk	☑	☐	☐	5
501	WA Eingang ohne Best	☑	☐	☐	4
551	WA Verschrottung	☑	☐	☐	1
601L	WL WarenausLieferung	☑	☐	☐	
701	WE Inventur Lager	☑	☐	☐	3
702	WA Inventur Lager	☑	☐	☐	3

Abbildung 2.67 Applikationsebene MMOC für das Zolllagerverfahren

In der Spalte **WaBew. Kat.** sehen Sie das Kennzeichen der jeweiligen Kategorie. So ist z. B. die Bewegungsart 551 der Kategorie 1 und die Bewegungsart 309 der Kategorie 6 zugeordnet. Bewegungsarten, deren Verwendung im Vorsystem zunächst unklare Auswirkungen auf die Zolllagerbestände hat, kategorisieren Sie mit dem Kennzeichen 4 als unbestimmt. Über die Weiterbehandlung des Vorgangs entscheiden Sie in SAP GTS. Die Arbeitsvorräte für Warenbewegungen der Kategorien 1 bis 6 finden Sie im Bereichsmenü des Customs Managements (Schaltfläche **Überwachung für bestandsgeführte Zollverfahren**, Sicht **Zolllager**).

Zolllagerbestände in SAP ERP bzw. SAP S/4HANA und SAP GTS

Es ist sinnvoll, ausnahmslos *alle* Bewegungsarten der Bestandsführung in die Steuerung der Belegüberleitung aufzunehmen. Wenn nämlich Anwender mit einer nicht überleitungsrelevanten Bewegungsart auf die Zolllagerbestände zugreifen, kommt es zu Differenzen zwischen der Bestandsführung im Vorsystem und in SAP GTS. Diese bleiben oft zunächst unbemerkt und sind später nur noch schwer zu korrigieren. Bei einer Zollprüfung führen solche Differenzen zu Beanstandungen, die – je nach Ausmaß und Ursache der Differenzen – den Widerruf der Bewilligung zur Folge haben können.

Inlandsabgänge

Betrachten wir zunächst die Erledigung eines Zolllagerverfahrens durch die Überlassung zum freien Verkehr bei regulären Warenbewegungen. Diese Form der Erledigung des Verfahrens wird im Vorsystem durch Warenausgangsbuchungen zu Inlandslieferungen oder Lieferungen innerhalb der EU, Warenausgangsbuchungen zu Werksaufträgen oder Entnahmen zur Kostenstelle ausgelöst. Die Materialbelege zu diesen Buchungen finden Sie in SAP GTS in einem Arbeitsvorrat für Inlandsabgänge, auf den Sie mit der Transaktion **Inlandsabgänge anzeigen** (Transaktionscode /SAPSLL/CUSWLE_03) zugreifen können. Sie finden die Transaktion in der Sicht **Zolllager** im Bereich **Monitoring von Warenbewegungen**. Umbuchungen an Lagerorte, die nicht der Zoll-ID des Zolllagers zugeordnet sind, füllen ebenfalls diesen Arbeitsvorrat. In Abbildung 2.68 sehen Sie einen Eintrag für eine Warenausgangsbuchung zu einer Inlandslieferung.

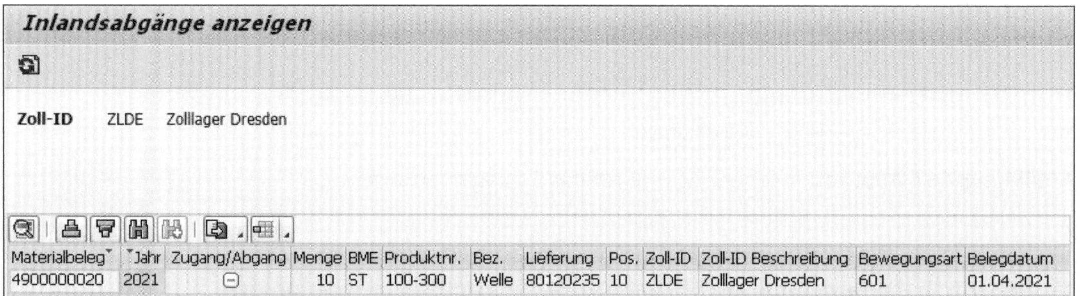

Materialbeleg	Jahr	Zugang/Abgang	Menge	BME	Produktnr.	Bez.	Lieferung	Pos.	Zoll-ID	Zoll-ID Beschreibung	Bewegungsart	Belegdatum
4900000020	2021	⊖	10	ST	100-300	Welle	80120235	10	ZLDE	Zolllager Dresden	601	01.04.2021

Abbildung 2.68 Arbeitsvorrat Inlandsabgänge aus dem Zolllager

In der Spalte **Bewegungsart** sehen Sie, dass der Materialbeleg des Vorsystems durch eine Bestandsführungsbuchung mit der Bewegungsart 601 erzeugt wurde. Die Belegnummer der Auslieferung können Sie der Spalte **Lieferung** entnehmen.

Inlandsabgänge verarbeiten

Bevor Sie eine Zollanmeldung für die Überlassung von Zolllagerbeständen zum freien Verkehr anlegen können, muss SAP GTS die Inlandsabgänge des Arbeitsvorrats aus Abbildung 2.68 verarbeiten. Sie können diese Verarbeitung zwar auch aus dem Menü der Arbeitsvorratsanzeige heraus starten; das Programm ist jedoch für die Hintergrundverarbeitung vorgesehen. Sie finden die zugehörige Transaktion **Inlandsabgänge verarbeiten** (Transaktionscode /SAPSLL/CUSWLE_01) im Bereichsmenü der Systemadministration (Schaltfläche **Systemüberwachung**, Sicht **Hintergrundverarbeitung**, Bereich **Zolllager**). Bei der Verarbeitung der Inlandsabgänge reduziert SAP GTS gleichzeitig die Bestände des Zolllagers. Der Bestandsabbau erfolgt nach dem Prinzip »First In – First Out«. Bei gemeinsamer Lagerung von Unions- und Nicht-Unionswaren greift das System bei Inlandsabgängen nach Möglichkeit zuerst auf Unionswarenbestände zu.

Zollanmeldungen anlegen

Um nach erfolgreicher Verarbeitung der Inlandsabgänge Zollanmeldungen für die Überlassung zum freien Verkehr im Normalverfahren oder im vereinfachten Verfahren anzulegen, steht Ihnen die Transaktion **Anzumeldende Inlandsabgänge – Freier Verkehr** (Transaktionscode /SAPSLL/CUSWLP_01) zur Verfügung. Sie finden diese Transaktion in der Sicht **Zolllager** im Bereich **Erfassung von Zollanmeldungen** (Eintrag **Inlandsabgänge aus Zolllager**).

[«]

Anschreibeverfahren mit Gestellungsbefreiung

Möglicherweise durften Sie übergangsweise noch eine aus der Zeit vor dem Inkrafttreten des UZK stammende Bewilligung für die Erledigung des Zolllagerverfahrens durch Überlassung zum freien Verkehr im *Anschreibeverfahren mit Gestellungsbefreiung* (AmG) nutzen. Im AmG entfiel die AZ. ATLAS-Teilnehmer gaben ausschließlich eine *ergänzende Zollanmeldung zur Beendigung des Zolllagerverfahrens* (EGZ-ZL) mit der EDI-Nachricht ECWPED ab. In SAP GTS entspricht dieser Nachricht die Nachricht M1021 (Ergänzende Zollanmeldung – Inlandsabgang aus Zolllager). Für die Abwicklung eines AmG war die Aktivitätenfolge AZZL (Inlandsabgang aus Zolllager) vorgesehen. Seit dem 01.02.2021 ist die Verwendung der Nachricht ECWPED nicht mehr zulässig.

Zerstörung

Im Zolllager aufbewahrte Waren können aus verschiedenen Gründen unbrauchbar werden oder auf natürlichem Weg, z. B. durch Verdunsten, verloren gehen. Anders als sein Vorgänger unterscheidet der UZK nicht zwischen *Vernichtung*, also der vollständigen Beseitigung einer Ware, und *Zerstörung*, bei der die Ware zwar unbrauchbar wird, aber – möglicherweise noch verwertbare – Abfälle oder Reste zurückbleiben. Nach Art. 5 Nr. 37 Buchstabe c UZK ist die Zerstörung von Waren ein Veredelungsvorgang. Bleiben also nach der Zerstörung von Nicht-Unionswaren Abfälle oder Reste zurück, müssen diese in die aktive Veredelung überführt werden. Die aktive Veredelung endet für diese Abfälle oder Reste in der Regel mit der Überlassung zum freien Verkehr, ggf. unter Zahlung von Einfuhrabgaben (siehe Abschnitt 2.4.3, »Abwicklung des Verfahrens in SAP GTS«).

Papierverfahren

Ist die Zerstörung vollständig, stellen Sie in Deutschland im »Papierverfahren«, also außerhalb von ATLAS, einen *Antrag auf Zerstörung von Waren ohne Verbleib von Abfällen*. Für diesen Antrag verwenden Sie das Formular 0318, das Sie von der Website der deutschen Zollverwaltung herunterladen können (*https://www.zoll.de/SiteGlobals/Forms/Suche/FormulareMerkblaetter_Formular.html*). Bei vollständiger Zerstörung können die Zollbehörden die Einfuhrabgaben erlassen.

Verschrottung in SAP GTS

In SAP GTS ist die Zerstörung unter der Bezeichnung *Verschrottung* ein eigener Prozess im Prozessschema CUSDE (siehe Abbildung 2.10). Dieser Prozess steht Ihnen für das Zolllagerverfahren und die aktive Veredelung zur Verfügung. Wenn Sie im Zolllager Ware zerstören müssen oder bereits zerstört haben, rufen Sie die Bestandsübersicht des betroffenen Produkts auf (Transaktion **Bestandsübersicht anzeigen**, Transaktionscode /SAPSLL/IVM_VIEW). Sie finden diese Transaktion im Bereichsmenü des Customs Managements (Schaltfläche **Überwachung für bestandsgeführte Zollverfahren**, Sicht **Zolllager**, Bereich **Bestandslisten**). Klicken Sie in der Bestandsübersicht auf die Schaltfläche **Verschrottung** und wählen Sie anschließend den zutreffenden zollrechtlichen Status der Ware aus. Geben Sie im folgenden Dialog die zu zerstörende Menge des Produkts an. SAP GTS erzeugt aus diesen Daten eine Zollanmeldung und trägt in der Sicht **Beförderung** die Belegnummer in Verbindung mit dem Kalenderjahr als interne Registriernummer ein (Feld **Reg.nummer**, siehe Abbildung 2.69).

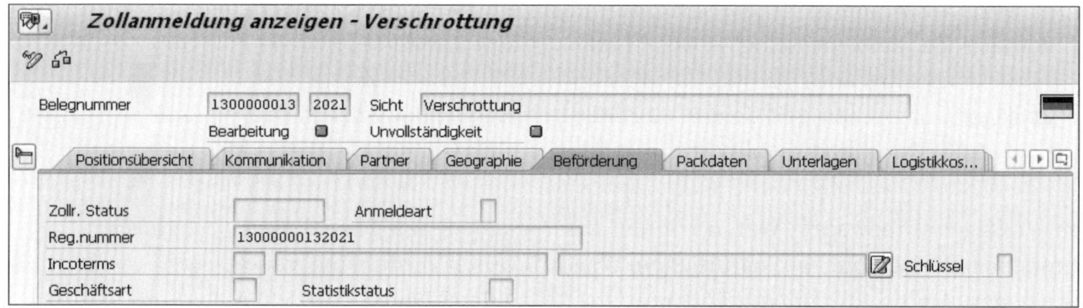

Abbildung 2.69 Zollanmeldung für die Zerstörung

Zollanmeldungen für die Zerstörung finden Sie im Bereichsmenü des Customs Managements (Schaltfläche **Export**). Wählen Sie **Ausgangsaktivitäten anzeigen** oder **Zollanmeldungen anzeigen** aus und geben Sie im Einstiegsbild jeweils das Zielverfahren **11 Verschrottung** vor.

Verschrottung im Vorsystem

Im Vorsystem buchen Sie anschließend den Warenausgang der zerstörten Waren in der Transaktion **Warenbewegung** (Transaktionscode MIGO) mit der Bewegungsart 551 (WA Verschrottung). Wählen Sie dazu den Menüpfad **Logistik • Bestandsführung • Warenbewegung • Warenbewegung (MIGO)**. Um die SAP-GTS-interne Registriernummer des Vorgangs in dieser Bestandsführungsbuchung angeben zu können, aktivieren Sie im Customizing des Vorsystems die Standardimplementierung `/SAPSLL/PI_MB_MIGO_BADI` des BAdIs `MB_MIGO_BADI` (Menüpfad in SAP ERP: **Vertrieb • Außenhandel/Zoll • SAP Global Trade Services – Plug-In • Zoll: Dialog für Referenznummer bei Verschrottung im Zolllager aktivieren**; Menüpfad in SAP S/4HANA: **Integration mit anderen SAP-Komponenten • Integration mit Governance, Risk and Compliance • SAP Global Trade Services – Plug-In • Zoll: Dialog für**

Referenznummer bei Verschrottung im Zolllager aktivieren). Ist diese BAdI-Implementierung aktiv, bereitet das Vorsystem in der Transaktion **Warenbewegung** die Sicht **Verschrottung** auf, wenn Material *und* Werk-Lagerort-Kombination relevant für das Zolllagerverfahren sind. In Abbildung 2.70 sehen Sie ein Beispiel.

Abbildung 2.70 Warenausgang zur Verschrottung im Vorsystem

In das Feld **Zollreferenznr** geben Sie vor der Buchung des Warenausgangs zur Verschrottung die interne Registriernummer der Zollanmeldung aus dem ersten Schritt ein. Warenausgangsbuchungen der Bewegungsart 551 werden aufgrund der in Abbildung 2.67 dargestellten Customizing-Einstellungen als Verschrottungsvorgänge an SAP GTS übergeleitet.

Arbeitsvorrat Verschrottungsvorgänge

SAP GTS übernimmt daher den Materialbeleg zur Warenausgangsbuchung in Abbildung 2.70 in einen Arbeitsvorrat für Verschrottungsvorgänge. Auf diesen Arbeitsvorrat greifen Sie in der Sicht **Zolllager** im Bereich **Bearbeitung von Warenbewegungen** mit der Transaktion **Verschrottungsvorgänge bearbeiten** zu (Transaktionscode /SAPSLL/CUSWLO_11). Abbildung 2.71 zeigt den Materialbeleg zur Warenausgangsbuchung aus Abbildung 2.70 im Arbeitsvorrat.

Verschrottungsvorgänge bearbeiten

Gesetzliche Grundlage ATLAS **Außenhandelsorg.** Außenhandelsorganisation DE

Einträge verarbeiten

	Materialbeleg	Jahr	Zugang/Abgang	Menge	BME	Referenznummer Zoll	Produktnummer	Bez.	Belegdatum	Buchungsdatum
☐	4900000022	2021	⊖	1	ST	13000000132021	100-300	Welle	01.04.2021	01.04.2021

Abbildung 2.71 Arbeitsvorrat Verschrottungsvorgänge in SAP GTS

Über die Schaltfläche **Einträge verarbeiten** bewirken Sie die Buchung des Abgangs der zerstörten Ware aus dem Zolllagerbestand in SAP GTS. Die Zollanmeldung mit der Registriernummer, die Sie in der Spalte **Referenznummer Zoll** sehen, dokumentiert diesen Vorgang in den Bestandsaufzeichnungen des Zolllagers.

Einbindung von SAP EWM

Wenn Sie die Bestände Ihres Zolllagers auch in SAP EWM führen, erfassen Sie die zu zerstörenden Produktmengen zuerst in diesem System in einer *Umbuchungslieferung*. Die Umbuchungslieferung wird per RFC an SAP GTS übergeleitet und dort als Zollanmeldung der Aktivitätenfolge SCR1 (Verschrottung) repliziert. Sie legen also in diesem Integrationsszenario die Zollanmeldung für die Zerstörung nicht selbst an. Nach Erledigung des Papierverfahrens folgt die Auslagerung der zu zerstörenden Zolllagerbestände in SAP EWM mit einer *Lageraufgabe*, einem SAP-EWM-spezifischen Beleg für die Bewegung von Beständen innerhalb des Lagers. Abschließend löst SAP EWM (in der Regel automatisiert) die Buchung des Warenausgangs der zerstörten Bestände in SAP ERP bzw. SAP S/4HANA aus. Der Materialbeleg zu dieser Buchung geht wie im Beispiel in Abbildung 2.71 in den Arbeitsvorrat für Verschrottungsvorgänge in SAP GTS ein. Abbildung 2.72 stellt den systemübergreifenden Belegfluss im Überblick dar.

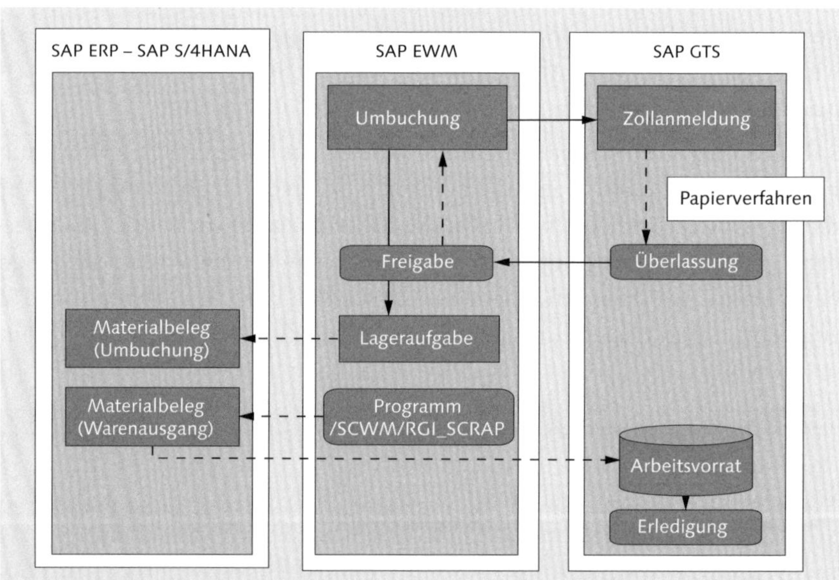

Abbildung 2.72 Zerstörung unter Beteiligung von SAP EWM

Registriernummer und Referenznummer

Die Zollanmeldung für die Zerstörung der Waren übernimmt die Belegnummer der Umbuchungslieferung in das Feld **Reg.nummer** in der Sicht **Beförderung**. Nach Erledigung des Papierverfahrens klicken Sie in der Zollanmeldung auf das Symbol unterhalb der Titelzeile des Belegs. SAP GTS setzt daraufhin in der Zollanmeldungsposition in der Sicht **Bestimmung** das Kennzeichen **Überlassung** (siehe Abbildung 2.63) und informiert SAP EWM per RFC über diese Statusänderung. In der Umbuchungslieferung in SAP EWM finden Sie einen Referenzbeleg des Referenzbelegtyps SCR (Referenznummer Verschrottung) in der Sicht **Referenzbelege**, die Sie bereits in Abbildung 2.46 kennengelernt haben. Die Umbuchungslieferung kann nun weiterbearbeitet werden.

Umbuchung

Der Abschluss der Lageraufgabe(n) für die Auslagerung des zu zerstörenden Bestands (*Quittierung*) bewirkt in SAP EWM und SAP ERP bzw. SAP S/4HANA die Umbuchung der betroffenen Produktmengen in den *Sperrbestand*. So ist auch für Anwender, die nur in SAP ERP bzw. SAP S/4HANA arbeiten, zu erkennen, dass die zerstörten Waren nicht mehr für den Versand oder die Fertigung zur Verfügung stehen.

Warenausgangsbuchung

Für SAP EWM ist die Zerstörung von Zolllagerbestand ein *ungeplanter Warenausgang*. Solche Warenausgänge können Sie SAP ERP bzw. SAP S/4HANA mit der Transaktion **Ungeplanten Warenausgang buchen** (Transaktionscode /SCWM/ADGI) mitteilen, um dort die erforderlichen Bestandsführungsbuchungen auszulösen. Für Zerstörungsvorgänge wählen Sie im Selektionsbild der Transaktion im Feld **WA-Prozess** das Kennzeichen **SCPR Verschrottung** aus. Das Programm zu dieser Transaktion (`/SCWM/RGI_SCRAP`) können Sie auch für die Hintergrundverarbeitung als Batch-Job einplanen.

[«]

Verschrottungsvorgänge in SAP EWM

Der Darstellung in Abbildung 2.72 wurden Best-Practices-Szenarien für SAP EWM (Umfangsbestandteile D19 bzw. EWN, »Scrapping«) zugrunde gelegt. Sie können die Verschrottung von Lagerbeständen jedoch auch mit einer *Direktauslieferung* abwickeln. In diesem Alternativszenario löst SAP EWM die Warenausgangsbuchung in SAP ERP bzw. SAP S/4HANA über die Auslieferung aus. Für die Weiterbearbeitung des Vorgangs in SAP GTS spielt es keine Rolle, für welche der beiden Vorgehensweisen Sie sich entscheiden.

Ergänzung der Referenznummer

Wie im Beispiel in Abbildung 2.71 finden Sie die Materialbelege zu den von SAP EWM ausgelösten Warenausgangsbuchungen in SAP GTS im Arbeitsvorrat für Verschrottungsvorgänge. Da SAP EWM die zerstörten Bestände nicht beleg-, sondern mengenbezogen ausbucht, fehlen diesen Materialbelegen jedoch noch SAP-GTS-bezogene Referenznummern. Bevor Sie solche Einträge verarbeiten können, müssen Sie daher im Arbeitsvorrat die fehlenden Referenznummern ergänzen. Klicken Sie dazu auf die Schaltfläche **Einträge verarbeiten**. Anschließend tragen Sie im Dialog **Korrektur Verschrot-**

tungsnummer jeweils die Belegnummer der Umbuchungslieferung, die am Beginn des Zerstörungsvorgangs stand, in das Feld **Neu** ein. Abbildung 2.73 zeigt ein Beispiel.

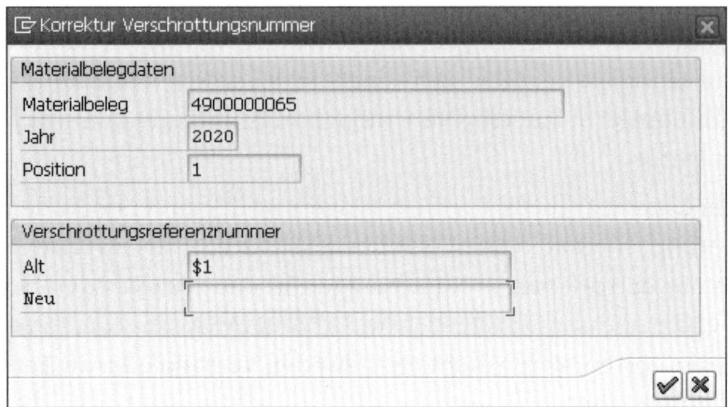

Abbildung 2.73 Ergänzung der Referenznummer im Arbeitsvorrat

Sammelerledigung Zolllager

Wenn Sie, wie im Beispiel in Abbildung 2.71, ein Zolllagerverfahren zumindest anteilig durch die rückstandslose Zerstörung von Waren im Papierverfahren erledigen, bleiben in ATLAS sogenannte »Scheinrestbestände« bestehen. In regelmäßigen Abständen fordert die Zollverwaltung Sie dann mit der EDI-Nachricht CWSINF (Bestandsinformation Zolllager) zur Prüfung der Restbestände auf. Sie erhalten in dieser Nachricht eine Übersicht über Zolllagerverfahren, die in ATLAS noch nicht vollständig erledigt wurden. Den Inhalt dieser Nachricht können Sie sich mit der Transaktion **Bestandsinformation Zolllager** (Transaktionscode /SAPSLL/CWS_DISPLAY) aufbereiten lassen.

Als Antwort senden Sie die EDI-Nachricht ECWCCM (Sammelerledigung Zolllager/SEZ) an das zuständige Hauptzollamt. Mit der Transaktion **Relevanz für Sammelerledigung bestimmen** (Transaktionscode /SAPSLL/CCMWL_MAIN) können Sie Zollanmeldungen für die Aufnahme in die SEZ auswählen. Anschließend legen Sie eine Beleggrundlage für den Versand der SEZ an (Transaktion **Sammelerledigung für Zolllager anlegen**, Transaktionscode /SAPSLL/ECW_MAINTAIN). Abbildung 2.72 zeigt ein Beispiel.

Ist der Beleg für die SEZ vollständig, versenden Sie die Nachricht ECWCCM, indem Sie auf das Symbol 📠 klicken. Voraussetzung für die Anlage eines IDocs sind Ausgangspartnervereinbarungen zum Nachrichtentyp /SAPSLL/CUS_ECWCCM. Nach Prüfung der Angaben erledigt die Zollverwaltung ggf. die betroffenen Zolllagerverfahren manuell in ATLAS und informiert Sie darüber in der Nachricht CUSREC. Alle Transaktionen für die

Abwicklung einer SEZ finden Sie in der Sicht **Zolllager** im Bereich **Sonderprozesse**.

Position	Reg.nummer Zolllager	Position ZL-Zugang	Menge	ME	Menge	Zielverf.	Beschreibung	Nachweis für SEZ	Erledigung	Status	Status
1	ATH710544180420215550	1	1	ST	NAR	11	Verschrottung	13000000132021	02.04.2021	✔	

Abbildung 2.74 Sammelerledigung Zolllager

Inventur im Zolllager

Mindestens einmal pro Jahr müssen Sie die Bestände Ihres Zolllagers einer Inventur unterziehen. Die Dokumentation dieser Inventur erfolgt im Vorsystem in Form von Inventurbelegen, in denen Anwender die Zählergebnisse erfassen. Ergibt die Zählung der Zolllagerbestände positive oder negative Differenzen, werden diese zunächst in der Bestandsführung des Vorsystems zu- oder abgebucht. Diese Zu- oder Abgänge müssen Sie anschließend in den Bestandsaufzeichnungen des Zolllagers in SAP GTS erfassen. Für fehlende Nicht-Unionswaren sind in der Regel Einfuhrabgaben zu zahlen. SAP GTS legt daher die Materialbelege zu Inventurdifferenzbuchungen in einem eigenen Arbeitsvorrat ab. Sie finden diesen Arbeitsvorrat in der Sicht **Zolllager** im Bereich **Bearbeitung von Warenbewegungen** (Transaktion **Inventurdifferenzen bearbeiten**, Transaktionscode /SAPSLL/CUSWLO_10). In Abbildung 2.75 sehen Sie einen Eintrag in diesem Arbeitsvorrat.

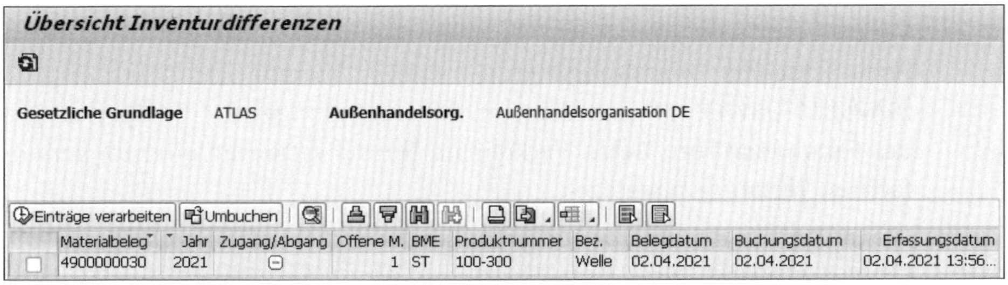

Materialbeleg	Jahr	Zugang/Abgang	Offene M.	BME	Produktnummer	Bez.	Belegdatum	Buchungsdatum	Erfassungsdatum
4900000030	2021	⊖	1	ST	100-300	Welle	02.04.2021	02.04.2021	02.04.2021 13:56...

Abbildung 2.75 Arbeitsvorrat Inventurdifferenzen in SAP GTS

Inventurdifferenzen

Das Symbol ⊟ in der Spalte **Zugang/Abgang** lässt erkennen, dass es sich um eine negative Inventurdifferenz handelt. Die Fehlmenge sehen Sie in der Spalte **Offene Menge**. Wenn Sie die Schaltfläche **Einträge verarbeiten** anklicken, fragt das System Sie in einem Dialog, ob Sie die Fehlmenge in den freien Verkehr überführen lassen wollen. Unabhängig von Ihrer Antwort erzeugt SAP GTS zunächst immer einen *internen Zollvorgang*, um den bei der Inventur festgestellten Abgang in den Bestandsaufzeichnungen zu dokumentieren und nach Möglichkeit die im Zuge der Inventur erfassten Funde und Verluste zu saldieren. Interne Zollvorgänge haben im Auslieferungs-Customizing eigene Belegarten (DDOCE für Warenausgänge und DDOCI für Wareneingänge). In Abbildung 2.76 sehen Sie den internen Zollvorgang zur Inventurdifferenz in Abbildung 2.75.

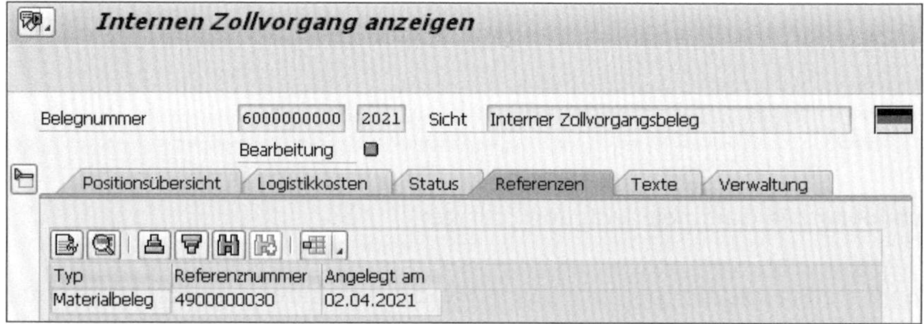

Abbildung 2.76 Interner Zollvorgang zur Inventurdifferenz

In der Sicht **Referenzen** des Belegkopfes können Sie erkennen, auf welche Inventurdifferenzbuchung des Vorsystems sich der Zollvorgang bezieht (Nummer des Materialbelegs im Feld **Referenznummer**).

Überlassung zum freien Verkehr

Wenn Sie die Frage nach der Überlassung zum freien Verkehr mit **Ja** beantwortet haben, finden Sie den Materialbeleg im Arbeitsvorrat für anzumeldende Inlandsabgänge wieder (Transaktion **Anzumeldende Inlandsabgänge anzeigen**, Transaktionscode /SAPSLL/CUSWLP_03). In diesen Arbeitsvorrat, auf den Sie in der Sicht **Zolllager** im Bereich **Monitoring von Warenbewegungen** zugreifen können, übernimmt SAP GTS alle Vorgänge, die relevant für die Erledigung des Zolllagerverfahrens durch Überlassung zum freien Verkehr sind. Sie können auf diesen Arbeitsvorrat mit der Transaktion **Anzumeldende Inlandsabgänge – Freier Verkehr** (Transaktionscode /SAPSLL/CUSWLP_01) zugreifen, um Zollanmeldungen für die Überlassung der Fehlmenge zum freien Verkehr im Normalverfahren oder im vereinfachten Verfahren anzulegen.

Unbestimmte Warenbewegungen

Wenn Sie bei der Bearbeitung der Inventurdifferenzen stattdessen die Schaltfläche **Umbuchen** angeklickt haben (siehe Abbildung 2.75), überträgt SAP GTS den Materialbeleg in einen Arbeitsvorrat für unbestimmte Warenbewegungen (Transaktion **Unbestimmte Warenbewegungen bearbeiten**, Transaktionscode /SAPSLL/CUSWLO_09). In diesen Arbeitsvorrat gelangen auch alle Materialbelege zu Buchungen, deren Bewegungsarten Sie in der Überleitungssteuerung für die Zwecke des Zolllagerverfahrens der Kategorie 4 zugeordnet haben (siehe Abbildung 2.67). Abbildung 2.77 zeigt einen Eintrag in diesem Arbeitsvorrat.

Unbestimmte Warenbewegungen bearbeiten

Gesetzliche Grundlage ATLAS **Außenhandelsorg.** Außenhandelsorganisation DE

Einträge verarbeiten

	Materialbeleg	Jahr	Zugang/Abgang	Zollrechtlicher Status	Offene Menge	BME	Produktnummer	Bez.	Belegdatum	Buchungsdatum
☐	4900000031	2021	⊕		10	ST	100-300	Welle	02.04.2021	02.04.2021

Abbildung 2.77 Arbeitsvorrat für unbestimmte Warenbewegungen

Vor der Verarbeitung von Einträgen in diesem Vorrat müssen Sie in der Spalte **Zollrechtlicher Status** immer eine Auswahl zwischen Unionsware (**verzollt**) oder Nicht-Unionsware (**unverzollt**) treffen. Deklarieren Sie einen Abgang aus dem Zolllager als Nicht-Unionsware, setzt SAP GTS den Prozess wie bei der Bearbeitung einer negativen Inventurdifferenz fort. In jedem Fall wird wieder ein interner Zollvorgang angelegt.

Zugänge durch Inventurdifferenzen

Im Fall positiver Inventurdifferenzen buchen Sie einen Zugang zu den Zolllagerbeständen. Bei der Bearbeitung von Einträgen des Arbeitsvorrats entscheiden Sie in einem Dialog, ob die Mehrmenge mit einer Zollanmeldung für die Überführung in das Zolllagerverfahren oder nur mit einem internen Zollvorgang vereinnahmt wird. Der Zollvorgang dient hier ebenfalls der Dokumentation der Bestandsveränderung in den Bestandsaufzeichnungen. Für die Überführung in das Zolllagerverfahren steht im Auslieferungs-Customizing im Prozess ZL die Aktivitätenfolge EZL (Einzelzollanmeldung Zolllager Inventurdifferenz) zur Verfügung.

Die lückenlose Protokollierung der Zu- und Abgänge spielt auch in der aktiven Veredelung, die Sie im letzten Abschnitt dieses Kapitels kennenlernen, eine zentrale Rolle.

2.4 Aktive Veredelung

Auch die aktive Veredelung zählt zu den besonderen Verfahren. Da wie im Zolllagerverfahren unter bestimmten Voraussetzungen keine Einfuhrabgaben erhoben werden, fördert die aktive Veredelung die industrielle Fertigung in der EU insofern, als sich die Beschaffungskosten für Rohstoffe und andere Komponenten reduzieren. Die aktive Veredelung kann jedoch auch eine Alternative zur Überlassung zum freien Verkehr sein, wenn handelspolitische Maßnahmen die Einfuhr beschränken oder (z. B. durch Antidumping- oder Ausgleichszölle) erheblich verteuern.

2.4.1 Ablauf des Verfahrens

Veredelungsvorgänge

In der aktiven Veredelung setzt die Nichterhebung von Einfuhrabgaben voraus, dass die in diesem Verfahren eingeführten Nicht-Unionswaren das Zollgebiet der Union in Gestalt von *Veredelungserzeugnissen* oder unverändert wieder verlassen. Verschiedene Tätigkeiten gelten gemäß Art. 5 Nr. 37 UZK als *Veredelungsvorgänge*, z. B.:

- »die Bearbeitung von Waren einschließlich der Montage, der Zusammensetzung und des Anbringens an andere Waren«
- »die Verarbeitung von Waren«
- »die Ausbesserung von Waren einschließlich ihrer Instandsetzung und Regulierung«

Wie Sie in Abschnitt 2.3.3, »Erledigung des Zolllagerverfahrens in SAP GTS«, erfahren haben, ist auch die Zerstörung von Waren ein Veredelungsvorgang im Sinne des Abs. 5 Nr. 37 UZK.

Ablauf des Verfahrens

Nicht-Unionswaren können in ATLAS im Normalverfahren oder – eine entsprechende Bewilligung vorausgesetzt – im vereinfachten Verfahren in die aktive Veredelung überführt werden. Zur Erledigung des Verfahrens müssen die Veredelungserzeugnisse oder die ausgebesserten Waren innerhalb der von den Zollbehörden gesetzten Frist wiederausgeführt oder in ein anschließendes Zollverfahren überführt werden.

Abrechnung

Um die Einhaltung der in der Bewilligung festgelegten Fristen für die Erledigung der aktiven Veredelung zu überwachen, lassen sich die Zollbehörden *Abrechnungen* vorlegen. In diesen Abrechnungen, die jeweils innerhalb von 30 Tagen nach Ablauf einer Veredelungsfrist eingereicht werden müssen, werden die in das Verfahren überführten Warenmengen den wiederausgeführten oder in ein anschließendes Zollverfahren überführten Warenmengen gegenübergestellt. Falls nicht alle in die aktive Veredelung überführten Waren innerhalb der festgelegten Frist unverändert oder in Gestalt von Veredelungserzeugnissen wiederausgeführt oder in ein anschließendes Zollverfahren überführt wurden, entsteht für die verbliebenen Waren eine *Zollschuld*. Es werden also die für die Waren bei ihrer Überlassung zum freien Verkehr geltenden Einfuhrabgaben fällig. ATLAS unterstützt die Abrechnung der aktiven Veredelung nicht. Für die Angabe der gemäß Anhang 71-06 UZK-DA »in der Abrechnung vorzulegenden Informationen« stellt die deutsche Zollverwaltung das Formular 0245 (»Abrechnung und Selbstberechnung bei aktiver Veredelung«) zur Verfügung.

Der folgende Abschnitt behandelt zunächst die Vorarbeiten für die Nutzung der aktiven Veredelung in SAP GTS. Anschließend wird der Ablauf des Verfahrens im System dargestellt.

2.4.2 Stammdatenpflege in SAP GTS

Zoll-ID

Die meisten Voreinstellungen, die für die Abwicklung von besonderen Verfahren erforderlich sind, haben Sie bereits im Zusammenhang mit dem Zolllagerverfahren in Abschnitt 2.3.2, »Überführung in das Zolllagerverfahren in SAP GTS«, kennengelernt. So ist auch für die aktive Veredelung eine Zoll-ID erforderlich. Diese Zoll-ID muss im Vorsystem mindestens einer Werk-Lagerort-Kombination und in SAP GTS einer Außenhandelsorganisation zugeordnet sein (siehe Abbildung 2.56). Die Zoll-ID ist die Bezugsebene der Bestandsführung in SAP GTS. Sie können für das Zolllagerverfahren und die aktive Veredelung dieselbe Zoll-ID nutzen. Wenn Sie das Zolllagerverfahren u. a. auch durch die Überführung in die aktive Veredelung beenden, müssen Quell- und Zielverfahren ohnehin dieselbe Zoll-ID verwenden. Stehen die Zollverfahren in keinem direkten Zusammenhang, können Sie separate Zoll-IDs für jedes der beiden Verfahren definieren.

Produktstamm

Wie für das Zolllagerverfahren müssen Sie auch für die aktive Veredelung die Sicht **Besondere Zollverfahren** in den relevanten Produktstammsätzen bearbeiten. Für die aktive Veredelung müssen Sie in dieser Sicht eine Unterscheidung zwischen Komponenten und Endprodukten treffen. Abbildung 2.78 zeigt das Beispiel eines Veredelungserzeugnisses.

Die Pumpe P-402 soll als Veredelungserzeugnis wiederausgeführt werden. In ihrem Produktstammsatz ist daher das Kennzeichen **AV-Fertigerzeugnis** gesetzt. Komponenten, die in die aktive Veredelung überführt werden sollen, kennzeichnen Sie als **AV-Komponente**. Bezugsebene ist immer eine Zoll-ID. Alle als relevant für die aktive Veredelung gekennzeichneten Produkte können stets auch zum freien Verkehr überlassen werden. Die Kennzeichnung der Produkte übertragen Sie mit der Transaktion **Produktstamm: Rückverteilung zolllagerrelevanter Daten – Massenverarbeitung** (Transaktionscode /SAPSLL/PR_DISTR_MS) an das Vorsystem (siehe Abschnitt 2.3.2, »Überführung in das Zolllagerverfahren in SAP GTS«).

Produkte bearbeiten

Produkt P-402 Pumpe Standard IDESNORM 100-402

Grunddaten | Warenbeschreibung | Tarifierung | Gesetzliche Kontrolle | Präferenz | Besondere Zollverfahren | Steuerklassifikation

Zoll-ID: ZAVDE Aktive Veredelung (DE)

Allgemeine Einstellungen
- [ ] Externe Stückliste
- [ ] Zusätzliche Bestandsidentifikation

Zolllager
- [ ] Relevanz
- [ ] Zollrechtlicher Status
- [ ] Ursprungsland

Löschvormerkung: Keine
Referenzprodukt:

Aktive Veredelung / Umwandlungsverfahren
- [x] AV-Fertigerzeugnis
- [ ] AV-Komponente
- [ ] UV-Fertigerzeugnis
- [ ] UV-Komponente

Löschvormerkung: Keine
Referenzprodukt:

Abbildung 2.78 Kennzeichnung eines Produkts als Veredelungserzeugnis

Stückliste Die Beziehung zwischen einer Komponente und einem Veredelungserzeugnis stellen Sie in der Sicht **Stückliste** her. In dieser Sicht, die Sie nur in den Produktstammsätzen der Veredelungserzeugnisse bearbeiten, definieren Sie zunächst eine Stücklisten-ID und ordnen anschließend die Komponenten mit ihren jeweiligen Einsatzmengen zu. In Abbildung 2.79 sehen Sie das Beispiel der Pumpe P-402 aus Abbildung 2.78.

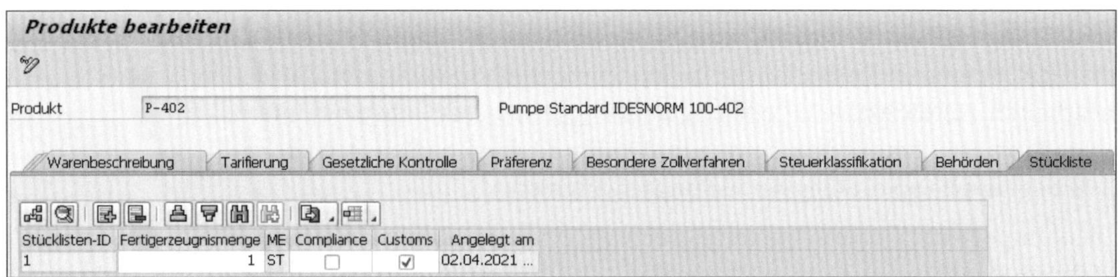

Abbildung 2.79 Sicht »Stückliste« eines Veredelungserzeugnisses

Die Stückliste mit der Identifikationsnummer 1 (Spalte **Stücklisten-ID**) gibt Auskunft über die Komponenten, die für die Herstellung *einer* Pumpe der Produktnummer P-402 im Rahmen der aktiven Veredelung benötigt werden (Spalte **Fertigerzeugnismenge**). Das Kennzeichen **Customs** ist gesetzt, denn die Stückliste soll in der Zollabwicklung zum Einsatz kommen.

[«]

Stücklisten in SAP GTS

Stücklisten spielen auch in der Reexportkontrolle und in der Präferenzkalkulation eine wichtige Rolle. Wenn Sie eine dieser beiden Funktionen in SAP GTS nutzen, müssen Sie die relevanten Stücklisten aus dem Vorsystem an SAP GTS überleiten. Für die Zollabwicklung ergänzen Sie die für die aktive Veredelung relevanten Stücklisten oder Stücklistenauszüge bei Bedarf manuell in der Sicht **Stückliste** des Produktstammsatzes (siehe Abbildung 2.79). Wenn Sie auch für die Zollabwicklung Stücklisten aus dem Vorsystem übernehmen wollen, müssen Sie BAdIs implementieren. Sie finden diese BAdIs im Einführungsleitfaden Ihres SAP-GTS-Systems über den Menüpfad **Global Trade Services • Customs Management • Business Add-Ins für Customs Management • Stücklisten für bestandsgeführte Zollverfahren aus ext. System übernehmen.**

Bewilligung

Die Stückliste, die Sie in den Produktstammsatz des Veredelungserzeugnisses eingetragen haben, ordnen Sie im nächsten Schritt der Bewilligung für das Verfahren zu. Bewilligungen für die aktive Veredelung legen Sie im Bereichsmenü des Customs Managements an (Schaltfläche **Stammdaten**, Sicht **Bewilligungen/Sicherheiten**). Abbildung 2.80 zeigt einen Ausschnitt aus der Bewilligung für das Prozessbeispiel (Herstellung einer Pumpe im Rahmen der aktiven Veredelung).

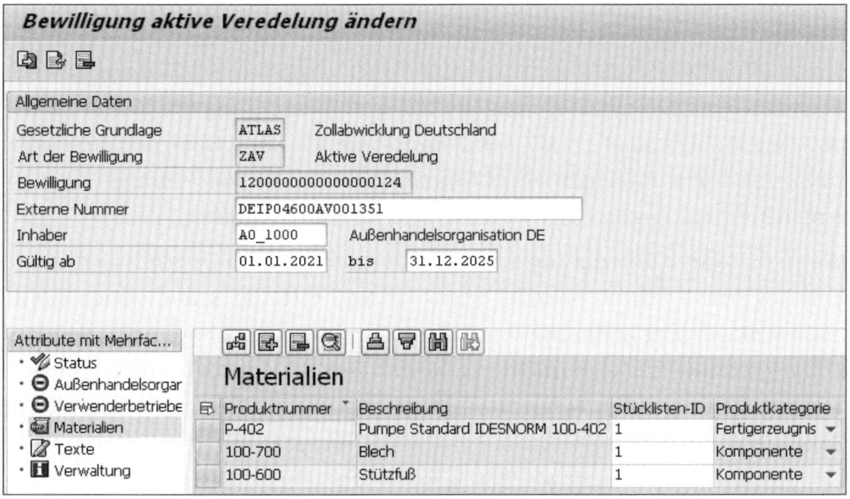

Bewilligung aktive Veredelung ändern

Allgemeine Daten

Gesetzliche Grundlage	ATLAS	Zollabwicklung Deutschland
Art der Bewilligung	ZAV	Aktive Veredelung
Bewilligung	1200000000000000124	
Externe Nummer	DEIP04600AV001351	
Inhaber	AO_1000	Außenhandelsorganisation DE
Gültig ab	01.01.2021	bis 31.12.2025

Attribute mit Mehrfac...
- Status
- Außenhandelsorgar
- Verwenderbetriebe
- Materialien
- Texte
- Verwaltung

Materialien

Produktnummer	Beschreibung	Stücklisten-ID	Produktkategorie
P-402	Pumpe Standard IDESNORM 100-402	1	Fertigerzeugnis
100-700	Blech	1	Komponente
100-600	Stützfuß	1	Komponente

Abbildung 2.80 Bewilligung aktive Veredelung – Stückliste (Ausschnitt)

In der Bewilligung aus Abbildung 2.80 wurden dem Attribut **Materialien** das Veredelungserzeugnis P-402 und die Stücklisten-ID 1 zugeordnet. SAP GTS hat die Stückliste zu dieser ID aufgelöst und die beiden Komponenten ergänzt. Bewilligungen für die aktive Veredelung enthalten aber außer den Einträgen im Bereich der **Attribute mit Mehrfachangaben** auch noch einige verfahrensspezifische Daten. In Abbildung 2.81 sehen Sie den relevanten Ausschnitt aus der Bewilligung in Abbildung 2.80.

Attribute		
Zollstelle	DE004600	Hauptzollamt Hamburg
Veredelungsfrist	3	Monate
Globalisierungsperiode	1	Monate
Abrechnungsfrist	1	Monate
Typ Aktive Veredelung	A Nichterhebungsverfahren	
Ermittlung BE-Anteile	A Anlegen einer Zollanmeldung	
☐ Äquivalenzprinzip		
Frist vorz. Ausfuhr		Monate

Abbildung 2.81 Zusätzliche Angaben in der Bewilligung

Fristen

Der Ausschnitt aus dem Bewilligungsstammsatz enthält alle Angaben, die für die Beendigung und die Abrechnung des Verfahrens erforderlich sind. Überwachungszollstelle ist das Hauptzollamt Hamburg-Stadt (Feld **Zollstelle**). Nicht-Unionswaren müssen innerhalb von drei Monaten nach ihrer Überführung in die aktive Veredelung wiederausgeführt oder in ein anschließendes Zollverfahren überführt werden (Feld **Veredelungsfrist**). Die Bewilligung ermöglicht jedoch eine *Globalisierung* dieser Frist: Waren, die im Lauf eines Monats in die aktive Veredelung überführt wurden, müssen erst bis zum letzten Tag des dritten Folgemonats wiederausgeführt oder in ein anschließendes Zollverfahren überführt werden (Feld **Globalisierungsperiode**). Bei einer Überführung in die aktive Veredelung am 10. Januar endet die Frist also nicht am 10., sondern erst am 30. April. Der Überwachungszollstelle muss innerhalb eines Monats nach Ablauf der Veredelungsfrist eine Abrechnung vorgelegt werden (Feld **Abrechnungsfrist**).

Sonstige Angaben

Wenn die aktive Veredelung durch Wiederausfuhr oder Überführung in ein anderes Zollverfahren beendet wird, soll SAP GTS die Beendigungsanteile beim Anlegen der Zollanmeldung ermitteln (Kennzeichen **A Anlegen einer Zollanmeldung** im Feld **Ermittlung BE-Anteile**). Für die Beendigung der aktiven Veredelung durch Wiederausfuhr steht auch die Option **B Arbeitsvorrat Zollanmeldungspositionen** zur Verfügung. Auf diesen Arbeitsvorrat greift das für die Einplanung als Batch-Job vorgesehene Programm `/SAPSLL/CWLCCP_PROCESS` zu. Sie können dieses Programm in der Transaktion **Arbeitsvorrat der Exportzollanmeldepositionen verarbeiten** (Transaktionscode /SAPSLL/CWLCCP_01) jedoch auch im Dialog ausführen.

Erlaubt die Bewilligung die Verwendung von Ersatzwaren, muss das Kennzeichen **Äquivalenzprinzip** gesetzt werden. In diesem Fall müssen Sie zusätzlich die Frist für die Überführung der ersetzten Nicht-Unionswaren in die aktive Veredelung in das Feld **Frist vorz. Ausfuhr** eintragen.

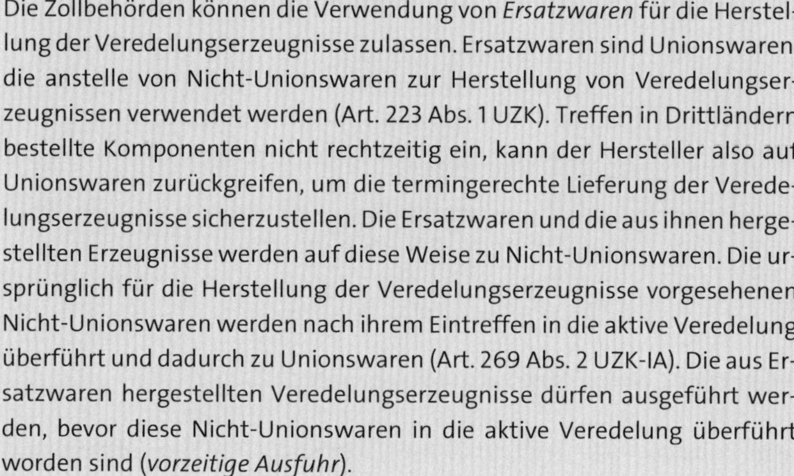

Ersatzwaren und vorzeitige Ausfuhr

Die Zollbehörden können die Verwendung von *Ersatzwaren* für die Herstellung der Veredelungserzeugnisse zulassen. Ersatzwaren sind Unionswaren, die anstelle von Nicht-Unionswaren zur Herstellung von Veredelungserzeugnissen verwendet werden (Art. 223 Abs. 1 UZK). Treffen in Drittländern bestellte Komponenten nicht rechtzeitig ein, kann der Hersteller also auf Unionswaren zurückgreifen, um die termingerechte Lieferung der Veredelungserzeugnisse sicherzustellen. Die Ersatzwaren und die aus ihnen hergestellten Erzeugnisse werden auf diese Weise zu Nicht-Unionswaren. Die ursprünglich für die Herstellung der Veredelungserzeugnisse vorgesehenen Nicht-Unionswaren werden nach ihrem Eintreffen in die aktive Veredelung überführt und dadurch zu Unionswaren (Art. 269 Abs. 2 UZK-IA). Die aus Ersatzwaren hergestellten Veredelungserzeugnisse dürfen ausgeführt werden, bevor diese Nicht-Unionswaren in die aktive Veredelung überführt worden sind (*vorzeitige Ausfuhr*).

[«]

Nach diesen Vorarbeiten können Sie die beiden Zollverfahren in SAP GTS als ATLAS-Teilnehmer abwickeln. Den Datenaustausch mit der Zollverwaltung und den Buchungsablauf in den Systemen behandelt der letzte Abschnitt des Kapitels.

2.4.3 Abwicklung des Verfahrens in SAP GTS

Die Kommunikation bei der Überführung von Waren in die aktive Veredelung unterscheidet sich nur durch die Ausgangsnachricht vom Nachrichtenaustausch mit den Zollstellen im Zolllagerverfahren. Abbildung 2.82 stellt den Nachrichtenaustausch am Beispiel des VAV schematisch dar. Den EDI-Nachrichten sind wieder die Entsprechungen in SAP GTS zugeordnet.

Nachrichtenaustausch

Eine vZA geben Sie im Verfahrensbereich Aktive Veredelung (AV) mit der EDI-Nachricht SCIREC ab. In SAP GTS entspricht dieser Nachricht die Nachricht M0095 (Vereinfachte Zollanmeldung Aktive Veredelung). Für eine AZ verwenden Sie in diesem Verfahrensbereich dieselbe EDI-Nachricht, aber eine andere SAP-GTS-spezifische Nachricht (M0090, Anschreibungsmitteilung Aktive Veredelung). Die drei Antwortnachrichten der Zollstellen CUSREC, CURREL und CUSTAX kennen Sie bereits aus der Überlassung zum freien Verkehr und der Überführung in das Zolllagerverfahren (siehe Abbildung 2.6 und Abbildung 2.59).

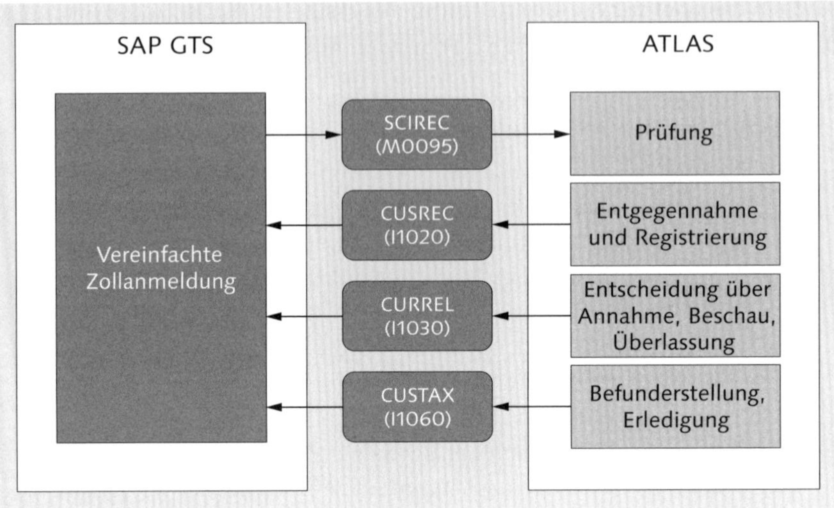

Abbildung 2.82 Nachrichtenaustausch AV im VAV

Wie im Zolllagerverfahren enthält die Nachricht CUSTAX in der aktiven Veredelung keinen Bescheid, sondern nur Befunde und Erledigungsvermerke. Zur Vervollständigung der vZA-AV bzw. der AZ-AV geben Sie regelmäßig eine EGZ-AV mit der EDI-Nachricht SCIPED ab. In SAP GTS verwenden Sie dafür die Nachricht M1010 (Ergänzende Zollanmeldung – Aktive Veredelung).

Prozessaktivitäten

Im Auslieferungs-Customizing Ihres SAP-GTS-Systems finden Sie im Prozessschema CUSDE zum Prozess IPR (Aktive Veredelung) eine Prozessaktivität für das ASV (AZAV). Im Prozess IPR haben wir eine selbst definierte Prozessaktivität für das VAV ergänzt (ZVZAV). Abbildung 2.83 zeigt die Prozessaktivitäten des Prozesses IPR (Menüpfad: **Global Trade Services • Customs Management • Kommunikationsprozesse • Steuerung für Kommunikationsprozesse definieren**).

Sicht "Aktivitäten" ändern: Übersicht

Neue Einträge BC-Set: Feldwert ändern

Dialogstruktur
- Prozessschema
  - Prozess
    - Aktivitäten
      - Nachrichten
    - Aktivitätenfolge
      - Folgeaktivitäten
    - Ausfallaktivitätenfolge
      - Ausfallfolgeaktivitäten

Prozessschema CUSDE Zollabwicklung - Deutschland (Export, Import)
Prozess IPR Aktive Veredelung

Aktivitäten

Proz.aktivität	Beschreibung	Optional
AZAV	Anschreibung Aktive Veredelung	☐
REL	Warten auf Überlassung	☐
TAX	Warten auf Bescheid/Befund	☐
ZVZAV	Vereinachte Zollanmeldung AV	☐

Abbildung 2.83 Prozess IPR – Aktivitäten

Aktivitätenfolge

Die Prozessaktivität ZVZAV ist einer ebenfalls selbst definierten Aktivitätenfolge ZVZAV für das VAV zugeordnet. Einige der Einstellungen der Aktivitätenfolgen haben Sie bereits in Abbildung 2.61 im Zusammenhang mit dem Zolllagerverfahren kennengelernt. Abbildung 2.84 zeigt einen anderen Ausschnitt aus diesen Einstellungen.

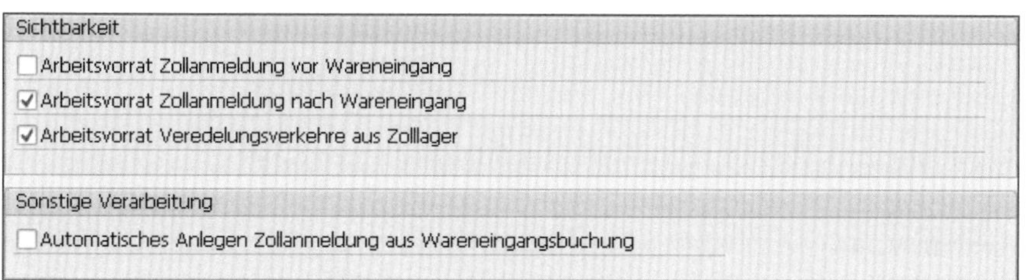

Abbildung 2.84 Aktivitätenfolge ZVZAV – Details

Verarbeitung des Materialbelegs

In Aktivitätenfolgen für Zollverfahren bei der Einfuhr finden Sie einen Bereich **Sichtbarkeit**. In diesem Bereich können Sie steuern, ob SAP GTS einen aus dem Vorsystem übergeleiteten Materialbeleg zunächst immer in einem Arbeitsvorrat ablegt oder sofort versucht, aus den Daten des Materialbelegs eine Zollanmeldung anzulegen (Kennzeichen **Automatisches Anlegen Zollanmeldung aus Wareneingangsbuchung**). Wenn SAP GTS das Zollverfahren und/oder die Verfahrensvariante (Normalverfahren oder vereinfachtes Verfahren) nicht selbstständig ermitteln kann, schlägt die Replikation fehl. Der Materialbeleg findet sich dann im Arbeitsvorrat für Zollanmeldungen nach Wareneingang wieder. In Abbildung 2.84 sehen Sie, dass Zollanmeldungen für die Überführung in die aktive Veredelung im VAV nicht automatisch angelegt werden sollen. SAP GTS soll die Materialbelege stattdessen entweder in einem **Arbeitsvorrat Zollanmeldung nach Wareneingang** oder in einem **Arbeitsvorrat Veredelungsverkehre aus Zolllager** ablegen. Anwender entscheiden beim Zugriff auf diese Arbeitsvorräte, in welches Zollverfahren und in welche Verfahrensvariante die Produkte jeweils überführt werden. SAP GTS prüft dabei stets die Relevanz der Produkte für das gewählte besondere Verfahren.

Findung der Aktivitätenfolge

Wenn Sie sich für das automatische Anlegen von Zollanmeldungen durch Materialbelegreplikation entscheiden, müssen Sie dem System die selbstständige Findung der Aktivitätenfolge ermöglichen. Wählen Sie dazu im Einführungsleitfaden den Menüpfad **Global Trade Services • Customs Management • Kommunikationsprozesse • Findung der Aktivitätenfolge definieren**. In Abbildung 2.85 sehen Sie einige Beispieleinträge für die Einfuhrabwicklung.

Sicht "Findung der Aktivitätenfolge" ändern: Übersicht

Neue Einträge BC-Set: Feldwert ändern

Findung der Aktivitätenfolge

G.Gr.	Zielverfahren	KArt	Aktivität.folge	Beschr.
ATLAS	06 Freier Verkehr		EZA	Einzelzollanmeldung
ATLAS	06 Freier Verkehr	ZVV	VZA	Vereinfachte Zollanr
ATLAS	08 Zolllager	ZZL	AZL	Anschreibung Zolllag
ATLAS	09 Aktive Veredelung	ZAV	ZVZA	Vereinfachte Zollanr

Abbildung 2.85 Findung der Aktivitätenfolge bei der Einfuhr

Die Findung der Aktivitätenfolge ist immer von der gesetzlichen Grundlage der Zollabwicklung abhängig (Spalte **G.Gr.**). Alle Einträge in Abbildung 2.85 beziehen sich auf die gesetzliche Grundlage ATLAS. Das mit zweistelligen numerischen Schlüsseln gekennzeichnete Zielverfahren bestimmt SAP GTS bei der Überleitung des Materialbelegs anhand der Werk-Lagerort-Kombination der Wareneingangsbuchung und der Produktkennzeichnung. Sind Produkte relevant für das Zolllagerverfahren, versucht SAP GTS, eine Zollanmeldung für die Überführung in dieses Verfahren anzulegen, auch wenn die Produkte zusätzlich für die aktive Veredelung relevant sind. Hat der Materialbeleg mehrere Positionen und sind nicht alle Produkte relevant für dasselbe Zollverfahren, verteilt SAP GTS die Positionen des Materialbelegs nach Verfahrensrelevanz der Produkte auf verschiedene Zollanmeldungen. Eine Zollanmeldung für die Überlassung zum freien Verkehr erzeugt SAP GTS nur für Produkte, die für keines der besonderen Verfahren relevant sind.

Vorrang für vereinfachte Verfahren

Im Beispiel in Abbildung 2.85 legt SAP GTS also zu allen Materialbelegpositionen mit zolllagerrelevanten Produkten auf der Grundlage der Aktivitätenfolge AZL eine AZ-ZL an. Bei der Überlassung zum freien Verkehr hat SAP GTS die Wahl: Es gibt je eine Aktivitätenfolge für das Normalverfahren (EZA) und für das VAV (VZA). Liegt eine passende Bewilligung vor, entscheidet sich SAP GTS immer für die Verfahrensvereinfachung. Der Eintrag in der Spalte **KArt** kennzeichnet die Art der jeweils zutreffenden Bewilligung.

[»]

Findung der Aktivitätenfolge im Versandverfahren

Für die Replikation einer Anlieferung als Zollsendung als Grundlage für die Beendigung eines Versandverfahrens als ZE muss die Findung der Aktivitätenfolge TRSC (siehe Abbildung 2.54) eingerichtet sein. Das Auslieferungs-Customizing enthält bereits einen passenden Eintrag.

Aktive Veredelung aus Zolllagerbestand

In den Details der Aktivitätenfolge in Abbildung 2.84 ist auch das Kennzeichen **Arbeitsvorrat Veredelungsverkehre aus Zolllager** gesetzt. Mit der Prozessaktivität ZVZAV können also Nicht-Unionswaren, die in SAP GTS Bestand eines Zolllagers sind, im VAV in die aktive Veredelung überführt werden. Das Zolllagerverfahren endet dann für diese Komponenten, die sowohl relevant für das Zolllagerverfahren als auch für die aktive Veredelung sein müssen, mit der Überführung in die aktive Veredelung.

In der Steuerung der Belegüberleitung im Vorsystem müssen Bewegungsarten für Warenausgangsbuchungen ggf. als relevant für diesen Verfahrensübergang gekennzeichnet sein. Abbildung 2.86 zeigt den relevanten Ausschnitt aus der Überleitungssteuerung einer Bewegungsart.

Customs Management
Kategorie der Warenbewegung: reguläre Warenbewegung
☐ Manuelle Bearbeitung Zolllager
☑ Übergang Veredelungsverkehre (AV/UV)
☐ Übergang Fertigprodukt aus Umwandlung

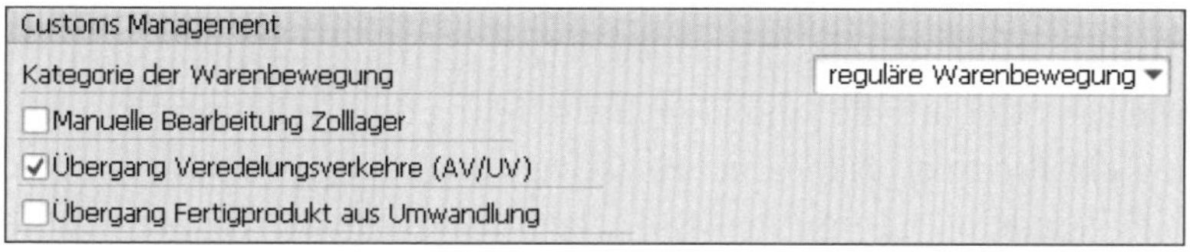

Abbildung 2.86 Überleitungssteuerung einer Bewegungsart

Arbeitsvorrat für den Verfahrensübergang

Im Bereich **Customs Management** ist das Kennzeichen **Übergang Veredelungsverkehre (AV/UV)** gesetzt. Ist ein Material sowohl relevant für Zolllagerverfahren als auch für die aktive Veredelung und ist der Lagerort einer Zoll-ID für Zolllagerverfahren und aktive Veredelung zugeordnet, erzeugt das Vorsystem bei der Warenausgangsbuchung einen Materialbeleg, den SAP GTS in einem Arbeitsvorrat *Veredelungsverkehre aus Zolllager* ablegt. Aus diesem Arbeitsvorrat heraus können Sie Zollanmeldungen für die Überführung der Komponenten in die aktive Veredelung anlegen. Sie finden diesen Arbeitsvorrat im Bereichsmenü des Customs Managements (Schaltfläche **Überwachung für bestandsgeführte Zollverfahren**, Sicht **Zolllager**, Bereich **Erfassung von Zollanmeldungen**).

Bestandsübersichten

Wie im Zolllagerverfahren müssen Sie auch in der aktiven Veredelung die Bestandsveränderungen überwachen. Im Bereichsmenü des Customs Managements stehen Ihnen daher verfahrensspezifische Bestandsübersichten zur Verfügung. Sie finden diese Übersichten über die Schaltfläche **Überwachung für bestandsgeführte Zollverfahren**. In diesem Untermenü hat jedes besondere Verfahren seine eigene Sicht. Die Bestandsübersichten befinden sich jeweils im Bereich **Bestandslisten**. Abbildung 2.87 zeigt einen Ausschnitt aus der Zu- und Abgangsliste für ein Produkt in der aktiven Veredelung.

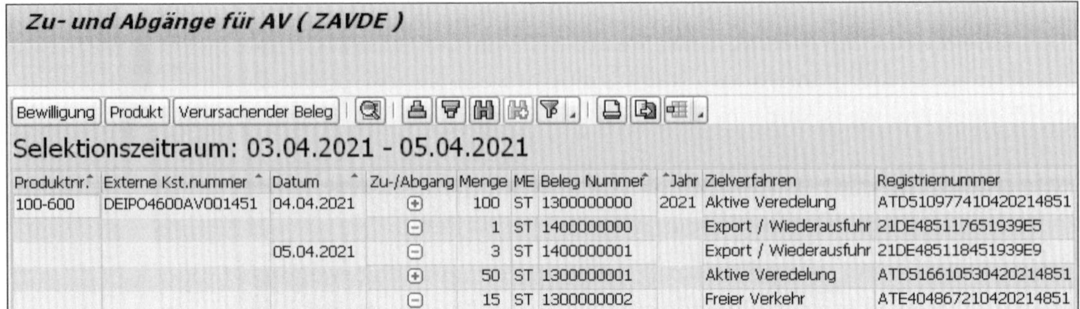

Zu- und Abgänge für AV (ZAVDE)

Bewilligung | Produkt | Verursachender Beleg

Selektionszeitraum: 03.04.2021 - 05.04.2021

Produktnr.	Externe Kst.nummer	Datum	Zu-/Abgang	Menge	ME	Beleg Nummer	Jahr	Zielverfahren	Registriernummer
100-600	DEIPO4600AV001451	04.04.2021	⊕	100	ST	1300000000	2021	Aktive Veredelung	ATD510977410420214851
			⊖	1	ST	1400000000		Export / Wiederausfuhr	21DE485117651939E5
		05.04.2021	⊖	3	ST	1400000001		Export / Wiederausfuhr	21DE485118451939E9
			⊕	50	ST	1300000001		Aktive Veredelung	ATD516610530420214851
			⊖	15	ST	1300000002		Freier Verkehr	ATE404867210420214851

Abbildung 2.87 Zu- und Abgangsliste eines Produkts

Überlassung zum freien Verkehr

Wie in den Bestandsübersichten des Zolllagerverfahrens erkennen Sie am Symbol in der Spalte **Zu-/Abgang** jeweils, ob es sich um eine Überführung in das Verfahren oder um die (anteilige) Beendigung des Verfahrens handelt. Wenn Sie ein Produkt, das Sie in die aktive Veredelung überführt haben, doch nicht veredeln und anschließend wiederausführen wollen, können Sie die Zollanmeldung für die Überlassung zum freien Verkehr direkt aus der Bestandsübersicht dieses Produkts anlegen. Verwenden Sie dazu die Transaktion **Bestandsübersicht anzeigen** in der Sicht **Aktive Veredelung** (Transaktionscode /SAPSLL/IVMC_VIEW_IP). In Abbildung 2.88 sehen Sie die Bestandsübersicht des Produkts 100-600.

Bestandsübersicht für AV (ZAVDE)

Bewilligung | Produkt | FIFO-Liste | Zugangs-/Abgangsliste | Verschrottung | Freier Verkehr

Produktnummer	Produktkurztext	Externe Kst.nummer	Einzelbestand	Mengeneinheit
100-600	Stützfuß	DEIPO4600AV001451	146	ST

Abbildung 2.88 Bestandsübersicht aktive Veredelung

Um eine Komponente aus der aktiven Veredelung zum freien Verkehr zu überlassen, klicken Sie in der Bestandsübersicht auf die Schaltfläche **Freier Verkehr**. Im anschließend erscheinenden Dialogbild geben Sie die Aktivitätenfolge für die Verfahrensvariante und die zum freien Verkehr zu überlassende Menge ein. SAP GTS erzeugt auf der Grundlage dieser Angaben eine Zollanmeldung. Um die aktive Veredelung durch die Überlassung zum freien Verkehr beenden zu können, müssen Sie die Aktivitätenfolgen des Prozesses FV im Bereich **Sichtbarkeit** entsprechend kennzeichnen. In Abbildung 2.89 sehen Sie den relevanten Ausschnitt aus diesem Bereich.

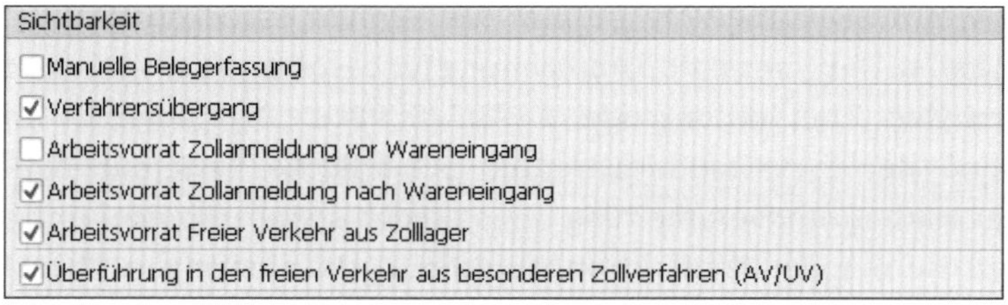

Sichtbarkeit

- ☐ Manuelle Belegerfassung
- ☑ Verfahrensübergang
- ☐ Arbeitsvorrat Zollanmeldung vor Wareneingang
- ☑ Arbeitsvorrat Zollanmeldung nach Wareneingang
- ☑ Arbeitsvorrat Freier Verkehr aus Zolllager
- ☑ Überführung in den freien Verkehr aus besonderen Zollverfahren (AV/UV)

Abbildung 2.89 Steuerung der Füllung von Arbeitsvorräten

Abbildung 2.89 zeigt die Einstellungen einer Aktivitätenfolge für die Überlassung zum freien Verkehr im VAV. Materialbelege zu Wareneingangsbuchungen soll SAP GTS im Arbeitsvorrat für Zollanmeldungen nach Wareneingang ablegen. Zolllagerbestände sollen im VAV zum freien Verkehr überlassen werden können (Kennzeichen **Arbeitsvorrat Freier Verkehr aus Zolllager**). Dasselbe gilt für Bestände, die sich in der aktiven Veredelung befinden (Kennzeichen **Überführung in den freien Verkehr aus besonderen Zollverfahren (AV/UV)**).

Überwachung der Fristen

In der aktiven Veredelung müssen Sie außerdem die Einhaltung der Fristen für den Erhalt einer neuen zollrechtlichen Bestimmung überwachen. Verwenden Sie dazu die Transaktion **Veredelungsfrist überwachen** (Transaktionscode /SAPSLL/IVMC_EXTEND), die Sie im Bereich **Bearbeitung von Warenbewegungen** finden. Abbildung 2.90 zeigt ein Beispiel aus der aktiven Veredelung.

Wiedereinfuhrfrist überwachen ZAVDE (Aktive Veredelung (DE))

Fristverlängerung | Bewilligung | Produkt | Verursachender Beleg

Selektionszeitraum: 10.04.2021 - 31.05.2021

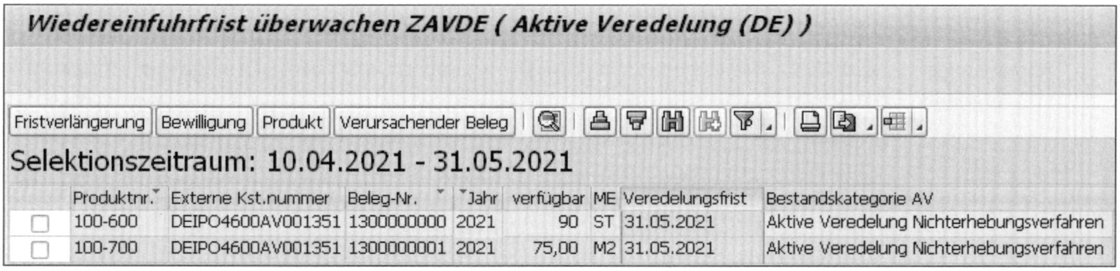

	Produktnr.	Externe Kst.nummer	Beleg-Nr.	Jahr	verfügbar	ME	Veredelungsfrist	Bestandskategorie AV
☐	100-600	DEIPO4600AV001351	1300000000	2021	90	ST	31.05.2021	Aktive Veredelung Nichterhebungsverfahren
☐	100-700	DEIPO4600AV001351	1300000001	2021	75,00	M2	31.05.2021	Aktive Veredelung Nichterhebungsverfahren

Abbildung 2.90 Überwachung der Fristen

Im Beispiel in Abbildung 2.90 wurden die Produkte 100-600 und 100-700 in die aktive Veredelung überführt. Die Frist für die Wiederausfuhr oder die Überführung in ein anschließendes Zollverfahren endete am 31.05.2021 (Spalte **Veredelungsfrist**). Die Zollbehörden können eine Frist auf Antrag verlängern. Wurde eine Verlängerung gewährt, erfassen Sie die neue Frist über die Schaltfläche **Fristverlängerung**.

Abrechnungslauf

Für die fristgerechte Abrechnung der aktiven Veredelung steht ein eigenes Programm zur Verfügung (/SAPSLL/SCPBOD_CREATE). Dieses Programm ist für die Hintergrundverarbeitung gedacht. Sie können es jedoch auch im Dialog ausführen. Die Transaktion **Abrechnung für besondere Zollverfahren (AV/UV) erstellen** (Transaktionscode /SAPSLL/SCPBOD_01) finden Sie im Bereichsmenü der Systemadministration (Schaltfläche **Systemüberwachung**, Sicht **Hintergrundverarbeitung**). Das Ergebnis eines Abrechnungslaufs prüfen Sie mit der Transaktion **Abrechnungslauf anzeigen** (Transaktionscode /SAPSLL/SCPBOD_03). Diese Transaktion finden Sie im Bereichsmenü des Customs Managements (Schaltfläche **Überwachung bestandsgeführter Zollverfahren**, Sicht **Aktive Veredelung**). In Abbildung 2.91 sehen Sie einen Ausschnitt aus der Darstellung des Ergebnisses eines Abrechnungslaufs nach dem Ausführen des Programms /SAPSLL/SCPBOD_CREATE im Dialog.

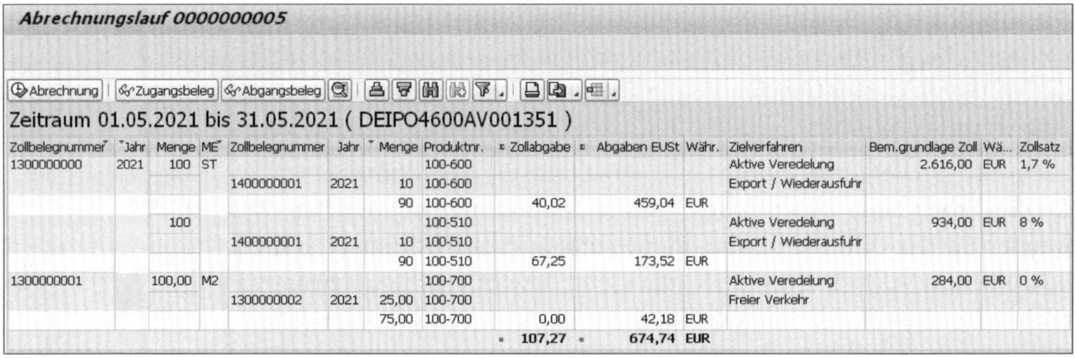

Abrechnungslauf 0000000005

Abrechnung | Zugangsbeleg | Abgangsbeleg

Zeitraum 01.05.2021 bis 31.05.2021 (DEIPO4600AV001351)

Zollbelegnummer	Jahr	Menge	ME	Zollbelegnummer	Jahr	Menge	Produktnr.	Zollabgabe	Abgaben EUSt	Währ.	Zielverfahren	Bem.grundlage Zoll	Wä...	Zollsatz
1300000000	2021	100	ST				100-600				Aktive Veredelung	2.616,00	EUR	1,7 %
				1400000001	2021	10	100-600				Export / Wiederausfuhr			
						90	100-600	40,02	459,04	EUR				
		100					100-510				Aktive Veredelung	934,00	EUR	8 %
				1400000001	2021	10	100-510				Export / Wiederausfuhr			
						90	100-510	67,25	173,52	EUR				
1300000001		100,00	M2				100-700				Aktive Veredelung	284,00	EUR	0 %
				1300000002	2021	25,00	100-700				Freier Verkehr			
						75,00	100-700	0,00	42,18	EUR				
								107,27	**674,74**	**EUR**				

Abbildung 2.91 Abrechnung der aktiven Veredelung (Ausschnitt)

Abrechnungsergebnis

Auf der Grundlage der Vorausberechnung von Einfuhrabgaben in den beiden Zollanmeldungen für die Überführung in die aktive Veredelung hat das System die Zollschuld und die Einfuhrumsatzsteuer für alle nicht fristgerecht in ein anschließendes Zollverfahren überführten Produktmengen berechnet (Spalten **Zollabgabe** und **Abgaben EUSt**). Das Abrechnungsergebnis kann in eine Datei exportiert, gedruckt und dem Formular 0245 als Anlage beigefügt werden. Wenn Sie auf die Schaltfläche **Abrechnung** klicken, reduziert SAP GTS die Bestände in der aktiven Veredelung um die im Zuge der Abrechnung zum freien Verkehr überlassenen Produktmengen.

Mit diesem Schritt endet die Darstellung der Zollverfahren bei der Einfuhr, die Sie als ATLAS-Teilnehmer in SAP GTS abwickeln können. Im nächsten Kapitel geht es um die Teilnahme an Zollverfahren, die Sie bei der Ausfuhr nutzen können.

Kapitel 3
Zollverfahren bei der Ausfuhr

Das Ausfuhrverfahren steht in vielen SAP-GTS-Implementierungsprojekten in Deutschland im Fokus. Auch im Zusammenhang mit der Ausfuhr lohnt jedoch ein Blick auf das gesamte Spektrum der in SAP GTS verfügbaren Zollverfahren.

In diesem Kapitel erhalten Sie einen Überblick über die Zollverfahren, die Ihnen bei der Ausfuhr von Waren aus der EU als ATLAS-Teilnehmer in SAP GTS zur Verfügung stehen. Anders als Kapitel 2, »Zollverfahren bei der Einfuhr«, folgt dieses Kapitel nicht der Systematik des UZK, sondern behandelt die Zollverfahren in der Reihenfolge ihrer Bedeutung für die Unternehmen, die SAP GTS bereits nutzen. Die Wiederausfuhr, die Sie bereits im Zusammenhang mit der Beendigung des Zolllagerverfahrens und der aktiven Veredelung kennengelernt haben, betrachten wir in Abschnitt 3.1.2, »Abwicklung des Ausfuhrverfahrens in SAP GTS«. Es kommen jeweils die Buchungsabläufe, die verfahrensspezifischen Customizing-Einstellungen und die Stammdatenpflege zur Sprache. Außerdem stellt dieses Kapitel die Einbindung von Dienstleistern in die Zollabwicklung vor.

3.1 Ausfuhrverfahren

Viele Unternehmen in Deutschland und in anderen Mitgliedstaaten beliefern in großem Umfang Kunden in Drittländern. Daher spielt das Ausfuhrverfahren auch in SAP GTS eine besondere Rolle. Dieser Abschnitt stellt Ihnen zunächst das Zollverfahren als solches vor. Anschließend erfahren Sie, wie Sie das Verfahren als ATLAS-Teilnehmer in SAP GTS abwickeln und welche Vorarbeiten ggf. erforderlich sind.

3.1.1 Ablauf einer Ausfuhr aus der EU

Ausfuhrverfahren und Wiederausfuhr

Im Ausfuhrverfahren werden Unionswaren aus dem Zollgebiet der Union verbracht. Der zollrechtliche Status der beförderten Waren unterscheidet das Ausfuhrverfahren maßgeblich von der Wiederausfuhr, in der Nicht-

Unionswaren das Zollgebiet der Union (meist nach einem vorausgehenden besonderen Verfahren) wieder verlassen.

Zollstellen An der Durchführung des Ausfuhrverfahrens sind in der Regel zwei Zollstellen beteiligt: eine Binnenzollstelle und eine Grenzzollstelle (zweistufiges Ausfuhrverfahren in ATLAS). Die Binnenzollstelle übernimmt die Funktion der *Ausfuhrzollstelle*, bei der die auszuführenden Waren gestellt und eine Zollanmeldung für die Überführung in das Ausfuhrverfahren (*Ausfuhranmeldung*) abgegeben wird. Bei der Grenzzollstelle (*Ausgangszollstelle*), z. B. an einem internationalen Flughafen oder Seehafen, muss die Ware vor dem Verbringen aus dem Zollgebiet der Union ein zweites Mal gestellt werden. Ausfuhrzollstelle ist in der Regel die Binnenzollstelle, »die für den Ort, an dem der Ausführer ansässig ist«, oder »für den Ort, an dem die Waren zur Ausfuhr verpackt oder verladen werden, zuständig ist« (Art. 221 Abs. 2 Satz 1 a und b UZK-IA).

Stehen der Ausfuhr keine Verbote oder Beschränkungen entgegen und beträgt der Wert der Sendung nicht mehr als 3.000,00 €, kann die Ausfuhranmeldung bei der Ausgangszollstelle abgegeben werden (Art. 221 Abs. 2 Satz 2 UZK-IA). Die Grenzzollstelle ist dann sowohl Ausfuhr- als auch Ausgangszollstelle (einstufiges Ausfuhrverfahren in ATLAS).

[»]

Ausführer

Art. 1 Nr. 19 b UZK-DA definiert den *Ausführer* als »eine im Zollgebiet der Union ansässige Person, die befugt ist, über das Verbringen der Waren aus dem Zollgebiet der Union zu bestimmen, und dies bestimmt hat«. Hilfsweise kann »eine im Zollgebiet der Union ansässige Person, die Partei des Vertrags über das Verbringen von Waren aus diesem Zollgebiet ist«, die Funktion des Ausführers übernehmen. In der Praxis wirft diese Definition gelegentlich Probleme auf, z. B., wenn die Incoterms EXW (Ex Works/Ab Werk) lauten, der Verkäufer die Waren also nicht selbst befördert, sondern dem (nicht im Zollgebiet der Union ansässigen) Käufer zur Abholung auf seinem Betriebsgelände zur Verfügung stellt. Erschwerend kommt hinzu, dass die zitierte *zollrechtliche* Definition des Ausführers von der *außenwirtschaftsrechtlichen* Definition dieser Funktion in Art. 2 Nr. 3 VO (EU) 2021/821, der EU-Dual-Use-Verordnung, abweicht. Weiterführende Informationen zu diesen Problemen und möglichen Lösungen finden Sie u. a. auf der Website der deutschen Zollverwaltung (*https://www.zoll.de/DE/Fachthemen/Zoelle/Zollverfahren/Ausfuhrverfahren/Warenausfuhr-zweistufiges-Verfahren/Normales-Verfahren/normales-verfahren_node.html*).

Ausfuhranmeldung Ausfuhranmeldungen müssen eine in UZK-IA definierte Struktur haben und in elektronischer Form abgegeben werden. Eine Anmeldung in Papierform ist nur noch in Ausnahmefällen (z. B. bei technischen Störungen) möglich. Da die Ausfuhranmeldung in der Regel auch die Funktion einer *Vorabanmeldung* gemäß Art. 263 Abs. 1 UZK erfüllt, muss sie innerhalb einer in Art. 244 Abs. 1 UZK-DA festgelegten Frist *vor* dem Verbringen der Waren aus dem Zollgebiet der Union abgegeben werden. Diese Frist ist in erster Linie von der Art des Beförderungsmittels abhängig. Im Luftverkehr z. B. beträgt sie 30 Minuten vor dem Abflug von einem Flughafen im Zollgebiet der Union. Im Seeverkehr verlängert sich diese Frist für Containerfracht auf 24 Stunden vor dem Verladen der Waren auf das Schiff, auf dem sie das Zollgebiet der Union verlassen sollen.

Automated Export System

Dem Versandverfahren vergleichbar wird das Ausfuhrverfahren in einem von den Mitgliedstaaten unter Leitung der Europäischen Kommission gemeinsam entwickelten System, dem *Automated Export System* (AES), durchgeführt. Das AES bildet dabei wie das NCTS nur einen Rahmen. Die konkrete technische Realisierung findet in den jeweiligen IT-Systemen der nationalen Zollverwaltungen statt. In Deutschland nutzen Sie das AES also als ATLAS-Teilnehmer im Fachverfahren Ausfuhr. Die Daten der Ausfuhranmeldung werden im AES automatisch auf Vollständigkeit und Plausibilität geprüft. Außerdem unterziehen die Zollbehörden die Ausfuhranmeldung im *Export Control System* (ECS) einer EDV-gestützten *Risikoanalyse*. Das ECS ist Teil des AES.

[«]

Summarische Ausgangsanmeldung

In einigen Fällen, z. B. bei der Wiederausfuhr aus einer Freizone, ist es nicht erforderlich, vor dem Verbringen von Waren aus dem Zollgebiet der Union eine Zollanmeldung abzugeben. An die Stelle der Zollanmeldung tritt in diesen Fällen eine *summarische Ausgangsanmeldung* (ASumA) als Grundlage für die Risikoanalyse. In ATLAS ist das Fachverfahren Eingangs-/Ausgangs-SumA (EAS) für die Abgabe summarischer Ausgangsanmeldungen vorgesehen. Da ESumA und ASumA in der Regel von Logistikdienstleistern abgegeben werden, ist in SAP GTS eine Teilnahme an diesem Fachverfahren nicht möglich.

Authorised Economic Operator

Eine wesentliche Maßnahme zur Absicherung internationaler Lieferketten war die Definition des Status eines *zugelassenen Wirtschaftsbeteiligten*. Die Abkürzung der englischen Bezeichnung dieses Status (AEO für *Authorised Economic Operator*) ist auch in Deutschland verbreitet. Sie wird im Zusammenhang mit der Zertifizierung, die für die Bewilligung dieses Status erforderlich ist, in der amtlichen deutschen Übersetzung der UZK-Durchführungsvorschriften verwendet. Einem zugelassenen Wirtschaftsbeteiligten gewähren die Zollbehörden »Vereinfachungen nach den zollrechtlichen Zollvorschriften« und »sicherheitsrelevante Erleichterungen« (Art. 38 Abs. 2 UZK).

Bewilligungvoraussetzungen

Voraussetzungen für die Bewilligung des Status sind u. a. die Einhaltung der zoll- oder steuerrechtlichen Vorschriften, »ein erhöhtes Maß an Kontrolle« der Tätigkeiten und Warenbewegungen »mittels eines Systems der Führung der Geschäftsbücher«, nachgewiesene Zahlungsfähigkeit und »angemessene Sicherheitsstandards« (Art. 39 UZK). Der AEO-Status wird in der gesamten EU anerkannt. Eine globale Anerkennung wird angestrebt und in Abkommen mit Drittländern, wie z. B. China, Japan und den USA, schrittweise erreicht. Die Erleichterungen und Vereinfachungen betreffen sowohl die Einfuhr als auch die Ausfuhr. Für die Mehrheit der Unternehmen, die SAP GTS einsetzen, ist der Status jedoch in erster Linie für die Ausfuhrabwicklung von Bedeutung. In Verbindung mit dem Antrag auf Bewilligung des Status muss ein umfangreicher Fragebogen zur Selbstbewertung ausgefüllt und eingereicht werden. Diese Selbstbewertung enthält auch Fragen zu den in Buchhaltung, Logistik und Zollabwicklung eingesetzten IT-Systemen.

[»]

AEO-Zertifikate

Der Status eines zugelassenen Wirtschaftsbeteiligten wird in drei Varianten bewilligt:

- AEO-Zertifikat »Zollrechtliche Vereinfachungen« für die Inanspruchnahme von Verfahrensvereinfachungen (AEOC)
- AEO-Zertifikat »Sicherheit« für die Inanspruchnahme von Erleichterungen bei sicherheitsrelevanten Zollkontrollen (AEOS)
- AEO-Zertifikat »Zollrechtliche Vereinfachungen/Sicherheit« als Kombination der beiden erstgenannten Zertifikate (AEOF)

Zulässigkeitsprüfung

AES prüft auf der Grundlage der Ausfuhranmeldung auch, ob die beabsichtigte Ausfuhr von außenwirtschaftsrechtlichen oder sonstigen Beschränkungen betroffen ist (*Zulässigkeitsprüfung*). So kann z. B. ein Embargo die Ausfuhr grundsätzlich verbieten. Die Ausfuhr kann aber auch von der Vorlage einer Genehmigung abhängig sein. Wir betrachten diese Situationen in Kapitel 4, »Ausfuhrkontrolle«.

Ausfuhrbegleitdokument

Ist die Ausfuhranmeldung fehlerfrei und die Ausfuhr zulässig, überlässt die Ausfuhrzollstelle dem Ausführer oder Anmelder die Waren in das Ausfuhrverfahren und stellt ihm in Verbindung mit der Überlassungsmitteilung ein *Ausfuhrbegleitdokument* (ABD) aus. Das ABD enthält neben Angaben zu Versender, Empfänger und Waren auch die Referenznummer (*Master Reference Number*, abgekürzt MRN) des Ausfuhrverfahrens als Barcode und als Zeichenfolge. Wie im Versandverfahren identifiziert die MRN das Verfahren eindeutig im gesamten AES. Das ABD begleitet die Waren, die erst nach Erhalt der Überlassungsmitteilung befördert werden dürfen, auf ihrem Weg zur Grenze des Zollgebiets der Union. Bei der Gestellung der Waren bei der Ausgangszollstelle muss das ABD vorgelegt werden. Handelt es sich um eine direkte Ausfuhr, ist die Vorlage der MRN in Barcode- und Klartextform ausreichend. Die Ausfuhrzollstelle informiert die in der Ausfuhranmeldung angegebene Ausgangszollstelle in einer *Vorabausfuhranzeige* über die bevorstehende Ankunft der Waren.

Ausgangsvermerk

Die Ausgangszollstelle prüft, ob die gestellten Waren mit den in der Ausfuhranmeldung angegebenen Waren übereinstimmen, und überwacht den Ausgang der Waren aus dem Zollgebiet der Union. Über diesen Ausgang informiert die Ausgangszollstelle die Ausfuhrzollstelle in einer *Ausgangsbestätigung*. Die Ausfuhrzollstelle erledigt anschließend das Ausfuhrverfahren im AES und benachrichtigt den Ausführer oder Anmelder darüber mit einem *Ausgangsvermerk*.

Suchverfahren

Die Ausfuhrzollstelle überwacht den ordnungsgemäßen Abschluss des Ausfuhrverfahrens. Liegt ihr 90 Tage nach dem Tag der Überlassung noch keine Ausgangsbestätigung vor, kann sie den Ausführer oder Anmelder in einer *Wiedervorlage zur Ausfuhr* auffordern, den Verbleib der Waren zu klären und ggf. einen Nachweis über den Ausgang der Waren vorzulegen (*Suchverfahren*). Kann ein Alternativnachweis erbracht werden, erledigt die Ausfuhrzollstelle das Verfahren in AES und sendet den Ausgangsvermerk. Zulässige Nachweise gemäß Art. 335 Abs. 4 UZK-IA sind z. B.:

- »eine Kopie des vom Empfänger außerhalb des Zollgebiets der Union unterzeichneten oder authentifizierten Lieferscheins«
- ein Zahlungsnachweis
- die Rechnung

Falls die Ausfuhr nicht stattgefunden hat, ist eine Ungültigerklärung der Anmeldung möglich. Antwortet der Ausführer bzw. Anmelder nicht fristgerecht auf das Nachforschungsersuchen, erklärt die Zollverwaltung den Ausfuhrvorgang von sich aus für ungültig.

Vereinfachte Verfahren

Bei der Ausfuhr stehen Ihnen grundsätzlich dieselben Verfahrensvereinfachungen wie bei der Einfuhr zur Verfügung (siehe Abschnitt 2.1.1, »Ablauf einer Einfuhr in die EU«). Das VAV können Sie im Ausfuhrverfahren in zwei Varianten nutzen:

- Abgabe einer vZA ohne förmliche Bewilligung
- Abgabe einer vZA mit förmlicher Bewilligung

Vereinfachtes Anmeldeverfahren

Die erste Verfahrensvariante ist nur für den Einzelfall vorgesehen. Die Bewilligung der Vereinfachung wird in der Ausfuhranmeldung vorgangsbezogen beantragt. Die Annahme der Ausfuhranmeldung durch die zuständige Zollstelle ist dann zugleich die Annahme des Antrags auf (einmalige) Bewilligung des VAV. Bei regelmäßiger Inanspruchnahme des VAV ist stets eine förmliche Bewilligung erforderlich. Diese Bewilligung muss schriftlich beim zuständigen Hauptzollamt beantragt werden.

Anschreibeverfahren

Im ASV bewilligt das zuständige Hauptzollamt die Überführung der Waren in das Ausfuhrverfahren ohne Gestellung bei der Ausfuhrzollstelle (*Gestellungsbefreiung*). Die Anschreibung in der Buchführung gilt gleichzeitig als Annahme der Ausfuhranmeldung und als Überlassung der Waren. Daher erübrigt sich eine elektronische Kommunikation mit den Zollbehörden bei der Überführung in das Ausfuhrverfahren. Die im ASV abgewickelten Ausfuhren müssen der Ausfuhrzollstelle jedoch nach dem Ausgang der Waren periodisch in einer EGZ mitgeteilt werden. Diese EGZ wird in ATLAS als *nachträgliche Sammelanmeldung* bezeichnet und muss monatlich abgegeben werden.

Der folgende Abschnitt behandelt den Ablauf des Ausfuhrverfahrens im Normalverfahren und im VAV mit förmlicher Bewilligung in SAP GTS. Sie lernen die in AES verwendeten EDI-Nachrichtentypen und ihre Entsprechungen in SAP GTS kennen. Eine wichtige Rolle spielt außerdem die Integration der Zollabwicklung in die Vorsystemprozesse.

3.1.2 Abwicklung des Ausfuhrverfahrens in SAP GTS

Zollanmeldung

Grundlegende Informationen zum Zusammenwirken des Vorsystems mit SAP GTS in der Ausfuhrabwicklung haben Sie bereits in Abschnitt 1.2.2, »Zollabwicklung«, erhalten. Die elektronische Ausfuhranmeldung geben Sie auf der Grundlage einer Zollanmeldung ab (siehe Abbildung 1.11). Im Ausfuhrverfahren können Sie Zollanmeldungen zwar auch manuell anlegen. Für den Regelfall vorgesehen ist jedoch die Replikation von *Fakturen* aus dem Vorsystem. SAP GTS übernimmt bei dieser Replikation alle wesentlichen Daten aus dem Vertriebsprozess in die Zollanmeldung. In der Zollanmeldung können Sie diese Daten bei Bedarf verändern oder vervollständigen, bevor Sie die elektronische Nachricht an die Zollstelle versenden. Abbildung 3.1 stellt die Integration der Ausfuhrabwicklung in den Vertriebsprozess des Vorsystems im Überblick dar.

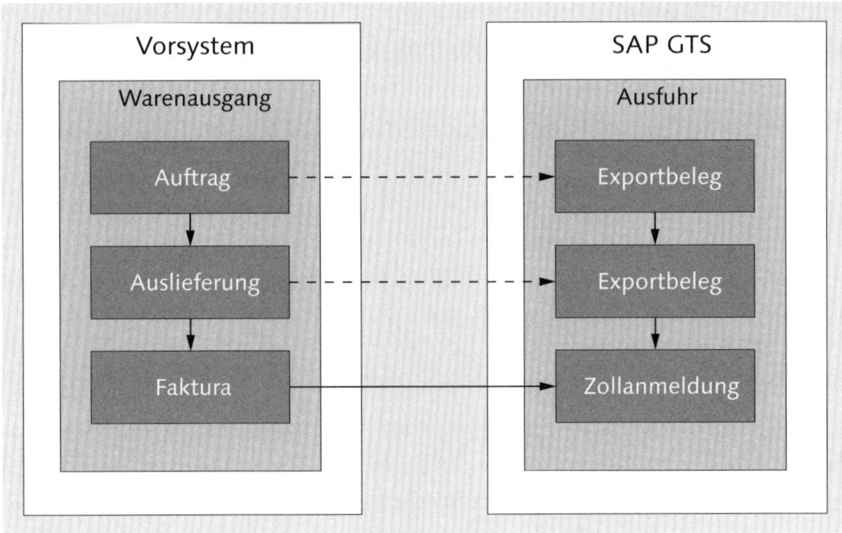

Abbildung 3.1 Vertriebsprozess und Ausfuhrabwicklung

Belegreplikation

Wie Sie schon in Abbildung 1.4 gesehen haben, können Kundenaufträge und Auslieferungen an SAP GTS übergeleitet werden. SAP GTS repliziert diese Vorsystembelege für die Prüfungen des Compliance Managements und des Risk Managements jeweils als Exportbelege. Wenn Sie die Anwendungsbereiche des Compliance Managements bzw. des Risk Managements nicht nutzen, müssen Sie Ihre Verkaufsbelege und Auslieferungen nicht an SAP GTS überleiten. Für die ausgangsseitige Zollabwicklung benötigen Sie in SAP GTS nur Replikate von Fakturen und – für die Beendigung des Zolllagerverfahrens – von Materialbelegen zu Warenausgangsbuchungen (siehe Abschnitt 2.3.3, »Erledigung des Zolllagerverfahrens in SAP GTS«).

Fakturaarten

Es ist sinnvoll, im Vorsystem eine eigene Fakturaart für die Ausfuhrabwicklung zu definieren und nur diese als relevant für die Überleitung an SAP GTS zu kennzeichnen (siehe Abbildung 1.9). Da Fakturen, die als Grundlage für Zollanmeldungen dienen, oft schon frühzeitig angelegt werden müssen, ist diese Fakturaart in der Regel eine *Pro-forma-Rechnung* (Vertriebsbelegtyp U). Pro-forma-Rechnungen sind nicht buchhaltungsrelevant. Entscheidend für die Replikation in SAP GTS ist jedoch nicht die Buchhaltungsrelevanz, sondern der *Lieferbezug* einer Faktura. Das Vorsystem überträgt an SAP GTS nur Fakturen, die sich auf Auslieferungen beziehen. Wenn Sie mehrere Fakturaarten als relevant für die Überleitung an SAP GTS gekennzeichnet haben, repliziert SAP GTS die erste zu einer Auslieferungsposition angelegte Faktura. Das gilt auch, wenn mehrere Pro-forma-Rechnungen derselben

Fakturaart zur selben Auslieferung angelegt werden. SAP GTS repliziert also immer genau eine Faktura je Auslieferungsposition.

Länderprüfung

Das Vorsystem leitet darüber hinaus nur Fakturen zu *Ausfuhrlieferungen* an SAP GTS über. Das Land des liefernden Werks und das Land des Warenempfängers müssen sich also unterscheiden. Außerdem darf nur eines der beiden Länder als EU-Mitglied gekennzeichnet sein (Menüpfad: **SAP NetWeaver • Allgemeine Einstellungen • Länder einstellen • Länder definieren in mySAP Systemen**, Kennzeichen **Mitglied der EU**). Die Replikation von Fakturen zu Lieferungen in Regionen, die zwar zum Staatsgebiet, nicht jedoch zum Umsatzsteuergebiet der EU gehören, behandelt Abschnitt 3.2.1, »Überführung in das Versandverfahren in SAP GTS«.

Sendungsbildung

SAP GTS repliziert jede Faktura separat als Zollanmeldung. Eine Zusammenfassung mehrerer Zollanmeldungen zu einem neuen Beleg ist in SAP GTS nicht möglich. Werden Waren mehrerer Auslieferungen für denselben Warenempfänger im Drittland gemeinsam befördert, ist es in der Regel sinnvoll, eine *Sammelfaktura* zu diesen Auslieferungen für die Überleitung an SAP GTS anzulegen. Im Vorsystem finden Sie im Anwendungsmenü für den Datenaustausch mit SAP GTS in der Sicht **Belege** eine passende Transaktion (**Sendungsbildung: Zollanmeldungen aus Vertriebsbelegen erzeugen**, Transaktionscode /SAPSLL/CUS_INV_R3). Sie können stattdessen jedoch auch die Transaktion **Fakturavorrat bearbeiten** (Transaktionscode VF04) verwenden (Menüpfad: **Logistik • Vertrieb • Fakturierung • Faktura • Fakturavorrat bearbeiten**).

Anpassung der Kopiersteuerung

In der Teilkomponente SD-FT speichert SAP ERP die Außenhandelsdaten zu Auslieferung und Faktura separat in den Datenbanktabellen EIKP (Außenhandel: Export/Import Kopfdaten) und EIPO (Außenhandel: Export/Import: Positionsdaten). Über eine automatisch generierte Identifikationsnummer (Feld EXNUM) stellt das System die Verbindung zwischen den Belegdaten und den zugehörigen Außenhandelsdaten her. Auch wenn Sie die Teilkomponente SD-FT nicht nutzen, generiert SAP ERP in Auslieferung und Faktura Außenhandelsdaten. Zu erkennen ist dies an der Aufbereitung der Sicht **Außenhandel/Zoll** auf Belegkopf- und Belegpositionsebene. Abhängig von der Kopiersteuerung kann die Faktura die Außenhandelsdaten der Auslieferung entweder referenzieren oder kopieren. Beim Referenzieren teilen sich Auslieferung und Faktura denselben Satz Außenhandelsdaten. Beim Kopieren erhält die Faktura einen eigenen Datensatz, der dem Datensatz der Auslieferung gleicht. Die Identifikationsnummer der Außenhandelsdaten wirkt in beiden Fällen als (im Programmcode verankertes) *Splitkriterium* bei der Sammelfakturierung.

Wenn Sie also Sammelfakturen anlegen, müssen Sie über die Kopiersteuerung sicherstellen, dass die Außenhandelsdaten in der Faktura neu generiert werden. Wählen Sie dazu im Einführungsleitfaden des SAP-ERP-Vorsystems den Menüpfad **Vertrieb • Fakturierung • Fakturen • Kopiersteuerung für Fakturen pflegen** und anschließend **Kopiersteuerung: Lieferbeleg nach Faktura**. Setzen Sie für jede relevante Kombination von Liefer- und Fakturaart im Feld **Erm.Außenh.segment** das Kennzeichen **B** (Außenhandelsdaten neu ermitteln). Abbildung 3.2 zeigt ein Beispiel.

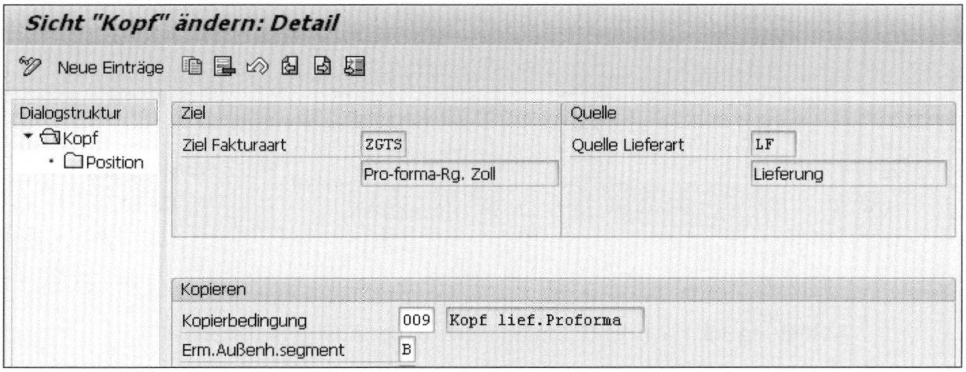

Abbildung 3.2 Kopiersteuerung Auslieferung – Faktura (Ausschnitt)

Die Fakturaart ZGTS, die Sie im Feld **Ziel Fakturaart** sehen, wurde ausschließlich für die Ausfuhrabwicklung in SAP GTS definiert. Fakturen dieser Fakturaart können u. a. mit Bezug zu Auslieferungen der Lieferart LF angelegt werden (Feld **Quelle Lieferart**). In SAP-S/4HANA-Vorsystemen können Sie die Sammelfakturierung für die Zwecke der Sendungsbildung ohne Eingriffe in die Kopiersteuerung nutzen.

Erneute Replikation im Fehlerfall

Aus den Daten der Faktura erzeugt SAP GTS eine Zollanmeldung. Anders als bei der Einfuhr sind bei der Ausfuhr keine Arbeitsvorräte vorgesehen. Die Replikation der Vorsystemdaten erfolgt also immer automatisch unmittelbar nach ihrer Überleitung. Gescheiterte Replikationsversuche protokolliert SAP GTS (siehe Abbildung 1.10). Wenn Sie die Ursache(n) des Scheiterns im Customizing oder auf Stammdatenebene behoben haben, können Sie die Überleitung der Fakturadaten im Vorsystem erneut auslösen. Starten Sie dazu die Transaktion **Transaktionaler RFC** (Transaktionscode SM58). Geben Sie einen Anzeigezeitraum vor und führen Sie die Selektion aus. Markieren Sie in der Ergebnisdarstellung den Eintrag für den fehlerhaften RFC und wählen Sie im Menü **Bearbeiten • LUW ausführen**.

Nachrichtenaustausch

Auf der Grundlage der Zollanmeldung versenden und empfangen Sie Nachrichten. Abbildung 3.3 stellt den Nachrichtenaustausch mit der Ausfuhrzollstelle im vereinfachten Verfahren (vZA mit förmlicher Bewilligung) schematisch dar.

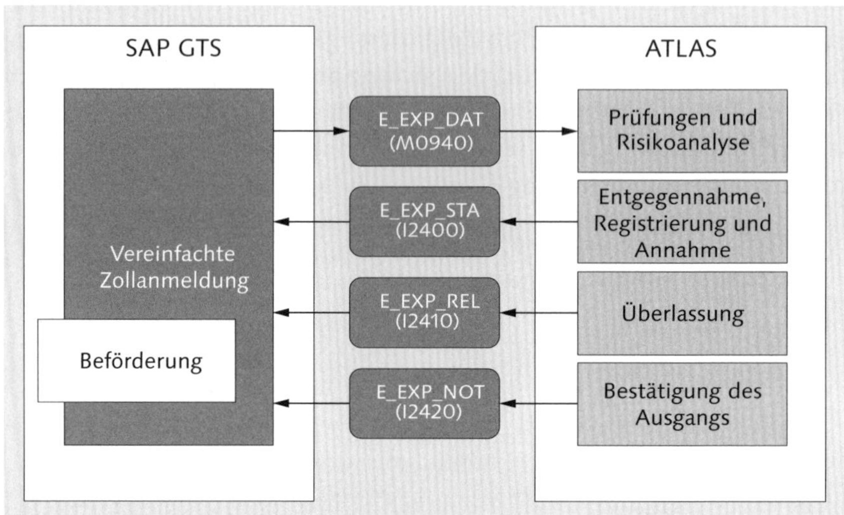

Abbildung 3.3 Nachrichtenaustausch mit der Ausfuhrzollstelle

Im vereinfachten Verfahren versenden Sie die Ausfuhranmeldung mit der Ausgangsnachricht M0940 (Anmeldung zur Ausfuhr – Zugel. Ausführer), die der EDI-Nachricht E_EXP_DAT entspricht. Im Normalverfahren verwenden Sie stattdessen die Nachricht M0910 (Anmeldung zur Ausfuhr). Die Prüfung der Ausfuhranmeldung erfolgt automatisiert in ATLAS. Ist die Anmeldung fehlerfrei, nimmt die Ausfuhrzollstelle sie entgegen und im selben Arbeitsschritt auch an. Über fachliche oder technische Fehler, die eine Entgegennahme der Ausfuhranmeldung verhindern, informiert die Ausfuhrzollstelle in der EDI-Nachricht E_ERR_NCK. In SAP GTS erhalten Sie diese Fehlermeldung mit der Nachricht I2445 (Fachliche/Technische Fehlermeldung). Nach der Fehlerkorrektur müssen Sie die Ausfuhranmeldung erneut versenden.

Bei der Entgegennahme der Ausfuhranmeldung weist ATLAS dem Vorgang eine MRN zu. Um die Entgegennahme und die Annahme der Ausfuhranmeldung mitzuteilen, sendet Ihnen die Ausfuhrzollstelle die EDI-Nachricht E_EXP_STA. In SAP GTS empfangen Sie diese Mitteilung in der Nachricht I2400 (Statusanmeldung zur Ausfuhr). Wenn die Prüfergebnisse nicht dagegensprechen und keine Kontrolle der Waren am Gestellungsort angeordnet wird, überlässt die Ausfuhrzollstelle die Waren anschließend automatisiert und versendet die EDI-Nachricht E_EXP_REL. Dieser Nachricht entspricht in SAP GTS die Nachricht I2410 (Überlassung zur Ausfuhr).

ABD und Ausgangsvermerk als PDF-Dateien

In Verbindung mit der Überlassungsmitteilung sendet die Ausfuhrzollstelle das ABD als PDF-Datei. Sie können diese Datei direkt aus der Zollanmeldung heraus öffnen und drucken oder speichern. Mit der Nachricht E0010 (E-Mail Ausfuhrbegleitdokument) können Sie das ABD jedoch auch als Anhang einer E-Mail an einen oder mehrere Empfänger weiterleiten. Den Ausgang der Waren teilt die Ausfuhrzollstelle Ihnen in der EDI-Nachricht E_EXP_NOT mit. Diese Nachricht, der in SAP GTS die Nachricht I2420 (Mitteilung zur Ausfuhr) entspricht, wird von einem Ausgangsvermerk in Form einer PDF-Datei begleitet. Auch diese Datei können Sie direkt aus der Zollanmeldung heraus verarbeiten oder mit der Nachricht E0011 (E-Mail Ausgangsvermerk) als E-Mail-Anhang an andere Empfänger weiterleiten. Abbildung 3.4 zeigt die Sicht **Kommunikation** einer Zollanmeldung in SAP GTS mit Aus- und Eingangsnachrichten bei fehlerfreiem Verfahrensablauf.

Abbildung 3.4 Zollanmeldung mit Ausgangs- und Eingangsnachrichten

Sie sehen in Abbildung 3.4, dass außer der Ausfuhranmeldung (Nachricht M0940) auch E-Mails mit dem ABD (Nachricht E0010) und dem Ausgangsvermerk (Nachricht E0011) versendet wurden. Das Symbol in der Symbolleiste unterhalb der Titelzeile weist Sie darauf hin, dass der Zollanmeldung Dateien als Anlage zugeordnet sind. Über dieses Symbol oder den Menüeintrag **Springen • Anlagen anzeigen** können Sie sich das ABD und den Ausgangsvermerk als PDF-Dateien anzeigen lassen.

Statusverwaltung

In ATLAS wird der Ablauf des Ausfuhrverfahrens in allen zulässigen Varianten mithilfe einer differenzierten Statusverwaltung strukturiert. Jede Eingangsnachricht enthält einen zweistelligen numerischen Statuscode, der die Entscheidung der Zollbehörden im jeweiligen Teilschritt des Verfahrens in ATLAS dokumentiert. Eine Übersicht über diese Codes und ihre Bedeutung finden Sie im Merkblatt für ATLAS-Teilnehmer.

In der Zollanmeldung in SAP GTS können Sie die Statusvergabe in der Sicht **Status** überprüfen. Abbildung 3.5 zeigt das Beispiel der Zollanmeldung aus Abbildung 3.4.

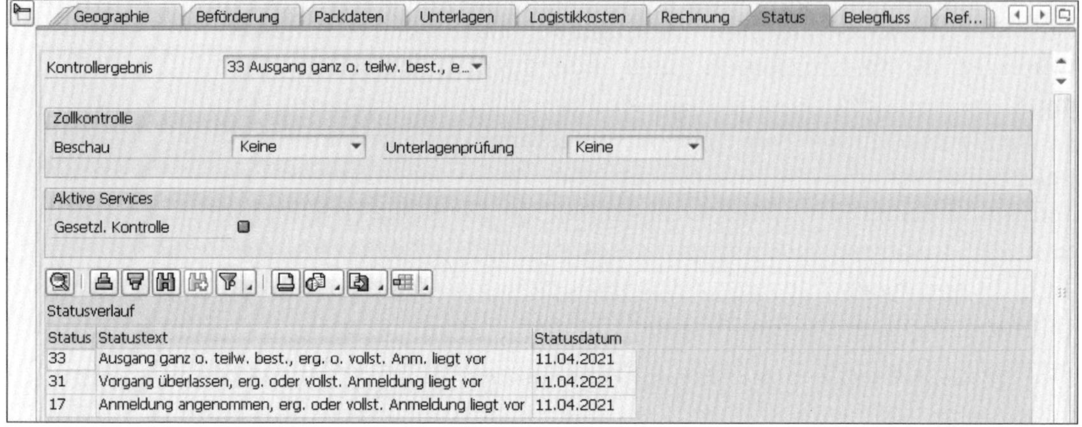

Status	Statustext	Statusdatum
33	Ausgang ganz o. teilw. best., erg. o. vollst. Anm. liegt vor	11.04.2021
31	Vorgang überlassen, erg. oder vollst. Anmeldung liegt vor	11.04.2021
17	Anmeldung angenommen, erg. oder vollst. Anmeldung liegt vor	11.04.2021

Abbildung 3.5 Status in der Zollanmeldung

Die Eingangsverarbeitung der Nachricht I2400 hat den Status 17 (in AES 3.0 Status 132) gesetzt. Die Mitteilung der Überlassung in der Nachricht I2410 hat den Status 31 (in AES 3.0 Status 502) ergänzt. Den Status 33 (in AES 3.0 Status 542) hat SAP GTS aus der Nachricht I2420 übernommen.

Fehlermeldungen

Im Beispiel aus Abbildung 3.4 haben die Prüfungen in ATLAS keine Mängel ergeben, sodass die Ausfuhrzollstelle die Ausfuhranmeldung sofort annehmen konnte. Wenn Sie eine Fehlermeldung erhalten, markieren Sie im Bereich **Nachrichten** den Eintrag für die Nachricht I2445 und klicken auf das Symbol, um das Verarbeitungsprotokoll zu lesen. Im AES sind alle Fehler, die in den automatisierten Vollständigkeits- und Plausibilitätsprüfungen entdeckt werden können, mit achtstelligen alphanumerischen Codes verschlüsselt. Der Meldungstext zum Fehlercode informiert Sie über den festgestellten Mangel. Nachdem Sie den Fehler im Zollanmeldungsbeleg behoben haben, markieren Sie im Bereich **Nachrichten** den Eintrag für die Nachricht M0940 und klicken auf das Symbol. SAP GTS generiert einen zweiten, aktiven Eintrag für die Nachricht M0940, damit Sie die korrigierte Ausfuhranmeldung versenden können.

Bewilligungsdaten in der Zollanmeldung

In der Sicht **Unterlagen** auf Belegkopfebene finden Sie ggf. die Bewilligung des vereinfachten Verfahrens und den in dieser Bewilligung bezeichneten Ort, an dem die Waren gestellt werden. Dieser zugelassene Ort – in der Regel der Ort des Verpackens oder Verladens – wird in ATLAS mit einem vierstelligen alphanumerischen Code gekennzeichnet. Die deutsche Zollverwaltung erfasst alle Bewilligungen in ATLAS, um die Angaben in elektronischen

Zollanmeldungen automatisiert prüfen zu können. Den Code für den Gestellungsort, den Ihnen das Hauptzollamt in der Bewilligung zugeteilt hat, tragen Sie in SAP GTS in den Stammsatz der Bewilligung ein (siehe Abbildung 3.24). Aus diesem Stammsatz übernimmt SAP GTS den Code in die Zollanmeldung in die Sicht **Unterlagen**. Abbildung 3.6 zeigt diese Sicht in der Zollanmeldung aus Abbildung 3.4.

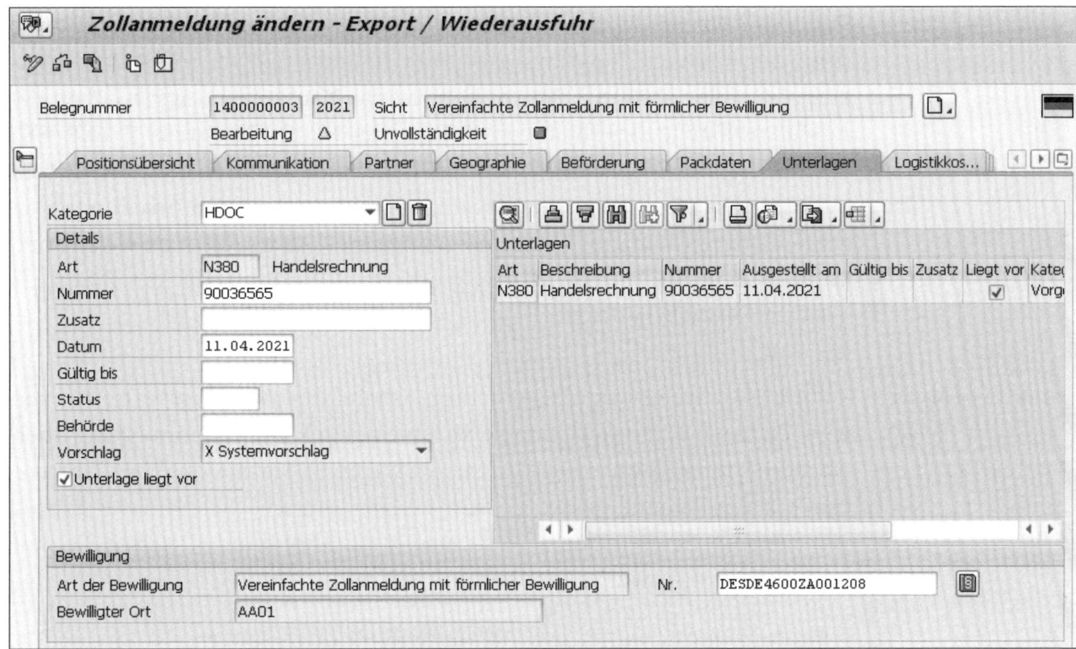

Abbildung 3.6 Sicht »Unterlagen« mit Bewilligungsdaten

Im Bereich **Bewilligung** sehen Sie, dass der Zollanmeldung eine Bewilligung des VAV zugeordnet ist (Text **Vereinfachte Zollanmeldung mit förmlicher Bewilligung** im Feld **Art der Bewilligung**). Die Identifikationsnummer, unter der die Zollverwaltung diese Bewilligung in ATLAS führt, ist im Feld **Nr.** zu erkennen. Der Gestellungsort hat im Stammsatz der Bewilligung in SAP GTS den Code AA01 (Feld **Bewilligter Ort**).

Unvollständigkeitsprüfung

Die im Programmcode verankerte *Unvollständigkeitsprüfung* der Zollanmeldungen in SAP GTS orientiert sich weitgehend an ATLAS. Von SAP GTS als unvollständig identifizierte Belege würden daher die – mit jedem neuen Release verschärfte – Vollständigkeits- und Plausibilitätsprüfung in ATLAS nicht unbeanstandet bestehen. Aus diesem Grund können Sie aus SAP GTS nur Nachrichten technisch vollständiger Zollanmeldungen versenden. Wegen des hohen Risikos, fachliche Fehlermeldungen herbeizuführen, sollten Sie von Eingriffen in die Unvollständigkeitsprüfung absehen.

Nachforschung über den Verbleib der Waren

Liegt der Ausfuhrzollstelle 90 Tage nach der Überlassung noch keine Ausgangsbestätigung der Ausgangszollstelle vor, sendet sie dem Anmelder oder seinem direkten Vertreter automatisiert ein *Nachforschungsersuchen* in der EDI-Nachricht E_EXP_FUP. In SAP GTS erhalten Sie diese Aufforderung, den Verbleib der Waren zu klären, in Form der Nachricht I2425 (Wiedervorlage der Ausfuhr). Sie können auf das Nachforschungsersuchen der Ausfuhrzollstelle innerhalb von 45 Tagen in der EDI-Nachricht E_EXP_EXT antworten. Der Nachricht E_EXP_EXT entspricht die SAP-GTS-Nachricht M0905 (Ausgang zur Ausfuhr). Wenn Sie nicht auf das Nachforschungsersuchen reagieren, wird der Ausfuhrvorgang in ATLAS 360 Tage nach der Überlassung automatisiert für ungültig erklärt. Diese Tatsache teilt Ihnen die Ausfuhrzollstelle in der Nachricht E_EXT_STA (in AES 3.0 Nachricht E_EXT_REJ) mit.

Überwachung der Ausgänge

Zur Überwachung des fristgerechten Erhalts des Ausgangsvermerks verwenden Sie die Transaktion **Exportbestätigungen der Zollanmeldung überwachen** (Transaktionscode /SAPSLL/REPA_CUS). Sie finden diese Transaktion im Bereichsmenü des Customs Managements (Schaltfläche **Export**, Sicht **Export**, Bereich **Operatives Cockpit**). In Abbildung 3.7 sehen Sie eine Auswertung mit zwei Zollanmeldungen.

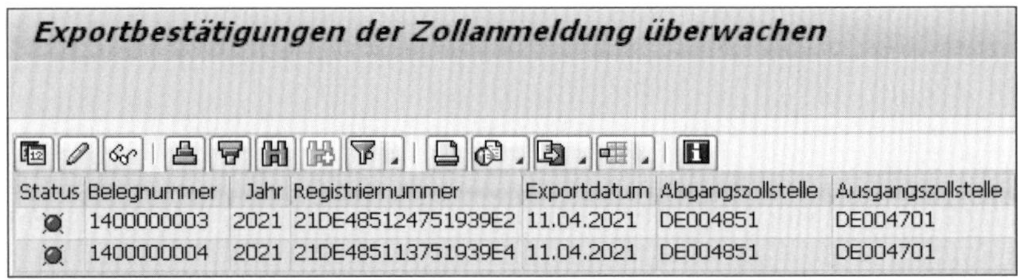

Exportbestätigungen der Zollanmeldung überwachen

Status	Belegnummer	Jahr	Registriernummer	Exportdatum	Abgangszollstelle	Ausgangszollstelle
●	1400000003	2021	21DE485124751939E2	11.04.2021	DE004851	DE004701
●	1400000004	2021	21DE485113751939E4	11.04.2021	DE004851	DE004701

Abbildung 3.7 Überwachung der Ausgänge

Das Symbol ● in der Spalte **Status** ganz links weist darauf hin, dass zu den beiden Zollanmeldungen in der Spalte **Belegnummer** noch keine Ausgangsvermerke in SAP GTS vorliegen.

Bearbeitung eines Nachforschungsersuchens

Haben Sie in SAP GTS ein Nachforschungsersuchen zu einer Ihrer Zollanmeldungen erhalten, müssen Sie den Beleg nachbearbeiten. Abbildung 3.8 zeigt die Sicht **Kommunikation** einer Zollanmeldung nach Eingang der Nachricht I2425. Nach Verarbeitung der Nachricht I2425 hat SAP GTS die Ausgangsnachricht M0905 an die erste Stelle der Nachrichtenübersicht gesetzt. Das gelbe Dreieck in der Spalte **Status** weist wieder darauf hin, dass die

Nachricht ausgabebereit ist. Die Unvollständigkeitsprüfung hat allerdings noch Handlungsbedarf ergeben (Symbol neben dem Text **Unvollständigkeit**).

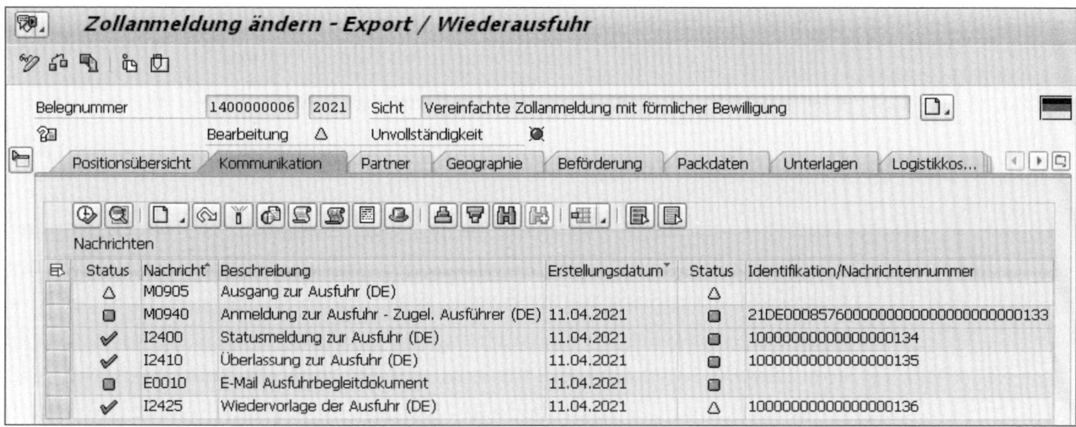

Abbildung 3.8 Zollanmeldung mit Nachforschungsersuchen

Es fehlen nämlich noch Angaben zum Nachweis des tatsächlichen Ausgangs der Waren. Diese müssen Sie in der Sicht **Unterlagen** ergänzen. Abbildung 3.9 zeigt ein Beispiel für diese Angaben.

Bearbeitung Unvollständigkeit
Positionsübersicht Kommunikation Partner Geographie Beförderung Packdaten Unterlagen Logistikkos...
Kategorie COCO Korrektur-/ Än...
Details
Art EXIT Ausgang zur Ausfuhr
Nummer
Zusatz
Datum
Gültig bis
Status 4
Behörde
Vorschlag
Unterlage liegt vor

Unterlagen

Art	Beschreibung	Nummer	Ausgestellt am	Gültig bis	Zusatz	Liegt vor
EXIT	Ausgang zur Ausfuhr					☐
N380	Handelsrechnung	90036568	11.04.2021			☑

Abbildung 3.9 Sicht »Unterlagen« mit Angabe zum Alternativnachweis

Angaben zum Verbleib der Waren

SAP GTS schlägt im Feld **Kategorie** die Unterlagenart **COCO Korrektur-/Änderungsgründe** vor und ergänzt **EXIT** (Ausgang zur Ausfuhr) im Feld **Art**. Dieser Eintrag steht für die möglichen Antworten, die Sie der Ausfuhrzollstelle auf ihr Nachforschungsersuchen geben können. Diese Antworten sind in der Zollcodeliste A0137 verschlüsselt. Im Feld **Status** wählen Sie den Code für die zutreffende Aussage über die Wertehilfe aus. Es gibt vier Möglichkeiten:

- **1 Ausfuhr verzögert (Gestellung an der Ausgangszollstelle ist noch nicht erfolgt)**
- **2 Ausgang verzögert (Gestellung an der Ausgangszollstelle ist bereits erfolgt)**
- **3 Ausgang erfolgt, Alternativnachweis liegt nicht vor**
- **4 Ausgang erfolgt, Alternativnachweis liegt vor**

In der Zollanmeldung in Abbildung 3.9 wurde das Kennzeichen 4 gesetzt. Dieses Kennzeichen ist vorgesehen für Vorgänge, in denen nicht mehr mit der elektronischen Ausgangsbestätigung der Ausgangszollstelle zu rechnen ist. Kennzeichen 2 und 3 kommen dagegen infrage, wenn das Eintreffen der Ausgangsbestätigung noch erwartet wird. Wenn Sie melden, dass der Ausgang der Waren erfolgt ist, müssen Sie die tatsächliche Ausgangszollstelle angeben. Bei Kennzeichen 1 bis 3 müssen Sie zusätzlich eine Bemerkung in Freitextform in der Sicht **Texte** auf Kopfebene ergänzen (siehe Abbildung 3.12). Die tatsächliche Ausgangszollstelle – eine der ausgelieferten Partnerfunktionen für die Zollabwicklung (CUSXZS) – ergänzen Sie in der Sicht **Geographie** im Bereich **Zollstellen**. Anschließend können Sie die Nachricht M0905 versenden.

Stornoabwicklung

Gelegentlich stellt sich nach der Überleitung einer Faktura an SAP GTS oder sogar erst nach der Abgabe der Ausfuhranmeldung heraus, dass die geplante Ausfuhr nicht stattfindet. Möglicherweise ist auch die übergeleitete Faktura oder die in SAP GTS weiterbearbeitete Zollanmeldung fehlerhaft. Die weitere Vorgehensweise ist abhängig vom Vertriebsbelegtyp der Fakturaart und vom Bearbeitungsstatus der Zollanmeldung in SAP GTS. Proforma-Fakturen können Sie nicht stornieren, sondern nur erledigen. Wenn Sie jedoch die Belege einer buchhaltungsrelevanten Fakturaart für die Zollabwicklung verwenden, sollten Sie auch die zugehörige Storno-Fakturaart als relevant für die Überleitung an SAP GTS kennzeichnen.

[»]

Storno-Fakturaart ermitteln

Sie finden die Zuordnung der Storno-Fakturaart in den Details der Fakturaart im Customizing des Vorsystems. Wählen Sie den Menüpfad **Vertrieb • Fakturierung • Fakturen • Fakturaarten definieren** und anschließend den Eintrag **Fakturaarten definieren**. Markieren Sie den Eintrag für die Fakturaart und wählen Sie **Springen • Detail**. Im Bereich **Storno** sehen Sie im Feld **Storno-Fakturaart** ggf. einen Eintrag. Ob ein Storno möglich ist, hängt vom Vertriebsbelegtyp der Fakturaart ab.

Um eine Pro-forma-Faktura zu erledigen, rufen Sie den Beleg in der Transaktion **Faktura ändern** (Transaktionscode VF02) auf und wählen im Einstiegsbild der Transaktion **Faktura • Erledigen** (Menüpfad: **Logistik • Vertrieb • Fakturierung • Faktura • Ändern**).

Storno vor Abgabe der Ausfuhranmeldung

Stornieren Sie im Vorsystem eine buchhaltungsrelevante Faktura vor dem Versenden der Ausfuhranmeldung und ist die Storno-Fakturaart ebenfalls überleitungsrelevant, storniert SAP GTS automatisch die zugehörige Zollanmeldung. Dasselbe gilt für Replikate von Pro-forma-Rechnungen, die Sie vor dem Versenden der Ausfuhranmeldung erledigen. In Abbildung 3.10 sehen Sie ein Beispiel für eine Zollanmeldung, die vor der Abgabe der Ausfuhranmeldung storniert wurde.

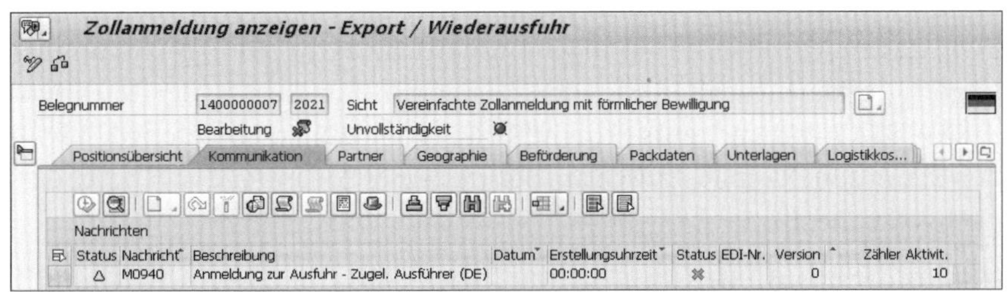

Abbildung 3.10 Storno vor Abgabe der Ausfuhranmeldung

Sie sehen in Abbildung 3.10, dass die Nachricht M0940 noch nicht verarbeitet wurde (Symbol △ in der Spalte **Status**). Das Symbol weist Sie darauf hin, dass die Zollanmeldung storniert ist. Ein Versand der Nachricht M0940 ist nun nicht mehr möglich.

Wird nach dem Storno einer Zollanmeldung zu einer Pro-forma-Rechnung eine zweite Pro-forma-Rechnung zur selben Auslieferung angelegt, leitet das Vorsystem diese zweite Faktura an SAP GTS über, damit Sie bei Bedarf eine Ausfuhranmeldung auf der Grundlage korrigierter Daten abgeben können.

Änderung oder Ungültigerklärung einer Zollanmeldung

Nach Art. 173 Abs. 1 UZK ist es auf Antrag zulässig, Angaben in der Zollanmeldung nach ihrer Annahme zu ändern. Ausgeschlossen ist eine Änderung jedoch, wenn die Zollbehörden eine Beschau der Waren angeordnet haben, die Angaben in der Zollanmeldung für unrichtig halten oder die Waren bereits überlassen haben (Art. 173 Abs. 2 UZK).

Die Zollbehörden können eine Zollanmeldung auf Antrag für ungültig erklären (Art. 174 Abs. 1 UZK). Eine *Ungültigerklärung* der Zollanmeldung nach Überlassung ist jedoch nur in Ausnahmefällen möglich (Art. 174 Abs. 2 UZK). Im Ausfuhrverfahren muss der Ausführer in solchen Fällen die Ausfuhrzollstelle darüber informieren, dass die zum Verfahren angemeldeten Waren das Zollgebiet der Union nicht verlassen haben bzw. nicht verlassen sollen (Art. 340 Abs. 1 bzw. 2 UZK-IA).

Storno nach Annahme der Ausfuhranmeldung

Nach dem Versand einer Ausfuhranmeldung an ATLAS erhalten Sie im vereinfachten Verfahren in der Regel innerhalb weniger Minuten die Antwortnachricht E_EXP_STA, in der Entgegennahme und Annahme der Anmeldung zusammenfasst sind (siehe auch Abbildung 3.3). Wenn Sie nun Ihre Ausfuhranmeldung ändern oder rückgängig machen wollen, müssen Sie bei der Zollverwaltung mit der EDI-Nachricht E_EXP_CAN (in AES 3.0 Nachricht E_EXP_INV) einen *Antrag auf Ungültigkeit/Stornierung einer Anmeldung* stellen. Wird Ihr Antrag angenommen und die Ausfuhranmeldung für ungültig erklärt, erhalten Sie eine Bestätigung in Gestalt der Nachricht E_EXP_STA mit dem Status 15 (in AES 3.0 Status 520). In Abbildung 3.11 können Sie diesen Datenaustausch am Beispiel einer Zollanmeldung in SAP GTS nachvollziehen.

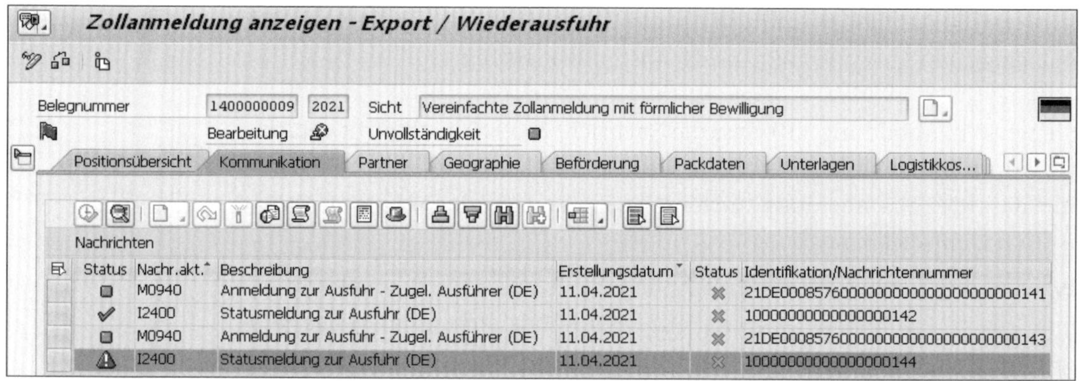

Abbildung 3.11 Ungültigerklärung nach Annahme

Antrag auf Ungültigkeit/ Stornierung

Sie sehen in Abbildung 3.11, dass zunächst die Ausfuhranmeldung mit der Nachricht M0940 abgegeben wurde. Zu dieser Anmeldung ging die Nachricht I2400 als Mitteilung der Entgegennahme und Annahme ein. Erst nach Erhalt dieser Mitteilung stellte sich heraus, dass die geplante Ausfuhr nicht stattfindet, weil der Kunde den Auftrag kurzfristig storniert hat. Daher wurde ein Antrag auf Ungültigkeit/Stornierung der Ausfuhranmeldung gestellt. Wie Sie in Abbildung 3.11 sehen, wurde für diesen Antrag ebenfalls die Nachricht M0940 verwendet. Die abschließende Eingangsnachricht I2400 ist wie eine Fehlermeldung gekennzeichnet und rot gefärbt. Diese Kennzeichnung macht deutlich, dass die Zollverwaltung die Ausfuhranmeldung für ungültig erklärt hat.

Wenn Sie eine bereits angenommene Ausfuhranmeldung für ungültig erklären lassen wollen, wählen Sie im Menü der Zollanmeldung **Beleg • Stornieren • Storno beantragen**. In einer anschließend erscheinenden Meldung weist SAP GTS Sie darauf hin, dass der Beleg nach Erhalt der Ungültigerklärung storniert wird. Wenn Sie diese Sicherheitsabfrage bestätigen, ändert sich der Bearbeitungsstatus des Belegs (Symbol für **Storno beantragen**). Markieren Sie anschließend in der Sicht **Kommunikation** den Eintrag für die Nachricht M0940, klicken Sie auf das Symbol und versenden Sie die Nachricht erneut an ATLAS. SAP GTS erkennt anhand des Bearbeitungsstatus der Zollanmeldung, dass es sich bei der Nachricht M0940 um einen Antrag auf Ungültigkeit/Stornierung handelt, und verwendet für das Ausgangs-IDoc einen eigenen Nachrichtentyp (/SAPSLL/CUS_EXP_CAN).

Storno nach Überlassung

Nicht anders gehen Sie vor, wenn Ihnen die Waren bereits überlassen wurden (Erhalt der Nachricht I2410). Formal ist die zweite Ausgangsnachricht dann jedoch ein *Antrag nach Artikel 174 Abs. 2 UZK*. Sie können diesen Antrag wieder mit der Nachricht M0940 stellen. Sie können stattdessen aber auch die Nachricht M0930 (Antrag auf Stornierung der Ausfuhr) verwenden. Diese Nachricht entspricht der EDI-Nachricht E_EXP_CAN bzw. – in AES 3.0 – der Nachricht E_EXP_INV. Die Ausfuhrzollstelle teilt Ihnen die Entscheidung in der Nachricht E_EXP_STA mit. Wurde Ihr Antrag angenommen, enthält die Nachricht den Status 38 (in AES 3.0 Status 520). Bei Ablehnung des Antrags ändert sich der Status der Ausfuhranmeldung nicht. (In AES 3.0 wird Ihnen die Ablehnung des Antrags in der Nachricht E_EXP_REJ mitgeteilt.)

Begründung des Antrags

Ihrem Antrag auf Ungültigerklärung einer Ausfuhranmeldung müssen Sie in jedem Fall eine Begründung hinzufügen. Die Nachricht M0940 fordert diese Begründung mit der Meldung **Bemerkungen ist nicht vorhanden** als Freitext in der Sicht **Texte** auf Belegkopfebene ein. Abbildung 3.12 zeigt ein Beispiel.

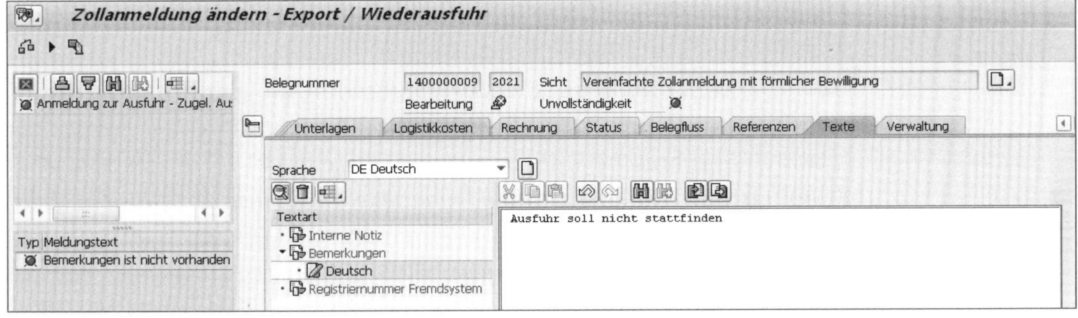

Abbildung 3.12 Begründung des Antrags

Sie sehen im Ergebnisprotokoll der Unvollständigkeitsprüfung, dass noch Angaben fehlen. Wenn Sie doppelt auf den Meldungstext klicken, öffnet sich die Sicht **Texte**. Wählen Sie in dieser Sicht die Text-ID **Bemerkungen** aus und klicken Sie anschließend auf das Symbol ▢. Sie können nun im Editorfeld eine Antragsbegründung erfassen und die Nachricht anschließend versenden.

Manuelle Nachbearbeitung

Nach Erhalt der Ungültigerklärung einer Ausfuhranmeldung vor der Überlassung fordert das Symbol ▢ unterhalb des Felds **Belegnummer** Sie auf, den Vorgang anhand der Zollanmeldung in SAP GTS noch einmal zu prüfen (siehe Abbildung 3.11). Den Abschluss dieser Prüfung teilen Sie dem System mit, indem Sie im Menü der Zollanmeldung **Bearbeiten • Nachbearbeitung • Erledigen** wählen. Nach Bestätigung der anschließend erscheinenden Rückfrage, ob Sie die Nachbearbeitung erledigen wollen, setzt SAP GTS das Kennzeichen **B Erledigt** im Feld **Nachbearbeitung** in der Sicht **Status**.

Wenn die Ausfuhr stattfinden soll, die Zollanmeldung also nur korrigiert werden muss, können Sie im Anschluss an die Erledigung der Zollanmeldung die zugehörige Faktura im Vorsystem stornieren oder erledigen, um einen neuen Beleg anzulegen. Auf der Grundlage des Replikats der zweiten Faktura können Sie die Kommunikation mit der Zollstelle neu beginnen.

Ausfallverfahren

Ist der elektronische Datenaustausch mit der Zollverwaltung in ATLAS vorübergehend nicht möglich, kommt unabhängig vom Zollverfahren das *Ausfallverfahren* zur Anwendung. Ursache für solche Unterbrechungen können technische Störungen, aber auch Wartungsarbeiten sein. Dabei spielt es keine Rolle, wer der Verursacher der Unterbrechung ist. Bei einer voraussichtlich länger andauernden technischen Störung muss in jedem Fall der Service Desk des *Informationstechnikzentrums Bund* (ITZBund) benachrichtigt werden. Dieser eröffnet eine Störungsmeldung und vergibt eine Ticketnummer. Wenn es sich um eine Störung aufseiten der Zollverwaltung oder um Wartungsarbeiten handelt, veröffentlicht das ITZBund die Störungsmeldung auf seiner Website (*www.itzbund.de*). Über diese Website können Sie auch selbst Störungsmeldungen erfassen.

Einheitspapier

Im Ausfallverfahren geben Sie die Ausfuhranmeldung entweder in Papierform auf dem Vordruck des *Einheitspapiers Ausfuhr/Sicherheit* (EPAS) oder – falls eine technische Störung auf Ihrer Seite besteht – in elektronischer Form als *Internet-Ausfuhranmeldung-Plus (IAA-Plus)* ab (*www.ausfuhrplus.internetzollanmeldung.de*). In Ihrem SAP-GTS-System finden Sie verschiedene Versionen des Einheitspapiers als Smart-Forms- oder PDF-basierte Formulare. Für die Ausgabe des EPAS verwenden Sie die Nachricht P0700, der ein PDF-basiertes Formular zugeordnet ist.

[«]

3

Einheitspapier und IAA-Plus

Das Einheitspapier ist ein in der gesamten EU für die Abgabe schriftlicher Zollanmeldungen verwendeter Formularsatz. Er besteht aus acht Exemplaren, die in unterschiedlichen Kombinationen für die verschiedenen Zollverfahren verwendet werden. Für die schriftliche Ausfuhranmeldung kommen z. B. die Exemplare Nr. 1, 2 und 3 zum Einsatz. Exemplar Nr. 1 verbleibt bei der Zollverwaltung, Exemplar Nr. 2 ist in Deutschland für das Statistische Bundesamt und Exemplar Nr. 3 für den Ausführer bestimmt. Die Ausgangsstelle bestätigt den Ausgang der Waren auf der Rückseite des Exemplars Nr. 3, wenn Feld 44 die Angabe »RET-EXP – 30400« enthält. Das EPAS hat zusätzliche Felder für sicherheitsrelevante Daten, die für eine Risikoanalyse herangezogen werden.

Die IAA-Plus ist ein Angebot der deutschen Zollverwaltung für Unternehmen, die nur gelegentlich Waren ausführen, sodass sich die Anschaffung einer ATLAS-Teilnehmersoftware nicht lohnt.

Ticketnummern erfassen

Die Ticketnummer der Störungsmeldung erfassen Sie in SAP GTS in der Transaktion **Nummer für Ausfallverfahren verwalten** (Transaktionscode /SAPSLL/EMCNO_ADMIN). Sie finden diese Transaktion im Bereichsmenü der Systemadministration (Schaltfläche **Systemüberwachung**, Sicht **Ausfallverfahren**). In Abbildung 3.13 sehen Sie das Beispiel einer Ticketnummer für einen geplanten Systemausfall aufgrund von Wartungsarbeiten.

Nummer für Ausfallverfahren verwalten

Land DE Deutschland

Nr. Ausfallverfahren	Anfang am	Uhrzeit	Zeitzone	Endedatum	Uhrzeit	Beschreibung
1070823	11.04.2021	14:00:00	CET	11.04.2021	18:00:00	Wartungsarbeiten

Abbildung 3.13 Ticketnummern verwalten

In der Spalte **Nr. Ausfallverfahren** geben Sie die Ticketnummer ein. Ist in der Störungsmeldung ein Zeitfenster für den Systemausfall angegeben, können Sie das Datum und die Uhrzeit des voraussichtlichen Endes ergänzen. Anfangsdatum und -uhrzeit müssen Sie in jedem Fall angeben. Die Beschreibung der Störungsursache ist optional.

Aktivierung des Ausfallverfahrens

Anschließend aktivieren Sie das Ausfallverfahren unter Angabe der Ticketnummer für die relevanten Zollverfahren bzw. Verfahrensvarianten in der

Transaktion **Ausfallverfahren aktivieren** (Transaktionscode /SAPSLL/ EMCAS_ACTIV). Sie finden diese Transaktion ebenfalls in der Sicht **Ausfallverfahren**. Abbildung 3.14 zeigt zwei Beispiele für die Aktivierung des Ausfallverfahrens im Ausfuhrverfahren.

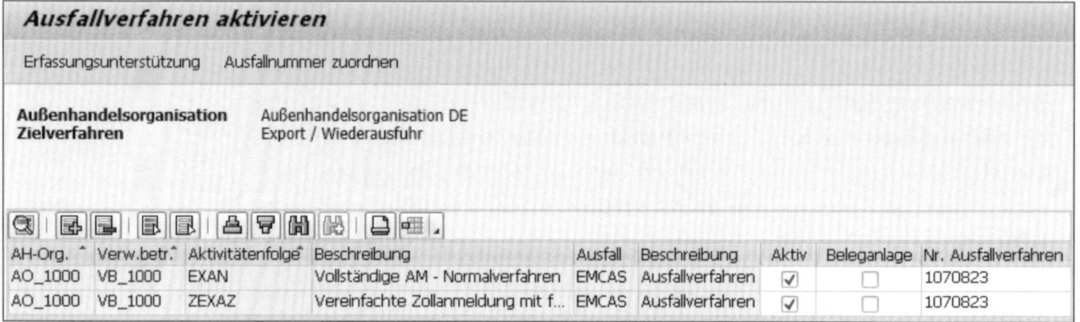

Abbildung 3.14 Aktivierung des Ausfallverfahrens

Die Außenhandelsorganisation Deutschland führt Waren im Normalverfahren und im vereinfachten Verfahren aus. Daher wurde das Ausfallverfahren für die entsprechenden Aktivitätenfolgen aktiviert (Kennzeichen in der Spalte **Aktiv**). Weitere Informationen zu diesen Aktivitätenfolgen erhalten Sie in Abschnitt 3.1.4, »Konfiguration des Datenaustausches mit der Zollverwaltung«. Das Kennzeichen in der Spalte **Beleganlage** setzen Sie, wenn Ihre Ausfuhren nicht zeitkritisch sind oder Sie mit einem baldigen Ende des Systemausfalls rechnen. SAP GTS unterbindet dann über die Unvollständigkeitsprüfung die Ausgabe der elektronischen Ausfuhranmeldung bis zur Deaktivierung des Ausfallverfahrens. In Abbildung 3.15 sehen Sie eine Zollanmeldung im Ausfallverfahren in SAP GTS.

Abbildung 3.15 Zollanmeldung im Ausfallverfahren

Zollanmeldung im Ausfallverfahren

SAP GTS hat aufgrund der Einstellungen in Abbildung 3.14 erkannt, dass die Zollanmeldung in Abbildung 3.15 im Ausfallverfahren weiterbearbeitet werden muss. In der Sicht **Kommunikation** ist daher die Nachricht P0700 bereit für die Ausgabe der Zollanmeldung auf dem EPAS. Der Vorgang muss nun vollständig auf Papierbasis abgewickelt werden. Die Ausgangsbestätigungen zu Ausfuhren, die Sie im Ausfallverfahren durchführen, können Sie in der Transaktion **Exportbestätigungen der Zollanmeldung überwachen** manuell erfassen (siehe Abbildung 3.7). Markieren Sie in der Übersicht der Zollanmeldungen ohne Ausgangsbestätigung den Eintrag für den abzuschließenden Vorgang und klicken Sie auf das Symbol . Geben Sie im anschließend erscheinenden Fenster in das Feld **Bestätigungsnr.** eine Identifikationsnummer ein, z. B. die Nummer des im Ausfallverfahren verwendeten EPAS-Vordrucks. Ergänzen Sie im Feld **Bestätigungsdatum** das Datum der Ausgangsbestätigung. Zollanmeldungen, die sich im Ausfallverfahren befinden, können Sie in der Transaktion **Belege im Ausfallverfahren anzeigen** überwachen (Transaktionscode /SAPSLL/EMCAS_LIST). Sie finden auch diese Transaktion im Bereichsmenü der Systemadministration (Schaltfläche **Systemüberwachung**, Sicht **Ausfallverfahren**).

Belege in das Ausfallverfahren aufnehmen

Belege, auf deren Grundlage Sie bereits elektronische Ausfuhranmeldungen abgegeben haben, stellt SAP GTS nicht automatisch auf das Drucken des EPAS um. Wenn Sie wegen der Dringlichkeit einer Lieferung das Ende der technischen Störung nicht abwarten können, müssen Sie solche Belege daher aktiv in das Ausfallverfahren aufnehmen. In Abbildung 3.16 sehen Sie den relevanten Ausschnitt aus der Anzeige der Ausgangsaktivitäten im operativen Cockpit des Anwendungsmenüs (Transaktion **Ausgangsaktivitäten anzeigen**, Transaktionscode /SAPSLL/CL_CP_CUS_EX).

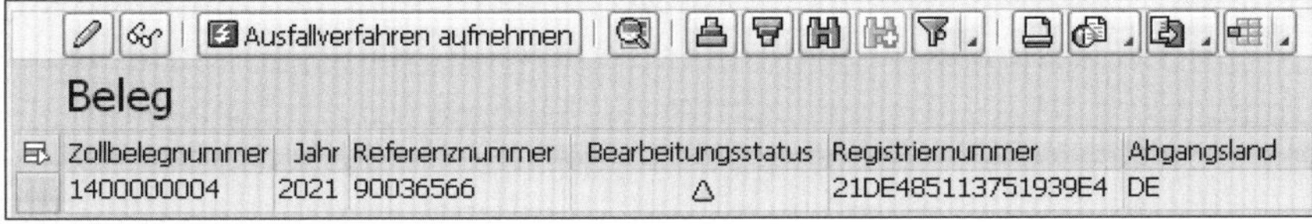

Zollbelegnummer	Jahr	Referenznummer	Bearbeitungsstatus	Registriernummer	Abgangsland
1400000004	2021	90036566	△	21DE485113751939E4	DE

Abbildung 3.16 Belege in das Ausfallverfahren aufnehmen

Markieren Sie die betroffene Zollanmeldung im Bereich **Beleg** und klicken Sie auf die Schaltfläche **Ausfallverfahren aufnehmen**.

Nachträgliche Ausfuhranmeldung

Vor dem Systemausfall in ATLAS eingegangene Ausfuhranmeldungen erklärt die Zollverwaltung in der Regel nach Überlassung der angemeldeten Waren auf EPAS-Grundlage für ungültig oder storniert sie. Nach Abwicklung des Ausfallverfahrens mit dem EPAS können Sie eine *nachträgliche Ausfuhranmeldung* (nAM) mit der Nachricht M0949 (Nachträgliche Anmeldung zur Ausfuhr) abgeben. Beachten Sie in diesem Zusammenhang auch SAP-Hinweis 1796937 und die Konfigurationsanleitung in der Anlage des Hinweises. Voraussetzung für die Abgabe einer nAM ist der tatsächliche

Ausgang der Waren aus dem Zollgebiet der Union. Nach Beendigung eines Ausfallverfahrens kann die nAM also ein während des Systemausfalls abgewickeltes Papierverfahren durch eine elektronische Version ersetzen. Abbildung 3.17 zeigt den Nachrichtenaustausch in diesem Prozess in einer Zollanmeldung.

Abbildung 3.17 Nachträgliche Ausfuhranmeldung nach Ausfallverfahren

Nachrichtenaustausch vor Abgabe der nAM

Vor dem Systemausfall war bereits die Nachricht M0940 versendet worden. Nach der Überführung des Belegs in das Ausfallverfahren wurde die Ausfuhranmeldung auf dem EPAS ausgegeben (Nachricht P0700). Nach Beendigung des Ausfallverfahrens traf zu dem in ATLAS weiterhin gültigen Vorgang die – faktisch inzwischen obsolete – Mitteilung der Annahme ein (Nachricht I2400). Mit der Nachricht M0935 wurde daraufhin ein Antrag auf Ungültigkeit der Ausfuhr gestellt. Diesen Antrag hat die Zollverwaltung in der Nachricht I2400 angenommen und die ursprüngliche Anmeldung für ungültig erklärt. Die Nachricht M0949 für die das Papierverfahren ersetzende nAM ist nun ausgabebereit.

Die in diesem Abschnitt beschriebenen Abläufe setzen einige Vorarbeiten auf Stammdatenebene voraus. Diese Stammdatenpflege ist Gegenstand des nächsten Abschnitts.

3.1.3 Stammdaten für die Ausfuhrabwicklung

In Kapitel 2, »Zollverfahren bei der Einfuhr«, haben Sie bereits einige Stammdaten für die Zollabwicklung kennengelernt, z. B. Warennummern und Bewilligungen. In diesem Abschnitt begegnen Ihnen einige dieser Stammdaten wieder, nun allerdings aus der Perspektive der Ausfuhr. Weitere Stammdaten, die wir in diesem Abschnitt im Zusammenhang mit der

Ausfuhr betrachten, spielen aber auch für die Zollverfahren bei der Einfuhr eine wichtige Rolle.

Statistische Warennummern

Abschnitt 2.1.4, »Tarifierung von Produkten«, behandelt Zolltarifnummern, also Codes, die Sie in Einfuhranmeldungen angeben müssen, um der Zollverwaltung eine Festsetzung der Einfuhrabgaben für die eingeführten Waren zu ermöglichen. In diesem Abschnitt geht es um das Gegenstück auf der Ausfuhrseite: die statistischen Warennummern. Mit diesen achtstelligen numerischen Codes kennzeichnen Sie in Ausfuhr- und Versandanmeldungen Waren, die das Zollgebiet der Union verlassen sollen. Wie die Bezeichnung vermuten lässt, ist die Angabe statistischer Warennummern in der Zollanmeldung in erster Linie für die Außenhandelsstatistik von Bedeutung. Die Zollverwaltung leitet die in ATLAS erhobenen und für die Außenhandelsstatistik relevanten Daten der Zollanmeldungen an das Statistische Bundesamt weiter.

Warenverzeichnis für die Außenhandelsstatistik

Das Statistische Bundesamt gibt jährlich eine aktualisierte Fassung des *Warenverzeichnisses für die Außenhandelsstatistik* (WA) heraus. Dieses Verzeichnis entspricht in den Kapiteln 1 bis 98 vollständig der KN, die Sie bereits in Abschnitt 2.1.4, »Tarifierung von Produkten«, kennengelernt haben (siehe auch Abbildung 2.16). Kapitel 99 enthält einige nationale Ergänzungen. Sie können das WA in Buchform oder als CD-ROM erwerben oder als PDF-Datei von der Website des Statistischen Bundesamtes herunterladen (*www.destatis.de/DE/Methoden/Klassifikationen/_inhalt.html*). Sie benötigen das WA auch für Intrastat-Meldungen, die Abschnitt 6.1 behandelt.

SOVA-Leitdatei

Für den Upload des WA in beliebige Warenwirtschaftssysteme stellt das Statistische Bundesamt auf seiner Website kostenlos die sogenannte *SOVA-Leitdatei* zur Verfügung (*https://www.destatis.de/DE/Methoden/Klassifikationen/Aussenhandel/sova-leitdatei.html*). Sie können diese Textdatei auch in SAP GTS hochladen. Wenn Sie nur aus Deutschland Waren ausführen und keinen Wert auf eine exakte Abbildung der Struktur der KN legen, ist die SOVA-Leitdatei eine Alternative zu den kostenpflichtigen Angeboten der Datenlieferanten. Im Auslieferungs-Customizing Ihres SAP-GTS-Systems finden Sie ein passendes Nummernschema (SOVA). Um dieses Nummernschema zu prüfen, wählen Sie den Menüpfad **Global Trade Services • Allgemeine Einstellungen • Nummernschemata • Nummernschema der statistischen Warennummer definieren**. Für das Hochladen der Datei verwenden Sie die Transaktion **Statistische Warennummern aus SOVA-Leitdatei laden** (Transaktionscode /SAPSLL/LLNS_UPLSOVA). Diese Transaktion ist nicht in das Bereichsmenü des Customs Managements eingebunden.

Nummernschema EUSTA

Das Auslieferungs-Customizing Ihres SAP-GTS-Systems enthält jedoch auch ein Nummernschema für die KN (EUSTA). Dieses Nummernschema können Sie für die manuelle Pflege oder für das Hochladen von KN-Codes bzw. statistischen Warennummern aus XML-Dateien nutzen. Da die KN in der gesamten EU gilt, ist das Nummernschema EUSTA im Auslieferungs-Customizing allen für EU-Mitgliedstaaten bereitgestellten gesetzlichen Grundlagen für die Zollabwicklung und das Versandverfahren zugeordnet (Menüpfad: **Global Trade Services • Allgemeine Einstellungen • Nummernschemata • Nummernschemata zu gesetzlichen Grundlagen der Anwendungsbereiche zuordnen**). Abbildung 3.18 zeigt einen Ausschnitt aus der Konfiguration des Nummernschemas EUSTA.

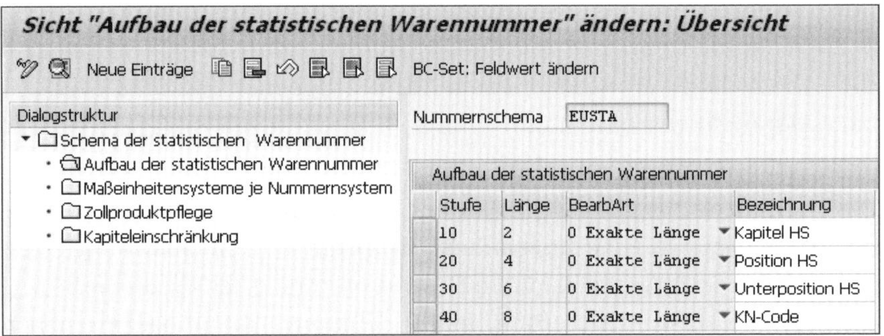

Abbildung 3.18 Aufbau des Nummernschemas EUSTA

Wenn Sie das Nummernschema EUSTA mit dem Nummernschema DEEZT in Abbildung 2.18 vergleichen, stellen Sie fest, dass seine Struktur in den Stufen 10 bis 40 übereinstimmt. Wie für das Nummernschema DEEZT enthält das Auslieferungs-Customizing auch für das Nummernschema EUSTA ein Maßeinheitensystem (EU_0001) für das Mapping der UN/CEFACT-Codes für besondere Maßeinheiten auf die im SAP-GTS-System verwendeten Maßeinheiten (siehe Abbildung 2.19). Wenn Sie nicht die gesamte KN in Ihr System hochladen wollen, können Sie die für Ihr Unternehmen relevanten Kapitel des HS in den Unterordner **Kapiteleinschränkung** eintragen (siehe Abbildung 2.20).

Upload

Für den Upload von KN-Codes verwenden Sie die Transaktion **Statistische Warennummern aus XML-Datei laden** (Transaktionscode /SAPSLL/LLNS_UPL102). Nach dem Upload können Sie sich die Warennummern mit der Transaktion **Statistische Warennummern pflegen** anzeigen lassen (Transaktionscode /SAPSLL/LLNS_102). Sie finden beide Transaktionen im Bereichsmenü des Customs Managements (Schaltfläche **Tarifierung**, Sicht **Tarifierungsstammdaten**).

Referenzschema

Wenn Sie Ihre Produkte in SAP GTS auch für die Einfuhr tarifieren, können Sie die statistischen Warennummern dieser Produkte aus den Zolltarifnummern ableiten lassen. Ergänzen Sie dazu in den Detaileinstellungen des

Nummernschemas EUSTA das Nummernschema DEEZT als *Referenzschema* (Bereich **Steuerung Referenzsystem**, Feld **Referenzschema**, siehe Abbildung 3.22). Wenn Sie nun ein Produkt tarifieren, schlägt Ihnen SAP GTS automatisch den passenden KN-Code vor. Klicken Sie auf das Symbol [Symbol], um den Vorschlag in den Produktstammsatz zu übernehmen.

Warennummern im Materialstamm

In der SAP-ERP-Teilkomponente SD-FT können Sie Zolltarifnummern oder statistische Warennummern in der Sicht **Außenhandel: Export** bzw. **Außenhandel: Import** des Materialstamms ablegen. Diese Sicht ist werksabhängig. Abbildung 3.19 zeigt den relevanten Ausschnitt aus der Sicht **Außenhandel: Export** eines Materialstammsatzes in SAP ERP.

Abbildung 3.19 Sicht »Außenhandel: Export« (Ausschnitt)

Das Feld **WarenNr / Imp.CodeNr** enthält die statistische Warennummer des Materials 100-510. Diese Zuordnung gilt nur für das Werk 1000 (Feld **Werk**). Anstelle der statistischen Warennummer können Sie auch die Zolltarifnummer eintragen. SAP ERP verkürzt die elfstellige Zolltarifnummer bei Bedarf automatisch auf die achtstellige statistische Warennummer, z. B. für die Intrastat-Meldung.

In SAP S/4HANA ist die Tarifierung nicht mehr Bestandteil des Materialstamms. Die Zuordnung von Zolltarifnummern bzw. statistischen Warennummern zu Materialien legt SAP S/4HANA vielmehr in der Datenbanktabelle /SAPSLL/MARITC (Material Trade Classification) ab. Auf die Inhalte dieser Tabelle greifen Sie mit Apps zu. Nähere Informationen zu diesem wesentlichen Unterschied erhalten Sie in Teil II, »SAP S/4HANA for international trade«, Abschnitt 7.1, »Tarifierung und Klassifizierung«.

Warennummern in SAP ERP: Belege

Aus dem Materialstamm übernimmt SAP ERP die Warennummern als Vorschlagswerte in die Außenhandelsdaten von Einkaufsbelegen, Lieferungen und Fakturen. In Abbildung 3.20 sehen Sie einen Ausschnitt aus den Außenhandelsdaten einer Fakturaposition.

Abbildung 3.20 Außenhandelsdaten einer Fakturaposition

Die Sicht **Außenhandel/Zoll** setzt sich auf Kopf- und Positionsebene aus mehreren untergeordneten Sichten zusammen. Die statistische Warennummer finden Sie in der Sicht **Gesetzliche Kategorisierung** auf Positionsebene. Dort steht die Nummer z. B. für die Ausgabe auf der Handelsrechnung oder anderen Dokumenten zur Verfügung. In SAP S/4HANA existieren diese Sichten nicht mehr (siehe auch Teil II, »SAP S/4HANA for international trade«, Abschnitt 8.1, »Intrastat-Meldung«).

Rückübertragung statistischer Warennummern

Viele Unternehmen wollen auch nach der Implementierung von SAP GTS die statistischen Warennummern im SAP-ERP- bzw. SAP-S/4HANA-Vorsystem vorrätig halten. Wegen des erheblichen Risikos, Inkonsistenzen herbeizuführen, sollten Sie jedoch eine parallele Pflege der Warennummern und ihrer Zuordnung zu Produkten in Vorsystem und SAP GTS vermeiden. Als Alternative bietet SAP GTS Ihnen Programme für die regelmäßige *Rückübertragung* statistischer Warennummern und ihrer Zuordnung zu Produkten an das SAP-ERP- bzw. SAP-S/4HANA-Vorsystem.

Änderungszeiger

Die Rückübertragungsfunktionen in SAP GTS nutzen Änderungszeiger, einen ALE-Dienst, den Sie bereits in Abschnitt 1.3.1, »Stammdatenüberleitung aus dem Vorsystem«, kennengelernt haben. Bevor Sie die Rückübertragung starten können, müssen Sie daher im *Verteilungsmodell* Ihres SAP-GTS-Systems eine passende *Modellsicht* ergänzen. Die Vorgehensweise bei der Anlage einer neuen Modellsicht ist in den Konfigurationsleitfäden beschrieben. Abbildung 3.21 zeigt ein Beispiel, dem Sie einen möglichen Aufbau der Modellsicht und die erforderlichen Nachrichtentypen entnehmen können.

Im Beispiel in Abbildung 3.21 ist SAP GTS sowohl mit einem SAP-ERP- als auch mit einem SAP-S/4HANA-System verbunden und soll beide Vorsysteme mit Tarifierungsinformationen versorgen.

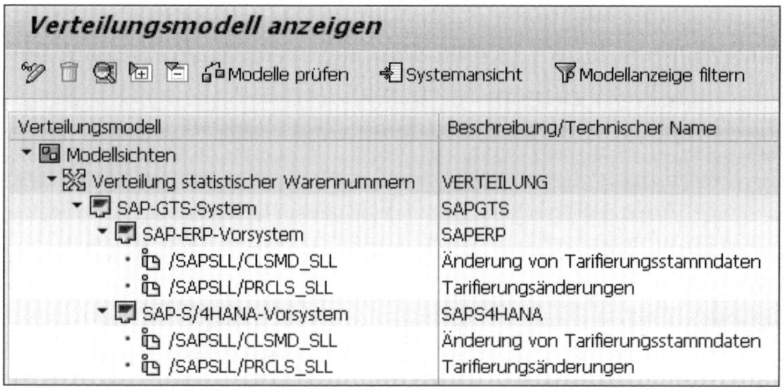

Verteilungsmodell anzeigen

Modelle prüfen | Systemansicht | Modellanzeige filtern

Verteilungsmodell	Beschreibung/Technischer Name
Modellsichten	
Verteilung statistischer Warennummern	VERTEILUNG
SAP-GTS-System	SAPGTS
SAP-ERP-Vorsystem	SAPERP
/SAPSLL/CLSMD_SLL	Änderung von Tarifierungsstammdaten
/SAPSLL/PRCLS_SLL	Tarifierungsänderungen
SAP-S/4HANA-Vorsystem	SAPS4HANA
/SAPSLL/CLSMD_SLL	Änderung von Tarifierungsstammdaten
/SAPSLL/PRCLS_SLL	Tarifierungsänderungen

Abbildung 3.21 Modellsicht für die Rückübertragung

Initialüberleitung

Sie starten die Rückübertragung in SAP GTS mit einer Initialüberleitung aller bereits vorhandenen Warennummern und Nummernzuordnungen (Transaktion **Initialverteilung von Stat. Warennummer (Stammd. und Tarifierung)**, Transaktionscode /SAPSLL/COMCO_RTR_IN). In einem SAP-ERP-Vorsystem finden Sie das Ergebnis dieser Initialüberleitung in einem Arbeitsvorrat, den Sie mit der Transaktion **Arbeitsvorrat für Übernahme von statistischen Warennummern anzeigen** (Transaktionscode /SAPSLL/SWNAV_DISP) einsehen können. Den Inhalt dieses Arbeitsvorrats lassen Sie mit dem Programm `/SAPSLL/SWNAV_RETRANSFER_R3` auf der Datenbank des SAP-ERP-Vorsystems verbuchen (Transaktion **Arbeitsvorrat für Übernahme von statistischen Warennummern verarbeiten**, Transaktionscode /SAPSLL/SWNAV_RTR_R3). Beide Transaktionen sind in einem SAP-ERP-Vorsystem in das Anwendungsmenü für den Datenaustausch mit SAP GTS eingebunden (Sicht **Stammdaten**).

Regelmäßige Verteilung

Nach erfolgreicher Initialüberleitung des vorhandenen Datenbestands planen Sie in SAP GTS das Programm `/SAPSLL/COMCO_RETRANSFER` für die Hintergrundverarbeitung ein. Dieses Programm, das Änderungszeiger zu neuen und geänderten Warennummern und Tarifierungen von der Datenbank liest, können Sie auch im Dialog ausführen (Transaktion **Verteilung von Stat. Warennummern (Stammdaten und Produkttarifierung)**, Transaktionscode /SAPSLL/COMCO_RTR). Sie finden die Transaktionen für die Initialüberleitung und die regelmäßige Rückübertragung im Bereichsmenü der Systemadministration (Schaltfläche **Systemüberwachung**, Sicht **Synchronisation**).

Rückübertragung an SAP S/4HANA

Bevor Sie statistische Warennummern an ein SAP-S/4HANA-Vorsystem rückübertragen können, müssen Sie in diesem Vorsystem ein Nummernschema definieren, das dem Nummernschema EUSTA in SAP GTS entspricht (siehe Teil II, Abschnitt 7.1.1, »Tarifierung«). Den Schlüssel dieses

SAP-S/4HANA-Nummernschemas ordnen Sie in SAP GTS dem Nummernschema EUSTA zu. Abbildung 3.22 zeigt den relevanten Ausschnitt aus den Detaileinstellungen dieses Nummernschemas.

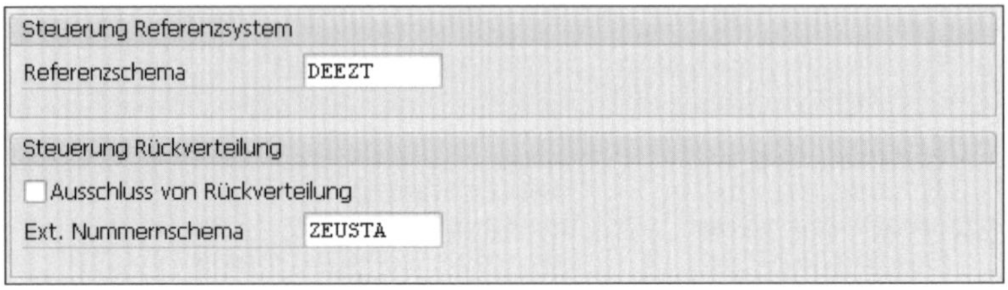

Steuerung Referenzsystem
Referenzschema DEEZT

Steuerung Rückverteilung
Ausschluss von Rückverteilung
Ext. Nummernschema ZEUSTA

Abbildung 3.22 Steuerung der Rückverteilung (Nummernschema EUSTA)

Das Nummernschema ZEUSTA im Feld **Ext. Nummernschema** repräsentiert im SAP-S/4HANA-Vorsystem die KN und bestimmt SAP GTS als Quelle für diese Nomenklatur. Aus SAP GTS rückübertragene Warennummern ordnet SAP S/4HANA dem Nummernschema ZEUSTA zu.

[»]

Rückübertragung von Zolltarifnummern

Es ist auch möglich, Zolltarifnummern und ihre Zuordnung zu Produkten an SAP-ERP- bzw. SAP-S/4HANA-Vorsysteme zu übertragen (siehe SAP-Hinweis 2869452). Wenn Sie diese Daten nicht in die regelmäßigen Rückübertragungsläufe einbeziehen wollen, setzen Sie in den Detaileinstellungen der Nummernschemata für Zolltarife jeweils das Kennzeichen **Ausschluss von Rückverteilung**, das Sie in Abbildung 3.22 sehen.

Datenbanktabellen

Das Programm /SAPSLL/SWNAV_RETRANSFER_R3 aktualisiert in SAP ERP die Datenbanktabellen T604 (Außenhandel: Statistische Warennummer/Import-Codenummer), T604T (Außenhandel: Stat. Warennr./Import-Codenr. – Bezeichnung) und MARC (Werksdaten zum Material). SAP S/4HANA legt die aus SAP GTS übergeleiteten Nummern und Nummernzuordnungen direkt – also ohne Abarbeitung eines Arbeitsvorrats – in den Datenbanktabellen /SAPSLL/CLSNR (Trade Classification Number), /SAPSLL/CLSNRT (Beschreibung der Außenhandelsklassifizierungsnummer) und /SAPSLL/MARITC (Material Klassifizierung für International Trade) ab.

Um Inkonsistenzen zu verhindern, sollten Sie durch restriktive Berechtigungsvergabe oder durch die Anpassung der Bildsteuerung sicherstellen, dass Anwender das Feld **WarenNr/Imp.CodeNr** in der Sicht **Außenhandel: Export** bzw. **Außenhandel: Import** des Materialstamms nach der Implementierung von SAP GTS nicht mehr bearbeiten können.

Verarbeitung der übertragenen Daten im SAP-ERP-Vorsystem

Die für die Aktualisierung der Tabelle MARC relevanten Werke ermittelt das SAP-ERP-Vorsystem über die Länder der aktiven gesetzlichen Grundlagen, denen in SAP GTS das Nummernschema EUSTA zugeordnet ist. Die gesetzliche Grundlage ATLAS z. B. ist in Deutschland aktiv. Bei der Verarbeitung der rückübertragenen Zuordnungen von Warennummern zu Produkten ergänzt das SAP-ERP-Vorsystem also bei Bedarf automatisch Daten für alle deutschen Werke. Dabei orientiert es sich an den Länderkennzeichen in den Adressdaten der Werke.

Bewilligung

In den Zollanmeldungen der Abbildungen in Abschnitt 3.1.2, »Abwicklung des Ausfuhrverfahrens in SAP GTS«, haben wir die Waren stets im vereinfachten Verfahren ausgeführt. Voraussetzung dafür war das Vorhandensein einer passenden Bewilligung. Beispiele für Bewilligungen haben Sie bereits in Kapitel 2, »Zollverfahren bei der Einfuhr«, gesehen, u. a. in Abbildung 2.55.

Eine Bewilligung des vereinfachten Verfahrens erfassen Sie in SAP GTS im Bereichsmenü des Customs Managements (Schaltfläche **Stammdaten,** Sicht **Bewilligungen/Sicherheiten**, Eintrag **Bewilligung vereinfachte Verfahren**). Abbildung 3.23 zeigt den Stammsatz der Bewilligung, die den Ausfuhren der Abbildungen in Abschnitt 3.1.2, »Abwicklung des Ausfuhrverfahrens in SAP GTS«, zugrunde liegt.

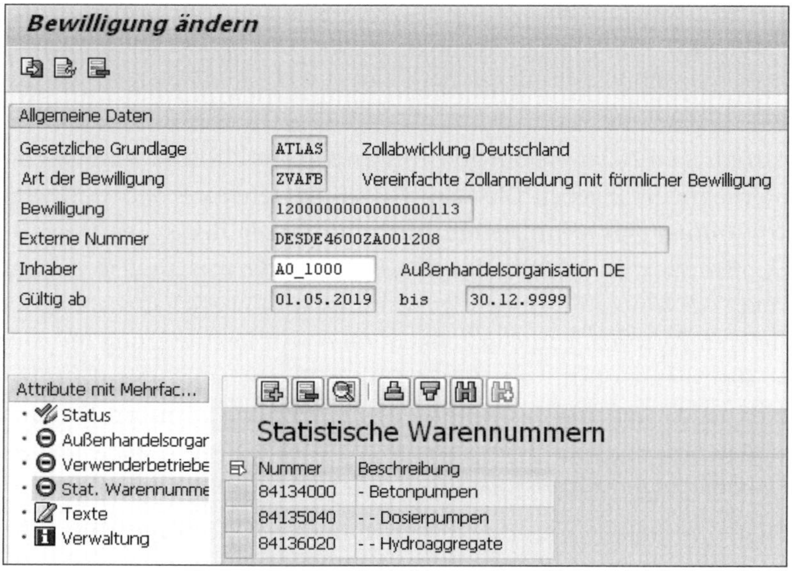

Bewilligung ändern

Allgemeine Daten

Gesetzliche Grundlage	ATLAS	Zollabwicklung Deutschland
Art der Bewilligung	ZVAFB	Vereinfachte Zollanmeldung mit förmlicher Bewilligung
Bewilligung	120000000000000113	
Externe Nummer	DESDE4600ZA001208	
Inhaber	AO_1000	Außenhandelsorganisation DE
Gültig ab	01.05.2019	bis 30.12.9999

Attribute mit Mehrfac...
- Status
- Außenhandelsorgar
- Verwenderbetriebe
- Stat. Warennumme
- Texte
- Verwaltung

Statistische Warennummern

Nummer	Beschreibung
84134000	- Betonpumpen
84135040	- - Dosierpumpen
84136020	- - Hydroaggregate

Abbildung 3.23 Warennummern in der Bewilligung

Im Bewilligungsausschnitt in Abbildung 3.23 sehen Sie drei Einträge für statistische Warennummern mit ihren Warenbeschreibungen. Die Verfahrensvereinfachung kann nur für die Ausfuhr von Waren der in der Bewilligung aufgeführten Warennummern in Anspruch genommen werden. Je nach Struktur des Nummernschemas können Sie anstelle vollständiger Warennummern auch HS-Kapitel, -Positionen oder -Unterpositionen angeben.

Gestellungsort

Den Gestellungsort der auszuführenden Waren erfassen Sie in der Bewilligung als vierstelligen alphanumerischen Code. Klicken Sie dazu doppelt auf das Attribut **Verwenderbetriebe** und dann auf das Symbol, um eine neue Zeile anzulegen. Ergänzen Sie in dieser Zeile die Geschäftspartnernummer des Verwenderbetriebs, auf dessen Gelände sich der Gestellungsort befindet. In das Feld **Übergabe-/Gestellungsort** geben Sie den vierstelligen Code des Gestellungsorts ein. Abbildung 3.24 zeigt ein Beispiel für diese Zuordnung.

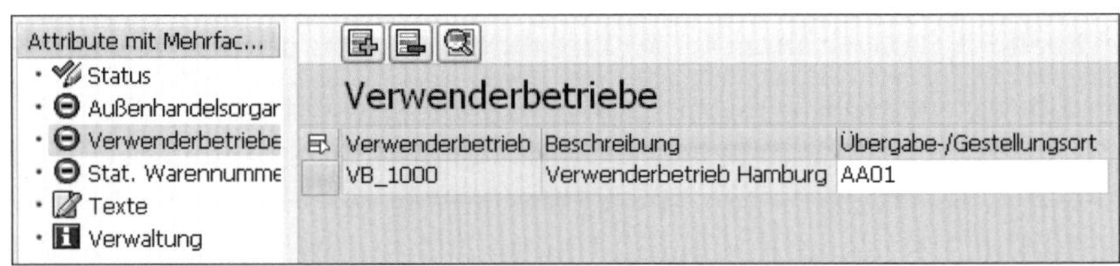

Abbildung 3.24 Gestellungsort in der Bewilligung

Vergleichen wir Abbildung 3.24 mit der Darstellung der Bewilligung in der Sicht **Unterlagen** in der Zollanmeldung in Abbildung 3.6: Der Code AA01 für den Gestellungsort wurde aus der Bewilligung in die Kopfdaten der Zollanmeldung übernommen.

EORI-Nummer

In elektronischen Zollanmeldungen müssen Sie stets die EORI-Nummer Ihres Unternehmens angeben. Die Abkürzung EORI steht für *Economic Operators Registration and Identification*, in der amtlichen deutschen Übersetzung *Registrierungs- und Identifizierungsnummer für Wirtschaftsbeteiligte*. Diese in der gesamten EU eindeutige Nummer wird Wirtschaftsbeteiligten und anderen Personen von den Zollbehörden »zur Registrierung für Zollzwecke zugewiesen« (Art. 1 Nr. 16 UZK-DA). In Deutschland wird die EORI-Nummer auf Antrag von der Generalzolldirektion am Dienstort Dresden (Stammdatenmanagement) vergeben. ATLAS verwaltet die Adresse und etwaige Bewilligungen eines Teilnehmers unter seiner EORI-Nummer.

Niederlassungsnummer

Wenn außer dem Hauptsitz eines Unternehmens auch seine rechtlich nicht selbstständigen Einheiten mit der Zollverwaltung in Kontakt treten, vergibt die Generalzolldirektion auf Antrag für diese Einheiten vierstellige Niederlassungsnummern als Ergänzung der EORI-Nummer des Unternehmens.

Der Hauptsitz erhält mit der EORI-Nummer automatisch die Niederlassungsnummer 0000. Die Niederlassungen der nicht selbstständigen Unternehmenseinheiten werden fortlaufend nummeriert.

Identifikationsarten

In SAP GTS hinterlegen Sie die EORI-Nummer Ihres Unternehmens im Geschäftspartnerstammsatz der Außenhandelsorganisation in der Sicht **Identifikation**. Sie erfassen die EORI-Nummer mit der Identifikationsart SLLEOR. Die Niederlassungsnummer ergänzen Sie in derselben Sicht mit der Identifikationsart SLLBRA. Falls Ihr Unternehmen Inhaber eines AEO-Zertifikats ist, tragen Sie die Nummer dieses Zertifikats mit der Identifikationsart SLLAEO in den Geschäftspartnerstammsatz ein. Alle drei Identifikationsarten finden Sie im Auslieferungs-Customizing des SAP-GTS-Systems über den Menüpfad **Anwendungsübergreifende Komponenten • SAP-Geschäftspartner • Geschäftspartner • Grundeinstellungen • Identifikationsnummern • Identifikationsarten definieren**. In Abbildung 3.25 sehen Sie den relevanten Ausschnitt aus der Sicht **Identifikation** eines Geschäftspartnerstammsatzes.

Anschrift | Adressübersicht | Identifikation | Steuerung | Zahlungsverkehr | Status

Identifikationsnummern

Ext. Partnernummer

ID-Art	Bezeichnung	Identifikationsnummer	Zuständige Institution
SLLAEO	AEO-Nummer	DEAEOF137744	
SLLBRA	Niederlassungsnummer	0000	
SLLEOR	EORI-Nummer	DE0008576	

Abbildung 3.25 Identifikationsnummern für die Zollabwicklung

Sie müssen nur die Felder **ID-Art** und **Identifikationsnummer** ausfüllen. Die übrigen Felder der Sicht **Identifikation** spielen für die Zollabwicklung keine Rolle.

Codelisten

Für zahlreiche Angaben in der Zollanmeldung verwenden Sie Schlüssel, die in von der Zollverwaltung veröffentlichten *Codelisten* vorgegeben sind. Beispiele für solche Codelisten haben Sie bereits im Zusammenhang mit der Einfuhr in Abschnitt 2.1.2, »Abwicklung des Verfahrens in SAP GTS«, kennengelernt. Einige der Felder, die Sie mit vorgegebenen Codes füllen müssen, sehen Sie in der Sicht **Beförderung** einer Zollanmeldung für eine Ausfuhr im vereinfachten Verfahren in Abbildung 3.26.

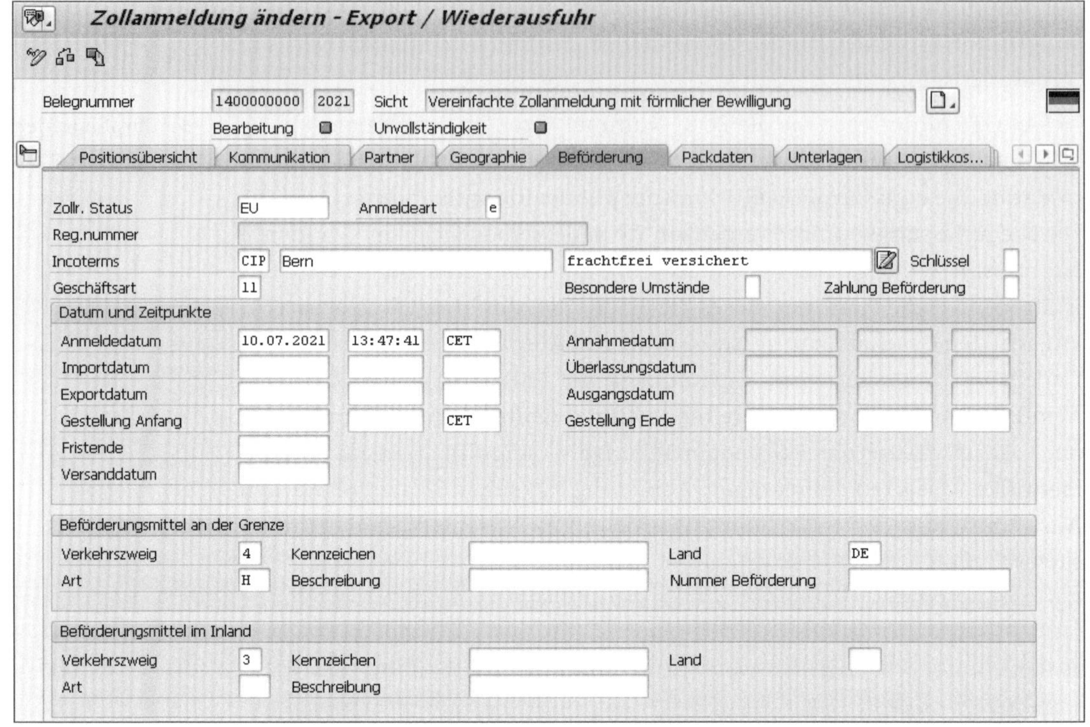

Abbildung 3.26 Sicht »Beförderung« einer Zollanmeldung

Beispiele

Für die meisten Angaben in der Sicht **Beförderung** in Abbildung 3.26 wurden Schlüssel aus Codelisten verwendet. Die folgende Liste stellt die Felder der Ausfuhranmeldung ihren Entsprechungen in der Zollanmeldung in SAP GTS gegenüber:

- Zollrechtlicher Status: Feld **Zollr. Status**
- Art der Anmeldung: Feld **Anmeldeart**
- Art des Geschäfts: Feld **Geschäftsart**
- Verkehrszweig an der Grenze/im Inland: Feld **Verkehrszweig**
- Art des Beförderungsmittels an der Grenze: Feld **Art**
- Land des Beförderungsmittels an der Grenze: Feld **Land**

Der Schlüssel 11 im Feld **Geschäftsart** z. B. steht in der Codeliste A1150 für *Endgültiger Kauf/Verkauf*, der Schlüssel 4 im Feld **Verkehrszweig** im Bereich **Beförderungsmittel an der Grenze** in der Codeliste C0018 für *Luftverkehr*.

[«]

Arten von Codelisten

Die deutsche Zollverwaltung unterscheidet zwischen dynamischen und statischen Codelisten. Die statischen Listen finden Sie im EDI-Implementierungshandbuch. Die dynamischen Listen, die häufigen Änderungen unterliegen, veröffentlicht die Zollverwaltung tagesaktuell auf ihrer Website. Sie können alle für die Zollabwicklung in Deutschland erforderlichen Codelisten von dieser Website herunterladen (*www.zoll.de/DE/Fachthemen/Zoelle/ATLAS/ATLAS-Publikationen/Codelisten/codelisten_node.html*).

Codelisten im Customizing

Das Auslieferungs-Customizing Ihres SAP-GTS-Systems enthält alle Codelisten, die Sie als ATLAS-Teilnehmer benötigen (Menüpfad: **Global Trade Services • Customs Management • Zollcodelisten**). Da die Europäische Kommission und die nationalen Zollbehörden immer wieder Änderungen an den Codelisten vornehmen, sollten Sie sich auf die gelegentliche Nachbearbeitung der ausgelieferten Daten einstellen. In der Regel implementieren Sie zu diesem Zweck SAP-Hinweise, die das Auslieferungs-Customizing und bei Bedarf auch den Programmcode anpassen.

Im Konfigurationsleitfaden für das Customs Management ist das Customizing der Codelistennutzung in allgemeiner Form ausführlich beschrieben. Dieser Abschnitt erläutert die erforderlichen Einstellungen am Beispiel der Codelisten I0136 (Unterlagen) und I0200 (TARIC-Codierungen und -Bescheinigungen). Die beiden Listen enthalten Codes zur Verschlüsselung der Unterlagen und Bescheinigungen, die je nach Zollverfahren und Warenart zur Ergänzung der Zollanmeldung vorgelegt oder bereitgehalten werden müssen. Dabei kann es sich z. B. um Beförderungsdokumente, Ursprungsnachweise, Gesundheitsbescheinigungen oder Echtheitszeugnisse handeln.

Beispiel: Unterlagen und Bescheinigungen

Eine Zollanmeldung in SAP GTS enthält auf Kopf- und Positionsebene jeweils eine Sicht **Unterlagen**. In dieser Sicht ergänzen Sie ggf. die sachlich zutreffenden Codes. Bestimmte Codes übernimmt SAP GTS automatisch in die Sicht **Unterlagen**. Ein Beispiel für einen solchen Systemvorschlag sehen Sie in Abbildung 3.27.

Systemvorschlag

Im Belegkopf der Zollanmeldung in Abbildung 3.27 hat SAP GTS im Feld **Kategorie** die Kategorie **HDOC** (**Vorgelegte Unterlagen (Kopf)**) vorgeschlagen und zu dieser Kategorie im Feld **Art** den Code N325 ergänzt. Dieser Code steht in der Codeliste I0136 für Pro-forma-Rechnungen. Im Feld **Nummer** sehen Sie die Belegnummer der Faktura, deren Replikat die Zollanmeldung ist. Diese Faktura wurde am 09.07.2021 angelegt (Feld **Datum**). Im Feld **Vorschlag** erkennen Sie am Kennzeichen **X Systemvorschlag**, dass SAP GTS diese Unterlage in die Zollanmeldung eingetragen hat.

Abbildung 3.27 Sicht »Unterlagen« auf Belegkopfebene

Bei der Ausfuhr spielen Unterlagencodes zur außenwirtschaftsrechtlichen Einordnung eines Vorgangs oder einzelner Waren eine wichtige Rolle. Ist die Ausfuhr z. B. von einer vorherigen Genehmigung des Bundesamts für Wirtschaft- und Ausfuhrkontrolle (BAFA) abhängig, müssen Sie das Vorliegen der Ausfuhrgenehmigung durch die Angabe des entsprechenden Codes in der Zollanmeldung mitteilen. In Abschnitt 4.1.2, »Genehmigungsverwaltung in SAP GTS«, erfahren Sie, wie Sie sich solche Unterlagencodes in Zollanmeldungen vorschlagen lassen können.

Schemata für Codelisten

Im Auslieferungs-Customizing sind die Codelisten in länderabhängige Schemata eingebunden. Als ATLAS-Teilnehmer nutzen Sie in erster Linie das Schema CUCDE (Zollabwicklung: Deutschland). Dieses Schema ist der gesetzlichen Grundlage ATLAS bereits zugeordnet (Menüpfad: **Global Trade Services • Customs Management • Zollcodelisten • Schema für Zollcodelisten gesetzlichen Grundlagen zuordnen**). Das Schema CUCDE bündelt die für die ATLAS-Teilnahme benötigten, im Programmcode vordefinierten Kategorien von Codelisten (Objekte). Abbildung 3.28 zeigt einen Ausschnitt aus dieser Zusammenstellung.

Objekt PAPTY

Das Schema CUCDE enthält u. a. das Objekt PAPTY (Art des Vorpapiers/Unterlage/Bescheinigung). Diesem Objekt sind die Codes der Listen I0136 und I0200 in SAP GTS zugeordnet. Um die Codes eines Objekts zu prüfen oder zu ergänzen, wählen Sie im Einführungsleitfaden den Menüpfad **Global Trade Services • Customs Management • Zollcodelisten • Zollcodelisten für eine gesetzliche Grundlage pflegen**.

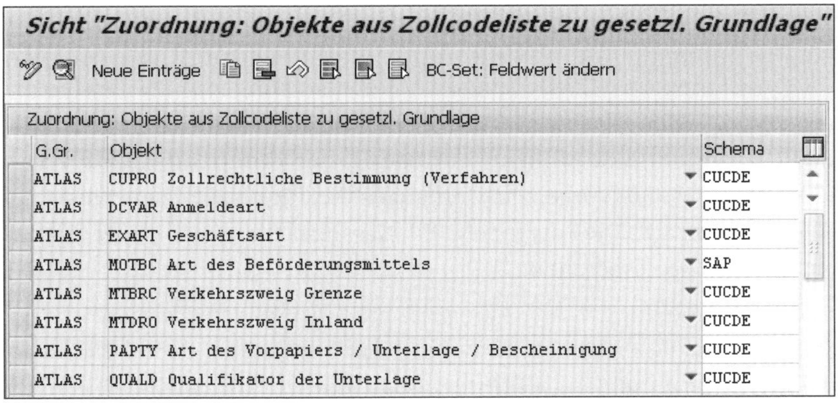

Sicht "Zuordnung: Objekte aus Zollcodeliste zu gesetzl. Grundlage"

Neue Einträge BC-Set: Feldwert ändern

Zuordnung: Objekte aus Zollcodeliste zu gesetzl. Grundlage

G.Gr.	Objekt	Schema
ATLAS	CUPRO Zollrechtliche Bestimmung (Verfahren)	CUCDE
ATLAS	DCVAR Anmeldeart	CUCDE
ATLAS	EXART Geschäftsart	CUCDE
ATLAS	MOTBC Art des Beförderungsmittels	SAP
ATLAS	MTBRC Verkehrszweig Grenze	CUCDE
ATLAS	MTDRO Verkehrszweig Inland	CUCDE
ATLAS	PAPTY Art des Vorpapiers / Unterlage / Bescheinigung	CUCDE
ATLAS	QUALD Qualifikator der Unterlage	CUCDE

Abbildung 3.28 Codelistenobjekte einer gesetzlichen Grundlage

Als ATLAS-Teilnehmer geben Sie die gesetzliche Grundlage ATLAS vor und wählen im nächsten Schritt im Feld **Zollcodelisten** das Objekt PAPTY aus. In Abbildung 3.29 sehen Sie eine Zusammenstellung von Codes aus den Listen I0136 und I0200 in SAP GTS.

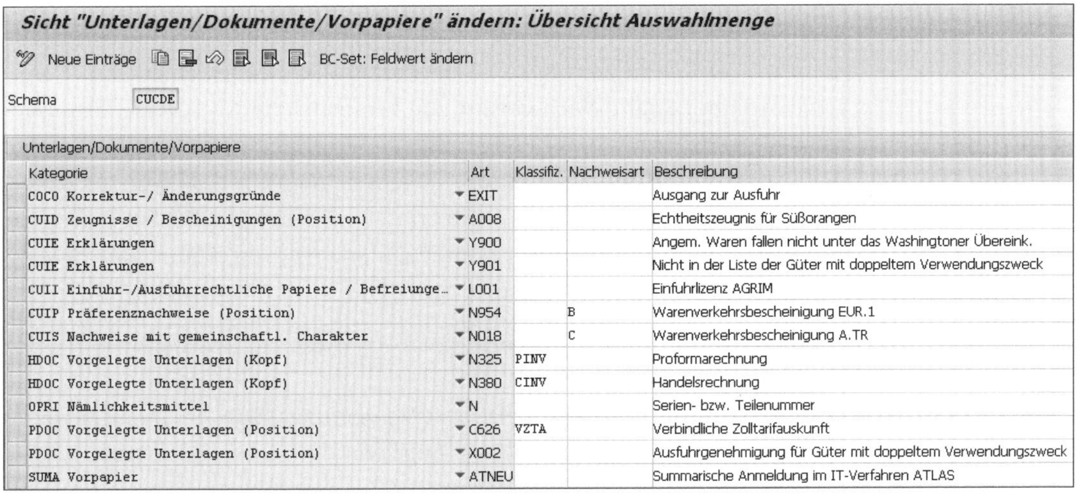

Sicht "Unterlagen/Dokumente/Vorpapiere" ändern: Übersicht Auswahlmenge

Neue Einträge BC-Set: Feldwert ändern

Schema CUCDE

Unterlagen/Dokumente/Vorpapiere

Kategorie	Art	Klassifiz.	Nachweisart	Beschreibung
COCO Korrektur-/ Änderungsgründe	EXIT			Ausgang zur Ausfuhr
CUID Zeugnisse / Bescheinigungen (Position)	A008			Echtheitszeugnis für Süßorangen
CUIE Erklärungen	Y900			Angem. Waren fallen nicht unter das Washingtoner Übereink.
CUIE Erklärungen	Y901			Nicht in der Liste der Güter mit doppeltem Verwendungszweck
CUII Einfuhr-/Ausfuhrrechtliche Papiere / Befreiunge...	L001			Einfuhrlizenz AGRIM
CUIP Präferenznachweise (Position)	N954		B	Warenverkehrsbescheinigung EUR.1
CUIS Nachweise mit gemeinschaftl. Charakter	N018		C	Warenverkehrsbescheinigung A.TR
HDOC Vorgelegte Unterlagen (Kopf)	N325	PINV		Proformarechnung
HDOC Vorgelegte Unterlagen (Kopf)	N380	CINV		Handelsrechnung
OPRI Nämlichkeitsmittel	N			Serien- bzw. Teilenummer
PDOC Vorgelegte Unterlagen (Position)	C626	VZTA		Verbindliche Zolltarifauskunft
PDOC Vorgelegte Unterlagen (Position)	X002			Ausfuhrgenehmigung für Güter mit doppeltem Verwendungszweck
SUMA Vorpapier	ATNEU			Summarische Anmeldung im IT-Verfahren ATLAS

Abbildung 3.29 Auszug aus den Codelisten des Objekts PAPTY

Arten von Unterlagen

Die Codes des Objekts PAPTY sind verschiedenen, im Programmcode festgelegten Kategorien zugeordnet (Spalte **Kategorie**). Diese Kategorien begegnen Ihnen in der Sicht **Unterlagen** der Zollanmeldung im Feld **Kategorie** wieder, wie z. B. die Kategorie HDOC in Abbildung 3.27. Im Zusammenhang mit der Beantwortung eines Nachforschungsersuchens der Zollverwaltung haben Sie auch die Kategorie COCO bereits kennengelernt (siehe Abbildung 3.9). Die Kategorien CUIE (Erklärungen) und CUII (Einfuhr-/Ausfuhrrechtliche Papiere/Befreiungen) kommen ggf. bei der Ein- oder Ausfuhr kritischer Güter zum Einsatz (siehe Abschnitt 4.1.2, »Genehmigungsverwaltung in SAP GTS«). Die Kategorien CUID (Zeugnisse/Bescheinigungen), CUIP (Präferenznachweise), CUIS (Nachweise mit gemeinschaftlichem Charakter) und SUMA (Vorpapier) spielen in erster Linie bei der Einfuhr eine Rolle. Codes der Kategorie PDOC (Vorgelegte Unterlagen (Position)) werden in allen Zollverfahren benötigt. Die Kategorie OPRI (Nämlichkeitsmittel) ist für die passive Veredelung vorgesehen.

Unterlagencodes

In der Zollanmeldung in Abbildung 3.27 hat SAP GTS den Code N325 vorgeschlagen, um die Pro-forma-Rechnung des Vorsystems in der elektronischen Ausfuhranmeldung als Unterlage angeben zu können. Wie Sie in Abbildung 3.29 sehen, gibt es in der Kategorie HDOC für vorgelegte Unterlagen auf Kopfebene außer dem Code N325 auch noch den Code N380. Der Code N380 steht jedoch für Handelsrechnungen (Spalte **Beschreibung**). SAP GTS erkennt bei der Überleitung einer Faktura aus dem Vorsystem, ob es sich um eine Pro-forma-Rechnung oder um eine buchhaltungsrelevante Faktura handelt. Anhand der *Klassifizierung* in der Spalte **Klassifiz.** ermittelt SAP GTS den passenden Code. Dabei stehen der Code PINV für Pro-forma-Rechnungen und der Code CINV für buchhaltungsrelevante Fakturen. Die Auswahl der Klassifizierungen ist im Programmcode festgelegt. Die Kennzeichen in der Spalte **Nachweisart**, die verschiedene Nachweise des präferenziellen Ursprungs einer Ware repräsentieren, verwendet das System bei der Vorausberechnung von Einfuhrabgaben: Wird ein Nachweis als Unterlage in der Zollanmeldungsposition erfasst, wendet SAP GTS den Präferenzzollsatz an. Mehr zum Thema präferenzieller Ursprung erfahren Sie in Kapitel 5, »Ausfuhr von Ursprungserzeugnissen«.

[»]

ATLAS-Anwendung ZELOS

Im Rahmen des Programms »Digitale Verwaltung 2020« der Bundesregierung stellt die deutsche Zollverwaltung voraussichtlich in der ersten Hälfte des Jahres 2022 die Anforderung und die Übermittlung von Unterlagen, die für die Zollabfertigung erforderlich sind, im Rahmen von ATLAS auf ein elektronisches Verfahren um. Im *Zentralen Austausch von Unterlagen, Anfragen oder Stellungnahmen* (ZELOS) können Zollstellen Unterlagen mit der EDI-Nachricht E_DOC_REQ anfordern. ATLAS-Teilnehmer können diese Unterlagen mit der EDI-Nachricht E_DOC_DAT der Zollstelle übermitteln.

Datenvorschlagswesen

Die meisten Codes, die Sie in Zollanmeldungen angeben müssen, kann SAP GTS im Rahmen des *Datenvorschlagswesens* selbstständig in die jeweiligen Belegfelder eintragen, sofern diese Felder nicht bereits durch Datenübernahme aus dem Vorsystem gefüllt sind. Die Systemvorschläge können Sie vor der Ausgabe der elektronischen Nachrichten noch verändern oder ergänzen. Im Auslieferungs-Customizing ist das Datenvorschlagswesen, das auf einer SAP-GTS-spezifischen Konditionstechnik beruht, bereits weitgehend voreingestellt (Menüpfad: **Global Trade Services • Customs Management • Datenvorschlagswesen**). Eine ausführliche Beschreibung dieser Einstellungen finden Sie im Konfigurationsleitfaden für das Customs Management.

Einsatzgebiete

Mithilfe des Datenvorschlagswesens können Sie nicht nur Belegfelder füllen lassen. Auch die Nachrichtenfindung in den Belegen des Customs Managements nutzt das Instrumentarium. Außerdem können Sie Datumsfelder in der Sicht **Beförderung** vorbelegen und Geschäftspartner in der Sicht **Partner** vorschlagen lassen. Wir betrachten die Funktionsweise des Datenvorschlagswesens in diesem Abschnitt am Beispiel der Findung von Zollstellen und Nachrichten für die Ausgabe der Ausfuhranmeldung.

Zollstellen in der Zollanmeldung

In der Ausfuhranmeldung müssen Sie die Ausfuhr- und die Ausgangszollstelle mit ihrem jeweiligen Code angeben. Dieser Code setzt sich bei deutschen Zollstellen aus der vierstelligen Dienststellennummer und dem Präfix DE00 zusammen. In der Zollanmeldung tragen Sie die Geschäftspartnernummern der am Verfahren beteiligten Zollstellen in der Sicht **Geographie** ein. SAP GTS ergänzt automatisch den Code, den Sie dem Geschäftspartner der Zollstelle als Dienststellennummer zugeordnet haben (siehe Abbildung 2.58). Abbildung 3.30 zeigt den relevanten Ausschnitt aus der Sicht **Geographie**.

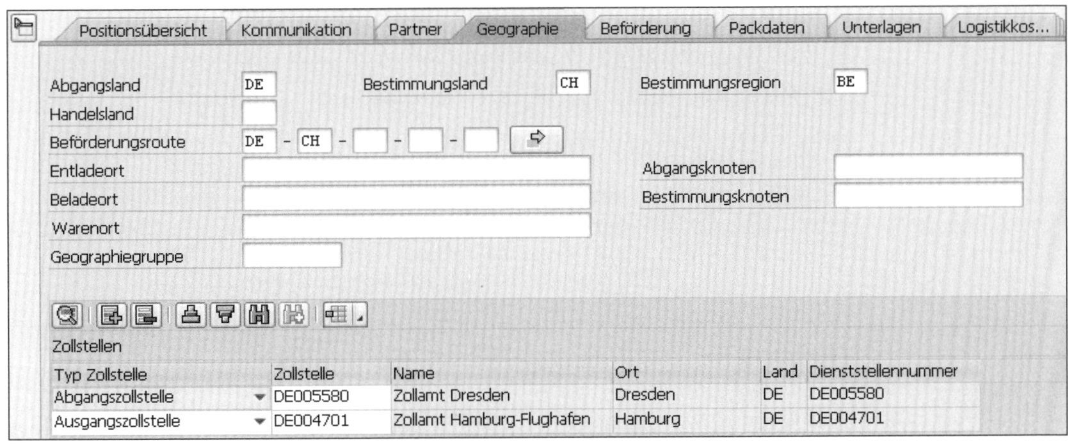

Abbildung 3.30 Zollstellen in der Zollanmeldung

Partnerfunktionen

In der Spalte **Typ Zollstelle** wählen Sie die Funktion der Zollstelle aus einer Liste aus. Die Auswahl in den Feldern dieser Spalte hängt von der Zusammenstellung der Partnerfunktionen in der Partnergruppierung für die Ausfuhrabwicklung ab (siehe Abschnitt 4.1.1, »Konfiguration der produktbezogenen Ausfuhrkontrolle«). Die im Auslieferungs-Customizing für ATLAS-Teilnehmer bereitgestellte Partnergruppierung PGCEDE (Partnergruppierung für Zollabwicklung Export – Deutschland) enthält alle für Ausfuhranmeldungen zum vereinfachten Verfahren erforderlichen Partnerfunktionen, u. a. auch für Zollstellen. Im Beispiel in Abbildung 3.30 sind die Ausfuhrzollstelle (*Abgangszollstelle* in SAP GTS) und die Ausgangszollstelle angegeben. In der Spalte **Zollstelle** ergänzen Sie die Geschäftspartnernummern der beiden Zollstellen.

Vorschlagsregeln

In der Zollanmeldung in Abbildung 3.30 hat SAP GTS die beiden Zollstellen mithilfe des Datenvorschlagswesens in die Sicht **Geographie** eingetragen. Grundlage dieses Systemvorschlags ist ein *Vorschlagsschema*, das *Vorschlagsregeln* zur Füllung von Zielfeldern der Zollanmeldung zusammenfasst. Das Auslieferungs-Customizing enthält zahlreiche Vorschlagsschemata für die Zollabwicklung in verschiedenen Ländern. Für ATLAS-Teilnehmer sind u. a. die Schemata CDEDE (Belegfelder – Export – Deutschland) und CDIDE (Belegfelder – Import – Deutschland) vorgesehen. Sie finden die Musterschemata über den Menüpfad **Global Trade Services • Customs Management • Datenvorschlagswesen • Datenvorschlag für Belegfelder, Nachrichten und Dokumente definieren**. Wenn Sie die Zusammenstellung und die Ausprägung der Vorschlagsregeln der Musterschemata nicht vollständig übernehmen wollen, legen Sie eigene Schemata im Kundennamensraum an. Abbildung 3.31 zeigt ein Beispiel für ein selbst definiertes Vorschlagsschema.

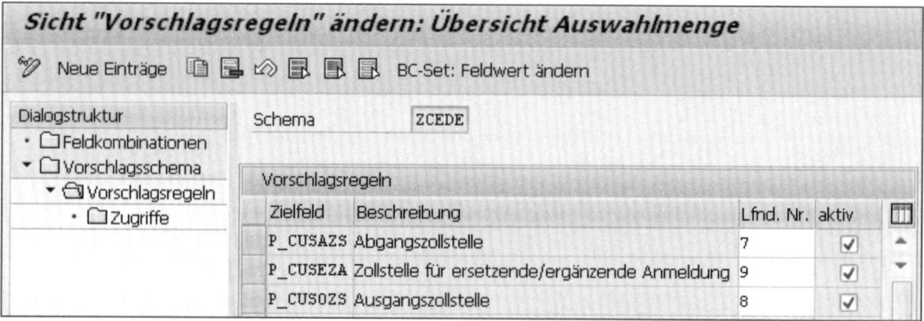

Abbildung 3.31 Vorschlagsregeln für die Zollstellenfindung

Zielfelder

Das Schema ZDEDE wurde als Kopie des Musterschemas CDEDE angelegt und anschließend verändert. Der Ausschnitt in Abbildung 3.31 zeigt Vorschlagsregeln für drei *Zielfelder*. Den Texten in der Spalte **Beschreibung** entnehmen Sie, dass es sich jeweils um Zollstellen handelt. Für die Ausprägung von Datenvorschlagsregeln in der Anwendung wurden die Zielfelder mit

Einträgen in der Spalte **Lfnd. Nr.** in eine Reihenfolge gebracht. Alle drei Vorschlagsregeln sind aktiv, können also in der Anwendung genutzt werden.

Zugriffe

Jeder Vorschlagsregel eines Vorschlagsschemas ist mindestens ein *Zugriff* zugeordnet. Zugriffe legen fest, von welchen *Quellfeldern* oder Kombinationen von Quellfeldern die Füllung eines Zielfelds abhängt. In Abbildung 3.32 sehen Sie die Zugriffe der Vorschlagsregel für das Zielfeld P_CUSOZS (Ausgangszollstelle).

Abbildung 3.32 Zugriffe einer Vorschlagsregel

Zugriffe setzen sich aus *Feldkombinationen* und Zugriffsnummern zusammen. Im Beispiel in Abbildung 3.32 soll SAP GTS die Ausgangszollstelle im ersten Versuch (Zugriffsnummer 1) auf der Grundlage der Feldkombination FC_0032 bestimmen. Scheitert dieser Zugriff, ist noch ein zweiter Versuch mit der Feldkombination FC_0034 möglich (Zugriffsnummer 2). Betrachten wir in diesem Zusammenhang in Abbildung 3.33 die Quellfelder der Feldkombination FC_0032.

Sicht "Feldkombinationen" ändern: Detail

Neue Einträge · BC-Set: Feldwert ändern

Dialogstruktur: Feldkombinationen · Vorschlagsschema · Vorschlagsregeln · Zugriffe

Feldkombination: FC_0032

Beschreibung: Organisationseinheit / Verkehrszweig / Bestimmungsland

Feldkombinationen

Feld	Quellfeld	Beschreibung	
Feld 1	G_FTORG	Außenhandelsorganisation (GUID)	32
Feld 2	P_CUSVBS	Verwenderbetrieb	10
Feld 3	H_MTRBC	Verkehrszweig Grenze	2
Feld 4	H_CTYAR	Bestimmungsland (Kopf)	3

Abbildung 3.33 Feldkombination mit Quellfeldern

Feldkombinationen

Die Feldkombination FC_0032 setzt sich aus vier Quellfeldern zusammen. Der Vorschlagswert für ein beliebiges Zielfeld wird also in Abhängigkeit von der verantwortlichen Außenhandelsorganisation, des empfangenden oder liefernden Verwenderbetriebs, des Verkehrszweigs an der Grenze und des

Bestimmungslands der Ein- oder Ausfuhr ermittelt. Sie können die im Auslieferungs-Customizing enthaltenen Feldkombinationen durch selbst definierte Feldkombinationen ergänzen. Viele Felder der Zollanmeldung können Sie im Datenvorschlagswesen als Quell- *und* als Zielfelder verwenden. Einen Überblick über die insgesamt verfügbaren Felder erhalten Sie in der Feldliste für den Datenvorschlag. Sie finden diese Feldliste über den Menüpfad **Global Trade Services • Customs Management • Datenvorschlagswesen • Feldliste für Datenvorschlag erweitern**. In diese Liste können Sie bei Bedarf auch weitere Felder der Zollanmeldung aufnehmen.

Vorschlagsregeln in der Anwendung

Auf der Grundlage der Vorschlagsschemata legen Sie in der Transaktion **Datenvorschlagsregeln für Belegfelder ausprägen** (Transaktionscode /SAPSLL/DPDATA_MNTN) konkrete Werte für Quell- und Zielfelder fest. Sie finden diese Transaktion im Bereichsmenü des Customs Managements (Schaltfläche **Stammdaten**, Sicht **Datenvorschlag**). In Abbildung 3.34 sehen Sie vier Datenvorschlagsregeln für das Zielfeld P_CUSOZS.

Abbildung 3.34 Beispiele für Datenvorschlagsregeln

Findung der Ausgangszollstelle

Im linken Bildbereich (**Regel / Zugriff**) sind die Zielfelder des Vorschlagsschemas ZDEDE in der im Schema festgelegten Reihenfolge untereinander angeordnet. Zielfelder werden mit dem Symbol gekennzeichnet. Im rechten Bildbereich sehen Sie die Quellfelder der Feldkombination FC_0032 in Abbildung 3.33 mit möglichen Feldwerten. Im Bereich **Regel / Zugriff** erkennen Sie Feldkombinationen am Symbol. Immer wenn also die deutsche Außenhandelsorganisation (AO_1000) Waren aus dem Werk Hamburg (Verwenderbetrieb VB_1000) im Seeverkehr (Verkehrszweig Grenze 1) in die USA ausführt, ist das Zollamt Hamburg (Geschäftspartner DE004851) die Ausgangszollstelle. Im Luftverkehr dagegen (Verkehrszweig Grenze 4) kommen nur Flughafenzollstellen als Ausgangszollstellen infrage. Diese ermittelt SAP GTS in den Beispielen in Abbildung 3.34 in Abhängigkeit vom liefernden Verwenderbetrieb und dem Bestimmungsland der Ausfuhr. Wenn Sie für ein Zielfeld einfach den Wert eines bestimmten Quellfelds übernehmen wollen, tragen Sie den Namen dieses Felds in die Spalte **Referenzfeld** ein und setzen das Kennzeichen ⇐ , indem Sie in das Feld **Referenz** klicken.

Nachrichtenfindung

Auch die *Nachrichtenfindung* in der Zollanmeldung beruht auf dem Datenvorschlagswesen. Im Auslieferungs-Customizing gibt es länder- und verfahrensabhängige Musterschemata, die Sie unverändert oder als Vorlage für selbst definierte Vorschlagsschemata verwenden können. Für die Zollabwicklung in Deutschland stehen die Schemata COEDE (Nachrichten – Export – Deutschland) und COIDE (Nachrichten – Import – Deutschland) zur Verfügung. Die Vorschlagsschemata für die Nachrichtenfindung finden Sie über den Menüpfad **Global Trade Services • Customs Management • Datenvorschlagswesen • Datenvorschlag für Belegfelder, Nachrichten und Dokumente definieren**. Bei der Definition eines Vorschlagsschemas entscheiden Sie über seine Zweckbestimmung. Abbildung 3.35 zeigt zwei Beispiele.

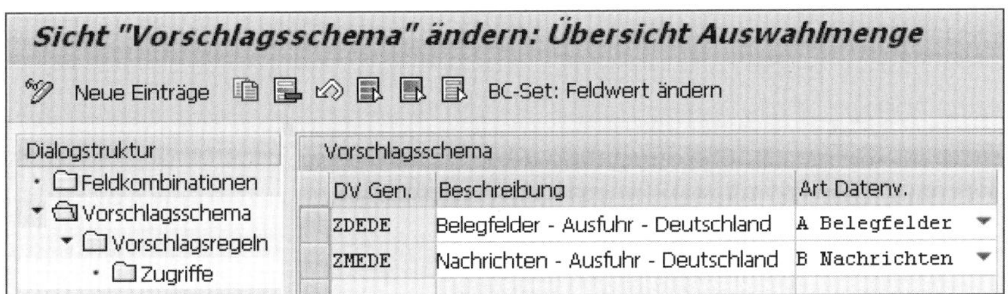

Abbildung 3.35 Datenvorschlagsschemata (Beispiele)

In der Spalte **Art Datenv.** stehen die Kennzeichen **A Belegfelder** und **B Nachrichten** zur Auswahl. Das Schema ZDEDE ist also für den Belegdatenvorschlag und das Schema ZMEDE für die Nachrichtenfindung vorgesehen.

Vorschlagsregeln für Nachrichten

Vorschlagsschemata für die Nachrichtenfindung enthalten immer nur eine Vorschlagsregel für das Zielfeld $MESSAGE (Nachricht). Für die Zugriffe stehen alle Feldkombinationen, die $MESSAGE nicht als Quellfeld enthalten, zur Verfügung. Die Werte für Quell- und Zielfelder definieren Sie in der Transaktion **Datenvorschlagsregeln für Nachrichten ausprägen** (Transaktionscode /SAPSLL/DPDATA_MSG). Sie finden diese Transaktion im Bereichsmenü des Customs Managements (Schaltfläche **Stammdaten**, Sicht **Datenvorschlag**). In Abbildung 3.36 sehen Sie einige Regeln für die Nachrichtenfindung im Ausfuhrverfahren.

Die Feldkombination FC_0060 besteht aus drei Quellfeldern. In jedem Fall müssen Sie die **Prozessaktivität** angeben, z. B. EXZAA für die Ausgabe einer elektronischen Ausfuhranmeldung im vereinfachten Verfahren.

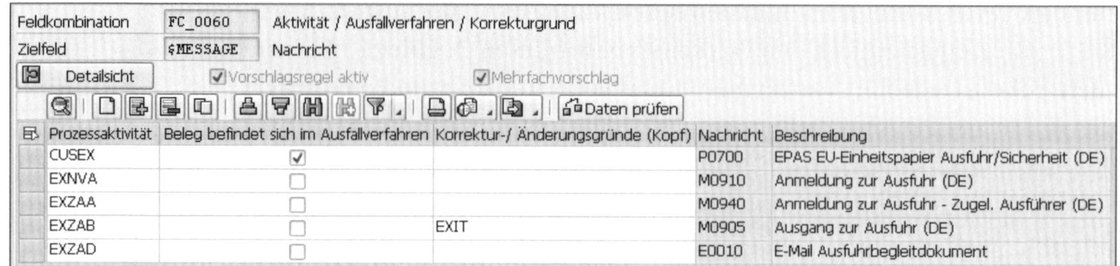

Prozessaktivität	Beleg befindet sich im Ausfallverfahren	Korrektur-/ Änderungsgründe (Kopf)	Nachricht	Beschreibung
CUSEX	☑		P0700	EPAS EU-Einheitspapier Ausfuhr/Sicherheit (DE)
EXNVA	☐		M0910	Anmeldung zur Ausfuhr (DE)
EXZAA	☐		M0940	Anmeldung zur Ausfuhr - Zugel. Ausführer (DE)
EXZAB	☐	EXIT	M0905	Ausgang zur Ausfuhr (DE)
EXZAD	☐		E0010	E-Mail Ausfuhrbegleitdokument

Abbildung 3.36 Datenvorschlagsregeln für Nachrichten

Zusätzlich können Sie das Kennzeichen **Beleg befindet sich im Ausfallverfahren** setzen, um im Ausfallverfahren eine Nachricht für das EPAS finden zu lassen (siehe Abbildung 3.15). Außerdem können Sie eine Regel für die Findung der Nachricht M0905 zur Beantwortung eines Nachforschungsersuchens definieren, indem Sie den Code EXIT in der Spalte **Korrektur/Änderungsgründe (Kopf)** eintragen. Ist weder ein Ausfallverfahren aktiv noch auf ein Nachforschungsersuchen zu reagieren, übernimmt SAP GTS die Nachricht M0940 in die Zollanmeldung. Außerdem findet das System die Nachricht E0010 für die Weiterleitung des ABD als E-Mail-Anhang. Diese Nachricht ist allerdings erst ausgabebereit, wenn die Überlassungsmitteilung mit dem ABD als Dateianhang eingegangen ist (Prozessaktivität EXZAM).

E-Mail-Empfänger

Die Empfänger solcher E-Mails lassen Sie ebenfalls mithilfe des Datenvorschlagswesens ermitteln. Das Auslieferungs-Customizing enthält einige Mustervorschlagsschemata, die Sie bei Bedarf in eigenen Kopien anpassen können (Menüpfad: **Global Trade Services • Customs Management • Datenvorschlagswesen • Datenvorschlag für E-Mail-Benachrichtigung definieren**). Vorschlagsregeln für die Empfängerfindung definieren Sie mit der Transaktion **Datenvorschlagswesen für E-Mail-Benachrichtigung ausprägen** (Transaktionscode /SAPSLL/DP_MAIL_MNTN).

Abschließend ordnen Sie die für verschiedene Zwecke angelegten Datenvorschlagsschemata Kombinationen aus gesetzlicher Grundlage, Belegart und Prozess zu (Menüpfad: **Global Trade Services • Customs Management • Datenvorschlagswesen • Findung für Datenvorschlagsschemata festlegen**). Nicht nur auf Stammdatenebene, auch im Customizing sind einige Vorarbeiten für die Abwicklung des Ausfuhrverfahrens als ATLAS-Teilnehmer erforderlich. Der nächste Abschnitt behandelt diese Customizing-Vorarbeiten.

3.1.4 Konfiguration des Datenaustausches mit der Zollverwaltung

Auch für das Ausfuhrverfahren ist der Datenaustausch mit der deutschen Zollverwaltung im Auslieferungs-Customizing Ihres SAP-GTS-Systems bereits weitgehend vorkonfiguriert. Dieser Abschnitt erläutert diese Voreinstellungen anhand verschiedener Beispiele.

Prozess CUSEX

Das Prozessschema CUSDE, das Sie bereits im Zusammenhang mit den Zollverfahren bei der Einfuhr in Abbildung 2.10 kennengelernt haben, enthält u. a. auch den Prozess CUSEX (Ausfuhr). Dieser Prozess fasst das Ausfuhrverfahren, die passive Veredelung und die Wiederausfuhr zusammen.

Prozessaktivitäten

Der Prozess CUSEX setzt sich im Auslieferungs-Customizing aus vierzehn Prozessaktivitäten zusammen. Abbildung 3.37 zeigt eine Auswahl dieser Prozessaktivitäten im Überblick.

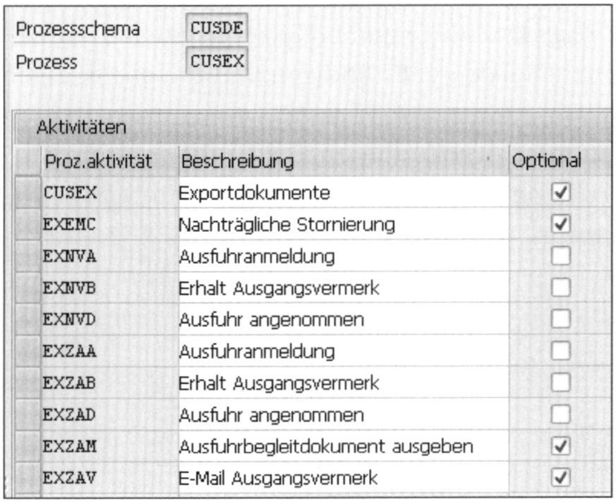

Prozessschema CUSDE
Prozess CUSEX

Aktivitäten

Proz.aktivität	Beschreibung	Optional
CUSEX	Exportdokumente	☑
EXEMC	Nachträgliche Stornierung	☑
EXNVA	Ausfuhranmeldung	☐
EXNVB	Erhalt Ausgangsvermerk	☐
EXNVD	Ausfuhr angenommen	☐
EXZAA	Ausfuhranmeldung	☐
EXZAB	Erhalt Ausgangsvermerk	☐
EXZAD	Ausfuhr angenommen	☐
EXZAM	Ausfuhrbegleitdokument ausgeben	☑
EXZAV	E-Mail Ausgangsvermerk	☑

Abbildung 3.37 Prozessaktivitäten des Prozesses CUSEX (Auswahl)

Die Prozessaktivitäten **Ausfuhranmeldung**, **Ausfuhr angenommen** und **Erhalt Ausgangsvermerk** sind doppelt vorhanden (Texte in der Spalte **Beschreibung**). Die Aktivitäten EXZAA, EXZAB und EXZAD sind für das vereinfachte Verfahren vorgesehen. Die Aktivitäten EXNVA, EXNVB und EXNVD kommen im Normalverfahren zum Einsatz. Die Aktivitäten CUSEX, EXZAM und EXZAV für den Druck oder die Weiterleitung von Daten per E-Mail sind optionale Teilschritte des Ausfuhrprozesses (Kennzeichen in der Spalte **Optional**). Dasselbe gilt für die Aktivität EXEMC für Anträge auf Ungültigerklärung einer Ausfuhranmeldung nach der Überlassung.

Aktivitätenfolgen

Die Prozessaktivitäten des Prozesses CUSEX sind im Auslieferungs-Customizing in fünf Aktivitätenfolgen eingebunden. Abbildung 3.38 zeigt diese Aktivitätenfolgen in der Übersicht.

Prozessschema	CUSDE	Zollabwicklung - Deutschland (Export, Import)
Prozess	CUSEX	Ausfuhr

Aktivitätenfolge

Akt.folge	Beschreibung
EXAN	Vollständige AM - Normalverfahren
EXAZ	Vollständige AM - vereinfachte Ausfuhr
EXUN	Unvollständige AM - Normalverfahren
EXUZ	Unvollständige AM - vereinfachte Ausfuhr
EXVE	Ersetzende/Ergänzende AM
ZEXAZ	Vereinfachte Zollanmeldung mit förmlicher Bewilligung
ZEXUZ	Vereinfachte AM ohne förmliche Bewilligung (ehemals uAM)

Abbildung 3.38 Aktivitätenfolgen des Prozesses CUSEX

In Abbildung 3.38 sehen Sie, dass im Auslieferungs-Customizing Aktivitätenfolgen für vollständige, unvollständige und ergänzende Ausfuhranmeldungen zur Verfügung stehen. Bei den vollständigen und unvollständigen Ausfuhranmeldungen unterscheidet SAP GTS jeweils zwischen dem Normalverfahren und dem vereinfachten Verfahren (Text »vereinfachte Ausfuhr« in der Spalte **Beschreibung**). Außerdem erkennen Sie in Abbildung 3.38, dass zwei Aktivitätenfolgen im Kundennamensraum (ZEXAZ und ZEXUZ) hinzugefügt wurden.

Aktivitätenfolge EXAZ

Betrachten wir zunächst in Abbildung 3.39 die Aktivitätenfolge EXAZ (Vollständige AM – vereinfachte Ausfuhr).

Prozessschema	CUSDE	Zollabwicklung - Deutschland (Export, Import)
Prozess	CUSEX	Ausfuhr
Aktivität.folge	EXAZ	Vollständige AM - vereinfachte Ausfuhr

Folgeaktivitäten

Zähler Aktivit.	Proz.aktivität	Beschreibung
10	EXZAA	Ausfuhranmeldung
20	EXZAD	Ausfuhr angenommen
30	EXZAM	Ausfuhrbegleitdokument ausgeben
40	CUSEX	Exportdokumente
45	EXEMC	Nachträgliche Stornierung
50	EXZAB	Erhalt Ausgangsvermerk
60	EXZAV	E-Mail Ausgangsvermerk

Abbildung 3.39 Prozessaktivitäten der Aktivitätenfolge EXAZ

Die Aktivitätenfolge EXAZ setzt sich aus sieben Prozessaktivitäten zusammen. Diese Aktivitäten entsprechen den möglichen Teilschritten des Ausfuhrverfahrens: Das Verfahren beginnt mit der Abgabe der Ausfuhranmeldung, die im Regelfall von der Ausfuhrzollstelle entgegen- und angenommen wird (Aktivität EXZAA). Die Ausfuhrzollstelle teilt anschließend die Überlassung der Waren mit und sendet das ABD (Aktivität EXZAD). Das ABD kann gedruckt oder per E-Mail weitergeleitet werden (Aktivität EXZAM). Außerdem können Ursprungszeugnisse, Warenverkehrsbescheinigungen oder andere Dokumente auf Vordrucken ausgegeben werden (Aktivität CUSEX). Falls die Ausfuhr dann doch nicht wie gemeldet stattfindet, kann ein Antrag auf Ungültigkeit der Anmeldung gestellt werden (Aktivität EXEMC). Das Ausfuhrverfahren endet mit dem Erhalt des Ausgangsvermerks (Aktivität EXZAB). Der Ausgangsvermerk kann als E-Mail-Anhang weitergeleitet werden (Aktivität EXZAV).

Aktivitätenfolge EXAN

Die Aktivitätenfolge EXAN (Vollständige AM – Normalverfahren) entspricht im Aufbau der Aktivitätenfolge EXAZ in Abbildung 3.39. Anstelle der drei Aktivitäten für das vereinfachte Verfahren (EXZAA, EXZAB und EXZAD) sind jedoch die Aktivitäten für das Normalverfahren (EXNVA, EXNVB und EXNVD) in die Aktivitätenfolge eingebunden.

Aktivitätenfolgen EXUN und EXUZ

Die Aktivitätenfolgen EXUN (Unvollständige AM – Normalverfahren) und EXUZ (Unvollständige AM – vereinfachte Ausfuhr) stammen noch aus der Zeit vor dem Inkrafttreten des UZK. Sie waren für die Abgabe von *unvollständigen Ausfuhranmeldungen* (uAM) vorgesehen. Genutzt wurde die uAM in der Regel von Subunternehmern, die in Reihengeschäften mit Ausfuhrlieferungen beauftragt waren und zum Zeitpunkt der Ausfuhr nicht über alle für eine vollständige Ausfuhranmeldung erforderlichen Daten verfügten. Im UZK tritt die vZA ohne förmliche Bewilligung an die Stelle der uAM. Für diese Verfahrensvereinfachung, die Sie bereits in Abschnitt 1.1.1, »Entstehungsgeschichte und Ausblick«, kennengelernt haben, wurde die Aktivitätenfolge ZEXUZ ergänzt (siehe Abbildung 3.38).

SAP GTS entscheidet bei der Replikation von Fakturen selbstständig, welche Aktivitätenfolge der Zollanmeldung zugrunde liegt. Dabei hat das vereinfachte Verfahren stets Vorrang vor dem Normalverfahren. Gibt es einen Stammsatz für eine zum Vorgang passende Bewilligung, wählt SAP GTS das vereinfachte Verfahren. Existiert keine Bewilligung oder kann die vorhandene Bewilligung nicht verwendet werden, z. B. wegen eines abweichenden Gestellungsorts, wählt SAP GTS das Normalverfahren. Wesentliche Voraussetzung für die Replikation einer Faktura ist daher eine erfolgreiche Findung der Aktivitätenfolge.

Findung der Aktivitätenfolge

Die Findung von Aktivitätenfolgen behandelt bereits Abschnitt 2.4.3, »Abwicklung des Verfahrens in SAP GTS«, im Zusammenhang mit der aktiven Veredelung (siehe Abbildung 2.85). In Abbildung 3.40 sehen Sie das Auslieferungs-Customizing der Findung von Aktivitätenfolgen bei der Ausfuhr für die gesetzliche Grundlage ATLAS.

Sicht "Findung der Aktivitätenfolge" ändern: Übersicht

Neue Einträge BC-Set: Feldwert ändern

Findung der Aktivitätenfolge

G.Gr.	Zielverfahren	KArt	Bes. Handel	Aktivität.folge	Beschr.
ATLAS	04 Export /...			EXAN	Vollständige AN
ATLAS	04 Export /...		S1	EXUN	Unvollständige
ATLAS	04 Export /...	AZ		EXAZ	Vollständige AN
ATLAS	04 Export /...	AZ	S1	EXUZ	Unvollständige

Abbildung 3.40 Findung der Aktivitätenfolge bei der Ausfuhr

Reihengeschäfte

Von den vier Einträgen für die Ausfuhr (Zielverfahren 04) sind zwei für das vereinfachte Verfahren vorgesehen (Aktivitätenfolgen EXAZ und EXUZ). Die Art der Bewilligung, die im System in Stammdatenform vorliegen muss, entnehmen Sie jeweils der Spalte **KArt** (im Auslieferungs-Customizing AZ). Zwei der vier Einträge enthalten das Kennzeichen S1 in der Spalte **Bes. Handel** (Besonderes Handelsgeschäft). Dieses Kennzeichen steht für Reihen- oder Streckengeschäfte, in denen ein Unternehmer im Auftrag eines zweiten Unternehmers Waren an einen dritten Unternehmer liefert. SAP GTS erkennt ein solches Reihengeschäft an der Partnerkonstellation in der aus dem Vorsystem übergeleiteten Faktura. Befinden sich Auftraggeber und lieferndes Werk im selben Land, ermittelt SAP GTS das Kennzeichen S1 (Streckengeschäft aus der Sicht des Streckenlieferanten). Bleibt das Auslieferungs-Customizing unverändert, zieht das System in Abhängigkeit von der Existenz einer passenden Bewilligung der Bewilligungsart AZ entweder die Aktivitätenfolge EXUZ oder die Aktivitätenfolge EXUN für die Anlage der Zollanmeldung heran. Abbildung 3.41 zeigt einen Kundenauftrag zu einem Reihengeschäft der beschriebenen Konstellation.

Abbildung 3.41 Kundenauftrag für ein Reihengeschäft (Ausschnitt)

vZA ohne förmliche Bewilligung

Auftraggeber ist ein Unternehmer mit Sitz in Köln; das Lieferwerk befindet sich in Hamburg (Feld **AusliefWerk**). Der Warenempfänger ist ein Kunde in der Schweiz. Die deutsche Außenhandelsorganisation soll die Ausfuhranmeldung zur Ausfuhrlieferung aus dem Verwenderbetrieb Hamburg in Form einer vZA ohne förmliche Bewilligung als direkte Vertreterin des Kölner Unternehmers abgeben.

Anpassung des Auslieferungs-Customizings

Für die vZA ohne förmliche Bewilligung wurde in SAP GTS eine neue Aktivitätenfolge ZEXUZ im Prozessschema CUSEX angelegt (siehe Abbildung 3.38). Die Verfahrensvereinfachung für *Zugelassene Ausführer* (ZA), für die das Auslieferungs-Customizing die Bewilligungsart AZ bereitstellt, ist im UZK nicht mehr vorgesehen. An ihre Stelle tritt die vZA *mit* förmlicher Bewilligung (siehe Abschnitt 1.1.1, »Entstehungsgeschichte und Ausblick«). Für diese Verfahrensvereinfachung wurde nicht nur eine neue Bewilligungsart (ZVAFB), sondern auch eine neue Aktivitätenfolge (ZEXAZ) angelegt. Die Findung der Aktivitätenfolgen musste daher ebenfalls angepasst werden. Abbildung 3.42 zeigt diese Anpassungen.

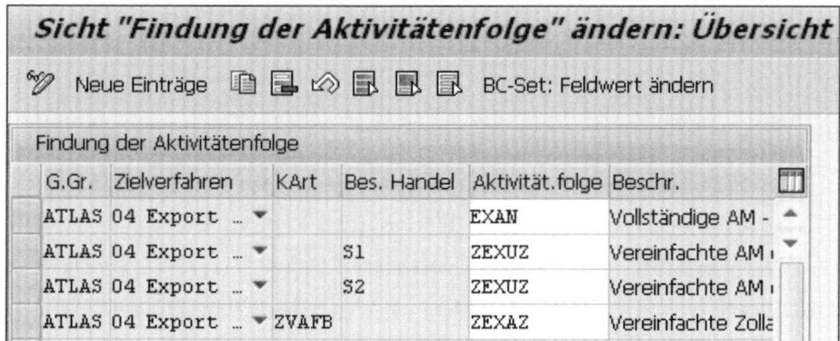
Sicht "Findung der Aktivitätenfolge" ändern: Übersicht

Neue Einträge BC-Set: Feldwert ändern

Findung der Aktivitätenfolge

G.Gr.	Zielverfahren	KArt	Bes. Handel	Aktivität.folge	Beschr.
ATLAS	04 Export ...			EXAN	Vollständige AM -
ATLAS	04 Export ...		S1	ZEXUZ	Vereinfachte AM
ATLAS	04 Export ...		S2	ZEXUZ	Vereinfachte AM
ATLAS	04 Export ...	ZVAFB		ZEXAZ	Vereinfachte Zolla

Abbildung 3.42 Angepasste Aktivitätenfolgenfindung

In der Partnerkonstellation des Prozessbeispiels in Abbildung 3.41 findet SAP GTS auf der Grundlage der Einstellungen in Abbildung 3.42 die Aktivitätenfolge ZEXUZ für die Abgabe einer vZA ohne förmliche Bewilligung.

Dreiecksgeschäfte

Im Feld **Bes. Handel** steht auch das Kennzeichen S2 (Dreiecksgeschäft) zur Auswahl. In dieser Konstellation übernimmt ein vierter, in einem anderen Land als Auftraggeber und Lieferwerk ansässiger Unternehmer die Partnerrolle des *Regulierers*, also desjenigen Beteiligten, der die Rechnung für die Ausfuhrlieferung bezahlt. In diesem Szenario ist der Auftraggeber z. B. die deutsche Vertriebsniederlassung eines französischen Unternehmens, die Ihr Unternehmen mit der direkten Belieferung eines Kunden in der Schweiz beauftragt. Die Bezahlung Ihrer Rechnung an die deutsche Vertriebsniederlassung veranlasst die französische Zentrale.

Abbildung 3.43 zeigt die Sicht **Beförderung** einer Zollanmeldung der Aktivitätenfolge ZEXUZ.

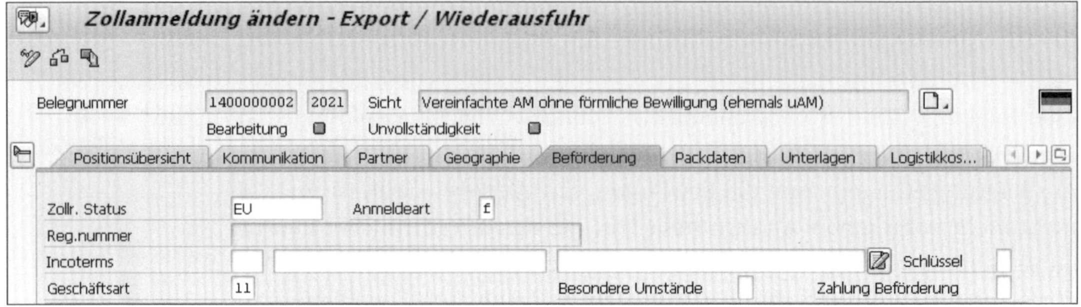

Abbildung 3.43 Zollanmeldung zur Aktivitätenfolge ZEXUZ

Art der Anmeldung

Dem Text im Feld **Sicht** rechts neben der Belegnummer entnehmen Sie die Beschreibung der Aktivitätenfolge ZEXUZ (siehe Abbildung 3.42). Das Kennzeichen **f** im Feld **Anmeldeart** steht in der Codeliste A0122 als *Qualifikator* in Verbindung mit dem Code AM für eine vZA ohne förmliche Bewilligung. Die Codes der Codeliste A0122 kategorisieren Ausfuhranmeldungen nach ihrer Zweckbestimmung. So kennzeichnet der Code AM z. B. einfache Ausfuhranmeldungen im Gegensatz zu Ausfuhranmeldungen zur Überführung von Waren in die passive Veredelung. In der Zollanmeldung in SAP GTS geben Sie im Feld **Anmeldeart** nur den Qualifikator an. Auf der Grundlage der übrigen Daten der Anmeldung ergänzt SAP GTS in der elektronischen Nachricht automatisch den jeweils zutreffenden Code. Die Qualifikatoren der Codeliste A0122 sind im Auslieferungs-Customizing bereits Kombinationen aus gesetzlichen Grundlagen und Prozessen zugeordnet (Menüpfad: **Global Trade Services • Customs Management • Zollcodelisten • Anmeldeart einem Prozess und gesetzlicher Grundlage zuordnen**). Beachten Sie in diesem Zusammenhang auch den SAP-Hinweis 1847943.

Reduzierte Unvollständigkeitsprüfung

In Abbildung 3.43 sehen Sie außerdem, dass die Felder für die Incoterms leer sind. In der Tat sind die Lieferbedingungen, die Auftraggeber und Warenempfänger vereinbart haben, dem Subunternehmer, der die Ausfuhranmeldung abgibt, in der Regel unbekannt. In SAP GTS berücksichtigt die Unvollständigkeitsprüfung, dass diese Angaben in einer vZA ohne förmliche Bewilligung (Anmeldeart f) nicht erforderlich sind.

Im Zusammenhang mit einer vZA ohne förmliche Bewilligung lohnt sich auch ein Blick auf die Sicht **Partner** in Abbildung 3.44.

Abbildung 3.44 Beteiligtenkonstellation in der Ausfuhranmeldung

Direkte Vertretung

Der Warenempfänger in Bern wird vom Hamburger Verwenderbetrieb VB_1000 beliefert. Der Kölner Unternehmer, der bereits im Kundenauftrag in Abbildung 3.41 die Rolle des Auftraggebers übernimmt, tritt in der Zollanmeldung in Abbildung 3.44 zusätzlich als Ausführer (Partnerfunktion *Versender*) und als Anmelder auf. In der Funktion des Anmelders vertritt ihn jedoch sein Subunternehmer, die Außenhandelsorganisation AO_1000 (Partnerfunktion *Vertreter Zollanmeldung*).

Beteiligtenkonstellation

Diese *Beteiligtenkonstellation* müssen Sie in der Ausfuhranmeldung in Form eines vierstelligen numerischen Codes angeben. Die möglichen Ausprägungen finden Sie in der Codeliste A0127. SAP GTS leitet den jeweils zutreffenden Code aus der Zuordnung der Partnerfunktionen in der Zollanmeldung und aus den Geschäftspartnerstammdaten ab. Um den Kölner Auftraggeber in der Zollanmeldung als Ausführer und Anmelder angeben zu können, müssen Sie zuvor seine EORI-Nummer in seinen Geschäftspartnerstammsatz eintragen (siehe Abbildung 3.25). Den Code für die Beteiligtenkonstellation sehen Sie erst nach dem Versenden der Ausfuhranmeldung im IDoc (Feld PRCMB des Segmenttyps /SAPSLL/E2CCEHD_TPR).

Den Beispielen in Abschnitt 3.1.2, »Abwicklung des Ausfuhrverfahrens in SAP GTS«, liegt die Aktivitätenfolge ZEXAZ für Ausfuhranmeldungen im vereinfachten Verfahren mit förmlicher Bewilligung zugrunde. Betrachten wir in Abbildung 3.45 einen Ausschnitt aus den Einstellungen dieser Aktivitätenfolge.

Feld	Wert	Beschreibung
Prozessschema	CUSDE	Zollabwicklung - Deutschland (Export, Import)
Prozess	CUSEX	Ausfuhr
Aktivitätenfolge	ZEXAZ	Vereinfachte Zollanmeldung mit förmlicher Bewilligung
Belegart		
Belegart		CULOEX Zollanmeldung Ausfuhr
Periodische Meldung		Nicht relevant für periodische EGZ
Belegsteuerung		
Zeitpunkt Überlassung		C Erhalt einer relevanten Nachricht
BE-Anteile		A Anlegen einer Zollanmeldung/-sendung
Vereinf. Verfahren		2 Vereinfachtes Zollverfahren
Vorzeitige Anmeldung		1 Keine vorzeitige Anmeldung
Vorzeitiger Split		Vorzeitiger Split ist aktiv
Nachträglicher Split		Nachträglicher Split ist nicht aktiv
Positionslimit		

Abbildung 3.45 Aktivitätenfolge ZEXAZ – Steuerung (Ausschnitt)

Konfiguration der Aktivitätenfolge

Allen Aktivitätenfolgen des Prozesses CUSEX ist im Auslieferungs-Customizing die Belegart CULOEX zugeordnet (Feld **Belegart**). Zollanmeldungen für Ausfuhren werden also immer mit dieser Belegart angelegt. Da auf der Grundlage der Aktivitätenfolge ZEXAZ stets vollständige Ausfuhranmeldungen abgegeben werden, sind ergänzende Anmeldungen nicht erforderlich (Kennzeichen **Nicht relevant für periodische EGZ** im Feld **Periodische Meldung**).

Die Zollstelle teilt im Ausfuhrverfahren die Überlassung explizit in der Nachricht E_EXP_REL mit. Im Feld **Zeitpunkt Überlassung** ist daher das Kennzeichen **C Erhalt einer relevanten Nachricht** gesetzt. Die Aktivitätenfolge ZEXAZ ist darüber hinaus als Verfahrensvereinfachung klassifiziert (Kennzeichen **2 Vereinfachtes Zollverfahren** im Feld **Vereinf. Verfahren**). Eine vorzeitige Abgabe der Ausfuhranmeldung ist nicht möglich (Kennzeichen **1 Keine vorzeitige Anmeldung** im Feld **Vorzeitige Anmeldung**). Falls die Anzahl der Meldepositionen die in ATLAS vorgegebene Obergrenze (999) überschreitet, soll SAP GTS bereits beim Anlegen der Zollanmeldung einen Split durchführen, also die Positionen auf mindestens zwei Zollanmeldungen zur selben Faktura aufteilen (Kennzeichen **Vorzeitiger Split ist aktiv** im Feld **Vorzeitiger Split**). Auch ein nachträglicher Split wäre möglich, ist jedoch in der Aktivitätenfolge ZEXAZ nicht aktiv.

Wiederausfuhranmeldung

Der Ausschnitt aus den Einstellungen der Aktivitätenfolge ZEXAZ in Abbildung 3.45 enthält außerdem das Feld **BE-Anteile**. Die Kennzeichen, die in diesem Feld zur Auswahl stehen, spielen nur eine Rolle, wenn Sie in SAP GTS ein Zollverfahren durch ein sich anschließendes Zollverfahren oder durch Wiederausfuhr erledigen (*Verfahrensübergang*). Für die Wiederausfuhr nach der Überführung in ein besonderes Verfahren schreibt Art. 270 Abs. 1 UZK die Abgabe einer Zollanmeldung vor. Diese *Wiederausfuhranmeldung* versenden Sie mit der EDI-Nachricht E_EXP_DAT im ATLAS-Verfahrensbereich Ausfuhr. Der weitere Datenaustausch mit der Zollverwaltung unterscheidet sich nicht von der Abwicklung des Ausfuhrverfahrens.

Beendigungsanteile ermitteln und melden

Wenn Sie ein Zolllagerverfahren durch die Überführung in ein anderes Zollverfahren beenden, müssen Sie in der Zollanmeldung *Beendigungsanteile* (BE-Anteile) angeben. Bei der Wiederausfuhr ist diese Angabe optional. Sie teilen der Zollverwaltung also mit, für welche Waren und Mengen Sie das Zolllagerverfahren durch das sich anschließende Zollverfahren oder die Wiederausfuhr beenden wollen. Dabei beziehen Sie sich in der Zollanmeldung oder Wiederausfuhranmeldung auf die Zollanmeldung(en), mit denen Sie die Waren in das Zolllagerverfahren überführt haben. In ATLAS werden diese Angaben automatisiert überprüft.

Bei der Wiederausfuhr oder der Überführung in ein anderes Zollverfahren wählt SAP GTS die Zollanmeldung für das ganz oder teilweise zu beendende Zolllagerverfahren selbstständig nach dem FIFO-Prinzip aus. Durch die Kennzeichnung im Feld **BE-Anteile** legen Sie fest, zu welchem Zeitpunkt SAP GTS die Beendigungsanteile ermittelt. In Abbildung 3.45 ist das Kennzeichen **A Anlegen einer Zollanmeldung/-sendung** gesetzt. Für die Ermittlung und Mitteilung der Beendigungsanteile erzeugt SAP GTS aufgrund dieser Einstellung beim Anlegen der Zollanmeldung eine zusätzliche Sicht **Beendigungsanteile ZL** auf Belegpositionsebene. Abbildung 3.46 zeigt einen Ausschnitt aus dieser Sicht.

Abbildung 3.46 Sicht »Beendigungsanteile ZL« in der Zollanmeldung

Auf der Grundlage der Zollanmeldung in Abbildung 3.46 sollen zehn Stück eines zuvor in das Zolllagerverfahren überführten Produkts wiederausgeführt werden (Angaben in den Spalten **Menge** und **Mengeneinheit**). In der Spalte **Zollbelegnummer** sehen Sie die Nummer der Zollanmeldung, mit der die Produkte in SAP GTS in das Zolllagerverfahren überführt wurden. Wenn Sie in der Aktivitätenfolge im Feld **BE-Anteile** das Kennzeichen **C Erhalt einer relevanten Nachricht** setzen, generiert SAP GTS die Sicht **Beendigungsanteile ZL** erst bei der Eingangsverarbeitung der Überlassungsmitteilung oder der Ausgangsbestätigung. Sie entscheiden, welche der beiden Nachrichten die »relevante« Nachricht ist, indem Sie in den Detaileinstellungen das Kennzeichen **Ermittlung Beendigungsanteile über diese Nachricht** setzen (siehe Abbildung 2.62). Die Zolllagerbestände werden erst nach Eingangsverarbeitung der so gekennzeichneten Nachricht reduziert.

Die meisten Einstellungen, die Sie in Abschnitt 3.1 im Zusammenhang mit dem Ausfuhrverfahren kennengelernt haben, spielen auch für die Abwicklung der beiden anderen Zollverfahren dieses Kapitels eine Rolle. In Abschnitt 3.2 geht es zunächst um das Versandverfahren.

3.2 Versandverfahren bei der Ausfuhr

Das Versandverfahren ist Ihnen bereits in Abschnitt 2.2, »Versandverfahren bei der Einfuhr«, begegnet. In diesem Abschnitt erfahren Sie, wie Sie das Zollverfahren in Warenausgangsprozessen nutzen können.

3.2.1 Überführung in das Versandverfahren in SAP GTS

Nachrichtenaustausch

Die einzelnen Teilschritte und Varianten des Versandverfahrens beschreibt Abschnitt 2.2.1, »Ablauf des Versandverfahrens«. In diesem Abschnitt betrachten wir das Versandverfahren aus der Perspektive des zugelassenen Versenders (ZV). Für den Ablauf des elektronischen Nachrichtenaustausches mit den Zollbehörden bei der Überführung in das Verfahren spielt es keine Rolle, in welches der in Abschnitt 2.2.1 vorgestellten Versandverfahren Sie Waren überführen lassen möchten. Abbildung 3.47 stellt den Nachrichtenaustausch im Überblick dar.

Der Inhaber des Verfahrens, der sich auch durch eine andere Person vertreten lassen kann, sendet der Abgangszollstelle die Versandanmeldung mit der EDI-Nachricht E_DEC_DAT (in ATLAS 9.1 Nachricht E_DEP_DAT), der in SAP GTS im vereinfachten Verfahren die Nachricht MO110 (Versandanmeldung ZV) entspricht. Im Normalverfahren verwenden Sie stattdessen die Nachricht MO100 (Versandanmeldung). Die Daten der Versandanmeldung werden in ATLAS automatisiert geprüft.

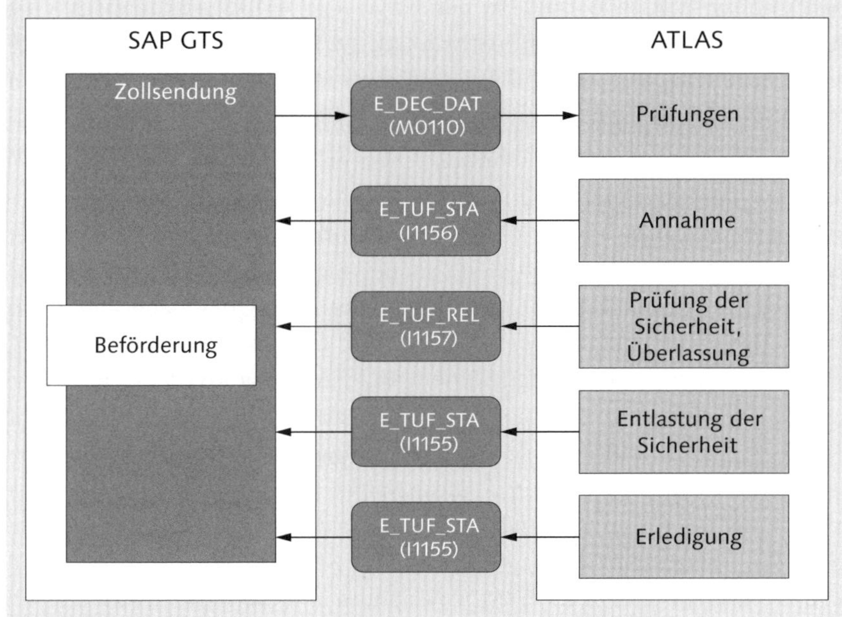

Abbildung 3.47 Überführung in das Versandverfahren in ATLAS

Verhindert ein Fehler die Entgegennahme der Anmeldung, versendet die Abgangszollstelle die EDI-Nachricht E_ERR_NCK. In SAP GTS erhalten Sie in diesem Fall die Nachricht I2445 (Fachliche/Technische Fehlermeldung). Ist die Versandanmeldung fehlerfrei, wird sie angenommen. Über die Annahme informiert die Abgangszollstelle in der EDI-Nachricht E_TUF_STA (in ATLAS 9.1 Nachricht E_DEP_STA). Dieser Nachricht entspricht in SAP GTS die Nachricht I1156 (Statusmeldung zur Überführung, Überwachung). Anschließend prüft ATLAS die Sicherheit, die der Inhaber des Verfahrens geleistet hat. Ist die Sicherheit gültig und ausreichend, werden die Waren zum Versandverfahren überlassen. Die Abgangszollstelle sendet dazu die Nachricht E_TUF_REL (in ATLAS 9.1 Nachricht E_DEP_REL), der das VBD als PDF-Datei anhängt. Die Überlassungsmitteilung wird in SAP GTS mit der Nachricht I1157 (Überlassungsmitteilung) verarbeitet. Das VBD können Sie drucken oder mit der Nachricht E0012 (E-Mail Versandbegleitdokument) als E-Mail-Anhang versenden.

Beendigung des Verfahrens

Nach dem Eintreffen der Waren am Bestimmungsort sendet der ZE der Bestimmungszollstelle eine Ankunftsanzeige. Nach Erhalt der Entladeerlaubnis prüft er die Sendung und teilt der Bestimmungszollstelle das Ergebnis in einem Entladekommentar mit. Die Bestimmungszollstelle beendet anschließend das Versandverfahren in ATLAS. Im Normalverfahren findet dieser Schritt im Anschluss an die Gestellung und Prüfung der Waren bei der

Bestimmungszollstelle statt. In der Folge legt ATLAS automatisch eine SumA zur vorübergehenden Verwahrung an. Der ZE erhält eine Verwahrungsmitteilung. Den Ablauf dieses Verfahrensanteils in SAP GTS behandelt Abschnitt 2.2.2, »Kommunikation mit den Zollbehörden«.

Erledigung des Verfahrens

Nach der Verarbeitung der manuell erfassten Gestellung (Normalverfahren) bzw. der Eingangsanzeige (ZE) teilt ATLAS der Abgangszollstelle automatisiert das Eintreffen der Waren am Bestimmungsort mit. Der Inhaber des Verfahrens wird anschließend in der EDI-Nachricht E_TUF_STA (in ATLAS 9.1 Nachricht E_DEP_STA) über die Entlastung der Sicherheit informiert. Handelt es sich bei dieser Sicherheit um eine Gesamtbürgschaft, kann der freigegebene Betrag in einem anderen Versandverfahren wiederverwendet werden. In SAP GTS entspricht dieser Variante der Nachricht E_TUF_STA die Nachricht I1155 (Statusmeldung zur Überführung, Überwachung). Bei Einzelsicherheiten ist diese Nachricht zugleich die Erledigungsmitteilung. Bei Gesamtbürgschaften teilt die Abgangszollstelle die Erledigung des Versandverfahrens separat in der Nachricht E_TUF_STA mit (in ATLAS 9.1 Nachricht E_DES_STA). Sie erhalten in diesem Fall in SAP GTS die Nachricht I1155 ein zweites Mal. In Abbildung 3.48 sehen Sie eine Zollsendung für die Überführung in das Versandverfahren als ZV mit Ausgangs- und Eingangsnachrichten.

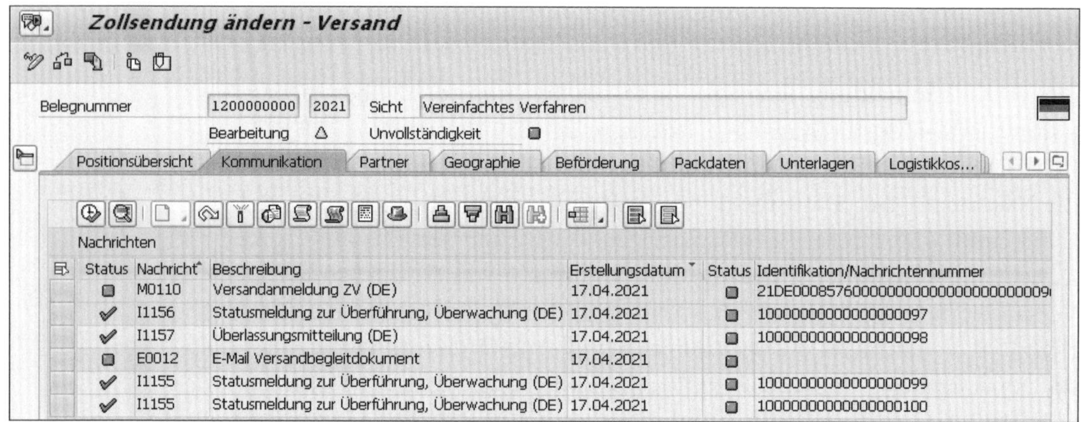

Abbildung 3.48 Zollsendung mit Ausgangs- und Eingangsnachrichten

Status der Versandanmeldung

Sie sehen in Abbildung 3.48, dass die Nachricht I1155 in der Nachrichtenübersicht der Zollsendung zweimal aufgeführt ist. Die erste der beiden Nachrichten enthält die Mitteilung über die Entlastung der Sicherheit, die zweite Nachricht die Erledigungsmitteilung. Sie können die Abfolge der Antworten der Zollverwaltung auf Ihre Versandanmeldung auch in der Sicht **Status** nachvollziehen. Abbildung 3.49 zeigt einen Ausschnitt aus dieser Sicht mit den vier Statuswerten einer fehlerfreien Abwicklung des Versandverfahrens als ZV.

Abbildung 3.49 Status der Versandanmeldung in der Zollsendung

Der Statuswert A3 kennzeichnet die Überlassung der Waren zum vereinfachten Verfahren ZV. Der Statuswert 34 wird in der Benachrichtigung über die Entlastung der Sicherheit übermittelt. (Der Begriff *Referenzbetrag* wird in Abschnitt 3.2.2, »Customizing und Stammdatenpflege für das Versandverfahren«, im Zusammenhang mit der Verwaltung von Sicherheiten in SAP GTS erläutert.)

Replikation der Faktura

In Abschnitt 1.2.2, »Zollabwicklung«, haben Sie bereits erfahren, dass Fakturen des Vorsystems in SAP GTS nicht nur als Zollanmeldungen, sondern auch als *Zollsendungen* repliziert werden können. Zollsendungen sind im Customs Management die Beleggrundlage des Anwendungsbereichs Versand/Gestellung. In Abschnitt 2.2.2, »Kommunikation mit den Zollbehörden«, haben wir eine Anlieferung des Vorsystems in SAP GTS als Zollsendung replizieren lassen, um ein außerhalb des SAP-GTS-Systems eröffnetes Versandverfahren zu beenden. Aus Anlieferungen werden im Customs Management immer Zollsendungen, wenn im Vorsystem eine Vorpapierart für unverzollte Waren in Verbindung mit einer MRN eingetragen wurde. Wie aber entscheidet sich, ob aus einer Faktura in SAP GTS eine Zollanmeldung für die Zollabwicklung oder eine Zollsendung für das Versandverfahren wird?

Internes Unionsversandverfahren

Das Vorsystem prüft zunächst immer die Überleitungsrelevanz einer Faktura. Sind sowohl das Land des Lieferwerks als auch das Land des Warenempfängers EU-Mitgliedstaaten, leitet das Vorsystem die Faktura *nicht* an SAP GTS über. Eine Fakturareplikation ist in der Tat nicht erforderlich, wenn Unionswaren innerhalb des Zollgebiets der Union bewegt werden. Wenn Sie jedoch einen Kunden in Italien aus Ihrem deutschen Werk per Lkw über Schweizer Staatsgebiet beliefern, bietet sich die Beförderung der Waren im internen Unionsversandverfahren (Kurzbezeichnung T2) an. Für die Beförderung von Unionswaren in oder aus Regionen, die zwar zum Staatsgebiet, nicht jedoch zum Umsatzsteuergebiet der EU gehören, ist die Überführung in das interne Unionsversandverfahren (Kurzbezeichnung T2F) erforderlich.

Lieferungen in Drittgebiete

Die Richtlinie 2006/112/EG über das gemeinsame Mehrwertsteuersystem (Mehrwertsteuersystemrichtlinie) gilt nicht im gesamten Staatsgebiet der EU. Die vom Geltungsbereich der Richtlinie ausgenommenen Gebiete listet Artikel 6 einzeln auf. Lieferungen in diese sogenannten *Drittgebiete* sind umsatzsteuerrechtlich Ausfuhrlieferungen.

Anpassung der Belegüberleitung

Wenn Sie also Fakturen als Zollsendungen für die Überführung in interne Unionsversandverfahren replizieren lassen wollen, müssen Sie die Überleitungssteuerung im Vorsystem anpassen. Für diese Anpassung steht Ihnen im Vorsystem das BAdI `/SAPSLL/CTRL_SDOC_R3` zur Verfügung. (In SAP ERP ist dieses BAdI Bestandteil des Plug-ins.) Zur Überleitung von Fakturen zu Auslieferungen in Drittgebiete nimmt SAP-Hinweis 1306657 ausführlich Stellung. In der Korrekturanleitung dieses Hinweises finden Sie u. a. auch eine Beispielimplementierung des BAdIs `/SAPSLL/CTRL_SDOC_R3`.

Abbildung 3.50 zeigt die Sicht **Beförderung** einer Zollsendung für die Überführung in das interne Unionsversandverfahren T2.

Abbildung 3.50 Zollsendung für ein Versandverfahren

Am Kennzeichen T2 im Feld **Zollr. Status** erkennen Sie, dass Unionswaren befördert werden sollen. Die Versandanmeldung wurde im Zuge der Entgegennahme in ATLAS unter einer Arbeitsnummer registriert (Feld **Reg.nummer**). In der Überlassungsmitteilung hat die Abgangszollstelle die MRN des

Verfahrens übermittelt (Feld **MRN-Nummer**). Die PDF-Datei mit dem VBD können Sie mit dem Symbol öffnen.

Externes Unionsversandverfahren

Wenn Sie in SAP GTS Nicht-Unionswaren in das externe Unionsversandverfahren (Kurzbezeichnung T1) überführen wollen, besteht grundsätzlich die gleiche Situation wie bei der Überführung in das interne Unionsversandverfahren: Fakturen zu Inlandslieferungen und zu Lieferungen in einen anderen Mitgliedstaat leitet das Vorsystem nicht an SAP GTS über. Wenn Sie also z. B. einem in der EU ansässigen Kunden Nicht-Unionswaren aus Ihrem in Deutschland gelegenen Zolllager im externen Unionsversandverfahren liefern wollen, müssen Sie die Steuerung der Fakturaüberleitung mit dem BAdI /SAPSLL/CTRL_SDOC_R3 anpassen. Ohne diese Anpassung geht SAP GTS stets davon aus, dass die für Kunden in der EU bestimmten Zolllagerbestände vor ihrer Lieferung zum freien Verkehr überlassen werden.

Zollanmeldung und Zollsendung

Sollen dagegen Nicht-Unionswaren aus dem Zolllager an einen Kunden im Drittland verkauft werden, überträgt das Vorsystem die Faktura an SAP GTS, wie in Abbildung 3.1 dargestellt. Unter der Voraussetzung, dass der Kommissionierlagerort der Lieferpositionen der Zoll-ID des Zolllagers zugeordnet ist und die Produkte aller Belegpositionen in SAP GTS als relevant für das Zolllagerverfahren gekennzeichnet sind (siehe Abschnitt 2.3.2, »Überführung in das Zolllagerverfahren in SAP GTS«), repliziert SAP GTS die Daten solcher Fakturen zunächst als Zollanmeldung für die Wiederausfuhr. Zusätzlich legt das System eine Zollsendung für die Überführung in das externe Unionsversandverfahren an. In diesem Versandverfahren können Sie die Nicht-Unionswaren bis zur Ausgangszollstelle befördern. Anschließend führen Sie die Waren aus.

[«]

Automatische Anlage einer Zollsendung

Wenn Sie diese automatische Anlage einer Zollsendung zur Zollanmeldung nicht wünschen, können Sie in SAP GTS das BAdI /SAPSLL/CUS_EXPORT_WITH_TIB implementieren. Mithilfe dieses BAdIs können Sie auch erreichen, dass SAP GTS zusätzliche Zollsendungen zu Zollanmeldungen anlegt, wenn Sie Unionswaren aus Ihrem Zolllager ausführen. Sie finden dieses BAdI im Einführungsleitfaden über den Menüpfad **Global Trade Services • Customs Management • Business Add-Ins für Customs Management • BAdI: Eröffnung von Versandverfahren in der Exportabwicklung**.

Belegfluss

Die Zollanmeldung für die Wiederausfuhr und die Zollsendung für die Abwicklung des externen Unionsversandverfahrens sind technisch miteinander verbunden. Diese Verbindung erkennen Sie in der Sicht **Belegfluss** beider Belege. Abbildung 3.51 zeigt die Sicht in einer Zollsendung für ein externes Unionsversandverfahren in Verbindung mit einer Wiederausfuhr aus dem Zolllager.

Abbildung 3.51 Sicht »Belegfluss« einer Zollsendung

In den Spalten **Belegart** und **Nr.** sehen Sie, dass der Zollanmeldung 1400000000 die Zollsendung 1200000000 zugeordnet ist. Beide Belege sind Replikate derselben Faktura (Spalte **Refnr.**).

Übernahme der MRN des Ausfuhrverfahrens

Wenn Sie Nicht-Unionswaren vor ihrer Wiederausfuhr in einem externen Versandverfahren zur Ausgangszollstelle befördern, müssen Sie in SAP GTS auf der Grundlage der Zollanmeldung zunächst die Wiederausfuhranmeldung abgeben und ihre Annahme durch die Ausfuhrzollstelle abwarten. Die MRN des Ausfuhrverfahrens übernimmt SAP GTS automatisch in die der Zollanmeldung zugeordnete Zollsendung. Sie finden diese MRN in der Sicht **Unterlagen** auf Belegpositionsebene der Zollsendung. SAP GTS verwendet für die Übernahme der MRN die Kategorie PDOC (Vorgelegte Unterlagen) und den in der Codeliste C0013 definierten Schlüssel 830 (Ausfuhranmeldung). In Abbildung 3.52 sehen Sie diese Daten in einem Ausschnitt aus den Belegpositionsdaten einer Zollsendung.

Abbildung 3.52 Zollsendung mit MRN der Ausfuhranmeldung

Sie sehen in Abbildung 3.52 den Unterlagencode 830 im Feld **Art** und die MRN des Ausfuhrverfahrens im Feld **Nummer**. Außerdem hat SAP GTS auch die Belegnummer der Faktura in die Sicht **Unterlagen** übernommen (erster Eintrag im Bereich **Art des Dokuments**). Setzen Sie zusätzlich in der Sicht **Bestimmung** auf Belegpositionsebene das Kennzeichen **Bes. Verm. Export**, um die Verknüpfung von Versandverfahren und Ausfuhrverfahren zu bestätigen.

Beendigungsanteile Zolllagerverfahren

Wenn Sie in Verbindung mit der Wiederausfuhr aus dem Zolllager ein externes Unionsversandverfahren abwickeln, müssen Sie entscheiden, ob Sie der Zollverwaltung die Beendigungsanteile für das Zolllagerverfahren in der Wiederausfuhranmeldung oder in der Versandanmeldung übermitteln. Sie müssen in jedem Fall eine Doppelmeldung verhindern. Wenn Sie der Zollverwaltung die Beendigungsanteile für Ihre Zolllagerverfahren in der Versandanmeldung mitteilen wollen, legen Sie eine neue Aktivitätenfolge als Kopie der Aktivitätenfolge TRDCV im Kundennamensraum an und kennzeichnen diese entsprechend (siehe Abbildung 3.45).

Auch für die Abwicklung des Versandverfahrens sind einige Vorarbeiten im System erforderlich. Der nächste Abschnitt erläutert diese Vorarbeiten.

3.2.2 Customizing und Stammdatenpflege für das Versandverfahren

Ebenso wie für die anderen Zollverfahren, die Sie in diesem Buch bereits kennengelernt haben, müssen Sie auch für die Überführung in das Versandverfahren spezifische Einstellungen auf Customizing- und Stammdatenebene vornehmen. In diesem Abschnitt geht es zunächst um die Steuerung der Kommunikation mit den Zollbehörden. In diesem Zusammenhang kommen auch die Codelisten aus Abschnitt 3.1.3, »Stammdaten für die Ausfuhrabwicklung«, noch einmal zur Sprache. Abschließend betrachten wir Bewilligungen und Sicherheiten, die für das Versandverfahren eine große Rolle spielen.

Steuerung der Kommunikation

Das Prozessschema TRSDE für die Kommunikation mit den Zollbehörden im Versandverfahren haben Sie bereits in Abbildung 2.52 gesehen. In diesem Abschnitt geht es um den Prozess TRSO (Versandverfahren eröffnen). Dem Prozess TRSO sind je eine Aktivitätenfolge für das Normalverfahren und für das vereinfachte Verfahren ZV zugeordnet. Abbildung 3.53 zeigt diese Zuordnung im Customizing der Kommunikationssteuerung (Menüpfad: **Global Trade Services • Customs Management • Kommunikationsprozesse • Steuerung für Kommunikationsprozesse definieren**).

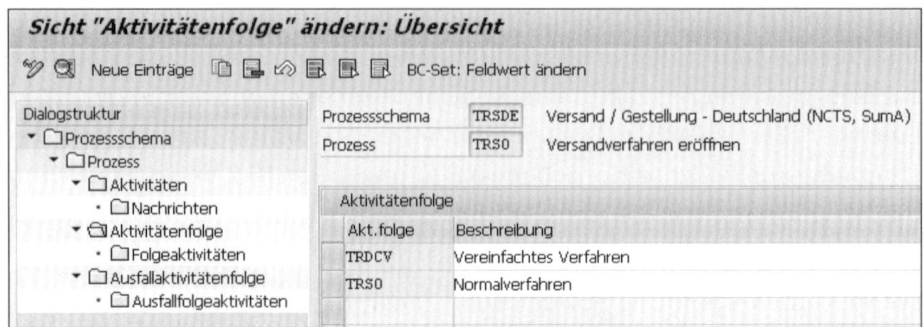

Abbildung 3.53 Aktivitätenfolgen des Prozesses TRSO

Aktivitätenfolge TRDCV

In den Beispielen in Abschnitt 3.2.1, »Überführung in das Versandverfahren in SAP GTS«, haben wir die Waren im vereinfachten Verfahren ZV befördert (siehe u. a. Abbildung 3.48). Der Verfahrensvereinfachung liegt die Aktivitätenfolge TRDCV zugrunde. Diese Aktivitätenfolge besteht aus vier Prozessaktivitäten, deren Anordnung Sie in Abbildung 3.54 sehen.

Prozessschema TRSDE Versand / Gestellung - Deutschland (NCTS, SumA)
Prozess TRSO Versandverfahren eröffnen
Aktivität.folge TRDCV Vereinfachtes Verfahren

Folgeaktivitäten

Zähler Aktivit.	Proz.aktivität	Beschreibung
1	TRDCV	Versandanmeldung erstellen
3	TRDC2	Versandanmeldung angenommen
7	TRDC3	VBD per E-Mail senden
10	TRDOV	Versandverfahren abgeschlossen

Abbildung 3.54 Prozessaktivitäten der Aktivitätenfolge TRDCV

In der Prozessaktivität TRDCV geben Sie die Versandanmeldung ab und erhalten entweder eine Fehlermeldung oder eine Mitteilung über die Annahme der Zollanmeldung. Die Überlassungsmitteilung mit VBD erhalten Sie in der Prozessaktivität TRDC2. Das VBD können Sie anschließend in der Prozessaktivität TRDC3 als Dateianhang einer E-Mail weiterleiten. In der Prozessaktivität TRDOV informiert die Zollverwaltung Sie über die Entlastung der Sicherheit und abschließend über die Erledigung des Verfahrens.

Nachricht M0110

In Abbildung 3.48 haben Sie gesehen, dass die Versandanmeldung im vereinfachten Verfahren ZV in SAP GTS mit der Nachricht M0110 abgegeben wird. Diese Nachricht ist der Prozessaktivität TRDCV zugeordnet (Ordner **Nachrichten** in der Dialogstruktur in Abbildung 3.53). Sie können die Detaileinstellungen einer Nachricht direkt in der Nachrichtenübersicht einer Prozessaktivität aufrufen (Symbol oder Menüeintrag **Springen • Detail**).

Abbildung 3.55 zeigt einen Ausschnitt aus den Details der Nachricht M0110 in der Prozessaktivität TRDCV.

Prozessschema	TRSDE	Versand / Gestellung - Deutschland (NCTS, SumA)
Prozess	TRS0	Versandverfahren eröffnen
Proz.aktivität	TRDCV	Versandanmeldung erstellen
Nachricht	M0110	Versandanmeldung ZV (DE)

Nachrichten

Art der Nachricht		
Richtung	A Ausgehende Nachricht	
Aktionsdefinition	DE_TR_EX_TRDCV_M_DEDEC	Versandanmeldung ZV (DE)
Nachrichtentyp	/SAPSLL/TRS_DEC	
Nachricht-ID	E_DEC_DAT	Versandanmeldung
Schema der Nachricht	CUS_DE_90	Zollabwicklung Deutschland: ATLAS 9.0 und AES 2.
EDI Technischer Name	DETUDC	
Codelistenschema	TRSDE	Versandverfahren: NCTS Deutschland (nat. Codelisten)
UV-Schema	DE_TR_DECV	

Abbildung 3.55 Details der Nachricht M0110

Aktionsdefinition

Vergleichen wir die Einstellungen der Nachricht M0110 in Abbildung 3.55 mit den Einstellungen der Nachricht I1030 in Abbildung 2.62. Im Gegensatz zur Nachricht I1030 ist die Nachricht M0110 eine Ausgangsnachricht. Im Feld **Richtung** ist daher das Kennzeichen **A Ausgehende Nachricht** gesetzt. In Verbindung mit dieser Kennzeichnung ist der Nachricht M0110 eine *Aktionsdefinition* zugeordnet (Eintrag im Feld **Aktion**). Aktionsdefinitionen sind wesentlicher Bestandteil des PPF, von dem schon kurz in Abschnitt 2.1.2, »Abwicklung des Verfahrens in SAP GTS«, im Zusammenhang mit der Überlassung zum freien Verkehr die Rede war. Auf der Basis von Aktionsdefinitionen erzeugen SAP-Systeme *Aktionen* zu Anwendungsbelegen. Eine Aktion kann, wie im Beispiel der Nachricht M0110, der Versand eines IDocs sein. Das Drucken des EPAS im Ausfallverfahren und das Weiterleiten des VBD per E-Mail sind jedoch ebenfalls Aktionen. Im PPF sind Aktionsdefinitionen zu anwendungsspezifischen *Aktionsprofilen* zusammengefasst.

Im Auslieferungs-Customizing Ihres SAP-GTS-Systems finden Sie alle für die Kommunikation mit den Zollbehörden erforderlichen Aktionsprofile über die Menüpfade **Global Trade Services • Customs Management • Kommunikationsprozesse • Techn. Träger für Nachrichten (PPF-Aktionen) von allg. Belegen definieren** und **Techn. Träger für Nachrichten (PPF-Aktionen) von ergänzenden ZA definieren**. In Abbildung 3.56 sehen Sie die Aktionsdefinitionen des Aktionsprofils DE_TR_EX (Deutschland Versand Export) für die Überführung in das Versandverfahren in Deutschland.

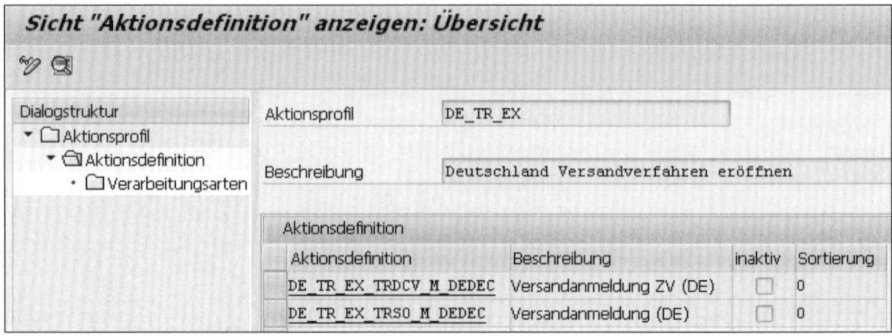

Abbildung 3.56 Aktionsprofil DE_TR_EX

Das Aktionsprofil DE_TR_EX besteht aus je einer Aktionsdefinition für das Normalverfahren (DE_TR_EX_TRSO_M_DEDEC) und für das vereinfachte Verfahren ZV (DE_TR_EX_TRDCV_M_DEDEC). Den Nachrichtenarten der Nachrichtensteuerung in SAP ERP bzw. SAP S/4HANA vergleichbar steuern Aktionsdefinitionen die Verarbeitung der Aktionen im Beleg. Abbildung 3.57 zeigt einen Ausschnitt aus den Einstellungen der Aktionsdefinition DE_TR_EX_TRDCV_M_DEDEC für die Ausgabe der Versandanmeldung im vereinfachten Verfahren ZV.

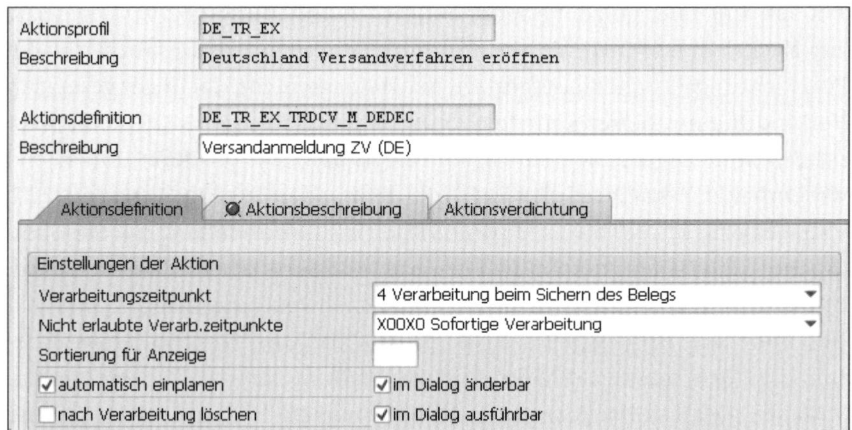

Abbildung 3.57 Einstellungen einer Aktionsdefinition (Ausschnitt)

Verarbeitungszeitpunkt

Auf der Ebene der Aktionsdefinition legen Sie fest, zu welchem Zeitpunkt eine Aktion stattfindet (Feld **Verarbeitungszeitpunkt**). In Abbildung 3.57 sehen Sie, dass die Versandanmeldung beim Sichern der Zollsendung ausgegeben werden soll (Kennzeichen **4 Verarbeitung beim Sichern des Belegs**). Alternativen sind die sofortige Verarbeitung der Aktion bei der Beleganlage (**3 Sofortige Verarbeitung**) und die Verarbeitung zu einem vom Anwender oder von einem Hintergrundprogramm festgelegten Zeitpunkt (**1 Verarbei-**

tung über Selektionsreport). Sie sehen in Abbildung 3.57 auch, dass die sofortige Verarbeitung ausgeschlossen ist (Feld **Nicht erlaubte Verarb.zeitpunkte**). Das Kennzeichen **automatisch einplanen** bewirkt, dass die Aktion sofort nach ihrer Findung bereit für die Verarbeitung ist. Wenn die Verarbeitung einer Aktion auch von Anwendern auslösbar sein soll, muss das Kennzeichen **im Dialog ausführbar** gesetzt sein.

Verarbeitungsart

Jeder Aktionsdefinition ist eine Verarbeitungsart zugeordnet (siehe **Dialogstruktur** in Abbildung 3.56). In SAP GTS kommen die Verarbeitungsarten *Methodenaufruf* und *externe Kommunikation* zum Einsatz. Mit Methodenaufrufen erzeugt SAP GTS IDocs für die Ausgabe elektronischer Zollanmeldungen und E-Mails für die Weiterleitung von ABD und VBD. Die externe Kommunikation dient der Druckausgabe von Dokumenten. Dieser Verarbeitungsart ist daher immer ein Formularname zugeordnet. Abbildung 3.58 zeigt diese Zuordnung in der Aktionsdefinition für das Einheitspapier, auf dem im Ausfallverfahren die Zollanmeldungen gedruckt werden können.

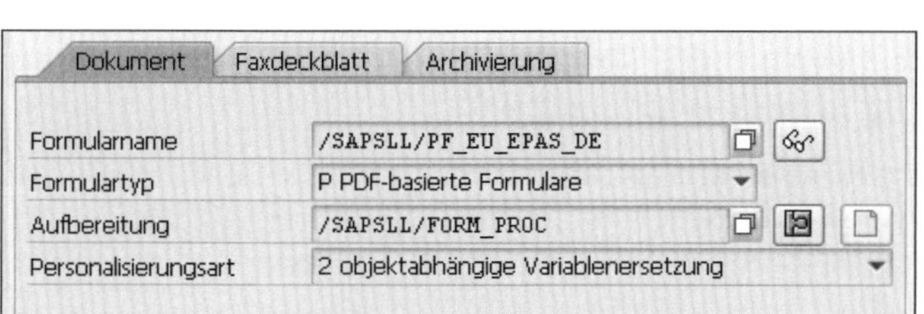

Abbildung 3.58 Formularzuordnung in einer Aktionsdefinition

Dem Text zum Kennzeichen **P PDF-basierte Formulare** im Feld **Formulartyp** entnehmen Sie, dass es sich bei /SAPSLL/PF_EU_SAD um ein PDF-basiertes Formular handelt. Für einige Dokumente stehen auch Smart Forms zur Auswahl. Im Feld **Aufbereitung** finden Sie den technischen Namen des Druckprogramms.

Codelistenschema einer Nachricht

Den aktiven Nachrichten (Kennzeichen **A** im Feld **Richtung**, siehe Abbildung 3.55) ist außer einer Aktionsdefinition in der Regel auch ein Codelistenschema zugeordnet (Feld **Codelistenschema**). Schemata für Codelisten haben Sie schon in Abschnitt 3.1.3, »Stammdaten für die Ausfuhrabwicklung«, kennengelernt. Für viele Felder der Zollanmeldung gibt es nur eine zollverfahrensübergreifende Codeliste. Wenn Sie also z. B. das Feld **Geschäftsart** in der Sicht **Beförderung** mit einem Wert füllen, spielt es keine Rolle, ob Sie eine Ausfuhranmeldung oder eine Zollanmeldung für die Überlassung zum freien Verkehr abgeben: Es steht Ihnen immer dieselbe Auswahl an Feldwerten zur Verfügung. Für einzelne Felder der Zollanmeldung existieren jedoch mehrere verfahrensabhängige Codelisten, z. B. für das Feld *Art des Beförderungsmittels an der Grenze* (Feld **Art** im Bereich **Beförderungsmittel an der**

Grenze in der Sicht **Beförderung**, siehe Abbildung 3.26). Im Versandverfahren müssen Sie in diesem Feld andere Codes als z. B. im Zolllagerverfahren verwenden.

Umschlüsselung von Codes

Im Auslieferungs-Customizing finden Sie daher ein Codelistenschema SAP, das der Kombination von gesetzlicher Grundlage ATLAS und Codelistenobjekt MOTBC für die Art des Beförderungsmittels an der Grenze zugeordnet ist (siehe Abbildung 3.28). Diese Codeliste enthält zwölf Codes, die Sie als Platzhalter für die jeweiligen zollverfahrensabhängigen Codes in die Belege eintragen. Auf der Grundlage einer im Auslieferungs-Customizing voreingestellten Umschlüsselung ersetzt SAP GTS im IDoc den Platzhalter durch den zutreffenden Code. Sie finden diese Umschlüsselung über den Menüpfad **Global Trade Services • Customs Management • Zollcodelisten • Umschlüsselung von Werten aus Zollcodelisten**. Abbildung 3.59 zeigt einen Ausschnitt aus der Zuordnung von Platzhaltern zu den Codes der Codeliste C0018 für das Versand- und das Ausfuhrverfahren.

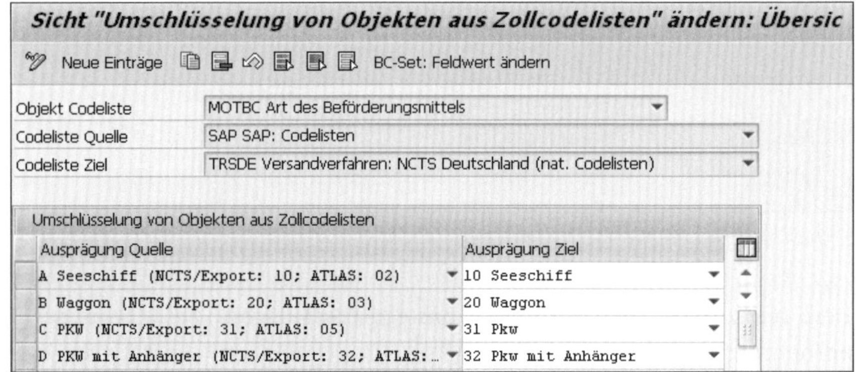

Abbildung 3.59 Umschlüsselung von Codes für das Versandverfahren

Codelistenschema SAP

Sie sehen in Abbildung 3.59, dass den Codes des Objekts MOTBC das Schema SAP als Quelle zugeordnet ist (Feld **Codeliste Quelle**). Das Schema TRSDE ist das Ziel der Umschlüsselung (Feld **Codeliste Ziel**). Den Platzhalter **A**, den Sie in einer Zollsendung als Art des Beförderungsmittels an der Grenze für »Seeschiff« eintragen (Spalte **Ausprägung Quelle**), ersetzt SAP GTS daher im IDoc mit den Daten der Versandanmeldung durch den Code **10** (Spalte **Ausprägung Ziel**). Um dem System diesen Austausch zu ermöglichen, ist in den Einstellungen der beiden Nachrichten für Versandanmeldungen das Schema TRSDE in das Feld **Codelistenschema** eingetragen (siehe Abbildung 3.55). Den Ausgangsnachrichten für die Überlassung zum freien Verkehr bzw. für die Überführung in das Zolllagerverfahren und die aktive Veredelung ist dagegen das Schema CUCDE zugeordnet. Für Ausfuhranmeldungen gibt es ein eigenes Schema (EXPDE).

Übernahme der Packstücke

Wenn Sie die Positionen der Auslieferung im Vorsystem verpacken, übernimmt SAP GTS die Packstücke bei der Replikation der Faktura aus der Auslieferung in die Zollanmeldung oder Zollsendung. Voraussetzung für diese Übernahme ist das Mapping der Packmittelarten des Vorsystems auf die zutreffenden Packstückarten der Codeliste C0017. Wenn Sie Waren unverpackt befördern, können Sie stattdessen Ihren Verkaufsmengeneinheiten Packstückarten für unverpackte Güter zuordnen. Dieses Mapping ist im Konfigurationsleitfaden für das Customs Management ausführlich beschrieben. Bei mehrstufigem Verpacken in der Auslieferung übernimmt SAP GTS immer die Daten des äußersten Packstücks.

[«]

Packmittelarten in SAP ERP bzw. SAP S/4HANA

Um in SAP ERP bzw. SAP S/4HANA in der Lieferung und im Transport zu verpacken, legen Sie Materialstammdaten für Ihre Packmittel an. Im Verpackungsdialog der Lieferung verbinden Sie Belegpositionen und Packmittel zu Packstücken, die in SAP ERP bzw. SAP S/4HANA als *Handling Units* bezeichnet werden. Jedem Material, das ein Packmittel repräsentiert, ordnen Sie in der Sicht **Vertrieb: allg./Werksdaten** im Feld **Packmittelart** eine im Customizing frei definierbare Gruppierung (*Packmittelart*) zu. Eine Packmittelart kann z. B. Kartons mittlerer Größe repräsentieren. Die verschiedenen Kartons dieser Packmittelart haben je nach Abmessungen eigene Materialnummern. Die Packmittelart steuert u. a. die Vergabe der Handling-Unit-Identifikationsnummern. Sie finden die Packmittelarten Ihres Vorsystems im Einführungsleitfaden über den Menüpfad **Logistik Allgemein • Handling Unit Management • Grundlagen • Packmittelarten definieren**.

Packstückart

Die Codeliste C0017 ist im Auslieferungs-Customizing Teil des länderübergreifenden Codelistenschemas NCTS. Dieses Schema ist allen gesetzlichen Grundlagen, die SAP für das Customs Management im Anwendungsbereich des NCTS bereitstellt, in Verbindung mit dem Codelistenobjekt *Packstückart* (PGETY) zugeordnet. Im Abbild der Codeliste C0017 in SAP GTS sind die Packstückarten nach ihrer Funktion klassifiziert. Folgende Kategorien (*Packstücktypen*) stehen zur Auswahl:

- Versandverpackung
- 1 Container
- 2 Verkaufsverpackung/unverpackt

In Abbildung 3.60 sehen Sie einige Beispiele für Packstückarten und ihre Packstücktypen.

Abbildung 3.60 Packstückarten und Packstücktypen

Packstücktyp Die Packstückart CN bezeichnet Container, die für die Beförderung von Gütern genutzt werden. Der Packstücktyp ist daher **Container**. Die Packstückarten CS und CT sind dagegen Versandverpackungen. Güter, die unverpackt oder nur in einer Verkaufsverpackung befördert werden, kennzeichnet die Packstückart NE. Die Kategorie des Transportequipments (Spalte **Kat.Tr.Eqt**) ist nur für die Zollabwicklung in den USA von Bedeutung.

[»]

Verpackungsangaben in der Zollanmeldung

Angaben zur Verpackung der Waren unter Verwendung der zutreffenden Codes für die Packstückarten sind in jeder Zollanmeldung erforderlich. Dabei müssen Sie die Verpackung benennen, die Sie zur unmittelbaren Umschließung der Waren für die Beförderung verwenden. Paletten betrachtet die Zollverwaltung grundsätzlich als Beförderungs- und nicht als Packmittel. Als Ausnahmen gelten eingeschweißte Paletten und Paletten, auf denen nicht anderweitig verpackte Waren befördert werden. In diesen Fällen ist die Angabe eines Codes für Paletten zulässig. Diese Informationen finden Sie auch im »Merkblatt zu Zollanmeldungen, summarischen Anmeldungen und Wiederausfuhrmitteilungen«, das Sie von der Website der deutschen Zollverwaltung herunterladen können (*www.zoll.de/DE/Fachthemen/Zoelle/ATLAS/ATLAS-Publikationen/Merkblaetter/merkblaetter_node.html*).

Ist das Mapping der Packmittelarten vollständig, übernimmt SAP GTS die Verpackungsinformationen aus der Auslieferung zusammen mit den melderelevanten Daten der Faktura in die Zollanmeldung oder Zollsendung. Sie finden die Verpackungsdaten in der Sicht **Packdaten** auf Belegpositionsebene. Abbildung 3.61 zeigt ein Belegbeispiel.

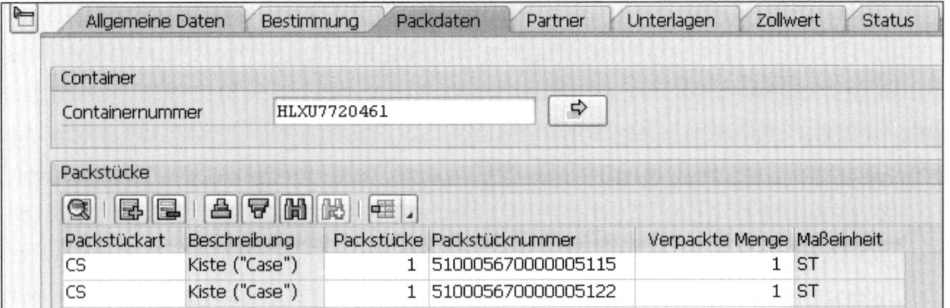

Abbildung 3.61 Packstücke in Zollanmeldung und Zollsendung

In Abbildung 3.61 sehen Sie zwei aus der Auslieferung des Vorsystems übernommene Packstücke. Die Packmittelart der Handling Units hat SAP GTS durch die Packstückart CS ersetzt. Die Handling-Unit-Identifikationsnummern finden Sie in der Spalte **Packstücknummer** wieder. Ebenfalls aus der Auslieferung übernommen hat SAP GTS die in jeder der beiden Handling Units verpackte Menge.

Containernummern

Auch das Feld **Containernummer** ist in Abbildung 3.61 mit einem Wert gefüllt. Diese ID kennzeichnet den Container, in dem die zwei Kisten befördert werden. Containernummern, die Ihnen Spedition oder Reederei mitteilen, erfassen Sie unabhängig vom Zollverfahren zunächst in der Sicht **Packdaten** auf Belegkopfebene und ordnen sie anschließend auf Belegpositionsebene den Packstücken zu. Abbildung 3.62 zeigt einen Ausschnitt aus der Sicht **Packdaten** auf Belegkopfebene.

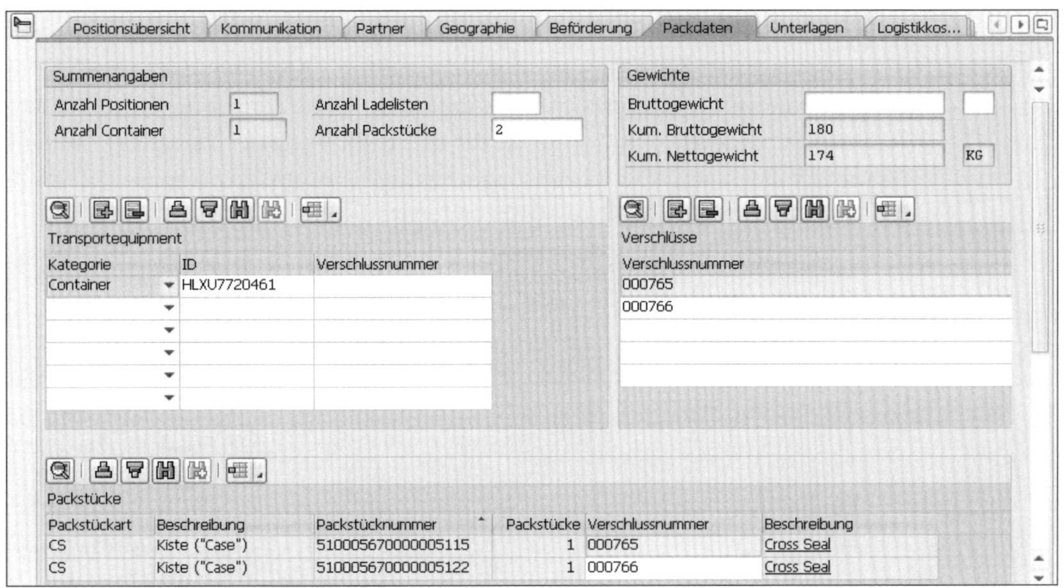

Abbildung 3.62 Erfassen von Containernummern

Die Containernummern tragen Sie im Bereich **Transportequipment** in die Spalte **ID** ein. In der Spalte **Kategorie** wählen Sie den Eintrag **Container** aus. Im Bereich **Gewichte** sehen Sie die kumulierten Brutto- und Nettogewichte der Belegpositionen. Die Gewichtsangaben übernimmt SAP GTS aus der Fakturaposition und summiert die Werte auf Belegkopfebene. Im Feld **Bruttogewicht** können Sie das tatsächliche – z. B. durch Wiegen ermittelte – Gewicht der Sendung eintragen. Diese Ergänzung ist immer dann notwendig, wenn Sie davon ausgehen müssen, dass die Gewichtsangaben in den Vorsystembelegen nicht zutreffen.

Zollverschlüsse

Im Beispiel in Abbildung 3.62 wurden auch zwei Zollverschlussnummern in den Belegkopf der Zollsendung eingetragen (Bereich **Verschlüsse**, Spalte **Verschlussnummer**) und anschließend im Bereich **Packstücke** den beiden Kisten zugeordnet. Die Außenhandelsorganisation, die das Versandverfahren abwickelt, ist nämlich als ZV auch Inhaberin einer *Bewilligung zur Verwendung besonderer Verschlüsse*. Diese Verschlüsse – z. B. Bolzen- bzw. Kabelplomben oder Klebesiegel – schützen Fahrzeuge, Container oder Packstücke auf ihrem Weg durch das Zollgebiet der Union vor unbefugtem Zugriff. Vor dem Verladen der beiden Kisten wurden die in der Bewilligung zugelassenen Verschlüsse angebracht und ihre Identifikationsnummern in der Zollsendung erfasst.

Arten von Sicherheiten

In Abschnitt 2.2.1, »Ablauf des Versandverfahrens«, haben Sie bereits erfahren, dass der Inhaber des Verfahrens eine *Sicherheit* leisten muss. Die zulässigen Arten von Sicherheiten sind in der Codeliste A0109 verschlüsselt. Im Auslieferungs-Customizing Ihres SAP-GTS-Systems finden Sie diese Arten von Sicherheiten über den Menüpfad **Global Trade Services • Customs Management • Bewilligungen und Sicherheiten • Arten von Sicherheiten für Versandverfahren definieren**. In Abbildung 3.63 sehen Sie die Sicherheitsarten der gesetzlichen Grundlage für die Abwicklung des Versandverfahrens in Deutschland (TRSDE) im Auslieferungs-Customizing (die Beschreibungen sind an die Codeliste A0109 angepasst).

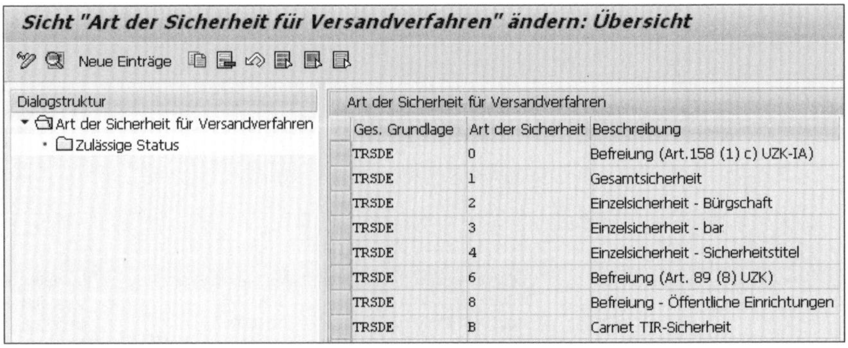

Sicht "Art der Sicherheit für Versandverfahren" ändern: Übersicht

Neue Einträge

Dialogstruktur
- Art der Sicherheit für Versandverfahren
  - Zulässige Status

Art der Sicherheit für Versandverfahren

Ges. Grundlage	Art der Sicherheit	Beschreibung
TRSDE	0	Befreiung (Art.158 (1) c) UZK-IA)
TRSDE	1	Gesamtsicherheit
TRSDE	2	Einzelsicherheit - Bürgschaft
TRSDE	3	Einzelsicherheit - bar
TRSDE	4	Einzelsicherheit - Sicherheitstitel
TRSDE	6	Befreiung (Art. 89 (8) UZK)
TRSDE	8	Befreiung - Öffentliche Einrichtungen
TRSDE	B	Carnet TIR-Sicherheit

Abbildung 3.63 Arten von Sicherheiten

Codes für Sicherheiten

Neben verschiedenen Formen der Befreiung von Sicherheitsleistungen (Codes 0, 6 und 8 in der Spalte **Art der Sicherheit**) gibt es drei Arten von Einzelsicherheiten (Codes 2, 3 und 4) und eine Gesamtsicherheit (Code 1). Code B ist nur für die Beförderung von Waren nach dem TIR-Übereinkommen von Bedeutung. Auf der Grundlage der im Customizing definierten Sicherheitsarten bilden Sie die Sicherheiten, die Sie als Inhaber des Verfahrens im Versandverfahren leisten, als Stammdaten ab (Bereichsmenü des Customs Managements, Schaltfläche **Stammdaten**, Sicht **Bewilligungen/Sicherheiten**). Im Bereich **Sicherheiten** können Sie Sicherheiten, aber auch die verschiedenen Formen der Befreiung von der Sicherheitsleistung erfassen, ändern und anzeigen.

[«]

Zollrechtliche Versandverfahren

Außer dem bereits in Abschnitt 2.2.1, »Ablauf des Versandverfahrens«, vorgestellten externen Unionsversandverfahren führt Art. 226 Abs. 3 UZK weitere Arten des Versandverfahrens auf. Von den dort genannten Verfahren spielt in SAP GTS nur die Beförderung von Waren mit *Carnet TIR* (Transports Internationaux Routiers) eine Rolle. Dieses Versandverfahren beruht auf einem internationalen Übereinkommen, das der Erleichterung des grenzüberschreitenden Warenverkehrs auf der Straße dient. Ein Carnet TIR ist ein Dokument, das die *International Road Transport Union* (IRU) ausstellt und über nationale Ausgabestellen verteilt. Das Grundprinzip des TIR-Verfahrens besteht in der gegenseitigen Anerkennung von Zollkontrollen. Im TIR-Verfahren entfallen daher in der Regel die Zollkontrollen bei den Durchgangszollstellen.

Die Abwicklung des TIR-Verfahrens in ATLAS entspricht weitgehend der Abwicklung des Unionsversandverfahrens bzw. des gemeinsamen Versandverfahrens.

GRN

Das zuständige Hauptzollamt erfasst die Sicherheiten in ATLAS und vergibt bei Sicherheiten der Codes 0, 1, 2, 4 und 6 jeweils eine weltweit eindeutige Identifikationsnummer, die *Guarantee Reference Number* (GRN). Die GRN tragen Sie im Stammsatz der Sicherheit in das Feld **Externe Nummer** ein. Abbildung 3.64 zeigt diese Zuordnung.

Zugriffscode

SAP GTS übernimmt die GRN aus dem Stammsatz der Sicherheit automatisch in die Versandanmeldung. Um Sicherheiten der Codes 0, 1, 2, 4 und 6 in einem Versandverfahren in Anspruch zu nehmen, sind außerdem *Zugriffscodes* als Berechtigungsnachweis erforderlich. Je nach Art der Sicherheit legen Sie die Zugriffscodes selbst fest oder erhalten sie entweder vom zuständigen Hauptzollamt oder vom Bürgen.

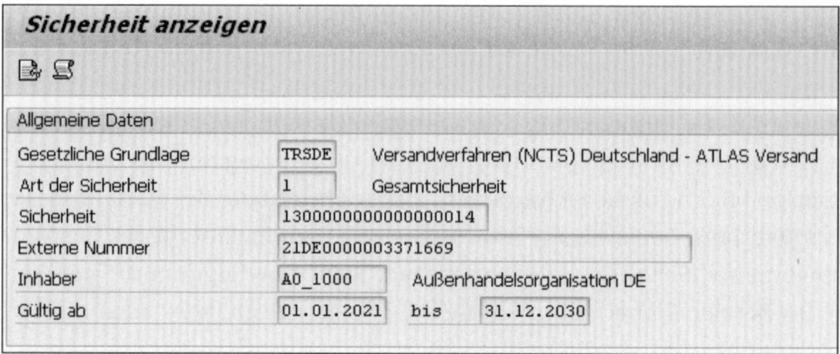

Abbildung 3.64 Allgemeine Daten einer Sicherheit

Bei jedem Zugriff auf die Sicherheit müssen Sie einen dieser Codes angeben. Sie tragen daher die Zugriffscodes in den Stammsatz der Sicherheit ein. Abbildung 3.65 zeigt einige Zugriffscodes aus dem Stammsatz einer Gesamtsicherheit.

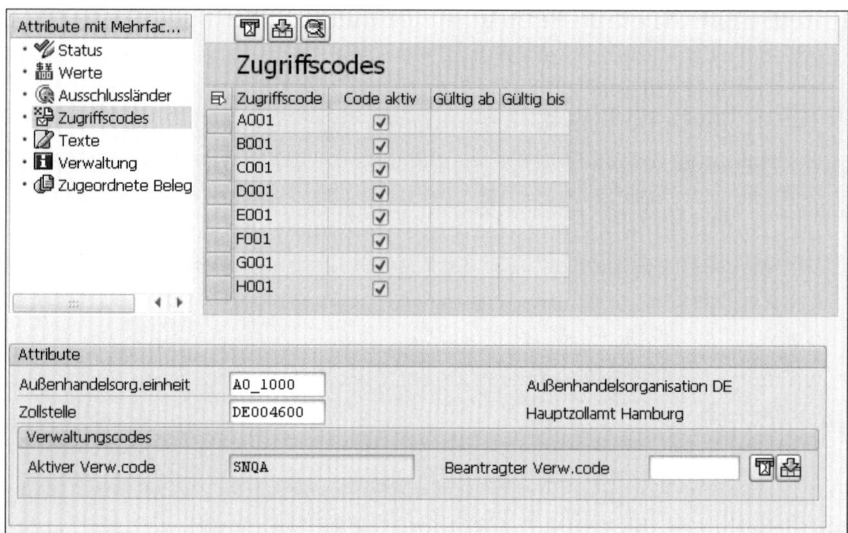

Abbildung 3.65 Zugriffscodes in der Sicherheit

Zugriffscodes erfassen Sie zum gleichnamigen Attribut, indem Sie das Symbol anklicken. Im anschließend erscheinenden Fenster geben Sie die zugeteilten oder selbst festgelegten Zugriffscodes im Bereich **Zu beantragende Zugriffscodes** untereinander ein. Klicken Sie abschließend erneut auf das Symbol, um die Codes an ATLAS zu senden.

Verwaltungscode

In Abbildung 3.65 sehen Sie im Bereich **Attribute** außer der Geschäftspartnernummer des zuständigen Hauptzollamts (Feld **Zollstelle**) auch noch den *Verwaltungscode* der Sicherheit (Feld **Aktiver Verw.code**). Diesen Code benötigen Sie für die Änderung, Ergänzung oder Löschung von Zugriffscodes für Sicherheiten. Das zuständige Hauptzollamt teilt Ihnen den Verwaltungscode in Verbindung mit der GRN der Sicherheit mit. Im Stammsatz der Sicherheit tragen Sie den Verwaltungscode in das Feld **Beantragter Verw.code** ein. Klicken Sie anschließend auf das Symbol, um den Code in das Feld **Aktiver Verw.code** zu übernehmen. Eine Änderung des Verwaltungscodes beantragen Sie, indem Sie den neuen Code in das Feld **Beantragter Verw.code** eintragen und auf das Symbol klicken, um den Code an ATLAS zu senden.

[«]

Versenden von Zugriffs- und Verwaltungscodes an ATLAS

Zugriffs- und Verwaltungscodes versenden Sie mit der EDI-Nachricht E_ACC_COD (in ATLAS 9.1 Nachricht E_GUA_COD). In SAP GTS entspricht dieser Nachricht der Nachrichtentyp /SAPSLL/TRS_COD. Sie müssen also in den Partnervereinbarungen mit Ihrem EDI-Konverter Ein- und Ausgangsparameter für diesen Nachrichtentyp anlegen. Die erfolgreiche Eingangsverarbeitung des IDocs mit der *Nachrichtenquittung* (EDI-Nachricht E_MSG_ACK bzw. E_GUA_ACK in ATLAS 9.1) aktiviert die Zugriffscodes und den Verwaltungscode im Stammsatz der Sicherheit.

Referenzbetrag

Im Stammsatz einer Gesamtsicherheit erfassen Sie zusätzlich den *Referenzbetrag* der Sicherheit. Der Referenzbetrag wird vom zuständigen Hauptzollamt nach den Vorgaben des Art. 155 UZK-IA festgelegt und entspricht dem Betrag der zu erwartenden Einfuhrabgaben und ggf. anderen Abgaben. In Abbildung 3.66 sehen Sie den Referenzbetrag einer Gesamtsicherheit in ihrem Stammsatz in SAP GTS.

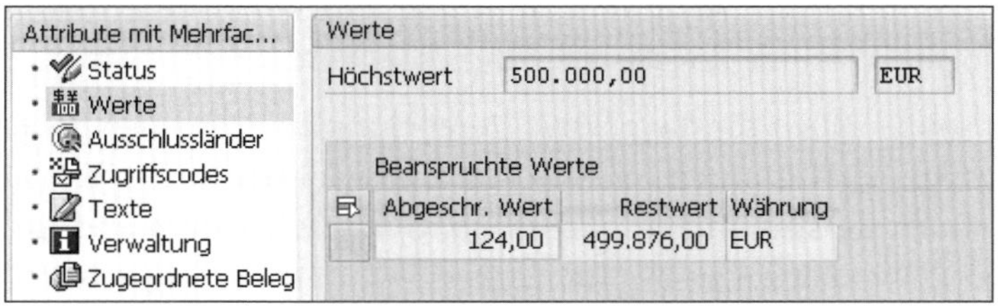

Abbildung 3.66 Referenzbetrag einer Gesamtsicherheit

Wertfortschreibung in der Sicherheit

Sie erfassen den Referenzbetrag zum Attribut **Werte** im Feld **Höchstwert**. Beim Anlegen einer Zollsendung ermittelt SAP GTS eine zum Vorgang passende Sicherheit und ordnet diese dem Beleg zu. Sie können diese Findung mit dem Datenvorschlagswesen beeinflussen. Ist die Sicherheit eine Gesamtsicherheit, zieht SAP GTS den Betrag der jeweiligen Sicherheitsleistung vom Höchstwert der Sicherheit ab. Sie können im Stammsatz der Sicherheit jederzeit nachvollziehen, welcher Betrag aktuell in Versandverfahren in Anspruch genommen wird (Bereich **Beanspruchte Werte**, Spalte **Abgeschr. Wert**) und welcher Betrag noch für weitere Verfahren zur Verfügung steht (Spalte **Restwert**). SAP GTS verknüpft die Zollsendungen für Versandanmeldungen, in denen eine Sicherheit in Anspruch genommen wurde, mit dem Stammsatz dieser Sicherheit (Attribut **Zugeordnete Belege**, siehe Abbildung 3.66). Die Sicht **Logistikkosten** auf Belegkopfebene der Zollsendung enthält eine Zeile für die Erfassung von Sicherheitsleistungen. Abbildung 3.67 zeigt einen Ausschnitt aus dieser Sicht.

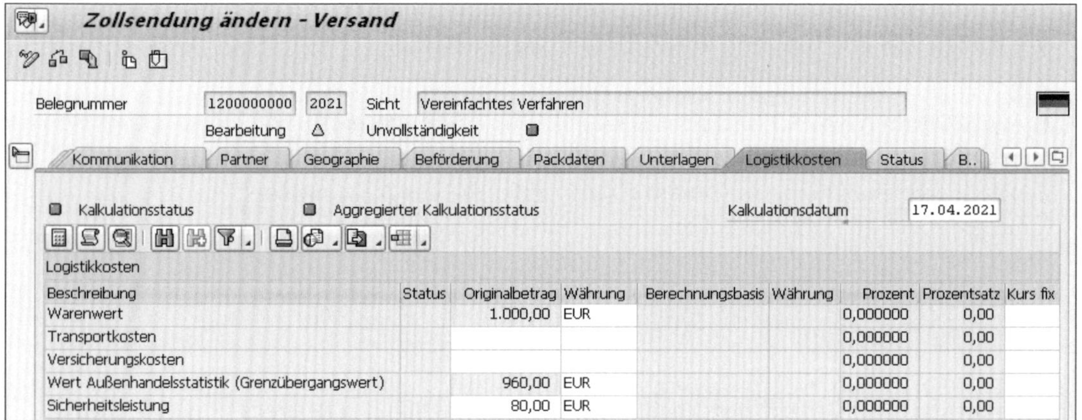

Abbildung 3.67 Bürgschaftsbetrag in der Zollsendung

Sicherheitsleistung

Die Zeile für die Erfassung einer Sicherheitsleistung bereitet SAP GTS in Zollsendungen für Versandanmeldungen in Abhängigkeit von der Art der Sicherheit auf. Sie finden daher im Customizing der Kalkulation von Zollabgaben (siehe Abschnitt 2.1.5, »Zollwertermittlung und Vorausberechnung von Einfuhrabgaben«) keine Abgabenart für diesen Wert.

Stammdaten spielen auch für die passive Veredelung eine wichtige Rolle. Anders als das Ausfuhrverfahren und das Versandverfahren ist die passive Veredelung jedoch stets ein Integrationsszenario. Wie Vorsystem und SAP GTS in diesem Zollverfahren zusammenwirken, erläutert der folgende Abschnitt 3.3.

3.3 Passive Veredelung

Die passive Veredelung ist das letzte der drei Zollverfahren, die wir in diesem Kapitel betrachten. Sie erfahren, welche zollrechtlichen Vorgaben für das Verfahren gelten und wie Sie es in SAP GTS abwickeln.

3.3.1 Ablauf der passiven Veredelung

In Abschnitt 2.4, »Aktive Veredelung«, haben Sie bereits die *aktive* Veredelung kennengelernt. In der *passiven* Veredelung ist die Rollenverteilung umgekehrt: Während Ihr Unternehmen in der aktiven Veredelung selbst der Veredeler ist, stellen Sie in der passiven Veredelung einem Veredeler in einem Drittland Unionswaren bereit. Der Veredeler fertigt aus diesen Waren in Ihrem Auftrag in der Regel gegen Entgelt ein Veredelungserzeugnis, das anschließend zum freien Verkehr in der Union überlassen wird. Die vorübergehend ausgeführten Unionswaren kehren also in Gestalt oder als Bestandteil des Veredelungserzeugnisses zurück in das Zollgebiet der Union.

Wirtschaftliche Bedeutung

Die passive Veredelung ist wie das Zolllagerverfahren, die aktive Veredelung und das Versandverfahren ein besonderes Verfahren gemäß Art. 210 UZK. Die wirtschaftliche Bedeutung der passiven Veredelung liegt in erster Linie in der Reduzierung der Einfuhrabgaben, die bei der Überlassung der Veredelungserzeugnisse zum freien Verkehr anfallen. Bei der Berechnung der Abgaben berücksichtigen die Zollbehörden nämlich, dass die Veredelungserzeugnisse vollständig oder anteilig aus Unionswaren hergestellt wurden. Wesentliches Motiv für die Nutzung der passiven Veredelung ist die Verringerung der Herstellkosten durch die Verlagerung arbeitsintensiver Fertigungsschritte in Niedriglohnländer.

Ausbesserung

Die Überführung in die passive Veredelung kommt jedoch auch für die *Ausbesserung* von Unionswaren in einem Drittland infrage. Wenn Sie also einen Gegenstand, den Sie in einem Drittland erworben haben, für Reparaturzwecke an den Hersteller zurücksenden wollen, überführen Sie diesen Gegenstand in die passive Veredelung. Auch ein Austausch von Gegenständen, z. B. im Rahmen einer Garantieabwicklung, ist im Verfahren der passiven Veredelung möglich (*Standardaustausch*). In dieser Verfahrensvariante tritt ein *Ersatzerzeugnis* an die Stelle des Veredelungserzeugnisses. Sie erhalten also Nicht-Unionsware im Austausch für defekte oder anderweitig unbrauchbar gewordene Unionsware. Voraussetzung für einen Standardaustausch ist die Übereinstimmung des Ersatzerzeugnisses mit der auszutauschenden Unionsware im Hinblick auf den KN-Code, die Handelsqualität und die technischen Merkmale (Art. 261 UZK).

[»]

Varianten der passiven Veredelung

In den Durchführungsvorschriften zum UZK wird zwischen der passiven Veredelung IM/EX und der passiven Veredelung EX/IM unterschieden. Bei der passiven Veredelung IM/EX werden aus Ersatzwaren hergestellte Veredelungserzeugnisse »vor der Ausfuhr der Waren, die sie ersetzen«, eingeführt. Wir betrachten in diesem Abschnitt dagegen die Variante EX/IM, also »die Ausfuhr der Unionswaren im Rahmen der passiven Veredelung vor der Einfuhr der Veredelungserzeugnisse« (Art. 1 Nr. 27 und 28 UZK-DA).

Bewilligung

Für die regelmäßige Überführung von Waren in die passive Veredelung benötigen Sie eine förmliche Bewilligung des zuständigen Hauptzollamts. Sollen nur gelegentlich Waren im Drittland ausgebessert oder gegen Ersatzwaren ausgetauscht werden, können Sie die Bewilligung stattdessen in Verbindung mit der Zollanmeldung vorgangsbezogen beantragen. Es gelten jedoch Ausschlüsse für sensible Waren und Erzeugnisse gemäß Anhang 71-02 UZK-DA. Die zuständige Zollstelle erteilt bei vorgangsbezogener Beantragung die Bewilligung mit der Überlassung der Waren zur passiven Veredelung. In der förmlichen Bewilligung sind u. a. die zu veredelnden Waren (*Waren der vorübergehenden Ausfuhr*) und die Veredelungsvorgänge im Einzelnen festgelegt.

Vorübergehende Ausfuhr

Um die Veredelung im Drittland zu ermöglichen, führen Sie die Unionswaren vorübergehend aus dem Zollgebiet der Union aus. Daher wenden die Zollbehörden auf die Zollanmeldung zur Überführung in die passive Veredelung die für die Ausfuhr geltenden Vorschriften an (Art. 269 Abs. 2 UZK). In ATLAS geben Sie also für die Überführung in die passive Veredelung eine Zollanmeldung im Verfahrensbereich Ausfuhr ab. Neben dem Normalverfahren können Sie auch für die Überführung in die passive Veredelung die vZA mit oder ohne förmliche Bewilligung nutzen (siehe Abschnitt 3.1.2, »Abwicklung des Ausfuhrverfahrens in SAP GTS«).

Informationsblatt INF 2

Nach der Überlassung der Waren gibt die Ausfuhrzollstelle im Verfahren der passiven Veredelung neben dem ABD auch ein *Informationsblatt INF 2* aus. Dieses Informationsblatt enthält wesentliche Angaben zu den vorübergehend ausgeführten Waren und den wiedereinzuführenden Veredelungserzeugnissen. Wenn Sie Waren in ATLAS in die passive Veredelung überführen, erhalten Sie das INF 2 in Verbindung mit der Überlassungsmitteilung zusätzlich zum ABD als PDF-Datei im Anhang dieser Nachricht.

[«]

Standardinformationsaustausch (INF)

Der UZK sieht in Art. 16 Abs. 1 die Bereitstellung elektronischer Systeme »für den Austausch von Informationen zwischen den Zollbehörden und mit der Kommission« vor. Eines dieser Systeme ist das System für den *Standardinformationsaustausch* (INF), das die Europäische Kommission für die Abwicklung der aktiven und der passiven Veredelung zum 01.06.2020 eingeführt hat. Die bis dahin verwendeten Papiervordrucke für verschiedene Auskunfts- und Informationsblätter wurden in diesem System vollständig durch ihre digitalen Versionen ersetzt.

Abgaben bei der Wiedereinfuhr

In der Regel endet die passive Veredelung mit der Überlassung der Veredelungserzeugnisse oder der ausgebesserten bzw. ersetzten Waren zum freien Verkehr (*Wiedereinfuhr*). Wurden die Waren, z. B. im Rahmen einer Garantievereinbarung, kostenlos ausgebessert oder ersetzt, fallen keine Einfuhrabgaben an. Sind jedoch Kosten für die Ausbesserung entstanden, sind diese Kosten die Grundlage für die Berechnung der Zollschuld. Bei anderen Formen der Veredelung entspricht der Zollwert dem Veredelungsentgelt (*Mehrwertmethode*).

Die Bemessungsgrundlage der Einfuhrumsatzsteuer ist ebenfalls das für die Veredelung zu zahlende Entgelt. Wird kein Entgelt gezahlt, ist auch bei einer Ausbesserung und einem Standardaustausch die durch die Veredelung eingetretene Wertsteigerung für die Berechnung der Einfuhrumsatzsteuer maßgeblich (§ 11 Abs. 2 UStG).

Veredelungsvorgänge im Vorsystem

In SAP GTS setzen die Überführung von Waren in die passive Veredelung und die anschließende Wiedereinfuhr der Veredelungserzeugnisse die Abwicklung einer *Lohnbearbeitung* im SAP-ERP- bzw. SAP-S/4HANA-Vorsystem voraus. Die Lohnbearbeitung ist eine der Sonderbeschaffungsformen der Materialwirtschaft, die in die Lieferabwicklung integriert ist. Der Einkauf bestellt das Veredelungserzeugnis bei einem Lieferanten. Der Positionstyp L kennzeichnet die Bestellposition als Lohnbearbeitungsbestellung. In der Bestellposition löst das Vorsystem die Stückliste des Veredelungserzeugnisses auf. Eine manuelle Eingabe der Komponenten ist jedoch auch möglich. Handelt es sich um eine Lohnbearbeitung im Inland, kann der Vorgang vollständig in der Materialwirtschaft abgewickelt werden. Anwender buchen in der Bestandsführung also zunächst den Warenausgang der beigestellten Komponenten und – nach Abschluss der Lohnbearbeitung – den Wareneingang des Veredelungserzeugnisses. Bezugsbeleg dieser Buchungen ist jeweils die Lohnbearbeitungsbestellung.

Lohnbearbeitung mit Lieferabwicklung

Findet die Lohnbearbeitung dagegen im Ausland statt, ist es in der Regel sinnvoll, eine Auslieferung zur Lohnbearbeitungsbestellung anzulegen, um für die grenzüberschreitende Beistellung der Komponenten die Funktionen der Lieferabwicklung nutzen zu können. Für die systemübergreifende Durchführung einer passiven Veredelung ist die Lieferabwicklung sogar zwingend erforderlich: Das Replikat der Pro-forma-Rechnung zur Beistellungslieferung ist in SAP GTS die Beleggrundlage für die Überführung der beizustellenden Komponenten in die passive Veredelung. Für die Wiedereinfuhr der Veredelungserzeugnisse kommt das Integrationsszenario »Zollanmeldung nach Wareneingang« zum Einsatz. Dieses Szenario haben Sie bereits in Abschnitt 2.2.1, »Ablauf des Versandverfahrens«, im Zusammenhang mit dem Versandverfahren bei der Einfuhr kennengelernt (siehe auch Abbildung 2.37).

Die Wareneingangsbuchung bezieht sich also auf eine Anlieferung, die durch die Eingangsverarbeitung eines elektronischen Lieferavises oder manuell mit Bezug zur Lohnbearbeitungsbestellung angelegt wird. Die Daten des Materialbelegs zur Wareneingangsbuchung übernimmt SAP GTS in den Arbeitsvorrat für Zollanmeldungen nach Wareneingang. Aus diesem Arbeitsvorrat legen Sie die Zollanmeldung für die Überlassung des Veredelungserzeugnisses zum freien Verkehr an. Abbildung 3.68 stellt diesen systemübergreifenden Belegfluss schematisch dar.

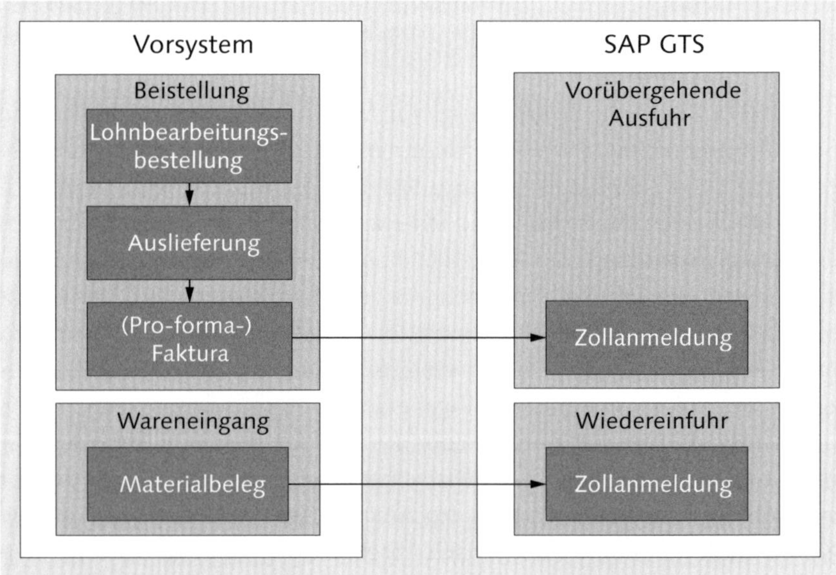

Abbildung 3.68 Passive Veredelung in Vorsystem und SAP GTS

Im Unterschied zu den (dauerhaften) Ausfuhren, die wir in Abschnitt 3.1.2, »Abwicklung des Ausfuhrverfahrens in SAP GTS«, betrachtet haben, beginnt die vorübergehende Ausfuhr im Rahmen einer passiven Veredelung also mit einem Einkaufsprozess. Für die Abwicklung des Zollverfahrens in SAP GTS spielt dieser Unterschied jedoch keine Rolle.

3.3.2 Abwicklung des Verfahrens in SAP GTS

Die beiden in Abbildung 3.68 dargestellten Teilschritte der passiven Veredelung in SAP GTS kennen Sie bereits. Die Zollanmeldungen für die Überführung der Komponenten in die passive Veredelung und für die Wiedereinfuhr der Veredelungserzeugnisse unterscheiden sich nur im Detail von den Belegen, die Sie in den Abbildungen der vorangegangenen Abschnitte gesehen haben. Dieser Abschnitt behandelt die Besonderheiten des Verfahrens. Außerdem erfahren Sie, welche Stammdaten und Customizing-Einstellungen für die Abwicklung der passiven Veredelung in SAP GTS erforderlich sind.

Zoll-ID

Ebenso wie für das Zolllagerverfahren und für die aktive Veredelung müssen Sie auch für die passive Veredelung im Vorsystem und in SAP GTS eine Zoll-ID definieren. Diese Zoll-ID ordnen Sie im Vorsystem einem oder mehreren Werk(en) zu. Wählen Sie dazu im Einführungsleitfaden eines SAP-ERP-Vorsystems den Menüpfad **Vertrieb • Außenhandel/Zoll • SAP Global Trade Services – Plug-In • Zoll: Zollverfahren mit wirtschaftlicher Bedeutung (PV) Zoll-ID zuordnen**. In einem SAP-S/4HANA-Vorsystem wählen Sie stattdessen den Menüpfad **Integration mit anderen SAP-Komponenten • Integration mit Governance, Risk and Compliance • SAP Global Trade Services • Zoll: Zollverfahren mit wirtschaftlicher Bedeutung (PV) Zoll-ID zuordnen**. In SAP GTS verknüpfen Sie die Zoll-ID für die passive Veredelung mit dem Geschäftspartner einer Außenhandelsorganisation.

Produktstamm

Die Zoll-ID ist die Bezugsebene für die zollverfahrensspezifische Bestandsführung und damit auch für die Kennzeichnung der Produktstammdaten von Veredelungserzeugnissen und Komponenten. In Abbildung 3.69 sehen Sie das Beispiel eines Veredelungserzeugnisses.

In den Produktstammsätzen Ihrer Veredelungserzeugnisse setzen Sie in der Sicht **Besondere Zollverfahren** das Kennzeichen **Fertigerzeugnis**. Produkte, die Sie in die passive Veredelung überführen wollen, kennzeichnen Sie in derselben Sicht als **Komponente**. Das Kennzeichen **Nämlichkeit** setzen Sie, wenn Sie im Vorsystem das BAdI `/SAPSLL/CUS_IMID_DET` implementiert haben.

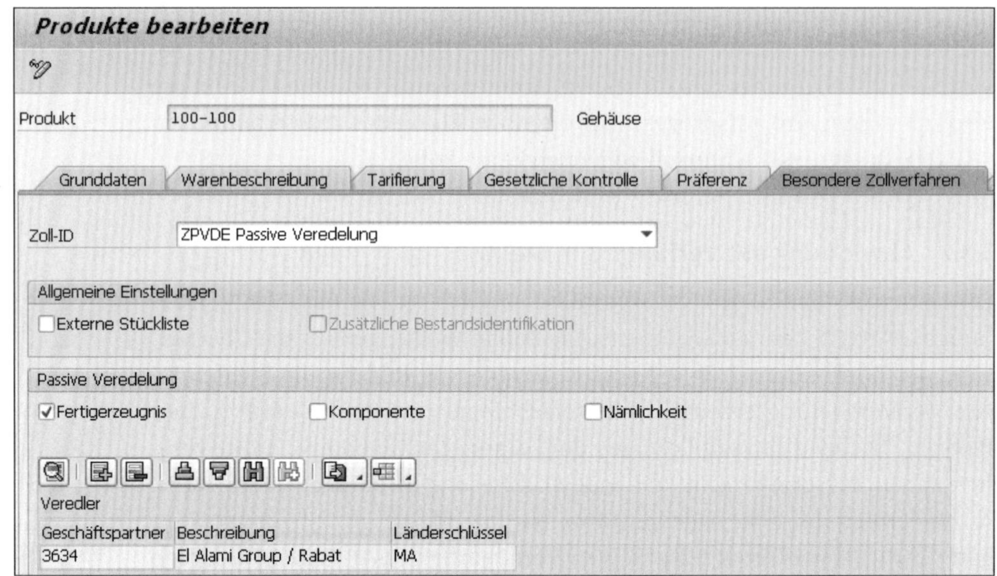

Abbildung 3.69 Kennzeichnung eines Produkts als Veredelungserzeugnis

Dieses BAdI ermöglicht die Übernahme bestandstrennender Zusatzinformationen aus dem Vorsystem in die zollverfahrensspezifische Bestandsführung in SAP GTS. In erster Linie ist hier an die Chargenverwaltung gedacht: In den Bestandsübersichten für die passive Veredelung soll SAP GTS die Mengen der vorübergehend ausgeführten Komponenten nach Chargen getrennt ausweisen.

Stückliste

Im Produktstammsatz eines Veredelungserzeugnisses ergänzen Sie eine Stückliste, aus der hervorgeht, welche Komponenten in welchen Mengen zur Herstellung des Erzeugnisses erforderlich sind (Sicht **Stückliste**). Die Vorgehensweise entspricht der Stammdatenpflege für die aktive Veredelung, die Abschnitt 2.4.2, »Stammdatenpflege in SAP GTS«, behandelt (siehe Abbildung 2.79).

Geschäftspartner

Für die in Abschnitt 3.3.1, »Ablauf der passiven Veredelung«, beschriebene Lohnbearbeitung mit Lieferabwicklung müssen Sie im Vorsystem den Lohnbearbeiter sowohl als Lieferanten als auch als Kunden anlegen. Die beiden Stammsätze werden durch gegenseitige Zuordnung miteinander verknüpft: In einem SAP-ERP-Vorsystem tragen Sie die Kundennummer Ihres Lohnbearbeiters in den allgemeinen Daten des Lieferantenstammsatzes in das Feld **Debitor** in der Sicht **Steuerung** ein. In den allgemeinen Daten des Kundenstammsatzes ergänzen Sie entsprechend die Lieferantennummer im Feld **Kreditor** in der Sicht **Steuerungsdaten**. Abbildung 3.70 zeigt ein Beispiel für diese Zuordnung.

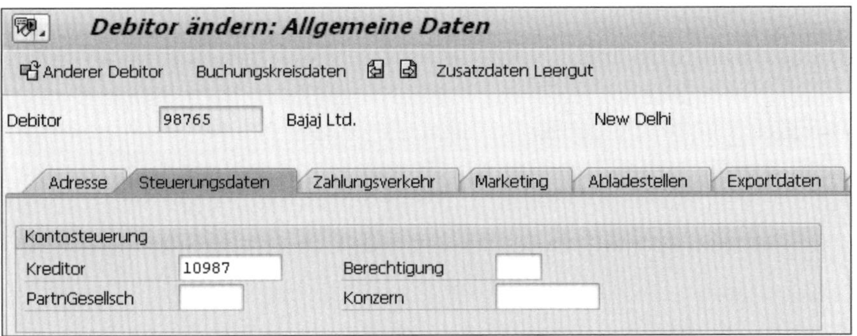

Abbildung 3.70 Kreditorenzuordnung im Debitorenstammsatz

In den Geschäftspartnerstammdaten des Lohnbearbeiters im SAP-S/4HANA-Vorsystem ergänzen Sie die Kundennummer in der Sicht **Lieferant: allgemeine Daten** im Feld **Debitor**. Die Lieferantennummer tragen Sie in der Sicht **Debitor: allgemeine Daten** in das Feld **Lieferant** ein.

Beide Stammsätze leiten Sie jeweils an SAP GTS über. Den Geschäftspartner des Lieferanten übernehmen Sie in der Sicht **Besondere Zollverfahren** in den Produktstammsatz des Veredelungserzeugnisses. Den Geschäftspartner des Kunden ordnen Sie den Produktstammdaten der Komponenten zu. Um diese Zuordnung vorzunehmen, klicken Sie in der Sicht **Besondere Zollverfahren** auf das Symbol [Symbol] (siehe Abbildung 3.69).

Bewilligung der passiven Veredelung

Hat das zuständige Hauptzollamt Ihnen eine förmliche Bewilligung der passiven Veredelung erteilt, legen Sie diese als Stammsatz in SAP GTS ab. Die Bewilligungsdaten erfassen Sie im Bereichsmenü des Customs Managements (Schaltfläche **Stammdaten**, Bereich **Bewilligungen/Sicherheiten**). Abbildung 3.71 zeigt einen Ausschnitt aus dem Stammsatz einer Bewilligung der passiven Veredelung.

Im Ausschnitt in Abbildung 3.71 sehen Sie die Liste der Belege, die der Bewilligung aktuell zugeordnet sind. In der Spalte **Referenznummer** sind drei Fakturen aufgeführt. Die Belegnummern der zugehörigen Replikate finden Sie in der Spalte **Zollbelegnummer**. Im Bereich **Attribute** müssen Sie die Frist für die Wiedereinfuhr der Veredelungserzeugnisse bzw. Ersatzwaren in Tagen angeben (Feld **Wiedereinfuhrfrist**).

Ermittlung Beendigungsanteile

Außerdem müssen Sie entscheiden, zu welchem Zeitpunkt SAP GTS die Beendigungsanteile für die passive Veredelung ermittelt (Feld **Ermittlung BE-Anteile**). Im Beispiel in Abbildung 3.71 ist das Kennzeichen **A Anlegen einer Zollanmeldung** gesetzt. Bei dieser Einstellung ermittelt SAP GTS die Beendigungsanteile beim Anlegen der Zollanmeldung für die Wiedereinfuhr der Veredelungserzeugnisse.

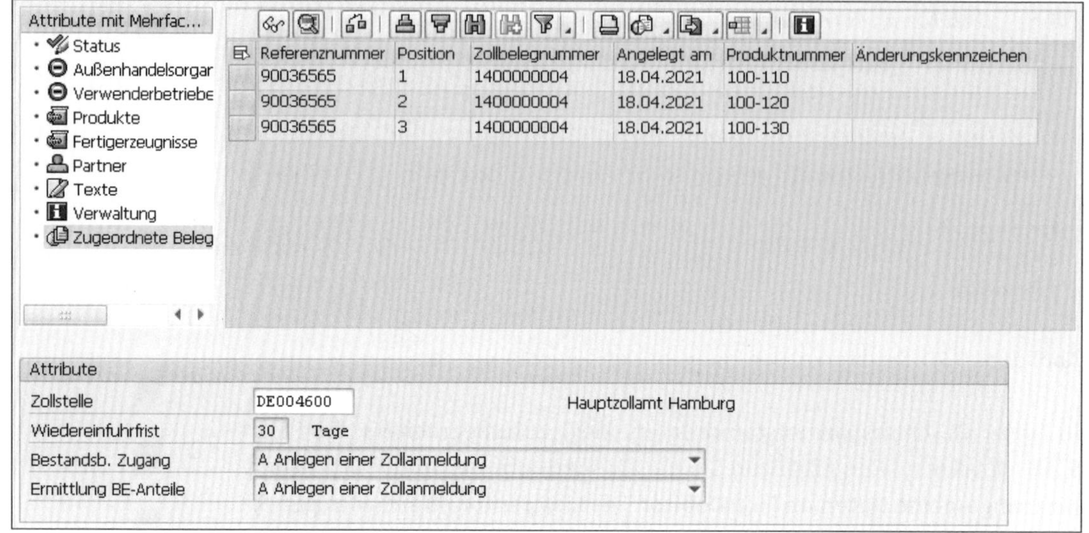

Abbildung 3.71 Bewilligung der passiven Veredelung (Ausschnitt)

Setzen Sie stattdessen das Kennzeichen **B Arbeitsvorrat Zollanmeldungspositionen**, müssen Sie die Zollanmeldungen für die Wiedereinfuhr der Veredelungserzeugnisse mit dem Programm /SAPSLL/CWLOCP_PROCESS anlegen. Dieses Programm können Sie mit der Transaktion **Arbeitsvorrat der Importzollanmeldepositionen verarbeiten** (Transaktionscode /SAPSLL/CWLOCP_01) auch im Dialog ausführen (Schaltfläche **Systemüberwachung**, Sicht **Hintergrundverarbeitung**).

Anschreibeverfahren A7

Der UZK sieht das frühere »Anschreibeverfahren zur Überführung in die zollrechtlich bewilligte passive Veredelung« (Kurzbezeichnung A7) nicht mehr vor. An die Stelle dieser Verfahrensvereinfachung tritt wie im Ausfuhrverfahren die vZA mit förmlicher Bewilligung. In SAP GTS kennzeichnen Sie das Abbild einer vZA-Bewilligung, die Sie für die Überführung in die passive Veredelung nutzen wollen, im Bereich **Attribute** (Feld **Verfahrensbereich**, Kennzeichen **1 Passive Veredelung**). Beachten Sie in diesem Zusammenhang auch KBA 1856318.

Überführung in die passive Veredelung

Die Überführung in die passive Veredelung in SAP GTS unterscheidet sich nicht grundsätzlich von der Überführung in das Ausfuhrverfahren. Sie finden die Replikate der Pro-forma-Rechnungen zu Beistellungslieferungen des Vorsystems im Bereichsmenü des Customs Managements (Schaltfläche **Export**, Sicht **Export**). Einen nach Prozessaktivitäten gegliederten Überblick über Ihre Zollanmeldungen bietet die Transaktion **Ausgangsaktivitäten anzeigen** (Transaktionscode /SAPSLL/CL_CP_CUS_EX). Als Alternative steht die Transaktion **Vorhandene Exportzollanmeldungen anzeigen** zur Verfügung (Transaktionscode /SAPSLL/CULO_CUS_EXP). Beide Transaktionen finden Sie in der Sicht **Export**.

Für die Weiterleitung der PDF-Datei mit dem Informationsblatt INF 2 per E-Mail können Sie die Nachrichten E0013 (E-Mail Informationsblatt INF 2) oder E0014 (E-Mail Ausfuhrbegleitdokument & Informationsblatt INF 2) nutzen. Diese Nachrichten sind jedoch im Auslieferungs-Customizing noch keiner Prozessaktivität zugeordnet.

Verfahrenscodes

Als Inhaber einer förmlichen Bewilligung für vZA verwenden Sie wie im Ausfuhrverfahren die Nachricht M0940 für den Versand der Zollanmeldung an ATLAS. Für das Normalverfahren ist die Nachricht M0910 vorgesehen. Die Ausfuhrzollstelle erkennt die Zweckbestimmung der Zollanmeldung am *Verfahrenscode*, der bei einer vorübergehenden Ausfuhr im Rahmen der passiven Veredelung stets mit der Zahlenfolge 21 beginnt. Die insgesamt vierstelligen numerischen Verfahrenscodes verschlüsseln die zollrechtliche Bestimmung der Waren. Dabei bezeichnen die ersten beiden Stellen das Zielverfahren und die letzten beiden Stellen das Quellverfahren. Der Code 2100 steht also für eine Überführung in die passive Veredelung ohne vorausgegangenes Zollverfahren.

Wenn die passive Veredelung in einer Ausbesserung besteht, muss in der Regel der Code 2140 angegeben werden: Der defekte Gegenstand wurde zunächst im Drittland eingekauft und zum freien Verkehr überlassen (Code 4000). Nun wird der Gegenstand vorübergehend ausgeführt, um beim Hersteller ausgebessert zu werden.

Die Verfahrenscodes sind in der Codeliste I0100 definiert. Diese Codeliste finden Sie im Auslieferungs-Customizing Ihres SAP-GTS-Systems als Bestandteil verschiedener Codelistenschemata (Objekt CUPRO). In der Zollanmeldung tragen Sie den Verfahrenscode auf Belegpositionsebene in der Sicht **Bestimmung** in das Feld **Zollr. Bestimmung** ein. Abbildung 3.72 zeigt einen Ausschnitt aus dieser Sicht in einer Zollanmeldung für die Überführung in die passive Veredelung.

In Abbildung 3.72 sehen Sie im Bereich **Besondere Zollverfahren** die Zoll-ID der passiven Veredelung und die Nummer der Bewilligung. Auf der Grundlage der Angaben in der Bewilligung (siehe Abbildung 3.71) hat SAP GTS das (späteste) Datum der Wiedereinfuhr der Veredelungserzeugnisse berechnet (Feld **Wiedereinfuhrfrist**). Nutzen Sie die passive Veredelung für den Austausch von Waren, z. B. im Rahmen der Garantieabwicklung, setzen Sie das Kennzeichen **Standardaustausch**.

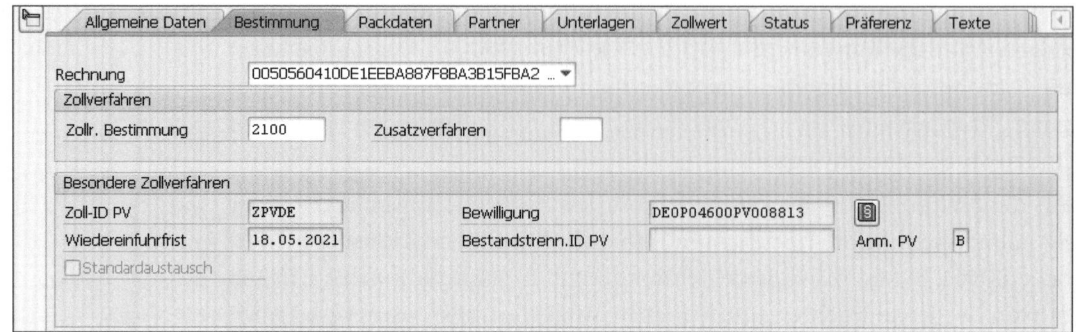

Abbildung 3.72 Sicht »Bestimmung« einer Zollanmeldung für die PV

Nämlichkeitsmittel

In einer Zollanmeldung für die Überführung in die passive Veredelung müssen Sie außerdem ein *Nämlichkeitsmittel* angeben. Diese Angabe ermöglicht es der Zollverwaltung, festzustellen, ob die im Rahmen der passiven Veredelung vorübergehend ausgeführten Waren tatsächlich in die wiedereinzuführenden Veredelungserzeugnisse eingegangen oder – im Fall einer Ausbesserung – mit ihnen identisch sind. Die in der passiven Veredelung zulässigen Nämlichkeitsmittel sind in der Codeliste A0160 verschlüsselt. Im Auslieferungs-Customizing gehört diese Codeliste zum Objekt PAPTY. Dieses Objekt haben wir bereits in Abschnitt 3.1.3, »Stammdaten für die Ausfuhrabwicklung«, für die Codierung von Unterlagen in der Ausfuhranmeldung genutzt (siehe Abbildung 3.27). Die Codes der Nämlichkeitsmittel sind der Unterlagenkategorie OPRI zugeordnet. In der Zollanmeldung erfassen Sie das zutreffende Nämlichkeitsmittel in der Sicht **Unterlagen** auf Belegpositionsebene. Abbildung 3.73 zeigt ein Beispiel.

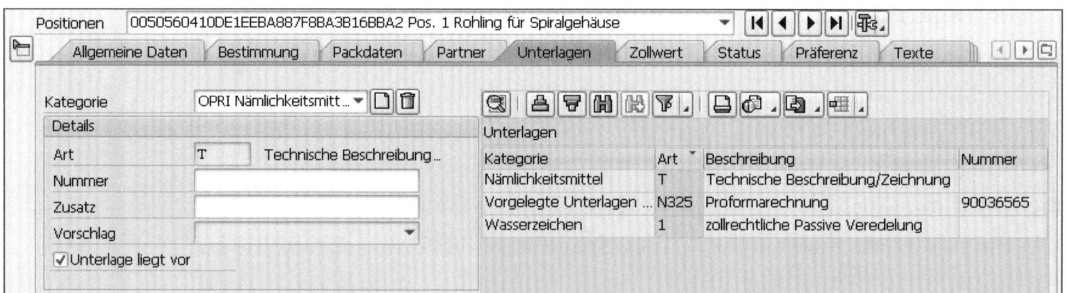

Abbildung 3.73 Nämlichkeitsmittel in der Zollanmeldung

Im Beispiel in Abbildung 3.73 ist das Nämlichkeitsmittel eine technische Zeichnung (Code **T** im Feld **Art**). Bei einer vorübergehenden Ausfuhr eines Produkts für Reparaturzwecke eignet sich möglicherweise eine Seriennummer (Nämlichkeitsmittel N – Serien- bzw. Teilenummer), die Sie in das Feld **Nummer** eintragen.

Wasserzeichen

In der Sicht **Unterlagen** in Abbildung 3.73 erkennen Sie auch einen Eintrag für ein *Wasserzeichen* (Unterlagenkategorie WTRM). Dieser Eintrag bezieht sich auf den Ausgangsvermerk, der als PDF-Datei der Mitteilung zur Ausfuhr anhängt (siehe Abschnitt 3.1.2, »Abwicklung des Ausfuhrverfahrens in SAP GTS«). Der Ausgangsvermerk enthält ein Wasserzeichen, das seine jeweilige Zweckbestimmung angibt. Die möglichen Zweckbestimmungen sind in der Codeliste A0161 aufgeführt. Das Wasserzeichen **1** im Feld **Art** kennzeichnet einen Ausgangsvermerk zur zollrechtlichen passiven Veredelung.

Überwachung der Wiedereinfuhr

Die Waren der vorübergehenden Ausfuhr müssen innerhalb der in der Bewilligung festgelegten Frist in Gestalt oder als Bestandteil von Veredelungserzeugnissen wiedereingeführt werden. Das Datum der beabsichtigten Wiedereinfuhr geben Sie in der Zollanmeldung für die Überführung der Waren in die passive Veredelung an (siehe Abbildung 3.72). Die Transaktion **Wiedereinfuhrfrist überwachen** (Transaktionscode /SAPSLL/IVMP_EXTEND) erleichtert die Einhaltung dieser Frist. Sie finden diese Transaktion im Bereichsmenü des Customs Managements (Schaltfläche **Überwachung für bestandsgeführte Zollverfahren**, Sicht **Passive Veredelung**). In Abbildung 3.74 sehen Sie die Ergebnisdarstellung für drei Komponenten des Veredelungserzeugnisses aus Abbildung 3.69.

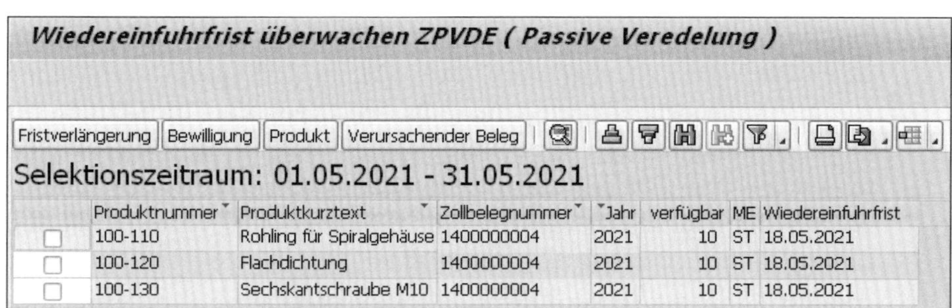

	Produktnummer	Produktkurztext	Zollbelegnummer	Jahr	verfügbar	ME	Wiedereinfuhrfrist
☐	100-110	Rohling für Spiralgehäuse	1400000004	2021	10	ST	18.05.2021
☐	100-120	Flachdichtung	1400000004	2021	10	ST	18.05.2021
☐	100-130	Sechskantschraube M10	1400000004	2021	10	ST	18.05.2021

Abbildung 3.74 Überwachung der Wiedereinfuhr

Fristverlängerung

Das Hauptzollamt, das die Bewilligung der passiven Veredelung erteilt hat, kann die Wiedereinfuhrfrist verlängern. Für die Beantragung dieser Fristverlängerung gibt es keine Formvorgaben. Wenn Sie die Verlängerung einer Wiedereinfuhrfrist erfassen möchten, selektieren Sie den entsprechenden Eintrag in der Übersicht und klicken auf die Schaltfläche **Fristverlängerung**. Im anschließend erscheinenden Fenster geben Sie die neue Frist ein. SAP GTS aktualisiert anschließend automatisch das Datum der beabsichtigten Wiedereinfuhr in der Belegposition der Zollanmeldung.

Wiedereinfuhr

Zollanmeldungen für die Überlassung der Veredelungserzeugnisse zum freien Verkehr legen Sie auf der Grundlage von Materialbelegen zu Wareneingangsbuchungen aus dem Arbeitsvorrat für Zollanmeldungen nach Wareneingang an. Wie bei der vorübergehenden Ausfuhr der Komponenten ist auch bei der Wiedereinfuhr der Veredelungserzeugnisse die Verfahrenscodierung entscheidend. Abbildung 3.75 zeigt die Sicht **Bestimmung** einer Zollanmeldungsposition für die Wiedereinfuhr.

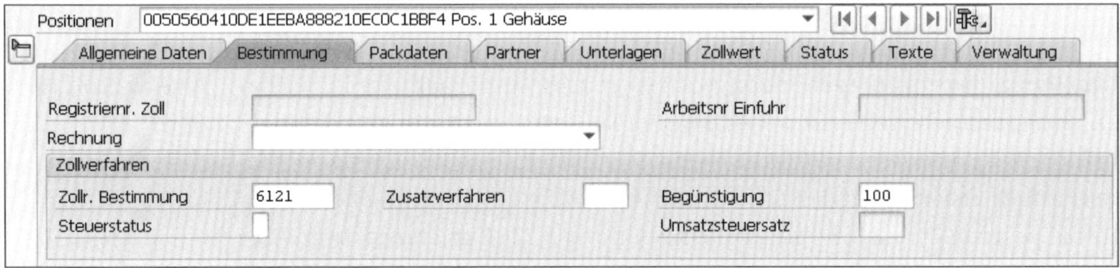

Abbildung 3.75 Sicht »Bestimmung« bei Wiedereinfuhr

Verfahrenscodes

In das Feld **Zollr. Bestimmung** wurde der Verfahrenscode 6121 eingetragen. Dieser Code kennzeichnet eine Wiedereinfuhr von Waren mit gleichzeitiger Überführung in den zoll- und steuerrechtlich freien Verkehr nach vorübergehender Ausfuhr zur passiven Veredelung. Je nach Anlass der vorübergehenden Ausfuhr muss zusätzlich zum Verfahrenscode ein dreistelliger alphanumerischer Code angegeben werden. Wenn Sie die passive Veredelung z. B. genutzt haben, um einen mangelhaften Gegenstand im Rahmen der Gewährleistung kostenlos umzutauschen, müssen Sie im Feld **Zusatzverfahren** den Code B03 ergänzen. Die Zusatzcodes sind wie die Verfahrenscodes in der Codeliste I0100 definiert. Im Auslieferungs-Customizing sind diese Codes dem Objekt ADPRO zugeordnet.

Beendigungsanteile

Wenn die Bewilligung entsprechend gekennzeichnet ist (siehe Abbildung 3.71), ermittelt SAP GTS in der Zollanmeldung für die Wiedereinfuhr der Veredelungserzeugnisse auch die Beendigungsanteile der passiven Veredelung und stellt das Ergebnis auf Belegpositionsebene in der Sicht **Beendigungsanteile PV** dar.

Zollwert- und Zollabgabenberechnung

In Abschnitt 2.1.5, »Zollwertermittlung und Vorausberechnung von Einfuhrabgaben«, haben Sie erfahren, wie SAP GTS den Zollwert der eingeführten Waren und ggf. auch die Einfuhrabgaben berechnet. Das im Auslieferungs-Customizing der gesetzlichen Grundlage ATLAS zugeordnete Importkalkulationsschema enthält u. a. auch zwei Abgabenarten für die Zollwertermittlung in Zollanmeldungen für die Wiedereinfuhr von Veredelungserzeugnissen: Für das Veredelungsentgelt ist die Abgabenart V001 (Veredelungsentgelt/Wertsteigerung) vorgesehen. Falls der Nettowert der

Position einer Lohnbearbeitungsbestellung nicht das Veredelungsentgelt, sondern den Wert des Veredelungserzeugnisses enthält, kann SAP GTS mit der Abgabenart V005 (Beistellwert (PV)) den Wert der in das Veredelungserzeugnis eingegangenen Waren der vorübergehenden Ausfuhr abziehen, um das Veredelungsentgelt zu berechnen. Dabei greift das System auf die für die Meldung der Beendigungsanteile ermittelten Werte der Komponenten zurück. In Abbildung 3.76 sehen Sie ein Beispiel für die Berechnung des Veredelungsentgelts in der Belegposition einer Zollanmeldung für die Wiedereinfuhr.

Allgemeine Daten | Bestimmung | Packdaten | Unterlagen | Zollwert | Status | Beendigungsanteile PV | Texte

Kalkulationsstatus

Zollwert

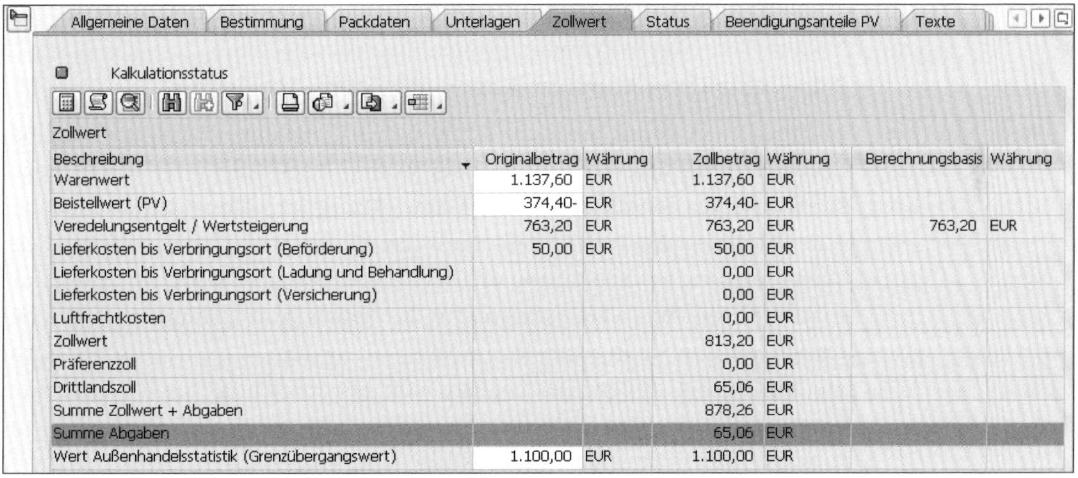

Beschreibung	Originalbetrag	Währung	Zollbetrag	Währung	Berechnungsbasis	Währung
Warenwert	1.137,60	EUR	1.137,60	EUR		
Beistellwert (PV)	374,40-	EUR	374,40-	EUR		
Veredelungsentgelt / Wertsteigerung	763,20	EUR	763,20	EUR	763,20	EUR
Lieferkosten bis Verbringungsort (Beförderung)	50,00	EUR	50,00	EUR		
Lieferkosten bis Verbringungsort (Ladung und Behandlung)			0,00	EUR		
Lieferkosten bis Verbringungsort (Versicherung)			0,00	EUR		
Luftfrachtkosten			0,00	EUR		
Zollwert			813,20	EUR		
Präferenzzoll			0,00	EUR		
Drittlandszoll			65,06	EUR		
Summe Zollwert + Abgaben			878,26	EUR		
Summe Abgaben			65,06	EUR		
Wert Außenhandelsstatistik (Grenzübergangswert)	1.100,00	EUR	1.100,00	EUR		

Abbildung 3.76 Zollwertberechnung für die Wiedereinfuhr

Den Warenwert (1.137,60 €) hat SAP GTS aus der Bestellposition des Vorsystems übernommen. Von diesem Betrag zieht es in der Zeile **Beistellwert (PV)** den Gesamtwert der in die passive Veredelung überführten Komponenten ab. Das Veredelungsentgelt in Höhe von 763,20 € weist SAP GTS in der Zeile **Veredelungsentgelt / Wertsteigerung** aus. Auf Belegkopfebene wurden 50,00 € als Kosten für die Beförderung des Veredelungserzeugnisses bis zum Ort des Verbringens eingegeben. Diese Beförderungskosten rechnet SAP GTS dem Veredelungsentgelt hinzu. Der Zollwert des Veredelungserzeugnisses beträgt also 813,20 €. Die Zollabgaben hat SAP GTS auf der Grundlage der Veredelungskosten berechnet (Zeile **Drittlandszoll**). Beachten Sie in diesem Zusammenhang auch den SAP-Hinweis 2573209.

Die Darstellung der passiven Veredelung schließt die Behandlung der Zollverfahren bei der Ausfuhr ab. Die Ausfuhr von Waren aus der EU steht jedoch auch in Kapitel 4, »Ausfuhrkontrolle«, im Mittelpunkt.

3.4 Einbindung von externen Dienstleistern

Wie Sie bereits in Abschnitt 1.1.2, »SAP GTS als Außenhandelsdienstleister«, erfahren haben, wurde SAP GTS von den nationalen Zollbehörden verschiedener Mitgliedstaaten und Drittländer für die Teilnahme an elektronischen Verfahren zertifiziert. Wie aber können Sie SAP GTS in der übrigen Welt für die Zollabwicklung einsetzen? Die folgenden Abschnitte stellen die unter dem Titel »Integration mit Zollagenten« in SAP GTS bereitgestellten Funktionen für die Einbindung von Zolldienstleistern am Beispiel der Ausfuhr vor. Sie können diese Funktionen jedoch auch bei der Einfuhr einsetzen.

3.4.1 Ablauf der Kommunikation mit Zolldienstleistern

Datenaustausch

In Ländern, in denen Sie nicht direkt mit der jeweiligen nationalen Zollbehörde kommunizieren können oder wollen, beauftragen Sie in der Regel spezialisierte Dienstleister mit der Abwicklung der Zollformalitäten bei der Ein- und/oder Ausfuhr. Möglicherweise bietet auch Ihr Spediteur diese Dienstleistung in Verbindung mit der Beförderung der Waren an. Die Informationen, die Ihr *Zolldienstleister* für die Abgabe von Zollanmeldungen benötigt, können Sie ihm aus Ihrem SAP-GTS-System in elektronischer Form zur Verfügung stellen. Der Dienstleister benachrichtigt Sie im Gegenzug elektronisch über den Status der Abfertigung. Abbildung 3.77 stellt die Kommunikation am Beispiel einer Ausfuhr schematisch dar.

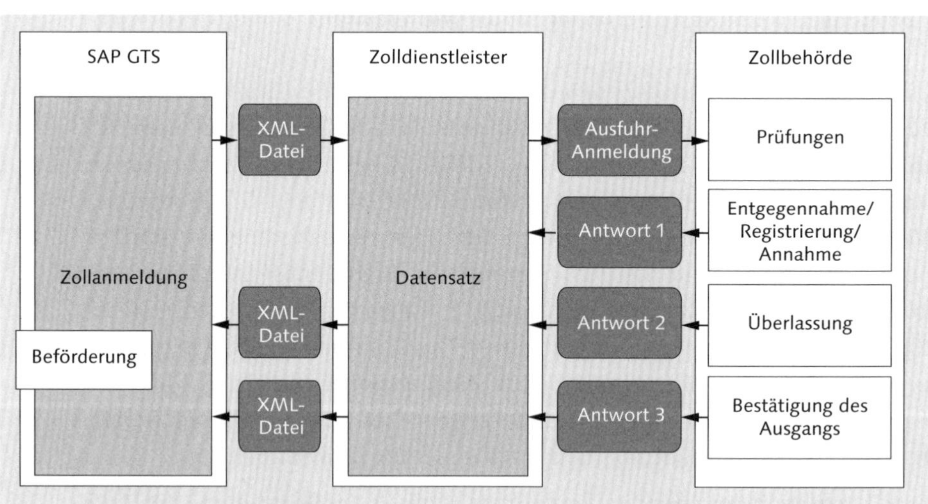

Abbildung 3.77 Datenaustausch mit Dienstleisterbeteiligung

Anforderung einer Zollanmeldung

Grundlage für die Kommunikation mit dem Zolldienstleister ist eine Zollanmeldung, also ein Beleg, der entweder durch Replikation eines Vorsystembelegs entsteht oder manuell in SAP GTS angelegt wird. Die Zollanmeldung enthält alle Daten zur geplanten Ein- oder Ausfuhr, die der Dienstleiter benötigt, um in Ihrem Auftrag eine Zollanmeldung abzugeben. Dabei ergänzt SAP GTS ggf. mithilfe des Datenvorschlagswesens die Daten, die das Vorsystem beisteuert. Auf der Grundlage der Zollanmeldung gibt SAP GTS anschließend je nach Vorgang entweder die Nachricht MBOO1 (Anfordern Einfuhrzollanmeldung) oder die Nachricht MBO10 (Anfordern Ausfuhrzollanmeldung) aus. Beiden Nachrichten ist jeweils eine Aktionsdefinition für die Erzeugung einer XML-Datei über einen Webservice zugeordnet. Die XML-Dateien beinhalten die Beauftragung des Dienstleisters in Verbindung mit der Bereitstellung der melderelevanten Informationen.

Webservices

Die Webservices, die SAP GTS für den Datenaustausch mit Zolldienstleistern zur Verfügung stellt, finden Sie im *Enterprise Services Repository*, dessen Inhalte Sie sich mithilfe des *Enterprise Repository Browsers* anzeigen lassen können. Den Browser rufen Sie mit dem Transaktionscode SPROXY auf. Alle für SAP GTS ausgelieferten Servicegruppen und -definitionen sind im Namensraum *http://sap.com/xi/GTS/Global2* angelegt.

Kommunikation mit der Zollbehörde

Der Dienstleister gibt auf der Grundlage der in der XML-Datei übermittelten Daten eine Zollanmeldung bei der Zollbehörde ab und empfängt alle Antworten dieser Behörde. Die Darstellung in Abbildung 3.77 bezieht sich beispielhaft auf die Kommunikation im AES der EU. Rückmeldungen des Dienstleisters zum laufenden Verfahren, wie z. B. die Überlassungsmitteilung, empfangen Sie über weitere Webservices in Gestalt der Nachrichten IBOO1 (Benachrichtigung Einfuhrzollanmeldung) oder IBO10 (Benachrichtigung Ausfuhrzollanmeldung). Im Ausfuhrverfahren erhalten Sie abschließend per Webservice die Nachricht IBO15 (Benachrichtigung Ausgang aus dem Zollgebiet). Im Einfuhrverfahren können Sie sich mit der Nachricht IBO20 (Benachrichtigung Einfuhrabgabenbescheid) über die Einfuhrabgaben informieren lassen.

Die Eingangsverarbeitung der XML-Dateien aktualisiert einige Daten der Zollanmeldung in SAP GTS, z. B. die beteiligten Zollstellen. Der Dienstleister kann mit den Nachrichten IBOO1 bzw. IBO10 auch die Ergänzung fehlender oder die Korrektur inkonsistenter Daten anfordern. Sie bearbeiten die Zollanmeldung nach und versenden anschließend die Nachrichten MBOO1 bzw. MBO10 erneut. Darüber hinaus besteht in der Zollanmeldung die Möglichkeit, den Dienstleister auf der Grundlage einer frei definierbaren Skala zu bewerten.

Nachträglich erzeugte Zollanmeldung

Bei der Einfuhr kann der Zolldienstleister auch ausschließlich auf der Grundlage von außerhalb des SAP-GTS-Systems bereitgestellten Warenbegleitpapieren, wie z. B. Frachtbrief, Handelsrechnung und Ladeliste, eine Zollanmeldung in Ihrem Auftrag abgeben. Nach Abschluss der Zollformalitäten sendet der Dienstleister Ihnen eine XML-Datei, deren Eingangsverarbeitung in SAP GTS eine Zollanmeldung ausschließlich zur Dokumentation des Vorgangs anlegt. Sie können daher die Daten dieses Belegs nicht mehr ändern. Für die Anlage solcher Dokumentationszollanmeldungen steht im Auslieferungs-Customizing die Belegart CURPIM (Replikat Zollanmeldung Import) zur Verfügung.

Im nächsten Abschnitt lernen Sie die Voreinstellungen des Auslieferungs-Customizings für die Einbindung von Zolldienstleistern kennen und erfahren, welche Ergänzungen Sie ggf. in Ihrem SAP-GTS-System vornehmen müssen.

3.4.2 Konfiguration des Datenaustausches mit Zolldienstleistern

Nachrichten

Die Steuerung der Kommunikation mit Zolldienstleistern entspricht im Wesentlichen der Steuerung des direkten Datenaustausches mit nationalen Zollbehörden. Sie finden die in Abschnitt 3.4.1, »Ablauf der Kommunikation mit Zolldienstleistern«, beschriebenen Nachrichten im Auslieferungs-Customizing über den Menüpfad **Global Trade Services • Customs Management • Integration mit Zollagenten • Nachrichten für die Kommunikation mit Zollagenten**. Abbildung 3.78 zeigt die Detaileinstellungen der Nachricht MB010.

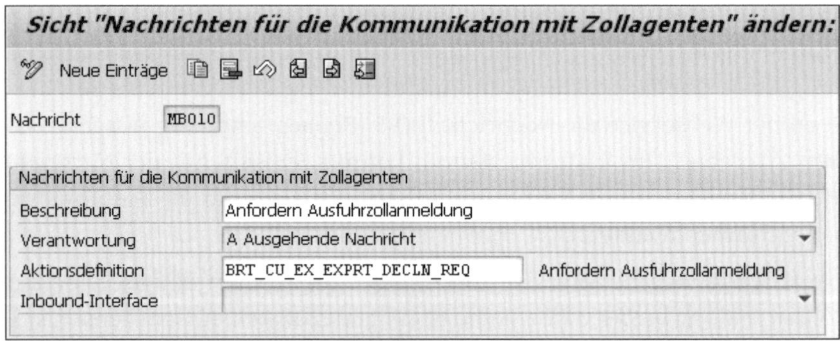

Abbildung 3.78 Einstellungen der Nachricht MB010

Nachrichten und Aktionsprofile

Im Vergleich zu Nachrichten für die direkte Kommunikation mit Zollbehörden enthalten die Einstellungen der beiden Nachrichten für die Einbindung von Dienstleistern nur wenige Felder. Entscheidend ist die Zuordnung der Aktionsdefinition für die Erzeugung einer XML-Datei mit den melderevanten Daten der Zollanmeldung und den Aufruf des Webservices im Feld **Aktionsdefinition**. Die beiden Aktionsdefinitionen für die Dienstleistereinbindung sind jeweils eigenen Aktionsprofilen zugeordnet: BRT_CU_IM (Zollabwicklung über Zollagent – Einfuhr) und BRT_CU_EX (Zollabwicklung über Zollagent – Ausfuhr). Im Auslieferungs-Customizing ist keines der beiden Profile einer Belegart bzw. einer Kombination aus Belegart und gesetzlicher Grundlage zugeordnet. Sie müssen diese Zuordnung also bei Bedarf selbst vornehmen (Menüpfad: **Global Trade Services • Allgemeine Einstellungen • Belegstruktur • Belegarten für Anwendungsbereiche definieren**, Ordner **Zollanmeldung**, Unterordner **Steuerung je gesetzlicher Grundlage**). In Abbildung 3.79 sehen Sie ein Beispiel.

Belegart	CULOEX	Zollanmeldung Ausfuhr
Gesetzl. Grundlage	ACE	US Automated Customs Environment (ACE)

Steuerung je gesetzlicher Grundlage	
Partnergruppierung	ZPGCBR Partnergruppierung Zollabwicklung Zolldienstleister
Aktionsprofil	BRT_CU_EX Zollabwicklung über Zollagent - Ausfuhr
Textschema	SLL_CD_USE Zollbeleg - Export USA
Kalkulationsprofil	EXP_01 Standard Kalkulationsprofil Export

Abbildung 3.79 Zuordnung des Aktionsprofils BRT_CU_EX

Obwohl in SAP GTS ein direkter Datenaustausch mit der US-amerikanischen Zollverwaltung möglich ist, sollen im Beispiel in Abbildung 3.79 Ausfuhren aus den USA von einem Dienstleister abgewickelt werden. Der Kombination von Belegart CULOEX und gesetzlicher Grundlage ACE wurde daher anstelle des Aktionsprofils US_CU_EX (USA Zollabwicklung Export) das Aktionsprofil BRT_CU_EX zugeordnet.

Partnerfunktion

Ebenfalls ausgetauscht wurde die Partnergruppierung: Der im Auslieferungs-Customizing zugeordneten, für die direkte Kommunikation vorgesehenen Partnergruppierung PGCEUS (Partnergruppierung für Zollabwicklung Export – USA) fehlt die Partnerfunktion CUSLCB (Zollagent). Diese ist jedoch für die Dienstleistereinbindung erforderlich. Gemeinsam mit anderen Partnerfunktionen wurde die Partnerfunktion CUSLCB zu einer selbst definierten, länderübergreifenden Partnergruppierung ZPGCBR zusammengefasst. Diese Partnergruppierung wurde anschließend der Kombination von Belegart CULOEX und gesetzlicher Grundlage ACE zugeordnet.

Kommunikationssteuerung

Die Kommunikationssteuerung für die Dienstleistereinbindung finden Sie über den Menüpfad **Global Trade Services • Customs Management • Integration mit Zollagenten • Aktivitätenfolgen definieren**. Das Prozessschema

CUBRT (Zollabwicklung – Kommunikation mit Zollagenten) umfasst die beiden Prozesse CUSEX (Ausfuhr) und CUSIM (Freier Verkehr). Dem Prozess CUSEX sind die Aktivitäten CUSEX (Anfordern Ausfuhrzollanmeldung) und CUSXT (Ausgang aus dem Zollgebiet) zugeordnet. Die gleichnamige Aktivitätenfolge setzt sich aus diesen beiden Aktivitäten zusammen. Abbildung 3.80 zeigt den Aufbau der Aktivitätenfolge.

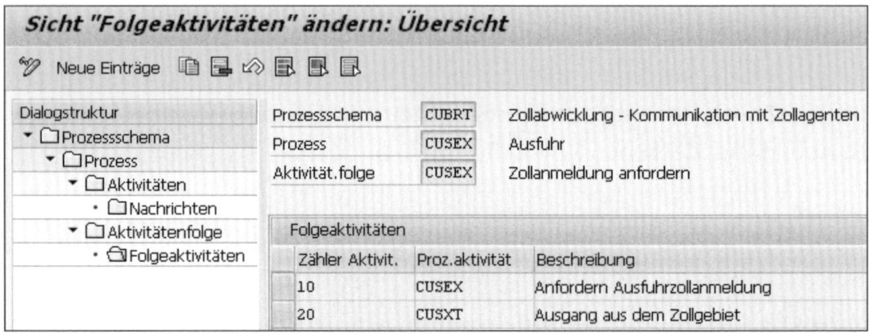

Abbildung 3.80 Aktivitätenfolge CUSEX

Die Nachricht MB010, in der Sie den Dienstleister mit der Abgabe einer Ausfuhranmeldung beauftragen, ist im Auslieferungs-Customizing der Prozessaktivität CUSEX zugeordnet. Ebenfalls zugeordnet ist die Nachricht IB010, um Rückmeldungen des Dienstleisters empfangen zu können. Die Prozessaktivität CUSXT dient ausschließlich der Entgegennahme der Ausgangsbestätigung in der Nachricht IB015.

Mapping

Die im Auslieferungs-Customizing enthaltene Konfiguration ergänzen Sie um Mapping-Einstellungen für die folgenden Angaben in der Zollanmeldung:

- Identifikations- bzw. Registriernummern der beteiligten Partner
- Partnerfunktionen
- Betragsarten
- Textarten

Das Mapping ist erforderlich, weil diese Daten – anders als z. B. der Verkehrszweig, die Art des Beförderungsmittels oder die statistische Warennummer – nicht in Form behördenseitig vorgegebener Codes unmittelbar in Belegfeldern der Zollanmeldung abgelegt werden. Es handelt sich vielmehr jeweils um frei definierbare Schlüssel, deren konkrete Bedeutung im SAP-GTS-Customizing festgelegt ist. Mit Ihrem Zolldienstleister müssen Sie daher Vereinbarungen über die Interpretation dieser Schlüssel treffen und diese Vereinbarungen in Ihrem SAP-GTS-System ablegen.

SAP empfiehlt zu diesem Zweck die Verwendung von Codes, die von verschiedenen nationalen und internationalen Organisationen für den elektronischen Datenaustausch bereitgestellt werden, und verweist in diesem Zusammenhang auf das *UN/EDIFACT-Datenelement 3055* (»Code list responsible agency code«). Die Abkürzung UN/EDIFACT steht für »United Nations rules for Electronic Data Interchange for Administration, Commerce and Transport« und bezeichnet einen internationalen, von der UNECE betreuten Standard für den elektronischen Datenaustausch. Das Datenelement 3055 besteht aus einer Liste von Institutionen (»agencies«), die Codes für unterschiedliche Zwecke bereitstellen. Sie finden diese Liste auf der Website der UNECE (*https://service.unece.org/trade/untdid/d00a/tred/tred3055.htm*).

UN/EDIFACT-Datenelement 3055

Das Auslieferungs-Customizing enthält bereits einige Codes für Institutionen (*AgencyID*), die im Datenelement 3055 aufgeführt sind (Menüpfad: **Global Trade Services • Customs Management • Integration mit Zollagenten • AgencyID definieren**). In Abbildung 3.81 wurden diese Vorschläge um weitere Einträge ergänzt.

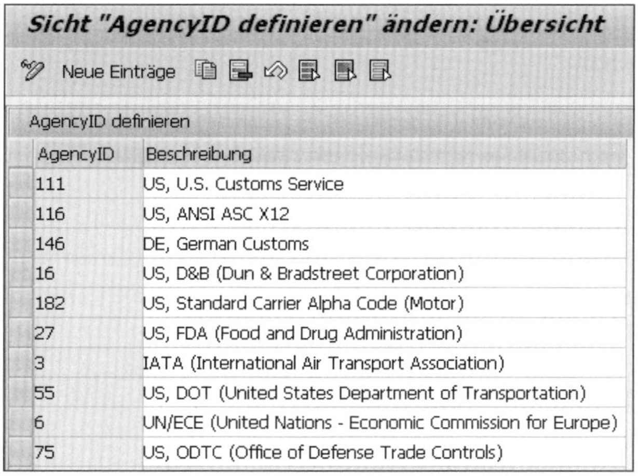

AgencyID

Sicht "AgencyID definieren" ändern: Übersicht

Neue Einträge

AgencyID definieren

AgencyID	Beschreibung
111	US, U.S. Customs Service
116	US, ANSI ASC X12
146	DE, German Customs
16	US, D&B (Dun & Bradstreet Corporation)
182	US, Standard Carrier Alpha Code (Motor)
27	US, FDA (Food and Drug Administration)
3	IATA (International Air Transport Association)
55	US, DOT (United States Department of Transportation)
6	UN/ECE (United Nations - Economic Commission for Europe)
75	US, ODTC (Office of Defense Trade Controls)

Abbildung 3.81 Codes des UN/EDIFACT-Datenelements 3055

In Abbildung 3.81 sehen Sie in der Spalte **AgencyID** mehrheitlich Codes, die US-amerikanische Institutionen repräsentieren. Ebenfalls vertreten sind jedoch die IATA (Code 3), die UNECE (Code 6) und die deutsche Zollverwaltung (Code 146).

Mit Ihrem Zolldienstleister vereinbaren Sie zunächst, welche Codelisten Sie in Ihrer elektronischen Kommunikation für die Bezeichnung von Partnerfunktionen, Betragsarten und Textarten verwenden. Diese Vereinbarungen erfassen Sie im Customizing in Gestalt von *CodeListIDs* über den Menüpfad

CodeListID

Global Trade Services • Customs Management • Integration mit Zollagenten • CodeListID definieren. Abbildung 3.82 zeigt zwei Beispiele.

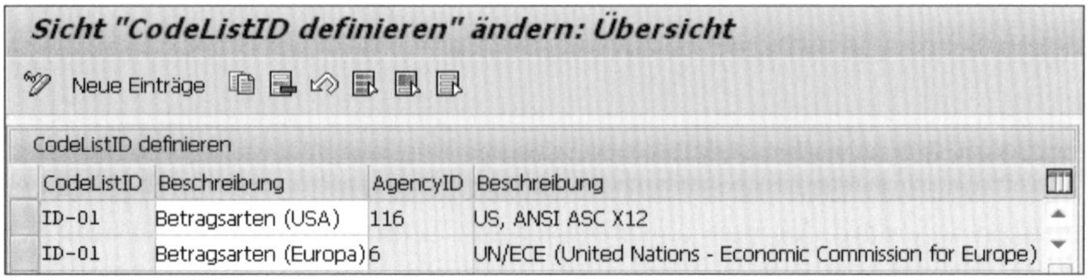

Sicht "CodeListID definieren" ändern: Übersicht

Neue Einträge

CodeListID definieren

CodeListID	Beschreibung	AgencyID	Beschreibung
ID-01	Betragsarten (USA)	116	US, ANSI ASC X12
ID-01	Betragsarten (Europa)	6	UN/ECE (United Nations - Economic Commission for Europe)

Abbildung 3.82 Mapping-Vereinbarungen für Beträge und Abgaben

Der US-amerikanischen Zolldienstleister hat die Verwendung von Codes des American National Standards Institute (ANSI) für den elektronischen Datenaustausch vorgeschlagen. Im Datenelement 3055 hat diese Institution den Code 116 (siehe Abbildung 3.82). Die AgencyID 116 wurde daher mit einer selbst definierten CodeListID, die das Mapping-Objekt *Betragsart* repräsentiert, verknüpft. Da auch in einigen europäischen Staaten eine Zusammenarbeit mit einem Zolldienstleister geplant ist und dieser den UN/EDIFACT-Standard anwendet, wurde ein entsprechender Eintrag für die UN-ECE (AgencyID 6) angelegt.

Zuordnung von CodeListID und AgencyID zu Geschäftspartnern

Die Kombinationen aus CodeListID und AgencyID ordnen Sie anschließend dem Dienstleister in Verbindung mit dem Mapping-Objekt (*Codelistenart*) zu. Diese Zuordnung nehmen Sie im Anwendungsmenü des Customs Managements vor (Schaltfläche **Stammdaten**, Sicht **Partner**, Bereich **Zollagent**). Sie können die Sicht **Codelisten dem Zollagenten zuordnen** auch direkt über den Transaktionscode /SAPSLL/LCB_CL_MAIN aufrufen. In Abbildung 3.83 sehen Sie wieder zwei Beispiele.

Sicht "Codelisten dem Zollagenten zuordnen" ändern: Übersicht

Neue Einträge

Codelisten dem Zollagenten zuordnen

Zollagent	Name	Codelistenart	CodeListID	Beschreibung	AgencyID	Beschreibung
3670	Zollagentur Hamburg GmbH	02 Betragsart	ID-01	Betragsarten (Europa)	6	UN/ECE (United Nations - Economic Commission for Europe)
3671	GF Global Forwarding Inc.	02 Betragsart	ID-01	Betragsarten (USA)	116	US, ANSI ASC X12

Abbildung 3.83 Zuordnungen für das Mapping von Betragsarten

Die Zollagentur Hamburg GmbH (Geschäftspartner 3670), die in verschiedenen europäischen Staaten die Zollvertretung übernehmen soll, verwendet den UN/EDIFACT-Standard. Der Kombination aus Geschäftspartner 3670 und Mapping-Objekt Betragsart wurde daher die CodeListID ID-01 in Verbindung mit der AgencyID 6 zugeordnet. Die US-amerikanische GF Global Forwarding Inc. (Geschäftspartner 3671) dagegen bevorzugt den ANSI-

Standard. Die Kombination aus Geschäftspartner 3671 und Mapping-Objekt Betragsart wurde daher mit der Kombination aus CodeListID ID-01 und AgencyID 116 verknüpft.

Mapping (Beispiel Betragsart)

Das Mapping für Partnerfunktionen, Betragsarten und Textarten erfassen Sie im Customizing über den Menüpfad **Global Trade Services • Customs Management • Integration mit Zollagenten • Externe Partnerrolle zuordnen** bzw. **Externe Betragsarten zuordnen** bzw. **Externe Textarten zuordnen** bzw. **Externe Betragsarten zuordnen**. Abbildung 3.84 zeigt Vorschläge für das Mapping von Betragsarten auf UN/EDIFACT-Basis (Datenelemente 5153 und 5387).

Sicht "Externe Betragsarten zuordnen" ändern: Übersicht

Neue Einträge

Externe Betragsarten zuordnen

CodeListID	Beschreibung	AgencyID	Beschreibung	Betragsart	Abgabe	Beschreibung
ID-01	Betragsarten (Europa)	6	UN/ECE (United Nations - Economic Commission for Europe)	ADD	B501	Anti-Dumping (neu)
ID-01	Betragsarten (Europa)	6	UN/ECE (United Nations - Economic Commission for Europe)	CUD	B101	Drittlandszoll
ID-01	Betragsarten (Europa)	6	UN/ECE (United Nations - Economic Commission for Europe)	INV	A001	Warenwert
ID-01	Betragsarten (Europa)	6	UN/ECE (United Nations - Economic Commission for Europe)	PRF	B201	Präferenzzoll
ID-01	Betragsarten (Europa)	6	UN/ECE (United Nations - Economic Commission for Europe)	SUP	B401	Zollaussetzung

Abbildung 3.84 Betragsarten-Mapping auf UN/EDIFACT-Basis

In den Beispielen in Abbildung 3.84 wurden fünf der im SAP-GTS-System definierten Abgabenarten in die Spalte **Abgabe** eingetragen. Abgabenarten haben Sie bereits in Abschnitt 2.1.5, »Zollwertermittlung und Vorausberechnung von Einfuhrabgaben«, kennengelernt. In Verbindung mit CodeListID ID-01 und AgencyID 6 wurden diesen Abgabenarten ihre jeweiligen Entsprechungen in den Codelisten der UN/EDIFACT-Datenelemente 5153 und 5387 zugeordnet (Spalte **Betragsart**).

Partnerfunktion

Vergleichbare Einstellungen müssen Sie für Partnerfunktionen und Textarten vornehmen. Für die unverzichtbaren Partnerfunktionen Anmelder (Starttag `<DeclarantParty>`), Ausführer (Starttag `<ExporterParty>`) und Empfänger (Starttag `<ProductRecipientParty>`) ist allerdings kein Mapping erforderlich. SAP GTS identifiziert in der Zollanmeldung Geschäftspartner in diesen Rollen anhand des *Partnerfunktionstyps* ihrer jeweiligen Partnerfunktion (z. B. CUSVER – Versender/Ausführer). Die im Programmcode enthaltenen Partnerfunktionstypen klassifizieren Partnerfunktionen nach ihrer Zweckbestimmung. Sie können den Partnerfunktionstyp einer Partnerfunktion in ihren Detaileinstellungen prüfen und ggf. ändern (Menüpfad: **Global Trade Services • Allgemeine Einstellungen • Partnerstruktur • Partnerfunktionen definieren**).

Identifikationsart

Identifikations- bzw. Registriernummern Ihres Unternehmens und Ihrer Geschäftspartner tragen Sie stets in Verbindung mit spezifischen Identifikationsarten in die Geschäftspartnerstammsätze ein (siehe Abbildung 3.25). Für die Einbindung von Zolldienstleistern verknüpfen Sie diese Identifikationsarten mit den AgencyIDs der Institutionen, die jeweils für die Vergabe der Identifikations- bzw. Registriernummern zuständig sind (Menüpfad: **Global Trade Services • Customs Management • Integration mit Zollagenten • GP-Identifikationsart einem Identifikationsschema zuordnen**). Vergibt eine Institution mehr als eine Identifikationsnummer, vereinbaren Sie mit Ihrem Dienstleister zusätzliche Schlüssel zur Unterscheidung dieser Identifikationsnummern. In Abbildung 3.85 sehen Sie einige Vorschläge für die Zuordnung von AgencyIDs zu Identifikationsarten.

Sicht "GP-Identifikationsart einem Identifikationsschema zuordnen" änd

Neue Einträge

GP-Identifikationsart einem Identifikationsschema zuordnen

AgencyID	Beschreibung	SchemeID	ID-Art	Bezeichnung
146	DE, German Customs	GTS-01	SLLAEO	AEO-Nummer
146	DE, German Customs	GTS-02	SLLEOR	EORI-Nummer
146	DE, German Customs	GTS-03	SLLBRA	Niederlassungsnummer
16	US, D&B (Dun & Bradstreet Corporation)		BUP001	Dun & Bradstreet-Nummer
182	US, Standard Carrier Alpha Code (Motor)		SLLSCA	SCAC Code (Standard Carrier (
27	US, FDA (Food and Drug Administration)		SLLFEI	US: FDA Establishment Indicat
3	IATA (International Air Transport Association)		SLLIAT	IATA Code Fluggesellschaften
55	US, DOT (United States Department of Transportation)		SLLDRI	US: NHTSA Registered Import
75	US, ODTC (Office of Defense Trade Controls)		SLLDTC	US: DDTC Registrierungsnumn

Abbildung 3.85 Zuordnung der AgencyID zur Identifikationsart

Die Verknüpfung von AgencyID 16 mit der Identifikationsart BUP001 (Dun & Bradstreet-Nummer) wurde ebenso wie die Verknüpfung der IATA-Codes für Fluggesellschaften (Identifikationsart SLLIAT) mit AgencyID 3 aus dem Auslieferungs-Customizing übernommen. Weitere Einträge für Registriernummern US-amerikanischer Behörden bzw. Verbände wurden ergänzt.

SchemeID

Da die Zollagentur Hamburg (siehe Abbildung 3.83) u. a. den Datenaustausch mit der deutschen Zollverwaltung übernehmen soll, sind in Abbildung 3.85 auch drei Einträge für die AgencyID 146 zu sehen. Die deutsche Zollverwaltung ist in Deutschland für die Zuteilung verschiedener melderelevanter Identifikationsnummern zuständig. Für die Erfassung der AEO-Zertifikatsnummer, der EORI-Nummer und der Niederlassungsnummer eines Geschäftspartners in seinem Stammsatz verwenden Sie die SAP-GTS-spezifischen Identifikationsarten SLLAEO, SLLEOR und SLLBRA (siehe Abbildung 3.25). Um diese drei Identifikationsarten mit derselben AgencyID verknüpfen zu können, wurden in Abbildung 3.85 in der Spalte **SchemeID** die selbst definierten Schlüssel GTS-01 bis GTS-03 ergänzt. In XML-Dateien bezeichnet also z. B. die Kombination von AgencyID 146 und SchemeID GTS-02 die EORI-Nummer eines deutschen Geschäftspartners.

BAdIs zur Prüfung der Eingangsnachrichten

Möglicherweise aktualisiert oder ergänzt der Dienstleister Daten, die Sie ihm mit den Nachrichten MB001 bzw. MB010 bereitgestellt haben, in der Ein- oder Ausfuhranmeldung. Ein typisches Beispiel ist die Änderung der Ausgangszollstelle, weil der mit der Warenbeförderung beauftragte Spediteur sich für eine andere Route als geplant entschieden hat. Die Nachrichten IB001 bzw. IB010 enthalten die tatsächlichen Inhalte der Ein- bzw. Ausfuhranmeldungen. Die Eingangsverarbeitung dieser Nachrichten in SAP GTS übernimmt jedoch nicht sämtliche Änderungen in die Zollanmeldungen, auf deren Grundlage Sie die Nachrichten MB001 bzw. MB010 versendet haben. Um das System möglicherweise kritische Abweichungen zwischen den Inhalten der Ausgangs- und Eingangsnachrichten feststellen und bewerten zu lassen, implementieren Sie die BAdIs `/SAPSLL/BADI_BRKR_MNTRG_IMPRT` (Kommunikation mit einem Zollagenten in der Einfuhr überwachen) bzw. `/SAPSLL/BADI_BRKR_MNTRG_EXPRT` (Kommunikation mit einem Zollagenten in der Ausfuhr überwachen).

Meldungsschweregrad und Meldungskategorie

Für die Bewertung der im BAdI festgestellten Abweichungen definieren Sie im Customizing *Meldungsschweregrade*, wie z. B. »leichter Fehler« oder »schwerer Fehler«, und *Meldungskategorien*, wie z. B. »Information« oder »Fehler« (Menüpfad: **Global Trade Services • Customs Management • Integration mit Zollagenten • Meldungsschweregrad definieren** bzw. **Meldungskategorie definieren**). Wenn Sie die BAdIs entsprechend implementiert haben, zeigt das System etwaige Abweichungen und ihre Bewertung in der Sicht **Zollagent** auf Belegkopfebene der betroffenen Zollanmeldung.

Leistungsbewertung

Auf dem bewerteten Abgleich der Nachrichteninhalte kann im Rahmen der BAdI-Implementierung auch eine Bewertung der Leistungen des Dienstleisters aufsetzen. Für diese *Leistungsbewertung* definieren Sie im Customizing eine beliebige Skala (Menüpfad: **Global Trade Services • Customs Management • Integration mit Zollagenten • Leistungsbewertungsskala definieren**). In der Sicht **Zollagent** des Zollanmeldungskopfes können Sie die Bewertung des Dienstleisters auch manuell vornehmen. In der Transaktion **Leistungsbewertung für Zollagenten anzeigen** (Transaktionscode /SAPSLL/BRKR_PRF_RPT für Einfuhren und /SAPSLL/BRKR_PFE_RPT für Ausfuhren) können Sie sich die Bewertung eines Dienstleisters über einen frei eingrenzbaren Zeitraum hinweg in einer Übersicht aufbereiten lassen.

Mit diesem Abschnitt endet die Darstellung des Customs Managements. In Kapitel 4, »Ausfuhrkontrolle«, steht das Compliance Management im Mittelpunkt.

Kapitel 4
Ausfuhrkontrolle

Beschränkungen betreffen nicht nur den grenzüberschreitenden Güteraustausch. Das Compliance Management greift daher über den Außenhandel hinaus. Sein Haupteinsatzgebiet ist jedoch die Ausfuhrkontrolle.

Die Ausfuhr aus dem Zollgebiet der Union, die wir in Kapitel 3, »Zollverfahren bei der Ausfuhr«, aus zollrechtlicher Perspektive betrachtet haben, kann aus verschiedenen Gründen eingeschränkt oder sogar verboten sein. Dieses Kapitel behandelt *außenwirtschaftsrechtlich* begründete Beschränkungen der Ausfuhr. In Abschnitt 4.1, »Kritische Güter«, geht es in erster Linie um Beschränkungen in Form von Genehmigungspflichten, die sich unmittelbar aus den Eigenschaften oder dem möglichen Verwendungszweck der auszuführenden Waren ergeben. In Abschnitt 4.2, »Embargosituationen«, betrachten wir Beschränkungen aufgrund von länderbezogenen und länderunabhängigen Sanktionsmaßnahmen.

4.1 Kritische Güter

Verbote

Der Außenhandel mit bestimmten Gütern ist grundsätzlich verboten. So enthält die Verordnung (EU) Nr. 2019/125 – die sogenannte Anti-Folter-Verordnung – in Kapitel II ein Verbot der Ein- und Ausfuhr von Gütern, »die außer zur Vollstreckung der Todesstrafe oder zum Zwecke der Folter und anderer grausamer, unmenschlicher oder erniedrigender Behandlung oder Strafe keine praktische Verwendung haben«. Das Kriegswaffenkontrollgesetz verbietet die Ein- und Ausfuhr von Atomwaffen, biologischen und chemischen Waffen, Antipersonenminen und Streumunition.

Genehmigungspflichten

Diese Verbote sind für die meisten Unternehmen nur von theoretischer Bedeutung. Von erheblicher praktischer Konsequenz sind dagegen Beschränkungen in Form von *Genehmigungspflichten*. Im deutschen Außenwirtschaftsrecht gelten diese Beschränkungen in erster Linie für die Ausfuhr und die Verbringung von Waffen, Munition und Rüstungsgütern. Der Begriff *Verbringung* bezeichnet in diesem Zusammenhang Lieferungen aus dem Inland in das übrige Zollgebiet der EU. Auch in diesem Bereich ist der

Kreis der betroffenen Unternehmen relativ klein. Genehmigungspflichtig ist jedoch ebenso die Ausfuhr von Gütern mit doppeltem – also sowohl zivilem als auch militärischem – Verwendungszweck. Rechtsgrundlage dieser Genehmigungspflicht ist die Verordnung (EU) 2021/821, nach der englischen Übersetzung des Begriffs »doppelter Verwendungszweck« kurz *EU-Dual-Use-Verordnung* genannt. Nach diesem Begriff werden die Gegenstände der Verordnung auch als *Dual-Use-Güter* bezeichnet. Sie sind in Anhang I der Verordnung in einer Liste aufgeführt (*Liste der Güter mit doppeltem Verwendungszweck*). Das Spektrum dieser Güterliste ist so breit, dass viele Unternehmen in mehr oder weniger großem Umfang von den in der Verordnung begründeten Beschränkungen betroffen sind.

4.1.1 Konfiguration der produktbezogenen Ausfuhrkontrolle

Gesetzliche Kontrolle

In Abschnitt 1.1.3, »SAP GTS als Funktionsbaukasten«, haben Sie bereits einen Überblick über die im Compliance Management gebündelten Anwendungsbereiche erhalten. Die produktbezogene Prüfung im Hinblick auf eine Genehmigungspflicht wurde mit der Bezeichnung *gesetzliche Kontrolle* aus der SAP-ERP-Teilkomponente SD-FT übernommen und in SAP GTS im Rahmen des Compliance Managements weiterentwickelt. Für die meisten Unternehmen, in denen die gesetzliche Kontrolle genutzt wird, ist nur die Genehmigungspflicht bei der Ausfuhr von Dual-Use-Gütern von Bedeutung. Daher dienen diese Güter in der Darstellung der Konfiguration und der Nutzung der gesetzlichen Kontrolle in den folgenden drei Abschnitten als Beispiele. Die in diesen Abschnitten beschriebenen Funktionen eignen sich jedoch auch für die Abbildung anderer Rechtsnormen, die güterbezogene Genehmigungspflichten begründen. Beispiele für weitere Anwendungsfälle der gesetzlichen Kontrolle sind das Arzneimittelgesetz, das Betäubungsmittelgesetz und das Washingtoner Artenschutzabkommen (Convention on International Trade in Endangered Species of Wild Fauna and Flora, abgekürzt CITES).

Anders als die Anwendungsbereiche des Customs Managements, die Sie in Kapitel 2, »Zollverfahren bei der Einfuhr«, und in Kapitel 3, »Zollverfahren bei der Ausfuhr«, kennengelernt haben, setzt die Nutzung der gesetzlichen Kontrolle umfangreiche Vorarbeiten im Customizing voraus. Wie für die Zollabwicklung und das Versandverfahren müssen Sie aber auch für die gesetzliche Kontrolle Stammdaten pflegen.

Abbildung der Rechtsgrundlagen

Gesetzliche Grundlagen

Während Sie die im Auslieferungs-Customizing für das Customs Management bereitgestellten gesetzlichen Grundlagen in der Regel unverändert übernehmen, sind ihre Entsprechungen für die Anwendungsbereiche des Compliance Managements in erster Linie als Muster für selbst zu definierende gesetzliche Grundlagen gedacht (siehe Abschnitt 1.4, »Abbildung von Rechtsnormen«). In der EU ist auch das Außenwirtschaftsrecht in starkem Maß von Verordnungen geprägt. Dennoch bleibt der nationalen Gesetzgebung der Mitgliedstaaten erheblicher Gestaltungsspielraum. In anderen Rechtsräumen existiert ohnehin keine dem Unionsrecht vergleichbare supranationale Gesetzgebung. Um außenwirtschaftsrechtliche Vorgaben in SAP GTS ausreichend differenziert abbilden zu können, müssen Sie daher für jedes Land, in dem Sie die gesetzliche Kontrolle nutzen wollen, eine eigene gesetzliche Grundlage anlegen.

EU-Dual-Use-Verordnung

Im Auslieferungs-Customizing finden Sie einige Muster, u. a. auch die gesetzliche Grundlage AWV (Außenwirtschaftsverordnung). Diese gesetzliche Grundlage repräsentiert in SAP GTS das deutsche Außenwirtschaftsrecht, also das Außenwirtschaftsgesetz (AWG) und die Außenwirtschaftsverordnung (AWV). In der EU ist jedoch die Abbildung des jeweiligen nationalen Außenwirtschaftsrechts der Mitgliedstaaten in der Regel nicht ausreichend: Wenn Sie zumindest gelegentlich Dual-Use-Güter ausführen, müssen Sie zusätzlich die EU-Dual-Use-Verordnung in Ihr SAP-GTS-System aufnehmen. Dabei ist es in den meisten Fällen nicht notwendig, für diese Verordnung eine eigene gesetzliche Grundlage zu definieren. Es ist vielmehr oft sinnvoller, das Unionsrecht und das jeweilige nationale Recht zu einer einzigen gesetzlichen Grundlage zusammenzufassen. Dabei können Sie die gesetzliche Grundlage AWV als Kopiervorlage verwenden. Abbildung 4.1 zeigt ein Beispiel.

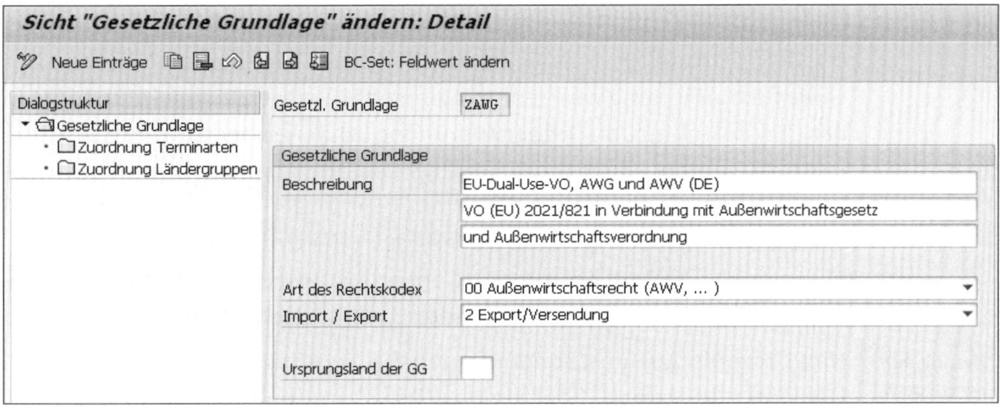

Sicht "Gesetzliche Grundlage" ändern: Detail

Neue Einträge | BC-Set: Feldwert ändern

Dialogstruktur
- Gesetzliche Grundlage
  - Zuordnung Terminarten
  - Zuordnung Ländergruppen

Gesetzl. Grundlage: ZAWG

Gesetzliche Grundlage

Beschreibung	EU-Dual-Use-VO, AWG und AWV (DE)
	VO (EU) 2021/821 in Verbindung mit Außenwirtschaftsgesetz
	und Außenwirtschaftsverordnung
Art des Rechtskodex	00 Außenwirtschaftsrecht (AWV, ...)
Import / Export	2 Export/Versendung
Ursprungsland der GG	

Abbildung 4.1 Gesetzliche Grundlage ZAWG

Die Kennzeichen in den Feldern **Art des Rechtskodex** und **Import / Export** wurden unverändert aus der Kopiervorlage AWV übernommen. Zur Klassifizierung gesetzlicher Grundlagen, die außenwirtschaftsrechtliche Beschränkungen im System repräsentieren, verwenden Sie immer die Rechtskodexart **00 Außenwirtschaftsrecht (AWV, ...)**. Die gesetzliche Grundlage ZAWG soll ausschließlich für die Ausfuhrkontrolle verwendet werden. Daher ist im Feld **Import / Export** das Kennzeichen **2 Export/Versendung** gesetzt.

Terminarten

Ebenfalls aus der Vorlage übernommen wurde die Zuordnung der *Terminarten*. Terminarten sind immer dann erforderlich, wenn für Prüffunktionen auch Zeitpunkte eine Rolle spielen. In der gesetzlichen Kontrolle z. B. soll SAP GTS die Gültigkeit von Genehmigungen prüfen. Die der gesetzlichen Grundlage ZAWG zugeordneten Terminarten sind daher **Gültigkeitsbeginn** (VALFRO) und **Gültigkeitsende** (VALTO). In Abbildung 4.2 sehen Sie diese Zuordnung.

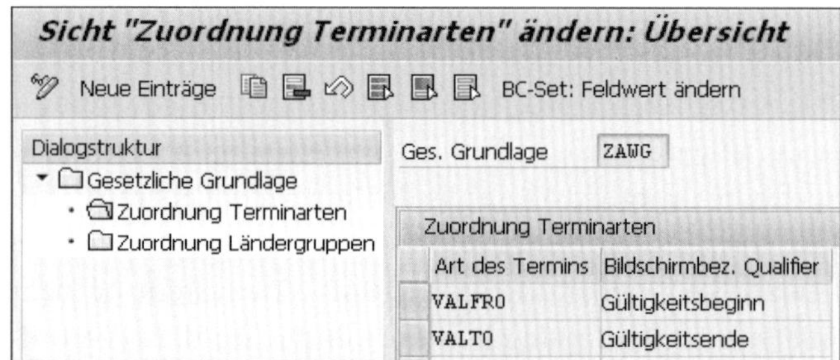

Abbildung 4.2 Terminarten einer gesetzlichen Grundlage

Um die Zuordnung von Terminarten anzuzeigen und bei Bedarf zu ändern, öffnen Sie in der Dialogstruktur den Ordner **Zuordnung Terminarten**.

Ländergruppen

Ländergruppen, von denen schon in Abschnitt 1.4.2, »Verwendung gesetzlicher Grundlagen im Prozess«, im Zusammenhang mit der Aktivierung gesetzlicher Grundlagen die Rede war, können Sie in der gesetzlichen Kontrolle für die Findung von Genehmigungen in Belegen nutzen. Öffnen Sie in der Dialogstruktur den Ordner **Zuordnung Ländergruppen** und ergänzen Sie Einträge für aus dem Auslieferungs-Customizing übernommene oder selbst definierte Ländergruppen. Wenn Sie in der gesetzlichen Kontrolle ohne Ländergruppen arbeiten wollen, bleibt der Ordner **Zuordnung Ländergruppen** leer. In Abschnitt 4.1.2, »Genehmigungsverwaltung in SAP GTS«, finden Sie Beispiele für die Verwendung von Ländergruppen.

Aktivierung der gesetzlichen Grundlage

Nicht nur die Ausfuhr, sondern auch die Verbringung bestimmter Dual-Use-Güter des Anhang I der EU-Dual-Use-Verordnung bedarf einer Genehmigung. Diese Güter sind in Anhang IV der Verordnung gelistet. Von Ausnahmen abgesehen, ist darüber hinaus die Verbringung von Gütern des Teil I Abschnitt B der *Ausfuhrliste* (AL) in Anlage I der AWV genehmigungspflichtig, »wenn dem Verbringer bekannt ist, dass das endgültige Bestimmungsziel der Güter außerhalb der Europäischen Union liegt« (§ 11 Abs. 2 AWV). Zuständig für die Genehmigungserteilung ist das BAFA, wenn die Güter aus Deutschland verbracht werden sollen. Im Auslieferungs-Customizing ist die gesetzliche Grundlage AWV daher sowohl für Ausfuhren als auch für Versendungen aktiviert (siehe Abschnitt 1.4.2, »Verwendung gesetzlicher Grundlagen im Prozess«). Es sollen also alle grenzüberschreitenden Warenausgänge geprüft werden. Diese Aktivierung wurde für die selbst definierte gesetzliche Grundlage ZAWG übernommen (Menüpfad: **Global Trade Services • Compliance Management • Gesetzliche Kontrolle • Gesetzliche Grundlagen aktivieren**). In Abbildung 4.3 sehen Sie die Aktivierung der gesetzlichen Grundlage ZAWG.

Ges. Grundlage ZAWG EU-Dual-Use-VO, AWG und AWV (DE)

Land

Land	G.Ktr.Imp.	G.Ktr.Exp.
DE	Prüfung: Nicht aktiv	3 Prüfung: Versendung / Export (exklusive Inland)

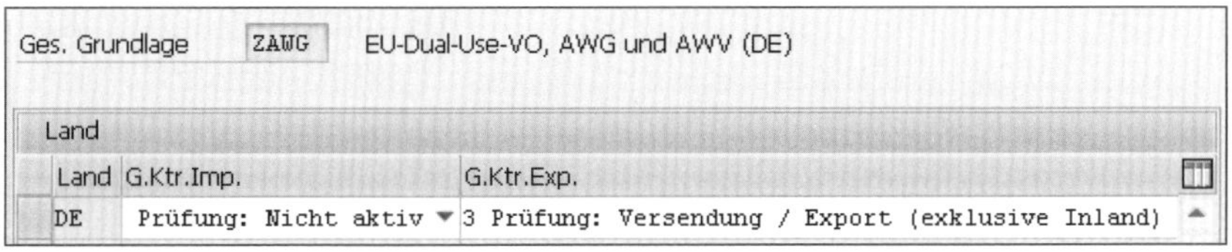

Abbildung 4.3 Aktivierung der gesetzlichen Grundlage ZAWG

In der Spalte **G.Ktr.Exp** ist das Kennzeichen **3 Prüfung: Versendung / Export (exklusive Inland)** gesetzt. Ist also das Abgangsland der Versendung oder der Ausfuhr Deutschland (Länderkennzeichen **DE** in der Spalte **Land**), wendet SAP GTS die gesetzliche Kontrolle auf der Grundlage der EU-Dual-Use-Verordnung in Verbindung mit dem deutschen Außenwirtschaftsrecht an.

Ermittlung des Abgangslandes

Das *Abgangsland* eines Warenausgangs ist im Compliance Management immer das Land in der Adresse des Geschäftspartners in der Rolle des Verwenderbetriebs, der in SAP GTS dem Lieferwerk der Verkaufsbeleg- oder der Lieferposition des Vorsystems zugeordnet ist. Wie aber ermittelt SAP GTS im Rahmen der gesetzlichen Kontrolle das *Bestimmungsland* einer Versendung oder einer Ausfuhr?

Partnerfunktionen und Partnergruppierungen

Im Auslieferungs-Customizing Ihres SAP-GTS-Systems finden Sie u. a. *Partnergruppierungen* für die gesetzliche Kontrolle (Menüpfad: **Global Trade Services • Allgemeine Einstellungen • Partnerstruktur • Gruppierungen von Partnerfunktionen definieren**). Partnergruppierungen fassen *Partnerfunktionen* anwendungsbereichsbezogen zusammen. Partnerfunktionen entsprechen konzeptionell Partnerrollen, die Sie aus der Materialwirtschaft und dem Vertrieb in SAP ERP bzw. SAP S/4HANA kennen. Für die Zwecke der Übernahme von Partnerrollen wie Auftraggeber (AG) und Warenempfänger

(WE) aus Vorsystembelegen in die Replikate in SAP GTS gibt es im Auslieferungs-Customizing bereits passende Partnerfunktionen. Für die Belegreplikation müssen Sie die Partnerrollen Ihres Vorsystems mit diesen Partnerfunktionen verknüpfen. Eine Beschreibung dieser Mapping-Einstellungen finden Sie in den Konfigurationsleitfäden.

Das Auslieferungs-Customizing enthält für jeden Anwendungsbereich mindestens eine Partnergruppierung. Abbildung 4.4 zeigt die Partnergruppierung PGLDT2 für die gesetzliche Kontrolle in Warenausgangsprozessen.

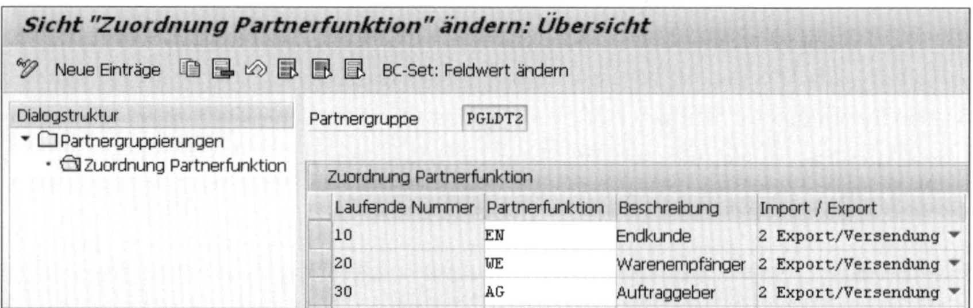

Abbildung 4.4 Partnergruppierung für die gesetzliche Kontrolle

Ermittlung des Bestimmungslandes

Der Partnergruppierung PGLDT2 sind die Partnerfunktionen Endkunde (EN), Warenempfänger (WE) und Auftraggeber (AG) mit den laufenden Nummern 10 bis 30 zugeordnet. Die Nummern geben vor, in welcher Reihenfolge die Partner eines Belegs für die Ermittlung des Bestimmungslands des Warenausgangs herangezogen werden. Gibt es in einem Beleg keinen Partner in der Partnerfunktion Endkunde, prüft SAP GTS die Adresse des Warenempfängers. Falls auch diese Partnerfunktion nicht besetzt ist, greift das System auf den Auftraggeber zu, um das Bestimmungsland zu ermitteln.

[»]

Partnerrolle »Endkunde für Außenhandel«

Die Partnerrolle *Endkunde für Außenhandel* (EN) ist eine der Musterpartnerrollen des Vertriebs in SAP ERP bzw. SAP S/4HANA. Diese Partnerrolle ist in erster Linie von Bedeutung, wenn der Warenempfänger einer Lieferung ein Händler oder Handelsvertreter ist. Dieser Partner kann im Inland oder in der übrigen EU ansässig sein, die Waren jedoch Kunden im Drittland weiterverkaufen oder – als Handelsvertreter – vermitteln. Diese Kunden können in den Verkaufsbelegen in der Partnerrolle Endkunde erfasst und so den Prüfungen des Compliance Managements unterzogen werden.

Um SAP GTS die Ermittlung des Bestimmungslands zu ermöglichen, ist die Partnergruppierung PGLDT2 im Auslieferungs-Customizing der gesetzlichen Grundlage AWV zugeordnet. Diese Zuordnung wurde in die Einstellungen der selbst definierten gesetzlichen Grundlage ZAWG übernommen (Menüpfad: **Global Trade Services • Compliance Management • Gesetzliche Kontrolle • Gesetzliche Kontrolle steuern**). Abbildung 4.5 zeigt den relevanten Ausschnitt aus diesen Einstellungen.

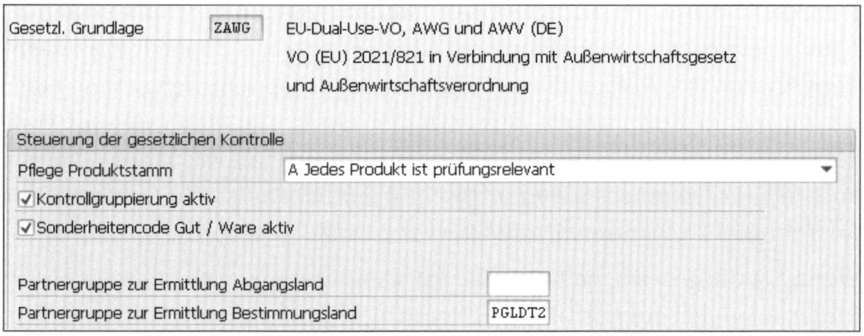

Gesetzl. Grundlage ZAWG EU-Dual-Use-VO, AWG und AWV (DE)
VO (EU) 2021/821 in Verbindung mit Außenwirtschaftsgesetz
und Außenwirtschaftsverordnung

Steuerung der gesetzlichen Kontrolle
Pflege Produktstamm A Jedes Produkt ist prüfungsrelevant
☑ Kontrollgruppierung aktiv
☑ Sonderheitencode Gut / Ware aktiv

Partnergruppe zur Ermittlung Abgangsland
Partnergruppe zur Ermittlung Bestimmungsland PGLDT2

Abbildung 4.5 Steuerung der gesetzlichen Grundlage ZAWG

In das Feld **Partnergruppe zur Ermittlung Bestimmungsland** tragen Sie die Partnergruppierung für die Ermittlung des Bestimmungslands des Warenausgangs ein. Das Feld **Partnergruppe zur Ermittlung Abgangsland** (des Wareneingangs) bleibt in den Einstellungen der gesetzlichen Grundlage ZAWG leer, weil nur Warenausgangsprozesse geprüft werden sollen.

Güterlisten

Ausfuhrliste

Abschnitt 1 des Kapitel 2 der AWV enthält die Bestimmungen zur Beschränkung der Ausfuhr und der Verbringung aus dem Inland. Diese Bestimmungen regeln die Genehmigungserfordernisse für die Ausfuhr und die Verbringung von Gütern. Die Güter, für die Genehmigungserfordernisse gelten, sind in der AL aufgeführt. Die AL besteht aus zwei Teilen. Teil I setzt sich aus zwei Abschnitten zusammen:

- Abschnitt A: Liste für Waffen, Munition und Rüstungsmaterial
- Abschnitt B: Liste national erfasster Güter

Die Einträge des Abschnitts B ergänzen die Liste der Güter mit doppeltem Verwendungszweck in Anhang I der EU-Dual-Use-Verordnung um Güter, deren Ausfuhr oder Verbringung ausschließlich in Deutschland Beschränkungen unterliegt.

Teil II der Ausfuhrliste enthält die HS-Positionen bzw. KN-Codes von Waren pflanzlichen Ursprungs, deren Ausfuhr aus agrarpolitischen Gründen genehmigungspflichtig sein kann. Da dieser Teil der Ausfuhrliste nur für wenige Unternehmen von praktischer Bedeutung ist, gehen wir im Rahmen dieses Buchs nicht näher auf seinen Inhalt ein.

Nomenklaturen für Güterlisten

Die Abschnitte des Teil I der Ausfuhrliste verwenden spezifische Codierungen zur Kennzeichnung der gelisteten Güter. Die Güter des Abschnitts A sind – beginnend mit dem Code 0001 – fortlaufend nummeriert. Die Codierung der in Abschnitt B aufgeführten Güter beruht auf der fünfstelligen alphanumerischen Nomenklatur der Liste der Güter mit doppeltem Verwendungszweck. Der Aufbau dieser Nomenklatur entspricht weitgehend einer im *Wassenaar Arrangement* definierten Struktur. Ziel dieser 1996 in Kraft getretenen internationalen Vereinbarung, der sich mit Ausnahme Zyperns auch alle EU-Mitgliedstaaten angeschlossen haben, ist die Kontrolle der Ausfuhr von konventionellen Waffen und Dual-Use-Gütern.

Nummernschemata

Wenn Sie die gesetzliche Kontrolle für die Prüfung von Genehmigungserfordernissen bei der Ausfuhr oder Verbringung Ihrer Waren nutzen wollen, müssen Sie die relevanten Nomenklaturen in Form von *Nummernschemata* in SAP GTS abbilden. Nummernschemata haben Sie bereits in Abschnitt 2.1.4, »Tarifierung von Produkten«, im Zusammenhang mit der Zollabwicklung kennengelernt. In diesem Abschnitt wurde das für die gesetzliche Kontrolle im Auslieferungs-Customizing bereitgestellte Nummernschema DEALN als Kopiervorlage für das selbst definierte Nummernschema ZEUDU verwendet. Dieses Nummernschema ist für die Abbildung der Liste der Güter mit doppeltem Verwendungszweck, ggf. in Verbindung mit Abschnitt B der AL, vorgesehen (Menüpfad: **Global Trade Services • Allgemeine Einstellungen • Nummernschemata • Nummernschema der Ausfuhrliste definieren**). Wenn Sie (auch) Güter des Abschnitts A der AL ausführen, ist es wegen der unterschiedlichen Struktur der Codes sinnvoll, für diesen Teil der Güterliste ein eigenes Nummernschema anzulegen.

Güterlistennummern als Stammdaten

Güterlistennummern sind wie Zolltarifnummern und statistische Warennummern Stammdaten, die jeweils einem Nummernschema zugeordnet sind. Vollständige Güterlisten in Form von XML-Dateien können Sie bei verschiedenen Datenlieferanten kaufen und in Ihr SAP-GTS-System hochladen. Sie können Güterlistennummern jedoch auch manuell anlegen. Die Transaktionen für den Upload und für die manuelle Pflege von Güterlisten finden Sie im Bereichsmenü des Compliance Managements (Schaltfläche **Klassifizierung/Stammdaten**, Bereich **Definitionen Exportkontrolle**). Für den Upload ganzer Güterlisten verwenden Sie die Transaktion **Ausfuhrlistennummern aus XML-Datei laden** (Transaktionscode /SAPSLL/LLNS_UPL002). Für das manuelle Anlegen einzelner Güterlistennummern steht die Transaktion **Ausfuhrlistennummern pflegen** zur Verfügung (Transaktionscode /SAPSLL/LLNS_002).

Kategorien und Gattungen

Die Liste der Güter mit doppeltem Verwendungszweck ist in zehn *Kategorien* gegliedert. Jeder dieser Kategorien sind zur weiteren Unterteilung der gelisteten Güter fünf *Gattungen* zugeordnet. Abbildung 4.6 zeigt diese Kategorien und Gattungen im Nummernschema ZEUDU.

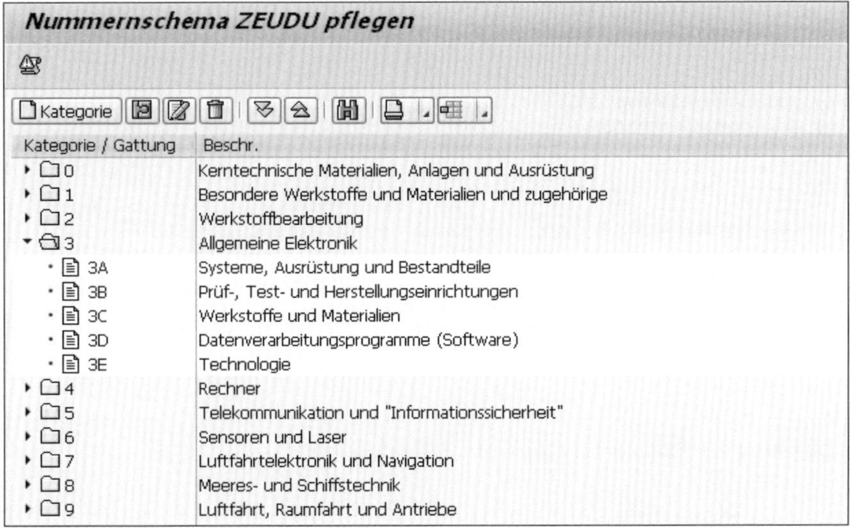

Abbildung 4.6 Kategorien und Gattungen im Nummernschema ZEUDU

In Abbildung 4.6 ist der Ordner für die Kategorie 3 (**Allgemeine Elektronik**) geöffnet. Sie sehen in diesem Ordner fünf mit zweistelligen, alphanumerischen Codes gekennzeichnete Gattungen. Der Gattungscode setzt sich stets aus der Nummer der Kategorie und einem Großbuchstaben zusammen. Die Gattungscodes der Kategorie 3 lauten also 3A bis 3E. Den Gattungen sind die einzelnen Güterlistennummern zugeordnet. Dabei ist nicht jede Gattung in jeder Kategorie mit einer Nummer belegt. Abbildung 4.7 zeigt ein Beispiel für eine Güterlistennummer der Gattung 3A im Nummernschema ZEUDU.

Technische Beschreibung

In Abbildung 4.7 sehen Sie die Nummer 3A225 der Liste der Güter mit doppeltem Verwendungszweck (Feld **Güterlistennummer**). Die technische Beschreibung zu diesem Code lesen Sie im Textfeld zur Textart **Offizielle Bezeichnung**. Sie sehen in Abbildung 4.7 auch, dass Sie Texte zu Güterlistennummern (wie zu Zolltarifnummern oder zu statistischen Warennummern) in verschiedenen Sprachen in SAP GTS ablegen können. Im Beispiel aus Abbildung 4.7 sind Beschreibungen auf Deutsch und Englisch vorhanden. Ordner für weitere Sprachen können Sie mit dem Symbol [icon] anlegen.

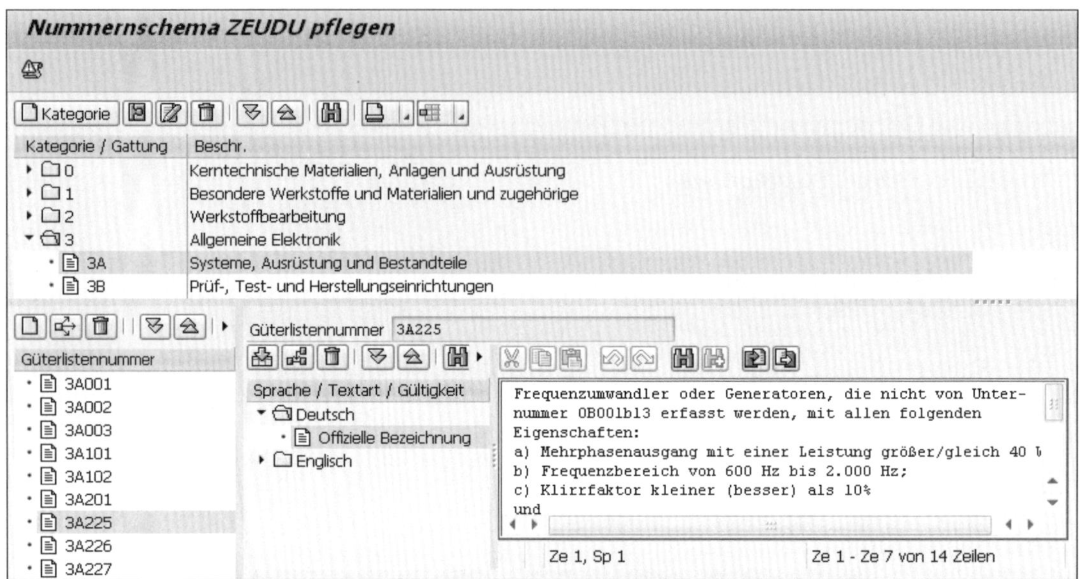

Abbildung 4.7 Beispiel für eine Güterlistennummer

Gesamtlänge der Codes

Viele der fünfstelligen Codes in der Liste der Güter mit doppeltem Verwendungszweck fassen verschiedene Güter unter einem Oberbegriff zusammen. So bezeichnet z. B. der Code 3A001 elektronische Bauelemente und Baugruppen. Im Text zu diesem Code findet sich eine lange, mit Kleinbuchstaben und Zahlen gegliederte Auflistung aller als Dual-Use-Güter geltenden elektronischen Bauelemente und Baugruppen mit ihrer jeweiligen technischen Spezifikation. In dieser Auflistung steht z. B. der Untercode 3A001.e.4. für weltraumgeeignete Solarzellen.

In SAP GTS entscheiden Sie bei der Definition des Nummernschemas, ob Sie – wie in Abbildung 4.7 – nur den Hauptcode der Güterliste als Stammsatz anlegen und die Detaillierung im Textfeld unterbringen oder ob Sie stattdessen die Untercodes erfassen. Wenn Sie für die Ebene der Gesamtlänge der Codes im Feld **BearbArt** das Kennzeichen **1 Bereich Von - Bis** auswählen und in das Feld **Länge** die maximale Zeichenanzahl eintragen, können Sie beim Anlegen einer Güterlistennummer bei Bedarf zwischen dem fünfstelligen Hauptcode und einem längeren Untercode wählen (siehe Abbildung 3.18).

Nummernschema und gesetzliche Grundlage

Bevor Sie Güterlistennummern den Produktstammsätzen Ihrer Dual-Use-Güter zuordnen können, müssen Sie das Nummernschema der Güterliste mit der gesetzlichen Grundlage für die gesetzliche Kontrolle verknüpfen. Wählen Sie dazu im Einführungsleitfaden Ihres SAP-GTS-Systems den Menüpfad **Global Trade Services • Allgemeine Einstellungen • Nummernschemata • Nummernschemata zu gesetzlichen Grundlagen der Anwen-**

dungsbereiche zuordnen. Öffnen Sie in der Dialogstruktur zunächst den Ordner **Schema für Ausfuhrlistennummer zuordnen**. Legen Sie in diesem Ordner einen neuen Eintrag für Ihre selbst definierte gesetzliche Grundlage an und ergänzen Sie in der Spalte **Schema für Export** das Nummernschema der zutreffenden Güterliste. Abbildung 4.8 zeigt die Zuordnung des Nummernschemas ZEUDU zur gesetzlichen Grundlage ZAWG.

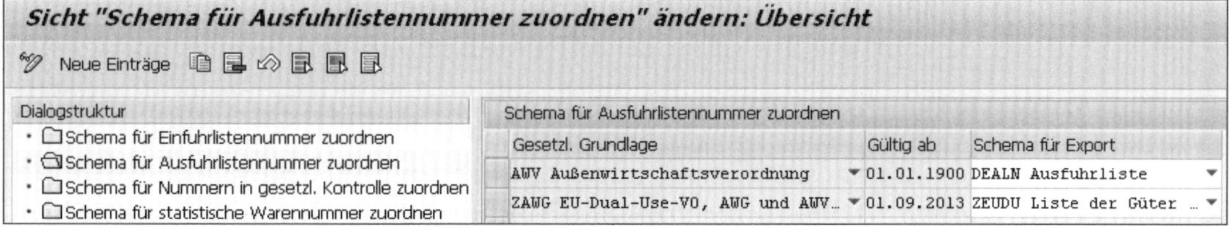

Abbildung 4.8 Zuordnung Nummernschema zu gesetzlicher Grundlage

Öffnen Sie anschließend in der Dialogstruktur den Ordner **Schema für Nummern in gesetzl. Kontrolle zuordnen** und legen Sie auch in diesem Ordner einen neuen Eintrag für Ihre gesetzliche Grundlage und das Nummernschema der Güterliste an. Ergänzen Sie jeweils in der Spalte **Gültig ab** ein Datum.

[!]

Zuordnung von Nummernschemata

Sie erkennen in Abbildung 4.8, dass Sie einer gesetzlichen Grundlage nur *ein* Nummernschema je Warenrichtung (**Schema für Import** bzw. **Schema für Export**) zuordnen können. Wenn Sie sowohl Dual-Use-Güter als auch Güter des Abschnitts A der AL ausführen und beide Nomenklaturen in separaten Nummernschemata abbilden, benötigen Sie folgerichtig für die EU-Dual-Use-Verordnung und das deutsche Außenwirtschaftsrecht jeweils eine eigene gesetzliche Grundlage, um beide Nummernschemata zuordnen zu können.

Klassifizierung

Güterlistennummern Produkten zuordnen

Anschließend können Sie Ihre Produkte *klassifizieren*, ihnen also Güterlistennummern zuweisen. Klicken Sie dazu im Bereichsmenü des Compliance Managements auf die Schaltfläche **Klassifikation/Stammdaten** und anschließend im Bereich **Zollprodukte Exportsicht** auf das Symbol . Wenn Sie mehreren Produkten dieselbe Güterlistennummer zuweisen möchten, können Sie auch die Transaktion **Produkte über Arbeitsvorrat klassifizieren** verwenden (Transaktionscode /SAPSLL/PR_CLWB_002). Ein Beispiel für die

Zuordnung einer Güterlistennummer zu einem Produkt haben Sie bereits in Abbildung 1.17 gesehen.

Produktstammpflege

Außer der Partnergruppenzuordnung sehen Sie in Abbildung 4.5 auch drei Kennzeichen zur Steuerung der Produktstammpflege (**Pflege Produktstamm**, **Kontrollgruppierung aktiv** und **Sonderheitencode Gut / Ware aktiv**). Ist im Feld **Pflege Produktstamm** das Kennzeichen **A Jedes Produkt ist prüfungsrelevant** gesetzt, hält SAP GTS den gesamten Produktstamm für kontrollrelevant. Güter, bei deren Ausfuhr oder Verbringung SAP GTS *nicht* nach einer Genehmigung suchen soll, müssen Sie daher in der Sicht **Gesetzliche Kontrolle** Ihrer Produktstammsätze im Bereich **Zusatzdaten** explizit als **Kontrollfrei** kennzeichnen. Allen anderen Produkten müssen Sie eine Güterlistennummer zuweisen. Belegpositionen mit unbearbeiteten Produkten sperrt SAP GTS vorbeugend. Abbildung 4.9 zeigt die Sicht **Gesetzliche Kontrolle** im Stammsatz eines Dual-Use-Guts.

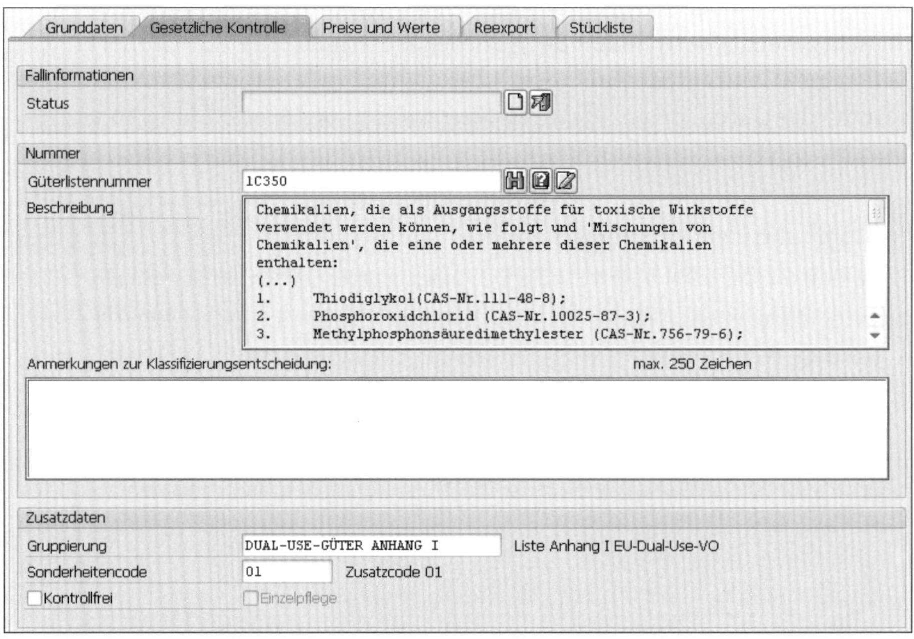

Abbildung 4.9 Sicht »Gesetzliche Kontrolle« eines Produkts

Zusatzdaten

Dem Produkt ist im Feld **Güterlistennummer** der Code 1C350 zugeordnet. Außerdem sind im Bereich **Zusatzdaten** eine *Gruppierung* und ein *Sonderheitencode* in die dafür vorgesehenen Felder eingetragen. Die Gruppierung klassifiziert das Produkt als Dual-Use-Gut gemäß Anhang I der EU-Dual-Use-Verordnung. Der Sonderheitencode 01 ergänzt den Code 1C350. In Kombination kennzeichnen die beiden Codes das Produkt als Thiodiglykol (Text zur laufenden Nummer 1 im Feld **Beschreibung**).

Gruppierungen und Sonderheitencodes

Die Verwendung von Gruppierungen und Sonderheitencodes zur Klassifizierung von Produkten für die gesetzliche Kontrolle ist optional. Schlüssel und Beschreibungen können Sie jeweils frei definieren. Gruppierungen dienen in erster Linie der Zusammenfassung von Produkten für die Zwecke der Genehmigungsfindung. Sonderheitencodes können Sie ebenfalls in der Genehmigungsfindung einsetzen. Die Codes können aber auch – wie im Beispiel in Abbildung 4.9 – für periodische Meldungen zur Inanspruchnahme bestimmter Arten von Ausfuhrgenehmigungen erforderlich sein (siehe Abschnitt 4.1.2, »Genehmigungsverwaltung in SAP GTS«). Wenn Sie Gruppierungen nutzen wollen, setzen Sie in den Einstellungen der gesetzlichen Grundlage das Kennzeichen **Kontrollgruppierung aktiv**. Alternativ oder zusätzlich setzen Sie bei Bedarf das Kennzeichen **Sonderheitencode Gut / Ware aktiv**. Gruppierungen und Sonderheitencodes definieren Sie im Bereichsmenü des Compliance Managements (Schaltfläche **Klassifizierung/Stammdaten**, Bereich **Definitionen Exportkontrolle**). In Abbildung 4.10 sehen Sie drei Beispiele für mögliche Gruppierungen der gesetzlichen Grundlage ZAWG.

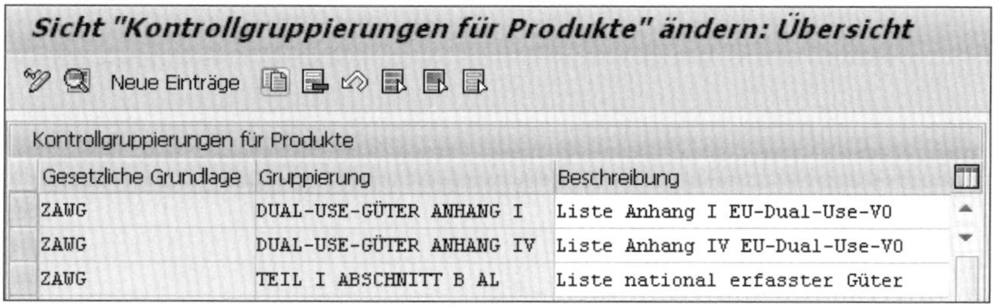

Sicht "Kontrollgruppierungen für Produkte" ändern: Übersicht

Neue Einträge

Kontrollgruppierungen für Produkte

Gesetzliche Grundlage	Gruppierung	Beschreibung
ZAWG	DUAL-USE-GÜTER ANHANG I	Liste Anhang I EU-Dual-Use-VO
ZAWG	DUAL-USE-GÜTER ANHANG IV	Liste Anhang IV EU-Dual-Use-VO
ZAWG	TEIL I ABSCHNITT B AL	Liste national erfasster Güter

Abbildung 4.10 Beispiele für Gruppierungen

Die drei Gruppierungen in Abbildung 4.10 klassifizieren Dual-Use-Güter. Je eine Gruppierung wurde für die in Anhang IV der EU-Dual-Use-Verordnung und die in Teil I Abschnitt B der AL aufgeführten Güter angelegt. Eine eigene Gruppierung gibt es für die Güter des Anhang I der EU-Dual-Use-Verordnung, die nicht zugleich in Anhang IV gelistet sind.

[«]

Untergliederung der Güterliste

Ob Sie wie im Beispiel in Abbildung 4.9 für die Untergliederung eines Codes in der Liste der Güter mit doppeltem Verwendungszweck Sonderheitencodes verwenden können, entnehmen Sie einer CSV-Datei mit dem Dateinamen »Gueterlistennummern«, die das BAFA auf seiner Website als Hilfsmittel für elektronische Meldungen zur Inanspruchnahme bestimmter Genehmigungsarten zur Verfügung stellt (Bereich **Informationen zum Thema**, Link **Ausfuhrmeldungen: Dokumentation der Meldeschnittstelle**, *www.bafa.de/DE/Aussenwirtschaft/Ausfuhrkontrolle/Antragsstellung/ELAN-K2/elan-k2_node.html*). Ist der Zusatz zur Güterlistennummer ein anderer Wert als 00, definieren Sie einen Sonderheitencode für diesen Zusatz.

Änderung der Prüflogik

Enthält das Produktportfolio Ihres Unternehmens nur wenige ausfuhrkontrollrelevante Güter, kann es sinnvoll sein, die Prüflogik der gesetzlichen Kontrolle zu verändern. Im Feld **Pflege Produktstamm** in den Einstellungen der gesetzlichen Grundlage setzen Sie dazu wie in Abbildung 4.11 das Kennzeichen **B Nur explizit markiertes Produkt ist prüfungsrelevant**.

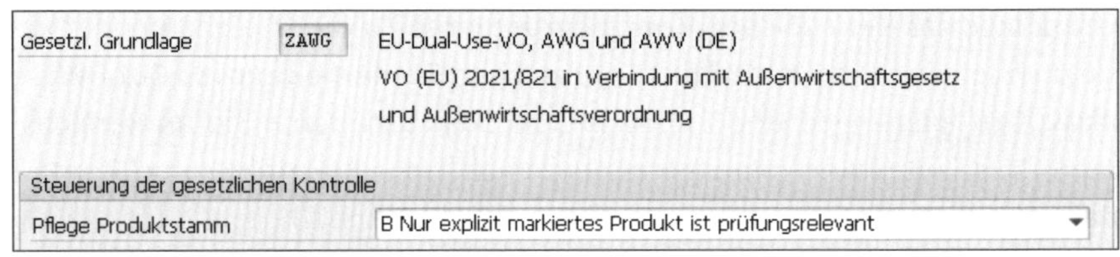

Abbildung 4.11 Änderung der Prüflogik der gesetzlichen Kontrolle

Explizite Kennzeichnung des Produkts

Produkten, deren Ausfuhr oder Verbringung genehmigungspflichtig ist, müssen Sie nach der in Abbildung 4.11 dargestellten Änderung eine Güterlistennummer zuordnen und sie *zusätzlich* explizit als kontrollrelevant kennzeichnen. Setzen Sie dazu in den Produktstammdaten das Kennzeichen **Einzelpflege**. Abbildung 4.12 zeigt den relevanten Ausschnitt aus einem Produktstammsatz.

Abbildung 4.12 Kennzeichen »Einzelpflege« im Produktstammsatz

Je nach Konfiguration der Prüflogik können Sie also entweder das Kennzeichen **Kontrollfrei** *oder* das Kennzeichen **Einzelpflege** setzen. Bedenken Sie bei der in Abbildung 4.11 vorgenommenen »Entschärfung« der gesetzlichen Kontrolle jedoch, dass sich das Risiko erhöht, kritische Güter zu übersehen. Sie können beide Kennzeichen für mehrere Produkte gleichzeitig setzen. Verwenden Sie für diese Massenpflege die Transaktion **Produkte über Arbeitsvorrat klassifizieren** (Transaktionscode /SAPSLL/PR_CLWB_002) im Bereichsmenü des Compliance Managements (Schaltfläche **Klassifizierung/Stammdaten**, Bereich **Zollprodukte Exportsicht**).

Genehmigungen

Genehmigungsformen

Für die Ausfuhr und die Verbringung von Dual-Use-Gütern gibt es verschiedene Formen von Genehmigungen. Welche Genehmigungsform jeweils infrage kommt, hängt in erster Linie von der Güterlistennummer und vom Bestimmungsland der zu liefernden Ware ab.

Allgemeine Ausfuhrgenehmigungen der Union

Die EU-Dual-Use-Verordnung sieht für die Ausfuhr von Dual-Use-Gütern acht *Allgemeine Ausfuhrgenehmigungen der Union* vor (Nr. EU001 bis EU008). Die Anwendungsbereiche dieser Ausfuhrgenehmigungen sind in Anhang II beschrieben. Sie unterscheiden sich in erster Linie durch die Zusammenstellung von auszuführenden Gütern und Bestimmungsländern. Die Genehmigung EU003 ist ausschließlich auf Ausfuhren »nach Instandsetzung oder Ersatz« anzuwenden. Für die »vorübergehende Ausfuhr für Ausstellungen oder Messen« ist die Genehmigung Nr. EU004 vorgesehen. Allgemeine Genehmigungen müssen nicht beantragt werden. Allerdings muss der Ausführer die erstmalige Verwendung einer Allgemeinen Genehmigung der zuständigen Behörde, in Deutschland also dem BAFA, mitteilen. Die Mitgliedstaaten legen darüber hinaus Meldeverfahren zur Überwachung der Inanspruchnahme von Allgemeinen Genehmigungen fest.

Nationale Genehmigungen

Genehmigungen für alle nicht durch die Allgemeinen Genehmigungen Nr. EU001 bis EU008 erfassten Ausfuhren von Dual-Use-Gütern erteilt die zuständige Behörde des Mitgliedstaats, in dem der Ausführer niedergelassen ist, in Deutschland also das BAFA. Mögliche Formen solcher Genehmigungen sind Einzelausfuhrgenehmigungen und Globalausfuhrgenehmigungen. Es sind jedoch auch nationale Allgemeine Genehmigungen vorgesehen (Art. 12 Abs. 1 EU-Dual-Use-Verordnung). Nur bei bestimmten, in Abschnitt I des Anhangs II der Verordnung gelisteten Gütern ist eine Anwendung Allgemeiner Ausfuhrgenehmigungen nicht möglich.

Allgemeine Genehmigungen des BAFA

In Deutschland stehen Ausführern von Dual-Use-Gütern als Ergänzung der Genehmigungen Nr. EU001 bis EU008 sechs nationale Allgemeine Genehmigungen zur Verfügung:

- Allgemeine Genehmigung Nr. 12 (Ausfuhr von Dual-Use-Gütern unterhalb einer bestimmten Wertgrenze)
- Allgemeine Genehmigung Nr. 13 (Ausfuhr von Dual-Use-Gütern in bestimmten Fallgruppen)
- Allgemeine Genehmigung Nr. 14 (Ventile und Pumpen)
- Allgemeine Genehmigung Nr. 15 (Ausfuhr bestimmter Güter mit doppeltem Verwendungszweck nach dem Austritt des Vereinigten Königreichs Großbritannien und Nordirland aus der Europäischen Union)

- Allgemeine Genehmigung Nr. 16 (Telekommunikation und Informationssicherheit)
- Allgemeine Genehmigung Nr. 17 (Frequenzumwandler)

Das BAFA veröffentlicht die jeweils aktuelle Fassung dieser Allgemeinen Genehmigungen als Bekanntmachung im Bundesanzeiger. Ihre Gültigkeit ist bis zum 31. März eines Jahres befristet. Besteht weiterhin Bedarf, werden die Genehmigungen in der Regel jährlich verlängert. Sie können nur von Ausführern, die in Deutschland niedergelassen sind, genutzt werden. Dabei spielt es keine Rolle, in welchem Mitgliedstaat sich die auszuführenden Güter befinden. Die Allgemeinen Genehmigungen der Union haben stets Vorrang vor den nationalen Genehmigungen.

Einzelausfuhrgenehmigung

Kommt keine der Allgemeinen Genehmigungen für die geplante Ausfuhr oder Verbringung eines Dual-Use-Guts in Betracht, muss eine Ausfuhr- oder Verbringungsgenehmigung beim BAFA beantragt werden. Die »einem bestimmten Ausführer erteilte Genehmigung für die Lieferung eines oder mehrerer Güter mit doppeltem Verwendungszweck an einen Endverwender oder Empfänger in einem Drittland« bezeichnet Art. 2 Nr. 12 EU-Dual-Use-Verordnung als *Einzelausfuhrgenehmigung*. Auf Antrag erteilt das BAFA jedoch auch eine Genehmigung für die wiederholte Belieferung desselben Empfängers auf der Grundlage eines Rahmenvertrags oder eines vergleichbaren Vertrags bis zu einer festgelegten Wertgrenze (*Höchstbetragsgenehmigung*).

Sammelgenehmigung

Unter der Bezeichnung *Sammelgenehmigung* erlaubt die AWV darüber hinaus die Erteilung einer Genehmigung »für eine unbestimmte Anzahl gleichartiger Rechtsgeschäfte oder Handlungen mit einem oder mehreren genau bestimmten Endverwendern oder Drittländern« (§ 4 AWV). Zielgruppe dieser Form der Genehmigung sind in erster Linie global agierende Unternehmen, die täglich eine große Anzahl von – oft zeitkritischen – Ausfuhren oder Verbringungen abwickeln.

[»]

Nullbescheid und Auskunft zur Güterliste

Nicht immer kann unternehmensintern geklärt werden, ob einer Ausfuhr außenwirtschaftsrechtliche Verbote oder Beschränkungen entgegenstehen. In solchen Zweifelsfällen können Sie beim BAFA einen *Nullbescheid* beantragen. In diesem Bescheid stellt das BAFA einzelfallbezogen rechtsverbindlich fest, dass die geplante Ausfuhr weder verboten noch genehmigungspflichtig ist.

Eine *Auskunft zur Güterliste* (AzG) können Sie beantragen, wenn Sie unsicher sind, ob ein Produkt ein Dual-Use-Gut ist oder gar unter eine der Güterkategorien des Teil I Abschnitt A der AL fällt. Die AzG des BAFA bestätigt Ihnen, dass Ihr Produkt nicht von diesen Listen erfasst ist.

Genehmigungsarten in SAP GTS

Ausfuhr- und Verbringungsgenehmigungen sind in SAP GTS Datensätze, die Sie im Bereichsmenü des Compliance Managements anlegen, ändern und sich anzeigen lassen können. Jeder Genehmigungsdatensatz ist einer gesetzlichen Grundlage und einer *Genehmigungsart* zugeordnet. Sie müssen daher bereits beim Anlegen eines Datensatzes festlegen, um welche der vom Gesetzgeber vorgesehenen Formen von Genehmigungen es sich handelt. Die Genehmigungsart steuert u. a., welche Angaben im Datensatz einer Genehmigung möglich sind und welche dieser Angaben die *Genehmigungsfindung* im Beleg beeinflussen. Genehmigungsarten definieren Sie im Customizing des Compliance Managements (Menüpfad: **Global Trade Services • Compliance Management • Gesetzliche Kontrolle • Arten von Genehmigungen definieren**).

Muster

Das Auslieferungs-Customizing enthält vier Mustergenehmigungsarten für die gesetzliche Grundlage AWV:

- Allgemeine Genehmigung (AG)
- Einzelausfuhrgenehmigung (EAG)
- Einzelausfuhrgenehmigung – Partnerrollenspezifisch (EAGP)
- Sammelausfuhrgenehmigung (SAG)

Wenn Sie von verschiedenen Allgemeinen Genehmigungen Gebrauch machen, benötigen Sie in SAP GTS aufgrund der unterschiedlichen Verwendungsmöglichkeiten und Nebenbestimmungen der einzelnen Genehmigungen in der Regel mehrere Genehmigungsarten. Sie können diese Genehmigungsarten als Kopien des Musters AG im Kundennamensraum anlegen und die erforderlichen Anpassungen in der Kopie vornehmen. Wenn Sie die Konfiguration der Muster für Einzel- und Sammelausfuhrgenehmigungen nicht unverändert übernehmen können oder wollen, sollten Sie bei Bedarf auch Kopien dieser Genehmigungsarten anlegen. In Abbildung 4.13 sehen Sie einen Ausschnitt aus den Einstellungen der Genehmigungsart ZAGEU, die als Kopie der Genehmigungsart AG zur Abbildung von Allgemeinen Genehmigungen der Union angelegt wurde.

Grundeinstellungen

In Abbildung 4.13 sehen Sie, dass die Genehmigungsart ZAGEU der gesetzlichen Grundlage ZAWG zugeordnet ist. Die Genehmigungsart kann nur in Warenausgangsprozessen verwendet werden (Kennzeichen **2 Export/Versendung** im Feld **Import/Export**).

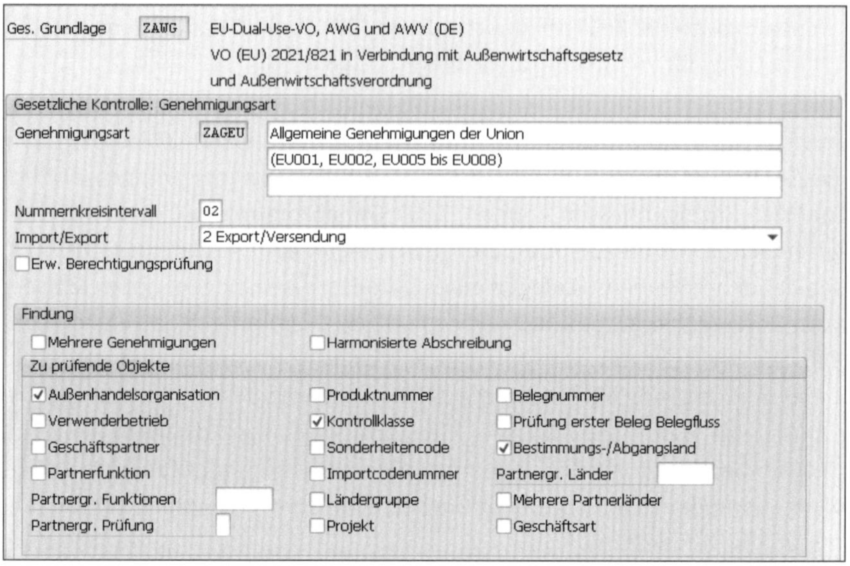

Abbildung 4.13 Genehmigungsart für Allgemeine Genehmigungen

Für die Nummerierung der Genehmigungsdatensätze auf Datenbankebene ist das Nummernkreisintervall 02 zugeordnet. Um Nummernkreisintervalle für Genehmigungen anzulegen, wählen Sie im Einführungsleitfaden den Menüpfad **Global Trade Services • Allgemeine Einstellungen • Nummernkreise • Nummernkreise für Kontrollstämme definieren**. Die Nummernkreispflege für SAP GTS ist in den Konfigurationsleitfäden ausführlich beschrieben.

Vorgaben für die Zuordnung von Genehmigungen

Im Bereich **Zu prüfende Objekte** legen Sie durch das Setzen von Kennzeichen fest, welche Angaben SAP GTS bei der Zuordnung einer Genehmigung zu einer Belegposition berücksichtigen soll. Eine Genehmigung der Genehmigungsart ZAGEU kann also nur mit einer Belegposition verknüpft werden, wenn die Außenhandelsorganisation, die Güterlistennummer (**Kontrollklasse**) und das Bestimmungsland übereinstimmen. Voraussetzung für diese Prüfung ist, dass die relevanten Angaben im Genehmigungsdatensatz enthalten sind. Sie müssen daher in der Genehmigungsart für jedes der zu prüfenden Objekte festlegen, ob bzw. in welchem Umfang Anwender in einer Genehmigung Daten erfassen können. Abbildung 4.14 zeigt eine zu den in Abbildung 4.13 dargestellten Prüfeinstellungen passende Konfiguration.

Steuerung der Datenpflege in Genehmigungen

Im Bereich **In der Genehmigung pflegbare Objekte** ordnen Sie jedem der aufgeführten Objekte eines der drei zur Auswahl stehenden Kennzeichen zu. Objekte, zu denen in einer Genehmigung überhaupt keine Angaben gemacht werden sollen, erhalten das Kennzeichen **keine Ausprägungen**.

In Genehmigungen der Genehmigungsart ZAGEU können Sie also z. B. keine Geschäftspartner- oder Produktnummern erfassen. Den drei zu prüfenden Objekten Außenhandelsorganisation, Bestimmungsland und Kontrollklasse ist jeweils das Kennzeichen **B beliebig viele Ausprägungen** zugewiesen. Sie können in eine Genehmigung der Genehmigungsart ZAGEU daher z. B. mehrere Güterlistennummern eintragen. Als dritte Alternative steht das Kennzeichen **A genau eine Ausprägung** zur Verfügung. Ist dieses Kennzeichen gesetzt, kann in der Genehmigung nur genau ein Wert zum Objekt erfasst werden. Diese Einstellung ist z. B. für das Objekt **Belegnummer** sinnvoll, wenn die Genehmigungsart für die Abbildung von Einzelausfuhrgenehmigungen verwendet werden soll.

In der Genehmigung pflegbare Objekte	
Außenhandelsorg.einheit	B beliebig viele Ausprägungen
Verwenderbetrieb	keine Ausprägungen
Geschäftspartner	keine Ausprägungen
Abgangs-/Bestimmungsland	B beliebig viele Ausprägungen
Belegnummer	keine Ausprägungen
Produktnummer	keine Ausprägungen
Kontrollklasse	B beliebig viele Ausprägungen
Importcodenummer	keine Ausprägungen
Sonderheitencode	keine Ausprägungen
Ländergruppe	keine Ausprägungen
Projekt	keine Ausprägungen
Geschäftsart	keine Ausprägungen

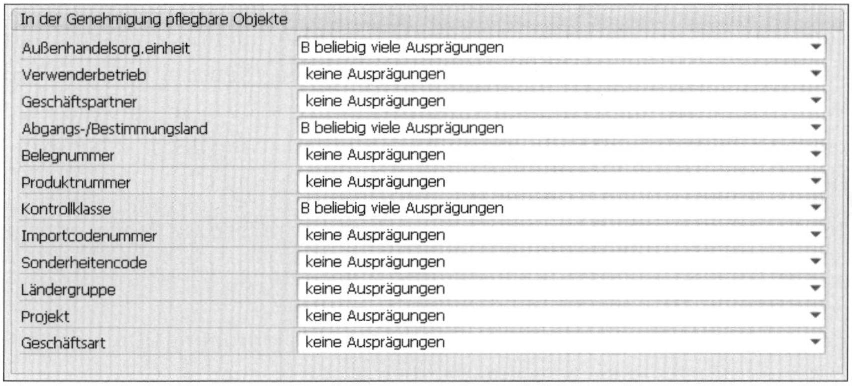

Abbildung 4.14 Steuerung der Genehmigungspflege

Verwendungszweck

Die Allgemeinen Genehmigungen der Union schließen ebenso wie die nationalen Allgemeinen Genehmigungen Nr. 12 bis 17 eine Nutzung für bestimmte Verwendungszwecke explizit aus. So kann z. B. keine der Allgemeinen Genehmigungen der Union in Anspruch genommen werden, wenn dem Ausführer bekannt ist, dass die Güter »im Zusammenhang mit der Entwicklung, Herstellung, Handhabung, dem Betrieb, der Wartung, der Lagerung, der Ortung, der Identifizierung oder der Verbreitung« von Massenvernichtungswaffen verwendet werden sollen (Nebenbestimmungen und Voraussetzungen für die Verwendung). Die Allgemeinen Genehmigungen Nr. 12, 13 und 16 schließen generell eine Verwendung der Güter »für nukleare oder militärische Zwecke oder für Zwecke der Trägertechnologie« aus. Wenn Sie in Anbetracht Ihres Kundenstamms mit einer nicht von den Allgemeinen Genehmigungen abgedeckten Verwendung der zu liefernden Güter rechnen müssen, können Sie in den Einstellungen der Genehmigungsarten zusätzliche Prüfungen aktivieren. Abbildung 4.15 zeigt den relevanten Ausschnitt aus einer Genehmigungsart für Allgemeine Genehmigungen.

Mitlitärische/zivile Nutzung und Einordnung		
Prüflevel Verwendung	1 Prüfung auf Ebene Genehmigungsart	
Partnergr. Verwendung Partner	PGLDT2	
Militärische/zivile Verwendung	1 Vorwiegend zivile Nutzung	
Prüflevel Einordnung	Keine Prüfung	
Partnergr. Einordnung Partner		
☐ Raketentechnologie	☐ Chem. & Biologische Waffen	☐ Drogenbekämpfung
☐ Nationale Sicherheit	☐ Nukleartechnologie	☐ Regionale Stabilität
☐ Feuerwaffenabkommen	☐ Verbrechensbekämpfung	☐ Terrorbekämpfung

Abbildung 4.15 Prüfung der Verwendung der zu liefernden Güter

Zusätzliche Prüfungen

Im Bereich **Militärische/zivile Nutzung und Einordnung** ist im Feld **Militärische/zivile Verwendung** das Kennzeichen **1 Vorwiegend zivile Nutzung** gesetzt. SAP GTS soll die Art der Nutzung auf der Ebene der Genehmigungsart (und nicht der einzelnen Genehmigung) prüfen (Kennzeichen im Feld **Prüflevel Verwendung**). Für die Ermittlung des prüfrelevanten Geschäftspartners im Beleg soll SAP GTS die Partnergruppierung PGLTD2 heranziehen (Feld **Partnergr. Verwendung Partner**).

In erster Linie für die Nutzung der gesetzlichen Kontrolle auf der Grundlage der US-amerikanischen Export Administration Regulations (EAR) steht zusätzlich eine Prüfung der *Einordnung* des Endverwenders im Hinblick auf den *Kontrollgrund* zur Verfügung (Feld **Prüflevel Einordnung**). Die Kennzeichen unterhalb des Felds **Partnergr. Einordnung Partner** repräsentieren einige der in § 738.2 EAR festgelegten Kontrollgründe (»reasons for control«), aus denen sich Genehmigungspflichten bei der Ausfuhr oder beim Reexport von Dual-Use-Gütern ergeben können.

Klassifizierung der Geschäftspartner

Wenn Sie die Prüfung der Verwendung und/oder der Einordnung der zu liefernden Güter in einer Genehmigungsart aktiviert haben, müssen Sie die Geschäftspartnerstammdaten Ihrer Kunden entsprechend klassifizieren. Sie müssen also im Geschäftspartnerstammsatz festhalten, ob ein Kunde Ihre Produkte zivil oder militärisch nutzt oder ob beide Verwendungsmöglichkeiten zutreffen. Kunden, von denen Sie wissen, dass sie Ihre Produkte bestimmten kritischen Endverwendungen zuführen, müssen Sie ggf. für die Reexportkontrolle entsprechend kennzeichnen. In Abbildung 4.16 sehen Sie ein Beispiel für einen Kunden mit vorwiegend militärischer Verwendung.

In der Sicht **SAP GTS** können Sie die Klassifizierung eines Geschäftspartners im Bereich **Verwendung und militärische/zivile Nutzung** vornehmen. In der Spalte **G. Grundl.** sehen Sie alle gesetzlichen Grundlagen, die für die gesetzliche Kontrolle aktiviert sind. In der Spalte **Militärische / zivile Verwendung** ist jeweils das Kennzeichen **2** für vorwiegend militärische Nutzung gesetzt.

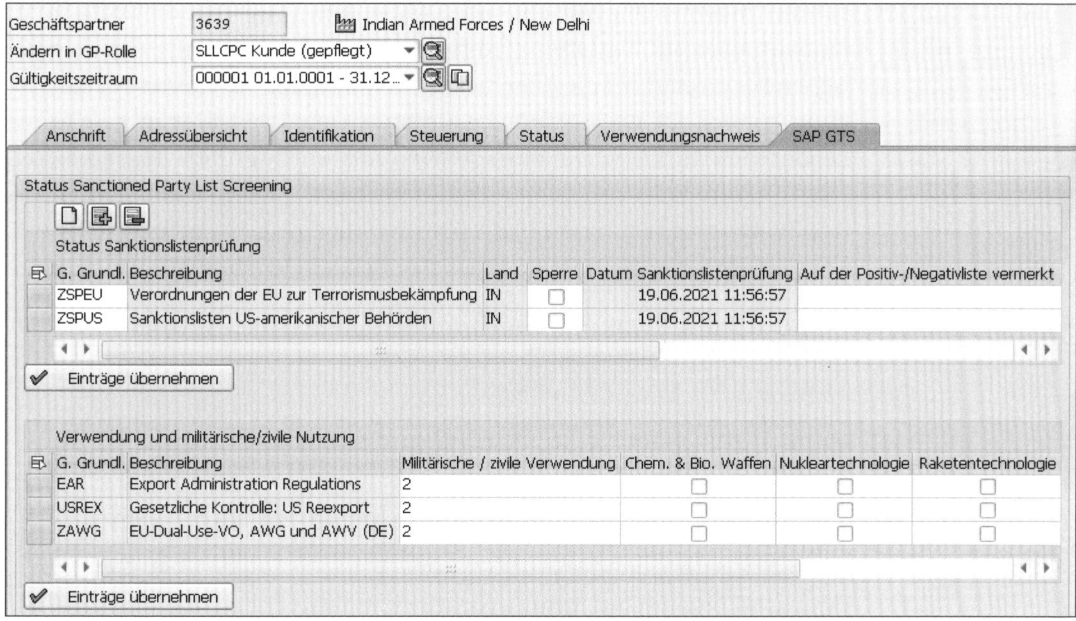

Abbildung 4.16 Klassifizierung eines Geschäftspartners

Allgemeine Genehmigungen der Genehmigungsart in Abbildung 4.15 kommen für Ausfuhren an diesen Kunden also grundsätzlich nicht in Betracht. Das Fehlen einer Angabe in der Spalte **Militärische / zivile Verwendung** hat den gleichen Effekt wie die Zuordnung eines Kennzeichens, das nicht mit dem Kennzeichen in der Genehmigungsart übereinstimmt: SAP GTS ordnet den Belegen des nicht klassifizierten Geschäftspartners keine Genehmigungen dieser Genehmigungsart zu.

Übernahme der Endverwendung aus SAP ERP

In Abhängigkeit von der Feldsteuerung der Kontengruppe bereitet SAP ERP in den allgemeinen Daten eines Debitorenstammsatzes die Sicht **Exportdaten** auf. In dieser Sicht finden Sie im Bereich **Verwendung** zwei Kennzeichen für die Art der Endverwendung von Dual-Use-Gütern. Vorschlagswert ist **Vorwiegend zivile Nutzung**. Bei der Replikation der Debitorenstammdaten in SAP GTS wird diese Kennzeichnung in die Geschäftspartnerstammdaten übernommen. Eine manuelle Klassifizierung erübrigt sich also.

Wertfortschreibung

Wenn Sie in SAP GTS die Allgemeine Genehmigung Nr. 12 oder eine Einzelgenehmigung als Höchstbetragsgenehmigung erfassen wollen, müssen Sie in der jeweiligen Genehmigungsart Einstellungen für die *Wertfortschreibung* ergänzen. Diese Einstellungen ermöglichen die Eingabe eines Höchstbetrags im Genehmigungsdatensatz. Außerdem steuern sie die Prüfung zur Einhaltung dieser Wertgrenze. Abbildung 4.17 zeigt die Konfiguration einer Genehmigungsart für die Allgemeine Genehmigung Nr. 12. Diese Genehmigung kommt für die Ausfuhr bestimmter Dual-Use-Güter in bestimmte Länder in Betracht, »wenn nach dem der Ausfuhr zugrunde liegenden Vertrag Güter im Wert von nicht mehr als 5.000,00 Euro geliefert werden sollen« (Bekanntmachung des BAFA über die Allgemeine Genehmigung Nr. 12 vom 15.03.2021, S. 4). SAP GTS muss also bei der Genehmigungsfindung sicherstellen, dass diese Wertgrenze im jeweiligen Beleg nicht überschritten wird.

Fortschreibung

☑ Wertfortschreibung	Basis Wertfortschr.	GDSVAL Warenwert	
Ebene Wertzuordnung	Produktübergreifende Angabe des Höchstwertes		
Wertänderung	Keine Höchstwertänderung möglich		
Proz. Überschreitung	keine prozentuale Überschreitung		
Proz. Unterschreitung	Keine prozentuale Unterschreitung		
☑ Niedrigwertprüfung	Aggregationsregel	A Aggregation auf Basis von Ausfuhrlistennummer	
Kurstyp	M Standardumrechnung zum Mittelkurs		
☐ Mengenfortschreibung	Basis Mengenfortschr.		
Ebene Mengenzuordnung	Produktübergreifende Angabe der Höchstmenge		
Mengenänderung	Keine Höchstmengenänderung möglich		
Proz. Überschreitung	keine prozentuale Überschreitung		
Proz. Unterschreitung	Keine prozentuale Unterschreitung		
☐ Niedrigmengenprüfung	Aggregationsregel		

Abbildung 4.17 Konfiguration der Wertfortschreibung

Im Bereich **Fortschreibung** ist das Kennzeichen **Wertfortschreibung** gesetzt. Die Basis der Wertfortschreibung ist der Warenwert. Im Feld **Ebene Wertzuordnung** ist das Kennzeichen **Produktübergreifende Angabe des Höchstwertes** gesetzt. Die Alternativen sind die Angabe eines Höchstwertes pro Produkt, pro Güterlistennummer (Kontrollklasse) oder pro Zolltarifnummer (Importcodenummer), die jedoch auf die Allgemeine Genehmigung Nr. 12 nicht zutreffen. Eine Änderung des Höchstwerts ist nach der Zuordnung der Genehmigung zu einem Beleg nicht mehr möglich (Feld **Wertänderung**). Eine prozentuale Überschreitung des Höchstwerts ist nicht zulässig (Feld **Proz. Überschreitung**). Eine Unterschreitung des Werts ist dagegen immer möglich. Eine Mengenfortschreibung auf Genehmigungsebene steht in SAP GTS ebenfalls zur Verfügung, wird für die Allgemeine Genehmigung Nr. 12 jedoch nicht benötigt.

Niedrigwertprüfung

Anders als eine Höchstbetragsgenehmigung kann die Allgemeine Genehmigung Nr. 12 für beliebig viele Ausfuhren genutzt werden. SAP GTS muss daher bei der Genehmigungsfindung prüfen, ob die Wertgrenze von 5.000,00 € im jeweiligen Beleg nicht überschritten wird. Die Wertgrenze einer Höchstbetragsgenehmigung gilt dagegen für die Summe der Werte *aller* zugeordneten Belege. Wenn SAP GTS bei der Genehmigungsfindung eine belegbezogene Wertprüfung durchführen soll, setzen Sie in den Steuerparametern der Genehmigungsart das Kennzeichen **Niedrigwertprüfung**. Zusätzlich müssen Sie eine **Aggregationsregel** für die Summenbildung in der Genehmigung auswählen. Im Beispiel in Abbildung 4.17 soll SAP GTS den Gesamtwert eines Belegs gemäß Regel **A Aggregation auf Basis von Ausfuhrlistennummer** darstellen. Die Alternative (**B Aggregation auf Basis von Ausfuhrlistennummer/Belegnummer**) spielt nur bei der Zusammenfassung mehrerer Kundenaufträge zu einer Auslieferung eine Rolle. Die Gesamtsumme ist bei beiden Regeln gleich.

Optimierte Abschreibung

Falls rechtlich zulässig, kann SAP GTS einer Belegposition auch mehr als eine Genehmigung derselben Genehmigungsart zuordnen, um ihren Wert und/oder ihre Menge abzudecken (Kennzeichen **Mehrere Genehmigungen**, siehe Abbildung 4.13). In Verbindung mit dieser Option kann es sinnvoll sein, das Kennzeichen **Harmonisierte Abschreibung** zu setzen. SAP-Hinweis 1898891 erläutert das Systemvorgehen bei dieser Form der Mengen- und Wertfortschreibung.

Status einer Genehmigung

Für die Genehmigungsfindung und -verwaltung müssen Sie außerdem die möglichen *Status* einer Genehmigung definieren. Die Bandbreite dieser Status ist im Programmcode festgelegt. Sie entscheiden bei der Konfiguration einer gesetzlichen Grundlage für die gesetzliche Kontrolle, welche der zur Auswahl stehenden Status tatsächlich verwendet werden. Wählen Sie dazu den Menüpfad **Global Trade Services • Compliance Management • Gesetzliche Kontrolle • Gesetzliche Kontrolle steuern**. Markieren Sie eine gesetzliche Grundlage und wählen Sie in der Dialogstruktur den Ordner **Zulässige Status**. Abbildung 4.18 zeigt die Statusdefinition der gesetzlichen Grundlage ZAWG.

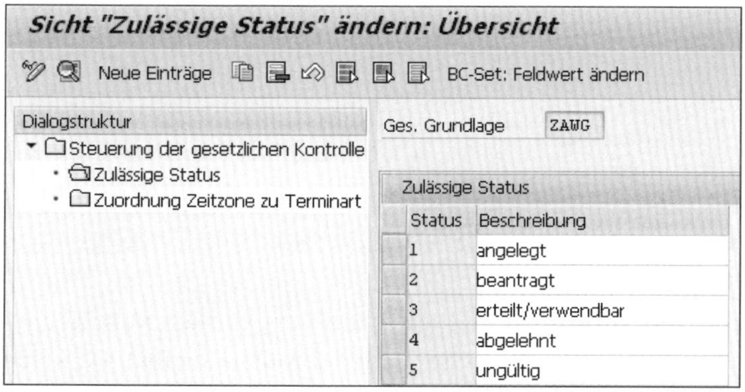

Sicht "Zulässige Status" ändern: Übersicht

Neue Einträge BC-Set: Feldwert ändern

Dialogstruktur
- Steuerung der gesetzlichen Kontrolle
  - Zulässige Status
  - Zuordnung Zeitzone zu Terminart

Ges. Grundlage ZAWG

Zulässige Status

Status	Beschreibung
1	angelegt
2	beantragt
3	erteilt/verwendbar
4	abgelehnt
5	ungültig

Abbildung 4.18 Genehmigungsstatus in der gesetzlichen Grundlage

In den Einstellungen eines Status legen Sie seine Funktion fest. In Abbildung 4.19 sehen Sie die Detaileinstellungen des Status 3 der gesetzlichen Grundlage ZAWG.

Gesetzl. Grundlage	ZAWG
Status	3
Zulässige Status	
Beschreibung	erteilt/verwendbar
Status	D Antrag angenommen, Kontrollstamm ist aktiv
Icon	ICON_ALLOW

Abbildung 4.19 Detaileinstellungen eines Status

Im Feld **Status** im Bereich **Zulässige Status** wählen Sie eines der sieben im Programmcode festgelegten Statuskennzeichen aus. Dem selbst definierten Status **3** ist z. B. der Status **D Antrag angenommen, Kontrollstamm ist aktiv** zugeordnet. Anhand dieser Klassifizierung erkennt SAP GTS, dass es die Genehmigung mit einer Belegposition verknüpfen kann. Die auf der Ebene der gesetzlichen Grundlage definierten Status ordnen Sie den Genehmigungsarten dieser gesetzlichen Grundlage zu (Menüpfad: **Global Trade Services • Compliance Management • Gesetzliche Kontrolle • Arten von Genehmigungen definieren**, Ordner **Zulässige Status**). In den Detaileinstellungen jedes Status bestimmen Sie, ob die Felder **Wert**, **Menge**, **Gültigkeit** und **Ext. Nummer** im Datensatz einer Genehmigung eingabebereit sind und ob die Eingabe eines Feldwerts erforderlich ist. Abbildung 4.20 zeigt die Feldsteuerung des Status 1 der Genehmigungsart für die Allgemeine Genehmigung Nr. 12.

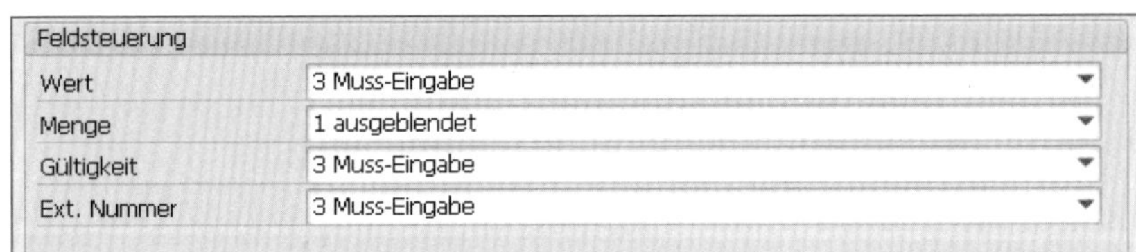

Abbildung 4.20 Feldsteuerung auf Statusebene

Die Eingabe des Höchstwerts, der Gültigkeit und der externen Nummer der Genehmigung ist obligatorisch (Kennzeichen **3 Muss-Eingabe**). Da keine Mengenfortschreibung vorgesehen ist, soll das Feld **Menge** ausgeblendet sein.

Genehmigungsfindung

Systemvorgehen

Enthält ein Beleg eine Position mit einem Produkt, das in seinen Stammdaten als Dual-Use-Gut gekennzeichnet ist, versucht SAP GTS, eine geeignete Ausfuhr- oder Verbringungsgenehmigung zu finden. Ist ein passender Genehmigungsdatensatz vorhanden, verknüpft SAP GTS die Belegposition mit diesem Datensatz. Scheitert die Findung, sperrt SAP GTS die Belegposition. Diese Sperre kann nur durch die Zuordnung einer Genehmigung wieder aufgehoben werden.

Die Genehmigungsfindung im Rahmen der gesetzlichen Kontrolle beruht auf einer SAP-GTS-spezifischen Konditionstechnik. Dabei ermittelt das System zunächst eine Genehmigungsart und anschließend eine Genehmigung dieser Genehmigungsart. Bei der Ausfuhr eines Dual-Use-Guts in die Schweiz findet SAP GTS also z. B. eine Genehmigungsart für Allgemeine Genehmigungen und anschließend einen Genehmigungsdatensatz für die Allgemeine Genehmigung der Union Nr. EU001.

Findungsschema

Die Grundlage der Genehmigungsfindung ist ein *Findungsschema*, das Sie aus dem Auslieferungs-Customizing übernehmen oder selbst definieren können (Menüpfad: **Global Trade Services • Compliance Management • Gesetzliche Kontrolle • Findungsschema zur automatischen Findung von Genehmigungsarten definieren**). Jedes Findungsschema enthält mindestens eine *Findungsstrategie*. Findungsstrategien bündeln Kriterien, die der Genehmigungsfindung zugrunde liegen. Die Findungsstrategien sind im Programmcode verankert. Wenn Sie ein eigenes Findungsschema definieren, stellen Sie also ausgelieferte Findungsstrategien individuell zusammen. In Abbildung 4.21 sehen Sie das im Auslieferungs-Customizing enthaltene Findungsschema CTRY1.

Sicht "Zuordnung Findungsstrategie" ändern: Übersicht

Neue Einträge BC-Set: Feldwert ändern

Dialogstruktur
- Findungsschema Kontrollstammarten
  - Zuordnung Findungsstrategie

Findungsschema CTRY1

Zuordnung Findungsstrategie

Laufende Nummer	Findungsstrategie
10	CD02 Ebene Land/Kontrollklasse
20	CD01 Ebene Land/Kontrollgruppierung
30	CD05 Ebene Land
40	CD09 Ebene Gesetzliche Grundlage

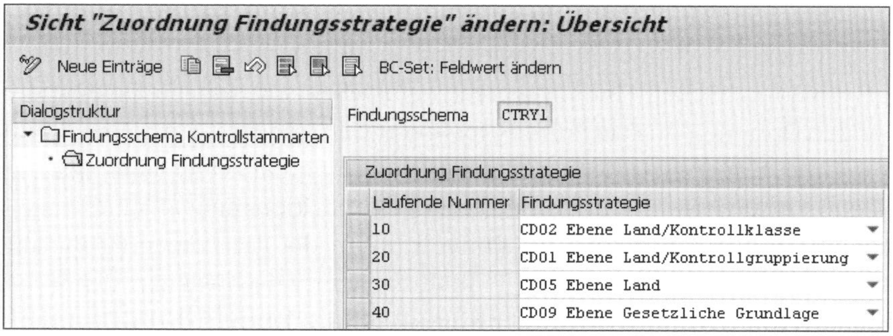

Abbildung 4.21 Findungsschema CTRY1 mit Findungsstrategien

Findungsstrategien

Das Findungsschema CTRY1 besteht aus vier Findungsstrategien, die durch laufende Nummern in eine Zugriffsfolge gebracht worden sind. SAP GTS soll die passende Genehmigungsart also zuerst auf der Grundlage des Bestimmungslands der Ausfuhr oder der Verbringung in Kombination mit der Güterlistennummer des Produkts ermitteln (Findungsstrategie **CD02 Ebene Land/Kontrollklasse**). Scheitert die Findung, soll SAP GTS einen zweiten Versuch auf der Grundlage des Bestimmungslands der Ausfuhr oder der Verbringung in Kombination mit der Kontrollgruppierung des Produkts unternehmen (Findungsstrategie **CD01 Ebene Land/Kontrollgruppierung**). SAP GTS führt also bis zu vier Findungsversuche mit unterschiedlichen Suchkriterien durch. Ist keiner der Versuche erfolgreich, sperrt das System die Belegposition.

Jeder gesetzlichen Grundlage für die gesetzliche Kontrolle ordnen Sie eines der aus dem Auslieferungs-Customizing übernommenen oder selbst definierten Findungsschemata zu. Abbildung 4.22 zeigt den relevanten Ausschnitt aus den Einstellungen der gesetzlichen Grundlage ZAWG.

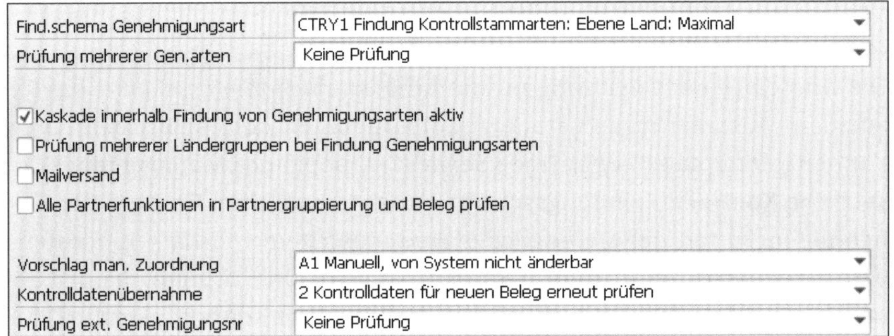

Abbildung 4.22 Steuerung der Genehmigungsartenfindung

Findung mehrerer Genehmigungen

Im Feld **Find.schema Genehmigungsart** ist das Findungsschema CTRY1 zugeordnet. In Abbildung 4.22 sehen Sie außerdem verschiedene Kennzeichen zur Steuerung der Genehmigungsartenfindung. Wenn SAP GTS die Suche nach einer zur Belegposition passenden Genehmigungsart nicht nach dem ersten erfolgreichen Findungsversuch einstellen soll, wählen Sie eine der beiden Optionen im Feld **Prüfung mehrerer Gen.arten** aus (entweder **A Prüfung aller Findungsstrategien** oder **X Prüfung innerhalb einer Findungsstrategie**). SAP GTS findet dann ggf. zu einer Belegposition mehr als eine Genehmigung. Diese Einstellung ist sinnvoll, wenn die gesetzliche Grundlage Rechtsnormen abbildet, deren Einhaltung von verschiedenen Behörden überwacht wird. Für die Ausfuhr eines Produkts können dann Genehmigungen unterschiedlicher Behörden erforderlich sein. Diese Behörden müssen im Customs Management in codierter Form abgebildet und dem Codelistenobjekt PAPOF (Ausstellende Behörde einer Unterlage) zugeordnet sein (siehe Abschnitt 3.1.3, »Stammdaten für die Ausfuhrabwicklung«). In den

Steuereinstellungen der jeweiligen Genehmigungsart können Sie dann den zutreffenden Behördencode im Feld **Bescheinig. Behörde** auswählen.

Prüfreihenfolge bei der Findung von Genehmigungsarten

Wenn Sie Dual-Use-Güter aus Deutschland ausführen oder verbringen, müssen Sie zunächst immer prüfen, ob eine der Allgemeinen Genehmigungen der Union angewandt werden kann. Kommt keine dieser Genehmigungen in Betracht, müssen Sie im nächsten Schritt die Anwendbarkeit der nationalen Allgemeinen Genehmigungen prüfen. Nur wenn die geplante Ausfuhr oder Verbringung nicht von einer Allgemeinen Genehmigung abgedeckt wird, können Sie eine Einzelausfuhrgenehmigung beantragen. Ermittelt SAP GTS zu einer Belegposition mehr als eine Genehmigungsart, verwendet es die in alphabetischer Reihenfolge erste Genehmigungsart für die Genehmigungsfindung. Um eine andere Prüfreihenfolge vorgeben zu können, ist in den Einstellungen der gesetzlichen Grundlage ZAWG in Abbildung 4.22 das Kennzeichen **Kaskade innerhalb Findung von Genehmigungsarten aktiv** gesetzt.

Ländergruppen

Wenn Sie in der gesetzlichen Kontrolle Ländergruppen verwenden und das Bestimmungsland der Ausfuhr oder Verbringung mehreren Ländergruppen zugeordnet ist, zieht SAP GTS die in alphabetischer Reihenfolge erste Ländergruppe für die Genehmigungsartenfindung heran. Soll SAP GTS alle der gesetzlichen Grundlage zugeordneten Ländergruppen nutzen, setzen Sie das Kennzeichen **Prüfung mehrerer Ländergruppen bei Findung Genehmigungsarten**. Die Funktion der übrigen Kennzeichen, die Sie in Abbildung 4.22 sehen, behandelt Abschnitt 4.1.2, »Genehmigungsverwaltung in SAP GTS«.

Findungsstrategien in der Anwendung

Das Findungsschema, das Sie einer gesetzlichen Grundlage zugeordnet haben, müssen Sie in der Anwendung Ihres SAP-GTS-Systems noch mit Inhalt füllen. Im Bereichsmenü des Compliance Managements müssen Sie dazu Findungsstrategien anlegen. Der Begriff *Findungsstrategie* hat in SAP GTS also zwei Bedeutungen: Zum einen bezeichnet er die Zusammenstellung von Suchkriterien für die Genehmigungsartenfindung im Customizing (siehe Abbildung 4.21). Zum anderen steht der Begriff für die konkreten Ausprägungen dieser Suchkriterien in Form von Stammdaten. Über die Schaltfläche **Gesetzliche Kontrolle – Export** im Bereichsmenü des Compliance Managements gelangen Sie zur Transaktion **Findungsstrategie pflegen** (Transaktionscode /SAPSLL/CD_MAINTAIN). Sie finden diese Transaktion im Bereich **Findungsstrategie Genehmigungsart**. In Abbildung 4.23 sehen Sie ein Beispiel für die Pflege von Findungsstrategien.

Findungsstrategie ändern

Auswahl übernehmen Auswahl löschen Einzeln übernehmen Einzeln löschen

Gültigkeit

von 01.01.2021 bis 30.12.9999 kontrollfrei ☐ Laufende Nummer 1

Kriterien

Gesetzliche Grundla...			Länder				Zolltarifnummer		Kontrollgruppierung...	Genehmigungsarten	
G.Gr.	Recht	I./E.	Land	Kfz	Länge	Prüfr	Nummer	Schema	Gruppierung	Art Kontr.	Id.-Code
ZAWG	00	2	CH	CH	4	4	1C354	ZEUDU	DUAL-USE-GÜTER ANH	ZAGEU	AG
							2A001	ZEUDU	DUAL-USE-GÜTER ANH	ZDA12	AG
									TEIL I ABSCHNITT B A	ZEAG	EAG

Abbildung 4.23 Findungsstrategien als Stammdaten

Findungsstrategien anlegen

Im Beispiel in Abbildung 4.23 soll die Findung der Genehmigungsart ZAGEU für die Ausfuhr von Dual-Use-Gütern in die Schweiz eingerichtet werden. In Abhängigkeit von den Findungsstrategien des Findungsschemas der gesetzlichen Grundlage ZAWG bereitet SAP GTS die Kriterien für die Genehmigungsartenfindung auf. Um eine Findungsstrategie anzulegen, wählen Sie die gesetzliche Grundlage, das Bestimmungsland, entweder eine Güterlistennummer (Spalte **Zolltarifnummer**) oder eine Kontrollgruppierung und eine passende Genehmigungsart aus. Die Auswahl in Abbildung 4.23 entspricht der Findungsstrategie CD01 des Findungsschemas in Abbildung 4.21. Soll SAP GTS nur zu dieser Kombination eine Findungsstrategie anlegen, klicken Sie auf die Schaltfläche **Einzeln übernehmen**. Wenn Sie zugleich Datensätze für die übrigen Findungsstrategien des Findungsschemas anlegen lassen möchten, klicken Sie stattdessen auf die Schaltfläche **Auswahl übernehmen**. Sollen die Findungsstrategien in eine bestimmte Reihenfolge gebracht werden, tragen Sie vor der Übernahme die gewünschte Zahl jeweils in das Feld **Laufende Nummer** ein.

Findungsstrategien anzeigen

Das Ergebnis können Sie in der Transaktion **Findungsstrategien anzeigen** kontrollieren (Transaktionscode /SAPSLL/CD_DISPLAY). Sie finden diese Transaktion ebenfalls im Bereichsmenü des Compliance Managements (Schaltfläche **Gesetzliche Kontrolle – Export**, Bereich **Findungsstrategie Genehmigungsart**). Abbildung 4.24 zeigt zwei Beispiele für die Darstellung von Findungsstrategien in dieser Transaktion.

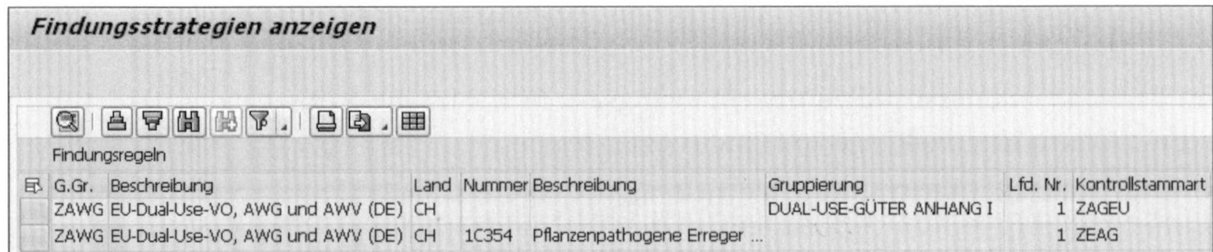

Findungsstrategien anzeigen

Findungsregeln

G.Gr.	Beschreibung	Land	Nummer	Beschreibung	Gruppierung	Lfd. Nr.	Kontrollstammart
ZAWG	EU-Dual-Use-VO, AWG und AWV (DE)	CH			DUAL-USE-GÜTER ANHANG I	1	ZAGEU
ZAWG	EU-Dual-Use-VO, AWG und AWV (DE)	CH	1C354	Pflanzenpathogene Erreger ...		1	ZEAG

Abbildung 4.24 Beispiele für Findungsstrategien

Für Dual-Use-Güter des Anhang I der EU-Dual-Use-Verordnung soll SAP GTS bei Ausfuhren in die Schweiz die Genehmigungsart ZAGEU für Allgemeine Genehmigungen der Union finden. Gelegentlich werden zu Forschungszwecken auch pflanzenpathogene Erreger der Güterlistennummer 1C354 in die Schweiz geliefert. Diese Güterlistennummer ist in Anhang II Abschnitt I der Verordnung aufgeführt. Für Güter dieses Anhangs gelten die Allgemeinen Genehmigungen der Union nicht. Auch die nationalen Allgemeinen Genehmigungen kommen nicht in Betracht. Es muss also jeweils eine Einzelausfuhrgenehmigung beantragt werden. In solchen Fällen soll SAP GTS die Genehmigungsart ZEAG ermitteln.

Kennzeichen »kontrollfrei«

In Abbildung 4.23 sehen Sie, dass Sie bei der Anlage von Findungsstrategien auch das Kennzeichen **kontrollfrei** setzen können. Dieses Kennzeichen bewirkt, dass SAP GTS zwar eine Genehmigungsart, aber keine Genehmigung für die Belegposition sucht. Ein Anwendungsfall für dieses Kennzeichen ist z. B. die Verbringung von Gütern des Anhang I der EU-Dual-Use-Verordnung, die nicht zugleich in Anhang IV gelistet sind. Diese Verbringung ist genehmigungsfrei. Abbildung 4.25 zeigt die passende Findungsstrategie.

G.Gr.	Beschreibung	Land	Gruppierung	Lfd. Nr.	Kontrollstammart	Kontrollfrei
ZAWG	EU-Dual-Use-VO, AWG und AWV (DE)	FR	DUAL-USE-GÜTER ANHANG I	1	ZAGEU	X
ZAWG	EU-Dual-Use-VO, AWG und AWV (DE)	FR	DUAL-USE-GÜTER ANHANG IV	1	ZEVG	

Abbildung 4.25 Findungsstrategien für Verbringungen

Die erste Findungsstrategie bezieht sich auf die Verbringung von Dual-Use-Gütern des Anhang I, die nicht zugleich in Anhang IV gelistet sind. Das Kennzeichen **Kontrollfrei** ist gesetzt. Für die Verbringung von Gütern des Anhangs IV muss dagegen eine Genehmigung beantragt werden. In das Feld **Kontrollstammart** ist daher Genehmigungsart ZEVG für Verbringungsgenehmigungen eingetragen.

Gelingt die Findung einer Genehmigungsart und ist die Findungsstrategie nicht als kontrollfrei gekennzeichnet, sucht SAP GTS nach einer zur Belegposition passenden Genehmigung dieser Genehmigungsart. Gibt es (noch) keine Genehmigung, sperrt SAP GTS die Position. Die Pflege von Genehmigungen und ihre Zuordnung zu Belegpositionen sind Gegenstand des nächsten Abschnitts.

4.1.2 Genehmigungsverwaltung in SAP GTS

Wenn Sie die gesetzliche Kontrolle nutzen, müssen Sie alle Genehmigungen, die Sie für die Ausfuhr oder die Verbringung Ihrer Produkte benötigen, im System erfassen. Genehmigungen haben in SAP GTS Stammdatencharakter.

Angaben in der Genehmigung

Allgemeine Genehmigungen legen Sie in der Regel einmalig an und verlängern ggf. die Gültigkeit. Wenn Sie für eine Ausfuhr oder eine Verbringung eine Einzelgenehmigung benötigen, dokumentiert der Stammsatz in SAP GTS den Vorgang von der Antragstellung bis zur Erteilung der Genehmigung oder der Ablehnung des Antrags. Sie verwalten Ihre Genehmigungen im Bereichsmenü des Compliance Managements (Schaltfläche **Gesetzliche Kontrolle – Export**, Bereich **Ausfuhrgenehmigungen**).

Datenvorschlag für Unterlagen

Bei der Neuanlage einer Genehmigung, aber auch bei einem späteren Zugriff auf ihren Stammsatz, müssen Sie immer eine gesetzliche Grundlage und eine Genehmigungsart angeben. Die Genehmigungsart steuert, welche Daten Sie im Genehmigungsstammsatz erfassen können (siehe Abbildung 4.14). Sie legt aber auch die möglichen Status einer Genehmigung fest. Unabhängig von der Genehmigungsart können Sie im Stammsatz einer Genehmigung zusätzlich zu den für die Genehmigungsfindung erforderlichen Daten auch einen Vorschlag für die Unterlagencodierung in Zollanmeldungen erfassen. Codes für Unterlagen (Codelistenobjekt PAPTY) haben Sie bereits in Abschnitt 3.1.3, »Stammdaten für die Ausfuhrabwicklung«, im Zusammenhang mit der Verwaltung von Codelisten in SAP GTS kennengelernt. Wenn Sie Dual-Use-Güter ausführen, müssen Sie die Nutzung einer Ausfuhrgenehmigung in der Zollanmeldungsposition mit dem Code X002 angeben. Diesen Code können Sie in Verbindung mit dem zutreffenden *Qualifikator* (Codelistenobjekt QUALD) als Vorschlagswert in den Stammsatz der Genehmigung eintragen. Voraussetzung für diese Option ist die Verknüpfung des Zollcodelistenschemas CUCDE (*Zollabwicklung Deutschland*) mit der gesetzlichen Grundlage für die gesetzliche Kontrolle und den Codelistenobjekten PAPTY und QUALD (Menüpfad: **Global Trade Services • Customs Management • Zollcodelisten • Schema für Zollcodelisten gesetzlichen Grundlagen zuordnen**). Abbildung 4.26 zeigt ein Beispiel für einen Datenvorschlag im Stammsatz der Allgemeinen Genehmigung der Union Nr. EU001.

Ein-/ Ausfuhrgenehmigung ändern

Allgemeine Daten		
Gesetzliche Grundlage	ZAWG	EU-Dual-Use-VO, AWG und AWV (DE)
Genehmigungsart	ZAGEU	Allgemeine Genehmigungen der Union
Ein-/ Ausfuhrgenehmigung	20000000000000082	
Externe Nummer	EU001	
Kategorie der Unterlage	PDOC Vorgelegte Unterlagen	
Art der Unterlage	X002 Ausfuhrgenehmigung für Güter mit doppeltem Verwendungszweck	
Bescheinigende Behörde		
Qualifikator	E01	Allgemeine Genehmigung Nr. EU 001
Gültig ab	28.09.2000	bis 30.12.9999

Abbildung 4.26 Allgemeine Genehmigung der Union EU001

In das Feld **Externe Nummer** tragen Sie die Nummer der Allgemeinen Genehmigung oder die vom BAFA mitgeteilte Nummer der Einzelgenehmigung ein. Die **Kategorie der Unterlage** für die Zollanmeldung ist immer PDOC. Im Feld **Art der Unterlage** wählen Sie den Code X002 aus. Dieser Code kennzeichnet in der Zollanmeldung Genehmigungen für die Ausfuhr von Dual-Use-Gütern. Der Code im Feld **Qualifikator** ergänzt den Code X002 um eine Bezeichnung der Genehmigungsart. So steht der Code E01 z. B. für die Allgemeine Genehmigung der Union Nr. EU001. Die möglichen Kombinationen von Unterlagencodes und Qualifikatoren sind in der Codeliste I0136 enthalten. Diese Codeliste (Codelistenobjekt _PAV2) ist Teil des Auslieferungs-Customizings Ihres SAP-GTS-Systems (Menüpfad: **Global Trade Services • Customs Management • Zollcodelisten • Zollcodelisten für eine gesetzliche Grundlage pflegen**). Die Datumsangaben in den Feldern **Gültig ab** und **bis** spielen insbesondere für Einzelgenehmigungen eine Rolle. In diese Felder tragen Sie das Ausstellungsdatum und das Gültigkeitsende einer Genehmigung ein. Bei der Genehmigungszuordnung verwendet SAP GTS das bestätigte Lieferdatum bzw. das Datum der ersten Einteilung als Vergleichszeitpunkt.

Weitere Angaben in der Genehmigung

Im Genehmigungsstammsatz ergänzen Sie die Güterlistennummern, für deren Ausfuhr oder Verbringung die Genehmigung gilt. Außerdem tragen Sie die zulässigen Bestimmungsländer oder Ländergruppen ein. Weitere Angaben machen Sie in Abhängigkeit von der Konfiguration der Genehmigungsart (siehe Abbildung 4.13). Abbildung 4.27 zeigt einen zweiten Ausschnitt aus dem Stammsatz der Allgemeinen Genehmigung der Union Nr. EU001.

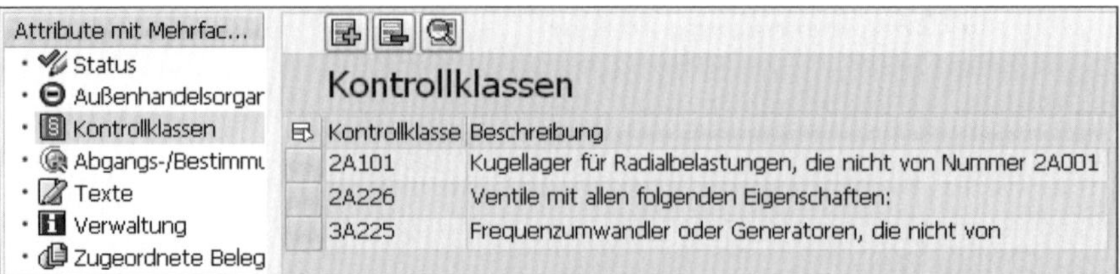

Abbildung 4.27 Güterlistennummern in einer Genehmigung

Im Bereich **Attribute mit Mehrfachangaben** stehen u. a. die Objekte **Außenhandelsorganisation**, **Kontrollklassen** und **Abgangs-/Bestimmungsland** zur Auswahl. Für diese Objekte erlauben die Einstellungen der Genehmigungsart ZAGEU beliebig viele Ausprägungen (siehe Abbildung 4.14). Dem Objekt **Verwaltung** entnehmen Sie, wer die Genehmigung angelegt bzw. zuletzt geändert hat (jeweils mit Zeitstempel). Mit der Genehmigung sind bereits Belegpositionen verknüpft. Die Belegnummern und weitere Angaben können Sie sich zum Attribut **Zugeordnete Belege** anzeigen lassen. Sie können außerdem Texte zur Genehmigung erfassen (Attribut **Texte**).

Texte in SAP GTS

SAP GTS nutzt die allgemeine Textsteuerung, die auch in SAP ERP bzw. SAP S/4HANA für die Verwaltung von Texten zu unterschiedlichen Anwendungsobjekten zum Einsatz kommt. Sie können in SAP GTS also beliebige Text-IDs definieren und diese IDs frei definierbaren Textschemata zuordnen (Menüpfad: **Global Trade Services • Allgemeine Einstellungen • Textsteuerung**). Die Textschemata verknüpfen Sie mit Anwendungsobjekten, z. B. mit Genehmigungen, Bewilligungen oder Belegarten. Wenn Sie Texte zu Ihren Genehmigungen erfassen wollen, ordnen Sie in den Steuereinstellungen der Genehmigungsarten das jeweils passende Textschema zu (Feld **Textschema**).

Statusverwaltung in der Genehmigung

Ebenfalls Bestandteil der **Attribute mit Mehrfachangaben** ist die Statusverwaltung der Genehmigung. In Abbildung 4.28 sehen Sie die Status der Allgemeinen Genehmigung Nr. EU001 in SAP GTS.

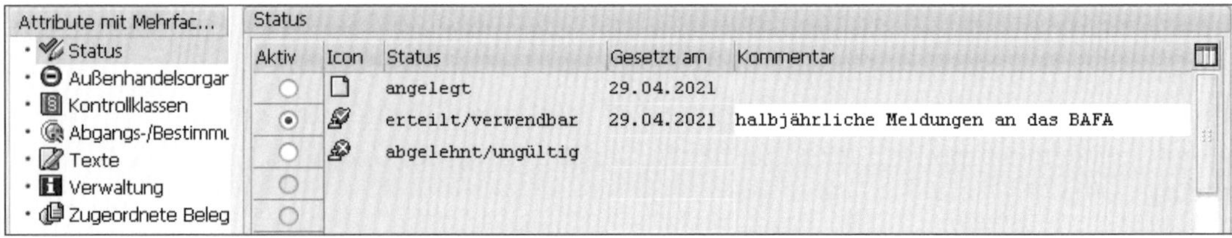

Abbildung 4.28 Status einer Genehmigung

Da Allgemeine Genehmigungen nicht beantragt werden, gibt es den Status **2 beantragt** der gesetzlichen Grundlage ZAWG in der Statusauswahl der Genehmigungsart ZAGEU nicht. Nach der Registrierung des Unternehmens beim BAFA wurde der Status **erteilt/verwendbar** gesetzt. SAP GTS kann also seit dem 29. April 2021 die Genehmigung beliebig vielen Belegpositionen zuordnen, wenn die Außenhandelsorganisation, das Bestimmungsland und die Güterlistennummern in Beleg und Genehmigung übereinstimmen. In der Spalte **Kommentar** wurde vermerkt, dass dem BAFA halbjährlich die Nutzung der Genehmigung gemeldet werden muss.

Antragstellung

Nicht immer kommt eine Allgemeine Genehmigung für die Ausfuhr oder die Verbringung von Dual-Use-Gütern infrage. Wenn Sie eine Einzelgenehmigung benötigen, stellen Sie den Antrag auf Erteilung einer Ausfuhr-/Verbringungsgenehmigung elektronisch über das *ELAN-K2-Ausfuhrsystem*, kurz *ELAN-K2* (*Elektronische Antragserfassung und Kommunikation*). ELAN-K2 ist ein Portal des BAFA, über das Sie nicht nur Anträge auf Erteilung von Genehmigungen, Nullbescheiden und Auskünften zur Güterliste, sondern auch Anfragen stellen oder Meldungen zur Nutzung von Allgemeinen Genehmigungen abgeben können. Die Genehmigung selbst (oder ggf. die Ablehnung des Antrags) erhalten Sie seit dem 1. März 2021 ebenfalls in elektronischer Form.

Webservice-Schnittstelle zu ELAN-K2

Mit SAP GTS können Sie Anträge auf Erteilung einer Ausfuhr- oder Verbringungsgenehmigung über die Webservice-Schnittstelle zu ELAN-K2 stellen. Diese Schnittstelle ermöglicht die direkte Übertragung der Antragsdaten aus verschiedenen IT-Systemen an das BAFA. SAP-Hinweis 2053508 beschreibt die Konfiguration der Schnittstelle auf der SAP-Seite; in KBA 2915825 finden Sie eine bebilderte Anleitung für die erforderlichen Customizing-Aktivitäten und Stammdatenergänzungen in SAP GTS. Das Auslieferungs-Customizing enthält das in KBA 2915825 erwähnte Aktionsprofil DE_001 für den Datenaustausch mit ELAN-K2. Aktionsprofile haben Sie bereits in Abschnitt 3.2.2, »Customizing und Stammdatenpflege für das Versandverfahren«, im Zusammenhang mit der Ausgabe von Zollanmeldungen kennengelernt. Das Aktionsprofil DE_001 finden Sie im Einführungsleitfaden über den Menüpfad **Global Trade Services • Allgemeine Einstellungen • Techn. Träger für Nachrichten (PPF-Aktionen) von Kontrollstämmen definieren**. Wenn Sie die Webservice-Schnittstelle zu ELAN-K2 für die Antragstellung nutzen wollen, tragen Sie das Aktionsprofil DE_001 in die Detaileinstellungen der relevanten Genehmigungsarten ein. Abbildung 4.29 zeigt diese Zuordnung.

Kommunikation	
Aktionsprofil	DE_001 Anmeldung ELANK2 an Bundesausfuhramt
Absender E-Mail	
Benutzergruppe	

Externe Identifikation	
Genehmigungsart	E
Kategorie	03 Einzelausfuhrgenehmigung

Abbildung 4.29 Zuordnung des Aktionsprofils DE_001

In ELAN-K2 kennzeichnet das BAFA Einzelgenehmigungen mit dem Schlüssel E (Feld **Genehmigungsart** im Bereich **Externe Identifikation** in Abbildung 4.29). Diesen Schlüssel übernimmt SAP GTS in den elektronischen Antrag.

Antragsverwaltung in der Genehmigung

Wenn Sie einer Genehmigungsart das Aktionsprofil DE_001 zugeordnet haben, bereitet SAP GTS in Genehmigungen dieser Genehmigungsart eine zusätzliche Schaltfläche **Antragsdaten ELANK2** und ein Attribut **Kommunikation** auf. Abbildung 4.30 zeigt dieses Attribut in einem Ausschnitt aus dem Stammsatz einer Einzelgenehmigung.

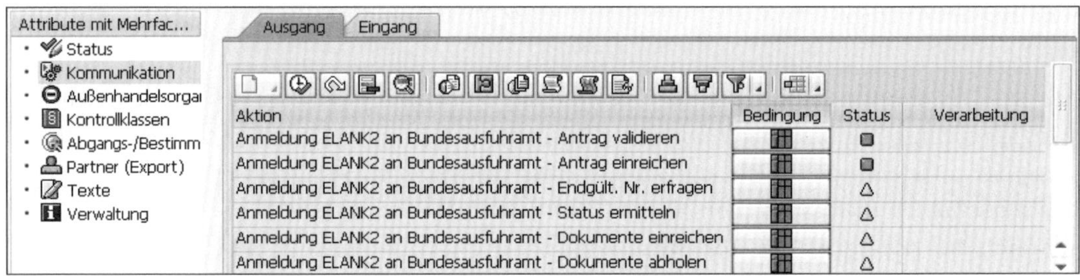

Abbildung 4.30 Kommunikation über ELAN-K2

Das Attribut **Kommunikation** besteht aus zwei Sichten (**Ausgang** und **Eingang**). In der Sicht **Ausgang** sind die dem Aktionsprofil DE_001 zugeordneten Aktionen aufgeführt. In der Sicht **Eingang** können Sie die vom BAFA empfangenen Nachrichten prüfen. Sie können im Genehmigungsstammsatz also die gesamte elektronische Kommunikation mit dem BAFA verwalten und überwachen.

Belegprüfung und Genehmigungszuordnung

Gesetzliche Kontrolle im Warenausgang

In Abschnitt 1.2.1, »Außenwirtschaftsrechtliche Prüfungen«, haben Sie bereits einen Überblick über das Zusammenwirken von Vorsystem und SAP GTS im Compliance Management erhalten. In Ihren Warenausgangsprozessen können Sie sowohl Verkaufsbelege als auch Auslieferungen an SAP GTS überleiten und dort im Hinblick auf außenwirtschaftsrechtliche Beschränkungen prüfen lassen. Ist die gesetzliche Kontrolle aktiv, prüft SAP GTS belegpositionsbezogen auf der Basis der Produktstammdaten, ob die Ausfuhr oder Verbringung genehmigungspflichtig ist, und sucht ggf. nach einer Genehmigung.

Prozessbeispiel 1: Ausfuhr eines Dual-Use-Guts in die Schweiz

Im ersten Prozessbeispiel bestellt ein in der Schweiz ansässiger Kunde Kugellager bei einem deutschen Unternehmen als Komponenten für seine Fertigung in der Schweiz. Kugellager dieser technischen Spezifikation sind in Anhang I der EU-Dual-Use-Verordnung unter dem Code 2A101 gelistet. Auf diese Ausfuhr ist die Allgemeine Genehmigung der Union EU001 anzuwenden. Das Vorsystem leitet den Auftrag des Schweizer Kunden an SAP GTS zur Prüfung im Compliance Management über. In Abbildung 4.31 sehen Sie einen Ausschnitt aus der Belegposition des Zollbelegs zum Kundenauftrag.

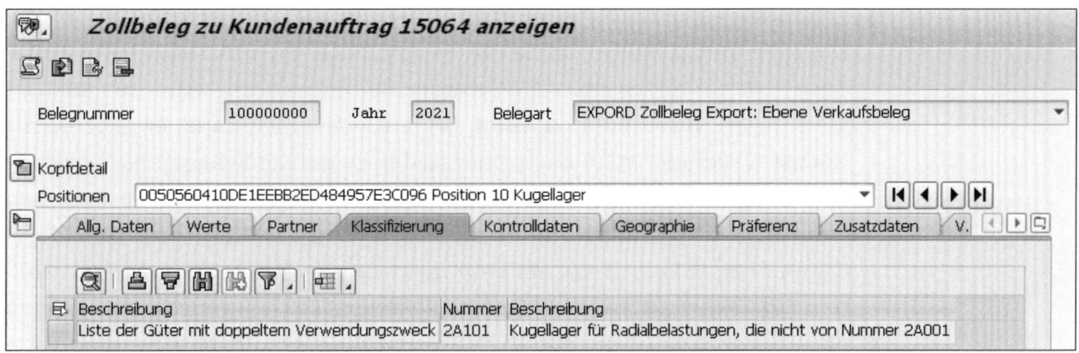

Abbildung 4.31 Belegposition eines Zollbelegs mit Güterlistennummer

In der Sicht **Klassifizierung** einer Belegposition können Sie erkennen, ob dem Produkt eine Güterlistennummer zugeordnet ist. Da es sich bei dem auszuführenden Produkt um ein Dual-Use-Gut handelt, sucht SAP GTS nach einer zum Vorgang passenden Genehmigung. Diese Suche beruht auf den Einstellungen, die wir in Abschnitt 4.1.1, »Konfiguration der produktbezogenen Ausfuhrkontrolle«, betrachtet haben. Sie können die Vorgehensweise des Systems für jede Belegposition in einem Protokoll nachvollziehen. Klicken Sie in der Anzeige des Zollbelegs auf das Symbol , um dieses Protokoll aufzurufen. In Abbildung 4.32 sehen Sie einen Ausschnitt aus dem Protokoll der Zollbelegposition in Abbildung 4.31.

Prüfprotokoll im Zollbeleg

Im ersten Schritt ermittelt SAP GTS immer die *gesetzliche Grundlage* der außenwirtschaftsrechtlichen Prüfungen. Im Beispiel in Abbildung 4.32 hat SAP GTS mithilfe des Länderkennzeichens in der Geschäftspartneradresse des liefernden Verwenderbetriebs die gesetzliche Grundlage ZAWG gefunden.

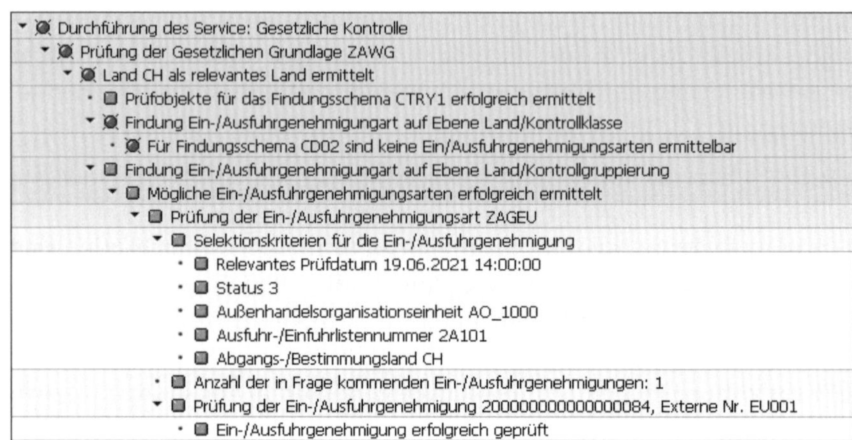

Abbildung 4.32 Ausschnitt aus dem Protokoll der Belegprüfung

Über die Partnergruppierung dieser gesetzlichen Grundlage (siehe Abbildung 4.4) hat das System die Schweiz als Bestimmungsland der Ausfuhr identifiziert (Protokolltext **Land CH als relevantes Land ermittelt**). Als Nächstes sucht SAP GTS nach einer zu den Daten der Belegposition passenden *Genehmigungsart*. Grundlage dieser Suche ist das der gesetzlichen Grundlage ZAWG zugeordnete Findungsschema CTRY1 (siehe Abbildung 4.21). Der erste Zugriff mit der Findungsstrategie CD02 scheitert (Protokolltext **Für Findungsschema CD02 sind keine Ein/Ausfuhrgenehmigungsarten ermittelbar**). Der zweite Zugriff ist jedoch erfolgreich: Zur Kombination von Bestimmungsland der Ausfuhr und Kontrollgruppierung des Produkts passt die Genehmigungsart ZAGEU für Allgemeine Genehmigungen der Union (siehe Abbildung 4.24). Der letzte Schritt ist die Findung einer *Genehmigung* der Genehmigungsart ZAGEU. Die Findungskriterien sind außer dem Genehmigungsstatus die in den Einstellungen der Genehmigungsart ZAGEU festgelegten Prüfobjekte (siehe Abbildung 4.13). Diese Kriterien sind im Protokoll aufgelistet (Protokolltext **Selektionskriterien für die Ein-/Ausfuhrgenehmigung**). SAP GTS findet schließlich den Genehmigungsstammsatz der Allgemeinen Genehmigung der Union Nr. EU001 und verknüpft ihn mit der Belegposition. Diese Zuordnung können Sie im Zollbeleg überprüfen. Abbildung 4.33 zeigt die Sicht **Kontrolldaten** der Belegposition mit einem Eintrag.

Prüfung der Auslieferung

Im Prozessbeispiel wurde auch die Auslieferung zum Auftrag des Schweizer Kunden an SAP GTS übergeleitet. In den Einstellungen der gesetzlichen Grundlage ZAWG ist festgelegt, dass die Daten des Zollbelegs zur Auslieferung unabhängig vom Ergebnis der Prüfung des Zollbelegs zum Kundenauftrag erneut geprüft werden sollen.

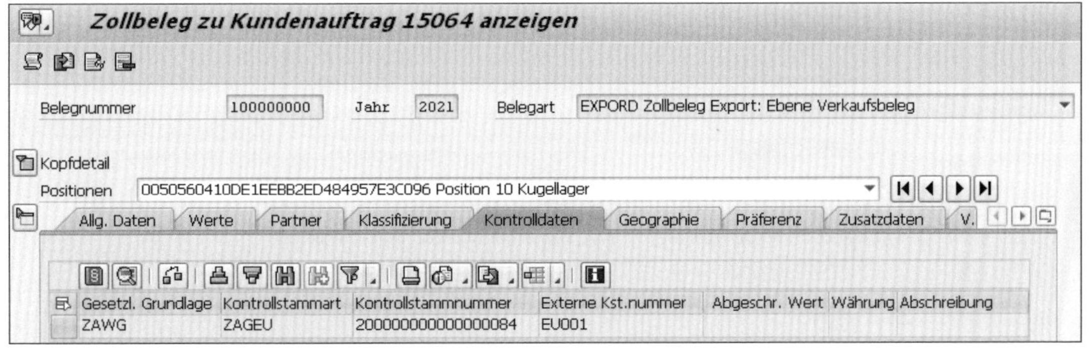

Abbildung 4.33 Zuordnung einer Genehmigung im Zollbeleg

Allerdings soll SAP GTS nach Möglichkeit die Genehmigungszuordnung aus dem Zollbeleg zum Kundenauftrag in den Zollbeleg zur Auslieferung übernehmen (Kennzeichen **2 Kontrolldaten für neuen Beleg erneut prüfen** im Feld **Kontrolldatenübernahme**, siehe Abbildung 4.22). Wenn Sie eine isolierte Prüfung des Auslieferungsreplikats wünschen, setzen Sie stattdessen das Kennzeichen **Kontrolldaten nicht übernehmen**. Die Zollbelege zu Auftrag und Auslieferung gelten dann für die gesetzliche Kontrolle als voneinander unabhängig, obwohl sie durch einen Belegfluss auch in SAP GTS miteinander verbunden sind. Setzen Sie dagegen das Kennzeichen **1 Kontrolldaten mit eingeschränkter Prüfung übernehmen**, prüft SAP GTS vor der Übernahme der Genehmigungszuordnung des Zollbelegs zum Kundenauftrag in den Zollbeleg zur Auslieferung nur noch einmal die Gültigkeit der Genehmigung und ihren Status. Falls die Genehmigungsart eine Wert- oder Mengenfortschreibung vorsieht, werden außerdem die Auswirkungen etwaiger Wert- oder Mengenänderungen geprüft. Da eine Änderung des Bestimmungslands oder des Produkts in der Auslieferung keine neue Genehmigungsfindung auslöst, ist diese Einstellung nicht ohne Risiko.

Einstellungen auf Positionstypebene

Soll SAP GTS die Zuordnung von Genehmigungen zu Vorgängerbelegen bei der Prüfung der Zollbelege zu Auslieferungen berücksichtigen, müssen Sie den Positionstyp dieser Zollbelege entsprechend kennzeichnen. Wählen Sie dazu im Einführungsleitfaden den Menüpfad **Global Trade Services • Allgemeine Einstellungen • Belegstruktur • Positionstypen für Anwendungsbereiche aktivieren**. Öffnen Sie in der Dialogstruktur den Ordner **Aktivierung für Gesetzliche Kontrolle**, markieren Sie den gewünschten Positionstyp und wählen Sie **Springen • Detail.** Abbildung 4.34 zeigt die Einstellungen des Positionstyps EXDLV1, der im Auslieferungs-Customizing für das Mapping von Lieferpositionstypen des Vorsystems vorgesehen ist.

Positionstyp EXDLV1 Zollbelegposition Export: Ebene Positionstyp Auslieferbeleg

Aktivierung für Gesetzliche Kontrolle

Abschreibung Werte - Abschreibung: Abbuchung von Genehmigung
Abschreibung Mengen - Abschreibung: Abbuchung von Genehmigung
Abschreibungsgruppe SDOB01 Ebene Verkauf: Auslieferungen

☑ Kontrolldaten von Vorgängerposition übernehmen
☐ Sperre Ges. Kontrolle

Abbildung 4.34 Abschreibungs- und Kontrolldaten-Übernahmesteuerung

Das Kennzeichen **Kontrolldaten von Vorgängerposition übernehmen** ist gesetzt. Außerdem sehen Sie in Abbildung 4.34 die Zuordnung der ebenfalls im Auslieferungs-Customizing enthaltenen Abschreibungsgruppe SDOB01. Diese Abschreibungsgruppe steuert die Wert- und Mengenfortschreibung in Genehmigungen mit Höchstwertangaben. Setzen Sie das Kennzeichen **Sperre Ges. Kontrolle**, ist die Zuordnung einer Genehmigung zu einer Zollbelegposition nur möglich, wenn diese Position weder wegen der Embargo- noch wegen der Sanktionslistenprüfung gesperrt ist.

Prozessbeispiel 2: Ausfuhr eines Dual-Use-Guts nach Indien

Im nächsten Prozessbeispiel bestellt ein Kunde in Indien das gleiche Kugellager wie der Schweizer Kunde. Für die Ausfuhr kommt keine der Allgemeinen Genehmigungen der Union in Betracht. Da der Auftragswert jedoch nur 238,50 € beträgt und keiner der verwendungsbezogenen Ausschlüsse zutrifft, kann die Allgemeine Genehmigung Nr. 12 verwendet werden. Bei Auftragswerten, die den in der Genehmigung festgelegten Höchstwert von 5.000,00 € überschreiten, muss eine Einzelausfuhrgenehmigung beim BAFA beantragt werden. In Abbildung 4.35 sehen Sie die passenden Findungsstrategien.

Findungsstrategien anzeigen

Findungsregeln

G.Gr.	Beschreibung	Land	Gruppierung	Lfd. Nr.	Kontrollstammart
ZAWG	EU-Dual-Use-VO, AWG und AWV (DE)	IN	DUAL-USE-GÜTER ANHANG I	1	ZDA12
ZAWG	EU-Dual-Use-VO, AWG und AWV (DE)	IN	DUAL-USE-GÜTER ANHANG I	2	ZEAG

Abbildung 4.35 Findungsstrategien für Ausfuhren nach Indien

In Belegpositionen mit Dual-Use-Gütern, die ausschließlich in Anhang I der EU-Dual-Use-Verordnung gelistet sind, soll SAP GTS zunächst die Verwendbarkeit einer Genehmigung der Genehmigungsart ZDA12 prüfen. Kommt die Allgemeine Genehmigung Nr. 12 nicht infrage, soll SAP GTS eine Einzelausfuhrgenehmigung der Genehmigungsart ZEAG suchen.

Allgemeine Genehmigung Nr. 12

Die Allgemeine Genehmigung Nr. 12 wurde in SAP GTS als Stammsatz mit Bezug zur gesetzlichen Grundlage ZAWG und zur Genehmigungsart ZDA12 angelegt. Abbildung 4.36 zeigt einen Ausschnitt aus diesem Stammsatz.

Ein-/ Ausfuhrgenehmigung ändern

Allgemeine Daten

Gesetzliche Grundlage	ZAWG	EU-Dual-Use-VO, AWG und AWV (DE)
Genehmigungsart	ZDA12	Allgemeine Genehmigung Nr. 12 (WGG)
Ein-/ Ausfuhrgenehmigung	20000000000000083	
Externe Nummer	AGG12	
Kategorie der Unterlage	PDOC Vorgelegte Unterlagen	
Art der Unterlage	X002 Ausfuhrgenehmigung für Güter mit doppeltem Verwendungszweck	
Bescheinigende Behörde		
Qualifikator	A12	Allgemeine Genehmigung Nr. 12
Gültig ab	12.12.2001	bis 31.03.2022

Attribute mit Mehrfac...
- Status
- Außenhandelsorgar
- Werte

Werte

Höchstwert 5.000,00 EUR

Abbildung 4.36 Allgemeine Genehmigung Nr. 12 in SAP GTS

In den Einstellungen der Genehmigungsart ZDA12 ist die Wertfortschreibung aktiviert (siehe Abbildung 4.17). Außerdem ist auf Statusebene das Feld **Wert** als Pflichtfeld gekennzeichnet (siehe Abbildung 4.20). Im Bereich der **Attribute mit Mehrfachangaben** erscheint daher auch ein Eintrag **Werte**. Die Wertgrenze der Allgemeinen Genehmigung Nr. 12 in Höhe von 5.000,00 € ist in das Feld **Höchstwert** eingetragen.

Abschreibung von Werten in der Genehmigung

Nach Replikation und Prüfung des Auftrags des indischen Kunden hat SAP GTS die einzige Belegposition mit dem Stammsatz der Allgemeinen Genehmigung Nr. 12 verknüpft. Sie sehen diese Verknüpfung in der Genehmigung in den Details des Attributs **Zugeordnete Belege**. Abbildung 4.37 zeigt den relevanten Ausschnitt aus dem Stammsatz der Genehmigung.

Referenznummer	Zollbelegnummer	Position	Produktnummer	Abgeschr. Wert	Währung	Abschreibung
15066	100000001	10	100-510	238,50	EUR	-
15067	100000002	10	100-510	4.929,00	EUR	-

Attribute mit Mehrfac...
- Status
- Außenhandelsorgar
- Werte
- Kontrollklassen
- Abgangs-/Bestimmu
- Texte
- Verwaltung
- Zugeordnete Beleg

Abbildung 4.37 Wertfortschreibung auf Genehmigungsebene

In Abbildung 4.37 sehen Sie auch, dass die Genehmigung einem zweiten Zollbeleg zugeordnet ist. Der Wert des Kundenauftrags beträgt 4.929,00 € (Spalte **Abgeschr. Wert**). Da in den Einstellungen der Genehmigungsart ZDA12 das Kennzeichen **Niedrigwertprüfung** gesetzt ist, hat SAP GTS jeden der beiden Auftragswerte getrennt vom Höchstwert der Genehmigung abgeschrieben (siehe Abbildung 4.17).

Prüfung des Höchstwerts

Wenig später bestellt ein anderer Kunde in Indien eine größere Anzahl Kugellager. Der Wert dieses Auftrags beträgt 5.565,00 €. SAP GTS stellt bei der Belegprüfung fest, dass die Allgemeine Genehmigung Nr. 12 für diese Ausfuhr nicht verwendet werden kann. In Abbildung 4.38 sehen Sie einen Auszug aus dem Prüfprotokoll.

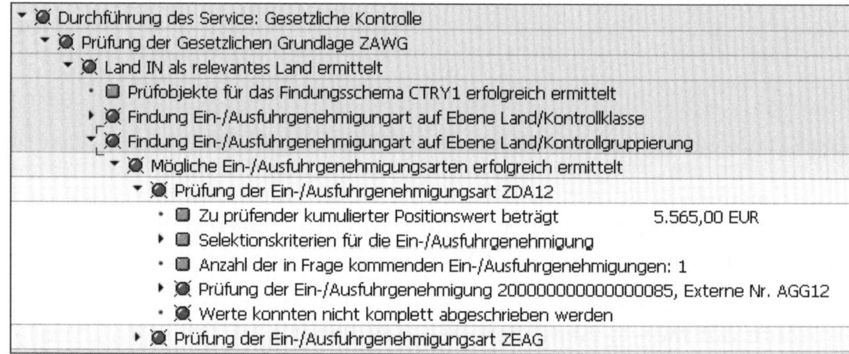

Abbildung 4.38 Ausschnitt aus dem Protokoll der Belegprüfung

SAP GTS hat zunächst die Genehmigungsart ZAG12 und anschließend den Stammsatz der Allgemeinen Genehmigung Nr. 12 ermittelt (Protokolltext **Externe Nr. AGG12**). Die Prüfung ergibt jedoch, dass der Höchstwert dieser Genehmigung durch den Auftragswert überschritten wird (Protokolltext **Offener Wert ist nicht ausreichend**). SAP GTS verwirft daher diese Genehmigung und ermittelt – wie in den Findungsstrategien vorgegeben – die Genehmigungsart ZEAG. Das rote Symbol links neben dem Text **Prüfung der Ein-/Ausfuhrgenehmigungsart ZEAG** lässt jedoch erkennen, dass auch die

Genehmigungsfindung zu dieser Genehmigungsart erfolglos war. Die erforderliche Einzelausfuhrgenehmigung wurde noch nicht beantragt oder noch nicht erteilt. SAP GTS sperrt daher die Belegposition.

Einzelgenehmigungen

Die Genehmigungsart ZEAG ist eine Kopie der Mustergenehmigungsart EAG. Die bei der Genehmigungszuordnung zu prüfenden Objekte wurden aus der Vorlage übernommen. In Abbildung 4.39 sehen Sie den relevanten Ausschnitt aus den Einstellungen der Genehmigungsart ZEAG.

Findung
[ ] Mehrere Genehmigungen [ ] Harmonisierte Abschreibung
Zu prüfende Objekte
[x] Außenhandelsorganisation [ ] Produktnummer [x] Belegnummer
[ ] Verwenderbetrieb [x] Kontrollklasse [x] Prüfung erster Beleg Belegfluss
[x] Geschäftspartner [ ] Sonderheitencode [x] Bestimmungs-/Abgangsland
[ ] Partnerfunktion [ ] Importcodenummer Partnergr. Länder
Partnergr. Funktionen [ ] Ländergruppe [ ] Mehrere Partnerländer
Partnergr. Prüfung [ ] Projekt [ ] Geschäftsart

Abbildung 4.39 Prüfobjekte der Genehmigungsart ZEAG

Vergleichen wir die Einstellungen der Genehmigungsart ZEAG mit den Einstellungen der Genehmigungsart ZAGEU aus Abbildung 4.13: Zusätzlich zur Außenhandelsorganisation, der Güterlistennummer und dem Bestimmungsland der Ausfuhr oder der Verbringung sollen der Geschäftspartner und die Belegnummer des Vorsystembelegs geprüft werden. Die Einstellungen der Kopiervorlage ergänzend, wurde außerdem das Kennzeichen **Prüfung erster Beleg Belegfluss** gesetzt.

Prüfung der Belegnummer

Die Prüfung der Belegnummer bei der Genehmigungszuordnung soll sicherstellen, dass SAP GTS eine Einzelgenehmigung nur für genau eine Ausfuhr oder Verbringung verwendet. Im Bereich **In der Genehmigung pflegbare Objekte** (siehe Abbildung 4.14) ist dem Feld **Belegnummer** daher das Kennzeichen **A genau eine Ausprägung** zugeordnet. Sie können in einem Genehmigungsstammsatz also nur eine Belegnummer erfassen. Abbildung 4.40 zeigt die in der Genehmigung zu füllenden Felder.

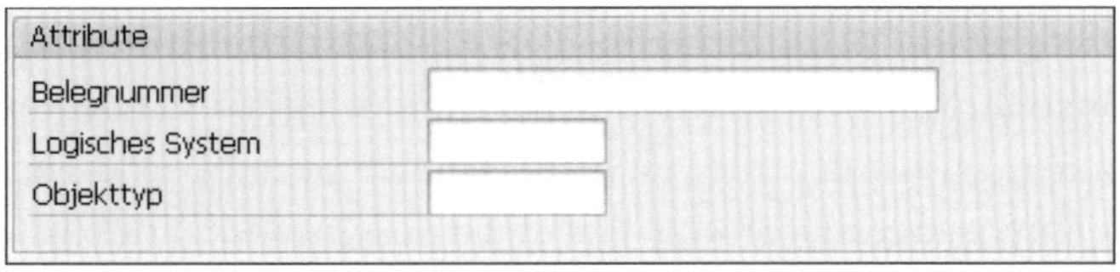

Attribute
Belegnummer
Logisches System
Objekttyp

Abbildung 4.40 Eingabe der Belegnummer in der Genehmigung

Belegnummern in der Genehmigung

Der Bereich **Attribute**, den Sie in Abbildung 4.40 sehen, wird unterhalb der **Attribute mit Mehrfachangaben** aufbereitet. Außer der Nummer des Vorsystembelegs müssen Sie auch den logischen Systemnamen des Vorsystems und den Business-Objekttyp der Belegkategorie eingeben (Felder **Logisches System** und **Objekttyp**). Der Objekttyp für Kundenaufträge ist BUS2032. Wenn Sie die Belegnummer einer Auslieferung eingeben, ergänzen Sie den Objekttyp LIKP.

[»]

Logische Systemnamen und Business-Objekttypen

Der *logische Systemname* dient der eindeutigen Identifizierung der einzelnen Mandanten eines SAP-Systems innerhalb des Unternehmensnetzwerks. Für den Datenaustausch mit SAP-Systemen erhalten jedoch auch Nicht-SAP-Systeme, z. B. EDI-Konverter, einen eindeutigen logischen Systemnamen. In der Genehmigung müssen Sie den logischen Systemnamen des Vorsystems angeben, weil es mehr als ein Vorsystem geben kann und bei mehreren Vorsystemen nur mit dieser Angabe eine eindeutige Identifikation des Belegs möglich ist.

Business-Objekttypen fassen technische Strukturen und Programmcode in SAP-Systemen unter betriebswirtschaftlichen Gesichtspunkten zusammen. Belegkategorien wie Kundenauftrag und Auslieferung sind typische Beispiele für Business-Objekttypen. Auch die technischen Bestandteile von Organisationseinheiten und Stammdaten sind jedoch in Form von Business-Objekttypen gekapselt.

Nutzung des Belegflusses

Hat SAP GTS bei der Prüfung des Auftragsreplikats festgestellt, dass für die Abwicklung der Ausfuhr oder der Verbringung eine Einzelgenehmigung erforderlich ist, sucht es auch bei der Prüfung des Auslieferungsreplikats wieder nach einer Einzelgenehmigung – es sei denn, Produkt oder Bestimmungsland hätten sich geändert. Da in der Genehmigungsart die Belegnummernprüfung aktiviert ist, ordnet SAP GTS eine Genehmigung nur zu, wenn die Belegnummer des Vorsystembelegs und die in der Genehmigung eingetragene Belegnummer übereinstimmen. Die dem Kundenauftrag zugeordnete Genehmigung kann SAP GTS jedoch auch für das Auslieferungsreplikat verwenden, wenn in den Einstellungen der Genehmigungsart das Kennzeichen **Prüfung erster Beleg Belegfluss** gesetzt ist (siehe Abbildung 4.39). Bei dieser Einstellung ermittelt SAP GTS aus dem Belegfluss die Nummer des Kundenauftrags, auf den die Auslieferung sich bezieht, und vergleicht bei der Genehmigungszuordnung wieder die Belegnummer des Auftrags mit der Belegnummer der Genehmigung.

Manuelle Zuordnung einer Genehmigung

Nicht in jedem Fall kann oder soll SAP GTS selbstständig einer Belegposition eine Genehmigung zuordnen. Möglicherweise soll auch eine vom System vorgenommene Zuordnung rückgängig gemacht werden. Eine manuelle

Verknüpfung von Belegpositionen und Genehmigungen oder ihre Trennung ist daher im Einzelfall unvermeidbar. Dieser manuelle Eingriff in die Genehmigungsfindung kann aus der Liste der gesperrten Belege heraus erfolgen. Diese Liste können Sie sich mit der Transaktion **Gesperrte Exportbelege anzeigen** (Transaktionscode /SAPSLL/BL_DOCS_EXP) aufbereiten lassen. Sie finden diese Transaktion im Bereichsmenü des Compliance Managements (Schaltfläche **Gesetzliche Kontrolle – Export**, Bereich **Monitoring**). Markieren Sie die zu bearbeitende Belegposition in der Liste und klicken Sie auf das Symbol . Stattdessen können Sie auch im selben Untermenü die Transaktion **Kontrolldaten ändern** (Transaktionscode /SAPSLL/LCD_CHANGE) verwenden.

In dieser Transaktion greifen Sie immer auf genau einen Beleg zu. Wählen Sie in der Positionsübersicht die zutreffende gesetzliche Grundlage, um sich die insgesamt verfügbaren Genehmigungen nach Genehmigungsarten sortiert anzeigen zu lassen. Wollen Sie eine dieser Genehmigungen mit einer Belegposition verknüpfen, klicken Sie auf das Symbol . Im anschließend erscheinenden Fenster können Sie noch einmal den abzuschreibenden Wert, die Güterlistennummer und ggf. die Kontrollgruppierung des Produkts prüfen. Abbildung 4.41 zeigt einen Ausschnitt aus dem Fenster.

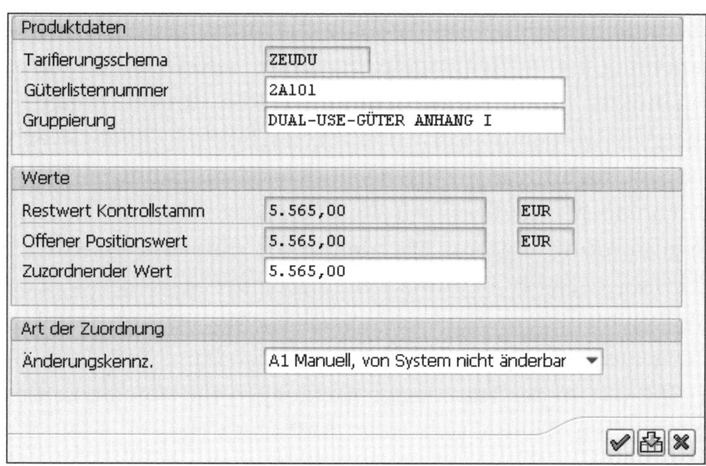

Abbildung 4.41 Manuelle Zuordnung einer Genehmigung

Sie sehen in Abbildung 4.41, dass Sie den abzuschreibenden Wert, die Güterlistennummer und/oder die Gruppierung des Produkts bei der manuellen Genehmigungszuordnung ändern können. SAP GTS übernimmt eine manuell geänderte Klassifizierung direkt in den Zollbeleg (Sicht **Klassifizierung**). Im Bereich **Art der Zuordnung** können Sie ein Änderungskennzeichen setzen. SAP GTS schlägt im Feld **Änderungskennz.** das Kennzeichen aus den

Einstellungen der gesetzlichen Grundlage vor (Feld **Vorschlag man. Zuordnung**, siehe Abbildung 4.22). Setzen Sie das Kennzeichen **A1 Manuell, von System nicht änderbar**, wenn Sie sicherstellen wollen, dass SAP GTS die manuelle Zuordnung bei einer Neuprüfung des Belegs nicht wieder rückgängig macht.

Manuelles Lösen der Zuordnung

In der Transaktion **Kontrolldaten ändern** können Sie die automatisch oder manuell hergestellte Verknüpfung zwischen Belegposition und Genehmigung auch wieder lösen. Markieren Sie dazu die Genehmigung in der Positionsübersicht und klicken Sie auf das Symbol 🗑. Falls Sie nach vorheriger Lösung einer systemseitigen Genehmigungszuordnung eine neue Zuordnung vornehmen, setzen Sie vor der Datenübernahme im Feld **Änderungskennz.** das Kennzeichen B1, um Ihre Neuzuordnung zu schützen.

Manuelle Eingriffe in die Genehmigungsfindung hält SAP GTS im Protokoll der Belegprüfung fest (Protokolltext **Manuelle Kontrolldatenpflege durch Benutzer X**). Bedenken Sie bei der Vergabe von Berechtigungen für die Transaktion **Kontrolldaten ändern**, dass wesentliche Einstellungen für die automatische Genehmigungsfindung übersteuert und daher auch sachlich falsche Zuordnungen vorgenommen werden können.

Meldungen zur Nutzung Allgemeiner Genehmigungen

Wenn Ihr Unternehmen beim BAFA als Nutzer einer Allgemeinen Genehmigung registriert ist, müssen Sie dieser Behörde regelmäßig die Inanspruchnahme der Genehmigung melden. Meldezeitraum ist jeweils ein Halbjahr. Die Meldungen müssen immer bis zum Ende des ersten Monats des neuen Halbjahrs eingereicht werden, also bis Ende Juli bzw. bis Ende Januar. Wenn Sie die Allgemeine Genehmigung während eines Meldezeitraums nicht genutzt oder nur von der Meldepflicht befreite Güter ausgeführt haben, müssen Sie eine Nullmeldung abgeben. Die Meldungen müssen elektronisch über ELAN-K2 erfolgen. Neben der direkten Eingabe der Meldedaten in einem elektronischen Meldeformular besteht auch die Möglichkeit, XML-Dateien mit den Meldedaten in ELAN-K2 hochzuladen. Diese XML-Dateien können Sie in SAP GTS in der Transaktion **Meldungen für allgemeine Genehmigungen** erzeugen (Transaktionscode /SAPSLL/CONLCLIC_GEN). Sie finden diese Transaktion im Bereichsmenü des Compliance Managements (Schaltfläche **Gesetzliche Kontrolle – Export**, Bereich **Meldewesen**). In Abbildung 4.42 sehen Sie das Ergebnis der Datenselektion für eine Meldung zur Allgemeinen Genehmigung der Union Nr. EU001.

Das Programm `/SAPSLL/CONLCLIC_GEN_EXP` selektiert alle Zollbelege zu Kundenaufträgen, die im Meldezeitraum beliefert wurden. Sie können mit diesem Programm jedoch auch Ausfuhren auf der Basis von Auslieferungen zu Umlagerungsbestellungen oder ohne Belegbezug melden. Setzen Sie dazu im Bereich **Selektionsumfang** das Kennzeichen **Auslieferungen**.

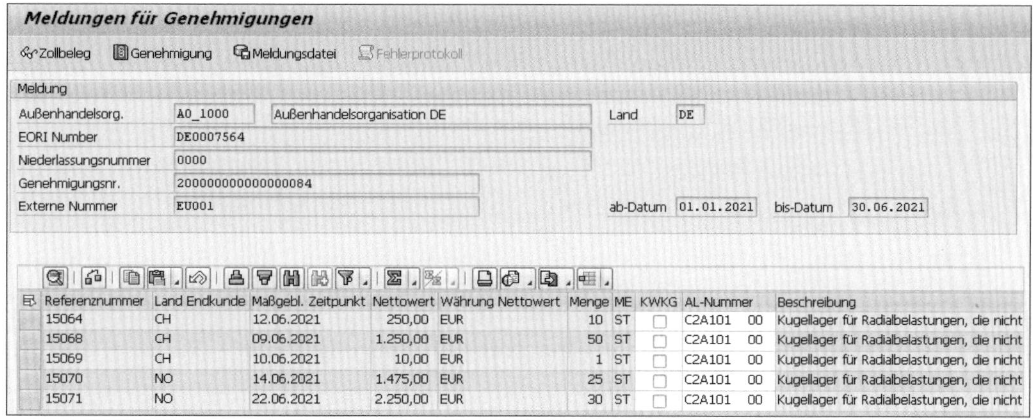

Abbildung 4.42 Datenaufbereitung für eine Meldung in ELAN-K2

Klicken Sie abschließend in der Meldedatenübersicht auf die Schaltfläche **Meldungsdatei** (siehe Abbildung 4.42), um eine XML-Datei zu erzeugen und in einem Verzeichnis Ihrer Wahl zu speichern.

Integration in die Zollabwicklung

Genehmigungsdaten in der Zollanmeldung

Das Vorliegen einer Ausfuhrgenehmigung müssen Sie unabhängig von der Genehmigungsart in der Ausfuhranmeldung angeben. ATLAS hat u. a. eine Schnittstelle zum IT-System des BAFA. So kann die Ausfuhrzollstelle Genehmigungsdaten abrufen und dem BAFA für die Zwecke der Nachverfolgung Daten der Ausfuhranmeldung übermitteln. Bei Einzelausfuhrgenehmigungen schreibt die Ausfuhrzollstelle den in der Zollanmeldung tatsächlich in Anspruch genommenen Betrag von dem in der Genehmigung festgelegten Höchstwert ab und prüft dabei zugleich die Einhaltung dieser Wertgrenze. Die Daten der Ausfuhranmeldung werden im Rahmen der Plausibilitätsprüfung in ATLAS automatisiert mit den Genehmigungsdaten verglichen.

Datenübernahme aus dem Zollbeleg

SAP GTS übernimmt die Zuordnung einer Genehmigung aus der Belegposition eines Zollbelegs zur Auslieferung in die entsprechende Belegposition der Zollanmeldung. Sie können diese Übernahme in der Sicht **Kontrolle** der Belegposition überprüfen. Abbildung 4.43 zeigt ein Beispiel für die Genehmigungszuordnung in der Zollanmeldung.

SAP GTS hat der Belegposition in Abbildung 4.43 eine Einzelausfuhrgenehmigung der Genehmigungsart ZEAG zugeordnet (Spalte **Kontrollstammart**). Aus dem Stammsatz dieser Genehmigung übernimmt SAP GTS die Genehmigungscodes und weitere Daten, mit denen in der Ausfuhranmeldung die Verwendung der Genehmigung angegeben werden muss. Abbildung 4.44 zeigt die Sicht **Unterlagen** der Zollanmeldungsposition in Abbildung 4.43.

Abbildung 4.43 Zollanmeldung mit Genehmigungsdaten

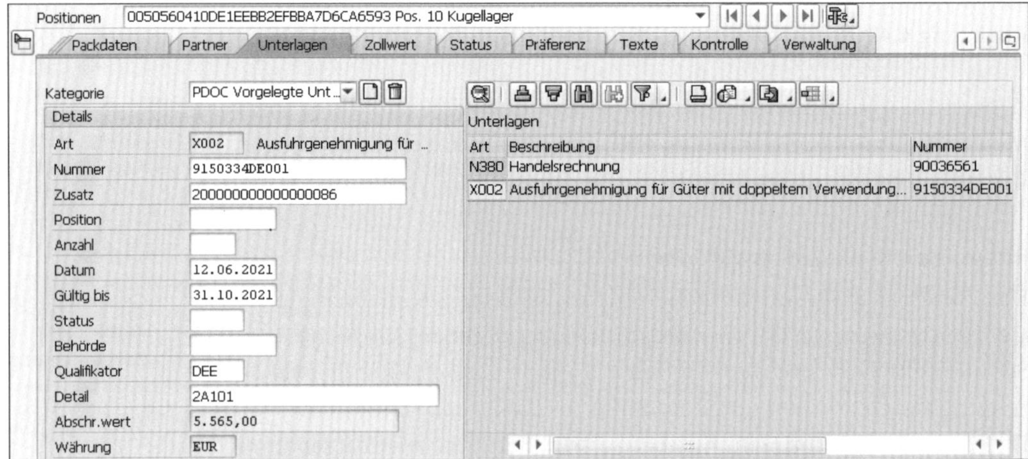

Abbildung 4.44 Genehmigungsdaten in der Sicht »Unterlagen«

Datenvorschlag aus der Genehmigung

Die Sicht **Unterlagen** enthält die erforderlichen Angaben zur Genehmigung: Die Genehmigungsart wird mit der Kombination aus den Codes X002 (Feld **Art**) und DEE (Feld **Qualifikator**) verschlüsselt. In das Feld **Nummer** übernimmt SAP GTS aus dem Stammsatz die vom BAFA zugeteilte Genehmigungsnummer. Das Feld **Zusatz** enthält die systeminterne Nummer der Genehmigung. Gemeldet werden müssen außerdem das Datum der Ausstellung und das Gültigkeitsende der Genehmigung (Felder **Datum** und **Gültig bis**). Diese Daten übernimmt SAP GTS aus dem Genehmigungsstammsatz, die ebenfalls meldepflichtige Güterlistennummer im Feld **Detail** dagegen aus der Position des Zollbelegs zur Auslieferung. Im Feld **Abschr.wert** sehen Sie den vom Genehmigungswert abzuschreibenden tatsächlichen Warenwert. Dieser Wert entspricht dem Nettopreis der Fakturaposition.

Kategorie der Genehmigungsart

In Abbildung 4.43 sehen Sie auch, dass SAP GTS sich bei der Findung der Aktivitätenfolge in der Zollanmeldung für das Normalverfahren entschieden hat (Text **Vollständige AM – Normalverfahren** im Feld **Sicht**). Diese Entscheidung ist richtig, da das vereinfachte Verfahren bei Ausfuhren, für die Einzelgenehmigungen erforderlich sind, nicht zulässig ist. SAP GTS erkennt diese Situation an der Kategorie der Genehmigungsart, die Sie in Abbildung 4.29 im Bereich **Externe Identifikation** sehen. Sind den Belegpositionen dagegen Sammelausfuhrgenehmigungen oder Allgemeine Genehmigungen zugeordnet, wählt SAP GTS immer die Aktivitätenfolge für die Verfahrensvereinfachung, wenn ein passender Bewilligungsstammsatz existiert. Die Auswahl der Genehmigungskategorien ist im Programmcode festgelegt.

Maßnahmen

In den Prozessbeispielen wurden Kugellager des KN-Codes 84821010 in verschiedene Drittländer ausgeführt. Kugellager dieses KN-Codes können, wie in den Prozessbeispielen, Dual-Use-Güter sein, wenn sie die in Anhang I der EU-Dual-Use-Verordnung beschriebenen technischen Eigenschaften aufweisen. Um den Zollbehörden die Überwachung der Ein- und Ausfuhren zu erleichtern, enthält der TARIC Hinweise auf Genehmigungspflichten. Den TARIC haben Sie bereits in Abschnitt 2.1.5, »Zollwertermittlung und Vorausberechnung von Einfuhrabgaben«, im Zusammenhang mit Zollsätzen kennengelernt (siehe Abbildung 2.31). Die Festlegung von Zollsätzen, Genehmigungspflichten und die zahlreichen Zeugnis-, Bescheinigungs- oder Zertifikatserfordernisse bei der Ein- oder Ausfuhr bestimmter Waren fasst der TARIC unter dem Begriff *Maßnahmen* zusammen. In der TARIC-Datenbank der TAXUD können Sie sich über die mit einem TARIC-Code verknüpften Maßnahmen informieren. In Abbildung 4.45 sehen Sie einen Auszug aus dem Maßnahmenkatalog zum TARIC-Code 8482101000.

Alle Drittländer (ALLTC 1008)

↤ Ausfuhrgenehmigung (Dual use) (15-12-2020 -) (CD464) (DU008) (DU405) (DU407) (DU553) (DU668) R1749/20

[Bedingungen unterdrücken]

Y1	Andere Bedingungen **X 002**	Einfuhr/Ausfuhr nach Kontrolle erlaubt
Y2	Andere Bedingungen **Y 901**	Einfuhr/Ausfuhr nach Kontrolle erlaubt
Y3	Andere Bedingungen	Einfuhr/Ausfuhr nach Kontrolle nicht erlaubt

Besondere Vermerke/vorgelegte Unterlagen/Bescheinigungen und Bewilligungen

X002 Ausfuhrgenehmigung für Güter mit doppeltem Verwendungszweck (Verordnung (EG) Nr. 428/2009 in geänderter Fassung)

Y901 Nicht in der Liste der Güter mit doppeltem Verwendungszweck aufgeführtes Erzeugnis

Abbildung 4.45 Beispiel für Maßnahmen im TARIC

Code Y901

Der Auszug in Abbildung 4.45 zeigt eine Maßnahme, die für alle Drittländer gilt (Ländergruppencode ALLTC 1008). Der Link mit dem Schlüssel R1749/20 führt zu den Fundstellen der EU-Dual-Use-Verordnung in der Datenbank

EUR-Lex. In dieser Datenbank ist das gesamte Recht der EU in elektronischer Form abgelegt. Für die Zollanmeldung entscheidend sind die Bedingungen, die der Maßnahme zugeordnet sind. Sie erkennen zunächst den Code X002 aus der Zollanmeldungsposition in Abbildung 4.43 wieder (Bedingung Y1). Außerdem ist der Code Y901 aufgeführt (Bedingung Y2). Diesen Code tragen Sie in die Belegposition der Ausfuhranmeldung ein, wenn Sie sich vergewissert haben, dass Ihr Produkt nicht in der Güterliste in Anhang I der EU-Dual-Use-Verordnung erfasst ist, obwohl es aufgrund seiner Warennummer ein Dual-Use-Gut sein könnte. Unter Umständen ist die Ausfuhr der Kugellager überhaupt nicht erlaubt (Bedingung Y3, kein Code). Wenn Sie in der Ausfuhranmeldung keinen der beiden möglichen Codes angeben, reagiert ATLAS daher mit einer Fehlermeldung.

[»]

Umschlüsselungsverzeichnis des BAFA

Das BAFA stellt auf seiner Website ein *Umschlüsselungsverzeichnis* zur Identifizierung möglicherweise ausfuhrkontrollrelevanter Güter anhand ihrer statistischen Warennummer zum Download zur Verfügung (*www.bafa.de/DE/Aussenwirtschaft/Ausfuhrkontrolle/Gueterlisten/gueterlisten_node.html*). Dieses nach HS-Kapiteln gegliederte Verzeichnis stellt ausgewählten statistischen Warennummern mögliche Entsprechungen in der Güterliste des Anhang I der EU-Dual-Use-Verordnung gegenüber. Das Verzeichnis ist ausdrücklich nur als Hilfsmittel vorgesehen. Es ersetzt nicht die individuelle Prüfung der technischen, biologischen oder chemischen Spezifikation der betroffenen Produkte.

Datenvorschlag aus dem Produktstammsatz

Sie können den Code Y901 (wie jeden anderen Unterlagencode) direkt aus dem Stammsatz eines Produkts in die Belegposition einer Zollanmeldung vorschlagen lassen. Wählen Sie in der Sicht **Behörden** im Bereich **Länder** das Land der gesetzlichen Grundlage der Zollanmeldungen aus. Anschließend können Sie im Bereich **Unterlagen für Zollabwicklung** die Art der Unterlage und den zutreffenden Code sowie bei Bedarf weitere Daten eingeben. Abbildung 4.46 zeigt einen Ausschnitt aus der Sicht **Behörden** mit einem Datenvorschlag für Zollanmeldungen in ATLAS.

Im Bereich **Länder** werden Ihnen die Länder aller für das Customs Management aktivierten gesetzlichen Grundlagen zur Auswahl angeboten. Den Code Y901 finden Sie im Feld **Art** unter der Kategorie **CUIE Erklärungen**.

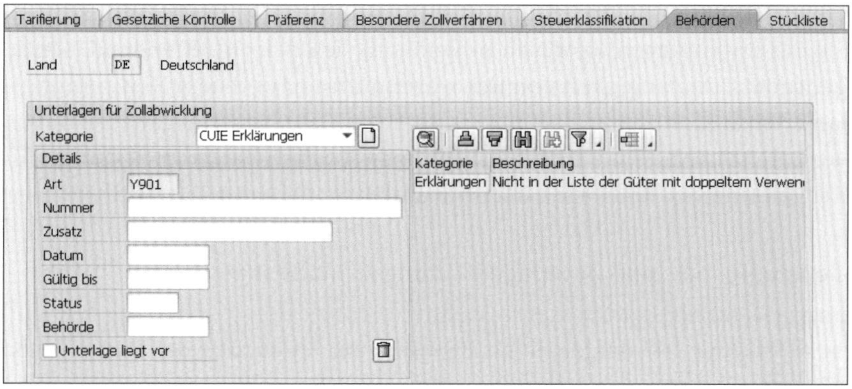

Abbildung 4.46 Datenvorschlag in der Sicht »Behörden«

Weitere Maßnahmencodes

Der TARIC führt zu Code 8482101000 allerdings noch weitere die Ausfuhrkontrolle betreffende Maßnahmen auf. Diese Maßnahmen gelten für Ausfuhren in den Iran und nach Nordkorea. In Abbildung 4.47 sehen Sie den relevanten Auszug aus der TARIC-Datenbank.

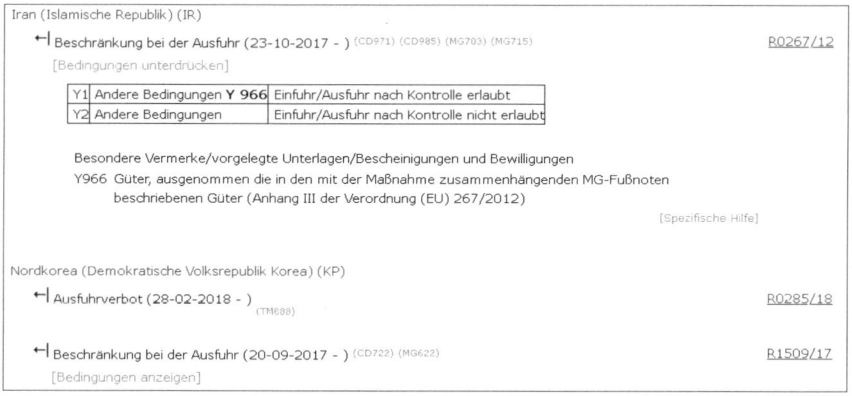

Iran (Islamische Republik) (IR)

Beschränkung bei der Ausfuhr (23-10-2017 -) (CD971) (CD985) (MG703) (MG715) R0267/12

[Bedingungen unterdrücken]

Y1	Andere Bedingungen **Y 966**	Einfuhr/Ausfuhr nach Kontrolle erlaubt
Y2	Andere Bedingungen	Einfuhr/Ausfuhr nach Kontrolle nicht erlaubt

Besondere Vermerke/vorgelegte Unterlagen/Bescheinigungen und Bewilligungen

Y966 Güter, ausgenommen die in den mit der Maßnahme zusammenhängenden MG-Fußnoten beschriebenen Güter (Anhang III der Verordnung (EU) 267/2012)

[Spezifische Hilfe]

Nordkorea (Demokratische Volksrepublik Korea) (KP)

Ausfuhrverbot (28-02-2018 -) (TM688) R0285/18

Beschränkung bei der Ausfuhr (20-09-2017 -) (CD722) (MG622) R1509/17

[Bedingungen anzeigen]

Abbildung 4.47 Weitere Maßnahmen zu TARIC-Code 8482101000

Die Links auf der rechten Bildseite führen zur jeweiligen Embargoverordnung der EU. Im Datenbankauszug in Abbildung 4.47 sind die Bedingungen zur ersten, Ausfuhren in den Iran betreffenden, Maßnahme zu sehen. Falls die Ausfuhr der Kugellager nicht aufgrund des Embargos generell verboten ist (Bedingung Y2), muss in der Ausfuhranmeldung zusätzlich zum Code Y901 auch noch der Code Y966 angegeben werden (Bedingung Y1). Dieser Code verschlüsselt die Erklärung des Anmelders, dass es sich bei den auszuführenden Kugellagern nicht um in Anhang III der Embargoverordnung gelistete Güter, Technologien oder Artikel handelt. Wenn Sie also potenziell kontrollrelevante Waren auch in Embargoländer ausführen, ist der Datenvorschlag aus dem Produktstammsatz unzureichend. Stattdessen können Sie das Datenvorschlagswesen nutzen, um sich den zutreffenden Unterlagencode in Abhängigkeit von der Warennummer und dem Bestimmungsland der Ausfuhr vorschlagen zu lassen. Das Datenvorschlagswesen haben wir bereits in Abschnitt 3.1.3, »Stammdaten für die Ausfuhrabwicklung«, für die Findung von Zollstellen in der Ausfuhranmeldung verwendet.

Genehmigungs- und Unterlagenfindung zu Maßnahmen

Upload von Maßnahmen

Einige Datenlieferanten bieten Maßnahmen wie die in Abbildung 4.45 und in Abbildung 4.47 dargestellten Beispiele zur Ergänzung der statistischen Warennummern oder Zolltarifnummern im XML-Format für den Upload in SAP GTS an. Im Auslieferungs-Customizing stehen für diesen Upload verschiedene *Maßnahmenschemata* zur Verfügung (Menüpfad: **Global Trade Services • Allgemeine Einstellungen • Nummernschemata • Steuerung der Maßnahmen zur Unterlagenfindung • Maßnahmenschema definieren**). Für den Upload von TARIC-Maßnahmen verwenden Sie das Maßnahmenschema EU. Dieses Maßnahmenschema ordnen Sie dem Nummernschema des Zolltarifs und/oder der KN zu (Feld **Maßnahmenschema** im Bereich **Steuerung Allgemein** in den Detaileinstellungen des Nummernschemas). Wenn Sie bei der Ein- oder Ausfuhr (auch) nationale Maßnahmen berücksichtigen müssen, stehen entsprechende Schemata u. a. für Deutschland, Österreich und die Schweiz zur Verfügung. Die Transaktion zum Upload der Maßnahmen finden Sie im Bereichsmenü des Customs Managements (Schaltfläche **Tarifierung**, Sicht **Tarifierungsstammdaten**). Wählen Sie im Bereich **Tarifmaßnahmen** den Eintrag **Maßnahmen aus XML-Datei laden** (Transaktion **XML-Upload von Europäischen und Nationalen Maßnahmen zu Tarifnummern**, Transaktionscode /SAPSLL/LLNS_MEA_UPL).

Maßnahmen in SAP GTS

Das Ergebnis kontrollieren Sie im Nummernschema, indem Sie einzelne Zolltarifnummern oder KN-Codes markieren und das Symbol [Symbol] anklicken. In Abbildung 4.48 sehen Sie Beispiele für Maßnahmen zu einem KN-Code.

Tarifmaßnahmen anzeigen

Maßnahmen zur Tarifnummer: 84137089

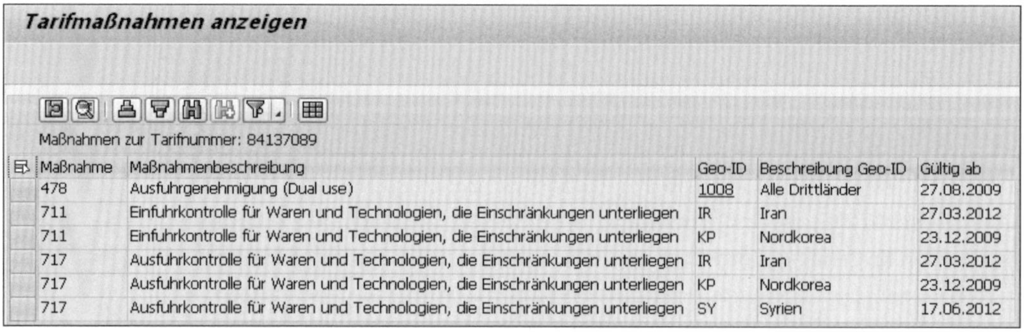

Maßnahme	Maßnahmenbeschreibung	Geo-ID	Beschreibung Geo-ID	Gültig ab
478	Ausfuhrgenehmigung (Dual use)	1008	Alle Drittländer	27.08.2009
711	Einfuhrkontrolle für Waren und Technologien, die Einschränkungen unterliegen	IR	Iran	27.03.2012
711	Einfuhrkontrolle für Waren und Technologien, die Einschränkungen unterliegen	KP	Nordkorea	23.12.2009
717	Ausfuhrkontrolle für Waren und Technologien, die Einschränkungen unterliegen	IR	Iran	27.03.2012
717	Ausfuhrkontrolle für Waren und Technologien, die Einschränkungen unterliegen	KP	Nordkorea	23.12.2009
717	Ausfuhrkontrolle für Waren und Technologien, die Einschränkungen unterliegen	SY	Syrien	17.06.2012

Abbildung 4.48 Maßnahmen zu einem KN-Code in SAP GTS

In der Spalte **Maßnahme** sehen Sie die Schlüssel (IDs) der hochgeladenen Maßnahmen (478, 711 und 717). Die Maßnahmen-ID 478 kennzeichnet die Ausfuhrkontrolle auf der Grundlage der EU-Dual-Use-Verordnung. Ländergruppen in der Spalte **Geo-ID** legt SAP GTS beim Upload der Maßnahmen automatisch an, im Beispiel die Ländergruppe 1008 für alle Drittländer (siehe Abbildung 4.45). Mit dem Symbol [icon] können Sie sich die Bedingungen zu einer Maßnahmenart anzeigen lassen. In Abbildung 4.49 sehen Sie die Bedingungen zur Maßnahmenart 478.

Bedingungen und Fußnoten zur Maßnahmenart: 478			
Art	Nummer	Beschreibung	Unterlagencode
Bedingung	00001	Einfuhr/Ausfuhr nach Kontrolle erlaubt	X002
Bedingung	00002	Einfuhr/Ausfuhr nach Kontrolle erlaubt	Y901
Bedingung	00003	Einfuhr/Ausfuhr nach Kontrolle nicht erlaubt	

Abbildung 4.49 Bedingungen zur Maßnahmenart 478

Bedingungen in SAP GTS

Die laufenden Nummern in der Spalte **Nummer** entsprechen den Bedingungsschlüsseln Y1 bis Y3 im TARIC-Auszug in Abbildung 4.45. Die genehmigungspflichtigen Ausfuhren von Pumpen des KN-Codes 84137089, die aufgrund ihrer technischen Spezifikation in der Güterliste in Anhang I der EU-Dual-Use-Verordnung erfasst sind, müssen mit dem Unterlagencode X002 gekennzeichnet sein. Fällt eine Pumpe zwar unter den KN-Code 84137089, ist jedoch kein Dual-Use-Gut, muss in der Ausfuhranmeldung der Code Y901 angegeben werden.

Wenn Sie Maßnahmen durch Upload mit einem Nummernschema für die KN verknüpfen, können Sie sich Unterlagencodes aus Maßnahmen zu Warennummern in die Zollanmeldungspositionen vorschlagen lassen. Für diesen Datenvorschlag instrumentalisieren Sie die gesetzliche Kontrolle, die mithilfe ihrer Konditionstechnik nicht nur Genehmigungsarten und Genehmigungen, sondern auch Unterlagencodes finden kann.

Datenvorschlag aus Maßnahmen: gesetzliche Grundlage

Wenn Sie ausschließlich genehmigungsfreie Ausfuhren abwickeln, aber regelmäßig Erklärungen zur Genehmigungsfreiheit dieser Ausfuhren in codierter Form abgeben müssen, legen Sie für die Findung der erforderlichen Unterlagencodes in der Zollanmeldung eine gesetzliche Grundlage des Rechtskodexes 00 an (siehe Abbildung 4.1). Diese aktivieren Sie auf der Ebene der gesetzlichen Kontrolle für Ausfuhren aus Deutschland. Wenn Sie dagegen zumindest gelegentlich Ausfuhrgenehmigungen für Dual-Use-Güter benötigen, implementieren Sie die gesetzliche Kontrolle, wie in Abschnitt 4.1.1, »Konfiguration der produktbezogenen Ausfuhrkontrolle«, beschrieben. Sie verzichten jedoch auf die manuelle Pflege von Findungsstrategien für die Genehmigungsartenfindung (siehe Abbildung 4.24) und überlassen diese Aufgabe dem System. Ordnen Sie in jedem Fall Ihrer gesetzlichen Grundlage die Ländergruppe 1008 zu (Menüpfad: **Global Trade Services • Allgemeine Einstellungen • Gesetzliche Grundlagen • Gesetzliche Grundlage definieren**, Unterordner **Zuordnung Ländergruppen**).

Arbeitsvorrat für Findungsstrategien

SAP GTS generiert die Findungsstrategien für die Findung von Genehmigungsarten in der gesetzlichen Kontrolle *und* Unterlagencodes in der Zollanmeldung aus demselben, durch den Maßnahmen-Upload entstandenen Arbeitsvorrat. Abbildung 4.50 stellt dieses Systemvorgehen schematisch dar.

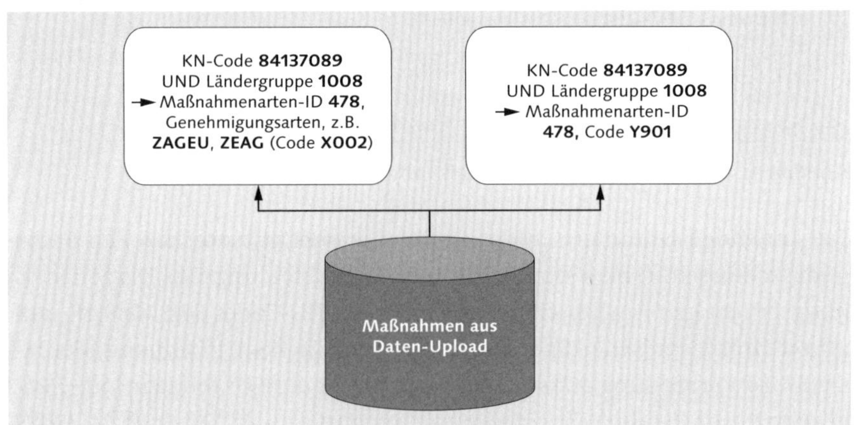

Abbildung 4.50 Arbeitsvorrat für Findungsstrategien (Beispiel)

Im Beispiel in Abbildung 4.50 wurden zunächst alle KN-Codes des HS-Kapitels 84 und anschließend die TARIC-Maßnahmen zu den Warennummern dieses Kapitels in das SAP-GTS-System hochgeladen. Dieser Upload füllt einen Arbeitsvorrat, den Sie mit der Transaktion **Arbeitsvorrat zur Generierung der Findungsstrategien anzeigen** (Transaktionscode /SAPSLL/CD_WL_DISP) einsehen können. Auf diesen Arbeitsvorrat greifen Sie mit der Transaktion **Generierung der Findungsstrategien zur Unterlagenfindung** zu (Transaktionscode /SAPSLL/CD_GENERATE). Die automatisch angelegten Findungsstrategien prüfen Sie in der Transaktion **Findungsstrategien anzeigen** (Transaktionscode /SAPSLL/CD_DISPLAY, siehe Abbildung 4.24). Alle Transaktionen finden Sie im Bereichsmenü des Compliance Managements (Schaltfläche **Gesetzliche Kontrolle - Export**, Bereich **Findungsstrategie Genehmigungsart**). Abbildung 4.51 zeigt einen Auszug aus dem Arbeitsvorrat vor der Generierung der Findungsstrategien (KN-Codes 84137081 und 84137089).

Generierte Findungsstrategien

In Abbildung 4.51 erkennen Sie in der Spalte **Kontrollstammart**, dass SAP GTS zur Maßnahmenart-ID 478 für jede der beiden Kombinationen aus Ländergruppe und KN-Code Findungsstrategien für die zuvor im Customizing der gesetzlichen Kontrolle definierten Genehmigungsarten ZAGEU, ZDA12 und ZEAG angelegt hat. Die Zahlen in der Spalte **Lfd.Nr.** bestimmen die Reihenfolge, in der das System die drei Genehmigungsarten im Findungsprozess heranzieht: Kommt keine der Allgemeinen Genehmigungen der Union (ZAGEU) infrage, unternimmt SAP GTS einen zweiten Versuch mit einer nationalen Allgemeinen Genehmigung (ZDA12). Sollte auch diese für das Ausfuhrvorhaben ungeeignet sein, geht das System davon aus, dass eine Einzelausfuhrgenehmigung (ZEAG) beantragt werden muss. Falls es sich bei den auszuführenden Pumpen der KN-Codes 84137081 und 84137089 *nicht* um Dual-Use-Güter handelt, trägt SAP GTS den Code Y901 für die entsprechende Erklärung in die betroffenen Positionen der Zollanmeldung ein. Im Falle einer genehmigungspflichtigen Ausfuhr entnimmt das System den Code X002 entweder dem Stammsatz der zugeordneten Genehmigung (siehe Abbildung 4.26) oder – falls dieser keine Codierung enthält – den Detaileinstellungen der Genehmigungsart (Bereich **Unterlagenvorschlag für SAP Customs Management**, Felder **Kategorie** und **Art**).

Generierung der Findungsstrategien zur Unterlagenfindung

Gesetzliche Grundlage	Maßnahmenschema	Maßnahmenart-ID	Ländergruppe	Land	Nummer	Lfd.Nr.	Kontrollstammart	Vorpapiertyp	Kategorie der Findungsregel
ZAWG	EU	478	1008		84137081	1	ZAGEU		L
ZAWG	EU	478	1008		84137081	2	ZDA12		L
ZAWG	EU	478	1008		84137081	3	ZEAG		L
ZAWG	EU	478	1008		84137081	4		Y901	D
ZAWG	EU	478	1008		84137089	1	ZAGEU		L
ZAWG	EU	478	1008		84137089	2	ZDA12		L
ZAWG	EU	478	1008		84137089	3	ZEAG		L
ZAWG	EU	478	1008		84137089	4		Y901	D
ZAWG	EU	717		KP	84137081	1		Y920	D
ZAWG	EU	717		KP	84137089	1		Y920	D
ZAWG	EU	717		SY	84137081	1		Y921	D
ZAWG	EU	717		SY	84137081	2		Y920	D
ZAWG	EU	717		SY	84137089	1		Y920	D
ZAWG	EU	717		SY	84137089	2		Y921	D

Abbildung 4.51 Arbeitsvorrat für Findungsstrategien (Auszug)

In Abbildung 4.51 sehen Sie außerdem, dass SAP GTS zusätzlich Findungsstrategien zur Maßnahmenart-ID 717 für die Ausfuhr der Pumpen in die mit Embargos belegten Länder Nordkorea (Ländercode KP) und Syrien (Ländercode SY) generiert hat. Mit den Codes Y920 bzw. Y921 erklären Sie ggf., dass die Ausfuhr trotz der Embargosituation erlaubt ist.

Die in Abbildung 4.50 und in Abbildung 4.51 dargestellte Generierung von Findungsstrategien setzt voraus, dass Sie der als Bezugsgröße verwendeten gesetzlichen Grundlage ein selbst zu definierendes Findungsschema mit den Findungsstrategien CD16 (Ebene Kontrollklasse/Maßnahme/Ländergruppe) und CD17 (Ebene Kontrollklasse/Maßnahme/Land) zuordnen (siehe Abbildung 4.21). Abbildung 4.52 zeigt ein Beispiel.

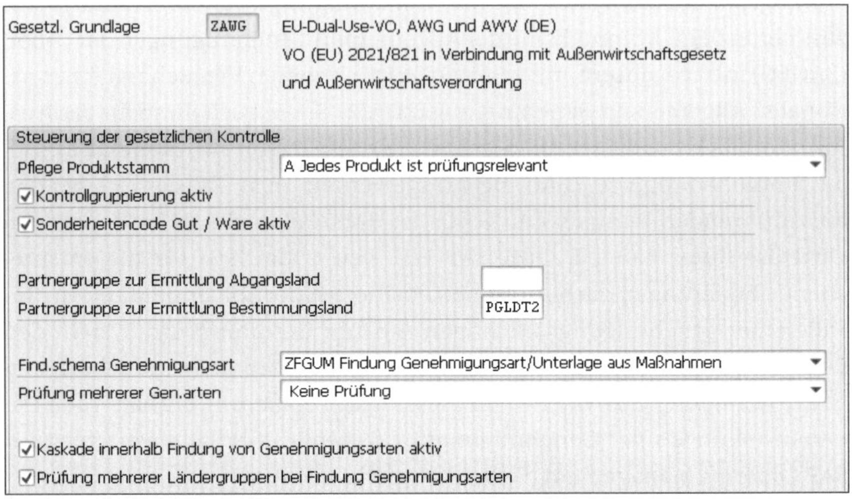

Gesetzl. Grundlage ZAWG EU-Dual-Use-VO, AWG und AWV (DE)
VO (EU) 2021/821 in Verbindung mit Außenwirtschaftsgesetz
und Außenwirtschaftsverordnung

Steuerung der gesetzlichen Kontrolle
Pflege Produktstamm A Jedes Produkt ist prüfungsrelevant
☑ Kontrollgruppierung aktiv
☑ Sonderheitencode Gut / Ware aktiv

Partnergruppe zur Ermittlung Abgangsland
Partnergruppe zur Ermittlung Bestimmungsland PGLDT2

Find.schema Genehmigungsart ZFGUM Findung Genehmigungsart/Unterlage aus Maßnahmen
Prüfung mehrerer Gen.arten Keine Prüfung

☑ Kaskade innerhalb Findung von Genehmigungsarten aktiv
☑ Prüfung mehrerer Ländergruppen bei Findung Genehmigungsarten

Abbildung 4.52 Anpassung der gesetzlichen Grundlage

Im Beispiel in Abbildung 4.52 wurde das Findungsschema ZFGUM, das die Findungsstrategien CD16 und CD17 umfasst, der gesetzlichen Grundlage ZAWG zugeordnet. Außerdem sind die Kennzeichen **Kaskade innerhalb Findung von Genehmigungsarten aktiv** und **Prüfung mehrerer Ländergruppen bei Findung Genehmigungsarten** gesetzt. Diese Einstellungen bewirken, dass SAP GTS Findungsstrategien für die vorhandenen Genehmigungsarten in der gewünschten Reihenfolge und bei Bedarf für verschiedene Bestimmungsländergruppen anlegt.

Steuerung der Generierung von Findungsstrategien

Nach dem Upload der Maßnahmen finden Sie die IDs der Maßnahmenarten im Customizing Ihres SAP-GTS-Systems über den Menüpfad **Global Trade Services • Allgemeine Einstellungen • Nummernschemata • Steuerung der Maßnahmen zur Unterlagenfindung • Eigenschaften zur Maßnahmenart-ID definieren**. Sie müssen nun noch festlegen, für welche Maßnahmenarten eine Genehmigungsarten- bzw. Unterlagenfindung stattfinden und wie die Unvollständigkeitsprüfung auf fehlende Unterlagencodes reagieren soll. Abbildung 4.53 zeigt Einstellungen für die Maßnahmenarten 478 und 717.

Umfang und Reihenfolge der Generierung

Wenn Sie im Zusammenhang mit einer Maßnahme ausschließlich Erklärungen in codierter Form abgeben müssen, wählen Sie in der Spalte **Generierungsumfang** das Kennzeichen B (Generierung der Unterlagenfindung) aus. Bestehen Genehmigungspflichten, entscheiden Sie sich entweder für das Kennzeichen A (Generierung der Genehmigungsfindung) oder C (Generierung der Genehmigungs- und Unterlagenfindung).

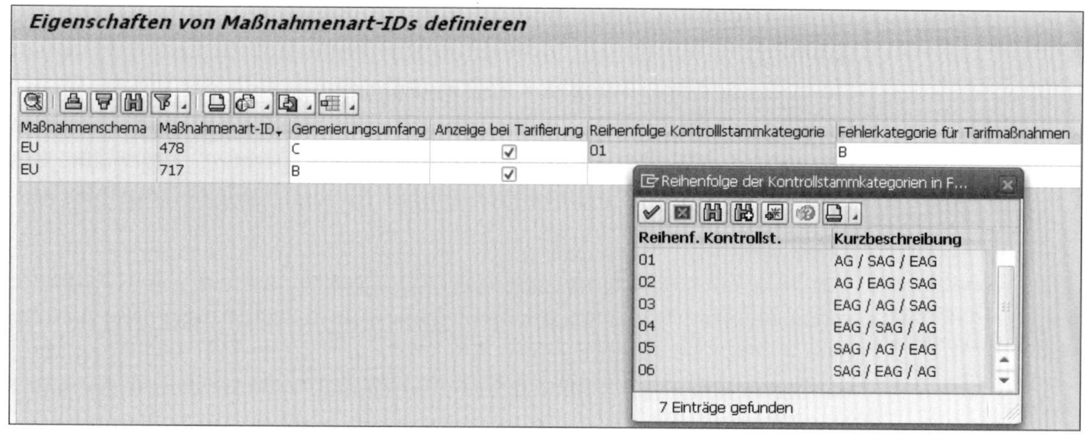

Abbildung 4.53 Steuerung der Unterlagenfindung

In beiden Fällen ergänzen Sie in der Spalte **Reihenfolge Kontrollstammkategorie** eines der sechs im Programmcode verankerten Kennzeichen für die Reihenfolge, in der die Genehmigungskategorien bei der Generierung der Findungsstrategien herangezogen werden sollen. Im Beispiel in Abbildung 4.53 wurde das Kennzeichen **01 AG / SAG / EAG** ausgewählt. Das System soll also zuerst Strategien für Genehmigungsarten der Kategorie Allgemeine Genehmigung (01), dann ggf. der Kategorie Sammelausfuhrgenehmigung (02) und zuletzt der Kategorie Einzelausfuhrgenehmigung (03) anlegen. Die Schlüssel dieser Kategorien weisen Sie Ihren Genehmigungsarten in den Detaileinstellungen im Feld **Kategorie** im Bereich **Externe Identifikation** zu (siehe Abbildung 4.29).

Werfen wir an dieser Stelle noch einmal einen Blick auf Abbildung 4.51: SAP GTS hat die in Abbildung 4.53 dargestellten Vorgaben berücksichtigt und den Findungsstrategien für die beiden Genehmigungsarten der Kategorie Allgemeine Genehmigung (ZAGEU und ZDA12) die laufenden Nummern 1 und 2 zugewiesen. Da es keine Genehmigungsart der Kategorie Sammelausfuhrgenehmigung gibt, wurde diese Kategorie übersprungen und die Findungsstrategie für die Genehmigungsart der Kategorie Einzelausfuhrgenehmigung (ZEAG) mit der laufenden Nummer 3 angelegt. Existieren – wie in unserem Beispiel – mehrere Genehmigungsarten derselben Kategorie, zieht das System sie in alphabetischer Reihenfolge heran. Zahlen haben dabei Vorrang vor Buchstaben.

Unvollständigkeitsprüfung

In der Spalte **Fehlerkategorie für Tarifmaßnahmen** ist das Kennzeichen B (Fehler) ausgewählt. Die Unvollständigkeitsprüfung in der Zollanmeldung soll also eine Fehlermeldung ausgeben, wenn kein Unterlagencode zur Maßnahme in die Belegposition eingetragen ist. Für Warnmeldungen wählen Sie das Kennzeichen A (Warnung). Aktivieren Sie außerdem die Maßnahmenprüfung für alle relevanten Unvollständigkeitsschemata, indem Sie in der Spalte **Prüfung von Tarifmaßnahmen** jeweils das Kennzeichen **1 Prüfung von Maßnahmen in Bezug auf Zusatzcodes/Unterlagen** auswählen (Menüpfad: **Global Trade Services • Customs Management • Allgemeine Einstellungen • Unvollständigkeitsprüfungen für allg. Belege im Customs Management steuern**).

Gesetzliche Grundlage zuordnen

Um SAP GTS die Generierung von Findungsstrategien aus dem Maßnahmenarbeitsvorrat zu ermöglichen, müssen Sie die als Bezugsgröße verwendete gesetzliche Grundlage mit den Maßnahmenarten im jeweiligen Maßnahmenschema verknüpfen (Menüpfad: **Global Trade Services • Allgemeine Einstellungen • Nummernschemata • Steuerung der Maßnahmen zur Unterlagenfindung • Zuordnung Gesetzliche Grundlage zur Maßnahmenart-ID**).

Nummernschema zuordnen

Außerdem müssen Sie dieser gesetzlichen Grundlage das Nummernschema der KN (und nicht das Nummernschema der Güterliste) für die gesetzliche Kontrolle zuordnen (siehe auch Abbildung 4.8). Abbildung 4.54 zeigt diese Zuordnung.

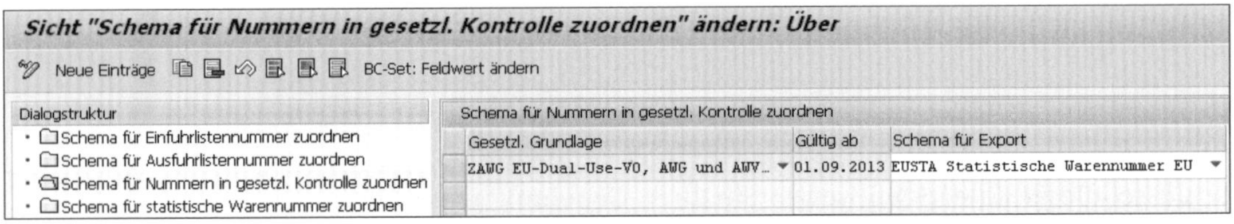

Sicht "Schema für Nummern in gesetzl. Kontrolle zuordnen" ändern: Über

Neue Einträge BC-Set: Feldwert ändern

Dialogstruktur
- Schema für Einfuhrlistennummer zuordnen
- Schema für Ausfuhrlistennummer zuordnen
- Schema für Nummern in gesetzl. Kontrolle zuordnen
- Schema für statistische Warennummer zuordnen

Schema für Nummern in gesetzl. Kontrolle zuordnen

Gesetzl. Grundlage	Gültig ab	Schema für Export
ZAWG EU-Dual-Use-VO, AWG und AWV…	01.09.2013	EUSTA Statistische Warennummer EU

Abbildung 4.54 Zuordnung des Nummernschemas EUSTA

Belegart und Positionstyp aktivieren

Die Belegart CULOEX (Zollanmeldung Ausfuhr) und den Positionstyp CLPOS (Anmeldeposition) müssen Sie jeweils für die gesetzliche Kontrolle aktivieren (Menüpfad: **Global Trade Services • Allgemeine Einstellungen • Belegstruktur • Belegarten für Anwendungsbereiche aktivieren** bzw. **Positionstypen für Anwendungsbereiche aktivieren**).

Anpassung der Codeliste

Abschließend müssen Sie im Customizing der Zollcodelisten den Unterlagenarten X002, Y901, Y920 und ggf. weiteren Unterlagenarten des Objekts PAPTY noch entweder die Findungsregel D (Unterlage) oder die Findungsregel L (Genehmigung) zuordnen und die Objekte PAPTY und QUALD des Zollcodelistenschemas CUCDE mit der gesetzlichen Grundlage für die gesetzliche Kontrolle verknüpfen (Menüpfad: **Global Trade Services • Customs Management • Zollcodelisten • Zollcodelisten für eine gesetzliche Grundlage pflegen** bzw. **Schema für Zollcodelisten gesetzlichen Grundlagen zuordnen**). Abbildung 4.55 zeigt die Zuordnung der beiden Findungsregeln zu ausgewählten Unterlagenarten im Zollcodelistenschema CUCDE.

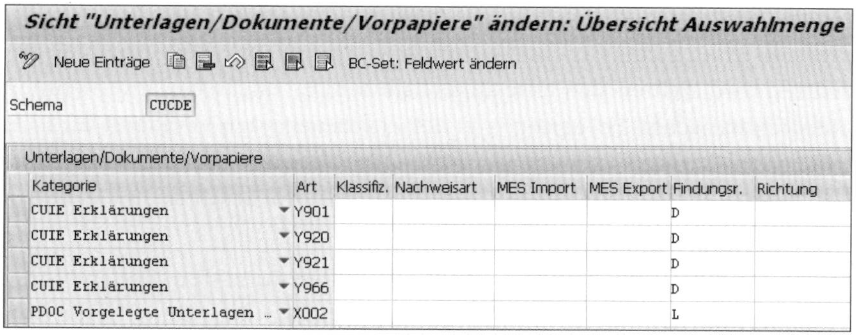

Sicht "Unterlagen/Dokumente/Vorpapiere" ändern: Übersicht Auswahlmenge

Neue Einträge BC-Set: Feldwert ändern

Schema CUCDE

Unterlagen/Dokumente/Vorpapiere

Kategorie	Art	Klassifiz.	Nachweisart	MES Import	MES Export	Findungsr.	Richtung
CUIE Erklärungen	Y901					D	
CUIE Erklärungen	Y920					D	
CUIE Erklärungen	Y921					D	
CUIE Erklärungen	Y966					D	
PDOC Vorgelegte Unterlagen ...	X002					L	

Abbildung 4.55 Findungsregeln zur Unterlagenart

Je nach Findungsregel entnimmt SAP GTS den Unterlagencode entweder der Genehmigung bzw. der Genehmigungsart (Regel L) oder der Findungsstrategie (Regel D).

Eine Variante der gesetzlichen Kontrolle, die Reexportkontrolle, lernen Sie im nächsten Abschnitt kennen.

4.1.3 Reexportkontrolle

Extraterritorialer Geltungsanspruch der EAR

In Abschnitt 4.1.1, »Konfiguration der produktbezogenen Ausfuhrkontrolle«, und Abschnitt 4.1.2, »Genehmigungsverwaltung in SAP GTS«, haben wir die produktbezogene Ausfuhrkontrolle in SAP GTS auf der Grundlage der EU-Dual-Use-Verordnung und des deutschen Außenwirtschaftsrechts betrachtet. Dabei haben wir immer wieder auf die Musterkonfiguration des Auslieferungs-Customizings für diese Rechtsnormen zurückgegriffen. Ebenso gut ausgestattet ist das Auslieferungs-Customizing für die Nutzung der gesetzlichen Kontrolle auf der Grundlage der EAR, also des US-amerikanischen Außenwirtschaftsrechts. Diese Einstellungen benötigen Sie möglicherweise nicht nur für die direkte Ausfuhr aus den USA: Die EAR beanspruchen globale Gültigkeit für ausfuhrkontrollrelevante Güter mit Ursprung in den USA, also unabhängig von ihrem tatsächlichen Aufenthaltsort, und auch dann, wenn diese Güter außerhalb der USA in irgendeiner Form in andere Güter eingegangen sind. Ein Geltungsanspruch besteht darüber hinaus für Güter, die außerhalb der USA unter Einsatz ausfuhrkontrollrelevanter Technologien oder Software mit US-Ursprung hergestellt wurden.

Die Ausfuhr kontrollrelevanter Güter mit US-Ursprung aus einem beliebigen anderen Staat gilt daher in den EAR als »reexport«. Im Deutschen wird in der Regel die Übersetzung *Reexport* verwendet, nicht zuletzt, weil der Begriff *Wiederausfuhr* im UZK anders definiert ist. Der Reexport kontrollrelevanter Güter ist gemäß EAR ebenso genehmigungspflichtig wie ihre unmittelbare Ausfuhr aus den USA. Auch wenn dieser über die Grenzen des eigenen Staatsgebiets hinausreichende Geltungsanspruch prinzipiell bestritten wird, richten sich viele außerhalb der USA ansässige Unternehmen aus pragmatischen Erwägungen in der Praxis nach den Vorgaben der EAR, um das US-Geschäft nicht zu gefährden. Der Schutz von Mitarbeitern, insbesondere US-amerikanischer Niederlassungen, vor Strafverfolgung ist ein weiteres wichtiges Motiv.

Reexportkontrolle als Teil der gesetzlichen Kontrolle

In der gesetzlichen Kontrolle stehen Ihnen daher Zusatzfunktionen für die Reexportkontrolle zur Verfügung. Diese sind länderunabhängig, zielen aber in erster Linie auf die Vorschriften der EAR ab. Wenn Sie die Reexportkontrolle einsetzen, führt SAP GTS im Rahmen der gesetzlichen Kontrolle immer bis zu drei Prüfungen durch: Zum einen stellt das System fest, ob auf der Grundlage des Außenwirtschaftsrechts des Abgangslands der Ausfuhr eine Genehmigungspflicht besteht, und führt ggf. eine Genehmigungsfindung durch. Zum anderen prüft SAP GTS, ob aus der Perspektive der EAR ein genehmigungspflichtiger Reexport vorliegt. Trifft dies zu, ermittelt das System die gemäß EAR infrage kommende Genehmigungsart und versucht, eine passende Genehmigung zu finden.

Zusätzliche Einstellungen

Für die Reexportkontrolle richten Sie also die gesetzliche Kontrolle auf der Grundlage der EAR ein. Außerdem müssen Sie einige Einstellungen für die Prüfung grenzüberschreitender Warenausgänge auf Reexportkontrollrelevanz vornehmen. Für diese Einstellungen können Sie wieder das Auslieferungs-Customizing als Vorlage für Ihre eigene Konfiguration verwenden. In der Regel kommt noch funktionsspezifische Stammdatenpflege hinzu. In diesem Abschnitt erfahren Sie, welche Einstellungen in Customizing und Anwendung für die Reexportkontrolle im Einzelnen erforderlich sind.

Customizing und Stammdaten

Commerce Control List

Unser erstes Prozessbeispiel für die Reexportkontrolle ist die Ausfuhr eines Kugellagers von Deutschland nach Ägypten. Das Kugellager wird als Komponente für die eigene Fertigung, aber auch als Ersatzteil vorwiegend aus den USA eingeführt. Kugellager dieser technischen Spezifikation gelten bereits im Wassenaar Arrangement als Dual-Use-Güter. Als Unterzeichnerstaat haben die USA die Nomenklatur dieses Abkommens der *Commerce Control List* (CCL), also der nationalen Liste ausfuhrkontrollrelevanter Güter, zugrunde gelegt. Die CCL ist Bestandteil der EAR (Anhang 1 zu Teil 774). Ebenso wie die Güterliste des Anhang I der EU-Dual-Use-Verordnung bilden Sie die CCL in SAP GTS als Nummernschema ab. Das Auslieferungs-Customizing stellt das Nummernschema USECC als Muster oder für die unmittelbare Verwendung bereit. Die Güterlistennummern – in den EAR *Export Con-*

trol Classification Numbers (ECCN) genannt – können Sie manuell anlegen oder aus einer XML-Datei hochladen und anschließend in Produktstammsätze eintragen. In Abbildung 4.56 sehen Sie einen Ausschnitt aus dem Stammsatz des Kugellagers unseres ersten Prozessbeispiels.

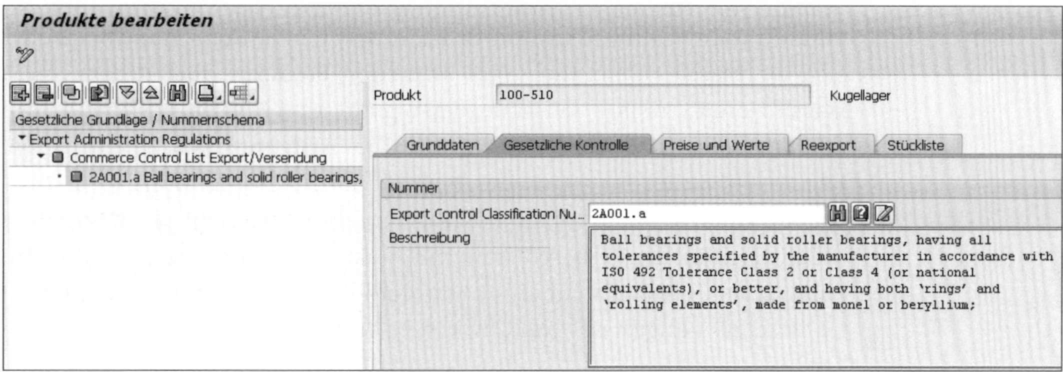

Abbildung 4.56 Produkt mit ECCN

ECCN

Dem Kugellager 100-510 ist die ECCN 2A001.a zugeordnet. Die gesetzliche Grundlage und das Nummernschema für die CCL sehen Sie in der Übersicht im linken Bildbereich. Bei einer direkten Ausfuhr des Kugellagers aus den USA erkennt SAP GTS an der ECCN die Kontrollrelevanz des Vorgangs. In Abhängigkeit von der Konfiguration der gesetzlichen Kontrolle für die EAR ermittelt SAP GTS eine geeignete Genehmigungsart und ggf. eine Genehmigung.

EAR99

Jede Kategorie der CCL enthält zusätzlich am Ende des jeweiligen Güterlistenabschnitts den Code EAR99. Dieser Code kennzeichnet Güter, die zwar nicht explizit in der CCL aufgeführt sind, aber dennoch Gegenstand der EAR sind (»items subject to the EAR that are *not* elsewhere specified in this CCL Category *or* in any other category in the CCL«). Gegenstand der EAR sind alle Güter, die in den Zuständigkeitsbereich des *Bureau of Industry and Security* (BIS) fallen. Das BIS – eine Behörde des U.S. Department of Commerce – überwacht die Einhaltung der EAR und erteilt ggf. Ausfuhrgenehmigungen. Aufgrund dieser weit gefassten Definition wird der Code EAR99 in den EAR auch als Korb (»basket«) bezeichnet. Der Code sammelt also alle Güter, die nicht bereits aufgrund ihrer Beschaffenheit ausfuhrkontrollrelevant sind. Eine Ausfuhrkontrollrelevanz kann sich für diese Güter insbesondere aus dem Bestimmungsland der Ausfuhr, dem Endverwender oder der beabsichtigten Endverwendung ergeben. Die möglichen Beschränkungen sind in Teil 736 der EAR unter der Bezeichnung »General Prohibitions« aufgeführt. Die General Prohibitions 4 bis 10 betreffen Güter mit ECCN und EAR99-Güter gleichermaßen.

Ausfuhrkontrolle für EAR99-Güter

Einige Datenlieferanten berücksichtigen diese Besonderheit der CCL. Wenn Sie die CCL nicht in Ihr SAP-GTS-System hochladen, legen Sie den Code EAR99 wie eine ECCN manuell im Nummernschema für die CCL an. Anschließend können Sie allen Produkten, die keine ECCN haben, aber Gegenstand der EAR sind, in der Sicht **Gesetzliche Kontrolle** im Feld **Export Control Classification Number** diesen Code zuordnen. Für die Zuordnung empfiehlt sich die Massenpflege mit der Transaktion **Produkte über Arbeitsvorrat klassifizieren** (Transaktionscode /SAPSLL/PR_CLWB_002). Sie können anschließend auch für EAR99-Güter eine Genehmigungsfindung einrichten, falls Ausfuhr oder Reexport von einer der General Prohibitions 4 bis 10 betroffen sind. Abschnitt 4.2, »Embargosituationen«, zeigt als Alternative Möglichkeiten, die Embargo- bzw. die Sanktionslistenprüfung für die Einhaltung der General Prohibitions und ähnlich beschaffener, produktneutraler Beschränkungen des Außenwirtschaftsrechts anderer Staaten zu nutzen.

[»]

Genehmigungsfreie Ausfuhren und Reexporte

Anders als in der EU-Dual-Use-Verordnung ergibt sich in den EAR aus dem doppelten Verwendungszweck eines Guts nicht automatisch eine Genehmigungspflicht bei Ausfuhr oder Reexport. Vielmehr muss für jede ECCN in der CCL geprüft werden, welche der in § 738.2 EAR aufgeführten Kontrollgründe bestehen und ob diese Kontrollgründe für das jeweilige Bestimmungsland der Ausfuhr oder des Reexports relevant sind. Als Hilfsmittel für diese Prüfung dient Anhang I des Teils 738 der EAR (Commerce Country Chart). Für bestimmte Kombinationen von ECCN und Bestimmungsland ist – sofern keine der General Prohibitions 4 bis 10 der Ausfuhr oder dem Reexport entgegensteht – keine Genehmigung erforderlich (»No License Required«, abgekürzt NLR). Für andere Kombinationen besteht zwar grundsätzlich eine Genehmigungspflicht; es sind jedoch in Teil 740 der EAR zahlreiche Ausnahmetatbestände (»License Exceptions«) definiert. Nur wenn keiner dieser Ausnahmetatbestände auf die geplante Ausfuhr oder den geplanten Reexport zutrifft, muss eine Genehmigung beim BIS beantragt werden.

Sicht »Reexport«

Die Entscheidung, ob es sich bei einer Ausfuhr oder Verbringung um einen genehmigungspflichtigen US-Reexport handelt, trifft SAP GTS auf der Grundlage der Produktdaten einer Exportbelegposition. Wenn Sie eine gesetzliche Grundlage für die Reexportkontrolle aktivieren, stellt SAP GTS in den Produktstammdaten eine zusätzliche Sicht **Reexport** bereit. Auf diese Sicht können Sie nur zugreifen, wenn Sie ein Produkt in der Transaktion **Produkte ändern** (Transaktionscode /SAPSLL/PR_PRCON_02) im Bereichsmenü des Compliance Managements bearbeiten (Schaltfläche **Klassifizierung/Stammdaten**, Bereich **Zollprodukte Exportsicht**, Symbol). In der Sicht **Reexport** können Sie bei Bedarf Informationen zur Reexportkontrollrelevanz des Produkts ablegen. Abbildung 4.57 zeigt die Daten des Kugellagers 100-510.

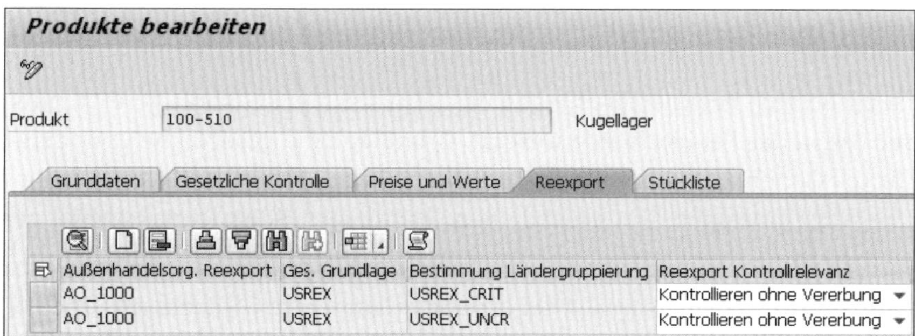

Abbildung 4.57 Produkt mit Reexportkontrolldaten

Kontrollrelevanz

SAP GTS soll das Kugellager wegen seiner Dual-Use-Eigenschaft in Verbindung mit seinem US-Ursprung bei jeder direkten Ausfuhr oder Verbringung aus dem Zuständigkeitsbereich der deutschen Außenhandelsorganisation als relevant für die US-Reexportkontrolle ansehen. Ist das Kugellager jedoch Bestandteil eines anderen Produkts, soll es seine Kontrollrelevanz nicht an dieses Produkt weitergeben (»vererben«). Daher wurde in der Spalte **Reexport Kontrollrelevanz** das Kennzeichen **Kontrollieren ohne Vererbung** ausgewählt. Für reine Handelsware steht die Alternative **Kontrollieren** zur Auswahl.

In Abbildung 4.57 sehen Sie außerdem je eine Spalte für die gesetzliche Grundlage (**Ges. Grundlage**) dieser Festlegung und für die Ländergruppe des jeweiligen Bestimmungslands des Reexports (**Bestimmung Ländergruppierung**). Die gesetzliche Grundlage USREX ist ebenso wie die beiden Ländergruppen USREX_CRIT und USREX_UNCR Bestandteil des Auslieferungs-Customizings für die Reexportkontrolle.

Gesetzliche Grundlage USREX

Anders als die gesetzliche Grundlage EAR, die im Auslieferungs-Customizing die EAR repräsentiert, bildet USREX keine eigenständige Rechtsnorm ab, sondern fasst alle die Reexportkontrolle betreffenden Bestimmungen der EAR zusammen. Dass es sich bei USREX um eine gesetzliche Grundlage für die Prüfung der Reexportkontrollrelevanz eines Vorgangs (und nicht für die Genehmigungsfindung) handelt, erkennt SAP GTS an einem Kennzeichen in den Detaileinstellungen dieser gesetzlichen Grundlage. Abbildung 4.58 zeigt den relevanten Ausschnitt aus diesen Einstellungen.

Reexportprüfungen
☑ Reexport
Zollwertwährung EUR
Kurstyp M
Referenz Gesetzl. Grundlage EAR

Abbildung 4.58 Einstellungen für die Reexportkontrolle

Ist im Bereich **Reexportprüfungen** das Kennzeichen **Reexport** gesetzt, müssen Sie in das Feld **Referenz Gesetzl. Grundlage** die gesetzliche Grundlage für die Genehmigungsfindung im Fall der Reexportkontrollrelevanz eines Vorgangs eintragen. Der gesetzlichen Grundlage USREX ist das Abbild der EAR im Auslieferungs-Customizing bereits zugeordnet.

De-minimis-Regeln

Die Ländergruppen USREX_CRIT (Kritische Länder für US Reexport) und USREX_UNCR (Unkritische Länder für US Reexport), die Sie in Abbildung 4.57 sehen, dienen der Abbildung der sogenannten *De-minimis-Regeln* in § 734.4 EAR. Diese Regeln sind von Bedeutung, wenn ausfuhrkontrollrelevante Güter einschließlich Software und Technologie mit US-Ursprung außerhalb der USA in andere Güter eingehen oder – bei Software – einen Verbund mit anderen Gütern bilden, wie z. B. die Treibersoftware eines Druckers. Wenn der wertmäßige Anteil der kontrollrelevanten Güter mit US-Ursprung am auszuführenden Produkt einen bestimmten Prozentsatz nicht überschreitet, ist der Reexport nicht Gegenstand der EAR (»not subject to the EAR«). Eine Prüfung der Genehmigungspflicht auf der Grundlage der EAR erübrigt sich daher. Die EAR enthalten zwei De-minimis-Regeln, von deren Anwendung einzelne ECCN jedoch explizit ausgenommen sind:

- wertmäßiger Anteil kontrollrelevanter Güter mit US-Ursprung ≤ 10 %
- wertmäßiger Anteil kontrollrelevanter Güter mit US-Ursprung ≤ 25 %

Ländergruppen für die Reexportkontrolle

Die zweite Regel gilt für Reexporte in Länder, die nicht Mitglied der Ländergruppen E:1 (»Terrorist Supporting Countries«) oder E:2 (»Unilateral Embargo«) sind. Diese Ländergruppen finden Sie in Anhang 1 des Teils 740 der EAR. In SAP GTS sind die Ländergruppen E:1 und E:2 in der Ländergruppe USREX_CRIT zusammengefasst. In Abbildung 4.59 sehen Sie die Länderzuordnung der Ländergruppe USREX_CRIT im Auslieferungs-Customizing (Menüpfad: **Global Trade Service • Allgemeine Einstellungen • Gesetzliche Grundlagen • Länder zu Ländergruppe zuordnen**).

Die Ländergruppe USREX_UNCR enthält – die USA ausgenommen – alle übrigen Länder, die bei Auslieferung der jeweiligen SAP-GTS-Version im System definiert waren. Die Zuordnung von Ländern zu Ländergruppen können Sie auch in der Transaktion **Zuordnung Land zu Ländergruppe anzeigen** (Transaktionscode /SAPSLL/CTYGRP_DISP) prüfen. Sie finden diese Transaktion im Bereichsmenü des Compliance Managements (Schaltfläche **Klassifizierung/Stammdaten**, Bereich **Ländergruppen**).

Sicht "Zuordnung Land zu Ländergruppe" ändern: Übersicht Auswahlmenge

Neue Einträge BC-Set: Feldwert ändern

Zuordnung Land zu Ländergruppe

Land	Bezeichnung	LGruppe	Beschreibung	Def.L.Gr.	Gültig ab	Gültig bis
CU	Kuba	USREX_CRIT	Kritische Länder für US Reexport	☐	01.01.2008	30.12.9999
IR	Iran	USREX_CRIT	Kritische Länder für US Reexport	☐	01.01.2008	30.12.9999
KP	Nordkorea	USREX_CRIT	Kritische Länder für US Reexport	☐	01.01.2008	30.12.9999
SD	Sudan	USREX_CRIT	Kritische Länder für US Reexport	☐	01.01.2008	30.12.9999
SY	Syrien	USREX_CRIT	Kritische Länder für US Reexport	☐	01.01.2008	30.12.9999

Abbildung 4.59 Länder der Ländergruppe USREX_CRIT

[!]

Länder für SAP GTS

In der jüngeren Vergangenheit sind wiederholt Staaten zerfallen und im Zuge dieses Zerfalls neue Staaten entstanden. Nicht nur für die Zwecke der Reexportkontrolle, sondern auch für die gesamte Außenhandelsabwicklung müssen Sie diese politischen Veränderungen Ihren SAP-Systemen »mitteilen«, indem Sie die neuen Staaten in die Datenbanktabelle T005 (Länder) aufnehmen (Menüpfad: **SAP NetWeaver • Allgemeine Einstellungen • Länder einstellen • Länder definieren in mySAP Systemen**). Verwenden Sie für diese Ergänzungen stets die Ländercodes gemäß ISO 3166, um die Zurückweisung Ihrer Zollanmeldungen oder sonstiger Außenhandelsdokumente aufgrund unbekannter Ländercodes zu verhindern.

Einstellungen auf Ländergruppenebene

Die Prozentsätze der beiden De-minimis-Regeln sind den Ländergruppen USREX_CRIT und USREX_UNCR im Auslieferungs-Customizing bereits zugeordnet (Menüpfad: **Global Trade Services • Compliance Management • Gesetzliche Kontrolle • Reexport • Ländergruppe der gesetzlichen Grundlage für Reexport einrichten**). Abbildung 4.60 zeigt die Einstellungen der Ländergruppe USREX_UNCR, für die im Hinblick auf den Anteil kontrollrelevanter Güter mit US-Ursprung eine Wertgrenze von 25 % gilt.

Der Prozentsatz für die Wertgrenze der De-minimis-Regel findet sich im Feld **Maximalprozentsatz**. Außerdem ist auf der Ebene der Ländergruppe festgelegt, wie SAP GTS die Produktstammdaten bei der Reexportkalkulation nutzt (Felder **Reaktion Kalkulation** und **Preisart Komponenten**).

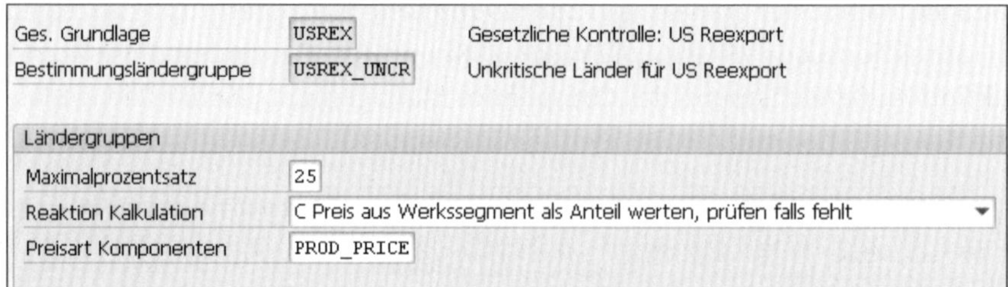

Abbildung 4.60 Steuerung der Ländergruppe USREX_UNCR

Preisarten in SAP GTS

Die Preisart PROD_PRICE (Materialpreis), die Sie im Feld **Preisart Komponenten** in Abbildung 4.60 sehen, ist im Auslieferungs-Customizing enthalten (Menüpfad: **Global Trade Services • Allgemeine Einstellungen • Preisarten definieren**). Die Alternativen, die Preisarten MAX_PRICE (Höchster Materialpreis), MIN_PRICE (Niedrigster Materialpreis) und NET_COST (Nettokosten Material), spielen nur in der Präferenzkalkulation eine Rolle (siehe Abschnitt 5.1.2, »Abbildung von Präferenzregelungen«). Ohne Eingriffe in die Überleitungssteuerung legt SAP GTS den aus dem Vorsystem übernommenen Materialpreis mit der Preisart PROD_PRICE im Produktstammsatz ab (siehe Abbildung 4.62).

Stücklisten für die Reexportkalkulation

Die *Reexportkalkulation* benötigen wir im zweiten Prozessbeispiel, in dem eine Pumpe in die Schweiz ausgeführt werden soll. Diese Pumpe wird in Deutschland unter Einsatz des aus den USA eingeführten Kugellagers 100-510 hergestellt. Wie Sie in Abbildung 4.56 sehen, ist dieses Kugellager von der ECCN 2A001.a erfasst. SAP GTS soll bei der Prüfung des Exportbelegs feststellen, ob der Anteil des Kugellagers am Nettopreis der Pumpe die De-minimis-Schwelle von 25 % überschreitet. Die Berechnung dieses Anteils beruht auf der *Stückliste* der Pumpe. Die Stücklisten aller für die Reexportkontrolle relevanten Produkte leiten Sie aus dem Vorsystem an SAP GTS über. Für die initiale Überleitung im Hintergrund ist das Programm `/SAPSLL/BOMMAT_DISTRIBUTE_R3` vorgesehen. Sie können die Stücklistenüberleitung mit der Transaktion **Stücklisten initial an SAP GTS überleiten** auch im Dialog durchführen (Transaktionscode /SAPSLL/BOMMAT_DIRR3). Diese Transaktion finden Sie im Anwendungsmenü für den Datenaustausch mit SAP GTS in der Sicht **Initialüberleitung Stammdaten**. In SAP GTS überprüfen Sie das Ergebnis der Replikation im Bereichsmenü des Compliance Managements (Schaltfläche **Klassifikation/Stammdaten**, Bereich **Zoll-**

produkte Exportsicht) in der Transaktion **Reexport: Stücklisten anzeigen** (Transaktionscode /SAPSLL/REXCALCBOM). Die Steuerung der Stücklistenüberleitung behandelt Abschnitt 5.1.3, »Präferenzkalkulation«.

Wertgrundlage

Die *Werte* für die Berechnung des Anteils einer Stücklistenkomponente am Endprodukt können Sie entweder manuell in den Produktstammsatz eingeben oder aus dem Materialstammsatz des Vorsystems aus der Sicht **Buchhaltung 1** übernehmen. Bei der manuellen Erfassung von Werten in der Sicht **Reexport** können Sie zwischen Hardware-, Software- und Technologieanteilen unterscheiden. In Abbildung 4.61 sehen Sie den relevanten Ausschnitt aus dieser Sicht im Produktstammsatz des Kugellagers 100-510.

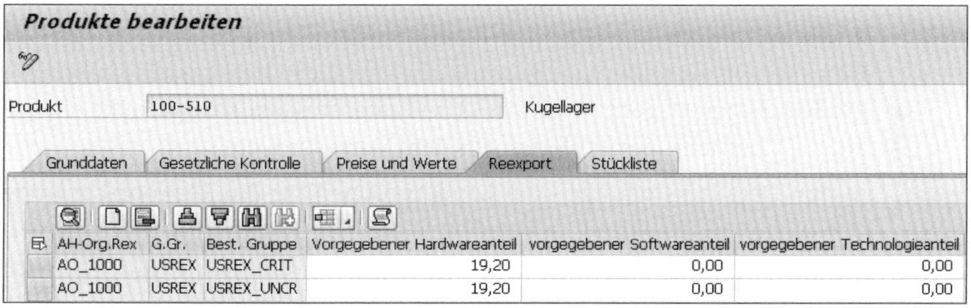

Produkte bearbeiten

Produkt 100-510 Kugellager

Grunddaten | Gesetzliche Kontrolle | Preise und Werte | Reexport | Stückliste

AH-Org.Rex	G.Gr.	Best. Gruppe	Vorgegebener Hardwareanteil	vorgegebener Softwareanteil	vorgegebener Technologieanteil
AO_1000	USREX	USREX_CRIT	19,20	0,00	0,00
AO_1000	USREX	USREX_UNCR	19,20	0,00	0,00

Abbildung 4.61 Erfassung von Werten im Produktstammsatz

In die Spalte **Vorgegebener Hardwareanteil** wurde für beide Ländergruppen ein Wert eingetragen. Diesen Wert soll SAP GTS der Reexportkalkulation für alle Produkte, die das Kugellager enthalten, zugrunde legen.

Übernahme der Materialpreise

Die Übernahme der Materialpreise aus dem Materialstamm des Vorsystems kann Ihnen nicht nur in vielen Fällen diesen manuellen Pflegeaufwand ersparen. Mithilfe der Änderungszeiger, die Sie in Abschnitt 1.3.1, »Stammdatenüberleitung aus dem Vorsystem«, kennengelernt haben, lässt sich zudem sicherstellen, dass SAP GTS in der Reexportkalkulation stets mit aktuellen Werten arbeitet. Für die initiale Überleitung der Materialpreise verwenden Sie im Vorsystem das Programm `/SAPSLL/PRCMAT_DISTRIBUTE_R3`, das Sie mit der Transaktion **Materialpreise initial an SAP GTS überleiten** (Transaktionscode /SAPSLL/PRCMAT_DIRR3) auch im Dialog ausführen können. Sie finden diese Transaktion im Anwendungsmenü für den Datenaustausch mit SAP GTS in der Sicht **Initialüberleitung Stammdaten**. Das Programm `/SAPSLL/PRCMAT_DISTRIBUTE_R3` selektiert die Preise aus der Datenbanktabelle MBEW (Materialbewertung). SAP GTS übernimmt die aus dem Vorsystem übergeleiteten Preise im Produktstamm in die Sicht **Preise und Werte**. Abbildung 4.62 zeigt diese Sicht in einem Produktstammsatz.

Produkte bearbeiten

Produkt 102-300 Welle

Grunddaten | Gesetzliche Kontrolle | Preise und Werte | Reexport | Stückliste

Org.Art	Organisation	Name	Preisart	Beschreibung	Betrag	Währung	Preiseinheit	Maßeinheit
	VB_1000	Verwenderbetrieb Hamburg	PROD_PRICE	Materialpreis	203,65	EUR	1	ST

Abbildung 4.62 Übernahme von Werten aus dem Vorsystem

Das Vorsystem leitet in Abhängigkeit von der Preissteuerung entweder den gleitenden Durchschnittspreis oder den Standardpreis des Materials an SAP GTS über. Da die Materialbewertung auch für die Präferenzkalkulation eine große Rolle spielt, geht Abschnitt 5.1.3, »Präferenzkalkulation«, noch einmal auf die Übernahme von Werten aus dem Vorsystem ein.

Nutzung der Preise in der Kalkulation

In den Detaileinstellungen der Ländergruppen für die Reexportkontrolle stehen im Feld **Reaktion Kalkulation** (siehe Abbildung 4.60) vier Kennzeichen zur Auswahl:

- **A Prüfungsrelevanz für alle übergeordneten Baugruppen setzen**
- **B Komponente für Anteilswert ignorieren**
- **C Preis aus Werkssegment als Anteil werten, prüfen falls fehlt**
- **D Preis aus Werkssegment als Anteil werten, ignor. falls fehlt**

Die ersten beiden Optionen kommen in Betracht, wenn Produktpreise in SAP GTS in der Sicht **Reexport** gepflegt werden. Die Optionen C und D sind dagegen sinnvoll, wenn die Materialpreise aus dem Vorsystem übernommen werden sollen. Wenn Sie sich für die Optionen A oder B entscheiden, ignoriert SAP GTS etwaige Einträge in der Sicht **Preise und Werte**. Bei den Optionen C und D haben Preisangaben in der Spalte **Vorgegebener Hardwareanteil** der Sicht **Reexport** Priorität vor den aus dem Vorsystem übernommenen Preisen. Ist diese Spalte leer, übernimmt SAP GTS die Angaben aus der Sicht **Preise und Werte**. Haben Sie jedoch – wie im Beispiel in Abbildung 4.57 – in der Spalte **Reexport Kontrollrelevanz** die Option **Kontrollieren ohne Vererbung** ausgewählt, müssen Sie in jedem Fall einen Preis in der Sicht **Reexport** erfassen.

Den Optionen A und C liegt das Worst-Case-Prinzip zugrunde: Liegt im Produktstammsatz einer Komponente kein Preis vor, geht diese Komponente mit dem Maximalwert für das Preisfeld in die Reexportkalkulation ein. Das Endprodukt ist daher immer reexportkontrollrelevant. Falls also im Hinblick auf die Preise Lücken in der Produktstammpflege bestehen, fallen diese bei der Reexportkalkulation sofort auf. Die Optionen B und D folgen dem entgegengesetzten Prinzip: Wenn der Preis einer Komponente fehlt, gilt diese Komponente als nicht relevant für die Reexportkalkulation (Wert 0). Wurden Produkte bei der Stammdatenpflege oder Materialpreisüberleitung übersehen, entsteht also möglicherweise ein falsches Bild.

Ausschlussnummer

Wie Sie in Abbildung 4.63 sehen, ist der Ländergruppe USREX_UNCR im Auslieferungs-Customizing der Code EAR99 als *Ausschlussnummer* zugeordnet.

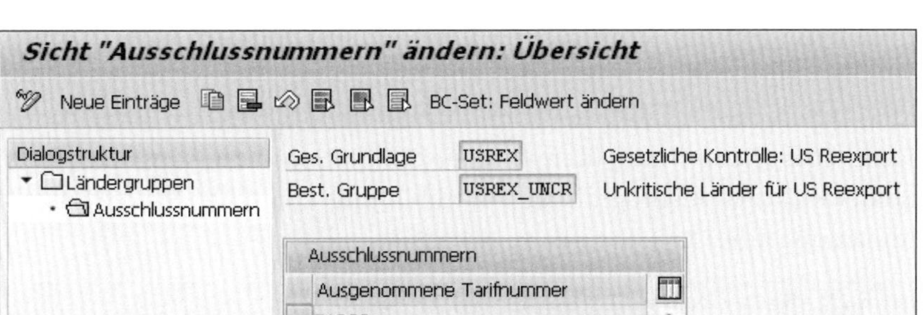

Abbildung 4.63 Ausschluss von EAR99-Gütern

Produkte, die mit diesem Code klassifiziert wurden, gehen nicht in die Reexportkalkulation ein. Es spielt also keine Rolle, ob SAP GTS die Preise dieser Produkte kennt bzw. aus welcher Quelle sie stammen. Diese Voreinstellung ist sinnvoll, da für die Anwendung der De-minimis-Regeln nur Dual-Use-Güter, also Produkte mit einer ECCN, relevant sind.

[«]

Export Control Decision Tree

Zum besseren Verständnis der Konfiguration der Reexportkontrolle in SAP GTS ist es hilfreich, sich den *Export Control Decision Tree* in Anhang 1 des Teils 732 der EAR anzuschauen. Werden die in Abbildung 4.60 und in Abbildung 4.63 dargestellten Einstellungen beibehalten und alle Nicht-Dual-Use-Güter, die Gegenstand der EAR sind, mit dem Code EAR99 klassifiziert, entspricht das Systemvorgehen den im Entscheidungsbaum vorgegebenen Abläufen.

Reexportkalkulation

Außenhandelsorganisation Reexport

Bevor Sie nun eine Reexportkalkulation in SAP GTS durchführen können, müssen Sie noch mindestens einem Geschäftspartner die Rolle *Außenhandelsorganisation Reexport* (SLLFTX) zuweisen. In der Regel kann ein Geschäftspartner in der Rolle der Außenhandelsorganisation (SLLFTO) diese Rolle zusätzlich übernehmen. Für die Implementierung einer länderübergreifenden Reexportkontrolle können Sie jedoch einen Geschäftspartner ausschließlich in dieser Rolle anlegen und diesem Verwenderbetriebe speziell für die Reexportkontrolle zuordnen (Menüpfad: **Global Trade Services • Compliance Management • Gesetzliche Kontrolle • Reexport • Verwenderbetrieb einer Außenhandelsorganisation zuordnen**).

Kalkulationsprogramme

Die Reexportkalkulation für eigengefertigte Produkte können Sie im Dialog ausführen oder per Batch-Job vom System ausführen lassen. Sie finden die Transaktionen zu den verschiedenen Kalkulationsprogrammen im Bereichsmenü des Compliance Managements (Schaltfläche **Klassifikation/Stammdaten**, Bereich **Reexport Kalkulation**).

Kalkulationsprotokoll

SAP GTS protokolliert jede Reexportkalkulation, die nicht im Simulationsmodus ausgeführt wurde (Kennzeichen **Simulationsmodus** im Selektionsbild der Kalkulationsprogramme). In Abbildung 4.64 sehen Sie die Zusammenfassung eines Kalkulationsprotokolls.

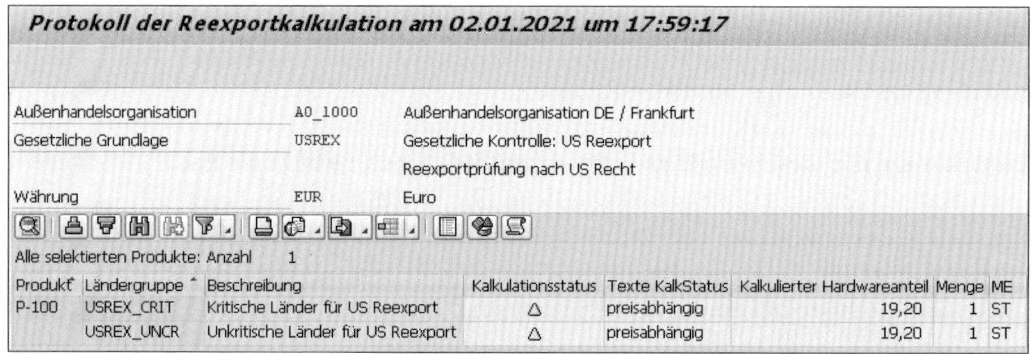

Protokoll der Reexportkalkulation am 02.01.2021 um 17:59:17

Außenhandelsorganisation	AO_1000	Außenhandelsorganisation DE / Frankfurt
Gesetzliche Grundlage	USREX	Gesetzliche Kontrolle: US Reexport
		Reexportprüfung nach US Recht
Währung	EUR	Euro

Alle selektierten Produkte: Anzahl 1

Produkt	Ländergruppe	Beschreibung	Kalkulationsstatus	Texte KalkStatus	Kalkulierter Hardwareanteil	Menge	ME
P-100	USREX_CRIT	Kritische Länder für US Reexport	△	preisabhängig	19,20	1	ST
	USREX_UNCR	Unkritische Länder für US Reexport	△	preisabhängig	19,20	1	ST

Abbildung 4.64 Protokoll einer Reexportkalkulation – Zusammenfassung

SAP GTS führt die Kalkulation immer für beide Ländergruppen der gesetzlichen Grundlage USREX durch. Das Symbol △ in der Spalte **Kalkulationsstatus** weist darauf hin, dass die Reexportkontrollrelevanz der Pumpe P-100 von ihrem Verkaufspreis abhängt. Der Gesamtwert der kontrollrelevanten Komponenten mit US-Ursprung beträgt 19,20 € (Spalte **Kalkulierter Hardwareanteil**).

Stücklistenauflösung

Wenn Sie nachvollziehen wollen, wie SAP GTS zu einem Kalkulationsergebnis kommt, markieren Sie den jeweiligen Eintrag in der Zusammenfassung in Abbildung 4.64 und klicken auf das Symbol [▤]. Im nächsten Bild klicken Sie auf das Symbol [品], um sich ein detailliertes Protokoll der Stücklistenauflösung anzeigen zu lassen. Abbildung 4.65 zeigt einen Ausschnitt aus dem Kalkulationsprotokoll für die Stückliste der Pumpe P-100.

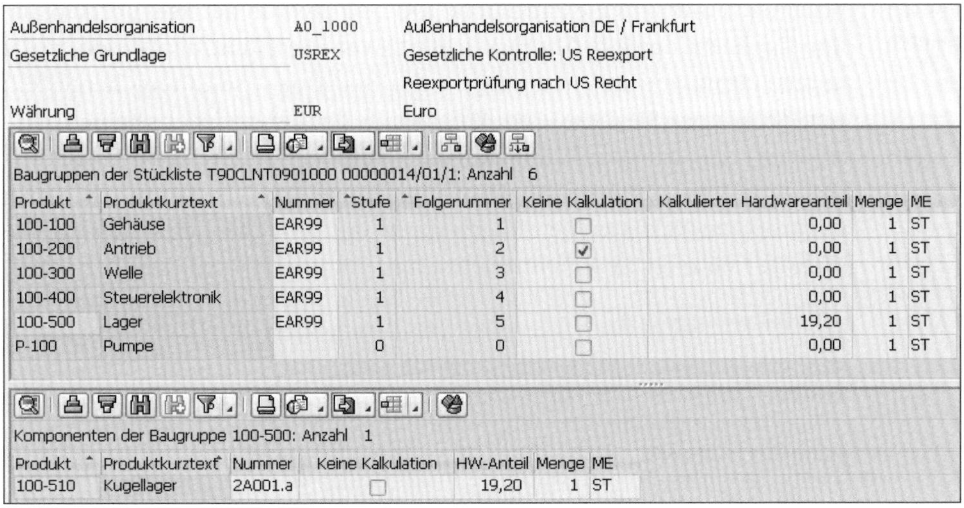

Außenhandelsorganisation	AO_1000	Außenhandelsorganisation DE / Frankfurt
Gesetzliche Grundlage	USREX	Gesetzliche Kontrolle: US Reexport
		Reexportprüfung nach US Recht
Währung	EUR	Euro

Baugruppen der Stückliste T90CLNT0901000 00000014/01/1: Anzahl 6

Produkt	Produktkurztext	Nummer	Stufe	Folgenummer	Keine Kalkulation	Kalkulierter Hardwareanteil	Menge	ME
100-100	Gehäuse	EAR99	1	1	☐	0,00	1	ST
100-200	Antrieb	EAR99	1	2	☑	0,00	1	ST
100-300	Welle	EAR99	1	3	☐	0,00	1	ST
100-400	Steuerelektronik	EAR99	1	4	☐	0,00	1	ST
100-500	Lager	EAR99	1	5	☐	19,20	1	ST
P-100	Pumpe		0	0	☐	0,00	1	ST

Komponenten der Baugruppe 100-500: Anzahl 1

Produkt	Produktkurztext	Nummer	Keine Kalkulation	HW-Anteil	Menge	ME
100-510	Kugellager	2A001.a	☐	19,20	1	ST

Abbildung 4.65 Protokoll der Stücklistenauflösung

Im Bereich **Baugruppen der Stückliste** sehen Sie die Kalkulationsergebnisse für die Führungsteile der fünf Baugruppen, aus denen sich die Pumpe P-100 zusammensetzt. Diese Teilergebnisse hat SAP GTS auf der Ebene der Pumpe zusammengeführt. Die Baugruppe des Antriebs 100-200 ist nicht in die Kalkulation für das Endprodukt eingegangen (Kennzeichen **Keine Kalkulation**). In der Komponentenübersicht (Bereich **Komponenten der Baugruppe**) sehen Sie, dass die Baugruppe des Lagers 100-500 das Kugellager 100-510 enthält. Dieses Kugellager haben Sie bereits im Zusammenhang mit der Klassifizierung von Produkten auf der Grundlage der CCL in Abbildung 4.56 kennengelernt. Anhand seiner ECCN (Spalte **Nummer**) ist es sofort als Dual-Use-Gut zu identifizieren. Der Wert des Kugellagers aus der Sicht **Reexport** des Produktstammsatzes (siehe Abbildung 4.61) geht daher als kontrollrelevanter Hardwareanteil (Spalte **Kalkulierter Hardwareanteil**) in das Kalkulationsergebnis ein. Wenn Sie die Auflösung einer Unterstückliste prüfen wollen, klicken Sie in der oberen Bildhälfte doppelt auf die Zeile des jeweiligen Baugruppenführungsteils.

[!]

Worst-Case-Prinzip

Das Ursprungsland eines Produkts spielt für die Reexportkontrolle in SAP GTS grundsätzlich keine Rolle. Vielmehr betrachtet das System ein Produkt mit einer ECCN in der Reexportkalkulation, aber auch bei seiner direkten Ausfuhr oder Verbringung nach dem »Worst-Case«-Prinzip *immer* als US-Erzeugnis.

Ausschluss von Komponenten

Warum hat SAP GTS die Baugruppe 100-200 nicht in der Reexportkalkulation für die Pumpe P-100 berücksichtigt? Wenn feststeht, dass Produkte nie unter Einsatz von aus den USA beschafften Dual-Use-Gütern hergestellt werden, können Sie diese Produkte mithilfe des Kennzeichens **Keine Kalkulation** von der Reexportkalkulation ausschließen. Durch diesen Ausschluss reduziert sich die Arbeitslast, die das System bei der Kalkulation komplexer Baugruppenstücklisten bewältigen muss, unter Umständen erheblich. Abbildung 4.66 zeigt diese Kennzeichnung.

Abbildung 4.66 Weitere Kennzeichen in der Sicht »Reexport«

Manche Baugruppen werden auch separat als Ersatzteile verkauft. Wenn SAP GTS zwar bei der direkten Ausfuhr oder Verbringung solcher Baugruppen eine Prüfung auf Reexportkontrollrelevanz durchführen soll, nicht jedoch, wenn die Baugruppen als Komponenten in andere Produkte eingebaut werden, setzen Sie das Kennzeichen **Als Komponente ignorieren**. Wenn Sie für ein Produkt eine Reexportkalkulation durchführen, füllt SAP GTS die Sicht **Reexport** automatisch mit dem Ergebnis (Spalte **Kalkulierter Hardwareanteil**). In der Spalte **Reexport Kontrollrelevanz** ist dann das Kennzeichen **Kontrollrelevanz wertabhängig ermitteln** gesetzt (siehe Abbildung 4.66). Komponenten ohne Einträge in der Sicht **Reexport** gehen mit ihrem Materialpreis in die Kalkulation ein, wenn sie nicht mit dem Code EAR99 klassifiziert sind.

Prozessbeispiel: Ausfuhr eines Ersatzteils

Betrachten wir zum Abschluss des Abschnitts, wie SAP GTS die Reexportdaten der Produkte in der gesetzlichen Kontrolle nutzt. Im ersten Prozessbeispiel bestellt ein ägyptischer Kunde das Kugellager 100-510. SAP GTS prüft den Exportbeleg zum Auftrag des Kunden u. a. auch auf seine Relevanz für die US-Reexportkontrolle. In Abbildung 4.67 sehen Sie einen Ausschnitt aus dem Prüfprotokoll der Belegposition.

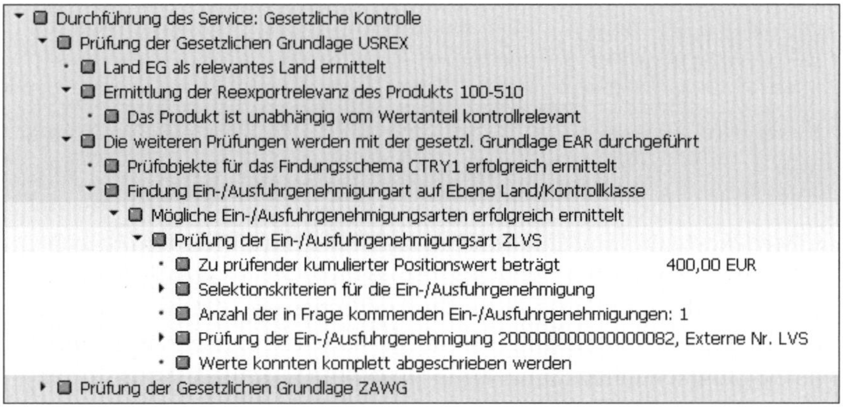

- Durchführung des Service: Gesetzliche Kontrolle
  - Prüfung der Gesetzlichen Grundlage USREX
    - Land EG als relevantes Land ermittelt
    - Ermittlung der Reexportrelevanz des Produkts 100-510
      - Das Produkt ist unabhängig vom Wertanteil kontrollrelevant
    - Die weiteren Prüfungen werden mit der gesetzl. Grundlage EAR durchgeführt
      - Prüfobjekte für das Findungsschema CTRY1 erfolgreich ermittelt
      - Findung Ein-/Ausfuhrgenehmigungart auf Ebene Land/Kontrollklasse
        - Mögliche Ein-/Ausfuhrgenehmigungsarten erfolgreich ermittelt
          - Prüfung der Ein-/Ausfuhrgenehmigungsart ZLVS
            - Zu prüfender kumulierter Positionswert beträgt 400,00 EUR
            - Selektionskriterien für die Ein-/Ausfuhrgenehmigung
            - Anzahl der in Frage kommenden Ein-/Ausfuhrgenehmigungen: 1
            - Prüfung der Ein-/Ausfuhrgenehmigung 20000000000000082, Externe Nr. LVS
            - Werte konnten komplett abgeschrieben werden
  - Prüfung der Gesetzlichen Grundlage ZAWG

Abbildung 4.67 Ausfuhr nach Ägypten – Prüfprotokoll

Da das Kugellager in der Sicht **Reexport** als kontrollrelevant gekennzeichnet ist (siehe Abbildung 4.57), führt SAP GTS keinen Preisvergleich durch (Protokolltext **Das Produkt ist unabhängig vom Wertanteil kontrollrelevant**). Auf der Grundlage der EAR sucht SAP GTS zunächst nach einer passenden Genehmigungsart. Für Ausfuhren von Kugellagern der ECCN 2A001.a nach Ägypten kommen gemäß CCL zwei *License Exceptions* infrage. Den Allgemeinen Genehmigungen vergleichbar, müssen die in den EAR definierten License Exceptions nicht beantragt werden, sondern können, wenn die jeweiligen Voraussetzungen erfüllt sind, ggf. unter Angabe entsprechender Codes in der Zollanmeldung, für die Ausfuhr oder den Reexport bestimmter Dual-Use-Güter in bestimmte Länder genutzt werden. Die im Prozessbeispiel in Abbildung 4.67 in Anspruch genommene License Exception *Shipments of Limited Value* (LVS) deckt Ausfuhren und Reexporte von Kugellagern der ECCN 2A001.a in bestimmte Länder bis zu einem Höchstwert von 3.000 $ ab. Diese License Exception wurde in SAP GTS als Genehmigung der selbst definierten Genehmigungsart ZLVS mit einer Niedrigwertprüfung angelegt (siehe Abbildung 4.17).

[!]

Findungsschema LELDT

Die Findung gesetzlicher Grundlagen für die jeweiligen Zwecke eines Anwendungsbereichs beruht auf einer SAP-GTS-spezifischen Konditionstechnik. Für die Findung gesetzlicher Grundlagen in der gesetzlichen Kontrolle stellt das Auslieferungs-Customizing das Findungsschema LELDT bereit (Menüpfad: **Global Trade Services • Allgemeine Einstellungen • Gesetzliche Grundlagen • Findungsschema der aktiven gesetzlichen Grundlagen definieren**). Um die Reexportkontrolle sinnvoll einzubinden, muss das System in der Belegprüfung für die gesetzliche Kontrolle immer mindestens *zwei* gesetzliche Grundlagen finden: ein Abbild des jeweiligen nationalen Außenwirtschaftsrechts, ggf. in Verbindung mit der EU-Dual-Use-Verordnung, und die gesetzliche Grundlage USREX. Im Auslieferungszustand ist für das Findungsschema LELDT allerdings die Ermittlungsregel **Ermittlung über erste erfolgreiche Strategie** voreingestellt. Im Beispiel in Abbildung 4.67 würde SAP GTS also nur die gesetzliche Grundlage USREX finden (erster erfolgreicher Zugriff), nicht jedoch die gesetzliche Grundlage ZAWG. Legen Sie daher eine Kopie des Findungsschemas LELDT an und wählen Sie in den Detaileinstellungen dieser Kopie die Ermittlungsregel **A Ermittlung über alle Strategien** aus. Ordnen Sie die Kopie anschließend dem Anwendungsbereich zu (Menüpfad: **Global Trade Services • Compliance Management • Gesetzliche Kontrolle • Findungsschema zur Ermittlung der aktiven gesetzlichen Grundlagen zuordnen**).

Prozessbeispiel: Ausfuhr eines selbst gefertigten Produkts

Im zweiten Prozessbeispiel soll die Pumpe P-100 einem Kunden in der Schweiz geliefert werden. Die Pumpe hat selbst keine ECCN, sondern ist mit dem Code EAR99 klassifiziert. Im Produktstammsatz der Pumpe ist als Ergebnis der Reexportkalkulation in Abbildung 4.64 in der Sicht **Reexport** vermerkt, dass SAP GTS die Reexportkontrollrelevanz der Ausfuhr oder Verbringung wertabhängig ermitteln soll. Der Gesamtwert der kontrollrelevanten Komponenten, die US-Ursprung haben können, beträgt gemäß Reexportkalkulation 19,20 €. SAP GTS prüft auch den Exportbeleg zum Auftrag des Schweizer Kunden. Abbildung 4.68 zeigt einen Ausschnitt aus dem Prüfprotokoll.

- Durchführung des Service: Gesetzliche Kontrolle
  - Prüfung der Gesetzlichen Grundlage USREX
    - Land CH als relevantes Land ermittelt
    - Ermittlung der Reexportrelevanz des Produkts P-100
      - Die de minimis Schwelle der Ländergruppe USREX_UNCR beträgt 25%
      - Der Positionswert pro 1ST beträgt 510,90 EUR
      - Der Hardwareanteil am Positionswert beträgt 510,90 EUR
      - Der Reexporthardwareanteil beträgt 3,76% (19,20 EUR)
      - Der Softwareanteil am Positionswert beträgt 0,00 EUR
      - Der Reexportsoftwareanteil beträgt 0,00% (0,00 EUR)
      - Der Technologieanteil am Positionswert beträgt 0,00 EUR
      - Der Reexporttechnologieanteil beträgt 0,00% (0,00 EUR)
      - Produkt P-100 ist für die Ges. Grundlage USREX nicht kontrollrelevant

Abbildung 4.68 Ausfuhr in die Schweiz – Prüfprotokoll

Die Schweiz ist Mitglied der Ländergruppe USREX_UNCR. Der tatsächliche Verkaufspreis der Pumpe beträgt 510,90 €. Der wertmäßige Anteil der kontrollrelevanten Komponenten liegt mit 3,76 % also deutlich unter der Deminimis-Schwelle von 25 %. Die Ausfuhr der Pumpe in die Schweiz ist daher nicht Gegenstand der EAR (Protokolltext **Produkt P-100 ist für die Ges.**

Grundlage USREX nicht kontrollrelevant). Überschreitet der wertmäßige Anteil der kontrollrelevanten Komponenten die De-minimis-Schwelle, führt SAP GTS eine Genehmigungsfindung auf der Grundlage der EAR durch. Eine als kontrollfrei gekennzeichnete Findungsstrategie für den Code EAR99 verhindert eine Sperre der Exportbelegposition (siehe Abbildung 4.25).

Die gesetzliche Kontrolle identifiziert Beschränkungen, die wegen der Beschaffenheit eines Produkts unabhängig vom Empfangsland der Ausfuhr und der Person des Empfängers bestehen. Der nächste Abschnitt stellt die länder- und personenbezogenen Prüfungen des Compliance Managements vor.

4.2 Embargosituationen

Definition

Embargos sind Wirtschaftssanktionen, die einzelne Staaten oder Staatengemeinschaften über anderen Staaten, politische Gruppen oder Personen verhängen. Die meisten der in der EU gültigen Embargos gehen auf Beschlüsse des Sicherheitsrats der Vereinten Nationen (VN) oder der Organisation für Sicherheit und Zusammenarbeit in Europa (OSZE) zurück. Embargos sollen Menschenrechtsverstöße ahnden, die Ausweitung politischer Krisen verhindern, den Terrorismus bekämpfen oder kriminelle Gruppen bzw. Personen treffen.

Arten von Embargos

Die meisten Embargos der EU sind länderbezogen. Die vollständige wirtschaftliche Isolation eines Lands durch ein *Totalembargo* ist dabei die Ausnahme. In der EU existiert seit der Aufhebung der Verordnung (EG) Nr. 2465/1996 über die Unterbrechung der wirtschaftlichen und finanziellen Beziehungen zwischen der EG und Irak im Juli 2003 kein Totalembargo mehr. Die EU hat jedoch eine größere Anzahl von *Teilembargos* über verschiedene Staaten verhängt. Teilembargos verbieten die Ein- und/oder Ausfuhr bestimmter Güter oder das Erbringen bestimmter Dienstleistungen oder machen diese Aktivitäten von einer vorherigen Genehmigung abhängig. Bei einem Teilembargo kann es sich jedoch auch um Finanzsanktionen gegen bestimmte Personen oder Gruppen handeln. Das Vermögen dieser Personen oder Gruppen kann auf der Grundlage des Embargos »eingefroren« werden. Finanzielle Mittel dürfen den vom Embargo betroffenen Personen oder Gruppen nicht zur Verfügung gestellt werden. Solche Finanzsanktionen können auch länderunabhängig sein. Es spielt also keine Rolle, an welchem Ort sich die vom Embargo betroffene Person aufhält.

Eine spezielle Form des Teilembargos ist das *Waffenembargo*. Waffenembargos beschränken den Außenwirtschaftsverkehr mit Waffen und Rüstungsgütern. Anders als Teilembargos, die Ein- und Ausfuhr sonstiger Güter oder das Bereitstellen finanzieller Mittel beschränken, werden Waffenembargos nicht durch Verordnungen des Rats rechtskräftig. Die Mitgliedstaaten setzen Waffenembargos stattdessen auf der Basis von Gemeinsamen Standpunkten des Rats in nationales Recht um. In Deutschland sind diese Waffenembargos in §§ 74 ff. AWV aufgeführt (»Beschränkungen gegen bestimmte Länder und Personen«). Sie beziehen sich auf die in Teil I Abschnitt A AL gelisteten Güter. Ein Verstoß gegen die Bestimmungen der Embargoverordnungen ist in Deutschland strafbewehrt. Je nach Art und Umfang des Verstoßes drohen mehrmonatige bis mehrjährige Freiheitsstrafen.

Prüfungen im Compliance Management

Das Compliance Management trennt die Prüfung länderbezogener und länderunabhängiger Embargos voneinander. Länderbezogene Embargosituationen können Sie in Ihren Einkaufs- und Verkaufsprozessen mithilfe der *Embargoprüfung* feststellen. Für die Prüfung länderunabhängiger Embargos verwenden Sie die *Sanktionslistenprüfung*. Diese beiden Anwendungsbereiche dienen der Einhaltung von *Verboten*. Nur wenn ein Embargo *Beschränkungen* in Form von Genehmigungspflichten vorsieht, kommt die gesetzliche Kontrolle in Betracht.

Im folgenden Abschnitt lesen Sie, wie Sie die Embargoprüfung in SAP GTS einrichten und in den Prozessen nutzen. In Abschnitt 4.2.2, »Länderunabhängige Embargos«, geht es um die Konfiguration und die Verwendung der Sanktionslistenprüfung.

4.2.1 Länderbezogene Embargos

Das BAFA veröffentlicht auf seiner Website eine laufend aktualisierte Übersicht über alle länderbezogenen Embargos und ihre Maßnahmen (*www.bafa.de/DE/Aussenwirtschaft/Ausfuhrkontrolle/Embargos/embargos_node.html*). Die Mehrheit der von den Embargomaßnahmen betroffenen Staaten spielt als Handelspartner der EU eine untergeordnete Rolle. Unter den Embargoländern finden sich jedoch auch der Iran und Russland, die für viele europäische Unternehmen wichtige Zielländer für Ausfuhren sind.

Funktionsweise der Embargoprüfung

Die Embargoprüfung des Compliance Managements ist strikt länderbezogen. Die gehandelten Produkte und die am Vorgang beteiligten Personen haben für die Prüfung keine Bedeutung. Ist ein Land in SAP GTS als Embargoland gekennzeichnet, sperrt das System vorbeugend jeden Beleg, der einen prüfrelevanten Geschäftspartner in diesem Land enthält. Diese Sperre kann jedoch manuell wieder aufgehoben werden. SAP GTS erzwingt also in einer länderbezogenen Embargosituation immer eine *Einzelfallprüfung*. Ein Verkaufsvorgang, in den ein Geschäftspartner in einem Embargoland involviert ist, soll von einem sachkundigen Mitarbeiter vor dem Hintergrund der jeweiligen Embargobestimmungen individuell geprüft werden. Dasselbe gilt ggf. für Einkaufsvorgänge. Kommt der Mitarbeiter zu dem Ergebnis, dass der Vorgang nicht vom Embargo betroffen ist, gibt er den Beleg in SAP GTS frei. Das System protokolliert diese Freigabe und fordert je nach Konfiguration die Angabe einer Begründung. Die Freigabe eines wegen der Embargoprüfung gesperrten Belegs kann nicht zurückgenommen werden.

[!]

Teilembargos in SAP GTS

Die ausschließlich länderbezogene Embargoprüfung in SAP GTS unterscheidet nicht zwischen Total- und Teilembargos. Gelegentlich wird diese Tatsache als Mangel empfunden. Hilfsweise wird dann auf die produktbezogene Prüfung der gesetzlichen Kontrolle zurückgegriffen, um Teilembargos abzubilden. Bedenken Sie vor einer solchen Grundsatzentscheidung jedoch, dass die eigentliche Zweckbestimmung der gesetzlichen Kontrolle die Prüfung auf Genehmigungspflicht und die Verwaltung von Genehmigungen ist. Eine Nutzung der gesetzlichen Kontrolle im Zusammenhang mit Embargos ist daher sachlich nur zutreffend, wenn Embargoverordnungen Genehmigungserfordernisse enthalten. Für die Abbildung von Verboten ist die gesetzliche Kontrolle dagegen ungeeignet. Hinzu kommt, dass sich in der Folge politischer Ereignisse die Embargosituation relativ häufig ändert. In Anbetracht des hohen Risikos einerseits und der geringen wirtschaftlichen Bedeutung der meisten Embargoländer andererseits sollten Sie stets abwägen, ob nicht die Embargoprüfung die sicherere und zugleich effizientere Lösung ist.

Customizing und Stammdaten

Gesetzliche Grundlagen

Die gesetzliche Grundlage EMBUN (*Embargo – United Nations*), die Sie im Auslieferungs-Customizing Ihres SAP-GTS-Systems finden, soll die Gesamtheit aller auf Sicherheitsratsbeschlüsse zurückgehender Embargos abbilden. Schon aus Gründen der rechtlichen Genauigkeit ist es jedoch sinnvoll, für die Rechtsräume, in denen Sie Ihr SAP-GTS-System einsetzen, jeweils eigene gesetzliche Grundlagen zu definieren. Die in diesem Abschnitt verwendete gesetzliche Grundlage ZEMEU steht z. B. für die Embargoverordnungen der EU. In Abbildung 4.69 sehen Sie die Einstellungen dieser gesetzlichen Grundlage (Menüpfad: **Global Trade Services • Compliance Management • Embargoprüfung • Embargoprüfung steuern**).

Abbildung 4.69 Gesetzliche Grundlage für die Embargoprüfung

Partnergruppierungen

Im Bereich **Zu prüfende Partner** sind die im Auslieferungs-Customizing enthaltenen Partnergruppierungen PGEMB1 und PGEMB2 zugeordnet. Diese Partnergruppierungen legen fest, welche Partnerfunktionen relevant für die Embargoprüfung sind. Abbildung 4.70 zeigt die Partnerfunktionen der Partnergruppierung PGEMB2, die SAP GTS für die Embargoprüfung in Warenausgangsprozessen heranzieht.

Partnergruppe PGEMB2

Zuordnung Partnerfunktion

Laufende Nummer	Partnerfunktion	Beschreibung	Import / Export
10	AG	Auftraggeber	2 Export/Versendung
20	RE	Rechnungsempf.	2 Export/Versendung
30	RG	Regulierer	2 Export/Versendung
40	WE	Warenempfänger	2 Export/Versendung
50	EN	Endkunde	2 Export/Versendung
60	SP	Spediteur	3 Import/Eingang und Export/Ve…
70	FIACO	Kontoinhaber	3 Import/Eingang und Export/Ve…
80	FIKRE	Kreditor	2 Export/Versendung
90	FIOTP	Einmalzahlung	3 Import/Eingang und Export/Ve…
91	FIPAB	Partnerbank	3 Import/Eingang und Export/Ve…
92	FIPAY	Zahlungsempf.	2 Export/Versendung

Abbildung 4.70 Partnergruppierung PGEMB2

Partnerfunktionen

Die Partnerfunktionen mit den laufenden Nummern 10 bis 60 sind für die Prüfung von Vertriebsbeleg- und Auslieferungsreplikaten vorgesehen. Die Partnerfunktionen mit den laufenden Nummern 70 bis 92, die keine Entsprechungen im SAP-ERP- bzw. SAP-S/4HANA-Vorsystem haben, können Sie für die Prüfung von Zahlungen auf der Grundlage von Buchhaltungsbelegreplikaten nutzen. SAP GTS prüft das Länderkennzeichen in der Adresse aller Belegpartner, die in einer der elf Partnerfunktionen der Partnergruppierung auftreten. Für eine Belegsperre reicht es aus, dass sich einer der prüfrelevanten Partner in einem Embargoland befindet.

Benachrichtigung bei Belegsperren

Im Bereich **Workflow** (Abbildung 4.69) können Sie das Kennzeichen **Mail bei Belegsperre** setzen. Immer wenn die Embargoprüfung mit einer Belegsperre endet, soll SAP GTS einen in einer frei definierbaren Benutzergruppe festgelegten Empfängerkreis in einer E-Mail über diese Belegsperre informieren. Benutzergruppen für die Benachrichtigungssteuerung legen Sie mit der Transaktion **Benutzergruppen pflegen** an (Transaktionscode SUGR). Sie finden diese Transaktion im Bereichsmenü der Systemadministration (Schaltfläche **Systemkommunikation**, Bereich **Benachrichtigungen**). Der Benutzergruppe ordnen Sie mindestens einen Benutzer zu. In der Adresse dieses Benutzers muss eine E-Mail-Adresse eingetragen sein. Der E-Mail-Versand erfolgt über SAPconnect. Eine Beschreibung der Einrichtung einer Benachrichtigung per E-Mail finden Sie im Konfigurationsleitfaden für das Compliance Management.

Freigabebegründungen

In Abbildung 4.69 sehen Sie auch, dass Sie auf der Ebene der gesetzlichen Grundlage die Angabe von Begründungen bei der Freigabe gesperrter Belege steuern können (Bereich **Freigabebegründung**). Im Customizing des Compliance Managements können Sie mögliche Begründungen für die Belegfreigabe vorformulieren und in Schemata zusammenfassen (Menüpfad: **Global Trade Services • Compliance Management • Freigabebegründungen für gesperrte Belege und Geschäftspartner definieren**). Diese Schemata können Sie sowohl für die Embargoprüfung als auch für die Sanktionslistenprüfung verwenden. Bei der Belegfreigabe wählen Sie eine der Begründungen des jeweiligen Schemas aus einer Liste aus. In Abbildung 4.71 sehen Sie das der gesetzlichen Grundlage ZEMEU zugeordnete Schema ZEMBARGO.

Das Schema ZEMBARGO enthält vier Begründungen. Nur die erste Begründung ist für die Aufhebung von Belegsperren wegen der Embargoprüfung vorgesehen. In den Detaileinstellungen der gesetzlichen Grundlagen für die Embargo- und die Sanktionslistenprüfung aktivieren Sie die Nutzung der Freigabebegründungen und legen zugleich fest, ob Anwender bei der Belegfreigabe zusätzlich oder alternativ einen Freitext erfassen können (Feld **Ak-**

tivierung). Im Beispiel der gesetzlichen Grundlage ZEMEU in Abbildung 4.69 ist die Angabe einer der vorformulierten Begründungen in Kombination mit der Erfassung eines individuellen Textes vorgesehen (Kennzeichen **2 Begründungsangabe und Kommentarerfassung**).

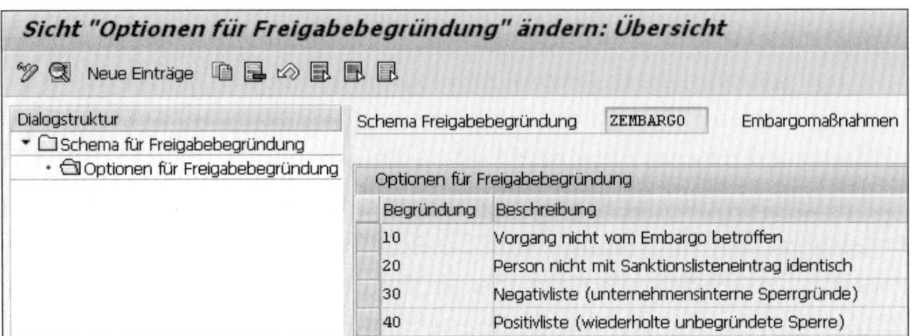

Abbildung 4.71 Schema für Freigabebegründungen

Embargoprüfung in der Zollanmeldung

Wie Sie in Abschnitt 1.2.1, »Außenwirtschaftsrechtliche Prüfungen«, erfahren haben, repliziert SAP GTS Einkaufsbelege, Verkaufsbelege und Lieferungen des Vorsystems als Grundlage für die Prüfungen des Compliance Managements. Letztmöglicher Prüfzeitpunkt für diese Replikate ist jeweils die Bestandsführungsbuchung. Der Exportbeleg zu einer Auslieferung wird also zum letzten Mal bei der Warenausgangsbuchung geprüft. SAP GTS kann jedoch auch im Rahmen der Unvollständigkeitsprüfung der Zollanmeldung eine Embargoprüfung durchführen. Wenn Sie diese Zusatzfunktion nutzen, können Sie auf kurzfristige Änderungen der Rechtslage reagieren. Stellt SAP GTS bei der Prüfung der Zollanmeldung eine Embargosituation fest, erscheint ein entsprechender Eintrag im Unvollständigkeitsprotokoll (Protokolltext **Partner durch Embargoprüfung gesperrt, siehe Protokoll**). Das Protokoll der Embargoprüfung können Sie sich direkt aus der Zollanmeldung über **Springen • Protokolle • SL- und Embargoprüfung** anzeigen lassen. Ist in den Detaileinstellungen der gesetzlichen Grundlage für die Embargoprüfung im Bereich **Unvollständigkeitsprüfung Customs Management** im Feld **Reaktion Belegsperre** das Kennzeichen **C Fehlermeldung** gesetzt (siehe Abbildung 4.69), erhält der Beleg den Status »unvollständig«. Die Zollanmeldung kann nicht ausgegeben werden.

Aktivierung von Belegarten und Positionstypen

Um die Embargoprüfung in der Zollanmeldung nutzen zu können, müssen Sie die Belegarten und Positionstypen des Customs Management für diese Teilfunktion des Compliance Managements aktivieren (Menüpfade: **Global Trade Services • Allgemeine Einstellungen • Belegstruktur • Belegarten für Anwendungsbereiche aktivieren** und **Global Trade Services • Allgemeine Einstellungen • Belegstruktur • Positionstypen für Anwendungsbereiche**

aktivieren). Abbildung 4.72 zeigt die Aktivierung von Belegarten für die Embargoprüfung.

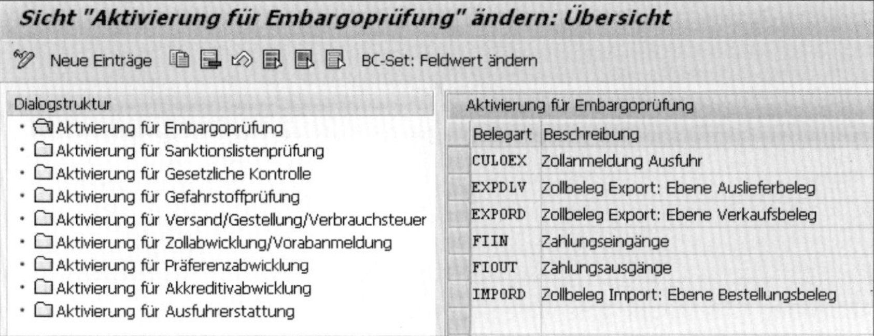

Abbildung 4.72 Aktivierung von Belegarten für die Embargoprüfung

Wenn Sie weitere Belegarten für einen der Anwendungsbereiche des Compliance Managements, des Customs Managements oder des Risk Managements aktivieren wollen, öffnen Sie in der Dialogstruktur den Ordner des Anwendungsbereichs und klicken auf **Neue Einträge**.

Prüfung von Zahlungen

Besteht ein Embargo zumindest in Teilen aus Finanzsanktionen in Form eines *Bereitstellungsverbots*, müssen Sie auch Zahlungen an Geschäftspartner in diesem Land einer Prüfung unterziehen. Für diese Form der Embargoprüfung bietet SAP GTS eine Integration in die Zahlungslaufabwicklung des Finanzwesens in SAP ERP bzw. SAP S/4HANA. Buchhaltungsbelege, die in Zahlungsläufen durch das Programm SAPF110S erzeugt werden, können in SAP GTS als *Zahlungsbelege* repliziert und anschließend geprüft werden. Zur Aktivierung dieser Überleitung setzen Sie im Customizing des Vorsystems das Kennzeichen **Prüfung in SAP GTS für FI ist aktiv** (Menüpfad: **Finanzwesen (neu) • Grundeinstellungen Finanzwesen (neu) • Prüfung in SAP GTS für FI • Prüfung in SAP GTS für FI aktivieren**). Das Programm SAPF110S können Sie mit der Transaktion **Maschineller Zahlungsverkehr** (Transaktionscode F110) oder per Batch-Job ausführen.

Mapping für Belegarten und Positionstyp

In SAP GTS müssen Sie für die Replikation der Buchhaltungsbelege ein Pseudo-Mapping einrichten. Das Auslieferungs-Customizing enthält je eine Belegart für ein- und ausgehende Zahlungen (FIIN und FIOUT) und einen Positionstyp für beide Zahlungsrichtungen (FIOA). Im Vorsystem werden Buchhaltungsbelege zwar ebenso wie z. B. Verkaufsbelege mit im Customizing definierten Belegarten angelegt. Diese Buchhaltungsbelegarten sind jedoch für die Replikation in SAP GTS ohne Bedeutung. Sie müssen vielmehr die Belegarten FIIN und FIOUT auf sich selbst »mappen«. Abbildung 4.73 zeigt ein Beispiel.

Sicht "Zuordnung: Belegart aus Gruppe der VS zu Belegart in SAP GTS"

Neue Einträge BC-Set: Feldwert ändern

Applikationsebene FIOA FI-Zahlung

Gruppe log. Systeme ZSAPVORSYS SAP-Vorsysteme

Belegart Vorsystem FIOUT Zahlungsausgänge

Zuordnung: Belegart aus Gruppe der VS zu Belegart in SAP GTS

Belegart FIOUT Zahlungsausgänge

Abbildung 4.73 Mapping der Belegart FIOUT

Sie erkennen in Abbildung 4.73, dass in das Feld **Belegart Vorsystem** einfach der Schlüssel der SAP-GTS-Belegart FIOUT (Feld **Belegart**) eingetragen wurde. Mit Belegart FIIN und Positionstyp FIOA verfahren Sie ebenso (Menüpfade: **Global Trade Services • Allgemeine Einstellungen • Belegstruktur • Zuordnung Belegarten aus Vorsystemen** bzw. **Zuordnung Positionstypen aus Vorsystemen**). Die Applikationsebene der Zuordnung ist jeweils FIOA (FI-Zahlung). Im Auslieferungs-Customizing sind beide Belegarten und der Positionstyp bereits für die Embargoprüfung aktiviert.

Partnerrollen-Mapping

Das darüber hinaus für die Belegreplikation erforderliche Partnerrollen-Mapping besteht in einer vergleichbaren »Selbstzuordnung« der für Zahlungsbelege ausgelieferten Partnerfunktionen (Menüpfad: **Global Trade Services • Allgemeine Einstellungen • Partnerstruktur • Zuordnung Partnerrollen aus Vorsystemen**). Der Partnerfunktion FIACO (Kontoinhaber) z. B. ordnen Sie im Feld **Partnerrolle VS** die fiktive Partnerrolle FIACO zu. Wenn Sie auch Zahlungseingänge prüfen lassen, müssen Sie zusätzlich zu den in Abbildung 4.70 aufgeführten Partnerfunktionen noch die Partnerfunktionen FIDEB (Debitor) und FIREG (Regulierer) auf sich selbst »mappen«.

Embargos als Stammdaten

Die konkreten Embargos erfassen Sie als Stammdaten im Bereichsmenü des Compliance Managements (Schaltfläche **Gesetzliche Kontrolle – Export** oder **Gesetzliche Kontrolle – Import**, Bereich **Embargo**). Dabei können Sie zwischen drei Differenzierungsstufen wählen:

- pauschale Kennzeichnung eines Lands als Embargoland
- Kennzeichnung eines Lands als Embargoland für eine bestimmte gesetzliche Grundlage
- Kennzeichnung eines Lands als Embargoland in Beziehung zu einem anderen Land für eine bestimmte gesetzliche Grundlage

Differenzierung nach Geltungsbereich

Wenn Sie sich für die erste Stufe entscheiden, sperrt SAP GTS ausnahmslos jeden Zollbeleg mit einem prüfrelevanten Belegpartner im Embargoland. Das Bestimmungsland des Wareneingangs und das Abgangsland des Warenausgangs spielen keine Rolle. Diese Form der Stammdatenpflege ist also nur für Embargos mit globaler Reichweite zutreffend. Selbst Embargos, die auf Resolutionen des Sicherheitsrats beruhen, gelten jedoch nicht automatisch in den Mitgliedstaaten der VN. Die Resolutionen müssen erst in nationales – oder im Fall der EU in supranationales – Recht umgesetzt werden. Es ist daher sinnvoll, in SAP GTS nicht nur bei der Definition gesetzlicher Grundlagen, sondern auch bei der Stammdatenpflege nach Rechtsgrundlagen zu unterscheiden. In den meisten Fällen ist die Kennzeichnung eines Lands als Embargoland auf der Ebene einer gesetzlichen Grundlage bereits ausreichend differenziert. Hat ein Land im Alleingang ein Embargo über ein anderes Land verhängt, ist die dritte Option für die Stammdatenpflege geeignet. Sie können z. B. das Embargo der USA gegen Kuba auf diese Weise zutreffend abbilden.

In Abbildung 4.74 sehen Sie ausgewählte Embargos der EU gegen Drittländer als Stammdaten in SAP GTS. Bezugsebene ist die gesetzliche Grundlage ZEMEU.

Embargosituationen pflegen (Export)

Beschreibung Embargokategorie	G. Grundl.	Bestimmungsland	Bezeichnung	Emb.	Gültig ab	Gültig bis
Gesetzl. Grundlage/Bestimmungsland	ZEMEU	BY	Weissrussland	☑	18.05.2006	30.12.9999
Gesetzl. Grundlage/Bestimmungsland	ZEMEU	ER	Eritrea	☑	26.07.2010	12.12.2018
Gesetzl. Grundlage/Bestimmungsland	ZEMEU	ER	Eritrea	☐	13.12.2018	30.12.9999
Gesetzl. Grundlage/Bestimmungsland	ZEMEU	IQ	Irak	☑	07.07.2003	30.12.9999
Gesetzl. Grundlage/Bestimmungsland	ZEMEU	IR	Iran	☑	23.03.2012	30.12.9999
Gesetzl. Grundlage/Bestimmungsland	ZEMEU	KP	Nordkorea	☑	30.08.2017	30.12.9999
Gesetzl. Grundlage/Bestimmungsland	ZEMEU	LY	Libyen	☑	18.01.2016	30.12.9999
Gesetzl. Grundlage/Bestimmungsland	ZEMEU	MM	Myanmar	☑	02.05.2013	30.12.9999
Gesetzl. Grundlage/Bestimmungsland	ZEMEU	SY	Syrien	☑	18.01.2012	30.12.9999
Gesetzl. Grundlage/Bestimmungsland	ZEMEU	YE	Jemen	☑	18.12.2014	30.12.9999

Abbildung 4.74 Embargostammdaten

Zeitreihen

Die Embargos in Abbildung 4.74 wurden mit der Transaktion **Embargosituationen pflegen** erfasst (Transaktionscode /SAPSLL/EMB_MTNT_EXP bzw. /SAPSLL/EMB_MTNT_IMP). Das Kennzeichen in der Spalte **Embargo** ist für jedes der in der Spalte **Bestimmungsland** aufgeführten Länder gesetzt. Die Gültigkeit des Eintrags beginnt jeweils mit dem Datum des Inkrafttretens der Embargoverordnung. Bei einer vollständigen Aufhebung der Sanktionen ergänzen Sie eine neue Zeile mit dem Datum der Aufhebung in der Spalte **Gültig ab** (Symbol oder). In der Zeile mit Embargokennzeichen trägt SAP GTS den Tag unmittelbar vor dem Datum der Aufhebung in das

Zeilenfeld in der Spalte **Gültig bis** ein. Auf diese Weise können Sie eine frühere Embargosituation jederzeit rekonstruieren (Beispiel Eritrea in Abbildung 4.74).

Aktivierung der gesetzlichen Grundlage

Da die Embargoverordnungen der EU in allen Mitgliedstaaten gelten, wurde die gesetzliche Grundlage ZEMEU auf der Ebene der Ländergruppe EG allgemein aktiviert (siehe Abbildung 1.19). Wie aber wird diese gesetzliche Grundlage auf der Ebene der Embargoprüfung aktiviert? Bei der anwendungsbereichsspezifischen Aktivierung einer gesetzlichen Grundlage müssen Sie berücksichtigen, dass SAP GTS das Bestimmungsland eines Warenausgangs für die Embargoprüfung oder die Sanktionslistenprüfung stets aus der Belegadresse des Geschäftspartners in der Partnerfunktion *Warenempfänger* ableitet. Abbildung 4.75 zeigt die Sicht **Partner** auf der Kopfebene eines Zollbelegs zu einem Kundenauftrag.

Zollbeleg zu Kundenauftrag 15081 anzeigen

Belegnummer 100000017 Jahr 2021 Belegart EXPORD Zollbeleg Export: Ebene Verkaufsbeleg

Organisation | Positionsübersicht | Partner | Werte | Status | Zusatzdaten | Verwaltung

Partnerfunktion	Geschäftspartner	Land	Name	Adressbezeichnung
Auftraggeber für Export	1181	DE	A.I.T. GmbH	Landsbergerstr. 54 / 50997 Köln
Endkunde für Export	2956	IR	M. Parvizi	Xiyaban-e enqelab 13 / 19177 Teheran
Rechnungsempfänger für Export	1181	DE	A.I.T. GmbH	Landsbergerstr. 54 / 50997 Köln
Regulierer für Export	1181	DE	A.I.T. GmbH	Landsbergerstr. 54 / 50997 Köln
Warenempfänger für Export	1181	DE	A.I.T. GmbH	Landsbergerstr. 54 / 50997 Köln

Abbildung 4.75 Sicht »Partner« eines Zollbelegs zu einem Auftrag

In der Spalte **Land** können Sie erkennen, dass der Warenempfänger mit der Geschäftspartnernummer 1181 in Deutschland ansässig ist. Der Endkunde mit der Geschäftspartnernummer 2956 befindet sich jedoch im Iran. Abbildung 4.76 zeigt die Sicht **Geographie** der einzigen Position des Zollbelegs in Abbildung 4.75 zum Vergleich.

Allg. Daten | Werte | Partner | Klassifizierung | Geographie

Land phys. Lokation	DE Deutschland
Abgangsland	DE Deutschland
Bestimmungsland	DE Deutschland
Fakturierendes Land	DE Deutschland
Land Endkunde	IR Iran

Abbildung 4.76 Sicht »Geographie« einer Zollbelegposition

Endkunden in Embargoländern

Sie sehen in Abbildung 4.76, dass Deutschland sowohl Abgangs- als auch Bestimmungsland des Warenausgangs ist. Wäre die gesetzliche Grundlage ZEMEU nur für Ausfuhren oder nur für grenzüberschreitende Warenausgänge aktiviert, bliebe dieser Vorgang als Inlandsgeschäft ungeprüft, obwohl sich der Endkunde in einem Embargoland befindet (Text im Protokoll: **Prüfung soll für den Geschäftsvorgang von DE nach DE nicht erfolgen**). Bei der Aktivierung einer gesetzlichen Grundlage für die Embargoprüfung spielen also die möglichen Partnerkonstellationen eine wichtige Rolle. Beliefern Sie Händler im Inland, die Ihre Produkte mit Ihrem Wissen oder sogar in Ihrem Auftrag an Endkunden in Drittländern weiterverkaufen, müssen Sie Ihre gesetzliche(n) Grundlage(n) für die Embargoprüfung *aller* Warenausgänge aktivieren. In Abbildung 4.77 sehen Sie beispielhaft die Aktivierung der gesetzlichen Grundlage ZEMEU (Menüpfad: **Global Trade Services • Compliance Management • Embargoprüfung • Gesetzliche Grundlage aktivieren**).

Abbildung 4.77 Aktivierung gesetzlicher Grundlage für Embargoprüfung

Sind Ihre Händler zwar nicht im Inland, aber in der übrigen EU ansässig, wählen Sie in der Spalte **Emb. Exp.** das Kennzeichen **3 Prüfung: Versendung/ Export (exklusive Inland)**. Sind Ihre Warenempfänger immer zugleich die Endkunden, entscheiden Sie sich für das Kennzeichen **2 Prüfung: Export (ausschließlich)**.

Belegprüfung

Prüfprotokoll

Abbildung 4.78 zeigt einen Ausschnitt aus dem Prüfprotokoll der Position des Belegs in Abbildung 4.76.

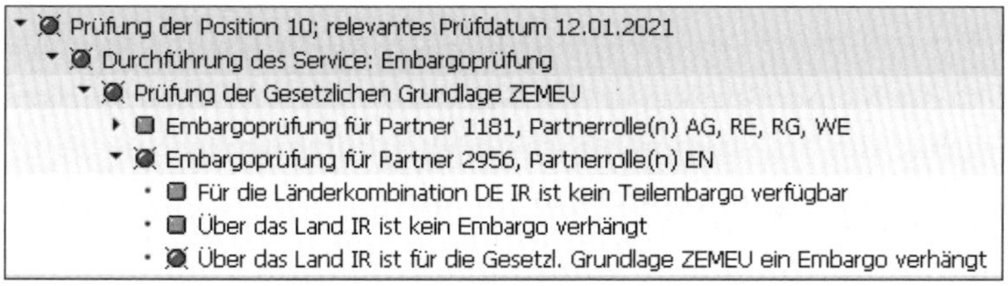

Abbildung 4.78 Prüfprotokoll einer Belegposition (Ausschnitt)

SAP GTS bezieht alle fünf Partnerfunktionen des Belegs in die Embargoprüfung ein. Die Kennzeichnung des Iran als Embargoland auf der Ebene der gesetzlichen Grundlage ZEMEU, die Sie in Abbildung 4.74 gesehen haben, führt zu einer Sperre. Diese Sperre erkennen Sie wie bei der Prüfung im Rahmen der gesetzlichen Kontrolle an dem Symbol . Sie sehen in Abbildung 4.78 auch, dass SAP GTS alle drei Möglichkeiten der Embargoerfassung geprüft hat. Deutschland hat jedoch kein autonomes Embargo über den Iran verhängt (Protokolltext **Für die Länderkombination DE IR ist kein Teilembargo verfügbar**). Der Iran ist auch nicht pauschal als Embargoland gekennzeichnet (Protokolltext **Über das Land IR ist kein Embargo verhängt**).

Zahlungsbeleg

Zahlungsbelege prüft SAP GTS in derselben Weise wie Zollbelege. Legt der Zahlungslauf zunächst einen *Zahlungsvorschlag* an, erzeugt bereits dieser Vorschlagslauf in SAP GTS Replikate der selektierten Buchhaltungsbelege. Eine Sperre der Zahlungsbelegpositionen in SAP GTS verhindert die Durchführung des Zahlungslaufs für solche Positionen. Abbildung 4.79 zeigt die Sicht **Partner** eines Zahlungsbelegs zu einer geplanten Ausgangszahlung.

Abbildung 4.79 Partner in einem Zahlungsbeleg

Sie sehen in Abbildung 4.79, dass der Kreditor in Syrien ansässig ist. Syrien ist jedoch in SAP GTS als Embargoland gekennzeichnet (siehe Abbildung 4.74). Die Embargoprüfung bewirkt daher eine Sperre der Zahlungsbelegposition. Die Ausgangszahlung ist nun nicht mehr möglich. Das Protokoll des Vorschlagslaufs im Vorsystem informiert über diese Tatsache, wie Sie im Beispiel in Abbildung 4.80 erkennen.

Die durch Zahlungsläufe erzeugten Buchhaltungsbelege können Sie auch nachträglich noch einer Prüfung in SAP GTS unterziehen. Wählen Sie dazu im Einstiegsbild der Transaktion **Maschineller Zahlungsverkehr** im Menü **Zahlungslauf • Nachträgliche Prüfung in SAP GTS**.

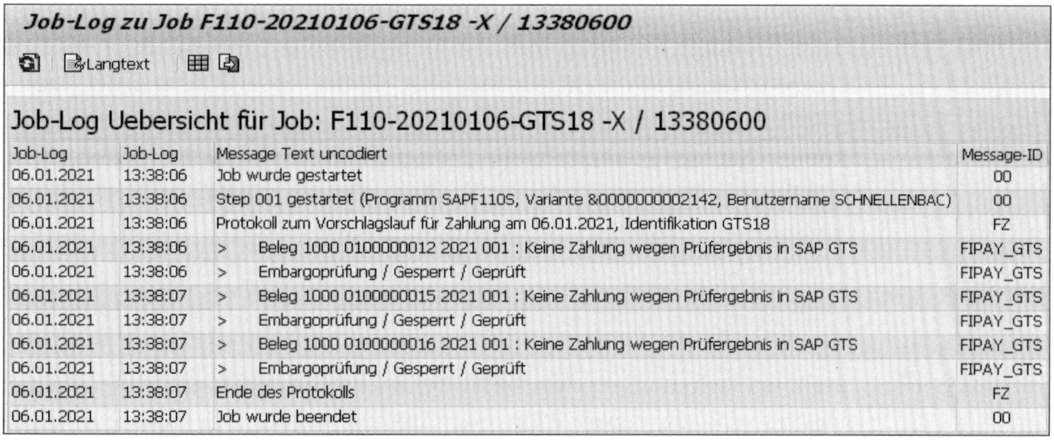

Job-Log zu Job F110-20210106-GTS18 -X / 13380600

Langtext

Job-Log Uebersicht für Job: F110-20210106-GTS18 -X / 13380600

Job-Log	Job-Log	Message Text uncodiert	Message-ID
06.01.2021	13:38:06	Job wurde gestartet	00
06.01.2021	13:38:06	Step 001 gestartet (Programm SAPF110S, Variante &0000000002142, Benutzername SCHNELLENBAC)	00
06.01.2021	13:38:06	Protokoll zum Vorschlagslauf für Zahlung am 06.01.2021, Identifikation GTS18	FZ
06.01.2021	13:38:06	> Beleg 1000 0100000012 2021 001 : Keine Zahlung wegen Prüfergebnis in SAP GTS	FIPAY_GTS
06.01.2021	13:38:06	> Embargoprüfung / Gesperrt / Geprüft	FIPAY_GTS
06.01.2021	13:38:07	> Beleg 1000 0100000015 2021 001 : Keine Zahlung wegen Prüfergebnis in SAP GTS	FIPAY_GTS
06.01.2021	13:38:07	> Embargoprüfung / Gesperrt / Geprüft	FIPAY_GTS
06.01.2021	13:38:07	> Beleg 1000 0100000016 2021 001 : Keine Zahlung wegen Prüfergebnis in SAP GTS	FIPAY_GTS
06.01.2021	13:38:07	> Embargoprüfung / Gesperrt / Geprüft	FIPAY_GTS
06.01.2021	13:38:07	Ende des Protokolls	FZ
06.01.2021	13:38:07	Job wurde beendet	00

Abbildung 4.80 Protokoll (Job-Log) eines Zahlungsvorschlags

Belegfreigabe

Erweist sich eine Embargosperre als unbegründet, verwenden Sie die Transaktionen **Gesperrte Exportbelege freigeben (Embargo)** bzw. **Gesperrte Importbelege freigeben (Embargo)** für die Freigabe des Zollbelegs (Transaktionscodes /SAPSLL/EMB_BLRL_EXP bzw. /SAPSLL/EMB_BLRL_IMP). Sie finden diese Transaktionen im Bereichsmenü des Compliance Managements (Schaltfläche **Gesetzliche Kontrolle – Export** bzw. **Gesetzliche Kontrolle – Import**, Bereich **Embargo**). Selektieren Sie den gesperrten Beleg, und klicken Sie auf das Symbol, um ihn freizugeben. Je nach Konfiguration der gesetzlichen Grundlage für die Embargoprüfung erscheint nach einer Sicherheitsabfrage ein Fenster für die Auswahl eines vorformulierten Freigabegrunds und/oder zur Eingabe einer Begründung als Freitext. In Abbildung 4.81 sehen Sie einen Ausschnitt aus diesem Fenster.

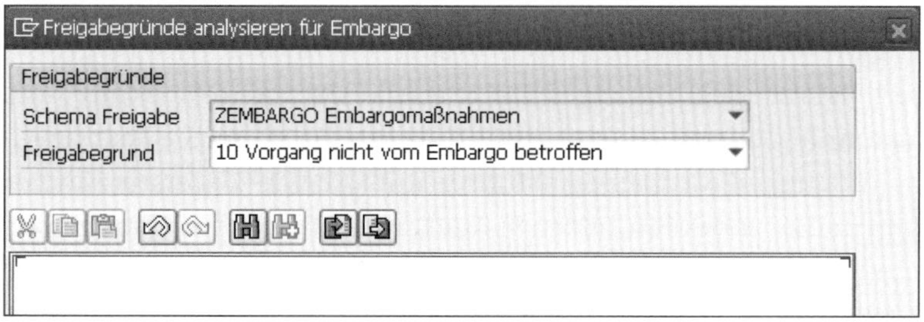

Freigabegründe analysieren für Embargo

Freigabegründe

Schema Freigabe: ZEMBARGO Embargomaßnahmen

Freigabegrund: 10 Vorgang nicht vom Embargo betroffen

Abbildung 4.81 Abfrage der Freigabebegründung

Aus den Einstellungen der gesetzlichen Grundlage ZEMEU hat SAP GTS das Schema für Freigabebegründungen ZEMBARGO ermittelt (Feld **Schema Freigabe**). Im Feld **Freigabegrund** wurde die Begründung mit der laufenden Nummer 10 ausgewählt (siehe Abbildung 4.71).

Analyse der Belegfreigabe

Die freigegebenen Belege können Sie sich in den Transaktionen **Freigegebene Embargo-Exportbelege** bzw. **Freigegebene Embargo-Importbelege** (Transaktionscodes /SAPSLL/REL_DOC_EMBE bzw. /SAPSLL/REL_DOC_EMBI) anzeigen lassen. Wenn Sie Freigabebegründungen definiert haben, können Sie die Verwendung dieser Begründungen in der Transaktion **Freigabebegründung analysieren** auswerten (Transaktionscode /SAPSLL/CS_EMBEXP für Zollbelege in Warenausgangsprozessen bzw. Transaktionscode /SAPSLL/CS_EMPIMP für Zollbelege in Wareneingangsprozessen). Im Prüfprotokoll sehen Sie außerdem, welcher Benutzer zu welchem Zeitpunkt einen Beleg freigegeben hat.

Berechtigte Sperren

Stellt ein sachkundiger Mitarbeiter bei der Prüfung eines gesperrten Zollbelegs fest, dass die geplante Ein- oder Ausfuhr wegen eines Embargos verboten ist, bleibt der Beleg gesperrt und steht zu Dokumentationszwecken zur Verfügung. In Abschnitt 1.2.1, »Außenwirtschaftsrechtliche Prüfungen«, haben Sie bereits erfahren, dass Ursprungsbelege der Logistik im Vorsystem nicht gesperrt sind. Sie müssen daher – z. B. durch Eingriffe in die Kopiersteuerung, die Unvollständigkeitsprüfung und in die Nachrichtenfindung – sicherstellen, dass verbotene oder unerwünschte Folgefunktionen unterbleiben.

Genehmigungspflichten

Die Mehrzahl der Embargoverordnungen der EU begründen Verbote. Im Einzelfall bestehen allerdings auch Beschränkungen in Form von Genehmigungspflichten. Diese sind jedoch so speziell, dass sie für die meisten Unternehmen keine praktische Bedeutung haben. So enthält z. B. die Verordnung (EU) 2016/44, die ein Embargo über Libyen verhängt, eine Genehmigungspflicht für die Ausfuhr von Gütern, »die bei der Schleusung von Migranten und beim Menschenhandel verwendet werden können«. Eine Ausnahme bildet jedoch das Embargo gegen den Iran, das sich auf mehrere Verordnungen stützt. Die Verordnung (EU) Nr. 267/2012, die für SAP GTS die größte Rolle spielt, listet in den Anhängen I, II, VIIa und VIIb zahlreiche Güter auf, deren Ausfuhr in den Iran genehmigungspflichtig ist. Wenn Sie beabsichtigen, Genehmigungen für solche Ausfuhren mit SAP-GTS-Unterstützung zu beantragen und zu verwalten, bilden Sie die Iran-Embargoverordnungen als gesetzliche Grundlage für die *gesetzliche Kontrolle* ab. Ein selbst definiertes Nummernschema ermöglicht die Erfassung der relevanten Güterlistennummern und die Klassifizierung der betroffenen Produkte.

Wie Sie in diesem Abschnitt gesehen haben, ist die länderbezogene Embargoprüfung vergleichsweise leicht einzurichten. Werden bestehende Embargos aufgehoben oder Embargos über bisher nicht betroffene Länder verhängt, können Sie mit Stammdatenänderungen schnell reagieren.

4.2.2 Länderunabhängige Embargos

Rechtsgrundlagen

Die Embargos der EU, um die es in diesem Abschnitt geht, richten sich gegen bestimmte, in *Namenslisten* aufgeführte natürliche und juristische Personen unabhängig von ihrem Aufenthaltsort. Die gelisteten Personen stehen im Verdacht, terroristische Handlungen ausgeführt zu haben oder in irgendeiner Form zu unterstützen. Rechtsgrundlage dieser Embargos sind vier Verordnungen des Rats, die auf verschiedenen Resolutionen des Sicherheitsrats beruhen:

- Verordnung (EG) Nr. 2580/2001 über spezifische, gegen bestimmte Personen und Organisationen gerichtete restriktive Maßnahmen zur Bekämpfung des Terrorismus
- Verordnung (EG) Nr. 881/2002 über die Anwendung bestimmter spezifischer restriktiver Maßnahmen gegen bestimmte Personen und Organisationen, die mit den ISIL (Da'esh)- und Al-Qaida-Organisationen in Verbindung stehen
- Verordnung (EU) 2016/1686 zur Verhängung zusätzlicher restriktiver Maßnahmen gegen ISIL (Da'esh)- und Al-Qaida und der mit ihnen verbundenen natürlichen oder juristischen Personen, Organisationen und Einrichtungen
- Verordnung (EU) Nr. 753/2011 über restriktive Maßnahmen gegen bestimmte Personen, Gruppen, Unternehmen und Einrichtungen angesichts der Lage in Afghanistan

Namenslisten

Die letzten drei Verordnungen enthalten in ihren Anhängen Namenslisten, in denen die vom Embargo betroffenen Personen aufgeführt sind. Die Namensliste zu Verordnung (EG) Nr. 2850/2001 findet sich in der Durchführungsverordnung (EU) 2020/1128. Änderungen der Namenslisten der Verordnungen Nr. 881/2002 und 753/2011 werden jeweils durch neue Verordnungen wirksam. Über die Aufnahme von Personen in die Namenslisten, die den Anhängen der Verordnungen Nr. 881/2001 und 753/2011 zugrunde liegen, entscheiden Sanktionsausschüsse des Sicherheitsrats. Die aktuelle Fassung dieser Listen können Sie auf der Website des Sicherheitsrats abrufen (*http://www.un.org/securitycouncil/sanctions/information*). In der Regel wird dort auch eine Begründung für die Listung einer Person veröffentlicht. Die Liste der von der Verordnung Nr. 2580/2001 betroffenen Personen aktualisiert der Rat in Durchführungsverordnungen. Zuvor wird den gelisteten Personen Gelegenheit zur Stellungnahme gegeben.

Finanzsanktionen

Alle vier Verordnungen verhängen Finanzsanktionen über die gelisteten Personen. Gelder und wirtschaftliche Ressourcen im Eigentum, im Besitz oder unter der Kontrolle der gelisteten Personen werden eingefroren. Es ist verboten, den gelisteten Personen Gelder oder wirtschaftliche Ressourcen zur Verfügung zu stellen. Die Begriffe *Gelder* und *wirtschaftliche Ressourcen* sind dabei weit gefasst: Art. 1 der Verordnungen definiert Gelder jeweils als »finanzielle Vermögenswerte oder wirtschaftliche Vorteile jeder Art«. Explizit aufgeführt werden u. a. Bargeld, Guthaben bei Finanzinstituten und Wertpapiere, aber auch Kredite und Akkreditive. Wirtschaftliche Ressourcen sind nach Art. 1 Nr. 2 der Verordnung Nr. 881/2002 »Vermögenswerte jeder Art, (...) die keine Gelder sind, aber für den Erwerb von Geldern, Waren oder Dienstleistungen verwendet werden können«. Die Verordnung Nr. 881/2002 verbietet darüber hinaus die Unterstützung der in Anhang I gelisteten Personen im Zusammenhang mit militärischen Aktivitäten. Die Verordnung Nr. 753/2011 verbietet jegliche Art von technischer Unterstützung des vom Embargo betroffenen Personenkreises.

Grundprinzip der Sanktionslistenprüfung

Aufgrund der weiten Fassung der Verbote verfährt die Sanktionslistenprüfung, mit der Sie in SAP GTS eine länderunabhängige Embargosituation feststellen können, nach dem »Worst-Case«-Prinzip: Das zu kaufende oder zu verkaufende Produkt spielt keine Rolle. Von Bedeutung sind ausschließlich die *Adressen* der an einem Vorgang beteiligten Geschäftspartner. Stellt SAP GTS eine ausreichende Übereinstimmung zwischen der Adresse eines Geschäftspartners und einem Namenslisteneintrag fest, sperrt es den Geschäftspartner auf Stammdatenebene. Wenn Sie zusätzlich eine Belegprüfung durchführen, sperrt SAP GTS alle Belege, die einen gesperrten Geschäftspartner enthalten. Manuell im Vorsystembeleg erfasste oder geänderte Partneradressen werden ebenfalls geprüft. Da die Embargomaßnahmen in erster Linie auf die finanziellen Ressourcen der gelisteten Personen abzielen, können Sie in SAP GTS auch eingehende und ausgehende Zahlungen prüfen lassen (siehe Abschnitt 4.2.2, »Länderunabhängige Embargos«). Außerdem können Sie Mitarbeiter und Bewerber einer Sanktionslistenprüfung unterziehen.

Gesetzliche Grundlage

SPLUS (Sanctioned Party List Screening) ist das Muster einer gesetzlichen Grundlage für die Sanktionslistenprüfung im Auslieferungs-Customizing. Es ist auf die Rechtslage in den USA zugeschnitten. In diesem Buch verwenden wir stattdessen die selbst definierte gesetzliche Grundlage ZSPEU als Abbild der länderunabhängigen Embargoverordnungen der EU. Viele in Deutschland ansässige Unternehmen prüfen ihre Geschäftspartner zusätzlich auf Übereinstimmung mit Einträgen in Namenslisten verschiedener US-amerikanischer Behörden. Zwar besteht weder nach Unionsrecht noch nach nationalem Recht eine Verpflichtung zur Beachtung von Embargomaßnahmen der USA. Wie im Fall der Reexportkontrolle hat jedoch das Bestreben, das eigene Unternehmen und seine Mitarbeiter vor Strafverfolgung in den USA zu schützen, in der Praxis Vorrang vor solchen prinzipiellen Überlegungen. Bei der Definition und Konfiguration gesetzlicher Grundlagen für die Sanktionslistenprüfung entscheiden Sie selbst, ob und in welchem Umfang Sie Embargomaßnahmen anderer Staaten berücksichtigen. In jedem Fall sollten Sie eine gesetzliche Grundlage für die Sanktionslistenprüfung immer auch für die Prüfung von Inlandsgeschäften aktivieren.

Sanktionslisten

Namenslisten in SAP GTS

In SAP GTS setzen sich Namenslisten aus einzelnen Stammsätzen für jeden Eintrag zusammen. Solche Stammsätze können Sie zwar von Hand anlegen. Angesichts der großen Zahl der Listeneinträge ist eine manuelle Pflege ganzer Namenslisten praktisch jedoch kaum möglich. Daher bieten verschiedene Datenlieferanten die Listen in den Anhängen der Embargoverordnungen der EU, aber auch Sanktionslisten weiterer Staaten im XML-Format für das Hochladen in SAP GTS zum Kauf an. Bei diesen Angeboten handelt es sich um eine Art Abonnement: Sie erhalten also zunächst Namenslisten für den initialen Upload. Anschließend werden Ihnen in regelmäßigen Abständen Dateien mit aktualisierten Listen zur Verfügung gestellt. Wenn Sie diese Dateien zeitnah in Ihr SAP-GTS-System hochladen, führen Sie die Sanktionslistenprüfung stets auf einer aktuellen Datengrundlage durch.

Hochladen von Namenslisten

Zum Hochladen von Namenslisten verwenden Sie die Transaktion **Stammdaten per iXML laden** (Transaktionscode /SAPSLL/SPL_UL01). Sie finden diese Transaktion im Bereichsmenü des Compliance Managements (Schaltfläche **Sanktionslistenprüfung**, Sicht **Stammdaten**, Bereich **Sanktionslisten**). Den Datenlieferanten müssen Sie zuvor als Geschäftspartner in der Rolle *Datenlieferant* (SLLDAP) anlegen. Das Ergebnis des Uploads überprüfen Sie in den Transaktionen **Sanktionslisten anzeigen** (Transaktionscode /SAPSLL/SPL_AR04) oder **Sanktionslisten strukturiert anzeigen** (Transaktionscode /SAPSLL/SPL_AR01). Sie finden die beiden Transaktionen ebenfalls in der Sicht **Stammdaten** im Bereich **Monitoring**.

Listenart und Referenzart

Voraussetzung für die erfolgreiche Verarbeitung der Daten im System ist die Definition von *Listenarten* und *Referenzarten* nach den Vorgaben der Datenlieferanten. Diese Vorgaben finden Sie in den XML-Dateien selbst. Jeder einzelne Listeneintrag in den XML-Dateien der Datenlieferanten enthält außer einer Identifikationsnummer auch einen Schlüssel zur Kennzeichnung der Art der Namensliste (Starttag `<SLL_SPL_LIST_TYPE>`). Beim Hochladen legt SAP GTS die Adressdaten jeweils zu dieser Listenart ab. Die Referenzart ist das Bindeglied zwischen verschiedenen Namen einer gelisteten Person (Starttag `<SLL_SPL_REF_TYPE>`). Abbildung 4.82 zeigt ein Beispiel für eine Listenart in SAP GTS. Listenarten und Referenzarten definieren Sie in der Steuerung der gesetzlichen Grundlage für die Sanktionslistenprüfung (Menüpfad: **Global Trade Services • Compliance Management • Sanktionslistenprüfung • Sanktionslistenprüfung steuern**).

Abbildung 4.82 Gesetzliche Grundlage ZSLEU mit Listenart DPLEU

Die Listenart DPLEU in Abbildung 4.82 repräsentiert die Namenslisten in den Anhängen der Embargoverordnungen der EU. Der gesetzlichen Grundlage SPLUS sind bereits zahlreiche Listenarten für den Upload von Namenslisten US-amerikanischer Behörden zugeordnet. Referenzarten definieren Sie im Ordner **Referenzart** der Dialogstruktur.

Listeneinträge als Stammdaten

In Abbildung 4.83 sehen Sie einen Sanktionslistenstammsatz, der durch das Hochladen einer XML-Datei in SAP GTS entstanden ist.

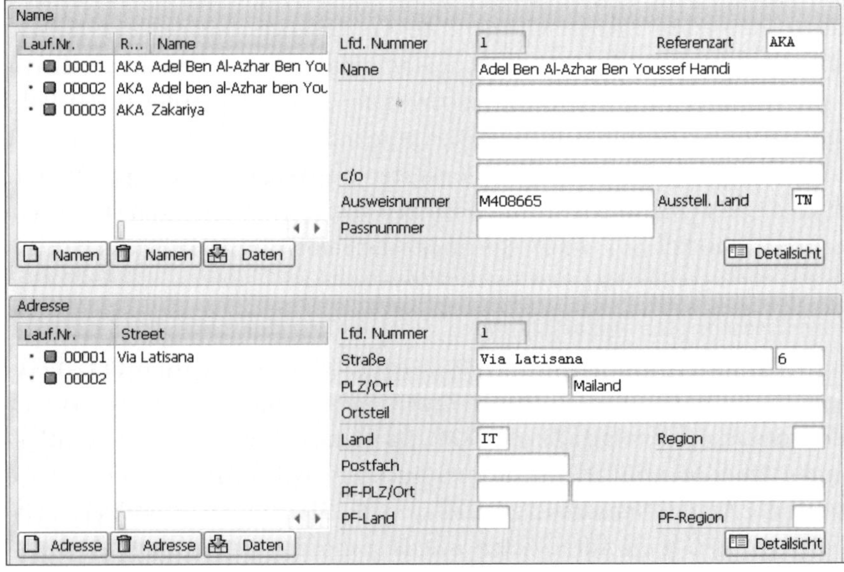

Abbildung 4.83 Sanktionslistenstammsatz in SAP GTS

Sie erkennen in Abbildung 4.83, dass die gelistete Person in der Vergangenheit unter drei verschiedenen Namen aufgetreten ist (laufende Nummern 00001 bis 00003 im Bereich **Name**). Die einzelnen Namen sind über die Referenzart AKA miteinander verbunden. Die Abkürzung AKA steht für »also known as« (auf Deutsch »auch bekannt als«). Zur ersten Namensversion liegt die Nummer eines in Tunesien ausgestellten Passes vor (Eintrag im Feld **Passnummer** und Länderkennzeichen TN im Feld **Ausstell. Land**). Im Bereich **Adresse** sehen Sie, dass außerdem zwei frühere Aufenthaltsorte der gelisteten Person bekannt sind.

Listeneinträge ohne Adresse

In Abbildung 4.84 begegnet Ihnen dieser Stammsatz in einem Auszug aus einer Namensliste in der Transaktion **Sanktionslisten anzeigen** unter der Nummer 5460 wieder.

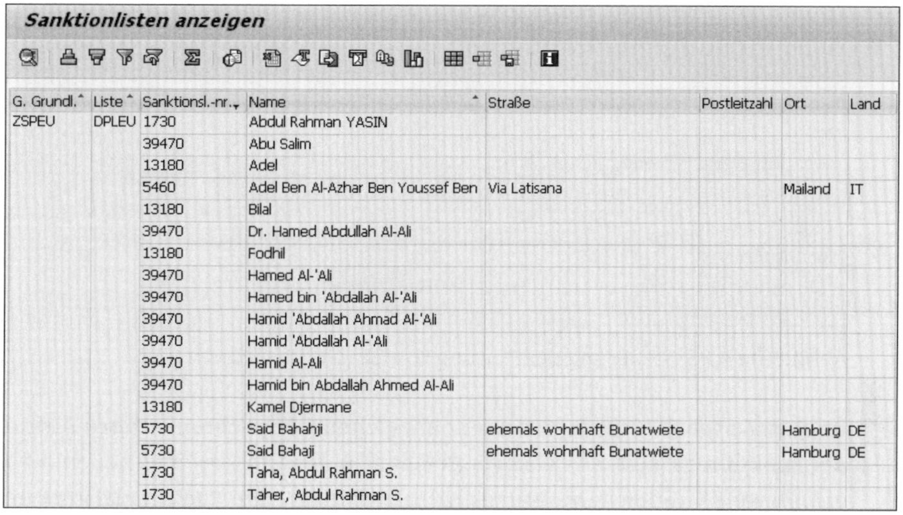

Sanktionlisten anzeigen

G. Grundl.	Liste	Sanktionsl.-nr.	Name	Straße	Postleitzahl	Ort	Land
ZSPEU	DPLEU	1730	Abdul Rahman YASIN				
		39470	Abu Salim				
		13180	Adel				
		5460	Adel Ben Al-Azhar Ben Youssef Ben	Via Latisana		Mailand	IT
		13180	Bilal				
		39470	Dr. Hamed Abdullah Al-Ali				
		13180	Fodhil				
		39470	Hamed Al-'Ali				
		39470	Hamed bin 'Abdallah Al-'Ali				
		39470	Hamid 'Abdallah Ahmad Al-'Ali				
		39470	Hamid 'Abdallah Al-'Ali				
		39470	Hamid Al-Ali				
		39470	Hamid bin Abdallah Ahmed Al-Ali				
		13180	Kamel Djermane				
		5730	Said Bahahji	ehemals wohnhaft Bunatwiete		Hamburg	DE
		5730	Said Bahaji	ehemals wohnhaft Bunatwiete		Hamburg	DE
		1730	Taha, Abdul Rahman S.				
		1730	Taher, Abdul Rahman S.				

Abbildung 4.84 Auszug aus einer Namensliste in SAP GTS

Der Auszug in Abbildung 4.84 lässt auch eines der Grundprobleme der Sanktionslistenprüfung erkennen: Zahlreiche Listeneinträge bestehen nur aus einem oder mehreren Namen ohne Adressangabe. (Die Felder in den Spalten **Straße**, **Postleitzahl**, **Ort** und **Land** sind leer.) So ist z. B. der Aufenthaltsort des unter der Nummer 13180 gelisteten Adel unbekannt. Jede Person dieses Namens kann also mit der gelisteten Person identisch sein. Da es sich um einen im arabischen Raum häufigen Namen handelt, ist der Kreis der Verdächtigen groß.

Geschäftspartner- und Belegprüfung

Prüfzeitpunkt

Bei der Konfiguration der Sanktionslistenprüfung müssen Sie zunächst entscheiden, ob der Adressvergleich unmittelbar im Anschluss an die Überleitung eines Partnerstammsatzes bzw. eines Belegs (*synchron*) oder erst zu einem individuell zu bestimmenden späteren Zeitpunkt (*asynchron*) erfolgen soll. Für die Belegprüfung treffen Sie diese Entscheidung auf Positionstypenebene, für die Stammdatenprüfung auf der Ebene der Geschäftspartnerrollen. Um den Zeitpunkt für die Prüfung von Geschäftspartnerstammdaten festzulegen, wählen Sie im Menü des Einführungsleitfadens **Global Trade Services • Compliance Management • Sanktionslistenprüfung • Geschäftspartner auf Ebene Geschäftspartnerrollen aktivieren**. Abbildung 4.85 zeigt das Auslieferungs-Customizing für die Geschäftspartnerrolle SLLCPC. Diese Rolle verwendet SAP GTS für die Replikation von Debitoren des Vorsystems als Geschäftspartner.

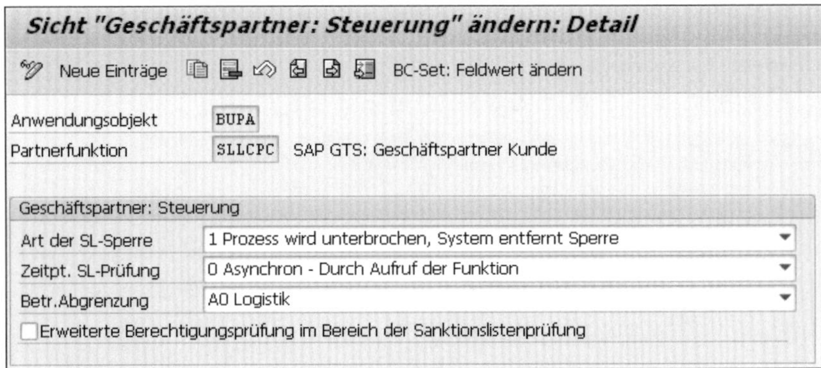

Abbildung 4.85 Steuerung der Prüfung von Geschäftspartnern

Prüfung der Geschäftspartnerstammdaten

Im Feld **Zeitpt. SL-Prüfung** ist das Kennzeichen **0 Asynchron – Durch Aufruf der Funktion** gesetzt. SAP GTS vergleicht also die Adresse eines neuen oder geänderten Kundenstammsatzes nicht sofort mit den Sanktionslisteneinträgen, sondern erst zur Laufzeit des Programms /SAPSLL/SPL_CHECK_SCEN_A1_LO. Dieses Programm können Sie mit der Transaktion **Geänderte Geschäftspartneradressen prüfen** auch im Dialog ausführen (Transaktionscode /SAPSLL/SPL_CHSA1LO). Sie finden die Transaktion im Bereichsmenü des Compliance Managements (Schaltfläche **Sanktionslistenprüfung**, Sicht **Logistik**, Bereich **Asynchrone Prüfung**). Ist im Feld **Art der SL-Sperre** das Kennzeichen **1 Prozess wird unterbrochen, System entfernt Sperre** gesetzt, sperrt SAP GTS neue oder geänderte Geschäftspartner bis zum Zeitpunkt der asynchronen Prüfung vorbeugend (»weiche« Sperre). Diese Einstellung ist insbesondere für die initiale Übernahme von Geschäftspartnern aus dem Vorsystem zu Beginn der Implementierung empfehlenswert. Für den laufenden Produktivbetrieb eignet sich die synchrone Prüfung (Kennzeichen **0 Beim Verbuchen des Objektes**) in der Regel besser.

Partner des Personalwesens

Wenn Sie Mitarbeiter in die Sanktionslistenprüfung einbeziehen wollen, tragen Sie in das Feld **Partnerfunktion** die Geschäftspartnerrolle BUP003 (Mitarbeiter) ein. Für die Prüfung von Bewerbern verwenden Sie stattdessen die Geschäftspartnerrolle BUP002 (Interessent). Im Feld **Betr.Abgrenzung** wählen Sie das Kennzeichen **B0 Personalwesen - Mitarbeiter** bzw. **B1 Personalwesen - Bewerber** aus.

Prüfung von Mitarbeitern und Bewerbern

Mitarbeiterstammdaten des Personalmanagements in SAP ERP leiten Sie mit dem Programm `RHALEINI` an SAP GTS über. Dieses Programm können Sie mit der Transaktion **HR: ALE-Verteilung von HR-Stammdaten** (Transaktionscode PFAL) auch im Dialog ausführen. Die Einrichtung des zugrunde liegenden ALE-Szenarios ist in SAP-Hinweis 875270 ausführlich beschrieben. Für die Überleitung von Bewerberstammdaten aus einem SAP-ERP-Vorsystem steht Ihnen das Programm `/SAPSLL/APLMAS_DISTRIBUTE_R3` zur Verfügung. Auch dieses Programm können Sie im Dialog ausführen (Transaktion **Bewerber initial an SAP GTS überleiten**, Transaktionscode /SAPSLL/APLMAS_DIRR3). SAP GTS generiert aus den übergeleiteten Personalstammdaten Geschäftspartner des Typs *Person* in den Rollen *Mitarbeiter* (BUP003) bzw. *Interessent* (BUP002). In SAP GTS, edition for SAP HANA, entfällt die Prüfung von Mitarbeitern und Bewerbern.

Liste geprüfter Geschäftspartner

Abbildung 4.86 zeigt einen vorbeugend gesperrten Geschäftspartner in einer Liste, die Sie mit der Transaktion **Geschäftspartner anzeigen** aufbereiten können (Transaktionscode /SAPSLL/SPL_BLBPLO). Sie finden diese Transaktion im Bereichsmenü des Compliance Managements (Schaltfläche **Sanktionslistenprüfung**, Sicht **Logistik**, Bereich **Monitoring**).

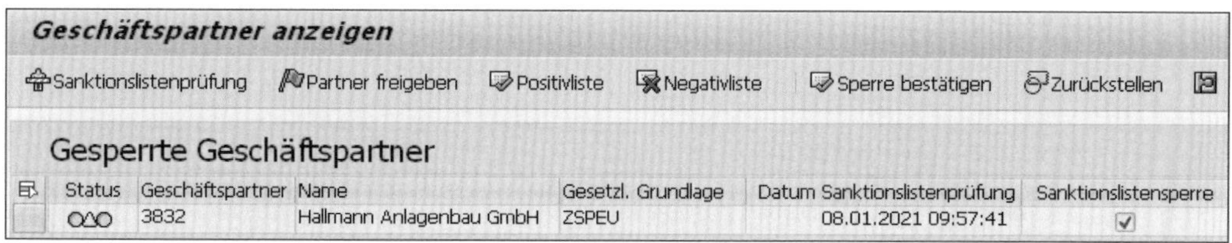

Abbildung 4.86 Vorbeugend gesperrter Geschäftspartner

Dass es sich um eine vorbeugende Sperre handelt, erkennen Sie am Symbol OΔO in der Spalte **Status**. Wenn Sie nicht den nächsten Lauf des Programms `/SAPSLL/SPL_CHECK_SCEN_A1_LO` abwarten möchten, können Sie einen Adressvergleich direkt aus der Liste der gesperrten Geschäftspartner über die Schaltfläche **Sanktionslistenprüfung** starten. Sie können gesperrte Geschäftspartner aber auch unabhängig von der Art der Sperre aus der Liste heraus freigeben (Schaltfläche **Partner freigeben**). Wenn Sie einen Geschäftspartner dauerhaft von der Sanktionslistenprüfung ausnehmen möchten, klicken Sie auf die Schaltfläche **Positivliste**. Über die Schaltfläche **Negativliste** können Sie einen Partner unabhängig von einer personenbezogenen Embargosituation sperren.

[!]

Positiv- und Negativliste

Bedenken Sie bei der Nutzung von Positiv- und/oder Negativliste stets, dass Sie auf diesem Weg Geschäftspartner dauerhaft von der Sanktionslistenprüfung ausschließen. Insbesondere die Positivliste sollte daher nur in begründeten Ausnahmefällen zum Einsatz kommen. Eine regelmäßige explizite Prüfung der Positivliste mit dem Programm /SAPSLL/SPL_CHECK_SCEN_B1P_LO (Geschäftspartneradressen in Positivliste periodisch prüfen) ist zu empfehlen.

Sperrkennzeichen im Stammsatz

Das Datum der letzten Sanktionslistenprüfung und eine etwaige Sperre legt SAP GTS in den Geschäftspartnerstammdaten in der Sicht **SAP GTS** ab. Die Adresse des nach seiner Überleitung zunächst vorbeugend gesperrten Geschäftspartners in Abbildung 4.86 wurde kurze Zeit später einer Sanktionslistenprüfung unterzogen. SAP GTS stellt dabei keine Übereinstimmung mit einem Listeneintrag fest und hebt die vorbeugende Sperre auf. Abbildung 4.87 zeigt den Stammsatz des Geschäftspartners nach der Prüfung.

Abbildung 4.87 Daten zur Sanktionslistenprüfung im Stammsatz

Sie erkennen in der Sicht **SAP GTS** die gesetzliche Grundlage und das Datum der letzten Sanktionslistenprüfung. Die Übereinstimmung mit der Adresse eines Sanktionslistenstammsatzes führt immer zu einer Kennzeichnung in der Spalte **Sperre**.

Prüfung der Belegadressen

Den Zeitpunkt der Belegprüfung legen Sie bei der Aktivierung von Positionstypen für die Sanktionslistenprüfung fest (Menüpfad: **Global Trade Services • Allgemeine Einstellungen • Belegstruktur • Positionstypen für Anwen-**

dungsbereiche aktivieren). In Abbildung 4.88 sehen Sie als Beispiel das Auslieferungs-Customizing für den Positionstyp EXORD1.

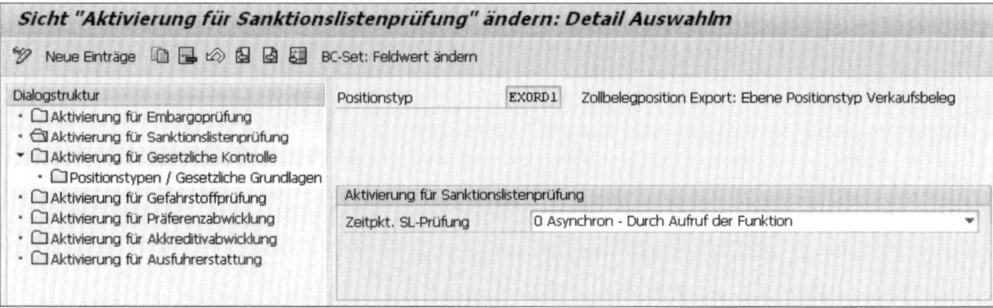

Abbildung 4.88 Aktivierung eines Positionstyps mit Prüfzeitpunkt

Manuelle Änderung von Adressen

Belegpositionen des Positionstyps EXORD1 soll SAP GTS asynchron prüfen (Kennzeichen **0 Asynchron – Durch Aufruf der Funktion**). Bei der Replikation von Vorsystembelegen findet jedoch immer eine Prüfung des Sperrstatus der Belegpartner statt (siehe Abbildung 4.87). Ist ein Partner bereits aufgrund einer früheren Sanktionslistenprüfung gesperrt, sperrt SAP GTS auch den Beleg. Ändert ein Anwender im Vorsystembeleg die Adresse eines prüfrelevanten Geschäftspartners, sperrt SAP GTS den Zollbeleg ebenfalls – als Vorsichtsmaßnahme. In Abbildung 4.89 sehen Sie einen Ausschnitt aus dem Prüfprotokoll einer Zollbelegposition nach manueller Adressänderung im Vorsystembeleg.

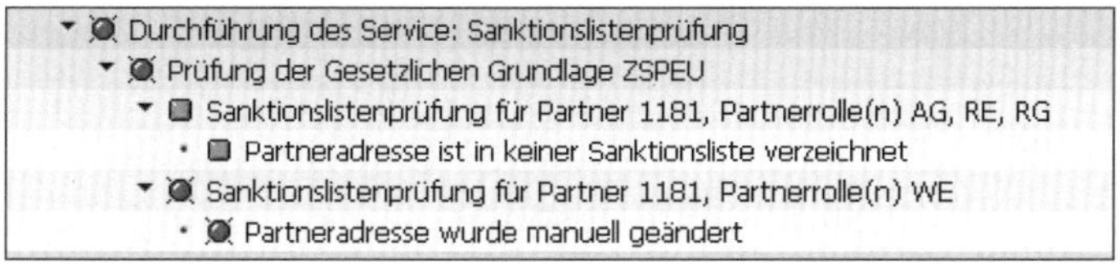

- Durchführung des Service: Sanktionslistenprüfung
  - Prüfung der Gesetzlichen Grundlage ZSPEU
    - Sanktionslistenprüfung für Partner 1181, Partnerrolle(n) AG, RE, RG
      - Partneradresse ist in keiner Sanktionsliste verzeichnet
    - Sanktionslistenprüfung für Partner 1181, Partnerrolle(n) WE
      - Partneradresse wurde manuell geändert

Abbildung 4.89 Prüfprotokoll einer Zollbelegposition (Ausschnitt)

Sie lesen im Prüfprotokoll, dass die Adresse des Warenempfängers (Partnerrolle WE) im Vorsystembeleg manuell geändert wurde. Da es sich um einen Partner auf Belegkopfebene handelt, sperrt SAP GTS vorbeugend alle Belegpositionen. Für die asynchrone Prüfung geänderter Belegadressen verwenden Sie das Programm /SAPSLL/SPL_CHECK_SCEN_A2_LO. Sie können dieses Programm mit der Transaktion **Geänderte Belegadressen prüfen (Logistik)** auch im Dialog ausführen (Transaktionscode /SAPSLL/SPL_CHSA2LO). Abbildung 4.90 zeigt das Ergebnis der Prüfung des Zollbelegs in Abbildung 4.89.

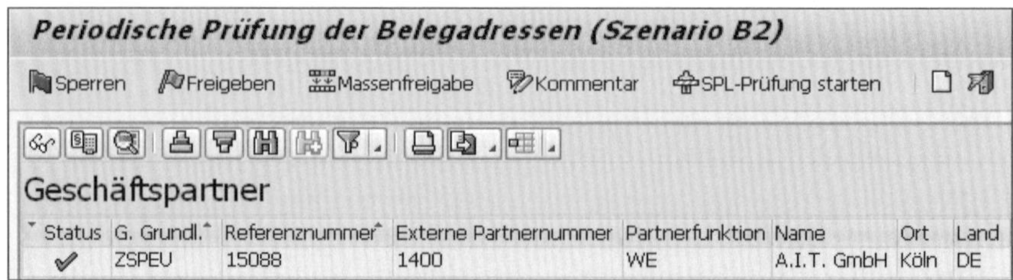

Abbildung 4.90 Asynchrone Prüfung geänderter Belegadressen

SAP GTS hat bei einem Abgleich der geänderten Adresse mit den Sanktionslistenstammdaten keine Übereinstimmung festgestellt und die vorbeugende Sperre aufgehoben (Symbol ✔ in der Spalte **Status**). Bei einer synchronen Prüfung vergleicht SAP GTS geänderte Adressen unmittelbar im Anschluss an die Belegüberleitung. Wenn Anwender regelmäßig manuell Partneradressen in Belegen ändern, ist die synchrone Sanktionslistenprüfung in den meisten Fällen die bessere Wahl.

Die Sanktionslistenprüfung beruht auf einer Berechnung der prozentualen Übereinstimmung von prüfrelevanten Adressbestandteilen. Liegt dieser Prozentsatz über einem in der Konfiguration der Prüfung festgelegten Schwellenwert, geht SAP GTS von einer möglichen Identität des Geschäftspartners mit der gelisteten Person aus.

Datengrundlage

Vergleichsindizes

Um die prozentuale Übereinstimmung der prüfrelevanten Adresselemente zu berechnen, zerlegt SAP GTS die Adressen von Geschäftspartnern und Sanktionslisteneinträgen in *Suchbegriffe* (synonym: *Vergleichsbegriffe*) und fasst diese Suchbegriffe in *Vergleichsindizes* zusammen. Suchbegriffe für Vergleichsindizes generieren Sie mit den Programmen `/SAPSLL/SPL_CREATE_SEARCHTADRC` (Geschäftspartner) und `/SAPSLL/SPL_CREATE_SEARCHTERMS` (Sanktionslisteneinträge). Beide Programme können Sie auch im Dialog ausführen. Sie finden die Transaktionen **Vergleichsindex für Geschäftspartner erstellen** (Transaktionscode /SAPSLL/SPL_STBP) und **Vergleichsindex für Sanktionsliste erstellen** (Transaktionscode /SAPLL/SPL_ST01) im Bereichsmenü des Compliance Managements (Schaltfläche **Sanktionslistenprüfung**, Sicht **Stammdaten**). Nach jedem Upload aktualisierter XML-Dateien müssen Sie die Vergleichsbegriffe für Sanktionslisten neu generieren und mit dem Programm `/SAPSLL/SPL_INDEX_CREATE` verdichten lassen (Transaktion **Vergleichsindex der Sanktionslisten verdichten**, Transaktionscode /SAPSL/SPL_ID01). Bei der Überleitung neuer oder geänderter Geschäftspartner passt SAP GTS den Vergleichsindex automatisch an. Nach einer Änderung von Customizing-Einstellungen im Bereich der Sanktionslistenprüfung ist immer eine Neugenerierung beider Indizes erforderlich. Beachten Sie in diesem Zusammenhang auch KBA 2074620.

Vergleichsschema

Den Aufbau der Vergleichsindizes beeinflussen Sie durch die Konfiguration eines Vergleichsschemas, auf das Sie in der Sicht **Stammdaten** des Bereichsmenüs für die Sanktionslistenprüfung zugreifen können (Eintrag **Allgemeine Einstellungen** im Bereich **Steuerung Vergleichsbegriffe**). Abbildung 4.91 zeigt die *Delimiter* (Trennzeichen) des selbst definierten Vergleichsschemas ZSPL, das auch der Sanktionslistenprüfung selbst zugrunde liegt (siehe Abbildung 4.96). Diese Trennzeichen benötigt SAP GTS zur Abgrenzung einzelner Datenelemente in Adressen.

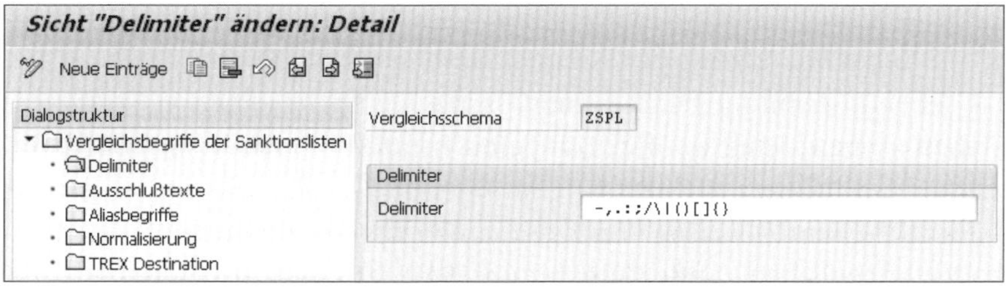

Sicht "Delimiter" ändern: Detail
Neue Einträge
Dialogstruktur
Vergleichsbegriffe der Sanktionslisten
Delimiter
Ausschlußtexte
Aliasbegriffe
Normalisierung
TREX Destination
Vergleichsschema ZSPL
Delimiter
Delimiter -,.:;/\|()[]{}

Abbildung 4.91 Vorgaben für den Aufbau der Vergleichsindizes

Ausschlußtexte

Auf der Grundlage des Vergleichsschemas ZSPL zerlegt SAP GTS z. B. den Namen des Sanktionslisteneintrags mit der Nummer 5460 in Abbildung 4.84 in die Suchbegriffe »Al« und »Azhar«. Ist der Bindestrich nicht als Delimiter definiert, bildet SAP GTS stattdessen den Suchbegriff »Al-Azhar«. Im Ordner **Ausschlußtexte** legen Sie Begriffe ab, die häufige Bestandteile der Firma sind, wie z. B. »Corporation«, »GmbH« oder »Ltd«. Solche Begriffe erhöhen erfahrungsgemäß die Zahl der offensichtlich falschen Treffer, ohne nennenswert zur Identifikation einer gelisteten Person beizutragen.

Aliasbegriffe, Normalisierung und Mindestlänge

Aliasbegriffe können Sie zum Austausch verschiedener Formen desselben Namens verwenden, z. B. »Tom« als Kurzform für »Thomas«. Im Ordner **Normalisierung** können Sie einzelne Buchstaben oder Buchstabenfolgen durch andere Buchstaben ersetzen, z. B. die Buchstabenfolge »ue« durch den Umlaut »ü«. Bei der Definition einer Listenart zu einer gesetzlichen Grundlage (siehe Abbildung 4.82) können Sie außerdem je Adresselement die Mindestlänge der Indexbegriffe vorgeben (Bereich **Minimale Länge der Indexbegriffe**). Für die Listenart DPLEU gilt z. B. eine Mindestlänge von drei Zeichen für das Adresselement Name. Die bestimmten Artikel oder ihre Entsprechungen, die ein häufiger Namensbestandteil sind (z. B. »al« oder »la«), nimmt SAP GTS daher nicht in die Vergleichsindizes auf.

In Abbildung 4.92 sehen Sie ein Beispiel für die Indizierung einer Geschäftspartneradresse als Vorbereitung für die Sanktionslistenprüfung.

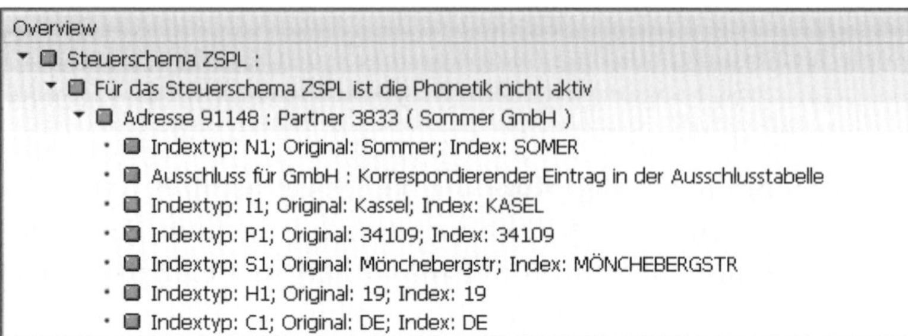

Overview
- Steuerschema ZSPL :
  - Für das Steuerschema ZSPL ist die Phonetik nicht aktiv
    - Adresse 91148 : Partner 3833 (Sommer GmbH)
      - Indextyp: N1; Original: Sommer; Index: SOMER
      - Ausschluss für GmbH : Korrespondierender Eintrag in der Ausschlusstabelle
      - Indextyp: I1; Original: Kassel; Index: KASEL
      - Indextyp: P1; Original: 34109; Index: 34109
      - Indextyp: S1; Original: Möncheberastr; Index: MÖNCHEBERGSTR
      - Indextyp: H1; Original: 19; Index: 19
      - Indextyp: C1; Original: DE; Index: DE

Abbildung 4.92 Indizierung einer Geschäftspartneradresse

Indizierung der Adressen

SAP GTS hat die Adresse der Sommer GmbH in sechs Suchbegriffe zerlegt. Sie sehen in Abbildung 4.92 auch, dass alle Kleinbuchstaben in Großbuchstaben umgewandelt werden. Doppelbuchstaben eliminiert SAP GTS beim Aufbau des Indexes (SOMER statt Sommer und KASEL statt Kassel). Unterschiedliche Schreibweisen von Eigennamen werden auf diese Weise aneinander angeglichen. Außerdem nimmt SAP GTS den als Ausschlusstext definierten Firmenzusatz GmbH nicht in den Index auf (Text **Korrespondierender Eintrag in der Ausschlusstabelle**).

Prüflogik und Prüfumfang

Ablauf der Prüfung

Die Sanktionslistenprüfung besteht aus drei Teilschritten:

1. Ermittlung der vergleichsrelevanten Suchbegriffe aus der Gesamtheit der Suchbegriffe einer Adresse
2. Berechnung des Übereinstimmungsprozentsatzes für jeden relevanten Suchbegriff
3. Berechnung des Übereinstimmungsprozentsatzes für jedes Adresselement (z. B. für den Namen)

Betrachten wir diesen Ablauf in Abbildung 4.93 anhand eines Beispiels. Das Vorsystem hat den Kundenstammsatz der Elektromarkt Berger GmbH mit Sitz in Berlin an SAP GTS übergeleitet. Auf der Grundlage der Voreinstellungen des Auslieferungs-Customizings hat SAP GTS die Geschäftspartneradresse dieses Kunden einer Sanktionslistenprüfung unterzogen und eine – wohl nicht offensichtliche – Übereinstimmung mit zwei Einträgen der EU-Namenslisten festgestellt. In der Transaktion **Geschäftspartner anzeigen** (Transaktionscode /SAPSLL/SPL_BLBPLO, siehe Abbildung 4.86) können Sie nicht nur die Sperre als solche erkennen, sondern auch das Prüfergebnis analysieren (Symbol [icon]). Abbildung 4.93 zeigt einen Ausschnitt aus dieser Analyse.

Abbildung 4.93 Analyse des Prüfergebnisses

Analyse des Prüfergebnisses

In der linken Bildhälfte im Bereich **Getroffene SL-Entitäten** sehen Sie die beiden Sanktionslistenstammsätze, mit denen SAP GTS eine Übereinstimmung festgestellt hat. In der rechten Bildhälfte sind die vergleichsrelevanten Suchbegriffe mit ihrem jeweiligen Übereinstimmungsprozentsatz aufgeführt. In den Spalten **GP Original** und **SL Original** erkennen Sie jeweils die Schreibweise eines Begriffs in Geschäftspartner- und Sanktionslistenstammsatz (im Beispiel *DE*, *Elektromarkt* und *Tarek* bzw. *Omar* und *Tarek*). Bei der Indizierung der Adressen sind daraus die Suchbegriffe in den Spalten **GP Suchbegriff** und **SL Suchbegriff** entstanden (DE, ELEKTROMARKT und TAREK bzw. OMAR und TAREK).

Prüfschritt 1

Im ersten Schritt prüft SAP GTS für jeden Suchbegriff, ob er mit seinem Vergleichsbegriff identisch oder in ihm enthalten ist. Analysieren wir das Ergebnis dieser Prüfung für den Namen des Geschäftspartners: Der Suchbegriff OMAR aus dem ersten der beiden Sanktionslisteneinträge ist im Vergleichsbegriff ELEKTR**OMAR**KT aus der Geschäftspartneradresse enthalten. Die beiden Suchbegriffe qualifizieren sich daher für den zweiten Prüfschritt. Bei umgekehrter Betrachtungsweise hätte SAP GTS die beiden Suchbegriffe im zweiten Prüfschritt nicht berücksichtigt. (ELEKTROMARKT ist weder mit OMAR identisch noch in OMAR enthalten.) Der Suchbegriff TAREK ist in beiden Adressen gleich, geht also ebenfalls in die Prüfung des zweiten Schritts ein. In der Aufbereitung der Geschäftspartneradresse in Abbildung 4.93 ist dieser Suchbegriff allerdings nicht zu finden. Der Begriff GMBH ist im Vergleichsschema ZSPL als Ausschlusstext definiert, wird also nicht in den Vergleichsindex und damit nicht in die Prüfung einbezogen.

Dasselbe gilt für den Namensbestandteil EL, der die in der Listenart DPLEU für das Adresselement **Name** festgelegte Mindestlänge von drei Zeichen unterschreitet. Die verbleibenden Suchbegriffe BERGER, ABU und SAYED sind jeweils weder mit einem der Vergleichsbegriffe der Adressenpaare identisch noch in diesen enthalten. Auch sie werden daher im zweiten Prüfschritt nicht berücksichtigt.

»Versteckte« Adressfelder

Woher aber nimmt SAP GTS den Suchbegriff TAREK? Zur Beantwortung dieser Frage wurde in Abbildung 4.94 das Layout der Darstellung der Geschäftspartneradresse um das Feld **Name 2** erweitert (Symbol). Sie erkennen nun, dass der Inhaber des Elektromarkts mit Vornamen Tarek heißt.

Abbildung 4.94 Analyse des Prüfergebnisses (erweitert)

Prüfschritt 2

Im zweiten Prüfschritt berechnet SAP GTS die prozentuale Übereinstimmung der Suchbegriffe ELEKTROMARKT und TAREK mit den Suchbegriffen OMAR und TAREK. Dabei zählt das System zunächst die Zeichen, aus denen sich die Begriffe jeweils zusammensetzen. Anschließend ermittelt es die Anzahl der identischen Zeichen. ELEKTROMARKT z. B. besteht aus zwölf, OMAR aus vier Zeichen. Vier Zeichen stimmen in beiden Begriffen überein. SAP GTS dividiert nun die Anzahl der übereinstimmenden Zeichen durch die Gesamtzahl der Zeichen des Vergleichsbegriffs und multipliziert das Ergebnis mit 100, um den Übereinstimmungsprozentsatz zu berechnen. Wird wie im Beispiel in dieser Berechnung der Vergleichsbegriff OMAR aus der Adresse des Sanktionslisteneintrags zugrunde gelegt, ergibt sich eine hundertprozentige Übereinstimmung ([4 ÷ 4] x 100 = 100). Ist die Berechnungsgrundlage dagegen die Geschäftspartneradresse, beträgt der Übereinstimmungsprozentsatz für OMAR nur 33,33.

Prüfschritt 3

Im dritten Prüfschritt teilt SAP GTS die Anzahl der übereinstimmenden Suchbegriffe eines Adresselements durch die Gesamtzahl der Suchbegriffe dieses Elements. Im Vergleich von *Elektromarkt Berger* mit *Abu Omar* und *Tarek Berger* mit *Tarek Sayed* berechnet SAP GTS eine Übereinstimmung von 50 %: Die Namen des Geschäftspartners und der Sanktionslisteneinträge bestehen jeweils aus zwei Begriffen. Ein Begriff (*Omar* bzw. *Tarek*) stimmt jeweils überein ([1 ÷ 2] x 100 = 50). In den Prüfeinstellungen des Auslieferungs-Customizings genügt diese Übereinstimmung für eine Identifikation der Elektromarkt Berger GmbH mit dem mutmaßlichen Terroristen Abu Omar bzw. seines Inhabers Tarek Berger mit dem mutmaßlichen Terroristen Tarek El-Sayed.

Worst-Case-Prinzip bei Listeneinträgen ohne Adresse

Sie sehen in Abbildung 4.94 außerdem, dass SAP GTS für den Suchbegriff DE – das Länderkennzeichen in der Geschäftspartneradresse – jeweils eine hundertprozentige Übereinstimmung annimmt, obwohl die Sanktionslistenstammsätze gar keine Adressen enthalten. Bei Sanktionslisteneinträgen ohne Adresse geht SAP GTS davon aus, dass die gelistete Person sich überall aufhalten kann. Nach dem Worst-Case-Prinzip ist der Übereinstimmungsprozentsatz daher für jedes Land 100.

Steuerschema für den Adressvergleich

Die Ermittlung einer Übereinstimmung zwischen Geschäftspartner- und Sanktionslistenadresse können Sie in einem Steuerschema für den Adressvergleich beeinflussen (Menüpfad: **Global Trade Services • Compliance Management • Sanktionslistenprüfung • Vergleichsschema definieren • Vergleichsschema für SAP GTS-Suche definieren**). In diesem Vergleichsschema legen Sie zunächst fest, welche Adresselemente überhaupt in den Vergleich einbezogen werden. In Abbildung 4.95 sehen Sie die Zusammenstellung der Adresselemente des Steuerschemas SPLUS, das Sie im Auslieferungs-Customizing Ihres SAP-GTS-Systems finden.

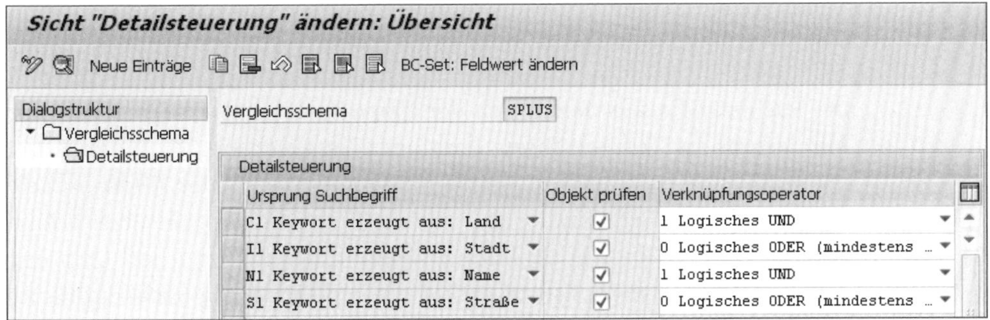

Abbildung 4.95 Steuerschema für den Adressvergleich

Das Steuerschema SPLUS setzt sich aus den Adresselementen Land (C1), Stadt (I1), Name (N1) und Straße (S1) zusammen (Spalte **Ursprung Suchbegriff**). Alle vier Elemente sind relevant für den Adressvergleich (Kennzeichen **Objekt prüfen**). Jedem der vier Adresselemente ist ein *Verknüpfungs-*

operator zugeordnet. Um eine Geschäftspartneradresse mit einem Sanktionslisteneintrag zu identifizieren, müssen die mit einem logischen UND verknüpften Adresselemente Land und Name in Verbindung mit mindestens einem der beiden mit einem logischen ODER verknüpften Adresselemente Stadt oder Straße übereinstimmen. Enthält die Adresse des Sanktionslistenstammsatzes also Land *und* Namen, müssen nicht nur diese beiden Adresselemente mit ihren Entsprechungen in der Geschäftspartneradresse übereinstimmen, sondern auch entweder das Adresselement Stadt *oder* das Adresselement Straße.

Prozentsätze als Vorgaben für den Vergleich

Jedem Adresselement des Steuerschemas sind in seinen Details zwei Prozentsätze zugeordnet. Der erste Wert legt fest, wie hoch die prozentuale Übereinstimmung zweier Suchbegriffe mindestens sein muss (Prüfschritt 2). Der zweite Wert bezieht sich auf das Adresselement als Ganzes. Wie im Beispiel in Abbildung 4.95 können Adresselemente sich aus mehreren Suchbegriffen zusammensetzen. Der Prozentsatz bestimmt die Mindestübereinstimmung zwischen zwei vollständigen Adresselementen (Prüfschritt 3). Abbildung 4.96 zeigt die Einstellungen des Steuerschemas SPLUS für das Adresselement Name im Auslieferungs-Customizing.

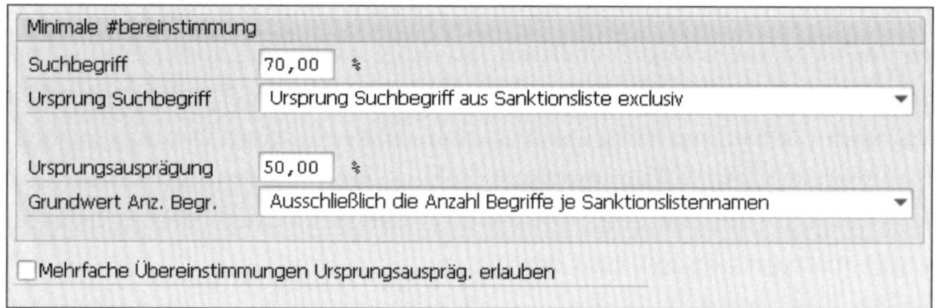

Abbildung 4.96 Prozentsätze für die Berechnung der Übereinstimmung

Die Suchbegriffe, aus denen sich der Name zusammensetzt, müssen also mindestens zu 70 % mit ihrem jeweiligen Vergleichsbegriff übereinstimmen, um in den dritten Prüfschritt einbezogen zu werden (Wert im Feld **Suchbegriff**). Die Berechnung des Übereinstimmungsprozentsatzes erfolgt aus der Perspektive des Sanktionslisteneintrags (Kennzeichen **Ursprung Suchbegriff aus Sanktionsliste exclusiv** im Feld **Ursprung Suchbegriff**). Im Beispiel in Abbildung 4.94 resultiert diese Vorgabe in der Berechnung einer hundertprozentigen Übereinstimmung des Suchbegriffs OMAR mit dem Suchbegriff ELEKTROMARKT. Die beiden Suchbegriffe gehen daher in die Berechnung der Übereinstimmung für den gesamten Namen im dritten Prüfschritt ein.

Falsche Treffer

Diese Einstellungen führen in der Praxis oft zu einer hohen Anzahl von Sperren, die auf den ersten Blick als unbegründet zu erkennen sind. Abbildung 4.94 zeigt ein typisches Beispiel für einen solchen Fall. Um die Zahl der offensichtlich falschen Treffer zu verringern, ohne die Prüfung zu entschärfen, wurden die ausgelieferten Einstellungen in Abbildung 4.96 dem selbst definierten Vergleichsschema ZSPL angepasst. Dieses Vergleichsschema kennen Sie bereits aus Abbildung 4.91. Abbildung 4.97 zeigt die relevanten Anpassungen.

Minimale #bereinstimmung

Suchbegriff	70,00	%
Ursprung Suchbegriff	2 Ursprung Suchbegriff aus Sanktionsliste und Adresse parallel	
Ursprungsausprägung	51,00	%
Grundwert Anz. Begr.	1 Anzahl Begriffe je Sanktionslisten- und Partnernamen	

☐ Mehrfache Übereinstimmungen Ursprungsauspräg. erlauben

Abbildung 4.97 Anpassung der Steuerung für das Adresselement »Name«

Anpassung des Vergleichsschemas

Im Feld **Ursprung Suchbegriff** wurde das Kennzeichen **2 Ursprung Suchbegriff aus Sanktionsliste und Adresse parallel** gesetzt. SAP GTS vergleicht nun die Geschäftspartneradresse mit dem Sanktionslistenstammsatz und umgekehrt, berechnet also immer zwei Prozentsätze je Suchbegriff. Nur wenn beide Prozentsätze mindestens dem Wert im Feld **Suchbegriff** entsprechen, bezieht SAP GTS den Suchbegriff in den dritten Prüfschritt ein. Im Feld **Grundwert Anz. Begr.** ist das Kennzeichen **1 Anzahl Begriffe je Sanktionslisten- und Partnernamen** gesetzt. SAP GTS berechnet also die Übereinstimmung des Namens sowohl für die Geschäftspartneradresse als auch für den Sanktionslisteneintrag. In beiden Fällen muss die Übereinstimmung mindestens 51 % betragen, um zu einem Treffer zu führen.

Da die zweifache Berechnung eines Übereinstimmungsprozentsatzes die Systemleistung stärker belastet, sind vergleichende Tests sinnvoll. Oft führt bereits die Umstellung der Berechnungsperspektive auf den Geschäftspartner (Kennzeichen **1 Ursprung Suchbegriff aus Adresse exclusiv** im Feld **Ursprung Suchbegriff**) zu einem deutlichen Rückgang der offensichtlich falschen Treffer. Da das Kennzeichen **Mehrfache Übereinstimmungen Ursprungsauspräg. erlauben** nicht gesetzt ist, ignoriert das System zudem doppelte Suchbegriffe bei seinen Berechnungen in Schritt 3: Eines der Pseudonyme des Originalsanktionslisteneintrags, auf den sich das Beispiel in Abbildung 4.94 bezieht, ist Abu Umar Umar. In einen Namensvergleich geht der Suchbegriff UMAR jedoch nur einmal ein.

[»]

Weitere Vergleichsschemata

SAP GTS kann die Sanktionslistenprüfung auch an SAP TREX »delegieren« oder – falls das System auf eine SAP-HANA-Datenbank zugreift – den SAP-HANA-eigenen Suchalgorithmus für die Sanktionslistenprüfung nutzen. SAP TREX ist eine Suchmaschine, die als SAP-NetWeaver-Bestandteil von verschiedenen Anwendungen genutzt werden kann. Beiden Alternativen ist gemein, dass sie eine unscharfe bzw. fehlertolerante Suche ermöglichen. Nach dem englischen Begriff für »unscharf« wird diese Methode auch als *Fuzzy-Suche* bezeichnet. In der Sanktionslistenprüfung vergrößert sich durch diesen Algorithmus in Abhängigkeit von der Festlegung eines minimalen Übereinstimmungsprozentsatzes die Zahl der Suchbegriffe, die den Filter des ersten Prüfschritts passieren. So kann das System bei fehlertoleranter Suche verschiedene Transliterationen des arabischen Originals des Vornamens von Herrn Berger aus unserem Beispiel in Abbildung 4.94 (z. B. TARIK oder TAREQ) für ausreichend übereinstimmend halten.

Vergleichsschemata für die Nutzung von SAP TREX bzw. SAP HANA definieren Sie im Customizing des SAP-GTS-Systems (Menüpfad: **Global Trade Services • Compliance Management • Sanktionslistenprüfung • Vergleichsschema definieren • Vergleichsschema für SAP TREX-Suche definieren** bzw. **Vergleichsschema für SAP HANA-Suche definieren**).

Steuerung des Prüfumfangs

Das Vergleichsschema ordnen Sie der gesetzlichen Grundlage für die Sanktionslistenprüfung im Feld **Steuerungsschema** zu. In den Detaileinstellungen der gesetzlichen Grundlage können Sie darüber hinaus mit verschiedenen Kennzeichen den *Prüfumfang* und die Protokollierung der Prüfergebnisse (*Audit*) beeinflussen (Menüpfad: **Global Trade Services • Compliance Management • Sanktionslistenprüfung • Sanktionslistenprüfung steuern**). Abbildung 4.98 zeigt beispielhaft die Einstellungen der gesetzlichen Grundlage ZSPEU.

Wenn SAP GTS bei der Auswahl der vergleichsrelevanten Suchbegriffe im ersten Prüfschritt Geschäftspartner- und Sanktionslistenadressen in beide Richtungen miteinander vergleichen soll, setzen Sie im Feld **Suchstrategie** das Kennzeichen **A SL-Eintrag sucht in Adresseintrag und umgekehrt**. In der gesetzlichen Grundlage SPLUS ist ein Vergleich der Begriffe ausschließlich aus der Perspektive des Sanktionslisteneintrags voreingestellt (Kennzeichen **SL-Eintrag sucht in Adresseintrag**). Für die gesetzliche Grundlage ZSPLEU ist zudem vorgesehen, nur die zum Prüfzeitpunkt gültigen Sanktionslisteneinträge zu berücksichtigen (Kennzeichen im Feld **Gültigkeit beachten**). Stammsätze von Personen, die von den Namenslisten entfernt wurden, bezieht SAP GTS daher nicht in die Prüfung ein.

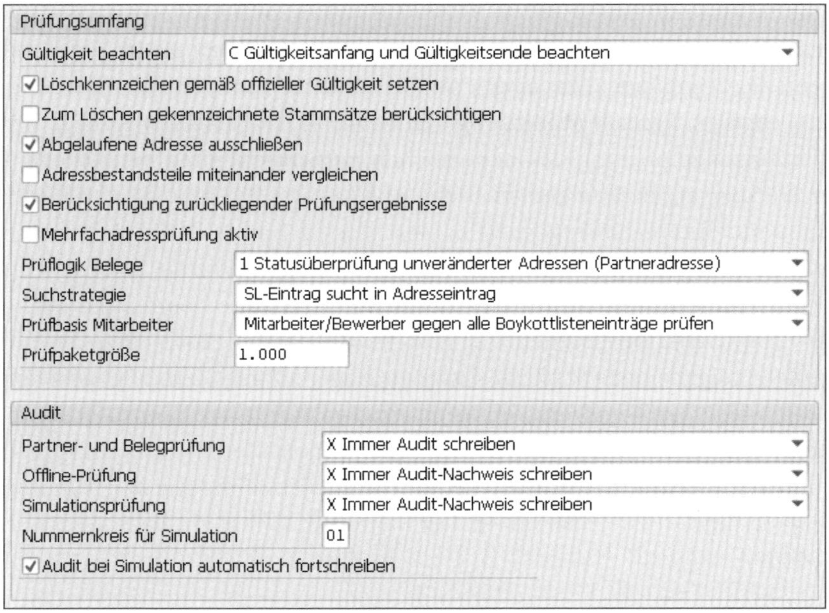

Prüfungsumfang
Gültigkeit beachten: C Gültigkeitsanfang und Gültigkeitsende beachten
☑ Löschkennzeichen gemäß offizieller Gültigkeit setzen
☐ Zum Löschen gekennzeichnete Stammsätze berücksichtigen
☑ Abgelaufene Adresse ausschließen
☐ Adressbestandsteile miteinander vergleichen
☑ Berücksichtigung zurückliegender Prüfungsergebnisse
☐ Mehrfachadressprüfung aktiv
Prüflogik Belege: 1 Statusüberprüfung unveränderter Adressen (Partneradresse)
Suchstrategie: SL-Eintrag sucht in Adresseintrag
Prüfbasis Mitarbeiter: Mitarbeiter/Bewerber gegen alle Boykottlisteneinträge prüfen
Prüfpaketgröße: 1.000

Audit
Partner- und Belegprüfung: X Immer Audit schreiben
Offline-Prüfung: X Immer Audit-Nachweis schreiben
Simulationsprüfung: X Immer Audit-Nachweis schreiben
Nummernkreis für Simulation: 01
☑ Audit bei Simulation automatisch fortschreiben

Abbildung 4.98 Steuerung des Prüfumfangs

Ein nicht mehr gültiger Stammsatz erhält automatisch ein Löschkennzeichen zur Vorbereitung der Archivierung (**Löschkennzeichen gemäß offizieller Gültigkeit setzen**). Zum Löschen vorgemerkte Sanktionslistenstammsätze sollen unabhängig von ihrer Gültigkeit in der Prüfung nicht berücksichtigt werden. Unterschiedliche Adressbestandteile sollen nicht miteinander verglichen werden (**Adressbestandteile miteinander vergleichen**). SAP GTS vergleicht Namensbestandteile also nur mit Namensbestandteilen und nicht auch mit Länderkennzeichen oder Städtenamen. Wenn sich die Datengrundlage gegenüber der letzten Prüfung nicht geändert hat, soll SAP GTS bei einer Folgeprüfung auf einen erneuten Adressvergleich verzichten und stattdessen die Ergebnisse der letzten Prüfung unmittelbar übernehmen (**Berücksichtigung zurückliegender Prüfungsergebnisse**). Die Kennzeichen **Abgelaufene Adressen ausschließen** und **Mehrfachadressprüfung aktiv** spielen nur eine Rolle, wenn Sie die Gültigkeit einer Adresse im Geschäftspartnerstammsatz befristen und mehrere Adressarten verwenden.

Prüfszenarien

Freigabe gesperrter Partner und Belege

Zu Unrecht durch die Sanktionslistenprüfung gesperrte Geschäftspartner können Sie in der Transaktion **Geschäftspartner anzeigen** freigeben (Transaktionscode (/SAPSLL/SPL_BLBPLO). Für die Freigabe gesperrter Belege steht die Transaktion **Gesperrte Belege freigeben** zur Verfügung (Transaktionscode /SAPSLL/SPL_BLRL). Beide Transaktionen finden Sie im Bereichsmenü des Compliance Managements (Schaltfläche **Sanktionslistenprüfung**, Sicht **Logistik**, Bereich **Monitoring**). Ist in der gesetzlichen Grundlage der Sanktionslistenprüfung das Kennzeichen **Berücksichtigung zurückliegender Prüfungsergebnisse** gesetzt (siehe Abbildung 4.98), berücksichtigt SAP GTS manuelle Freigaben gesperrter Geschäftspartner in der nächsten Prüfung. Hat sich die Datenbasis nicht verändert, wird der Partner also nicht erneut gesperrt, obwohl weiterhin eine ausreichend hohe Übereinstimmung mit einem Sanktionslisteneintrag besteht. Haben Sie jedoch nach der manuellen Freigabe neue Sanktionslisteneinträge in Ihr System hochgeladen, die Geschäftspartneradresse im Vorsystem geändert und neu an SAP GTS übergeleitet oder die Konfiguration der Sanktionslistenprüfung angepasst, prüft SAP GTS den Geschäftspartner ohne Berücksichtigung der früheren Freigabe. Eine erneute Sperre ist daher wahrscheinlich (siehe dazu auch KBA 1866469).

Neuprüfung nach Aktualisierung (C-Szenarien)

Wenn Sie sich für eine synchrone Prüfung der Geschäftspartner und Belegadressen entscheiden, reicht grundsätzlich eine Neuprüfung vorhandener Daten nach jedem Hochladen einer Aktualisierungsdatei aus. Für diesen Abgleich mit neuen oder geänderten Listeneinträgen (Deltaprüfung) stehen Ihnen verschiedene Programme zur Verfügung. Sie können Adressen sowohl im Dialog als auch in der Hintergrundverarbeitung neu prüfen lassen. Die Transaktionen zu diesen Programmen finden Sie im Bereichsmenü des Compliance Managements (Schaltfläche **Sanktionslistenprüfung**, Sicht **Logistik**, Bereich **Prüfung gegen aktualisierte Sanktionslisten**). In die Deltaprüfung werden nur systemseitig oder manuell freigegebene Geschäftspartner einbezogen. Vor der Ausführung der Prüfprogramme muss das Datum oder der Zeitraum der Aktualisierung angegeben werden. Abbildung 4.99 zeigt den relevanten Ausschnitt aus dem Selektionsbild der Programme (Sicht **Sanktionsliste**).

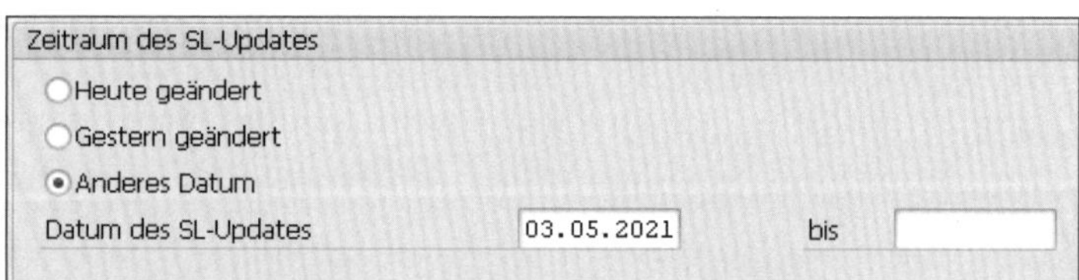

Abbildung 4.99 Zeitangaben für die Deltaprüfung

Das System vergleicht die Adressen freigegebener Geschäftspartner mit den am Stichtag oder im vorgegebenen Zeitraum neu angelegten und/oder geänderten Sanktionslisteneinträgen.

Periodische Prüfung (B-Szenarien)

Unabhängig vom Prüfmodus und von der Aktualisierung der Namenslisten können Sie Geschäftspartner und manuell geänderte Belegadressen zu beliebigen Zeitpunkten einmalig oder wiederholt prüfen lassen. Die Programme für diese Form der Sanktionslistenprüfung finden Sie in der Sicht **Logistik** im Bereich **Periodische Prüfung**. In diesem Bereich stehen auch Programme für die Prüfung von Partnern aus Positiv- und Negativlisten zur Verfügung. Außerdem finden Sie hier ein Programm zur Prüfung von Adressen aus externen Datenquellen. Diese Adressen müssen in einer XML-Datei vorliegen. Das Prüfergebnis speichert SAP GTS ebenfalls in einer XML-Datei. Ist in den Detaileinstellungen der gesetzlichen Grundlage im Feld **Prüflogik Belege** das Kennzeichen **1 Statusüberprüfung unveränderter Adressen** gesetzt (siehe Abbildung 4.98), können Sie manuell freigegebene Belege einer erneuten Prüfung unterziehen, obwohl nach der Freigabe keine Adressänderung im Vorsystem stattgefunden hat. Auf diese Weise können Sie bei Bedarf eine manuelle Freigabe rückgängig machen.

Simulation der Prüfung (S-Szenarien)

Wenn Sie die Sanktionslistenprüfung eines Geschäftspartners oder eines Belegs zunächst nur simulieren wollen, verwenden Sie Programme, die Sie in der Sicht **Logistik** im Bereich **Simulation der Sanktionslistenprüfung** finden. Eine simulierte Prüfung bewirkt keine Sperren und wird auch nicht in den Geschäftspartnerstammdaten festgehalten. Eine Simulation der Sanktionslistenprüfung kann auch vor der Anlage eines Debitoren- oder Kreditorenstammsatzes sinnvoll sein. Für die stammdatenunabhängige Prüfungssimulation ist die Transaktion **Allgemeine Adressprüfung simulieren** vorgesehen (Transaktionscode /SAPSLL/SPL_CHSS3). Sie geben in dieser Transaktion die Adresse des Partners einfach direkt ein und lassen SAP GTS anschließend eine Sanktionslistenprüfung durchführen. Die Transaktion eignet sich daher auch zum Testen der Systemkonfiguration.

Audit

In den Detaileinstellungen der gesetzlichen Grundlage ZSPEU ist die Protokollierung der Sanktionslistenprüfung aktiv (Bereich **Audit**, siehe Abbildung 4.98). In Abbildung 4.100 sehen Sie einen Auszug aus dem Protokoll der Belegprüfung.

Das System hat mehrere Kundenauftragsreplikate geprüft (15068, 15071 und 15072). Dabei beschränkte es sich zunächst jeweils auf eine Statuskontrolle: Der Geschäftspartner der Elektromarkt Berger GmbH ist aufgrund einer früheren Sanktionslistenprüfung gesperrt (Symbol). Daher hat SAP GTS auch das Replikat des Auftrags Nr. 15068 gesperrt. Die Technik und Systeme GmbH dagegen wurde bisher noch nicht als Sanktionslisteneintrag identifiziert (Symbol); ihre beiden Belege sind daher nicht gesperrt. Wenig später hat ein Anwender manuell die Sperre des Auftrags der Elektromarkt Berger GmbH aufgehoben (Symbol).

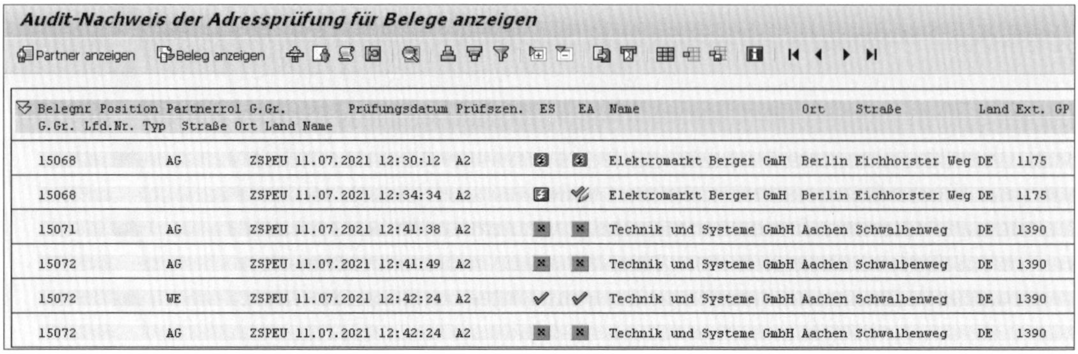

Audit-Nachweis der Adressprüfung für Belege anzeigen

Partner anzeigen | Beleg anzeigen

Belegnr	Position	Partnerrol	G.Gr.	Prüfungsdatum	Prüfszen.	ES	EA	Name	Ort	Straße	Land	Ext. GP
G.Gr. Lfd.Nr. Typ Straße Ort Land Name												
15068		AG	ZSPEU	11.07.2021 12:30:12	A2			Elektromarkt Berger GmH	Berlin	Eichhorster Weg	DE	1175
15068			ZSPEU	11.07.2021 12:34:34	A2			Elektromarkt Berger GmH	Berlin	Eichhorster Weg	DE	1175
15071		AG	ZSPEU	11.07.2021 12:41:38	A2			Technik und Systeme GmbH	Aachen	Schwalbenweg	DE	1390
15072		AG	ZSPEU	11.07.2021 12:41:49	A2			Technik und Systeme GmbH	Aachen	Schwalbenweg	DE	1390
15072		WE	ZSPEU	11.07.2021 12:42:24	A2	✔	✔	Technik und Systeme GmbH	Aachen	Schwalbenweg	DE	1390
15072		AG	ZSPEU	11.07.2021 12:42:24	A2			Technik und Systeme GmbH	Aachen	Schwalbenweg	DE	1390

Abbildung 4.100 Auszug aus einem Prüfprotokoll (Belege)

Im Vorsystem hat ein anderer Anwender manuell die Adresse des Warenempfängers (Partnerrolle WE) im Auftrag Nr. 15072 der Technik und Systeme GmbH geändert. Eine manuelle Adressänderung bewirkt immer eine neue Sanktionslistenprüfung. Im Beispiel in Abbildung 4.100 hat diese Adressänderung jedoch nicht zu einer Übereinstimmung mit einem Sanktionslisteneintrag geführt, sodass der Beleg nach der Prüfung nicht gesperrt ist (Symbol ✔). Dass eine Sanktionslistenprüfung mit negativem Ergebnis (Sperre) stattgefunden hat, erkennen Sie am Symbol .

Die Festlegung der Schärfe der Sanktionslistenprüfung und die Interpretation der Prüfergebnisse sind nicht immer einfach. Oft müssen die Einstellungen nach ersten Tests noch justiert werden. Mit einer wiederkehrend hohen Zahl erkennbar falscher Treffer sollten Sie sich nicht abfinden.

SAP EWM als Vorsystem

Integrationsszenario

In Abschnitt 2.2.3, »Einbindung von SAP EWM in das Integrationsszenario«, haben Sie erfahren, wie Sie das Customs Management als Erweiterung der Anlieferungsabwicklung in SAP EWM nutzen können. In diesem Abschnitt betrachten wir am Beispiel der Sanktionslistenprüfung die Option, das Compliance Management in die Auslieferungsabwicklung in SAP EWM einzubeziehen. Abbildung 4.101 stellt diese Integration im Überblick dar.

Auslieferungsauftrag

Wie Sie in Abbildung 4.101 sehen, tritt SAP EWM in diesem Integrationsszenario zwischen SAP ERP bzw. SAP S/4HANA und SAP GTS, übernimmt also in einem Teilschritt des Prozesses die Rolle des Vorsystems. SAP EWM repliziert Auslieferungen des SAP-ERP- bzw. SAP-S/4HANA-Systems in Form von *Auslieferungsaufträgen* und leitet diese zur Prüfung an SAP GTS über. Stellt SAP GTS fest, dass einem geplanten Warenausgang Verbote oder Beschränkungen entgegenstehen, sperrt es die betroffenen Positionen des Exportbelegs zum Auslieferungsauftrag. Die Auslieferungsauftragspositionen sind ihrerseits in SAP EWM für die weitere Bearbeitung gesperrt (Statusart DGT, Statuswert 8 – Geprüft, nicht ok). Es ist allerdings möglich, diese Sperre in SAP EWM manuell aufzuheben (Schaltfläche GTS in der Positionsübersicht, Sicht **Positionen**). Die Exportbelegpositionen in SAP GTS bleiben jedoch weiterhin gesperrt.

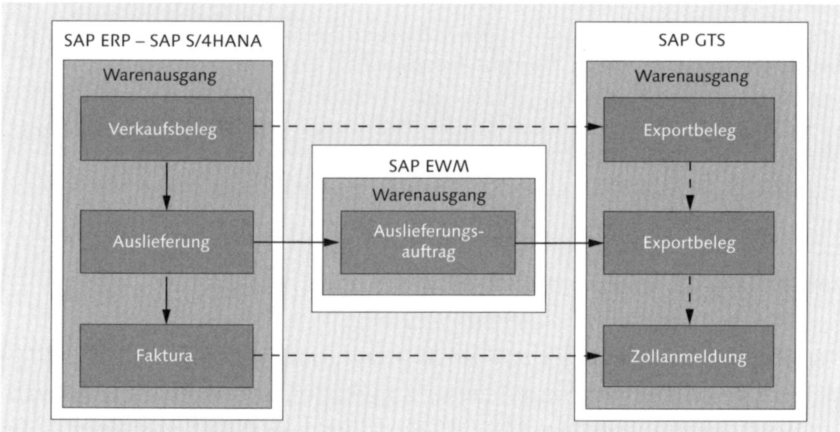

Abbildung 4.101 Warenausgangsprozess mit SAP-EWM-Beteiligung

Verteilungsrelevanz der Auslieferung

Wie Sie in Abschnitt 2.2.3, »Einbindung von SAP EWM in das Integrationsszenario«, erfahren haben, entscheidet der Lagerort der Lieferpositionen, ob eine Verteilung an SAP EWM erforderlich ist. Auslieferungen, die nicht verteilungsrelevant sind, leitet das Vorsystem direkt an SAP GTS über, wenn die Lieferart relevant für die Prüfungen des Compliance Managements ist (siehe auch Abbildung 1.5). In einem SAP-S/4HANA-Vorsystem werden Auslieferungen solcher Lieferarten auch dann an SAP GTS übergeleitet, wenn sie an SAP EWM verteilt wurden. Sie müssen daher bei Bedarf die Einbindung des SAP-EWM-Systems in den Prüfprozess aktivieren (Menüpfad: **Integration mit anderen SAP-Komponenten • Integration mit Governance, Risk and Compliance • SAP Global Trade Services • Steuerung der Überleitung an SAP Global Trade Services • Steuerung für SAP-EWM-geführte Lager konfigurieren**). Setzen Sie für die betroffene(n) Lagernummer(n) das Kennzeichen **Compliance-Prüfungen werden in EWM ausgeführt**, wenn der Auslieferungsauftrag in SAP EWM (und nicht die Auslieferung des SAP-S/4HANA-Vorsystems) die Grundlage der Prüfungen des Compliance Managements sein soll.

Mapping (Belegtyp, Positionsart, Partnerrolle)

Wie für die relevanten Belegarten, Positionstypen und Partnerrollen eines SAP-ERP- bzw. SAP-S/4HANA-Vorsystems müssen Sie auch für Belegtypen, Positionsarten und Partnerrollen des SAP-EWM-Systems ein Mapping in

SAP GTS einrichten. Abbildung 4.102 zeigt als Beispiel die Zuordnung des Belegtyps PDO (Auslieferungsauftrag) zu SAP-GTS-Belegart EXPDLV.

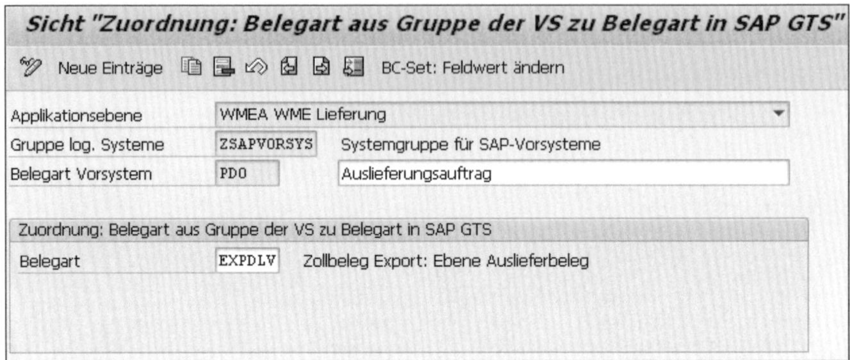

Abbildung 4.102 Mapping des SAP-EWM-Belegtyps PDO

Die Applikationsebene der SAP-EWM-Integration ist immer WMEA (WME Lieferung). Verknüpfen Sie auf dieser Applikationsebene auch alle relevanten Positionsarten mit dem SAP-GTS-Positionstyp EXDLV1 oder einer Kopie im Kundennamensraum (Menüpfade: **Global Trade Services • Allgemeine Einstellungen • Belegstruktur • Zuordnung Belegarten aus Vorsystemen** bzw. **Zuordnung Positionstypen aus Vorsystemen**). Für die Übernahme der Belegpartner ist in der Regel das Mapping der SAP-EWM-Partnerrolle für den Warenempfänger auf die SAP-GTS-Partnerfunktion WE ausreichend (Menüpfad: **Global Trade Services • Allgemeine Einstellungen • Partnerstruktur • Zuordnung Partnerrollen aus Vorsystemen**).

Verkaufsorganisation

Wenn Sie SAP ERP bzw. SAP S/4HANA mit SAP GTS verbinden, »mappen« Sie die relevanten Buchungskreise dieser Vorsysteme auf Geschäftspartner in der Rolle Außenhandelsorganisation. Bei einer SAP-EWM-Anbindung tritt die *Verkaufsorganisation* an die Stelle des Buchungskreises. Für dieses Mapping legen Sie zunächst in SAP ERP bzw. SAP S/4HANA Kunden bzw. Geschäftspartner für alle relevanten Verkaufsorganisationen an und leiten diese an SAP EWM über, um sie dort als Geschäftspartner replizieren zu lassen. Ergänzen Sie in der Sicht **Identifikation** dieser Geschäftspartnerstammsätze in SAP EWM Einträge mit der Identifikationsart CRM010 (R/3 Verkaufsorganisation), dem Schlüssel der jeweiligen Verkaufsorganisation (Feld **Identifikationsnummer**) und dem logischen Systemnamen des SAP-ERP- bzw. SAP-S/4HANA-Quellsystems (Feld **Zuständige Institution**). In Abbildung 4.103 sehen Sie das Beispiel der Verkaufsorganisation 1000, die im Mandanten 100 des SAP-ERP-Systems XYZ (logischer Systemname XYZCLNT100) als Organisationseinheit des Vertriebs angelegt ist.

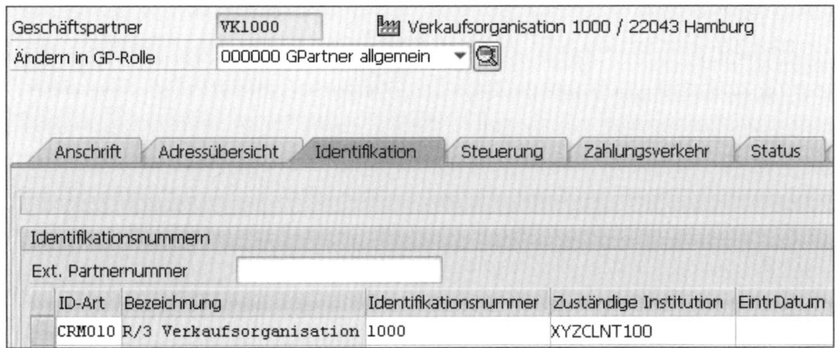

Abbildung 4.103 Geschäftspartner für eine Verkaufsorganisation

Mapping der Verkaufsorganisation

Im Customizing des SAP-GTS-Systems verknüpfen Sie den Schlüssel der Verkaufsorganisation mit der Geschäftspartnernummer der Außenhandelsorganisation für den Buchungskreis, dem die Verkaufsorganisation in SAP ERP bzw. SAP S/4HANA zugeordnet ist (Menüpfad: **Global Trade Services • Allgemeine Einstellungen • Organisationsstruktur • Zuordnung Organisationseinheiten aus Vorsystem zu Außenhandelsorganisation • Partnernummer auf Ebene Vorsystem zuordnen** bzw. **Partnernummer auf Ebene Gruppe von Vorsystemen zuordnen**). Verwenden Sie für dieses Mapping die fiktive Vorsystempartnerrolle O (Feld **Partnerrolle VS**). Abbildung 4.104 zeigt wieder die Einstellungen für die Verkaufsorganisation 1000 des SAP-ERP-Vorsystems.

Abbildung 4.104 Mapping der Verkaufsorganisation

Der Außenhandelsorganisation AO_1000, die in SAP GTS den Buchungskreis 1000 des Vorsystems repräsentiert, ist im Feld **Ext. Partnernr.** die Verkaufsorganisation 1000 zugeordnet.

[»]

Verkaufsorganisation und Werk in SAP EWM

Es mag zunächst überraschen, dass die Verkaufsorganisation in diesem Integrationsszenario eine Rolle spielt, da SAP EWM für seine Interaktion mit SAP ERP bzw. SAP S/4HANA nur Entsprechungen der lagerverwaltungsrelevanten Werke benötigt. Diese werden in SAP EWM als *Verfügungsberechtigte* bezeichnet und wie in SAP GTS als Geschäftspartner abgebildet. In SAP GTS sind die relevanten Werke in der Regel bereits Verwenderbetrieben zugeordnet, sodass kein zusätzliches Mapping für die SAP-EWM-Anbindung erforderlich ist. Da SAP EWM jedoch den Buchungskreis nicht kennt, muss in SAP GTS eine andere Organisationseinheit als Mapping-Partner der Außenhandelsorganisation auftreten. Noch aus den Zeiten einer älteren, heute nicht mehr angebotenen Ersatzteilverwaltung (SAP Service Parts Management), in der das ehemalige Customer Relationship Management (SAP CRM), SAP EWM und SAP GTS einen Systemverbund bildeten, stammt die Nutzung der Verkaufsorganisation in dieser Funktion.

Einstellungen in SAP EWM

In SAP EWM sind noch einige Zusatzeinstellungen für das in Abbildung 4.101 dargestellte Integrationsszenario erforderlich. Die folgende Liste gibt Ihnen einen Überblick über diese Einstellungen:

- Belegart(en) des Auslieferungsauftrags: Kennzeichen **Gesetz. Kontr. GTS** setzen (Menüpfad: **SCM Extended Warehouse Management • Extended Warehouse Management • Warenausgangsprozess • Auslieferung • Belegarten für Auslieferungsprozess definieren**)
- Statusprofil der Positionsart(en): Status DGT (GTS-Prüfung) aktivieren (Menüpfad: **SCM Extended Warehouse Management • Extended Warehouse Management • Prozessübergreifende Einstellungen • Lieferung -Lageranforderung • Statusverwaltung • Statusprofile definieren**)
- Partnerprofil der Belegart(en) des Auslieferungsauftrags und ggf. der Auslieferungsanforderung: Partnerrolle ORG_UN (Organisationseinheit) aktivieren (Menüpfad: **SCM Extended Warehouse Management • Extended Warehouse Management • Prozessübergreifende Einstellungen • Lieferung -Lageranforderung • Partnerbearbeitung • Partnerprofile definieren**)
- Aktionsprofil der Belegart(en) des Auslieferungsauftrags: Aktionsdefinitionen /SCWM/PDO_01_GTS_CHECK und /SCWM/PDO_01_GTS_DOC_DELETE (für die Löschung von Exportbelegen nach Löschung des zugehörigen Auslieferungsauftrags) aktivieren (Menüpfad: **SCM Extended Warehouse Management • Extended Warehouse Management • Prozessübergreifende Einstellungen • Lieferung -Lageranforderung • Aktionen •**

Aktionen und Bedingungen ändern • Aktionsprofile und Aktionen definieren)

- nur für Direktauslieferungen: Geschäftspartner der Verkaufsorganisation dem Verfügungsberechtigten auf Lagernummernebene zuordnen (Menüpfad: **SCM Extended Warehouse Management • Extended Warehouse Management • Schnittstellen • GTS-Integration • Verkaufsorganisation zu Lagernummer zuordnen**)

Aktionsdefinition

Für die Überleitung des Auslieferungsauftrags an SAP GTS nutzt SAP EWM das PPF (siehe Abschnitt 2.2.3, »Einbindung von SAP EWM in das Integrationsszenario«). Das Auslieferungs-Customizing stellt für diesen Zweck die Aktionsdefinition /SCWM/PDO_01_GTS_CHECK bereit. Ist diese Aktionsdefinition im Aktionsprofil der Belegart des Auslieferungsauftrags aktiv und ist in der Belegart das Kennzeichen **Gesetz. Kontr. GTS** gesetzt, führt SAP EWM die Aktion aus. Endet eine der Prüfungen des Compliance Managements in SAP GTS mit einer Sperre, können Sie diese Tatsache im Verarbeitungsprotokoll der Aktion erkennen. In Abbildung 4.105 sehen Sie ein Beispiel.

Abbildung 4.105 Verarbeitungsprotokoll der Aktion

Im Verarbeitungsprotokoll in Abbildung 4.105 lesen Sie, dass die Sanktionslistenprüfung in SAP GTS zu einer Sperre der (einzigen) Position des Exportbelegs zum Auslieferungsauftrag geführt hat. Diese Position ist nun in SAP EWM für die weitere Bearbeitung gesperrt.

Mit dieser Kurzdarstellung der Integration des Compliance Managements in den Auslieferungsprozess in SAP EWM endet dieses Kapitel zur Ausfuhrkontrolle. Im nächsten Kapitel bleiben wir zwar zunächst bei der Ausfuhr, kehren jedoch zum Thema Zoll zurück.

Kapitel 5
Ausfuhr von Ursprungserzeugnissen

In diesem Kapitel geht es zur Abwechslung einmal nicht um Pflichten, die Sie im grenzüberschreitenden Handel erfüllen müssen, sondern um Begünstigungen, die Sie nutzen können, um sich Vorteile im globalen Wettbewerb zu verschaffen.

In Abschnitt 2.1.5, »Zollwertermittlung und Vorausberechnung von Einfuhrabgaben«, haben Sie bereits verschiedene Arten von Zöllen kennengelernt. Unter bestimmten Voraussetzungen können Einführer *Zollpräferenzen* in Anspruch nehmen. Zollpräferenzen sind eine Form der Begünstigung bei der Einfuhrverzollung, die den Zollsatz in der Regel auf 0 % reduziert. Die Inanspruchnahme einer Zollpräferenz bei der Einfuhr setzt einen Nachweis des Ursprungs der Ware im Abgangsland der Ausfuhr voraus. Die Voraussetzungen für die Ausstellung eines solchen *Ursprungsnachweises* sind in länder- oder ländergruppenabhängigen Präferenzregelungen festgelegt.

Zollpräferenzen als Wettbewerbsvorteil

Zölle können die Beschaffungskosten erheblich steigern. Ausführer, die ihre Waren nachweislich als Ursprungserzeugnisse im Sinn der jeweiligen Präferenzregelung liefern, ersparen den Einführern diese Zusatzkosten. Für Unternehmen, die in der EU produzieren und auf dem Weltmarkt mit Anbietern aus Niedriglohnländern konkurrieren, sind Zollpräferenzen daher oft ein Wettbewerbsvorteil: Der Verkaufspreis des in der EU hergestellten Erzeugnisses mag zwar höher als der Verkaufspreis des Konkurrenzprodukts sein. Wenn für das Land des Wettbewerbers nicht ebenfalls Präferenzregelungen gelten, machen jedoch Zölle den Preisvorteil oft zunichte.

In diesem Kapitel erfahren Sie, wie SAP GTS Sie im Rahmen der Präferenzabwicklung des Risk Managements bei der Ausstellung von Ursprungsnachweisen für Ihre Erzeugnisse unterstützen kann. Sie lernen, wie Sie Präferenzregelungen im System abbilden und wie Sie prüfen können, ob Ihre Produkte den Vorgaben dieser Regelungen entsprechen.

5.1 Ermittlung der Ursprungseigenschaft einer Ware

In der Präferenzabwicklung soll SAP GTS feststellen, ob Waren nach den Bestimmungen der Präferenzregelungen als Ursprungserzeugnisse des Ausfuhrlands bezeichnet werden dürfen. In Abschnitt 5.1.1, »Nichtpräferenzieller und präferenzieller Ursprung«, geht es daher zunächst um die Definition des zentralen Begriffs *Ursprung*. Die Abbildung der Vorgaben der Präferenzregelungen für die Ursprungsermittlung in SAP GTS ist Gegenstand von Abschnitt 5.1.2, »Abbildung von Präferenzregelungen«. Abschnitt 5.1.3 stellt die *Präferenzkalkulation* als Verfahren zur Ermittlung der Ursprungseigenschaft eines Produkts vor.

5.1.1 Nichtpräferenzieller und präferenzieller Ursprung

Bedeutung

Das Zollrecht der EU unterscheidet zwischen dem nichtpräferenziellen und dem präferenziellen Ursprung einer Ware. Der *nichtpräferenzielle Ursprung* ist die Grundlage für die Anwendung des GZT mit Ausnahme der in diesem Kapitel behandelten Zollpräferenzmaßnahmen, die auf einer spezifischen Ursprungsdefinition beruhen. Im Prozessbeispiel in Abschnitt 2.1.5, »Zollwertermittlung und Vorausberechnung von Einfuhrabgaben«, wurden Kugellager aus den USA eingeführt. Eine passende Zollpräferenzmaßnahme existiert nicht. Für Kugellager mit nichtpräferenziellem Ursprung in den USA sieht der TARIC zwar eine Zollaussetzung vor. Diese ist jedoch an die – im Prozessbeispiel nicht gegebene – Luftfahrttauglichkeit der Ware gebunden. In Ermangelung einer Begünstigung hat die Zollverwaltung daher einen Drittlandszoll in Höhe von 8 % des Zollwerts der Kugellager erhoben (siehe Abbildung 2.29). Der nichtpräferenzielle Ursprung einer Ware ist aber auch maßgeblich für die Entscheidung über die Zulässigkeit der Einfuhr und ggf. für die Prüfung der Einfuhr im Hinblick auf das Vorliegen außenwirtschaftsrechtlicher Beschränkungen. Der nichtpräferenzielle Ursprung wird daher auch als *außenwirtschaftsrechtlicher Ursprung* bezeichnet.

Ermittlung des nichtpräferenziellen Ursprungs

Die Ermittlung des nichtpräferenziellen Ursprungs einer Ware ist in Art. 60 und 61 UZK geregelt. Nach der Begriffsbestimmung des UZK haben Waren ihren Ursprung in dem Land oder Gebiet, in dem sie vollständig gewonnen oder hergestellt worden sind (Art. 60 Abs. 1 UZK). Beispiele für die vollständige Gewinnung oder Herstellung sind die Ernte pflanzlicher Erzeugnisse und die Aufzucht lebender Tiere. Sind an der Herstellung einer Ware zwei oder mehrere Länder beteiligt, gilt als Ursprungsland das Land, in dem die Waren »der letzten wesentlichen, wirtschaftlich gerechtfertigten Be- oder Verarbeitung unterzogen wurden«. Diese Be- oder Verarbeitung muss außerdem »in einem dazu eingerichteten Unternehmen« vorgenommen worden sein und zur Herstellung eines neuen Erzeugnisses geführt haben oder eine »bedeutende Herstellungsstufe« darstellen (Art. 60 Abs. 2 UZK).

Ursprungszeugnis

Der nichtpräferenzielle Ursprung einer Ware kann u. a. durch ein *Ursprungszeugnis* auf einem in Anhang 22-14 UZK-IA vorgegebenen Formblatt nachgewiesen werden. Die Vorschriften über die Ausstellung von Ursprungszeugnissen finden sich in Art. 57 UZK-IA. In Deutschland sind die berufsständischen Organisationen (Industrie- und Handelskammern, Handwerkskammern und Landwirtschaftskammern) für die Ausstellung von Ursprungszeugnissen zuständig. Wenn Ihre Kunden Ursprungszeugnisse als Einfuhrdokumente benötigen, können Sie das Formblatt auf der Grundlage der Zollanmeldung aus SAP GTS heraus füllen. Für den Druck des Ursprungszeugnisses steht ein PDF-basiertes Formular zur Verfügung. Eine passende Nachricht (P0040) ist der Prozessaktivität CUSEX im Auslieferungs-Customizing bereits zugeordnet (siehe Abschnitt 3.1.4, »Konfiguration des Datenaustausches mit der Zollverwaltung«).

Ursprungsland im Materialstammsatz

Den nichtpräferenziellen Ursprung Ihrer Produkte verwalten Sie nicht in SAP GTS, sondern im SAP-ERP- bzw. SAP-S/4HANA-Vorsystem auf Materialstammebene (Sicht **Außenhandel: Export** bzw. **Außenhandel: Import** in SAP ERP; Sicht **International Trade: Export** bzw. **International Trade: Import** in SAP S/4HANA). Abbildung 5.1 zeigt den relevanten Ausschnitt aus der Sicht **Außenhandel: Export** in SAP ERP.

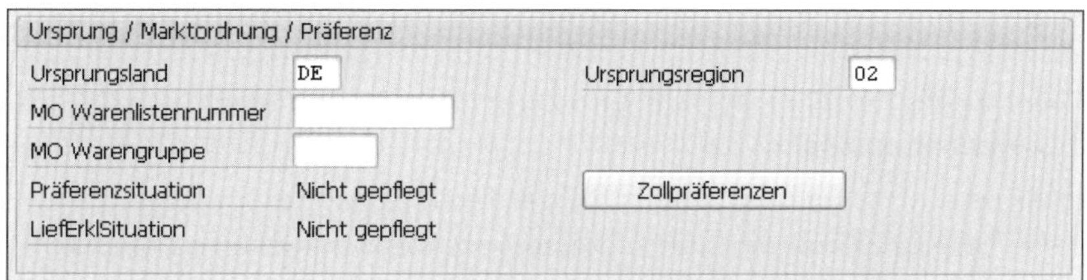

Abbildung 5.1 Nichtpräferenzieller Ursprung im Material (SAP ERP)

In das Feld **Ursprungsland** tragen Sie das Länderkennzeichen des nichtpräferenziellen Ursprungslands des Materials ein. Ist wie im Beispiel in Abbildung 5.1 das Material deutschen Ursprungs, ergänzen Sie im Feld **Ursprungsregion** das Ursprungsbundesland mit seinem zweistelligen Schlüssel. Diese Angabe ist in Meldungen zur Außenhandelsstatistik, aber auch in Intrastat-Meldungen erforderlich. Die Schaltfläche **Zollpräferenzen**, die Sie in Abbildung 5.1 ebenfalls sehen, hat nur Bedeutung für die Präferenzabwicklung in SAP ERP (Teilkomponente SD-FT). In SAP S/4HANA ist die Auswahl außenhandelsspezifischer Felder im Materialstamm reduziert. Abbildung 5.2 zeigt den relevanten Ausschnitt aus der Sicht **International Trade: Export** zum Vergleich.

Außenhandelsdaten
Intrastat-Gruppe
CAS-RN (Pharmazie)
PRODCOM/GP-Nummer
Steuerungscode

Ursprung
Ursprungsland DE
Ursprungsregion 02

Abbildung 5.2 Nichtpräferenzieller Ursprung im Material (SAP S/4HANA)

Ursprungsland in Belegpositionen

Aus dem Materialstamm übernimmt SAP ERP das nichtpräferenzielle Ursprungsland in die Außenhandelsdaten der Auslieferungs- und der Fakturapositionen. In der Sicht **Ursprung/Bestimmung/Geschäft** können Sie das Ursprungsland und ggf. die Ursprungsregion vor dem Anlegen der Faktura noch ändern. Bei der Replikation der Faktura übernimmt SAP GTS diese Daten in die Zollanmeldung in die Sicht **Allgemeine Daten** auf Positionsebene (Bereich **Details**). Bei der Überleitung von Materialbelegen zu Wareneingangsbuchungen überträgt das Vorsystem zusätzlich das Ursprungsland aus den Außenhandelsdaten der Anlieferungsposition(en). In SAP S/4HANA haben Fakturen keine Außenhandelsdaten. Die Felder für das nichtpräferenzielle Ursprungsland und die Ursprungsregion in Zollanmeldungen können jedoch mithilfe des Datenvorschlagswesens gefüllt werden.

[»]

Nichtpräferenzieller Ursprung im Einkaufsinfosatz und im Chargenstammsatz

Der Einkaufsinfosatz enthält in seinen allgemeinen Daten ebenfalls das Feld **Ursprungsland**. Einkaufsinfosätze fassen Informationen zu Lieferanten und Materialien zusammen. Wenn Sie also ein Material von mehreren Lieferanten beziehen, können Sie in dieses Feld das für die jeweilige Bezugsquelle zutreffende nichtpräferenzielle Ursprungsland eintragen. Ist das Feld im Einkaufsinfosatz gefüllt, übernimmt die Bestellposition in SAP ERP das Länderkennzeichen aus dieser Quelle (und nicht aus dem Materialstamm).

Wie Sie in Abschnitt 2.3.2, »Überführung in das Zolllagerverfahren in SAP GTS« erfahren haben, können Sie auch im Chargenstammsatz das nichtpräferenzielle Ursprungsland erfassen. SAP ERP übernimmt das Ursprungsland chargenpflichtiger Materialien ggf. aus dieser Quelle in die Fakturaposition.

Rechtsgrundlagen

Die deutlich komplexeren Vorgaben zur Ermittlung des *präferenziellen* Ursprungs einer Ware finden sich in den verschiedenen Regelungen, die den

Zollpräferenzen des Zolltarifs der Union zugrunde liegen. Zu unterscheiden sind dabei die *Abkommen*, in denen die EU und ihre Vertragspartner sich gegenseitig Zollpräferenzen zugestehen, von der einseitigen Gewährung von Präferenzen durch die EU in Gestalt von *Verordnungen*. Von den – in erster Linie aus wirtschafts- und entwicklungspolitischen Gründen – einseitig gewährten Zollpräferenzen können in der EU ansässige Unternehmen nur als Einführer profitieren. Die auf Gegenseitigkeit beruhenden Präferenzregelungen sind dagegen auch bei der Ausfuhr von Bedeutung: Gelingt der Nachweis des präferenziellen Ursprungs der auszuführenden Waren nach den Vorgaben der Präferenzregelungen, können Kunden im Bestimmungsland bei der Einfuhr Zollpräferenzen in Anspruch nehmen. Für die Präferenzabwicklung in SAP GTS sind nur die Abkommen von Bedeutung.

Präferenzabkommen

Die EU hat mit einer größeren Anzahl von Staaten Präferenzabkommen geschlossen. Weitere Abkommen sind in Vorbereitung. Eine tagesaktuelle Übersicht über alle Präferenzregelungen der EU finden Sie in der Auskunftsdatenbank *Warenursprung und Präferenzen online* (WuP online) der deutschen Zollverwaltung (*http://www.wup.zoll.de*). Mit den meisten Mittelmeeranrainern bestehen z. B. Assoziationsabkommen (Europa-Mittelmeer-Abkommen). Neben einer Verbesserung der politischen Zusammenarbeit sind die Liberalisierung und Ausweitung des Waren- und Dienstleistungsverkehrs zwischen den Vertragspartnern wesentliche Ziele dieser Abkommen. Jedes Abkommen enthält u. a. ein Protokoll, in dem festgelegt ist, unter welchen Voraussetzungen eine Ware als Ursprungserzeugnis der Vertragspartner gilt. In den Präferenzabkommen der EU mit Staaten in anderen Teilen der Welt findet sich die Bestimmung des Begriffs *Ursprungserzeugnis* entweder ebenfalls in einem Protokoll oder in einem Anhang. Das Abkommen zwischen der Europäischen Union und Japan über eine Wirtschaftspartnerschaft (nach der englischen Bezeichnung »Economic Partnership«, abgekürzt mit EU-Japan-EPA) z. B. enthält diese Regelungen in Kapitel 3.

[«]

Verwendung der Abkürzung EU

Die Mehrzahl der Präferenzabkommen datiert aus der Zeit vor dem Vertrag von Lissabon, mit dem die EU die Rechtsnachfolge der EG antrat. Die Texte der noch von der EG geschlossenen Präferenzabkommen sollen nach und nach entsprechend geändert werden. Bis zum Inkrafttreten solcher Änderungen müssen in Präferenznachweisen noch die Begriffe *Europäische Gemeinschaft* bzw. *Gemeinschaft* verwendet werden. In diesem Kapitel wird außerhalb von Zitaten der Begriff *Europäische Union* bzw. die Abkürzung EU verwendet.

Begriffsbestimmung

Die Begriffsbestimmung ist im Grundsatz in allen Abkommen gleich: Als Ursprungserzeugnisse gelten zum einen Erzeugnisse, die im Land oder in der Ländergruppe der Vertragspartner vollständig gewonnen oder hergestellt worden sind. Wie im Zusammenhang mit der Definition des nichtpräferenziellen Ursprungs in Art. 60 UZK geht es hier in erster Linie um Rohstoffe sowie um Erzeugnisse der Land- und Forstwirtschaft und der Fischerei. Ursprungserzeugnisse sind zum anderen Erzeugnisse, die im Land oder in der Ländergruppe der Vertragspartner »unter Verwendung von Vormaterialien hergestellt worden sind, die dort nicht vollständig gewonnen oder hergestellt worden sind, vorausgesetzt, dass diese Vormaterialien (...) in ausreichendem Maße be- oder verarbeitet worden sind«. Diese Definition, die hier beispielhaft aus Art. 2 Abs. 1 Buchstabe b des Protokolls Nr. 4 zum Abkommen über den EWR zitiert wird, ist für die meisten industriell gefertigten Produkte relevant. Bei der Herstellung eines Ursprungserzeugnisses dürfen also Vormaterialien verwendet werden, die selbst keine Ursprungserzeugnisse sind. Was jeweils als ausreichende Be- oder Verarbeitung dieser Vormaterialien gilt, ist in den Präferenzabkommen genau geregelt.

Liste der Be- oder Verarbeitungen

In den Abkommen sind die als *Ursprungsregeln* bezeichneten Vorgaben für die ausreichende Be- oder Verarbeitung der Vormaterialien in tabellarischer Form in Listen angeordnet. Bezugsebene der Ursprungsregeln ist das HS-Kapitel oder die HS-Position des Erzeugnisses, dessen Ursprungseigenschaft festgestellt werden soll. Nur im Wirtschafts- und Handelsabkommen mit Kanada (nach der englischen Bezeichnung »Comprehensive Economic and Trade Agreement«, abgekürzt mit CETA) werden auch HS-Unterpositionen herangezogen (siehe Abschnitt 2.1.4, »Tarifierung von Produkten«). Nicht immer gelten die Ursprungsregeln jedoch für das gesamte Kapitel oder die gesamte Position bzw. Unterposition. Maßgeblich ist dann die Warenbezeichnung in der zweiten Spalte der Liste. In den Spalten 3 und 4 ist zu lesen, in welcher Weise Vormaterialien ohne präferenziellen Ursprung be- oder verarbeitet werden müssen, um den in den ersten beiden Spalten bezeichneten Erzeugnissen präferenziellen Ursprung zu verleihen. Nur das EU-Japan-EPA fasst Warennummer und -bezeichnung in Spalte 1 zusammen. In Spalte 2 finden sich die »erzeugnisspezifischen« Ursprungsregeln.

Beispiel 1

Tabelle 5.1 enthält ein Beispiel für solche Ursprungsregeln. Das Beispiel ist dem Anhang I des Protokolls Nr. 4 des Europa-Mittelmeer-Abkommens mit Ägypten entnommen.

HS-Position	Waren-bezeichnung	Be- oder Verarbeitungen von Materialien ohne Ursprungseigenschaft, die Ursprung verleihen	
(1)	(2)	(3)	(4)
8482	Wälzlager (Kugellager, Rollenlager und Nadellager)	Herstellen ■ aus Vormaterialien jeder Position, ausgenommen aus Vormaterialien derselben Position wie die hergestellte Ware und ■ bei dem der Wert aller verwendeten Vormaterialien 40 v. H. des Ab-Werk-Preises der hergestellten Ware nicht überschreitet	Herstellen, bei dem der Wert aller verwendeten Vormaterialien 25 v. H. des Ab-Werk-Preises der hergestellten Ware nicht überschreitet

Tabelle 5.1 Beispiel 1 – Auszug aus einer Liste

Erläuterung des Textes in Spalte 3

Der Listeneintrag in Tabelle 5.1 bezieht sich auf die Herstellung von Wälzlagern der HS-Position 8482. Die Vorgaben in Spalte 3 sind zweiteilig: Zum einen müssen sich die HS-Positionen der Vormaterialien ohne Ursprungseigenschaft von der HS-Position der hergestellten Wälzlager unterscheiden. Wenn also ein Unternehmen in der EU Wälzlager für die Ausfuhr nach Ägypten herstellt, darf es dabei keine präferenzursprungslosen Vormaterialien der Position 8482 verwenden. Zum anderen darf der wertmäßige Anteil aller Vormaterialien ohne präferenziellen Ursprung nicht mehr als 40 % des Ab-Werk-Preises der Wälzlager betragen. Sind beide Vorgaben im Herstellprozess erfüllt, gelten die Wälzlager, wenn sie nach Ägypten ausgeführt werden, als Ursprungserzeugnisse der EU. Dieselben Ursprungsregeln sind anzuwenden, wenn die Wälzlager in Ägypten hergestellt und in die EU ausgeführt werden.

Erläuterung des Textes in Spalte 4

Spalte 4 des Beispiels in Tabelle 5.1 enthält ebenfalls eine Vorgabe für die ausreichende Be- oder Verarbeitung von Vormaterialien ohne Ursprungseigenschaft. Diese Vorgabe ist eine Alternative zu den Vorgaben in Spalte 3. Sie bezieht sich ausschließlich auf den wertmäßigen Anteil der Vormaterialien ohne Ursprungseigenschaft an den Wälzlagern. Beträgt dieser Anteil nicht mehr als 25 % des Ab-Werk-Preises der Wälzlager, gelten diese als Ursprungserzeugnisse der EU, wenn sie nach Ägypten ausgeführt werden und umgekehrt. Die HS-Position der verwendeten Vormaterialien ohne präferenziellen Ursprung spielt also keine Rolle. Für die Verleihung der Ursprungseigenschaft genügt es, dass die Ursprungsregeln einer der beiden

Spalten erfüllt sind. In vielen Listeneinträgen enthält ohnehin nur die Spalte 3 einen Text.

Minimalbehandlungen

In jedem Fall muss vor der Anwendung der Ursprungsregeln geprüft werden, ob die in den Abkommenspartnerstaaten im Herstellprozess durchgeführten Tätigkeiten über sogenannte *Minimalbehandlungen* hinausgehen. In den meisten Abkommen werden die Minimalbehandlungen unter dem Begriff der »nicht ausreichenden Be- oder Verarbeitungen« im Einzelnen aufgeführt. Beispiele für solche Tätigkeiten sind das »Teilen oder Zusammenstellen von Packstücken«, »einfaches Anstreichen oder Polieren« und das »Anbringen oder Aufdrucken von Marken, Etiketten, Logos oder anderen gleichartigen Unterscheidungszeichen auf den Erzeugnissen selbst oder auf ihren Verpackungen« (zitiert aus Art. 7 Abs. 1 Protokoll Nr. 4 zum Europa-Mittelmeer-Abkommen der EG mit Ägypten). Eine aus Drittländern zugekaufte Ware wird also keinesfalls durch bloßes Anheben des Ab-Werk-Preises zum Ursprungserzeugnis der Abkommenspartnerstaaten.

Das Beispiel aus Tabelle 5.1 macht deutlich, dass es bei der Ermittlung des präferenziellen Ursprungs in der Hauptsache um die Prüfung einer angemessenen Wertschöpfung in den Abkommenspartnerstaaten geht. Als Ursprungserzeugnisse sollen nur Waren gelten und bei der Einfuhrverzollung begünstigt werden, die zu wesentlichen Teilen in der EU oder ihren Partnerländern hergestellt wurden.

In der Präferenzabwicklung soll SAP GTS produkt- oder belegbezogen feststellen, ob die Vorgaben der Präferenzabkommen im Hinblick auf die ausreichende Be- oder Verarbeitung von Vormaterialien ohne präferenziellen Ursprung erfüllt sind. Am Beispiel von Tabelle 5.1 erkennen Sie bereits die eigentliche Herausforderung bei der Konfiguration der Präferenzabwicklung in SAP GTS: Sie müssen die Texte der Spalten 3 und 4 aller für Ihr Unternehmen relevanten Listeneinträge in Customizing-Einstellungen »umwandeln«. Wie diese Umwandlung funktioniert, erfahren Sie im folgenden Abschnitt.

5.1.2 Abbildung von Präferenzregelungen

Präferenzabkommen als gesetzliche Grundlagen

Die Präferenzabkommen der EU mit Drittländern, die für Ihre Vertriebsprozesse von Interesse sind, bilden Sie in SAP GTS als gesetzliche Grundlagen ab. Sie müssen jedoch nicht für jedes relevante Abkommen eine eigene gesetzliche Grundlage definieren. Abkommen mit gleichlautenden Ursprungsregeln können Sie stattdessen zu einer einzigen gesetzlichen Grundlage zusammenfassen. Diese gesetzliche Grundlage repräsentiert dann eine *Präferenzzone*, also eine Gruppe von Ländern mit harmonisierten

Ursprungsregeln. Bei dieser Zusammenfassung von Abkommen können Sie sich das System der paneuropäischen und der Pan-Europa-Mittelmeer-Kumulierung (Pan-Euro-Med-Kumulierung) zunutze machen. In diesem System der Ursprungskumulierung dürfen Vormaterialien mit Ursprung in einem der beteiligten Länder ohne ausreichende Be- oder Verarbeitung verwendet werden, wenn das aus diesen Vormaterialien hergestellte Ursprungserzeugnis in ein anderes Teilnehmerland ausgeführt wird.

[«]

Upload von Ursprungsregeln

Einige Datenlieferanten verkaufen vollständige Verarbeitungslisten im XML-Format für den Upload in SAP GTS. Dieser Upload erspart Ihnen weitgehend die in diesem Abschnitt beschriebene Systemkonfiguration. Sie haben allerdings auch keinen Einfluss auf die Abbildung der Abkommen und ihrer Regelwerke im System. Die manuelle Pflege der Ursprungsregeln wirkt auf den ersten Blick aufwendiger, als sie es tatsächlich ist. Es ist daher sinnvoll, vor einem Datenkauf zu prüfen, für wie viele HS-Kapitel oder HS-Positionen Ursprungsregeln im System erfasst werden sollen.

Paneuropäische Kumulierung

Das System der *paneuropäischen Kumulierung* umfasst den EWR, die Schweiz und die Türkei. Diese Ursprungskumulierung ist im Abkommen über den EWR und in den Präferenzabkommen der EU mit der Schweiz und der Türkei geregelt. Nach den Regelungen des Abkommens über den EWR z. B. gelten als Ursprungserzeugnisse des EWR Erzeugnisse, die im EWR unter Verwendung von Vormaterialien mit Ursprung in Island, Norwegen, der Schweiz mit Liechtenstein, der Türkei oder in der EU hergestellt worden sind (Art. 3 Abs. 1 des Protokolls Nr. 4). Bei der Herstellung einer Ware in der EU dürfen Sie also z. B. Vormaterialien mit präferenziellem Ursprung in der Schweiz »gleichberechtigt« neben Vormaterialien mit präferenziellem Ursprung in der EU verwenden. Ohne das System der Ursprungskumulierung wäre das Schweizer Vormaterial ein Vormaterial ohne Ursprungseigenschaft, das im Herstellprozess gemäß den Vorgaben des Abkommens mit der Schweiz ausreichend be- oder verarbeitet werden müsste.

Pan-Euro-Med-Kumulierung

Das System der *Pan-Euro-Med-Kumulierung* beruht auf demselben Grundprinzip wie die paneuropäische Kumulierung, erweitert jedoch den Anwendungsbereich der Ursprungskumulierung um zahlreiche Mittelmeerstaaten. Als Voraussetzung für den Aufbau und die Erweiterung dieses Kumulierungssystems haben die EU und die übrigen beteiligten Staaten die Ursprungsregeln in bilateralen Präferenzabkommen bereits weitgehend vereinheitlicht. Bis zur Vollendung der Harmonisierung der Ursprungsregeln kann die Ursprungskumulierung nur angewandt werden, wenn zwischen den an der Herstellung beteiligten Ländern und dem Bestimmungsland der Erzeugnisse jeweils Abkommen mit gleichlautenden Ursprungsregeln bestehen.

Regionales Übereinkommen

Mit dem *Regionalen Übereinkommen* vereinfacht die Europäische Kommission die Anwendung und zukünftige Anpassung der Kumulierungsmöglichkeiten. Das Übereinkommen, das in der EU am 1. Mai 2012 in Kraft trat, soll sukzessive die ca. 60 bilateralen Ursprungsprotokolle im Geltungsbereich der Pan-Euro-Med-Kumulierung ersetzen. Inzwischen wenden bereits einige Partnerstaaten der EU das Regionale Übereinkommen an. Ein entsprechender Verweis wurde in die Ursprungsprotokolle der betroffenen Präferenzabkommen aufgenommen. Den aktuellen Stand der Vereinheitlichung können Sie einer Tabelle in einer von der Kommission veröffentlichten Mitteilung entnehmen (*https://eur-lex.europa.eu/legal-content/DE/TXT/?uri=uriserv:OJ.C_.2019.158.01.0005.01.DEU&toc=OJ:C:2019:158:TOC*).

[»]

Übersicht über Ursprungsregeln in »WuP online«

Über den aktuellen Stand der Anwendbarkeit des Regionalen Übereinkommens können Sie sich auch in *WuP online* informieren. Dort finden Sie außerdem eine Zusammenstellung der für eine bestimmte HS-Position geltenden Vorgaben in den Präferenzregelungen der EU. Wählen Sie im Einstiegsbild der Auskunftsdatenbank den Eintrag **Gegenüberstellung der Verarbeitungslisten** aus und geben Sie die gewünschte HS-Position in das gleichnamige Feld ein. Um sie zu vergleichen, können Sie sich die Vorgaben aller Präferenzregelungen in einer Tabelle anzeigen lassen.

Muster im Auslieferungs-Customizing

Im Auslieferungs-Customizing Ihres SAP-GTS-Systems finden Sie zwei gesetzliche Grundlagen, die Sie als Muster für die Abbildung der Präferenzzonen der paneuropäischen und der Pan-Euro-Med-Kumulierung verwenden können. Die gesetzliche Grundlage PANEG repräsentiert die Gesamtheit der Abkommen, in denen die paneuropäische Kumulierung geregelt ist. Als Muster für die Abbildung der Präferenzzone des Pan-Euro-Med-Kumulierungssystems ist die gesetzliche Grundlage PNMED vorgesehen. Das Auslieferungs-Customizing enthält auch einige Ländergruppen für verschiedene Kombinationen von Abkommenspartnerstaaten. So finden Sie z. B. eine Ländergruppe PANEUROPA, die sich aus den vier EFTA-Staaten (Island, Liechtenstein, Norwegen, Schweiz) zusammensetzt.

Ländergruppen

Für die Konfigurations- und Prozessbeispiele dieses Kapitels wurde die gesetzliche Grundlage ZPEK als Kopie des Musters PANEG angelegt. Die Ländergruppe PANEUROPA wurde in der Kopie ZPANEUROPA um die Türkei erweitert. Abbildung 5.3 zeigt die Länderzuordnung dieser Ländergruppe

(Menüpfad: **Global Trade Services • Allgemeine Einstellungen • Gesetzliche Grundlagen • Länder zu Ländergruppe zuordnen**).

Sicht "Zuordnung Land zu Ländergruppe" ändern: Übersicht Auswahlmenge

Neue Einträge BC-Set: Feldwert ändern

Zuordnung Land zu Ländergruppe

Land	Bezeichnung	LGruppe	Beschreibung	Gültig ab	Gültig bis
CH	Schweiz	ZPANEUROPA	Paneuropäische Kumulierung (Drittländer)	01.01.1973	30.12.9999
IS	Island	ZPANEUROPA	Paneuropäische Kumulierung (Drittländer)	01.01.1994	30.12.9999
LI	Liechtenstein	ZPANEUROPA	Paneuropäische Kumulierung (Drittländer)	01.01.1994	30.12.9999
NO	Norwegen	ZPANEUROPA	Paneuropäische Kumulierung (Drittländer)	01.01.1994	30.12.9999
TR	Türkei	ZPANEUROPA	Paneuropäische Kumulierung (Drittländer)	31.12.1995	30.12.9999

Abbildung 5.3 Ländergruppe ZPANEUROPA

Die Ländergruppe ZPANEUROPA versammelt alle Drittländer, die gemeinsam mit den Mitgliedstaaten der EU am System der paneuropäischen Kumulierung teilnehmen. In der Spalte **Gültig ab** sehen Sie das Datum, zu dem das jeweilige Präferenzabkommen in Kraft getreten ist.

Zuordnung der Ländergruppen

Der gesetzlichen Grundlage ZPEK wurden die Ländergruppen EG und ZPANEUROPA als Abkommenspartner zugeordnet (Menüpfad: **Global Trade Services • Allgemeine Einstellungen • Gesetzliche Grundlagen • Gesetzliche Grundlage definieren**). Diese Zuordnung sehen Sie in Abbildung 5.4.

Abbildung 5.4 Zuordnung der Ländergruppen zur gesetzlichen Grundlage

In Abbildung 5.4 sehen Sie auch, dass Sie die Ländergruppen der Abkommenspartner im Ordner **Zuordnung Ländergruppen** ablegen müssen. Unabhängig davon, welche Präferenzabkommen Sie in SAP GTS abbilden, müssen Sie für die jeweiligen Unterzeichnerstaaten Ländergruppen anlegen und diese Ländergruppen passend den gesetzlichen Grundlagen für die Präferenzabkommen zuordnen. Das gilt auch dann, wenn ein einzelner Staat Vertragspartner der EU ist. Wenn Sie also z. B. das Freihandelsabkommen zwischen der EU und der Republik Korea als gesetzliche Grundlage abbilden, definieren Sie eine neue Ländergruppe, deren einziges Mitglied die Republik Korea ist. Ihrer gesetzlichen Grundlage für das Abkommen ordnen Sie sowohl diese Ländergruppe als auch die ausgelieferte Ländergruppe EG zu.

Aktivierung gesetzlicher Grundlagen für die Präferenzabwicklung

Gesetzliche Grundlagen für die Präferenzabwicklung aktivieren Sie stets für Kombinationen von Ländergruppen. In Abschnitt 1.4.2, »Verwendung gesetzlicher Grundlagen im Prozess«, haben Sie bereits erfahren, dass jede gesetzliche Grundlage zunächst auf allgemeiner Ebene und anschließend auf Anwendungsbereichsebene aktiviert werden muss. In Abbildung 5.5 sehen Sie die allgemeine Aktivierung der gesetzlichen Grundlage ZPEK (Menüpfad: **Global Trade Services • Allgemeine Einstellungen • Gesetzliche Grundlagen • Gesetzliche Grundlagen auf Ebene Land/Ländergruppe aktivieren**).

Abbildung 5.5 Allgemeine Aktivierung auf Ländergruppenebene

Allgemeine Aktivierung

Um eine gesetzliche Grundlage für eine Kombination von zwei Ländergruppen zu aktivieren, markieren Sie die gesetzliche Grundlage und öffnen in der Dialogstruktur den Ordner **Ländergruppe**. Klicken Sie auf **Neue Einträge** und ergänzen Sie die Ländergruppen, für die Sie die gesetzliche Grundlage aktivieren wollen. Markieren Sie anschließend eine der Ländergruppen und öffnen Sie in der Dialogstruktur den Ordner **Ländergruppe / Ländergruppe**. Klicken Sie wieder auf **Neue Einträge**, um die Partnerländergruppe(n) zu ergänzen. Wiederholen Sie diesen Schritt für die übrigen Ländergruppen. In Abbildung 5.5 sehen Sie die Aktivierung der gesetzlichen Grundlage ZPEK für Kombinationen der Ländergruppe EG mit den Ländergruppen EG und ZPANEUROPA. Die Aktivierung der gesetzlichen Grundlage für die Ländergruppenkombination EG-EG ist für die Verwaltung von Lieferantenerklärungen in SAP GTS erforderlich (siehe Abschnitt 5.2.2, »Kundenseitige Lieferantenerklärungen«).

Aktivierung auf Anwendungsbereichsebene

Gesetzliche Grundlagen werden in der Präferenzabwicklung im Risk Management auch als *Präferenzabkommen* oder einfach nur als *Abkommen* bezeichnet. Auf der Ebene der Präferenzabwicklung aktivieren Sie Ihre gesetzlichen Grundlagen in derselben Weise für alle Kombinationen von Ländergruppen aus der allgemeinen Aktivierung (Menüpfad: **Global Trade**

Services • Risk Management • Präferenzabwicklung • Präferenzabkommen aktivieren). Abbildung 5.6 zeigt beispielhaft die Aktivierung der gesetzlichen Grundlage ZPEK für Kombinationen der Ländergruppe EG mit den Ländergruppen EG und ZPANEUROPA.

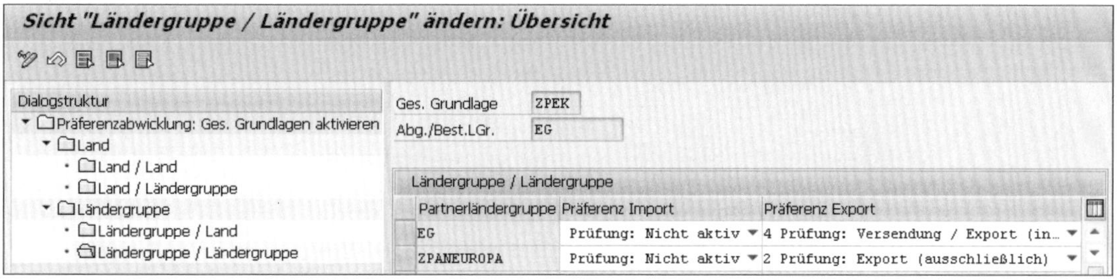

Abbildung 5.6 Aktivierung für die Präferenzabwicklung

Markieren Sie zunächst die zu aktivierende gesetzliche Grundlage und öffnen Sie in der Dialogstruktur den Ordner **Ländergruppe**. Markieren Sie anschließend eine der Ländergruppen und öffnen Sie den Ordner **Ländergruppe / Ländergruppe**. Wählen Sie in der Spalte **Präferenz Export** das zutreffende Kennzeichen aus. Für die Ländergruppenkombination EG-ZPANEUROPA sind in der Präferenzabwicklung nur Ausfuhren relevant (Kennzeichen **2 Prüfung: Export (ausschließlich)**). Für die Ausstellung von Lieferantenerklärungen auf Anforderung von Kunden im Inland und in der übrigen EU wurde die gesetzliche Grundlage ZPEK für die Ländergruppenkombination EG-EG mit dem Kennzeichen **4 Prüfung: Versendung / Export (inklusive Inland)** aktiviert.

Regelwerk

Ursprungsregeln sind in SAP GTS in *Regelwerke* eingebunden. In den Beispielen 1 bis 3 dieses Abschnitts kommt das im Auslieferungs-Customizing enthaltene Regelwerk PANEG zum Einsatz. Den Empfehlungen des SAP-Hinweises 2793346 folgend, wurde für die Umsetzung von Ursprungsregeln des EU-Japan-EPA im Beispiel 4 ein selbst definiertes Regelwerk ZEPA ergänzt (Menüpfad: **Global Trade Services • Risk Management • Präferenzabwicklung • Regelwerk definieren**). In Abbildung 5.7 sehen Sie die Konfiguration des Regelwerks PANEG, das den Rahmen für die Abbildung von Ursprungsregeln in den Präferenzabkommen der EU bildet.

Klassifizierung des Regelwerks

Entscheidend für die Verwendbarkeit eines Regelwerks in der Präferenzabwicklung ist die Klassifizierung, die Sie im Feld **Art Regelwerk** vornehmen. Diese Klassifizierung legt das im Programmcode verankerte Instrumentarium für die Abbildung von Ursprungsregeln in SAP GTS fest. Es stehen zwei Kategorien von Regelwerken zur Auswahl:

- **A Regelwerk für Abkommen mit NAFTA-basiertem Konzept** (in SAP GTS, edition for SAP HANA 2020: **Regelwerk für Abkommen mit Nicht-EU-basiertem Konzept**)
- **B Regelwerk für Abkommen mit EU-basiertem Konzept**

Sicht "Regelwerk für Präferenzabkommen" ändern: Detail

Neue Einträge

Regelwerk	PANEG
Bezeichnung	Regelwerk zum Pan-Europ. Abk (EG/EFTA/MOEL)

Regelwerk für Präferenzabkommen

Art Regelwerk	B Regelwerk für Abkommen mit EU-basiertem Konzept	
Nummernschema	EUSTA	Statistische Warennummer EU

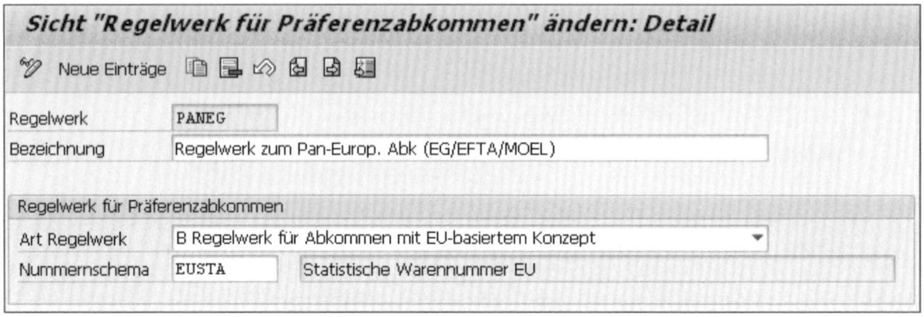

Abbildung 5.7 Regelwerk für die Präferenzabkommen der EU

Die Vorgaben des North American Free Trade Agreements (NAFTA) für die Feststellung des präferenziellen Ursprungs einer Ware unterscheiden sich erheblich von den Vorgaben der Präferenzabkommen der EU. Dieses Abkommen wurde am 01.07.2020 durch das United States-Mexico-Canada Agreement (USMCA) ersetzt. Die Kategorie A kommt jedoch auch für die Abbildung von Ursprungsregeln weiterer Abkommen in Weltregionen außerhalb Europas in Betracht. Wenn Sie Ursprungsregeln des USMCA in SAP GTS abbilden wollen, benötigen Sie ein eigenes Regelwerk. Sie können das bereits passend klassifizierte Muster des Auslieferungs-Customizings (NAFTA) unmittelbar oder als Vorlage verwenden. Beachten Sie im Zusammenhang mit dem USMCA auch den SAP-Hinweis 2900566.

Nummernschema des Regelwerks

Jedem Regelwerk müssen Sie außerdem ein Nummernschema zuordnen. Bei der Prüfung der HS-Kapitel, -Positionen und -Unterpositionen in der Präferenzkalkulation bezieht SAP GTS sich auf dieses Nummernschema. Dem Regelwerk PANEG ist das Nummernschema EUSTA zugeordnet (siehe Abbildung 5.7). Dieses Nummernschema wird im Auslieferungs-Customizing als Rahmen für die manuelle Pflege oder den Upload von KN-Codes bereitgestellt. Wenn Sie für die Verwaltung dieser Warennummern in SAP GTS ein anderes Nummernschema verwenden, müssen Sie dieses Nummernschema Ihrem Regelwerk für Präferenzabkommen der EU zuordnen.

Zuordnung des Regelwerks zu gesetzlichen Grundlagen

Das Regelwerk für Ursprungsregeln in Präferenzabkommen der EU müssen Sie im nächsten Schritt allen gesetzlichen Grundlagen für diese Abkommen zuordnen (Menüpfad: **Global Trade Services • Risk Management • Präferenzabwicklung • Präferenzabkommen dem Regelwerk zuordnen**). Abbildung 5.8

zeigt beispielhaft die Zuordnung des Regelwerks PANEG zur gesetzlichen Grundlage ZPEK.

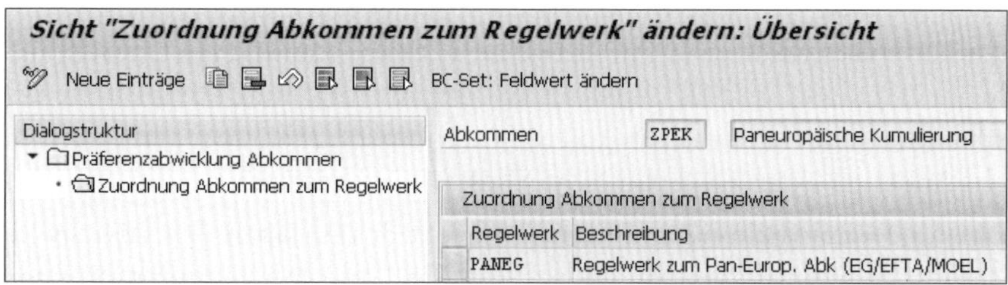

Abbildung 5.8 Zuordnung Regelwerk zu gesetzlicher Grundlage

Verfahren

Mit der Definition und Zuordnung eines Regelwerks haben Sie den Rahmen für die Umsetzung von Ursprungsregeln im System gesteckt. Je nach Kennzeichenauswahl im Feld **Art Regelwerk** steht Ihnen nun eine bestimmte Auswahl von Präferenzverfahren zur Verfügung. Der Begriff *Präferenzverfahren* (synonym: *Verfahren*) bezeichnet die im Programmcode enthaltenen Prüfungen, auf denen die *Präferenzkalkulation* beruht. In der Präferenzkalkulation berechnet SAP GTS auf der Grundlage einer Stücklistenauflösung den Mindest-ab-Werk-Preis eigengefertigter Produkte (siehe Abschnitt 5.1.3, »Präferenzkalkulation«).

Die Verfahrensauswahl finden Sie im Auslieferungs-Customizing Ihres SAP-GTS-Systems über den Menüpfad **Global Trade Services • Risk Management • Präferenzabwicklung • Regelwerk Präferenz ausprägen (manuelle Pflege) • Verfahren für Regelwerke mit EU-basiertem Konzept definieren**. Abbildung 5.9 zeigt die Verfahrenszusammenstellung des Regelwerks PANEG.

Sicht "Präferenz: Verfahren für Regelwerkart B definieren" ändern: Übe

Neue Einträge

Verfahren definieren

Regelwerk	Verfahren	Beschreibung	Drittland	Positionswechsel	Ohne Positionswechsel	HS-Position	50:50	Zusatzbedingung	Ursprung(RVC)
PANEG	00001	Drittland	◉	○	○	○	○	○	○
PANEG	00002	Positionswechsel	○	◉	○	○	○	○	○
PANEG	00003	ohne Positionswechsel	○	○	◉	○	○	○	○
PANEG	00004	HS-Position	○	○	○	◉	○	○	○
PANEG	00005	50:50-Prüfung	○	○	○	○	◉	○	○
PANEG	00006	Bedingung	○	○	○	○	○	◉	○

Abbildung 5.9 Verfahren des Regelwerks PANEG

Festlegung der Prüflogik

In Abbildung 5.9 sehen Sie sechs der sieben möglichen Verfahren der Regelwerke, die mit dem Kennzeichen **B Regelwerk für Abkommen mit EU-basiertem Konzept** klassifiziert sind. Nummerierung und Beschreibung dieser Verfahren sind beliebig. Entscheidend ist die Festlegung der jeweiligen

Prüflogik des Verfahrens durch die Auswahl eines der vorgegebenen Optionsfelder. Der Einfachheit halber wurde das selbst definierte Regelwerk ZEPA als Kopie des Regelwerks PANEG angelegt und um ein Verfahren mit der laufenden Nummer 00007 erweitert. Zur Erläuterung der Einsatzmöglichkeiten der einzelnen Verfahren werden im Folgenden ausgewählte Ursprungsregeln aus dem Protokoll Nr. 4 zum Abkommen über den EWR und aus Anhang 3-B des EU-Japan-EPA in SAP GTS umgesetzt.

Verfahrensgruppe

Die Inhalte der Spalten 3 und 4 bzw. – im Falle des EU-Japan-EPA – der Spalte 2 eines Listeneintrags bilden Sie in SAP GTS in Form von *Verfahrensgruppen* ab. Eine Verfahrensgruppe enthält ein oder mehrere Verfahren eines Regelwerks. Im Einführungsleitfaden finden Sie die Verfahrensgruppen über den Menüpfad **Global Trade Services • Risk Management • Präferenzabwicklung • Regelwerk Präferenz ausprägen (manuelle Pflege) • Präferenzregeln definieren – Verfahren gruppieren**. In Abbildung 5.10 sehen Sie einen Ausschnitt aus der Verfahrensgruppendefinition des Regelwerks PANEG.

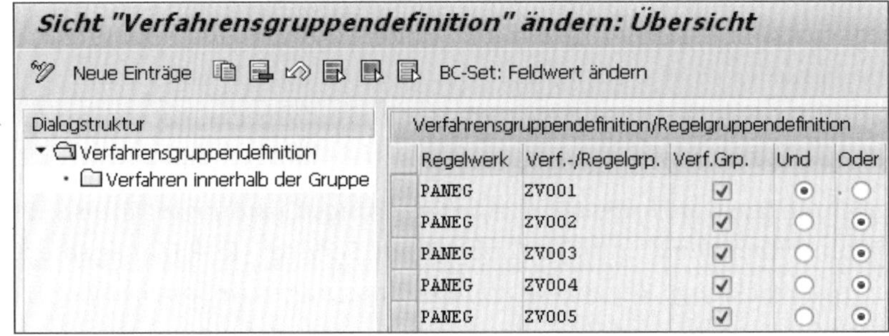

Abbildung 5.10 Verfahrensgruppen im Regelwerk ZEU

Verwendung der Operatoren

Wenn Sie einer Verfahrensgruppe mehr als ein Verfahren zuordnen, um die Vorgaben einer Spalte abzubilden, müssen Sie die Verfahren mit einem logischen UND verknüpfen. Markieren Sie dazu in der Verfahrensgruppendefinition das Optionsfeld **Und**, wie im Beispiel der Verfahrensgruppe ZV001 in Abbildung 5.10. In einigen Fällen beschreibt der Text in der Spalte 3 Alternativen für ausreichende Be- oder Verarbeitungen von Vormaterialien ohne Ursprung, wie z. B. in den Listeneinträgen für die HS-Positionen 2711, 2712 und 4104 bis 4106. Die Textabschnitte in der Spalte 3 sind dann jeweils mit »oder« verbunden. Im EU-Japan-EPA ist die Mehrheit der Ursprungsregeln, die in Spalte 2 einer oder mehreren HS-Position(en) zugeordnet sind, so aufgebaut. Wenn Sie Verfahrensgruppen für solche Ursprungsregeln anlegen, verknüpfen Sie die einzelnen Verfahren mit einem logischen ODER. Bei der Definition von Verfahrensgruppen, die jeweils nur ein Verfahren enthalten, markieren Sie ebenfalls das Optionsfeld **Oder** (Verfahrensgruppen ZV002 bis ZV005 in Abbildung 5.10).

Das erste Beispiel für die Umsetzung von Vorgaben für die ausreichende Be- oder Verarbeitung von Vormaterialien ohne Ursprung ist der Listeneintrag in Tabelle 5.1. Da Ägypten ebenso wie die EWR-Mitglieder am System der Pan-Euro-Med-Kumulierung teilnimmt, sind die Ursprungsregeln in beiden Abkommen identisch.

Verfahren »Positionswechsel«

Der erste Teil des Textes in der Spalte 3 schreibt vor, dass alle Vormaterialien ohne Ursprung unter eine andere HS-Position als die hergestellte Ware fallen müssen. In Veröffentlichungen zum Thema Warenursprung und Präferenzen werden zur Kennzeichnung dieser Regel die Begriffe *Tarifsprung* oder *Positionswechsel* verwendet. *Positionswechsel* ist auch die Bezeichnung des Verfahrens, das für die Umsetzung der Vorgabe des ersten Textabschnitts der Spalte 3 in SAP GTS vorgesehen ist. Im Regelwerk PANEG hat dieses Verfahren die Nummer 00002 (siehe Abbildung 5.9). Zur Umsetzung des Inhalts der Spalte 3 des ersten Beispiels wurde die Verfahrensgruppe ZV001 angelegt. Diese Verfahrensgruppe setzt sich aus zwei Verfahren zusammen, die mit einem logischen **Und** verknüpft sind (siehe Abbildung 5.10). Zur Abbildung des ersten Textabschnitts wurde der Verfahrensgruppe das Verfahren 00002 zugeordnet. Die Konfiguration dieses Verfahrens sehen Sie in Abbildung 5.11.

Verfahrensgruppendefinition

Regelwerk	PANEG	Regelwerk zum Pan-Europ. Abk (EG/EFTA/MOEL)
Regelgruppe	ZV001	Und-Verknüpfung
LfdNr.Verfahren	1	
Präf.verfahren	00002 Positio...	Positionswechsel
Lfd.Nr.Tarifnr.		

Verfahren innerhalb der Gruppe

VerglMethode			
OperationsCode	EQ Gleich		
Prozent. Anteil	100,00	Wertbasis	Nicht spezifiziert
Maskierung	XXXX 4-stellig Position		

Abbildung 5.11 Verfahren »Positionswechsel«

Maskierung, Operatoren und Prozentsätze

Das Verfahren wählen Sie aus einer Liste zum Feld **Präf.verfahren** aus. Wenn Sie der Verfahrensgruppe mehrere Verfahren zuordnen möchten, geben Sie die laufende Nummer jeweils in das Feld **LfdNr.Verfahren** ein. Der Vergleich der Warennummern der Vormaterialien und des Endprodukts bezieht sich gemäß Ursprungsregel auf die HS-Position, also auf die ersten vier Stellen der Nummern (Kennzeichen **XXXX 4-stellig Position** im Feld **Maskierung**). Der im ersten Textabschnitt der Spalte 3 geforderte Positionswechsel umfasst *alle*, also 100 %, der Vormaterialien ohne Ursprung. In das Feld **Prozent. Anteil** wurde daher der Wert 100,00 eingegeben. Der zutreffende Operator ist **EQ Gleich** (Feld **OperationsCode**). Das Feld **Wertbasis** ist in erster Linie für die Umsetzung von Ursprungsregeln des EU-Japan-EPA bestimmt. Wir werden uns die Verwendung dieses Felds im vierten Beispiel genauer ansehen.

Verfahren »Drittland«

Der zweite Textabschnitt der Spalte 3 begrenzt den wertmäßigen Anteil der Vormaterialien ohne Ursprung am Ursprungserzeugnis auf 40 %. Zur Abbildung solcher auf den Wert bezogenen Begrenzungen verwenden Sie immer das Verfahren *Drittland*. Im Regelwerk PANEG hat dieses Verfahren die Nummer 00001. Der Verfahrensgruppe ZV001 ist das Verfahren 00001 mit der laufenden Nummer 2 zugeordnet. In Abbildung 5.12 sehen Sie die erforderlichen Einstellungen.

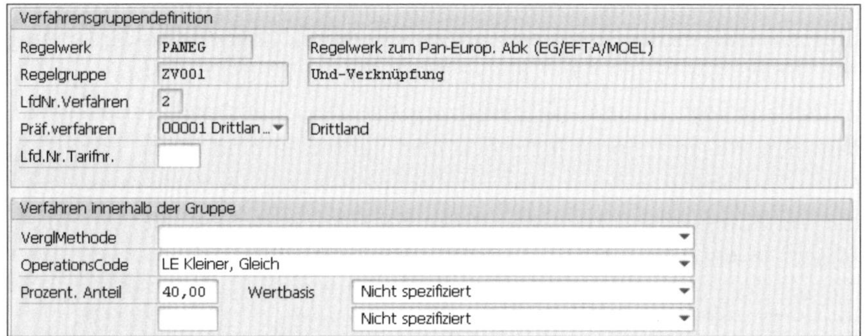

Abbildung 5.12 Verfahren »Drittland«

Wenn Sie das Verfahren 00001 in einer Verfahrensgruppe verwenden, müssen Sie nur die Felder **OperationsCode** und **Prozent. Anteil** füllen. Der Operator ist bei diesem Verfahren immer **LE Kleiner, Gleich**. In das Feld **Prozent. Anteil** übernehmen Sie den Prozentsatz aus dem jeweiligen Spaltentext, in unserem Beispiel also 40,00. Im Verfahren 00001 addiert SAP GTS den Wert aller Vormaterialien ohne Ursprung und berechnet auf der Grundlage des im Feld **Prozent. Anteil** angegebenen Prozentsatzes den Mindest-ab-Werk-Preis der hergestellten Ware (100 %). Die Felder **VerglMethode** und **Wertbasis** spielen bis auf Weiteres nur für die Abbildung von Ursprungsregeln des EU-Japan-EPA eine Rolle.

Für die Umsetzung des Inhalts der Spalte 4 des Beispiels aus Tabelle 5.1 wurde die Verfahrensgruppe ZV002 angelegt. Dieser Verfahrensgruppe ist ausschließlich das Verfahren 00001 zugeordnet. In das Feld **Prozent. Anteil** wurde der Prozentsatz 25 eingetragen. Der Operator ist wieder **LE Kleiner, Gleich**.

Beispiel 2

Als Beispiel für die Anwendung der Verfahren *HS-Position* (00004) und *Bedingung* (00006) dient der Listeneintrag für die HS-Position 8712 in Tabelle 5.2.

HS-Position	Waren-bezeichnung	Be- oder Verarbeitungen von Materialien ohne Ursprungseigenschaft, die Ursprung verleihen	
(1)	(2)	(3)	(4)
ex 8712	Fahrräder, ohne Kugellager	Herstellen aus Vormaterialien jeder Position, ausgenommen aus Vormaterialien der Position 8714	Herstellen, bei dem der Wert aller verwendeten Vormaterialien 30 v. H. des Ab-Werk-Preises der hergestellten Ware nicht überschreitet

Tabelle 5.2 Beispiel 2 – Protokoll Nr. 4 zum Abkommen über den EWR

Zusatz »ex«

Der HS-Position in Spalte 1 vorangestellt ist der Zusatz »ex« (lateinisch für »aus«). Die Vorgaben in den Spalten 3 und 4 gelten also nicht für alle Erzeugnisse der HS-Position 8712 (Zweiräder und andere Fahrräder [einschließlich Lastendreiräder], ohne Motor), sondern nur für die in Spalte 2 genannten Fahrräder ohne Kugellager. Handelt es sich bei der hergestellten Ware um andere unter die HS-Position 8712 fallende Zweiräder oder Fahrräder, kommen die Ursprungsregeln für das HS-Kapitel 87 zur Anwendung.

Bei der Herstellung von Fahrrädern ohne Kugellager dürfen ursprungslose Vormaterialien der HS-Position 8714 (Teile und Zubehör für Fahrzeuge der Positionen 8711 bis 8713) nicht verwendet werden, wenn die Fahrräder innerhalb des EWR als Ursprungserzeugnisse des EWR ausgeführt werden sollen (Text in Spalte 3). Kann diese Vorgabe im Herstellprozess nicht erfüllt werden, gelten die Fahrräder als Ursprungserzeugnisse des EWR, wenn der wertmäßige Anteil der Vormaterialien ohne Ursprung nicht mehr als 30 % des Ab-Werk-Preises der Fahrräder beträgt (Text in Spalte 4).

Verfahren »HS-Position«

Verbietet ein Listeneintrag die Verwendung von Vormaterialien bestimmter HS-Positionen oder schreibt die Verwendung von Vormaterialien bestimmter HS-Positionen ausdrücklich vor, kommt das Verfahren *HS-Position* (00004) zum Einsatz. Zur Umsetzung der Vorgaben aus Spalte 3 des zweiten Beispiels in SAP GTS wurde die Verfahrensgruppe ZV004 mit dem Verfahren 00004 angelegt. Abbildung 5.13 zeigt die Konfiguration des Verfahrens für das zweite Beispiel.

Verfahrensgruppendefinition		
Regelwerk	PANEG	Regelwerk zum Pan-Europ. Abk (EG/EFTA/MOEL)
Regelgruppe	ZV004	Oder-Verknüpfung
LfdNr.Verfahren	0	
Präf.verfahren	00004 HS-Pos...	HS-Position
Lfd.Nr.Tarifnr.		

Verfahren innerhalb der Gruppe			
VerglMethode			
OperationsCode	CO Enthält (für Verfahren HS-Position)		
Prozent. Anteil		Wertbasis	Nicht spezifiziert
			Nicht spezifiziert
Maskierung			
Tarifnummer von	8714	bis	
Inkl./Exkl.	E Bereichsabgrenzung ausgeschlossen		

Abbildung 5.13 Verfahren »HS-Position«

Bereichsabgrenzung

Wenn Sie im Feld **Präf.verfahren** das Verfahren 00004 auswählen, sind die Felder **Tarifnummer von** und **bis** eingabebereit. In diesen Feldern ergänzen Sie die Nummern der HS-Kapitel oder HS-Positionen, die nicht verwendet werden dürfen oder die verwendet werden müssen. In Verbindung mit dieser Angabe legen Sie durch Auswahl eines der beiden Kennzeichen im Feld **Inkl./Exkl.** fest, ob es sich um einen Ausschluss oder um einen Einschluss handelt. In unserem Beispiel ist die Verwendung von ursprungslosen Vormaterialien der HS-Position 8714 nicht erlaubt. Daher wurde im Feld **Inkl./Exkl.** das Kennzeichen **E Bereichsabgrenzung ausgeschlossen** gesetzt. Ist dagegen die Verwendung von Vormaterialien einer bestimmten HS-Position vorgeschrieben oder bis zu einer bestimmten Wertgrenze erlaubt, wählen Sie in Verbindung mit der Eingabe dieser Position in das Feld **Tarifnummer von** im Feld **Inkl./Exkl.** das Kennzeichen **I Bereichsabgrenzung eingeschlossen** aus.

Operatoren

In Verbindung mit dem Verfahren 00004 können Sie nur die Operatoren **CO Enthält (für Verfahren HS-Position)** oder **NA Darf nicht enthalten (für Verfahren HS-Position)** verwenden. Wenn Sie im Feld **Inkl./Exkl.** das Kennzeichen **E Bereichsabgrenzung ausgeschlossen** auswählen, setzt SAP GTS im Feld **OperationsCode** automatisch den Operator CO. Die Eingabe eines Prozentsatzes im Feld **Prozent. Anteil** ist in dieser Konstellation nicht möglich. (Der Prozentsatz ist also immer 0.) In manchen Listeneinträgen ist die Verwendung von Vormaterialien bestimmter HS-Positionen nur bis zu einem bestimmten wertmäßigen Anteil am Ab-Werk-Preis der hergestellten Ware erlaubt. In solchen Fällen verwenden Sie den Operator CO in Verbindung mit dem Prozentsatz des maximalen wertmäßigen Anteils gemäß Listeneintrag.

Für die Umsetzung der Vorgabe in Spalte 4 des zweiten Beispiels definieren Sie wieder eine Verfahrensgruppe mit dem Verfahren 00001 (siehe Abbildung 5.12). In das Feld **Prozent. Anteil** tragen Sie den Prozentsatz 30 ein.

Bedingungen

Wie aber stellen Sie sicher, dass SAP GTS die Einschränkung der Anwendbarkeit der Ursprungsregeln in den Spalten 3 und 4 auf Fahrräder ohne Kugellager erkennt? Wenn die Warenbeschreibung in Spalte 2 einer HS-Unterposition oder einem KN-Code entspricht, können Sie sich bei der Zuordnung der Verfahrensgruppen zu Warennummern, die wir in diesem Abschnitt noch vornehmen werden, auf die Unterposition oder den KN-Code beziehen. Fahrräder ohne Kugellager haben jedoch weder eine eigene Unterposition noch einen eigenen KN-Code. Im zweiten Beispiel wurde die im Zusatz »ex« enthaltene Einschränkung daher mithilfe des Verfahrens *Bedingung* (00006) in SAP GTS umgesetzt. Die Verwendung dieses Verfahrens setzt die Definition mindestens einer Bedingung voraus. Bedingungen legen Sie innerhalb eines Regelwerks als alphanumerische Schlüssel mit einer Beschreibung Ihrer Wahl an. Die Bedingungspflege erreichen Sie über den Menüpfad **Global Trade Services • Risk Management • Präferenzabwicklung • Regelwerk Präferenz ausprägen (manuelle Pflege) • Bedingungen definieren**. Abbildung 5.14 zeigt ein Beispiel für eine selbst definierte Bedingung.

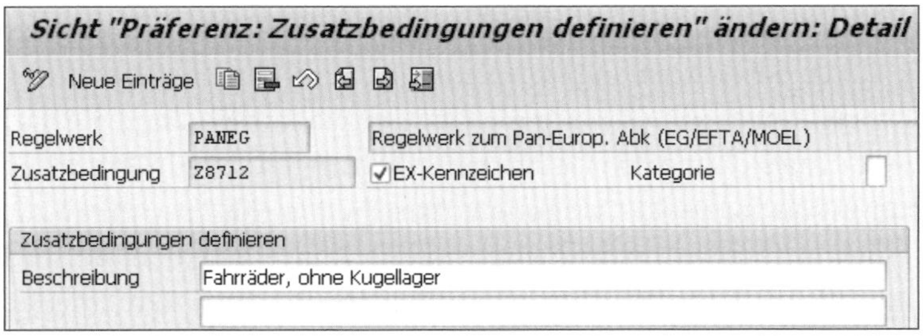

Sicht "Präferenz: Zusatzbedingungen definieren" ändern: Detail

Neue Einträge

Regelwerk: PANEG — Regelwerk zum Pan-Europ. Abk (EG/EFTA/MOEL)
Zusatzbedingung: Z8712 — ☑ EX-Kennzeichen — Kategorie

Zusatzbedingungen definieren
Beschreibung: Fahrräder, ohne Kugellager

Abbildung 5.14 Beispiel für eine Bedingung

EX-Kennzeichen

Die Bedingung Z8712 des Regelwerks PANEG repräsentiert die durch den Zusatz »ex« bewirkte Einschränkung: Die Vorgaben des Listeneintrags gelten nur für Fahrräder ohne Kugellager (Text im Feld **Beschreibung**). Um diese Funktion der Bedingung deutlich zu machen und von anderen Anwendungsfällen für Bedingungen abzugrenzen, wurde das **EX-Kennzeichen** gesetzt. Diese Kennzeichnung bewirkt, dass bei Nichterfüllung der Bedingung in der Präferenzkalkulation die Ursprungsregeln für die nächsthöhere Ebene des HS herangezogen werden. Im Beispiel in Tabelle 5.2 bzw. in Abbildung 5.14 versucht SAP GTS also, anstelle der Regeln für die HS-Position 8712 die Regeln für das HS-Kapitel 87 anzuwenden. Wenn Sie das »ex« vor HS-Positionen mit Bedingungen abbilden, müssen Sie daher immer auch die Ursprungsregeln für das jeweilige HS-Kapitel in Ihr System aufnehmen.

Konkrete Be- oder Verarbeitungsschritte

Bedingungen können Sie auch nutzen, um nicht formalisierbare Ursprungsregeln in SAP GTS umzusetzen. In einigen Listeneinträgen finden Sie in der Spalte 3 Beschreibungen konkreter Be- oder Verarbeitungsschritte, wie z. B. Raffinieren, Destillieren, Färben oder Zuschneiden. Die in den Spalten 1 und 2 bezeichneten Waren erlangen die Ursprungseigenschaft also durch das Ausführen dieser Be- oder Verarbeitungsschritte im Herstellprozess. Bedingungen können solche Schritte in SAP GTS repräsentieren. In Abbildung 5.15 sehen Sie ein Beispiel.

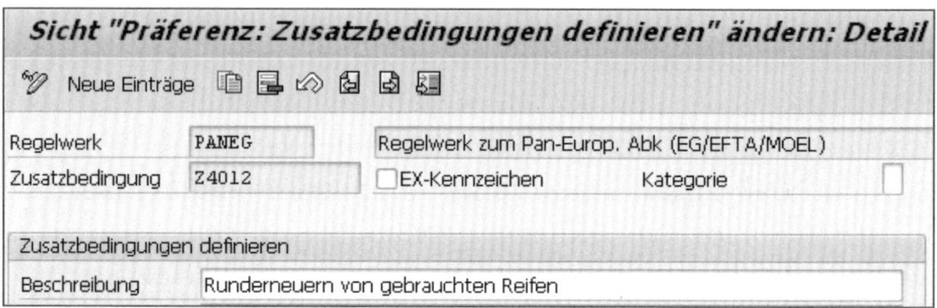

Abbildung 5.15 Bedingung für konkrete Be- oder Verarbeitungsschritte

Runderneuerte Luftreifen, Vollreifen oder Hohlkammerreifen aus Kautschuk der HS-Position 4012 erlangen die Ursprungseigenschaft gemäß Vorgabe in der Spalte 3 des Listeneintrags durch das Runderneuern gebrauchter Reifen (Text im Feld **Beschreibung**). Die Bedingung Z4012 repräsentiert dieses Herstellverfahren in SAP GTS. Für die Präferenzkalkulation und die darauf aufsetzende Ausstellung von Lieferantenerklärungen auf der Grundlage des EU-Japan-EPA ist das Feld **Kategorie** vorgesehen (siehe Abschnitt 5.2.2, »Kundenseitige Lieferantenerklärungen«). Wenn Sie für eine dem Beispiel in Abbildung 5.15 vergleichbare Ursprungsregel des EU-Japan-EPA eine Bedingung anlegen, wählen Sie im Feld **Kategorie** das Kennzeichen **1 Produktionsprozess** aus.

Zuordnung von Bedingungen zu Produkten

Ob es sich bei einem Produkt um ein Fahrrad ohne Kugellager oder um einen durch das Runderneuern gebrauchter Reifen entstandenen Reifen handelt, kann SAP GTS nicht selbstständig feststellen. Durch die Zuordnung und Aktivierung von Bedingungen auf Produktstammebene teilen Sie dem System mit, ob eine Warenbezeichnung auf ein Produkt zutrifft oder ob die in der Spalte 3 vorgeschriebene Be- oder Verarbeitung von Vormaterialien ohne Ursprung bei seiner Herstellung stattfindet. Für die Bedingungspflege verwenden Sie die Transaktion **Bedingungen einem Produkt zuordnen** (Transaktionscode /SAPSLL/PREF_PRPRFSC), die Sie im Bereichsmenü des Risk Managements finden (Schaltfläche **Präferenzabwicklung – Stammdaten**, Bereich **Abkommenbezogene Daten**). Voraussetzung für die Zuordnung einer Bedingung zu einem Produkt ist die Überleitung seiner Stückliste aus dem Vorsystem (siehe Abschnitt 5.1.3, »Präferenzkalkulation«). In Abbildung 5.16 wurde die Bedingung Z8712 aus Abbildung 5.14 mit dem Stammsatz des Produkts 400-140, einem Fahrrad, verknüpft.

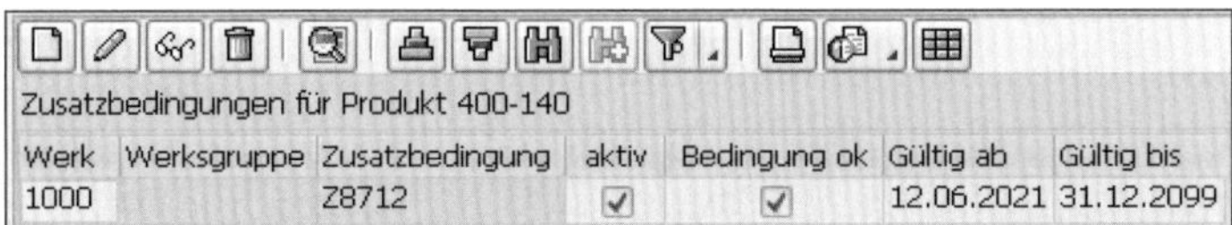

Zusatzbedingungen für Produkt 400-140

Werk	Werksgruppe	Zusatzbedingung	aktiv	Bedingung ok	Gültig ab	Gültig bis
1000		Z8712	✓	✓	12.06.2021	31.12.2099

Abbildung 5.16 Zuordnung einer Bedingung zu einem Produkt

Um einem Produkt eine Bedingung zuzuordnen, klicken Sie auf das Symbol ▢. Geben Sie anschließend das Produktionswerk oder die Werksgruppe, die Bedingung selbst und ihre Gültigkeit ein. Setzen Sie das Kennzeichen **Bedingung ok**, um SAP GTS mitzuteilen, dass die Bedingung erfüllt ist. (Die Nutzung von Werksgruppen behandelt Abschnitt 5.1.3, »Präferenzkalkulation«.)

Verfahren »Bedingung«

Zur Umsetzung der Ursprungsregeln des zweiten Beispiels wurde das Verfahren 00006 einer eigenen Verfahrensgruppe zugeordnet. Abbildung 5.17 zeigt das Verfahren 00006 in dieser Verfahrensgruppe. Nach Auswahl des Verfahrens 00006 im Feld **Präf.verfahren** ist nur das Feld **Zusatzbedingung** eingabebereit. In dieses Feld wurde die Bedingung Z8712 aus Abbildung 5.14 eingetragen.

Verfahrensgruppendefinition

Feld	Wert	Beschreibung
Regelwerk	PANEG	Regelwerk zum Pan-Europ. Abk (EG/EFTA/MOEL)
Regelgruppe	ZV005	Oder-Verknüpfung
LfdNr.Verfahren	0	
Präf.verfahren	00006 Beding…	Bedingung
Lfd.Nr.Tarifnr.		

Verfahren innerhalb der Gruppe

Feld	Wert		
VerglMethode			
OperationsCode			
Prozent. Anteil	0,00	Wertbasis	Nicht spezifiziert
Maskierung			
Tarifnummer von		bis	
Inkl./Exkl.			
Zusatzbedingung	Z8712	Fahrräder, ohne Kugellager	

Abbildung 5.17 Verfahren »Bedingung« in einer Verfahrensgruppe

Regelgruppe

Wenn Sie, wie in unserem zweiten Beispiel, mehrere Verfahrensgruppen zur Umsetzung des Inhalts einer Spalte anlegen, müssen Sie diese Verfahrensgruppen in einer *Regelgruppe* zusammenfassen. Regelgruppen können Sie wie Verfahrensgruppen innerhalb eines Regelwerks frei definieren.

Wählen Sie dazu im Einführungsleitfaden den Menüpfad **Global Trade Services • Risk Management • Präferenzabwicklung • Regelwerk Präferenz ausprägen (manuelle Pflege) • Präferenzregeln definieren – Regelgruppenverknüpfung**. In Abbildung 5.18 sehen Sie die Regelgruppe ZR001 des Regelwerks PANEG. Diese Regelgruppe wurde angelegt, um die Verfahrensgruppen ZV004 und ZV005 (Abbildung 5.13 und Abbildung 5.17) zu verknüpfen: SAP GTS soll das Verfahren *HS-Position* zum Ausschluss der Position 8714 nur anwenden, wenn die Bedingung Z8712 erfüllt ist, es sich bei der zu prüfenden Ware also um ein Fahrrad ohne Kugellager handelt.

Abbildung 5.18 Regelgruppe mit Verfahrensgruppen

Zuordnung von Verfahrensgruppen

Die beiden Verfahrensgruppen der Regelgruppe ZR001 sind mit einem logischen UND verknüpft (Text **Und-Verknüpfung** im Feld rechts neben dem Regelgruppenschlüssel). Im Bereich **Regelgruppenverknüpfung** sehen Sie in der Spalte **Grp.Unter.** die beiden Verfahrensgruppen ZV004 und ZV005. In der Spalte **Verknüpfungsart** ist immer die Verknüpfung der Verfahren innerhalb der Verfahrensgruppen zu erkennen. Die beiden Verfahrensgruppen ZV004 und ZV005 enthalten jeweils nur ein Verfahren (**Oder-Verknüpfung**). Um die Verfahrensgruppen zur Umsetzung des Inhalts der Spalte 4 zusammenzufassen, wurde eine zweite Regelgruppe (ZR002) angelegt. Diese Regelgruppe enthält eine Verfahrensgruppe mit dem Verfahren 00001 für den Prozentsatz 30 und die Verfahrensgruppe ZV005. Die beiden Verfahrensgruppen der Regelgruppe ZR002 sind ebenfalls mit einem logischen UND verknüpft.

Beispiel 3

Das dritte Beispiel erläutert die Verwendung des Verfahrens *50:50-Prüfung* (00005). In diesem Verfahren vergleicht SAP GTS das Verhältnis der Vormaterialien mit und ohne Ursprungseigenschaft. Tabelle 5.3 enthält einen passenden Listeneintrag.

HS-Position	Warenbezeichnung	Be- oder Verarbeitungen von Materialien ohne Ursprungseigenschaft, die Ursprung verleihen	
(1)	(2)	(3)	(4)
8521	Videogeräte zur Bild- und Tonaufzeichnung oder -wiedergabe, auch mit eingebautem Videotuner	Herstellen, bei dem ▪ der Wert aller verwendeten Vormaterialien 40 v. H. des Ab-Werk-Preises der hergestellten Ware nicht überschreitet und ▪ der Wert aller verwendeten Vormaterialien ohne Ursprungseigenschaft den Wert aller verwendeten Vormaterialien mit Ursprungseigenschaft nicht überschreitet	Herstellen, bei dem der Wert aller verwendeten Vormaterialien 30 v. H. des Ab-Werk-Preises der hergestellten Ware nicht überschreitet

Tabelle 5.3 Beispiel 3 – Protokoll Nr. 4 zum Abkommen über den EWR

Verfahren »50:50-Prüfung«

Wie im ersten Beispiel begrenzt der Text in der Spalte 3 den wertmäßigen Anteil der Vormaterialien ohne Ursprung auf 40 % des Ab-Werk-Preises der hergestellten Ware. Der Gesamtwert der Vormaterialien ohne Ursprung darf jedoch nicht höher sein als der Gesamtwert der Vormaterialien mit Ursprung. Zur Umsetzung des Inhalts der Spalte 3 wurde eine Verfahrensgruppe mit den Verfahren 00001 und 00005 angelegt. Das Verfahren 00001 wurde wie in Abbildung 5.12 eingerichtet, allerdings mit der laufenden Nummer 1. Die Konfiguration des Verfahrens 00005 sehen Sie in Abbildung 5.19.

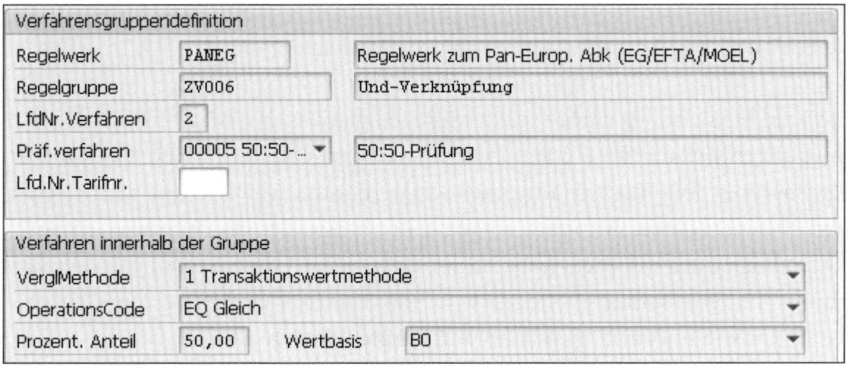

Abbildung 5.19 Verfahren »50:50-Prüfung«

Wenn Sie im Feld **Präf.verfahren** das Verfahren 00005 auswählen, setzt SAP GTS automatisch den Operator **EQ Gleich** und den Prozentsatz 50. Keines der Felder im Bereich **Verfahren innerhalb der Gruppe** ist eingabebereit. Im Verfahren 00005 addiert SAP GTS jeweils den Wert aller Vormaterialien mit und ohne Ursprung und vergleicht die beiden Summen. Der Wert der Vormaterialien ohne Ursprung darf nicht größer als der Wert der Vormaterialien mit Ursprung sein, wenn die Vorgabe des Verfahrens als erfüllt gelten soll.

Verfahren »Ohne Positionswechsel«

Gelegentlich finden Sie im zweiten Textabschnitt der Spalte 3 auch die Vorgabe, dass »der Wert aller verwendeten Vormaterialien derselben Position wie die hergestellte Ware 20 v. H. des Ab-Werk-Preises der hergestellten Ware nicht überschreitet«. Ein Beispiel ist der Listeneintrag für die HS-Position 3912 (Cellulose und ihre chemischen Derivate, anderweit weder genannt noch inbegriffen, in Primärformen). Bei der Herstellung von Cellulose der Position 3912 dürfen also ursprungslose Vormaterialien der Position 3912 verwendet werden. Ihr wertmäßiger Anteil darf allerdings höchstens 20 % betragen. Für die Umsetzung dieser Vorgabe in SAP GTS verwenden Sie das Verfahren *Ohne Positionswechsel* (00003). Abbildung 5.20 zeigt die erforderlichen Einstellungen in einer Verfahrensgruppe.

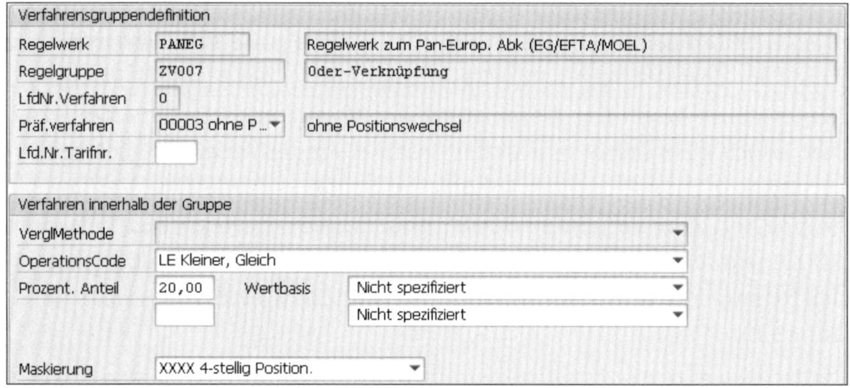

Abbildung 5.20 Verfahren »Ohne Positionswechsel«

Im Feld **Maskierung** wurde wieder festgelegt, dass der Vergleich der Warennummern sich auf die HS-Position beziehen soll (Kennzeichen **XXXX 4-stellig Position**). Wie im Verfahren 00001 berechnet SAP GTS auch im Verfahren 00003 einen Mindest-ab-Werk-Preis für das Endprodukt (100 %). Grundlage dieser Berechnung ist der Gesamtwert der ursprungslosen Vormaterialien derselben HS-Position wie das Endprodukt (20 %). Der Operator ist daher wie im Verfahren 00001 **LE Kleiner, Gleich**.

»Neutrale« Ursprungsregeln

Schon beim Vergleich der drei Listeneinträge dieses Abschnitts ist erkennbar, dass sich bestimmte Muster wiederholen. So ist z. B. die Ursprungsregel der Spalte 4 in den Listeneinträgen für die HS-Positionen 8712 und 8521 identisch. Von der Ursprungsregel der Spalte 4 des Listeneintrags für die HS-Position 8482 unterscheidet diese Regel nur der Prozentsatz (25 % statt 30 %). Auch die 25-Prozent-Variante der Regel ist in der Liste immer wieder anzutreffen. Weitere Varianten, die den Wertanteil der Vormaterialien ohne Ursprung auf 40 % bzw. 50 % begrenzen, sind ebenfalls häufig. Anders als z. B. die Ursprungsregel der Spalte 3 im Listeneintrag für die HS-Position 8712 sind die auf den Wertanteil der Vormaterialien ohne Ursprung bezogenen Regeln »neutral«. Sie müssen solche Ursprungsregeln daher jeweils nur einmal mit dem Verfahren 00001 in einer Verfahrensgruppe ablegen. Diese Verfahrensgruppen können Sie anschließend immer wieder für die Umsetzung von Listeneinträgen in SAP GTS verwenden.

Zuordnung zu HS-Positionen

Um das Regelwerk zu vollenden, müssen Sie Ihre Verfahrens- und Regelgruppen noch zutreffend mit HS-Kapiteln oder HS-Positionen verknüpfen (Menüpfad: **Global Trade Services • Risk Management • Präferenzabwicklung • Regelwerk Präferenz ausprägen (manuelle Pflege) • Regeln zu Abkommen und Tarifierung zuordnen**). In Abbildung 5.21 sehen Sie diese Verknüpfung für das erste Beispiel (Tabelle 5.1).

Sicht "Präferenz: Abkommen-Tarifcode-Regelgruppe" ändern: Detail

Neue Einträge Abgrenzen BC-Set: Feldwert ändern

Abkommen ZPEK Paneuropäische Kumulierung
Regelwerk PANEG Regelwerk zum Pan-Europ. Abk (EG/EFTA/MOEL)

Nummer 8482

Endedatum 31.12.9999

Präferenzregeln zu Abkommen und Tarif
Beginndatum 01.01.2021
Normalregel ZV001
Alternativregel ZV002

Zeiträume
Beginn Ende
01.01.2021 31.12.9999

Abbildung 5.21 Zuordnung von Verfahrensgruppen zu einer HS-Position

In das Feld **Nummer** wurde die HS-Position 8482 eingetragen. Sie können jedoch auch eine kürzere oder eine längere Nummer eingeben, also z. B. ein HS-Kapitel oder eine HS-Unterposition. Entscheidend ist, dass diese Nummer im Nummernschema des Regelwerks existiert (siehe Abbildung 5.7). Das Feld **Normalregel** ist für den Inhalt der Spalte 3 vorgesehen. Die Ursprungsregeln dieser Spalte des Listeneintrags für die HS-Position 8482 wurden in der Verfahrensgruppe ZV001 umgesetzt (siehe Abbildung 5.12). Im Feld **Alternativregel**, das den Inhalt der Spalte 4 repräsentiert, wurde die Verfahrensgruppe ZV002 ergänzt. Diese Verfahrensgruppe enthält nur das Verfahren 00001 mit dem Prozentsatz 25. Ist in einem Listeneintrag nur die Spalte 3 gefüllt, bleibt das Feld **Alternativregel** leer.

Wenn Sie, wie im zweiten Beispiel (Tabelle 5.2), für die Umsetzung der Ursprungsregeln eines Listeneintrags Regelgruppen definiert haben, müssen Sie die Regelgruppen in die Felder **Normalregel** und **Alternativregel** eintragen. Abbildung 5.22 zeigt die Zuordnung der Regelgruppen ZR001 und ZR002 zu HS-Position 8712.

Abbildung 5.22 Zuordnung von Regelgruppen zu einer HS-Position

Gültigkeitszeiträume

Im Bereich **Zeiträume** tragen Sie jeweils den Beginn und das Ende der Gültigkeit einer Verknüpfung von Warennummern und Verfahrens- oder Regelgruppen ein. Sollten sich die Ursprungsregeln für ein HS-Kapitel oder eine HS-Position einmal ändern, können Sie die Gültigkeit der neuen Regeln in einer zusätzlichen Zeile im Bereich **Zeiträume** festlegen. Auf diese Weise dokumentieren Sie den bisherigen Zustand. Klicken Sie dazu auf die Schaltfläche **Abgrenzen**, und erfassen Sie den Gültigkeitsbeginn der neuen Regeln. Anschließend können Sie im Bereich **Präferenzregeln zu Abkommen und Tarif** die Verfahrensgruppen oder Regelgruppen der neuen Regeln eintragen. Über die Schaltflächen links neben den Datumszeilen können Sie die Anzeige der Verfahrens- oder Regelgruppenzuordnung verändern.

Beispiel 4

Die Option, Ursprungsregeln in ihrer Gültigkeit zu befristen, benötigen Sie z. B. im EU-Japan-EPA für Fahrzeuge der HS-Position 8703 (Personenkraftwagen und andere Kraftfahrzeuge, ihrer Beschaffenheit nach hauptsächlich zur Personenbeförderung bestimmt […], einschließlich Kombinationskraftwagen und Rennwagen). Das EU-Japan-EPA unterscheidet sich im Hinblick auf die Ursprungsregeln deutlich von den übrigen Präferenzabkommen der EU. In Tabelle 5.4 sehen Sie den relevanten Auszug aus dem Anhang 3-B des Abkommens. Dieser Anhang enthält die nach HS-Kapiteln gegliederten erzeugnisspezifischen Ursprungsregeln.

Spalte 1 Einreihung im Harmonisierten System (2017) sowie spezifische Bezeichnung	Spalte 2 Erzeugnisspezifische Ursprungsregel
Kapitel 87	Zugmaschinen, Kraftwagen, Krafträder, Fahrräder und andere nicht schienengebundene Landfahrzeuge, Teile davon und Zubehör
87.01-87.07 (1)	MaxNOM 45 % (EXW) oder RVC 60 % (FOB)

Tabelle 5.4 Beispiel 4 – Anhang 3-B des EU-Japan-EPA

Ursprungsregeln im EU-Japan-EPA

Die Ursprungsregel in Spalte 2 ist ohne Erläuterungen nicht verständlich. Die notwendigen Erläuterungen finden sich im Anhang 3-A des Abkommens in den »einleitenden Bemerkungen zu den erzeugnisspezifischen Ursprungsregeln«. So bezeichnet die Abkürzung *MaxNOM* (für *Maximum Value of Non-Originating Materials*) »den als Prozentsatz ausgedrückten Höchstwert der Vormaterialien ohne Ursprungseigenschaft« (Bemerkung 4 Nr. 1 Buchstabe d). Die Abkürzung *RVC* steht für *Regional Value Content*, also »den als Prozentsatz ausgedrückten minimalen regionalen Wertanteil eines Erzeugnisses« (Bemerkung 4 Nr. 1 Buchstabe e). Der MaxNOM ist Ihnen schon in den Beispielen 1 bis 3 als Wert aller Vormaterialien ohne Ursprungseigenschaft begegnet. Im Beispiel in Tabelle 5.4 darf der Wertanteil dieser Vormaterialien 45 % des Ab-Werk-Preises der hergestellten Waren (Incoterms EXW) nicht überschreiten. Beträgt stattdessen der regionale Wertanteil, also der Wertanteil der Vormaterialien *mit* Ursprungseigenschaft, mindestens 60 % des Frei-an-Bord-Preises der hergestellten Waren (Incoterms FOB), gelten diese ebenfalls als Ursprungserzeugnisse der EU bzw. Japans.

Interimsschwelle

Die Fußnote 1 zu den HS-Positionen 8701 bis 8707 in Spalte 1 verweist auf die Anlage 3-B-1 des Abkommens. In dieser Anlage ist u. a. für Fahrzeuge der HS-Position 8703 eine *Interimsschwelle* festgelegt. Die in Anhang 3-B in Spalte 2 aufgeführten Prozentsätze 45 und 60 gelten also nicht sofort, sondern erst ab dem siebten Jahr nach Inkrafttreten des Abkommens, d. h. ab dem 01.01.2025. In einem Auszug aus der Anlage 3-B-1 in Tabelle 5.5 sehen Sie, welche Prozentsätze jeweils in der Zwischenzeit Anwendung finden.

Vom ersten Jahr bis zum Ablauf des dritten Jahres	Vom vierten Jahr bis zum Ablauf des sechsten Jahres	Ab dem siebten Jahr
MaxNOM 55 % (EXW); oder RVC 50 % (FOB)	MaxNOM 50 % (EXW); oder RVC 55 % (FOB)	MaxNOM 45 % (EXW); oder RVC 60 % (FOB)

Tabelle 5.5 Beispiel 4 – Anlage 3-B-1 des EU-Japan-EPA

Verfahren »Ursprung (RVC)«

Wie können Sie diese Vorgaben des EU-Japan-EPA in SAP GTS für die Zwecke der Präferenzkalkulation abbilden? Um den regionalen Wertanteil zu berechnen und mit dem FOB-Preis des hergestellten Erzeugnisses zu vergleichen, stellt das System das Verfahren *Ursprung (RVC)* bereit (siehe Abbildung 5.9). Abbildung 5.23 zeigt ein Beispiel für die Verwendung dieses Verfahrens in einer Verfahrensgruppe.

Verfahrensgruppendefinition
Regelwerk ZEPA EU-Japan-Wirtschaftspartnerschaftsabkommen
Regelgruppe ZV010 Oder-Verknüpfung
LfdNr.Verfahren 2
Präf.verfahren 00007 Region... Regionaler Wertanteil (RVC)
Lfd.Nr.Tarifnr.

Verfahren innerhalb der Gruppe
VerglMethode 6 Transaktionswertmethode RVC
OperationsCode GE Größer, Gleich
Prozent. Anteil 60,00 Wertbasis B5 Frei an Bord (FOB)-Preis

Abbildung 5.23 Verfahren »Regionaler Wertanteil«

Wenn Sie im Feld **Präf.verfahren** das Verfahren 00007 auswählen, müssen Sie zusätzlich zu Operator und Prozentsatz stets eine *Wertbasis* angeben. Die Auswahl der Kennzeichen im gleichnamigen Feld ist im Programmcode verankert. Dem Beispiel in Abbildung 5.23 wurde die ab dem 01.01.2025 geltende Ursprungsregel zugrunde gelegt. Da der regionale Wertanteil nach dieser Regel mindestens 60 % betragen muss, wurde 60 in das Feld **Prozent. Anteil** eingegeben. Im Feld **OperationsCode** setzt das System bei Verfahren 00007 immer den Operator **GE Größer, Gleich**. Grundlage der Berechnung des regionalen Wertanteils ist der FOB-Preis. Dem Prozentsatz muss daher im Feld **Wertbasis** das Kennzeichen **B5 Frei an Bord (FOB)-Preis** zugeordnet werden.

Wertbasis und Preisart

Woher jedoch nimmt SAP GTS den *tatsächlichen* FOB-Preis des hergestellten Erzeugnisses für den Vergleich mit dem in der Präferenzkalkulation berechneten Mindest-FOB-Preis? Im Customizing der Präferenzabwicklung müssen Sie jeder Wertbasis, die Sie in Ihren Verfahrensgruppen verwenden, abkommensabhängig eine Preisart des Vorsystems zuordnen (Menüpfad:

Global Trade Services • Risk Management • Präferenzabwicklung • Preisarten für die Präferenzabwicklung abkommensspezifisch zuordnen • Preisarten zu Wertbasen für die Präferenzaussage zuordnen). Abbildung 5.24 zeigt zwei Beispiele für diese Zuordnung.

Sicht "Zuordnung Preisart zu Abkommen und Wert-Basis" ändern:

Neue Einträge

Zuordnung Preisart zu Abkommen und Wert-Basis

G.Gr.	Wertbasis	AdW
ZEPA	B1 Ab Werk (EXW)-Preis	EXWVAL
ZEPA	B5 Frei an Bord (FOB)-Preis	STAVAL

Abbildung 5.24 Preisart des Vorsystems und Wertbasis der Kalkulation

Im Beispiel in Abbildung 5.24 wurde der Wertbasis **B1 Ab Werk (EXW)-Preis** für das EU-Japan-EPA (gesetzliche Grundlage ZEPA) im Feld **AdW** (Art des Werts) die Preisart **EXWVAL** (Ab-Werk-Preis) zugeordnet. Für den Vergleich des FOB-Preises soll dagegen die Preisart **STAVAL** (Statistischer Wert) herangezogen werden. Der statistische Wert ist der (fiktive) Wert der Ware zum Zeitpunkt des Grenzübertritts und wird deshalb auch als *Grenzübergangswert* bezeichnet. Die Auswahl der Preisarten im Feld **AdW** ist im Programmcode vorgegeben. Dem *Nettowert* der Verkaufsbeleg- oder der Fakturaposition eines SAP-ERP-Vorsystems entspricht in SAP GTS die Preisart EXWVAL. Ist ein SAP-S/4HANA-Vorsystem die Quelle dieses Vergleichswerts, ordnen Sie der Wertbasis B1 stattdessen die Preisart **GDSVAL** (Warenwert) zu. Als Wert der Preisart STAVAL übernimmt SAP GTS aus dem Verkaufsbeleg bzw. der Faktura den Wert der Positionskondition zur Konditionsart GRWR (Grenzübergangswert), die Sie in Abschnitt 6.1.1, »Vorbereitung der Intrastat-Meldung«, näher kennenlernen werden.

Incoterms FOB

Das EU-Japan-EPA wendet die für den Schiffsverkehr entwickelten Incoterms FOB ausdrücklich »unabhängig von der Beförderungsart« an (Anhang 3-A, Bemerkung 4, Nr. 1 Buchstabe c). Für die Zwecke der Außenhandelsstatistik gilt im Seeverkehr der FOB-Preis der auszuführenden Ware als ihr statistischer Wert (§ 8 Abs. 2 Nr. 2 AHStatDV). Eine Übernahme des in der Preisfindung des Vorsystems berechneten statistischen Werts als Grundlage für den Vergleich mit dem in der Präferenzkalkulation berechneten Mindest-FOB-Preis des Erzeugnisses ist daher in der Regel sinnvoll. Falls andere als die im Programmcode bereitgestellten Preisarten für den Preisvergleich erforderlich sein sollten, können Sie diese mithilfe von BAdI-Implementierungen einbinden (siehe SAP-Hinweis 2784666).

Ursprungsregel »MaxNOM (%)«

Werfen wir nun in Abbildung 5.25 noch einen Blick auf die Umsetzung der Ursprungsregel »MaxNOM 45 % (EXW)« unseres vierten Beispiels in Tabelle 5.4.

Verfahrensgruppendefinition

Regelwerk	ZEPA	EU-Japan-Wirtschaftspartnerschaftsabkommen
Regelgruppe	ZV010	Oder-Verknüpfung
LfdNr.Verfahren	1	
Präf.verfahren	00001 MaxNO...	MaxNOM
Lfd.Nr.Tarifnr.		

Verfahren innerhalb der Gruppe

VerglMethode	1 Transaktionswertmethode		
OperationsCode	LE Kleiner, Gleich		
Prozent. Anteil	45,00	Wertbasis	B1 Ab Werk (EXW)-Preis

Abbildung 5.25 Verfahren »Drittland« für EU-Japan-EPA

Wie Sie in Abbildung 5.25 sehen, kommt wieder das Verfahren 00001 zum Einsatz. Um deutlich zu machen, dass dieses Verfahren sich auch für die Umsetzung von Ursprungsregeln des Typs »MaxNOM (%)« eignet, wurde es im Regelwerk ZEPA mit der Beschreibung »MaxNOM« angelegt. Der Operator ist **LE Kleiner, Gleich**. In das Feld **Prozent. Anteil** wurde 45 – der Prozentsatz der ab dem 01.01.2025 geltenden Schwelle – eingetragen (siehe Tabelle 5.5). Da es sich um eine Ursprungsregel des EU-Japan-EPA handelt, wurde zusätzlich die Wertbasis **B1 Ab Werk (EXW)-Preis** angegeben und im Feld **VerglMethode** das Kennzeichen **1 Transaktionswertmethode** ausgewählt. Die beiden Ursprungsregeln für die HS-Positionen 8701 bis 8707 (siehe Tabelle 5.4) wurden in der Verfahrensgruppe ZV010 mit den laufenden Nummern 1 und 2 zusammengefasst und mit einem logischen ODER verknüpft (siehe auch Abbildung 5.23). Abschließend wurde die Verfahrensgruppe der HS-Position 8703 auf der Grundlage des EU-Japan-EPA für den Zeitraum vom 01.01.2025 bis 31.12.9999 zugeordnet. Abbildung 5.26 zeigt diese Zuordnung.

[»]

Vergleichsmethode und Wertbasis

Die Felder **VerglMethode** und **Wertbasis** müssen Sie in den Verfahrensgruppen eines Regelwerks für EU-Abkommen nur für die Umsetzung bestimmter Ursprungsregeln des EU-Japan-EPA füllen. Wenn Sie sich für das Verfahren *Regionaler Wertanteil* entscheiden, ist die einzig mögliche Vergleichsmethode 6 (Transaktionswertmethode RVC) bereits voreingestellt (siehe Abbildung 5.23). SAP GTS benötigt die Wertbasis der in den Verfahrensgruppen angegebenen Prozentsätze für den späteren Vergleich mit den tatsächlichen Verkaufspreisen der Erzeugnisse. SAP-Hinweis 2793346 erläutert detailliert die Nutzung dieser beiden Felder.

Sicht "Präferenz: Abkommen-Tarifcode-Regelgruppe" ändern: Detail

Neue Einträge Abgrenzen BC-Set: Feldwert ändern

Abkommen	ZEPA	EU-Japan-Wirtschaftspartnerschaftsabkommen
Regelwerk	ZEPA	EU-Japan-Wirtschaftspartnerschaftsabkommen
Nummer	8703	
Endedatum	31.12.9999	

Präferenzregeln zu Abkommen und Tarif

Beginndatum	01.01.2025
Normalregel	ZV010
Alternativregel	

Zeiträume

	Beginn	Ende
	01.02.2019	31.12.2021
	01.01.2022	31.12.2024
>	01.01.2025	31.12.9999

Abbildung 5.26 Interimsschwellen für HS-Position 8703

Den Zeiträumen 01.02.2019 bis 31.12.2021 und 01.01.2022 bis 31.12.2024 wurde jeweils eine wie ZV010 aufgebaute Verfahrensgruppe mit den Prozentsätzen 55 und 50 bzw. 50 und 55 zugeordnet. SAP GTS kann nun auf der Grundlage der in Abbildung 5.26 dargestellten Einstellungen die jeweils zum Ausführungszeitpunkt gültigen Prozentsätze für die Präferenzkalkulation heranziehen.

Allgemeine Toleranz

Die Präferenzabkommen der EU enthalten in ihren Protokollen über die Ursprungsregeln bzw. in Kapitel 3 (EU-Japan-EPA) jeweils Bestimmungen, die in Veröffentlichungen zum Thema Warenursprung und Präferenzen auch als *allgemeine Toleranz* bezeichnet werden. So erlaubt Art. 5 Abs. 2 Buchstabe a des Protokolls Nr. 4 zum Abkommen über den EWR die Verwendung von Vormaterialien ohne Ursprungseigenschaft, die gemäß den Ursprungsregeln nicht verwendet werden dürfen, »wenn ihr Gesamtwert 10 v. H. des Ab-Werk-Preises des Erzeugnisses nicht überschreitet«. Der maximale Wertanteil aller Vormaterialien ohne Ursprung darf dabei allerdings nicht überschritten werden (Art. 5 Abs. 2 Buchstabe b). Im ersten Beispiel (Tabelle 5.1) dürfen also bei der Herstellung von Wälzlagern der Position 8482 ursprungslose Vormaterialien der Position 8482 bis zu einem Wertanteil von 10 % verwendet werden. Der Gesamtwert aller Vormaterialien ohne Ursprung darf aber nicht mehr als 40 % des Ab-Werk-Preises der Wälzlager betragen.

Warenzusammenstellungen

Eine weitere »Lockerung« der Ursprungsregeln enthält Art. 9 des Protokolls Nr. 4 zum Abkommen über den EWR. Die Bestimmungen dieses Artikels beziehen sich auf *Warenzusammenstellungen*, die nur dann als Ursprungserzeugnisse gelten, wenn alle Bestandteile Ursprungserzeugnisse sind. Allerdings erlaubt Art. 9 Bestandteile ohne Ursprungseigenschaft bis zu einem

Anteil von 15 % des Ab-Werk-Preises der Warenzusammenstellung. Diese Bestimmungen finden sich auch in den übrigen Präferenzabkommen der Pan-Euro-Med-Kumulierungszone.

> **Warenzusammenstellungen**
>
> Bei der Verwendung des Begriffs *Warenzusammenstellung* bezieht sich Art. 9 explizit auf die Allgemeine Vorschrift (AV) 3 zum HS. Die AV enthalten Grundsätze für die Einreihung von Waren in das HS. Eine Warenzusammenstellung besteht nach AV 3 aus mindestens zwei Bestandteilen unterschiedlicher HS-Positionen und ist für den Einzelverkauf aufgemacht.

Basisregeln

In SAP GTS können Sie sowohl die allgemeine Toleranz als auch die Bestimmungen zu Warenzusammenstellungen als sogenannte *Basisregeln* erfassen. Definieren Sie zunächst zwei Verfahrensgruppen mit dem Verfahren 00001 und den Prozentsätzen 10 (für die allgemeine Toleranz) bzw. 15 (für Warenzusammenstellungen). Wählen Sie anschließend den Menüpfad **Global Trade Services • Risk Management • Präferenzabwicklung • Regelwerk Präferenz ausprägen (manuelle Pflege) • Basisregeln einem Abkommen zuordnen**. Abbildung 5.27 zeigt die Zuordnung von Verfahrens- oder Regelgruppen für Basisregeln zu Kombinationen aus Regelwerk und gesetzlichen Grundlagen.

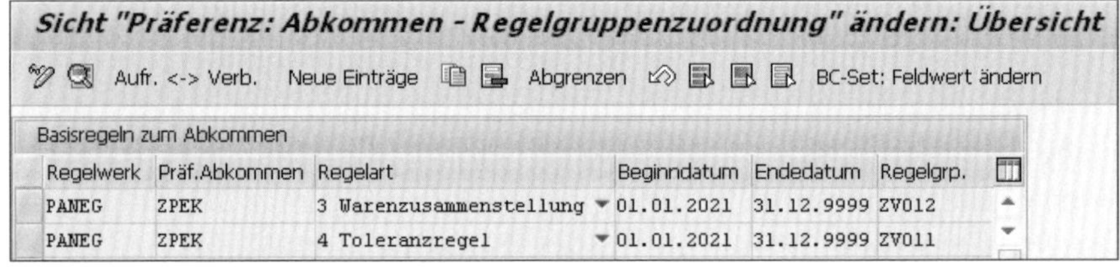

Abbildung 5.27 Basisregeln eines Regelwerks

Die Verfahrensgruppe ZV011 wurde für die Umsetzung der allgemeinen Toleranz definiert. Sie ist dem Regelwerk PANEG und der gesetzlichen Grundlage ZPEK zugeordnet. In der Spalte **Regelart** ist die Verfahrensgruppe ZV011 als Toleranzregel klassifiziert. Ein zweiter Eintrag wurde für die Verfahrensgruppe ZV012 angelegt. Diese Verfahrensgruppe ist in der Spalte **Regelart** als Basisregel für Warenzusammenstellungen gekennzeichnet.

Kennzeichnung des Produkts

Wenn Sie eine Präferenzkalkulation für Warenzusammenstellungen durchführen und dabei von der Basisregel profitieren möchten, müssen Sie die Stammsätze der infrage kommenden Produkte zunächst als Warenzusammenstellungen kennzeichnen. Für diese Kennzeichnung verwenden Sie die Transaktion **Bedingungen einem Produkt zuordnen** (Transaktionscode

/SAPSLL/PREF_PRPRFSC), die Sie bereits im Zusammenhang mit der Aktivierung von Bedingungen kennengelernt haben. In Abbildung 5.28 sehen Sie ein Beispiel für die Kennzeichnung eines Produkts als Warenzusammenstellung.

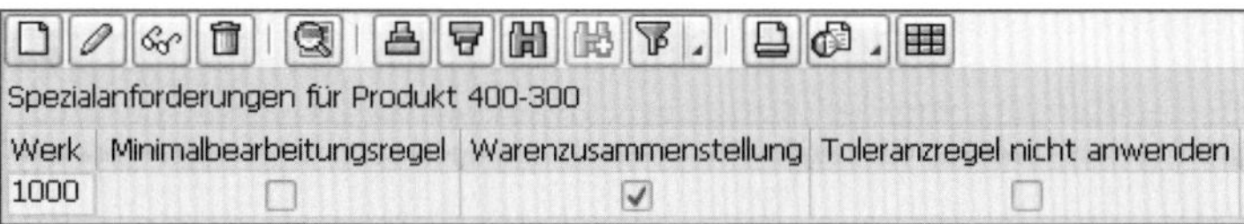
Spezialanforderungen für Produkt 400-300

Werk	Minimalbearbeitungsregel	Warenzusammenstellung	Toleranzregel nicht anwenden
1000	☐	☑	☐

Abbildung 5.28 Kennzeichnung eines Produkts als Warenzusammenstellung

Verwendung der Basisregeln

In Abbildung 5.28 sehen Sie auch, dass Sie die Anwendung der allgemeinen Toleranz für einzelne Produkte unterbinden können (Kennzeichen **Toleranzregel nicht anwenden**). Wenn Sie das Kennzeichen **Minimalbearbeitungsregel** setzen, geht SAP GTS davon aus, dass im Herstellprozess des Produkts keine ausreichenden Be- oder Verarbeitungen der Vormaterialien ohne Ursprung stattfinden. SAP GTS führt daher für so gekennzeichnete Produkte keine Präferenzkalkulation durch, sondern setzt den *Maximalwert* für das Kalkulationsergebnis (Feld **Schwellenwert**, siehe auch Abbildung 5.41). Obwohl es als eigengefertigt gekennzeichnet ist und seine Stückliste in SAP GTS vorliegt, kann das Produkt also nie die Ursprungseigenschaft erlangen.

Wenn Sie feststellen, dass eine bestimmte Ursprungsregel für die Mehrzahl der für Ihr Unternehmen relevanten HS-Positionen gilt, können Sie die Verfahrens- oder Regelgruppe für diese Ursprungsregel auch als Basisregel des Typs *Grundregel* definieren (Auswahl in der Spalte **Regelart**, siehe Abbildung 5.27). Findet SAP GTS in der Präferenzkalkulation zu einer HS-Position keine Verfahrens- oder Regelgruppen, wendet es die Grundregel an.

Anzeige der Ursprungsregeln

Die Umsetzung der Ursprungsregeln können Sie sich in der Transaktion **Präferenzregeln anzeigen** darstellen lassen (Transaktionscode /SAPSLL/PREF_RLS_DSP). Sie finden diese Transaktion im Bereichsmenü des Risk Managements (Schaltfläche **Präferenzabwicklung – Stammdaten**, Bereich **Abkommenbezogene Daten**). In Abbildung 5.29 sehen Sie die Aufbereitung der Customizing-Einstellungen zur Umsetzung der Ursprungsregeln des EU-Japan-EPA für die HS-Position 8703 zum Stichtag 01.01.2025.

Nach diesen Vorarbeiten können Sie die Ursprungseigenschaft selbst hergestellter Produkte in der Präferenzkalkulation ermitteln. Im nächsten Abschnitt erfahren Sie, wie diese Ermittlung funktioniert und wie Sie das Ergebnis in Ihren Vertriebsprozessen im Vorsystem nutzen können.

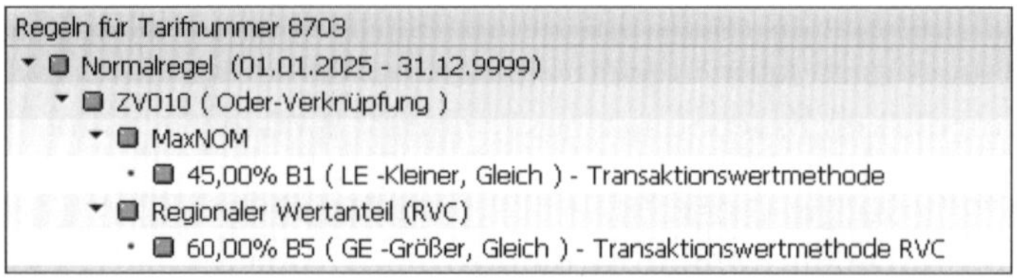

Regeln für Tarifnummer 8703
- Normalregel (01.01.2025 - 31.12.9999)
  - ZV010 (Oder-Verknüpfung)
    - MaxNOM
      - 45,00% B1 (LE -Kleiner, Gleich) - Transaktionswertmethode
    - Regionaler Wertanteil (RVC)
      - 60,00% B5 (GE -Größer, Gleich) - Transaktionswertmethode RVC

Abbildung 5.29 Darstellung von Ursprungsregeln (Ausschnitt)

5.1.3 Präferenzkalkulation

Stücklisten als Grundlage

Die Präferenzkalkulation in SAP GTS beruht auf der *Stückliste* des Produkts, dessen Ursprungseigenschaft festgestellt werden soll. Stücklisten sind in SAP ERP bzw. SAP S/4HANA Stammdaten der Produktion. Sie enthalten eine Zusammenstellung der Komponenten, die für die Herstellung eines Produkts erforderlich sind. Stücklisten industriell gefertigter Produkte sind oft mehrstufig. Das Endprodukt besteht also aus *Baugruppen*, die ihrerseits wieder Stücklisten haben. Diese Baugruppen können im eigenen Unternehmen gefertigt oder von Lieferanten bezogen werden. Die Stücklisten der Produkte, für die SAP GTS eine Präferenzkalkulation durchführen soll, müssen Sie aus dem Vorsystem überleiten.

Stücklistenüberleitung

Feste Stücklisten, deren Komponenten bei der Herstellung eines Produkts immer in der gleichen Zusammenstellung und Menge verwendet werden, replizieren Sie mit der Transaktion **Stücklisten initial an SAP GTS überleiten** (Transaktionscode /SAPSLL/BOMMAT_DIRR3). Diese Transaktion haben Sie bereits in Abschnitt 4.1.3, »Reexportkontrolle«, im Zusammenhang mit den Vorarbeiten für die Reexportkontrolle kennengelernt. Im Produktivbetrieb können Sie auch für Stücklisten Änderungszeiger nutzen, um neu angelegte und geänderte Datensätze zeitnah und automatisiert an SAP GTS zu übertragen (siehe Abschnitt 1.3.1, »Stammdatenüberleitung aus dem Vorsystem«). Stücklisten konfigurierbarer Materialien, die je nach Ausprägung der vordefinierten Materialeigenschaften (Merkmale) im Kundenauftrag unterschiedliche Komponenten enthalten, leitet das Vorsystem belegbezogen über.

Beschaffungsart

In Verbindung mit einer Übersicht über die Komponenten eines Produkts benötigt SAP GTS für die Präferenzkalkulation auch die Information, ob diese Komponenten selbst hergestellt oder zugekauft werden oder ob beides zutrifft. Diese Information ist im Vorsystem in der Sicht **Disposition 2** des Materialstamms enthalten. Abbildung 5.30 zeigt den relevanten Ausschnitt aus dieser Sicht in SAP S/4HANA.

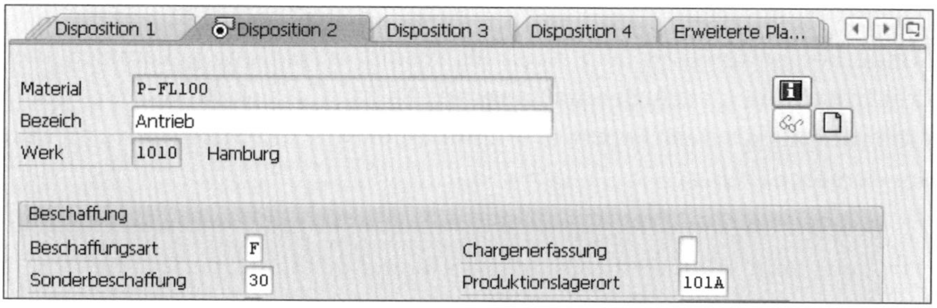

Abbildung 5.30 Sicht »Disposition 2« eines Materials (SAP S/4HANA)

Der Antrieb P-FL100 in Abbildung 5.30 ist fremdbeschafft (Kennzeichen **F** im Feld **Beschaffungsart**). Er wird also immer von einem oder mehreren Lieferanten zugekauft. Selbst hergestellte Materialien erhalten das Kennzeichen E (Eigenfertigung). Wird ein Material sowohl selbst hergestellt als auch zugekauft (z. B. bei Engpässen), setzen Sie das Kennzeichen **X** (Mischbezug). Eine Präferenzkalkulation ist in SAP GTS nur für eigengefertigte oder mischbezogene Produkte möglich.

Sonderbeschaffungsart

Zur Präzisierung der Angabe im Feld **Beschaffungsart** enthält das Material P-FL100 einen Eintrag im Feld **Sonderbeschaffung**. Sonderbeschaffungsarten definieren Sie im Customizing der Disposition (Menüpfad: **Materialwirtschaft • Verbrauchsgesteuerte Disposition • Stammdaten • Sonderbeschaffungsarten festlegen** oder **Produktion • Bedarfsplanung • Stammdaten • Sonderbeschaffungsart festlegen**). In der Steuerung einer Sonderbeschaffungsart bestimmen Sie jeweils die Art der Beschaffung (z. B. Lohnbearbeitung oder Produktion in einem anderen Werk) und die Verwendung des Materials als Stücklistenkomponente. In Abbildung 5.31 sehen Sie einen Ausschnitt aus der Steuerung der Sonderbeschaffungsart 30 (Lohnbearbeitung), die dem Material P-FL100 zugeordnet ist.

Abbildung 5.31 Sonderbeschaffungsart 30 (Ausschnitt)

Jede Sonderbeschaffungsart enthält zwei Beschaffungskennzeichen. Die Sonderbeschaffungsart 30 z. B. ist als Fremdbeschaffung gekennzeichnet (Kennzeichen **F** im Feld **Beschaffungsart**). Es handelt sich dabei um Lohnbearbeitung als spezielle Form der Fremdbeschaffung (Kennzeichen **L** im Feld **Sonderbeschaffung**).

Überleitung der Beschaffungsart

Die Beschaffungsart der Endprodukte und ihrer Komponenten leiten Sie separat aus dem Vorsystem an SAP GTS über. Für diese Überleitung ist das Programm `/SAPSLL/PSDMAT_DISTRIBUTE_R3` vorgesehen. Sie können dieses Programm mit der Transaktion **Beschaffungskennzeichen ermitteln und initial an SAP GTS überleiten** (Transaktionscode /SAPSLL/PSD_INIT_R3) auch im Dialog ausführen. Diese Transaktion finden Sie im Vorsystem im Anwendungsmenü für den Datenaustausch mit SAP GTS in der Sicht **Initialüberleitung Stammdaten** im Bereich **Risk Management**. Neuzuordnungen oder Änderungen von Beschaffungsarten können Sie durch die Auswertung von Änderungszeigern automatisiert an SAP GTS übertragen lassen (Nachrichtentyp /SAPSLL/PSDMAT_SLL). Das Ergebnis der Überleitung können Sie im Produktstamm in der Sicht **Beschaffung** überprüfen.

Eine Übersicht über die Beschaffungsarten Ihrer Produkte erhalten Sie mit der Transaktion **Beschaffungskennzeichen zum Produkt anzeigen** (Transaktionscode /SAPSLL/PRPROCID_03). Sie finden diese Transaktion im Bereichsmenü des Risk Managements (Schaltfläche **Präferenz – Stammdaten**, Bereich **Produkte**). Ist einem Material eine Sonderbeschaffungsart zugeordnet, übernimmt SAP GTS die Beschaffungsart dieser Sonderbeschaffungsart. Ein in der Sicht **Disposition 2** als eigengefertigt gekennzeichnetes Material kann also je nach Sonderbeschaffungsart in SAP GTS zu einem fremdbeschafften Produkt werden.

Materialpreise

In Verbindung mit der Stückliste überträgt das Vorsystem auch die Preise der Komponenten aus der Sicht **Buchhaltung 1** des Materialstamms. In Abhängigkeit von der *Preissteuerung* des Materials handelt es sich dabei entweder um den Standardpreis oder um den gleitenden Durchschnittspreis bzw. den periodischen Verrechnungspreis des Materials. Abbildung 5.32 zeigt die Sicht **Buchhaltung 1** des Antriebs aus Abbildung 5.30 in SAP S/4HANA.

Preissteuerung

Im Feld **Preisstrg** ist das Kennzeichen **S** (Standardpreis) gesetzt. Das Vorsystem überträgt daher den Preis im Feld **Standardpreis** (813,40 €) an SAP GTS. Ist stattdessen das Kennzeichen **V** (Gleitender Durchschnittspreis/periodischer Verrechnungspreis) gesetzt, wird entweder der gleitende Durchschnittspreis oder – falls das Material-Ledger für das Produktionswerk der Stückliste aktiv ist – der periodische Verrechnungspreis des Materials übergeleitet.

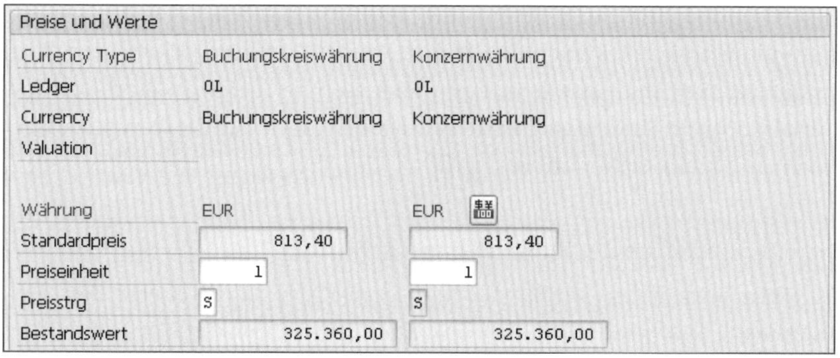

Preise und Werte		
Currency Type	Buchungskreiswährung	Konzernwährung
Ledger	0L	0L
Currency	Buchungskreiswährung	Konzernwährung
Valuation		
Währung	EUR	EUR
Standardpreis	813,40	813,40
Preiseinheit	1	1
Preisstrg	S	S
Bestandswert	325.360,00	325.360,00

Abbildung 5.32 Sicht »Buchhaltung 1« eines Materials

Den gleitenden Durchschnittspreis berechnet das System, indem es den Gesamtwert des Materials gemäß Bestandskonto durch den Werksbestand des Materials teilt. Der gleitende Durchschnittspreis verändert sich also durch jede bewertungsrelevante Warenbewegungsbuchung, z. B. durch einen neuen Wareneingang.

Der periodische Verrechnungspreis ist das Ergebnis der Materialbewertung einer bestimmten Buchungsperiode. Er ändert sich jeweils durch eine neue Preisbestimmung im Material-Ledger, einer Teilfunktion des Produktkosten-Controllings.

Materialpreise können Sie unabhängig von der Stückliste mit dem Programm /SAPSLL/PRCMAT_DISTRIBUTE_R3 an SAP GTS überleiten (siehe Abschnitt 4.1.3, »Reexportkontrolle«). Um in der Präferenzkalkulation stets mit aktuellen Preisen zu arbeiten, ist die Nutzung von Änderungszeigern für die automatisierte Übertragung von Preisänderungen sinnvoll (Nachrichtentyp /SAPSLL/PRCMAT_SLL).

Vorschriften zur Wertermittlung

Das Protokoll Nr. 4 zum Abkommen über den EWR enthält in Art. 1 auch eine Definition des in den Ursprungsregeln verwendeten Begriffs »Wert der Vormaterialien«. Als Wert der Vormaterialien ohne Ursprungseigenschaft gilt nach dieser Begriffsbestimmung »der Zollwert (...) zum Zeitpunkt der Einfuhr oder, wenn dieser nicht bekannt ist und nicht festgestellt werden kann, der erste feststellbare Preis, der im EWR für die Vormaterialien gezahlt wird«. Der gleitende Durchschnittspreis oder der periodische Verrechnungspreis eines Materials eignen sich also nicht als Grundlage für die Präferenzkalkulation. Die Dienstvorschrift der Bundesfinanzverwaltung zur Ausstellung von Präferenznachweisen (Z 42 13) schließt die Berechnung des Werts der Vormaterialien ohne Ursprungseigenschaft auf der Grundlage von Durchschnittspreisen sogar ausdrücklich aus. Eine Ausnahme gilt für die Ursprungsermittlung bei einseitiger Gewährung von Präferenzen durch die EU, die jedoch für die Präferenzabwicklung in SAP GTS keine Rolle spielt. Der Standardpreis wäre nach den Vorgaben der Dienstvorschrift nur dann zulässig, wenn es sich jeweils um den höchsten fakturierten Wert der Vormaterialien ohne Ursprung handelte. Der Zeitraum für diese Worst-Case-Betrachtung bleibt dabei unbestimmt.

[»]

Dienstvorschriften der Bundesfinanzverwaltung

Die Dienstvorschriften der Bundesfinanzverwaltung interpretieren die Gesetzgebung u. a. im Bereich des Zollrechts für die konkrete Anwendung durch die Behörden. Sie werden in der Vorschriftensammlung Bundesfinanzverwaltung (VSF) im Amtsblatt des Bundesministeriums der Finanzen veröffentlicht. Die Zollverwaltung muss sich bei der Ausstellung und Prüfung von Präferenznachweisen an den einschlägigen Dienstvorschriften orientieren. Es ist sinnvoll, diese Vorschriften bei der Konfiguration der Präferenzabwicklung in SAP GTS zu berücksichtigen, um Beanstandungen bei einer Präferenzprüfung zu vermeiden.

In den meisten Fällen kommt also keiner der in SAP ERP bzw. SAP S/4HANA auf Materialstammebene verwalteten Preise für die Präferenzkalkulation in Betracht. SAP hat zu dieser Situation in SAP-Hinweis 1449588 Stellung genommen und empfiehlt nach Rücksprache mit dem zuständigen Hauptzollamt eine individuelle Materialpreisermittlung im Customer-Exit `EXIT-SAPLSLL_LEG_PRR3_004` (Erweiterung SLLLEG04). In den Beispielen dieses Abschnitts wurde der Einfachheit halber der Materialpreis gemäß Preissteuerung verwendet.

Preisarten für Einkaufspreise

In einem SAP-S/4HANA-Vorsystem ermittelt das Programm `/SAPSLL/MIN-MAX_DISTRIBUTE_R3` jeweils den niedrigsten und den höchsten Einkaufspreis fremdbeschaffter und mischbezogener Materialien innerhalb eines frei definierbaren Zeitraums aus der Datenbanktabelle EKBE (Historie zum Einkaufsbeleg) und leitet diese Preise an SAP GTS über. SAP GTS legt den niedrigsten Einkaufspreis mit der Preisart MIN_PRICE und den höchsten Einkaufspreis mit der Preisart MAX_PRICE im Produktstamm ab. Beide Preisarten sind im Auslieferungs-Customizing Ihres SAP-GTS-Systems enthalten (siehe Abschnitt 4.1.3, »Reexportkontrolle«). Voraussetzung für diese programmierfreie Übernahme der Einkaufspreise aus einem SAP-S/4HANA-Vorsystem ist die Zuordnung der beiden Preisarten zu Abkommen bzw. Abkommensgruppen (Menüpfad im Einführungsleitfaden: **Global Trade Services • Risk Management • Präferenzabwicklung • Preisarten für die Präferenzabwicklung abkommensspezifisch zuordnen • Preisarten zu Vergleichsmethoden für die Präferenzkalkulation zuordnen**). Tragen Sie die

Preisart MIN_PRICE in das Feld **Preisart für Komponenten mit präferenziellem Ursprung** und die Preisart MAX_PRICE in das Feld **Preisart für Komponenten ohne präferenziellen Ursprung** ein. SAP GTS verwendet anschließend in der Präferenzkalkulation den höchsten bzw. niedrigsten Einkaufspreis der Komponenten. Beachten Sie in diesem Zusammenhang auch SAP-Hinweis 2716517.

Präferenzmodelle

Bevor Sie Stücklisten für die Präferenzkalkulation an SAP GTS überleiten können, müssen Sie mindestens ein *Präferenzmodell* in Ihrem SAP-GTS-System definieren. In einem Präferenzmodell legen Sie fest, ob SAP GTS die Präferenzkalkulation jeweils für ein einzelnes Werk oder für eine Gruppe von Werken durchführt. In Abbildung 5.33 sehen Sie das Präferenzmodell für das Werk 1000 (Menüpfad: **Global Trade Services • Allgemeine Einstellungen • Organisationsstruktur • Werksbezogene Stücklistenauswertung definieren**).

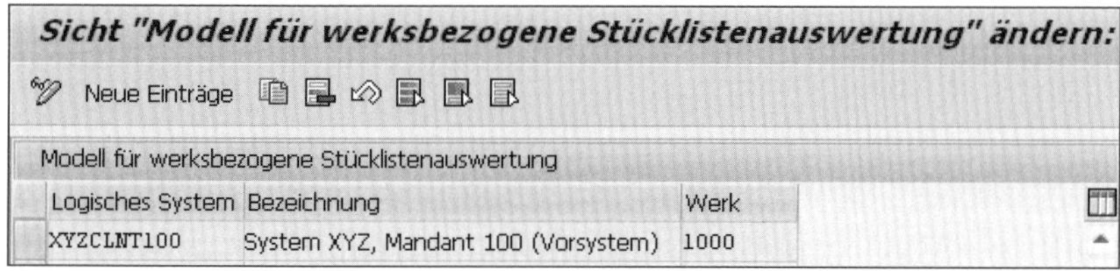

Abbildung 5.33 Werksbezogenes Präferenzmodell

Anders als in den Customizing-Einstellungen für das Customs Management und das Compliance Management beziehen Sie sich bei der Konfiguration der Präferenzabwicklung immer unmittelbar auf Werke des Vorsystems (und nicht auf ihre Entsprechungen in SAP GTS, die Verwenderbetriebe). Damit SAP GTS das Werk einem Vorsystem zuordnen kann, müssen Sie den logischen Systemnamen des Vorsystems in Verbindung mit dem Werksschlüssel angeben (Feld **Logisches System**).

Werksgruppen

Wenn Sie eine werksübergreifende Präferenzkalkulation durchführen wollen, müssen Sie Ihre Werke zunächst zu einer oder mehreren *Werksgruppe(n)* zusammenfassen. Ein Werk kann dabei Mitglied mehrerer Werksgruppen sein und zugleich sein eigenes, werksbezogenes Präferenzmodell haben. Werksgruppen bilden Sie in Verbindung mit der Definition eines Präferenzmodells für die werksübergreifende Präferenzkalkulation (Menüpfad: **Global Trade Services • Allgemeine Einstellungen • Organisationsstruktur • Werksübergreifende Stücklistenauswertung definieren**). Abbildung 5.34 zeigt ein Beispiel für eine Werksgruppe.

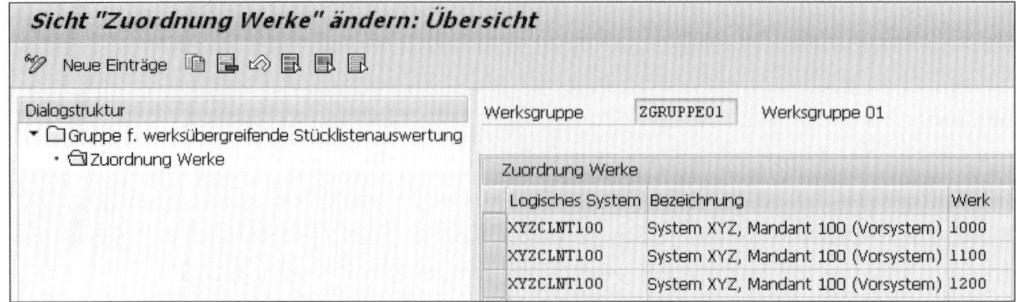

Abbildung 5.34 Werksgruppe mit Werkszuordnung

Die Werke 1000, 1100 und 1200 des Vorsystems mit dem logischen Systemnamen XYZCLNT100 sind in SAP GTS für die Zwecke der Präferenzkalkulation zur Werksgruppe ZGRUPPE01 zusammengefasst. In der werksübergreifenden Präferenzkalkulation berechnet SAP GTS zunächst einen Mindest-ab-Werk-Preis für jedes Werk der Werksgruppe. Anschließend vergleicht es diese Preise und übernimmt nach dem »Worst-Case«-Prinzip den höchsten Preis für die gesamte Gruppe. Die Pflege von Präferenzmodellen ist auch im Konfigurationsleitfaden für die Präferenzabwicklung beschrieben.

Rückübertragung der Werkszuordnung

Ein SAP-S/4HANA-Vorsystem benötigt die in den Präferenzmodellen enthaltene Information, welche Werke in die Präferenzabwicklung einbezogen werden, für die Überleitung von Einkaufspreisen und von Belegdaten zur Befüllung der Arbeitsvorräte für Lieferantenerklärungen (siehe Abschnitt 5.2). Sie übertragen diese Information aus SAP GTS mit der Transaktion **Präferenzabkommen und Werkszuordnung verteilen** (Transaktionscode /SAPSLL/PRE_SET_DIST), die Sie im Bereichsmenü der Systemadministration finden (Schaltfläche **Systemüberwachung**, Sicht **Synchronisation**).

Überleitung von Stücklisten

Die Überleitung der Stücklisten an SAP GTS richten Sie im Vorsystem ein. Wählen Sie dazu im Einführungsleitfaden eines SAP-ERP-Vorsystems den Menüpfad **Vertrieb • Außenhandel/Zoll • SAP Global Trade Services – Plug-In • Steuerung der Überleitung an SAP Global Trade Services • Überleitung von Stücklisten für Präferenz und Reexport steuern**. In SAP S/4HANA wählen Sie **Integration mit anderen SAP-Komponenten • Integration mit Governance, Risk and Compliance • SAP Global Trade Services • Steuerung der Überleitung an SAP Global Trade Services • Überleitung von Stücklisten für Präferenz und Reexport steuern**.

In Abbildung 5.35 sehen Sie einen Ausschnitt aus dieser Überleitungssteuerung.

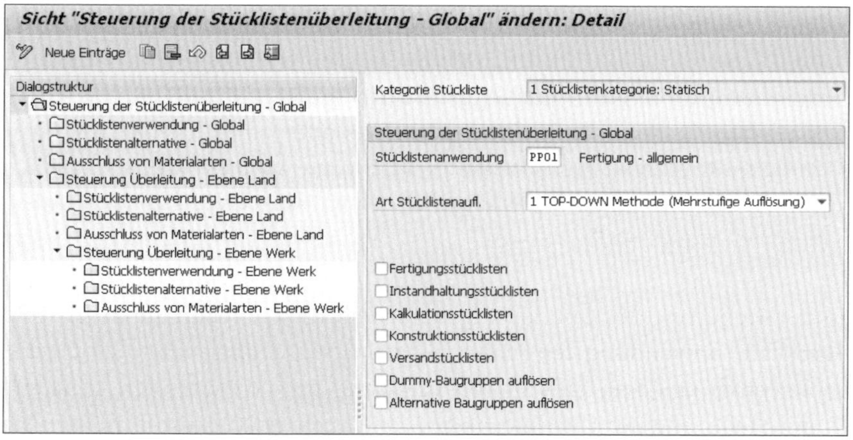

Abbildung 5.35 Steuerung der Stücklistenüberleitung

Wie Sie in der Dialogstruktur in Abbildung 5.35 erkennen, können Sie die Stücklistenüberleitung auf drei Ebenen steuern. In jedem Fall erforderlich sind Einstellungen auf globaler Ebene (Ordner **Steuerung Stücklistenüberleitung – Global**). Bei Bedarf können Sie zusätzlich Einstellungen für einzelne Länder vornehmen (Ordner **Steuerung Überleitung – Ebene Land**). Reicht diese Differenzierung nicht aus, können Sie die Stücklistenüberleitung auf Werksebene steuern (Ordner **Steuerung Überleitung – Ebene Werk**). Die Auswahl der Steuerparameter ist auf jeder Ebene gleich. Findet das Vorsystem bei der Überleitung keine Vorgaben für das Werk der Stückliste, sucht es nach einer zum Land des Werks passenden Steuerung. Fehlt diese, wendet das Vorsystem die globalen Vorgaben für die Stücklistenüberleitung an.

Stücklistenkategorie

Zunächst müssen Sie in der Überleitungssteuerung immer die *Stücklistenkategorie* festlegen (Feld **Kategorie Stückliste**). Wenn Sie feste Stücklisten überleiten, wählen Sie die Kategorie **1** (**Stücklistenkategorie: Statisch**). Für die Überleitung auftragsabhängiger Stücklisten konfigurierbarer Materialien ist die Kategorie **2** (**Stücklistenkategorie: Konfigurierbar**) zutreffend.

Variantenkonfiguration

In SAP GTS können Sie auch konfigurierbare Materialien in die Präferenzkalkulation einbeziehen. Konfigurierbare Materialien existieren in verschiedenen *Varianten*. Typische Beispiele sind Fahrzeuge: Beim Kauf eines neuen Autos können Kunden zwischen verschiedenen Ausstattungsmerkmalen wählen. Die Stückliste des Autos variiert in Abhängigkeit von dieser Auswahl. Konfigurierbare Materialien haben daher eine *Maximalstückliste* mit der Gesamtheit aller möglichen Komponenten. Beim Anlegen eines Kundenauftrags erfasst ein Mitarbeiter die Ausprägung aller *Merkmale*, die eine Materialvariante von anderen möglichen Varianten unterscheidet, z. B. die Farbe des Lacks oder das Material der Sitzbezüge. Auf diese Weise entsteht eine auftragsspezifische Stückliste, die einen Ausschnitt aus der Maximalstückliste darstellt.

Stücklisten-anwendung

In der Steuerung der Überleitung fester Stücklisten geben Sie in das Feld **Stücklistenanwendung** den Schlüssel der *Stücklistenanwendung* für die diskrete Fertigung oder – falls Sie PP-PI nutzen – für die Prozessfertigung ein. In der Steuerung der Überleitung konfigurierbarer Stücklisten wählen Sie die Stücklistenanwendung für den Vertrieb aus. Stücklistenanwendungen definieren Sie im Customizing der Produktion (Menüpfad: **Produktion • Grunddaten • Stückliste • Alternativenbestimmung • Anwendungen definieren**). Existieren zu einem Material mehrere Stücklisten, ermittelt SAP ERP bzw. SAP S/4HANA vorgangsbezogen die passende Stücklistenalternative nach den Vorgaben der jeweiligen Stücklistenanwendung. In Abbildung 5.35 ist der Stücklistenkategorie 1 die Stücklistenanwendung PP01 für die diskrete Fertigung zugeordnet.

Stücklisten-verwendung

Wenn Sie zusätzlich eines der Kennzeichen für *Stücklistenverwendungen* setzen, verwirft das Vorsystem bei der Überleitung an SAP GTS Stücklistenpositionen, in deren *Positionsstatus* das entsprechende Kennzeichen nicht gesetzt ist. Setzen Sie also z. B. das Kennzeichen **Fertigungsstücklisten**, leitet das Vorsystem nur Stücklistenpositionen über, deren *Positionsstatus* (Sicht **Status/Langtext** in den Positionsdetails) das Kennzeichen **Fertigungsrelevanz** enthält. Stücklistenverwendungen definieren Sie ebenfalls im Customizing der Produktion (Menüpfad: **Produktion • Grunddaten • Stückliste • Allgemeine Daten • Stücklistenverwendung • Stücklistenverwendungen definieren**).

Weitere Filter

In der Überleitungssteuerung können Sie bei Bedarf weitere Filter für die Auswahl überleitungsrelevanter Stücklisten einrichten. Die Konfiguration dieser Filter ist auf allen drei Überleitungsebenen gleich. Wenn Sie im Ordner **Stücklistenverwendung** der Dialogstruktur in Abbildung 5.35 die Schlüssel einzelner Stücklistenverwendungen eintragen, leitet das Vorsystem nur Stücklisten dieser Verwendungen an SAP GTS über. Wenn Sie mit *Stücklistenalternativen* arbeiten, also zu einer Kombination von Material, Produktionswerk und Stücklistenverwendung unterschiedliche Zusammenstellungen von Komponenten verwalten, können Sie die fortlaufenden Nummern der Stücklistenalternativen ebenfalls als Filterkriterium nutzen (Ordner

Stücklistenalternative). So können Sie z. B. immer nur die erste von mehreren Stücklistenalternativen überleiten lassen. Außerdem können Sie Komponenten bestimmter, nicht für die Präferenzkalkulation relevanter Materialarten, wie z. B. Packmittel, von der Überleitung ausschließen (Ordner **Ausschluss von Materialarten**).

Methoden der Stücklistenauflösung

Im Feld **Art Stücklistenaufl.** haben Sie die Wahl zwischen zwei Methoden der Stücklistenauflösung:

- **1 TOP-DOWN Methode (Mehrstufige Auflösung)**
- **2 BOTTOM-UP Methode (Einstufige Auflösung)**

Diese Auswahl spielt für die Überleitung mehrstufiger Stücklisten eine Rolle. Bei der Top-down-Methode löst das Vorsystem vor der Überleitung die eigengefertigten Baugruppen der Stückliste auf und überträgt die aufgelöste Stücklistenstruktur an SAP GTS. Bei der einstufigen Auflösung (Bottom-up-Methode) ermittelt und überträgt das Vorsystem nur die Baugruppenführungsteile der ersten Stufe als Stücklistenkomponenten.

Beispiel für eine Stückliste

Betrachten wir die Auswirkungen der Methodenauswahl an einem Beispiel. In Abbildung 5.36 sehen Sie die Stückliste der Pumpe P-402, für die in diesem Abschnitt eine Präferenzkalkulation durchgeführt wird.

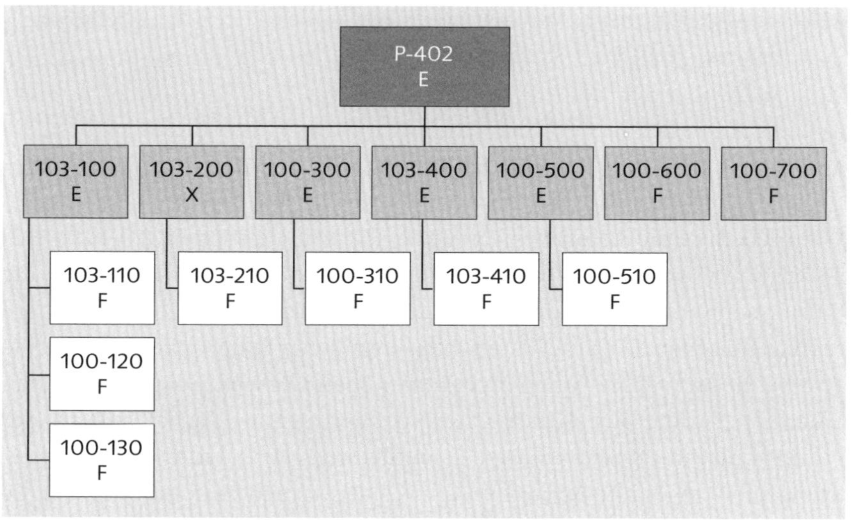

Abbildung 5.36 Mehrstufige Stückliste

Stücklistenauflösung

Die Pumpe P-402 setzt sich aus fünf Baugruppen und zwei Einzelkomponenten zusammen. Die Baugruppen 103-100, 100-300, 103-400 und 100-500 sind ebenso wie die Pumpe eigengefertigt (Beschaffungsart E). Die Baugruppe 103-200 ist als Mischbezug gekennzeichnet (Beschaffungsart X). Die

Einzelkomponenten 100-600 und 100-700 werden ebenso wie die Komponenten der fünf Baugruppen zugekauft (Beschaffungsart F). Kommt die Top-down-Methode zur Anwendung, löst das Vorsystem die Stücklisten aller als eigengefertigt gekennzeichneten Baugruppen auf. Besteht eine eigengefertigte Baugruppe ihrerseits aus Baugruppen, setzt sich diese Auflösung bis zur ersten mischbezogenen oder fremdbeschafften Baugruppe oder Komponente fort. Das Ergebnis der Auflösung sehen Sie in SAP GTS in der Transaktion **Präferenz: Stücklisten anzeigen** (Transaktionscode /SAPSLL/BOMHD_DISP), die Sie im Bereichsmenü des Risk Managements finden (Schaltfläche **Präferenz – Stammdaten**). Abbildung 5.37 zeigt das Replikat der Stückliste der Pumpe P-402 aus Abbildung 5.36 nach mehrstufiger Auflösung.

Stufe	Produktnr.	Produktkurztext	Werk	Menge	ME	Betrag	Währ.	Beschaffungskennzeichen	Tarifnr.
0	P-402	Pumpe Standard IDESNORM 100-402	1000	1	ST	0,00	EUR	Eigenfertigung	84135040
.1	103-100	Gehäuse 103	1000	1	ST	125,16	EUR	Eigenfertigung	84833032
..2	103-110	Rohling für Spiralgehäuse Chromstahl	1000	1	ST	21,16	EUR	Fremdbezug	84879051
..2	100-120	Flachdichtung	1000	1	ST	11,87	EUR	Fremdbezug	84842000
..2	100-130	Sechskantschraube M10	1000	8	ST	0,96	EUR	Fremdbezug	73181510
.1	103-200	Laufrad W-103	1000	1	ST	55,28	EUR	Mischbezug: Eigenfertigung und Fremdbezug	84839020
.1	100-300	Welle	1000	1	ST	203,93	EUR	Eigenfertigung	84831095
..2	100-310	Rohling für Welle	1000	1	ST	10,50	EUR	Fremdbezug	84879051
.1	103-400	Druckdeckel Chromstahl	1000	1	ST	25,55	EUR	Eigenfertigung	84842000
..2	103-410	Rohling für Druckdeckel Chromstahl	1000	1	ST	0,51	EUR	Fremdbezug	84879051
.1	100-500	Lager	1000	1	ST	10,32	EUR	Eigenfertigung	84821010
..2	100-510	Kugellager	1000	1	ST	3,92	EUR	Fremdbezug	84825000
.1	100-600	Stützfuß	1000	1	ST	40,67	EUR	Fremdbezug	84879057
.1	100-700	Blech	1000	0,64	M2	1,45	EUR	Fremdbezug	72192110

Abbildung 5.37 Stücklistenreplikat in SAP GTS

Stücklistenreplikate in SAP GTS

Während die Stücklisten der eigengefertigten Baugruppen 103-100, 100-300, 103-400 und 100-500 aufgelöst sind (Komponenten der Stufe 2), ist die Komponente des mischbezogenen Laufrads 103-200 nicht im Stücklistenreplikat zu sehen. Die Stücklisten mischbezogener Baugruppen müssen Sie also bei Bedarf separat überleiten. In der Spalte **Beschaffungskennzeichen** erkennen Sie die aus dem Vorsystem übertragene Beschaffungsart der Pumpe und ihrer Komponenten. Ebenfalls angezeigt werden die Preise der Komponenten (Spalte **Betrag**) und ihre statistischen Warennummern, die SAP GTS aus der Sicht **Tarifierung** der Produktstammdaten in die Spalte **Tarifnr.** übernommen hat.

[»]

Dummy-Baugruppen

Stücklisten können auch Komponenten enthalten, die durch ihre Sonderbeschaffungsart als *Dummy-Baugruppen* gekennzeichnet sind. Das Führungsteil solcher Baugruppen existiert oft nicht. Es fungiert vielmehr aus

Konstruktionssicht als eine Art Klammer um Stücklistenkomponenten, die bei der Herstellung des Endprodukts separat montiert werden. Die Führungsteile der Dummy-Baugruppen erhalten im Stücklistenreplikat in SAP GTS das Kennzeichen **Dummy-Position**. Bei der Präferenzkalkulation schließt das System die als Dummy-Position gekennzeichneten Produkte aus. Wenn Sie sich im Vorsystem für die mehrstufige Stücklistenauflösung entscheiden, enthält das Replikat in SAP GTS das Führungsteil und die Komponenten der Dummy-Baugruppen. Bei einstufiger Auflösung müssen Sie in der Überleitungssteuerung das Kennzeichen **Dummy-Baugruppen auflösen** setzen, um die Komponenten einer Dummy-Baugruppe im Stücklistenreplikat in SAP GTS zu sehen (siehe Abbildung 5.35).

Programme für die Präferenzkalkulation

Liegen die Stücklisten der potenziellen Ursprungserzeugnisse in SAP GTS vor, können Sie eine Präferenzkalkulation für diese Produkte durchführen. Für die Präferenzkalkulation stehen Ihnen drei Programme zur Verfügung. Alle drei Programme können Sie auch im Dialog ausführen.

- /SAPSLL/PRE_CALCULATE, Transaktion **Präferenzkalkulation ausführen** (Transaktionscode /SAPSLL/PRE_CAL_401)
- /SAPSLL/PRE_CALCULATE_SGL, Transaktion **Präferenzkalkulation eines Produkts ausführen** (Transaktionscode /SAPSLL/PRE_CAL_402)
- /SAPSLL/PRE_CALCULATE_RNG, Transaktion **Präferenzkalkulation neuer Produkte ausführen** (Transaktionscode /SAPSLL/PRE_CAL_403)

Sie finden die Transaktionen für die drei Programme im Bereichsmenü des Risk Managements (Schaltfläche **Präferenzabwicklung**, Schaltfläche **Präferenzbestimmung**, Bereich **Produktstücklisten**). Das erste der drei Programme ist für die Massenverarbeitung gedacht. Mit dem zweiten Programm können Sie für genau ein Produkt eine Präferenzkalkulation durchführen. Das dritte Programm verarbeitet Produkte, deren Stücklisten ab einem vor Programmstart vorgegebenen Datum an SAP GTS übergeleitet wurden. In Abbildung 5.38 sehen Sie einen Ausschnitt aus dem Selektionsbild der Transaktion **Präferenzkalkulation ausführen**.

Parameter für die Programmausführung

Im Bereich **Präferenzumfang** müssen Sie durch Auswahl einer der beiden Optionen im Feld **Modell** entscheiden, ob die Kalkulation werksbezogen oder werksübergreifend erfolgen soll. Bei werksbezogener Kalkulation können Sie einzelne Werke vorgeben (Felder **Werk** und **bis**). Wenn Sie keine Präferenzabkommen vorgeben (Felder **Abkommen** und **bis**), bestimmt SAP GTS zur Laufzeit des Programms zunächst den Verwenderbetrieb des eingegebenen Werks.

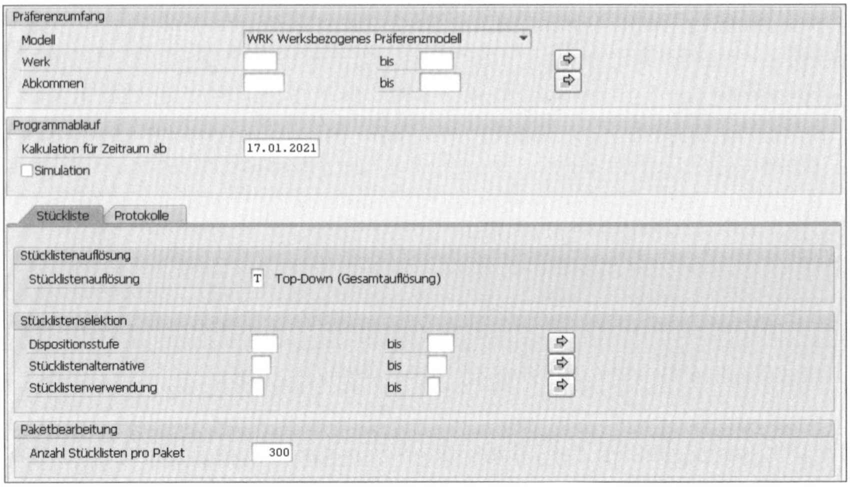

Abbildung 5.38 Selektionsbild »Präferenzkalkulation« (Ausschnitt)

Anhand des Länderkennzeichens in der Geschäftspartneradresse dieses Verwenderbetriebs ermittelt SAP GTS anschließend die Präferenzabkommen, deren Ursprungsregeln in der Präferenzkalkulation anzuwenden sind.

Im Bereich **Programmablauf** schlägt das System das Tagesdatum als Kalkulationsdatum vor (Feld **Kalkulation für Zeitraum ab**). Sie können dieses Datum in die Zukunft verschieben. Eine »rückwirkende« Präferenzkalkulation zu einem in der Vergangenheit liegenden Datum ist dagegen nicht möglich. Im Bereich **Programmablauf** entscheiden Sie auch, ob SAP GTS die Präferenzkalkulation nur simuliert (das Kennzeichen **Simulation** ist gesetzt) oder das Ergebnis in den Produktstammsatz in die Sicht **Präferenz** einträgt. Im Bereich **Stücklistenselektion** können Sie die Selektion auf bestimmte Dispositionsstufen, Stücklistenalternativen und/oder Stücklistenverwendungen einschränken.

Dispositionsstufen

Dispositionsstufen sind ein Element der Bedarfsplanung in SAP ERP bzw. SAP S/4HANA, mit dem die Reihenfolge, in der das Vorsystem Materialien in einem Planungslauf berücksichtigt, festgelegt wird. Das Vorsystem weist Materialien, die als Führungsteil oder Komponente in eine Stückliste eingebunden werden, automatisch eine Dispositionsstufe zu. Sie können diese Zuweisung im Materialstamm (Symbol) oder in den Planungsvormerkungen zu einem Material in der Transaktion **Planungsvormerkungen anzeigen** (Transaktionscode MD21) prüfen. Oft ist die Dispositionsstufe eines Materials mit seiner *Auflösungsstufe* in der Stückliste identisch. Die Pumpe P-402 befindet sich also sowohl auf der Auflösungsstufe 0 (siehe Abbildung

5.37) als auch auf der Dispositionsstufe 0. Materialien können sich jedoch in verschiedenen Stücklisten auf verschiedenen Auflösungsstufen finden. Das Vorsystem bestimmt in solchen Fällen die *tiefste* Auflösungsstufe der Komponente als seine Dispositionsstufe. So ist z. B. die Welle 100-300, die sich in der Stückliste der Pumpe P-402 auf der Auflösungsstufe 1 befindet, der Dispositionsstufe 3 zugeordnet.

In SAP GTS fungiert die Dispositionsstufe als Filter. Haben Ihre Produkte komplexe Baugruppenstücklisten, können Sie mithilfe der Dispositionsstufe ihren Umfang bereits bei der Überleitung aus dem Vorsystem reduzieren. Die Präferenzkalkulation können Sie auf beliebige Dispositionsstufen einschränken. Die Dispositionsstufen Ihrer Stücklistenführungsteile können Sie sich in SAP GTS mit der Transaktion **Dispositionsstufen der Stücklisten systemübergreifend ermitteln** (Transaktionscode /SAPSLL/BOMDISPO_HMN) neu aus dem Vorsystem überleiten oder nur anzeigen lassen.

In der Sicht **Stückliste** müssen Sie die Art der Stücklistenauflösung festlegen (Feld **Stücklistenauflösung**). Zwei Kennzeichen stehen zur Auswahl:

- **T Top-Down (Gesamtauflösung)**
- **B Bottom-Up (Baugruppenauflösung)**

Gesamtauflösung

Wenn Sie sich für die *Gesamtauflösung* entscheiden, nimmt SAP GTS nur eine Präferenzkalkulation für das Führungsteil der Stückliste vor. Die Stückliste wird bis zur ersten mischbezogenen oder fremdbeschafften Baugruppe oder Einzelkomponente aufgelöst. Abbildung 5.39 zeigt die Komponentenübersicht im Protokoll der Top-down-Präferenzkalkulation der Pumpe P-402 aus Abbildung 5.36.

Komponenten

Komponente	NU	Beskz.	Beskz.-Text	Präf.Kennz.	Präfkennz.-Text	U-Wert	NU-Wert	Währung	Stat.Warennr.	Komp.Mng.	ME
100-120	X	E	Fremdbezug	20	nicht gepflegt		11,87	EUR	84842000	1	ST
100-130	X	E	Fremdbezug	20	nicht gepflegt		0,96	EUR	73181510	8	ST
100-310	X	E	Fremdbezug	20	nicht gepflegt		10,50	EUR	84879051	1	ST
100-510	X	E	Fremdbezug	20	nicht gepflegt		3,92	EUR	84825000	1	ST
100-600	X	E	Fremdbezug	20	nicht gepflegt		40,67	EUR	84879057	1	ST
100-700	X	E	Fremdbezug	20	nicht gepflegt		1,45	EUR	72192110	0,64	M2
103-110	X	E	Fremdbezug	20	nicht gepflegt		21,16	EUR	84879051	1	ST
103-200	X	M	Mischbezug: Eigenfertigung und Fremdbezug	20	nicht gepflegt		55,28	EUR	84839020	1	ST
103-410	X	E	Fremdbezug	20	nicht gepflegt		0,51	EUR	84879051	1	ST

Abbildung 5.39 Gesamtauflösung – Komponentenübersicht

Wenn Sie die Komponentenübersicht mit der Stücklistenstruktur in Abbildung 5.36 vergleichen, sehen Sie, dass die Führungsteile der eigengefertigten Baugruppen »übersprungen« werden. Die Komponenten dieser Baugruppen gehen also unmittelbar als Vormaterialien in die Kalkulation ein. Ebenfalls als Vormaterial einbezogen wird das Führungsteil der mischbezogenen Baugruppe 103-200. Diese Baugruppe löst SAP GTS also nicht weiter auf. Die Beschaffungsart der Komponenten sehen Sie jeweils in den Spalten **Beskz.** (*Beschaffungskennzeichen*) und **Beskz.-Text**. Die Kennzeichen für die Beschaffungsart in SAP GTS stimmen nur teilweise mit den Kennzeichen in SAP ERP bzw. SAP S/4HANA überein: **E** steht für *External Procurement*, also Fremdbeschaffung, **I** für *In-house Production*, also Eigenfertigung.

Prüfung der Ursprungseigenschaft der Vormaterialien

Alle Komponenten gehen als Vormaterialien ohne Ursprungseigenschaft in die Präferenzkalkulation ein (Kennzeichen **X** in der Spalte **NU**). Der Text zum Präferenzkennzeichen **20** (**nicht gepflegt**) weist darauf hin, dass in SAP GTS noch keine Informationen über den Ursprung der Vormaterialien vorliegen. Es ist also durchaus möglich, dass die eine oder andere Komponente ein Ursprungserzeugnis des EWR im Sinn der Abkommen der paneuropäischen Kumulierung ist. Mangels Nachweis geht SAP GTS jedoch nach dem Worst-Case-Prinzip vom ungünstigsten Fall (kein präferenzieller Ursprung) aus.

Baugruppenauflösung

In Abbildung 5.40 sehen Sie die Komponentenübersicht im Protokoll einer erneuten Präferenzkalkulation für die Pumpe P-402, nun jedoch mit *Baugruppenauflösung*. Bei dieser Variante führt SAP GTS zunächst eine Präferenzkalkulation für alle eigengefertigten Baugruppen durch. Anschließend folgt eine Präferenzkalkulation für das Führungsteil der Stückliste unter Berücksichtigung der Ergebnisse der Baugruppenkalkulation.

Komponenten

Komponente	NU	Beskz.	Beskz.-Text	Präf.Kennz	Präfkennz.-Text	Schwellenwert	Vergleichspreis	U-Wert	NU-Wert	Währung	Stat.Warennr.
100-300		I	Eigenfertigung	40	kalkuliert - preisbeeinflusst	26,25	203,93	203,93		EUR	84831095
100-500	X	I	Eigenfertigung	40	kalkuliert - preisbeeinflusst	15,68	10,32		3,92	EUR	84821010
100-600	X	E	Fremdbezug	20	nicht gepflegt				40,67	EUR	84879057
100-700	X	E	Fremdbezug	20	nicht gepflegt				1,45	EUR	72192110
103-100		I	Eigenfertigung	40	kalkuliert - preisbeeinflusst	84,97	125,16	125,16		EUR	84833032
103-200	X	M	Mischbezug: Eigenfertigung und Fremdbezug	20	nicht gepflegt				55,28	EUR	84839020
103-400		I	Eigenfertigung	40	kalkuliert - preisbeeinflusst	1,27	25,55	25,55		EUR	84842000

Abbildung 5.40 Baugruppenauflösung – Komponentenübersicht

Prüfung der Ursprungseigenschaft der Vormaterialien

Wenn Sie Abbildung 5.40 mit Abbildung 5.39 vergleichen, erkennen Sie, dass SAP GTS im zweiten Durchlauf jeweils eine Präferenzkalkulation für die eigengefertigten Baugruppen durchgeführt hat (Präferenzkennzeichen **40** mit Text **kalkuliert – preisbeeinflusst**). Als Ergebnis dieser Präferenzkalkulation gehen drei Baugruppen (Komponenten 100-300, 103-100 und 103-400) als Vormaterialien mit Ursprungseigenschaft in die Präferenzkalkulation für die Pumpe P-402 ein (kein Kennzeichen in der Spalte **NU**, grüner Hintergrund). Die Präferenzkalkulation für die vierte eigengefertigte Baugruppe (Komponente 100-500) führte dagegen zu einem negativen Ergebnis: Der

Mindest-ab-Werk-Preis des Produkts gemäß den Ursprungsregeln (Spalte **Schwellenwert**) beträgt 15,68 €. Der tatsächliche Wert des Produkts gemäß Materialstammdaten (Spalte **NU-Wert**) liegt jedoch nur bei 10,32 €. Die Komponente 100-500 geht daher als Vormaterial ohne Ursprungseigenschaft in die Präferenzkalkulation für die Pumpe ein.

Mischbezug

Für die mischbezogene Baugruppe (Komponente 103-200) kann SAP GTS zwar auch eine Präferenzkalkulation durchführen. Ein Produkt, das sowohl selbst hergestellt als auch zugekauft wird, gilt aber nur dann als Ursprungserzeugnis, wenn die Ursprungsregeln der relevanten Abkommen sowohl in der eigenen Fertigung als auch in der Fertigung der Zulieferer eingehalten werden. Trifft nur das eine oder das andere zu (oder befinden sich Zulieferer außerhalb der Präferenzzone), betrachtet SAP GTS das Produkt nach »Worst-Case«-Prinzip als Vormaterial oder Erzeugnis ohne Ursprungseigenschaft. Für ein mischbezogenes Produkt müssen Sie also zum einen immer eine Präferenzkalkulation durchführen. Zum anderen müssen Sie von den in der EU ansässigen Zulieferern Lieferantenerklärungen für Waren mit Präferenzursprungseigenschaft einholen und diese in SAP GTS erfassen. Diese Lieferantenerklärungen und ihre Verwaltung in SAP GTS behandelt Abschnitt 5.2.1, »Lieferantenseitige Lieferantenerklärungen«.

[«]

Anpassungsmöglichkeiten bei Mischbezug

In SAP GTS sind die Bestände mischbezogener Produkte nicht bekannt. Das System weiß also nicht, ob zum Zeitpunkt der Präferenzkalkulation nur eigengefertigte oder nur zugekaufte Bestände oder Mischungen von beidem vorrätig sind. Nach »Worst-Case«-Prinzip geht SAP GTS immer von einer Mischung aus. Dieses Prinzip können Sie mit einer Implementierung des BAdIs `/SAPSLL/BADI_PREF_PRPROCID` in SAP GTS übersteuern. Das BAdI ist in SAP-Hinweis 1729606 beschrieben.

Ergebnis der einstufigen Kalkulation

Vergleichen wir nun die beiden Ergebnisse der Präferenzkalkulation für die Pumpe P-402. Für rotierende Verdrängerpumpen der HS-Position 8413 gelten im Anwendungsbereich der paneuropäischen Kumulierung dieselben Ursprungsregeln wie für die HS-Position 8482 (Tabelle 5.1). Abbildung 5.41 zeigt das Ergebnis der Kalkulation nach Top-down-Stücklistenauflösung im Protokoll.

Das Präferenzkennzeichen 40 weist darauf hin, dass SAP GTS einen Mindest-ab-Werk-Preis für die Pumpe berechnet hat. Dieser Preis ist in der Spalte **Schwellenwert** zu sehen (365,81 €). Basis der Berechnung ist die gesetzliche Grundlage ZPEK (Spalte **Abkommen**).

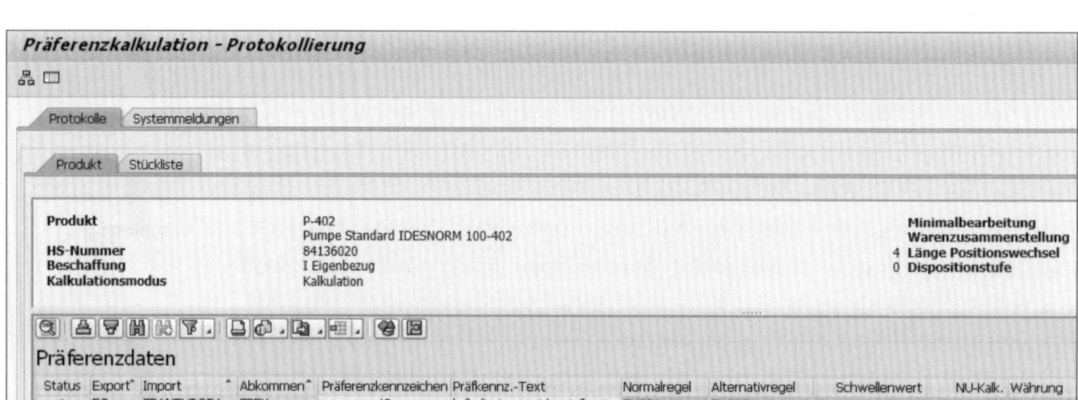

Abbildung 5.41 Ergebnis der einstufigen Präferenzkalkulation

Die Ursprungsregeln für die Präferenzkalkulation entnimmt SAP GTS den Verfahrensgruppen ZV001 (Spalte **Normalregel**) und ZV002 (Spalte **Alternativregel**). Betrachten wir in diesem Zusammenhang noch einmal Abbildung 5.11 und Abbildung 5.12: Im ersten Verfahren der Verfahrensgruppe ZV001 (*Positionswechsel*) vergleicht SAP GTS die HS-Positionen der Pumpe und ihrer Komponenten. In Abbildung 5.39 sehen Sie, dass keine der Komponenten unter die Position 8413 fällt. Der geforderte vollständige Positionswechsel hat also stattgefunden. Den Gesamtwert der Vormaterialien ohne Ursprung (146,32 €) hat SAP GTS in die Spalte **NU-Kalk.** im Protokollausschnitt in Abbildung 5.41 übernommen. Gemäß Vorgabe des Verfahrens *Drittland* in der Verfahrensgruppe ZV001 darf dieser Wert höchstens 40 % des Ab-Werk-Preises der Pumpe betragen. Wird die Pumpe für mindestens 365,81 € (Spalte **Schwellenwert**) in ein Land der Ländergruppe ZPANEUROPA ausgeführt (Spalte **Import**), ist diese Vorgabe ebenfalls erfüllt.

SAP GTS hat auch auf der Grundlage der Verfahrensgruppe ZV002 einen Mindest-ab-Werk-Preis für die Pumpe berechnet. Dieser ist jedoch höher, da der wertmäßige Anteil der Vormaterialien ohne Ursprung maximal 25 % betragen darf. Daher verwirft das System das zweite Kalkulationsergebnis. Sie können sich dieses Ergebnis aber, wie in Abbildung 5.42 dargestellt, mit einem Klick auf das Symbol [icon] anzeigen lassen.

In Abbildung 5.42 ist zu erkennen, dass der nach den Vorgaben der Verfahrensgruppe ZV002 berechnete Schwellenwert 585,29 € beträgt. Da auch der jeweilige maximale Wertanteil der Vormaterialien ohne Ursprung angezeigt wird (Spalte **Details zum Verfahren**), ist dieses Ergebnis leicht nachvollziehbar.

Auswertung der Präferenzregel

Produkt	P-402 Pumpe Standard IDESNORM 100-402	**Abkommen**	ZPEK Paneuropäische Kumulierung
HS-Nummer	84136020	**Wertbasis**	Nicht spezifiziert

Präferenzregel | Bedingungen

Präferenzregel	Details zum Verfahren	Ergebnis	Schwellenwert	Basiswert	Währung	Name Verf.-/Regelgrp
Auswertung der Präferenzregel		Schwellenwert	365,81			
Normalregel (Transaktionswertmethode)		Schwellenwert	365,81			ZV001
Positionswechsel	Positionswechsel (XXXX) aller VoU	Erfüllt		0,00	EUR	
Drittland	Wert von VoU max. 40,00%	Schwellenwert	365,81	146,32	EUR	
Alternativregel (Transaktionswertmethode)		Schwellenwert	585,29			ZV002
Drittland	Wert von VoU max. 25,00%	Schwellenwert	585,29	146,32	EUR	

Abbildung 5.42 Darstellung des Kalkulationsergebnisses

Ergebnis der mehrstufigen Kalkulation

Wie verändert sich der Mindest-ab-Werk-Preis der Pumpe in einer mehrstufigen Präferenzkalkulation nach einer Bottom-up-Stücklistenauflösung? In Abbildung 5.43 sehen Sie den zur Komponentenübersicht in Abbildung 5.40 gehörenden Ausschnitt aus dem Kalkulationsprotokoll.

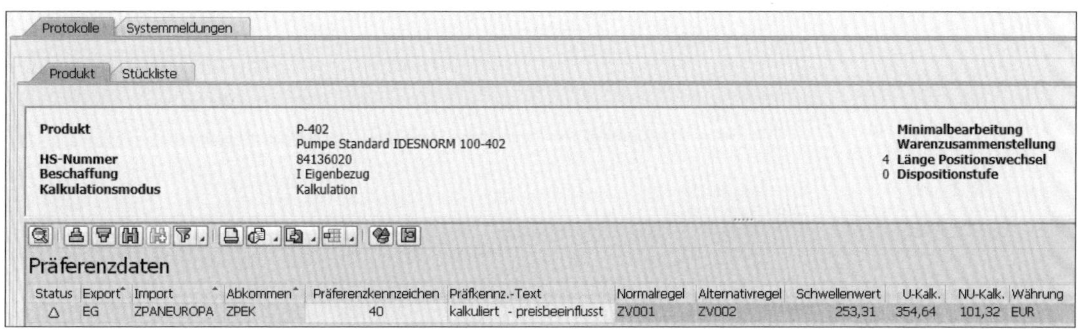

Abbildung 5.43 Ergebnis der mehrstufigen Präferenzkalkulation

Wieder wendet SAP GTS die Verfahren der Verfahrensgruppen ZV001 und ZV002 an. Anders als bei der einstufigen Präferenzkalkulation fällt nun jedoch ein Teil der Komponenten als Vormaterialien mit Ursprung aus der Berechnung des Mindest-ab-Werk-Preises heraus. Den Gesamtwert dieser Komponenten sehen Sie in der Spalte **U-Kalk.** (354,64 €). Dieser Betrag entspricht der Summe der Einzelwerte der drei eigengefertigten Baugruppen mit Ursprungseigenschaft in Abbildung 5.40. Der Berechnung des Mindest-ab-Werk-Preises hat SAP GTS nur den Gesamtwert der Vormaterialien ohne Ursprung in der Spalte **NU-Kalk.** zugrunde gelegt (101,32 €). Bei einem maximalen wertmäßigen Anteil von 40 % muss der Ab-Werk-Preis der Pumpe also mindestens 253,31 € betragen (Spalte **Schwellenwert**) – 112,50 € weniger als bei der einstufigen Stücklistenauflösung.

Präferenzkalkulation als Test

Wenn Sie die Präferenzkalkulation in SAP GTS einrichten, lohnt sich in der Regel ein solcher Vergleich. Es kann auch sinnvoll sein, mithilfe der Präferenzkalkulation zu prüfen, ob Lieferantenerklärungen für die zugekauften Komponenten überhaupt erforderlich sind. Wenn sich nämlich herausstellt, dass der vom Vertrieb festgelegte tatsächliche Ab-Werk-Preis der auszuführenden Produkte über dem in der Präferenzkalkulation berechneten Mindest-ab-Werk-Preis liegt oder die Ursprungseigenschaft wertunabhängig – z. B. durch einen vollständigen Positionswechsel – erworben wird, können Sie auf die Einholung von Lieferantenerklärungen verzichten. Mithilfe der Präferenzkalkulation können Sie aber auch leicht feststellen, welche der zugekauften Komponenten einen besonders hohen Anteil am Gesamtwert der Vormaterialien ohne Ursprung haben, und gezielt für diese Komponenten Lieferantenerklärungen einholen.

Präferenzdaten im Produktstamm

Das Ergebnis der Präferenzkalkulation legt SAP GTS nicht nur im Protokoll, sondern auch im Produktstamm in der Sicht **Präferenz** ab. Abbildung 5.44 zeigt diese Sicht im Produktstammsatz der Pumpe P-402.

Abbildung 5.44 Sicht »Präferenz« eines Produkts

In der Sicht **Präferenz** finden Sie nicht nur den Mindest-ab-Werk-Preis gemäß Präferenzkalkulation (Spalte **Schwelle**), sondern auch den Wert der Vormaterialien mit und ohne Ursprungseigenschaft (Spalten **Ursprungswert** und **Nichtursprungswert**). Das Symbol △ in der Spalte **Ursprung** weist Sie darauf hin, dass die Ursprungseigenschaft der Pumpe immer von ihrem tatsächlichen Ab-Werk-Preis bzw. FOB-Preis abhängt: Ist dieser niedriger als der Schwellenwert, kann die Pumpe nicht als Ursprungserzeugnis der EU in ein Drittland der paneuropäischen Kumulierungszone ausgeführt werden. Das gleiche Symbol sehen Sie auch im Protokoll der Präferenzkalkulation in der Spalte **Status** (siehe z. B. Abbildung 5.43). Erlangt ein Erzeugnis die Ursprungseigenschaft ausschließlich durch Positionswechsel oder durch die Verwendung bzw. den Ausschluss bestimmter HS-Positionen, sehen Sie im Protokoll der Präferenzkalkulation und im Produktstammsatz das Symbol ■. Dieses Symbol lässt erkennen, dass die Ursprungseigenschaft nicht vom Ab-Werk-Preis des Produkts abhängt, sondern gegeben ist, solange sich die Stückliste des Produkts nicht ändert. Das Symbol ● im Protokoll der Präferenzkalkulation weist dagegen darauf hin, dass ein Erzeugnis die Ursprungseigenschaft nicht erlangt hat, weil bei seiner Herstellung unzulässige HS-Positionen verwendet werden oder keine ausreichende Be- oder Verarbeitung stattfindet (Kennzeichen **Minimalbearbeitungsregel**, siehe Abbildung 5.28).

Konfigurierbare Materialien

Betrachten wir in einem zweiten Beispiel die Präferenzkalkulation für die Pumpe P-500. Diese Pumpe ist in der Sicht **Grunddaten 2** ihres Materialstammsatzes als konfigurierbares Material gekennzeichnet. Ihre Stückliste variiert also in Abhängigkeit von der Ausprägung bestimmter Ausstattungsmerkmale im Kundenauftrag. Das Vorsystem überträgt die Stücklisten konfigurierbarer Materialien immer auftragsbezogen. (Die Gesamtstückliste konfigurierbarer Materialien leiten Sie nicht an SAP GTS über.) Wenn Sie die Präferenzkalkulation für konfigurierbare Materialien nutzen möchten, setzen Sie in der Steuerung der Belegüberleitung das Kennzeichen **Konfigurierbare Materialien prüfen** für alle relevanten Auftrags- und Fakturaarten (siehe Abbildung 5.50).

Arbeitsvorrat

Das Vorsystem legt Kundenaufträge mit konfigurierbaren Materialien zunächst in einem Arbeitsvorrat ab. Diesen Arbeitsvorrat prüfen Sie bei Bedarf mit der Transaktion **Präferenz: Arbeitsvorrat konfigurierbare Materialien anzeigen** (Transaktionscode /SAPSLL/KMATWLR3_03). Sie finden diese Transaktion im Anwendungsmenü für den Datenaustausch mit SAP GTS in der Sicht **Belege** im Bereich **Risk Management**. Für die Auflösung auftragsbezogener Stücklisten und ihre Überleitung an SAP GTS steht das Programm /SAPSLL/KMATBOM_DISTRIBUTE_R3 zur Verfügung. Dieses Programm können Sie mit der Transaktion **Präferenz: Konfigurierbare Materialien auflösen und überleiten** auch im Dialog ausführen (Transaktionscode /SAPSLL/KMATBOM_DIR3). Sie finden diese Transaktion ebenfalls in der Sicht **Belege**. In unserem Prozessbeispiel bestellt ein in der Schweiz ansässiger Kunde die Pumpe P-500 in einer bestimmten Ausstattung. Die gewünschten Ausstattungsmerkmale wurden bei der Auftragsanlage erfasst. In Abbildung 5.45 sehen Sie den Eintrag für den Auftrag des Schweizer Kunden im Arbeitsvorrat des Vorsystems.

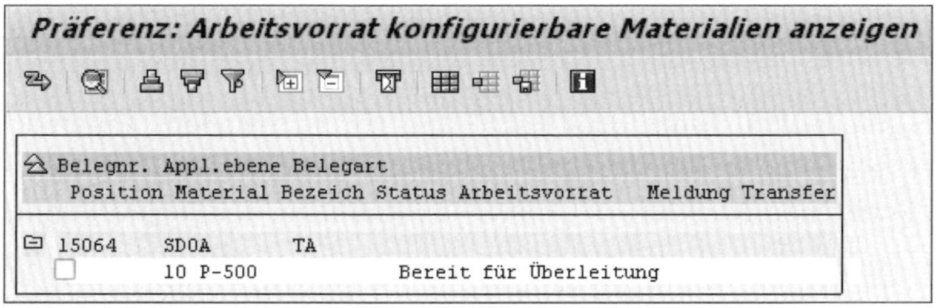

Präferenz: Arbeitsvorrat konfigurierbare Materialien anzeigen

Belegnr.	Appl.ebene	Belegart			
Position	Material	Bezeich	Status Arbeitsvorrat	Meldung	Transfer
15064	SDOA	TA			
10	P-500		Bereit für Überleitung		

Abbildung 5.45 Eintrag im Arbeitsvorrat konfigurierbarer Materialien

Der Auftrag des Schweizer Kunden hat die Belegnummer 13120. Die Auftragsdaten haben den Status **Bereit für die Überleitung**. Mit dem Symbol können Sie die Stückliste auch direkt aus der Anzeige des Arbeitsvorrats an SAP GTS auflösen und überleiten. Das Replikat einer auftragsbezogenen Stückliste prüfen Sie ebenso wie die Replikate fester Stücklisten in der Transaktion **Präferenz: Stücklisten anzeigen** (Transaktionscode /SAPSLL/BOMHD_DISP, siehe Abbildung 5.37).

Auftragsbezogene Präferenzkalkulation

Nach der Überleitung finden Sie die Stückliste in einem Arbeitsvorrat für die auftragsbezogene Präferenzkalkulation. Diesen Arbeitsvorrat können Sie sich in der Transaktion **Arbeitsvorrat konfigurierter Stücklisten** anzeigen lassen (Transaktionscode /SAPSLL/PRE_KMT_410). Für die Präferenzkalkulation auf der Grundlage auftragsbezogener Stücklisten gibt es ein eigenes Programm (/SAPSLL/PRE_CALCULATE_KMT). Auch dieses Programm können Sie im Dialog ausführen (Transaktion **Präferenzkalkulation konfigurierter Stücklisten ausführen**, Transaktionscode /SAPSLL/PRE_CAL_411). Sie finden beide Transaktionen im Bereichsmenü des Risk Managements (Schaltfläche **Präferenzabwicklung**, Schaltfläche **Präferenzbestimmung**, Bereich **Belegstücklisten**). Abbildung 5.46 zeigt einen Ausschnitt aus dem Einstiegsbild der Transaktion **Präferenzkalkulation konfigurierter Stücklisten ausführen**.

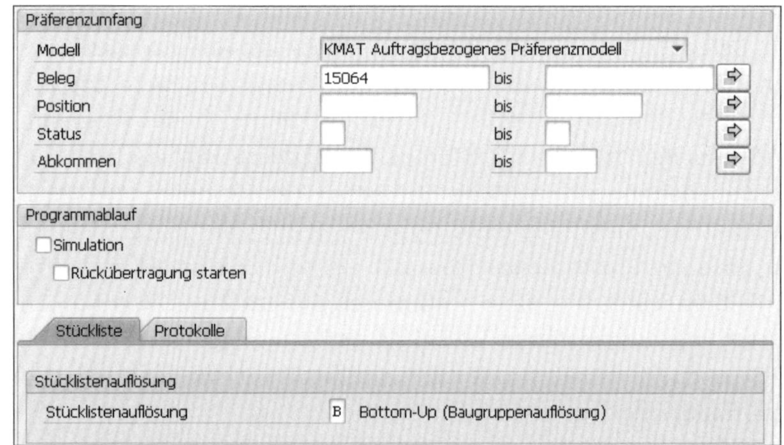

Abbildung 5.46 Auftragsbezogene Präferenzkalkulation – Einstiegsbild

SAP GTS gibt das Präferenzmodell KMAT stets vor (Feld **Modell**). Anders als das werksbezogene und das werksübergreifende Präferenzmodell müssen Sie das Präferenzmodell KMAT nicht im Customizing der Organisationsstruktur einrichten. SAP GTS ermittelt dieses Modell in Abhängigkeit von der Art der Stückliste selbstständig. Sie können die Datenselektion auf bestimmte Vorsystembelege oder Belegpositionen beschränken. Wie bei der

Präferenzkalkulation auf der Grundlage fester Stücklisten steht ein Simulationslauf zur Verfügung (Kennzeichen **Simulation**). Im Feld **Stücklistenauflösung** wählen Sie wie bei festen Stücklisten zwischen Gesamtauflösung (Kennzeichen **T**) und Baugruppenauflösung (Kennzeichen **B**). Bei Bedarf können Sie das Ergebnis der Präferenzkalkulation sofort an das Vorsystem rückübertragen lassen (Kennzeichen **Rückübertragung starten**).

Ablage des Ergebnisses

Die Darstellung des Kalkulationsergebnisses im Protokoll entspricht der Darstellung in der Präferenzkalkulation auf der Grundlage fester Stücklisten. Da es sich jedoch immer um eine Einzelfallbetrachtung handelt, legt SAP GTS das Ergebnis nicht im Produktstammsatz ab, sondern verknüpft es mit dem Beleg. In der Transaktion **Präferenzergebnis belegbezogen anzeigen** (Transaktionscode /SAPSLL/PRE_KMT_412) können Sie sich die Ergebnisse der auftragsbezogenen Präferenzkalkulation in einer Übersicht aufbereiten lassen. Sie finden auch diese Transaktion im Bereichsmenü des Risk Managements über die Schaltfläche **Präferenzabwicklung**. In Abbildung 5.47 sehen Sie das Ergebnis der Präferenzkalkulation für den Kundenauftrag 15064 in der Übersicht.

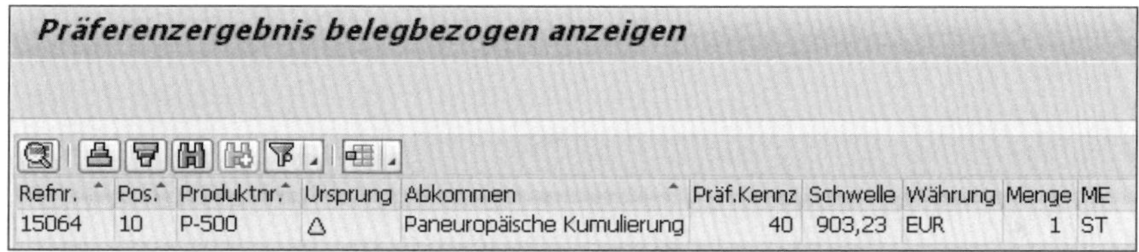

Refnr.	Pos.	Produktnr.	Ursprung	Abkommen	Präf.Kennz	Schwelle	Währung	Menge	ME
15064	10	P-500	△	Paneuropäische Kumulierung	40	903,23	EUR	1	ST

Abbildung 5.47 Ergebnis der auftragsbezogenen Präferenzkalkulation

Der in der Präferenzkalkulation berechnete Schwellenwert in Höhe von 903,23 € gilt also nur für den Kundenauftrag 15064 (Feld **Refnr.**).

Nutzen für den Vertrieb

Hauptadressat der Präferenzkalkulation ist der Vertrieb: Bereits bei der Festlegung der Verkaufspreise können Zollpräferenzen berücksichtigt werden. So lässt möglicherweise eine geringfügige Erhöhung des Ab-Werk-Preises die auszuführende Ware zu einem Ursprungserzeugnis der EU werden. Für den Einführer sind die Einsparungen durch die Inanspruchnahme einer Zollpräferenz je nach Drittlandszollsatz oft so hoch, dass sie den Preisanstieg rechtfertigen. Um von den in der Präferenzkalkulation gewonnenen Erkenntnissen im Vertrieb zu profitieren, können Sie die geplanten und/oder die tatsächlichen Verkaufspreise aus dem Vorsystem in SAP GTS einem Preisvergleich unterziehen.

Sicht »Präferenz«

Wenn Sie Verkaufsbelege für die Prüfungen des Compliance Managements an SAP GTS überleiten lassen, können Sie bei Bedarf die Zollbelegart EXPORD (Zollbeleg Export: Ebene Verkaufsbeleg) und den Zollbelegpositionstyp EXORD1 (Zollbelegposition Export: Ebene Positionstyp Verkaufsbeleg) für die Präferenzabwicklung aktivieren (Menüpfad: **Global Trade Services • Allgemeine Einstellungen • Belegstruktur • Belegarten für Anwendungsbereiche aktivieren** und **Positionstypen für Anwendungsbereiche aktivieren**). Diese Aktivierung bewirkt die Aufbereitung einer zusätzlichen Sicht **Präferenz** in der Zollbelegposition (siehe Abbildung 5.48). Die gleiche Sicht steht auch in der Zollanmeldung auf Positionsebene zur Verfügung, wenn Sie die Belegart CULOEX (Zollanmeldung Ausfuhr) und den Positionstyp CLPOS (Anmeldeposition) für die Präferenzabwicklung aktivieren.

Präferenzkennzeichen in SAP GTS

Wenn Sie Verkaufsbelege oder Fakturen aus dem Vorsystem überleiten, sehen Sie den Vergleich des im Produktstamm abgelegten Schwellenwerts mit dem Verkaufspreis der auszuführenden Erzeugnisse in den Zollbeleg- oder Zollanmeldungspositionen. Ist der aus dem Vorsystem übertragene Preis mindestens so hoch wie der Schwellenwert, setzt SAP GTS in der Belegposition ein *Präferenzkennzeichen*. Dieses Kennzeichen finden Sie in der Sicht **Präferenz** im Feld **Präferenzaussage**. In Abbildung 5.48 sehen Sie ein Beispiel.

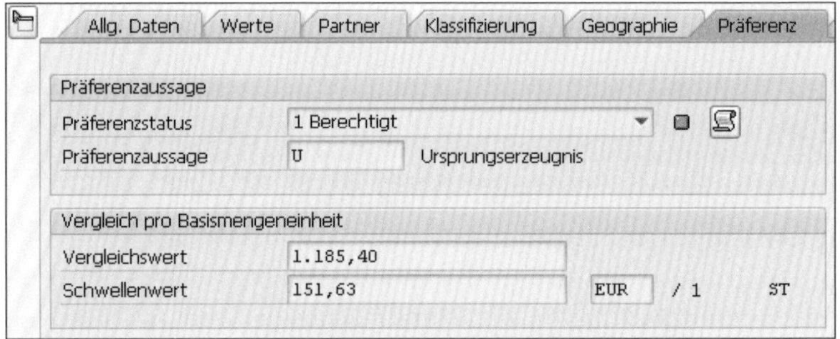

Abbildung 5.48 Sicht »Präferenz« einer Zollbelegposition

Im Beispiel in Abbildung 5.48 wurde im Anschluss an die Präferenzkalkulation in SAP GTS im Vorsystem ein Kundenauftrag über ein Exemplar der Pumpe P-402 angelegt. Warenempfänger ist wieder ein Kunde in der Schweiz. Die Pumpe wird aus den Beständen des Werks 1000 geliefert. Im Feld **Vergleichswert** sehen Sie den aus dem Vorsystem übertragenen tatsächlichen Ab-Werk-Preis der Pumpe P-402 (1.185,40 €). Da dieser Preis höher als der in der Präferenzkalkulation berechnete Schwellenwert ist, setzt SAP GTS im Feld **Präferenzaussage** das selbst definierte Präferenzkennzeichen **U** (**Ursprungserzeugnis**). Der zusätzlich vergebene *Präferenzstatus* ist **1 Berechtigt**. Die Pumpe darf also als Ursprungserzeugnis des EWR in die Schweiz ausgeführt werden. Mit einem Klick auf das Symbol können Sie sich ein Protokoll der Präferenzkalkulation anzeigen lassen.

Ab-Werk-Preis

Wenn Sie im Customizing der Präferenzabwicklung nichts anderes einstellen (siehe Abbildung 5.24), ist der Vergleichswert der *Nettopreis* der Kundenauftrags- oder Fakturaposition. Eine ausführliche Erläuterung der Berechnung dieses Preises in der Preisfindung enthält SAP-Hinweis 201830. Bei der Einführung der Präferenzabwicklung in SAP GTS müssen Sie prüfen, ob der Nettopreis tatsächlich immer der Ab-Werk-Preis Ihrer Erzeugnisse im Sinn der Präferenzabkommen der EU ist. Gemäß Art. 1 Buchstabe f des Protokolls Nr. 4 zum Abkommen über den EWR ist der Ab-Werk-Preis »der Preis des Erzeugnisses ab Werk, der dem Hersteller im EWR gezahlt wird, in dessen Unternehmen die letzte Be- oder Verarbeitung durchgeführt worden ist, sofern dieser Preis den Wert aller verwendeten Vormaterialien umfasst«. Die bei der Ausfuhr erstattungsfähigen Abgaben, wie z. B. Umsatzsteuer oder Verbrauchsteuern, müssen von diesem Preis abgezogen werden. In einer Mitteilung hat die Kommission 2007 »Erläuterungen zu den Ursprungsprotokollen Paneuropa-Mittelmeer« veröffentlicht. Diese Mitteilung konkretisiert die Begriffsbestimmungen der Ursprungsprotokolle. Danach umfasst der Ab-Werk-Preis außer dem Wert aller Vormaterialien »sämtliche Kosten (Kosten der Vormaterialien und sonstige Kosten), die der Hersteller tatsächlich trägt«. In der Mitteilung ist außerdem festgelegt, dass Rabatte bei der Berechnung des Ab-Werk-Preises nicht zu berücksichtigen sind.

Anpassung des Vergleichswerts

In vielen Fällen entspricht der Nettopreis der Kundenauftrags- oder Fakturaposition nicht diesen Vorgaben. In Abhängigkeit von den Lieferbedingungen enthält der Nettopreis z. B. auch Beförderungs- oder Versicherungskosten. Wenn Sie den Nettopreis der Position nicht als Grundlage für den Preisvergleich in SAP GTS verwenden können, müssen Sie die Preisfindung der relevanten Belegarten um eine Kondition oder einen zusätzlichen Nettowert für den Ab-Werk-Preis gemäß Präferenzabkommen erweitern. Um diesen Wert anstelle des Nettopreises für Vergleichszwecke an SAP GTS übertragen zu lassen, können Sie im Plug-in des SAP-ERP-Vorsystems den Customer-Exit `EXIT_SAPLSLL_LEG_CDPIR3_002` (Erweiterung SLLLEG01) oder das BAdI `/SAPSLL/IFEX_SDOC_R3` implementieren. In einem SAP-S/4HANA-Vorsystem verwenden Sie stattdessen das BAdI `/SAPSLL/BADI_SD_PREF_IND_DET` für beide Belegkategorien (siehe SAP-Hinweis 2784666).

Präferenzkennzeichen im Vorsystem

Das Ergebnis des Preisvergleichs in SAP GTS können Sie belegbezogen an das Vorsystem rückübertragen lassen. Eine Überleitung der Vorsystembelege an SAP GTS ist dazu nicht erforderlich. Um in den Vorsystembelegen sichtbar zu machen, dass es sich bei den auszuführenden Materialien um Ursprungserzeugnisse handelt, nutzt SAP ERP das Feld **Berechtigt für Zollvergünstigung** (Kurzbezeichnung **Vergünst. vorh.**) und SAP S/4HANA das Feld **Zollpräferenz** in den Positionsdaten von Verkaufsbeleg und Faktura

(Feldnamen VBAP-PREFE und VBRP-PREFE). In der Präferenzabwicklung in der Teilkomponente SD-FT in SAP ERP setzt das System im Rahmen der Preisfindung in dieses Feld ein Kennzeichen, wenn der in der Präferenzkalkulation ermittelte Schwellenwert dem Nettopreis der Position entspricht oder diesen übersteigt. Findet die Präferenzkalkulation dagegen in SAP GTS statt, überträgt das Vorsystem per RFC den Nettopreis der Belegposition an SAP GTS. SAP GTS vergleicht diesen Preis mit dem Schwellenwert des Produkts gemäß Präferenzkalkulation (Sicht **Präferenz**, siehe Abbildung 5.44) und meldet den Präferenzstatus zurück. Das Vorsystem setzt also ein Kennzeichen im Feld **Vergünst. vorh.** der Verkaufsbeleg- oder Fakturaposition, wenn die Ursprungseigenschaft (z. B. wegen eines hundertprozentigen HS-Positionswechsels) grundsätzlich gegeben ist oder wenn der Nettopreis mindestens dem Schwellenwert entspricht. Wenn Sie die Präferenzkalkulation auch auf der Grundlage des EU-Japan-EPA durchführen, überträgt das Vorsystem ggf. zusätzlich den statistischen Wert des jeweiligen Produkts als Basis für den Preisvergleich in SAP GTS. In Abbildung 5.49 sehen Sie das Präferenzkennzeichen des Vorsystems in einem Ausschnitt aus den Positionsdaten einer Faktura.

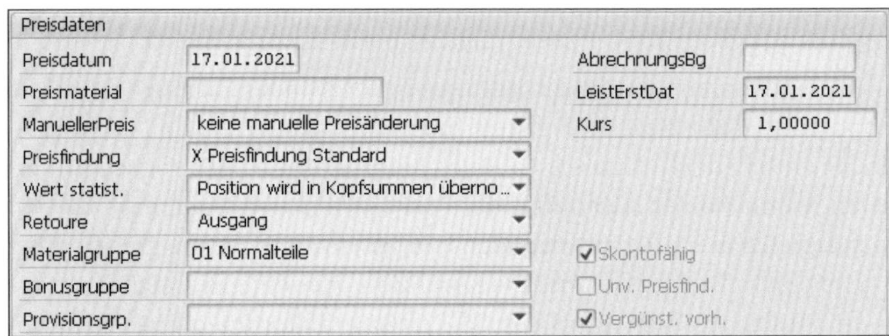

Abbildung 5.49 Positionsdetail einer Faktura mit Präferenzkennzeichen

Das Kennzeichen **Vergünst. vorh.** finden Sie in Fakturapositionen in der Sicht **Positionsdetail** im Bereich **Preisdaten**. In Verkaufsbelegpositionen ist das Kennzeichen in der Sicht **Verkauf A** im Bereich **Allgemeine Verkaufsdaten** untergebracht.

Voraussetzungen für die Rückübertragung

Wenn Sie die Rückübertragung des Präferenzstatus aus SAP GTS nutzen wollen, müssen Sie in Ihrem SAP-ERP-Vorsystem die SAP-Hinweise 379269 und 829932 implementieren. Eine die Performance schonende Alternative zu SAP-Hinweis 829932 bietet SAP-Hinweis 1733927. Für SAP-S/4HANA-Vorsysteme stellt SAP-Hinweis 2476880 den erforderlichen Programmcode bereit. Außerdem setzen Sie in der Steuerung der Überleitung aller relevanten Verkaufsbeleg- und Fakturaarten das Kennzeichen **Präferenzkennzeichen**

im Vorsystem setzen. Abbildung 5.50 zeigt diese Einstellung in der Überleitungssteuerung einer Verkaufsbelegart.

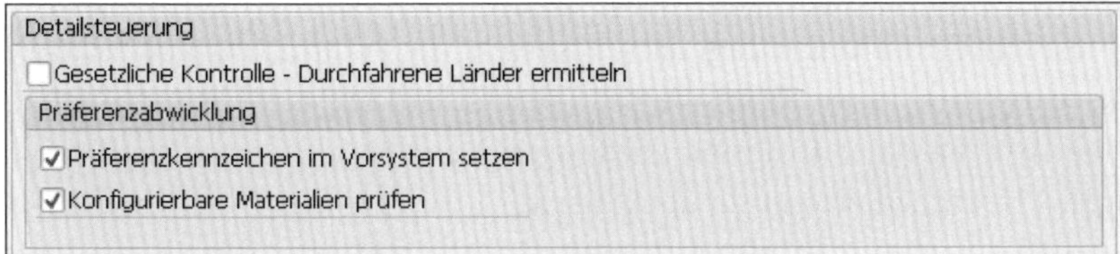

Abbildung 5.50 Detailsteuerung einer Verkaufsbelegart

In Abbildung 5.50 sehen Sie auch das Kennzeichen **Konfigurierbare Materialien prüfen**, das gesetzt sein muss, wenn das Vorsystem die Auftragsdaten konfigurierbarer Materialien im Arbeitsvorrat für die Stücklistenüberleitung ablegen soll (siehe Abbildung 5.45).

Information über aktive Präferenzabkommen

Die dritte Voraussetzung für die Rückübertragung des Präferenzstatus ist das »Abholen« der Information, welche Präferenzabkommen für welche Länderkombinationen in SAP GTS aktiv sind. Für diesen Schritt verwenden Sie im Vorsystem das Programm /SAPSLL/PREF_AGREEMNTS_SYNC_R3. Dieses Programm können Sie mit der Transaktion **Findung Präferenzabkommen aus SAP GTS replizieren** (Transaktionscode /SAPSLL/PREF_AGR_R3) auch im Dialog ausführen. Das Ergebnis der Replikation prüfen Sie in der Transaktion **Anzeige der Findung der Präferenzabkommen** (Transaktionscode /SAPSLL/ALRGDA_DSPR3). Beide Transaktionen finden Sie im Anwendungsmenü für den Datenaustausch mit SAP GTS in der Sicht **Stammdaten**. In Abbildung 5.51 sehen Sie einen Ausschnitt aus der Ergebnisdarstellung.

Anzeige der Findung der Präferenzabkommen

Abgangsland	Bestimmungsland	Gesetzl. Grundlag	Gültig ab	Gesetzliche Grundlage aktiv
DE	CH	ZPEK	01.01.1973	2
DE	IS	ZPEK	01.01.1994	2
DE	LI	ZPEK	01.01.1994	2
DE	NO	ZPEK	01.01.1994	2
DE	TR	ZPEK	31.12.1995	2

Abbildung 5.51 Übersicht über Präferenzabkommen im Vorsystem

In Abschnitt 5.1.2, »Abbildung von Präferenzregelungen«, haben wir die gesetzliche Grundlage ZPEK für Kombinationen der Ländergruppen EG und ZPANEUROPA aktiviert (siehe Abbildung 5.6). Diese Information überträgt SAP GTS an das Vorsystem. Im Vorsystem sind die beiden Ländergruppen aufgelöst. In der Übersicht der Präferenzabkommen finden Sie daher alle

Kombinationen von Abgangs- und Bestimmungsland, die in dieser Ländergruppenkonstellation möglich sind. Der Ausschnitt in Abbildung 5.51 zeigt beispielhaft fünf Einträge für das Abgangsland Deutschland. Auf der Grundlage dieser Informationen fragt das Vorsystem die Präferenzkalkulationsergebnisse in SAP GTS ab. Unnötige RFCs werden auf diese Weise vermieden. Für den Auftrag eines in China ansässigen Kunden z. B. ist diese Abfrage mangels Präferenzabkommen überflüssig.

Ursprungsnachweise

Das Präferenzkennzeichen in der Fakturaposition können Sie für die Ausgabe einer *Erklärung auf der Rechnung* nutzen. Diese Erklärung dient als nicht-förmlicher Nachweis der Ursprungseigenschaft eines Erzeugnisses. Ihr Wortlaut ist in den Ursprungsprotokollen der Präferenzabkommen vorgegeben. Erklärungen auf der Rechnung sind nur dann ein zulässiger Ursprungsnachweis, wenn der Wert der Ausfuhrsendung nicht mehr als 6.000,00 € beträgt oder wenn der Aussteller der Erklärung ein *ermächtigter Ausführer* im Sinn der Ursprungsprotokolle ist. Den Status eines ermächtigten Ausführers verleihen die nationalen Zollbehörden in einer Bewilligung. Ist keine der beiden Voraussetzungen für die Abgabe einer Erklärung auf der Rechnung erfüllt, ist in der Regel eine *Warenverkehrsbescheinigung EUR.1* bzw. – bei Pan-Euro-Med-Kumulierung – eine *Warenverkehrsbescheinigung EUR-MED* als förmlicher Ursprungsnachweis erforderlich. Eine Ausnahme bilden hier die Abkommen mit Japan, Kanada, Singapur und Südkorea. Die Ausstellung einer Warenverkehrsbescheinigung müssen Sie bei der zuständigen Zollstelle schriftlich beantragen. Die Formblätter für diesen Antrag und für die Bescheinigungen selbst sind in den Ursprungsprotokollen vorgegeben. Bei der Antragstellung müssen Sie auf Anforderung »jederzeit alle zweckdienlichen Unterlagen zum Nachweis der Ursprungseigenschaft der betreffenden Erzeugnisse sowie der Erfüllung der übrigen Voraussetzungen dieses Protokolls« vorlegen (hier zitiert aus Art. 16 Abs. 3 des Protokolls Nr. 4 zum Abkommen über den EWR). Dieselbe Auflage gilt für die Erklärung auf der Rechnung.

Registrierter Ausführer (REX)

Einige der jüngeren Abkommen der EU legen fest, dass Erklärungen auf der Rechnung als Ursprungsnachweis für Warenlieferungen, die den Wert von 6.000,00 € übersteigen, nur von *registrierten Ausführern* (REX) abgegeben werden dürfen. Um REX zu werden, muss der Ausführer beim zuständigen Hauptzollamt einen Antrag auf einem Formblatt gemäß Anhang 22-06A UZK-IA stellen. Die vom Hauptzollamt mitgeteilte Registriernummer muss auf allen nicht-förmlichen Ursprungsnachweisen angegeben werden.

Kalkulationsprotokolle als Unterlage

Die Protokolle der Präferenzkalkulation in SAP GTS, die Sie in Abbildung 5.41 und in Abbildung 5.43 sehen, fungieren als »zweckdienliche Unterlage« im Sinn der Präferenzabkommen. Mit der Transaktion **Kalkulationsprotokoll**

anzeigen können Sie die Protokolle bei Bedarf ausdrucken (Transaktionscode /SAPSLL/PRE_CAL_404 für die belegunabhängige Präferenzkalkulation, Transaktionscode /SAPSLL/PRE_CAL_412 für die belegbezogene Präferenzkalkulation). Sie finden diese Transaktionen im Bereichsmenü des Risk Managements (Schaltfläche **Präferenzabwicklung**, Schaltfläche **Präferenzbestimmung**, Bereich **Kalkulation auf Basis von Stücklisten**).

Druck der Warenverkehrsbescheinigung

PDF-basierte Formulare für die Warenverkehrsbescheinigungen EUR.1 und EUR-MED finden Sie in Ihrem SAP-GTS-System (Formularnamen /SAPSLL/PF_EU_EUR1 bzw. /SAPSLL/PF_EU_EUR_MED). Sie können diese Formulare auf der Grundlage der Zollanmeldung in SAP GTS drucken. Im Auslieferungs-Customizing stehen dafür die Nachrichten P0050 und P0190 zur Verfügung.

[«]

Warenverkehrsbescheinigung AT.R

Nicht alle Zollpräferenzen der EU beruhen auf dem präferenziellen Ursprung der Waren. Im Handel mit Drittländern, die eine *Zollunion* mit der EU bilden, muss stattdessen nachgewiesen werden, dass sich die Waren im freien Verkehr der EU oder dieser Drittländer befinden. Entscheidend für die Inanspruchnahme der Zollpräferenz ist also der zollrechtliche Status der Waren (siehe auch Abschnitt 2.1.1, »Ablauf einer Einfuhr in die EU«). Im Warenverkehr mit Andorra und San Marino dient die Versandanmeldung als Nachweis dieses zollrechtlichen Status. Für Waren, die von der Zollunion mit der Türkei erfasst sind, ist stattdessen die Ausstellung einer *Warenverkehrsbescheinigung A.TR* erforderlich. Auch für den Druck dieser Warenverkehrsbescheinigung finden Sie in Ihrem SAP-GTS-System ein PDF-basiertes Formular (Formularname /SAPSLL/PF_EU_ATR) und passende Nachrichten (P0030 und P0170).

Druck der Erklärung auf der Rechnung

Der Druck der Handelsrechnung auf der Grundlage der Faktura ist Teil der Nachrichtensteuerung des Vertriebs. Im Auslieferungs-Customizing des SAP-ERP- bzw. SAP-S/4HANA-Systems ist die Musternachrichtenart RD00 für die Ausgabe der Handelsrechnung vorgesehen. Die Standardformulare für den Rechnungsdruck enthalten jedoch noch keinen Textbaustein für die Erklärung auf der Rechnung. Als ermächtigter Ausführer bzw. REX oder wenn Sie in Ihren Ausfuhrsendungen regelmäßig die Wertgrenze von 6.000,00 € unterschreiten, müssen Sie das Formular für den Rechnungsdruck also anpassen. Um sicherzustellen, dass die Erklärung nur für Ursprungserzeugnisse abgegeben wird, können Sie die Ausgabe des Textbausteins beim Druck der Handelsrechnung vom Präferenzkennzeichen in der Fakturaposition abhängig machen. Die Standarddruckprogramme prüfen das Präferenzkennzeichen nicht, sodass auch hier eine kundenindividuelle Anpassung notwendig ist.

Leider ist das Ergebnis des Vergleichs von tatsächlichem Ab-Werk-bzw. FOB-Preis und kalkuliertem Schwellenwert nicht immer so erfreulich wie in Abbildung 5.48. Wie Sie den Wertanteil der Vormaterialien ohne Ursprungseigenschaft reduzieren können, erfahren Sie in Abschnitt 5.2.1, »Lieferantenseitige Lieferantenerklärungen«. Abschnitt 5.2.2, »Kundenseitige Lieferantenerklärungen«, behandelt die Vorgehensweise im umgekehrten Fall: In der EU ansässige Kunden bitten Ihr Unternehmen um die Ausstellung von Lieferantenerklärungen.

5.2 Verwaltung von Lieferantenerklärungen

In den Beispielen in Abschnitt 5.1.3 gehen alle fremdbeschafften Komponenten als Vormaterialien ohne Ursprungseigenschaft in die Präferenzkalkulation ein. In den Ergebnisprotokollen weist das Präferenzkennzeichen 20 mit dem Text **nicht gepflegt** darauf hin, dass der Ursprung der fremdbeschafften Komponenten bisher noch nicht geprüft wurde (siehe Abbildung 5.39 und Abbildung 5.40). Nach »Worst-Case«-Prinzip gelten in SAP GTS alle Komponenten mit ungeklärtem Status als Vormaterialien ohne präferenziellen Ursprung. In Abschnitt 5.2.1, »Lieferantenseitige Lieferantenerklärungen«, gehen wir der Herkunft einiger fremdbeschaffter Komponenten der Pumpe P-402 nach und erfassen die Ergebnisse dieser Recherche in SAP GTS. In Abschnitt 5.2.2, »Kundenseitige Lieferantenerklärungen«, geben wir auf der Grundlage unserer Präferenzkalkulation als Lieferant der Pumpe einem in Frankreich ansässigen Kunden Auskunft über ihren Ursprung.

5.2.1 Lieferantenseitige Lieferantenerklärungen

Funktion einer Lieferantenerklärung

Wenn Sie Komponenten von Lieferanten in der EU zukaufen, kann es sinnvoll sein, diese Lieferanten nach dem Ursprung der erworbenen Waren zu fragen. Handelt es sich bei einem Lieferanten zugleich um den Hersteller der Waren, ist es durchaus möglich, dass die Waren bei der Herstellung bereits die Ursprungseigenschaft erlangt haben. Diese Tatsache kann der Lieferant ggf. in einer *Lieferantenerklärung für Waren mit Präferenzursprungseigenschaft* bestätigen. Beziehen Sie die Komponenten nicht auch noch von Lieferanten, die Ihnen keine Lieferantenerklärungen ausstellen können oder wollen, gehen diese Komponenten als Vormaterialien mit präferenziellem Ursprung in der EU oder im EWR in die Präferenzkalkulation ein.

Vorschriften

Ausfertigung und Verwendung von Lieferantenerklärungen sind in Art. 61 bis 63 UZK-IA geregelt. Diese Verordnung gibt in ihren Anhängen 22-15 bis 22-18 auch den Wortlaut dieser Erklärungen vor. Sofern der Lieferant selbst Hersteller der Waren ist, muss er prüfen, ob es sich bei diesen Waren um Ursprungserzeugnisse der EU im Sinn des jeweiligen Präferenzabkommens handelt. Ist der Lieferant nur Zwischenhändler, prüft er stattdessen, ob ihm eine Lieferantenerklärung des Herstellers oder des Zulieferers vorliegt.

Lieferantenerklärungen als Nachweismittel

Lieferantenerklärungen fungieren in der Präferenzabwicklung als Nachweismittel. Wenn Sie also zugekaufte Komponenten als Vormaterialien mit Ursprungseigenschaft in die Präferenzkalkulation für Ihre eigenen Erzeugnisse einbringen, dienen Ihnen die Lieferantenerklärungen als Nachweis für die Richtigkeit dieser Statuszuschreibung. Wenn Sie zugekaufte Ware unverändert weiterverkaufen, z. B. als Ersatzteil, ist die Lieferantenerklärung des Zulieferers stattdessen die Grundlage für die Ausstellung einer Lieferantenerklärung, die der Empfänger der Ware von Ihnen verlangt.

Langzeit-Lieferantenerklärung

Grundsätzlich bezieht sich eine Lieferantenerklärung auf genau eine Warensendung. Art. 62 UZK-IA erlaubt jedoch die Ausstellung sogenannter *Langzeitl-Lieferantenerklärungen*, wenn der Lieferant »einem anderen Wirtschaftsbeteiligten regelmäßig Warensendungen« liefert und »die Ursprungseigenschaft all dieser Waren voraussichtlich gleich« ist. Eine Langzeit-Lieferantenerklärung bezieht sich also auch auf zukünftige Warensendungen an denselben Käufer. Sie gilt höchstens zwei Jahre ab dem Beginn der Geltungsdauer (*Anfangsdatum*) und kann auch rückwirkend ausgestellt werden, wobei das Anfangsdatum »nicht mehr als zwölf Monate vor und nicht mehr als sechs Monate nach dem Ausfertigungsdatum liegen darf« (Art. 62 Abs. 2 Buchstabe b UZK-IA). Ändert sich die Eigenschaft einer Ware innerhalb der Geltungsdauer der Lieferantenerklärung, muss der Lieferant den Käufer unverzüglich über diese Änderung informieren (Art. 62 Abs. 3 UZK-IA). In SAP GTS verwalten Sie ausschließlich Langzeit-Lieferantenerklärungen.

[«]

Lieferantenerklärungen für Waren ohne Ursprungseigenschaft

Art. 63 UZK-IA ermöglicht auch die Abgabe von Lieferantenerklärungen und Langzeit-Lieferantenerklärungen für Waren *ohne Präferenzursprungseigenschaft* (Wortlaut in den Anhängen 22-17 und 22-18). In solchen Erklärungen hält der Lieferant fest, welche Vormaterialien ohne Ursprung er bei der Herstellung der gelieferten Waren noch nicht ausreichend be- oder verarbeitet hat (Angabe der HS-Position und des Werts). Bei der weiteren Be- oder Verarbeitung der gelieferten Waren im Unternehmen des Käufers kann die bereits erfolgte Be- oder Verarbeitung dieser Vormaterialien angerechnet werden. Die gelieferten Waren erlangen also ggf. in der zweiten Be- oder Verarbeitungsphase die Ursprungseigenschaft. Da diese Form der Lieferantenerklärung in SAP GTS keine Rolle spielt, wird in diesem Buch nicht weiter auf sie eingegangen.

SAP GTS begleitet den »Lebensweg« einer Lieferantenerklärung von der Anforderung bis zur Ablage. In diesem Abschnitt vollziehen wir die einzelnen Schritte dieses Wegs anhand von Prozessbeispielen nach. Empfehlenswert ist in diesem Zusammenhang auch die Lektüre des SAP-Hinweises 1353683 (»FAQ zu lieferantenseitigen Langzeitlieferantenerklärungen«).

Ablauf in SAP GTS

Am Anfang steht in der Regel die schriftliche *Anforderung* von Lieferantenerklärungen. Reagiert ein Lieferant nicht innerhalb einer frei definierbaren Frist, können Sie die Abgabe einer Lieferantenerklärung mit Systemunterstützung anmahnen. Diesen *Mahnlauf* können Sie bei Bedarf in regelmäßigen Intervallen mit unterschiedlichen Anschreiben wiederholen. Sind die angeforderten Lieferantenerklärungen eingetroffen, erfassen Sie die Aussagen der Lieferanten auf der Ebene der gesetzlichen Grundlagen, die Sie zur Abbildung von Präferenzabkommen definiert haben. Am Ende des Prozesses steht immer die *Verdichtung* der Lieferantenaussagen auf Produktebene. Beziehen Sie ein Produkt von verschiedenen Lieferanten, bewirkt die negative Auskunft eines dieser Lieferanten, das Fehlen einer Aussage oder eine Bezugsquelle außerhalb der EU nach Worst-Case-Prinzip einen negativen Präferenzstatus für das Produkt. Das Produkt gilt also bezogen auf das jeweilige Präferenzabkommen oder die Präferenzzone als Nichtursprungserzeugnis.

[»]

Worst-Case-Prinzip bei der Verdichtung

Wenn Sie ein Material von mehreren Lieferanten beziehen, stehen Sie immer wieder vor dem Problem, dass entweder nicht alle Lieferanten das Material aus der EU liefern oder nicht alle EU-Lieferanten einhellig die Ursprungseigenschaft des Materials bestätigen. Eine Teilmenge des Bestands ist also präferenziellen Ursprungs, die andere Teilmenge nicht. Um im Vorsystem erkennen zu können, welche der beiden Teilmengen jeweils im Herstellprozess verwendet wurde, müsste das Material chargenpflichtig und mit einem Merkmal »Ursprungseigenschaft« klassifiziert sein. Diese Information wäre bei der Ermittlung der Ursprungseigenschaft des Endprodukts und bei der Ausfertigung von Ursprungsnachweisen jedoch nur nutzbar, wenn das Endprodukt ebenfalls chargenpflichtig wäre. In Gestalt des Add-ons SAP GTS IBPP steht SAP-GTS-Kunden zwar eine entsprechende Lösung zur Verfügung. Der Zusatzaufwand ist jedoch erheblich. Oft ist es sinnvoller, die Bezugsquellen der betroffenen Komponenten einer kritischen Prüfung zu unterziehen. In einer Gesamtbetrachtung, wie sie die Präferenzabwicklung in SAP GTS ermöglicht, erweist sich eine ausschließlich am Preis orientierte Bezugsquellenwahl nicht selten im Ergebnis als Wettbewerbsnachteil.

Lieferantenerklärungen anfordern

Für die Anforderung von Lieferantenerklärungen stehen Ihnen in der Präferenzabwicklung in SAP GTS drei Möglichkeiten zur Verfügung:

- Anforderung auf der Grundlage eines aus dem Vorsystem gefüllten Arbeitsvorrats
- belegunabhängige Anforderung
- Anforderung im Jahreslauf

Arbeitsvorrat: Datengrundlage

Die Anforderung auf der Grundlage von Einträgen eines *Arbeitsvorrats* bietet sich insbesondere an, wenn Sie bisher noch keine Lieferantenerklärungen in SAP GTS erfasst haben. Das Vorsystem füllt den Arbeitsvorrat mit Daten aus Bestellungen und Materialbelegen zu Wareneingangsbuchungen. Diese Datenüberleitung aktivieren Sie in der Steuerung der Belegüberleitung auf der Applikationsebene MMOA für alle relevanten Einkaufsbelegarten und auf der Applikationsebene MMOC für die Bewegungsart 101 (oder eine selbst definierte Bewegungsart für Wareneingänge zu Bestellungen). Setzen Sie in der Überleitungssteuerung der Belegart oder der Bewegungsart jeweils das Kennzeichen **Arbeitsvorrat für lieferantenseitige Langzeitlieferantenerklärungen erzeugen**. Es ist Ihnen freigestellt, der Anforderung von Lieferantenerklärungen ausschließlich Einkaufsbelege zugrunde zu legen. Bedenken Sie dabei jedoch, dass erst die Wareneingangsbuchung zuverlässig darüber Auskunft gibt, ob Sie die bestellten Waren tatsächlich erhalten haben.

Arbeitsvorrat prüfen

Den Inhalt des Arbeitsvorrats prüfen Sie in der Transaktion **Arbeitsvorrat lieferantenseitige Lieferantenerklärung anzeigen** (Transaktionscode /SAPSLL/PRE_WLI_001). Sie finden diese Transaktion im Bereichsmenü des Risk Managements (Schaltfläche **Präferenzabwicklung**, Sicht **Lieferanten**, Bereich **Arbeitsvorrat**). Abbildung 5.52 zeigt das Einstiegsbild der Transaktion.

Datenselektion

Einträge im Arbeitsvorrat können Sie außer nach Lieferanten- und Produktnummern auch nach der *Referenzapplikation* selektieren. Wenn Sie nur Einkaufsbelegdaten im Arbeitsvorrat sehen wollen, wählen Sie die Applikationsebene MMOA. Wenn Sie stattdessen nur auf Daten aus Materialbelegen zu Wareneingangsbuchungen zugreifen möchten, wählen Sie die Applikationsebene MMOC.

Wenn das Feld **Referenzapplikation** leer bleibt, selektiert das System Einträge beider Applikationsebenen. Als Selektionsdatum im Feld **Selektionsdatum ab** schlägt SAP GTS immer den 1. Januar des laufenden Jahres vor. Wenn Sie auch Belegdaten aus den Vorjahren bei der Anforderung von Lieferantenerklärungen berücksichtigen wollen, verschieben Sie das Datum entsprechend in die Vergangenheit.

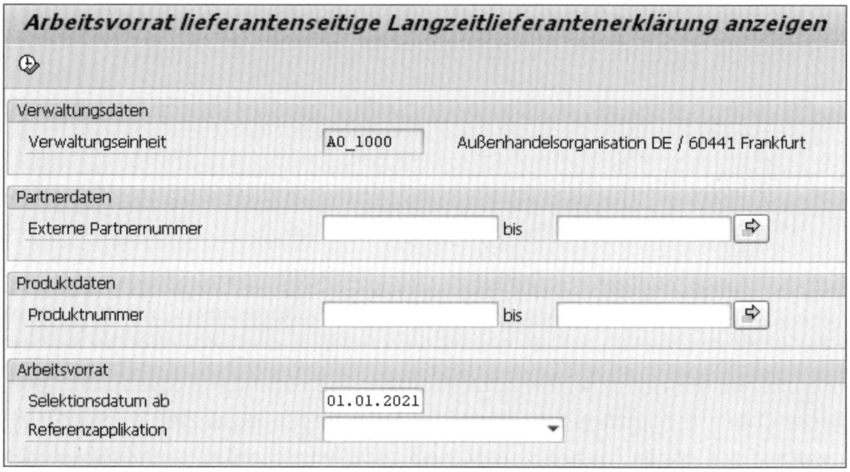

Arbeitsvorrat lieferantenseitige Langzeitlieferantenerklärung anzeigen

Verwaltungsdaten
Verwaltungseinheit AO_1000 Außenhandelsorganisation DE / 60441 Frankfurt

Partnerdaten
Externe Partnernummer bis

Produktdaten
Produktnummer bis

Arbeitsvorrat
Selektionsdatum ab 01.01.2021
Referenzapplikation

Abbildung 5.52 Arbeitsvorrat Lieferantenerklärung – Einstiegsbild

Verwaltungseinheit Lieferantenerklärung

In Abbildung 5.52 begegnet Ihnen außerdem eine weitere SAP-GTS-spezifische Geschäftspartnerrolle: die *Verwaltungseinheit Lieferantenerklärung* (SLLMGR). Oft reicht es aus, einem Geschäftspartner in der Rolle der Außenhandelsorganisation zusätzlich die Partnerrolle SLLMGR zuzuordnen. Soll die Beschaffung und/oder Ausstellung von Lieferantenerklärungen im Unternehmen jedoch von einer zentralen Abteilung abgewickelt werden, ist die Anlage eines neuen Geschäftspartners in der Rolle der Verwaltungseinheit zur Abbildung dieser Abteilung erforderlich. In Abbildung 5.52 ist die Außenhandelsorganisation AO_1000 zugleich auch die Verwaltungseinheit Lieferantenerklärung des Unternehmens (Feld **Verwaltungseinheit**).

Anforderungsrelevanz Lieferant

Lieferantenerklärungen können Ihnen Ihre Lieferanten nur über Warensendungen innerhalb der EU ausstellen. Sie werden daher in der Regel nur Ihre in der EU ansässigen Lieferanten um die Abgabe einer Lieferantenerklärung bitten. Um sicherzustellen, dass SAP GTS nur Bestellungen bzw. Wareneingänge dieser Lieferanten in den Arbeitsvorrat für die Anforderung von Lieferantenerklärungen aufnimmt, legen Sie im Vorfeld die *Anforderungsrelevanz* aller Lieferanten fest. Für diese Vorarbeiten stehen Ihnen im Bereichsmenü des Risk Managements zwei Transaktionen zur Verfügung. Abbildung 5.53 zeigt Beispiele für die Datenpflege in der Transaktion **Liefe-**

ranten der Verwaltungseinheit zuordnen (Transaktionscode /SAPSLL/PARMA_MA_CPS).

Lieferanten der Verwaltungseinheit zuordnen

Außenhandelsorg: Verwaltungseinheit A0_1000 Außenhandelsorganisation DE

Verwaltungseinheit	Lieferant	Lieferantenname	Relevanz für Lieferantenerklärung	Relevanz Partner für LLE
A0_1000	175	Immo Grundbesitz und Vermietung GmbH		X
A0_1000	1173	C.E.B. Berlin		
A0_1000	1174	Générale Electronique SA		
A0_1000	3453	Productos Argentinos Imp. S.A		A
A0_1000	3670	Shinozaki Tsutomo		A
A0_1000	3671	Detroit Supplier Inc.		A
A0_1000	3672	Werner Garten- und Landschaftsbau GmbH		X

Abbildung 5.53 Anforderungsrelevanz auf Lieferantenebene

Bedeutung der Ampelsymbole

In Abbildung 5.53 sehen Sie Einträge für sieben Kreditoren in der SAP-GTS-spezifischen Geschäftspartnerrolle *Lieferant* (SLLCPS). Am Symbol erkennen Sie, dass nur der deutsche und der französische Lieferant (1173 und 1174) für die Anforderung von Lieferantenerklärungen relevant sind. Komponenten für die Fertigung werden jedoch regelmäßig auch von den Lieferanten 3453, 3670 und 3671 aus Argentinien, Japan und den USA bezogen. Die drei Lieferanten können zu ihren Warensendungen grundsätzlich keine Lieferantenerklärungen ausstellen. Die Sendungen dieser Lieferanten müssen bei der Verdichtung aller Lieferantenaussagen aber sehr wohl berücksichtigt werden. Das Symbol weist darauf hin, dass die drei Lieferanten zwar nicht relevant für die Anforderung von Lieferantenerklärungen sind, ihre Warensendungen jedoch in den Verdichtungslauf auf Produktebene eingehen (Kennzeichen **A Nicht anforderungs-, aber verdichtungsrelevant** in der Spalte **Relevanz Partner für LLE**). Die Immo Grundbesitz und Vermietung GmbH (174) – eine Hausverwaltung – und die Werner Garten- und Landschaftsbau GmbH (3672) sind dagegen weder anforderungs- noch verdichtungsrelevant, auch wenn sie gelegentlich Verbrauchsmaterialien wie Glühbirnen oder Blumendünger liefern (Symbol). Ihre Stammdaten wurden bei der initialen Überleitung des Kreditorenstamms aus dem Vorsystem in erster Linie für die Zwecke der Sanktionslistenprüfung in SAP GTS repliziert. Für die Präferenzabwicklung haben sie jedoch keine Bedeutung.

Massenpflege

Diese Datenpflege können Sie sich in der Transaktion **Lieferanten der Verwaltungseinheit länderabhängig zuordnen** erheblich erleichtern (Transaktionscode /SAPSLL/PARMA_MASS). Sie finden auch diese Transaktion im Bereichsmenü des Risk Managements (Schaltfläche **Präferenzabwicklung –**

Stammdaten, Bereich **Einstellungen LLE-Kommunikation**). Abbildung 5.54 zeigt das Einstiegsbild der Transaktion.

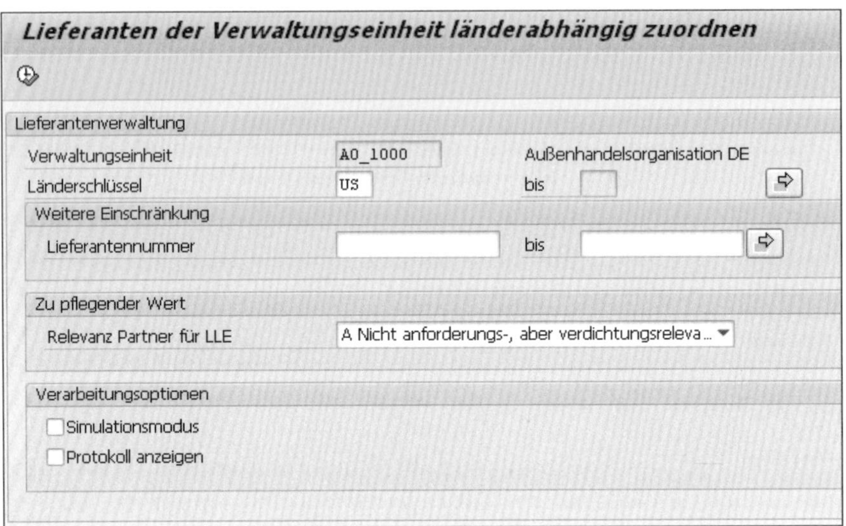

Abbildung 5.54 Länderabhängige Festlegung der Anforderungsrelevanz

Die Transaktion ist für die Massenpflege der Anforderungsrelevanz im Hintergrund gedacht. Wenn Sie das Ergebnis nach dem Programmlauf im Überblick sehen möchten, setzen Sie das Kennzeichen **Protokoll anzeigen**. Vor dem Ausführen des Programms ergänzen Sie über die Mehrfachselektion im Feld **Länderschlüssel** die ISO-Codes aller Drittländer, aus denen Ihr Unternehmen beliefert wird. Wählen Sie anschließend im Feld **Relevanz Partner für LLE** das Kennzeichen **A Nicht anforderungs-, aber verdichtungsrelevant**.

Anpassung des Systemvorschlags

Möglicherweise ist die Mehrheit Ihrer Kreditoren, die in SAP GTS als Geschäftspartner repliziert wurden, weder relevant für die Anforderung von Lieferantenerklärungen noch für die Verdichtung von Lieferantenaussagen. In diesem Fall ist es sinnvoll, die Steuerung der Datenpflege in den beiden Transaktionen im Customizing der Präferenzabwicklung anzupassen. Wählen Sie dazu im Einführungsleitfaden den Menüpfad **Global Trade Services • Risk Management • Präferenzabwicklung • Lieferantenerklärungen • Steuerung für Langzeitlieferantenerklärungen und Verwaltungseinheit** und anschließend den Eintrag für die zu bearbeitende Verwaltungseinheit. Abbildung 5.55 zeigt das Beispiel der Verwaltungseinheit AO_1000.

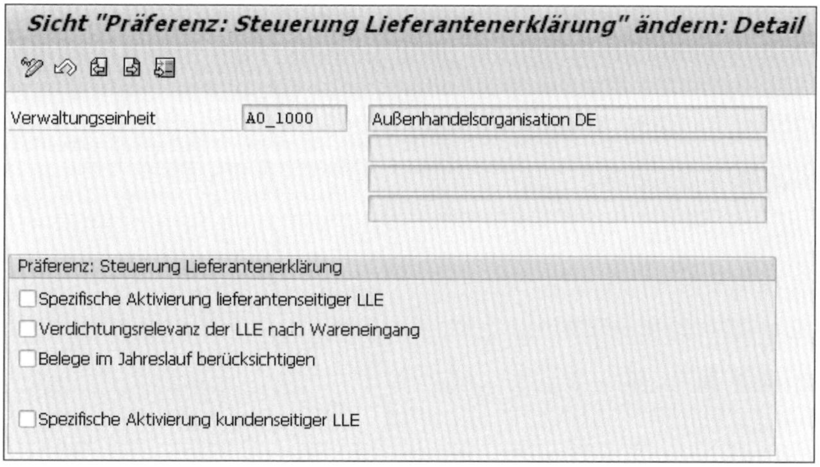

Sicht "Präferenz: Steuerung Lieferantenerklärung" ändern: Detail

Verwaltungseinheit	A0_1000	Außenhandelsorganisation DE

Präferenz: Steuerung Lieferantenerklärung

- ☐ Spezifische Aktivierung lieferantenseitiger LLE
- ☐ Verdichtungsrelevanz der LLE nach Wareneingang
- ☐ Belege im Jahreslauf berücksichtigen
- ☐ Spezifische Aktivierung kundenseitiger LLE

Abbildung 5.55 Anforderungsrelevanz – Steuerung des Systemvorschlags

Ist das Kennzeichen **Spezifische Aktivierung lieferantenseitiger LLE** nicht gesetzt, gelten alle Lieferanten als relevant für die Anforderung von Lieferantenerklärungen. Durch Kennzeichnung in der Spalte **Relevanz Partner für LLE** verändern Sie diesen Status wie in unserem Beispiel in Abbildung 5.53. Setzen Sie dagegen das Kennzeichen **Spezifische Aktivierung lieferantenseitiger LLE**, ist zunächst kein Lieferant relevant für die Anforderung von Lieferantenerklärungen. Änderungen dieses Status führen Sie wieder durch entsprechende Kennzeichnung in der Spalte **Relevanz Partner für LLE** herbei.

Verdichtungsrelevanz

Mit dem Kennzeichen **Verdichtungsrelevanz der LLE nach Wareneingang** beschränken Sie die Verdichtung von Lieferantenaussagen auf Lieferanten, von denen Sie das Produkt tatsächlich erhalten. Haben Sie also auf der Grundlage einer Bestellung eine Lieferantenerklärung angefordert, erhalten und in SAP GTS erfasst, berücksichtigt SAP GTS diese Lieferantenerklärung bei der Verdichtung erst, wenn im Vorsystem der Wareneingang zur Bestellung gebucht und die Materialbelegdaten an SAP GTS übergeleitet wurden.

Anforderungsrelevanz Produkt

Die Möglichkeit, eine Lieferantenerklärung anzufordern, hängt in SAP GTS jedoch nicht nur vom Lieferanten, sondern auch vom Produkt ab. Um Lieferantenerklärungen anfordern zu können, müssen Sie zunächst die Beschaffungsart der Materialien aus dem Vorsystem überleiten (siehe Abbildung 5.30). SAP GTS legt die Beschaffungsart in der Sicht **Beschaffung** des Produktstammsatzes je nach Präferenzmodell werks- oder werksgruppenabhängig ab. Sie können in SAP GTS nur für fremdbeschaffte oder mischbezogene Produkte Lieferantenerklärungen anfordern. In Verbindung mit der

Beschaffungsart überträgt das Vorsystem außerdem die Information, ob das Material Vertriebssichten hat. In Abbildung 5.56 sehen Sie das Beispiel des Stützfußes 100-600, der als fremdbeschaffte Komponente in die Pumpe P-402 eingeht (siehe Abbildung 5.37).

Produkte bearbeiten

Produkt 100-600 Stützfuß

Grunddaten | Partnerspezifische Daten | Tarifierung | Präferenz | Preise und Werte | Beschaffung

Werk	Beschaffungskennzeichen	Vertriebsfähig	Präferenzmodell
1000	Fremdbezug	nicht vertriebsfähig	Werksbezogenes Präferenzmodell

Abbildung 5.56 Sicht »Beschaffung« eines Produktstammsatzes

Die aus dem Vorsystem übermittelte Beschaffungsart legt SAP GTS in der Spalte **Beschaffungskennzeichen** ab. Der Stützfuß ist ein Material der Materialart Rohstoff. Sein Materialstammsatz enthält daher keine Vertriebssichten (Text **nicht vertriebsfähig** in der Spalte **Vertriebsfähig**).

Analyse der Anforderungsrelevanz

Nicht jedes fremdbeschaffte oder mischbezogene Produkt ist tatsächlich relevant für die Anforderung von Lieferantenerklärungen. So gibt es z. B. Zukaufteile, die weder Komponenten der Fertigung sind noch weiterverkauft werden. Andere Produkte haben einen so geringen Wert, dass eine Lieferantenerklärung das Ergebnis der Präferenzkalkulation nicht wesentlich verändern würde. Solche Produkte können Sie vor dem Anfordern von Lieferantenerklärungen von SAP GTS aussortieren lassen. Wenn Sie die Transaktion **Anforderungsrelevanz LLE von Produkten analysieren** ausführen, ermittelt SAP GTS die Produkte, für die sich die Anforderung einer Lieferantenerklärung lohnt. Sie finden die Transaktion (Transaktionscode /SAPSLL/PRVDREL) im Bereichsmenü des Risk Managements (Schaltfläche **Präferenzabwicklung – Stammdaten**, Bereich **Produkte**). Abbildung 5.57 zeigt das Ergebnis der Analyse für den Stützfuß 100-600.

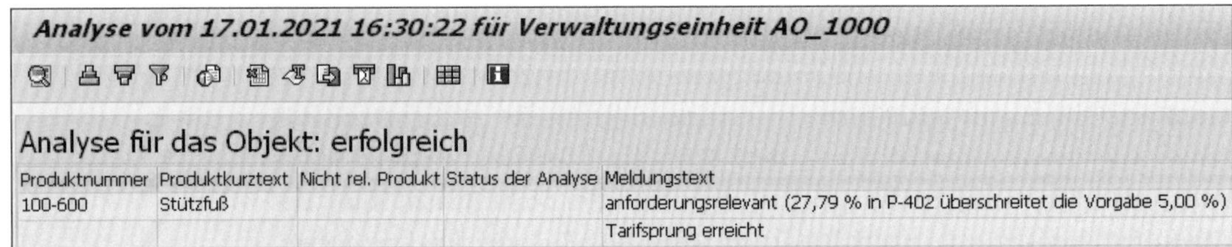

Analyse vom 17.01.2021 16:30:22 für Verwaltungseinheit AO_1000

Analyse für das Objekt: erfolgreich

Produktnummer	Produktkurztext	Nicht rel. Produkt	Status der Analyse	Meldungstext
100-600	Stützfuß			anforderungsrelevant (27,79 % in P-402 überschreitet die Vorgabe 5,00 %)
				Tarifsprung erreicht

Abbildung 5.57 Analyse der Anforderungsrelevanz eines Produkts

Analyseergebnis

Im Einstiegsbild der Transaktion wurde ein Mindestanteil von 5 % am Gesamtwert der Vormaterialien ohne Ursprungseigenschaft vorgegeben. Im Meldungstext in Abbildung 5.57 lesen Sie, dass der Stützfuß einen Anteil von 27,79 % am Gesamtwert der ursprungslosen Vormaterialien der Pumpe P-402 hat und damit den vorgegebenen prozentualen Mindestwert überschreitet. Da es sich bei dem Stützfuß um einen nicht vertriebsfähigen Rohstoff handelt (siehe Abbildung 5.56), prüft SAP GTS, ob das Produkt Komponente einer Stückliste ist. Nicht vertriebsfähige Produkte, die nicht Bestandteil mindestens einer Stückliste sind, kennzeichnet SAP GTS als nicht anforderungsrelevant. Vertriebsfähige Produkte sind dagegen prinzipiell relevant für die Anforderung von Lieferantenerklärungen. Durch die Vorgabe von Mindestwerten können Sie jedoch die geringwertigen Produkte herausfiltern.

Prüfung des Positionswechsels

Für die HS-Position der Pumpe P-402 gilt eine Ursprungsregel, die u. a. einen hundertprozentigen Positionswechsel vorschreibt (siehe Abschnitt 5.1.2, »Abbildung von Präferenzregelungen«). Sie sehen in der Analyse der Anforderungsrelevanz in Abbildung 5.57, dass diese Vorgabe für den Stützfuß erfüllt ist (Meldungstext **Tarifsprung erreicht**). Ist der Positionswechsel die einzige Voraussetzung für den Erwerb der Ursprungseigenschaft, erübrigt sich die Anforderung von Lieferantenerklärungen für die nicht vertriebsfähigen Komponenten solcher Produkte. SAP GTS kennzeichnet diese Komponenten daher als nicht anforderungsrelevant. Diese Kennzeichnung finden Sie im Produktstammsatz in der Sicht **LLE-Anforderungsrelevanz** wieder. Abbildung 5.58 zeigt diese Sicht im Stammsatz des Stützfußes nach der Analyse der Anforderungsrelevanz.

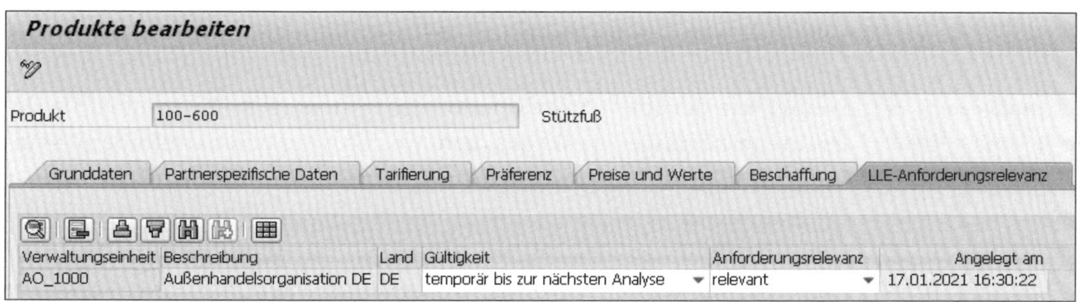

Abbildung 5.58 Sicht »LLE-Anforderungsrelevanz«

Das Ergebnis der Analyse legt SAP GTS in der Spalte **Anforderungsrelevanz** ab. Der aktuelle Status **relevant** gilt bis zur nächsten Analyse (Text in der Spalte **Gültigkeit**). Sie können den Status und die Gültigkeit jedoch manuell ändern. Über das Symbol [Symbol] können Sie das Analyseergebnis löschen und über das Symbol die Anforderungsrelevanz eines fremdbeschafften oder mischbezogenen Produkts manuell bestimmen, wenn noch kein Analyseergebnis vorliegt.

Einträge im Arbeitsvorrat

Werfen wir nach diesen Vorarbeiten einen Blick in den Arbeitsvorrat für die Anforderung von Lieferantenerklärungen. Abbildung 5.59 zeigt einige Einträge für die Komponenten 100-600 und 100-700. Im laufenden Jahr wurden die Komponenten 100-600 und 100-700 u. a. bei der C.E.B. Berlin in Deutschland und der Générale Electronique SA in Frankreich eingekauft. Beide Lieferanten sind als relevant für die Anforderung von Lieferantenerklärungen gekennzeichnet (Text **Lieferant relevant** in der Spalte **Relevanz Lieferant LLE**). Die Komponente 100-700 wurde auch noch von der Detroit Supplier Inc. aus den USA bezogen. Dieser Lieferant kann zwar keine Lieferantenerklärung abgeben; der Einkauf ist jedoch relevant für die Verdichtung aller Lieferantenaussagen zum Präferenzstatus des Produkts (Text **Ausschließlich verdichtungsrelevant** in der Spalte **Relevanz Lieferant LLE**).

Arbeitsvorrat lieferantenseitige Langzeitlieferantenerklärung anzeigen

Verwaltungseinheit AO_1000 / Zeitraum ab 01.01.2021

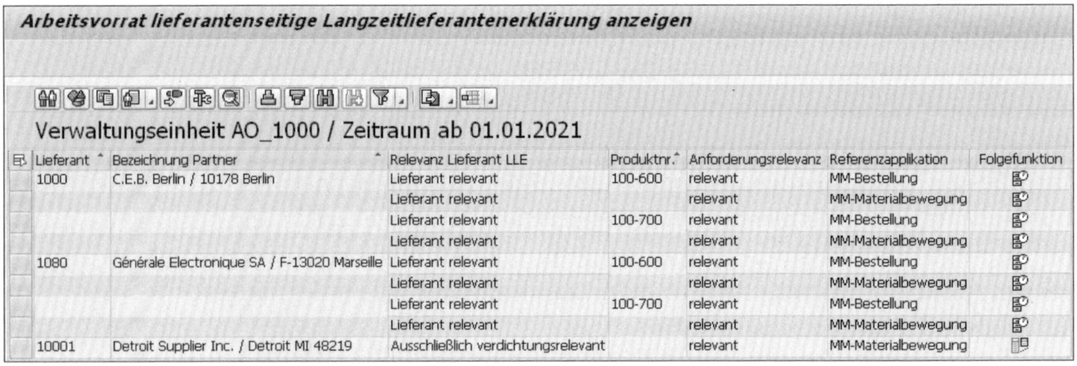

Lieferant	Bezeichnung Partner	Relevanz Lieferant LLE	Produktnr.	Anforderungsrelevanz	Referenzapplikation	Folgefunktion
1000	C.E.B. Berlin / 10178 Berlin	Lieferant relevant	100-600	relevant	MM-Bestellung	
		Lieferant relevant		relevant	MM-Materialbewegung	
		Lieferant relevant	100-700	relevant	MM-Bestellung	
		Lieferant relevant		relevant	MM-Materialbewegung	
1080	Générale Electronique SA / F-13020 Marseille	Lieferant relevant	100-600	relevant	MM-Bestellung	
		Lieferant relevant		relevant	MM-Materialbewegung	
		Lieferant relevant	100-700	relevant	MM-Bestellung	
		Lieferant relevant		relevant	MM-Materialbewegung	
10001	Detroit Supplier Inc. / Detroit MI 48219	Ausschließlich verdichtungsrelevant		relevant	MM-Materialbewegung	

Abbildung 5.59 Einträge im Arbeitsvorrat

Anforderung im Dialog

Wenn Sie in der Spalte **Folgefunktion** das Symbol sehen, können Sie Lieferantenerklärungen direkt aus dem Arbeitsvorrat heraus anfordern (Symbol anklicken). Für die Anforderung steht Ihnen jedoch auch ein eigenes Programm zur Verfügung (/SAPSLL/PRE_VDI_REQUEST). Mit der Transaktion **Langzeitlieferantenerklärungen anfordern** (Transaktionscode /SAPSLL/PRE_VDI_101) können Sie dieses Programm im Dialog ausführen. Sie finden diese Transaktion ebenso wie die Transaktionen zum Mahnen, Erfassen und Verlängern von Lieferantenerklärungen im Bereichsmenü des Risk Managements (Schaltfläche **Präferenzabwicklung**, Sicht **Lieferanten**). In Abbildung 5.60 sehen Sie einen Ausschnitt aus dem Einstiegsbild der Transaktion **Langzeitlieferantenerklärungen anfordern**.

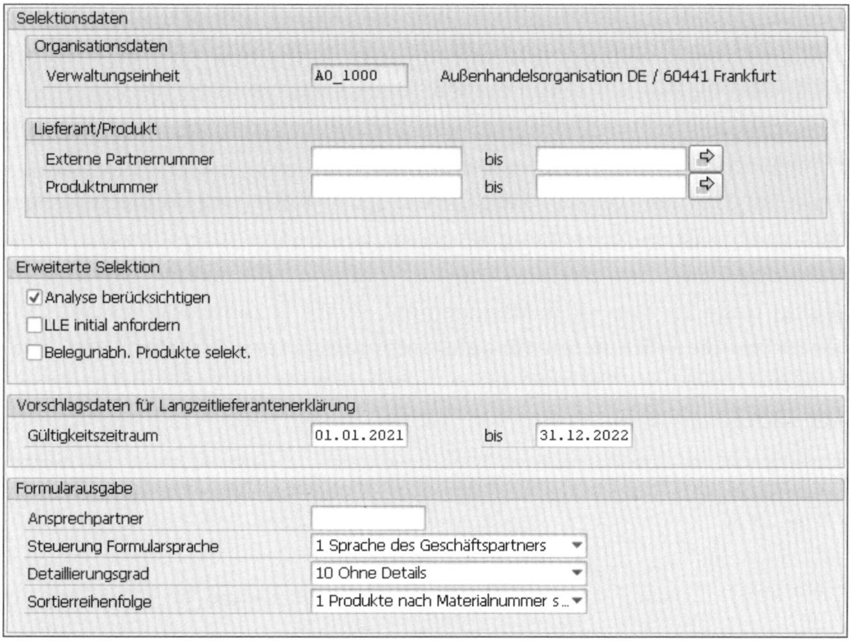

Abbildung 5.60 Anforderung – Datenselektion und Formularausgabe

Steuerung der Formularausgabe

Als Gültigkeitszeitraum geben Sie Anfangs- und Ablaufdatum der anzufordernden Lieferantenerklärung vor. Im Bereich **Formularausgabe** können Sie im Feld **Steuerung Formularsprache** zwischen der Sprache des Geschäftspartners, der Sprache der Verwaltungseinheit oder der Anmeldesprache des Benutzers wählen. Im Feld **Detaillierungsgrad** beeinflussen Sie die Aufbereitung der Produktliste, die SAP GTS im Anhang an den Wortlaut der Lieferantenerklärung ausgibt. Wenn Sie (wie in Abbildung 5.60) das Kennzeichen **10 Ohne Details** auswählen, enthält die Liste nur Produktnummern und -bezeichnungen sowie statistische Warennummern. Zusätzlich können Sie die Partnerstaaten aller in SAP GTS abgebildeten Präferenzabkommen auf Länder- oder Abkommensebene ausgeben lassen (**20 Länderebene** bzw. **30 Präferenzzonenebene**). Die Sortierung der Produkte in der Liste kann nach der Produktnummer in SAP GTS oder nach der Produktnummer des Lieferanten erfolgen (Feld **Sortierreihenfolge**).

Produktbezeichnung des Lieferanten übernehmen

Wenn Sie die Produktnummern Ihrer Lieferanten bei der Anforderung von Lieferantenerklärungen verwenden wollen, müssen Sie diese Nummern im Vorsystem im jeweiligen Einkaufsinfosatz ablegen (Sicht **Allgemeine Daten**, Feld **Lief.Material**) und anschließend an SAP GTS überleiten. Für die Überleitung verwenden Sie das Programm `/SAPSLL/API_6850_PRPAR_PUT`, das Sie mit der Transaktion **Materialbezeichnung aus Lieferantensicht initial an SAP GTS überleiten** auch im Dialog ausführen können (Transaktionscode

/SAPSLL/PRPARV_DIRR3). Die Transaktion finden Sie im Anwendungsmenü für den Datenaustausch mit SAP GTS in der Sicht **Initialüberleitung Stammdaten** im Bereich **Risk Management**. Die Produktnummern der Lieferanten legt SAP GTS im Produktstamm in der Sicht **Partnerspezifische Daten** ab.

Formularzuordnung

Grundlage für die Formularausgabe bei der Anforderung von Lieferantenerklärungen ist die Zuordnung der Formulare und sonstiger Texte zur Verwaltungseinheit im Customizing der Präferenzabwicklung (Menüpfad: **Global Trade Services • Risk Management • Präferenzabwicklung • Lieferantenerklärungen • Steuerung für lieferantenseitige Langzeitlieferantenerklärungen**). Abbildung 5.61 zeigt diese Zuordnung für die Verwaltungseinheit AO_1000.

Abbildung 5.61 Formularzuordnung im Customizing

Für die Ausgabe des Lieferantenerklärungswortlauts mit Produktliste können Sie zwischen einem Smart-Forms- und einem PDF-basierten Formular wählen. In Abbildung 5.61 sind im Bereich **Formulardaten lieferantenseitige LLE** zu Demonstrationszwecken beide Formulare eingetragen. Wenn Sie einen Formularnamen in das Feld **PDF-basiertes Formular** eingeben, verwendet SAP GTS dieses Formular, auch wenn der Verwaltungseinheit zusätzlich ein Smart-Forms-Formular zugeordnet ist. Falls Sie für einzelne Präferenzabkommen spezifische Formulare verwenden, ergänzen Sie die gesetzlichen Grundlagen und die Formularnamen in der Dialogstruktur im Ordner **Formulardaten für spezifische Abkommen**. Textbausteine für Briefkopf, Absenderadresse, Grußformel und Signatur sowie ggf. ein Firmenlogo ordnen

Sie der Verwaltungseinheit in einer separaten Customizing-Aktivität zu (Menüpfad: **Global Trade Services • Risk Management • Präferenzabwicklung • Lieferantenerklärungen • Standardtexte und Logo für Druck von Dokumenten definieren**). KBA 2271631 enthält eine bebilderte Anleitung zur richtigen Konfiguration der Formularsteuerung.

Web-Dynpro-Anwendung für die Erfassung

Im Feld **Art des Dokuments** können Sie auch die Option **VDEM E-Mail an Lieferanten mit Login-URL zur Pflege** auswählen. Wenn Sie sich für diese Option entscheiden, können Sie aus dem Anforderungsdialog in SAP GTS E-Mails an Ihre Lieferanten generieren. Diese E-Mails enthalten jeweils einen Link zu einer *Web-Dynpro-Anwendung* für die Erfassung von Lieferantenerklärungen. Über einen Browser können die Lieferanten in der Web-Dynpro-Anwendung ihre Erklärungen selbstständig eingeben. Sie überwachen die Rückmeldungen der angeschriebenen Lieferanten im SAP-GTS-System und bestätigen ggf. den Erhalt der Lieferantenerklärungen in der Transaktion **Langzeitlieferantenerklärungen übernehmen** (Transaktionscode /SAPSLL/PRE_VDI_202). Weitergehende Informationen zu dieser Option und zu den erforderlichen Einstellungen finden Sie in SAP-Hinweis 1516191. In SAP GTS, edition for SAP HANA, entfällt diese Option.

Anforderungsdialog

Nach dem Ausführen der Datenselektion listet SAP GTS die anforderungsrelevanten Lieferanten und Produkte in einer Übersicht auf. In Abbildung 5.62 sehen Sie das Selektionsergebnis für die beiden in der EU ansässigen Lieferanten 1000 und 1080.

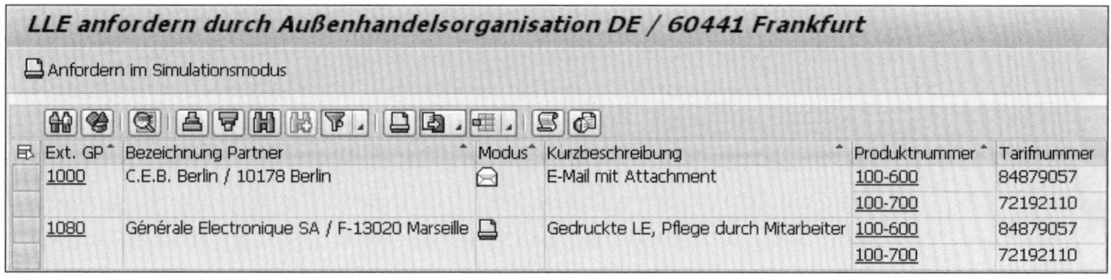
LLE anfordern durch Außenhandelsorganisation DE / 60441 Frankfurt

Anfordern im Simulationsmodus

Ext. GP	Bezeichnung Partner	Modus	Kurzbeschreibung	Produktnummer	Tarifnummer
1000	C.E.B. Berlin / 10178 Berlin		E-Mail mit Attachment	100-600	84879057
				100-700	72192110
1080	Générale Electronique SA / F-13020 Marseille		Gedruckte LE, Pflege durch Mitarbeiter	100-600	84879057
				100-700	72192110

Abbildung 5.62 Anforderung – Ergebnis der Datenselektion

Von beiden Lieferanten können jeweils Lieferantenerklärungen für die Komponenten 100-600 und 100-700 angefordert werden. In Abbildung 5.62 erkennen Sie auch, dass der Lieferant 1000 per E-Mail kontaktiert wird, während der Lieferant 1080 die Anforderung in Papierform erhält (Texte im Feld **Kurzbeschreibung**). Klicken Sie auf die Schaltfläche **Anfordern und Sichern**, um Datensätze für die angeforderten Lieferantenerklärungen anzulegen und E-Mails mit PDF-Dateien im Anhang und/oder Druckaufträge zu erzeugen. Die Parameter für den Druck der Formulare geben Sie im Einstiegsbild des Anforderungsprogramms im Bereich **Druckausgabe** vor. Über den Modus der Kontaktaufnahme entscheiden Sie in der Transaktion **Lieferanten der Verwaltungseinheit zuordnen** (siehe Abbildung 5.53). Wir werden uns den Modus *E-Mail mit Attachment* in Abschnitt 5.2.2, »Kundenseitige Lieferantenerklärungen«, genauer anschauen.

Belegunabhängige Anforderung

Wenn Sie (zusätzlich) eine Lieferantenerklärung für ein bisher noch nicht gekauftes Produkt anfordern wollen, setzen Sie im Selektionsbild des Anforderungsprogramms im Bereich **Erweiterte Selektion** das Kennzeichen **Belegunabh. Produkte selekt.** (siehe Abbildung 5.60) in Verbindung mit dem Kennzeichen **Liste ausgeben** im Bereich **Programmsteuerung**. Nach dem Ausführen des Anforderungsprogramms können Sie in der Übersicht über die anforderungsrelevanten Produkte mit einem Klick auf das Symbol Ihrer Anforderung Produkte ohne Einträge im Arbeitsvorrat hinzufügen. Klicken Sie abschließend auf die Schaltfläche **Daten übernehmen**.

Protokolle

SAP GTS protokolliert jede Anforderung von Lieferantenerklärungen. Wenn Sie dieses Protokoll für eine spätere Prüfung aufbewahren wollen, setzen Sie das Kennzeichen **Protokoll sichern** und ergänzen einen Text Ihrer Wahl im Feld **Bezeichnung**. Protokolle früherer Anforderungsläufe können Sie mit der Transaktion **Protokoll zur Anforderung der Lieferantenerklärungen recherchieren** aufbereiten lassen (Transaktionscode /SAPSLL/PRE_VDI_105).

Erinnerungen versenden

Reagiert ein Lieferant nicht innerhalb einer frei definierbaren Frist, können Sie ihn mit dem Programm `/SAPSLL/PRE_VDI_DUNNING` automatisiert erneut zur Abgabe einer Lieferantenerklärung auffordern (Transaktion **Langzeitlieferantenerklärungen mahnen**, Transaktionscode /SAPSLL/PRE_VDI_102). Wenn Sie diese Funktion nutzen wollen, legen Sie in der Steuerung der Formulardaten im Feld **Maximale Mahnstufe** zunächst die maximale Anzahl der Erinnerungsschreiben fest (siehe Abbildung 5.61). Im Ordner **Mahnen** der Dialogstruktur ergänzen Sie anschließend Einträge für die einzelnen Mahnstufen. In Abbildung 5.63 sehen Sie ein Beispiel für die Mahnstufe 1.

Mahnstufen

Die erste Erinnerung an die Ausstellung einer Lieferantenerklärung soll SAP GTS 30 Tage nach dem Tag der Anforderung ausgeben (Eintrag im Feld **Mahntage**). In das Feld **Text Anschreiben** ist ein Smart-Forms-Textbaustein für das Erinnerungsschreiben eingetragen. Das Programm `/SAPSLL/PRE_VDI_DUNNING` selektiert Datensätze im Status **50 Angefordert** und wiederholt die Anforderung in Verbindung mit einem Erinnerungsschreiben, wenn die im Feld **Mahntage** festgelegte Frist für eine Reaktion auf Ihre Anforderung überschritten ist. Die Mahnstufe 0 ist die Stufe der Anforderung von Lieferantenerklärungen. SAP GTS berücksichtigt diese Stufe beim Aufbau des Arbeitsvorrats für die Anforderung von Lieferantenerklärungen.

Sicht "Mahnen" ändern: Detail

Neue Einträge

Dialogstruktur
- Formulardaten lieferantenseitige LLE
  - Mahnen
  - Formulardaten für spezifische Abkommen
    - Mahnen für spezifische Abkommen

Verwaltungseinheit	A0_1000
Name	Außenhandelsorganisation DE
Art des Dokuments	VDDC

Mahnen

Mahnstufe	1
Mahntage	30
Text Anschreiben	/SAPSLL/TX_EU_LTVD_DUN_WDA
E-Mail-Text	/SAPSLL/TX_EU_LTVD_DUN_EMAIL
E-Mail-Betreff	/SAPSLL/TX_EMAIL_SUBJECT_DUN

Abbildung 5.63 Mahnen – Fristen und Texte für Anschreiben festlegen

Wenn Sie diesen Arbeitsvorrat nutzen, um sich bei Ihren Lieferanten rechtzeitig vor dem Ablaufen vorhandener Lieferantenerklärungen in Erinnerung zu bringen, tragen Sie in das Feld **Mahntage** die Anzahl der Tage bis zur Anforderung einer neuen Erklärung mit negativem Vorzeichen ein.

Erfassung von Lieferantenerklärungen

Sind die angeforderten Lieferantenerklärungen schließlich eingetroffen, erfassen Sie die Aussagen der einzelnen Lieferanten in SAP GTS mit der Transaktion **Langzeitlieferantenerklärungen bearbeiten** (Transaktionscode /SAPSLL/PRE_VDI_201N). Abbildung 5.64 zeigt das Beispiel des französischen Lieferanten in Abbildung 5.62.

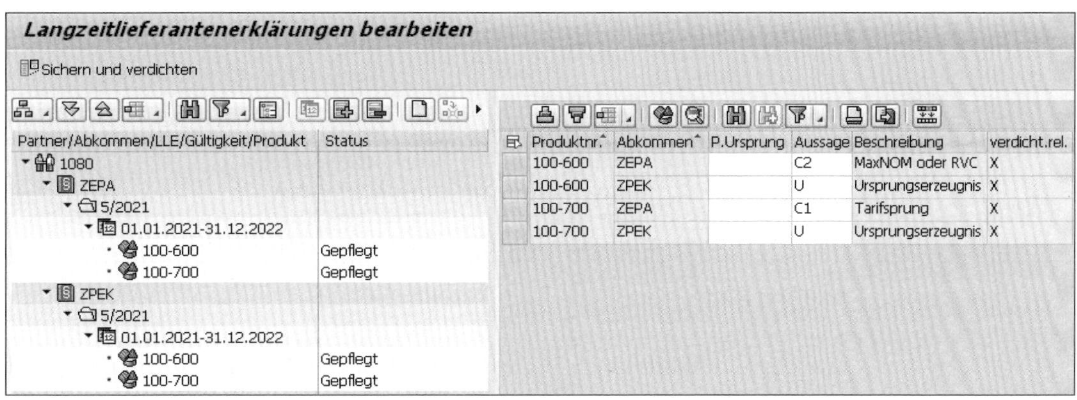

Produktnr.	Abkommen	P.Ursprung	Aussage	Beschreibung	verdicht.rel.
100-600	ZEPA		C2	MaxNOM oder RVC	X
100-600	ZPEK		U	Ursprungserzeugnis	X
100-700	ZEPA		C1	Tarifsprung	X
100-700	ZPEK		U	Ursprungserzeugnis	X

Abbildung 5.64 Erfassung einer Lieferantenerklärung

Der Lieferant 1080 hat in seiner Lieferantenerklärung für die Jahre 2021 und 2022 bezogen auf die Präferenzabkommen der paneuropäischen Kumulierung und das EU-Japan-EPA (gesetzliche Grundlagen ZPEK und ZEPA, Spalte **Abkommen**) den präferenziellen Ursprung der Komponenten 100-600 und 100-700 bestätigt. Die Kennzeichen in der Spalte **Aussage** repräsentieren die Kernaussage der Lieferantenerklärung. Für die Abkommen der paneuropäischen Kumulierung ist die Angabe, dass es sich bei der gelieferten Ware um Ursprungserzeugnisse handelt, ausreichend (Kennzeichen **U**). Das EU-Japan-EPA schreibt dagegen die Angabe des *Ursprungskriteriums* in codierter Form vor (Kennzeichen **C1** und **C2**).

Schema für Präferenzaussagen

Diese Kennzeichen sind im Customizing der Präferenzabwicklung zu frei definierbaren *Schemata für Präferenzaussagen* zusammengefasst. Für das EU-Japan-EPA liefert SAP das Schema EU-JP-EPA, für die übrigen Abkommen der EU das Schema SCHEME_B aus. Die Schemata müssen jeweils einem Regelwerk zugeordnet werden (Menüpfad in SAP GTS 11.0: **Global Trade Services • Risk Management • Präferenzabwicklung • Lieferantenerklärungen • Schema definieren und Präferenzaussagen zuordnen** bzw. **Schema für Präferenzaussagen den Abkommen je Regelwerk zuordnen**; Menüpfad in SAP GTS, edition for SAP HANA: **SAP Global Trade Services, edition für SAP HANA • Präferenz Management • Präferenzaussagen • Schema für Präferenzaussagen definieren** bzw. **Schema für Präferenzaussagen zuordnen**). Für das Beispiel in Abbildung 5.64 wurde eine Kopie des Schemas SCHEME_B angelegt und mit dem Regelwerk PANEG verknüpft (siehe Abbildung 5.9). Das Schema EU-JP-EPA wurde dem Regelwerk ZEPA zugeordnet. Abbildung 5.65 zeigt den Aufbau des selbst definierten Schemas ZRUE.

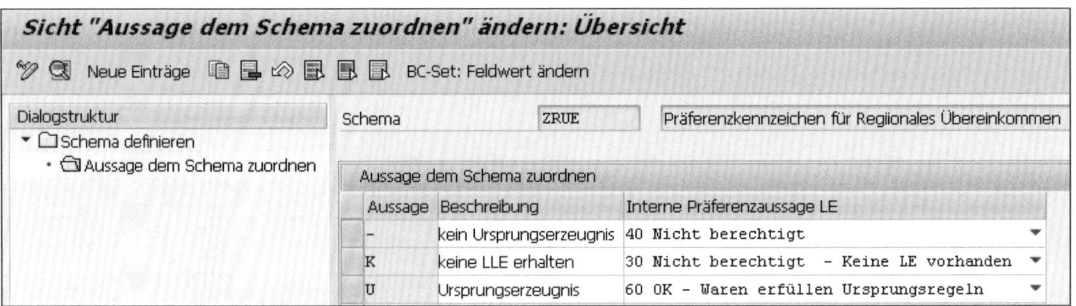

Abbildung 5.65 Schema für Präferenzaussagen

Sie sehen in Abbildung 5.65, dass den frei definierbaren Kennzeichen in der Spalte **Aussage** jeweils eines der im Programmcode enthaltenen Kennzeichen in der Spalte **Interne Präferenzaussage LE** zugeordnet ist. Diese Kennzeichen steuern, ob ein Produkt als Ursprungserzeugnis (60) oder als Vormaterial ohne präferenziellen Ursprung (30 und 40) in den Verdichtungslauf eingeht.

Präferenzielles Ursprungsland

Da die Lieferanten im Wortlaut ihrer Lieferantenerklärung je nach Abkommen den Ursprung der Waren in der EG, der EU oder im EWR bestätigen, bleibt die Spalte **P.Ursprung** (Präferenzielles Ursprungsland) für das präferenzielle Ursprungsland leer. Hat der Lieferant in seiner Erklärung zusätzlich einen Mitgliedstaat angegeben, können Sie das Länderkennzeichen dieses Mitgliedstaats in die Spalte **P.Ursprung** eintragen. Beim Verdichten der Lieferantenaussagen übernimmt SAP GTS das Länderkennzeichen nur dann in den Produktstammsatz, wenn es in allen Lieferantenerklärungen einheitlich ist. Für die Zwecke der Kumulierung kann Ihnen ein Lieferant auch den Ursprung der Ware in einem Abkommenspartnerstaat bestätigen. In solchen Fällen geben Sie das Länderkennzeichen dieses Partnerstaats in die Spalte **P.Ursprung** ein.

Verdichtung der Lieferantenaussagen

Da zu beiden Produkten im Vorsystem jeweils mindestens ein Wareneingang gebucht wurde, ist die Lieferantenerklärung in Abbildung 5.64 *verdichtungsrelevant* (Kennzeichen **X** in der Spalte **verdicht.rel**). Der deutsche Lieferant aus Abbildung 5.62 hat für die beiden Komponenten ebenfalls eine Langzeit-Lieferantenerklärung für Waren mit Präferenzursprungseigenschaft abgegeben. Diese Aussage wurde in SAP GTS in derselben Weise wie die Aussage des französischen Lieferanten erfasst. Wie Sie in Abbildung 5.59 gesehen haben, enthält der Arbeitsvorrat aber auch noch einen Eintrag für die Warensendung eines US-amerikanischen Lieferanten. Dieser Wareneingang ist im Arbeitsvorrat als verdichtungsrelevant gekennzeichnet. Mit dem Programm `/SAPSLL/PRE_VDI_AGG_CREATE` verarbeiten Sie solche Wareneingänge für die spätere Verdichtung der Lieferantenaussagen auf Produktstammebene. Dieses Programm können Sie mit der Transaktion **Verdichtungsrelevante Wareneingänge berücksichtigen** auch im Dialog ausführen (Transaktionscode /SAPSLL/PRE_VDI_103). In Abbildung 5.66 sehen Sie den Eintrag aus dem Arbeitsvorrat in Abbildung 5.59 nach der Aufbereitung durch das Programm.

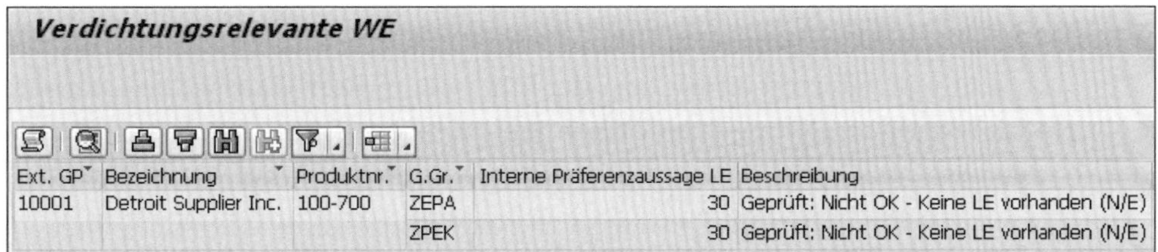

Verdichtungsrelevante WE

Ext. GP	Bezeichnung	Produktnr.	G.Gr.	Interne Präferenzaussage LE	Beschreibung
10001	Detroit Supplier Inc.	100-700	ZEPA	30	Geprüft: Nicht OK - Keine LE vorhanden (N/E)
			ZPEK	30	Geprüft: Nicht OK - Keine LE vorhanden (N/E)

Abbildung 5.66 Erfassung eines verdichtungsrelevanten Wareneingangs

Da das Produkt 100-700 im Betrachtungszeitraum auch von der Detroit Supplier Inc. aus den USA geliefert wurde, erhält es nach der Verarbeitung des verdichtungsrelevanten Wareneingangs den Status **30** (Text **Geprüft: Nicht OK – Keine LE vorhanden**). Der Wareneingang aus den USA wirkt sich bei der anschließenden Verdichtung der Lieferantenaussagen wie das Ausbleiben der Lieferantenerklärung eines Lieferanten in der EU aus. Es spielt also keine Rolle, ob ein Lieferant wegen seines Standorts prinzipiell keine Lieferantenerklärung abgeben kann oder ob er sich weigert, eine Lieferantenerklärung abzugeben (oder es schlicht vergisst). Abbildung 5.67 zeigt das Ergebnis der Verdichtung der Lieferantenaussagen und Wareneingänge für die Komponenten 100-600 und 100-700.

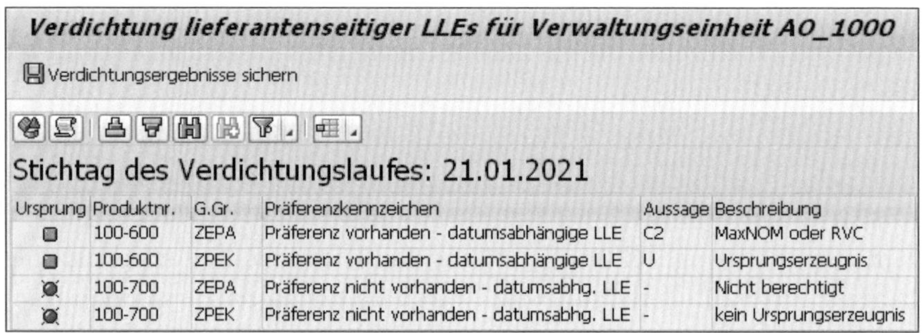

Verdichtung lieferantenseitiger LLEs für Verwaltungseinheit AO_1000

Verdichtungsergebnisse sichern

Stichtag des Verdichtungslaufes: 21.01.2021

Ursprung	Produktnr.	G.Gr.	Präferenzkennzeichen	Aussage	Beschreibung
	100-600	ZEPA	Präferenz vorhanden - datumsabhängige LLE	C2	MaxNOM oder RVC
	100-600	ZPEK	Präferenz vorhanden - datumsabhängige LLE	U	Ursprungserzeugnis
	100-700	ZEPA	Präferenz nicht vorhanden - datumsabhg. LLE	-	Nicht berechtigt
	100-700	ZPEK	Präferenz nicht vorhanden - datumsabhg. LLE	-	kein Ursprungserzeugnis

Abbildung 5.67 Verdichtung der Lieferantenaussagen und Wareneingänge

Sie sehen in Abbildung 5.67, dass die Komponente 100-600 bezogen auf das EU-Japan-EPA als Ursprungserzeugnis der EU und bezogen auf die Abkommen im Anwendungsbereich der paneuropäischen Kumulierung als Ursprungserzeugnis des EWR gilt (Symbol in der Spalte **Ursprung**). Die Komponente 100-700 dagegen ist wegen der Warensendung aus den USA ein Vormaterial ohne präferenziellen Ursprung (Symbol in der Spalte **Ursprung**).

Anforderung im Jahreslauf

Wenn Sie bereits Lieferantenerklärungen in SAP GTS erfasst haben, können Sie für die Folgejahre anstelle der Auswertung des Arbeitsvorrats oder der belegunabhängigen Anforderung die Anforderung im *Jahreslauf* nutzen. Das Jahreslaufprogramm `/SAPSLL/PRE_VDI_REQUEST_YB` planen Sie für die Hintergrundverarbeitung ein oder führen es mit der Transaktion **Langzeitlieferantenerklärungen anfordern – Jahreslauf** im Dialog aus (Transaktionscode /SAPSLL/PRE_VDI_104). Der Jahreslauf stützt sich auf die im laufenden Geschäftsjahr im System erfassten Lieferantenerklärungen. Wenn SAP GTS zusätzlich prüfen soll, ob zu einem in der vorliegenden Lieferantenerklärung aufgeführten Produkt im laufenden Geschäftsjahr überhaupt Bestellungen oder Wareneingänge stattgefunden haben, setzen Sie in der Steuerung der Lieferantenerklärungsverwaltung das Kennzeichen **Belege im Jahreslauf berücksichtigen** (siehe Abbildung 5.55).

Verlängerung von Lieferantenerklärungen

Wenn die Geltungsdauer einer Lieferantenerklärung abgelaufen ist, im Lager jedoch noch Bestände der als Ursprungserzeugnisse bezogenen Waren vorhanden sind, können Sie die Geltungsdauer dieser Lieferantenerklärung in SAP GTS verlängern (Transaktion **Langzeitlieferantenerklärungen verlängern**, Transaktionscode /SAPSLL/PRE_VDI_203). Abbildung 5.68 zeigt einen Ausschnitt aus dem Einstiegsbild der Transaktion.

Lieferant/Produkt			
Externe Partnernummer	1015	bis	
Produktnummer	100-510	bis	
Lieferantenerklärung			
Selektion mit Gültigkeit ab	31.12.2021		
Gültigkeit verlängern bis	31.03.2022		

Abbildung 5.68 Lieferantenerklärungen verlängern

Im Beispiel in Abbildung 5.68 ist der 31.12.2021 das Ablaufdatum der Lieferantenerklärung des Lieferanten 1015 für das Produkt 100-510. Eine neue Lieferantenerklärung für das Jahr 2022 ist bereits angefordert. Um die noch vorhandenen Bestände des Produkts weiterhin als Ursprungserzeugnisse in die Fertigung einbringen zu können, soll die Geltungsdauer der Lieferantenerklärung bis zum 31.03.2022 verlängert werden – in der Hoffnung, dass bis dahin die neue Lieferantenerklärung vorliegt.

Neue Wareneingänge

Sie können die Transaktion **Langzeitlieferantenerklärungen verlängern** nur ausführen, wenn nach dem Ablauf der Geltungsdauer der zu verlängernden Lieferantenerklärung nicht bereits wieder ein Wareneingang des Produkts vom selben Lieferanten gebucht wurde. Wenn Sie demnächst ablaufende Lieferantenerklärungen in SAP GTS vorzeitig oder auch direkt im Anschluss an das Ablaufdatum verlängern, erzeugt das System jeweils nach der ersten Wareneingangsbuchung im Verlängerungszeitraum zu jeder betroffenen Lieferanten-Produkt-Kombination sowohl einen Eintrag im Arbeitsvorrat für die Anforderung von Lieferantenerklärungen als auch im systeminternen Arbeitsvorrat für die Verdichtung relevanter Informationen auf Produktebene. Nach dem »Worst-Case«-Prinzip macht der nächste Verdichtungslauf aus den betroffenen Produkten wieder Nichtursprungserzeugnisse.

Widerruf einer Lieferantenerklärung

Widerruft ein Lieferant seine Lieferantenerklärung, erfassen Sie diese Änderung in SAP GTS mit derselben Transaktion wie die ursprüngliche Aussage (Transaktion **Langzeitlieferantenerklärungen bearbeiten**, Transaktionscode /SAPSLL/PRE_VDI_201). Wählen Sie im Einstiegsbild der Transaktion im Feld **Bearbeitungsstatus** den Status 70 (**Gepflegt**), um die Selektion auf die bereits im System vorhandenen Lieferantenerklärungen einzuschränken. Markieren Sie die Geltungsdauer der widerrufenen Lieferantenerklärung und klicken Sie auf das Symbol (siehe Abbildung 5.64). Mit der Massenpflegefunktion (Symbol) können Sie alle vom Widerruf betroffenen Produkte entsprechend kennzeichnen. Nach dem Erfassen eines Widerrufs müssen Sie die Lieferantenaussagen für die betroffenen Produkte erneut verdichten.

Lieferantenerklärungen in der Präferenzkalkulation

Vergleichen wir nun die Ergebnisse der Präferenzkalkulation für die Pumpe P-402 vor und nach der Einholung von Lieferantenerklärungen. In Abbildung 5.69 sehen Sie die Komponentenübersicht im Protokoll einer mehrstufigen Präferenzkalkulation nach dem Verdichten der Lieferantenaussagen zu den Komponenten 100-600 und 100-700.

Komponenten

Komponente	Beskz.	Beskz.-Text	Präf.Kennz	Präfkennz.-Text	Präf.ext.	Präf.ext.Txt	Schwellenwert	U-Wert	NU-Wert	Währ.
100-300	I	Eigenfertigung	40	kalkuliert - preisbeeinflusst	U	Ursprungserzeugnis	26,25	203,93		EUR
100-500	I	Eigenfertigung	40	kalkuliert - preisbeeinflusst	-	kein Ursprungserzeugnis	15,68		3,92	EUR
100-600	E	Fremdbezug	45	Präferenz vorhanden - datumsabhängige LLE	U	Ursprungserzeugnis		40,67		EUR
100-700	E	Fremdbezug	30	Präferenz nicht vorhanden - datumsabhg. LLE	-	kein Ursprungserzeugnis			1,45	EUR
103-100	I	Eigenfertigung	40	kalkuliert - preisbeeinflusst	U	Ursprungserzeugnis	84,97	125,16		EUR
103-200	M	Mischbezug: Eigenfertigung und Fremdbezug	20	nicht gepflegt	-	kein Ursprungserzeugnis			55,28	EUR
103-400	I	Eigenfertigung	40	kalkuliert - preisbeeinflusst	U	Ursprungserzeugnis	1,27	25,55		EUR

Abbildung 5.69 Ergebnis der Präferenzkalkulation mit Lieferantenerklärung

In die Präferenzkalkulation in Abbildung 5.40 sind die beiden fremdbeschafften Komponenten 100-600 und 100-700 als Vormaterialien ohne präferenziellen Ursprung eingegangen. Nach dem Verdichten der Lieferantenaussagen gilt die Komponente 100-600 in der zweiten Kalkulation in Abbildung 5.68 als Ursprungserzeugnis (Präferenzkennzeichen **45** mit dem Text **Präferenz vorhanden – datumsabhängige LLE**). Die Komponente 100-700 dagegen bleibt nach dem Worst-Case-Prinzip« ein Vormaterial ohne Ursprung (Präferenzkennzeichen **30** mit dem Text **Präferenz nicht vorhanden – datumsabhg. LLE**).

Ausbleiben von Langzeit-Lieferantenerklärungen

Ein Rechtsanspruch auf die Ausstellung einer Lieferantenerklärung besteht nicht. Es ist also durchaus nicht selten, dass Sie auf Ihre Anforderungs- und Erinnerungsschreiben keine Antwort erhalten. Möglicherweise senden Ihnen einige Lieferanten anstelle einer Langzeit-Lieferantenerklärung nur eine sendungsbezogene Lieferantenerklärung (Einzel-Lieferantenerklärung). Um solche Lieferantenerklärungen nutzen zu können, müssen Sie in der Bestandsführung in SAP ERP bzw. SAP S/4HANA sicherstellen, dass immer nur der Bestand genau einer Sendung für die Fertigung oder den Ersatzteilverkauf verfügbar ist. Unter dieser Voraussetzung können Sie eine Einzel-Lieferantenerklärung in SAP GTS wie eine Langzeit-Lieferantenerklärung erfassen. Erhalten Sie eine neue Warensendung ohne Lieferantenerklärung, müssen Sie den Präferenzstatus des Produkts in SAP GTS umgehend ändern.

Manuelle Datenpflege

Wenn Sie zu einem Produkt weder eine Präferenzkalkulation durchführen noch Lieferantenerklärungen erfassen können oder wollen, ist auch eine manuelle Pflege der Sicht **Präferenz** im Produktstammsatz möglich. Klicken Sie in dieser Sicht auf das Symbol [□], um den Präferenzstatus des Produkts manuell zu erfassen. Wenn Sie einem Produkt auf diesem Weg die Ursprungseigenschaft zuweisen, müssen Sie sich allerdings auf Rückfragen eines Präferenzprüfers einstellen.

Im nächsten Abschnitt nutzen wir die Ergebnisse der Präferenzkalkulation und das Vorliegen von Lieferantenerklärungen in SAP GTS dazu, selbst Lieferantenerklärungen mit Systemunterstützung auszustellen.

5.2.2 Kundenseitige Lieferantenerklärungen

Grundprinzip

Als Hersteller, aber auch als Wiederverkäufer werden Sie möglicherweise von Kunden in der EU gebeten, Langzeit-Lieferantenerklärungen für Ihre Waren abzugeben. In SAP GTS stehen Ihnen für die Verwaltung von Lieferantenerklärungen, die Ihr Unternehmen als Lieferant ausstellt (*kundenseitige Lieferantenerklärungen*), eigene Programme zur Verfügung. Bei der Ausstellung von Lieferantenerklärungen nutzen Sie die Ergebnisse der Präferenzkalkulation für Ihre Erzeugnisse. Wenn Sie zugekaufte Waren weiterverkaufen, greift SAP GTS stattdessen auf die verdichteten Lieferantenaussagen in den Produktstammsätzen zu. Die Prüfung der Kalkulations- und Verdichtungsergebnisse erfolgt immer abkommensspezifisch.

Formen der Ausstellung

Lieferantenerklärungen können Sie aus einem spezifischen Arbeitsvorrat oder belegunabhängig ausstellen. Den Arbeitsvorrat füllt SAP GTS mit Fakturadaten des Vorsystems. Bei der Ausstellung von Lieferantenerklärungen auf der Grundlage des Arbeitsvorrats wertet SAP GTS also Warensendungen an die anfordernden Kunden aus. Dabei vergleicht das System für jedes eigengefertigte Produkt den Nettopreis oder – im Falle des EU-Japan-EPA – den statistischen Wert der Fakturapositionen mit dem Schwellenwert des Produkts gemäß Präferenzkalkulation. Eine Lieferantenerklärung können Sie für diese Produkte nur dann abgeben, wenn der Nettopreis bzw. der statistische Wert im gesamten Betrachtungszeitraum mindestens dem

Schwellenwert entsprach. Wenn Sie zugekaufte Produkte an die anfordernden Kunden weiterverkauft haben, prüft SAP GTS jeweils den Präferenzstatus im Produktstammsatz. Hat die Verdichtung der Lieferantenaussagen ergeben, dass es sich bei einem Produkt um ein Ursprungserzeugnis der EU handelt, können Sie eine Lieferantenerklärung für dieses Produkt ausstellen. Die belegunabhängige Ausstellung ist in erster Linie für Produkte gedacht, die Ihre Kunden bisher noch nicht bei Ihnen gekauft haben. Möglicherweise macht ein anfordernder Kunde seine Kaufentscheidung u. a. auch vom Präferenzstatus des Produkts abhängig.

Aufbau des Arbeitsvorrats

Um Fakturadaten des Vorsystems in den Arbeitsvorrat für kundenseitige Lieferantenerklärungen übertragen zu lassen, setzen Sie in der Steuerung der Belegüberleitung des Vorsystems das Kennzeichen **Arbeitsvorrat kundenseitige Langzeitlieferantenerklärungen erzeugen** für alle relevanten Fakturaarten. Abbildung 5.70 zeigt den zu bearbeitenden Ausschnitt aus der Überleitungssteuerung.

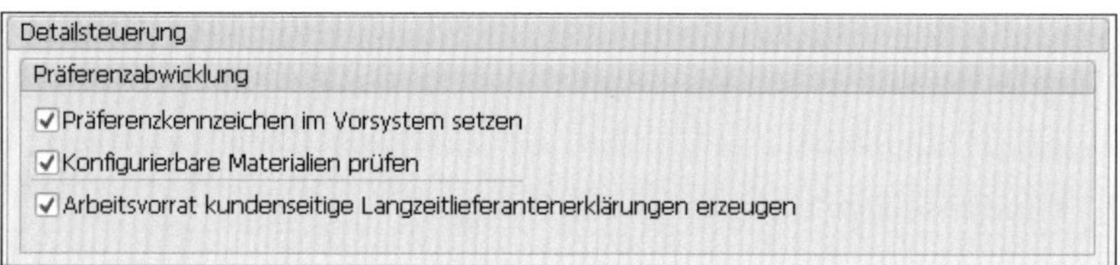

Abbildung 5.70 Kennzeichnung einer Fakturaart im Vorsystem

Arbeitsvorrat prüfen

Den Inhalt des Arbeitsvorrats für die Ausstellung von Lieferantenerklärungen prüfen Sie bei Bedarf in der Transaktion **Arbeitsvorrat kundenseitige Langzeitlieferantenerklärung anzeigen** (Transaktionscode /SAPSLL/PRE_WLO_001). Sie finden diese Transaktion ebenso wie die Transaktionen zum Ausstellen und Anzeigen von Lieferantenerklärungen im Bereichsmenü des Risk Managements (Schaltfläche **Präferenzabwicklung**, Sicht **Kunden**). In Abbildung 5.71 sehen Sie einige Einträge des Arbeitsvorrats für das laufende Jahr 2021.

Sie erkennen in Abbildung 5.71, dass die A.I.T. GmbH in Köln und die Métal Picardie S.A. in Gouvieux 2021 je zweimal die Pumpe P-402 gekauft haben. Der Nettopreis der Pumpe betrug jeweils 1.185,40 € bzw. 1.146,90 €. Die A.I.T. GmbH hat im Betrachtungszeitraum außerdem das fremdbeschaffte Kugellager 100-510 als Ersatzteil bezogen. Die Métal Picardie S.A. hat zusätzlich zu den Pumpen noch das Gehäuse 103-100 gekauft. Dieses Produkt ist eine der eigengefertigten Baugruppen der Pumpe (siehe Abbildung 5.36).

Arbeitsvorrat kundenseitige Langzeitlieferantenerklärung anzeigen

Verwaltungseinheit AO_1000 / Zeitraum ab 01.01.2021

Ext. GP	Bezeichnung Partner	Bez. Partnerrolle	Produktnr.	Refnr.	Quellfunktion AV KLE	Vergleichswert	Währung	Art des Wertes
1400	A.I.T. GmbH / 50997 Köln	Warenempfänger	100-510	90036569	1	6,95	EUR	Ab-Werks-Preis
			P-402	90036565	1	1.185,40		Ab-Werks-Preis
				90036566	1	1.185,40		Ab-Werks-Preis
1450	Société Métal Picardie S.A. / F-60270 Gouvieux		103-100	90036570	1	129,95		Ab-Werks-Preis
				90036570	1	132,55		Statistischer Wert
			P-402	90036567	1	1.146,90		Ab-Werks-Preis
				90036568	1	1.146,90		Ab-Werks-Preis
				90036567	1	1.169,84		Statistischer Wert
				90036568	1	1.169,84		Statistischer Wert

Abbildung 5.71 Ausstellung von Lieferantenerklärungen – Arbeitsvorrat

Ausstellungsrelevanz der Geschäftspartner

Im Vorfeld der Ausstellung von Lieferantenerklärungen können Sie die Relevanz Ihrer Geschäftspartner für diesen Vorgang bestimmen. Im Bereichsmenü des Risk Managements (Schaltfläche **Präferenzabwicklung - Stammdaten**) finden Sie im Bereich **Einstellungen LLE-Kommunikation** die Transaktionen **Kunden der Verwaltungseinheit zuordnen** und **Kunden der Verwaltungseinheit länderabhängig zuordnen** (Transaktionscodes /SAPSLL/PARMA_MA_CPC und /SAPSLL/PARMA_MASS_C). Diese Transaktionen berücksichtigen jeweils Geschäftspartner in der SAP-GTS-spezifischen Geschäftspartnerrolle *Kunde* (SLLCPS). Abbildung 5.72 zeigt die Bestimmung der Relevanz für die Ausstellung von Lieferantenerklärungen an sechs Beispielen.

Kunden der Verwaltungseinheit zuordnen

Außenhandelsorg: Verwaltungseinheit AO_1000 Außenhandelsorganisation DE

Verwaltungseinheit	Kunde	Kundename	Relevanz für Lieferantenerklärung	Relevanz Partner für LLE	Modus Austausch LLE
AO_1000	72	Société Métal Picardie S.A.	○○■		
AO_1000	1181	A.I.T. GmbH	○○■		3
AO_1000	1191	Norwegian Import & Export Group	●○○	X	
AO_1000	3592	Lampen-Markt GmbH	●○○	X	
AO_1000	3604	Institut für Umweltforschung	●○○	X	
AO_1000	3674	Henderson Inc.	●○○	X	

Abbildung 5.72 Ausstellungsrelevanz von Geschäftspartnern

Die A.I.T. GmbH und die Société Métal Picardie S.A. sind als in der EU ansässige Unternehmen nicht nur mögliche Empfänger von Lieferantenerklärungen, sondern haben darüber hinaus auch mitgeteilt, dass sie diese in regelmäßigen Abständen erwarten (Symbol ○○■ in der Spalte **Relevanz für Lieferantenerklärung**). Die Lampen-Markt GmbH und das Institut für Umweltforschung – zwei weitere EU-Kunden – fordern dagegen nie Lieferantenerklärungen an. Der Norwegian Import & Export Group und der US-amerikanischen Henderson Inc. können grundsätzlich keine Lieferantenerklärungen ausgestellt werden (Symbol in der Spalte **Relevanz für Lieferantenerklärung**). Die A.I.T. GmbH erhält Lieferantenerklärungen per E-Mail (Kennzeichen **3** in der Spalte **Modus Austausch LLE**). Bleibt die Spalte leer, bereitet SAP GTS die Lieferantenerklärung einschließlich Anschreiben für den Druck vor.

Wenn Sie mehrheitlich Kunden außerhalb der EU haben, können Sie den Systemvorschlag im Customizing der Präferenzabwicklung anpassen. Setzen Sie dazu in der Steuerung der Lieferantenerklärungen das Kennzeichen **Spezifische Aktivierung kundenseitiger LLE** (siehe Abbildung 5.55). SAP GTS geht anschließend davon aus, dass kein Kunde relevant für die Ausstellung von Lieferantenerklärungen ist. Ausnahmen müssen Sie also in den Transaktionen **Kunden der Verwaltungseinheit zuordnen** und **Kunden der Verwaltungseinheit länderabhängig zuordnen** (Transaktionscodes /SAPSLL/PARMA_MA_CPC und /SAPSLL/PARMA_MASS_C) explizit angeben.

Partnerrollen

Welche Partnerrolle des Vorsystems maßgeblich für den Aufbau des Arbeitsvorrats für kundenseitige Lieferantenerklärungen ist, entscheidet sich durch die Anordnung der Partnerfunktionen in der Partnergruppierung, die in SAP GTS dem Schema LEPRE für die Findung gesetzlicher Grundlagen für die Präferenzabwicklung zugeordnet ist (Menüpfad im Einführungsleitfaden: **Global Trade Services • Allgemeine Einstellungen • Gesetzliche Grundlagen • Findungsschema der aktiven gesetzlichen Grundlagen definieren**, Unterordner **Zuordnung der Findungsstrategie**, Feld **Partnergr. Export**). Abbildung 5.73 zeigt den Aufbau der für die ausgangsseitige Präferenzabwicklung bereitgestellten Partnergruppierung PGPRE2 im Auslieferungs-Customizing.

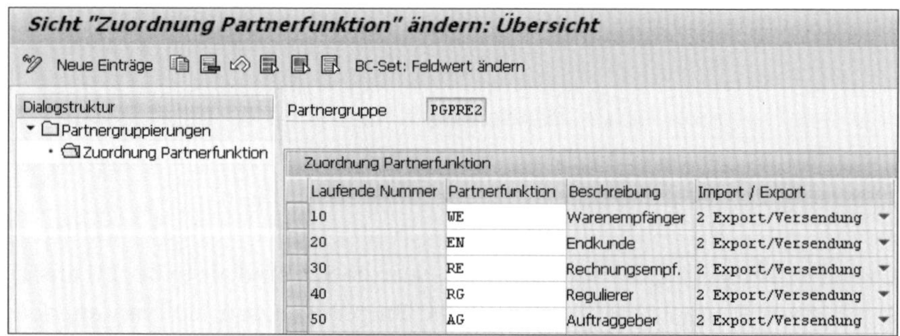

Laufende Nummer	Partnerfunktion	Beschreibung	Import / Export
10	WE	Warenempfänger	2 Export/Versendung
20	EN	Endkunde	2 Export/Versendung
30	RE	Rechnungsempf.	2 Export/Versendung
40	RG	Regulierer	2 Export/Versendung
50	AG	Auftraggeber	2 Export/Versendung

Abbildung 5.73 Partnergruppierung PGPRE2

Partnergruppierung PGPRE2

In der Partnergruppierung PGPRE2 steht der Warenempfänger an erster Stelle. Ist der Warenempfänger einer Fakturaposition relevant für die Ausstellung kundenseitiger Lieferantenerklärungen (siehe Abbildung 5.72), erzeugt SAP GTS für diese Fakturaposition einen Eintrag im Arbeitsvorrat – unter der Voraussetzung, dass auch das Produkt ausstellungsrelevant ist und mindestens ein aktives Präferenzabkommen für die Kombination aus Abgangsland (Land des Lieferwerks der Position) und Land des Warenempfängers existiert. Gibt es in der Faktura keinen Partner in der ersten Partnerfunktion der Partnergruppierung, prüft SAP GTS den Partner der zweiten Partnerfunktion und – sollte es diesen Partner auch nicht geben – weitere Partner in der vorgegebenen Reihenfolge.

Anpassungen

Wenn Sie Niederlassungen eines Unternehmens direkt beliefern, Ihre Rechnungen jedoch von der Unternehmenszentrale bezahlt werden und diese auch die Lieferantenerklärungen erhalten soll, definieren Sie eine neue Partnergruppierung als Ersatz für PGPRE2 und setzen den Regulierer an die erste Stelle der Reihenfolge der Partnerfunktionen. Bedenken Sie dabei jedoch, dass Sie nur dem Partner, der maßgeblich für den Aufbau des Arbeitsvorrats ist, eine Lieferantenerklärung ausstellen können. Die relevanten Fakturapositionen werden also ggf. unabhängig von den jeweiligen Warenempfängern der Lieferungen im Arbeitsvorrat dem Regulierer zugeordnet. SAP-Hinweis 2491010 erläutert diese Zusammenhänge im Detail und zeigt Möglichkeiten der Anpassung durch eine BAdI-Implementierung auf.

Lieferantenerklärungen ausstellen

Um Lieferantenerklärungen auf der Grundlage des Arbeitsvorrats oder belegunabhängig auszustellen, verwenden Sie das Programm `/SAPSLL/PRE_VDO_ISSUE`, das Sie mit der Transaktion **Langzeitlieferantenerklärungen ausstellen** auch im Dialog ausführen können (Transaktionscode /SAPSLL/PRE_VDO_701). In Abbildung 5.74 sehen Sie einen Ausschnitt aus der Programmsteuerung im Selektionsbild des Programms.

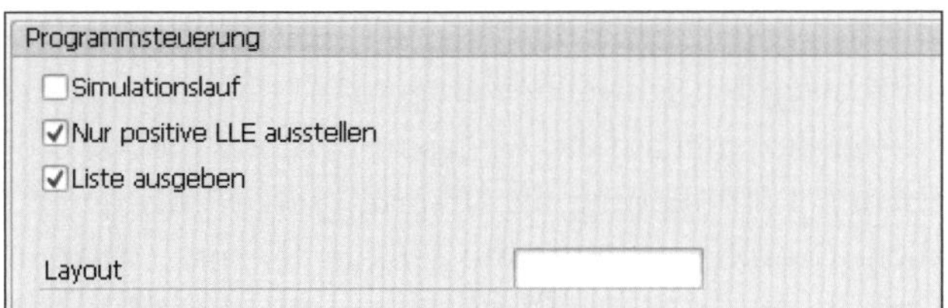

Abbildung 5.74 Lieferantenerklärungen ausstellen (Ausschnitt)

Wenn Sie (auch) belegunabhängige Lieferantenerklärungen ausstellen wollen, setzen Sie die Kennzeichen **Nur positive LLE ausstellen** und **Liste ausgeben**. Zusätzlich müssen Sie den Empfänger im Feld **Externe Partnernummer** und das Produkt im Feld **Produktnummer** angeben. Soll die Lieferantenerklärung für mehrere Produkte ausgestellt werden, verwenden Sie ggf. die Mehrfachselektion.

Das Kennzeichen **Nur positive LLE ausstellen** bewirkt zugleich, dass SAP GTS nur dann eine Lieferantenerklärung ausstellt, wenn das Produkt ein Ursprungserzeugnis der EU bzw. des EWR im Sinn *aller* in SAP GTS abgebildeten Präferenzabkommen ist. Ist das Kennzeichen nicht gesetzt, übernimmt SAP GTS auch solche Produkte in die Produktliste zum Lieferantenerklärungswortlaut, die gemäß Produktstammdaten keine Ursprungserzeugnisse sind, und kennzeichnet sie entsprechend.

Übersicht der Lieferantenerklärungen

Wenn Sie in der Programmsteuerung das Kennzeichen **Liste ausgeben** gesetzt haben, erhalten Sie nach dem Ausführen des Programms eine Übersicht über die auszustellenden Lieferantenerklärungen. Abbildung 5.75 zeigt die Lieferantenerklärungen zu den Einträgen im Arbeitsvorrat in Abbildung 5.71.

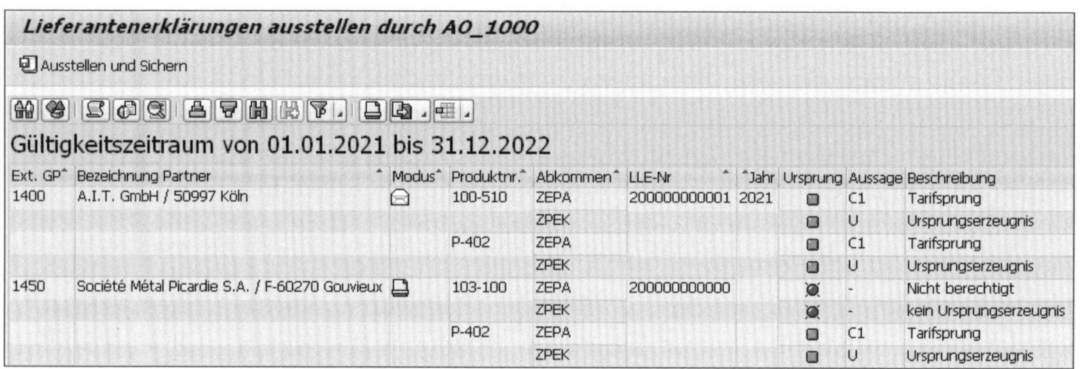

Lieferantenerklärungen ausstellen durch AO_1000

Ausstellen und Sichern

Gültigkeitszeitraum von 01.01.2021 bis 31.12.2022

Ext. GP	Bezeichnung Partner	Modus	Produktnr.	Abkommen	LLE-Nr	Jahr	Ursprung	Aussage	Beschreibung
1400	A.I.T. GmbH / 50997 Köln		100-510	ZEPA	200000000001	2021		C1	Tarifsprung
				ZPEK				U	Ursprungserzeugnis
			P-402	ZEPA				C1	Tarifsprung
				ZPEK				U	Ursprungserzeugnis
1450	Société Métal Picardie S.A. / F-60270 Gouvieux		103-100	ZEPA	200000000000			-	Nicht berechtigt
				ZPEK				-	kein Ursprungserzeugnis
			P-402	ZEPA				C1	Tarifsprung
				ZPEK				U	Ursprungserzeugnis

Abbildung 5.75 Liste der Lieferantenerklärungen

Empfänger der beiden Lieferantenerklärungen, deren Nummern Sie in der Spalte **LLE-Nr** sehen, sind die A.I.T. GmbH und die Métal Picardie S.A. (Spalte **Bezeichnung Partner**). Der Verkaufspreis der Pumpe P-402 übertraf im Betrachtungszeitraum durchweg den Schwellenwert gemäß Präferenzkalkulation. Die Pumpe gilt daher bezogen auf das EU-Japan-EPA und die Abkommen der paneuropäischen Kumulierung als Ursprungserzeugnis der EU bzw. des EWR (gesetzliche Grundlagen ZEPA und ZPEK in der Spalte **Abkommen**). Diesen Status erkennen Sie in der Übersicht am Symbol ▢ in der Spalte **Ursprung**. Die Baugruppe 103-100 dagegen ist kein Ursprungserzeugnis, da zum Zeitpunkt der Ausstellung der Lieferantenerklärung noch kein separates Kalkulationsergebnis im Produktstammsatz vorlag (Symbol ⊗ in der Spalte **Ursprung**). Über die Schaltfläche **Ausstellen und Sichern** erzeugen Sie E-Mails bzw. Druckaufträge für die Lieferantenerklärungen.

Produkte ergänzen

Haben Sie im Einstiegsbild des Programms Produkte für die belegunabhängige Ausstellung von Lieferantenerklärungen eingegeben, erscheint rechts neben der Schaltfläche **Ausstellen und Sichern** zusätzlich die Schaltfläche

Produkte hinzufügen. Die belegunabhängig ergänzten Produkte übernehmen Sie anschließend mit einem Klick auf die Schaltfläche **Daten übernehmen** in Ihre Lieferantenerklärung.

Formularsteuerung

Voraussetzung für das Versenden von E-Mails mit PDF-Anhängen und für die Druckausgabe der Lieferantenerklärungen ist die Zuordnung von Formularen und Textbausteinen zur Verwaltungseinheit. Diese Zuordnung haben Sie bereits in Abschnitt 5.2.1 im Zusammenhang mit der Anforderung lieferantenseitiger Lieferantenerklärungen kennengelernt (siehe Abbildung 5.61). Wie bei der Anforderung stehen auch bei der Ausstellung von Lieferantenerklärungen sowohl ein Smart-Forms- als auch ein PDF-basiertes Formular zur Auswahl. In Abbildung 5.76 sehen Sie beispielhaft die Zuordnung der Formulare zur Verwaltungseinheit AO_1000 (Menüpfad: **Global Trade Services • Risk Management • Präferenzabwicklung • Lieferantenerklärungen • Steuerung für kundenseitige Langzeitlieferantenerklärungen**).

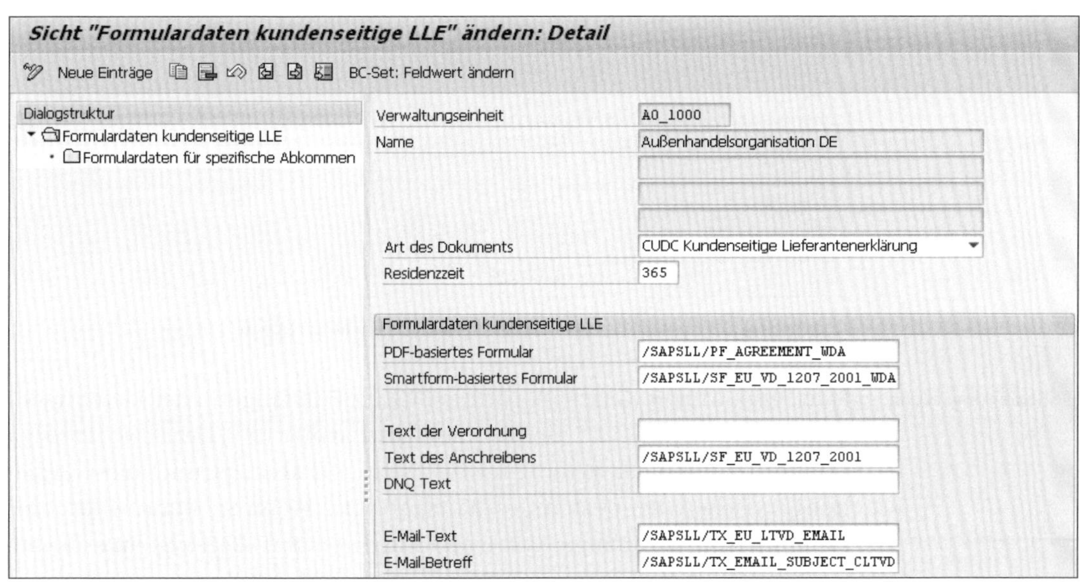

Abbildung 5.76 Ausstellung Lieferantenerklärungen – Formulardaten

Wenn Sie in das Feld **PDF-basiertes Formular** einen Formularnamen eintragen, verwendet SAP GTS dieses Formular, auch wenn zusätzlich ein Smart-Forms-Formular angegeben ist. Im Feld **Text des Anschreibens** ist ein Smart-Forms-Textbaustein für das Begleitschreiben zur Lieferantenerklärung eingetragen. Da einige Kunden ihre Lieferantenerklärungen per E-Mail erhalten, wurden auch die Felder **E-Mail-Text** und **E-Mail-Betreff** mit Textbausteinen gefüllt.

Falls erforderlich, können Sie einzelnen Abkommen spezifische Formulare zuordnen (Ordner **Formulardaten für spezifische Abkommen**). Beachten Sie im Hinblick auf die Angabe des präferenziellen Ursprungslands in kundenseitigen Lieferantenerklärungen die Erläuterungen in KBA 2520707.

E-Mail-Empfänger

Wenn Sie einem Kunden Lieferantenerklärungen per E-Mail senden wollen, müssen Sie den Empfänger dieser E-Mails in SAP GTS als Geschäftspartner in der Rolle *Zuständige(r) Präferenz* (BUP008) anlegen und die E-Mail-Adresse in der Sicht **Anschrift** im gleichnamigen Feld ablegen. Außerdem müssen Sie eine *Beziehung* dieses Geschäftspartners zu seinem Arbeitgeber, Ihrem Kunden, herstellen (Schaltfläche **Beziehungen**). Abbildung 5.77 zeigt einen Ausschnitt aus dem Geschäftspartnerstammsatz einer E-Mail-Empfängerin.

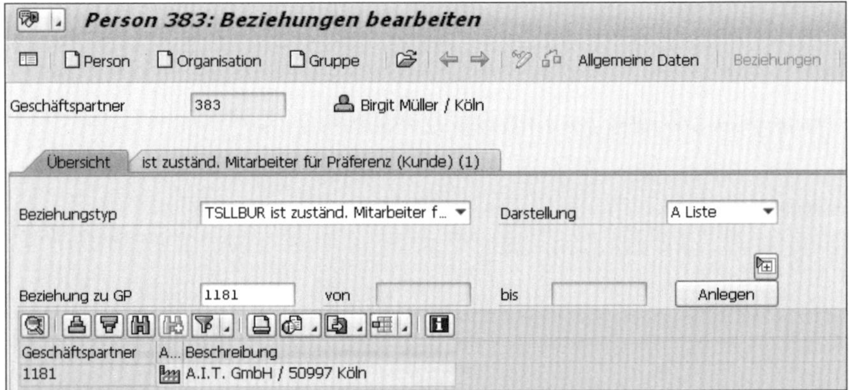

Abbildung 5.77 Beziehungen zwischen Geschäftspartnern

Beziehungstypen

Frau Birgit Müller (Geschäftspartner 383) ist Empfängerin der Lieferantenerklärungen für die A.I.T. GmbH (Geschäftspartner 1181). Der *Beziehungstyp* SLLBUR (zuständiger Mitarbeiter für Präferenz) kennzeichnet diese Beziehung zwischen den beiden Geschäftspartnern. Wenn Sie Mitarbeiter Ihrer Lieferanten als Empfänger von E-Mails in Ihrem SAP-GTS-System erfassen, verwenden Sie stattdessen den Beziehungstyp BUR008.

Anlässe

Die Kennzeichnung **CUDC Kundenseitige Lieferantenerklärung** im Feld **Art des Dokuments** in Abbildung 5.76 weist darauf hin, dass die Formularzuordnung sich auf die Ausstellung von Lieferantenerklärungen bezieht. Zusätzlich müssen Sie Vorkehrungen für die Korrektur bereits ausgestellter Lieferantenerklärungen treffen. Wenn Sie z. B. ein Produkt, für das Sie eine Lieferantenerklärung ausgestellt haben, dem Empfänger der Erklärung zu einem Preis unterhalb des Schwellenwerts verkaufen, müssen Sie Ihre Lieferantenerklärung umgehend widerrufen, da das Produkt seine Ursprungseigenschaft verloren hat. Möglicherweise haben Sie aber auch für eine Handelsware nach längerer Wartezeit oder nach einem Lieferantenwechsel doch noch eine Lieferantenerklärung für Waren mit Präferenzursprungseigenschaft erhalten. Sie wollen nun Ihren Kunden diese Veränderung in einer neuen Lieferantenerklärung mitteilen. Ein weiterer möglicher Anlass für den Widerruf oder die Neuausstellung einer Lieferantenerklärung ist eine Stücklistenänderung, die in der Präferenzkalkulation zu einer Erhöhung oder Verringerung des Schwellenwerts führt. Der Widerruf einer Langzeit-Lieferantenerklärung muss in jedem Fall unverzüglich nach Feststellung des Verlusts der Ursprungseigenschaft der darin aufgeführten Ware(n) erfolgen (Art. 62 Absatz 3 UZK-IA und z. B. Art. 27 Abs. 4 Satz 4 des Ursprungsprotokolls Nr. 4 zum Abkommen über den EWR).

Lieferantenerklärungen neu ausstellen

SAP GTS ermöglicht die weitgehend automatisierte Korrektur bereits ausgestellter und noch gültiger Lieferantenerklärungen mit dem Programm `/SAPSLL/PRE_VDO_REVOKE`. Dieses Programm können Sie mit der Transaktion **Langzeitlieferantenerklärungen neu ausstellen** im Dialog ausführen (Transaktionscode /SAPSLL/PRE_VDO_702). Auch das Programm für die Neuausstellung von Lieferantenerklärungen greift auf einen Arbeitsvorrat zu. In diesem Arbeitsvorrat legt SAP GTS zum einen Fakturadaten des Vorsystems ab, wenn der Nettopreis einer Fakturaposition den Schwellenwert des Produkts während der Geltungsdauer der Lieferantenerklärung für dieses Produkt unterschreitet. Zum anderen erscheinen in diesem Arbeitsvorrat Produkte, deren Schwellenwert sich durch eine neue Präferenzkalkulation so verändert hat, dass die zu diesem Produkt ausgestellten Lieferantenerklärungen nicht mehr zutreffen oder nun erst die Ausstellung überhaupt möglich ist. Ebenfalls in den Arbeitsvorrat aufgenommen werden Produkte, deren Präferenzstatus sich nach dem Ausstellen einer Lieferantenerklärung durch eine neue Verdichtung von Lieferantenaussagen verändert hat. Auch Produkte, deren Präferenzstatus in der Sicht **Präferenz** manuell bearbeitet wurde, übernimmt SAP GTS in den Arbeitsvorrat für die Neuausstellung von Lieferantenerklärungen.

Prozessbeispiele

Kurz nach der Ausstellung einer Lieferantenerklärung für die A.I.T. GmbH für die Jahre 2021/2022 hat der Einkauf die Bezugsquelle des Kugellagers 100-510 geändert: Es wird nun nicht mehr in der EU, sondern aus China beschafft. Nach Verdichtung des ersten Wareneingangs aus China gilt das Kugellager in SAP GTS wieder als Vormaterial ohne präferenziellen Ursprung. Wegen des Verlusts der Ursprungseigenschaft muss die Lieferantenerklärung für dieses Produkt unverzüglich widerrufen werden. Für das Gehäuse 103-100 hat inzwischen die Präferenzkalkulation einen Schwellenwert ergeben. Dieser liegt deutlich unter dem tatsächlichen Ab-Werk-Preis des Gehäuses. Der Société Métal Picardie S.A. kann daher doch noch eine Langzeit-

Lieferantenerklärung für Waren mit Präferenzursprungseigenschaft für dieses Produkt ausgestellt werden. Abbildung 5.78 zeigt die entsprechenden Einträge im Arbeitsvorrat.

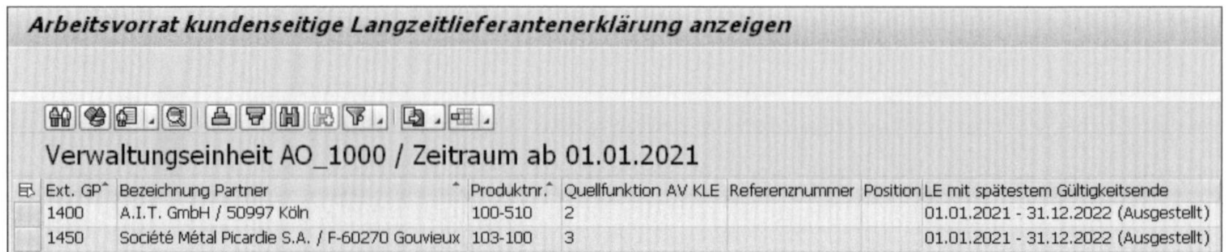

Arbeitsvorrat kundenseitige Langzeitlieferantenerklärung anzeigen

Verwaltungseinheit AO_1000 / Zeitraum ab 01.01.2021

Ext. GP	Bezeichnung Partner	Produktnr.	Quellfunktion AV KLE	Referenznummer	Position	LE mit spätestem Gültigkeitsende
1400	A.I.T. GmbH / 50997 Köln	100-510	2			01.01.2021 - 31.12.2022 (Ausgestellt)
1450	Société Métal Picardie S.A. / F-60270 Gouvieux	103-100	3			01.01.2021 - 31.12.2022 (Ausgestellt)

Abbildung 5.78 Arbeitsvorrat Neuausstellung Lieferantenerklärungen

Kennzeichen »Quellfunktion AV KLE«

Den Kennzeichen in der Spalte **Quellfunktion AV KLE** können Sie die jeweilige Ursache für den Eintrag in den Arbeitsvorrat entnehmen. Das Kennzeichen 1 weist in Verbindung mit der Belegnummer der Faktura in der Spalte **Referenznummer** darauf hin, dass ein erneuter Verkauf des Produkts zu einem Preis unterhalb des Schwellenwerts zum Verlust der Ursprungseigenschaft geführt hat. Das Gegenteil ist jedoch ebenso möglich. Das Kennzeichen 2 dokumentiert, dass eine erneute Verdichtung von Lieferantenaussagen den Präferenzstatus des Produkts verändert hat. Wenn die Ursache für die anstehende Neuausstellung von Lieferantenerklärungen eine neue Präferenzkalkulation ist, setzt SAP GTS in der Spalte **Quellfunktion AV KLE** das Kennzeichen 3. Das Kennzeichen 4 ist ein Hinweis auf manuelle Änderungen im Produktstammsatz.

Auf- und Abbau des Arbeitsvorrats

Die Ausstellung bzw. Neuausstellung von Lieferantenerklärungen leert zunächst den Arbeitsvorrat. Fakturen, die nach der Ausstellung oder Neuausstellung einer Lieferantenerklärung angelegt wurden, füllen den Arbeitsvorrat erneut, damit Sie nach Ablauf der Gültigkeit dieser Lieferantenerklärung eine neue Lieferantenerklärung ausstellen können. Die Gültigkeit der aktuellen Lieferantenerklärung zeigt das System in der Spalte **LE mit spätestem Gültigkeitsende** an (siehe Abbildung 5.78). Gelegentlich bleiben trotz sorgfältiger Stammdatenpflege »überflüssige« Einträge im Arbeitsvorrat bestehen. Solche Einträge können Sie mit einem im Anhang zu SAP-Hinweis 2327835 ausgelieferten Programm löschen.

Formularsteuerung

Auch für die Ausgabe neu auszustellender Lieferantenerklärungen müssen Sie der Verwaltungseinheit Formulardaten und Textbausteine zuordnen (siehe Abbildung 5.76). Wählen Sie im Feld **Art des Dokuments** die Kategorie **RVOK Neuausstellung kundenseitiger Lieferantenerklärung** aus. Wenn Sie das Kennzeichen **Neuausstellung** setzen, können Sie auf den nachträglichen Verlust der Ursprungseigenschaft eines Produkts ebenso reagieren wie auf den nachträglichen Erhalt dieser Eigenschaft. Setzen Sie das Kennzeichen nicht, ist dagegen nur ein Widerruf positiver Aussagen möglich.

Anzeige von Lieferantenerklärungen

Alle Lieferantenerklärungen, die Sie selbst (neu) ausgestellt haben, können Sie sich mit der Transaktion **Monitoring kundenseitige Langzeitlieferantenerklärung** (Transaktionscode /SAPSLL/PRE_VDO_710) anzeigen lassen. Sie finden diese Transaktion in der Sicht **Kunden** im Bereich **Lieferantenerklärung**.

5.2.3 Lieferantenerklärungen in SAP GTS, edition for SAP HANA

Neues Konzept

In SAP GTS, edition for SAP HANA, wurde die Verwaltung von Langzeit-Lieferantenerklärungen grundlegend überarbeitet. Anders als in SAP GTS sind Lieferantenerklärungen in SAP GTS, edition for SAP HANA, den Zollanmeldungen des Customs Managements vergleichbare *Belege*, die nicht nur alle wesentlichen Informationen zum Inhalt der Erklärung enthalten, sondern auch individuell änderbar sind.

Anforderung

In SAP GTS, edition for SAP HANA, beruht die Anforderung lieferantenseitiger Lieferantenerklärungen auf Systemvorschlägen, die auf Bestellungen und Materialbelegen zu Wareneingangsbuchungen des SAP-ERP- bzw. SAP-S/4HANA-Vorsystems basieren. Sollen Lieferantenerklärungen im Regelfall auf der Grundlage dieser Systemvorschläge angefordert werden, planen Sie das Programm `/SAPSLL/CREATE_LTSD_REQUESTS` (Erstellen von LLE-Anforderungen) für die Hintergrundverarbeitung ein. Dieses Programm kann die automatisch erstellten Anforderungen direkt an ihre Empfänger senden. Sie können Anforderungen jedoch auch unabhängig von Systemvorschlägen manuell anlegen. Als Alternative oder zur Ergänzung des Programms `/SAPSLL/CREATE_LTSD_REQUESTS` steht Ihnen wie in SAP GTS ein Jahreslauf in Form des Programms `/SAPSLL/CREATE_ANNUAL_LTSD_REQ` (Jährliches Erstellen von LLE-Anforderungen) zur Verfügung. Alle Anforderungen werden nach ihrem Sendestatus sortiert in der App **Anforderungen verwalten - Langzeitlieferantenerklärungen** in einer Übersicht aufgeführt. Sie finden diese App im Launchpad im Menü **Präferenz**. Die App ist – wie alle anderen in diesem Abschnitt erwähnten Apps – Bestandteil der Rolle SAP_BR_PREF_SPCLST_LLS. Abbildung 5.79 zeigt das Einstiegsbild der App.

Funktionen der App

In Abbildung 5.79 sehen Sie die drei möglichen *Sendestatus* einer Anforderung (**Sendebereit**, **Fehlgeschlagen** und **Gesendet**). Nach dem Ausführen der Selektion können Sie die sendebereiten Anforderungen vor dem Senden noch bearbeiten. So können Sie z. B. die systemseitig vorgeschlagene Geltungsdauer der anzufordernden Lieferantenerklärung anpassen und Produkte aus der Anforderung löschen oder zu dieser hinzufügen.

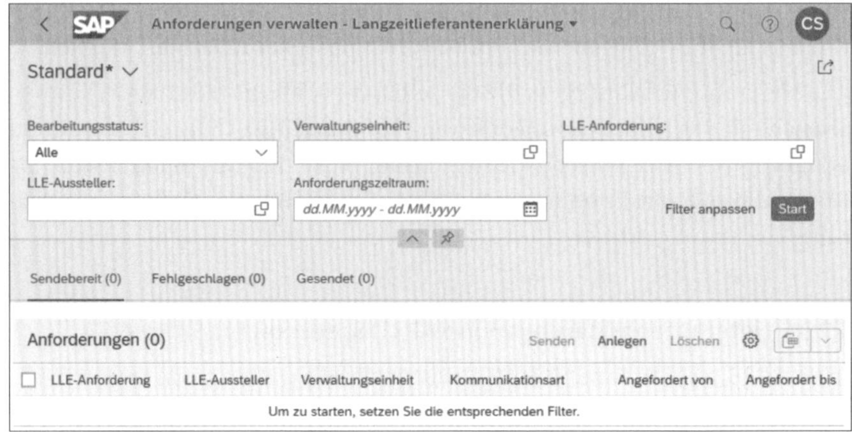

Abbildung 5.79 Anforderungsverwaltung – Selektionsbild

Das System informiert Sie außerdem über die jeweilige Quelle des Produktvorschlags (Einkaufsbeleg- und/oder Materialbelegnummer des Vorsystems) und listet alle relevanten Präferenzabkommen auf. Eine Druckvorschau für das Anschreiben und die Erklärung steht ebenfalls zur Verfügung. Ist das Senden einer Anforderung fehlgeschlagen, können Sie diese nachbearbeiten oder direkt einen neuen Sendeversuch starten. Auch das Anlegen oder Löschen einer Anforderung ist möglich.

Voreinstellungen

Die *Kommunikationsart* (Briefpost oder E-Mail) legen Sie ebenso wie die Ausgabesprache für jede Verwaltungseinheit im Customizing der Präferenzabwicklung fest (Menüpfad: **SAP Global Trade Services, edition für SAP HANA • Präferenz Management • Lieferantenerklärungen • Einstellungen für den LLE-Prozess definieren**). In Abbildung 5.80 sehen Sie diese Einstellungen.

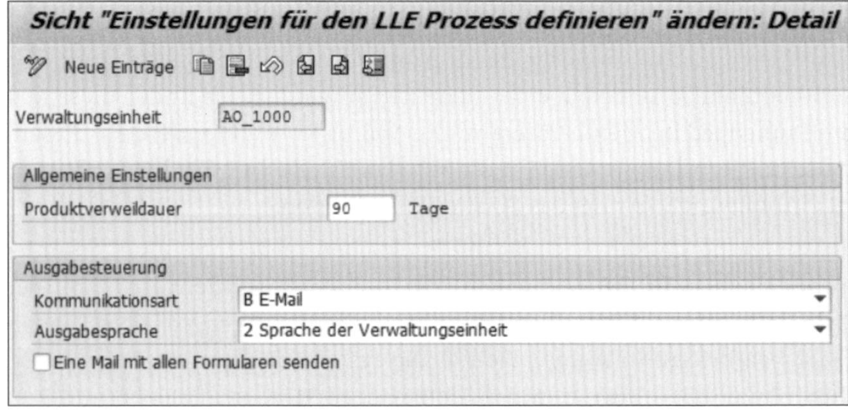

Abbildung 5.80 Ausgabesteuerung einer Verwaltungseinheit

Die auf der Ebene der Verwaltungseinheit voreingestellte Kommunikationsart kann in den Apps **Präferenzeigenschaften verwalten - Lieferanten** bzw. **Präferenzeigenschaften verwalten - Kunden** für einzelne Geschäftspartner individuell geändert werden. Diese Apps finden Sie ebenfalls im Menü **Präferenz** Ihres Launchpads. Für die nähere Zukunft ist zusätzlich zu den bereits zur Verfügung stehenden Kommunikationsarten ein elektronischer Austausch von Lieferantenerklärungen geplant.

Produktverweildauer

Eine wesentliche Neuerung der Lieferantenerklärungsverwaltung in SAP GTS, edition for SAP HANA, erkennen Sie in Abbildung 5.80 im Feld **Produktverweildauer**. In diesem Feld erfassen Sie die durchschnittliche Verweildauer zugekaufter Produkte in Ihren Vorsystembeständen. Im Beispiel in Abbildung 5.80 haben zugekaufte Produkte in der Regel spätestens 90 Tage nach der Wareneingangsbuchung das Lager wieder verlassen – entweder, um die eigene Fertigung mit Komponenten zu versorgen oder um Kunden zu beliefern. Bei der Produktverweildauer handelt es sich um einen Erfahrungswert, der im Einzelfall über- oder unterschritten werden kann. SAP GTS, edition for SAP HANA, nutzt diesen Wert, um die Ursprungseigenschaft eines Produkts auch über die Geltungsdauer der im System erfassten Lieferantenerklärung(en) hinaus bis zum ersten neuen Wareneingang oder bis zum Eintreffen einer neuen Lieferantenerklärung zu bewahren. Sind also nach Ablauf der Gültigkeit der Lieferantenerklärung(en) noch Restbestände vorhanden, können Sie diese bis zum Ende der jeweiligen Produktverweildauer weiterhin als Ursprungserzeugnisse einsetzen oder verkaufen, sofern im Vorsystem kein neuer Wareneingang gebucht wird. Die Verlängerung von Lieferantenerklärungen, die Sie in Abschnitt 5.2.1, »Lieferantenseitige Lieferantenerklärungen«, kennengelernt haben, erübrigt sich daher. In der App **Präferenzeigenschaften verwalten - Lieferanten** können Sie die Verweildauer eines Produkts für einzelne Lieferanten individuell anpassen.

Ursprungsbelegart

Nach Erhalt der Lieferantenerklärungen erfassen Sie diese in der App **Langzeitlieferantenerklärungen verwalten - Eingehend** als *Ursprungsbelege* mit Bezug zur jeweiligen Anforderung oder auch unabhängig von einer Anforderung. Voraussetzung für diese Erfassung ist in jedem Fall die Definition einer passenden *Ursprungsbelegart* im Customizing der Präferenzabwicklung (Menüpfad: **SAP Global Trade Services, edition für SAP HANA • Präferenz Management • Lieferantenerklärungen • Ursprungsbelege • Ursprungsbelege definieren**). Abbildung 5.81 zeigt ein Beispiel.

Sicht "Arten Langzeitlieferantenerklärungen definieren" ändern: Detail

Neue Einträge

Dialogstruktur
- Arten Langzeitlieferantenerklärungen definieren
  - Ländergruppen zuordnen
  - Präferenzabkommen zuordnen

Ursprungsbelegart: ZLLEEU

Arten Langzeitlieferantenerklärungen definieren

Beschreibung	Langzeit-Lieferantenerklärung (Art. 62 UZK-IA)
Nrkrnummer Eingang	01
Nrkrnummer Ausgang	02
Max. Gültigkeit	24
Max.Mon.Verg.	12
Max.Mon.Zukunft	6
Ablagekategorie	

Abbildung 5.81 Definition einer Ursprungsbelegart

Die Ursprungsbelegart ZLLEEU in Abbildung 5.81 repräsentiert Langzeit-Lieferantenerklärungen gemäß Art. 62 UZK-IA. Um sowohl lieferanten- als auch kundenseitige Lieferantenerklärungen mit der Belegart ZLLEEU im System abbilden zu können, wurde je ein Nummernkreisintervall für Eingang und Ausgang zugeordnet (Felder **Nrknummer Eingang** und **Nrknummer Ausgang**). Außerdem wurden in den Feldern **Max. Gültigkeit**, **Max.Mon.Verg.** und **Max.Mon.Zukunft** die Vorgaben des Art. 62 Abs. 2 UZK-IA umgesetzt: Die Geltungsdauer einer Langzeit-Lieferantenerklärung darf nicht mehr als 24 Monate betragen (Art. 62 Abs. 2 Buchstabe c UZK-IA). Das Anfangsdatum, also der Beginn der Geltungsdauer, darf »nicht mehr als zwölf Monate vor und nicht mehr als sechs Monate nach dem Ausfertigungsdatum liegen« (Art. 62 Abs. 2 Buchstabe b UZK-IA).

Einsatzbereich

Da es sich bei der Lieferantenerklärung – von Sonderfällen abgesehen – um ein nur innerhalb der EU nutzbares Dokument handelt, wurde die Ländergruppe EG sowohl für den Eingang als auch für den Ausgang in den Unterordner **Ländergruppen zuordnen** eingetragen. Abbildung 5.82 zeigt diese Zuordnung.

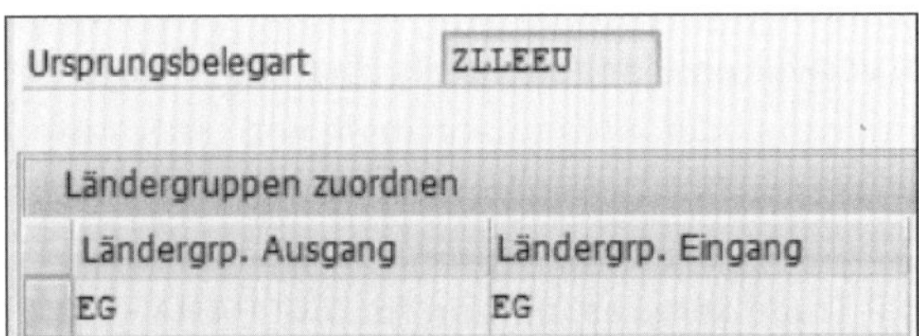

Ursprungsbelegart: ZLLEEU

Ländergruppen zuordnen

Ländergrp. Ausgang	Ländergrp. Eingang
EG	EG

Abbildung 5.82 Ländergruppenzuordnung

Auf der Grundlage der Ländergruppenzuordnung schlägt das System in den Apps für die Erfassung und für die Ausstellung von Lieferantenerklärungen passende Ursprungsbelegarten vor. Im Unterordner **Präferenzabkommen**

zuordnen ergänzen Sie alle gesetzlichen Grundlagen, die für Ihr Unternehmen relevante Präferenzabkommen oder Abkommensgruppen repräsentieren.

Aktivierung

Um eine neu angelegte Ursprungsbelegart nutzen zu können, müssen Sie diese auf der Ebene mindestens einer Verwaltungseinheit aktivieren (Menüpfad: **SAP Global Trade Services, edition für SAP HANA • Präferenz Management • Lieferantenerklärungen • Ursprungsbelege • Ursprungsbelege aktivieren**). In Abbildung 5.83 sehen Sie wieder das Beispiel der Belegart ZLLEEU.

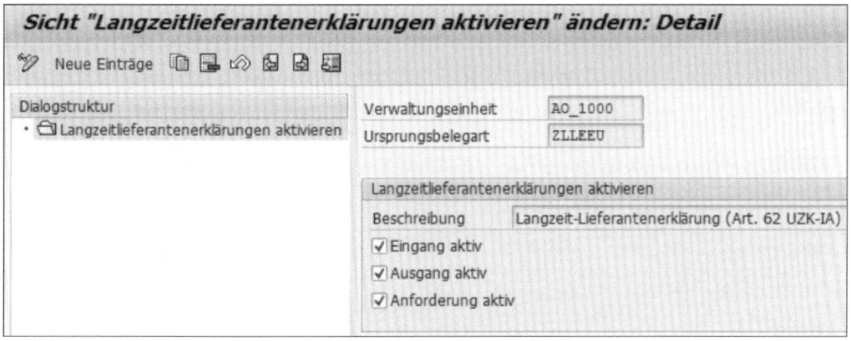

Abbildung 5.83 Aktivierung einer Ursprungsbelegart

Die Verwaltungseinheit AO_1000 soll die Belegart ZLLEEU sowohl für die Erfassung als auch für die Ausstellung von Lieferantenerklärungen verwenden (Kennzeichen **Eingang aktiv** und **Ausgang aktiv**). Eingehende Lieferantenerklärungen sollen mit Bezug zu Anforderungen angelegt werden können (Kennzeichen **Anforderung aktiv**).

Ausgabe

Lieferantenerklärungen haben in SAP GTS, edition for SAP HANA, eine weitere grundlegende Gemeinsamkeit mit den Belegen des Customs Managements: Ihre Inhalte werden mithilfe des PPF ausgegeben (siehe Abschnitt 3.2.2, »Customizing und Stammdatenpflege für das Versandverfahren«). Das Auslieferungs-Customizing enthält je ein Aktionsprofil für die Anforderung und für die Ausstellung von Lieferantenerklärungen (LLS_PRE_LTSD_EU_REQUEST und LLS_PRE_LTSD_EU_ISSUE). Das Aktionsprofil für die Anforderung von Lieferantenerklärungen umfasst drei Aktionsdefinitionen:

Aktionsdefinitionen

- LLS_PRE_LTSD_EU_REQUEST (für alle Abkommen außer dem EU-Japan-EPA)
- LLS_PRE_LTSD_JP_REQUEST (für das EU-Japan-EPA)
- LLS_PRE_LTSD_REQ_SEND_EMAIL (für die gemeinsame Anforderung beider Lieferantenerklärungen per E-Mail)

Die dritte Aktionsdefinition kommt nur zum Einsatz, wenn die Verwaltungseinheit die Lieferantenerklärungen per E-Mail anfordert und in der Ausgabesteuerung das Kennzeichen **Eine Mail mit allen Formularen senden** gesetzt ist (siehe Abbildung 5.80). Die beiden Formulare für das EU-Japan-EPA und die übrigen Abkommen werden also als Anhang einer einzigen Anforderungs-E-Mail versendet.

Zuordnung

Das Aktionsprofil für die Anforderung von Lieferantenerklärungen ordnen Sie Ihrer bzw. Ihren Verwaltungseinheit(en) zu (Menüpfad: **SAP Global Trade Services, edition für SAP HANA • Präferenz Management • Lieferantenerklärungen • Ausgabeverwaltung • Aktionsprofile zuordnen**). Anschließend verknüpfen Sie die ersten beiden Aktionsdefinitionen dieses Aktionsprofils mit Abkommen bzw. Abkommensgruppen. Abbildung 5.84 zeigt zwei Beispiele:

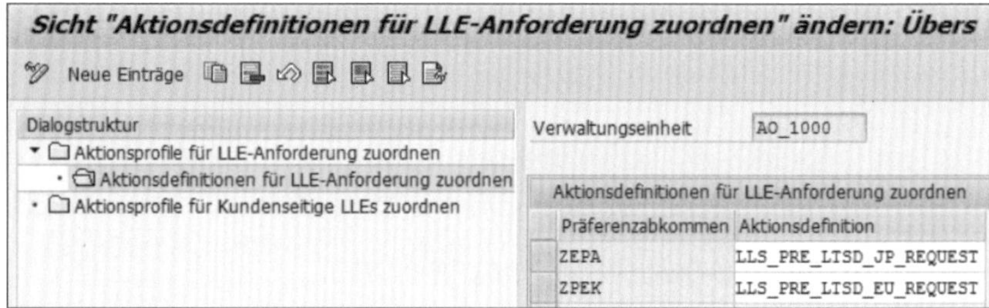

Abbildung 5.84 Zuordnung von Aktionsdefinitionen zu Abkommen

Die selbst definierte gesetzliche Grundlage ZEPA repräsentiert auch in SAP GTS, edition for SAP HANA, das EU-Japan-EPA; die gesetzliche Grundlage ZPEK umfasst die Abkommen der Paneuropäischen Kumulierungszone. Beiden gesetzlichen Grundlagen ist die jeweils zutreffende Aktionsdefinition für die Anforderung von Lieferantenerklärungen zugeordnet.

Anforderungsrelevanz

Nicht jeder Geschäftspartner in der Partnerrolle Lieferant ist tatsächlich relevant für die Anforderung von Lieferantenerklärungen. In der App **Präferenzeigenschaften verwalten - Lieferanten** können Sie daher die Anforderungsrelevanz auf Geschäftspartnerebene steuern. In SAP GTS, edition for SAP HANA, sind alle Drittlandslieferanten als nicht anforderungsrelevant gekennzeichnet (nicht änderbar). Im Customizing der Präferenzabwicklung legen Sie für jede Verwaltungseinheit fest, ob alle in der EU ansässigen Lieferanten in die Anforderungsläufe einbezogen werden oder ob eine individuelle Kennzeichnung erforderlich ist (Menüpfad: **SAP Global Trade Services, edition für SAP HANA • Präferenz Management • Lieferantenerklärungen • Einstellungen für den LLE-Prozess definieren**). In Abbildung 5.85 sehen Sie den relevanten Ausschnitt aus den Einstellungen der Verwaltungseinheit AO_1000:

LLE Anforderungsprozess		
☑ Alle Lieferanten anfordern		
Anforderungstoleranz	14	Tage
LLE Ausstellungsprozess		
☑ An alle Kunden ausstellen		
Ausstellen max. Kalenderjahre	2	
Anz. Tage vor Gültigkeitsz.	90	

Abbildung 5.85 Steuerung der Anforderungsrelevanz

Individuelle Steuerung

Ist das Kennzeichen **Alle Lieferanten anfordern** gesetzt, gelten alle EU-Lieferanten als anforderungsrelevant. In der App **Präferenzeigenschaften verwalten - Lieferanten** können Sie jedoch einzelne Geschäftspartner von der Anforderung ausnehmen. Ist das Kennzeichen nicht gesetzt, müssen Sie alle anforderungsrelevanten EU-Lieferanten in der App individuell kennzeichnen. Im Feld **Anforderungstoleranz** legen Sie fest, wie viele Tage vor dem Ablaufdatum einer Lieferantenerklärung sich der Arbeitsvorrat für die Anforderung einer neuen Erklärung aufbauen soll.

Verdichtung

Ebenso wie in SAP GTS werden auch in SAP GTS, edition for SAP HANA, die Erklärungen der EU-Lieferanten und die Wareneingänge von Drittlandslieferanten nach dem »Worst-Case«-Prinzip auf Produktebene zu einer einzigen Präferenzaussage verdichtet. Das Verdichtungsprogramm, dessen Name zum Zeitpunkt der Drucklegung dieses Buchs noch nicht feststand, ist für die regelmäßige Ausführung im Hintergrund vorgesehen.

Ausstellung

Für die Ausstellung und – optional – den Versand von Langzeit-Lieferantenerklärungen steht Ihnen in SAP GTS, edition for SAP HANA, das Programm `/SAPSLL/CREATE_LTSD_OUTBOUND` zur Verfügung. Dieses Programm greift auf Fakturen des Vorsystems zu. In der App **Langzeitlieferantenerklärungen verwalten - Ausgehend** können Sie sich einen Überblick über die ausgestellten Lieferantenerklärungen verschaffen. Wie in der App **Anforderungen verwalten - Langzeitlieferantenerklärungen** sind die Einträge in dieser Übersicht nach Sendestatus gruppiert (siehe Abbildung 5.79).

Funktionen der App

In der App können Sie sendebereite Lieferantenerklärungen vor dem Senden bearbeiten. So können Sie wie bei der Anforderung z. B. die systemseitig vorgeschlagene Geltungsdauer einer Lieferantenerklärung anpassen und Produkte aus Lieferantenerklärungen löschen oder diesen hinzufügen. Sie erkennen außerdem, ob ein Produkt mit oder ohne Bezug zu einer Faktura des Vorsystems in die Lieferantenerklärung aufgenommen wurde (Text **Rechnungsbelege** oder **Manuell hinzugefügt** in der Spalte **Herkunft**). Sie können aber auch Lieferantenerklärungen unabhängig von Systemvorschlägen vollständig neu anlegen oder automatisch erstellte, noch nicht gesendete Lieferantenerklärungen löschen. Ist das Versenden einer Lieferantenerklärung fehlgeschlagen, können Sie diese bei Bedarf nachbearbeiten oder direkt einen neuen Sendeversuch starten.

Präferenzstatus

Für jedes Produkt einer Lieferantenerklärung setzt das System einen *aggregierten Präferenzstatus*. Dieser Gesamtstatus fasst die für alle relevanten Präferenzabkommen bzw. Abkommensgruppen separat ermittelten Einzelstatus zusammen. Die möglichen Statuswerte sind:

- Positiv (Das Produkt ist ein Ursprungserzeugnis.)
- Negativ (Das Produkt ist kein Ursprungserzeugnis.)
- Positiv/Negativ (Das Produkt gilt nicht für alle Abkommen als Ursprungserzeugnis.)

Preisvergleich

Ebenso wie in SAP GTS vergleicht auch in SAP GTS, edition for SAP HANA, das Ausstellungsprogramm die tatsächlichen, aus dem Vorsystem übertragenen Ab-Werk- oder FOB-Preise der Produkte mit dem in der Präferenzkalkulation ermittelten jeweiligen Schwellenwert. Für jede Verwaltungseinheit legen Sie im Customizing der Präferenzabwicklung fest, wie weit das System bei diesem Vergleich in die Vergangenheit zurückschaut. In Abbildung 5.85 sehen Sie die Einstellungen der Verwaltungseinheit AO_1000: Bei der Ausstellung von Lieferantenerklärungen sollen Fakturen mit einem Leistungserstellungsdatum, das bis zu 90 Tage vor dem Anfangsdatum der Geltungsdauer der Lieferantenerklärung liegt, berücksichtigt werden (Feld **Anz. Tage vor Gültigkeitsz.**). Hat ein Produkt die Ursprungseigenschaft wertunabhängig, also z. B. durch einen Positionswechsel, erlangt, findet kein Preisvergleich statt.

Aktionsprofile

Für die Ausstellung können Sie dieselbe Ursprungsbelegart wie für die Erfassung von Lieferantenerklärungen verwenden (siehe Abbildung 5.83). Sie müssen den Belegarten für die Ausstellung jedoch noch das jeweils passende Aktionsprofil zuordnen. Abbildung 5.86 zeigt ein Beispiel.

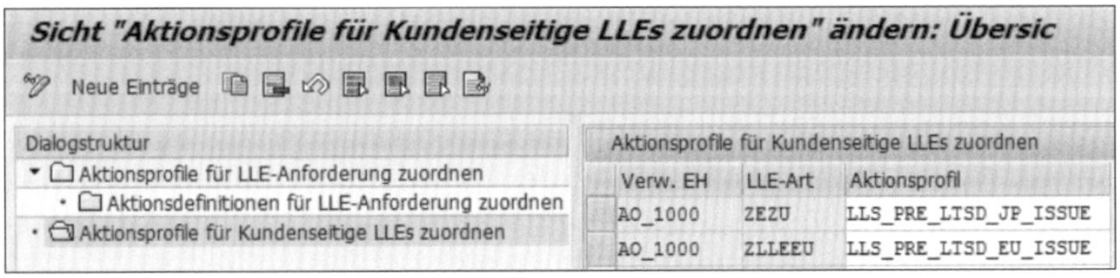

Verw. EH	LLE-Art	Aktionsprofil
AO_1000	ZEZU	LLS_PRE_LTSD_JP_ISSUE
AO_1000	ZLLEEU	LLS_PRE_LTSD_EU_ISSUE

Abbildung 5.86 Zuordnung der Aktionsprofile für die Ausstellung

In Verbindung mit der Verwaltungseinheit AO_1000 wurde der Belegart ZL-LEEU das Aktionsprofil für die Ausstellung von Lieferantenerklärungen auf der Grundlage der Präferenzabkommen der EU zugeordnet.

Neuausstellung

Um sicherzustellen, dass Lieferantenerklärungen ggf. zeitnah widerrufen bzw. neu ausgestellt werden, sollten Sie regelmäßig das Programm `/SAPSLL/PROCESS_RIR_TRIGGERS` für die Hintergrundverarbeitung einplanen. Dieses Programm prüft, ob die Aussagen Ihrer Lieferantenerklärungen weiterhin Bestand haben. Bei dieser Prüfung wird nicht nur ggf. festgestellt, dass Produkte ihre Ursprungseigenschaft verloren haben, sondern auch eine Veränderung zum Besseren erkannt. Die App **Neuausstellungsgründe verwalten - Langzeitlieferantenerklärungen** führt alle für eine Neuausstellung relevanten Lieferantenerklärungen in einer Übersicht auf. In Abbildung 5.87 sehen Sie drei Belege im Status **Offen**.

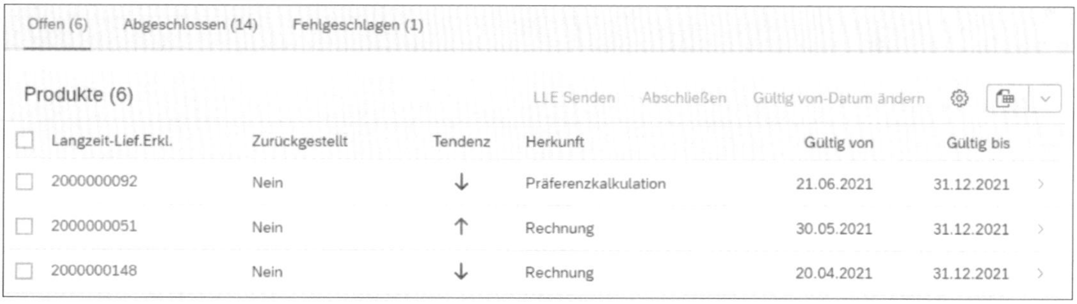

Offen (6) Abgeschlossen (14) Fehlgeschlagen (1)

Produkte (6) LLE Senden Abschließen Gültig von-Datum ändern

☐	Langzeit-Lief.Erkl.	Zurückgestellt	Tendenz	Herkunft	Gültig von	Gültig bis
☐	2000000092	Nein	↓	Präferenzkalkulation	21.06.2021	31.12.2021
☐	2000000051	Nein	↑	Rechnung	30.05.2021	31.12.2021
☐	2000000148	Nein	↓	Rechnung	20.04.2021	31.12.2021

Abbildung 5.87 App für die Neuausstellung (Ausschnitt)

Analysefunktionen

In der Spalte **Tendenz** erkennen Sie auf den ersten Blick, ob das System einen – gesetzlich vorgeschriebenen – Widerruf (Symbol ↓) oder eine freiwillige Neuausstellung aufgrund des nachträglichen Erlangens der Ursprungseigenschaft (Symbol ↑) vorschlägt. In der Spalte **Herkunft** lesen Sie, welcher Umstand zu einer Veränderung der Ausgangssituation geführt hat:

- Präferenzkalkulation (Eine aktuelle Präferenzkalkulation hat den Schwellenwert erhöht oder gesenkt.)
- Rechnung (Der Schwellenwert wurde in einer neuen Faktura über- oder unterschritten.)
- Verdichtung (Lieferantenerklärungen und Wareneingänge aus Drittländern wurden neu verdichtet.)
- Manuelle Änderung (Ein Anwender hat die Präferenzaussage im Produktstammsatz geändert.)

In den Details zu den in der Übersicht in Abbildung 5.87 aufgeführten Lieferantenerklärungen können Sie feststellen, welche Produkte und Abkommen bzw. Abkommensgruppen von den Veränderungen betroffen sind. Außerdem können Sie die vom System vorgeschlagene Geltungsdauer der neuen Lieferantenerklärungen ändern.

Nach Prüfung und ggf. Änderung des Systemvorschlags können Sie neu ausgestellte Lieferantenerklärungen direkt an ihre Empfänger versenden. Falls Sie einen Vorgang zunächst nicht bearbeiten wollen, können Sie ihn zurückstellen. Sie können ihn aber auch abschließen, ohne die neue Lieferantenerklärung zu versenden.

Abweichender Empfänger

Nicht immer ist der Warenempfänger auch der Empfänger der Lieferantenerklärung. In SAP GTS, edition for SAP HANA, können Sie in der App **Präferenzeigenschaften verwalten - Kunden** Geschäftspartnern in der Partnerrolle Kunde andere Geschäftspartner als Empfänger der Lieferantenerklärungen zuordnen. Abbildung 5.88 zeigt ein Beispiel.

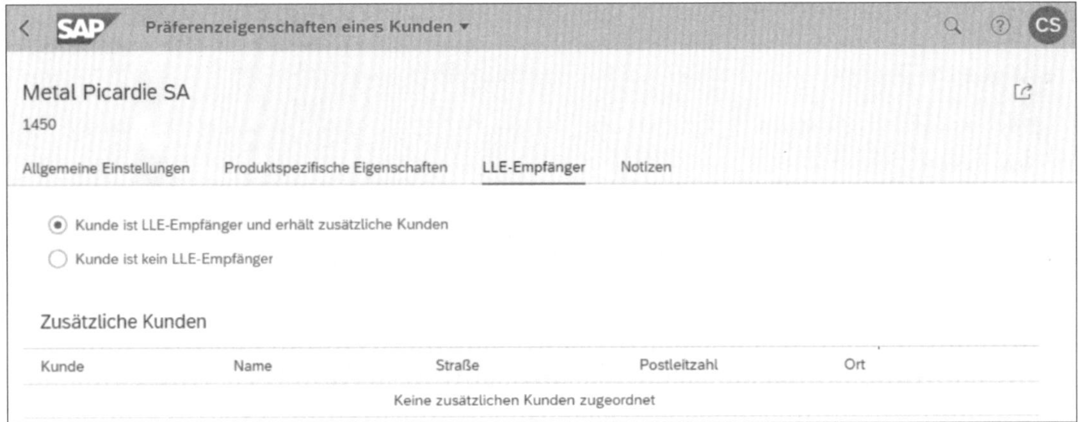

Abbildung 5.88 Empfänger der Lieferantenerklärungen

Die Métal Picardie SA, ein in Frankreich ansässiger Kunde, ist in Abbildung 5.88 als Empfängerin von Lieferantenerklärungen gekennzeichnet. Ein abweichender Empfänger könnte im Bereich **Zusätzliche Kunden** erfasst werden, wenn zuvor das Kennzeichen **Kunde ist kein LLE-Empfänger** gesetzt wurde.

Ausstellungsrelevanz

Wie Sie in Abbildung 5.85 sehen, können Sie für jede Verwaltungseinheit festlegen, dass alle Kunden ausstellungsrelevant sind (Kennzeichen **An alle Kunden ausstellen**). Wenn Sie dieses Kennzeichen nicht setzen, müssen Sie Kunden, die abweichend von diesen Voreinstellungen eine Lieferantenerklärung von Ihnen erwarten, in der App **Präferenzeigenschaften verwalten - Kunden** im Bereich **Allgemeine Einstellungen** entsprechend kennzeichnen.

Erklärung zum Ursprung

Auf der Grundlage von Ursprungsbelegarten werden Sie nach bisheriger Planung in näherer Zukunft nicht nur Langzeit-Lieferantenerklärungen, sondern auch nicht-förmliche Ursprungsnachweise ausstellen können. Ein Beispiel für solche vom Ausführer ohne Mitwirkung der Zollbehörden ausgestellten Ursprungsnachweise ist Ihnen bereits in Abschnitt 5.1.3, »Präferenzkalkulation«, in Gestalt der Erklärung auf der Rechnung begegnet. SAP GTS, edition for SAP HANA, ermöglicht Ihnen schon in der Version 2020 die Ausgabe von *Erklärungen zum Ursprung* gemäß Art. 3.17 des EU-Japan-EPA. Der Wortlaut dieser Erklärung, die auf einer Rechnung oder einem anderen Handelspapier abgegeben wird, findet sich in Anhang 3-D des Abkommens. Im Unterschied zur Erklärung auf der Rechnung des Regionalen Übereinkommens bleibt die Erklärung zum Ursprung zwölf Monate ab dem Tag ihrer Ausstellung gültig und kann sich auf »mehrere in die Vertragspartei eingeführte Lieferungen identischer Erzeugnisse innerhalb eines in der Erklärung zum Ursprung angegebenen und zwölf Monate nicht überschreitenden Zeitraums« beziehen (Art. 3.17 Abs. 4 und 5 Buchstabe b des EU-Japan-EPA).

Ausstellung von Erklärungen zum Ursprung

Wenn Sie japanischen Kunden Erklärungen zum Ursprung Ihrer Waren ausstellen wollen, definieren Sie zunächst eine Ursprungsbelegart für diesen Ursprungsnachweis (siehe Abbildung 5.81) und ordnen zum einen die Ländergruppen für die EU und für Japan, zum anderen die gesetzliche Grundlage für das EU-Japan-EPA zu. Die neue Ursprungsbelegart aktivieren Sie anschließend für Ausgänge (siehe Abbildung 5.83). Im letzten Schritt ordnen Sie der Ursprungsbelegart das Aktionsprofil LLS_PRE_LTSD_JP_ISSUE zu (siehe Abbildung 5.86). Dieses Aktionsprofil enthält Aktionsdefinitionen für die Ausgabe der Erklärung zum Ursprung, aber auch für eine Mitteilung zu Waren ohne Ursprungseigenschaft. Für die Ausstellung der Erklärungen und – falls notwendig – Mitteilungen nutzen Sie das Programm `/SAPSLL/CREATE_LTSD_OUTBOUND` oder die App **Langzeitlieferantenerklärungen verwalten - Ausgehend**.

Die Ausführungen dieses Kapitels lassen erkennen, dass die Vorarbeiten für die Ausstellung von Ursprungsnachweisen aufwendig sein können. Nicht in jedem Fall lohnt sich dieser Aufwand. Möglicherweise machen wichtige Kunden jedoch ihre Kaufentscheidung von der Vorlage eines Präferenznachweises abhängig. Sie sehen sich dann ungeachtet des Aufwands gezwungen, die Voraussetzungen für die Ausstellung von Präferenznachweisen zu schaffen, wenn Sie diese Kunden nicht verlieren wollen.

Kapitel 6
Warenbewegungen innerhalb der EU

SAP GTS enthält auch einige länder- oder ländergruppenabhängige Anwendungsbereiche. Dieses Kapitel behandelt zwei Anwendungsbereiche (Intrastat und Verbrauchsteuerüberwachung), die sich ausschließlich an Kunden in der EU richten.

Die Systemfunktionen, die Sie in diesem Kapitel kennenlernen, spielen nur für Unternehmen in der EU eine Rolle. Die Intrastat-Meldung, um die es in Abschnitt 6.1 geht, ist eine statistische Meldung zur Erfassung von Warenbewegungen innerhalb der EU. Der Adressatenkreis in Abschnitt 6.2 ist noch enger: Die in diesem Abschnitt dargestellten Funktionen sind nur relevant für Unternehmen, die bestimmte verbrauchsteuerpflichtige Waren im Steueraussetzungsverfahren befördern.

6.1 Intrastat-Meldung

Entstehung des Intrastat-Systems

Der langfristig geplante Binnenmarkt wurde am 1. Januar 1993 Wirklichkeit. Seither findet innerhalb der EU keine zollamtliche Überwachung des Warenverkehrs mit Unionswaren mehr statt. Mit der Zollanmeldung entfiel jedoch auch die Grundlage für die Erhebung statistischer Daten im Warenverkehr zwischen den Mitgliedstaaten. Diese Daten blieben aber insbesondere für die Handelspolitik der EU weiterhin von großer Bedeutung. In Vorbereitung des Binnenmarkts begründete daher der Rat der Europäischen Gemeinschaften mit der Verordnung (EWG) Nr. 3330/1991 das *permanente statistische Erhebungssystem*, kurz *Intrastat-System*. Diese Verordnung wurde im April 2004 durch die Verordnung (EG) Nr. 638/2004 ersetzt. Das Intrastat-System erfasst ausschließlich die Bewegungen von Unionswaren innerhalb der EU. Der Warenverkehr mit Nicht-Unionswaren unterliegt nach wie vor zollamtlicher Überwachung und ist Gegenstand der Außenhandelsstatistik. Die Daten für die Außenhandelsstatistik erheben die Zollbehörden in Verbindung mit der elektronischen Zollanmeldung und leiten sie automatisiert an die nationalen statistischen Behörden weiter. In Deutschland ist das Statistische Bundesamt in Wiesbaden für die Datenerhebung im Rahmen des Intrastat-Systems zuständig. Diese Datenerhebung erfolgt in regelmäßigen Abständen in einem elektronischen Meldeverfahren.

6.1.1 Vorbereitung der Intrastat-Meldung

Auskunftspflicht und Bezugszeitraum

Rechtsgrundlage für die Erhebung von Daten für die Intrahandelsstatistik sind die Verordnung (EG) Nr. 638/2004 und ihre Durchführungsverordnung (Verordnung (EG) Nr. 1982/2004). Auskunftspflichtig sind grundsätzlich nur Unternehmen. Eine Auskunftspflicht entsteht jedoch erst, wenn Eingänge und Versendungen im Vorjahr eine von den zuständigen nationalen Behörden festzulegende Wertgrenze überschritten haben. In Deutschland beträgt diese Wertgrenze zurzeit 500.000,00 € für Versendungen und 800.000 € für Eingänge. Der Bezugszeitraum der Meldung ist der Kalendermonat der Versendung oder des Eingangs der Waren. Die Übermittlungsfrist, die ebenfalls von den zuständigen nationalen Behörden festgelegt wird, endet in Deutschland am 10. Arbeitstag nach Ablauf des Bezugszeitraums. Das Statistische Bundesamt erlaubt die Meldung ausnahmsweise auch im Folgemonat, wenn die Rechnung zum Vorgang im Bezugszeitraum noch nicht vorliegt. Spätestens im darauffolgenden Monat jedoch muss der Eingang oder die Versendung gemeldet werden, auch wenn die Rechnung weiterhin fehlt.

[»]

Neue Rechtsgrundlagen

Die Europäische Kommission hat bereits 2011 über das Europäische Statistische System (ESS), einen Zusammenschluss statistischer Behörden der EU und der EFTA, eine Modernisierung des Intrastat-Systems in die Wege geleitet. Die europäische Rahmenverordnung *Framework Regulation Integrating Business Statistics* (FRIBS) ist zwar seit dem 01.01.2021 in Kraft; die Durchführungsbestimmungen sind jedoch noch in Arbeit und sollen nach bisheriger Planung ab dem 01.01.2022 gelten. Das Statistische Bundesamt informiert auf seiner Website über den aktuellen Stand der Entwicklungen (*https://www.destatis.de/DE/Themen/Wirtschaft/Aussenhandel/Methoden/Fribs/einstieg.html*).

Gegenstand der Meldung

Gegenstand der Intrastat-Meldungen ist nur der tatsächliche Warenverkehr zwischen den Mitgliedstaaten. Eingänge und Versendungen von Unionswaren müssen getrennt gemeldet werden. Dabei besteht eine Auskunftspflicht jeweils nur in dem Mitgliedstaat, in den die Waren körperlich eingehen oder aus dem sie körperlich versendet werden. Melderelevant sind auch unentgeltliche Versendungen und Eingänge sowie Lohnveredelungsverkehre innerhalb der EU. Im Rahmen einer zollamtlich bewilligten Lohnveredelung sind ausnahmsweise auch Bewegungen von Nicht-Unionswaren innerhalb der EU melderelevant.

Meldedaten

Art. 9 der Verordnung (EG) Nr. 638/2004 legt die in der Intrastat-Meldung mindestens zu erhebenden Daten fest. Einige dieser Daten sind im Anhang der Verordnung begrifflich näher bestimmt. Vorgeschrieben ist die Erhebung der folgenden Daten:

- Identifikationsnummer des Auskunftspflichtigen
- Bezugszeitraum der Meldung
- Warenstrom (Eingang oder Versendung)
- Bezeichnung der Waren gemäß KN
- Partnermitgliedstaat
- Warenwert als Bemessungsgrundlage der Umsatzsteuer oder als statistischer Wert
- Warenmenge als Eigenmasse, ggf. zusätzlich als Menge in der besonderen Maßeinheit gemäß KN
- Art des Geschäfts

Gemäß Art. 9 der Verordnung Nr. 638/2004 dürfen die Mitgliedstaaten zusätzliche Informationen erheben. In Deutschland muss z. B. zusätzlich zu den aufgelisteten Daten der Verkehrszweig gemeldet werden. Bei einem Eingang müssen außerdem das Ursprungsland und die Bestimmungsregion und bei einer Versendung der Bestimmungsmitgliedstaat, die Ursprungsregion und – ab Januar 2022 – das Ursprungsland der Ware angegeben werden. Andere Mitgliedstaaten verlangen zusätzlich die Angabe der Lieferbedingungen oder des statistischen Verfahrens. Das Statistische Bundesamt veröffentlicht auf seiner Website einen jährlich aktualisierten »Leitfaden zur Intrahandels-Statistik« und Leitfäden für die Aufbereitung der Daten für elektronische Meldungen.

Meldeformen

Für die Abgabe der Intrastat-Meldung stehen verschiedene Meldeformen zur Auswahl:

- Online-Meldung über die *Internet-Datenerhebung im Verbund der statistischen Ämter des Bundes und der Länder* (IDEV)
  - Formularmeldung
  - Datei-Upload
- Meldeverfahren .CORE

Bei der Formularmeldung rufen Sie das Meldeformular über Ihren Internet-Browser auf und füllen es am Bildschirm aus. Meldedateien für den Upload können Sie mit der *Intrahandels-Daten-Erfassungs-Software* (IDES) des Statistischen Bundesamts erstellen. Wenn Sie eine andere Software verwenden, müssen Sie XML-Dateien erzeugen, die der IDEV-Datensatzbeschreibung entsprechen. SAP GTS generiert IDEV-konforme Meldedateien im XML-Format. Sie können diese Dateien anschließend auf der IDEV-Website hochladen.

Die Teilnahme am Meldeverfahren .CORE setzt voraus, dass die jeweils genutzte ERP- oder Buchhaltungssoftware ein sogenanntes *Statistikmodul* enthält. Dieses Modul generiert Datenpakete, die den technischen Anforderungen des Meldeverfahrens entsprechen, und übermittelt diese automatisiert an das Statistische Bundesamt. SAP ERP bzw. SAP S/4HANA enthalten dieses Modul nicht.

Zusammenwirken von Vorsystem und SAP GTS

Wenn Sie Ihre Intrastat-Meldungen mit Unterstützung von SAP GTS abgeben wollen und ein SAP-ERP- bzw. SAP-S/4HANA-Vorsystem nutzen, ist es sinnvoll, einen Teil der Meldedaten aus den Belegen dieses Vorsystems zu beziehen. Es ist zwar auch möglich, die Daten der melderelevanten Eingänge und Versendungen manuell in SAP GTS zu erfassen. Die Datenübernahme aus dem Vorsystem erleichtert die Intrastat-Meldung jedoch erheblich. SAP-ERP- bzw. SAP-S/4HANA-Vorsysteme enthalten Selektionsprogramme für die Zusammenstellung von melderelevanten Belegdaten. Diese Daten überträgt das Vorsystem per RFC an SAP GTS und legt sie in einem Arbeitsvorrat für Intrastat-Meldungen ab. Die Datensätze dieses Arbeitsvorrats können Sie vor dem Erzeugen einer Meldedatei bearbeiten oder löschen. Sie können der Meldung in SAP GTS aber auch neue Datensätze hinzufügen. Abbildung 6.1 stellt den Ablauf schematisch dar.

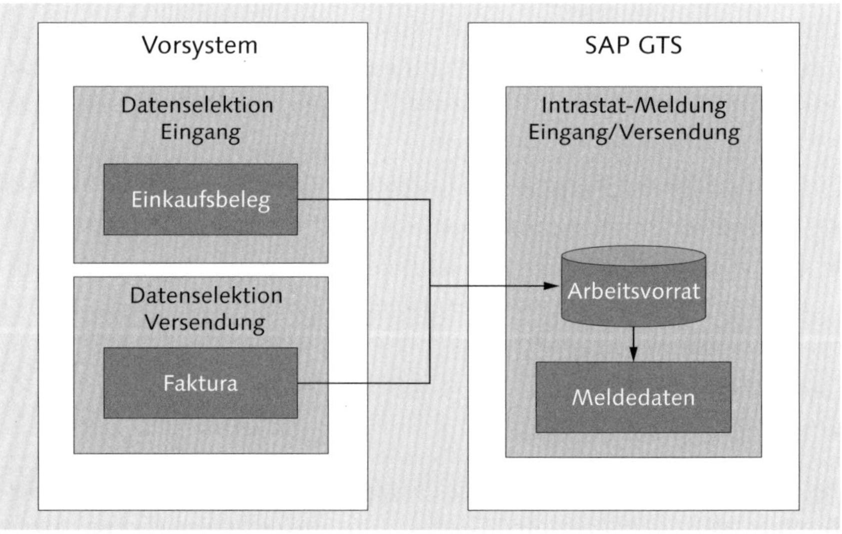

Abbildung 6.1 Zusammenwirken von Vorsystem und SAP GTS

Einkaufsbelege liefern Daten für Eingangsmeldungen; Fakturen sind Beleggrundlage für Versendungsmeldungen. In bestimmten Fällen müssen Sie jedoch für die Eingangsmeldung auch Fakturen und für die Versendungsmeldung auch Einkaufsbelege heranziehen. Wir betrachten diese Fälle in Abschnitt 6.1.2, »Datenselektion und Meldung«.

Grundsatzentscheidung zum Datenvorschlag

Wenn Sie ein SAP-ERP-Vorsystem mit SAP GTS verbinden, stehen Sie vor der Einführung der Intrastat-Meldung immer vor der Grundsatzentscheidung, ob Sie sich die Art des Geschäfts bereits in den Außenhandelsdaten der Vorsystembelege vorschlagen lassen oder ob Sie diese Information erst in SAP GTS ergänzen. Je nach Mitgliedstaat, in dem Sie die Intrastat-Meldungen abgeben müssen, müssen Sie die gleiche Grundsatzentscheidung für den Verkehrszweig und/oder das statistische Verfahren treffen. In diesem Abschnitt lernen Sie beide Möglichkeiten des Datenvorschlags kennen. Wenn Ihr Vorsystem ein SAP-S/4HANA-System ist, können Sie den folgenden Abschnitt überspringen.

Belegdaten

In SAP ERP sind Geschäftsart, Verkehrszweig und statistisches Verfahren Daten der Teilkomponente SD-FT (siehe Abschnitt 1.1.1, »Entstehungsgeschichte und Ausblick«). In Abschnitt 3.1.2, »Abwicklung des Ausfuhrverfahrens in SAP GTS«, haben Sie bereits erfahren, dass SAP ERP die Außenhandelsdaten in eigenen Datenbanktabellen ablegt. In Einkaufsbelegen finden Sie diese Daten in der Sicht **Import**, in Lieferungen und Fakturen in der Sicht **Außenhandel/Zoll**. Abbildung 6.2 zeigt den relevanten Ausschnitt aus der Sicht **Import** einer Einkaufsbelegposition.

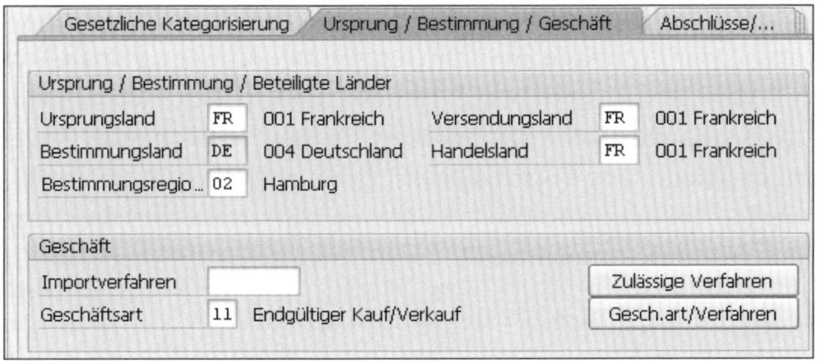

Abbildung 6.2 Sicht »Import« einer Einkaufsbelegposition (Ausschnitt)

Den Code für das statistische Verfahren können Sie bei Bedarf in das Feld **Importverfahren** eintragen. Das statistische Verfahren dient der Unterscheidung verschiedener Typen von Eingängen und Versendungen. Das Statistische Bundesamt erhebt diese Daten nicht mehr. In Österreich z. B. müssen Sie das statistische Verfahren jedoch weiterhin mit fünfstelligen numerischen Codes melden.

Für Geschäftsart, statistisches Verfahren und Verkehrszweig können Sie im Customizing des Außenhandels Vorschlagswerte vorgeben, um die Außenhandelsdaten der Vorsystembelege zu füllen. Bedenken Sie dabei jedoch stets, dass SAP GTS diese Daten ggf. auch in Ihre Zollanmeldungen übernimmt. Das Datenvorschlagswesen, das Sie in Abschnitt 3.1.3, »Stammdaten für die Ausfuhrabwicklung«, kennengelernt haben, überschreibt die aus dem Vorsystem übernommenen Werte grundsätzlich nicht, sondern ergänzt sie bei Bedarf.

Geschäftsart

Die Art des Geschäfts müssen Sie in der Intrastat-Meldung in Deutschland mit einem zweistelligen Code angeben. Die zulässigen Codes und ihre Bedeutung sind in Anhang III der Verordnung (EG) Nr. 1982/2004 aufgeführt. Sie finden diese Codes u. a. auch in Anhang 2 des Leitfadens zur Intrahandelsstatistik. Häufig verwendete Codes sind:

- 11 – endgültiger Kauf/Verkauf
- 12 – (berechnete) Ansichts- oder Probesendungen, Sendungen mit Rückgaberecht und Kommissionsgeschäfte (einschließlich Konsignationslager)
- 21 – Rücksendung von Waren
- 22 – Ersatz (z. B. wegen Garantie) für zurückgesandte Waren
- 34 – sonstige Geschäfte (z. B. Geschenksendungen)

In den Außenhandelsdaten der Vorsystembelege geben Sie die Art des Geschäfts auf Positionsebene an (siehe Abbildung 6.2, Feld **Geschäftsart**). Im Auslieferungs-Customizing Ihres SAP-ERP-Systems sind zwar bereits einige Geschäftsartencodes enthalten. Sie sollten diese Definitionen jedoch prüfen und bei Bedarf aktualisieren bzw. fehlende Codes ergänzen (Menüpfad: **Vertrieb • Außenhandel/Zoll • Grunddaten für den Außenhandel • Geschäftsarten definieren und Vorschlagswert festlegen**, Aktivität **Geschäftsarten definieren**). Abbildung 6.3 listet einige Geschäftsartencodes für statistische Meldungen in Deutschland auf.

Sicht "Außenhandel: Geschäftsart" ändern: Übersicht

Neue Einträge

Land	Geschäftsart	Bezeichnung
DE	11	Endgültiger Kauf/Verkauf
DE	12	Ansichts-/Probesendungen
DE	21	Rücksendung von Waren
DE	22	Ersatz für zurückgesandte Ware
DE	34	sonstige Geschäfte

Abbildung 6.3 Art des Geschäfts – Definition der Codes

Vorschlagswerte für das Feld **Geschäftsart** können Sie im Customizing des Außenhandels über den Menüpfad **Vertrieb • Außenhandel/Zoll • Grunddaten für den Außenhandel • Geschäftsarten definieren und Vorschlagswert festlegen** erfassen (Aktivität **Geschäftsartenvorschlag definieren**). In Verkaufsbelegpositionen finden Sie das Feld **Geschäftsart** (VBAP-EXART) in der Sicht **Verkauf A**. SAP ERP kann dieses Feld in Abhängigkeit von Versendungsmitgliedstaat, Verkaufsorganisation, Vertriebsweg und Positionstyp mit einem Code füllen. In Abbildung 6.4 sehen Sie drei Beispiele für die Verknüpfung von Geschäftsarten mit Organisationsdaten und Positionstypen des Vertriebs.

Vorschlag der Geschäftsart im Beleg

6

Sicht "Außenhandel: Vorschlag der Geschäftsart im Export" ändern:

Neue Einträge

Land	VkOrg	VertrWeg	Bezeichnung	Pos.Typ	Bezeichnung	GArt
DE	1000	10	Endkundenverkauf	REN	Retourenposition	21
DE	1000	10	Endkundenverkauf	TAN	Normalposition	11
DE	1000	10	Endkundenverkauf	TANN	Kostenlose Position	12

Abbildung 6.4 Findung der Geschäftsart in Verkaufsbelegen

Die Angabe der Verkaufsorganisation, des Vertriebswegs und des Positionstyps ist optional. Der Positionstyp ermöglicht jedoch eine differenzierte Steuerung des Datenvorschlags. Eine Rücksendung von Waren (Geschäftsart 21) z. B. ist in der Regel unmittelbar an ihrem Positionstyp zu erkennen (Positionstyp REN im Auslieferungs-Customizing, siehe Abbildung 6.4). In Einkaufsbelegen können Sie die Findung der Geschäftsart von Kombinationen aus Belegart, Positionstyp und Bestimmungsmitgliedstaat abhängig machen. Die Systemvorschläge können Sie in den Belegpositionen immer überschreiben.

Verfahren

Die nationalen Codes für das statistische Verfahren definieren Sie ebenfalls im Customizing des Außenhandels (Menüpfad: **Vertrieb • Außenhandel/ Zoll • Grunddaten für den Außenhandel • Verfahren definieren und Vorschlagswert festlegen**, Aktivität **Verfahren definieren**). Abbildung 6.5 zeigt drei Beispiele für Verfahrenscodes, die Sie in österreichischen Intrastat-Meldungen angeben können.

Sicht "Außenhandel: Verfahren" ändern: Übersicht

Neue Einträge

Land	Verfahren	Bezeichnung	Export	Import
AT	10000	Endgültige Versendung		E
AT	22002	Versendung zur Lohnveredelung		E
AT	40000	Endgültiger Eingang	E	

Abbildung 6.5 Beispiele für Verfahrenscodes

In den Feldern **Export** und **Import** können Sie eine Konsistenzprüfung auf Belegebene aktivieren. Trägt ein Anwender z. B. den ausschließlich in Versendungsmeldungen zulässigen Verfahrenscode 10000 (**Endgültige Versendung**) in eine Einkaufsbelegposition ein, reagiert SAP ERP mit einer Fehlermeldung (Kennzeichen **E** im Feld **Import**). Sie können stattdessen auch nur eine Warnmeldung ausgeben lassen (Kennzeichen W).

Vorschlag des Verfahrens im Beleg

Die Codes für das statistische Verfahren in Auslieferungs- und Fakturapositionen können Sie sich wie die Geschäftsartencodes in Abhängigkeit von Versendungsmitgliedstaat, Vertriebsbereich und Positionstyp vorschlagen lassen. Zur Ergänzung dieser Kriterien können Sie bei Bedarf frei definierbare Materialgruppen in die Findung der Verfahrenscodes einbinden. Diese Materialgruppen ordnen Sie den Materialien in ihrem Stammsatz in der Sicht **Außenhandel: Export** oder **Außenhandel: Import** zu (Feld **Export/Import Gruppe**). Zur Definition der Materialgruppen gelangen Sie über den Menüpfad **Vertrieb • Außenhandel/Zoll • Grunddaten für den Außenhandel • Materialgruppen für Import/Export definieren**.

In Einkaufsbelegpositionen können Sie sich den Code für das statistische Verfahren aus den Einkaufsorganisationsdaten des Einkaufsinfosatzes vorschlagen lassen. Sie finden das Feld **Verfahren** im Bereich **Steuerung**. Abbildung 6.6 zeigt den relevanten Ausschnitt aus einem Einkaufsinfosatz.

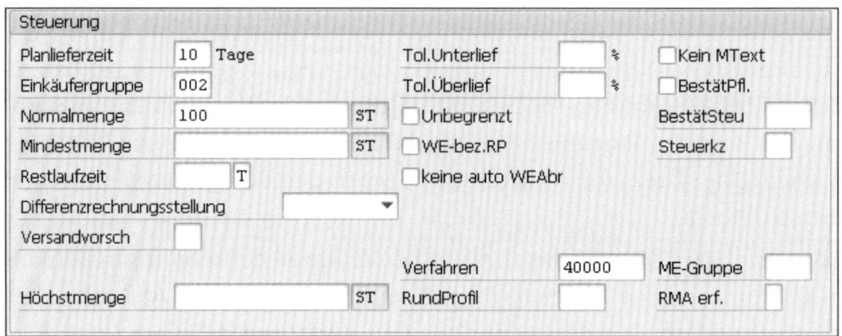

Abbildung 6.6 Statistisches Verfahren im Einkaufsinfosatz

In Abbildung 6.6 sehen Sie im Feld **Verfahren** den Code 40000, der ggf. in österreichischen Eingangsmeldungen angegeben werden muss.

Verkehrszweig

Im Gegensatz zu Geschäftsart und statistischem Verfahren, die auf Belegpositionsebene anzugeben sind, ist der Verkehrszweig Teil der Außenhandelskopfdaten. Die in Intrastat-Meldungen zulässigen Codes für Verkehrszweige sind in Anhang V der Verordnung (EG) Nr. 1982/2004 festgelegt. Der Verkehrszweig bezeichnet das Verkehrsmittel, mit dem die Waren in den Bestimmungsmitgliedstaat verbracht werden oder mit dem sie den

Versendungsmitgliedstaat verlassen. Verkehrszweigcodes definieren Sie im Customizing des Außenhandels (Menüpfad: **Vertrieb • Außenhandel/ Zoll • Verkehrsdaten • Verkehrszweige definieren**, siehe Abbildung 6.7).

Sicht "Außenhandel: Verkehrszweige" ändern:

Neue Einträge

Land	Verkehrszweig	Bezeichnung
DE	1	Seeverkehr
DE	2	Eisenbahnverkehr
DE	3	Straßenverkehr
DE	4	Luftverkehr
DE	5	Postsendungen
DE	7	Rohrleitungen
DE	8	Binnenschiffahrt
DE	9	Eigener Antrieb

Abbildung 6.7 Codes für die Meldung des Verkehrszweigs

Die Codes, die Sie in Abbildung 6.7 sehen, sind im Auslieferungs-Customizing Ihres SAP-ERP-Systems enthalten.

Vorschlag des Verkehrszweigs im Beleg

Vorschlagswerte für den Verkehrszweig in Einkaufsbelegen, Lieferungen und Fakturen können Sie im Customizing des Außenhandels für Kombinationen von Versendungs- und Bestimmungsmitgliedstaaten festlegen (Menüpfad: **Vertrieb • Außenhandel/Zoll • Verkehrsdaten • Vorschlagswerte für Außenhandelskopfdaten**). In Abbildung 6.8 sehen Sie ein Beispiel für einen Datenvorschlag.

Abbildung 6.8 Datenvorschlag Verkehrszweig

Im Bereich **Warenrichtung** legen Sie fest, ob es sich um einen Datenvorschlag für Eingänge (Kennzeichen 1) oder Versendungen (Kennzeichen **2**) handelt. Versendungs- und Bestimmungsmitgliedstaaten tragen Sie jeweils im Bereich **Geographie** ein. Das Beispiel in Abbildung 6.8 ist also ein Datenvorschlag für Versendungen von Österreich nach Deutschland. In den Außenhandelskopfdaten der Auslieferungen und Fakturen soll SAP ERP den Verkehrszweig **3 Straßenverkehr** vorschlagen.

Für die Angabe des Verkehrszweigs in Eingangsmeldungen können Sie alternativ oder zusätzlich auch Vorschlagswerte in die Einkaufsdaten der Lieferantenstammsätze eintragen. Abbildung 6.9 zeigt den relevanten Ausschnitt aus einem Stammsatz (Bereich **Steuerungsdaten**, Feld **Verkehrszweig Grenze**).

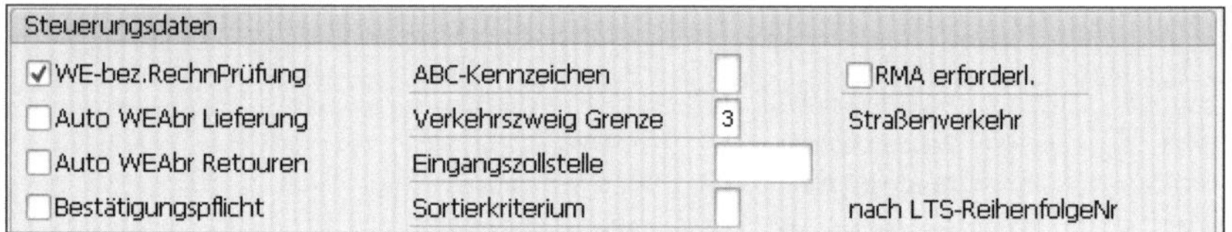

Abbildung 6.9 Verkehrszweig im Lieferantenstammsatz

Enthält der Lieferantenstammsatz einen Vorschlagswert für den Verkehrszweig, hat dieser Wert Vorrang vor einem konkurrierenden Datenvorschlag im Customizing.

Das Auslieferungs-Customizing Ihres SAP-GTS-Systems enthält ebenfalls bereits Codes für Geschäftsarten, statistische Verfahren und Verkehrszweige. Sie finden diese Codes über den Menüpfad **Global Trade Services • Electronic Compliance Reporting • Intrastat-Codes**. Vorschlagswerte für diese Codes können Sie den Stammdaten der Auskunftspflichtigen zuordnen.

Auskunftspflichtiger

Der *Auskunftspflichtige* entspricht in SAP GTS dem meldenden Buchungskreis in SAP ERP. Für jeden Buchungskreis, der seine Intrastat-Meldungen aus SAP GTS abgeben soll, legen Sie im Bereichsmenü des Electronic Compliance Reportings einen Auskunftspflichtigen an (Schaltfläche **Stammdaten**, Transaktion **Auskunftspflichtige bearbeiten**, Transaktionscode /ECRS/POI_EDIT). In diesen Stammsatz übernehmen Sie die Adresse, ggf. die Steuernummer für die Umsatzsteuer-Voranmeldung und die Umsatzsteuer-Identifikationsnummer (USt-IdNr.) des Buchungskreises. In die Stammdaten deutscher Auskunftspflichtiger tragen Sie außerdem den Schlüssel für das Bundesland des jeweils zuständigen Finanzamts und ggf. die vom Statistischen Bundesamt zugeteilte *Zusatznummer* ein. Die Zusatznummer ist eine dreistellige Nummer zur Unterscheidung von getrennt zur Statistik meldenden Unternehmen innerhalb einer umsatzsteuerrechtlichen Organschaft bzw. von getrennt zur Statistik meldenden Bereichen innerhalb eines Unternehmens. In Abbildung 6.10 sehen Sie ein Beispiel für einen Auskunftspflichtigen in SAP GTS.

Auskunftspflichtigen ändern		
Auskunftspflichtiger		
Auskunftspflichtiger	AO_1000	
Meldungsland	DE	Deutschland
Bundesland Finanzamt	06	Hessen
USt-Id-Nr.	DE123456789	
Steuernummer	01230800113	
ZusatzNr. Ausk.Pfl.	000	
Name	IDES AG	
Straße/Hausnummer	Hahnstr. 68-70	
Postleitzahl	60528	
Ort	Frankfurt am Main	
Telefon		
Fax		
Ansprechpartner	3580	Christiane Schnellenbach

Abbildung 6.10 Stammsatz eines Auskunftspflichtigen in SAP GTS

Der Auskunftspflichtige in Abbildung 6.10 repräsentiert denselben Buchungskreis wie die Außenhandelsorganisation AO_1000, die Sie bereits in anderen Beispielen in diesem Buch kennengelernt haben. Der Auskunftspflichtige wurde daher mit der Geschäftspartnernummer der Außenhandelsorganisation angelegt. Sie können jedoch auch eine beliebige andere Nummer verwenden. In das Feld **Ansprechpartner** wurde die Geschäftspartnernummer der zuständigen Mitarbeiterin (Geschäftspartnerrolle SLLSTL) eingetragen.

[«]

Umsatzsteuerliche Meldungen und Intrastat-Meldung

Die Finanzverwaltung stellt dem Statistischen Bundesamt Daten der Umsatzsteuer-Voranmeldungen zu Kontrollzwecken zur Verfügung. Die Daten Ihrer Intrastat-Meldung werden also mit den Angaben in Ihrer Umsatzsteuer-Voranmeldung verglichen. Bei auffälligen Abweichungen müssen Sie mit Rückfragen des Statistischen Bundesamts oder sogar mit einem Mahnverfahren rechnen. Wegen der Nähe zu den umsatzsteuerlichen Meldungen sollten Sie vor einer Auslagerung der Intrastat-Meldung in das SAP-GTS-System prüfen, ob Sie die Übereinstimmung mit den im Finanzwesen in SAP ERP bzw. SAP S/4HANA aufbereiteten umsatzsteuerlichen Meldungen weiterhin sicherstellen können.

Weitere Angaben

Im Stammsatz eines Auskunftspflichtigen erfassen Sie außer den Daten, die Sie in Abbildung 6.10 sehen, weitere allgemeine Angaben für die Aufbereitung von Intrastat-Meldungen in SAP GTS. Abbildung 6.11 zeigt einen zweiten Ausschnitt aus dem Stammsatz des Auskunftspflichtigen AO_1000.

Grundeinstellungen

Meldungswährung	EUR	Euro	
Kurstyp	M	Standardumrechnung zum Mittelkurs	
MeldStufe Eingang	2	Standardmeldung	
MeldStufe Versendung	2	Standardmeldung	
Format Meldungsdatei	2	Meldungsdatei im XML-Format	
MaterialNr. Eingang	Y7881	MaterialNr. Versendg	L6310
Vereinbarungs-ID			

Abbildung 6.11 Weitere Daten eines Auskunftspflichtigen

Neben der Meldungswährung und dem Kurstyp für eine Umrechnung von Fremdwährungen in die Meldungswährung müssen Sie die *Meldungsstufe* festlegen. In den Feldern **MeldStufe Eingang** und **MeldStufe Versendung** geben Sie jeweils an, ob Sie eine Standardmeldung (Kennzeichen 2) , eine vereinfachte Meldung (Kennzeichen 1) – falls im Mitgliedstaat vorgesehen –, oder gar keine Meldung (Kennzeichen 0) abgeben wollen. Im Feld **Format Meldungsdatei** schlägt SAP GTS in Abhängigkeit vom Länderkennzeichen in der Adresse des Auskunftspflichtigen automatisch das länderspezifische Meldeformat vor. Die fünfstelligen Materialnummern für Eingang und Versendung sind für die Kennzeichnung der Meldedateien in IDEV notwendig und werden auf Antrag vom Statistischen Bundesamt zugeteilt. Eine *Identifikation der Austauschvereinbarung* (Feld **Vereinbarungs-ID**) ist nur für Intrastat-Meldungen in den baltischen Staaten erforderlich.

In einem SAP-S/4HANA-Vorsystem müssen Sie die meldenden Buchungskreise ebenfalls als Auskunftspflichtige abbilden (siehe Teil II, Abschnitt 8.1, »Intrastat-Meldung«). Einem Auskunftspflichtigen in SAP GTS muss also ein Auskunftspflichtiger im SAP-S/4HANA-Vorsystem entsprechen.

Vorschlagswerte

Vorschlagswerte für Geschäftsart, Verfahren und Verkehrszweig ordnen Sie den Auskunftspflichtigen in der Transaktion **Vorschlagswerte für Import bearbeiten** zu (Transaktionscode /ECRS/DVI_EDIT). Sie finden diese Transaktion im Bereichsmenü des Electronic Compliance Reportings (Schaltfläche **Stammdaten**, Bereich **Vorschlagswerte für Import**). Falls Sie das Ursprungsland und ggf. die Ursprungsregion nicht im Materialstamm des Vorsystems abgelegt haben (siehe Abbildung 5.1), können Sie auch für diese Felder Vorschlagswerte erfassen. Die Auswahl der Felder zur Pflege von Vorschlagswerten ist länderabhängig. Für einen deutschen Auskunftspflichtigen wird daher z. B. zwar kein Feld für das statistische Verfahren, dafür aber (zusätzlich zum Feld **Ursprungsland**) ein Feld für die Ursprungs- oder Bestimmungsregion aufbereitet. Abbildung 6.12 zeigt beispielhaft Vorschlagswerte für einen österreichischen Auskunftspflichtigen.

Vorschlagswerte für Import ändern: Detail

Schlüssel

Richtung	2	Versendung
Partnerland	DE	Deutschland

Vorschlagswerte Import

Geschäftsart	1	Endgültiger Kauf/Verkauf
Verfahren	10000	Endgültige Versendung
Verkehrszweig	3	Straßenverkehr
Ursprungsland		

Abbildung 6.12 Datenvorschlag Versendungsmeldungen in Österreich

Der Datenvorschlag in Abbildung 6.12 ist für Versendungsmeldungen vorgesehen (Kennzeichen **2** im Feld **Richtung**). Wenn das Bestimmungsland der Versendung Deutschland ist (Länderkennzeichen im Feld **Partnerland**), soll SAP GTS die Felder der Meldedatensätze mit den im Bereich **Vorschlagswerte Import** eingetragenen Codes vorbelegen. (In Österreich muss die Art des Geschäfts jeweils nur mit der ersten Stelle der Codes gemäß Anhang III der Verordnung Nr. 1982/2004 gemeldet werden.)

Statistische Warennummer

Die statistischen Warennummern, die Sie in Intrastat-Meldungen ebenfalls angeben müssen, können Sie wie die Vorschlagswerte für Geschäftsart, Verfahren und Verkehrszweig entweder aus den Vorsystembelegdaten in die Meldung übernehmen oder in SAP GTS aus dem Produktstamm ermitteln lassen. Wenn Sie die KN in SAP GTS verwalten und die Möglichkeit der Rückübertragung statistischer Warennummern an das Vorsystem nutzen, enthalten Ihre SAP-ERP-Vorsystembelege in der Regel bereits statistische Warennummern (siehe Abschnitt 3.1.3, »Stammdaten für die Ausfuhrabwicklung«). SAP GTS ergänzt ggf. fehlende Nummern aus den Produktstammdaten.

Statistischer Wert

Wenn es sich bei einer Transaktion nicht um einen endgültigen Kauf oder Verkauf (Geschäftsart 11) oder um ein Kommissions- bzw. Konsignationsgeschäft (Geschäftsart 12) handelt, muss in der Intrastat-Meldung ein statistischer Warenwert angegeben werden. Es gilt jedoch eine Meldeschwelle von 48 Millionen € für Eingänge und 50 Millionen € für Versendungen, jeweils bezogen auf das Vorjahr bzw. das laufende Jahr. Der *statistische Wert* ist der fiktive Wert der eingegangenen oder versendeten Waren zum Zeitpunkt des Grenzübertritts. Beförderungskosten werden in diesen Wert anteilig einbezogen.

Konditionsart GRWR

Für die Berechnung des statistischen Werts in Einkaufs- und Vertriebsbelegen des Vorsystems finden Sie im Auslieferungs-Customizing der Preisfindung die Konditionsart GRWR (Grenzübergangswert). Diese Konditionsart ist bereits in einige der Musterkalkulationsschemata des Einkaufs und des Vertriebs eingebunden. Scheitert die Preisfindung für die Konditionsart GRWR, bleibt das Feld in der Belegposition leer. Fällt dieser Mangel erst bei der Datenselektion für die Intrastat-Meldung auf, ist es für eine Belegkorrektur meistens zu spät, da die Eingangsrechnung zur Bestellung oder die Faktura bereits an die Buchhaltung übergeleitet wurden und daher nicht mehr änderbar sind. In SAP GTS können Sie einen fehlenden statistischen Wert jedoch noch ergänzen. Der statistische Wert muss auch in Ein- und Ausfuhranmeldungen für die Zwecke der Außenhandelsstatistik angegeben werden. SAP GTS übernimmt den Wert aus der Einkaufsbeleg- bzw. Fakturaposition in die Zollanmeldungsposition (Sicht **Zollwert**). Vor dem Versenden der elektronischen Zollanmeldung können Sie den statistischen Wert noch ändern.

[»]

Berechnung des statistischen Werts

Im Auslieferungs-Customizing der Preisfindung in Einkauf und Vertrieb richtet sich die Berechnung des statistischen Werts nach den Incoterms der Belegposition. Die Rechenregel der Konditionsart GRWR ist A (Prozentual). Sie müssen also für alle in Ihrem Unternehmen verwendeten Incoterms einen Prozentsatz festlegen. Bei der Abholklausel EXW und den F-Klauseln soll das System jeweils einen bestimmten Prozentsatz für Beförderungskosten auf den Rechnungswert (100 %) aufschlagen. Bei C- und D-Klauseln soll das System die nach dem Grenzübertritt anfallenden Beförderungskosten aus dem Rechnungswert herausrechnen.

Gesetzliche Grundlage und Nummernschema

Voraussetzung für die Nutzung der in SAP GTS verwalteten statistischen Warennummern in der Intrastat-Meldung ist die Zuordnung des Nummernschemas für die KN zu einer eigens für diesen Zweck definierten gesetzlichen Grundlage. Im Auslieferungs-Customizing Ihres SAP-GTS-Systems finden Sie die gesetzliche Grundlage ENSEU (Nummernsystem – Europäische Union), die Sie in der Regel unmittelbar verwenden können. Dieser gesetzlichen Grundlage ordnen Sie Ihr Nummernschema für die KN bzw. das WA zu (siehe Abschnitt 2.1.4, »Tarifierung von Produkten«). Abbildung 6.13 zeigt die Zuordnung des Nummernschemas EUSTA zur gesetzlichen Grundlage ENSEU.

Schema für statistische Warennummer zuordnen		
Gesetzl. Grundlage	Schema für Import	Schema für Export
ATLAS Zollabwicklung Deutschland		EUSTA Statistische Warennummer…
TRSDE Versandverfahren (NCTS) Deutschla…		EUSTA Statistische Warennummer…
ENSEU Nummernsystem - Europäische Union	EUSTA Statistische Warennummer…	EUSTA Statistische Warennummer…

Abbildung 6.13 Zuordnung des Nummernschemas EUSTA zur gesetzlichen Grundlage ENSEU

Die gesetzliche Grundlage ENSEU aktivieren Sie wie alle anderen gesetzlichen Grundlagen zunächst auf allgemeiner Ebene und anschließend auf Anwendungsbereichsebene (Menüpfad: **Global Trade Services • Electronic Compliance Reporting • Verwendung der Produkttarifierung • Gesetzliche Grundlage für die Intrastat-Produkttarifierung aktivieren**).

Nach diesen Vorarbeiten können Sie die Selektion und Aufbereitung melderelevanter Belegdaten im Vorsystem und anschließend die Intrastat-Meldung selbst in Angriff nehmen. Im folgenden Abschnitt erfahren Sie, wie Sie bei der Datenselektion und der Meldungsbearbeitung vorgehen.

6.1.2 Datenselektion und Meldung

Ausschluss von Regionen

In bestimmten Regionen, die zum Staatsgebiet der EU gehören, gilt die sogenannte *Mehrwertsteuersystemrichtlinie* (Richtlinie 2006/112/EG) nicht. So gehören z. B. die Kanarischen Inseln zwar zum Staatsgebiet Spaniens, jedoch nicht zum Umsatzsteuergebiet der EU (siehe auch Abschnitt 2.2.1, »Ablauf des Versandverfahrens«). Der Warenverkehr der Mitgliedstaaten mit solchen Gebieten wird nicht in der Intrastat-Meldung, sondern in der Zollanmeldung erfasst. Von dieser Regelung sind folgende Gebiete betroffen:

- Kanarische Inseln
- französische überseeische Departements
- Berg Athos
- Åland-Inseln

Ausschluss in SAP ERP

Sie können diese Gebiete bereits im Customizing des Außenhandels in SAP ERP von der Datenselektion für Intrastat-Meldungen ausschließen (Menüpfad: **Vertrieb • Außenhandel/Zoll • Periodische Abschlüsse • Steuerung • Sonderregelung Land/Region**). In Abhängigkeit von der Meldungsart und vom Meldungsland geben Sie Länder und Regionen vor, deren Belege generell von der Datenselektion ausgeschlossen werden sollen. In Abbildung 6.14 sehen Sie einige Beispiele.

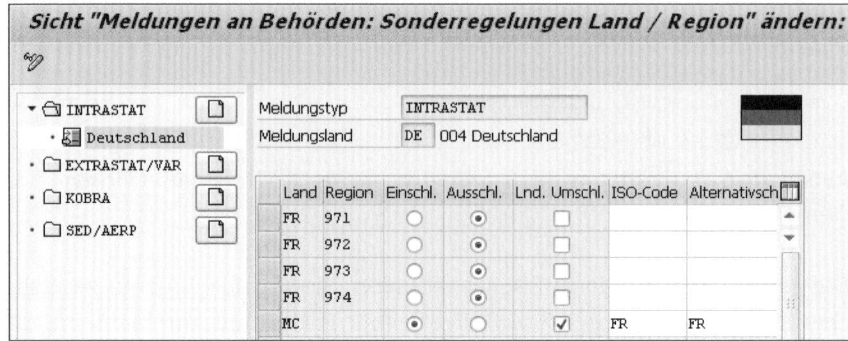

Abbildung 6.14 Ein- oder Ausschluss von Ländern und Regionen

Überseeische Departements

In Abbildung 6.14 wurden die französischen überseeischen Departements Guadeloupe (971), Martinique (972), Französisch-Guyana (973) und Réunion (974) von der deutschen Intrastat-Meldung ausgeschlossen (Kennzeichen in der Spalte **Ausschl.**). In den Belegen erkennt SAP ERP diese Gebiete mittelbar an den Nummern der Departements, die Sie in die Spalte **Region** eingeben. Diese Schlüssel finden Sie im Auslieferungs-Customizing Ihres SAP-ERP-Systems (Menüpfad: **SAP NetWeaver • Allgemeine Einstellungen • Länder einstellen • Regionen einfügen**). Die Identifikation der Gebiete bei der Datenselektion anhand der Region funktioniert allerdings nur, wenn Sie den jeweils zutreffenden Schlüssel in das Feld **Region** in die Adressdaten Ihrer Kunden- und Lieferantenstammsätze eingetragen haben.

Monaco

In Abbildung 6.14 sehen Sie außerdem ein Beispiel für den Einschluss eines Lands in die deutsche Intrastat-Meldung: Monaco ist seit einem 1963 mit Frankreich geschlossenen Zollabkommen Teil des Zollgebiets der EU. Umsatzsteuerrechtlich gilt Monaco als Gebiet Frankreichs (§ 1 Abs. 2a UStG). Der Warenverkehr mit Monaco ist daher Gegenstand der Intrastat-Meldung. Ohne den abgebildeten Eintrag würde SAP ERP die Melderelevanz der Belege jedoch nicht erkennen, da Monaco nicht als EU-Mitglied gekennzeichnet ist. Zusätzlich wurde das Kennzeichen **Lnd. Umschl.** (Umschlüsseln Land) gesetzt und in den Spalten **ISO-Code** und **Alternativschl.** jeweils der Länderschlüssel **FR** eingetragen. Lieferungen aus bzw. nach Monaco werden daher als Eingänge aus bzw. Versendungen nach Frankreich gemeldet.

Ausschluss in SAP GTS

Sie können die Filterung der Belegdaten für die Intrastat-Meldung auch in Ihr SAP-GTS-System verlagern. Wenn Sie Datensätze zu Warenlieferungen in Gebiete oder aus Gebieten, die nicht zum Umsatzsteuergebiet der EU gehören, erst in SAP GTS von der Intrastat-Meldung ausschließen möchten, wählen Sie im Einführungsleitfaden den Menüpfad **Global Trade Services • Electronic Compliance Reporting • Import aus Arbeitsvorrat • Regionen für**

Ausschluss aus Intrastat-Meldung definieren. Abbildung 6.15 zeigt einige Beispiele.

Sicht "Ausschluss von Regionen aus Intrastat" ändern: Übersicht

Neue Einträge

Ausschluss von Regionen aus Intrastat

Land	Land	Region	Bezeichnung
DE	ES	35	Las Palmas
DE	ES	38	Sta. Cruz Tenerife
DE	FR	97	D.O.M.-T.O.M.
DE	FR	971	Guadeloupe
DE	FR	972	Martinique
DE	FR	973	Guyane
DE	FR	974	Réunion

Abbildung 6.15 Ausschluss von Regionen in SAP GTS

Warenlieferungen auf die Kanarischen Inseln Las Palmas und Teneriffa z. B. werden also ebenso von der deutschen Intrastat-Meldung ausgeschlossen wie Lieferungen in die überseeischen Departements Guadeloupe, Martinique, Französisch-Guayana und Réunion. Dasselbe gilt für Eingänge aus diesen Gebieten.

Einschluss in SAP GTS

Den Einschluss von Ländern oder Regionen nehmen Sie anders als in SAP ERP getrennt vom Ausschluss vor (Menüpfad: **Global Trade Services • Electronic Compliance Reporting • Import aus Arbeitsvorrat • Ausnahmen für die Abbildung des Partnerlands definieren**). Abbildung 6.16 zeigt den Einschluss Monacos in die Intrastat-Meldung für das Meldeland Deutschland.

Sicht "Ausnahmen für Abbildung zum Partnerland" ändern:

Neue Einträge

Ausnahmen für Abbildung zum Partnerland

Land	Partnerland	Partnerregion	Partnerland
DE	MC		FR

Abbildung 6.16 Einschluss Monacos in die Intrastat-Meldung

In das eingabebereite Feld **Partnerland** ist das Länderkennzeichen für Frankreich eingetragen. SAP GTS ordnet daher Versendungen von Deutschland nach Monaco bzw. Eingänge aus Monaco nach Deutschland beim Import der Meldedaten aus dem Arbeitsvorrat für Intrastat-Meldungen jeweils Frankreich zu. Die Einstellungen in Abbildung 6.15 und Abbildung 6.16 wurden unmittelbar aus dem Auslieferungs-Customizing übernommen.

Ursprungsland austauschen

Für die Zwecke der Intrastat-Meldung können Sie in SAP GTS auch die Ursprungsländer oder -regionen der Vorsystembelegdaten durch andere Ursprungsländer oder -regionen ersetzen lassen (Menüpfad: **Global Trade Services • Electronic Compliance Reporting • Import aus Arbeitsvorrat • Ausnahmen für die Abbildung des Ursprungslands definieren**). Das Auslieferungs-Customizing enthält einen Eintrag für das Ursprungsland Monaco, den Sie in Abbildung 6.17 sehen.

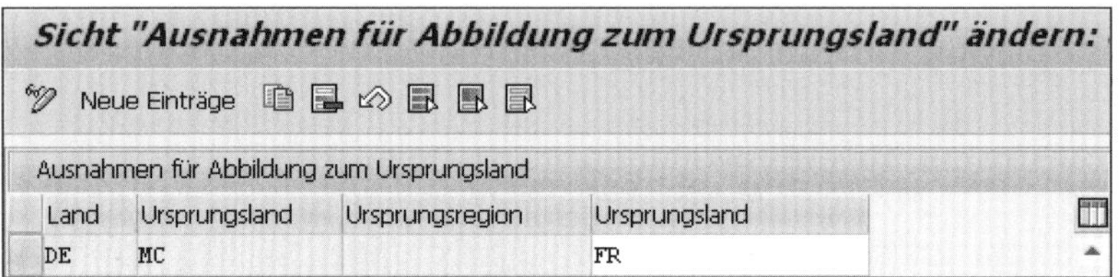

Abbildung 6.17 Austausch des Ursprungslands in Intrastat-Meldungen

Auf der Grundlage der Einstellungen in Abbildung 6.17 ersetzt SAP GTS das Ursprungsland Monaco beim Import von Vorsystembelegdaten aus dem Arbeitsvorrat durch das Ursprungsland Frankreich.

Da die in SAP S/4HANA enthaltenen Funktionen für Intrastat-Meldungen technisch ein ECR-»Implantat« sind, finden Sie die Einstellungen in Abbildung 6.15, Abbildung 6.16 und Abbildung 6.17 auch in einem SAP-S/4HANA-Vorsystem (siehe Teil II, Abschnitt 8.1, »Intrastat-Meldung«).

Selektionslogik

Beleggrundlage für *Versendungsmeldungen* sind Fakturen, die im Meldemonat angelegt und – sofern es sich nicht um Pro-forma-Rechnungen handelt – an die Buchhaltung übergeleitet wurden. Das Vorsystem berücksichtigt grundsätzlich nur Fakturen, deren Versendungs- und Bestimmungsländer jeweils unterschiedliche EU-Mitgliedstaaten sind. Das Versendungsland ist dabei immer das Land des liefernden Werks der Belegposition, das Bestimmungsland das Land des Warenempfängers. Für die *Eingangsmeldung* selektiert das Vorsystem Einkaufsbelege, zu denen im Meldemonat der Wareneingang ganz oder teilweise gebucht wurde. Wenn Sie die Eingangsrechnung im Wareneingangsmonat noch nicht erfasst haben, selektiert das Vorsystem den Einkaufsbeleg im Folgemonat – aufgrund der gesetzlichen Vorgaben unabhängig davon, ob dann die Eingangsrechnung vorliegt oder nicht. Das Vorsystem berücksichtigt nur Einkaufsbelege, deren Versendungs- und Bestimmungsländer jeweils unterschiedliche Mitgliedstaaten sind. Das Versendungsland ist dabei das Land des Warenlieferanten, das Bestimmungsland das Land des empfangenden Werks der Belegposition.

Anpassung der Selektionslogik in SAP ERP

Diese Selektionslogik können Sie in SAP-ERP-Vorsystemen im Customizing des Außenhandels anpassen. Wählen Sie dazu den Menüpfad **Vertrieb • Außenhandel/Zoll • Periodische Abschlüsse • Steuerung • Steuerung Datenselektion • Steuerung der Datenselektion**. Wenn Sie die Standardlogik beibehalten wollen, müssen Sie diese Customizing-Aktivität nicht bearbeiten. Folgende Alternativen zur Standardlogik stehen zur Auswahl:

- **A Melden: WE + Warten auf RE/Importdaten: Anlieferung/Best.**
- **B Melden: RE / Importdaten: MM Bestellung**
- **C Melden: WE / Importdaten: MM Bestellung**

Im Beispiel aus Abbildung 6.18 wurde die Standardselektionslogik für Eingangsmeldungen in Deutschland (Meldungsland DE) durch die – in erster Linie für Intrastat-Meldungen in Italien bereitgestellte – Logik B ersetzt (Feld **Selektionslogik**).

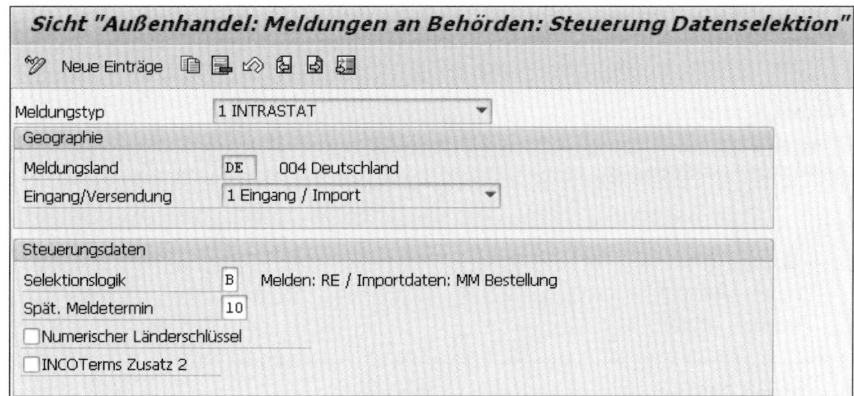

Abbildung 6.18 Steuerung der Datenselektion für Eingangsmeldungen

Das Vorsystem selektiert nach der Logik B nur Einkaufsbelege, zu denen die Eingangsrechnung bereits gebucht wurde. Meldemonat ist daher immer der Monat der Rechnungserfassung (und nicht der Monat des Wareneingangs). Wenn Sie stattdessen die Logik C verwenden, ignoriert das Vorsystem die Eingangsrechnung. Der Meldemonat ist dann immer der Monat des Wareneingangs, unabhängig davon, ob die Rechnung vorliegt oder nicht. Die Logik A funktioniert wie die Standardlogik. Das Vorsystem entnimmt jedoch einige der Meldedaten nicht der Bestellung, sondern der Anlieferung.

Für Versendungsmeldungen können Sie anstelle der Standardlogik, die Fakturen immer im Monat ihrer Erstellung selektiert, die Logik A (Datum der Leistungserstellung) verwenden. Das Vorsystem selektiert die Fakturen dann im Monat der Warenausgangsbuchung zu den Auslieferungen, auf die sie sich jeweils beziehen.

Einschluss- und Ausschlusskennzeichen

Wenn Sie bestimmte Belege oder Belegpositionen von der Intrastat-Meldung ausschließen wollen oder müssen, können Sie in SAP ERP im Customizing des Außenhandels ein Ausschlusskennzeichen definieren. Dieses Kennzeichen können Sie anschließend in Einkaufsbelegen oder Fakturen auf Belegkopf- oder Belegpositionsebene eintragen. Das Vorsystem ignoriert so gekennzeichnete Belege oder Belegpositionen bei der Datenselektion zur Intrastat-Meldung. Umgekehrt können Sie mit einem Einschlusskennzeichen Belege oder Belegpositionen, die das Vorsystem nicht automatisch selektieren würde, in Intrastat-Meldungen einbeziehen. Zur Definition von Einschluss- und Ausschlusskennzeichen gelangen Sie im Einführungsleitfaden über den Menüpfad **Vertrieb • Außenhandel/Zoll • Periodische Abschlüsse • Steuerung • Einschluß- und Ausschlußkennzeichen • Ausschlußkennzeichen/Einschlußkennzeichen definieren**. Abbildung 6.19 zeigt ein Beispiel für ein selbst definiertes Ausschlusskennzeichen.

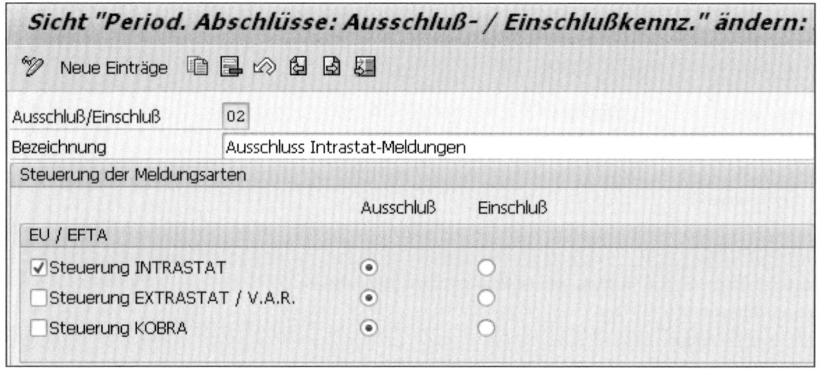

Abbildung 6.19 Ein- und Ausschlusskennzeichen

Das Ausschlusskennzeichen in Abbildung 6.19 könnte nach entsprechender Kennzeichnung auch zum Ausschluss von Belegen oder Belegpositionen aus anderen Meldungen verwendet werden. Die Meldung zur deutschen Außenhandelsstatistik bei bestimmten vereinfachten Verfahren (Extrastat) und die Meldung zur *Kontrolle bei der Ausfuhr* (KOBRA) wurden jedoch durch die Einführung der elektronischen Ausfuhranmeldung überflüssig: Die Zollverwaltung erfasst die melderelevanten Daten automatisch mit der Ausfuhranmeldung und leitet sie an das Statistische Bundesamt bzw. an das Zollkriminalamt weiter. Vergleichbares gilt für die Datenerhebung in Verbindung mit der *Vereinfachten Ausfuhrregelung* (VAR) der Schweiz, die ebenfalls mit der elektronischen Ausfuhranmeldung erfolgt.

Ausschluss über Positionstypen

Sollen bestimmte Positionstypen generell von Intrastat-Meldungen ausgeschlossen werden, können Sie das Ausschlusskennzeichen diesen Positionstypen in SAP ERP im Customizing des Außenhandels zuordnen. Wählen

Sie dazu die Menüpfade **Vertrieb • Außenhandel/Zoll • Periodische Abschlüsse • Steuerung • Einschluß- und Ausschlußkennzeichen • Zuordnung zu Positionstypen SD-Auftrag vornehmen** und **Zuordnung zu Positionstypen SD-Lieferung vornehmen**. In Abbildung 6.20 ist den Positionstypen TAD (Dienstleistung) und TAS (Streckengeschäft) jeweils das Ausschlusskennzeichen 02 zugeordnet. Das Vorsystem schließt daher Positionen dieser Positionstypen in Fakturen von der Datenselektion für Versendungsmeldungen aus.

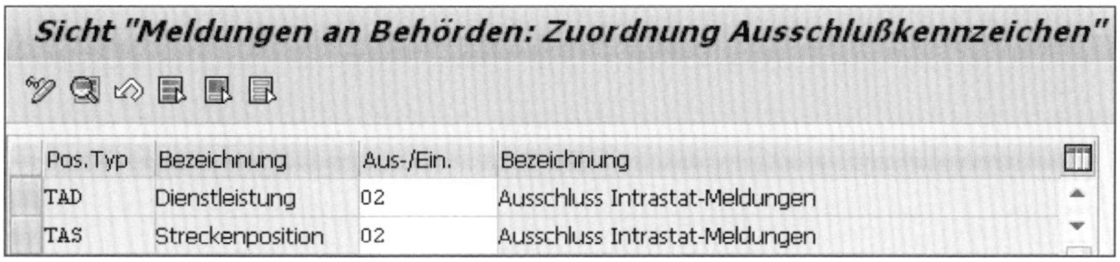

Sicht "Meldungen an Behörden: Zuordnung Ausschlußkennzeichen"

Pos.Typ	Bezeichnung	Aus-/Ein.	Bezeichnung
TAD	Dienstleistung	02	Ausschluss Intrastat-Meldungen
TAS	Streckenposition	02	Ausschluss Intrastat-Meldungen

Abbildung 6.20 Ausschluss eines Positionstyps von der Datenselektion

Für Einkaufsbelege existiert kein Gegenstück zu diesen Einstellungen. Einkaufsbelege oder Einkaufsbelegpositionen müssen Sie daher immer manuell von der Datenselektion ausschließen. Stattdessen können Sie die nicht melderelevanten Datensätze auch in SAP GTS löschen.

SAP S/4HANA bietet vergleichbare Einstellungen für die Steuerung der Datenselektion. Sie lernen diese Einstellungen in Teil II, Abschnitt 8.1, »Intrastat-Meldung«, kennen.

Programme für die Datenselektion

Belegdaten für Eingangsmeldungen selektieren Sie mit dem Programm /SAPSLL/IS_MM, das Sie mit der Transaktion **Intrastat: Belege für Eingänge überleiten** (SAP ERP) bzw. **Eingänge und Lieferantenretouren überleiten** (SAP S/4HANA) auch im Dialog ausführen können (Transaktionscode /SAPSLL/IS_MM). Das Programm /SAPSLL/IS_SD selektiert Belegdaten für Versendungsmeldungen (Transaktion **Intrastat: Belege für Versendungen überleiten** in SAP ERP bzw. **Versendungen und Kundenretouren überleiten** in SAP S/4HANA, Transaktionscode /SAPSLL/IS_SD). Beide Transaktionen finden Sie im Anwendungsmenü für den Datenaustausch mit SAP GTS in der Sicht **Belege** (Bereich **Electronic Compliance Reporting**). Als Beispiel für die Abwicklung des in Abbildung 6.1 dargestellten Prozesses dient die Versendungsmeldung eines deutschen Unternehmens.

Datenselektion Versendungsmeldung

In Abbildung 6.21 sehen Sie das Einstiegsbild des Programms /SAPSLL/IS_SD in SAP ERP. In diesem Bild legen Sie die Kriterien für die Selektion der Fakturen fest. Pflichtangaben für die Datenselektion sind der meldende Buchungskreis, der Bezugszeitraum der Meldung und das Meldungsland.

Intrastat: Belege für Versendungen überleiten

Selektionskriterien

Faktura		bis	
Buchungskreis	1000	bis	
Werk		bis	
Beliefertes Land		bis	
Erstelldatum		bis	

Fakturaarten

- [x] Rechnungen
- [x] Lastschriften
- [x] Gutschriften
- [x] Interne Verrechnung
- [x] Storno Rechnungen
- [x] Proformarechnungen
- [x] Storno Gutschriften
- [x] IV Gutschriften

Intrastat - Allgemein

Berichtsmonat 2 Berichtsjahr 2021
Meldungsland DE

Zusatzangaben

- [x] Testlauf

Abbildung 6.21 Datenselektion Versendungsmeldung – Einstiegsbild

Den Bezugszeitraum der Meldung geben Sie in den Feldern **Berichtsmonat** und **Berichtsjahr** an. Im Bereich **Fakturaarten** können Sie die bei der Datenselektion zu berücksichtigenden Kategorien von Fakturen festlegen. Im Bereich **Zusatzangaben** können Sie wie in Abbildung 6.21 das Kennzeichen **Testlauf** setzen.

Nach einem Testlauf können Sie die selektierten Daten vor ihrer Überleitung an SAP GTS prüfen. Wenn Sie das Kennzeichen entfernen, überträgt das Vorsystem den Datenextrakt direkt an SAP GTS. Abbildung 6.22 zeigt einen Auszug aus dem Ergebnis eines Testlaufs.

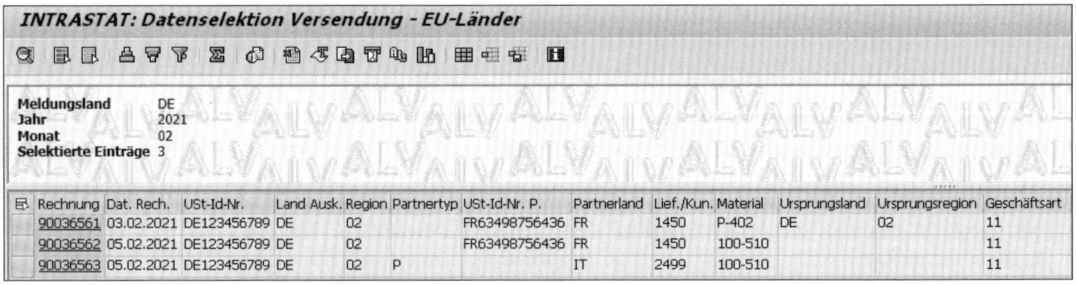

INTRASTAT: Datenselektion Versendung - EU-Länder

Meldungsland DE
Jahr 2021
Monat 02
Selektierte Einträge 3

Rechnung	Dat. Rech.	USt-Id-Nr.	Land Ausk.	Region	Partnertyp	USt-Id-Nr. P.	Partnerland	Lief./Kun.	Material	Ursprungsland	Ursprungsregion	Geschäftsart
90036561	03.02.2021	DE123456789	DE	02		FR63498756436	FR	1450	P-402	DE	02	11
90036562	05.02.2021	DE123456789	DE	02		FR63498756436	FR	1450	100-510			11
90036563	05.02.2021	DE123456789	DE	02	P		IT	2499	100-510			11

Abbildung 6.22 Ergebnis der Datenselektion im Testlauf

Protokoll des Testlaufs

Das Programm /SAPSLL/IS_SD hat für den Bezugszeitraum der Meldung drei Fakturen selektiert. Bestimmungsländer der Versendungen waren Frankreich und Italien (Spalte **Partnerland**). Die Faktura für den italienischen Kunden 2499 enthält keine USt-IdNr. (leeres Feld in der Spalte **USt-Id-Nr. P.**). Das Vorsystem schließt daraus, dass es sich bei diesem Kunden um eine Privatperson handelt (Kennzeichen **P** in der Spalte **Partnertyp**). Wäre der Kunde 2499 ein Unternehmer, müsste seine USt-IdNr. in den allgemeinen Daten seines Debitorenstammsatzes ergänzt werden (Sicht **Steuerungsdaten**, Feld **USt-Id.Nr.**).

[«]

Funktion der USt-IdNr.

In der EU ansässige Unternehmer, die Waren in andere Mitgliedstaaten liefern oder aus anderen Mitgliedstaaten beziehen oder bestimmte sonstige Leistungen in anderen Mitgliedstaaten erbringen, benötigen für die Abwicklung dieser Geschäftsvorfälle eine USt-IdNr., die von nationalen Steuerbehörden auf Antrag für die umsatzsteuerliche Registrierung im jeweiligen Mitgliedstaat erteilt wird. Die eigene USt-IdNr. muss ebenso wie die USt-IdNr. des Leistungsempfängers auf allen Rechnungen über Lieferungen innerhalb der Union angegeben werden.

Fehlende Angaben

In Abbildung 6.22 sehen Sie auch, dass die beiden Fakturen über Versendungen des Materials 100-510 weder Ursprungsland noch Ursprungsregion enthalten. In Versendungsmeldungen muss die Ursprungsregion der Waren jedoch angegeben werden (siehe Abschnitt 6.1.1, »Vorbereitung der Intrastat-Meldung«). Sie können die fehlenden Daten vor der Überleitung an SAP GTS in einem SAP-ERP-Vorsystem direkt in den Außenhandelspositionsdaten der Fakturen in der Transaktion *Faktura – Außenhandelsdaten: Ändern* ergänzen (Transaktionscode VI14X). Diese Transaktion finden Sie im SAP-Easy-Access-Menü über den Pfad **Logistik • Vertrieb • Außenhandel/Zoll • Allgemeine Außenhandelsabwicklung • Import/Export • Operatives Cockpit • Einzelpflege • Ausfuhr – Ist • Ändern**. Sie können diese Datenpflege aber auch bei der Meldungsbearbeitung in SAP GTS nachholen.

Arbeitsvorrat Intrastat-Meldungen

Nach Prüfung und Vervollständigung der Daten wurde das Programm /SAPSLL/IS_SD im »Echtlauf« ausgeführt. Die drei Datensätze aus Abbildung 6.22 wurden an SAP GTS übertragen und dort in einem Arbeitsvorrat für Intrastat-Meldungen abgelegt. Den Inhalt dieses Arbeitsvorrats können Sie im Bereichsmenü des Electronic Compliance Reportings in der Transaktion **Arbeitsvorrat anzeigen** prüfen (Transaktionscode /ECRS/WL_DISPLAY). Sie finden diese Transaktion im Bereichsmenü des Electronic Compliance Reportings (Schaltfläche **Intrastat**, Bereich **Arbeitsvorrat**). Geben Sie im Einstiegsbild der Transaktion den Auskunftspflichtigen und den Bezugszeitraum der Meldung an. In Abbildung 6.23 sehen Sie die drei Datenextrakte des Testlaufprotokolls aus Abbildung 6.22 im Arbeitsvorrat für Versendungsmeldungen in SAP GTS.

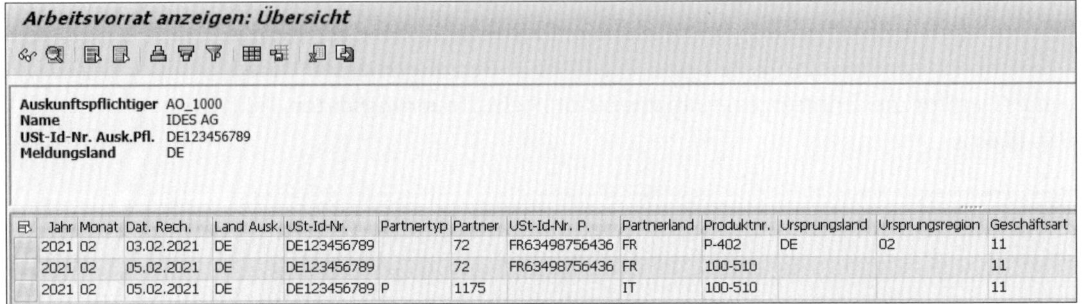

Abbildung 6.23 Arbeitsvorrat für Versendungsmeldungen in SAP GTS

Sie sehen in Abbildung 6.23, dass SAP GTS die Daten des Vorsystems unverändert in den Arbeitsvorrat übernimmt. Erst beim Import der Daten in die Meldung schließt SAP GTS ggf. Datensätze aus oder ergänzt bei Bedarf Angaben, z. B. den Code für die Art des Geschäfts (siehe Abschnitt 6.1.1, »Vorbereitung der Intrastat-Meldung«).

Datenimport aus dem Arbeitsvorrat

Den Datenimport übernimmt das Programm `/ECRS/WL_IMPORT`. Dieses Programm können Sie mit der Transaktion **Arbeitsvorrat importieren** im Dialog ausführen (Transaktionscode /ECRS/WL_IMPORT). Sie finden auch diese Transaktion im Bereichsmenü des Electronic Compliance Reportings (Schaltfläche **Intrastat**, Bereich **Arbeitsvorrat**). Vor dem Import geben Sie jeweils den Auskunftspflichtigen, den Bezugszeitraum der Meldung und die Verkehrsrichtung (Eingang oder Versendung) vor. Die importierten Daten bearbeiten Sie anschließend in der Transaktion **Intrastat-Meldungen bearbeiten** (Transaktionscode /ECRS/RP_EDIT). Abbildung 6.24 zeigt die Meldedaten aus Abbildung 6.23 nach dem Import aus dem Arbeitsvorrat.

Abbildung 6.24 Meldungsbearbeitung in SAP GTS – Übersicht

Das Kennzeichen in der Spalte **Korrekt** lässt erkennen, dass die Daten vollständig sind, also keiner weiteren Bearbeitung in SAP GTS bedürfen. Mit dem Symbol können Sie eine Meldung für die Konvertierung in das jeweilige nationale Meldeformat freigeben. Diese Konvertierung lösen Sie mit einem Klick auf das Symbol aus. Im Fall einer deutschen Intrastat-Meldung entsteht eine Meldedatei im XML-Format, die Sie in einem Verzeichnis Ihrer Wahl speichern können.

Meldungen bearbeiten

Mit dem Symbol können Sie eine Positionsübersicht aufrufen, in der Sie bei Bedarf unvollständige Datensätze vervollständigen, neue Datensätze hinzufügen und nicht melderelevante Datensätze löschen können. Abbildung 6.25 zeigt die Positionsübersicht der Versendungsmeldung aus Abbildung 6.24.

Pos.Nr.	Korrekt	Geschäftsart	Land	Stat. Warennummer	Nettogewicht	Einheit KG	Rechnungswert	Statistischer Wert	Währung
1	✓	11	FR	84135040	250	KG	1.186,90	1.210,64	EUR
2	✓	11	FR	84825000	1	KG	61,50	62,73	EUR
3	✓	11	IT	84825000	0,500	KG	89,25	85,68	EUR

Abbildung 6.25 Meldungsbearbeitung – Positionsübersicht

Die zu ändernden Einträge rufen Sie aus der Positionsübersicht mit dem Symbol zur Bearbeitung auf. Mit dem Symbol ergänzen Sie Meldedaten; mit dem Symbol löschen Sie nicht in die Meldung einzubeziehende Einträge. Wenn Sie denselben Wert, z. B. den Code für die Art des Geschäfts, in mehreren Einträgen ergänzen oder verändern wollen, können Sie mit dem Symbol eine Massenänderung durchführen.

Sonderfälle

In SAP ERP wird nicht jeder melderelevante Vorgang von den Programmen /SAPSLL/IS_MM und /SAPSLL/IS_SD erfasst: In bestimmten Fällen müssen Sie Eingänge auf der Grundlage von Fakturen und Versendungen auf der Grundlage von Einkaufsbelegen melden. Für diese Fälle stehen in SAP ERP zusätzliche Datenextraktionsprogramme zur Verfügung:

- /SAPSLL/IS_MM_RET (Transaktion **Intrastat: Belege zu MM-Retouren und MM-Gutschriften überleiten**, Transaktionscode /SAPSLL/IS_MM_RET) für Versendungsmeldungen zu Retouren an Lieferanten auf der Grundlage von Einkaufsbelegen

- /SAPSLL/IS_SD_IB (Transaktion **Intrastat: Belege zu Internen Verrechnungen (SD) überleiten**, Transaktionscode /SAPSLL/IS_SD_IB) für Eingangsmeldungen in buchungskreisübergreifenden Verkaufsprozessen auf der Grundlage von Fakturen

Bei einem buchungskreisübergreifenden Verkauf meldet der verkaufende Buchungskreis in seinem Mitgliedstaat die Versendung mithilfe des Programms /SAPSLL/IS_SD auf der Grundlage der internen Verrechnung, also einer Rechnung, die er dem beauftragenden Buchungskreis im Bestimmungsmitgliedstaat stellt. Da es in buchungskreisübergreifenden Verkaufsprozessen keine Einkaufsbelege gibt, entfällt in SAP ERP eine Datenselektion für die Eingangsmeldung im Bestimmungsmitgliedstaat mit dem Programm /SAPSLL/IS_MM. Stattdessen meldet der Buchungskreis im Bestimmungsmitgliedstaat den Eingang mithilfe des Programms /SAPSLL/IS_SD_IB ebenfalls auf der Grundlage der internen Verrechnung. In SAP S/4HANA selektieren die Programme /SAPSLL/IS_MM und /SAPSLL/IS_SD jeweils *alle* melderelevanten Einkaufsbelege bzw. Fakturen und verteilen sie eigenständig auf die Eingangs- bzw. Versendungsmeldung.

Werke im Ausland

Wenn Sie in SAP ERP bzw. SAP S/4HANA einem Buchungskreis ein Werk in einem anderen Mitgliedstaat zugeordnet haben, müssen Sie ggf. die Intrastat-Meldung auch im Mitgliedstaat dieses Werks abgeben. Unabhängig davon, ob Sie die Funktion *Werke im Ausland* nutzen, müssen Sie in SAP ERP das ausländische Werk im Einstiegsbild explizit angeben. Wenn Sie Ihrem deutschen Buchungskreis also z. B. ein französisches Werk zugeordnet haben und die Datenselektion für die Intrastat-Meldung in Frankreich ausführen, erwartet das SAP-ERP-Vorsystem die Angabe des französischen Werks. Die Selektion von Werken in anderen Ländern als Frankreich ist in dieser Konstellation nicht möglich.

[»]

Werke im Ausland

Die Funktion *Werke im Ausland* dient in SAP ERP bzw. SAP S/4HANA der Abbildung umsatzsteuerlicher Registrierungen im Ausland. Solche Registrierungen können z. B. aufgrund von Betrieb- oder Lagerstätten im Ausland erforderlich sein. Ausländische Betriebstätten können Sie in SAP ERP bzw. SAP S/4HANA als Werke abbilden und dem inländischen Buchungskreis zuordnen. Wenn Sie zusätzlich die Funktion *Werke im Ausland* im Customizing des Finanzwesens aktivieren, erleichtern Sie Ihrem Unternehmen die Abgabe der umsatzsteuerlichen Meldungen und ggf. auch der Intrastat-Meldungen im Werksland (Menüpfad: **Finanzwesen (neu) • Grundeinstellungen Finanzwesen (neu) • Umsatzsteuer • Grundeinstellungen • Werke im Ausland • Werke im Ausland aktivieren**).

Retouren

Wenn Sie Waren an Lieferanten in anderen Mitgliedstaaten zurücksenden, müssen Sie darüber Versendungsmeldungen abgeben. Die Datengrundlage dieser Meldung ist der Einkaufsbeleg. Das Programm /SAPSLL/IS_MM_RET selektiert in SAP ERP Einkaufsbelege, zu denen in der Bestandsführung eine Rücklieferung mit der Bewegungsart 122 (oder einer entsprechenden kundeneigenen Bewegungsart) erfasst wurde. Das SAP-ERP-Vorsystem überträgt die Extrakte dieser Einkaufsbelege mit dem Richtungskennzeichen 2 (*Warenausgang*) als Grundlage für die Versendungsmeldung an SAP GTS.

Erhalten Sie Rücksendungen von Kunden aus anderen Mitgliedstaaten, müssen Sie diese Vorgänge in Ihrer Eingangsmeldung berücksichtigen. Wenn Sie die Kundenretouren als Verkaufsbelege im Vorsystem erfasst und zu diesen Belegen Gutschriften angelegt haben, selektiert das Programm /SAPSLL/IS_SD die Gutschriften und überträgt sie mit dem Richtungskennzeichen 1 (*Wareneingang*) an SAP GTS. In Abbildung 6.26 sehen Sie das Ergebnis der Datenselektion für eine deutsche Versendungsmeldung im Testlauf nach Abwicklung der Rücksendung eines französischen Kunden.

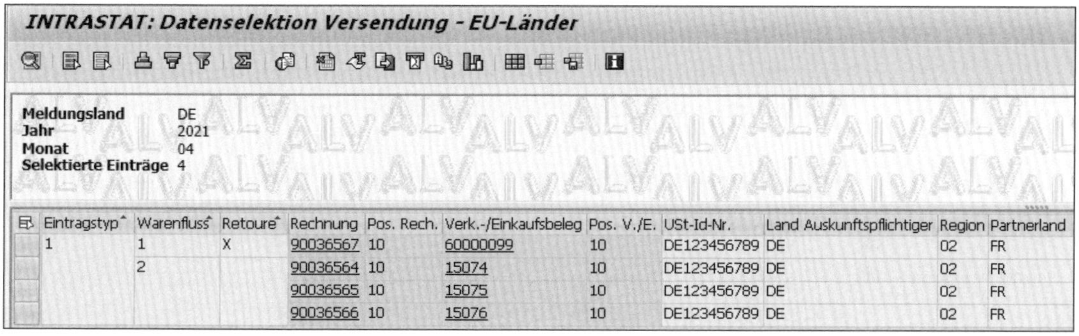

INTRASTAT: Datenselektion Versendung - EU-Länder

Meldungsland DE
Jahr 2021
Monat 04
Selektierte Einträge 4

Eintragstyp	Warenfluss	Retoure	Rechnung	Pos. Rech.	Verk.-/Einkaufsbeleg	Pos. V./E.	USt-Id-Nr.	Land Auskunftspflichtiger	Region	Partnerland
1	1	X	90036567	10	60000099	10	DE123456789	DE	02	FR
	2		90036564	10	15074	10	DE123456789	DE	02	FR
			90036565	10	15075	10	DE123456789	DE	02	FR
			90036566	10	15076	10	DE123456789	DE	02	FR

Abbildung 6.26 Datenselektion Versendungsmeldung mit Retoure

Die erste Position des Selektionsergebnisses ist eine Retoure (Kennzeichen **X** in der Spalte **Retoure**). Das Kennzeichen **1** in der Spalte **Warenfluss** lässt erkennen, dass der Belegextrakt als Grundlage für eine Eingangsmeldung an SAP GTS übergeleitet wird.

[!]

Selektion von Gutschriften

Das Programm /SAPSLL/IS_SD selektiert in SAP ERP ausschließlich Fakturen, in deren Kopfdetails das *Exportkennzeichen* gesetzt ist (Feld VBRK-EXPKZ). Das SAP-ERP-Vorsystem setzt dieses Kennzeichen nur, wenn die Faktura Außenhandelsdaten hat. Fakturen mit Lieferbezug referenzieren in der Regel die Außenhandelsdaten der Auslieferung (siehe Abschnitt 3.1.2, »Abwicklung des Ausfuhrverfahrens in SAP GTS«). Eine Retourengutschrift hat jedoch Auftragsbezug, kann also keine Außenhandelsdaten referenzieren oder kopieren. In der Kopiersteuerung Retoure-Retourengutschrift müssen Sie daher die Ermittlung des Außenhandelssegments auf **B** (**Außenhandelsdaten neu ermitteln**) umstellen (siehe Abbildung 3.2). Die Retourengutschrift erhält so ihre eigenen Außenhandelsdaten.

Die Ausführungen dieses Abschnitts lassen deutlich werden, dass die Abgabe vollständiger und richtiger Intrastat-Meldungen einige Vorarbeiten im Customizing und auf Stammdatenebene verlangt. Der Aufwand lohnt sich jedoch: Die regelmäßige manuelle Nachbearbeitung unvollständiger oder fehlerhafter Datensätze kostet auf die Dauer deutlich mehr Zeit.

6.2 Beförderung im Steueraussetzungsverfahren

Im letzten Abschnitt des ersten Teils dieses Buchs geht es um Verbrauchsteuern, die in der EU von den Zollbehörden verwaltet werden. Abschnitt 6.2.1, »Verbrauchsteuern und Steueraussetzung«, enthält eine kurze Einführung in die Rechtsgrundlagen der Systemfunktionen, die in Abschnitt 6.2.2, »Teilnahme an EMCS mit SAP GTS«, erläutert werden. Wenn Sie verbrauchsteuerpflichtige Waren weder herstellen noch bei der Herstellung Ihrer Erzeugnisse verwenden noch mit ihnen handeln, ist dieser Teil des Buchs für Sie ohne Bedeutung.

6.2.1 Verbrauchsteuern und Steueraussetzung

Verbrauchsteuerpflichtige Güter

Verbrauchsteuern zählen wie die Umsatzsteuer zu den *indirekten Steuern*. Diese Steuern werden beim Hersteller erhoben, aber über den Kaufpreis an den Abnehmer – in der Regel an den Endverbraucher – weitergegeben. Verbrauchsteuern entstehen beim Verbrauch oder Gebrauch bestimmter Güter. In der EU sind folgende Güter verbrauchsteuerpflichtig, also Steuergegenstände im Sinn des Verbrauchsteuerrechts:

- Energieerzeugnisse
- Strom
- Tabakwaren
- Alkohol
- Bier
- Schaumwein und Zwischenerzeugnisse

Den Mitgliedstaaten ist es freigestellt, auf weitere Güter Verbrauchsteuern zu erheben. In Deutschland z. B. sind zusätzlich zu den aufgelisteten Gütern auch Kaffee und sogenannte Alkopops verbrauchsteuerpflichtig. Die Verbrauchsteuergesetzgebung identifiziert die Steuergegenstände anhand ihrer HS-Position bzw. -Unterposition oder anhand ihres KN-Codes. Schaumweinsteuerpflichtig sind u. a. Getränke der Unterposition 220410 (Schaumwein) und der Position 2205 (Wermutwein und andere Weine aus frischen Weintrauben, mit Pflanzen oder anderen Stoffen aromatisiert), wenn sie in Flaschen mit Schaumweinstopfen abgefüllt sind und einen bestimmten, ausschließlich durch Gärung entstandenen Alkoholgehalt aufweisen.

Rechtsgrundlagen

Wie das Umsatzsteuerrecht ist auch das Verbrauchsteuerrecht der EU inzwischen weitgehend harmonisiert. Eine Angleichung der Verbrauchsteuersätze steht aber ebenso aus wie eine Angleichung der Umsatzsteuersätze. Wesentliche Rechtsgrundlage der Besteuerung des Verbrauchs von Gütern ist die Richtlinie 2008/118/EG des Rats vom 16. Dezember 2008 über das allgemeine Verbrauchsteuersystem, die sogenannte *Systemrichtlinie*. Weitere Richtlinien legen die Verbrauchsteuerpflicht einzelner Güter und die für sie geltenden maximalen Steuersätze fest. Diese Richtlinien definieren außerdem Gründe für Steuerbefreiungen und Steuerermäßigungen.

[«]

Richtlinien

Anders als Verordnungen, um die es in den übrigen Kapiteln dieses Buchs geht, sind Richtlinien nicht unmittelbar nach ihrem Inkrafttreten in den Mitgliedstaaten wirksam. Richtlinien haben vielmehr Anweisungscharakter: Die Mitgliedstaaten müssen die Vorgaben der Richtlinien zeitnah in ihrer jeweiligen nationalen Gesetzgebung umsetzen.

Steueraussetzung

Herstellung, Be- oder Verarbeitung, Lagerung und gewerbliche Nutzung unversteuerter verbrauchsteuerpflichtiger Waren unterliegen der zollamtlichen Überwachung. Die genannten Tätigkeiten müssen daher in einem *Steuerlager* durchgeführt werden. Ein Steuerlager ist ein Ort, an dem verbrauchsteuerpflichtige Waren unter *Steueraussetzung* hergestellt, be- oder verarbeitet, gelagert sowie empfangen und versendet werden dürfen. Die Entstehung der Steuer verschiebt sich auf den Zeitpunkt der Entnahme der verbrauchsteuerpflichtigen Ware aus dem Steuerlager. Der Betrieb eines Steuerlagers ist von der vorherigen Erlaubnis der zuständigen nationalen Behörden abhängig.

Steuerentstehung

Die Verbrauchsteuer entsteht in der Regel durch die Entnahme verbrauchsteuerpflichtiger Waren aus einem Steuerlager, z. B. zur Belieferung eines

Einzelhändlers für den Verkauf an Endverbraucher. Die Entnahme verbrauchsteuerpflichtiger Waren zum Verbrauch innerhalb des Steuerlagers führt jedoch ebenfalls zur Entstehung der Verbrauchsteuer. Eine Ausnahme gilt hier für die Stromsteuer.

Verbrauchsteuern werden in dem Mitgliedstaat erhoben, in dem die Waren in den steuerrechtlich freien Verkehr überführt werden. Wie bei der Umsatzsteuer auf Lieferungen innerhalb der Union gilt also auch bei der Verbrauchsteuer das Bestimmungslandprinzip.

Beförderung unter Steueraussetzung

Die gewerbliche *Beförderung* verbrauchsteuerpflichtiger Waren unter Steueraussetzung innerhalb der Union ist in der Systemrichtlinie geregelt. Waren, die der harmonisierten Verbrauchsteuer unterliegen, können im *Steueraussetzungsverfahren* innerhalb der Union von einem Steuerlager zu einem anderen und von einem Steuerlager zu einem *registrierten Empfänger* in einem anderen Mitgliedstaat befördert werden. Registrierte Empfänger dürfen verbrauchsteuerpflichtige Waren, die im Steueraussetzungsverfahren zu ihnen befördert werden, in ihrem Betrieb empfangen. Sie dürfen diese Waren jedoch nicht selbst unter Steueraussetzung lagern oder weiterbefördern. Eine Zulassung als registrierter Empfänger eignet sich insbesondere für kleinere und mittlere Unternehmen, die zwar regelmäßig verbrauchsteuerpflichtige Waren aus anderen Mitgliedstaaten beziehen, jedoch selbst kein Steuerlager benötigen. Die Beförderung im Steueraussetzungsverfahren kann sich auch unmittelbar an eine Einfuhr verbrauchsteuerpflichtiger Waren anschließen oder einer Ausfuhr verbrauchsteuerpflichtiger Waren unmittelbar vorausgehen. Personen, die verbrauchsteuerpflichtige Waren nach ihrer Überlassung zum zollrechtlich freien Verkehr vom Ort der Einfuhr unter Steueraussetzung befördern wollen, benötigen eine vorherige Zulassung als *registrierter Versender*.

Verbrauchsteuernummer

Für die Teilnahme am Steueraussetzungsverfahren ist eine *Verbrauchsteuernummer* erforderlich. Diese Identifikationsnummer erteilt das zuständige Hauptzollamt auf Antrag. Betreiber eines Steuerlagers erhalten zum einen eine *Lagerinhabernummer*, die das Unternehmen als Verfahrensteilnehmer identifiziert. Zum anderen teilt das zuständige Hauptzollamt jedem Steuerlagerstandort eine eigene *Lagernummer* zu. Registrierte Empfänger benötigen eine Verbrauchsteuernummer je Empfangsort, registrierte Versender nur eine Verbrauchsteuernummer zur Identifikation ihres Unternehmens.

Elektronisches Verfahren

Die Systemrichtlinie schreibt die ausschließlich elektronische Abwicklung der Beförderung von Waren im Steueraussetzungsverfahren vor. In der Verordnung (EG) Nr. 684/2009 zur Durchführung der Systemrichtlinie legte die Kommission die Einzelheiten dieser elektronischen Verfahrensabwicklung fest. Seit dem 1. Januar 2011 ist die Teilnahme an EMCS in allen Mitgliedstaaten Pflicht. Versender verbrauchsteuerpflichtiger Waren müssen ein *elektronisches Verwaltungsdokument* (e-VD) in EMCS abgeben, bevor sie die Waren im Steueraussetzungsverfahren befördern dürfen. Wie in den elektronischen Zollverfahren der EU basiert auch in EMCS die Kommunikation zwischen den Wirtschaftsbeteiligten und den Behörden sowie die behördeninterne Kommunikation auf UN/EDIFACT-Standards. Die Verwendung von Nachrichten im XML-Format ist jedoch ebenfalls möglich.

Ablauf des Datenaustausches

Der Versender übermittelt zunächst ein *Entwurfs-e-VD* an die zuständige Behörde im Versendungsmitgliedstaat. Dieser Entwurf wird in EMCS automatisiert geprüft. Die Verbrauchsteuernummern des Versenders und des Empfängers werden dabei mit einem Verzeichnis der Wirtschaftsbeteiligten in der EU abgeglichen. Dieses Verzeichnis ist in einer eigenen Datenbank abgelegt (*System for Exchange of Excise Data*, abgekürzt SEED). Eine Teilnahme an EMCS ohne vorherige Registrierung in SEED ist nicht möglich. Nach erfolgreicher Prüfung weist EMCS dem Verfahren automatisch eine EU-weit eindeutige Identifikationsnummer zu (*Administrative Reference Code*, abgekürzt ARC). Der Versender erhält das e-VD mit ARC in einer Antwortnachricht, die das Dokument zusätzlich als PDF-Datei im Anhang enthält.

EMCS übermittelt das e-VD automatisch an die zuständige Behörde im Bestimmungsmitgliedstaat. Diese Behörde leitet das e-VD an den Empfänger der Waren weiter. Beim Eintreffen der Waren sendet der Empfänger der Behörde eine Eingangsanzeige. Diese elektronische Nachricht kann auch dazu genutzt werden, der Behörde Abweichungen von den Angaben im e-VD zu melden. Die Behörde prüft die Eingangsanzeige und sendet sie dem Empfänger zurück. Auch die Behörde im Versendungsland erhält die Eingangsanzeige. Diese Behörde leitet die Nachricht zum Abschluss des Verfahrens an den Versender weiter.

6.2.2 Teilnahme an EMCS mit SAP GTS

EMCS in SAP GTS

Das elektronische Beförderungsverfahren unter Steueraussetzung hat technisch große Ähnlichkeit mit den elektronischen Zollverfahren. Aus diesem Grund sind die Funktionen für die EMCS-Teilnahme in SAP GTS in das Customs Management eingebunden. SAP GTS ist von der deutschen Zollverwaltung als EMCS-Teilnehmersoftware zertifiziert. Es ist daher sinnvoll, die Einstellungen des Auslieferungs-Customizings unmittelbar zu übernehmen. Die deutsche Zollverwaltung stellt auf ihrer Website neben der Verfahrensanweisung auch ein Merkblatt für EMCS-Teilnehmer zum Download bereit (*https://www.zoll.de/DE/Fachthemen/Steuern/Verbrauchsteuern/EMCS/EMCS-Publikationen/emcs-publikationen_node.html*).

Gesetzliche Grundlage EMCDE

Im Auslieferungs-Customizing finden Sie eine gesetzliche Grundlage für die EMCS-Teilnahme in Deutschland (EMCDE), die alle Vorschriften zur Durchführung des elektronischen Beförderungsverfahrens unter Steueraussetzung zusammenfasst. Diese gesetzliche Grundlage aktivieren Sie auf allgemeiner und auf Anwendungsbereichsebene für Deutschland. Zur Aktivierung der gesetzlichen Grundlage EMCDE auf Anwendungsbereichsebene wählen Sie den Menüpfad **Global Trade Services • Customs Management • Gesetzliche Grundlage für Versand/Gestellung und Verbrauchsteuer aktivieren**.

Nummernschema für Verbrauchsteuercodes

Im e-VD müssen Sie außer der statistischen Warennummer auch vierstellige alphanumerische Codes zur verbrauchsteuerrechtlichen Einordnung der zu befördernden Erzeugnisse angeben. Diese Codes sind in einer Codeliste aufgeführt, die Sie von der Website der deutschen Zollverwaltung herunterladen können (Codeliste 36). Das Auslieferungs-Customizing enthält bereits ein Nummernschema für diese *Verbrauchsteuercodes* (EPC_EU). Sie finden dieses Nummernschema über den Menüpfad **Global Trade Services • Allgemeine Einstellungen • Nummernschemata • Nummernschema für Verbrauchsteuercodes definieren**. Dieses Nummernschema ist der gesetzlichen Grundlage EMCDE für die Einreihung von Produkten zugeordnet (Menüpfad: **Global Trade Services • Allgemeine Einstellungen • Nummernschemata • Nummernschemata zu gesetzlichen Grundlagen der Anwendungsbereiche zuordnen**, Ordner **Schema für Verbrauchsteuercode zuordnen**). Wegen ihrer geringen Zahl ist für Verbrauchsteuercodes kein Upload aus XML-Dateien vorgesehen. Für die manuelle Anlage der Codes verwenden Sie die Transaktion **Verbrauchsteuercodes pflegen** (Transaktionscode /SAPSLL/LLNS_108). Sie finden diese Transaktion im Bereichsmenü des Customs Managements (Schaltfläche **Tarifierung**, Sicht **Tarifierungsstammdaten**). Abbildung 6.27 zeigt ein Beispiel für einen Verbrauchsteuercode im Nummernschema EPC_EU.

In der Codeliste 36 kennzeichnet der Code W300 Schaumwein. Die Verbrauchsteuercodes weisen Sie Ihren verbrauchsteuerpflichtigen Produkten in der Sicht **Tarifierung** des Produktstammsatzes zu.

Lagerinhabernummer

Verbrauchsteuernummern ordnen Sie in SAP GTS den Geschäftspartnern der Außenhandelsorganisation(en) und Verwenderbetrieb(e) zu. Die Lagerinhabernummer tragen Sie in den Geschäftspartnerstammsatz der Außenhandelsorganisation in der Sicht **Identifikation** ein. Abbildung 6.28 zeigt den relevanten Ausschnitt aus dieser Sicht (Bereich **Steuernummern**).

Abbildung 6.27 Verbrauchsteuercodes definieren

Steuernummern

☐ natürliche Person

Typ	Bezeichnung	Steuernummer
EU0	EU: Verbrauchssteuernummer für EMCS	DE99873217653

Abbildung 6.28 Zuordnung der Lagerinhabernummer

Für die Zuordnung der Lagerinhabernummer verwenden Sie den im Auslieferungs-Customizing vordefinierten Steuernummerntyp EU0 (**EU: Verbrauchssteuernummer für EMCS**). Wenn Sie ein anderes Steuerlager im Steueraussetzungsverfahren beliefern, ergänzen Sie die Lagerinhabernummer mit dem Steuernummerntyp EU0 in den Stammdaten des Geschäftspartners. Beliefern Sie registrierte Empfänger, tragen Sie stattdessen die Verbrauchsteuernummer des Empfangsorts in den Geschäftspartnerstammsatz ein.

Lagernummer

Die Lagernummer eines Steuerlagerstandorts hinterlegen Sie im Geschäftspartnerstammsatz des Verwenderbetriebs, der das Steuerlager in SAP GTS repräsentiert. In Abbildung 6.29 sehen Sie ein Beispiel für diese Zuordnung.

Identifikationsnummern

Ext. Partnernummer

ID-Art	Bezeichnung	Identifikationsnummer
SLLTWN	Steuerlagernummer (EMCS)	DE98441000429

Abbildung 6.29 Zuordnung einer Lagernummer

Die Lagernummer eines Steuerlagerstandorts tragen Sie in der Sicht **Identifikation** im Bereich **Identifikationsnummern** ein. Verwenden Sie dazu die ebenfalls bereits im Auslieferungs-Customizing enthaltene Identifikationsart SLLTWN. Beliefern Sie das Steuerlager eines Kunden im Steueraussetzungsverfahren, müssen Sie die Lagernummer dieses Steuerlagerstandorts mit der Identifikationsart SLLTWN in den Geschäftspartnerstammsatz des Kunden eintragen. Auf dieselbe Weise hinterlegen Sie bei Bedarf Lagerinhabernummern und Lagernummern Ihrer Lieferanten.

Kommunikationssteuerung

Für die Steuerung der Kommunikation mit der Zollverwaltung steht im Auslieferungs-Customizing für EMCS-Teilnehmer in Deutschland das Prozessschema EMCDE bereit (Menüpfad: **Global Trade Services • Customs Management • Kommunikationsprozesse • Steuerung für Kommunikationsprozesse definieren**). Dieses Prozessschema enthält zwei Prozesse: EMCO für die Eröffnung und EMCC für die Beendigung eines Steueraussetzungsverfahrens. Beide Prozesse enthalten verschiedene Aktivitäten, also Teilschritte im Datenaustausch mit den Behörden. Die Ausgangs- und Eingangsnachrichten eines Teilschritts sind jeweils der entsprechenden Prozessaktivität zugeordnet. Abbildung 6.30 zeigt beispielhaft die Nachrichtenzuordnung der Prozessaktivität EMC01 (Entwurf e-VD senden). Diese Aktivität steht am Anfang eines Beförderungsverfahrens unter Steueraussetzung.

Abbildung 6.30 Kommunikationssteuerung EMCS-Teilnahme

Sie sehen in Abbildung 6.30, dass bis zu drei Eingangsnachrichten als Antwort auf die Ausgangsnachricht M9000 möglich sind: zwei Fehlermeldungen (Nachrichten I9000 und I9090) und eine positive Rückmeldung (Nachricht I9010). Mit der Nachricht I9010 (EDI-Nachricht C_EAD_VAL) übermittelt die Zollverwaltung das e-VD in elektronischer Form und als PDF-Datei. Wie in der Zollabwicklung sind die einzelnen Prozessaktivitäten in Aktivitätenfolgen in eine mit der Zollverwaltung abgestimmte Reihenfolge gebracht (Ordner **Aktivitätenfolge** in der Dialogstruktur).

Verwaltungsdokument

Beleggrundlage für die Ausgabe und den Empfang von EMCS-Nachrichten in SAP GTS ist immer ein *Verwaltungsdokument*. Dieser Beleg entspricht in Aufbau und Funktion der Zollanmeldung und der Zollsendung, die für die

Abwicklung von Zollverfahren erforderlich sind. Belegarten für die Eröffnung und die Beendigung eines Beförderungsverfahrens sowie ein Positionstyp sind im Auslieferungs-Customizing enthalten. Verwaltungsdokumente können Sie im Bereichsmenü des Customs Managements anzeigen und bearbeiten (Schaltfläche **Kontrolle verbrauchsteuerpflichtiger Warenbewegungen**). Abbildung 6.31 zeigt die Sicht **Kommunikation** eines Verwaltungsdokuments für die Eröffnung eines Verfahrens.

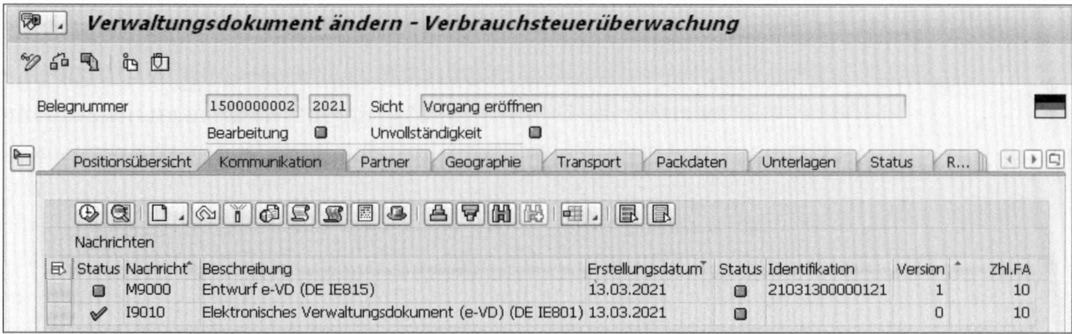

Abbildung 6.31 Verwaltungsdokument – Sicht »Kommunikation«

Wie Sie in Abbildung 6.31 sehen, wurde der Entwurf des e-VD bereits an die zuständige Zollstelle versendet (Ausgangsnachricht M9000). Die Zollstelle hat den Entwurf geprüft und das elektronische e-VD übermittelt (Eingangsnachricht I9010). Die Druckversion des e-VD können Sie sich über das Symbol anzeigen lassen. Das Verwaltungsdokument in Abbildung 6.31 hat SAP GTS aus Daten des SAP-ERP-Vorsystems generiert. Sie können Verwaltungsdokumente jedoch auch manuell anlegen.

Verbrauchsteuer in SAP ERP

Für die Verwaltung Ihrer Steuerlagerbestände und für die Abgabe von Steueranmeldungen bzw. Steuererklärungen können Sie die Funktionen der SAP-ERP-Teilkomponente Verbrauchsteuer (MM-IM-ED) nutzen. Diese Funktionen, die ursprünglich im Rahmen der Industrielösung für die Getränkeindustrie (*SAP Beverage*) entwickelt wurden, sind in die Bestandsführung in SAP ERP integriert. Das Auslieferungs-Customizing der Teilkomponente MM-IM-ED enthält umfangreiche Voreinstellungen für die Bier-, die Alkohol- und die Schaumweinsteuer. Wenn Sie die Funktionen der Teilkomponente MM-IM-ED nutzen, können Sie verbrauchsteuerspezifische Vorsystemdaten an SAP GTS überleiten, um Verwaltungsdokumente automatisch anlegen zu lassen.

[!]

Verbrauchsteuer in SAP S/4HANA

In SAP S/4HANA stehen Ihnen diese Funktionen nicht mehr zur Verfügung (siehe auch SAP-Hinweise 2224144 und 2531942). Als Ersatz für die Teilkomponente MM-IM-ED kommt die cloud-basierte Lösung *SAP Excise Tax Management* in Betracht. Eine Beschreibung dieser Lösung finden Sie u. a. im SAP Best Practices Explorer unter der Umfangsbestandteil-ID 4LO (Lösungspaket SAP Best Practices for SAP S/4HANA Cloud).

Integration

Die Schnittstelle zwischen der Verbrauchsteuerabwicklung in SAP ERP und den Funktionen für die EMCS-Teilnahme in SAP GTS aktivieren Sie im Einführungsleitfaden des Vorsystems über den Menüpfad **Materialwirtschaft • Verbrauchsteuer • Beförderungs- & Kontrollsystem für verbrauchsteuerpflichtige Waren (EMCS) • EMCS aktivieren**. Das Vorsystem sammelt die überleitungsrelevanten Daten zunächst in internen Belegen. Vor der Aktivierung der Schnittstelle müssen Sie daher zunächst ein Nummernkreisintervall für diese internen Belege anlegen (Menüpfad: **Materialwirtschaft • Verbrauchsteuer • Beförderungs- & Kontrollsystem für verbrauchsteuerpflichtige Waren (EMCS) • Nummernkreisintervalle definieren**). In Abbildung 6.32 sehen Sie die Zuordnung des Nummernkreisintervalls und die Aktivierung der Schnittstelle im Vorsystem (Kennzeichen **EMCS aktiv**).

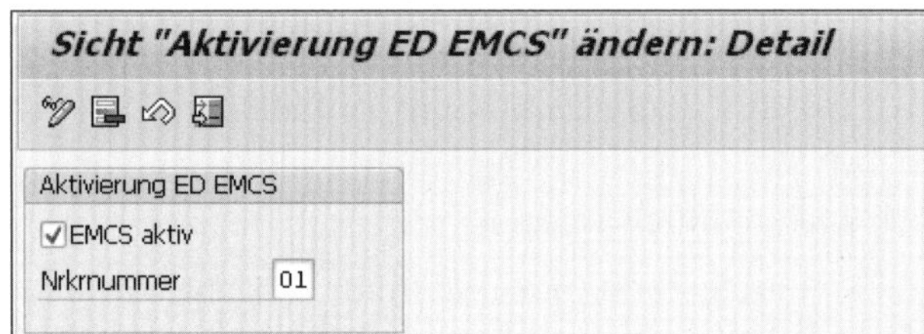

Abbildung 6.32 Aktivierung der Schnittstelle zu SAP GTS

Bewegungsarten

Die Datenüberleitung an SAP GTS ist u. a. abhängig von der Bewegungsart der Bestandsführungsbuchung im Vorsystem. Sie müssen daher alle Bewegungsarten, mit denen Sie die Beförderung verbrauchsteuerpflichtiger Waren im Steueraussetzungsverfahren abwickeln, für die Verwendung in EMCS klassifizieren (Menüpfad: **Materialwirtschaft • Verbrauchsteuer • Beförderungs- & Kontrollsystem für verbrauchsteuerpflichtige Waren (EMCS) • Relevante Bewegungsarten und Prozessverwendung definieren**). Abbildung 6.33 zeigt drei Beispiele für diese EMCS-spezifische Klassifizierung.

Sicht "EMCS relevante Bewegungsarten und Prozessverwendung"

Neue Einträge

EMCS relevante Bewegungsarten und Prozessv...

BwA	Proz. Schr
303	PI Werk an Werk Umbuchung; ...
305	PR Werk an Werk Umbuchung; ...
601	GI Warenausgang

Abbildung 6.33 EMCS-relevante Bewegungsarten klassifizieren

Warenausgänge zu Auslieferungen an Kunden werden z. B. mit der Bewegungsart 601 gebucht. Dieser Bewegungsart wurde daher die im Programmcode verankerte Kategorie **GI Warenausgang** zugeordnet. Für Beförderungen zwischen zwei Steuerlagern auf der Grundlage einer Werk-an-Werk-Umlagerung wurden die Bewegungsarten 303 (für die Auslagerung) und 305 (für die Einlagerung) ergänzt und entsprechend klassifiziert.

Verbrauchsteuercodes

Für die Nutzung der Schnittstelle zu SAP GTS benötigen Sie im SAP-ERP-Vorsystem auch die Verbrauchsteuercodes, die Sie in den EMCS-Nachrichten verwenden (siehe Abbildung 6.27). Zunächst definieren Sie die Produktkategorie, z. B. W für Schaumwein und Wein. Wählen Sie dazu im Einführungsleitfaden den Menüpfad **Materialwirtschaft • Verbrauchsteuer • Beförderungs- & Kontrollsystem für verbrauchsteuerpflichtige Waren (EMCS) • Produktkategoriecodes definieren**. Anschließend ergänzen Sie die Verbrauchsteuercodes (**Produktcodes definieren**). In Abbildung 6.34 sehen Sie ein Beispiel mit dem Verbrauchsteuercode W300 für Schaumwein.

Sicht "Produktcodes" ändern: Übersicht

Neue Einträge

Produktcodes

VbSt-PCode	Beschreibung VbSteuer-Produktcode	Kat.Code	Alkoholg.	Einheit	Min. Alko
W300	SCHAUMWEIN	W	✓	HL	

Abbildung 6.34 Definition von Verbrauchsteuercodes in SAP ERP

Die Höhe der Schaumwein- und Zwischenerzeugnissteuer richtet sich nach dem Alkoholgehalt des jeweiligen Getränks. Bemessungsgrundlage ist immer ein Hektoliter. Im e-VD müssen Sie daher bei der Beförderung von Waren des Verbrauchsteuercodes W300 den Alkoholgehalt und die Menge in Hektolitern angeben. In den Einstellungen zu Code W300 ist das Kennzeichen **Alkoholg.** gesetzt und Hektoliter (HL) als melderelevante Mengeneinheit angegeben.

Verbrauchsteuerdaten im Materialstamm

Die Verbrauchsteuercodes tragen Sie in die Materialstammsätze der verbrauchsteuerpflichtigen Waren ein. Anhand dieses Codes erkennt das Vorsystem die Relevanz eines Materials für EMCS. In Abhängigkeit von der Konfiguration der Steuerart können Sie in den Stammdaten Ihrer Materialien verbrauchsteuerbezogene Zusatzdaten auf Mandanten-, Buchungskreis- und/oder Werksebene erfassen (Menüpfad im Einführungsleitfaden: **Materialwirtschaft • Verbrauchsteuer • Basisdaten Verbrauchsteuer • Steuerarten pflegen**). Ist die Steuerart entsprechend konfiguriert, erscheinen zusätzliche Schaltflächen in der Sicht **Grunddaten 1** (Bereich **Verbrauchsteuer**). Im Beispiel in Abbildung 6.35 wurden die Zusatzdaten auf Mandantenebene abgelegt.

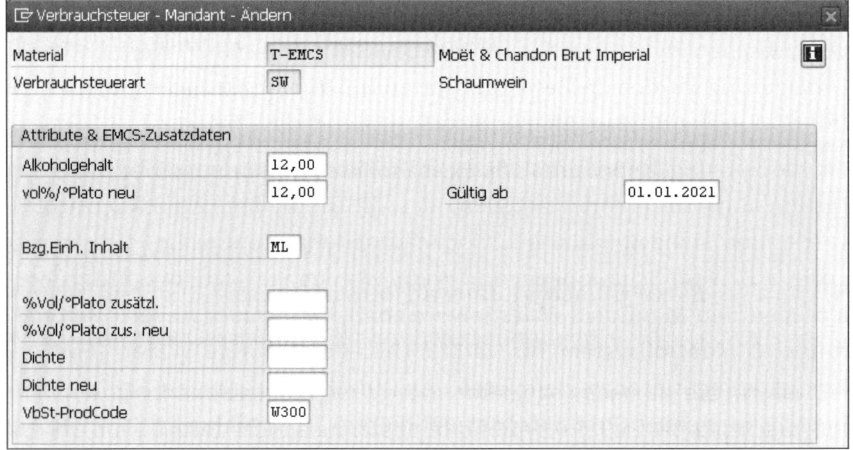

Abbildung 6.35 Material – Zusatzdaten für Verbrauchsteuer und EMCS

Das Vorsystem überträgt u. a. auch den Alkoholgehalt des Materials an SAP GTS. Der Verbrauchsteuercode W300 wurde in das Feld **VbSt-ProdCode** (Verbrauchsteuerproduktcode) eingetragen.

Weitere Einstellungen

Die übrigen Einstellungen, die Sie in Verbindung mit der Aktivierung der Schnittstelle zu SAP GTS vornehmen können, sind optional. So können Sie Verkaufsbeleg- oder Lieferarten spezielle, im Programmcode des Vorsystems definierte Verwendungen in EMCS zuweisen (Menüpfad: **Materialwirtschaft • Verbrauchsteuer • Beförderungs- & Kontrollsystem für verbrauchsteuerpflichtige Waren (EMCS) • Auftragsarten für die EMCS-Steuerung definieren** und **Lieferungsarten für die EMCS-Steuerung definieren**). Diese Zuordnung kann z. B. für die richtige Interpretation einer Rücksendung in EMCS notwendig sein.

Geschäftspartner

Wenn Sie die Schnittstelle der Teilkomponente MM-IM-ED zu SAP GTS nutzen wollen, müssen Sie auch die an Steueraussetzungsverfahren beteiligten

Geschäftspartner nachbearbeiten. Alle Steuerlagerinhaber, registrierten Empfänger und registrierten Versender müssen im Vorsystem als EMCS-relevant gekennzeichnet sein. Um die Ergänzungen vorzunehmen, wählen Sie im SAP-Easy-Access-Menü den Menüpfad **Logistik • Materialwirtschaft • Verbrauchsteuer • Stammdaten • Warenempfänger** bzw. **Lieferanten**. Abbildung 6.36 zeigt den relevanten Ausschnitt aus den Verbrauchsteuerstammdaten eines registrierten Empfängers.

VBS-Stammdaten Warenempfänger	
gültig bis	30.12.9999
Art der Erlaubnis	R Zulassung als registrierter Versende...
BVD-Druck/EMCS-Proz.	E EMCS-Prozess
VBSlagernr.ext.	
V.St.Nr ext.	
St.lg.Inhaber	
VBS-Sonderpartnertyp	GTS2
Reg. Empfänger	IT87564755210

Abbildung 6.36 Zusatzdaten eines registrierten Empfängers in SAP ERP

Im Feld **Art der Erlaubnis** ist der Kunde als registrierter Empfänger gekennzeichnet (Kennzeichen **R Zulassung als registrierter Versender/Empfänger**). Das Kennzeichen **E EMCS-Prozess** ist gesetzt (Feld **BVD-Druck/EMCS-Proz.**). Der Kunde ist also EMCS-relevant. Die Verbrauchsteuernummer des Empfangsorts sehen Sie im Feld **Reg. Empfänger**. Sie muss mit der Nummer im Geschäftspartnerstammsatz in SAP GTS übereinstimmen (Feld **Steuernummer** in der Sicht **Identifikation**, siehe auch Abbildung 6.28). Der selbst definierte Schlüssel GTS2 im Feld **VBS-Sonderpartnertyp** signalisiert, dass der Kunde die im Steueraussetzungsverfahren beförderten Waren empfangen darf. Diese Zuordnung spielt nur für die spätere Steueranmeldung eine Rolle.

EMCS-Cockpit

Ist ein Vorgang EMCS-relevant, erzeugt das Vorsystem einen internen Beleg. Dieser Beleg ist die Grundlage für die Überwachung der Steueraussetzungsverfahren im *EMCS-Cockpit* der Teilkomponente MM-IM-ED. Sie finden dieses Cockpit im SAP-Easy-Access-Menü über den Pfad **Logistik • Materialwirtschaft • Verbrauchsteuer • Funktionen • EMCS-Cockpit** (Transaktionscode /BEV2/CS_COCKPIT). In Abbildung 6.37 sehen Sie ein Beispiel für einen internen Beleg im EMCS-Cockpit. Dieser Beleg entstand durch die Warenausgangsbuchung zu einer Auslieferung an einen registrierten Empfänger.

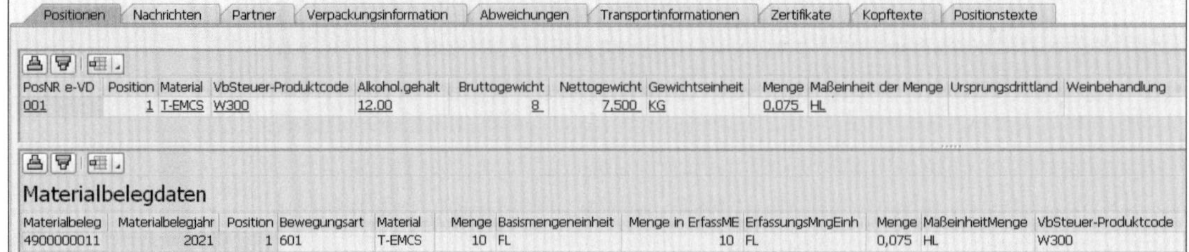

Abbildung 6.37 Interner Beleg im EMCS-Cockpit

Interner Beleg und Verwaltungsdokument

In der Spalte **Materialbeleg** sehen Sie die Nummer des Materialbelegs zur Warenausgangsbuchung. Auf Positionsebene sind der Verbrauchsteuercode des Schaumweins, sein Alkoholgehalt in Volumenprozent (Spalte **Alkohol.gehalt**) und die beförderte Menge in Hektolitern zu erkennen (Spalten **Menge** und **MaßeinheitMenge**). Die Daten des internen Belegs überträgt das Vorsystem an SAP GTS. SAP GTS erzeugt aus diesen Daten ein Verwaltungsdokument für die Eröffnung eines Beförderungsverfahrens unter Steueraussetzung in EMCS. Abbildung 6.38 zeigt einen Ausschnitt aus dem Verwaltungsdokument zum internen Beleg aus Abbildung 6.37.

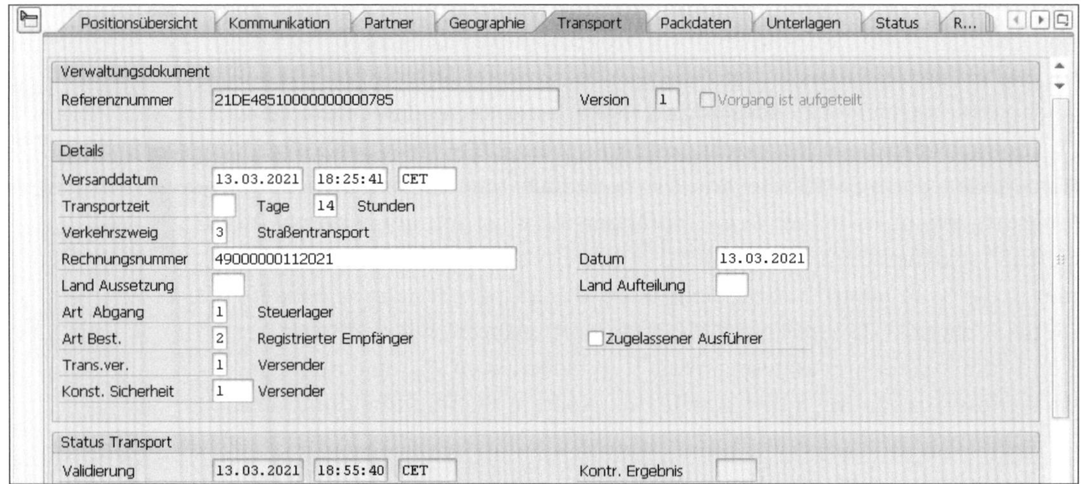

Abbildung 6.38 Verwaltungsdokument – Sicht »Transport«

Aus den Steuerlagerdaten des Vorsystems und den Zusatzdaten des Warenempfängers aus Abbildung 6.36 leitet SAP GTS die Kennzeichen in den Belegfeldern **Art Abgang**, **Art Best.**, **Trans.ver.** (Transportverantwortlicher) und **Konst. Sicherheit** (Konstellation Sicherheitsleistende) ab. Wie in der Zollabwicklung können Sie auch für die Vervollständigung von Verwaltungsdokumenten das Datenvorschlagswesen des Customs Managements nutzen.

Rückübertragung des ARC

Im Feld **Referenznummer** des Verwaltungsdokuments in Abbildung 6.38 sehen Sie den ARC des Beförderungsverfahrens. SAP GTS kann diesen Code an das Vorsystem rückübertragen. Das Vorsystem ergänzt den ARC sowohl im internen Beleg des EMCS-Cockpits als auch im Materialbeleg zur Warenbewegungsbuchung. Abbildung 6.39 zeigt die Sicht **EMCS Referenzcode** in den Positionsdetails des Materialbelegs zum internen Beleg aus Abbildung 6.37. Das Vorsystem bereitet diese Sicht nur auf, wenn die EMCS-Schnittstelle zu SAP GTS aktiv ist.

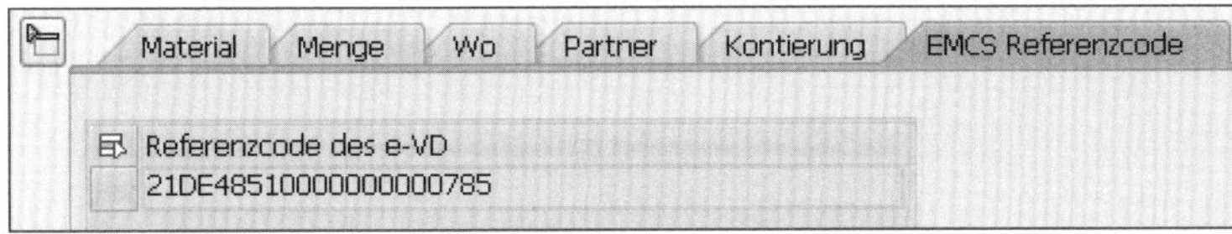

Abbildung 6.39 ARC eines e-VD in den Positionsdetails eines Materialbelegs

In der Spalte **Referenzcode des e-VD** sehen Sie den ARC des e-VD, das in SAP GTS auf der Grundlage des Verwaltungsdokuments aus Abbildung 6.38 empfangen und an das Vorsystem rückübertragen wurde.

Steuerung des Vorsystemaufrufs

Wenn Sie Informationen aus EMCS-Eingangsnachrichten an das Vorsystem übertragen lassen wollen, ordnen Sie im Customizing Ihres SAP-GTS-Systems vordefinierten Szenarien Funktionsbausteine für die Eingangsverarbeitung dieser Informationen im Vorsystem zu (Menüpfad: **Global Trade Services • Customs Management • Allgemeine Einstellungen • Aufruf des Vorsystems aus der Verbrauchsteuerüberwachung definieren**). In Abbildung 6.40 sehen Sie ein Beispielszenario.

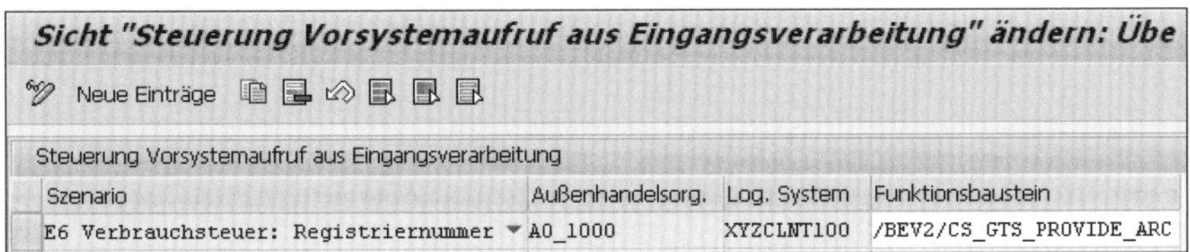

Abbildung 6.40 Rückübertragung von Informationen an das Vorsystem

Die Rückübertragung des ARC an den Materialbeleg in Abbildung 6.39 ist das Ergebnis der Implementierung des Szenarios **E6** (**Verbrauchsteuer: Registriernummer**). Der dafür benötigte Funktionsbaustein `/BEV2/CS_GTS_PROVIDE_ARC` wird mit der Teilkomponente MM-IM-ED ausgeliefert.

Beendigung des Verfahrens

Wenn Sie ein Beförderungsverfahren unter Steueraussetzung in EMCS als Empfänger beenden, erzeugt SAP GTS aus den Daten der Eingangsnachricht ein Verwaltungsdokument. Auf der Grundlage dieses Belegs können Sie eine elektronische Eingangsanzeige versenden. Eine Übertragung des ARC an das Vorsystem ist ebenfalls möglich.

Dieser Abschnitt schließt nicht nur dieses Kapitel, sondern auch die Darstellung des Leistungsspektrums der SAP-GTS-Produktfamilie ab. Im zweiten Teil dieses Buchs erfahren Sie, welche Funktionen SAP S/4HANA für den Außenhandel zu bieten hat.

TEIL II

SAP S/4HANA for international trade

Kapitel 7
Stammdatenpflege

Auch in SAP S/4HANA haben Stammdaten große Bedeutung für die gesetzeskonforme Außenhandelsabwicklung. In diesem Kapitel erfahren Sie, wie Sie diese Stammdaten pflegen.

Spielt der Außenhandel eine wesentliche Rolle für den Unternehmenserfolg, ist es sinnvoll, in Verbindung mit dem Umstieg von SAP ERP auf SAP S/4HANA die Einführung von SAP GTS in Erwägung zu ziehen. Unternehmen, die in der Hauptsache nach Alternativen für die Abgabe von Intrastat-Meldungen oder für die Verwaltung von Ausfuhrgenehmigungen Ausschau halten, können stattdessen auf *SAP S/4HANA for international trade* zurückgreifen. Dieser SAP-S/4HANA-Bestandteil ersetzt einige Funktionen des Außenhandels in SAP ERP. Dieses Kapitel behandelt die vorbereitende Stammdatenpflege und ihre Grundlagen im Customizing des SAP-S/4HANA-Systems.

7.1 Tarifierung und Klassifizierung

Optionen für die Stammdatenanlage

Eine wesentliche Änderung erwartet Unternehmen, die auf SAP S/4HANA umsteigen, bei der Pflege von Zolltarifnummern, statistischen Warennummern und Güterlistennummern. Diese sind nämlich – anders als in SAP ERP – Stammdaten, die entweder manuell in SAP S/4HANA angelegt oder aus einer externen Quelle bezogen werden.

Nomenklaturen

In diesem Abschnitt geht es um verschiedene Nomenklaturen, die für Zollanmeldungen, für Meldungen zur Außenhandelsstatistik oder für die produktbezogene Ein- bzw. Ausfuhrkontrolle erforderlich sind. Da diese Nomenklaturen nicht nur in der EU vom Gesetzgeber vorgegeben werden, besteht auch in SAP S/4HANA die Möglichkeit, sie gegen Entgelt von Datenlieferanten zu beziehen. Eine zweite, allerdings nur für SAP-GTS-Kunden interessante Alternative zur manuellen Erfassung von Zolltarifnummern und statistischen Warennummern ist ihre Übernahme aus einem an SAP S/4HANA angebundenen SAP-GTS-System.

7.1.1 Tarifierung

Eine Einführung in den rechtlichen Hintergrund der Einreihung von Waren in Zolltarife oder in Warenverzeichnisse für die Außenhandelsstatistik finden Sie in Abschnitt 2.1.4, »Tarifierung von Produkten«, und in Abschnitt 3.1.3, »Stammdaten für die Ausfuhrabwicklung« im ersten Teil dieses Buchs.

Nummernschemata

Unabhängig davon, ob Sie sich für die manuelle Pflege, den Zukauf von einem Datenlieferanten oder für die Übernahme aus SAP GTS entscheiden, müssen Sie im Customizing Ihres SAP-S/4HANA-Systems Nummernschemata für die relevanten Nomenklaturen definieren. Abbildung 7.1 zeigt das im Auslieferungs-Customizing enthaltene Nummernschema EU01 (Menüpfad: **Governance, Risk and Compliance • International Trade • Klassifizierung • Statistische Warennummern • Nummernschema für statistische Warennummern definieren**).

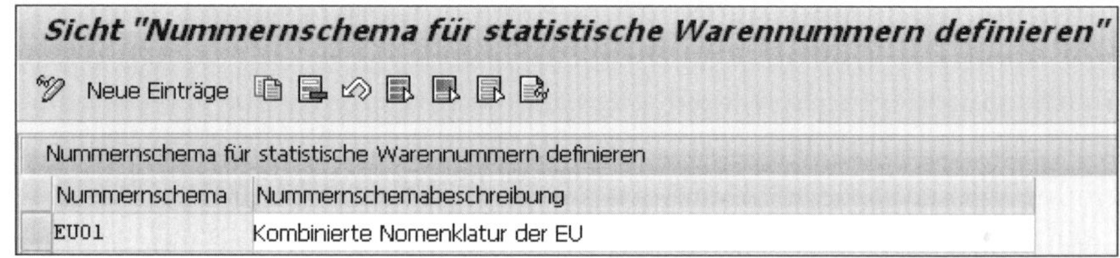

Abbildung 7.1 Nummernschemata in SAP S/4HANA

Das Nummernschema EU01 repräsentiert die KN, die in SAP S/4HANA in erster Linie für die Abgabe von Intrastat-Meldungen benötigt wird.

Intrastat Service Codes

Ebenfalls im Auslieferungs-Customizing enthalten ist das Nummernschema IT03, das nur für italienische Intrastat-Meldungen eine Rolle spielt: Italien erfasst in dieser Meldung nicht nur den Warenverkehr mit anderen Mitgliedstaaten, sondern auch sonstige Leistungen, die von in Italien ansässigen Unternehmen in anderen Mitgliedstaaten bzw. von Unternehmen anderer Mitgliedstaaten in Italien erbracht wurden (Menüpfad: **Governance, Risk and Compliance • International Trade • Klassifizierung • Intrastat Service Codes • Nummernschema für Intrastat Service Codes definieren**). Für die Meldung dieser Leistungen verwenden Auskunftspflichtige spezielle Codes, die in einer Nomenklatur im Anhang der Verordnung (EWG) Nr. 3696/1993 »betreffend die statistische Güterklassifikation in Verbindung mit den Wirtschaftszweigen« aufgeführt sind. In SAP S/4HANA begegnen Ihnen diese Codes unter dem Begriff *Intrastat Service Codes*. In Anlehnung an die Abkürzung für die offizielle englische Bezeichnung der Nomenklatur (»statistical classification of products by activity«) ist auch der Terminus *CPA-Codes* gebräuchlich.

Länderzuordnung des Nummernschemas

Im Auslieferungs-Customizing ist das Nummernschema EU01 allen Mitgliedstaaten der EU zugeordnet (Menüpfad: **Governance, Risk and Compliance • International Trade • Klassifizierung • Statistische Warennummern • Nummernschema für statistische Warennummern Land zuordnen**). Abbildung 7.2 zeigt eine Auswahl dieser Zuordnungen.

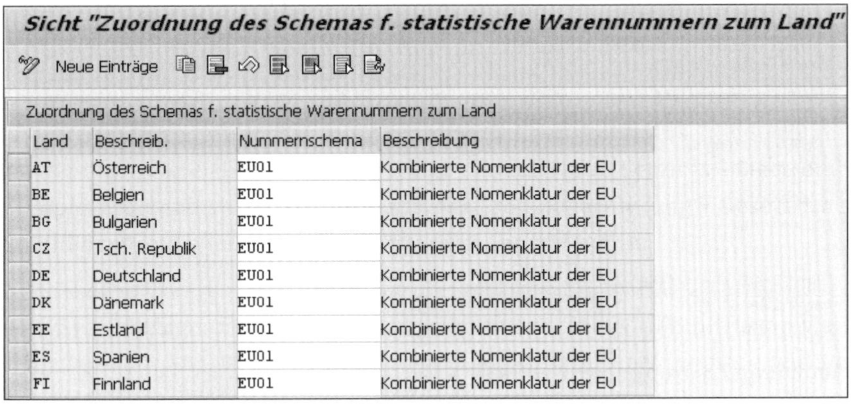

Sicht "Zuordnung des Schemas f. statistische Warennummern zum Land"

Neue Einträge

Zuordnung des Schemas f. statistische Warennummern zum Land

Land	Beschreib.	Nummernschema	Beschreibung
AT	Österreich	EU01	Kombinierte Nomenklatur der EU
BE	Belgien	EU01	Kombinierte Nomenklatur der EU
BG	Bulgarien	EU01	Kombinierte Nomenklatur der EU
CZ	Tsch. Republik	EU01	Kombinierte Nomenklatur der EU
DE	Deutschland	EU01	Kombinierte Nomenklatur der EU
DK	Dänemark	EU01	Kombinierte Nomenklatur der EU
EE	Estland	EU01	Kombinierte Nomenklatur der EU
ES	Spanien	EU01	Kombinierte Nomenklatur der EU
FI	Finnland	EU01	Kombinierte Nomenklatur der EU

Abbildung 7.2 Zuordnung des Nummernschemas EU01 zu Ländern

Falls Sie aus SAP S/4HANA Intrastat-Meldungen in Italien abgeben wollen, übernehmen Sie auch die Zuordnung des Nummernschemas IT03 zum Ländercode für Italien (IT) aus dem Auslieferungs-Customizing (Menüpfad: **Governance, Risk and Compliance • International Trade • Klassifizierung • Intrastat Service Codes • Nummernschema für Intrastat Service Codes einem Land zuordnen**).

Zolltarifnummern

Für die Erfassung von Zolltarifnummern nach dem EZT wurde zusätzlich das Nummernschema ZEZT angelegt und anschließend dem Ländercode für Deutschland (DE) zugeordnet (Menüpfad: **Governance, Risk and Compliance • International Trade • Klassifizierung • Zolltarifnummern • Nummernschema für Zolltarifnummern definieren bzw. Nummernschema für Zolltarifnummern einem Land zuordnen**). Zolltarifnummern können in SAP S/4HANA zwar nicht unmittelbar genutzt werden. Möglicherweise benötigt jedoch ein Zolldienstleister, der Ihr Unternehmen bei der Einfuhr vertritt, für die Abgabe der Zollanmeldungen eine Zusammenstellung der Zolltarifnummern Ihrer Waren.

Datenquelle (Nummernschema-Content)

Um Zolltarifnummern, statistische Warennummern oder Dienstleistungscodes als Stammdaten in einer der drei zur Auswahl stehenden Formen in SAP S/4HANA erfassen zu können, definieren Sie für jede Nomenklatur ein Nummernschema für die jeweilige Datenquelle, im System auch *Nummernschema-Content* genannt. In Abbildung 7.3 sehen Sie ein Beispiel für ein Nummernschema für die manuelle Pflege statistischer Warennummern

(Menüpfad: **Governance, Risk and Compliance • International Trade • Klassifizierung • Statistische Warennummern • Nummernschema-Content für statistische Warennummern definieren**).

Sicht "Nummernschema-Content f.statistische Warennummern definieren"

Neue Einträge

Nummernschema-Content f.statistische Warennummern definieren	
Nummernschema-Content	ZKN
Content-Beschr.f.Nummernschema	Kombinierte Nomenklatur (KN)
Quelle des Contents	Lokal
Content-Referenz	
Datenanbieter	
Datenanbietername	
Klassifizierungsnummernlänge	
Maßeinheitensystem	ZKNEZT Masseinheiten für KN und EZT

Abbildung 7.3 Nummernschema für externe Daten

Da das Nummernschema ZKN Grundlage für die *manuelle* Pflege statistischer Warennummern sein soll, wurde im Feld **Quelle des Contents** die Option **Lokal** ausgewählt. Die Alternativen zu dieser Option sind:

- **A Datenanbieter**
- **B SAP GTS**

Angaben zum Datenlieferanten

Wenn Sie sich für den Kauf von Zolltarifnummern, statistischen Warennummern oder Dienstleistungscodes bei einem Datenlieferanten entscheiden, setzen Sie im Feld **Quelle des Contents** das Kennzeichen **A Datenanbieter**. Sie müssen dann zusätzlich im Feld **Datenanbieter** den zutreffenden Verlag auswählen und in das Feld **Content-Referenz** eine vom Datenlieferanten mitgeteilte Referenznummer eintragen. Für die On-Premise-Version von SAP S/4HANA bieten Descartes CustomsInfo, der Mendel Verlag und Reguvis Fachmedien (vormals der Bundesanzeiger Verlag) verschiedene Nomenklaturen zum Kauf an.

Maßeinheitensystem

Für die Konvertierung unternehmensinterner Maßeinheiten in die von den Zollbehörden verwendeten Maßeinheitencodes (siehe Abschnitt 2.1.4, »Tarifierung von Produkten«) müssen Sie wie in SAP GTS auch in SAP S/4HANA ein Maßeinheitensystem definieren (Menüpfad: **Governance, Risk and Compliance • International Trade • Klassifizierung • Maßeinheitensystem definieren**). In SAP S/4HANA ist dieses Maßeinheitensystem u. a. Grundlage für die Erfassung der besonderen Maßeinheiten, die in der KN für einzelne Warennummern vorgesehen sind. Abbildung 1.4 zeigt ein Beispiel für ein Maßeinheitensystem für besondere Maßeinheiten.

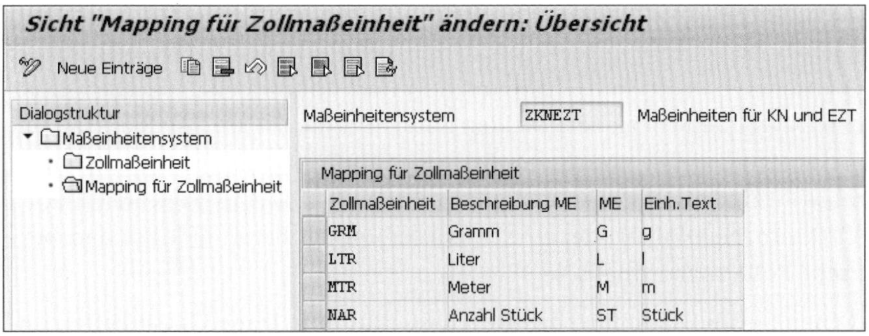

Sicht "Mapping für Zollmaßeinheit" ändern: Übersicht

Neue Einträge

Dialogstruktur
- Maßeinheitensystem
  - Zollmaßeinheit
  - Mapping für Zollmaßeinheit

Maßeinheitensystem ZKNEZT Maßeinheiten für KN und EZT

Mapping für Zollmaßeinheit

Zollmaßeinheit	Beschreibung ME	ME	Einh.Text
GRM	Gramm	G	g
LTR	Liter	L	l
MTR	Meter	M	m
NAR	Anzahl Stück	ST	Stück

Abbildung 7.4 Maßeinheitensystem für KN und EZT

Tragen Sie zunächst in den Ordner **Zollmaßeinheit** der Dialogstruktur die für Ihre Produkte relevanten UN/CEFACT-Codes ein. Im Ordner **Mapping für Zollmaßeinheit** ordnen Sie dann Ihre unternehmensspezifischen Maßeinheiten in der Spalte **ME** den jeweils zutreffenden UN/CEFACT-Codes in der Spalte **Zollmaßeinheit** zu. Das Maßeinheitensystem tragen Sie anschließend in das gleichnamige Feld in den Detaileinstellungen des Datenquellen-Nummernschemas ein (siehe Abbildung 7.3).

Zuordnung der Nummernschemata

Außerdem müssen Sie das Datenquellen-Nummernschema je nach Zweckbestimmung noch dem Nummernschema für den Zolltarif, das Warenverzeichnis oder das Dienstleistungsverzeichnis zuordnen und mit Gültigkeitsdaten verknüpfen. In Abbildung 7.5 sehen Sie die Zuordnung des Nummernschemas EU01 für die KN zum Nummernschema ZKN für die manuelle Pflege der KN-Codes (Menüpfad: **Governance, Risk and Compliance • International Trade • Klassifizierung • Statistische Warennummern • Nummernschema-Content für statistische Warennummern aktivieren**).

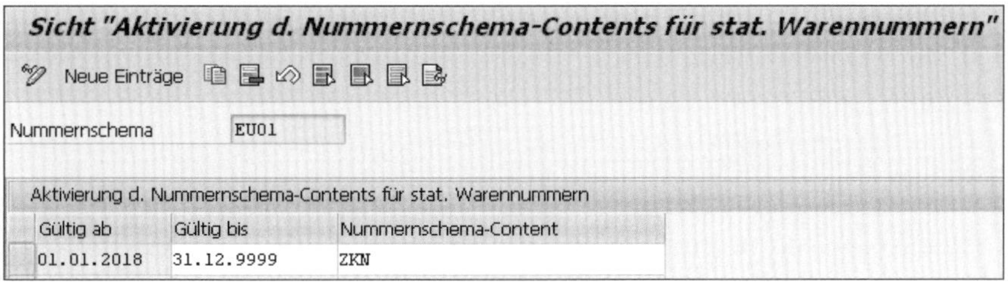

Sicht "Aktivierung d. Nummernschema-Contents für stat. Warennummern"

Neue Einträge

Nummernschema EU01

Aktivierung d. Nummernschema-Contents für stat. Warennummern

Gültig ab	Gültig bis	Nummernschema-Content
01.01.2018	31.12.9999	ZKN

Abbildung 7.5 Zuordnung der Nummernschemata

Sollte sich die Quelle für statistische Warennummern zu einem späteren Zeitpunkt ändern, ergänzen Sie einen Eintrag für das Nummernschema EU01 und das neue Datenquellen-Nummernschema mit aktualisierten Gültigkeitsdaten und passen das Gültig-bis-Datum der bisherigen Zuordnung entsprechend an.

Nummern oder Codes anlegen

Nach diesen Vorarbeiten im Customizing können Sie Zolltarifnummern, statistische Warennummern und bei Bedarf auch Dienstleistungscodes als Stammdaten in Ihrem SAP-S/4HANA-System anlegen oder aus einer externen Datenquelle beziehen. Melden Sie sich zunächst am SAP Fiori Launchpad an. Um Tarifierungsstammdaten im Launchpad bearbeiten zu können, muss Ihrem Systembenutzer die Rolle SAP_BR_TRD_CLS_SPECIALIST (Klassifizierung Spezialist) oder eine auf dieser Vorlage beruhende kundenspezifische Rolle zugeordnet sein.

Öffnen Sie im Launchpad das Menü **International Trade Classification** und starten Sie die App **Zolltarifnummern verwalten oder Statistische Warennummern bearbeiten**. Geben Sie in das Feld **Nr.-Schema-Content** den Schlüssel des Nummernschemas für die Datenquelle ein. Über die Schaltfläche **Start** können Sie sich alle bereits vorhandenen Warennummern anzeigen lassen. In Abbildung 7.6 sehen Sie einige Beispiele für statistische Warennummern, die auf der Grundlage des Nummernschemas ZKN manuell in SAP S/4HANA angelegt wurden.

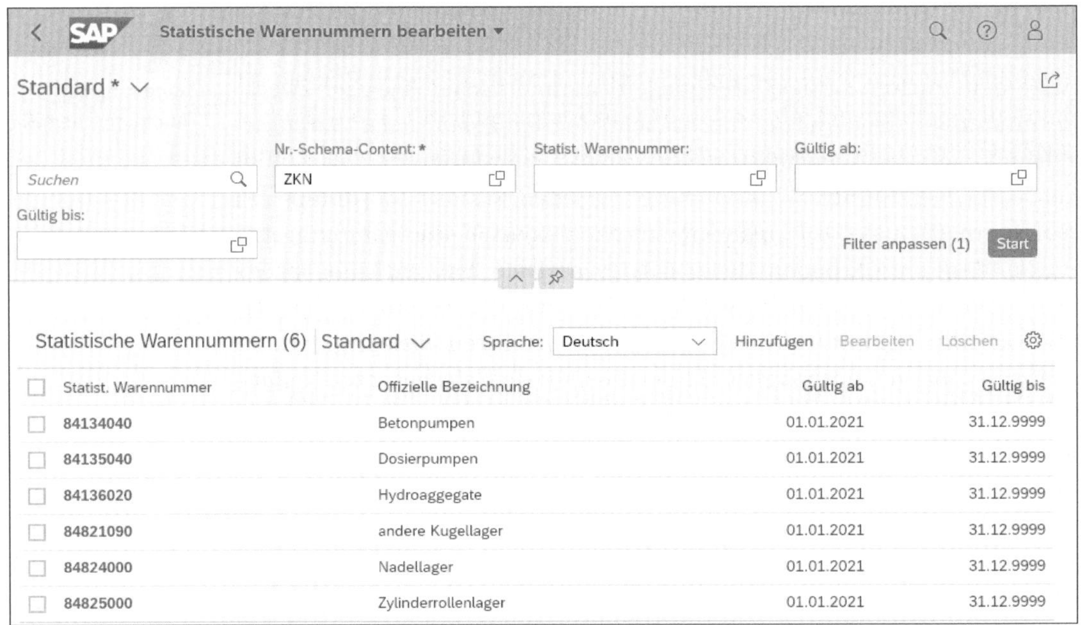

Abbildung 7.6 Statistische Warennummern bearbeiten

Neue Einträge ergänzen Sie über die Schaltfläche **Hinzufügen**. Vorhandene Einträge können Sie über die Schaltfläche **Bearbeiten** ändern oder über die Schaltfläche **Löschen** entfernen.

Gültigkeit einer Warennummer

Wie Sie in Abbildung 7.6 erkennen, besteht eine wesentliche Verbesserung der Datenpflege in SAP S/4HANA im Vergleich zu SAP ERP in der Möglichkeit, Warennummern zeitabhängig im System zu erfassen. Warennummern, die ihre Gültigkeit verlieren, weil sie durch eine oder mehrere andere Warennummer(n) ersetzt werden, bleiben für Referenzzwecke im System erhalten.

Einreihung in Tarife oder Warenverzeichnisse

Auch für die Einreihung Ihrer Produkte in einen Zolltarif oder in ein Warenverzeichnis verwenden Sie in SAP S/4HANA Apps. Sie finden dieses Apps im Launchpad im Menü **International Trade Classification**. Geben Sie im Einstiegsbild der Apps zunächst das Datum des Gültigkeitsbeginns Ihrer Einreihung (Feld **Gültig am**) und das Nummernschema für den Zolltarif oder das Warenverzeichnis ein (Feld **Nummernschema**). Wenn Sie keine weiteren Selektionskriterien vorgeben und auf die Schaltfläche **Start** klicken, zeigt das System Ihnen alle noch unbearbeiteten Produkte an. Sie können die Suche jedoch einschränken, um gezielt auf bestimmte Produkte zuzugreifen. Abbildung 7.7 zeigt eine Auswahl von Produkten, die in der App **Produkte klassifizieren - Statistische Warennummern** mithilfe der Produktbeschreibung »Kugellager« selektiert wurden. Grundlage für die Einreihung ist die KN (Nummernschema EU01).

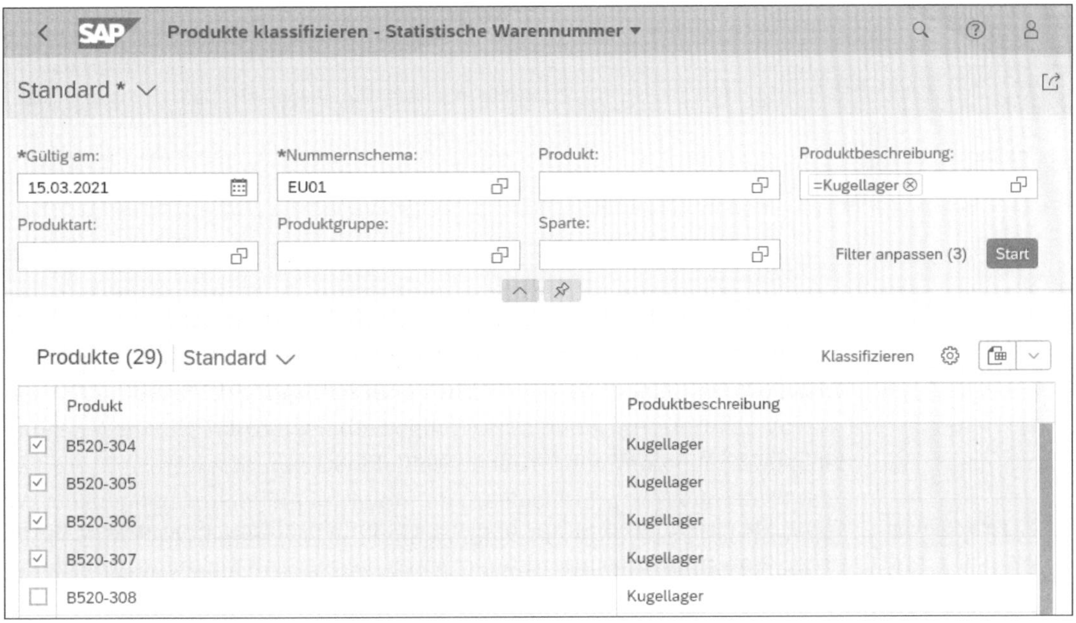

Abbildung 7.7 Produkte in die KN einreihen

Zeitabhängigkeit der Einreihung

Ist die Produktauswahl vollständig, markieren Sie im Bereich **Produkte** alle passenden Einträge und klicken auf **Klassifizieren**, um im nächsten Bild die zutreffende Zolltarifnummer oder statistische Warennummer zuweisen und die Gültigkeit Ihrer Entscheidung befristen zu können. Abbildung 7.8 zeigt diese Daten für die vier in Abbildung 7.7 ausgewählten Kugellager.

Abbildung 7.8 Zeitabhängige Zuordnung einer Warennummer

Die Zuordnung von Zolltarifnummern oder statistischen Warennummern zu Produkten können Sie sich nachträglich in der App **Klassifizierte Produkte anzeigen - International Trade** anzeigen lassen. In Abbildung 7.9 sehen Sie eines der in Abbildung 7.7 ausgewählten Produkte nach seiner Einreihung in die KN.

Abbildung 7.9 Anzeige der Nummernzuordnung

Retarifierung

Wenn Sie einem Produkt nach seiner ersten Einreihung eine andere statistische Warennummer zuordnen müssen, verwenden Sie die App **Produkte reklassifizieren - Statistische Warennummern**, die Sie im Launchpad ebenfalls im Menü **International Trade Classification** finden. Für die Tarifierung bzw. Retarifierung Ihrer Produkte können Sie die Apps **Produkte klassifizieren - Zolltarifnummern** bzw. **Produkte reklassifizieren - Zolltarifnummern** nutzen.

[!]

Neue Datenbanktabellen

Zolltarifnummern, statistische Warennummern, Dienstleistungscodes und Güterlistennummern werden in SAP S/4HANA in den Datenbanktabellen /SAPSLL/CLSNR (Trade Classification Number) und /SAPSLL/CLSNRT (Beschreibung der Außenhandelsklassifizierungsnummer) abgelegt. Das Ergebnis der Tarifierung bzw. der Einreihung von Produkten in Warenverzeichnisse finden Sie in der Datenbanktabelle /SAPSLL/MARITC (Material Klassifizierung für International Trade), also nicht mehr in der Datenbanktabelle MARC (Werksdaten zum Material). Der Materialstamm in SAP S/4HANA enthält kein Feld für die Zolltarifnummer bzw. die statistische Warennummer. Für die Prüfung der Einreihung steht die **App Klassifizierte Produkte anzeigen - International Trade** zur Verfügung. KBA 2432527 und KBA 2642388 informieren SAP-ERP-Kunden detailliert über diese grundlegenden Änderungen.

Anforderung vom Datenlieferanten

Wie gehen Sie vor, wenn Sie ein Abonnement mit einem Verlag abgeschlossen haben? Anders als in SAP GTS laden Sie Zolltarife, Warenverzeichnisse und Güterlisten nicht aus Dateien in Ihr SAP-S/4HANA-System hoch, sondern fordern sie per RFC bei Ihrem Datenlieferanten an. SAP S/4HANA prüft die auf diesem Weg eingegangenen Datenpakete auf ihre Konsistenz und stellt sie Anwendern zur Aktivierung bereit. Die RFC-Destination für die Anbindung des Datenlieferanten muss vom Typ G (HTTP-Verbindung zu ext. Server) sein. Technische Detailinformationen zur Konfiguration der Anbindung finden Sie in der SAP-Bibliothek unter dem Titel »Externe Daten von einem Datenprovider für die Klassifizierung abrufen«. Ordnen Sie abschließend im Customizing Ihres SAP-S/4HANA-Systems die RFC-Destination einem der zur Auswahl stehenden Kommunikationsszenarien in Verbindung mit dem Kennzeichen des Verlags zu (Menüpfad: **Governance, Risk and Compliance • International Trade • Klassifizierung • RFC-Destination f. Integration externer Daten f. Klassifizierung definieren**). Abbildung 7.10 zeigt zwei Beispiele:

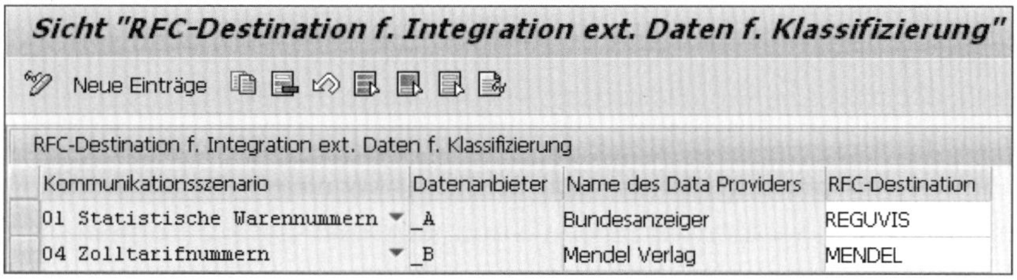

Sicht "RFC-Destination f. Integration ext. Daten f. Klassifizierung"

Neue Einträge

RFC-Destination f. Integration ext. Daten f. Klassifizierung

Kommunikationsszenario	Datenanbieter	Name des Data Providers	RFC-Destination
01 Statistische Warennummern	_A	Bundesanzeiger	REGUVIS
04 Zolltarifnummern	_B	Mendel Verlag	MENDEL

Abbildung 7.10 RFC-Destinationen zuordnen

Sie erkennen in Abbildung 7.10, dass statistische Warennummern von Reguvis Fachmedien (im System noch »Bundesanzeiger« genannt, Datenanbieterkennzeichen **_A**) und Zolltarifnummern vom Mendel Verlag (Datenanbieterkennzeichen **_B**) bezogen werden. Die Bezeichnung der RFC-Destination ist frei wählbar.

Programme für die Anforderung

Statistische Warennummern fordern Sie mit dem Programm /SAPSLL/CLSCT_COMCO_REQ an. Dieses Programm können Sie mit der Transaktion **Statistische Warennummern von Datenanbieter anfordern** (Transaktionscode /SAPSLL/CC_COMCO_REQ) auch im Dialog ausführen. Für die Abholung von Zolltarifnummern verwenden Sie das Programm /SAPSLL/CLSCT_TARNO_REQ (Transaktion **Zolltarifnummern von Datenanbieter anfordern**, Transaktionscode /SAPSLL/CC_TARNO_REQ).

Aktivierung

Für die Aktivierung der bereitgestellten Daten stehen die Apps **Daten von Datenanbietern verwalten - Statistische Warennummern** und **Daten von Datenanbietern verwalten - Zolltarifnummern** im Launchpad zur Verfügung. Sie finden diese Apps im Menü **Integration der externen Daten von International Trade** (enthalten in der Rolle SAP_BR_CONF_EXPERT_BUS_NET_INT).

7.1.2 Klassifizierung

In Abschnitt 4.1.1, »Konfiguration der produktbezogenen Ausfuhrkontrolle«, im ersten Teil dieses Buchs finden Sie Informationen zum rechtlichen Hintergrund der Klassifizierung von Produkten. Auch in diesem Abschnitt dient die Liste der Güter mit doppeltem Verwendungszweck in Anhang I der EU-Dual-Use-Verordnung als Beispiel.

Nummernschemata

Wie in SAP GTS bilden Sie in SAP S/4HANA diese Güterliste als Nummernschema ab. Außerdem ist wieder ein Nummernschema für die Datenquelle erforderlich (manuelle Pflege oder Zukauf). Abbildung 7.11 zeigt das Nummernschema ZEUDU, das für die manuelle Pflege von Güterlistennummern im Anhang I der EU-Dual-Use-Verordnung angelegt wurde (Menüpfad: **Governance, Risk and Compliance • International Trade • Klassifizierung • Kontrollklassen • Nummernschema-Content für Kontrollklassen definieren**).

Datenquelle

Quelle der Güterlistennummern ist wieder die manuelle Pflege (Kennzeichen **Lokal** im Feld **Quelle des Contents**). Für die Güterliste selbst wurde ein Nummernschema mit identischem Schlüssel angelegt. Wie Sie in Abbildung 7.12 sehen, wurden die beiden Nummernschemata zur Vorbereitung der Produktklassifizierung einander zugeordnet.

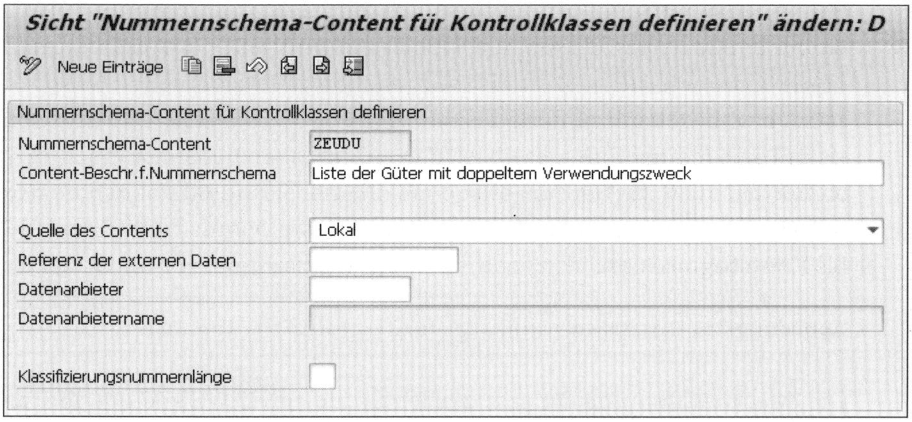

Sicht "Nummernschema-Content für Kontrollklassen definieren" ändern: D

Neue Einträge

Nummernschema-Content für Kontrollklassen definieren

Nummernschema-Content	ZEUDU
Content-Beschr.f.Nummernschema	Liste der Güter mit doppeltem Verwendungszweck
Quelle des Contents	Lokal
Referenz der externen Daten	
Datenanbieter	
Datenanbietername	
Klassifizierungsnummernlänge	

Abbildung 7.11 Datenquellen-Nummernschema für eine Güterliste

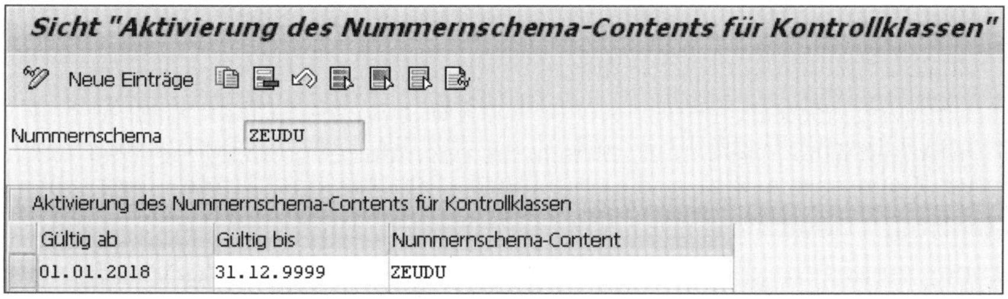

Sicht "Aktivierung des Nummernschema-Contents für Kontrollklassen"

Neue Einträge

Nummernschema ZEUDU

Aktivierung des Nummernschema-Contents für Kontrollklassen

Gültig ab	Gültig bis	Nummernschema-Content
01.01.2018	31.12.9999	ZEUDU

Abbildung 7.12 Nummernschemata für die Klassifizierung

Das Nummernschema ZEUDU im Feld **Nummernschema** repräsentiert die Liste der Güter mit doppeltem Verwendungszweck. In die Spalte **Nummernschema-Content** wurde das gleichnamige Nummernschema, das Sie in Abbildung 7.11 sehen, als Datenquelle eingetragen.

Gesetzliche Grundlage

Wenn Sie in Ihrem SAP-ERP-System die Funktionen der gesetzlichen Kontrolle in der Teilkomponente SD-FT einsetzen, ist Ihnen die Verwendung gesetzlicher Grundlagen in diesem Zusammenhang bereits bekannt. In SAP S/4HANA beruht die produktbezogene Ausfuhrkontrolle auf vergleichbaren Customizing-Einstellungen. Für die Beispiele in diesem Abschnitt wurde die gesetzliche Grundlage ZAWG als Abbild der EU-Dual-Use-Verordnung in Verbindung mit dem deutschen Außenwirtschaftsrecht angelegt (Menüpfad: **Governance, Risk and Compliance • International Trade • Allgemeine Einstellungen • Gesetzliche Grundlagen • Gesetzliche Grundlagen definieren**). In Abbildung 7.13 sehen Sie die Detaileinstellungen dieser gesetzlichen Grundlage.

Sicht "Gesetzliche Grundlagen - Grundeinstellungen" ändern: Detail

Neue Einträge

Gesetzliche Grundlagen - Grundeinstellungen

Gesetzliche Grundlage	ZAWG
Beschreibung	EG-Dual-Use-VO, AWG und AWV (DE)
Prüfbereich Handelsregularie	01 Gesetzliche Kontrolle
Ursprungsland	DE

Abbildung 7.13 Gesetzliche Grundlage für die gesetzliche Kontrolle

Die Zweckbestimmung der gesetzlichen Grundlage ZAWG erkennen Sie an ihrer Kennzeichnung im Feld **Prüfbereich Handelsregularien**. Außerdem wurde in das Feld **Ursprungsland** das Länderkennzeichen DE eingetragen. Dieser Eintrag ist für die – optionale – Anzeige von länderabhängigen Zusatzinformationen bei der Klassifizierung erforderlich (siehe Abbildung 7.17).

Aktivierung und Steuerung

Davon unabhängig ist die in jedem Fall erforderliche Aktivierung der gesetzlichen Grundlage für das Land, in dem sie Anwendung findet. (Menüpfad: **Governance, Risk and Compliance • International Trade • Gesetzliche Kontrolle • Gesetzliche Grundlagen aktivieren**). Abbildung 7.14 zeigt die darüber hinaus für die Produktklassifizierung erforderlichen Einstellungen der gesetzlichen Grundlage ZAWG (Menüpfad: **Governance, Risk and Compliance • International Trade • Gesetzliche Kontrolle • Steuerung für gesetzliche Grundlagen**).

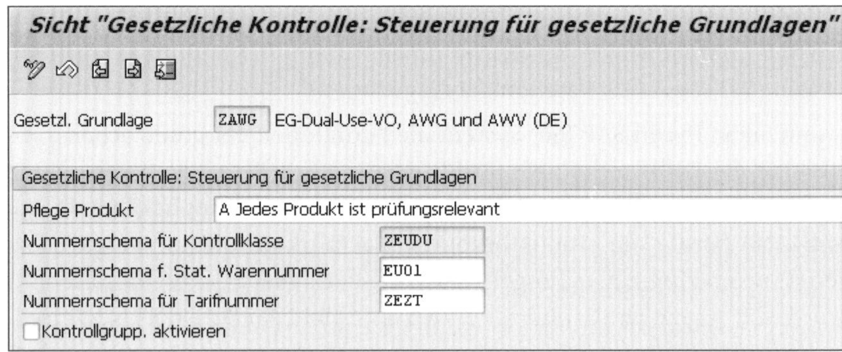

Abbildung 7.14 Steuerung einer gesetzlichen Grundlage (Ausschnitt)

Zuordnung von Nummernschemata

Im Feld **Nummernschema für Kontrollklassen** erkennen Sie das Nummernschema ZEUDU für die Liste der Güter mit doppeltem Verwendungszweck wieder. Da bereits Produkte auf der Basis dieser Verbindung von gesetzlicher Grundlage und Nummernschema klassifiziert wurden, ist eine Änderung der Zuordnung nicht mehr möglich. Für Klassifizierung und Tarifierung hilfreich ist die Ergänzung je eines Nummernschemas für statistische Warennummern und Zolltarifnummern. Auf der Grundlage dieser Verknüpfung können Sie sich in der App **Produkte klassifizieren - Gesetzliche Kontrolle** über eine bereits vorgenommene Einreihung in ein Warenverzeichnis oder in einen Zolltarif informieren (siehe Abbildung 7.17). Im Beispiel in Abbildung 7.14 wurde das im Auslieferungs-Customizing enthaltene Nummernschema EU01, das schon in Abschnitt 7.1.1, »Tarifierung«, als Abbild der KN zum Einsatz kam, in das Feld **Nummernschema f. Stat. Warennummer** eingetragen. Im Feld **Nummernschema für Tarifnummer** wurde das selbst definierte Nummernschema ZEZT (siehe Abbildung 7.1) zugeordnet.

Produktstammpflege

Wie in der SAP-ERP-Teilkomponente SD-FT müssen Sie auch in SAP S/4HANA entscheiden, ob *alle* Produkte als potenziell kritische Güter gelten oder ob das System das Gegenteil annehmen soll. In Abbildung 7.14 wurde im Feld **Pflege Produkt** das Kennzeichen **A Jedes Produkt ist prüfungsrelevant** ausgewählt. In der App **Produkte klassifizieren - Gesetzliche Kontrolle** sind daher automatisch alle Produkte als kontrollrelevant gekennzeichnet. Bei der Bearbeitung von unkritischen Produkten müssen Sie diese Kennzeichnung aktiv entfernen, um eine vorbeugende Belegpositionssperre zu verhindern. Allen kritischen Gütern müssen Sie in der App zusätzlich die jeweils zutreffenden Güterlistennummern zuordnen. Wenn Sie sich dagegen für die Option **B Nur explizit markierte Produkte sind prüfungsrelevant** entscheiden, gelten alle nicht aktiv als kontrollrelevant gekennzeichneten Produkte als unkritisch.

Kontrollgruppierung

Ist das Kennzeichen **Kontrollgrupp. aktivieren** gesetzt, müssen Sie in der App **Kontrollgruppierungen bearbeiten** Gruppierungen definieren und Ihren Produkten bei der Klassifizierung zusätzlich zur Güterlistennummer zuordnen (siehe auch Abschnitt 4.1.1, »Konfiguration der produktbezogenen Ausfuhrkontrolle«, Abbildung 4.9 und Abbildung 4.10). Die Gruppierungen können Sie für die Findung von Genehmigungsarten im Rahmen der Belegprüfung nutzen.

Güterlistennummern

Für die manuelle Pflege von Güterlistennummern verwenden Sie die App **Kontrollklassen bearbeiten**, die Sie im Launchpad im Menü **International Trade Classification** finden. Abbildung 7.15 zeigt einige Beispiele aus der Liste der Güter mit doppeltem Verwendungszweck.

Geben Sie Ihr Nummernschema für die Datenquelle (siehe Abbildung 7.11) in das Feld **Nr.-Schema-Content** ein und klicken Sie auf die Schaltfläche **Hinzufügen**, um einen neuen Eintrag anzulegen. Vorhandene Einträge können Sie sich anzeigen lassen, indem Sie auf **Start** klicken. In der Spalte **Kontrollklasse** sehen Sie die Güterlistennummern, in der Spalte **Offizielle Bezeichnung** die aus der Güterliste übernommenen Beschreibungen der Dual-Use-Güter.

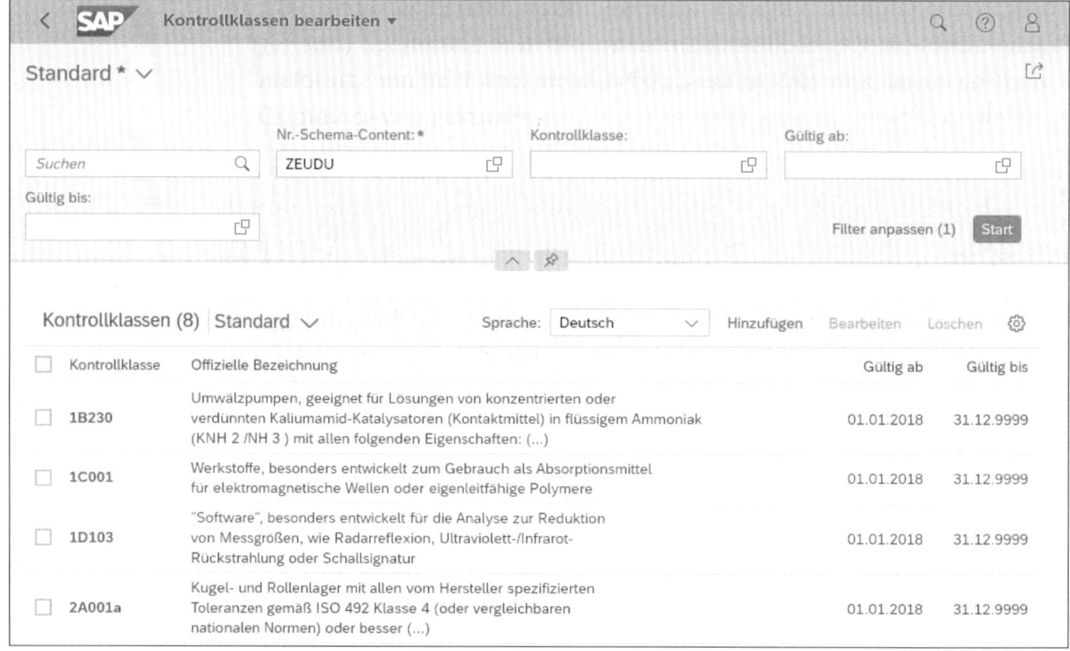

Abbildung 7.15 Güterlistennummern in SAP S/4HANA

Datenlieferanten Wenn Sie Güterlistennummern von einem Datenlieferanten beziehen, verwenden Sie das Programm /SAPSLL/CLSCT_CONCL_REQ für die Anforderung. Sie können dieses Programm mit der Transaktion **Kontrollklassen von Datenanbieter anfordern** (Transaktionscode /SAPSLL/CC_CONCL_REQ) auch im Dialog ausführen. Die bereitgestellten Daten aktivieren Sie in der App **Daten von Datenanbietern verwalten - Kontrollklassen**.

Klassifizierung In der App **Produkte klassifizieren - Gesetzliche Kontrolle** ordnen Sie kritischen Gütern die jeweils zutreffende Güterlistennummer zu. In Abbildung 7.16 sehen Sie ein Beispiel für die Klassifizierung eines Kugellagers, das aufgrund seiner technischen Spezifikation als Dual-Use-Gut anzusehen ist.

Dem Kugellager wurde im Feld **Kontrollklasse** die Güterlistennummer 2A001a zugewiesen. Das Kennzeichen **Kontrollrelevant** ist gesetzt. Bei Bedarf können Sie im Freitextfeld **Kommentar** eine Begründung für Ihre Klassifizierungsentscheidung ergänzen. SAP S/4HANA legt die Zuordnung von Güterlistennummern zu Produkten in der Datenbanktabelle /SAPSLL/MARLRG (Material Legal Control) ab. Die Datenbanktabelle MAEX (Materialstamm: Gesetzliche Kontrolle) wird in SAP S/4HANA nicht mehr genutzt.

Referenzklassifizierung Über den Link **Referenzklassifizierung einblenden** können Sie sich ggf. Einreihungen in ein Warenverzeichnis oder einen Zolltarif anzeigen lassen. In Abbildung 7.17 ist diese Referenz zu sehen.

Abbildung 7.16 Klassifizierung eines Produkts

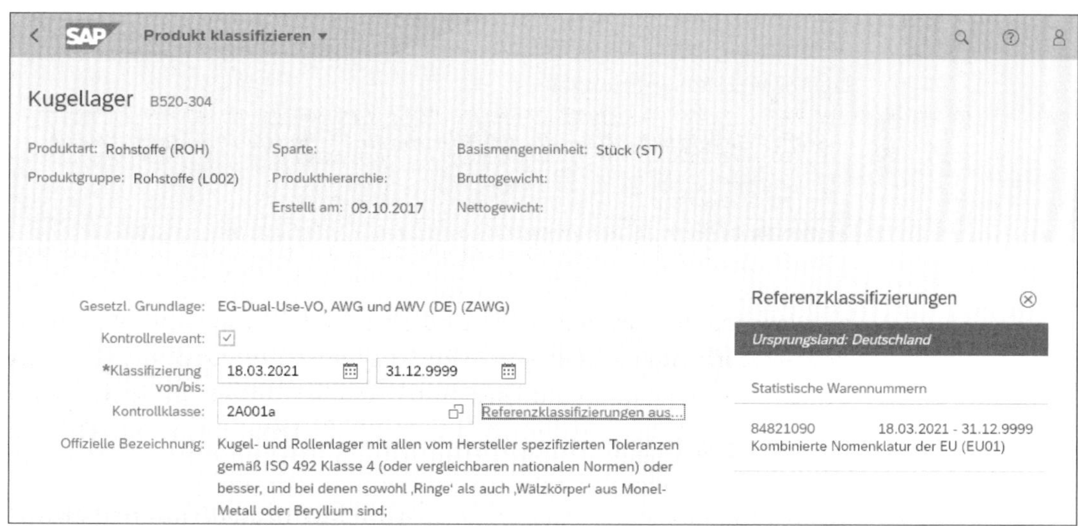

Abbildung 7.17 Referenzklassifizierung

Nutzen

In Abbildung 7.17 zeigt das SAP-S/4HANA-System im Bereich **Referenzklassifizierungen** die vor der Klassifizierung vorgenommene Einreihung des Kugellagers in die KN (Nummernschema EU01) an. Arbeiten Sie bei der Klassifizierung mit dem Umschlüsselungsverzeichnis des BAFA, können Sie die so ermittelte statistische Warennummer des Produkts zur Identifikation der ggf. zutreffenden Güterlistennummer nutzen. Die umgekehrte Vorgehensweise – Anzeige einer Referenzklassifizierung in den Apps **Produkte klassifizieren - Statistische Warennummern** oder **Produkte klassifizieren - Zolltarifnummern** – ist ebenfalls möglich.

7.2 Stammdaten für Trade Compliance

Die Embargoprüfung der SAP-ERP-Teilkomponente SD-FT steht Ihnen in SAP S/4HANA in erweiterter Form zur Verfügung. Für die gesetzliche Kontrolle in SAP S/4HANA müssen Sie wie in SAP ERP die Findung von Genehmigungsarten im Rahmen der Belegprüfung einrichten.

7.2.1 Embargos

Gesetzliche Grundlage

Anders als in SAP ERP beruht in SAP S/4HANA auch die Embargoprüfung auf einer gesetzlichen Grundlage, die Sie im Customizing definieren (Menüpfad: **Governance, Risk and Compliance • International Trade • Allgemeine Einstellungen • Gesetzliche Grundlagen • Gesetzliche Grundlagen definieren**). Im Beispiel in Abbildung 7.18 wurden die länderbezogenen Embargoverordnungen der EU in Gestalt der selbst definierten gesetzlichen Grundlage ZEMEU zusammengefasst.

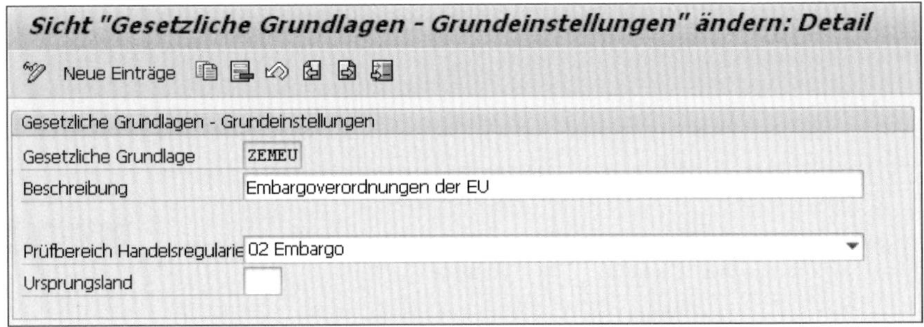

Abbildung 7.18 Gesetzliche Grundlage für die Embargoprüfung

Im Feld **Prüfbereich Handelsregularien** wurde das Kennzeichen **02 Embargo** ausgewählt. Das Feld **Ursprungsland** spielt für die Embargoprüfung keine Rolle. Im nächsten Schritt wurde die gesetzliche Grundlage ZEMEU für die Anwendung in Deutschland aktiviert (Menüpfad: **Governance, Risk and Compliance • International Trade • Embargo • Gesetzliche Grundlagen aktivieren**).

Embargoländer

In SAP S/4HANA verwenden Sie die App **Embargoländer verwalten**, um länderbezogene Embargomaßnahmen abzubilden. Sie finden diese App im Launchpad im Menü **Compliance für International Trade**. Dieses Menü steht Ihnen zur Verfügung, wenn Ihrem Benutzer die Rolle SAP_BR_TRD_CMPLNC_SPECIALIST (Trade-Compliance-Spezialist) oder eine entsprechende kundenspezifische Rolle zugeordnet ist. Abbildung 7.19 zeigt zwei Embargos, die in dieser App auf der Basis der gesetzlichen Grundlage ZEMEU erfasst wurden.

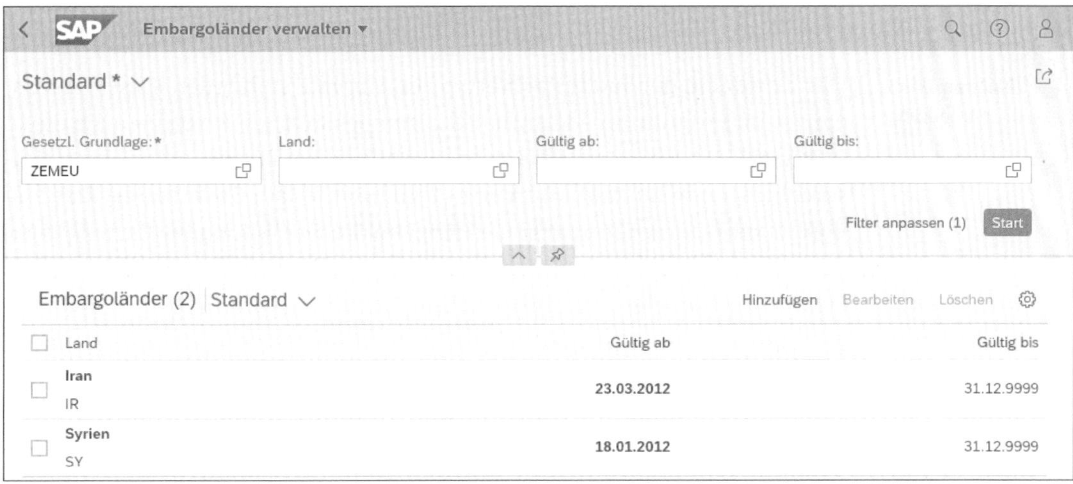

Abbildung 7.19 Länderbezogene Embargos erfassen

Wenn Sie sich in der App einen Überblick über die bereits im System als solche bekannten Embargoländer verschaffen wollen, geben Sie die gesetzliche Grundlage für die Embargomaßnahmen in das Feld **Gesetzl. Grundlage** ein und klicken auf **Start**. Weitere Embargoländer ergänzen Sie über die Schaltfläche **Hinzufügen**. Anders als in SAP ERP erfassen Sie in SAP S/4HANA die gesamte Geltungsdauer der Embargosituation (und nicht nur ihr Ende).

Partnergruppierung

Die Vorbereitungen im Customizing abschließend, teilen Sie SAP S/4HANA in Form von Partnergruppierungen mit, welche Belegpartnerrollen in die Embargoprüfung einbezogen werden sollen (Menüpfad: **Governance, Risk and Compliance • International Trade • Allgemeine Einstellungen • Partnerrollen • Partnergruppierungen definieren**). Um Partnergruppierungen anlegen zu können, müssen Sie zunächst die in Ihren Prozessen relevanten Partnerrollen für systeminterne Mapping-Zwecke in SAP S/4HANA for international trade definieren und klassifizieren (Menüpfad: **Governance, Risk and Compliance • International Trade • Allgemeine Einstellungen • Partnerrollen • Partnerrollen definieren**). Abbildung 7.20 zeigt einige Beispiele.

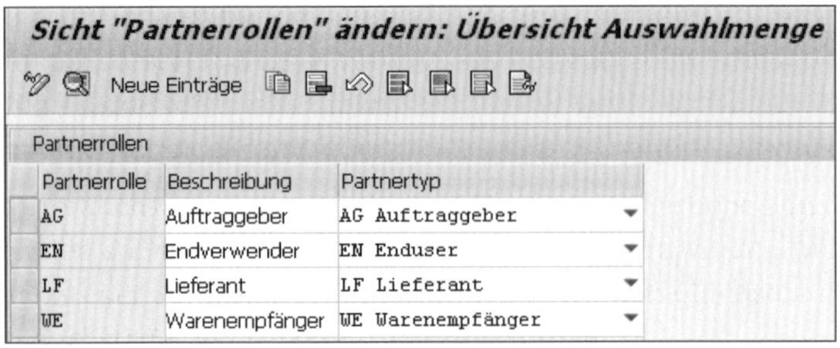

Sicht "Partnerrollen" ändern: Übersicht Auswahlmenge

Neue Einträge

Partnerrollen

Partnerrolle	Beschreibung	Partnertyp
AG	Auftraggeber	AG Auftraggeber
EN	Endverwender	EN Enduser
LF	Lieferant	LF Lieferant
WE	Warenempfänger	WE Warenempfänger

Abbildung 7.20 Partnerrollenklassifizierung

Partnerrollen-Mapping

Die Liste der in der Spalte **Partnertyp** zur Auswahl stehenden Klassifizierungen ist im Programmcode enthalten. Im nächsten Schritt ordnen Sie die in SAP S/4HANA for international trade definierten Partnerrollen ihren Entsprechungen in Einkauf und Vertrieb zu (Menüpfad: **Governance, Risk and Compliance • International Trade • Allgemeine Einstellungen • Partnerrollen • Mapping von Partnerfunktionen zu Partnerrollen**). In Abbildung 7.21 sehen Sie einige Beispiele.

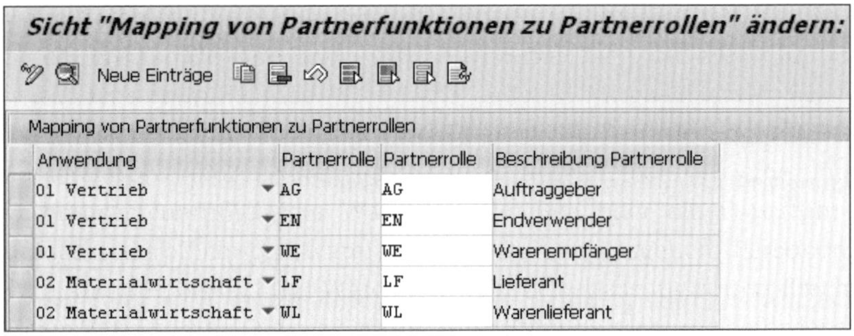

Sicht "Mapping von Partnerfunktionen zu Partnerrollen" ändern:

Neue Einträge

Mapping von Partnerfunktionen zu Partnerrollen

Anwendung	Partnerrolle	Partnerrolle	Beschreibung Partnerrolle
01 Vertrieb	AG	AG	Auftraggeber
01 Vertrieb	EN	EN	Endverwender
01 Vertrieb	WE	WE	Warenempfänger
02 Materialwirtschaft	LF	LF	Lieferant
02 Materialwirtschaft	WL	WL	Warenlieferant

Abbildung 7.21 Partnerrollen-Mapping

In der Spalte **Anwendung** wählen Sie entweder **01 Vertrieb** oder **02 Materialwirtschaft** aus. Geben Sie anschließend die jeweils zutreffende Partnerrolle des Vertriebs oder des Einkaufs in das Feld **Partnerrolle** rechts neben dem Anwendungskennzeichen ein und ordnen Sie die im Schritt zuvor definierte Partnerrolle im zweiten Feld **Partnerrolle** zu.

Um Partnergruppierungen einer gesetzlichen Grundlage für die Embargoprüfung zuzuordnen, wählen Sie den Menüpfad **Governance, Risk and Compliance • International Trade • Embargo • Steuerung für gesetzliche Grundlagen**. Abbildung 7.22 zeigt das Beispiel der gesetzlichen Grundlage ZEMEU.

Nach Abschluss dieser Vorarbeiten können Sie die Embargoprüfung in Einkaufs- und Vertriebsprozessen nutzen.

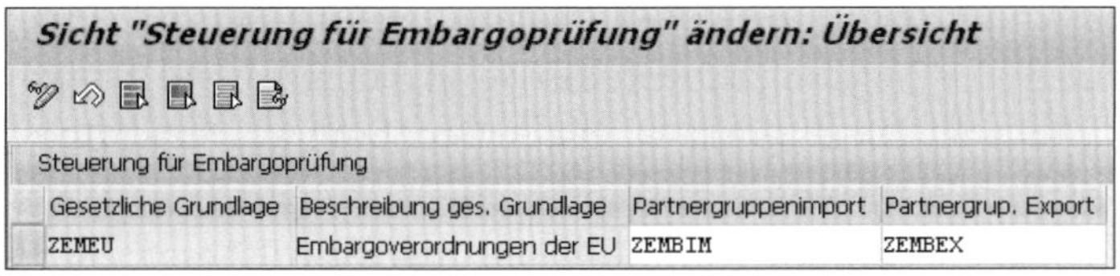

Sicht "Steuerung für Embargoprüfung" ändern: Übersicht

Steuerung für Embargoprüfung

Gesetzliche Grundlage	Beschreibung ges. Grundlage	Partnergruppenimport	Partnergrup. Export
ZEMEU	Embargoverordnungen der EU	ZEMBIM	ZEMBEX

Abbildung 7.22 Zuordnung von Partnergruppierungen

7.2.2 Regeln für die Genehmigungsartenfindung

Genehmigungsarten

Genehmigungsarten für die gesetzliche Kontrolle haben Sie bereits im ersten Teil dieses Buchs in Abschnitt 4.1.1, »Konfiguration der produktbezogenen Ausfuhrkontrolle«, kennengelernt. Möglicherweise sind Ihnen Genehmigungsarten aber auch schon aus der gesetzlichen Kontrolle in SAP ERP bekannt. Wie in SAP ERP und in SAP GTS definieren Sie auch in SAP S/4HANA im Customizing Genehmigungsarten, über deren Findung in Wareneingangs- bzw. Warenausgangsprozessen Sie mithilfe einer anwendungsspezifischen Konditionstechnik entscheiden (Menüpfad: **Governance, Risk and Compliance • International Trade • Gesetzliche Kontrolle • Genehmigungsarten definieren**). In Abbildung 7.23 sehen Sie ein Beispiel für eine Genehmigungsart für Einzelausfuhrgenehmigungen.

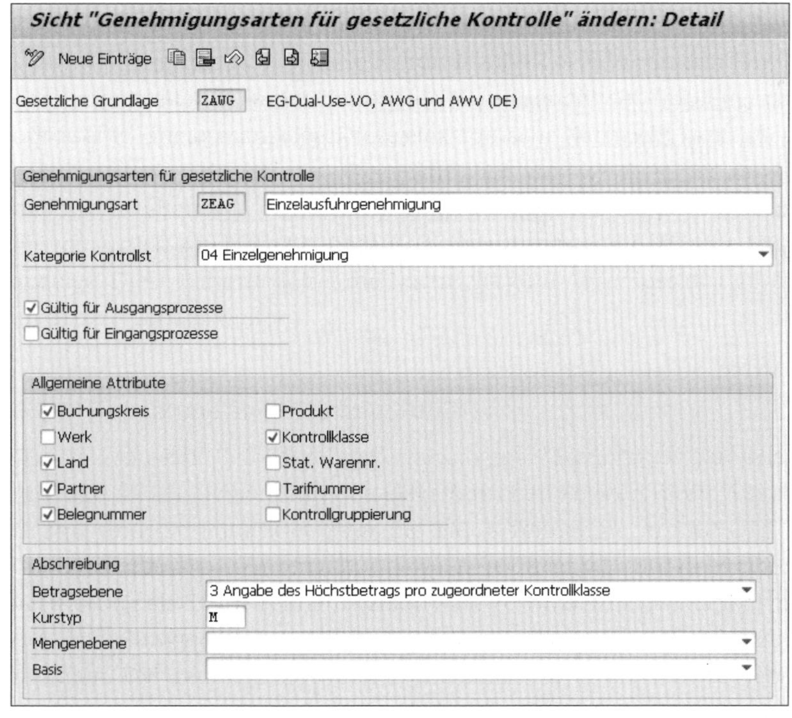

Abbildung 7.23 Genehmigungsart für Einzelausfuhrgenehmigungen

Kategorie der Genehmigungsart

Vor dem Anlegen oder Ändern einer Genehmigungsart müssen Sie die gesetzliche Grundlage für die gesetzliche Kontrolle angeben. Im Feld **Kategorie Kontrollst** ordnen Sie die jeweils zutreffende Genehmigungsgrundform zu. Folgende Kategorien stehen zur Auswahl:

- **01 Genehmigungsausnahme**
- **02 Allgemeine Genehmigung**
- **03 Sammelgenehmigung**
- **04 Einzelgenehmigung**

Die Kategorie 01 ist für die Abbildung von License Exceptions im Rahmen der gesetzlichen Kontrolle auf Basis der EAR vorgesehen (siehe Abschnitt 4.1.3, »Reexportkontrolle«).

Attribute für die Genehmigungspflege

Die Genehmigungsart ZEAG ist für Warenausgangsprozesse bestimmt (Kennzeichen **Gültig für Ausgangsprozesse**). Im Bereich **Allgemeine Attribute** wurde festgelegt, welche Belegdaten SAP S/4HANA bei der Zuordnung einer Einzelausfuhrgenehmigung zu einer Belegposition prüfen soll. Für die Erfassung von Höchstbeträgen wurde im Bereich **Abschreibung** im Feld **Betragsebene** das Kennzeichen **3 Angabe des Höchstbetrags pro zugeordneter Kontrollklasse** ausgewählt. Die Höchstwertangabe in der Genehmigung bezieht sich also auf die Güterlistennummer des auszuführenden Produkts. Die Bezugsebene kann wahlweise auch das Produkt selbst oder seine statistische Warennummer bzw. Zolltarifnummer sein.

Findungsregeln

Sind alle erforderlichen Genehmigungsarten definiert, geben Sie dem System in der App **Regeln für gesetzliche Kontrolle verwalten** vor, in welcher Prozesskonstellation welche Genehmigungsart verwendet werden soll. Diese App ist im Menü **Compliance für International Trade** enthalten. Abbildung 7.24 zeigt zwei Beispiele für die Ausprägung von Findungsregeln.

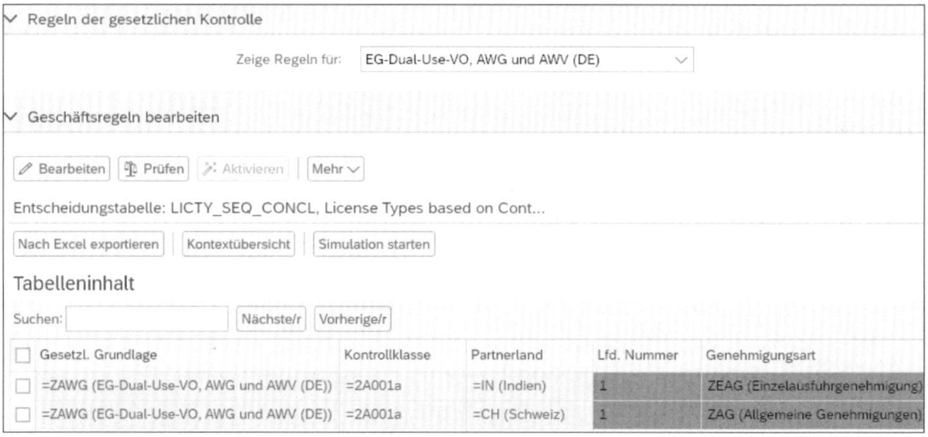

Gesetzl. Grundlage	Kontrollklasse	Partnerland	Lfd. Nummer	Genehmigungsart
=ZAWG (EG-Dual-Use-VO, AWG und AWV (DE))	=2A001a	=IN (Indien)	1	ZEAG (Einzelausfuhrgenehmigung)
=ZAWG (EG-Dual-Use-VO, AWG und AWV (DE))	=2A001a	=CH (Schweiz)	1	ZAG (Allgemeine Genehmigungen)

Abbildung 7.24 Regeln für die Genehmigungsartenfindung

Im Feld **Zeige Regeln für:** wurde die gesetzliche Grundlage ZAWG ausgewählt. Im Bereich **Tabelleninhalt** sehen Sie diese gesetzliche Grundlage, die Güterlistennummer 2A001a (Spalte **Kontrollklasse**) und die Länder Indien und Schweiz (Spalte **Partnerland**). In der Spalte **Genehmigungsart** wurde diesen beiden Kombinationen aus Güterlistennummer und Bestimmungsland jeweils eine Genehmigungsart zugeordnet.

BRFplus

Die App **Regeln für gesetzliche Kontrolle verwalten** nutzt das *Business Rule Framework plus* (BRFplus), eine in SAP NetWeaver bereitgestellte Programmierschnittstelle für die Entwicklung von regelbasierten Anwendungen in SAP-Systemen. Für die Findung von Genehmigungsarten in der gesetzlichen Kontrolle steht die BRFplus-Anwendung `ITR_LEGAL_CONTROL_RULES` (Rules for Legal Control Checks Within International Trade Management) zur Verfügung.

Diese BRFplus-Anwendung ordnen Sie allen für die gesetzliche Kontrolle bestimmten gesetzlichen Grundlagen zu (Menüpfad: **Governance, Risk and Compliance • International Trade • Gesetzliche Kontrolle • Steuerung für gesetzliche Grundlagen**). In Abbildung 7.25 sehen Sie den relevanten Ausschnitt aus den Detaileinstellungen der gesetzlichen Grundlage ZAWG.

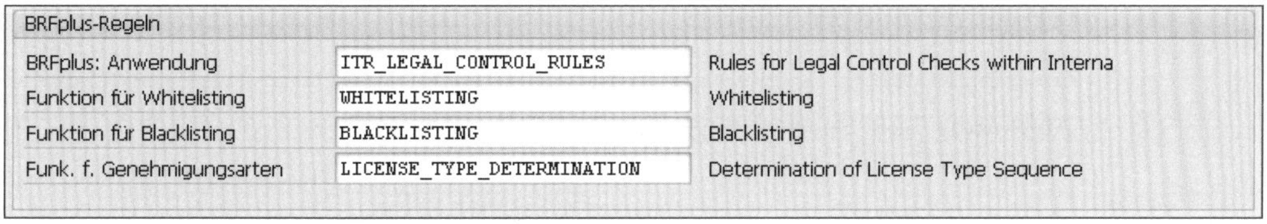

BRFplus-Regeln		
BRFplus: Anwendung	ITR_LEGAL_CONTROL_RULES	Rules for Legal Control Checks within Interna
Funktion für Whitelisting	WHITELISTING	Whitelisting
Funktion für Blacklisting	BLACKLISTING	Blacklisting
Funk. f. Genehmigungsarten	LICENSE_TYPE_DETERMINATION	Determination of License Type Sequence

Abbildung 7.25 Zuordnung der BRFplus-Anwendung

Anwendung

Tragen Sie im Bereich **BRFplus-Regeln** zunächst die Anwendung `ITR_LEGAL_CONTROL_RULES` in das Feld **BRFplus: Anwendung** ein. Anschließend übernehmen Sie die drei Funktionen dieser Anwendung (`WHITELISTING`, `BLACKLISTING` und `LICENSE_TYPE_DETERMINATION`) über die Wertehilfe in die Felder **Funktion für Whitelisting, Funktion für Blacklisting** und **Funk. f. Genehmigungsarten**, wie in Abbildung 7.25 dargestellt.

Funktionen

Die Funktion `WHITELISTING` verwenden Sie, wenn SAP S/4HANA bei einer bestimmten Kombination von Güterlistennummer und Abgangs- bzw. Bestimmungsland trotz der Kontrollrelevanz des Produkts keine Genehmigungsfindung einleiten soll. Diese Funktion ist in erster Linie für die gesetzliche Kontrolle auf Basis der EAR zur Abbildung des Status »No License Required« vorgesehen (siehe Teil I, Abschnitt 4.1.3, »Reexportkontrolle«). Die Funktion `BLACKLISTING` bewirkt bei einer bestimmten Kombination von Güterlistennummer und Abgangs- bzw. Bestimmungsland immer eine Belegpositionssperre. Mit dieser Funktion können Sie also produktbezogene Ein- oder Ausfuhrverbote abbilden. Für die Findung von Genehmigungsarten kommt die Funktion LICENSE_TYPE_DETERMINATION zum Einsatz.

Bedienung der App

Abbildung 7.26 zeigt noch einmal die App **Regeln für gesetzliche Kontrolle verwalten**, nun allerdings im Bearbeitungsmodus. Um diesen Modus aufzurufen, klicken Sie auf die Schaltfläche **Bearbeiten** (siehe Abbildung 7.24).

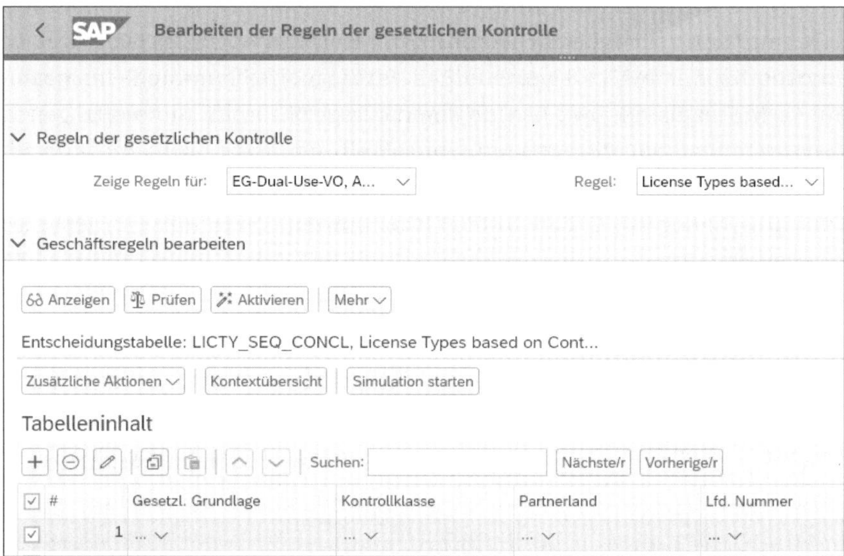

Abbildung 7.26 Bearbeitung einer Findungsregel

Im Feld **Regel** wurde der Eintrag **License Types based on Control Class and Country** ausgewählt. Die Alternativen sind:

- **Decision Table for Blacklisting**
- **Decision Table for Whitelisting**
- **License Types based on Control Grouping and Country**

Die Auswahl im Feld **Regel** ergibt sich aus den Zuordnungen, die Sie in Abbildung 7.25 sehen. Um neue Ausprägungen der ausgewählten Findungsregel zu erfassen, klicken Sie auf das Symbol [+]. In den Spalten **Gesetzl. Grundlage**, **Kontrollklasse**, **Partnerland**, **Lfd. Nummer** und **Genehmigungsart** (nicht abgebildet) klicken Sie jeweils auf das Symbol ∨ und wählen die Option **Direkte Werteingabe** aus, um die erforderlichen Daten zu erfassen.

Damit ist die Darstellung der Stammdatenpflege für die Abgabe von Intrastat-Meldungen aus Ihrem SAP-S/4HANA-System und die Nutzung der in SAP S/4HANA enthaltenen Funktionen für die Ein- oder Ausfuhrkontrolle abgeschlossen. In Kapitel 8, »Intrastat-Meldung und Belegprüfung«, erfahren Sie, wie Sie diese Funktionen in Ihren Prozessen einsetzen können.

Kapitel 8
Intrastat-Meldung und Belegprüfung

Nach Abschluss der vorbereitenden Stammdatenpflege können Sie Intrastat-Meldungen abgeben, aber auch Verbote und Beschränkungen im Blick behalten.

In diesem Kapitel erhalten Sie einen Überblick über mögliche Einsatzfelder für SAP S/4HANA for international trade. Zunächst geht es um die Intrastat-Meldung, mit der sich schon Abschnitt 6.1, »Intrastat-Meldung«, im ersten Teil des Buchs befasst. Anschließend erfahren Sie, wie Sie die Embargoprüfung und die gesetzliche Kontrolle in Ihren Wareneingangs- und Warenausgangsprozessen nutzen können. Die Präferenzabwicklung, eine weitere Funktion des Außenhandels in SAP ERP, ist nicht Bestandteil von SAP S/4HANA for international trade. Für Unternehmen, die im Zuge des Umstiegs auf SAP S/4HANA nach einem Ersatz für die Präferenzabwicklung in SAP ERP suchen, besteht die Möglichkeit, ohne Aufpreis die entsprechenden Funktionen in SAP GTS zu nutzen (siehe auch SAP-Hinweise 223144 und 227310). Nicht behandelt wird *SAP Watch List Screening*, eine Sanktionslistenprüfung, die cloud-basiert als »Software as a Service« (SaaS) gegen eine zusätzliche Lizenzgebühr angeboten wird. SAP S/4HANA kann diesem Dienst Geschäftspartner- und Belegdaten zu Prüfzwecken bereitstellen und die Prüfergebnisse entgegennehmen. Im SAP Best Practices Explorer finden Sie weitergehende Informationen in der Umfangsbestandteilgruppe 1WE (Sanktionslistenprüfung mit SAP Watch List Screening).

Beachten Sie im Zusammenhang mit Intrastat-Meldungen auch KBA 2839197 (»FAQ: Intrastat processing in S/4HANA«). Die Migration von Außenhandelsdaten aus SAP ERP nach SAP S/4HANA behandelt KBA 2912664.

8.1 Intrastat-Meldung

Integration

Aus technischer Sicht ist SAP S/4HANA for international trade in SAP S/4HANA in eigenen Namensräumen gekapselt (/ECRS/ für Intrastat-Meldungen und /SAPSLL/ für die übrigen Anwendungsbereiche). SAP S/4HANA for international trade interagiert zwar mit SAP S/4HANA Sourcing and Procurement (Einkauf) und SAP S/4HANA Sales (Vertrieb), ist jedoch technisch von diesen beiden SAP-S/4HANA-Bestandteilen getrennt. Einkaufsbelege und Fakturen enthalten daher in SAP S/4HANA anders als in SAP ERP keine Außenhandelsdaten. Die Selektionsprogramme für die Intrastat-Meldung greifen vielmehr direkt auf Stammdaten und im Customizing definierte Vorschlagswerte zu, um Meldedaten wie statistische Warennummer, Ursprungsland und Geschäftsart zu ermitteln.

[»]

Warennummer, Ursprungsland und -region

Ab SAP S/4HANA 2020, Feature Pack 01, enthalten An- und Auslieferungspositionen Felder für die statistische Warennummer, das Ursprungsland und die Ursprungsregion des Materials. Die Quelle dieser Informationen sind die Datenbanktabellen /SAPSLL/MARITC für die statistische Warennummer und MARC bzw. MCHA (Chargen) für Ursprungsland und Ursprungsregion. In den Lieferungspositionen können Sie diese Vorschlagswerte ändern. Ebenfalls um die Felder statistische Warennummer, Ursprungsland und Ursprungsregion erweitert wurden die Formulare für den Druck von Lieferungs- bzw. Fakturadaten und die IDoc-Basistypen DELVRY0x (Lieferschnittstelle) und INVOIC0x (Rechnung/Faktura).

Customizing

Die Customizing-Einstellungen für die Abgabe von Intrastat-Meldungen aus SAP S/4HANA entsprechen den Customizing-Einstellungen, die Sie bereits in Teil I in Abschnitt 6.1.1, »Vorbereitung der Intrastat-Meldung«, kennengelernt haben. Sie können diese Einstellungen auch in SAP S/4HANA weitgehend aus dem Auslieferungs-Customizing übernehmen. Zu empfehlen ist diese Übernahme insbesondere für die Codes für Geschäftsarten, statistische Verfahren und Verkehrszweige, aber auch für länderspezifische Daten wie Seehafen- bzw. Flughafencodes und Codes für Intrastat-Meldestellen (Menüpfad: **Governance, Risk and Compliance • International Trade • Intrastat • Grunddaten**).

Vorschlagswerte

Wie in SAP ERP können Sie auch in SAP S/4HANA Vorschlagswerte für melderelevante Codes in Einkauf und Vertrieb pflegen (Menüpfad: **Governance, Risk and Compliance • International Trade • Intrastat • Vorschlagswerte • Verkauf • Vorschlagswerte für Verkauf definieren** bzw. **Einkauf • Vorschlagswerte für Einkauf definieren**). Abbildung 8.1 zeigt einige Beispiele.

In Abbildung 8.1 sehen Sie Einträge für die Meldeländer Österreich (AT) und Deutschland (DE). Abhängig vom Positionstyp der Fakturaposition soll das System die Geschäftsart und – in österreichischen Intrastat-Meldungen – das statistische Verfahren vorschlagen.

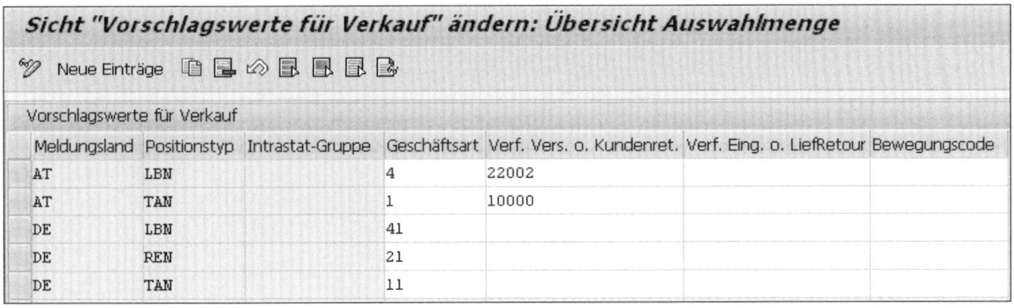

Sicht "Vorschlagswerte für Verkauf" ändern: Übersicht Auswahlmenge

Neue Einträge

Vorschlagswerte für Verkauf

Meldungsland	Positionstyp	Intrastat-Gruppe	Geschäftsart	Verf. Vers. o. Kundenret.	Verf. Eing. o. LiefRetour	Bewegungscode
AT	LBN		4	22002		
AT	TAN		1	10000		
DE	LBN		41			
DE	REN		21			
DE	TAN		11			

Abbildung 8.1 Vorschlagswerte für den Verkauf

Für Normalpositionen (Positionstyp TAN) z. B. wird also die Geschäftsart 1 bzw. 11 für einen endgültigen Verkauf in die Versendungsmeldung übernommen. Der Bewegungscode ist nur in tschechischen Intrastat-Meldungen erforderlich. Mit frei definierbaren Intrastat-Gruppen können Sie Ihre Produkte für die Findung von Vorschlagswerten im Verkauf zusammenfassen (Menüpfad: **Governance, Risk and Compliance • International Trade • Intrastat • Vorschlagswerte • Verkauf • Materialgruppe für Intrastat definieren**).

Transportdaten

Die Vorschlagswerte sind nicht in den Einkaufs- oder Vertriebsbelegen selbst enthalten, sondern werden bei der Datenselektion für die Intrastat-Meldung bereitgestellt. Ausnahmen gelten nur für den Verkehrszweig und – falls Sie Intrastat-Meldungen in Portugal oder Spanien abgeben – den Code für den Hafen oder Flughafen, über den die Waren den meldenden Mitgliedstaat erreichen oder verlassen (Menüpfad: **Governance, Risk and Compliance • Intrastat • Vorschlagswerte • Transportdaten**). Diese Vorschlagswerte übernimmt SAP S/4HANA in die Sicht **International Trade** auf Kopfebene der An- oder Auslieferung, wo sie bei Bedarf geändert werden können. In Abbildung 8.2 sehen Sie den relevanten Ausschnitt aus dieser Sicht in einer Auslieferung an einen französischen Warenempfänger.

Auskunftspflichtiger

Für jeden Buchungskreis, der seine Intrastat-Meldungen aus SAP S/4HANA abgeben soll, müssen Sie außerdem einen Auskunftspflichtigen anlegen. Wie in SAP GTS übernehmen Sie in diesen Stammsatz die Adresse, ggf. die Steuernummer für die Umsatzsteuer-Voranmeldung und die USt-IdNr. des meldenden Buchungskreises. Auch in SAP S/4HANA müssen Sie in die Stammdaten deutscher Auskunftspflichtiger zusätzlich den Schlüssel für das Bundesland des jeweils zuständigen Finanzamts und ggf. die vom Statistischen Bundesamt zugeteilte Zusatznummer eintragen. Außerdem können Sie einen Ansprechpartner benennen.

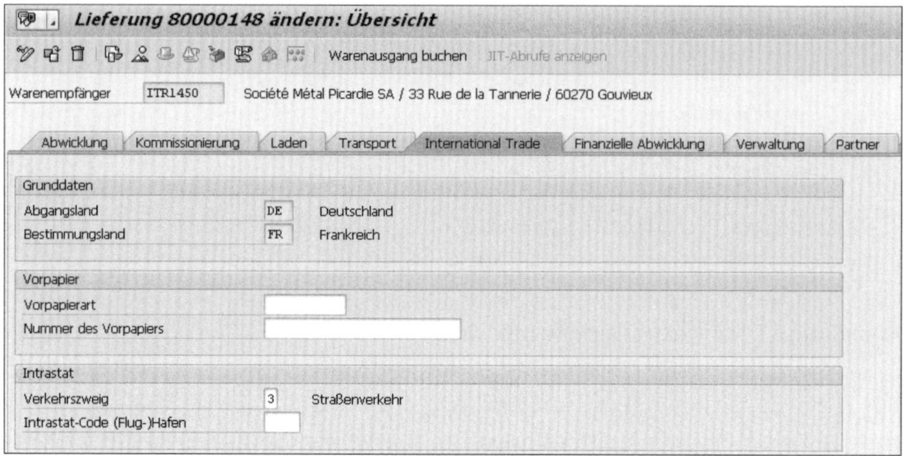

Abbildung 8.2 Sicht »International Trade« in einer Lieferung

Diesen müssen Sie als Geschäftspartner in der im Auslieferungs-Customizing enthaltenen Rolle *Sachbearbeiter* (SLLSTL) im System abbilden. Wählen Sie im Launchpad das Menü **Intrastat**, und starten Sie die App **Auskunftspflichtige verwalten**. Klicken Sie im Einstiegsbild der App auf **Anlegen**, um die Daten eines neuen Auskunftspflichtigen zu erfassen. Abbildung 8.3 zeigt das Beispiel eines deutschen Buchungskreises.

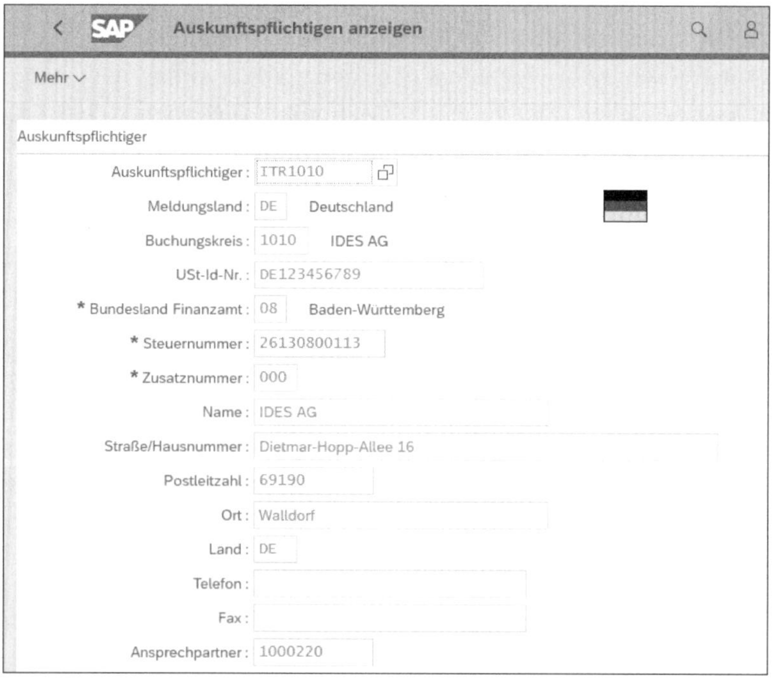

Abbildung 8.3 Daten eines Auskunftspflichtigen (Ausschnitt)

Zusatzangaben

Im Stammsatz des Auskunftspflichtigen erfassen Sie außer den Daten, die Sie in Abbildung 8.3 sehen, weitere allgemeine Angaben für die Aufbereitung von Intrastat-Meldungen in SAP S/4HANA. Abbildung 8.4 zeigt die relevanten Felder.

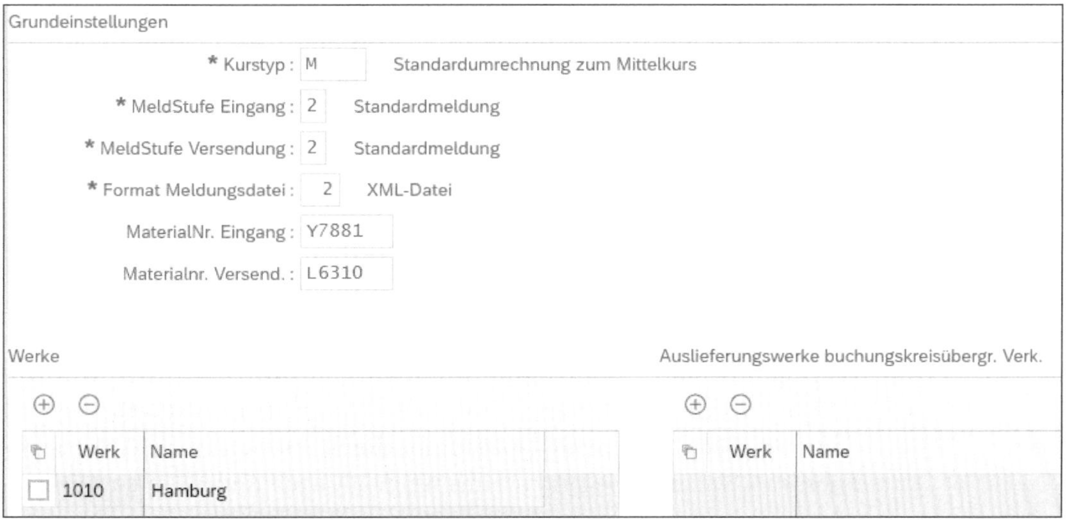

Grundeinstellungen

* Kurstyp : M Standardumrechnung zum Mittelkurs

* MeldStufe Eingang : 2 Standardmeldung

* MeldStufe Versendung : 2 Standardmeldung

* Format Meldungsdatei : 2 XML-Datei

MaterialNr. Eingang : Y7881

Materialnr. Versend. : L6310

Werke

Werk	Name
1010	Hamburg

Auslieferungswerke buchungskreisübergr. Verk.

Werk	Name

Abbildung 8.4 Weitere Daten eines Auskunftspflichtigen

Neben dem Kurstyp für die Umrechnung von Fremdwährungen in die Meldungswährung müssen Sie wie in SAP GTS die Meldungsstufe festlegen. In den Feldern **MeldStufe Eingang** und **MeldStufe Versendung** geben Sie jeweils an, ob Sie eine Standardmeldung (Kennzeichen 2), eine vereinfachte Meldung (Kennzeichen 1) oder gar keine Meldung (Kennzeichen 0) abgeben wollen. Das Format der Meldungsdatei schlägt das System in Abhängigkeit vom Länderkennzeichen in der Adresse des Auskunftspflichtigen beim Anlegen des Stammsatzes vor. Wenn Sie Ihre Meldungsdatei in IDEV hochladen, müssen Sie außerdem die vom Statistischen Bundesamt mitgeteilte fünfstellige Materialnummer im Stammsatz des Auskunftspflichtigen eintragen.

Werkszuordnung

Im Bereich **Werke** ergänzen Sie mit dem Symbol ⊕ alle inländischen Werke, deren Zu- und Abgänge grundsätzlich melderelevant sind. Muss ein Buchungskreis im Rahmen des buchungskreisübergreifenden Verkaufs Eingänge aus einem anderen Mitgliedstaat melden, tragen Sie das Lieferwerk im Stammsatz des Auskunftspflichtigen im Bereich **Auslieferungswerke buchungskreisübergr. Verk.** ein. Falls einem Buchungskreis auch Werke in anderen Mitgliedstaaten zugeordnet sind (*Werke im Ausland*), müssen Sie für diesen Buchungskreis weitere Auskunftspflichtige anlegen, um Intrastat-Meldungen in den jeweiligen Werksländern abgeben zu können.

[»]

Rolle für Intrastat-Meldungen

Um auf alle für die Intrastat-Meldung erforderlichen Apps im Launchpad zugreifen zu können, müssen Sie Ihrem Systembenutzer die Rolle SAP_BR_INTRASTAT_SPECIALIST zuordnen.

Selektionslogik

Die Steuerung der Selektion melderelevanter Belegpositionen in SAP S/4HANA entspricht dem in Abschnitt 6.1.2, »Datenselektion und Meldung«, beschriebenen Systemvorgehen in SAP GTS. Auch in SAP S/4HANA können Sie die Selektionslogik durch Customizing-Einstellungen beeinflussen (Menüpfad: **Governance, Risk and Compliance • International Trade • Intrastat • Steuerung der Datenselektion • Steuerung der Datenselektion für den Verkauf definieren** bzw. **Steuerung der Datenselektion für den Einkauf definieren**). Für Versendungsmeldungen ist im Auslieferungs-Customizing das Fakturadatum als maßgebliches Selektionsdatum für einige Mitgliedstaaten voreingestellt. Wie in SAP ERP können Sie dieses Datum jedoch durch das Datum der Warenausgangsbuchung ersetzen. Auch für die Selektion von Einkaufsbelegen für Eingangsmeldungen finden Sie im Auslieferungs-Customizing Vorschläge. Abbildung 8.5 zeigt eine Auswahl dieser Einträge.

Sicht "Steuerung der Datenselektion für Einkauf" ändern: Übersicht

Neue Einträge

Steuerung der Datenselektion für Einkauf

Meldungsland	Selektionslogik	Selektion nach Belegdatum	Kursdatum ohne Rechnung	Kursdatum Rechnung im Vormonat
AT	Wareneingang melden; auf Rechnungseingang warten	☐	☐	☐
DE	Wareneingang melden; auf Rechnungseingang warten	☐	☐	☐
ES	Wareneingang melden; auf Rechnungseingang warten	☐	☐	☐
FR	Wareneingang melden; auf Rechnungseingang warten	☐	☐	☐
IT	B Rechnungseingang melden	☐	☐	☐
LU	Wareneingang melden; auf Rechnungseingang warten	☐	☐	☐
NL	Wareneingang melden; auf Rechnungseingang warten	☐	☐	☐
PT	Wareneingang melden; auf Rechnungseingang warten	☐	☐	☐
SE	Wareneingang melden; auf Rechnungseingang warten	☐	☐	☐

Abbildung 8.5 Steuerung der Datenselektion für Eingangsmeldungen

Optionen für Eingänge

Für die meisten Mitgliedstaaten ist die Selektionslogik **Wareneingang melden; auf Rechnungseingang warten** voreingestellt. Stattdessen können Sie jeweils eine der anderen im Programmcode verankerten Optionen auswählen:

- **A WE melden; auf RE warten; Anlieferungen lesen**
- **B Rechnungseingang melden**
- **C Wareneingang melden**

Diese Auswahl stimmt mit der in Abschnitt 6.1.2 erläuterten Auswahl in SAP ERP überein. Die Selektionslogik B wurde schon in SAP ERP speziell für italienische Intrastat-Meldungen bereitgestellt. Im Auslieferungs-Customizing des SAP-S/4HANA-Systems wird diese Selektionslogik daher für das Meldeland Italien vorgeschlagen. Wenn Sie den Verkehrszweig bzw. Hafen- oder Flughafencodes aus der Anlieferung in die Intrastat-Meldung übernehmen wollen, müssen Sie die Selektionslogik A für das jeweilige Meldeland verwenden.

Währungsumrechnung

Neu ist die Möglichkeit, der Selektion anstelle des Buchungsdatums das Belegdatum zugrunde zu legen (Kennzeichen **Selektion nach Belegdatum**). Außerdem können Sie in SAP S/4HANA die Auswahl des Kurses für die Umrechnung von Fremdwährungen in die jeweilige Meldewährung beeinflussen. Beruht die Eingangsmeldung auf der Wareneingangsbuchung des Vormonats, weil die Rechnung des Lieferanten zum spätesten Meldezeitpunkt noch nicht vorliegt, verwendet das System jeweils den 15. des Meldemonats (und nicht das Datum der Wareneingangsbuchung) für die Ermittlung des Umrechnungskurses, wenn Sie das Kennzeichen **Kursdatum ohne Rechnung** setzen. Erfolgte die Wareneingangsbuchung im Monat *nach* dem Empfang der Eingangsrechnung, können Sie die Verwendung des Wareneingangsdatums als maßgebliches Datum für die Kursumrechnung erzwingen, indem Sie das Kennzeichen **Kursdatum Rechnung im Vormonat** setzen.

Belegpositionen ausschließen

Wie in SAP ERP können Sie auch in SAP S/4HANA grundsätzlich nicht melderelevante Fakturapositionen von der Selektion ausschließen. Gedacht ist dabei in erster Linie an Dienstleistungen. Erfassen Sie im Customizing des SAP-S/4HANA-Systems also bei Bedarf alle Positionstypen, die in Ihren Vertriebsbelegen Dienstleistungen repräsentieren (Menüpfad: **Governance, Risk and Compliance • International Trade • Intrastat • Steuerung der Datenselektion • Verkaufsbelegpositionstyp für Dienstleistungen definieren**). Falls Sie in Italien Intrastat-Meldungen abgeben, ignoriert das System diese Customizing-Einstellungen, damit Sie ggf. auch Dienstleistungen melden können. Sie können darüber hinaus Belegpositionen beliebiger anderer Positionstypen generell von der Versendungsmeldung ausschließen (Menüpfad: **Governance, Risk and Compliance • International Trade • Intrastat • Steuerung der Datenselektion • Ausschluss von Verkaufsbelegpositionstyp definieren**). Wie in SAP ERP ist auch in SAP S/4HANA ein manueller Ausschluss von Einkaufsbelegen oder Fakturen von der Selektion für Intrastat-Meldungen möglich. In Einkaufsbelegen finden Sie das Kennzeichen **Intrastat-Ausschluss** auf Belegkopfebene in der Sicht **Zusatzdaten**, in Fakturen in der Sicht **Kopfdetail** im Bereich **Allgemeines**.

Sondergebiete

Wenn Sie in den Adressen Ihrer Geschäftspartner Regionen erfassen, können Sie von dieser Zusatzinformation auch in SAP S/4HANA profitieren, indem Sie im Customizing Ausschlüsse oder Einschlüsse für die Intrastat-Meldung definieren (Menüpfad: **Governance, Risk and Compliance • International Trade • Intrastat • Steuerung der Datenselektion • Ausnahmen für Einschluss und Ausschluss von Land und Region definieren**). In erster Linie geht es dabei wie in SAP ERP und SAP GTS um den Ausschluss von Gebieten, die zwar zum Zollgebiet, nicht jedoch zum Umsatzsteuergebiet der EU gehören.

Warenlieferungen aus bzw. nach Monaco

Warenlieferungen aus bzw. nach Monaco schließen Sie auch in SAP S/4HANA in die Intrastat-Meldung ein, weil Monaco umsatzsteuerrechtlich als Gebiet Frankreichs gilt. Das Auslieferungs-Customizing enthält bereits entsprechende Einträge (Menüpfad: **Governance, Risk and Compliance • International Trade • Intrastat • Grunddaten • Partnerland • Ausnahmen für die Umschlüsselung des Partnerlands definieren**).

Datenselektion

Für die Datenselektion stehen Programme zur Verfügung, die Sie mit Apps für die Hintergrundverarbeitung einplanen können. Wählen Sie im Launchpad das Menü **Intrastat** und starten Sie wahlweise die App **Versendungen und Kundenretouren selektieren - Intrastat-Meldung** oder **Eingänge und Lieferantenretouren selektieren - Intrastat-Meldung**. In Abbildung 8.6 sehen Sie eine Übersicht über bereits ausgeführte Selektionsläufe in der App **Versendungen und Kundenretouren selektieren - Intrastat-Meldung**.

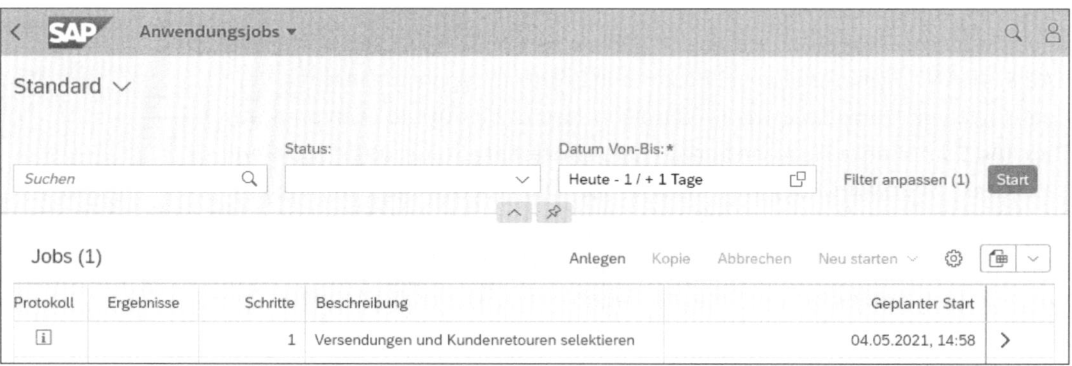

Abbildung 8.6 Übersicht über Selektionsläufe

Wenn Sie eine neue Datenselektion auslösen möchten, planen Sie über die Schaltfläche **Anlegen** einen Job für die Ausführung des Selektionsprogramms ein, indem Sie die Jobvorlage *Versendungen und Kundenretouren selektieren* auswählen, bei Bedarf einen abweichenden Jobnamen vergeben und den Startzeitpunkt festlegen. Außerdem müssen Sie jeweils den Auskunftspflichtigen, das Meldungsjahr und den Meldungsmonat angeben.

Jobvorlagen

Im Auslieferungs-Customizing Ihres SAP-S/4HANA-Systems finden Sie zwei Jobkatalogeinträge für die Datenselektion für Intrastat-Meldungen:

- SAP_MM_FT_RMIMST00
- SAP_SD_FT_RVEXST00

Sie aktivieren diese Einträge über den Menüpfad **SAP NetWeaver • Application Server • Systemadministration • Aktivierung scopeabhängiger Anwendungsjob-Katalogeinträge.**

Meldungsbearbeitung

Nach erfolgreicher Selektion können Sie die selektierten Daten vor dem Erzeugen der Meldedatei noch bearbeiten. Wählen Sie dazu im Launchpad das Menü **Intrastat** und starten Sie die App **Intrastat-Meldungen bearbeiten**. Geben Sie im Einstiegsbild der App den Auskunftspflichtigen ein. Die zugehörigen Meldungen werden Ihnen in einer Übersicht angezeigt. Klicken Sie doppelt auf die zu bearbeitende Meldung, um die selektierten Datensätze in einer Positionsübersicht zu sehen und bei Bedarf ändern zu können. Abbildung 8.7 zeigt das Beispiel einer Versendungsmeldung.

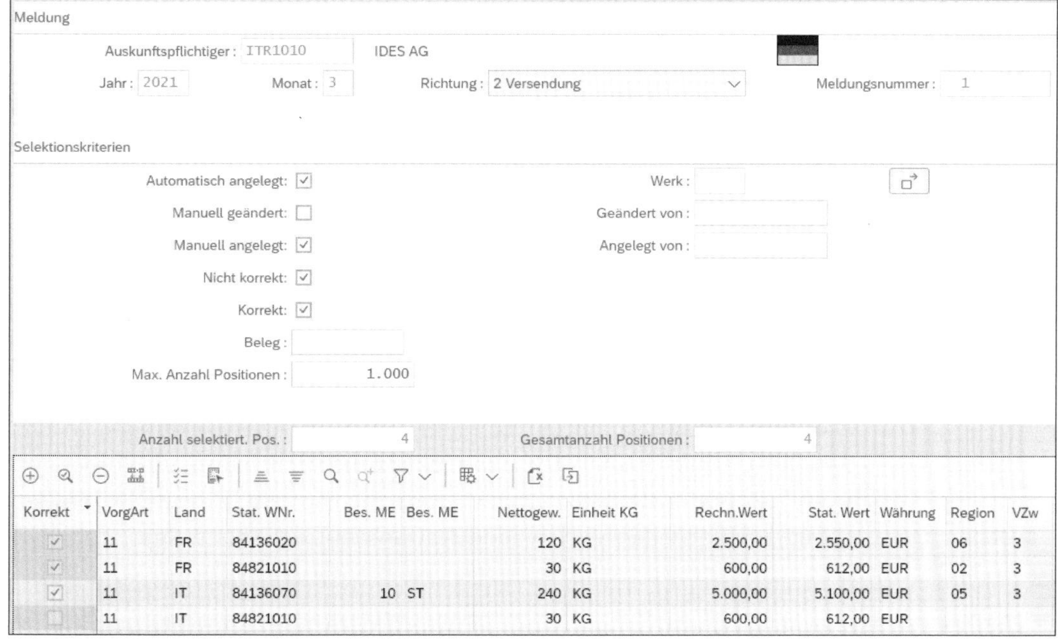

Abbildung 8.7 Bearbeitung einer Versendungsmeldung (Ausschnitt)

Die vierte Position der Versendungsmeldung in Abbildung 8.7 ist noch unvollständig (Kennzeichen **Korrekt** nicht gesetzt). Mit dem Symbol 🔍 können Sie die Details der unvollständigen Position aufrufen, um festzustellen, welche Daten fehlen, und um diese zu ergänzen. Es steht auch eine Massenänderungsfunktion zur Verfügung (Symbol). Fehlende Meldesätze können Sie mit dem Symbol ⊕ hinzufügen, nicht melderelevante Einträge mit dem Symbol ⊖ entfernen.

Belegpositionen mit übereinstimmenden Meldedaten fasst SAP S/4HANA zu einer einzigen Meldeposition zusammen und summiert Warenwerte, Eigenmasse und ggf. Warenmengen in der besonderen Maßeinheit. Das Ergebnis dieser Zusammenfassung sehen Sie in der Positionsübersicht der Intrastat-Meldung (Schaltfläche **Positionen**, siehe Abbildung 8.8).

Meldedatei erzeugen

Nach Abschluss der Bearbeitung kehren Sie in die Meldungsübersicht zurück, um die Meldung freizugeben. Abbildung 8.8 zeigt diese Übersicht.

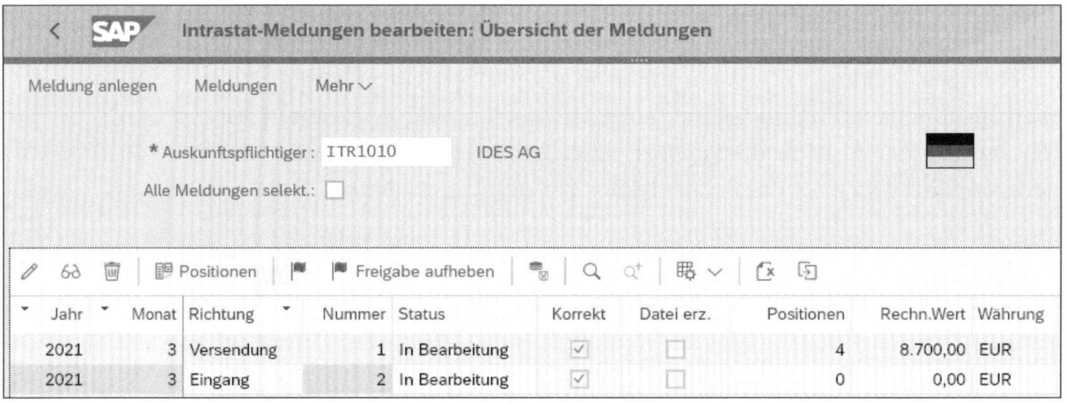

Abbildung 8.8 Meldungsübersicht

Zur Freigabe der Meldedaten klicken Sie auf das Symbol . Anschließend erzeugen Sie die Meldedatei, indem Sie auf das Symbol klicken. Speichern Sie die Meldedatei in einem Verzeichnis Ihrer Wahl, um sie später in IDEV hochladen zu können.

Die Vorgehensweise bei der Erstellung von Intrastat-Meldungen in SAP S/4HANA unterscheidet sich also nicht grundsätzlich von der Vorgehensweise in SAP ERP. Der wesentliche Unterschied besteht in der Benutzeroberfläche: An die Stelle von Anwendungstransaktionen treten Apps.

8.2 Trade Compliance

Aktivierung der Prüfungen

Bevor Sie die Embargoprüfung und die gesetzliche Kontrolle in Ihren Einkaufs- und Vertriebsprozessen einsetzen können, müssen Sie im Customizing festlegen, für welche Belegarten die Trade-Compliance-Funktionen in

SAP S/4HANA for international trade genutzt werden sollen. Sie können die Prüffunktionen für bestimmte Vertriebsbelegarten, Lieferarten und/oder Einkaufsbelegarten aktivieren (Menüpfade: **Governance, Risk and Compliance • International Trade • Allgemeine Einstellungen • Trade Compliance • Verkaufsbelege aktivieren** bzw. **Auslieferbelege aktivieren** bzw. **Prüfungen für Einkaufsbelege aktivieren**). Setzen Sie für jede prüfrelevante Belegart das Kennzeichen **Trade Compliance**.

Im nächsten Schritt legen Sie fest, welche der drei unter dem Begriff *Trade Compliance* zusammengefassten Prüfungen für welche Belegart(en) durchgeführt werden sollen (Menüpfad: **Governance, Risk and Compliance • International Trade • Allgemeine Einstellungen • Trade Compliance • Prüfungen für Buchungskreise aktivieren**). Sie müssen zuvor entscheiden, ob die Aktivierung der Prüffunktionen auf der Ebene des Buchungskreises oder auf der Ebene der Kombination von Buchungskreis und Belegart erfolgen soll. In Abbildung 8.9 sehen Sie das Ergebnis dieser Entscheidung für die Buchungskreise 1010 und 1710.

Buchungskreis

Buchungskreis	Name der Firma	Land	Aktivierungsstufe	Gesetzl. Kontrolle	Watch List Screening	Embargo
1010	IDES AG	DE	A Buchungskreis / Belegartebene	☐	☐	☐
1710	IDES United States Inc.	US	Buchungskreisebene	☑	☐	☑

Abbildung 8.9 Aktivierungsstufen

Aktivierungsstufe

In der Spalte **Aktivierungsstufe** stehen die Kennzeichen **Buchungskreisebene** und **A Buchungskreis / Belegartebene** zur Auswahl. Wenn Sie sich für die Buchungskreisebene entschieden haben, setzen Sie die Kennzeichen für die gewünschte Prüfungszusammenstellung wie im zweiten Beispiel in Abbildung 8.9. Die ausgewählten Prüfungen sind dann für alle im vorangegangenen Schritt als prüfrelevant gekennzeichneten Belegarten aktiv. Wenn Sie die Zusammenstellung je nach Belegart unterschiedlich gestalten wollen, wählen Sie die Aktivierungsstufe **A Buchungskreis / Belegartebene** und aktivieren die Prüfungen jeweils separat für die im ersten Schritt als prüfrelevant gekennzeichneten Belegarten. Abbildung 8.10 zeigt ein Beispiel.

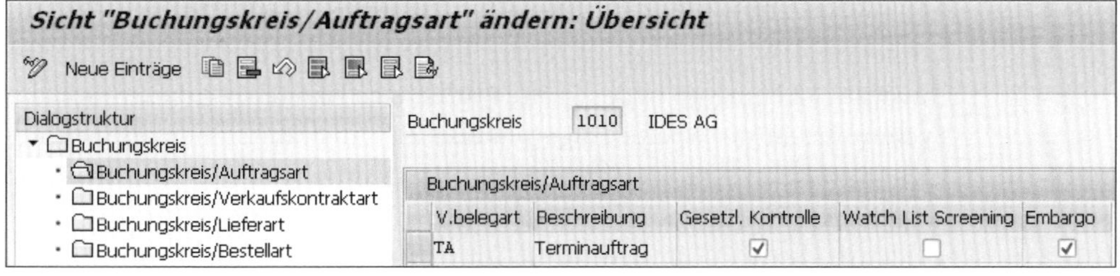

Abbildung 8.10 Aktivierung auf Belegartenebene

In den Unterordnern des Ordners **Buchungskreis** in der Dialogstruktur stehen jeweils nur die zuvor als prüfrelevant gekennzeichneten Belegarten zur Auswahl. Im Beispiel in Abbildung 8.10 wurden die gesetzliche Kontrolle und die Embargoprüfung für Belege der Verkaufsbelegart TA (Terminauftrag) aktiviert.

Folgefunktionen unterbinden

Abschließend müssen Sie festlegen, wie sich das System verhalten soll, wenn eine der Trade-Compliance-Prüfungen ein Hindernis für einen geplanten Verkauf bzw. geplanten Versand erkannt hat. SAP S/4HANA bietet die Möglichkeit, in solchen Fällen bestimmte Folgefunktionen in Vertriebsprozessen in Abhängigkeit vom Status der Belegprüfung zu unterbinden. Abbildung 8.11 zeigt eine Zusammenstellung von Folgefunktionen für Kundenaufträge, die in länderbezogenen Embargosituationen nicht ausgeführt werden.

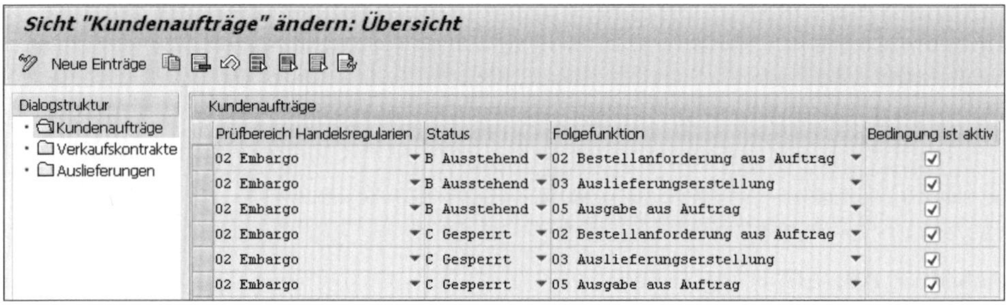

Sicht "Kundenaufträge" ändern: Übersicht

Neue Einträge

Dialogstruktur
- Kundenaufträge
- Verkaufskontrakte
- Auslieferungen

Kundenaufträge

Prüfbereich Handelsregularien	Status	Folgefunktion	Bedingung ist aktiv
02 Embargo	B Ausstehend	02 Bestellanforderung aus Auftrag	☑
02 Embargo	B Ausstehend	03 Auslieferungserstellung	☑
02 Embargo	B Ausstehend	05 Ausgabe aus Auftrag	☑
02 Embargo	C Gesperrt	02 Bestellanforderung aus Auftrag	☑
02 Embargo	C Gesperrt	03 Auslieferungserstellung	☑
02 Embargo	C Gesperrt	05 Ausgabe aus Auftrag	☑

Abbildung 8.11 Folgefunktionen unterbinden

Prüfstatus

Die Belegprüfung in SAP S/4HANA for international trade arbeitet mit zwei Prüfstatus:

- **B Ausstehend**
- **C Gesperrt**

Der Status **B Ausstehend** ist der erste Status. Das System setzt diesen Status, wenn es ein Verbot oder eine Beschränkung in Form einer Genehmigungspflicht erkannt hat. Sie können diese vorläufige Sperre bestätigen oder aufheben. Wenn Sie die vorläufige Sperre bestätigen, ändert sich der Prüfstatus in **C Gesperrt**. Wie Sie in Abbildung 8.11 sehen, wurden für beide Prüfstatus Vorkehrungen getroffen: In einer länderbezogenen Embargosituation (Auswahl **02 Embargo** in der Spalte **Prüfbereich Handelsregularien**) soll das System die in der Spalte **Folgefunktion** zur Auswahl stehenden Schritte nicht ausführen (Kennzeichen **Bedingung ist aktiv**). Die vier vordefinierten Folgefunktionen sind:

- **02 Bestellanforderung aus Auftrag**
- **03 Auslieferungserstellung**

- **04 Warenausgang zur Auslieferung**
- **05 Ausgabe aus Auftrag**

Folgefunktionen

SAP S/4HANA soll im Falle einer Embargosituation also weder Bestellanforderungen aus Verkaufsbelegpositionen generieren noch die Anlage einer Auslieferung zu betroffenen Verkaufsbelegpositionen zulassen. Auch die Ausgabe des Verkaufsbelegs mithilfe der Nachrichtensteuerung soll nicht stattfinden. Sollte die Auslieferung bereits vorhanden und selbst Gegenstand der Prüfung sein, wird die Buchung des Warenausgangs zur Auslieferung unterbunden (Ordner **Auslieferungen**, Folgefunktion nicht in Abbildung 8.11 sichtbar).

Anzeige der Prüfergebnisse

Belege, die in SAP S/4HANA for international trade vorläufig oder in bestätigter Form gesperrt sind, prüfen Sie in der App **Belege verwalten - Trade Compliance**. Um Belege freizugeben, können Sie auch die App **Gesperrte Belege bearbeiten - Trade Compliance** nutzen. Sie finden beide Apps im Launchpad im Menü **Compliance für International Trade**. In Abbildung 8.12 sehen Sie die Ergebnisse der Prüfung einer Verkaufsbelegposition in der App **Belege verwalten - Trade Compliance**.

Position 10

Belegnummer: 353 | Produkt: ITR100 | Werk: Hamburg (1010) | Nettowert: 500,00 EUR | Status: Gesperrt
Belegtyp: Kundenauftrag | Positionsbeschreibung: Pump (WS4IT) | Partnerland: Iran (IR) | Menge: 1,000 ST
Erledigte Menge: 0,000 ST

Status der gesetzlichen Kontrolle | Embargostatus

Gesetzl. Grundlage	Maßgebl. Zeitpunkt	Status	Nettowert	Menge
AWG und AWV (DE), EG-Dual-Use-VO (ZAWG)	01.04.2021	Freigegeben durch Systemprüfung	500,00 EUR	1,000 ST

Embargostatus

Gesetzl. Grundlage	Status
Embargo-Verordnungen der EU (ZEMEU)	Entscheidung ausstehend

Abbildung 8.12 Anzeige der Prüfergebnisse

Da der iranische Kunde ein unkritisches Produkt bestellt, sieht die gesetzliche Kontrolle auf Basis der gesetzlichen Grundlage ZAWG keinen Hinderungsgrund für die geplante Ausfuhr (Status **Freigegeben durch Systemprüfung**, grüne Schrift). Die Embargoprüfung erkennt jedoch eine Embargosituation und setzt den Status **Entscheidung ausstehend** (gelbe Schrift). Der Gesamtstatus ist daher **Gesperrt** (rote Schrift).

[!]

Belegsperren

Anders als in SAP ERP werden in SAP S/4HANA keine Belege durch Trade-Compliance-Prüfungen gesperrt. Die Ergebnisse der Prüfungen werden in der Datenbanktabelle /SAPSLL/CLDLR (Trade Compliance Document: Legal Regulations) abgelegt und können in den Apps **Belege verwalten - Trade Compliance** bzw. **Gesperrte Belege bearbeiten - Trade Compliance** angezeigt werden.

Freigabe oder Bestätigung der Sperre

In der App **Gesperrte Belege bearbeiten - Trade Compliance** können Sie sich vor der Bestätigung oder Aufhebung einer Embargosperre Details zum Geschäftspartner anzeigen lassen. In Abbildung 8.13 sehen Sie einen Ausschnitt aus diesen Details.

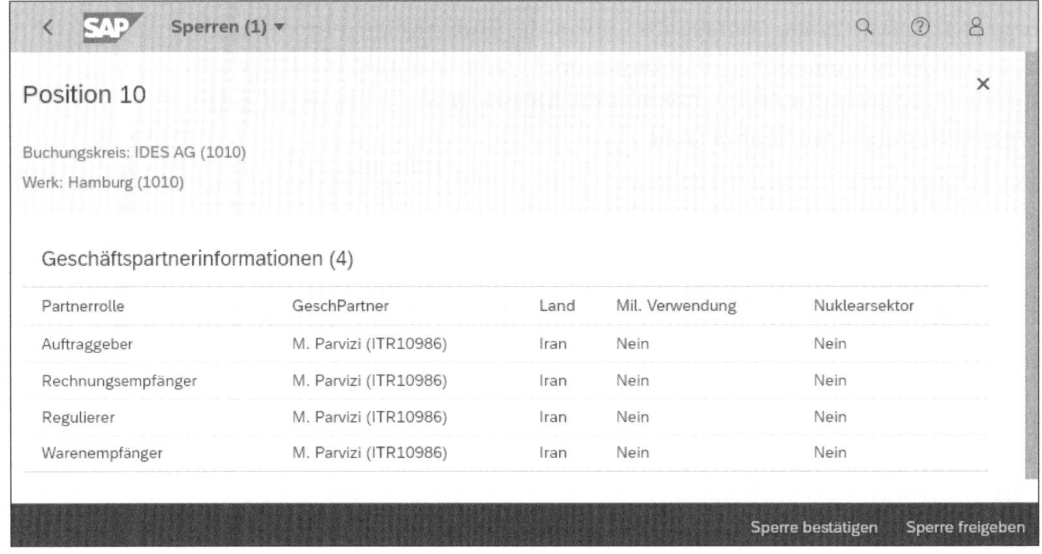

Abbildung 8.13 Informationen zum Geschäftspartner

Das Land des Geschäftspartners ist in SAP S/4HANA als Embargoland gekennzeichnet und daher in roter Schrift zu sehen. In beiden Apps stehen die Schaltflächen **Sperre bestätigen** und **Sperre freigeben** am unteren Bildschirmrand zur Auswahl.

Regelmäßige Belegprüfung im Hintergrund

Um vorhandene Belege in regelmäßigen Abständen einer Neuprüfung zu unterziehen, können Sie mit der App **Belege erneut prüfen einplanen - Trade Compliance** Jobs einplanen. Ergänzen Sie zuvor den Jobkatalogeintrag SAP_SLL_TCD_RECHECK_MASS über den Menüpfad **SAP NetWeaver •**

Application Server • Systemadministration • Aktivierung scopeabhängiger Anwendungsjob-Katalogeinträge.

Werfen wir nun noch einmal einen Blick auf Abbildung 8.11: Für die Embargoprüfung wurde die Ausschaltung der Folgefunktionen doppelt aktiviert – je einmal für beide möglichen Prüfstatus. Auf diese Weise ist sichergestellt, dass bereits vor einer Bestätigung der vorbeugenden Sperre keine verbotenen oder unerwünschten Aktivitäten stattfinden. Falls zusätzlich oder alternativ die gesetzliche Kontrolle im Einsatz ist, sollten Sie diese Einstellungen auch für diese Prüffunktion vornehmen (Spalte **Prüfbereich Handelsregularien**, Kennzeichen **01 Gesetzliche Kontrolle**).

Genehmigung

Verursacht die gesetzliche Kontrolle die Sperre einer Belegposition, kann diese wie in SAP ERP und SAP GTS nur durch die Zuordnung einer Genehmigung aufgehoben werden. In SAP S/4HANA erfassen Sie Ein- oder Ausfuhrgenehmigungen mit der App **Genehmigungen verwalten**. Diese App ist ebenfalls im Menü **Compliance für International Trade** enthalten. In Abbildung 8.14 sehen Sie ein Abbild der Allgemeinen Genehmigung der Union EU001 (siehe Teil I, Abschnitt 4.1.1, »Konfiguration der produktbezogenen Ausfuhrkontrolle«).

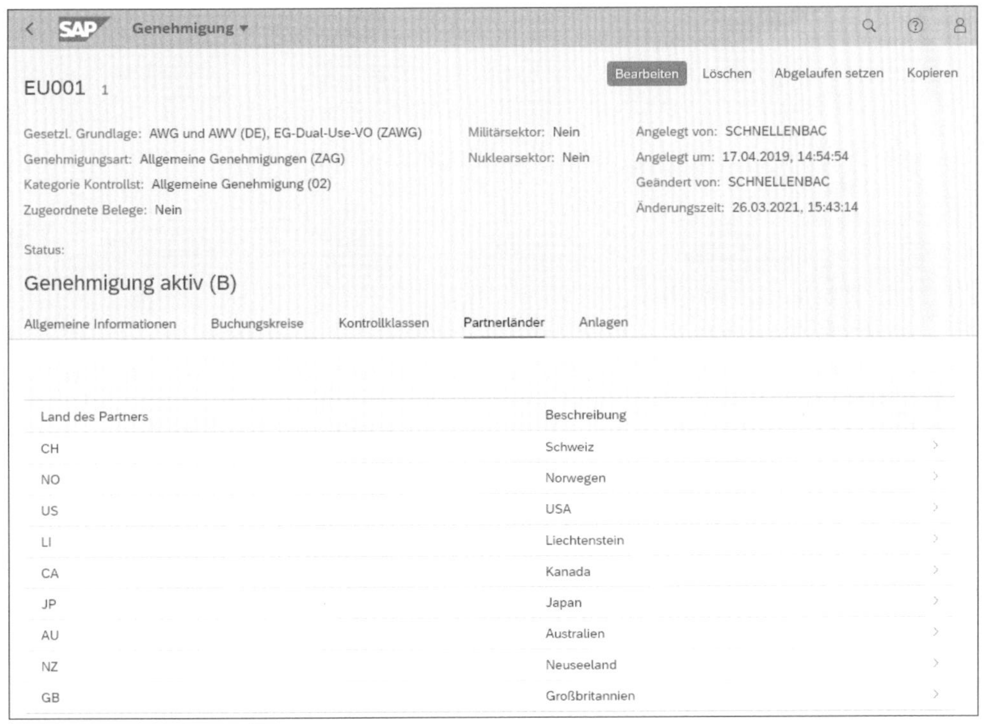

Abbildung 8.14 Genehmigung in SAP S/4HANA

In Abhängigkeit von den Einstellungen auf Genehmigungsartenebene, die Sie in Abschnitt 7.2.2, »Regeln für die Genehmigungsartenfindung«, kennengelernt haben (siehe auch Abbildung 7.23), bereitet das System in der App verschiedene Bereiche zur Bearbeitung auf. Im Beispiel in Abbildung 8.14 sehen Sie den Bereich **Partnerländer**, in dem die zulässigen Bestimmungsländer der Allgemeinen Genehmigung der Union EU001 erfasst wurden.

Bei der Ein- oder Ausfuhr kritischer Güter versucht SAP S/4HANA wie SAP ERP und SAP GTS, selbstständig eine zur Belegposition passende Genehmigung zu finden. Scheitert diese Genehmigungsfindung, setzt SAP S/4HANA for international trade wie in einer Embargosituation eine vorbeugende Sperre. Abbildung 8.15 zeigt Details einer Verkaufsbelegposition für ein Dual-Use-Gut ohne Genehmigungszuordnung.

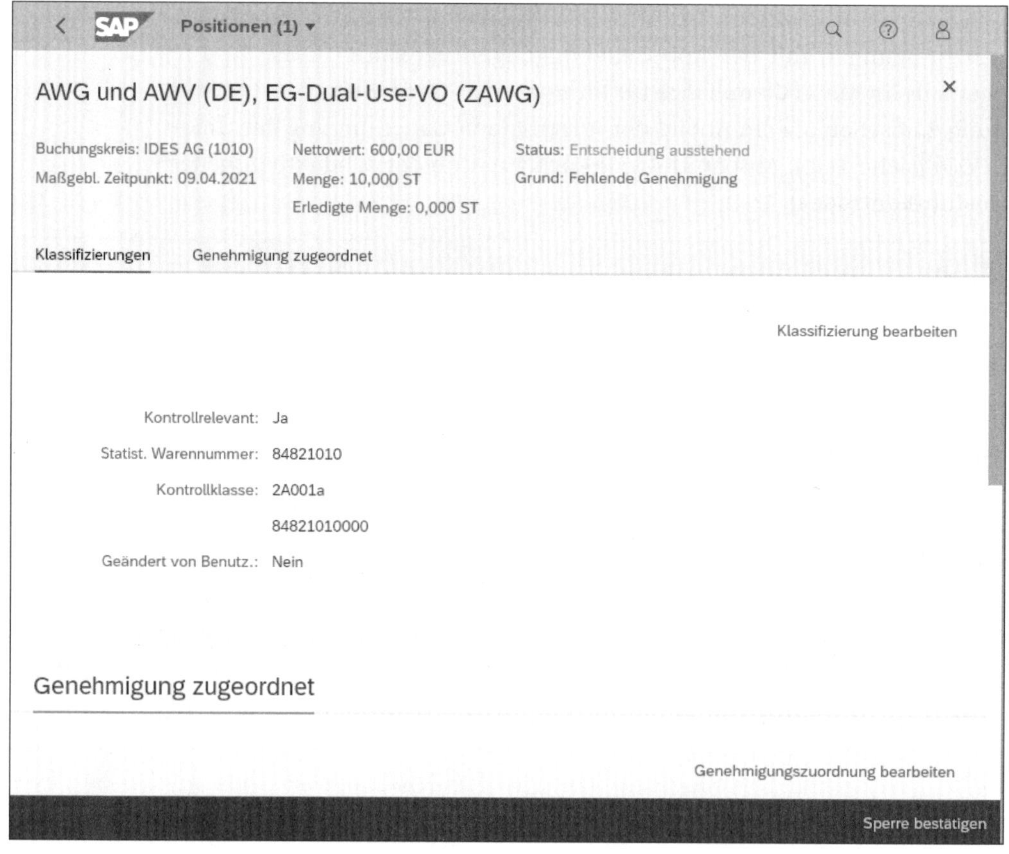

Abbildung 8.15 Genehmigungszuordnung in der Position

Der Status ist wieder **Entscheidung ausstehend**. In der Zeile direkt darunter ist der Grund für die vorläufige Sperre angegeben (**Fehlende Genehmigung**).

Über den Link **Genehmigungszuordnung bearbeiten** können Sie manuell eine Genehmigung zuordnen. Ebenfalls möglich ist die belegbezogene Änderung der Klassifizierung bzw. der Tarifierung des Produkts (Link **Klassifizierung bearbeiten**). Ein Produkt kann auf diesem Weg jedoch nicht seine Kontrollrelevanz verlieren.

Die Zuordnung einer Genehmigung zu einer Belegposition können Sie sich in der App **Genehmigungszuordnungen anzeigen - Trade Compliance** anzeigen lassen. Sie finden diese App im Menü **Compliance für International Trade**.

Mit diesem Abschnitt endet die Darstellung des umfangreichen Außenhandelsfunktionsspektrums in SAP-Produkten. Die Trade-Compliance-Funktionen in SAP S/4HANA lassen zum Abschluss noch einmal deutlich die enge Verzahnung von logistischen Prozessen und Außenhandelsabwicklung, aber auch die wachsende Bedeutung von IT-Systemen für diese Abwicklung erkennen.

Anhang A
Abkürzungsverzeichnis

Abkürzung	Bedeutung
ABD	Ausfuhrbegleitdokument
AEO	Authorised Economic Operator
AES	Automated Export System
AHStaDV	Außenhandelsstatistik-Durchführungsverordnung
AL	Ausfuhrliste
ALE	Application Link Enabling
AmG	Anschreibeverfahren mit Gestellungsbefreiung
ANSI	American National Standard Institute
API	Application Programming Interface
ARC	Administrative Reference Code
ASumA	summarische Ausgangsanmeldung
ASV	Anschreibeverfahren
ATLAS	Automatisiertes Tarif- und Lokales Zollabwicklungssystem
AV	Allgemeine Vorschrift
AWG	Außenwirtschaftsgesetz
AWV	Außenwirtschaftsverordnung
AZ	Anschreibungsmitteilung (Zoll)
BA	Bestandsaufzeichnung
BAdI	Business Add-in
BAFA	Bundesamt für Wirtschaft und Ausfuhrkontrolle
BE-Anteile	Beendigungsanteile

Abkürzung	Bedeutung
BIN	Beteiligten-Identifikationsnummer
BIS	Bureau of Industry and Security
BRFplus	Business Rule Framework plus
CCL	Commerce Control List
CEE	Communauté Européenne Economique
CITES	Convention on International Trade in Endangered Species of Wild Fauna and Flora
CRM	Customer Relationship Management
eAM	ergänzende/ersetzende Ausfuhranmeldung
EAR	Export Administration Regulations
EAS	Eingangs-/Ausgangs-SumA
ECCN	Export Control Classification Number
ECS	Export Control System
EFTA	European Free Trade Association
EG	Europäische Gemeinschaft
EGZ	ergänzende Zollanmeldung
EGZ-ZL	ergänzende Zollanmeldung zur Beendigung des Zollagerverfahrens
ELAN-K2	Elektronische Antragserfassung und Kommunikation
EMCS	Excise Movement and Control System
EORI	Economic Operators Registration and Identification
EPAS	Einheitspapier Ausfuhr/Sicherheit
ESS	Europäisches Statistisches System
ESumA	summarische Eingangsanmeldung
EU	Europäische Union
e-VD	elektronisches Verwaltungsdokument
EWR	Europäischer Wirtschaftsraum
EZA	Einzelzollanmeldung

Abkürzung	Bedeutung
FRIBS	Framework Regulation Integrating Business Statistics
GRC	Governance, Risk und Compliance
GRN	Guarantee Reference Number
GZT	Gemeinsamer Zolltarif
HS	Harmonisiertes System
HTS	Harmonized Tariff Schedule
IATA	International Air Transport Association
IBPP	Identity-based preference processing
IDEV	Internet-Datenerhebung im Verbund der statistischen Ämter des Bundes und der Länder
IDoc	Intermediate Document
IRU	International Road Transport Union
ISF	Importer Security Filling
ITAR	International Traffic in Arms Regulations
ITZBund	Informationstechnikzentrum Bund
KN	Kombinierte Nomenklatur
KOBRA	Kontrolle bei der Ausfuhr
LVS	Shipments of Limited Value
MRN	Master Reference Number
NAFTA	North American Free Trade Agreement
nAM	nachträgliche Ausfuhranmeldung
NCTS	New Computerised Transit System
NLR	No License Required
OSZE	Organisation für Sicherheit und Zusammenarbeit in Europa
PPF	Post Processing Framework
RFC	Remote Function Call
SEED	System for Exchange of Excise Data

Abkürzung	Bedeutung
SEZ	Sammelerledigung Zolllager
SumA	summarische Anmeldung
TARIC	ursprünglich: Tarif intégré des Communautés européennes, heute: Tarif intégré de l'Union européenne
TAXUD	Generaldirektion Steuern und Zollunion
TIR	Transports Internationaux Routiers
uAM	unvollständige Ausfuhranmeldung
UN/ CEFACT	United Nations Centre for Trade Facilitation and Electronic Business
UNECE	United Nations Economic Commission for Europe
UN/EDI-FACT	United Nations rules for Electronic Data Interchange for Administration, Commerce and Transport
USMCA	United States-Mexico-Canada Agreement
USML	U.S. Munitions List
UStG	Umsatzsteuergesetz
UZK	Unionszollkodex
UZK-DA	Delegierte Verordnung (EU) 2015/2446 der Kommission, Abkürzung nach dem englischen Begriff für die Kategorie der Rechtsnorm (Delegated Act)
UZK-IA	Durchführungsverordnung (EU) 2015/2447 der Kommission, Abkürzung nach dem englischen Begriff für die Kategorie der Rechtsnorm (Implementing Act)
UZK-TDA	Delegierte Verordnung (EU) 2016/341 der Kommission, Abkürzung nach dem englischen Begriff für die Kategorie der Rechtsnorm (Transitional Delegated Act)
VAR	vereinfachte Ausfuhrregelung
VAV	vereinfachtes Anmeldeverfahren
VBD	Versandbegleitdokument
VSF	Vorschriftensammlung Bundesfinanzverwaltung
vZA	vereinfachte Zollanmeldung

Abkürzung	Bedeutung
WA	Warenverzeichnis für die Außenhandelsstatistik
WZO	Weltzollorganisation
ZA	zugelassener Ausführer
ZE	zugelassener Empfänger
ZELOS	Zentraler Austausch von Unterlagen, Anfragen oder Stellungnahmen
ZollV	Zollverordnung
ZollVG	Zollverwaltungsgesetz
ZV	zugelassener Versender

Die Autorin

Dr. **Christiane Schnellenbach** war viele Jahre bei SAP in der Berater- und Projektteam-Ausbildung in den Bereichen SAP ERP und SAP GTS tätig. Sie ist Autorin mehrerer SAP-Standardschulungen. Nach Stationen in der Zoll- und Umsatzsteuerberatung einer großen Wirtschaftsprüfungs- und Steuerberatungsgesellschaft und in der Inhouse-Beratung eines Industriebetriebs arbeitet sie heute freiberuflich als Beraterin mit dem Themenschwerpunkt SAP GTS. (*www.christianeschnellenbach.de*)

Index

C

D

E

T

U

V